항공우주 비행원리

TEXTBOOKS
텍스트북스

Introduction to Flight, **Eighth Edition**

1 2 3 4 5 6 7 8 9 10 Textbooks 20 17

Original: Introduction to Flight, Eighth Edition.© 2016
By John D. Anderson, Jr.
ISBN 9789874636186

This authorized Korean translation edition is jointly published by McGraw-Hill Education Korea, Ltd. and Textbooks. This edition is authorized for sale in the Republic of Korea.

This book is exclusively distributed by Textbooks.
When ordering this title, please use ISBN 978-89-93543-56-8

Printed in Korea

Introduction to
Flight

John D. Anderson, Jr.

8th Edition

항공우주 비행원리

변영환 · 김창주 · 박수형 옮김

TEXTBOOKS
텍스트북스

역자 소개

변영환 yhbyun@konkuk.ac.kr
서울대학교 항공공학과(1979)
서울대학교 대학원 항공공학과 석사(1982)
Maryland 대학교 항공우주공학과 박사(1988)
건국대학교 교무처장, 공과대학장 역임
한국추진공학회 회장 역임
(현) 건국대학교 항공우주공학과 교수(1990~)

김창주 cjkim@konkuk.ac.kr
서울대학교 항공공학과(1985)
서울대학교 대학원 항공공학과 석사(1987)
서울대학교 대학원 항공공학과 박사(1991)
한국항공우주산업(주) 헬기개발팀(1991~2004)
한국항공우주연구원 헬기개발실(2004~2006)
(현) 건국대학교 항공우주공학과 교수(2006~)

박수형 pish@konkuk.ac.kr
한국과학기술원 항공우주공학과 학사(1996)
한국과학기술원 항공우주공학과 석사(1999)
한국과학기술원 항공우주공학과 박사(2003)
(현) 건국대학교 항공우주공학과 교수(2007~)

항공우주 비행원리, 8판

발행일 2023년 2월 28일
저　자 John D. Anderson, Jr.
역　자 변영환, 김창주, 박수형
발행인 양정완 **발행처** (주)텍스트북스 **주소** 서울시 영등포구 양평로 30길 14, 세종앤까뮤스퀘어 1109호
전　화 02-702-5725 **팩스** 02-702-5727 **웹사이트** www.textbooks.co.kr
등록번호 제2022-000098호
ISBN 978-89-93543-56-8 93550

정가 48,000원

저자 소개

John D. Anderson, Jr.는 1937년 10월 1일에 펜실배니아주 랭캐스터에서 출생하였다. 1959년에 플로리다 대학교에서 우등생으로 항공공학학사를 수여하였다. 1959년에서 1962년까지 Wright-Patterson Air force Base에 있는 항공우주연구소(Aerospace Research Laboratory)에서 중위와 임무과학자로 근무를 하였다. 1962년에서 1966년까지 오하이오 주립대학교(Ohio State University)에서 국가과학재단(National Science Foundation)과 NASA Fellowships 장학생으로 항공우주공학 박사학위를 수여하였다. 1966년에 미해군 무기연구소(U.S. Naval Ordnance Laboratory)에 극초음속그룹장이 되었다. 1973년에는 메릴랜드 대학교 항공우주공학과 학과장이 되었으며, 1980년 이후부터 1999년 퇴직할 때까지는 그 곳에서 교수로 재직하였다. 1982년에는 대학에서 우수 학자/강의교수로 수상을 하였다. 1986년에서 1987년까지 연구년 동안 Smithsonian Institution의 항공우주박물관(National Air and Space Museum)에서 찰스 린드버그 석좌(Charles Lindbergh Chair)로 근무를 하였다. 1993년에는 항공우주공학의 교수직에 덧붙여 과학의 역사 및 철학위원회의 정식 위원이 되었으며, 메릴랜드 대학교 역사학과의 겸임교수가 되었다. 1999년 이후부터 메릴랜드 대학교에서 명예교수로 지명되었으며, 메릴랜드에서 Glenn L. Martin 연구소의 공학교수가 되었다. 또한 1999년 이후, 그는 현재 스미소니언 국가항공우주박물관에서 공기역학분야 책임자로 있다.

Anderson 박사는 11권의 책을 발행하였다: *Gasdynamic Lasers: An Introduction*, Academic Press (1976), *A History of Aerodynamics and Its Impact on flying Machines*,

Cambridge University Press (1997), *The Airplane: A History of Its Technology*, American Institute of Aeronautics and Astronautics (2003), *Inventing Flight*, Johns Hopkins University Press (2004), X-15: *The World's Fastest Rocket Plane and the Pilots Who Ushered in the Space Age*(공저자 Richard Passman), Zenith Press (2014), 그리고 McGraw-Hill 출판사에서 *Introduction to Flight*, 7판(2012), *Modern Compressible Flow*, 3판(2003), *Fundamentals of Aerodynamics*, 5판(2011), *Hypersonic and High Temperature Gas Dynamics* (1989), *Computational Fluid Dynamics: The Basics with Applications* (1995), *Aircraft Performance and Design* (1999), 그리고 그는 복사기체역학(radiative gasdynamics), 진입 공기열역학(entry aerothermodynamics), 기체역학적 및 화학적 레이저(gasdynamic and chemical lasers), 전산유체역학, 응용공기역학, 극초음속 유동, 그리고 항공역사에 대해 120편이 넘는 논문을 저술하였다. Anderson 박사는 *Who's Who in America*에 등재되었으며, 국가공학한림원 회원이며, 미국항공우주학회(AIAA) 명예펠로우(Honorary Fellow)이고, 런던의 왕립항공학회(Royal Aeronautical Society)의 펠로우이기도 하다. 그는 또한 Washington Academy of Sciences의 회원이고, Tau Beta Pi, Sigma Tau, Phi Kappa Phi, Phi Eta Sigma, 미국공학교육학회(ASEE: American Society for Engineering Education), 기술역사학회(Society for History of Technology), 그리고 과학역사학회(History of Science Society)의 회원이다. 항공우주공학교육의 탁월성에 대해 ASEE와 AIAA 공동으로부터 Lee Atwood Award를 수상하기도 하였다. 미항공우주학회로부터 Pendray Aerospace Literature Award 수상, the von Karman 강사직 수여, the Gardner-Lasser History Book Award 수상, 그리고 Hypersonic Systems Award를 수여받았다.

저자 서문

이번 개정판의 목적은 이전 7판까지와 마찬가지로 명확하고 간단하고 가장 흥미를 끌 수 있는 방법으로 입문자들에게 항공우주공학의 기본 원리를 소개하는 것이다. 이 책은 즐겁게 이해하는 것이 중요하기 때문에, 저자는 명확하게 읽을 수 있도록 모든 노력을 다 하였다. 따라서 주제의 선택, 구성, 소개하는 주제의 순서, 그리고 이런 내용을 어떻게 설명할 것인가에 대해서는 이제 시작하는 독자를 염두에 두고 계획하였다. 일단 이 주제에 대해 알지 못하는 독자의 입장에서 이 주제에 대해 무엇을 듣기를 원하는지 스스로에게 질문하며 독자에게 이야기를 "시작했다". 이 책으로 대학 1, 2학년생들이 독학할 수 있도록 의도하였기 때문에, 지루한 상세함이나 많은 양의 자료들은 피했다. 대신 강의실 밖에서 이 주제에 대해 무언가를 배우고 싶어하는 사람들도 알 수 있을 정도로 가능한 직설적이고 명료하게 기본 개념을 소개하고 설명하였다.

국내외 학생, 교수, 현장 실무자들로부터의 이전 판에 대한 열렬한 반응이 기쁨의 원천이 되었다. 특히 이 책을 사용하는 사람들이 항공우주공학을 환상적이고 도전적이고 최고의 분야로 간주하여 즐기며 읽는다는 사실이 기쁘다.

이러한 반응에 감사드리며, 7판의 많은 내용을 8판으로 옮겼다. 이 책의 특징은 독자들이 내용을 보다 잘 이해하도록 특별히 고안된 방식을 사용하였다. 다음은 7판으로부터 가져온 방식들이다:

1. 각 장의 앞부분에 위치한 **로드맵**은 독자들이 내용의 논리적인 흐름을 따라 가도록 도와줄 것이다.
2. **설계**에서는 기본적인 내용의 흥미와 중요한 응용에 대해 논의할텐데, 이 내용은 상자로 따로 분리되어 있다.

3. 각 장의 앞부분에 있는 **미리보기**는 독자들에게 각 장은 무엇에 관한 것이며, 이 내용이 왜 중요한지를 알 수 있도록 해준다. 독자들이 각 장의 내용에 관심을 가지고 충분히 호기심을 유발하여 스스로 알아가도록 미리보기를 꾸몄다. 이 미리보기는 독자들이 내용에 심취하도록 비정형적으로 기술하였다. 미리보기에서는 자연스럽게 독자들에게 흥미를 주도록 하였다.
4. 각 장의 마지막에 있는 **요약과 복습**에는 각 장에서 소개한 중요한 내용과 개념을 포함하고 있으며, 우선 방정식 없이 독자들에게 내용의 물리적인 관점에 대해 상기하도록 하고, 각 절의 마지막에 요약한 방정식에 대한 지적인 배경에 초점을 주도록 하였다.

같은 맥락에서 8판에는 독자들의 관심과 배움을 높이기 위해 새로운 내용을 포함하였다:

1. 미래의 "녹색 항공기"에 적용을 위한 새롭고 효율적인 항공기의 관점을 제공하기 위해 6.22절 "공력성능에 대한 탐구"와 9.12절 "엔진 효율에 대한 탐구" 두 절을 추가하였다.
2. 새롭게 8.7절 "응용: 보이저 우주선(The Voyager Spacecraft)—설계, 비행경로, 및 역사적 중요성"을 중요한 우주선과 그의 임무를 강조하기 위해 추가하였다.
3. 독자들이 읽은 내용을 어떻게 활용하는지를 더 잘 이해하도록 도와주기 위해 추가적인 예제들을 제공하였다.
4. 몇몇 장의 마지막에 연습문제를 추가하였다. 선택된 문제들의 답은 이 책의 마지막에서 볼 수 있다.

앞에서 이야기 하였듯이 'Introduction to Flight'의 의미를 증진시키기 위하여 새로운 내용 글이 추가되었다.

비정상적으로 책의 양을 늘리지 않으면서 8판의 새로운 내용을 추가하도록 하기 위하여, 8판에서는 원래 있던 제6,8,9장의 내용을 이 책의 웹사이트로 옮겨 놓았다.

메릴랜드 대학교에서는 항공우주공학과의 2학년 개론 과목에 이 책을 교재로 사용하고 있다. 계속하여 저자의 두 번째 책인 〈*Fundamentals of Aerodynamics*, Fifth Edition〉(McGraw-Hill, 2011)으로 3, 4학년의 공기역학 과정 두 학기로 연결된다. 그리고 세 번째 책인 〈*Modern Compressible Flow: With Historical Perspective*, Third Edition〉(McGraw-Hill, 2003)은 고학년 혹은 대학원 1년생들을 위한 과정에 사용되고 있다. 이 완벽한 세 권의 책들은 일반적인 항공우주공학과, 특히 공기역학에 대한 기술과 역사적인 관점을 학생들에게 제시하기 위한 것이다.

훌륭히 원고를 타이핑하신 Susan Cunningham 부인에게 매우 감사를 드린다. 세계에서 가장 우수한 과학 타이피스트의 전문적 도움을 받을 수 있어 행운이었다. 이 책에 모든 노력을 쏟아 부을 수 있도록 도와준 54년 간의 내 아내 Sarah-Allen에게 감사를 표한다. 그리고 이 개정판을 마치고 발행하는 데 엄청난 도움을 주고 오랜 동안 특별한 친구가 되어온 McGraw-Hill의 Lorraine Buczek에게 특히 감사를 드린다. Lorraine과 나는 훌륭한 McGraw-Hill 팀을 만들었다.

마지막으로 항공우주공학을 배우고, 이해하고, 전문적으로 실행하는 것을 강조하는 것은 인간의 노력을 가장 즐겁게 하는 것 중의 하나이고, 나의 목적은 아직 이 주제에 대한 열정과 헌신과 사랑이므로, 간단히 독자들에게 말하고 싶다: 읽고, 배우고, 그리고 즐겨라.

John D. Anderson, Jr.

앤더슨 시리즈의 다른 교재들:

Fundamentals of Aerodynamics, Fifth Edition, 007-3398101

Modern Compressible Flow, Third Edition, 007-2424435

Aircraft Performance & Design, 007-0019711

Computational Fluid Dynamics, 007-0016852

Modern Flight Dynamics, 007-339811X

역자 서문

항공우주분야는 오늘날 많은 국민들의 관심을 받게 되었다. 2013년에 나로호 발사 성공으로 우주클럽(Space Club)에 세계에서 11번째 국가로 이름을 올린 이후, 2021년 자력으로 위성을 발사할 수 있도록 한국형발사체 개발 사업이 진행되는 등 다수의 위성개발 사업이 진행되고 있다. 더욱이 달 탐사 계획이 추진되는 등 여러 우주 사업들이 우주개발기본계획에 따라 진행이 되고 있다. 우리나라에서도 드디어 자체 개발로 성공한 항공기들이 하늘을 날고 있다. KT-1, T-50을 비롯하여 수리온이 양산되고 있으며, LCH, LAH, KFX 등이 개발 중에 있다. 드론에 의한 무인기에 대한 관심이 높아져 이제 항공우주는 모든 사람들이 친숙하게 사용하는 어휘가 되었다. 이러한 시기에 전 세계적으로 유명한 Anderson 박사의 항공우주에 대한 소개서를 번역하여 출간하는 것은 나름 의미가 깊다고 하겠다.

Anderson 박사께서 저술한 책들은 세계적으로 여러 대학에서 사용하는 교재로 더 유명하다. 국내에서도 Fundamentals of Aerodynamics이 교재로 사용되는데, 이는 2011년에 〈공기역학의 기초〉(조태환, 변영환, 이경태 역)라는 제목으로 번역되어 텍스트북스에서 출간을 하였다. 몇 년 후인 2015년에 텍스트북스에서 첫 번째 역자의 방에 들려 이런저런 이야기를 하다가 〈Introduction to Flight〉을 McGraw-Hill에서 번역판 제의가 들어왔다면서 번역을 의뢰 받게 되었다. 출판사 입장에서는 많은 부수가 나가는 책이 아니기 때문에 인기가 없어 소외되는 분야이지만 국내에 필요한 항공우주 분야에 기초가 되는 내용의 책이니 꼭 해보고 싶다는 의지를 피력하여, 첫 번째 역자도 주저함 없이 동의를 하게 되고, 그 자리에서 건국대학교 동료 교수들에게 연락하여 팀이 구성되었다. 이 자리를 빌려 바쁜 일정에도 불구하고 번역을 맡아주신 교수들에게도 감사를 드린다.

첫 번째 역자는 Anderson 박사의 제자로 메릴랜드 대학교에서 수학할 때, 앤더슨 박사의 인품과 해박한 지식, 열정적인 강의에 늘 감탄했었다. 그 분의 책에는 그 분의 이러한 모든 것이 녹아 있다. 그래서 책을 볼 때마다 그 분을 연상하게 된다. Anderson 박사께서 2007년에 건국대학교를 방문하시어 특강을 하시고 요즘 연예인들의 팬클럽에서 사인회를 하듯이 많은 학생들이 줄지어 앤더슨 박사의 책을 들고 책에 사인을 받을 때도, 오랜 여정의 피곤함도 잊고, 학생 하나하나에게 정다운 미소를 주시며 사인해 주시던 모습이 아직도 선명하다. 이러한 Anderson 박사의 책을 한국어로 번역할 수 있게 됨을 무한한 영광으로 생각한다.

이 책은 서문에서도 밝혔듯이 항공우주에 입문하는 학생들뿐만 아니라, 이 분야에 종사하는 전문가들에게도 다양한 분야의 기본적인 지식과 역사적인 배경을 알려주는 기본서이다. 대학에서 입문 수준의 교과서로 추천할 수 있고, 항공우주 전문가에게는 종합적인 요점을 줄 수 있으며, 일반인들에게는 항공우주의 전체적인 소개를 해 줄 수 있을 것으로 본다.

마지막으로 번역과정에 참여한 학생들에게 감사를 드리고, 수익이 되지 않음에도 국내 항공우주 분야의 중요성을 알고 헌신적으로 번역서를 발행하신 텍스트북스에 항공우주 분야를 대표하여 감사의 말씀을 드린다.

2017. 2.

변영환, 김창주, 박수형

차례

저자 소개 v
저자 서문 vii
역자 서문 x

Chapter 01

초기 항공기술자들 1

1.1 개요 1
1.2 초창기 개발 3
1.3 George Cayley (1773~1857) —항공기의 진정한 발명가 5
1.4 공위 시대(최고 지도자 부재기간) —1853에서 1891까지 13
1.5 Otto Lilienthal (1848~1896) —글라이더의 사나이 17
1.6 Percy Pilcher (1867~1899) —글라이더 전통의 연장 20
1.7 항공학, 미국으로 건너가다 21
1.8 Wilbur (1867~1912)와 Orville (1871~1948) Wright—첫 실질적 비행기의 발명가들 26
1.9 항공학의 삼각형—Langley, The Wrights와 Glenn Curtiss 35
1.10 추진력의 문제점 44
1.11 더 높게 그리고 더 빠르게 45
1.12 요약과 복습 48
참고문헌 51

Chapter 02

기본 개념 53

2.1 흐르는 기체의 기본적 물리량 56
2.1.1 압력 57
2.1.2 밀도 58
2.1.3 온도 58
2.1.4 유동 속도와 유선 59
2.2 모든 공기력의 원천 61
2.3 완전기체에 대한 상태방정식 63
2.4 단위에 대한 논의 65
2.5 비체적 70
2.6 항공기의 구조 79
2.7 우주선의 분석 90
2.8 역사적 기록: The NACA와 NASA 98
2.9 요약과 복습 101
참고문헌 103
연습문제 103

Chapter 03

표준 대기표 107

3.1 고도의 정의 109
3.2 수정역학 방정식 109
3.3 지오포텐셜 고도와 기하학적 고도의 관계 112
3.4 표준 대기표의 정의 113
3.5 압력, 온도, 그리고 밀도 고도 121
3.6 역사적 기록: 표준 대기 123
3.7 요약과 복습 125
참고문헌 127
연습문제 127

Chapter 04

기초 공기역학 131

4.1 연속방정식 134
4.2 비압축성 유동과 압축성 유동 136
4.3 운동량방정식 139
4.4 보충설명 142
4.5 기초 열역학 148
4.6 등엔트로피 유동 154
4.7 에너지방정식 159
4.8 방정식 요약 165
4.9 음속 166
4.10 저속 아음속 풍동 173
4.11 공기의 속도 측정 178
4.11.1 비압축성 유동 181
4.11.2 아음속 압축성 유동 187
4.11.3 초음속 유동 193
4.11.4 요약 198
4.12 몇 가지 추가 고려사항 199
4.12.1 압축성 유동에 대한 추가사항 199
4.12.2 등가 속도에 대한 추가사항 201
4.13 초음속 풍동과 로켓 엔진 202
4.14 압축성의 기준 213
4.15 점성 유동 입문 214
4.16 층류 경계층에 대한 결과 221
4.17 난류 경계층에 대한 결과 226
4.18 표면마찰에 대한 압축성 효과 229
4.19 난류 천이 231
4.20 유동 박리 234
4.21 항력에 미치는 점성 효과 요약 239
4.22 역사적 기록: Bernoulli와 Euler 240
4.23 역사적 기록: 피토관 242
4.24 역사적 기록: 첫 번째 풍동 245
4.25 역사적 기록: Osborne Reynolds와 레이놀즈수 250
4.26 역사적 기록: Prandtl과 경계층 개념의 확립 255
4.27 요약과 복습 258
참고문헌 262
연습문제 262

Chapter 05

익형, 날개, 공력형상 271

5.1 개요 271
5.2 익형의 정의와 명명법 273
5.3 양력, 항력, 모멘트계수 277
5.4 익형 데이터 282
5.5 무한 날개 대 유한 날개 296
5.6 압력계수 297
5.7 C_p에서 양력계수 구하기 302
5.8 양력계수의 압축성 보정 306
5.9 임계 마하수와 임계 압력계수 308
5.10 항력발산 마하수 318
5.11 조파항력(초음속 영역) 320
5.12 요약: 익형 항력 335
5.13 유한(길이) 날개 337
5.14 유도항력 계산 340
5.15 양력 기울기의 변화 348
5.16 후퇴익 357
5.17 플랩-고양력 장치 368

5.18 실린더와 구의 공기역학 374
5.19 양력 발생의 원리—몇 가지 다른 설명 380
5.20 역사적 기록: 익형과 날개 389
5.20.1 Wright 형제 390
5.20.2 영국과 미국의 익형(1910년~1920년) 390
5.20.3 1920년~1930년 391
5.20.4 초기 NACA 4단위 익형 391
5.20.5 이후 NACA익형 392
5.20.6 현대 익형 393
5.20.7 유한 날개 394
5.21 역사적 기록: Ernst Mach와 마하수 396
5.22 역사적 기록: 첫 유인 초음속 비행 399
5.23 역사적 기록: X-15—첫 유인 극초음속 비행과 우주 왕복선으로 나아가기 위한 디딤돌 403
5.24 요약과 복습 406
참고문헌 408
연습문제 408

Chapter **06**

항공기 비행성능 415

6.1 개요: 양항곡선 415
6.2 운동방정식 421
6.3 등속 수평비행을 위한 필요추력 424
6.4 이용추력과 최대 속도 432
6.5 등속 수평비행에서의 필요마력 434
6.6 이용마력과 최대 속도 439
6.6.1 왕복 엔진-프로펠러 조합 439
6.6.2 제트 엔진 440
6.7 필요마력과 이용마력에 대한 고도의 영향 441
6.8 상승률 451
6.9 활강비행 460
6.10 절대상승고도와 실용상승고도 464
6.11 상승시간 470
6.12 항속거리와 항속시간: 프로펠러 항공기 472
6.12.1 물리적인 고찰 472
6.12.2 정량적인 공식 473
6.12.3 Breguet 공식(프로펠러 항공기) 476
6.13 항속거리와 항속시간: 제트 항공기 479
6.13.1 물리적인 고찰 480
6.13.2 정량적인 정식화 481
6.14 $C_{D,0}$와 $C_{D,i}$의 관계식 485
6.15 이륙성능 493
6.16 착륙성능 499
6.17 선회비행과 $V-n$ 선도 502
6.18 가속 상승률(에너지 기법) 510
6.19 초음속 항공기에 대한 특별한 고찰 517
6.20 무인항공기 520
6.21 초소형 항공기 530
6.22 공력성능에 대한 탐구 532
6.22.1 공력성능을 가늠하는 척도 532
6.22.2 무엇이 L/D 값을 결정하는가? 534
6.22.3 공기역학적 항력의 원인: 항력의 경감 534
6.22.4 높은 L/D를 갖는 혁신적인 항공기 형상 539
6.23 설명 541
6.24 역사적 기록: 항력감소—NACA 카울링과 필렛 541
6.25 역사적 기록: 초기의 항공기 성능 예측 545
6.26 역사적 기록: Breguet와 항속거리 공식 547
6.27 역사적 기록: 항공기 설계—진화와 혁신 548
6.28 요약과 복습 554
참고문헌 557
연습문제 558

Chapter 07

안정성과 조종의 원리 563

7.1 개요 563
7.2 안정성과 조종의 정의 569
7.2.1 정안정성 569
7.2.2 동안정성 571
7.2.3 조종 573
7.2.4 편미분 573
7.3 항공기에 작용하는 모멘트 574
7.4 절대 받음각 575
7.5 종축 정안정성 조건 577
7.6 정성적인 고찰: 날개가 M_{cg}에 미치는 영향 582
7.7 꼬리날개가 M_{cg}에 미치는 영향 586
7.8 무게중심 주위의 총 피칭 모멘트 589
7.9 종축 정안정성에 대한 방정식 591
7.10 중립점 593
7.11 정적마진 594
7.12 종방향 정적 조종의 개념 598
7.13 트림에 필요한 엘리베이터 변위각 계산 603
7.14 조종간 고정 및 조종간 방임 정적 안정성 605
7.15 엘리베이터 힌지 모멘트 606
7.16 조종간 방임 종방향 정적 안정성 608
7.17 방향축 정안정성 612
7.18 횡축 정안정성 614
7.19 참고사항 616
7.20 역사적 기록: 안정성과 조종에 대한 Wright 형제와 유럽의 관점 616
7.21 역사적 기록: 비행조종의 개발 618
7.22 역사적 기록: 턱언더 문제 619
7.23 요약과 복습 621
참고문헌 622
연습문제 623

Chapter 08

우주공간에서의 비행 625

8.1 개요 625
8.2 미분방정식 632
8.3 라그랑지 방정식 633
8.4 궤도방정식 636
8.4.1 힘과 에너지 636
8.4.2 운동방정식 638
8.5 우주선의 비행경로—몇 가지 기본 특성 642
8.6 케플러 법칙 648
8.7 응용: 보이저 우주선—설계, 비행경로 및 역사적 중요성 653
8.8 지구 진입과 행성 진입의 개요 657
8.9 대기의 특성: 지수함수적 변화 659
8.10 대기진입에 대한 일반 운동방정식 660
8.11 탄도 진입의 응용 663
8.12 진입 가열 669
8.13 부양 진입: 우주 왕복선에서의 응용 677
8.14 역사적 기록: Kepler 681
8.15 역사적 기록: Newton과 만유인력 법칙 683
8.16 역사적 기록: Lagrange 685
8.17 역사적 기록: 무인 우주비행 686
8.18 역사적 기록: 유인 우주비행 689
8.19 요약과 복습 692
참고문헌 694
연습문제 695

Chapter 09

추진 697

9.1 개요 697
9.2 프로펠러 700

9.3 왕복엔진 707
9.4 제트 추진—추진방정식 716
9.5 터보젯 엔진 719
9.5.1 터보젯 엔진의 추력 발생 724
9.6 터보팬 엔진 729
9.7 램젯 엔진 731
9.8 로켓 엔진 735
9.9 로켓 추진제—몇 가지 고려사항 741
9.9.1 액체 추진제 742
9.9.2 고체 추진제 744
9.9.3 추가 설명 746
9.10 로켓 방정식 747
9.11 다단 로켓 748
9.12 엔진 효율에 대한 탐구 752
9.12.1 추진 효율 753
9.12.2 녹색 엔진 755
9.13 전기 추진 757
9.13.1 전자 이온 추력기 757
9.13.2 플라즈마자기력 추력기 758
9.13.3 아크젯 추력기 758
9.13.4 추가 설명 759
9.14 역사적 기록: 초창기 프로펠러의 발전 759
9.15 역사적 기록: 항공기 내연기관의 초창기 발전 762
9.16 역사적 기록: 초기 제트 엔진의 발명가들 765
9.17 역사적 기록: 로켓 엔진의 초기 역사 767
9.18 요약과 복습 773
참고문헌 775
연습문제 775

Chapter **10**

극초음속 비행체 779

10.1 개요 779
10.2 극초음속 유동의 물리적 현상 782
10.2.1 얇은 충격파층 783
10.2.2 엔트로피층 784
10.2.3 점성 상호작용 785
10.2.4 고온 효과 786
10.2.5 저밀도 유동 787
10.2.6 요점 789
10.3 극초음속 유동에 대한 뉴턴 법칙 790
10.4 극초음속 비행체에 대한 몇 가지 설명 796
10.5 요약과 복습 806
참고문헌 807
연습문제 808

Appendix A: 표준 대기표, SI단위계 809
Appendix B: 표준 대기표, 영국 공학 단위계 819
Appendix C: 기호 및 변환인자 827
Appendix D: 익형데이터 829
정답 857
찾아보기 861

CHAPTER 01

초기 항공기술자들

The First Aeronautical Engineers

앞으로 천년 동안 아무도 날지 못할 거다!

Wilber Wright, 1901, 절망을 받아들이며

목요일 아침 21 mi의 맞바람을 맞으며 지상에서 동력으로만 날아올라 57초 동안 31 mi의 비행을 4차례 성공했다는 소식을 고향의 신문사에 전하다.

ORVILLE WRIGHT

*Orville Wright*가 그의 부친에게 보낸 오타를 포함한 전신문,
1903년 12월 17일

1.1 개요

장소: North Carolina 주 Kitty Hawk에서 남쪽으로 4 mi 떨어진 Kill Devil Hills의 모래언덕. **시간:** 1903년 12월 17일 목요일 아침 10시 35분경. **인물:** Orville과 Wilber Wright와 5명의 지역거주 증인들. **장면:** 역사를 만들기 위해 준비된 것으로 평형을 잡고 있는 것은 부서지기 쉽고 이상하게 보이는 기계, 이것은 하나 위에 또 하나가 있는 2층 날개로 가문비 나무와 천으로 만들어져 있으며, 수평 승강타는 날개 앞쪽에 달려있고, 두 개의 수직 방향타는 날개 뒤에 달려있다(그림 1.1 참조). 12마력의 엔진은 아래 날개 윗면 약간 중앙에서 오른쪽으로 치우쳐 장착이 되어 있다. 이 엔진의 왼쪽에 Orville Wright가 아래 날개 윗면에 12월의 쌀쌀하고 추운 바람을 맞으며 엎드려 있다. 그의 뒤에서는 같은 엔진에서 체인과 풀리로 연결된 두 개의 보기 흉한 프로펠러가 돌고 있다. 이 기계는 평평한 지상

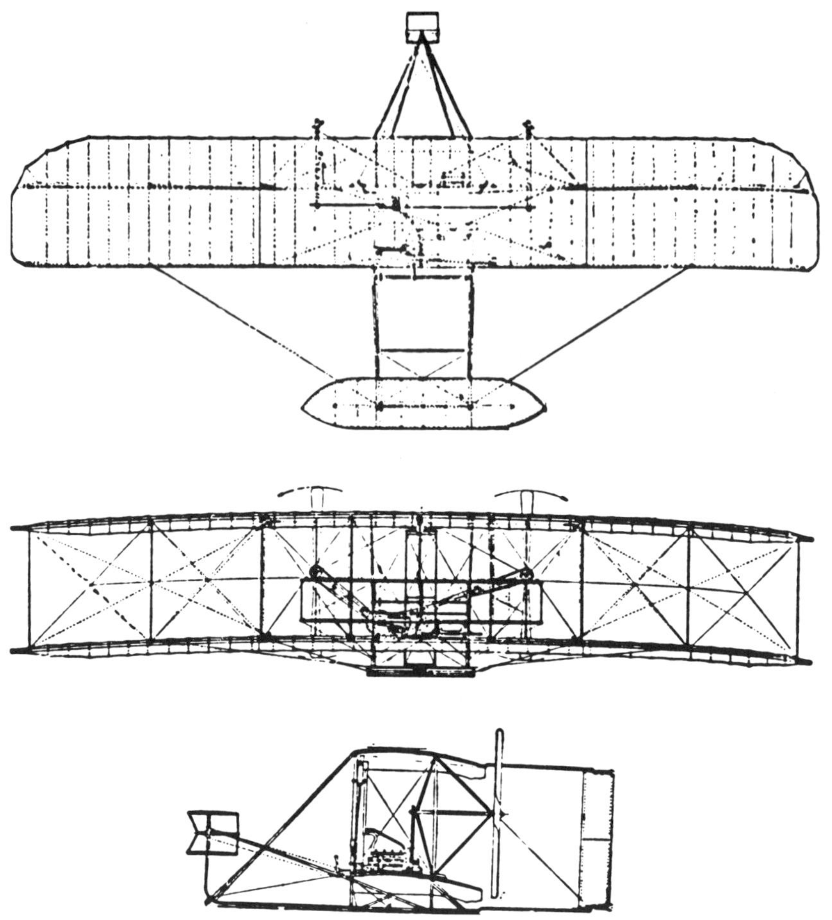

그림 1.1 *the Wright Flyer I*의 삼면도, 1903

위 60 ft의 레일 위를 움직이기 시작한다. Wilber Wright는 이 기계의 오른쪽에서 날개 끝단이 모래에 닿지 않게 받치면서 뛰고 있다. 레일의 마지막 부분에서 기계는 하늘로 올랐다; 이 순간, Kill Devil Life Saving Station의 John Daniels가 항공역사상 가장 역사적인 순간으로 보존되고 있는 사진을 찍는다(그림 1.2 참조). 기계는 뒤우뚱거리며 날다가 10 ft 정도에서 갑자기 솟구치다 바로 땅으로 곤두박질한다. 완전치 못한 이 비행은 레일에서 날아오른 지점으로부터 120 ft 지점의 모래에 박힐 때까지 12초 계속되었다. 이 비행이 끝나고, Orville Wright는 다음과 같이 말을 하였다. "세계 역사상 처음으로 인간을 자체 동력으로 공중으로 띄워 비행을 한 이 기계는 속도 감소 없이 전진비행을 하고 시작점에서 멀리 떨어진 곳에 착륙하였다."

이 기계가 *the Wright Flyer I*이고 그림 1.1과 1.2에서 보여주고 있고, 지금은 Washington, D.C.에 있는 스미소니언 항공우주박물관(the Air and Space Museum of the Smithsonian Institution)에 보관되어 있다. 그 추운 12월 17일 비행은 중요했다: 이것은

그림 1.2 역사상 공기보다 무거운 첫 번째 기계: *the Wright flyer I*과 조종간을 잡고 있는 Orville Wright, 1903년 12월 17일
(자료출처: *Library of Congress* [*LC-DIG-ppprs-00626*].)

오랜 세기 동안의 꿈을 실현하고 생활의 새로운 방식을 탄생시켰다. 이것은 정말로 공기보다 무거운 기계의 첫 번째 동력 비행이었다. 다음 5년 동안의 더 많은 성공으로 Wright 형제를 역사상 최고의 항공기술자로 인정할 수 있음이 분명해졌다.

그러나 대부분 믿고 있는 사실과 다르게, Wright 형제가 비행기를 진정으로 발명한 것은 아니다; 오히려 그들은 이전의 항공분야의 연구와 개발의 결실을 맺게 하였다. 20세기 초반에는 동력 비행이 성공을 거둘 때였다. Wright 형제의 창의력, 헌신, 그리고 끈질김이 그들을 첫 번째로 만들도록 하였다. 이 장의 목적은 성공적인 동력 비행을 이끈 수년 동안을 돌아보고, 초기 항공기술자로 불릴 수 있는 중요한 발명가와 고안자들을 하나하나 찾아보는 것이다. 이렇게 함으로써 다음 장들에서 비행의 기술적 개념을 전개할 때, 현대 항공우주기술의 바탕이 되는 전통과 계승의 일부분을 보다 잘 이해하게 될 것이다.

1.2 초창기 개발

인간이 지각을 하기 시작한 이래로 새들과 같이 하늘을 날고자 하는 생각이 인간의 마음에 자리 잡게 되었다. Daedalus와 그의 아들 Icarus에 대한 초기 그리스 신화가 그 증거이다. 지중해의 Crete 섬에 갇혀 있을 때, 날개를 만들어 밀랍으로 붙이라는 말을 듣게 된다. 이 날개로 그들은 공중으로 날아 도망을 치게 된다. 그러나 Icarus는 그의 아버지의 경고에도 불구하고 태양에 너무 가까이 날아가, 결국 밀랍이 녹아 바다에 떨어져 죽게 된다.

초기 인간의 비행은 모두 새를 모방하는 것에 초점이 모아져 있었다. 무명의 고대, 중세의 여러 사람들은 날개를 붙이고 탑이나 지붕에서 뛰어내리거나 강하게 날개짓을 하여 가끔 화를 입거나 항상 실패로 끝을 냈다. 시간이 지남에 따라 팔에 날개를 묶는 방법은 사라졌다. 대신 인간의 팔, 다리 혹은 몸의 움직임으로 동력을 얻는, 다양한 기구학적인 역학에 의해 날개를 위아래로 퍼덕거리는 개념으로 변하게 되었다. 이러한 기계를 *ornithopter*

라 부른다. 최근의 역사적 연구에 의해 Leonardo da Vinci는 인간의 비행에 관한 생각을 가지고 있었음과 15세기 말경에는 무수히 많은 ornithopter를 설계하였다는 것을 밝혀내고 있다. 그의 남겨진 원고에서 보면, 35,000자 이상과 500개 이상의 스케치가 비행과 관련이 있다. 그의 ornithopter 설계 중의 하나가 그림 1.3에서 보여지고 있는데, 이것은 1486년에서 1490년 사이에 da Vinci가 직접 스케치한 것이다. da Vinci가 그가 설계한 것의 어느 것도 직접 만들거나 시험하였는지에 대해서는 알려진 바 없다. 그러나 날개를 퍼덕거려 인간의 힘으로 날려했던 시도는 항상 실패로 끝이 났다. 이 점에서는, 다빈치의 노력이 비행기술 발전에 중요한 공헌을 하지는 못했다.

하늘을 날고자 하는 인간의 노력은 1783년 11월 21일에, Pilatre de Rozier와 the Marquis d'Arlandes를 태운 기구가 공중으로 날아올라 파리를 5 mi 지나감으로써 사실상 지상을 떠오르게 되었다. 기구는 아래쪽에 가는 가지로 엮은 큰 바구니에서 불을 때워 얻은 뜨거운 공기로 가득 차 뜨게 되었다. 기구를 설계하고 제작한 사람은 Montgolfier 형제, Joseph과 Etienne였다. 1782년에 Joseph Montgolfier는 난로를 응시하며, 지면으로부터 인간을 띄우기 위해 화염으로부터 올라가는 뜨거운 공기의 "뜨는 힘"을 이용하는 방안을 생각하기 시작했다. 형제들은 곧 일에 착수하여, 불에서 나오는 뜨거운 공기를 가두기 위해 종이와 천으로 주머니를 만들어 실험을 하였다. 양, 수탉, 오리를 태운 바구니를 단 기구의 8분간의 여행을 포함해서 탑승객 없이 몇 차례 공개적인 시범 후에, Montgolfier

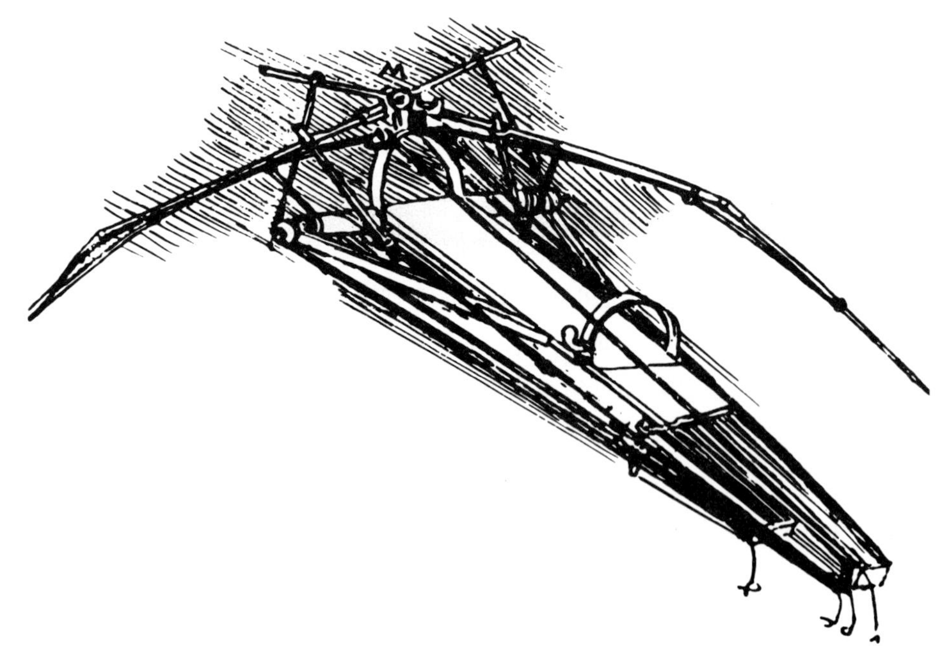

그림 1.3 Leonardo da Vinci가 설계한 ornithopter, 1486~1490.

그림 1.4 역사상 최초 공중 여행: 1783년 11월 21일 파리 근교 지상에서 뜬 Montgolfiier의 열기구. (자료출처: *Library of Congress (LC-USZ62-15243).*)

형제는 큰 시도를 할 준비가 되었다. 1783년 11월 21일 오후 1시 54분, 탑승객을 태운 첫 번째 비행이 공중에서 25분간 지속이 되었다(그림 1.4 참조). 이것은 역사상 처음으로 인간이 공중에 떠서 일정시간을 머문 사건이었다. 이 일 이후 바로 유명한 프랑스 물리학자인 J. A. C. Charles(물리학에서 Charles의 가스 법칙의 그)가 1783년 12월 1일 파리의 Tuileries Gardens에서 수소를 채운 기구를 만들어 띄웠다.

그래서 사람들은 결국 지면에서 떠오를 수가 있게 되었다. 기구 혹은 몽골피에 형제가 명명한 "기체 정역학 기계(aerostatic machines)"는 인간의 공기보다 무거운 비행체의 기술에 실제 공헌하지는 못했다. 하지만 그들은 하늘을 난다는 것에 대한 대중들의 관심을 모으는 중요한 계기를 마련하였다. 그들은 인간이 실지로 땅을 벗어날 수 있다는 것과 새들에게만 국한된 환경에 도전할 수 있다는 산증인이 되었다. 더욱이 기구는 거의 100년간 인류 비행의 유일한 수단이었다.

1.3 George Cayley (1773~1857) — 항공기의 진정한 발명가

근대 비행기의 근원은 1799년 George Cayley에 의해 만들어진 디자인에서 찾을 수 있다.

이 디자인은 양력을 만들어내는 고정익, 추진력을 위한 또 다른 메커니즘(Cayley는 페달을 구상했다), 안정성을 위한 수평과 수직이 합쳐진 십자형의 꼬리를 포함한 가장 첫 개념이었다. 그림 1.5에서 보이듯 Cayley는 그의 생각을 은반에 새겼다(오래 보관하기 위한 것처럼 보인다). 은반의 반대쪽에는 양력의 화살표와 사면의 견인력이 새겨져 있다. 이 디스크는 런던 과학박물관에 보관되어 있다. 이 디자인 전의 시기는 기계적 비행 양력과 추진력을 일으키는 것으로 기대됐던 ornithopter의 날개를 상하로 흔드는 것에 초점이 맞춰져 있었다(Da Vinci는 자신의 ornithopter 날개를 양력과 추진력을 얻기 위해 아래와 뒤로 동시에 펄럭거리도록 디자인했다). 하지만 Cayley는 이런 성공적이지 않은 생각을 깨뜨렸다. 그는 양력의 개념과 추진력의 개념을 분리시켰고, 이렇게 함으로써 1903년 Wright 형제의 성공으로 이어진 100년의 항공학 발달을 이끌어냈다. George Cayley는 항공학의 역사에서 큰 거인이다. 그는 근대 항공술의 아버지이며 근대 비행기의 기본적인 형태를 처음으로 소개했다. 이제 그를 조금 더 자세히 살펴보도록 하자.

Cayley는 1773년 12월 27일 영국 요크셔의 스카버러에서 태어났다. 그는 York와 Nottingham에서 교육을 받았으며 후에 잘 알려진 선생님들 밑에서 화학과 전력을 공부했다. 그는 어느 정도 알려진 학자였고 Brompton이라는 가족소유의 저택에서 많은 시간을 보낸 준남작이었다. 그림 1.6에 Cayley의 초상화가 있다. 그는 나이에 비해 젊어 보이는 이지적이고 개방적인, 84년의 긴 인생 동안 많은 일을 추구한 사람이었다. 1825년에 그는 근대의 모든 궤도차량의 선구자인 무한궤도 트랙터를 발명했다. 또한 그는 요크의 Whig Club의 회장이었으며 Yorkshire Philosophical Society를 창설(1821), British Association for the Advancement of Science를 공동 창설(1831), 의회의 회원, 지면 배

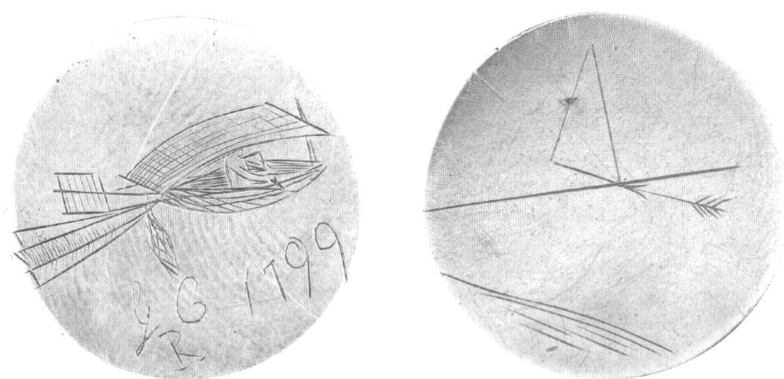

그림 1.5 Cayley가 1799년에 역사상 처음으로 생각해낸 고정익 개념을 새겨 넣은 은반. 은반의 반대편에는 날개로 인해 생긴 공기력이 양력과 항력의 분력으로 새겨져 있다. 이것은 Cayley의 고정익에 대한 충분한 이해력을 보여준다. 은반은 런던 과학박물관에 보관되어 있다.
(자료출처: ⓒ *Science and Society/SuperStock.*)

그림 1.6 1984년 Henry Perronet Briggs가 그린 George Cayley 경의 초상화. 이 초상화는 현재 런던 국립 전시장에 걸려 있다.
(자료출처: © *Science and Society/SuperStock.*)

수의 주도적인 권위자, 그리고 광학과 철도의 안전장치에 대한 논문을 발표했다. 뿐만 아니라 그는 사회적 의식도 있었다. 그는 요크셔가 산업화에서 오는 고통에서 벗어나기를 외쳤고 이를 위한 기부를 했다.

하지만 인류에 가장 중요하고 오래 남을 만한 기여는 항공학에서였다. 1796년 초, 헬리콥터 모델을 실험한 후 1799년, Cayley는 자신의 혁명적인 고정익 개념을 은반에 새겼다(그림 1.5 참조). 이것은 10년간의 열정적인 공기역학에 대한 조사와 발달로 이어졌다. 그는 그림 1.7에 보이는 회전 팔 기구 날개를 실험해보기 위해 1804년에 만들었다. 이것은 기다란 막대의 끝에 올려져 날개에 공기가 흐르도록 적당한 속도로 회전하는 단순한 것이었다. 근대 항공우주공학에서의 풍동은 이 같은 역할을 한다. 하지만 Cayley 시대의 회전팔은 공기력과 양력면 중앙 압력의 측정을 가능케 하는 중요한 발달이었다. 물론 이러한 측정이 아주 정확하지는 않았다. 그 이유는 회전판이 몇 번의 회전을 거친 후에는 장치와 함께 주변의 공기가 함께 돌기 시작했기 때문이다. 그럼에도 불구하고 이것은 공기역학 실험의 가장 첫 번째 단계였다(Cayley는 회전팔을 발명하지 않았다. 1742년에 Benjamin Robins라는 영국 군대의 엔지니어에 의해서 발명됐다). 또한 1804년에 Cayley는 그림

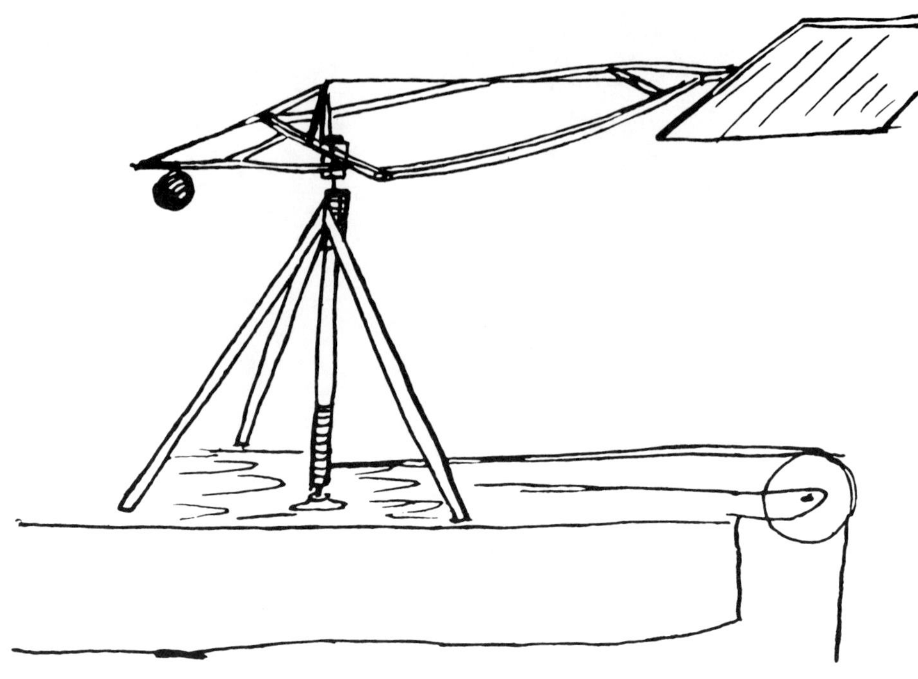

그림 1.7 날개실험을 위한 George Cayley의 회전팔 시험장치

1.8에서 보이는 작은 글라이더 모델을 디자인하고 만들고 날렸다. 오늘날의 관점에서 보면 아이였을 때 해보았던 매우 사소한 일인 것 같지만 1804년에는 고정익과 조절할 수 있는 수평과 수직이 합쳐진 꼬리가 있는 근대 비행기의 가장 첫 번째 모형을 상징했다(Cayley는 그림 1.8에서 볼 수 있는 그의 스케치에서 보이듯이 주로 글라이더의 꼬리를 양의 입사각으로 해서 날렸다). 이 글라이더의 실제 크기의 모형은 런던 과학박물관에 있다. 모형은 1 m 길이밖에 되지 않는다.

Cayley의 항공학적 결과의 첫 번째 분출은 1809~1810년에 쓰여진 그의 중요한 논문 3편에 담겨져 있다. Nicholson의 *Journal of Natural Philosophy*호에서 “On Aerial Navigation”이라는 제목으로 1809년 11월, 1810년 2월, 그리고 1810년 3월에 발간되었고 이 문서는 항공학의 역사에서 가장 중요한 업적 중 하나로 여겨진다(역사에서 *natural philosophy*라는 단어는 physical science와 유의어임을 주의해야 한다). Cayley는 Jacob Degen가 최근 비엔나에서 기계를 날렸다는 소식을 접하자 그의 논문 3편을 쓰도록 자극받았다. 사실 Degen은 풍선에 의해 들어 올려진 기계 장치를 날렸다. 전혀 중요한 사건이 아니었지만 Cayley는 자세한 내막을 알지 못했다. Cayley는 그의 활동을 사람들에게 알리기 위해 그의 논문 3편에 항공역학/공기역학의 다양한 측면을 기록했다. 이것은 역사상 처음으로 항공역학의 이론과 적용 측면을 담아 출판된 논문이었다. 논문에서 Cayley는 양

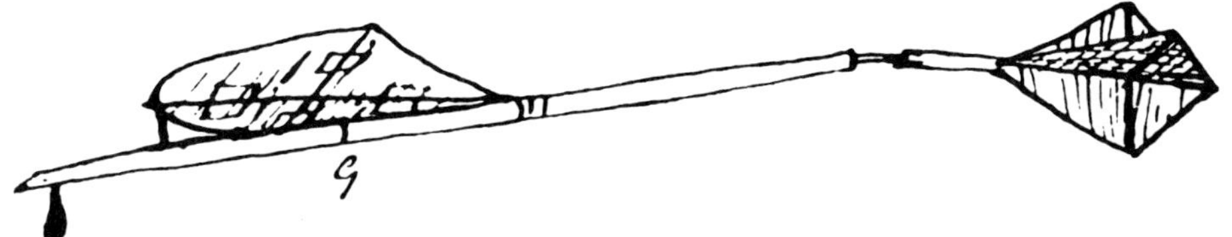

그림 1.8 역사상 첫 번째의 근대 비행기 모형: Cayley의 글라이더 모델, 1804

력과 추진력의 분리에 대한 이론과 양력을 만들기 위해 고정익을 사용하는 것에 대해 자세히 기술했다. 그는 나는 기계의 가장 기본적인 원칙은 "공기의 저항에 추력을 적용함으로 표면이 주어진 무게를 견딜 수 있게 하는 것"이라고 주장했다. 그는 움직임의 방향의 각도로 기울여진 표면이 양력을 만들어내는데, 기울어진 표면이 평평한 표면보다 이것을 더 효율적으로 한다고 말했다. 또한 그는 역사상 처음으로 양력이 날개표면 위의 낮은 압력에 의해 발생한다고 주장했다. 이 현상에 대한 근대적 기술 양상은 제4장과 제5장에 더 자세히 설명될 것이다. 하지만 1809~1810년 Cayley에 의해 주장된 이 현상은 새롭고 독특했다. 그의 논문 3편은 항공 관제의 문제도 다뤘으며 비행기의 안정성에 대한 수평과 수직 날개의 역할을 다룬 첫 번째 문서였다. 흥미롭게도 Cayley는 접선(tangent)까지 나아가 추진력을 위한 플래퍼(flapper)도 다뤘다. 은반(그림 1.5 참조)에 날개 바로 뒤에 페달을 그린 것을 주목해보라. 1799년에서 1857년 그가 죽을 때까지 Cayley는 항공 추진력을 위한 flapper에 집착했다. 반면에 그는 프로펠러(airscrew)에는 낮은 관심을 보였다. 사실 그는 회전하는 기계의 모든 종류를 기피하는 듯 했다. 하지만 이것이 그의 수많은 기여를 떨어뜨리지는 못한다. 또한 그의 논문 3편에서 Cayley는 실제 크기의 글라이더를 역사상 처음으로 1809년 Brompton에서 그에 의해 만들어지고 날리는 것을 (타는 사람 없이) 성공했다. 하지만 그것의 형성에 대한 단서는 전혀 없다.

흥미롭게도 1810년에서 1843년은 Cayley의 항공학적 인생에 있어서 조용한 시기였다. 아마도 그는 그의 수많은 다른 활동을 하느라 바빴던 것으로 추측된다. 이 시기에 그는 공기보다 무거운 것과 반대되는 비행선에 흥미를 보였다. 그는 "비행선의 비행(ballon aerial navigation)은 충분히 가능하며 만약 순서대로 진행이 된다면 기계적 비행이 안전하고 효율적이게 사용되기 전에 활용될 것이다"라는 예언적인 발언을 했다. 그리고 그는 옳았다. 증기기관으로 추진된 첫 성공적인 비행선은 성공적인 비행기가 만들어지기 51년 전 프랑스의 기술자 Henri Giffard에 의해서 1852년 파리에서 만들어지고 날려졌다.

Cayley의 항공학적 결과의 두 번째 분출은 1848년에서 1854년에 이루어졌다. 1849년 그는 실형 비행기를 만들었고 실험했다. 몇몇 비행 실험 동안 10살짜리 남자아이가 탔으며 언덕을 내려갈 때 땅에서 몇 미터 정도 들어 올려졌다. Cayley가 직접 스케치한 이 기계는 소년 운송기라 불리며 그림 1.9에서 볼 수 있다. 이것이 삼엽기(날개 3개가 겹쳐져 올

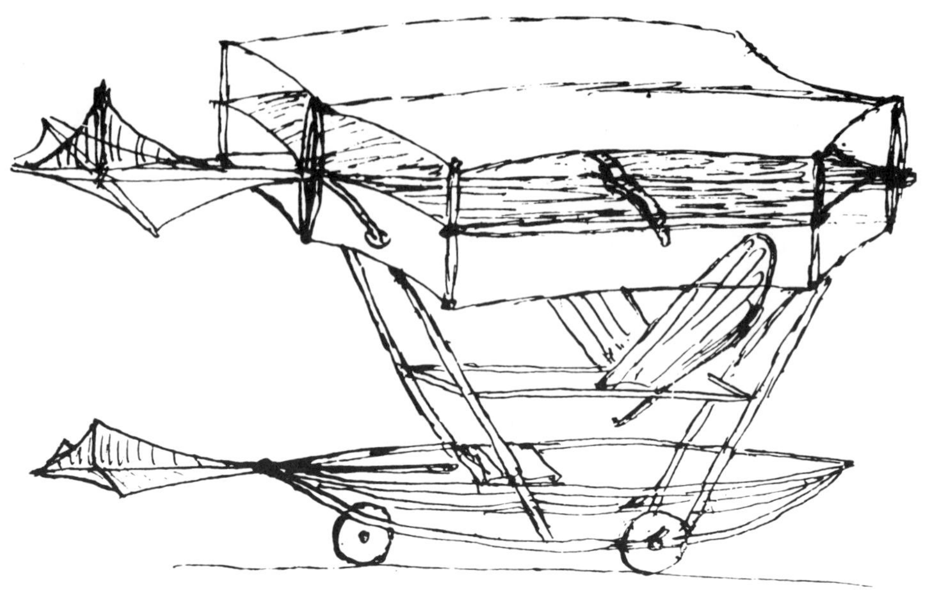

그림 1.9 1849년 Cayley의 삼엽기—소년 운송기(the boy carrier). 수평과 수직 꼬리 표면과 flapper 같은 추진 장치

려 있는 것)라는 것에 주의해 보라. Cayley는 다엽기(복엽기와 삼엽기)를 가장 처음 제안했다. 제안의 주된 이유는 하나의 커다란 날개(단엽기)의 구조적 실패의 가능성이 걱정됐기 때문이다. 작고 조밀한 날개를 겹쳐 만드는 것이 그에게는 더 이치에 맞게 들렸으며 그의 아이디어는 20세기 내내 지속됐다. 비행기 모양에서 단엽기가 지배적이게 된 것은 늦은 1930년대에 이르러서이다. 또한 엄밀히 말하자면 그림 1.9에서 보여지듯 이것은 "동력" 비행기였다. 즉, 이것은 추진력을 내는 플래핑 구조(flappers)가 갖춰져 있었다.

Caylely의 가장 중요한 논문 중 하나는 1852년 9월 25일 *Mechanics' Magazine*에서 발표되었다. 이때 그의 나이가 79살이었다. 논문의 제목은 "Sir George Cayley's Governable Parachutes."이었고 근대 비행기의 거의 모든 요소들을 갖춘 사람을 태울 수 있는 커다란 글라이더에 대한 모든 설명이 포함되어 있었다. 그림 1.10에서 보여지는 디자인은 *Mechanics' Magazine*의 원본의 복사본이다. 이 비행기는 (1) 측면 안정성을 위해 2면각(dihedral)을 가진 주날개; (2) 종단면과 방향적 안정성을 위한 조정 가능한 십자형 꼬리; (3) 조종사가 구동할 수 있는 승강기와 방향타; (4) 조종사의 자리와 3개의 바퀴를 가진 이착륙 장치를 가진 자동차 모양을 한 몸채, 그리고 (5) 관 모양과 사각 모양의 각재 구조를 가지고 있다. 이러한 복합된 요소들은 20세기 초 Wright 형제의 디자인 전까지는 보여지지 않았다. 놀랍게도 Cayley의 1852년 논문은 *Mechanics' Magazine*이 가진 많은 독자층에도 불구하고 사실상 알려지지 않았다. 1960년 저명한 영국 역사가 Charles H.

Mechanics' Magazine,

MUSEUM, REGISTER, JOURNAL, AND GAZETTE.

No. 1520.] SATURDAY, SEPTEMBER 25, 1852. [Price 3*d.*, Stamped 4*d.*

Edited by J. C. Robertson, 166, Fleet-street.

SIR GEORGE CAYLEY'S GOVERNABLE PARACHUTES.

Fig. 2.

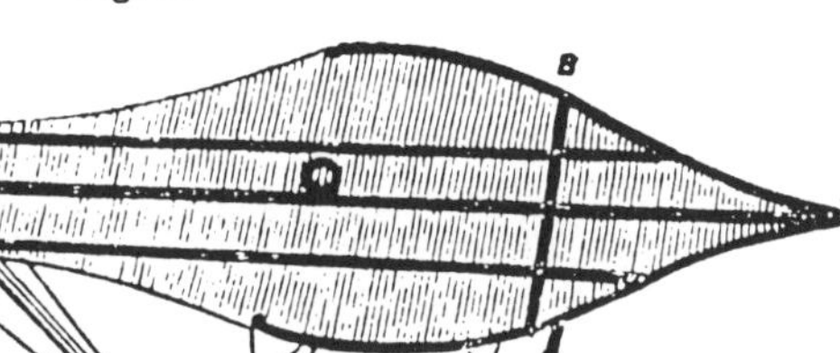

Fig. 1.

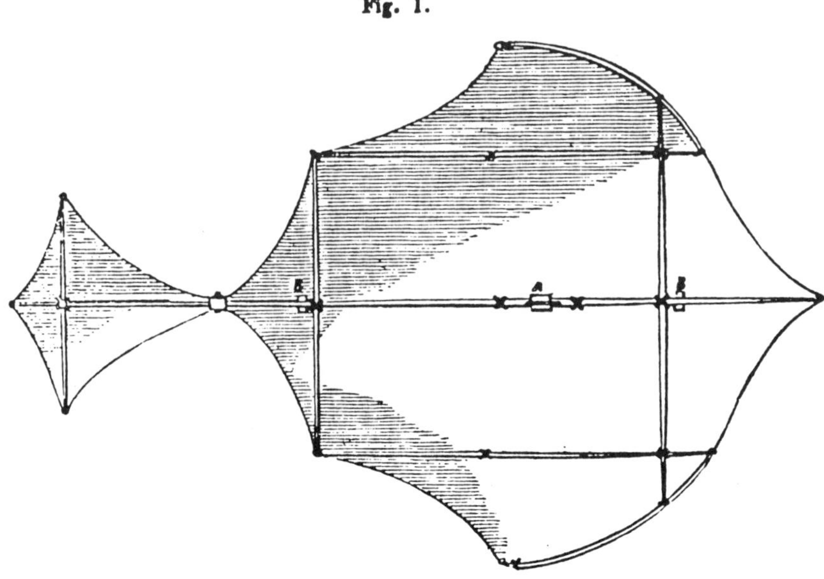

그림 1.10 George Cayley의 인간 수송 글라이더
(자료출처: *Mechanics' Magazine*, 1852.)

Gibbs-Smith에 의해 발견되었고 1960년 1월 13일 *The Times*에서 재출판되었다.

정확한 날짜가 알려지진 않지만 1853년 어느 날 George Cayley은 세계 최초의 사람을 태우는 글라이더를 만들고 날렸다. 그 모형은 알려지지 않았지만 Gibbs-Smith는 초기의 소년 운송기(그림 1.9 참조)의 삼엽기와 비슷했으며 날개의 평면형상은 그림 1.10의 글라이더와 흡사한 모양일 것이라 주장한다. 몇몇 목격자들의 말을 듣자면 글라이더는 Cayley의 마부가 탄 채 Brompton의 몇백 야드의 비행이 있었다고 한다. 글라이더는 갑작스럽게 착륙했고 놀란 마부가 어렵게 글라이더에서 내린 뒤 "제발요, George님, 먼저 알려주세요. 저는 운전을 하도록 고용되었지 날려고 고용된 게 아니에요"라고 말했다고 한다. 굉장히 최근에 Cayley의 마부의 비행은 영국 방송협회의 Cayley의 인생에 대한 TV 프로그램에서 재연됐다. 1975년 8월 런던 과학박물관을 방문하면서 저자는 입구에 걸린 Cayley의 글라이더 복제 모형(마부를 제외한)을 보고 감명받았다.

George Cayley는 1857년 12월 15일 Brompton에서 숨을 거뒀다. 그의 84년에 가까운 인생에서 그는 항공술의 모든 실용적인 기반을 닦았다. 그는 1846년 William Samuel Henson에 의해 항공(aerial navigation)의 아버지라 불린다. 하지만 분명치 않은 이유들로 George Cayley의 이름은 그의 죽음 이후 배경 속으로 사라진다. 그의 업적들은 19세기 후반부의 모든 항공술의 열렬한 지지자들에게 잊혀지게 된다. 그의 출판된 논문들이 잘 알려진 학술지들에 실렸다는 것을 고려해보면 이것은 놀랍고 또 용서할 수 없는 일이다. 뒤따르는 많은 발명가들이 그들의 아이디어를 실현시키기 전에 과거의 논문들을 훑어볼 노력을 하지 않았던 것이 분명하다(제2차 세계 대전 때 서면 기술 논물들이 사실상 사라져버린 요즘 기술자들에게 이것은 사실 문제다). 하지만 Cayley의 업적은 20세기 몇몇 근대 역사가들에 의해 다시 조명되고 있다. 역사가들 중 눈에 띄는 인물은 이 책의 1.3절 대부분의 내용인 *Sir George Cayley's Aeronautics* (1962)라는 책을 쓴 C. H. Gibbs-Smith이다. Gibbs-Smith는 Cayley의 작업이 다른 항공 선구자들에 의해 바로 이어졌다면 그들은 1809~1810년 논문 3편과 1852년 논문의 아이디어들을 소화해 1890년대에는 동력 비행이 성공했을 가능성이 컸을 것이라고 주장한다. 아마도 그럴 것이다!

George Cayley에 대한 마지막 헌사로 프랑스 항공기술 역사가 Charles Dollfus가 1923년 말한 것을 살펴보겠다: 비행기는 영국 발명품이다.

> 그것은 지난 세기의 상반기를 살았던 위대한 영국 기술자 George Cayley에 의해 모든 중요한 부분이 계획됐다. 항공기술의 가장 위대한 천재인 Cayley의 이름은 그의 조국에서조차 알려지지 않았고 그의 업적을 아는 사람은 극히 드물다. 하지만 그가 발표한 논문들을 살펴보면 그의 독창성과 상식의 논리에 찬사를 보내지 않을 수 없다. 제2제정 시기의 위대한 기술자는 사실 비행기 전체를 발명했을 뿐만 아니라 지금도 발견되는 항공술의 문제는 (글라이더와 동력 비행기와 마찬가지로) 이론적 연구와 실행적 실험으로 나뉘어야 한다는 것을 깨달았다.

1.4 공위 시대(최고 지도자 부재기간)—1853년에서 1891년까지

Cayley의 마부를 태우는 글라이더의 성공 이후 50년간 그 전 50년과 비교했을 때 항공학적 기술에 큰 발전은 없었다. 1.3절에서 언급되었듯 Cayley의 대부분 업적들은 소수의 열정적 탐구자들을 제외한 대부분의 사람들에게서 잊혀졌다. 하지만 많은 사람들이 하늘을 정복하기 위한 (어떨 때는 무의미한) 다양한 방면의 노력과 함께 상당한 활동이 있었다. 이러한 노력들 중 몇몇은 이 시기의 분위기를 설명하기 위해 다음 문단에서 다뤄진다.

William Samuel Henson (1812~1888)은 Cayley와 동시대 사람이다. 1843년 4월 영국에서 그는 프로펠러 두 개를 증기기관으로 움직이는 고정익 비행기 디자인을 발표했다. 증기 비행기(*aerial steam carriage*)라고 불리는 이 디자인은 세계 전역에서 복제되고 팔린 예시적 판화(illustrative engravings) 시리즈 덕분에 19세기 동안 많은 주목을 받았다. 이것은 Madison Avenue에서 자랑스러워 했을 만한 홍보 캠페인이었다. 이들 중 하나는 그림 1.11에서 볼 수 있다. 그림 1.11에서 나타난 근대 항공기의 특징 몇 개에 주목해 보라: 폐쇄된 몸체(closed fuselage) 안에 있는 엔진, 두 개의 프로펠러, 삼륜 착륙 장치, 비교적 높은 날개 종횡비(aspect ratio)의 직사각형 모양의 날개 하나(우리는 이런 날개들의 항공학적 특징을 제5장에서 다룰 것이다.) Henson의 디자인은 George Cayley의 아이디어와 항공학 연구의 직접적 결과물이었다. 증기 비행기는 결코 만들어지지 않았다. 하지만 디자인은 널리 팔린 그림들과 함께 George Cayley의 고정익 개념은 거의 모든 다음 세대 사람들의 마음속에 새겼다. 따라서 Cayley의 발표된 논문들은 그의 죽음과 함께 잊혀졌

그림 1.11 Henson의 증기 비행기, 1842~1843
(자료출처: *Library of Congress [LC-DIG-ppmsca-03479].*)

지만 그의 주요한 개념은 다음 세대의 발명가들에게 어느 정도 흡수되었고 영구화되었다. 비록 이 발명가들이 아이디어의 진정한 출처를 모르기는 했지만 이런 관점에서 Henson의 증기 비행기는 날지는 못했지만 역사에서 가장 영향력 높은 비행기 중 하나로 여겨질 수 있다.

Henson의 친구인 John Stringfellow는 Henson의 디자인을 실현시키기 위해 몇 가지 노력을 했다. Stringfellow는 몇 개의 작은 증기기관 엔진을 만들고 단엽기 모델을 땅 위로 날려보려 했다. 그는 성공에 가깝게 갔지만 결국 실패했다. 하지만 그의 가장 알려진 업적은 런던 Crystal Palace의 Aeronautical Society의 스폰서를 받은 1868년도의 항공 박람회에 전시된 증기기관으로 움직이는 삼엽기에서 나타났다. Stringfellow의 삼엽기 사진은 그림 1.12에서 볼 수 있다. 이 비행기 또한 실패임에도 불구하고 세계적 관심 때문에 그 영향력이 굉장히 높았다. 이 삼엽기에 대한 삽화는 19세기 후반까지 쭉 나타난다. Gibbs-Smith는 그의 책 *Aviation: An Historical Survey from Its Origins to the End of World War II* (1970)에서 이러한 삽화들이 나중에 Octave Chanute, 그리고 그를 통해 Wright 형제들에게까지 강한 영향력을 주었고 중첩된 날개의 개념을 강화시켰다고 주장했다. Stringfellow의 삼엽기는 George Cayley와 근대 복엽기 사이를 연결해주는 주된 다리 역할을 한다. 이 시기의 동력 비행기들은 땅에서 떨어지기는 했지만 정말 단순히 떨어지는 것에 지나지 않았다.

그림 1.12 런던의 첫 항공 박람회에 전시된 Stringfellow의 삼엽기 모델, 1868
(자료출처: © *Science Museum/SSPL/The Image Works.*)

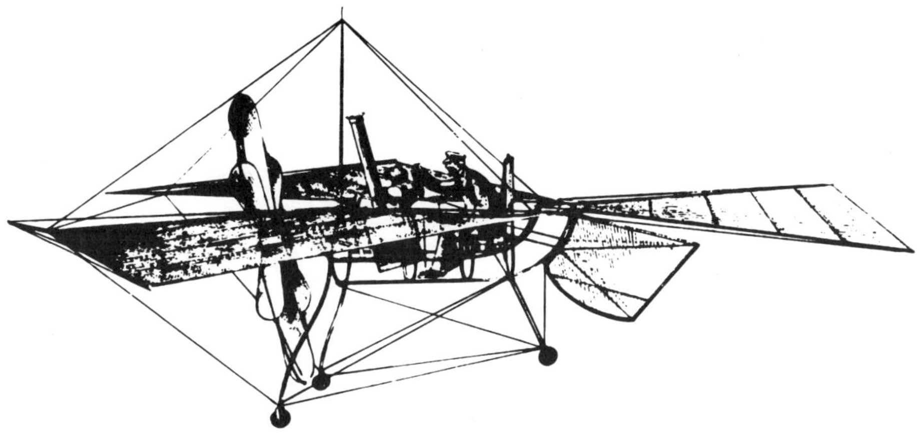

그림 1.13 Du Temple의 비행기: 보조를 받고 동력 이륙을 한 첫 비행기, 1874

1857~1858년에 프랑스 해군 장교이자 엔지니어인 Felix Du Temple는 역사상 처음으로 성공적인 동력기 모델을 날렸다. 그것은 전진익의 날개와 시계장치(clockwork)로 동력을 얻는 단엽기이었다! 그리고 1874년에 Du Temple은 세계 최초로 조종사가 조종하는 실형의 비행기 이륙을 성공시켰다. 이 비행기 역시 전진익의 날개가 있었지만 이번에는 뜨거운 공기(hotair)의 한 타입의 엔진으로 추진되었다(정확한 타입은 알려지지 않는다). Du Temple의 실형 비행기의 스케치는 그림 1.13에서 보여진다. 젊은 조종사가 조종한 기계는 프랑스의 Brest의 경사에서 밑으로 발진되었다. 비행기는 땅을 잠깐 떴지만 유지되는 비행에 가까이 가지는 못했다. 똑같은 헛된 결과를 낸 두 번째 비행기가 1884년 7월 러시아 St. Petersburg에서 잠시 떠올랐다. Alexander F. Mozhaiski에 의해 디자인된 이 기계는 그림 1.14에서 보여지는 증기 동력 단엽기(steam-powered monoplane)이다. Mozhaiski의 디자인은 Henson의 증기 비행기(aerial steam carriage)의 직계 비속이었다. 그것은 심지어 영국의 증기기관으로 동력을 얻었다. I. N. Golubev이 조종한 채 이 비행기는 스키 경사로에서 발진되었고 몇 초 동안 날았지만 Du Temple의 비행기와 마찬가지로 비행이 유지되지는 못했다. 러시아인들은 Mozhaiski를 역사상 최초로 동력 비행을 한 인물이라 여기지만 비행이라 불리기에 필요한 기준은 충족시키지는 못했다. Du Temple과 Mozhaiski 는 역사상 첫 번째와 두 번째의 보조를 받은 동력 이륙은 이뤄냈지만 둘 다 비행을 유지시키지는 못했다. C. H. Gibbs-Smith는 그의 책 *The World's First Aeroplane Flights* (1965)에서 항공역사가들의 성공적인 동력 비행의 평가 기준을 다음과 같이 정했다:

> 간단하고 지속된 동력 비행의 기준을 맞추기 위해서는 일반적인 비행기가 땅에서 떴을 때의 운동에 영향을 받을 범위를 벗어난 수평 혹은 상승 비행 경로에서 대기속도 감속 없이 스스로 자유롭게 자신을 유지할 수 있어야 한다. 그렇지 않다면 그 비행기는 동력 상승으로밖에 평가되지 않을 것이다. 즉, 그것은 완벽하게 스스로 추진된 비행이 아니라 프로펠러의 추력에 의한 궤도

그림 1.14 보조를 받고 이륙한 두 번째 비행기: Mozhaiski'의 비행기, Russia, 1884
(자료출처: *Soviet Union Postal Service.*)

와 날개의 공기력의 영향을 받은 것이다. 또한 기계는 만족스러운 평형을 유지할 수 있다는 것을 증명해야 한다. 단순히 유지되는 비행은 완전한 조종능력을 포함할 필요는 없으나 비행 시 적당한 평형 유지는 유지력의 한 부분이다.

이러한 조건이라면 어떤 주요한 항공 역사가들도 최초의 동력 비행은 1903년 Wright 형제들에 의해 이루어졌다는 것을 의심하지 않을 것이다. 하지만 방금 설명된 보조를 받은 "점프"는 19세기 항공학 발전의 사다리에 두 개의 다리를 더 놓는다.

이 시대에 특별히 주목해야 할 것은 1866년 런던에서 창설된 Aeronautical Society of Great Britain이다. 이전의 시대에는 "항공술(aerial navigation)" (George Cayley에 의해 명명되었다)의 연구는 많은 과학자와 엔지니어들에게 업신여겨졌다. 그것은 통념에서 너무 벗어났고 진지하게 받아들여지지 않았다. 하지만 Aeronautical Society는 곧 기계적 비행의 문제를 해결하는 것을 더 순차적이고 논리적으로 받아들이는 예지력 있고 지명도 있는 과학자들의 관심을 끌었다. 이에 대한 영향으로 항공학은 조금 더 진지하고 의미 있다는 분위기로 나아갔다. 이 학회는 정기적 모임과 기술적 저널 발간을 통해 항공 공학 연구결과의 발표와 이해의 응집된 과학적 출구를 제공했다. 오늘날까지도 이 학회는 높이 평가되고 존중되는 Royal Aeronautical Society로 이어지고 있다. 또한 이 학회는 미국의 American Rocket Society와 Institute of Aeronautical Sciences 창설의 모델이 되었다.

두 학회는 1964년에 오늘날 항공 공학에 대한 정보가 교환되는 가장 영향력 있는 통로인 American Institute of Aeronautics and Astronautics (AIAA)로 병합되었다.

1866년 6월 27일 영국의 Aeronautical Society of Great Britain와의 첫 미팅 때 Francis H. Wenham은 항공공학의 기본서적 중의 하나인 “Aerial Locomotion”이라는 제목의 논문을 발표했다. Wenham는 해양 엔지니어로서 역사상 최초의 풍동(wind tunnel)을 디자인하고 만들었고(4.24절 참조) 후에 단체에서 주요한 역할을 맡았다. 단체의 첫 연간 보고서에 실린 그의 논문은 날개 양력의 대부분은 앞전 근처의 부분에서 얻는다고 주장한 첫 논문이었다. 그는 또한 높은 종횡비를 가진 날개는 양력을 만드는 데 가장 효율적이라는 것을 발견했다(이에 대한 이유는 제5장에서 살펴보겠다).

Stringfellow에 대한 설명에서도 언급되었듯이 Aeronautical Society는 거창하게 시작되었다. 창립된 지 2년밖에 되지 않은 1868년에 Crystal Palace에서 역사상 최초의 항공 박람회를 열었다. 박람회는 기계와 풍선들의 모음을 전시했고 처음으로 시민들에게 하늘을 정복하기 위한 노력들의 개관을 개방했다. Stringfellow의 삼엽기(전에 다룬)는 특히 관심을 끌었다. 마음을 빼앗긴 구경꾼들의 머리 위를 돌아다니면서 삼엽기는 박람회장 지붕 밑의 경사진 케이블 주위를 날아다녔다(그림 1.12 참조). 하지만 그것은 스스로 비행을 유지하지는 못했다. 사실 1864년의 박람회는 비행의 기술적인 발달에 아무런 영향을 주지 못했다. 하지만 홍보에는 아주 성공적인 절묘한 행사였다.

1.5 Otto Lilienthal (1848~1896)—글라이더의 사나이

모든 과거의 노력에도 불구하고 인간이 실제로 공중에 뛰어올라 날개로 나는 어떤 형태의 조절되는 형식의 비행을 한 것은 1891년이었다. 그 사람은 항공공학의 거인들 중 한 명인 Otto Lilienthal이었다. Lilienthal은 역사상 최초의 성공적으로 조종되는 글라이더를 디자인하고 날렸다. 그는 Cayley와 Wright 형제에 버금가는 위상을 가진 항공학의 인물이다. 그와 그의 항공학적 기여를 자세히 살펴보도록 하자.

Lilienthal는 1848년 5월에 프로이센(독일)의 Anklam에서 태어났다. 그는 포츠담과 베를린의 직업학교에서 좋은 기술교육을 받았고 Berlin Technical Academy에서 1870년 기계공학 학위를 받으며 졸업했다. 보불전쟁(Franco-Prussian War) 때 군대에서 1년간 복무를 한 후 Lilienthal는 그의 공장에서 기계 디자인을 했다. 하지만 그는 어린 시절부터 비행에 관심이 있었고 그가 스스로 디자인 한 ornithopters에 대한 실험을 어린 시절에 하기도 했다. 1880년 후반부에 그의 작업과 관심은 더 성숙되었고 고정익 글라이더에 정착했다.

1889년 Lilienthal는 *Der Vogelfl ug als Grundlage der Fliegekunst*(비행 기초로서의 새의 비행: Bird Flight as the Basis of Aviation)라는 제목의 책을 출판했다. 이것은 항공공학의 기본 서적의 또 다른 하나이다. 그는 새들의 날개의 구조와 종류를 연구했을 뿐만 아니라 도출되는 공기역학의 정보를 기계적 비행의 디자인에 응용했다. Lilienthal의 책은 그 시기에 있었던 거의 대부분의 공기역학적 데이터를 담고 있다. 후에 Wright 형제들은 번역된 부분을 읽고 1900년과 1901년의 그들의 첫 글라이더 디자인에 몇 데이터를 포함시켰다.

1889년 Lilienthal는 향후 20년 동안 항공학 발달에 거대한 영향을 주는 철학적 결론을 내렸다. 그는 실질적인 항공학을 배우기 위해서는 직접 뛰어 올라 실험을 해야 한다고 결론지었다. 그의 말을 빌리자면,

> 실제로 하늘을 나는 실험을 통해서야만 비행의 원리에 대한 제대로 된 통찰력을 가질 수 있다. 비정상적인 바람을 만났을 때, 하늘로 치솟아 올라갈 때 취해야 할 행동은 실제로 공기 중에 있을 때에 밖에 배우지 못한다. 인간 비행의 빠른 발전을 이루는 유일한 방법은 실제 비행 실험의 체계적이고 열정적인 연습이다.

이 철학을 실천으로 옮기기 위해 Lilienthal는 1889년, 그리고 1890년에 글라이더를 디자인했다. 하지만 Lilienthal의 첫 번째 성공적인 글라이더는 1891년 독일 Derwitz의 언덕에서 날아올랐다. (후에 그는 베를린 교외의 Lichterfelde 근처에 50 ft 정도의 인공언덕을 만든다. 이 콘 모양의 언덕은 어떤 방향에서든지 글라이더 비행이 바람을 탈 수 있게 해주었다). 그림 1.15의 Lilienthal이 조종사로 탄 채 찍힌 사진에서 그의 단엽기 글라이더의 대체적 모양이 보인다. 날개가 새 같은 평면형이라는 것에 주목해 보라. Lilienthal는 구부러진 모양의 날개를 사용했고 안정성을 위해 뒤에 수직 수평의 날개를 합쳤다. 이 기계들은 요즘의 항공 스포츠계의 할아버지 뻘쯤 되는 행글라이더였다. 비행 조종은 사람의 중력의 중

그림 1.15 Lilienthal의 단엽 행글라이더, 1894
(자료출처: *Library of Congress [LC-USZ62-19650].*)

심을 글라이더 밑으로 옮기는 것으로 실행되었다.

Lilienthal의 비행 철학과 그 전의 비행사가 되고 싶어 했던 사람들의 철학을 비교해보아라. 19세기 대부분 동안 동력 비행은 힘 중심의 측면으로 바라보았다: 비행기를 움직일 수 있을 만큼의 힘을 가진 엔진을 만들고, 저항에 맞서고 양력을 발생시킬 수 있을 정도로 센 기체가 있다면 하늘을 날 수 있을 것이다. 하늘에 뜬 후의 일은 땅에서 마차나 차를 다루듯 단순히 비행기를 조종하는 것으로 생각되었다—대략적으로 말이다. Gibbs-Smith는 이러한 생각을 가진 사람들을 운전기사라 불렀다. 이와 반대된 생각을 가진 사람들로는 항공조종인이 있었다. Lilienthal는 그 (엔진이 동력 비행기에 쓰이기 전에 하늘에 올라 글라이더를 타고 날며 비행의 "느끼는" 것의 필요성을 느낀) 첫 번째 사람이었다. 운전기사는 주로 추진력과 양력에 관심을 둔 반면, 항공조종인은 공기 속에서의 비행 조종에 초점을 더 두었다. 항공조종인의 이론은 결국 성공적인 동력 비행을 이뤄냈다. 운전기사는 성공하지 못했음은 물론이다.

Lilienthal는 2000번이 넘게 성공적인 글라이더 비행을 만들어냈다. 그가 얻은 공력자료는 논문으로 발표되었고 전 세계로 퍼졌다. 사실 그의 작업은 사진술과 인쇄 산업의 성장과 시기상 완벽히 맞물렸다. 1871년에 건조 음영판(dry-plate negative)이 발명됐고 1890년까지 움직이는 물체를 흐릿함 없이 "정지"시킬 수 있었다. 또한 성공적인 책과 저널에 사진을 프린트하는 방법 하프톤이 만들어졌다. 결과적으로 Lilienthal의 비행 사진은 널리 퍼질 수 있었다. Lilienthal는 정말로 비행기를 탄 채 사진이 찍힌 첫 번째 사람이었다 (그림 1.15 참조). 그의 업적이 널리 퍼지면서 비행의 다른 선구자들에게 영감을 주었다. 그 예로 Wright 형제의 비행에 대한 관심은 1894년쯤 Wilbur가 Lilienthal의 논문을 처음 읽기 전까지 명확하지 않았다.

1896년 8월 9일 일요일에 Lilienthal는 독일 Stollen 근처의 Gollenberg 언덕에서 글라이더를 날렸다. 그날은 화창한 여름날이었지만 세찬 바람이 순간 몰아쳤고 Lilienthal의 단엽기 글라이더는 순간 멈췄다. 그는 비틀거렸고 땅에 곤두박질쳤다. 글라이더는 날개만 일그러졌고 나머지 부분은 멀쩡했다. 하지만 Lilienthal는 척추가 부러진 채 이송됐다. 다음 날 그는 베를린의 Bergmann 병원에서 죽었다. 그의 생애 동안 Lilienthal는 몇 번이고 "희생은 필요하다"라고 역설했다. 그리고 이 묘비명은 Lichterfelde 묘지의 그의 묘비에 새겨졌다.

Lilienthal이 살았다면 Wright 형제들을 완벽히 이겼으리라는 느낌을 지울 수 없다. 1893에 그는 동력 기계를 만들었다. 하지만 주동력 장치는 각 날개의 끝에 6개의 보조날개를 비튼 탄산 가스 모터였다—당연히 새들의 자연적인 추진력을 따라 한 ornithopter-타입의 아이디어였다. 1895년 봄, 그는 두 번째의, 하지만 더 큰 같은 타입의 동력 기계를 만들었다. 두 비행기 모두 엔진이 작동하며 날지는 못했다. 저자의 의견으로는 이 유형의 추진은 실패할 운명이었던 것 같다. 만약 Lilienthal이 살았다면 가솔린 엔진이 프로펠러를 움직이는 형식으로 바꾸어 1903년 전에 동력 비행을 성공시켰을까? 토론해볼 수 있는 좋은 주제이다.

1.6 Percy Pilcher (1867~1899)—글라이더 전통의 연장

1895년 6월 Otto Lilienthal에게 상대적으로 젊고 굉장히 열의에 찬 방문자가 베를린에서부터 찾아왔다—Glasgow에 사는 스코틀랜드인 Percy Pilcher는 이미 그의 첫 글라이더를 만들어본 상태였다. Lilienthal의 지도 아래 Pilcher는 인공 언덕에서 몇 번의 활공을 했다. 이 방문은 Pilcher의 비행에 대한 관심에 불을 붙였다. 그는 영국 Isles로 돌아가 4년간 성공적인 글라이더들의 시리즈를 만들어냈다. 그의 가장 잘 알려진 기계는 1896년 만들어진 *Hawk*이다(그림 1.16 참조). Pilcher의 행글라이더 실험은 그를 George Cayley 이후 가장 유명한 영국 항공 기술자로 만들었다. Pilcher는 Lilienthal과 나란히 기계에 엔진을 넣기 전에 공기 속 비행에 대한 실질적 지식을 배우는 것을 강조한 항공조종인이었다.

하지만 Pilcher의 시선은 동력 비행에 확고히 고정되어 있었다. 1897년 그는 그의 *Hawk*을 땅에서 띄우기 위해서는 40 lb 이상 나가지 않는 지름 5 ft의 프로펠러를 움직일 수 있는 4 hp의 엔진이 필요하다는 계산을 했다. 상업적으로는 이런 엔진을 구할 수 없었기 때문에 Pilcher는 (트레이닝을 받은 해양 엔지니어인) 1898년의 대부분을 엔진을 디자인하고 만들며 보냈다. 엔진은 1899년 중반에 완성되었고 시험되었다. 이후, 역사의 많은 측면에서 보여지는 기이한 운명에서처럼, Pilcher는 영국 Leicestershire의 Braye경의 사유지에서 *Hawk* 글라이더를 시범 보이던 중 죽었다. 날씨는 굉장히 안 좋았고 그의 첫 비

그림 1.16 Pilcher의 행글라이더, the *Hawk,* 1896
(자료출처: © *The Keasbury-Gordon Photograph Archive/Alamy.*)

행 때 글라이더는 홀딱 젖었다. 그의 두 번째 비행 때 흠뻑 젖은 꼬리는 무너졌고 Pilcher는 땅에 곤두박질 쳤다. Lilienthal과 마찬가지로 Pilcher는 참사의 다음 날 죽었다. 따라서 영국과 세계는 Lilienthal을 제외하고 Wright 형제 전에 성공적인 동력 비행을 이룰 수 있었을 인물을 잃고 말았다.

1.7 항공학, 미국으로 건너가다

1.2절에서 1.6절에 묘사된 항공학 초기 발달의 지리적 분포를 보라. 기구의 출현 이후 프랑스에서 Montgolfiers의 성공 덕분에 공기보다-무거운 기계의 발전은 1850년대까지 영국에 집중되어 있었다: Cayley, Henson, 그리고 Stringfellow의 기여를 보라. 이것은 또 영국이 이 시대의 산업혁명을 주도했다는 점과 완전히 양립한다. 다음 장소는 Du Temple, Mozhaiski, Lilienthal과 다른 인물들이 있는 유럽 대륙으로 넘어갔다. 영국에도 Wenham와 Aeronautical Society 덕분에 짧은 영광이 있었다. 반면 이 시기의 미국에서는 사실상 중요한 발전이 전혀 없었다. 이제 막 시작된 국가는 새로운 정부를 공고히 하고 영토를 확장시키기에 바빴다. 진지하게 항공학에 몰두하기에는 관심도 시간도 별로 없었다.

하지만 이 진공상태는 프랑스에서 태어났지만 미국에 귀화해 시카고에 살았던 Octave Chanute (1832~1910)에 의해 무너졌다. Chanute는 1875년쯤 기계 비행에 관심이 생긴 민간 엔지니어였다. 다음 35년 동안 그는 그가 찾을 수 있는 항공학적 정보를 모으고, 흡수하고 또 동화시켰다. 이것은 Lilienthal의 *Der Vogelflug*와 함께 항공학에서 가장 위대한 고전으로 여겨지는 *Progress in Flying Machines*라는 책의 출판으로 1894년 합쳐졌다. Chanute의 책은 현대까지의 (그 시대의) 비행에 관한 모든 중요한 발달을 요약하고 있다; 이런 면에서 그는 첫 진지한 비행 역사가였다. 또한 Chanute는 동력 비행을 성공시키기 위해 이루어져야 할 미래의 방향에 대한 올바른 제안을 했다. Wright 형제는 *Progress in Flying Machines*를 탐욕스럽게 읽었고 1900년에 Chanute를 알게 되었다. 그들 사이에 긴밀한 관계와 아이디어의 교류가 만들어졌다. 이 우정은 Chanute가 1910년에 죽을 때까지 여러 방면에서 발전되고 지속되었다.

Chanute는 항공조종인이었다. 이 입장에 따라 1896년 Lilienthal의 방법으로 그는 행글라이더를 디자인하기 시작했다. 그의 비행술의 가장 중요한 기여는 그림 1.17에서 보이는 구조적 밧줄의 효과적인 트러스 구조방법을 소개한 성공적인 복엽기 글라이더이다. Wright 형제는 이 복엽기 글라이더에 직접적인 영향을 받았고 이런 면에서 Chanute은 Stringfellow의 삼엽기(1868)와 첫 성공적인 동력 비행(1903) 사이의 자연스러운 다리역할을 했다.

동쪽으로 500 km 떨어진 워싱턴 DC에서는 Wright 형제 이전에 미국에서 두 번째로 알려진 항공학 엔지니어가 열심히 일을 하고 있었다. Smithsonian Institution의 소장 Samuel Pierpont Langley (1834~1906)는 동력 비행기 시리즈를 지친 기색 없이 디자인

그림 1.17 Chanute의 행글라이더, 1896
(자료출처: *Library of Congress [LC-USZ62-104585]*)

하고 만들었고 1903년 두 번의 조종 비행 시도로 이어졌다. 이 시도는 Wright 형제가 성공한 12월 17일의 몇 주 전이었다.

Langley는 매사추세츠 주의 Roxbury에서 1834년 8월 22일에 태어났다. 그는 고등학교 이후 제대로 된 교육을 받은 적이 없지만 어린 시절부터 계속된 항공학에 대한 관심은 평생 동안 그를 독학에 빠지게 만들었다. 그의 초기 커리어에 그는 13년 동안 엔지니어와 건축가로 일했다. 유럽 천문대 투어를 한 후 Langley는 1865년 하버드 천문대의 조수로 일을 하기 시작했다. 그는 또 U.S. Naval Academy의 수학 교수, University of Pittsburgh의 물리와 항공학 교수로, Pittsburgh에 있는 Allegheny Observatory의 소장으로 일을 했다. 그의 많은 과학적 성과물들의 힘으로 Langley는 1887년에 Smithsonian Institution의 소장이 되었다.

같은 해에, 그 당시 국제적인 명성을 얻은 과학자가 된 Langley는 동력 비행에 대한 연구를 시작했다. Cayley의 선례를 따라 그는 증기기관으로 움직이는 커다란 회전팔을 만들었고 날개의 힘을 측정했다. 그 후 그는 100개에 가까운 다른 형태의 고무줄 동력 비행기 모델을 만들었고 1892년에는 점차 증기기관으로 추진되는 모델들로 나아갔다. 하지만 Langley의 동력 모델들이 성공한 것은 1896년이 되어서였다; 5월 6일, 그의 비행기 중 하나는 3,300 ft 높이의 자유비행을 했고 11월 28일에 다른 비행기는 3/4분 이상의 비행을 했다. 이 *Aerodromes* (Langley가 명명한 개념임)은 앞뒤 두 날개 사이에 두 개의 프로펠러로 작동되고 Langley가 직접 디자인한 1-hp 증기 엔진으로 가동되는 비행기였다. (하지만 Langley는 1889년 Smithsonian에 소개된 John Stringfellow의 작은 공기증기 엔진에 영향을 받았다. 이 역사적 기계를 연구한 후 Langley는 더 나은 엔진을 디자인하기 시작했다.)

Langley는 1896년 그의 성공에 어느 정도 만족했다. 조종사가 타는 비행기를 만드는 것이 돈과 시간적인 면에서 비쌀 것이라는 것을 인지한 그는 "사람을 태우는 커다란 기계를 만드는 시도를 하지 않을 것을 굳게 다짐했다." (Wright 형제가 이 해에 동력 비행에 관심이 생겼다는 것을 주목하라. 이것은 자연과학과 과학의 아이디어의 흐름과 연속성, 그리고 발달의 한 예이다. 사실 Wilbur와 Orville은 Langley의 동력 비행의 성공에 직접적인 영향을 받았다. 어쨌든 저명한 과학자가 기계 비행의 궁극적인 성취를 믿고 그에 대한 무언가를 하고 있었던 것이다.)

결과적으로, 1898년 12월까지 Langley의 항공학적 업적은 소강상태였다. 하지만 그 후 미서전쟁(the Spanish-American war)에 자극받은 McKindley 대통령의 직접적인 지원을 받고 있는 전쟁부(War Department)는 사람들이 탈 수 있는 기계를 의뢰하기 위해 Langley를 초청했다. 그들은 $50,000를 제안했고 Langley는 그 제안을 받아들였다.

초기의 증기사용에서 벗어나 Langley는 비행기를 움직일 적절한 원동력은 가솔린 연료를 사용하는 엔진이라는 옳은 선택을 했다. 그는 우선 뉴욕의 Stephan Balzer에게 엔진 공급을 맡도록 임명했다. 하지만 결과에 실망했고 결국 그의 조수 Charles Manly가 엔진을 다시 디자인했다. 그 결과 나온 엔진은 52.4 hp을 공급하지만 무게는 208 lb밖에 나가지 않았다. 이것은 그 당시 놀라운 성과였다. 더 작은 (1.5 hp의) 가솔린 연료 엔진을 사용하면서 Langley는 1901년 6월에 4분의 1 크기의 비행기 모델의 비행을 성공시켰다. 1903년 8월에는 3.2 hp 엔진으로 움직이는 비행기를 더 성공적으로 이뤄냈다.

이 성공에 힘입어 Langley는 실형 비행기를 날리는 것에 바로 도전했다(그림 1.18에서 이 비행기의 위와 옆 모습이 보인다). 그는 이륙을 도와줄 비행기 발사대에 올라 이 직렬 2인승 비행기에 탑승했다. 결국 비행기와 비행기 발사대는 Potomac 강의 고정된 배 위에 놓여졌다(그림 1.19 참조). 1903년 8월 7일 Manly의 지휘 아래 비행기는 첫 비행의 준비가 끝났다. 비행에 대한 정보는 대중들에게 미리 퍼졌고 기자들은 첫 번째 성공적인 비행을 보기 위해 참석했다. *Aerodrome*의 비행 직후 사진은 그림 1.20에 나타난다. 다음날 *Washington Post*에 실린 기사는 다음과 같다:

> 고정된 배에서 몇 야드 떨어져 있는 보트들은 Widewater에 3개월간 체류한 기자들의 것이다. 신문기자들은 손을 흔들었다. Manly는 내려다보았고 미소 지었다. 다음, 그에게 명성 혹은 죽음을 가져올 비행을 준비하면서 그의 표정은 굳어졌다. 프로펠러는 그의 머리에서 1 ft 떨어진 상태에서 1분에 천 번의 속도로 돌아가기 시작했다. 한 남자가 두 개의 로켓 불꽃을 앞으로 쐈고 예인선에서는 "삑, 삑"거리는 소리가 들렸다. 정비공은 자세를 숙여 비행기 발사대를 고정하고 있는 케이블을 끊었고 굉음이 들렸다. Langley의 비행기는 고정된 배의 끝에 걸려 추락했고 강의 16 ft 밑으로 사라졌다. 그것은 마치 한 줌의 박격포(handful of mortar)처럼 물 아래로 미끄러졌다.

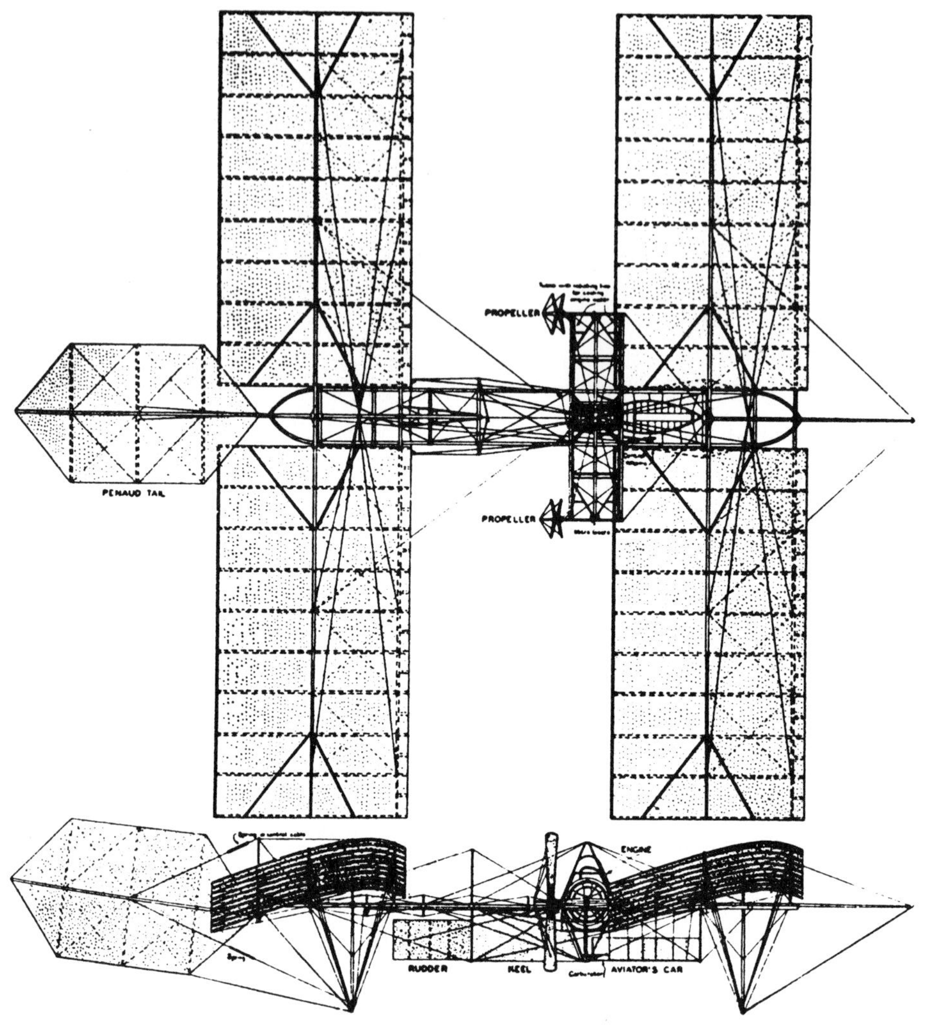

그림 1.18 Langley의 실형 *Aerodrome*의 그림

Manly는 멀쩡했다. Langley는 비행기가 발사 장치에 의해 실패했다고 믿었고 1903년 12월 8일에 다시 시도했다. 하지만 *Aerodrome*은 이번에도 강에 빠졌고 Manly는 다치지 않고 건져졌다(그림 1.21 참조). 이때 정확히 무슨 일이 있었는지는 정확하지 않다; 비행기 발사대의 오작동이 원인으로 알려졌지만 몇몇 전문가들은 구조적인 결함 때문에 꼬리부분에 금이 갔기 때문이라고 주장한다. (National Air and Space Museum에서 은퇴한 Dr. Howard Wolko의 최근 구조에 대한 조사는 Langley의 *Aerodrome*에는 구조적인 결함이 분명히 있었다는 것을 밝혔다.) 어쨌든 간에, 이것은 Langley의 마지막 시도였다. 전쟁부는 "우리는 궁극적 목표(인간이 하늘을 나는 것)를 이루기에 한참 멀었다."라며 포기했다.

그림 1.19 고정된 배 발사 장치 위의 Langley의 실형 *Aerodrome*, 1903
(자료출처: © *Science and Society/SuperStock.*)

그림 1.20 Langley의 실형 *Aerodrome* 비행 첫 시도, 1903년 8월 7일
(자료출처: *Library of Congress [LC-DIG-ggbain-16453].*)

그림 1.21 Langley의 실형 *Aerodrome* 비행 두 번째 시도, 1903년 12월 8일
(자료출처: © *DIZ Muenchen GmbH, Sueddeutsche Zeitung Photo/Alamy.*)

국회의원들과 언론은 Langley를 향해 악의적이고 정당하지 않은 공격을 퍼부었다. (대부분의 사람들은 인간 비행을 여전히 조롱하는 시선으로 바라보고 있었다.) 이런 조롱에 직면한 Langley는 항공학에서 은퇴했다. 슬픔에 빠진 채 그는 1906년 2월 27일에 죽었다.

Chanute와 Wright 형제와는 반대로 Langley는 운전기사였다. 대부분의 근대 전문가들은 *Aerodrome*이 성공적으로 날았다 하더라도 유지되고 균형된 비행을 하지 못했으리라 예측한다. Langley는 공중에서의 감을 익히기 위한 사람이 탄 글라이더에 대한 실험을 전혀 하지 않았다. 그는 비행 조종의 중요한 부분들을 완전히 무시했다. 그는 Manly가 단 1초의 비행 경험을 하지 않은 상태에서 그를 동력 기계에 태우기를 시도했다. 하지만 Langely의 항공학적 업적은 그가 그의 기술적인 명성을 기계 비행에 가져왔고 그의 *Aerodromes*이 다른 이들에게 격려가 됐다는 면에서 여전히 중요했다.

Langley의 두 번째 비행시도 실패의 9일 후 *Wright Flyer I*이 Kill Devil 언덕의 모래 위로 떠올랐다.

1.8 Wilbur (1867~1912)와 Orville (1871~1948) Wright — 첫 실질적 비행기의 발명가들

초점은 이제 항공학 역사의 최고 엔지니어들인 Wright 형제에게 비췄다. 오직 George Cayley만이 그들과 비교 가능할 것이다. 1.1절에서 20세기 초반에 동력 비행을 성취할 시기에 도달했다고 언급했을 것이다. 뒤이은 절들은 서술을 강조하기 위해 수많은 역사적 붓놀림에 대해 설명했다. 따라서 Wright 형제들은 오늘날 항공학 엔지니어의 모든 부분이 그렇듯 이미 존재하는 유산 위에 그림을 그렸다.

Wilbur Wright는 1867년 4월 16일 (미국 남북전쟁 2년 후)에 인디아나 주 Milville의 작은 농장에서 태어났다. 4년 후 1871년 8월 19일 오하이오 주 Dayton에서 Orville이 태어났다. Wright 형제들은 오래된 매사추세츠 집안의 후손들이었고 그들의 아버지는 United Brethren Church의 주교였다. 두 형제는 집안의 학구적인 분위기에 커다란 영향을 받았다. 그들의 어머니는 대학 학위를 따기에 3개월이 모자랐다. 그녀는 그녀 아버지의 마차 상점에서 연마하여 기계학적 능력이 뛰어났다. 후에 그녀는 단순한 가정용품을 디자인했고 아이들을 위한 장난감을 만들었다. Wright 형제의 최고의 전기작가인 Tom Crouch에 의하면 "형제가 기계적 조언이나 도움이 필요할 때 그들의 어머니가 있었다". 또한 그는 그들의 아버지는 "못을 똑바로 박기를 어려워하는 사람들 중 한 명이었다"라고 설명했다(T. Crouch, *The Bishop's Boys*, Norton, New York, 1989 참조). 흥미롭게도 Wilbur와 Orville은 둘 다 고등학교를 정식으로 졸업하지 않았다. Wilbur는 학위 수여식에 가지 않았고 Orville은 3학년(junior) 때 규정된 학위를 받지 못하는 특별한 코스를 선택했고 4학년(senior)은 아예 다니지 않았다. 그 후 형제들은 사업에 당장 뛰어들었다. 1889년 그들은 그들이 디자인한 인쇄기를 이용해 4페이지짜리 주간 신문을 만들었다. 하지만 Orville은 상을 탈 만큼 뛰어난 자전거 선수였고 이것은 형제들로 하여금 1892년 Dayton에 자전거 판매와 수리를 하는 상점을 열게 만들었다. 3년 후 그들은 그들이 직접 만든 도구들을 이용해 자전거를 디자인하고 생산해내기 시작했다. 이 사업은 수완이 좋았고 후에 그들의 항공학적 작업에 금전적 도움이 되었다.

1896년 Otto Lilienthal가 글라이더 비행 중 사고로 목숨을 잃었다(1.5절 참조). 이 사건이 유명해지자 어린 시절부터 뚜렷했던 형제의 비행에 대한 관심이 자극을 받았다. Wilbur와 Orville은 Lilienthal의 진척을 무척 관심 있게 지켜보았다; Lilienthal의 글라이더가 나는 사진이 전 세계에 퍼졌다는 것을 기억해 보라. 사실 1894년 Lilienthal에 대한 McClure's Magazine에 실린 기사는 Wilbur의 성숙된 관심을 처음으로 자극했다. 하지만 Wilbur가 인간 비행에 대해 진지하게 생각하게 된 것은 1896년이었다. Wilbur는 그의 시대 전의 몇몇 개척자들처럼 새들의 비행을 기계 비행에 대한 가이드로 보고 연구했다. 이 연구는 1899년 그로 하여금 "돌풍에 의해 살짝 뒤집힌 후에 날개 끝을 비틂으로 수평 평형을 다시 잡는다"고 결론짓게 만들었다. 이것은 비행술 발전의 역사에서 가장 중요한 깨달음으로 여겨진다: 비행기의 수평(rolling) 움직임을 조절할 때 쓰이는 날개의 비틂 사용. 에일러런은 현대 비행기에서 이 목적으로 사용되지만 아이디어는 같다. (날개 비틂이나 에일러런에 관련된 공기역학적 핵심이론들은 제5장과 제7장에서 다뤄질 것이다.) Wright 형제의 업적을 설명하는 과정 중 1903년 Chanute에서 이 아이디어를 위해 날개 비틂(*wing warping*)이라는 용어를 만들어냈다. 이 용어는 용인되었으나 후에 법적인 혼란을 야기했다.

날개 비틂의 개념을 실험해보고 싶어 안달 난 Wilbur는 1899년 5월 Smithsonian Institution에 항공학에 대한 논문과 책들을 요구하는 편지를 보냈다. 이에 따라 그는 Chaute와 Langley의 글을 포함한 비행에 대한 간단한 참고문헌을 받았다. 이 중 가장 중요한 것은 Chanute의 *Progress in Flying Machines* (1.7절 참조)였다. 또한 이 시간에 Orville은 그의 형만큼이나 비행에 흥미를 가지기 시작했고 그들이 찾을 수 있는 모든 항공학적 서적들을 읽고 소화해냈다. 이 노력들은 1899년 8월 그들이 처음으로 만든 비행물체인 5 ft의 날개폭을 가진 복엽연으로 나타났다. 이 기계는 땅에서 4개의 줄로 통제하는 방법으로 성공된 날개 비틂의 개념을 실험하기 위해 만들어졌다. 이 개념은 성공했다!

이 성공에 자극을 받은 Wilbur는 1900년에 Chanute에게 그들의 처음이지만 유익한 성과에 대해 보고했다. 이 편지는 미래에 서로에게 도움을 줄 Wright 형제와 Chanute 사이의 끈끈한 우정의 시작이었다. 또한 진정한 항공조종인의 철학을 따라 Wright 형제는 비행물체에 동력을 접목시키기 전에 비행에 대한 경험을 쌓아야 한다고 믿었다. 미국 기상국에 연락을 통해 글라이더 실험을 위한 적합한 장소를 찾았다: 장소는 강하고 꾸준히 바람이 부는 노스캐롤라이나 Kitty Hawk 근처였다. 1900년 9월 실형 복엽 글라이더는 준비가 되었고 10월에 Kitty Hwak에서 날려졌다. 그림 1.22는 Wright 형제의 글라이더 제1호의 사진이다. 17 ft의 날개폭과 날개 앞에 수평의 엘리베이터를 가지고 있었고 주로 땅에서 줄로 날려졌다. 오직 몇 번의 짧은 조종비행이 이루어졌다.

몇 번의 성공을 바탕으로 Wilbur와 Orville은 글라이더 제2호를 만들기에 돌입했다 (그림 1.23 참조). 그들의 활동을 Kitty Hawk에서 남쪽으로 4 mi 떨어진 Kill Devil 언덕으로 옮기면서 1901년 7월과 8월에 제2호를 실험했다. 그림 1.23에서 보이듯 이 실험들은 Wilbur가 아래 날개 위에 엎드린 채 바람을 맞으며 나는, 주로 사람을 태운 비행이었다 (1901년 동안 Wilbur는 많은 비행을 하지 못했고, Orville은 1년 후에 첫 비행을 했다). 이 글라이더는 22 ft 날개 폭을 가진 조금 더 큰 글라이더였다.

그림 1.22 노스캐롤라이나 Kitty Hwak에서 Wright 형제의 글라이더 제1호, 1900 (자료출처: *Library of Congress [LC-DIG-ppprs-00556].*)

그림 1.23 Kill Devil Hills에서 Wright 형제의 글라이더 제2호, 1901
(자료출처: *Library of Congress [LC-DIG-ppprs-00570].*)

다른 Wright표 기계들과 마찬가지로 글라이더는 날개들 앞에 수평 엘리베이터가 있었다. 형제는 수평 엘리베이터는 다른 기능들 중 Lilienthal을 죽게 만든 치명적인 선두부 침강에서부터 보호해줄 것이라고 믿었다. 7, 8월 비행 실험 동안 Octave Chanute가 Wright 형제를 방문했다. 그는 그가 본 것에 대해 놀라워했고 그는 Wilbur를 시카고에서 강연하도록 초청했다. 1901년 9월 18일 이 논문을 발표하며 Wilbur는 그들의 경험에 대해 글라이더의 디자인과 날개 비틂의 개념을 포함한 모든 것을 말했다. Chanute는 Wilbur의 강연을 "굉장히 많이 인용될 대단하게 멋진 논문"이라고 평했다. Chanute는 평소와 마찬가지로 항공학적 데이터를 모으고 또 나누는 필요성 있는 역할을 하고 있었다.

하지만 Wright 형제들은 그들의 성과에 대해 조금도 만족하지 못했다. 1901년 글라이더 제2호의 실험을 끝내고 Dayton에 돌아온 형제는 항공학 서적에 존재하는 데이터를 의심하기 시작했다. 지금까지 그들은 Lilienthal과 Langley의 항공학적 정보에 충실하게 의존했었다. 하지만 그들은 그 정확성에 대해 의문을 품기 시작했다. Wilbur는 "현존하는 과학적 데이터에 대한 맹목적 믿음을 거두고 나니 하나둘씩 의심을 하게 되었고, 마침내 2년의 실험 후 모든 것을 뒤로 두고 우리의 연구에 완전히 의존하기로 했다"고 썼다. 그리고 그들은 연구을 제대로 했다! 1901년 9월과 1902년 8월 사이에 Wright 형제는 항공학 연구의 주요한 프로그램을 시작했다. 그들은 Dayton에 있는 그들의 자전거 상점에 풍동(제4장 참조)을 만들었고 200개가 넘는 익형 모양을 실험했다. 그들은 양력과 항력을 정확히 측정해보기 위해 힘을 잴 수 있는 밸런스(balance)를 디자인했다. 이 시기의 연구는 초기 항공학적 발달에서 최고 수위선이였다. Wright 형제는 여기에서 많은 것을 배웠고 결과적으로 세계도 배우게 됐다. Wright 형제의 깨달음과 성취감은 Marvin W. McFarland에 의해 편집된 *The Papers of Wilbur and Orville Wright* (1953)를 단순히 읽는 것만으로도 분명히 나타난다. 이 시기의 항공학적 연구는 결과적으로 1902년 날려진 글라이더 제3호로 이어졌다. 이 실험은 굉장히 성공적이었고 Orville은 "우리의 풍동으로 만든 압력 표(tables of air pressure)는 기계의 성능을 미리 계산하게 해줄 것이다"고 말했다. 글라이더 제3호의 비행 발달에 대한 풍동 실험이 가져온 주요한 영향의 역사상 첫 번째 예가 여기 있다. 이 영향은 20세기 동안 모든 주요한 비행기에서 반복적으로 보여진다. [굉장히 최근에 Anderson의 *A History of Aerodynamics and Its Impact on Flying Machines* (Cambridge University Press, 1997)에서 Lilienthal의 데이터는 타당했고 Wright 형제가 잘못 이해했다고 밝혀졌다. 데이터를 잘못 적용하면서 형제는 1900년과 1901년 글라이더에서 잘못된 결과를 얻을 수밖에 없었다. 하지만 후에 형제가 올바른 결과를 찾았기 때문에 이 실패는 상관없다.] 글라이더 제3호는 고전이였다. 그것은 1901년 8월과 9월에 만들어졌고 1902년 9월 20일 Kill Devil 언덕에서 처음 날았다. 32 ft 1 in. 날개길이를 가진 지금까지 Wright 형제의 글라이더 중 가장 큰 복엽기 글라이더였다. 글라이더 제3호는 그림 1.24에 나타나 있다. 몇 번의 수정 후 Wright 형제가 날개 뒤에 수직의 방향타를 넣은 것을 보라. 이 방향타는 움직일 수 있었고 날개 비틂과 함께 움직이도록 연결되었을 때 글라이더가 부드럽게 기울여 방향전환을 할 수 있게 했다. 방향타와 날개 비틂의 결합은 (후에 에일러런) Wright 형제의 자세하게는 비행조종에 크게는 항공학에 주요한 기여였다.

따라서 형제는 역사상 가장 실행 가능하고 성공적인 글라이더를 가지고 있었다. 1902년 동안 1,000번이 넘는 완벽한 비행을 했다. 그들은 622.5 ft의 거리와 26초라는 기록을 세웠다. 이 과정 동안 Wilbur와 Orville은 숙련되고 능숙한 조종사가 되었다—이것은 후에 전 세계에서 부러워한 일이었다.

동력 비행은 이제 그들의 손끝까지 와있었고 Wright 형제는 그것을 알고 있었다! 성공

그림 1.24 Wright 형제의 글라이더 제3호, 1902
(자료 출처: *Library of Congress [LC-DIG-ppprs-00602].*)

에 상기되어 그들은 Dayton에 돌아가 마지막으로 남은 하나의 문제를 해결하기 위해 애썼다: 추진력(propulsion) 과거에 Langley가 그랬듯이 그들은 적당한 엔진을 시중에서 찾을 수 없었고 1903년 겨울 동안 스스로 그들만의 엔진을 디자인하고 만들었다. 엔진은 12 hp의 힘을 만들어냈고 200 lb의 무게가 나갔다. 또한 효과적인 프로펠러를 만들 수 있게 한 그들만의 연구를 했다. 많은 사람들이 실패했던 부분에 대한 성공들은 땅에서 물이 샘솟듯 Wright 형제들에게서부터 뿜어져 나왔다.

주요한 장애물들을 제치고 Wilbur와 Orville은 1903년 여름에 *Wright Flyer I*을 바닥에서부터 만들어냈다. 비행기는 글라이더 제3호와 많이 유사했지만 40 ft 4 in의 날개 폭, 날개 뒤에 이중 방향타, 그리고 날개 앞에 이중 엘리베이터를 가지고 있었다. 그리고 물론 자전거 타입의 체인으로 두 개의 추진 프로펠러를 운전하는 멋진 Wright표 가솔린 엔진이 있었다. 그림 1.1과 1.2에서 *Wright Flyer I*의 삼면도와 다이어그램과 사진을 각각 볼 수 있다.

9월 23일에서 25일 동안 비행기는 Kill Devil 언덕으로 옮겨졌지만 Wright 형제의 캠프는 파손되어 있었다. 게다가 글라이더 제3호도 겨울 동안 파손되었다. 그들은 파손된 부분들을 고쳤고 몇 주 동안 글라이더 제3호로 연습했다. 마침내 12월 12일, 모든 것이 준비되었다. 하지만 이번에는 다른 요소들이 방해했다. 좋지 않은 날씨는 *Wright Flyer I*의 첫 실험을 12월 14일로 연기시켰다. 실험 당일 형제는 관중들을 불렀고 누가 첫 번째로 조종을 할지를 동전 뒤집기로 정했다. Wilbur가 이겼다. *Wright Flyer I*은 스스로의 동력으로 활주로를 따라 움직였고 비행속도로 접어들었다. 비행기는 활주로에서 적당하게 떠올랐지만 갑자기 가파른 상승을 했고 정지한 후 다시 땅으로 쿵 하고 떨어졌다. 이것은 동력 비행 역사상 첫 조종사의 실수였다. Wilbur는 자신이 승강타를 너무 많이 넣었고 선두부를 너무 높게 들었다고 인정했다.

수리를 조금 하고 날씨가 좋은 12월 17일에 *Wright Flyer I*은 비행할 준비가 되었다. 이번은 Orville의 차례였다. 활주로는 이번에도 평평한 모래 바닥에 놓였다. 활주로 끝에서 비행기를 찍도록 카메라가 놓여졌다. 엔진은 조절판 끝까지 시동되었고 비행기를 잡고 있는 밧줄들이 풀렸다. 비행기는 움직이기 시작했다. 나머지 부분은 이 장의 서론 부분에서 묘사된 대로 역사가 되었다.

그 당시의 흥분한 부분을 느끼지 않고는 이 획기적인 사건을 읽거나 쓸 수 없다. Wilbur Wright는 36세였고 Orville은 32세였다. 그들은 그들 전에 아무도 하지 못했던 일들을 해냈다. 그들의 지속적인 노력과 자세한 연구, 그리고 그들의 뛰어난 엔지니어링은 Wright 형제들로 하여금 책임 있는 항공술의 요건을 다 갖춘, 공기보다 무거운 비행을 세계 최초로 성공하게 만들었다. 12월 17일 Orville의 첫 비행 후, 아침 동안 3번의 비행이 더 이루어졌다. 특히 마지막 비행은 852 ft를 갔고 59초 동안 상공에 머물렀다. 비행의 세계 또 성공적인 항공학 엔지니어링이 탄생한 것이다!

흥미롭게도 Orville이 아버지께 보낸 텔레그램으로 인해 언론이 이 실험에 대해 알고 있었음에도 불구하고 (이 장의 서론 참조) 대중에게서는 거의 주목을 받지 못했다. Dayton 신문조차 이야기를 실지 않았다. 이것은 대중이 비행에 가진 냉소적 시각과 불신을 보여주는 증거였다. 성공하기 9일 전에 Langley가 대중 앞에서 크게 실패했다는 것을 기억해보라. 사실 Amos I Root가 1904년 Wright 형제의 비행 모습을 보고 그가 편집자로 있는 *Gleanings in Bee Culture* (1905년 1월 1일 호)의 저널에 실은 후에야 대중은 Wright 형제의 성공에 대해 처음으로 알게 되었다. 하지만 기사는 큰 영향이 없었다.

Wright 형제는 *Wright Flyer I*에서 멈추지 않았다. 1904년 5월 그들의 두 번째 비행기 *Wright Flyer II*가 준비되었다. 이 비행기는 조금 더 작은 날개 캠버(airfoil curvature)를 가지고 있었고 더 강하고 효율적인 엔진으로 움직였다. 겉모습은 1903년에 만든 비행기와 같았다. 1904년 동안 *Wright Flyer II*는 80번이 넘는 짧은 비행을 했다. 비행들은 Dayton에서 동쪽으로 80 mi 떨어진 Huffman Prairie의 90 acre 넓이의 초원에서 이루어졌다. (Huffman Prairie는 오늘날에도 Wright 형제를 기리기 위해 Wright-Patterson Air Force Base로 이름 지어진 거대한 항공학 발전 센터에 있다.) 이 실험들은 9월 20일 Wilbur에 의해 첫 선회비행을 포함했다. 가장 긴 비행은 5분 4초로 $2\frac{3}{4}$ mi을 넘었다.

1905년에 더 많은 진척이 이루어졌다. *Wright Flyer III*는 6월에 비행할 준비를 마쳤다. 날개 넓이는 *Flyer II*의 것보다 약간 작았고 익형 캠버는 1903년형으로 돌아가 조금 더 커졌다. 복엽기 승강타는 커졌고, 날개 앞부분보다 조금 더 떨어져 있게 되었다. 이중 방향타 역시 더 커진 형태로 날개 조금 더 뒤에 위치했고 새롭게 개선된 프로펠러가 사용됐다. *Flyer III*는 역사상 최초의 실용적인 비행기다. 1905년에 40번이 넘는 비행을 했고 가장 긴 비행은 38분 3초 동안 24 mi을 날았다. 비행들은 주로 연료를 다 쓴 후에서야 비행을 마쳤다. C. H. Gibbs-Smith는 *Flyer III*에 대해 "이 비행기를 세계 최초의 실용성 있는 동력 비행기로 설명하는 것은 계속된 이륙과 착륙을 견뎌낸 비행기의 구조적 견고함, 기울어지고, 선회하고, 8자를 그릴 수 있는 능력, 그리고 30분 넘게 하늘에 떠 있을 수 있는 확실성으로 할 수 있다."

지금까지 그들의 작업을 완전히 공개했던 Wright 형제는 비밀스러워졌다. 그들은 미국 정부가 그들의 비행기를 살 것을 설득하는 것에 어려움을 겪었지만 동시에 많은 사람들과 회사들은 Wright 형제의 디자인을 따라 하는 것에 관심을 보이기 시작했다. 1902년에 그들의 날개 비틂과 방향타 조작을 합치는 것의 아이디어에 대한 특허 신청은 1906년에서야 주어졌다. 따라서 1905년 8월 16일과 1908년 5월 6일 사이에 Wilbur와 Orville은 날지 않았고 타인이 그들의 비행기를 보는 것을 허락하지 않았다. 하지만 그들의 항공학적 엔지니어링은 멈추지 않았다. 이 시기 동안 그들은 적어도 6개의 새로운 엔진을 만들었다. 그들은 또한 그림 1.25에서 보이는 표준 Wright 타입 A가 된 새로운 비행기를 디자인했다. 이 비행기는 *Wright Flyer III*와 비슷했지만 날개 사이에 두 명의 사람이 똑바로 앉을 수 있게 하는 40마력의 엔진이 있었다. 그것은 또한 오늘날까지 사용되는 비행기의 디자인인 성공

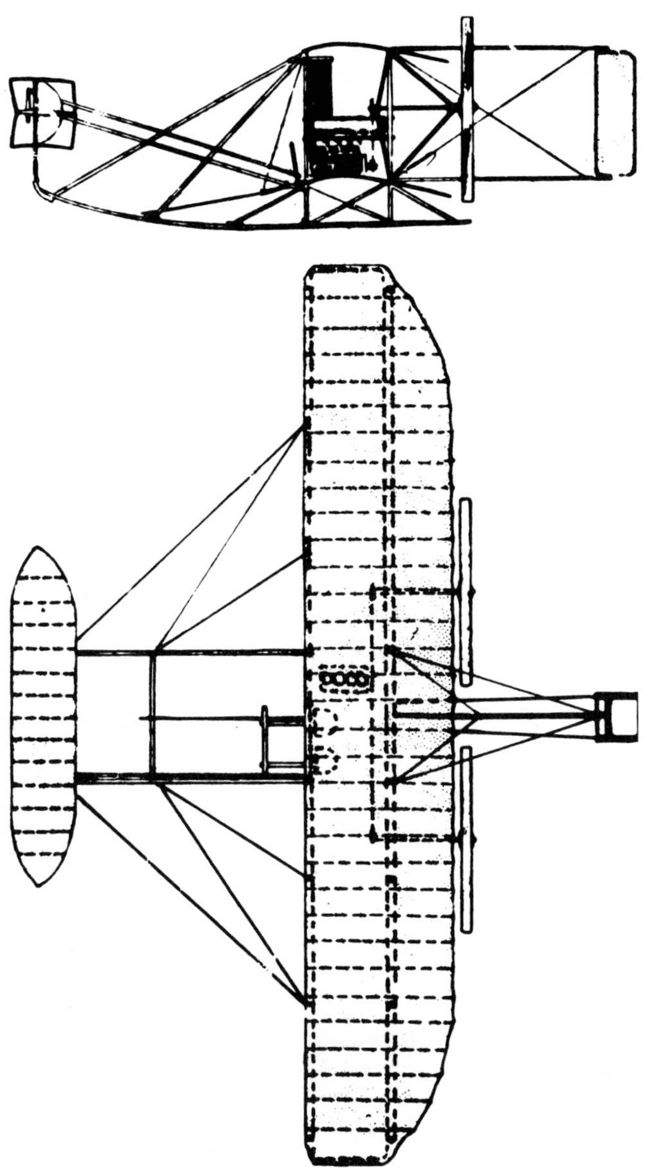

그림 1.25 Wright 타입 A을 두 측면에서 본 모습, 1908

적인 디자인의 개선을 대표했다.

1908년에 Wright 형제와 대중은 드디어 크게 만났다. 1908년 2월에 Wright 형제는 미군과, 그리고 그해 3월에 프랑스의 한 회사와 계약을 했다. 그 후 그동안 숨겨졌던 모습이 드디어 밝혀졌다. Wilbur는 5월에 프랑스로 가 1907년 7월부터 Le Havre에서 기다리고 있던 상자에 쌓여진 타입 A를 가져가 Le Mans에 있는 친구의 공장에서 조립을 마쳤다. 완벽한 자신감으로 그는 1908년 8월 8일에 있을 대중 앞에서의 비행을 공표했다.

1903년부터 Wright 형제의 비행 성공에 대한 루머를 들은 비행 개척자들, 언론, 그리고 대중들은 Le Mans에서 남쪽으로 5 mi 떨어진 Hunaudieres의 작은 경마장에 모였다. 약속된 날에 Wilbur는 날았고 2분간 빙글 빙글 도는 인상적인 비행을 한 후 착륙했다. 그것은 마치 혁명과 같았다. 1896년 Lilienthal의 죽음 이후 유럽에서 차츰 쇠약해지던 항공술은 순식간에 되살아났다. 영국해협을 처음으로 비행해 유명해진 프랑스의 Louis Bleriot는 "우리 프랑스인들과 모든 사람들에게 기계 비행의 새로운 시대가 열렸다. 이것은 기적이다." Wright 형제의 추정되는 성공에 몇 년간 회의적이었던 프랑스 언론은 Wilbur의 비행을 "응용 과학의 역사상 가장 흥분되는 광경 중 하나"라고 소개했다. Wright 형제와 첫 동력 비행을 두고 경쟁하던 많은 프랑스의 비행사들의 실망을 깊게 공명하면서 Leon Delagrange는 "우리는 졌다. 우리는 존재하지 않는다"고 말했다. 그 후 1908년이 끝나기 전에 Wilbur는 프랑스에서 104번의 비행을 했다. 1903년부터 Wright 형제에게 주어져야 했을 칭송과 영광이 마침내 주어졌다.

Orville은 미국에서 비슷한 성공을 경험하고 있었다. 1908년 9월 3일 그는 미군을 위해 Washington, D.C. 근처 Fort Myer에서 몇 번의 시범을 보였다. 타입 A 비행기를 타며 그는 9월 17일 전에 가장 긴 비행이 한 시간 14분이였던 총 10번의 비행을 했다. 그날 프로펠러가 고장 나며 추락을 했고 동승했던, Lt. Thomas E. Selfridge가 죽었으며 Orville은 크게 다쳤다. 이것은 기계 비행의 첫 추락이었지만 Orville과 군대를 막지 못했다. Orville은 빠르게 회복했고 1909년 다시 날기 시작했다. 군대는 비행기를 구매했다.

1908년 Wilbur가 대중 앞에서 선보인 비행은 유럽의 비행가들을 놀라게 했다. 유럽의 비행기 디자이너들은 즉시 Wright 형제 비행기의 가장 중요한 두 개의 특징을 적용했다: 횡방향제어와 프로펠러. 1908년 전 유럽의 비행기계 추종자들은 횡방향제어의 중요성에 대한 개념이 전혀 없었고[비행기의 롤링(rolling)— 7.1절 참조] 횡방향제어를 할 기계적 방법이 전혀 없었다. Wright 형제는 횡방향제어를 날개 비틂이라는 혁신적인 생각으로 이루어냈다. 하지만 1909년에 이르러서는 프랑스의 Henri Farman이 날개 끝 근처의 뒷전에 에일러런과 유사한 플랩(flap like ailerons)을 포함한 *Henri Farman III*라 불리는 복엽기를 만들었다. 에일러런(Ailerons)은 빠르게 횡방향제어를 할 인기 있는 기계적 수단이 되었다. 마찬가지로 유럽의 디자이너들은 Wright 형제의 길고 얇은 프로펠러를 빠르게 적용했다. 이 프로펠러는 당시 사용됐던 효율이 40~50% 정도 낮고 넓은 노 모양을 닮은 것과는 달랐다(6.6.1절에 정의되어 있다.) 1909년 베를린의 한 엔지니어에 의해 Wright 형제의 프로펠러의 효율성이 76%라는 놀라운 결과가 측정되었다. 최근 NASA Langley Research Center에서 (2002년 Old Dominion 대학의 연구원들에 의해) 풍동 실험은 Wright 형제의 프로펠러가 84%의 효율을 가지고 있다는 더 놀라운 결과를 발표했다. 이 두 개의 기술적인 특징은(횡방향제어와 효율적인 프로펠러의 디자인을 가능하게 한 기술적 방법) Wright 형제들이 남긴 기술적 유산의 가장 중요한 두 가지이며 유럽의 디자이너들이 빠르게 습득했다. (더 자세한 정보를 위해서 Anderson, *The Airplane: A History of Its Technology*, American Institute of Aeronautics and Astronautics, 2002 참조)

Wright 형제의 업적들은 기념적이었다. 1908년에서 1910년이 그들의 전성기였다. 유럽의 항공술은 형제를 빠르게 따라잡았고 곧 기술적인 면에서 앞서갔다. 가장 큰 이유는 첫 글라이더에서부터 Wright 형제의 비행기들은 정적으로 불안정했다(제7장 참조). 즉 Wright 형제의 비행기들은 "스스로" 날지 못하고 꾸준히 그리고 항상, 조종사에 의해 조종되어야 했다. 반면 유럽의 발명가들은 내제적으로 안정된 비행기를 만들 수 있다고 믿었다. 1908년 Wilbur에게 비행 조종에 대한 교육을 받고 난 후 프랑스와 영국의 비행가들은 조종 가능하지만 안정된 비행기를 만들기 위해 서둘렀다. 정적(static) 안정이라는 개념은 지금까지 모든 비행기에 실질적으로 쓰이고 있다. (Lockheed-Martin F-22와 같은 군사적 공격용 비행기들은 Wright 형제의 디자인을 따라 정적으로 불안정하다는 것이 흥미롭다. 하지만 *Wright Flyers*와는 달리 이 새로운 비행기는 새로운 "fly-by-wire"의 개념을 따라 끊임없이 전기적 수단으로 조종된다.)

Wright 형제의 이야기를 마치자면, Wilbur는 1912년 5월 30일 장티푸스로 이른 죽음을 맞이했다. 그의 아버지는 "오늘 아침 3시 15분에 Wilbur는 45세 1달 그리고 14일의 나이로 잠들었다. 결과들로 가득 찬 짧은 삶이었다. 실패 없는 지식인, 차분한 성격, 뛰어난 자립성과 겸손함. 옳음을 항상 알고 꾸준히 추구하며 그는 살았고 눈을 감았다."라는 묘비명을 썼다.

Orville은 1948년 1월 30일까지 살았다. 제1차 세계 대전에 그는 the Signal Corps Aviation Service에서 중요한 임무를 맡았다. 1915년 Wright 회사에 대한 모든 "자격"을 팔았지만 그의 가게에서 연구를 계속했다. 1920년에 날개를 위한 분리 플랩을 발명했고 그 후 수년간 꾸준히 개발을 계속했다.

이 두 위대한 인물의 이야기를 마지막으로 보충하자면 Orville과 Smithsonian Institution 사이에 동력 비행의 올바른 역사에 대해 언쟁이 있었다. 결과적으로 Orville은 1928년 런던의 과학 박물관으로 역사적인 *Wright Flyer I*을 보냈다. 그것은 제2차 세계 대전, 1948년 박물관이 Smithsonian에 비행기를 보내기 전까지 그 박물관에 있었다. 현재는 National Air and Space 박물관에 갤러리의 중앙을 차지하며 박물관의 중심이 되고 있다.

1.9 항공학의 삼각형—Langley, The Wrights와 Glenn Curtiss

Wright 형제들이 첫 동력 비행을 성공한 중요한 시기였던 1903년에 Orville과 Wilbur는 Samuel P. Langley와의 진지한 경쟁을 마주했다. 1.7절에서 묘사된 것처럼 Langley는 Smithsonian의 소장이였고 그 당시 미국에서 가장 존경받는 과학자 중 한 명이였다. 1886년 초반 Langley는 집중적으로 항공학 연구를 시작했고 프로그램을 개발하여

Smithsonian과 이후 전쟁부에 쓰일 자료들을 준비했다. 그는 이 프로그램을 Wright 형제가 후에 보인 열정과 견줄 만한 헌신적인 열정으로 진행했다. Langley의 노력은 그림 1.18과 1.19, 그리고 1.20에 보이는 *Aerodrome*로 나타났다. 1903년 10월, 이 *Aerodrome*는 대중과 국영 언론의 시선이 집중된 첫 비행 시도에 대한 준비가 끝났다.

Wright 형제들은 Langley의 진전에 대해 알았다. 1903년 여름과 가을 Kill Devil 언덕에서 *Wright Flyer*를 준비하는 동안 Orville과 Wilbur는 신문을 통해 Langley의 움직임을 보고 있었다. 그들은 경쟁심을 느꼈고 이 시기 형제의 서신에서는 그들이 *Wright Flyer*를 날려보기도 전에 Langley가 성공적인 첫 동력 비행을 하지 않을까 하는 불편함을 느낄 수 있다. 반면 Langley는 형제들에게 경쟁심을 전혀 느끼지 않았다. Wright 형제의 항공학적 활동은 미국과 유럽의 작은 항공술 열정가들의 모임에 대체적으로 알려져 있었지만 (주로 Octave Chanute의 글 덕분에) 그들의 활동은 진지하게 받아들여지지 않았다. 1903년 10월 7일 Langley의 첫 비행 시도 때 그가 형제의 동력 비행기가 Kill Devil 언덕의 모래 언덕에 놓여있다는 사실을 알았다는 것조차 확실하지 않다. 1.7절에서 나타났듯 10월 7일 첫 시도와 12월 8월 Langley의 사람이 탄 동력 비행 실험은 완벽한 실패로 나타났다. 이를 알게 된 형제는 Langley와의 경쟁에 대한 두려움이 사라졌다.

하지만 5년 후 시작된 다른 비행술 개척자인 Glenn H. Curtiss와의 경쟁은 그렇지 않았다. 프랑스와 미국에서 그들의 영광적인 첫 대중 앞에서의 비행을 한 중요한 시기인 1908년에 Orville과 Wilbur에게 Curtiss는 도전장을 내밀었다. 악감정과 한바탕 소란이 된 경쟁은 후에 Wright 형제의 이미지를 오염시켰고 미국의 항공술 초기 발달의 저해를 초래했다. 1910년에 Glenn Curtiss의 이름은 Orville과 Wilbur의 이름만큼 전 세계에서 유명해졌고 그가 만든 비행기는 Wright 형제들의 비행기들보다 인기 있고 날리기 쉬웠다. 어떻게 이런 상황이 만들어졌을까? Glenn Curtiss는 누구고 형제와의 어떤 관계였을까? Curtiss가 초기 항공술 발달에 가져온 영향은 무엇이었고 Langley와 Wright 형제의 업적과 어떻게 비교될 수 있을까? 미국 항공술 발달의 역사는 Wright 형제가 꼭대기에, Langley가 다음 꼭지점에, 그리고 Curtiss가 마지막 꼭지점에 있는 삼각형으로 비유될 수 있다. 이 "항공학 삼각형"은 그림 1.26에서 볼 수 있다. 이 삼각관계의 본성은 무엇이었을까? 이러한 질문들과 다른 의문점들은 이 절에서 다뤄진다. 질문들은 이 장에서 묘사된 항공학 엔지니어링 발달의 전반적인 역사에 맞아 떨어지는 결론을 내린다.

우선 Glenn Curtiss를 살펴보도록 하자. Curtiss는 1878년 5월 21일 뉴욕의 Hammondsport에서 태어났다. Hammondsport는 그 당시 뉴욕의 북부의 Finger Lake 중 하나인 Keuka Lake와 맞닿아있는 작은 마을(1,000명 미만의 인구)이었다(후에 Curtiss는 그의 마크인 수륙양용기를 만드는 데 Keuka Lake를 아주 잘 활용했다). 마구를 만들었던 아버지는 Curtiss가 5살 때 돌아가셨고 어머니와 할머니의 손에 길러졌다. 그들은 마당 앞에 있는 작은 포도밭에서 버는 돈으로 Curtiss를 양육했다. 그의 공식적인 교육은 8학년 때 멈

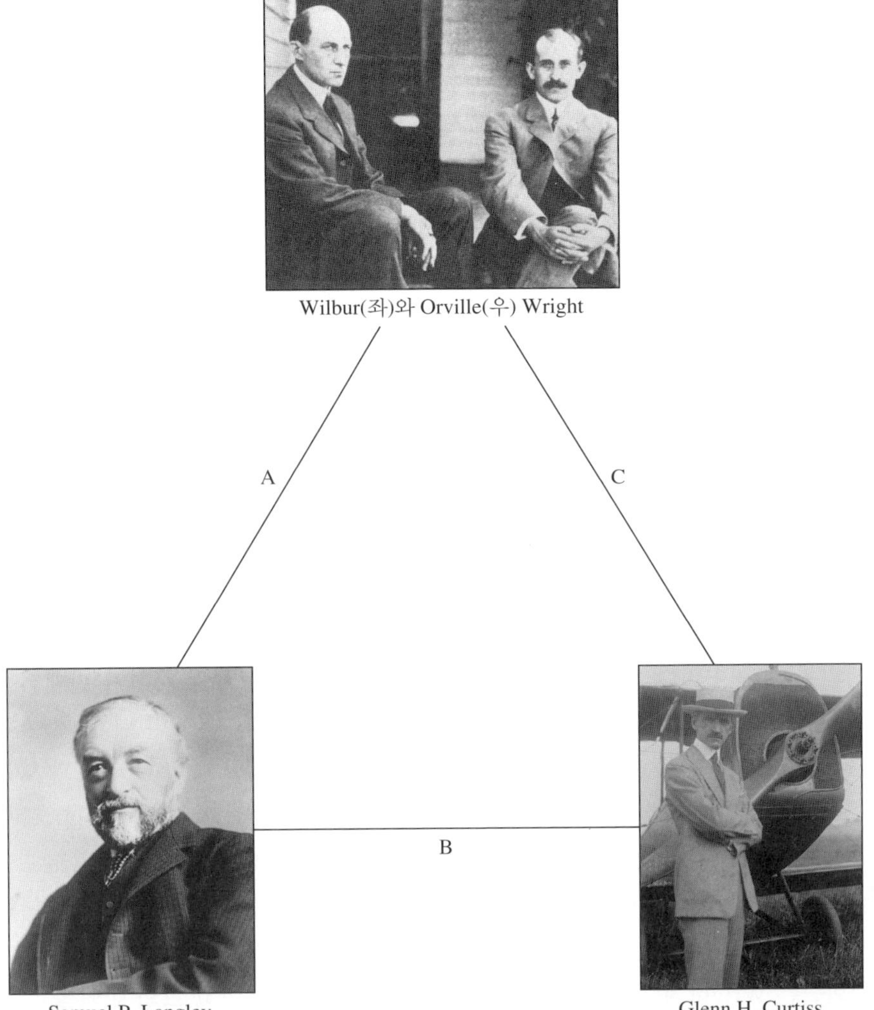

그림 1.26 1886~1916년 동안 미국의 항공학 초기 발달을 지배한 "항공학 삼각형"의 관계
[자료출처: *Top: Library of Congress [LC-USZ62-65478]; Bottom Left, Library of Congress (LC-H261-9495-A); Bottom Right, Library of Congress (LC-B2- 4922-10).*]

쳤고 그 후 그는 Rochester로 이사가 Eastman Dry Plate와 Film Company(후에 Kodak이 된)에서 필름의 종이상자에 스텐실로 숫자를 찍는 일을 하기 시작했다. 1900년 그는 Hammondsport로 돌아왔고 자전거 수리점을 맡아 운영하기 시작했다. (여기서 Wright 형제의 그림자가 보인다.) 이 시기에 Glenn Curtiss는 그의 일생 동안 그를 사로잡을 속도에 대한 열정을 보이기 시작했다. 그는 사이클 대회에서 활동을 하기 시작했고 우승자로 명성을 얻기 시작했다. 1901년 그는 자전거에 엔진을 연결했고 열정적인 오토바이 선수가 되었다. 1902년에는 그의 명성이 퍼지기 시작했고 그가 디자인한 엔진을 넣은 오토바이에

대한 주문이 쏟아지기 시작했다. 1903년 Curtiss는 Hammondsport에 오토바이 공장을 설립했고 어디에서도 구하기 힘든 최고의 엔진(가장 높은 마력-무게 비율)을 디자인하고 만들기 시작했다. 1904년 1월 플로리다 주 Ormond Beach에서 Curtiss는 지상차량 중 가장 빠른 10 mi을 한 번에 시간당 67 mi의 속도로 가는 세계 신기록을 수립했다. 이 기록은 7년간 깨지지 않았다.

Curtiss는 "다시" 비행에 집중하기 시작했다. 1904년 여름 그는 캘리포니아의 열기구를 타는 사람인 Thomas Baldwin에게서 이중 실린더 엔진을 주문받았다. 성공적인 Curtiss의 엔진을 가진 Baldwin 비행선은 곧 유명해지기 시작했다. 1906년 Baldwin을 엔진들이 공급되는 곳과 가까워지기 위해 그의 공장을 Hammondsport로 옮겼다. 일생 동안 지속될 Baldwin과 Curtiss 사이의 우정과 협력이 만들어졌고 Baldwin의 동력 열기구의 조종사로서 Curtiss의 첫 비행 경험이 이루어졌다.

1906년 8월 Baldwin는 비행선 비행 시범을 보기 위해 일주일간 오하이오 주의 Dayton Fair에 갔다. 그는 엔진을 개인적으로 유지하기 위해 Curtiss를 데려갔다. Wright 형제 또한 Thomas Baldwin의 시범을 보기 위해 박람회를 찾았다. 형제는 심지어 비행선이 들판에서 너무 먼 길로 새자 비행선을 가져오는 것을 도와주기도 했다. 이때가 Curtiss와 형제의 첫 대면이었다. 그 주 후에 Baldwin과 Curtiss는 형제의 자전거 판매점을 방문해 동력 비행에 대한 긴 논의를 시작했다. 1.8절에서 Wright 형제가 일 년 전에 비행에 대한 연구를 멈췄다는 것을 기억해 보라. 그들이 Curtiss를 만났던 당시 Orville과 Wilbur는 영국, 프랑스, 그리고 미국에 자신의 비행기를 팔기 위해 노력하고 있었다. 또한 당시 형제들은 그들의 비행기를 숨겼고 아무에게도 공개하지 않았다. Curtiss와 Baldwin도 예외는 아니었다. 하지만 그 주 Dayton에서 형제들은 Curtiss에게 정보를 주고 동력 비행의 기술적 부분에 제안을 해주는 등 상대적으로 자유로운 모습을 보였다. 시간이 흐른 후 이때 있었던 대화들은 Wright 형제가 Curtiss가 그들의 아이디어를 빼앗고 그의 이익을 위해 썼다는 주장의 핵심이 되었다.

Curtiss가 이 시기부터 동력 비행에 확립된 관심을 보이기 시작한 것을 고려한다면 형제의 주장이 완전히 정당성이 없진 않다. 대화의 몇 달 후 그는 Alexander Graham Bell에게 프로펠러 실험에 쓰일 15마력 모터를 제공했다. 이 실험은 궁극적으로 사람이 탄, 공기보다 무거운 동력 비행기에 쓰일 것을 염두에 두고 있었다. Bell과 Curtiss의 관계는 중요하다. 전화기의 발명가로 알려져 있는 Bell은 동력 비행에도 강한 관심을 보였다. 그는 Samuel Langley의 가까운 친구였고 1896년 Langley의 성공적인 사람이 타지 않은 *Aerodrome* 비행도 지켜보았다. 1906년 Langley가 죽었을 시점에 Bell은 적극적으로 연을 날리는 실험과 Nova Scotia 해변가에 위치한 그의 집에서 쌍동선에 공기프로펠러를 시험하고 있었다. 1907년의 여름에 Bell은 공언된 목표가 단순히 "날기 위함"인 다섯 남자의 모임인 Aerial Experiment Association을 창립했다. Aerial Experiment Association

(AEA)의 구성원은 Bell 자신과 Douglas McCurdy (Bell의 개인비서, 사진사, 그리고 아주 가까운 친구의 아들), Frederick W. Baldwin(토론토에서 온 갓 대학을 졸업한 기계공학자이자 McCurdy의 가까운 친구), Thomas E. Selfridge(항공학 엔지니어링에 상당한 지식을 가진 육군 중위), 그리고 Glenn Curtiss이었다. AEA에서 Curtiss의 중요성은 Bell이 협회의 회원에게 지급하는 급료의 액수로 증명된다. Curtiss는 다른 구성원에 비해 5배가 높은 급료를 받았다. Bell은 Curtiss의 뛰어난 엔진 디자인 기술과 월등한 기계를 다루는 기술을 보고 협회에 들어와 달라고 부탁했다. Curtiss는 곧 협회에서 엔진을 디자인하는 것 외의 일들도 맡기 시작했다. AEA의 계획은 동력 비행에 대해 심도 있는 연구와 발달, 또 각 구성원이 하나씩 총 5개의 비행기를 만드는 것이었다. 가장 첫 번째 비행기인 *Red Wing*은 Selfridge가 수석디자이너로 있고 AEA에 의해 건설되었다. 1908년 3월 12일 *Red Wing* 은 Baldwin이 조종한 채 Hammondsport에서 처음으로 날았다. 비행기는 318 ft의 거리를 날았고 "대중 앞에서의 첫 비행"으로 묘사되었다.

1903~1905년 Wright 형제의 엄청난 성공이 대중들에 알려지지 않았다는 것을 기억해보라. 언론의 무관심과 형제들의 미국 정부에 비행기가 팔리기 전까지 비행기의 비밀을 지키기 위해 노력한 것이 원인이긴 했지만 형제의 AEA의 공개 활동에 대한 불안감은 Wilbur가 *Red Wing*의 비행 후 *Scientific American*의 편집자에게 보낸 편지에서 나타난다. 이 편지에서 Wilbur는

> "1904년과 1905년에 우리는 Dayton에서 Springfiled로 이어진 주 마차도로와 전차길의 옆에 펼쳐진 들판을 따라 며칠간 매일 날았습니다. 몇백 명의 여행자들과 거주민들이 보고자 했으면 충분히 기계가 나는 것을 보았을 것입니다. 우리는 단지 신문에 비행을 광고하지 않았을 뿐입니다. "

고 썼다. 1908년 3월 17일 *Red Wing*의 두 번째 비행은 추락하여 비행기를 심하게 손상시켰다. *Red Wing*에 관한 작업은 Baldwin이 디자인을 맡은 AEA의 새로운 디자인인 *White Wing*이 대신 나타난 후 멈추어졌다. AEA의 회원들은 Wright 형제가 가진 횡방향제어를 위한 날개 비틂에 대한 특허에 대해 잘 알고 있었고 Bell은 그의 협회가 특허권을 침해하지 않도록 각별한 주의를 기울였다. 따라서 날개 비틂 대신에 복엽기의 두 날개 끝을 넘어서까지 있는 삼각형의 가동면을 활용했다. 1908년 5월 초 *White Wing*은 다양한 AEA 회원들이 조종하여 성공적으로 비행했다. 이 중 Glenn Curtiss가 조종했던 한 비행은 Selfridge에 의해 Associated Press에 다음과 같이 기록됐다:

> Curtiss Manufacturing Company의 G. H. Curtiss는 오늘 오후 6시 47분에 Baldwin이 디자인한 White Wing을 타고 두 번의 점프로 339야드 거리의 비행을 했다. 첫 번째 비행에서 그는 205야드를 가서 땅을 잠깐 스쳤고 즉시 떠 올라 134야드를 더 가다가 갈아 놓은 들판의 끝에 착륙했다. 비행기는 모든 순간 완벽하게 조종되었고 착륙 전 처음에는 오른쪽으로 그 다음에는 왼쪽으로 방향이 조종되었다. 19초만에 339야드를 갔고 이것은 시간당 37 mi의 속도이다.

이틀 뒤 경험이 없는 McCurdy가 조종한 *White Wing*은 추락했고 다시는 날지 못했다.

하지만 이때 Wright 형제의 AEA에 대한 불신은 점점 커졌고 회원들에 대한 신랄함으로 번지고 있었다. Wilbur와 Orville은 진심으로 AEA가 그들의 아이디어를 훔쳤고 상업적 이익을 위해 쓰고 있다고 느꼈다. 한 예로 1908년 6월 7일 Orville은 Wilbur에게 (그 해 여름 프랑스 Le Mans에서 대중들 앞에서의 첫 멋진 비행을 준비하고 있던 — 1.8절 참조) 편지로 "Bell이 Red Wings를 각 $5,000에 판다고 하는군. 배짱도 대단하지"라고 썼다. 6월 28일 그는 Wilbur에게 "Curtiss 등은 우리의 특허를 사용하고 있다는 건 알았어. 그리고 *Scientific American*에 의하면 그들은 이제 비행기를 각 $5,000에 판매한다고 해. 얼굴도 두껍군"이라고 덧붙였다.

형제와 AEA의 껄끄러운 관계는 (특히 Curtiss와의) 1908년 6월 4일 AEA가 영광스러운 성공을 거두면서 악화되었다. Glenn Curtiss가 디자인을 맡은 *June Bug*라는 새로운 비행기가 만들어졌다. 한 해 전에 *Scientific American*는 Aero Club of America를 통해 처음으로 똑바로 1 km (3,281 ft)를 비행한 조종사에게 $3,000 이상의 값이 나가는 트로피를 건내겠다고 공표했다. 1908년 독립기념일 뉴욕 Hammondsport에서 Glenn Curtiss는 그의 *June Bug*를 조종해 그 트로피를 얻을 준비를 끝냈다. Aero 클럽의 22회원의 대표단이 참석했고 Curtiss 전의 공식적인 선수는 Langley의 충실한 조수이자 *Aerodrome* (1.7절과 그림 1.26 참조)을 조종했던 불운한 Charles Manly밖에 없었다. 그날 오후 7시 30분에 Curtiss는 이륙했고 1분 40초 동안 1 mi 이상의 거리를 날아 손쉽게 *Scientific American* 상을 탔다. 역사적인 비행을 하고 있는 *June Bug*의 사진은 그림 1.27에서 볼 수 있다 .

Wright 형제는 Curtiss가 상을 타기 훨씬 전에 *Scientific American*을 탈 수 있었다. 그들은 단지 그러지 않기로 결정한 것이다. 사실 *Scientific American*의 출판인 Charles A. Munn은 6월 4일 Orville에게 편지로 Curtiss의 도전을 미루겠다며 트로피를 얻을 첫 시도를 해보라고 권유했다. 6월 30일 형제는 거절했다. 그들은 프랑스와 미국의 Fort Myer에서 이루어질 다가오는 비행 시도에 너무 몰두해 있었다. 하지만 Curtiss의 성공은 형제들에게 충격을 주었다. 1906년 Curtiss와의 대화를 기억하며 Orville은 6월 19일 Wilbur에게

> 난 Curtiss에게 편지를 쓸까 생각했어. 또 *Scientific American*에 연락해 Curtiss의 비행기는 단순한 모조품에 지나지 않는다고 밝히려고 했어. 우리가 그들에게 우리가 만들었던 비행기의 구조를 말해주었고 그들이 이 구조를 얼마나 비슷하게 만들었는지에 대해 말이야. 하지만 그들의 논문에 이러한 사실들을 기재하는 것에 실패했지.

라고 썼다. Curtiss가 6월에 누린 유명세는 Wilbur가 1908년 8월 8일 프랑스에서 보인 놀라운 비행과 Orville이 9월 3일 Fort Myer에서 보인 Army trial에 의해 빛을 완전히 잃었다. Fort Myer에서의 비행 시범을 하는 동안 Wright 형제와 AEA 간의 관계는 아이러니하게 비틀어졌다. Orville의 비행을 보도록 배정받은 평가위원회 중 한 명은 Lt. Thomas Selfridge였다. Selfridge는 1년 동안 군대에서부터 AEA로 공식적인 보고를 받았고 다

그림 1.27 1908년 6월 4일 Glenn Curtiss이 대중들 앞 최초로 1 km 이상을 날아 *Scientific American*을 수상하기 위해 *June Bug*을 조종하는 모습
(자료출처: *Library of Congress [LC-USZ62-59025].*)

시 군대의 주요 항공학 전문가로서 근무하고 있었다. 공식적인 평가 중 하나로 Orville은 Selfridge를 태우고 비행을 하도록 요구받았다. 9월 17일의 비행에서 프로펠러의 날개 하나가 금이 가며 모양이 변형되었고 추력을 잃었다.이것은 두 번째 프로펠러의 균형에 영향을 미쳐 꼬리에 이어져있던 조종 케이블을 끊었다. 케이블은 프로펠러에 감기며 프로펠러를 부러뜨렸다. Wright 타입 A는 조종이 불가해졌고 추락했다. Selfridge는 죽었고 Orville은 심각한 부상을 입었다. 그는 한 달 반 동안 입원했고 남은 일생을 절뚝거리게 되었다. Selfridge의 죽음과 1908년 이후 비행술의 빠른 성장에 추월 당해 Aerial Experiment Association은 1909년 3월 31일 스스로 해체되었다. Alexander Graham Bell의 기록에 따르면 "A.E.A.는 이제 과거의 것이 되었다. 비행의 역사에 한 획을 그었고 그들의 업적은 남을 것이다."

이후 Glenn Curtiss는 비행의 세계에서 독립했다. Hammondsport에 비행기 공장을 만들어 새로운 비행기를 디자인하고 만들었다. *June Bug*를 발전시켜 *Golden Flyer*를 만들었다. 1909년 8월 프랑스 Reims에서 수많은 관중들과 유럽의 황태자가 참석한 거대한 비행 공연이 주최되었다. 역사상 최초로 Gordon Bennett 트로피는 가장 빠른 비행에 주어졌다. Glenn Curtiss는 그의 *Golden Flyer*로 이 상을 거머쥐었다. 그는 75.7 km/h (47.09 mi/h)의 속도로 20 km를 비행하며 Wright 형제의 비행기를 조종하는 많은 조종사들을 앞질렀다. 이 상은 Curtiss를 저돌적인 조종사이자 성공적인 비행기 제조자로서 일약 성공을 거두게 했다. 그는 Hammondsport에 있는 오토바이 공장을 비행기를 만드는 공장으로 바꾸었다. 그의 비행기는 정지상태에서 안정되었기 때문에 의도적으로 정지상태에서 불안정하게 만들어진 Wright 형제의 비행기보다 쉽고 안전하게 비행이 가능해 그 시대의 조종사들 사이에서 인기가 많았다(제7장 참조). 1910년도에는 항공 모임자와 대중들은 Curtiss와 Wright 형제를 사실상 같은 수준으로 바라보았다. 그림 1.26은 대중의 오른쪽 아래에 이 당시의 Curtiss 사진이다. 그의 모자에 있는 프로펠러 장식은 그가 시도했던 비행에서의 행운을 기원하는 상징이었다. 1911년 Curtiss 비행기가 배 위에서 이륙과 착륙을 했다. 또한 그해에 Curtiss는 첫 성공적인 수상 비행기를 만들었고 미해군과 지속적인 관계를 맺었다. 1911년 6월 Aero Club of America는 대중들 앞 첫 비행을 선보였다는 근거(Wright 형제에게 돌아갈 수도 있었을 영광인)로 Curtiss에게 첫 공식적인 조종사 면허를 발급했다.

1909년 9월 Wright 형제는 Curtiss를 상대로 특허권 침해로 고소했다. 그들은 1906년 등록한 그들의 날개 비틂 특허는 크게 해석하면 Curtiss가 사용한 에일러런을 포함한 모든 종류의 횡방향제어를 포함한다고 주장했다. 이 고소로 양측의 힘을 모두 소멸시킨 5년간의 치열한 법정 공방이 벌여졌다. Curtiss는 고소된 유일한 사람이 아니었다. 이 시기에 Wright 형제는 미국과 유럽의 꽤 많은 신형 비행기 디자이너들도 고소했다. 이 소송들은 형제의 관심을 항공학 기술을 발전시키는 데서 멀어지게 했고 대부분의 비행 역사가들은 이 시기를 형제들에게 좋지 않은 시기였다는 데 동의한다. 재판은 그들의 디자인과 제조에 쏟은 노력뿐만 아니라 다른 사람들(특히 미국)의 항공술적 발전도 저해했다. (1914년 제1차 세계 대전이 시작했을 때 비행술의 탄생지인 미국이 유럽의 비행 기술보다 한참 뒤처졌다는 것이 자명해졌다.) 마침내, 1914년 1월 법원은 Wright 형제의 손을 들어주었고 Curtiss는 Wright가에 저작권 사용료를 지불해야 했다. (이때 Wilbur는 1912년 장디푸스로 인해 이미 죽었다.)

Wright 형제의 입장을 대변하자면 그들은 Curtiss가 고의로 아이디어를 빼앗았고 이로 막대한 금전적 이윤을 챙겼다고 진심으로 믿었다. 이 믿음은 Wright 형제가 도덕적으로 강조받으며 자란 환경에 강력히 위배됐다. 반면 Curtiss는 Wright 형제의 특허를 침해하지 않기 위해 많은 노력을 했고 형제와의 관계를 회복하기 위한 노력들에 대한 근거가 많이 보인다. 개인적인 의견으로 양측 모두 1908년 이후 비행이 세계에 공개되며 흥분되는 시기를 보냈고 복잡한 사건들에 휘말렸다. 때문에 그들의 행동을 완전히 비난할 수는 없다고 생각한다. 이 사건들은 초기 비행술의 발전의 역사에 있어 결코 영광스러울 수는 없지만 중요한 부분들을 차지한다.

그림 1.26에서 보이는 Langley, Wright 형제, 그리고 Curtiss의 삼각관계에 중요한 추신이 달려야 한다. 1.7절과 1.8절에서 Langley와 Wright 형제의 관계, 그리고 1903년 첫 비행을 향한 시합으로 이끈 상황들에 대해 설명했다. 이것은 그림 1.26의 측면 A를 나타낸다. 이 절에서 우리는 Langely의 친우이자 추종자, 그리고 Curtiss로 하여금 비행을 시

작하게 한 Aerial Experiment Association의 창시자인 Alexander Graham Bell을 통한 Curtiss와 Langley의 강한 관계를 보았다. 또한 우리는 Langley의 조수인 Charles Manly가 *Scientific American* 트로피를 향한 Curtiss의 성공적인 도전의 첫 공식적 도전자인 것도 확인했다. 이 관계들은 그림 1.26에서 보이는 삼각형의 측면 B를 담당한다. 마지막으로 조금 험악할 수도 있는 Wright 형제와 Curtiss 사이의 관계가 측면 C를 만든다.

1914년 세 측면 모두를 동시에 관계시킨 사건이 일어났다. 1903년 Langley의 *Aerodrome*이 두 번째로 실패했을 때(그림 1.21 참조) 비행기의 잔해는 Smithsonian Institution의 뒷편 사용되지 않는 공간에 보관되어 있었다. Langley가 1906년 세상을 떠났을 때 그를 대신해서 Dr. Charles D. Walcott가 Smithsonian의 소장직을 맡았다. Walcott는 그의 임기 동안 Langley의 *Aerodrome*이 세 번째 기회를 가져야 한다고 믿었다. 마침내 1914년 Smithsonian은 다름 아닌 Glenn Curtiss에게 Langley *Aerodrome*을 고치고 비행하는 데에 $2,000의 연구비를 지불했다. *Aerodrome*은 Hammondsport에 있는 Curtiss의 공장으로 옮겨졌다. 이 공장에서 *Aerodrome*은 고쳐졌을 뿐만 아니라 93개의 항공학적, 구조적, 그리고 엔진에 기술적 변화가 이루어졌다. 이 과정에서 Curtiss는 Charles Manly를 고용했다. Curtiss는 1914년 5월 28일 Langley *Aerodrome*에 부양장치를 더했고 직접 Keuka 강 위로 150 ft의 거리를 날았다. 그림 1.28은 Langley *Aerodrome*의 강 위로 우아하게 날고 있는 사진이다. 후에 *Aerodrome*은 Smithsonian으로 다시 옮겨졌고 원래의 모양으로 조심스럽게 다듬어져 1918년 old Arts와 Industries Building에 놓여졌다. *Aerodrome* 밑에는 “Original Langley flying machine, 1903. 세계 역사상 최초의 사람을 태우는 지속된 자유비행이 가능했던 비행기”라 쓰인 명판이 놓여졌다. 하지만 명판은 *Aerodrome*이 1914년 Curtiss에 의해 93개의 수정이 이루어진 후에야 지속 비행이 가능했었다는 말은 써있지 않았다. Orville이 이 설명에 기분이 언짢아했던 것은 놀라운 일이 아니다. 이 사건이 1903 *Wright Flyer* 원형이 Orville이 세상을 떠난 1948년까지 스미소니안에 보관되지 않은 가장 큰 이유였다. 대신, 1928~1948년 동안 *Flyer*는 런던의 과학박물관에 보관되어 있었다.

본 절은 두 가지의 아이러니한 사건으로 끝난다. 1915년 Orville은 Wright Aeronautical Corporation을 뉴욕의 사업가들에게 팔았다. 1920년대 동안 이 회사는 비행에 있어 저조한 성과를 냈다. 마침내 1929년 6월 26일 뉴욕 사무실에서 Wright Aeronautical Corporation은 공식적으로 성공적이었던 Curtiss Aeroplane and Motor Corporation과 병합되어 Curtiss-Wright Corporation으로 탄생했다. 따라서 Curtiss와 Wright의 이름은 과거의 격동의 시간을 보내고 마침내 아이러니하게도 나란히 서게 되었다. Curtiss-Wright Corporation은 수많은 유명한 항공기를 만들어냈다. 그중 가장 알려진 것은 제2차 세계 대전에 사용됐던 P-40이다. 안타깝게도 회사는 세계 대전 직후의 불경기에서 생존하지 못했다. 회사의 항공기 개발은 1948년에 멈췄고 이는 두 번째 아이러니한 사건으로 이어진다.

그림 1.28 수정된 Langley *Aerodrome*이 1914년 Keuka 강 위를 나는 모습
(자료출처: © *Science and Society/SuperStock.*)

동력 비행의 가장 기본은 Orville과 Wilbur Wright, 그리고 Glenn Curtiss에 의해 이루어졌지만 현재 Wright나 Curtiss의 이름을 단 항공기는 생산되지 않는다는 것이다.

1.10 추진력의 문제점

19세기 동안 많은 공상가들은 지속된 동력 비행이 지상에서 항공기를 들어 올릴 수 있도록 개발된다면 사람이 탄 공기보다 무거운 비행은 당연하게 이루어질 것이라고 예측했다. 즉, 충분한 마력이 있는 동시에 너무 무겁지 않은 엔진 (높은 마력-대-무게 비율) 개발에 달린 것이었다. 이것은 Stringfellow, Du Temple, 그리고 Mozhaiskie와 같은 사람들에게는 실제로 가장 큰 장애물이었다. 증기기관 엔진은 이것을 만족시키지 못했다. 하지만 1860년 프랑스의 Jean Joseph Etienne Lenoir는 최초의 실용적인 가스 엔진을 만들었다. 단통 엔진으로 길을 밝히는 데 쓰이던 보통 가스를 연료로 사용했다. 1865년에는 400개의 Lenoir의 엔진들이 파리에서 잡다한 일을 맡고 있었다. 내부 연소 엔진의 개량은 빠르게 이루어졌다. 1876년 독일의 N. A. Otto와 E. Langen에 의해 가스를 연료로 쓰는 4기통 엔진(현대 자동차 엔진의 선조)이 개발됐다. 1885년에 독일의 Gottlieb Daimler와 Karl Benz는 4기통 엔진을 뒤따르는, 하지만 구분되게 발전시켰다. 구체적으로, Benz와 Daimler는 엔진을 자동차에 넣었고 이는 즉시 자동차 산업을 탄생시켰다. 이러한 "말 없는 마차"는 1896년 프랑스와 영국의 도로에서 자유롭게 움직일 수 있는 법적 허락이 떨어지며 자동차 산업을 빠르게 성장시켰다. 후에 이 산업은 비행술의 발전에 있어 많은 기술과 숙달된 기술자들을 제공하는 역할을 했다.

가솔린으로 움직이는 내연기관의 발달은 1890년대에 탄력을 받기 시작한 항공학에 있어서 뜻밖의 행운이었다. 마지막 분석으로, 1903년 12월의 한 운명적인 날 Kill Devil 언덕의 모래에서 *Flyer I*을 들어 올린 것은 Wright 형제가 맞춤 디자인 및 제작한 가솔린 엔진이었다. 제대로 된 항공학적 추진 장치가 마침내 발명된 것이다.

자동차와 항공기의 관계가 오늘날까지 이어지고 있다는 것은 흥미롭다. 예를 들어 1926년 6월 포드(Ford)는 아주 성공적인 3개의 엔진, 높은 날개를 가진 운송 비행기(three-engine, high-wing transport airplane)인 the Ford 4-AT Trimotor를 발표했다. 제2차 세계 대전 당시 사실상 모든 주요 자동차 회사들은 비행기 엔진과 기체를 만들었다. General Motors는 터보프롭 디자인(turboprop designs)으로 유명한 비행기 엔진 담당 부서(인디아나 주 Indianapolis에 위치한 Allison Division)를 몇십 년 동안 유지했다. 오늘날 Allison은 Rolls-Royce의 소유로 북미 지사를 구성하고 있다. 조금 더 최근에 자동차 디자이너들은 마찰을 줄이고 연비를 높이기 위해 공기 역학의 유선형과 풍동 실험에 관심을 쏟기 시작했다. 따라서 비행기와 자동차의 평행적 발달은 100년 이상의 기간 동안 서로 도움을 주고 있는 것이다.

추진력이 비행기의 속도의 모든 주된 발전을 이루었다고 할 수 있을 것이다. 가솔린 엔진의 출현이 첫 성공적인 비행의 문을 열은 것은 사실이다. 그 후, 엔진의 힘이 1903년 Wright 형제 디자인 엔진의 12마력에서 1945년의 급진적 엔진들의 2200마력으로 높아지며 비행 속도도 시간당 28 mi에서 500 mi이 넘는 속도로 높여졌다. 마지막으로 오늘날의 제트와 로켓 엔진은 비행기가 시간당 수천 mi을 갈 수 있을 정도의 추진력을 낸다. 따라서 사람이 탈 수 있는 비행의 역사상, 추진력은 더 높고 그리고 더 빠른 비행의 문을 열었다.

1.11 더 높게 그리고 더 빠르게

크게는 항공학, 구체적으로 항공공학의 발전은 1908년 Wright 형제의 대중들 앞 시범 후에 폭발적으로 이루어졌고 오늘날까지도 계속되고 있다. 발전의 모든 세세한 부분을 다루기에는 이 책의 범위를 뛰어넘을 것이다. 하지만 제2장에서 제10장까지의 본문에서 기술적 중요성을 가진 다양한 역사적인 주요 사건들을 다루고 있다. 항공 우주 공학의 기본이론들과 이들의 역사적 근원의 소개와 제1장 사이의 시너지가 독자에게 이 전공의 유산에 대한 고마움을 느끼게 해줄 수 있었으면 한다.

마지막으로, 1903년 이후 항공학의 많은 발달의 주요 철학은 **더 높고 더 빠른** 비행에서 찾을 수 있다. 이것은 특히 연대별로 일반 비행기의 비행 속도를 나타낸 그림 1.29에서 잘 보여진다. 비행속도를 높이기 위해 계속된 노력과 최근 제트 엔진으로 특히 높아진 점에 주목해 보라. 그림 1.29에서 특별히 표시된 부분은 1913년에서 1931년 사이 Schneider

Cup 경주의 우승자들이다(제1차 세계 대전에는 중단되었다.) The Schneider Cup 경주는 프랑스의 Jacques Schneider가 고속 수면 이륙 비행기의 발전을 촉진시키기 위해 시작되었다. 항공기의 초기이지만 앞선 개발을 이끌었다. 우승자들은 그림 1.29에서 당시의 평균 비행기와의 비교를 위해 파선으로 나타나 있다. 사실 1931년 마지막 Schneider 경주의 우승자는 제2차 세계 대전의 유명한 Spitfire의 선조인 *Supermarine S.6*B었다. 물론 오늘날의 최대 비행 속도는 달에 간 아폴로 우주선의 중력권 탈출 속도인 36,000 ft/s라는 극값이다.

1903년에서 1970년 사이의 기하급수적인 증가는 오늘날 이루어지고 있지 않다. 사실 1970년부터 근대 군용 전투기의 최대 속도는 줄어들기 시작했다(그림 1.29). 이것은 기술적 퇴보 때문이 아니라 다른 항공기의 성능 파라미터(속도가 아닌)가 디자인에 영향을 주

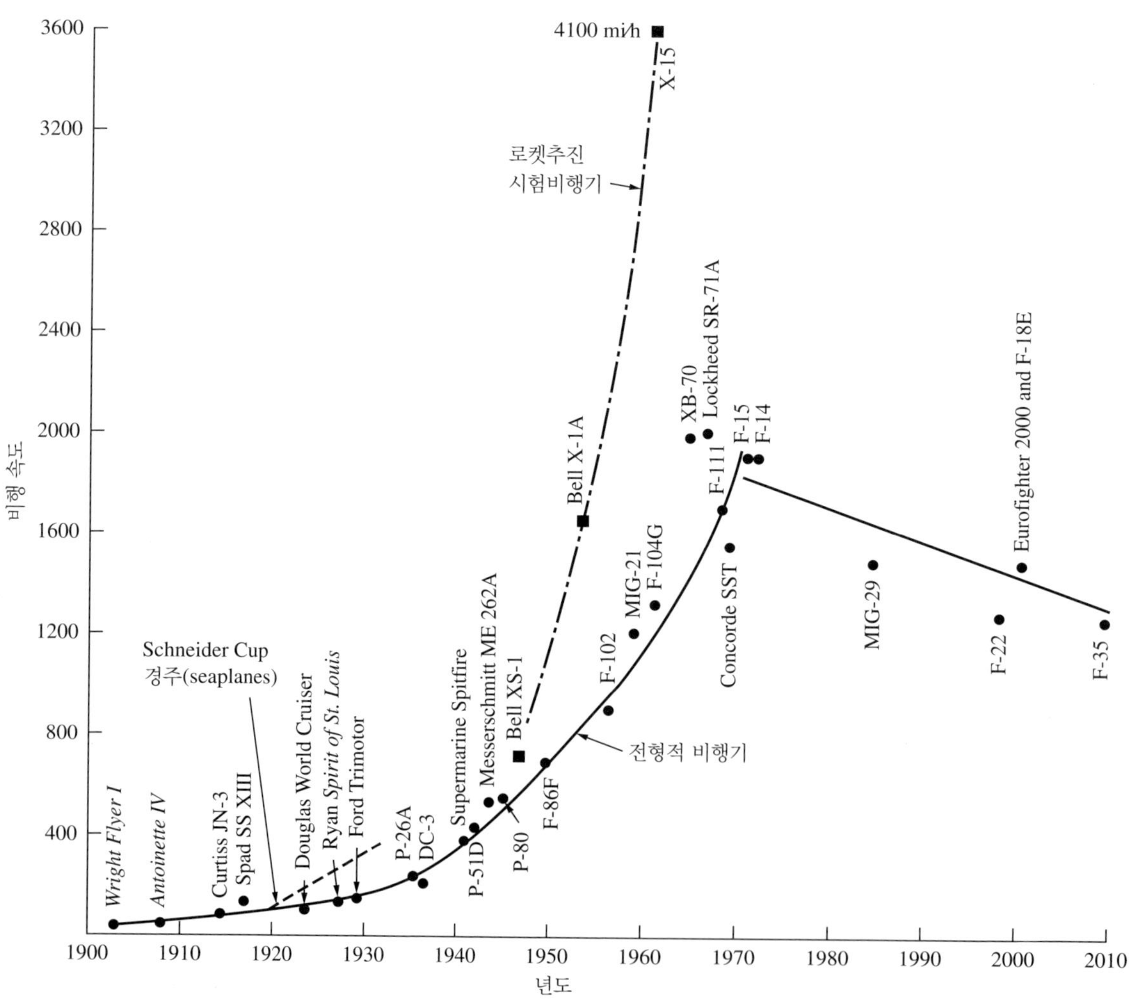

그림 1.29 수년간 특정 비행기 속도

기 때문이다. 예를 들어, 공중전에서 높은 초음속의 속도를 낼 수 있는 전투기는 낮은 속도에서는 강화된 기동성 때문에 재빨리 아음속 혹은 음속 근처로 낮춘다. 요즘 전투기는 이러한 저속 전투에 특화되고 있다. 상업적인 측면에서 보잉 787과 같은 가장 최근의 (이 글이 쓰여지고 있는 시점에서) 대부분의 운송 항공기는 아음속으로 비행한다. Anglo–French Concorde라는 초음속 여객기의 오로지 한 타입만이 대규모 서비스를 제공했다. 콩코드는 1960년대의 기술로 디자인되었고 상대적으로 적은 탑승객을 태웠으며 따라서 이윤이 크게 남지 않았다. 2003년 콩코드는 운항을 멈췄다. 이 글이 쓰여지고 있는 시점에는 초음속 여객기 2세대를 만들기 위한 어떠한 노력도 이루어지고 있지 않다. 하지만 미국의 NASA는 경제적인 고속 초음속 여객기를 위한 기본적인 기술을 발달하기 위해 대규모 조사 프로그램을 운영하고 있다. 경제적인 초음속 여객기가 가능하다고 하더라도 속도는 마하 2.2 혹은 그 이하로 제한될 것이다. 이 마하 속도 이상으로는 공력가열이 심해져 알루미늄이 아닌 티타늄이 항공기 외판과 기체 내의 몇몇 부분에 사용되어야 할 것이다. 티타늄은 가격이 많이 나가고 기계제작이 어렵다. 즉, 초음속 여객기에 알맞은 선택이 아니다. 이러한 이유들로 그림 1.30의 속도곡선이 새로운 초음속 여객기에 의해 위로 올라갈 가능성은 낮다.

속도 옆에 사람이 탑승한 일반 항공기의 연대별 최대 고도가 그림 1.30에 나타나있다. 1903년과 1970년 사이에 값을 높이기 위한 똑같은 노력이 극명히 보인다. 현재, 가장 높은

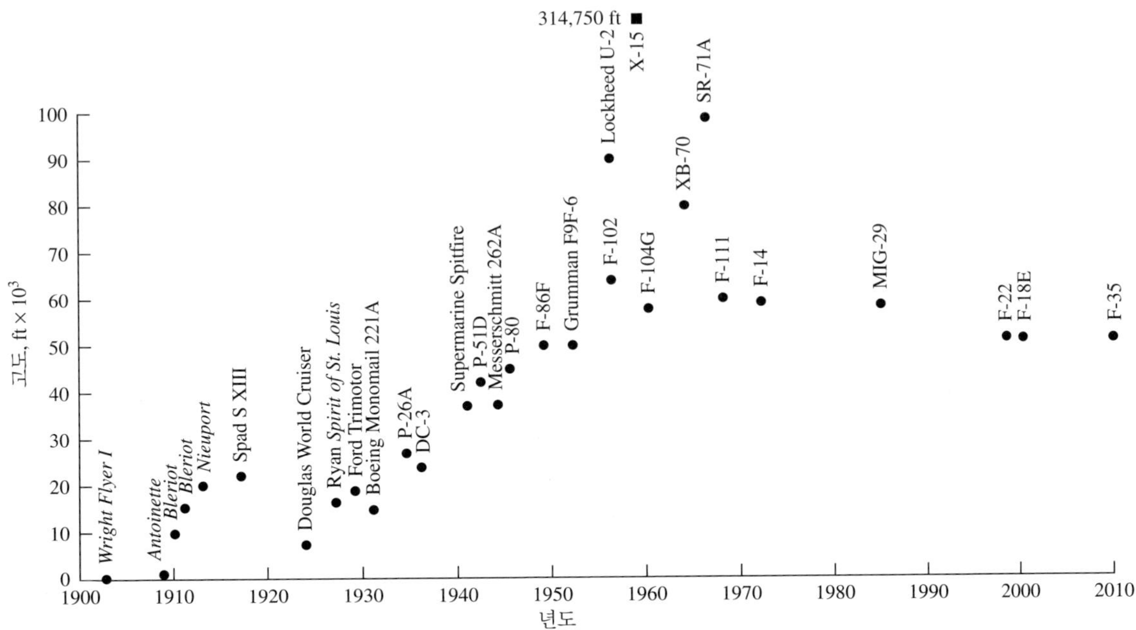

그림 1.30 수년간 일반 비행의 고도

기록은 1969년 달에 간 것이다. 하지만 1970년 이후 정체기를 보인 속도와의 같은 동향이 그림 1.31에서 고도에서도 보인다.

즉, 20세기 대부분 동안 항공학을 이끌어온 **더 빠르고 더 높게**의 철학은 실질적인 제약으로 이루어지지 못하고 있다. 이 철학에 우리는 **안전한, 경제적인, 더 신뢰 가는, 조용한, 그리고 더 환경적으로 깨끗한**을 더해야만 한다. 어쨌거나 21세기 초음속 여객기의 궁극적인 전망(마하 5보다 빠른)은 흥미진진하다. 미래 세기에서 극초음속 여객기는 항공학의 새로운 경계가 될 수 있다. 제10장에 극초음속 여객기에 대한 부분이 나와있다.

이번 장에서 우리는 항공학의 몇몇의 중요한 사건들과 역사적 발달의 중요한 사람들을 짧게 훑어보았다. 이 짧은 글에서 언급하지 못한 수 많은 장소, 사람, 그리고 성과들이 있다. 따라서 독자들에게 항공학 역사의 근대의 추가적인 부분을 위해서 이번 장의 마지막에 있는 짧은 참고문헌을 보는 것을 권장한다.

1.12 요약과 복습

후에 비행기가 날아가고 있는 모습을 보면 멈춰 서서 잠시 동안 생각을 해보라. 비행기는 물리학 법칙들의 상승작용을 담고 있는 날아가는 기계이고, 특정한 임무를 가진 운송수단을 만들기 위해 이러한 법칙들을 어떻게 적용할지 아는 사람 혹은 사람들에 의해 디자인되었다. 1903년의 Wright 형제(그림 1.2)에게 그 임무는 단순히 땅에서 벗어나 일정한 시간 동안 조종 가능한 비행을 하는 것이었다. 1927년 Charles Lindbergh의 *Spirit of St. Louis*(그림 1.31)의 임무는 단 한 번의 연료로 뉴욕에서 파리로, 대서양을 안전하게 비행하는 것이었다. 1935년 Douglas DC-3(그림 1.32)의 임무는 그 당시 항공사들보다 더 많은 승객들의 더 빠른 속도에 낮은 가격으로 안전하고 편안하게 비행, 즉 1930년대에 대중들의 비행 여행의 대변혁을 일으키는 것이었다. 1950년대의 Lockheed F-104(그림 1.33)의 임무는 마하 2의 속도(음속의 두 배)로 첫 초음속 제트 전투기가 되는 것이었다. 앞으로도 임무들은 계속될 것이다.

이러한 비행기가 왜 그리고 어떻게 나는지에 대한 학문적인 이해와 이러한 이해를 바탕으로 새로운 비행기를 디자인하는 것이 항공 엔지니어의 임무이다. 1950년대부터 이 직업은 우주로까지 뻗어졌다. 이 책의 페이지를 넘김에 따라 독자는 항공 엔지니어링의 학문에 승선할 것이다. 또 비행의 과학과 기술에 대한 이해가 높아지고 성숙됨에 따라 이 학문을 즐기기 시작할 것이다.

마지막으로, 날아가는 비행기를 보며 이번 장에서 다뤄진 역사에서 나타나듯이 비행은 비행의 물리학을 이해하고 비행하는 기계를 디자인하기 위한 수세기 동안의 유산이라는 것을 기억하라. 이 장에서는 근대 항공 엔지니어링의 바탕이 된 유산의 짧은 역사적 스케치들에 대해 말했다. 통제된, 공기보다 무거운, 사람이 조종하는 동력 비행의 주요한 디딤돌은 다음과 같이 요약될 수 있다.

그림 1.31 스미소니언 항공우주 과학관에 걸린 Charles Lindbergh의 *Spirit of St. Louis* (1927)
(자료출처: *Courtesy of John Anderson*.)

그림 1.32 스미소니언 항공우주 과학관에 걸린 Douglas DC-3 (1935)
(자료출처: *Courtesy of John Anderson*.)

그림 1.33 스미소니언 항공우주 과학관 2층 발코니 근처에 걸린 Lockheed F-104 (1956)
(자료출처: *Courtesy of John Anderson.*)

1. Leonardo da Vinci는 ornithopter와 1486년부터 1490년 사이에 500장이 넘는 그만의 디자인을 남겼다. 하지만 이 비행에 대한 접근은 뒤따르는 세기 동안 성공적이지 못한 것으로 판명됐다.
2. Montgolfier 열기구는 1783년 1월 21일 파리 위로 떠올랐다. 역사상 최초로 인류가 일정 시간 동안 공기 위로 올려졌고 공기를 타고 움직였다.
3. 항공학의 발달의 빨간 날(중요한 날)은 1799년이다. 그해 영국의 George Cayley경은 그의 몸체, 고정익, 그리고 수직 수평 꼬리에 대한 개념을 은반에 새겼다. 그는 양력과 추진력을 일으키는 방법의 구분을 제안한 첫 인물이다. 즉, 그는 근대 비행기 개념의 할아버지인 셈이다.
4. 역사 속 첫 두 번의 동력 점프(powered hops)는 1874년 프랑스의 Felix Du Temple과 1884년 러시아의 Alexander F. Mozhaiski에 의해 이루어졌다. 하지만 이 비행은 진짜로 통제되고 지속된 비행을 대표하지는 않는다.
5. Otto Lilienthal는 역사 속 최초의 모든 면에서 성공적인 글라이더를 디자인했다. 1891년에서 1896년 사이에 그는 2,000번이 넘는 성공적인 글라이더 비행을 했다. 그가 1896년 글라이더 추락으로 인해 세상을 떠나지만 않았어도 Wright 형제보다 먼저 동력 비행을 성공시켰을 수도 있다.
6. 스미소니언 협회의 소장인 Samuel Pierpont Langley는 1896년 그의 작은 *Aerodrome*

으로 최초의 지속된, 공기보다 무거운, 사람이 타지 않은, 동력 비행을 이루어냈다. 하지만 사람을 태운 비행시도는 실패적이었다. 마지막 시도는 Wright 형제가 멋진 성공을 한 날의 9일 전인 1903년 12월 8일이었다.

7. 항공학의 또 인류의 역사 속 또 다른 빨간 날(중요한 날)은 1903년 12월 17일이었다. 그날 북캐롤라이나의 Kill Devil 언덕에서 Orville과 Wilbur Wright는 최초의 통제되고 지속된, 공기보다 무거운, 사람을 태운, 동력 비행을 이뤄냈다. 이 비행은 20세기의 삶을 혁신적으로 바꿨다.

8. 1908년 Wright 형제가 유럽과 미국의 대중들 앞에서 비행을 선보인 후 항공학발달은 급진적으로 이루어진다. 끊임없이 진행된 Glenn Curtiss와 Wright 형제의 작업, 그리고 Langley의 초대 작업의 지속된 영향은 제1차 세계 대전 전의 항공학 발달에 중요한 항공학적 삼각형을 형성한다.

이 책의 남은 부분에서 다양한 역사적 사건들이 설명되며 20세기와 21세기에 항공 엔지니어링의 유산의 기술 발달되는 모습을 계속해서 보여줄 것이다. 설명될 역사적 사건들이 독자가 이 기술을 이해하는 데에 있어 새로운 측면을 더해주기를 기대해본다.

참고문헌

Anderson, John D., Jr. *A History of Aerodynamics and Its Impact on Flying Machines*, Cambridge University Press, New York, 1997.

———. *The Airplane: A History of Its Technology*. American Institute of Aeronautics and Astronautics, Reston, VA, 2002.

———. *Inventing Flight: The Wright Brothers and Their Predecessors*. Johns Hopkins University Press, Baltimore, 2004.

Angelucci, E. *Airplanes from the Dawn of Flight to the Present Day*. McGraw-Hill, New York, 1973.

Combs, H. *Kill Devil Hill*. Houghton Miffl in, Boston, 1979.

———. A Dream of Wings. Norton, New York, 1981.

Crouch, T. D. *The Bishop's Boys*. Norton, New York, 1989.

Gibbs-Smith, C. H. Sir George Cayley's Aeronautics 1796–1855. Her Majesty's Stationery Office, London, 1962.

———. *The Invention of the Aeroplane (1799–1909)*. Faber, London, 1966.

———. *Aviation: An Historical Survey from Its Origins to the End of World War II*. Her Majesty's Stationery Offi ce, London, 1970.

———. *Flight through the Ages*. Crowell, New York, 1974.

The following are a series of small booklets prepared for the British Science Museum by C. H. Gibbs-Smith, published by Her Majesty's Stationery Offi ce, London:

The Wright Brothers, 1963

The World's First Aeroplane Flights, 1965
Leonardo da Vinci's Aeronautics, 1967
A Brief History of Flying, 1967
Sir George Cayley, 1968

Jakab, Peter L. *Visions of a Flying Machine*. Smithsonian Institution Press, Washington, 1990.

Josephy, A. M., and A. Gordon. *The American Heritage History of Flight*. Simon and Schuster, New York, 1962.

Kinney, Jeremy R. *Airplanes: The Life Story of a Technology*, Greenwood Press, Westport, Conn., 2006.

McFarland, Marvin W. (ed.). *The Papers of Wilbur and Orville Wright*. McGraw–Hill, New York.

Roseberry, C. R. *Glenn Curtiss: Pioneer of Flight*. Doubleday, Garden City, NY, 1972.

Taylor, J. W. R., and K. Munson. *History of Aviation*. Crown, New York, 1972.

CHAPTER 02

기본 개념

Fundamental Thoughts

공학: "실용을 목적으로 하는 과학 원리의 응용" 라틴어 "*ingenium*"으로부터 타고난 자질, 천재적인 솜씨.

The American Heritage Dictionary of the English Language, 1969

공학과 물리학이라는 언어는 기호, 정의, 식, 그리고 개념의 논리적인 집합과 유사성이라 할 수 있다. 거리에 있는 일반인에게 이 언어는 자주 비밀스럽고 이해하기 어렵다. 사실 여러분이 현장 기술자라면, 저녁 식탁에 앉아 오늘 이룬 굉장한 기술적 성취에 대해 배우자와 대화하는 것을 기대해서는 안 될 것이다. 여러분이 이야기하는 것을 이해하지 못할 확률이 높다(배우자가 유사한 분야에서 일하는 기술자가 아니라면). 언어는 물리적인 생각을 전달해 주게 된다. 이것이 우리 주위에서 관찰한 자연현상을 서술하는 방법이다. 이 언어는 최소 2500년 이상을 진화해 왔다. 예를 들면, 기원전 400년에 그리스 철학자 Democritus는 더 이상 쪼갤 수 없는 최소 단위의 물질인 **원자**라는 개념과 단어를 소개했다. 이 장의 목적은 항공우주기술자들이 사용하는 매일 매일의 언어 중 일부분을 소개하는 데 있다; 이 언어는 이 책의 나머지 부분을 통해 차례로 확장되고 적용될 것이다.

이 책에서는, 이 항공우주 비행원리(introduction to flight)를 이루고 있는 생각과 지적인 개발을 통해 여러분을 안내해 줄 로드맵을 제공해 줄 것이다. 이 로드맵을 자주 활용하도록 하라. 우리가 어디에 있는지, 어디에 있었는지, 어디로 갈 것인지를 알려줄 것이다. 예를 들면, 그림 2.1은 이 책 전체의 대략적인 로드맵이 된다. 이 로드맵을 살펴보면, 이 책에서 나타내는 비행원리의 대략적인 개념을 얻게 된다. 첫째로 몇몇 필요한 예비사항들로 시작해 보자

미리보기

PREVIEW BOX

이 장의 목적은 **진도를 나갈 수 있도록** 도와주는 것이다. 우리의 대부분은 뭔가 해야 할 일이 있거나, 이루어야 할 목표가 있을 때, 가장 중요한 일은 단순히 시작하고—계속하고—바른 방향으로 계속 가기를 바라게 된다. 이 장은 항공기와 우주기에 대해 배우기를 시작할 수 있도록 돕기 위한 기본적인 개념들을 다루고 있다.

예를 들면, 항공기와 우주기를 묘사하고, 논의하고, 해석하고, 설계할 때 절대적으로 필요한 언어에 대해 기본적인 정의들로부터 시작을 할 것이다. 비행 중인 Boeing 777 주위의 공기흐름에 대한 **압력**에 대해 이야기를 할 때, **압력**이란 무엇을 의미하는지 알고 있는가? 정말로? 항공기 주위의 유동의 **속도**에 대해 이야기한다면, 정말로 무엇에 대해 이야기하고 있는지 알고 있는가? 정의가 중요하기 때문에, 이 장에서는 정의를 강조하게 될 것이다.

다른 예: 40 mph의 강풍을 맞으며 보도를 걷고 있을 때, 바람이 여러분 주위를 밀고 있을 것이다—여러분에게 공기력이 발생하고 있을 것이다. 공기 중을 움직이는 모든 물체는 공기력을 느끼게 된다. **어떻게** 바람이 여러분에게까지 와서 도달할 수 있을까? 35,000 ft 고도에서 500 mph로 날고 있는 Boeing 747에 자연은 어떻게 공기력을 발생할 수 있을까? 이 장에서는 공기력의 발생을 조사하고 **어떻게**라는 질문에 답을 구하고자 한다.

차원과 단위—얼마나 재미없고 바보스러운 주제인가! 하지만 공학과 과학에서는 가장 중요한 주제이다. 여러분은 이것을 바로 알아야 한다. 1999년 12월에 Mars Polar Lander는 Denver에 있는 계약자와 Pasadena에 있는 JPL (Jet Propulsion Laboratory) 간의 피트와 미터에 대한 착오로 화성 대기로 진입하면서 잃게 된다. 이로써 이 우주 프로그램은 많은 비용과 중요한 과학적 자료를 잃게 되었다(엄청난 당혹감과 나쁜 평판은 제쳐 두고서라도). 차원과 단위는 기본적으로 고려해야 하는 것이므로 이 장에서는 오랫동안 논의를 할 것이다.

항공기와 우주기: 몇몇 독자들은 열정적인 자들이어서 단순히 보는 것으로 많은 비행체를 구별할 수 있으며, 심지어 그들의 성능에 관한 특성도 알 수 있다. 다른 이들은 그들이 무엇을 보고있는지 확신하지 못하고 그들의 특성에 대해서도 잘 알지 못한다. 모든 독자들을 같은 수준에 두도록 이 장은 항공기와 우주기의 **해부**에 대한 간략한 설명, 즉 이 비행체들의 여러 부품과 형상들에 대한 설명으로 끝을 맺는다.

이것이 이 책의 남은 부분에 대한 가장 기본적인 개념을 가지고 어떻게 갈 것인가이다. 계속 읽고 즐겨라.

—이 책의 나머지 부분에 사용되는 기본적인 개념들. 이것이 이 장의 주제이다. 비행체는 전부 혹은 최소한 일부분은 대기 중에서 작동되므로, 다음으로는 제3장에서 논의할 대기의 성질에 대해 생각을 하여야 한다. (항공기는 대기 중에서 모든 시간을 보내야 한다. 우주기는 대기를 통해 우주로 나가기 위해 상승하여야 한다; 지구로 돌아올 인간이나 다른 탑재체를 싣고 있다면, 우주기는 대기를 통해—매우 빠른 속도로—하강해야 한다.) 자, 이제 대기를 비행하는 비행체를 생각해 보자. 떠오르는 첫 번째 생각은 비행체에 몰려오는 공기일 것이다. 이 공기가 몰려오는 것이 힘—공기력—을 물체에 발생시키게 된다. **공기역학**에 대한 공부는 제 4장과 제 5장의 주제가 된다. 물체는 이 공기력뿐만 아니라 중력도 느끼게 된다—자중 때문에. 물체가 어떤 식으로든 추진이 된다면 엔진으로부터 (**추력**이라 불리는) 힘을 느끼게 된다. 물체는 이러한 힘들의 영향 아래에서 움직이게 된다. 비행체의 운동에 대한 공부는 **비행역학**이라 하고, 더 세부적으로 나누면, 항공기 성능(제6장)과 조종안정성(제7장)이 된다. 대조적으

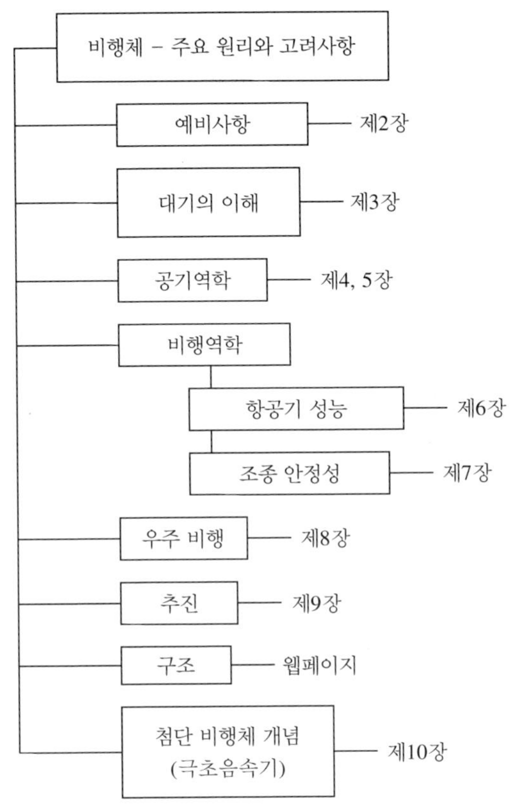

그림 2.1 이 책의 로드맵

로 우주에서 움직이는 우주기는 실용적인 목적에서는 중력만 작용하게 된다(궤도 수정을 위해 추력기를 보유하고 있을 때를 제외하고는). 중력에 의한 우주에서의 비행체 운동은 제8장의 주제가 된다. 대기 중에서 움직이는 비행체를 다시 고려하면, 밀어주는 무엇—계속 움직이게 하는 무엇이 있게 된다. 이것이 엔진의 기능이고 이것이 비행체를 계속 움직이도록 추력을 만들어주게 된다. 우주기도 궤도나 심우주로 가기 위해 가속을 하거나, 중간에 궤도 수정을 위해서는 역시 엔진이 필요하게 된다. 엔진과 어떻게 추력을 발생시키는가에 대한 것은 **추진공학**의 원리로 나타내고, 제9장의 주제가 된다. 추가적으로, 비행체가 움직이고 그에 작용되는 힘에 반응을 보임에 따라, 비행체의 실제 구조물은 많은 응력과 변형을 갖게 된다. 이러한 응력과 변형에 비행체가 분해되지 않을 정도로 강하기를 원할 것이다, 하지만 너무 무거워 비효율적인 비행체를 원하지는 않을 것이다. 이 책의 웹페이지의 특별 항에서 **비행체 구조**의 관점에 대해 이야기할 것이다. 이 모든 중요한 분야—공기역학, 비행역학, 추진공학, 그리고 구조역학—는 비행체의 설계에서 종합이 될 것이다. 이러한 **설계**는 대부분 항공우주의 연구와 개발의 마지막 목표가 될 것이다. 이 책을 통해, 적절한 곳에서, 비행체 설계의 타당한 관점에 대해 이야기를 할 것이다. 이 부분을 **설계**(*design boxes*)로 강조해서 나타낼 것이다. 책을 읽으며 절대 놓치지 말아야 한다. 마지막으로, 미래를 보게 되면, 제10장에서 몇몇 첨단 비행체 개념을 논의할 것이다. 여기까지 논의한 것들은 그림 2.1에 도식화되어 있다. 이 로드맵은 이 책을 통한 우리의 여정이 될 것이다. 이 책을 통해 공부해 가면서 가끔씩 전체 그림 속에 지금 공부하고 있는 것이 어디에 속하는지를 살펴보기 위해서는 그림 2.1로 돌아와 보기 바란다.

지금 우리가 고려해야 할 것으로 되돌아오면, 이번 장의 로드맵인 그림 2.2를 보도록 하자. 이 장에서는 두 갈래로 나누어 생각해 보자. 그림 2.2의 왼쪽에서는 물리학에 바탕을 둔 기본적인 개념과 정의에 대해 살펴보자. 움직이는 기체의 물리량에 대한 정의를 포함하고 있다—공기역학과 추진공학에서 이야기하는 언어에 대한 것이다. 공기력의 원천—어떻게 공기력이 비행체에 발생하는지—에 대해 논의할 것이다. 물리량에 관계되는 몇몇 방정식을 살펴보고, 이러한 물리량의 단위에 대해 일반적인(하지만 필요한) 고찰을 할 것이다. 그리고서 그림 2.2의 오른쪽 부분으로 가서 비행체 자체의 관점에서 특정한 항공기와 우주기의 구성에 대해 논의할 것이다.

2.1 흐르는 기체의 기본적 물리량

이 책을 읽어 가면서, 곧 항공기 표면 위로 흘러가는 공기가 공기보다 무거운 기체를 날 수 있게 하는 힘 혹은 양력의 기본적인 원천이라는 것을 알게 될 것이다. 사실 가장 효과적으로 양력을 발생시킬 수 있도록 항공기의 형상을 설계하게 된다. (항공기 설계란 양력의 발

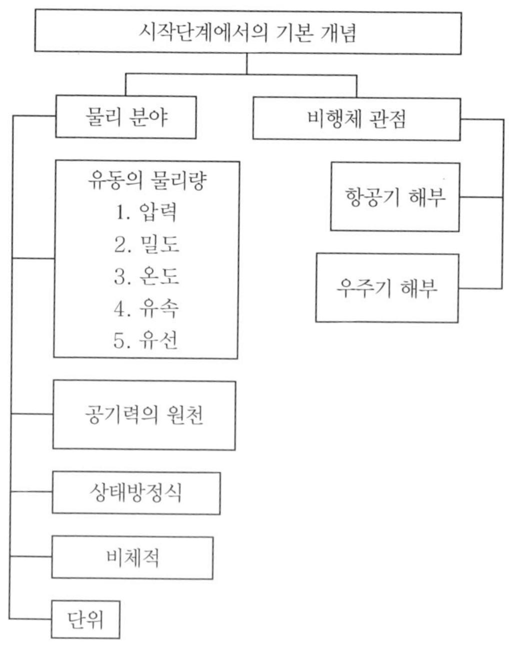

그림 2.2 제2장의 로드맵

생은 그중 하나이고, 실제로는 많은 다른 요구 조건들 사이에서 **타협**을 해야 한다.) 공기 흐름을 다루는 과학을 **공기역학**이라 하고, 이 과학을 다루는 사람을 **공기역학자**라 부른다. 기체 흐름에 관한 연구는 많은 다른 항공우주응용분야에서 중요하다: 로켓과 제트 엔진, 프로펠러, 우주에서 대기권으로 진입하는 비행체, 풍동, 그리고 로켓과 탄체 형상의 설계. 지구 대기권의 움직임과 굴뚝에서 나오는 배출물의 흐름 등도 공기역학의 범주에 속한다. 응용분야는 거의 무한하다.

공기역학이라는 언어에 속하는 네 가지 기본 양으로는 압력, 밀도, 온도, 그리고 속도가 있다. 각각을 살펴보도록 하자.

2.1.1 압력

달리는 자동차의 차창 밖으로 불어오는 바람에 손바닥을 수직으로 하여 손을 내어보면, 힘이 발생하여 공기 흐름의 방향으로 손이 뒤로 밀리는 것을 느끼게 될 것이다. 손바닥에 발생한 **단위 면적당 힘**을 **압력**이라 정의한다. 압력은 기본적으로 공기 분자(산소와 질소 분자)가 손의 표면에 부딪히고 그 면에 **운동량**의 일부를 전달하기 때문에 만들어진다. 좀 더 자세히 말하면,

> 압력은 어떤 면에 충돌하는 기체 분자의 운동량의 시간에 대한 변화량 때문에 발생되는 단위 면적당 수직 방향으로 가해지는 힘이다.

단위 면적당 힘으로 정의되는 압력이지만(예를 들면, newton per square meter 혹은 pounds per square foot), 압력을 이야기할 때 실제로 1 m^2 혹은 1 ft^2이 필요한 것은 아니다라는 것을 주지하는 것이 중요하다. 사실, 압력은 일반적으로 기체의 한 점 혹은 어떤 면의 한 점에서 정의되고, 한 점에서 다른 점으로 변할 수가 있는 것이다. 미분에서의 언어를 사용하면 보다 명확하게 알 수 있다. 그림 2.3에서, 어떤 기체의 체적에서 점 B를 생각해 보자.

dA = B 주위의 면적
dF = 압력으로 인한 dA 면에서의 힘

으로 놓자. 그러면 점 B에서의 압력 p는

$$p = \lim \left(\frac{dF}{dA} \right) \quad dA \to 0 \tag{2.1}$$

으로 정의된다. 식 (2.1)은 실제로는 점 B 주위의 면적을 점으로 수축시킬 때, 단위 면적당 형성되는 힘의 극한 값이 압력이 됨을 보여주고 있다. 이 식에서 p는 점의 성질을 갖는 양이라는 것을 알 수 있으며, 기체의 각 점에서 다른 값을 가질 수 있음을 알 수 있다.

압력은 이제 곧 알게 되겠지만, 공기역학에서 가장 기본적이고 중요한 변수이다. 압력의 기본 단위는 약자로 N/m^2, dyn/cm^2, lb/ft^2, 그리고 atm이다. 물리적 단위의 일반적인 약자는 부록 C를 참조하면 된다.

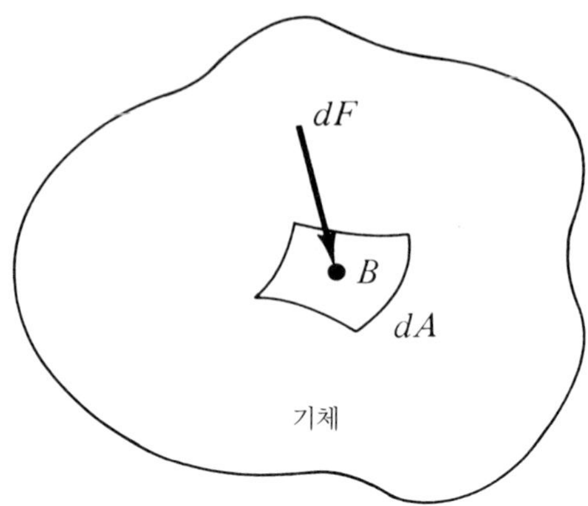

그림 2.3 압력의 정의

2.1.2 밀도

물질(기체를 포함해서)의 밀도는 단위 체적당 질량이다.

밀도는 기호 ρ로 나타낸다. 예를 들면, 250 m^3의 체적을 갖는 방에 있는 공기를 생각해 보자. 이 방의 공기 질량이 306.25 kg이고 공간에 고르게 퍼져있다고 하면, ρ = 306.25 kg/250 m^3 = 1.225 kg/m^3이고 방의 모든 점에서 같은 값을 갖는다.

압력에서 이야기한 것과 유사하게, 밀도의 정의는 실제 1 m^3나 1 ft^3의 체적을 요구하지는 않는다. 오히려 ρ는 점에 따른 양이므로 다음과 같이 정의한다. 그림 2.4에 따라, 기체가 있는 체적 내의 점 B를 생각해 보자.

dv = 점 B 주위의 기본 체적 dm = dv 내 기체의 질량

으로 놓자. 그러면 점 B의 ρ 는,

$$\rho = \lim\left(\frac{dm}{dv}\right) \quad dv \to 0 \tag{2.2}$$

따라서, ρ는 점 B 주위의 체적을 0으로 줄일 때, 단위 체적당 질량이 된다. ρ의 값은 기체의 위치에 따라 변할 수 있다. 밀도의 일반적인 단위는 약자로 kg/m^3, slug/ft^3, g/cm^3, 그리고 lb_m/ft^3이다. (lb_m은 2.4절에서 다루게 된다.)

2.1.3 온도

원자와 분자들의 집합으로 기체를 생각해보자. 이 입자들은 공간을 통해 움직이고 때때로 서로 충돌하면서 일정한 움직임 속에 있다. 각 입자들이 움직이기 때문에, 입자는 운동에너지를 가지게 된다. 오랫동안 주위에 있는 입자들과 무수히 충돌하는 한 입자를 관찰해

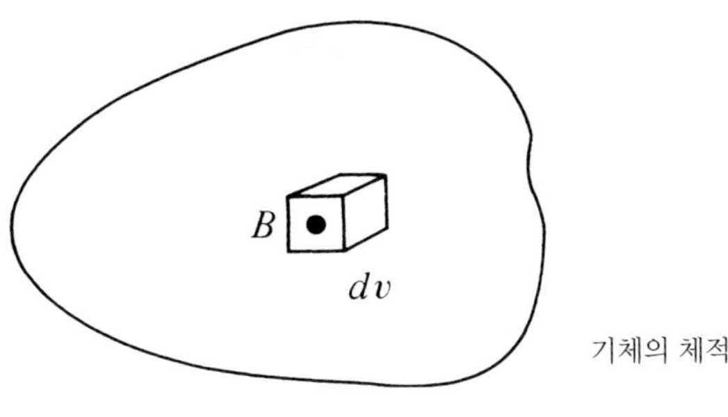

그림 2.4 밀도의 정의

보면, 오랫동안의 그 입자의 평균운동에너지를 의미 있게 정의할 수 있다. 입자가 빨리 움직이면 천천히 움직이는 입자보다 더 큰 평균운동에너지를 가질 것이다. 기체의 온도 T는 분자의 평균운동에너지에 정비례한다. 실제로, T를 다음과 같이 정의할 수 있다:

> **온도**는 기체 입자의 평균운동에너지의 측정치이다. KE를 분자의 평균운동에너지라 하면, 온도는 $KE = \frac{3}{2}kT$로 주어진다. 이때, k는 Boltzmann 상수이다.

k의 값은 1.38×10^{-23} J/K이고, J는 joule의 약자이고, K는 Kelvin의 약자이다.

낮은 온도에서는 입자들이 상대적으로 천천히 움직이는데, 빠른 속도로 마구 움직이는 입자들을 정성적으로 고온기체로 볼 수 있을 것이다. 이제 곧 알게 되겠지만, 초음속과 극초음속 공기역학에서는 온도가 중요한 양이다. 온도의 일반적인 단위는 Kelvin (K), degree Celcius (°C), degree Rankine (°R), 그리고 degree Fahrenheit (°F)이다.

2.1.4 유동 속도와 유선

속력에 대한 개념은 상식적이다: 어떤 물체가 단위 시간당 움직인 거리이다. 예를 들면, 고속도로에서 55 mi/h의 속력으로 달린다는 의미는 모두가 알고 있다. 그러나 움직이는 기체의 속도 개념은 조금 달라진다. 첫째, 속도는 속력뿐만 아니라 **방향**까지 내포하고 있다. 자동차가 **평지에서 북을 향해** 55 mi/h 속도로 움직이고 있다. 속도를 나타내기 위해서는 속력과 방향을 모두 이야기해야 한다. 흐르는 기체에 대해서는, 기체의 모든 영역에서 모두 같은 속도를 가질 필요가 없다는 것을 알아야 한다; 즉, 기체의 속력과 방향이 유동의 각 점에 따라 달라질 수 있다. 따라서 유동의 속도는 p, ρ, T와 같이 점량이다.

보다 명확하게 알기 위해, 그림 2.5에서 보는 날개 위의 공기의 흐름 혹은 로켓 엔진에서의 연소기체의 흐름을 생각해 보자. 기체 내의 아주 작은 특정한 질량에 자기 자신을 고정하고, 시간에 따라 이 요소가 움직이는 것을 관찰해 보자. 이 요소(일반적으로 유체요소라 부른다)의 속력과 방향은 기체 내에서 각 점에 따라 변할 수 있다. 그림 2.5에서 이제 기체 흐름 중에 있는 점 B의 특정한 점에 눈을 고정시켜보자. 그러면 유동 속도를 다음과 같이 정의할 수 있다:

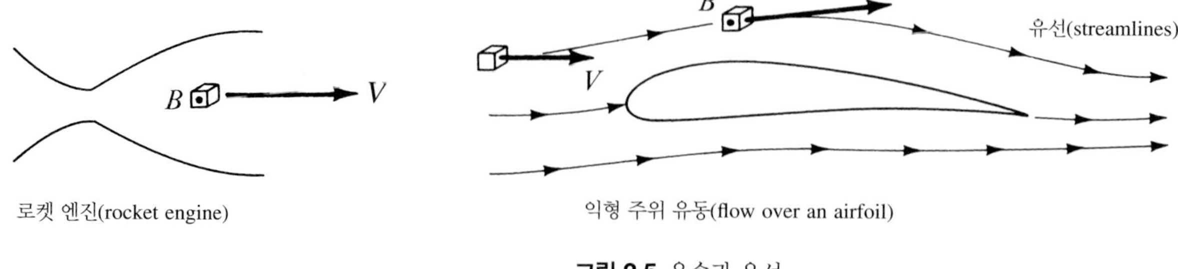

그림 2.5 유속과 유선

> 흐르는 기체 내의 점 B 에서의 속도는 점 B를 지나는 매우 작은 유체요소의 속도이다.

속도는 유동 내의 각 점에 따라 변할 수 있는 점량이라는 것을 다시 강조한다.

그림 2.5에서 유동이 정상(시간에 따라 변하지 않는다면)이면, 움직이는 유체요소는 공간상 정해진 선을 따라 간다. 움직이는 유체요소에서 택한 이 선을 유동의 **유선**이라 부른다. 유동장의 유선을 그리는 것은 기체의 움직임을 가시화할 수 있는 중요한 방법이다; 다양한 물체에 대해 유선을 자주 그릴 것이다. 예를 들면, 그림 2.5에서는 날개 주위의 유선을 스케치했으며 뚜렷이 기체의 움직임 방향을 보여준다. 그림 2.6은 아음속풍동에서 날개모형의 실제적인 유선 사진이다. 유선은 모형의 상류에 연기 필라멘트를 삽입하여 볼 수

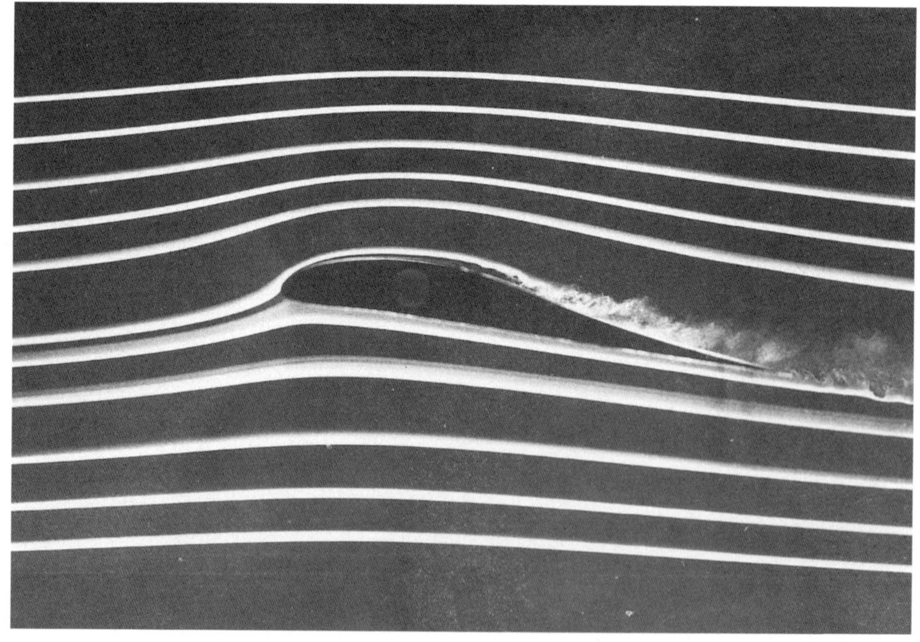

그림 2.6 받음각 10°인 Lissaman 7769 익형 주위 저속유동에서의 연기 사진. 시위선을 기준으로 한 레이놀즈 수는 150,000. 이것은 인력비행기 Gossamer Condor에 사용된 익형이다.
(자료출처: © *Dr.T.J. Muller.*)

그림 2.7 초음속유동 내 평판 위에 부착된 핀 주위의 표면 유선을 보여주는 기름 궤적(oil streak) 사진. 핀 앞의 포물선은 핀 전방의 궁형충격파와 유동 박리에 의한 것이다. 이 복잡한 유동 현상을 얼마나 깨끗하게 유선이 보여주는지를 알 수 있다. 마하 수는 5이고, 레이놀즈 수는 6.7×10^6이다.
(자료출처: © *Allen E. Winkelmann.*)

있다; 이 연기 필라멘트는 유동 내의 유선을 따라 흐른다. 그림 2.7은 광물기름에 흰색 소의 혼합물을 모형에 입힌 또 다른 유동장 가시화 기법을 이용하여, 유동의 사진을 보여준다. 분명히 유선의 가시화는 공기역학을 공부하는 데 유용한 도움을 준다.

2.2 모든 공기력의 원천

공기역학 유동의 기본적인 양 4가지에 대해 알아보았다: p, ρ, T, 그리고 $\mathbf{V}$. 여기서 $\mathbf{V}$는 크기와 방향을 가지고 있는 속도; 즉, 속도는 벡터 양이다. 전체 흐름 내 각 점의 p, ρ, T, 그리고 $\mathbf{V}$에 대한 정보는 **유동장**을 정의할 수 있게 된다. 예를 들면, 그림 2.8에 있는 뾰족한 원추 주위의 흐름을 생각해 보면, 원추 상류에서 x 방향으로의 속도는 V_∞이고, 원추 축 또한 x 방향인 직교좌표계 xyz를 생각할 수 있다. 그러면, 아래 양으로 **유동장** 전체를 정의할 수 있다:

$$\boxed{\begin{aligned} p &= p(x, y, z) \\ \rho &= \rho(x, y, z) \\ T &= T(x, y, z) \\ \mathbf{V} &= \mathbf{V}(x, y, z) \end{aligned}}$$

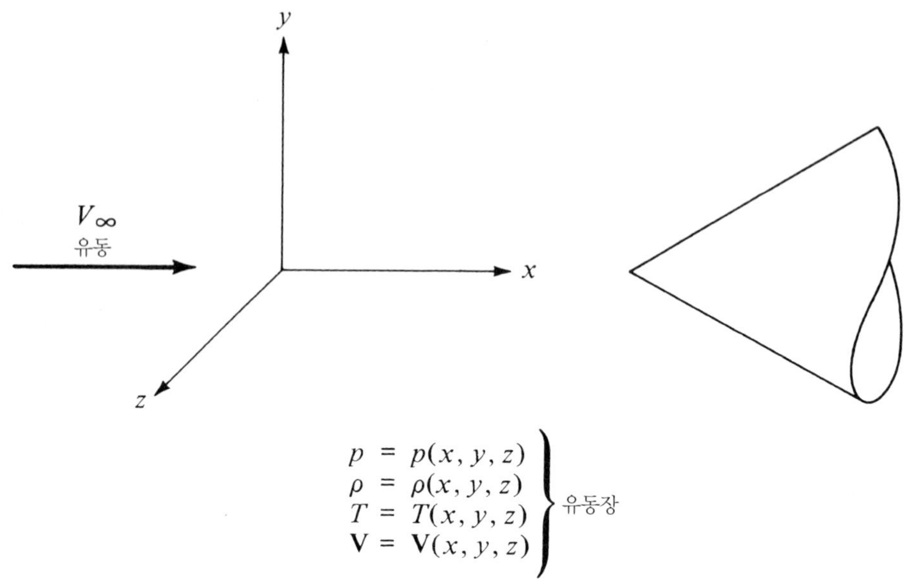

$$\left.\begin{aligned} p &= p(x, y, z) \\ \rho &= \rho(x, y, z) \\ T &= T(x, y, z) \\ \mathbf{V} &= \mathbf{V}(x, y, z) \end{aligned}\right\} \text{유동장}$$

그림 2.8 유동장의 상세도

[실제로, 직원추에 대한 유동장은 원형좌표계(cylindrical coordinates)가 더 편하지만, 여기서는 일반적인 경우에 대해 생각하기로 하자.]

이론과 실험 공기역학자들은 다양한 형태의 유동장을 계산하고 측정하기 위해 노력을 하고 있다. 왜? 항공기 설계나 로켓 엔진 형상에 대해서는 유동장에 대한 어떤 정보가 실제로 필요할까? 이 책의 전반 5개 장의 주요한 부분은 이러한 질문에 답하기 위해 노력할 것이다. 하지만 이 답의 뿌리는 아래와 같다.

아마도 물체 주위의 공기흐름으로 인한 가장 실제적인 결과는 달리는 차창 밖으로 내민 손에서 느끼는 것과 같은 힘, 공기력을 느낀다는 것이다. 다음 장들에서는 이러한 공기력에 관한 성질과 결과에 대해 배우게 될 것이다. 여기서의 목적은 항공기, 유도탄 표면에서 공기흐름에 의해 발생되는 공기력 혹은 자연적으로 발생되는 두 가지 유형을 기술하는 것이다:

1. 표면상 압력 분포
2. 표면상 전단응력(마찰력)

이미 압력에 대해서는 배웠다. 그림 2.9에서 물체의 고체면에서 발생되는 압력은 화살표의 방향에서 보여주듯 면에 항상 **수직**으로 작용한다. 화살표의 길이는 면의 임의 점에서 압력 크기를 나타낸다. 표면 압력은 위치에 따라 다르다는 것에 주의하자. 표면에서의 압력 분포가 다르므로 순수 **비평형**힘이 공기력을 만들게 된다. 두 번째 원천인 전단응력은 유동이 물체 주위를 움직이기 때문에 표면을 "문지르며" 지나가면서 마찰 효과에 의해 만들

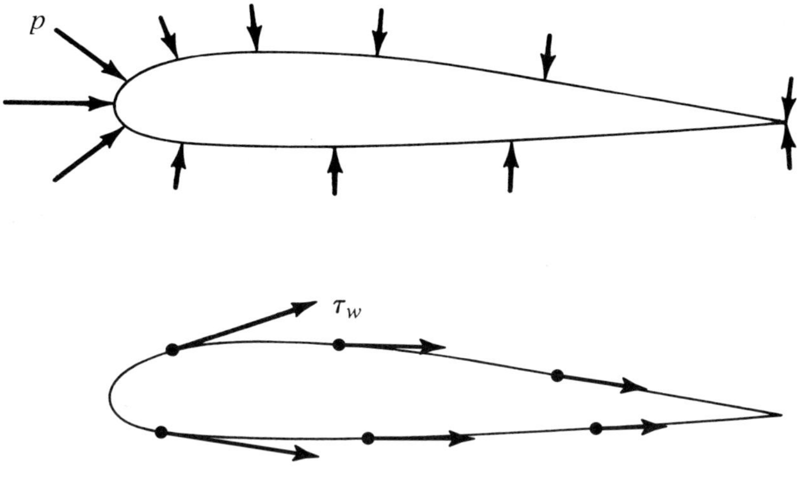

그림 2.9 압력과 전단응력분포

어진다. 전단응력 τ_w는 그림 2.9에서 보여주듯이 마찰에 의해 표면에 **접선방향**으로 단위 면적당 작용되는 힘으로 정의한다. 이것도 역시 점양이다; 표면을 따라 변하고; 표면 전단응력의 순수 비평형이 물체에 공기력을 발생시킨다. **유동장이 얼마나 복잡하든, 물체 형상이 얼마나 복잡하든, 고체 물체의 표면과 공기력 사이의 관계를 나타내는 자연현상은 물체 표면에 존재하는 압력과 전단응력분포이다.** 이들이 모든 공기력의 기본 원천인 것이다. 압력과 전단응력분포가 물체에 작용되는 두 가지 자연현상이며, 물체에 발생 되는 힘—공기력이 된다.

결국 이론적, 실험적 공기역학의 기본 기능은 물체에 작용하는 공기력을 예측하고 측정하는 것이다. 여러 경우에서, 주어진 면을 따라 p와 τ_w의 예측과 측정을 의미한다. 더욱이 면에서의 p와 τ_w의 예측은 물체 주위의 전체 유동장에 대한 정보를 자주 요구하게 된다. 이것은 유동장에 대한 정보가 어떤 실제적 문제에 필요한지에 대한 앞서 질문한 내용에 답이 될 수 있을 것이다.

2.3 완전기체에 대한 상태방정식

대기 중에서 아음속, 초음속 비행을 할 때, 온도와 압력이 보통상태인 공기는 **완전기체**일 경우가 많다. 완전기체에 대한 정의는 분자를 생각하면 가장 잘 알 수가 있다. 기체는 임의로 움직이는 입자(분자, 원자, 전자 등)들의 집합체이다. 보통 이 입자들은 주위 입자로부터 멀리 떨어져 있게 된다. 각 분자는 전자와 핵의 복잡한 전자장 작용의 결과로 **분자간 힘의 장**을 가지게 된다. 주어진 입자의 분자간 힘의 장은 멀리까지 확장이 되는데, 가까운 거리에서는 강한 척력에서부터 먼 거리에서는 약한 인력으로 변하게 된다. 주어진 입자의 분자간 힘의 장은 주위 입자에까지 다다르고 느끼게 된다. 한편으로 주위 입자가 멀리 떨어져 있으면, 약한 인력만 느끼게 되고; 따라서 주위 입자가 별 영향을 받지 않게 된다. 다른 한편으로, 그들이 가까우면, 분자간 힘의 장에 의해 매우 크게 영향을 받게 될 것이다. 기체의 압력과 온도는 입자들의 운동으로부터 정해지는 확실한 양이기 때문에, 압력과 온도는 분자간 힘에 영향을 직접적으로 받게 되고, 특히 분자들이 가까이 모여 있을 때(즉, 고밀도일 때) 더하다. 이로써 완전기체에 대한 정의를 내릴 수 있다:

완전기체는 분자간 힘을 무시할 수 있을 때의 기체이다.

앞서 이야기하였듯이 넓게 퍼져 있는 입자들로 구성된 기체(저밀도)가 분명히 완전기체의 정의에 다다르게 된다. 현재 방에 있는 공기가 이런 경우이다; 각 입자들이 평균적으로 분자들의 반경 10배만큼 떨어져 있게 된다. 따라서 표준상태의 공기는 대체로 완전기체에 가깝다. 아음속과 초음속으로 비행하는 일반 비행체 주위의 공기도 이러한 경우이다. 그러므로 이 책에서는 공기역학 계산을 위해 완전기체만 다룰 것이다.

기체의 p, ρ, T에 관한 관계식을 **상태방정식**이라 부른다. 완전기체에 대해, 상태방정식은

$$p = \rho RT \tag{2.3}$$

이고, R은 특정기체상수이며, 이 값은 기체에 따라 달라진다. 표준상태의 공기일 경우

$$R = 287 \frac{\text{J}}{(\text{kg})(\text{K})} = 1716 \frac{\text{ft} \cdot \text{lb}}{(\text{slug})(°\text{R})}$$

화학과 물리학을 공부할 때, 일반기체상수 $\mathfrak{R}$에 대해 공부했을 것이다. 이 $\mathfrak{R}$ = 8314 J/(kg · mole K) = 4.97 × 10^4 (ft.lb)/(slug · mole °R)이고 모든 기체에 대해 같은 값을 가진다. 특정기체상수와 일반기체상수는 R = $\mathfrak{R}/M$으로 주어지는데, M은 기체의 분자량이다(보다 정확히는 분자 질량). 공기의 경우, M = 28.96 kg/(kg · mole)이다. kg · mole은 한 단위임을 주의하도록 하자; 이것은 일반적인 mole의 한 형태인 kg-mole을 의미한다. (이것은 kilogram과 mole의 곱이 아니다.) Kilogram-mole은 6.02 × 10^{26} 분자를 가진다—Avogadro의 수이다. kg · mole은 기체의 분자무게와 같은 질량을 kilogram으로 나타낸 값이 된다. 공기의 경우, M = 28.96이므로, 공기의 1 kg · mole은 28.96 kg의 질량과 6.02 × 10^{26}의 분자 수를 갖는다. 유사하게, 기체의 slug · mole은 기체 분자무게와 같은 질량을 slug로 나타낸 질량이 된다. 공기의 경우, 1 slug · mole의 질량은 28.96 slugs가 된다. 화학에서 많이 사용한 gram-mole도 같은 의미가 적용된다. 이 문장의 처음에 언급한 공기의 R은

$$R = \mathfrak{R}/M = \frac{8314 \text{ J/(kg} \cdot \text{mole K)}}{28.96 \text{ kg/(kg} \cdot \text{mole)}} = 287 \frac{\text{J}}{(\text{kg})(\text{K})}$$

그리고

$$R = \mathfrak{R}/M = \frac{4.97 \times 10^4 (\text{ft} \cdot \text{lb})/(\text{slug} \cdot \text{mole} °\text{R})}{28.96 \text{ slug/(slug} \cdot \text{mole)}} = 1716 \frac{\text{ft} \cdot \text{lb}}{(\text{slug})(°\text{R})}$$

완전기체로부터 실제기체의 차이를 수정된 Berthelot 상태방정식으로 나타낼 수 있다는 것이 흥미롭다:

$$\frac{p}{\rho RT} = 1 + \frac{ap}{T} - \frac{bp}{T^3}$$

여기서 a와 b는 기체의 상수이다; 따라서 p가 감소하고 T가 증가하면 차이는 줄어들게 된다. p가 크면, 분자들이 가까이 모여 있어, 분자간 힘이 중요하게 되고, 기체는 완전기체의 가정에서 멀어지게 된다. 또한 T가 커지면 분자들이 빨리 움직이게 된다. 따라서 평균분리거리가 커지게 되고 분자간 힘이 각 분자의 관성력에 비해 덜 중요하게 되어 기체는 완전기체에 가깝게 된다.

또한, 방에 있는 공기를 2,500 K 정도로 가열을 하게 되면, 산소분자는 산소원자로 해리(서로 떨어져 나감)가 되기 시작하고; 4,000 K 이상이 되면, 질소가 해리되기 시작한다. 이러한 온도에서는, 공기는 **화학반응기체**가 되는데, 공기의 화학성분이 p와 T의 함수가 된다; 즉, 더 이상 정상상태의 공기가 아니다. 결과적으로, 식 (2.3)에서의 R은 변수가 된다—$R = R(p, T)$—기체의 조성이 변하기 때문이다. 완전기체의 상태방정식인 식 (2.3)은 아직 유효하지만, R은 더 이상 상수가 아니다. 이러한 경우는 매우 빠른 비행에서 경험하게 되는데—예를 들면, *Apollo* 캡슐이 대기권에 진입할 때, 어떤 부분에서의 온도는 11,000 K까지 다다르게 된다.

다시 말하면, 이 책에서 공기는 식 (2.3)을 적용하는 완전기체로 가정하고, 상수 R = 287 J/(kg)(K) 혹은 1716 ft · lb/(slug)(°R)이다.

2.4 단위에 대한 논의

물리적 단위는 공학 용어에서는 생명과 같다. 마지막 해석에서, 대부분의 공학적 계산이나 측정의 마지막 결과는 압력, 속도 혹은 힘인 어떤 물리적 양을 나타내는 숫자이다. 숫자는 단위의 조합항으로 나타낸다: 10^5 N/m^2, 300 m/s, 5 N, 여기서 newton, meter, second는 단위의 예들이다(부록 C를 참조)

역사적으로 공학의 여러 분야는 그들의 필요를 가장 잘 충족하도록 단위계를 진화시키고 선호하여왔다. 이러한 여러 종류의 "공학"단위의 집합은 그들 사이에서도 다르고, 물리학자나 화학자가 오랫동안 선호한 미터계와도 다르다. 첨단 과학과 기술이 만나는 현대에서는 이러한 단위의 중복성이나 다양성은 불필요한 짐이 되어 왔다. 미터계 단위는 이제 미국을 제외한 대부분 국가에서의 과학과 공학 분야에서 받아들여지고 있다. 더 중요하게는, 1960년 the Eleventh General Conference on Weights and Measures에서 공식적으로 SI단위계(the *Système International d'Unités*)를 구축하고, 미국을 포함하여 참가한 36개국이 사용하기로 하였다. 그 이후로 미국은 공학분야에서 SI단위계를 자발적으로 사용하도록 진행을 하였다. 예를 들면, 몇몇 NASA 연구소에서는 기술보고서에 공학단위로도 나타내지만 필수적으로 SI단위를 사용하도록 하였다. AIAA도 보고 논문이나 기술 논문에 SI단위를 사용하도록 장려하는 정책을 밝혔다. 몇십 년이 지난 후 미국에서는 다른 나라들과 같이 SI단위로만 사용하게 될 것이다. 실제로 미국 내 항공산업과 자동차산업에서는 그들 상품의 세계시장에서의 현실성에 의해 SI단위를 집중적으로 사용하고 있다.

상황이 이렇다. 미국과 영국에서 발간되는 공학 문헌에는 과거에는 공학단위를 사용하였으나, 최근에는 많은 부분들에서 SI단위를 사용하고 있다. 세계의 다른 곳에서는 SI단위가 표준이 되어 왔고, 계속 그렇게 될 것이다. 결과적으로 현재 공학도들은 단위들에 대한 친숙도 측면에서는 "이중의무"를 가져야 한다. 공학단위를 사용한 기존의 많은 문헌들을 읽고, 이해하고 사용하려면 공학단위에 친숙해야 되고, 현재와 미래를 위해서는 SI단위에 익숙해져야 한다. 공학도는 단위에 대해서는 **이중언어능력**을 갖추어야 한다.

공학단위와 SI단위에 익숙하기 위해서, 이 책은 두 가지 단위를 혼용하고 있다. 두 단위에 대해 자연스러워지는 것이 중요하다; 예를 들면, 압력에 대해 이미 psi를 사용하고 있어도, pascal도 편안히 느낄 수 있어야 한다. 훌륭한 경험을 가진 공학자란 익숙한 단위로 물리량의 크기를 바르게 느낄 수 있어야 한다. 이제부터 공학단위와 SI단위에 대해 이러한 느낌을 가지도록 하는 것이 중요하다. 이 책의 목적은 이러한 느낌이 편안할 수 있도록 도와주는 데 있다. 진행하면서, 국제적으로 많이 사용되는 SI단위에 대해 조금 더 강조를 할 것이다.

실용적인 목적으로, SI단위는 길이, 질량, 시간, 온도에 대한 기본단위로 meter, kilogram, second, Kelvin에 기반을 두고 있다. 이것은 **일관된** 단위이다. 이러한 일관된 단위는 물리적인 관계를 "변환인자" 없이 나타낼 수 있게 한다. 예를 들면, 일관된 단위로, 뉴턴의 제2법칙은

$$F = m \times a$$
$$\text{힘} = \text{질량} \times \text{가속도}$$

로 쓸 수 있다. SI단위로,

$$F = ma$$
$$1\ N = (1\ \text{kilogram})(1\ \text{meter/second}^2) \tag{2.4}$$

이다. 뉴턴은 1 kilogram의 질량을 1 meter/second²으로 가속시킬 수 있는 힘으로 정의한다.

영국공학단위계는 또 다른 일관된 단위계이다. 질량, 길이, 시간, 온도에 대한 기본 단위는 slug, foot, second, degree Rankine이다. 이 단위로는

$$F = ma$$
$$1\ \text{lb} = (1\ \text{slug})(1\ \text{foot/second}^2) \tag{2.5}$$

파운드는 1 slug의 질량을 1 foot/second²으로 가속시킬 수 있는 힘으로 정의한다. 두 단위계에서 뉴턴의 제2법칙은 오른쪽에 아무른 변환인자 없이 $F = ma$ 라고 간단히 적을 수 있다.

대조적으로, 힘과 질량을 정의하는 일관되지 않는 단위계에서는 뉴턴의 제2법칙은 변환인자 혹은 상수를 사용해야 한다:

$$\underset{\text{힘}}{\underset{\uparrow}{F}} = \underset{\text{변환인자}}{\underset{\uparrow}{\frac{1}{g_c}}} \times \underset{\text{질량}}{\underset{\uparrow}{m}} \times \underset{\text{가속도}}{\underset{\uparrow}{a}}$$

과거에 기계공학자에 의해 사용된 일관되지 않은 단위계는 pound force, pound mass, foot, second를 포함한다:

$$\boxed{\begin{array}{l} g_c = 32.2(\mathrm{lb}_m)(\mathrm{ft}) / (\mathrm{s}^2)(\mathrm{lb}_f) \\ \underset{\mathrm{lb}_f}{\underset{\uparrow}{F}} = \underset{\frac{1}{32.2}}{\underset{\uparrow}{\frac{1}{g_c}}} \quad \underset{\mathrm{lb}_m}{\underset{\uparrow}{m}} \quad \times \quad \underset{\mathrm{ft/s}^2}{\underset{\uparrow}{a}} \end{array}} \tag{2.6}$$

이 일관되지 않은 단위계에서는, 질량의 단위는 pound mass lb_m이다. 식 (2.5)와 (2.6)을 비교하면, 1 slug = 32.2 lb_m이다. Slug는 질량의 큰 덩어리이고, pound mass는 상대적으로 작은데, 1/32.2만큼 작다. 그림 2.10에 나타나 있다.

또 다른 일관되지 않은 단위계로는 국제 공학계에서 사용되는 kilogram *force*, kilogram mass, meter, second가 있다:

$$\boxed{\begin{array}{l} g_c = 9.8(\mathrm{kg})(\mathrm{m}) / (\mathrm{s}^2)(\mathrm{kg}_f) \\ \underset{\mathrm{kg}_f}{\underset{\uparrow}{F}} = \underset{\frac{1}{9.8}}{\underset{\uparrow}{\frac{1}{g_c}}} \quad \underset{\mathrm{kg}}{\underset{\uparrow}{m}} \quad \times \quad \underset{\mathrm{m/s}^2}{\underset{\uparrow}{a}} \end{array}} \tag{2.7}$$

이 일관되지 않은 단위계에서, 힘의 단위는 kilogram force, kg_f이다.

이 일관되지 않은 단위인 pound mass (lb_m)와 kilogram force (kg_f)를 왜 사용하고 있는지는 쉽게 이해할 수 있다. 그것은 **무게**와 관계가 있다. 정의에 의해, 어떤 물체의 무게, W는

$$W = mg \tag{2.8}$$

이고, g는 중력가속도인데, 이는 지구상(실제로는 우주) 위치에 따라 달라지는 변수이다. 지구의 표준 해수면에서, g의 표준값은 9.8 m/(s)² 혹은 32.2 ft/(s)²이다. 식 (2.8)은 일관된

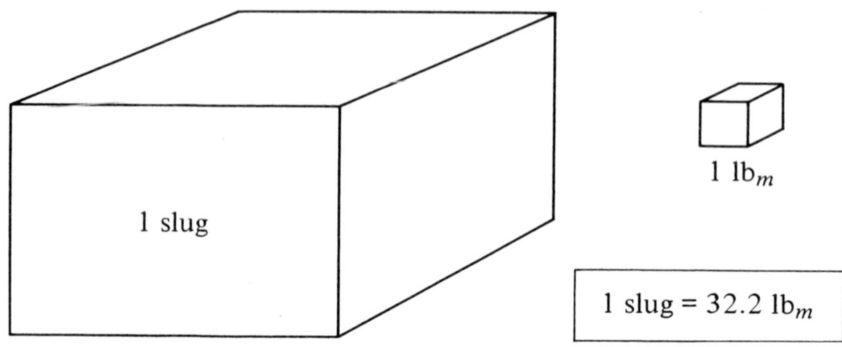

그림 2.10 Slug와 pound mass의 비교

단위로 나타내고 있다; 식 (2.4)에서 가속도 a가 중력가속도 g인 뉴턴 제2법칙의 식이다. 따라서 중력가속도가 표준값인 9.8 m/sec²를 갖는 지구상 어느 곳에서 손에 1 kilogram의 초콜릿 과자를 들고 있다면, 과자의 "kilo"는 무게가 될 것이다.

$$W = mg = (1\text{ kg})(9.8\text{ m/sec}) = 9.8\text{ N}$$

"kilo"의 과자상자는 9.8 N의 무게가 나간다; 과자를 들고 있는 손에 작용되는 힘이다. 반면에, 식 (2.7)과 같이 일관되지 않은 단위를 손에 작용되는 힘을 계산하기 위해 사용한다면,

$$F = \frac{ma}{g_c} = \frac{(1)(9.8)}{(9.8)} = 1\text{ kg}_f$$

"kilo"의 과자상자는 1 kg_f의 무게가 나간다; 손에 작용되는 힘은 1 kg_f이다. 얼마나 편리한가: 손에서 느끼는 힘은 kg으로 나타낸 질량과 같은 숫자의 kg_f이다. 짜잔—공학업무에서 kilogram force의 사용. 유사하게, 초콜릿 1 pound를 들고 있다고 생각해 보자. 미국에서, 상점에 가서 진열대에 있는 "pound"의 과자상자를 집어보자. 손에서 pound force를 느끼게 될 것이다. 식 (2.8)에서 과자의 질량은

$$m = \frac{W}{g} = \frac{1\text{ lb}}{32.2\text{ ft/(s}^2)} = 0.031\text{ slug}$$

가 된다.

그러나 상점에서 판매원에게 가서 "0.031 slug"의 과자상자를 달라했을 때, 어떤 반응을 받을지 상상해 보라. 대조적으로, 일관되지 않은 단위인 lb_m로 나타낸 식 (2.6)을 사용하면, 1 lb 과자상자의 질량은

$$m = \frac{Fg_c}{a} = \frac{(1\text{ lb})(32.2)}{(32.2)} = 1\text{ lb}_m$$

가 된다. 다시 한번, 손에 들고 있는 질량은 손이 느끼는 힘과 같은 숫자이므로 매일매일 편

리함을 갖는다. 짜잔—공학업무에 pound mass의 사용. 매일의 일상적 생활에서 의미를 갖는다; 하지만 공학계산을 하는 기술 분야에서는 kg_f로 나타낸 식 (2.7)이나 lb_m로 나타낸 식 (2.6)과 같은 여러 식에서는 g_c가 나타나게 된다. 자연은 이렇게 의도하지는 않았다; g_c의 사용은 인간의 발명이다. 자연에서는, 뉴턴의 제2법칙은 순수한 형태인 $F = ma$로 표시했다. $F = 1/g_c(ma)$의 형태가 아니었다. 따라서 순수한 형태를 갖는 자연을 사용하기 위해서는 **일관된** 단위를 항상 사용해야 한다. 이렇게 하면, g_c는 어떤 식에도 나타나지를 않으며, 계산에서 변환인자로 인한 혼동은 결코 일어나지 않을 것이다—간단하게, 변환인자가 필요하지 않는다.

이러한 이유로, 이 책에서는 일관된 단위계만 다룰 것이다. 식 (2.4)의 SI단위와 식 (2.5)의 영국공학단위를 같이 사용할 것이다. 앞서 언급한대로, 미래문헌에서는 SI단위를 사용한 것을 더 많이 보겠지만, 과거 문헌에서 사용한 공학단위도 자주 접하게 될 것이다; 즉, 이중언어 사용자가 되어야 한다. 요약하면, 영국공학단위(lb, slug, ft, s, °R)와 SI단위(N, kg, m, s, K)를 다룰 것이다.

그러므로 상태방정식, 식 (2.3)인 $p = \rho RT$로 돌아가면, 다음과 같은 단위를 알게 될 것이다:

	영국공학단위	SI
p	lb/ft^2	N/m^2
ρ	$slugs/ft^3$	kg/m^3
T	°R	K
R(공기)	1716 ft · lb/(slug)(°R)	287 J/(kg)(K)

단위에 대해 지적해야 할 것이 두 가지가 있다. 첫째는, 물리량의 단위는 뉴턴의 제2법칙에서 나타낸 간단한 조합보다는 더 복잡하게 자주 나타난다는 것이다. 뉴턴 법칙에서, N, kg, m, s의 관계는

$$\boxed{\begin{aligned} &F = ma \\ &\mathrm{N} = \mathrm{kg \cdot m/s^2} \end{aligned}}$$

이다. 따라서 $R = 287$ /(kg)(K)과 같은 양은 동일하게

$$R = 287\frac{\mathrm{J}}{\mathrm{(kg)(K)}} = 287\frac{\mathrm{N \cdot m}}{\mathrm{(kg)(K)}} = 287\frac{\mathrm{kg \cdot m}}{\mathrm{s^2}}\frac{\mathrm{m}}{\mathrm{(kg)(K)}} = 287\frac{\mathrm{m^2}}{\mathrm{(s^2)(K)}}$$

로 나타낼 수 있다. R은 역시 속도 제곱을 온도로 나누어 나타낼 수도 있다. 같은 맥락에서,

$$R = 1716\frac{\mathrm{ft \cdot lb}}{\mathrm{(slug)(°R)}} = 1716\frac{\mathrm{ft^2}}{\mathrm{(s^2)(°R)}}$$

이다.

두 번째는, 식 (2.3)의 상태방정식에서 T는 항상 절대온도이며, 이는 가장 낮은 온도는 영이 된다. K와 °R은 모두 절대온도이며, 모든 분자의 병진운동이 이론적으로 멈추는 온도가 바로 0°R = 0 K가 된다. 이와는 다르게, Fahrenheit (°F)와 Celcius (°C)는 절대온도가 아니다:

$$0°\text{F} = 460°\text{R}$$
$$0°\text{C} = 273\ \text{K} = 32°\text{F}$$

예를 들면, 90°F는 460 + 90 = 550°R과 같다. (2.9)

그리고 10°C는 273 + 10 = 283 K와 같다. (2.10)

식 (2.3)에서 T는 절대온도, Kelvins 혹은 Rankine임을 기억하라.

2.5 비체적

밀도 ρ는 단위 체적당 질량이다. 이 양의 역수는 공기역학에서 자주 사용된다. **비체적** v라 불리고 **단위 질량당 체적**으로 정의된다. 정의에 의해

$$v = \frac{1}{\rho}$$

따라서, 상태방정식에서

$$p = \rho RT = \frac{1}{v} RT$$

또한

$$pv = RT \tag{2.11}$$

v에 대한 단위는 m^3/kg과 ft^3/slug이다.

예제 2.1

보잉 747의 날개 위 한 점에서의 공기 압력과 밀도가 1.10×10^5 N/m^2, 1.20 kg/m^3이다. 이 점에서의 온도는 얼마인가?

■ **풀이**

식 (2.3)에서, $p = \rho RT$; 따라서 $T = p/(\rho R)$

$$T = \frac{1.10 \times 10^5\ \text{N/m}^2}{(1.20\ \text{kg/m}^3)[287\ \text{J/(kg)(K)}]} = \boxed{319\ \text{K}}$$

예제 2.2

초음속 풍동의 고압공기저장조의 부피는 1,000 ft^3이다. 이 공기가 30 atm과 530°R로 저장되어 있

다면, 이 저장조 내부의 공기 질량은 slug로 얼마인가? 또 pound mass (lb_m)로는?

■ **풀이**

압력의 단위 atm은 일관된 단위가 아니다. 이를 영국공학단위로 기억하고 있는 것이 앞으로 유용할 것이다.

$$1 \text{ atm} = 2116 \text{ lb/ft}^2$$

따라서 $p = (30)(2116)\ \text{lb/ft}^2 = 6.438 \times 10^4\ \text{lb/ft}^2$. 또, 식 (2.3)에서 $p = \rho RT$, 그러므로 $\rho = (p/RT)$, 즉

$$\rho = \frac{6.348 \times 10^4\ \text{lb/ft}^2}{[1716\ \text{ft} \cdot \text{lb/(slug)(°R)}](530\text{°R})} = 6.98 \times 10^{-2}\ \text{slug/ft}^3$$

이것이 단위 체적당 질량인 밀도이므로, 저정조의 부피 V에 해당하는 전체 질량 M은

$$M = \rho V = (6.98 \times 10^{-2}\ \text{slug/ft}^3)(1000\ \text{ft}^3) = \boxed{69.8\ \text{slugs}}$$

1 slug = 32.2 lb_m이므로,

$$M = (69.8)(32.2) = \boxed{2248\ \text{lb}_m}$$

예제 2.3

풍동 내에 고속으로 지나는 공기의 압력과 온도가 각각 0.3 atm과 −100°C일 때, 공기의 밀도는 얼마인가? 그것의 비체적은 얼마인가?

■ **풀이**

atm이 일관된 단위가 아니라는 것을 기억하고, SI계의 단위로 다음을 기억하면 유용할 것이다.

$$1 \text{ atm} = 1.01 \times 10^5\ \text{N/m}^2$$

따라서

$$p = (0.3)(1.01 \times 10^5) = 0.303 \times 10^5\ \text{N/m}^2$$

온도가 $T = -100$°C인데, 이는 절대온도가 아니므로

$$T = -100 + 273 = 173\ \text{K}$$

식 (2.3)에서 $p = \rho RT$, 따라서 $\rho = p/(RT)$

$$\boxed{\begin{aligned} \rho &= \frac{0.303 \times 10^5\ \text{N/m}^2}{[287\ \text{J/(kg)(K)}](173\ \text{K})} = 0.610\ \text{kg/m}^3 \\ v &= \frac{1}{\rho} = \frac{1}{0.610} = 1.64\ \text{m}^3/\text{kg} \end{aligned}}$$

주: 다음을 기억하는 것이 좋을 것이다.

$$1 \text{ atm} = 2116\ \text{lb/ft}^2$$
$$1 \text{ atm} = 1.01 \times 10^5\ \text{N/m}^2$$

예제 2.4

주: 예제 2.1에서 2.3까지는 계산에 나타난 각 숫자의 단위를 숫자 옆에 표시를 하였다. 이는 단위에 대해 생각을 하도록 연습을 시킨 것이다. 이번 예제, 그리고 앞으로의 예제에서는 혼동을 피하기 위한 것을 제외하고는 이런 연습을 중단할 것이다. 방정식에 일관된 단위를 사용하기 때문에, 수식에서 단위를 일일이 확인할 필요가 없다. 계산 시작에서 일관된 단위를 적용하고 나면, 내부적으로 많은 계산(더하기, 빼기, 곱하기, 미분, 적분, 나누기 등)을 하더라도, 답은 자동적으로 일관된 단위로 나오게 될 것이다.

콩코드(Concorde) 초음속 여객기가 16 km의 고도에서 음속의 두 배로 날고 있다고 보자. 날개의 한 점에서, 금속 표면의 온도가 362 K이다. 그 점에 바로 접하고 있는 공기의 온도도 동일한 온도이고 압력은 1.01×10^4 N/m^{2}이다. 이 점에서의 공기 밀도를 계산하시오.

■ 풀이

식 (2.3)에서

$$\rho = \frac{p}{RT}, \quad R = 287 \frac{\text{J}}{(\text{kg})(\text{K})}$$

주어진 압력과 온도는 SI계의 일관된 단위이므로,

$$\rho = \frac{1.04 \times 10^4}{(287)(362)} = \boxed{0.100 \text{ kg/m}^3}$$

밀도의 SI계의 일관된 단위가 kg/m^{3}이기 때문에 답의 단위는 바로 kg/m^{3}이 된다. 수식 계산에서 단위를 일일이 표시하지 않아도 간단히 답을 0.100 kg/m^{3}으로 적을 수 있다.

예제 2.5

이 예제는 어떤 계의 단위를 다른 계로 전환하는 문제이다.

항공기의 중요한 설계 특성은 **날개하중**(*wing loading*)이다. 이는 항공기의 무게 W를 날개의 **평면적**(날개를 위에서 바로 내려다 볼 때, 보이는 면적) S로 나눈 것이다. (날개하중, W/S의 중요성은 제6장에서 다루는 항공기 성능에서 자세히 다루게 될 것이다.) 그림 2.11에 보이는 Lockheed-Martin의 F-117A 스텔스 전투기를 생각해 보자. 대부분의 현대국제항공출판물에서는 날개하중의 단위를 kg$_f$/m^{2}를 사용한다. F-117A의 날개하중은 280.8 kg$_f$/m^{2}이다. 이 날개하중을 lb/ft^{2}의 단위로 계산하여 보시오.

■ 풀이

kg$_f$를 lb로, m^{2}를 ft^{2}으로 전환을 해야 한다. 부록 C에 주어진 몇몇 유용한 전환인자들은 다음과 같이 정리할 수 있다:

$$\boxed{\begin{aligned} 1 \text{ ft} &= 0.3048 \text{ m} \\ 1 \text{ lb} &= 4.448 \text{ N} \end{aligned}}$$

또, 식 (2.7)에서 1 kg의 질량은 1 kg$_f$의 무게를 갖고, 식 (2.8)에서 1 kg의 질량은 9.8 N의 무게를 갖는다. 따라서 추가적인 전환인자

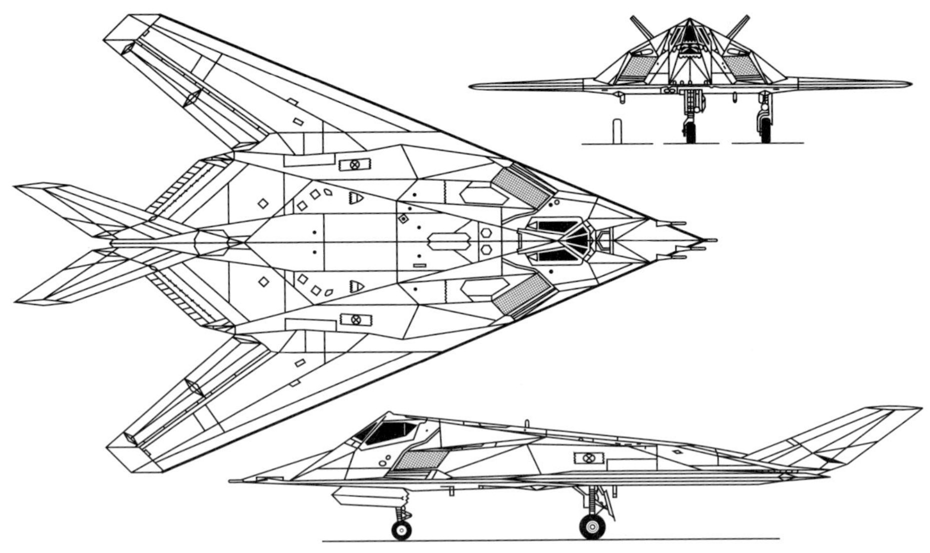

그림 2.11 Lockheed-Martin의 F-117A 스텔스 전투기의 삼면도

$$1\ \text{kg}_f = 9.8\ \text{N}$$

를 가지게 된다. 단위 전환을 쉽고 정확하게 하기 위해서 다음과 같이 하기를 추천한다. 1 ft/0.3048 m의 비를 생각해 보자. 1 foot은 0.3048 m이므로, "같은 양"의 비가 된다; 따라서 이 비의 값은 논리적으로 "1"과 같다(1을 0.3048로 나눈 값은 당연히 1이 아니지만). 다음과 같은 비의 값은 "1"과 같다는 것을 볼 수 있을 것이다.

$$\left(\frac{1\ \text{ft}}{0.3048\ \text{m}}\right),\ \left(\frac{1\ \text{lb}}{4.448\ \text{N}}\right),\ \left(\frac{1\ \text{kg}_f}{9.8\ \text{N}}\right)$$

kg_f/m^2으로 주어진 날개하중을 lb/ft^2으로 전환하려면, "1"의 값을 가지는 여러 전환인자를 kg_f/m^2에 곱하여 여러 단위를 상쇄하고, 마지막으로 lb/ft^2가 되도록 한다. 즉,

$$\frac{W}{S} = 280.8\frac{\text{kg}_f}{\text{m}^2}\left(\frac{9.8\ \text{N}}{1\ \text{kg}_f}\right)\left(\frac{1\ \text{lb}}{4.448\ \text{N}}\right)\left(\frac{0.3048\ \text{m}}{1\ \text{ft}}\right)^2 \tag{2.12}$$

W/S의 값은 식 (2.12)로부터,

$$\frac{W}{S} = \frac{(280.8)(9.8)(0.3048)^2}{4.448} = 57.3$$

식 (2.12)에서 분모, 분자에 나타났던 여러 단위들은 상쇄되고, 이 숫자에 해당하는 단위를 얻게 된다. 즉,

$$\frac{W}{S} = 280.8\frac{\text{kg}_f}{\text{m}^2}\left(\frac{9.8\ \text{N}}{1\ \text{kg}_f}\right)\left(\frac{1\ \text{lb}}{4.448\ \text{N}}\right)\left(\frac{0.3048\ \text{m}}{1\ \text{ft}}\right)^2 = \boxed{57.3\frac{\text{lb}}{\text{ft}^2}}$$

예제 2.6

이 예제도 단위전환에 관한 것이다.

미국에서의 일상생활에서는, 속도를 miles per hour의 단위로 자주 언급한다. 자동차의 속도계도 주로 miles per hour로 나타낸다(새로운 많은 차에서는 kilometers per hour를 작게 나타내고 있다). 대중적인 항공 문헌에는 항공기의 속도는 자주 miles per hour로 나타내고 있다. [1903년 12월 17일 성공적인 비행 성공 후에, 오빌(Orville)은 집으로 *Wright Flyer*호의 속도가 31 miles per hour였다고 전보를 보냈다. 그 이후로 항공기의 속도에 miles per hour가 사용되었다.] 그러나 miles per hour는 일관된 단위가 아니며, 또한 miles와 hours도 일관된 단위가 아니다. 일관된 단위로 바르게 계산을 하려면, miles per hour를 feet per second 혹은 meters per second로 전환을 해야 한다.

그림 2.12a에 보이는 소형, 경량, 일반 항공기인 Piper Cub을 생각해 보자. Piper Cub은 제2차 세계 대전 전에 설계되었으며, 오늘날까지 많은 항공기가 날고 있다. 이 항공기가 60 mi/h로 날고 있을 때, (*a*) ft/s와 (*b*) m/s로 속도를 계산하시오.

■ **풀이**

일반적으로 알려진 전환인자는

$$\boxed{\begin{aligned} 1\ \text{mi} &= 5280\ \text{ft} \\ 1\ \text{h} &= 3600\ \text{s} \end{aligned}}$$

부록 C에서

$$1\ \text{ft} = 0.3048\ \text{m}$$

a.

$$\boxed{V = \left(60\frac{\text{mi}}{\text{h}}\right)\left(\frac{1\ \text{h}}{3600\text{s}}\right)\left(\frac{5280\ \text{ft}}{1\ \text{mi}}\right)}$$

$$\boxed{V = 88.0\frac{\text{ft}}{\text{s}}}$$

이 답은 유용한 전환인자를 나타내고 있다. 간단히 기억해두면 도움이 된다.

$$60\ \text{mi/h} = 88\ \text{ft/s}$$

예를 들면, 제2차 세계 대전의 P-51D(그림 2.12b)가 400 mi/h로 날고 있다면 그것의 속도를 ft/s로 다음과 같이 쉽게 계산할 수 있다.

$$\boxed{V = 400\left(\frac{88\ \text{ft/s}}{60\ \text{mi/s}}\right) = 586.7\ \text{ft/s}}$$

b.

$$V = \left(60\frac{\text{mi}}{\text{h}}\right)\left(\frac{1\ \text{h}}{3600\ \text{s}}\right)\left(\frac{5280\ \text{ft}}{1\ \text{mi}}\right)\left(\frac{0.3048\ \text{m}}{1\ \text{ft}}\right)$$

$$V = \boxed{26.82\ \text{m/s}}$$

따라서,

그림 2.12a Piper Cub, 가장 유명한 경량, 일반 항공기 중의 하나
(자료출처: © *Susan & Allan Parker/Alamy*.)

그림 2.12b 제2차 세계 대전에서 유명했던 North American P-51D Mustang
(자료출처: *U.S. Air force*)

$$60 \text{ mi/h} = 26.82 \text{ m/s}$$

예제 2.7

다음 세 예제는 공학 문제를 풀기 위해 일관된 단위를 어떻게 바르게 사용하는지를 보여줄 것이다.

예제 2.5에서 다뤘던 그림 2.11에 보여준 Lockheed-Martin F-117A를 생각해 보자. 날개 평면적이 913 ft^{2}이다. 예제 2.5의 결과를 이용해서, 직선 비행에서 1/3 g(표준중력가속도의 1/3)의 가속도를 얻기 위해 필요한 F-117A에서 발생되는 전체 힘을 계산하시오.

■ **풀이**

예제 2.5에서 영국공학단위로 계산된 날개하중은 W/S = 57.3 lb/ft^{2}이다. 따라서 F-117A의 무게는

$$W = \left(\frac{W}{S}\right)S = \left(57.3\frac{\text{lb}^2}{\text{ft}}\right)(913\ \text{ft}^2) = 52{,}315\ \text{lb}$$

주어진 가속도를 얻기 위해 필요한 힘은 뉴턴 제2법칙에서 얻을 수 있다.

$$F = ma$$

F-117A의 질량은 식 (2.8)에서

$$m = \frac{W}{g}$$

따라서,

$$m = \frac{52{,}315}{32.2} = 1624.7\ \text{slug}$$

F-117A가 1/3 g의 가속도를 내기 위해서 필요한 힘은, 1/3 (32.2) = 10.73 ft/s^2,

$$F = ma = (1624.7)(10.73) = \boxed{17{,}438\ \text{lb}}$$

수평비행에서, 항공기에 작용하는 전체 힘은 앞으로 작용하는 추력과 뒤로 작용하는 항력(이러한 것은 제6장의 주제)의 차이이다. F-117A은 2개의 터보젯 엔진을 가지고 있으며, 해면고도에서 최대 21,600 lb의 추력을 낼 수 있다. 공기역학적 항력이 21,600 − 17,438 = 4612 lb보다 크지 않으면, F-117A는 해면고도에서 수평비행 시 1/3 g의 가속도를 얻을 수 있게 된다.

이 예제는 영국공학단위의 일관된 질량단위(즉, slug)를 뉴턴 제2법칙에 적용한 예이며, 더욱이 식 (2.8)을 이용하여 F-117A의 lb로 나타낸 무게로부터 질량을 slug로 구하였다.

예제 2.8

어떤 고도에서 비행하는 제트 여객기의 여객실 안의 압력이 0.9 atm이고 온도가 15°C이다. 여객실 안의 전체 체적이 1800 m^{3}이다. 여객실 안의 공기가 매 20분마다 에어컨디션 장치를 통해 모두 환기가 된다면 이 장치의 공기유량을 kg/s로 구하시오.

■ **풀이**

식 (2.3)으로부터 공기의 밀도는,

$$\rho = \frac{p}{RT}$$

SI계의 단위로, 일관된 단위는 압력과 온도는 각각 N/m^{2}과 K이다. [식 (2.3)에서 T는 절대온도임을 기억하라.) 예제 2.3에서 1 atm = 1.01 × 10^5 N/m^{2}이므로,

$$p = (0.9\text{ atm})(1.01\times 10^5) = 0.909\times 10^5\ \text{N/m}^2$$

그리고

$$T = 273 + 15 = 288\ \text{K}$$

따라서,

$$\rho = \frac{p}{RT} = \frac{0.909\times 10^5}{(287)(288)} = 1.1\ \text{kg/m}^3$$

여객실 안의 전체 질량 M은 ρV이고, V는 전체 체적, 1800 m^{3}이다.

$$M = \rho V = (1.1)(1800) = 1980\ \text{kg}$$

이 질량이 매 20분, 즉, 1,200초마다 순환되므로, 질량 유량, m은

$$m = \frac{1980}{1200} = \boxed{1.65\ \text{kg/s}}$$

예제 2.9

예제 2.8에서와 같은 여객실을 생각해 보자. 더 많은 공기를 가압하여 여객실의 압력을 올리고자 한다. 여객실 안의 온도는 288 K로 유지한다고 가정하자. 여객실 안의 압력의 시간당 증가율을 0.02 atm/min라고 한다면, 공기 밀도의 시간당 변화율은 초당 얼마인가?

■ 풀이

상태방정식으로부터,

$$p = \rho RT$$

이 방정식을 T는 상수로 하고, 시간 t에 대해 미분하면,

$$\frac{dp}{dt} = RT\frac{d\rho}{dt}$$

혹은

$$\frac{d\rho}{dt} = \frac{1}{RT}\left(\frac{dp}{dt}\right)$$

$\dfrac{dp}{dt}$에 관한 일관된 단위는 $\dfrac{\text{N}}{\text{m}^2\text{s}}$ 이고, 주어진 양으로부터

$$\frac{dp}{dt} = 0.02\ \text{atm/min}$$

1 atm =1.01 × 10^5 N/m^{2}와 1 min = 60 s를 가지고 일관된 단위로 바꾸면,

$$\frac{dp}{dt} = 0.02\frac{\text{atm}}{\text{min}}\left(\frac{1.01\times 10^5\text{N/m}^2}{1\ \text{atm}}\right)\left(\frac{1\ \text{min}}{60\ \text{s}}\right) = 33.67\frac{\text{N}}{\text{m}^2\text{s}}$$

따라서

$$\frac{d\rho}{dt} = \frac{1}{RT}\left(\frac{dp}{dt}\right) = \frac{33.67}{(287)(288)} = \boxed{4.07\times 10^{-4}\ \frac{\text{kg}}{\text{m}^3\text{s}}}$$

예제 2.10

항공기 성능(제6장)은 엔진으로부터의 이용마력에 매우 의존한다. 자동차나 많은 프로펠러 항공기와 같은 왕복구동엔진에 대해서는 이용마력은 주로 *horsepower*로 주어지는데, 이는 일관된 단위가 아니다. 이 단위는 1775년경에 영국에서 실용적인 증기기관을 처음으로 발명한 James Watt에 의해 만들어졌다. 그의 증기기관의 판매를 돕기 위해, Watt는 그것의 출력을 말의 힘과 비교했다. 그는 말 한 마리가 180 lb의 힘으로 한 시간에 12 foot의 반경을 갖는 물레방아 바퀴를 144번 돌릴 수 있음을 알았다. 정의에 의해 일률 P는 단위 시간당 에너지를 나타내고, 에너지는 힘 F와 거리 d를 곱한 것이므로, 말의 출력 일률은

$$P = \frac{Fd}{t} = \frac{(180)[(144)(2\pi)(12)]}{60 \text{ min}} = 32{,}572\frac{\text{ft} \cdot \text{lb}}{\text{min}}$$

Watt는 이 숫자를 반올림하여 33,000 ft · lb/min으로 하였는데, 이 값은 오늘날 1마력에 해당하는 에너지와 같다. 일관된 단위인 ft · lb/sec로 하면

$$1 \text{ hp} = \frac{33{,}000}{60} = 550 \text{ ft} \cdot \text{lb/sec}$$

이것이 1마력을 일관된 단위인 영국공학단위로 나타낸 것이다. 이것으로부터, 1마력을 SI계의 값으로 나타내시오.

■ 풀이

SI계에서는, 에너지(힘 × 거리)의 일관된 단위는 (N)(m)이므로, 일률에 대한 일관된 단위는 (힘 × 거리)/t = (N)(m)/sec이다. 일률에 대한 단위를 James Watt의 이름을 따서 **와트**(*watt*)라 부르고, 약자로 W로 쓴다. 부록 C에서,

$$1 \text{ ft} = 0.3048 \text{ m}$$

$$1 \text{ lb} = 4.448 \text{ N}$$

따라서

$$1 \text{ hp} = 550\frac{\text{ft} \cdot \text{lb}}{\text{sec}} = 550\left(\frac{0.3048 \text{ m}}{1 \text{ ft}}\right)\left(\frac{4.448 \text{ N}}{1 \text{ lb}}\right)$$

$$= 746\frac{\text{N} \cdot \text{m}}{\text{sec}} = \boxed{746 \text{ W}}$$

1마력에 대한 일관된 단위는

$$1 \text{ hp} = 550\frac{\text{ft} \cdot \text{lb}}{\text{sec}} = 746 \text{ W}$$

이고, 제6장에서 사용될 것이다.

예제 2.11

주어진 항공기의 중요한 성능특성 중 하나는 최대 상승률인데, 이는 시간에 따른 고도증가율이다. 6.8절에서 R/C로 주어지는 상승률은 엔진으로부터의 최대이용마력과 공기역학적 항력을 극복하기 위한 필요마력의 차이에 비례한다; 이 차이를 **잉여마력**이라 부른다. 실제로 6.8절에서

$$R/C = \frac{\text{잉여마력}}{W}$$

로 나타내는데, 여기서 W는 항공기의 무게이다. 이 식을 이용하여 잉여마력이 4,700 hp이고, 항공기의 무게가 9,000 kg_f일 경우, R/C를 ft/min으로 계산하시오. 여기서 주어진 단위인 ft/min, kg_f, hp는 모두 일관되지 않은 단위이다; 그러나 R/C에 관한 식은 일관된 단위를 사용해야 한다. (역시 여기서 주어진 숫자는 제6장에서 고려하는 쌍발 제트 비즈니스 항공기에 대략적으로 적용된다.)

■ **풀이**

예제 2.10의 결과는 1 hp = 746 Watts이다. 따라서, SI계에서

$$\text{잉여마력} = (4700 \text{ hp})(746) = 3.506 \times 10^6 \text{ Watts}$$

지표면 가까이에서(2.4절을 참고), kg으로 나타낸 항공기의 질량은 무게를 kg_f로 나타낸 숫자와 같다. 따라서 무게는

$$W = mg = (9000 \text{ kg})(9.8 \text{ m/sec}^2)$$

$$W = 8.82 \times 10^4 \text{ N}$$

이제 상승률의 각 항을 SI계의 일관된 단위로 나타내었다. 따라서,

$$R/C = \frac{\text{잉여마력}}{W} = \frac{3.506 \times 10^6 \text{ W}}{8.82 \times 10^4 \text{ N}}$$

$$R/C = 39.75 \text{ m/sec}$$

R/C에 대한 일관된 단위는 SI계의 일관된 단위를 사용했기 때문에 m/sec이다. 문헌에서는 자주 상승률은 second보다는 minutes로 나타낸다. 그래서

$$R/C = 39.75\left(\frac{\text{m}}{\text{sec}}\right)\left(\frac{60 \text{ sec}}{1 \text{ min}}\right) = 2385\frac{\text{m}}{\text{min}}$$

이 예제에서 R/C를 아직 미국에서 정상적으로 통용되는 ft/min으로 나타내라 하였다. 부록 C에서,

$$1 \text{ ft} = 0.3048 \text{ m}$$

따라서,

$$R/C = \left(2385\frac{\text{m}}{\text{sec}}\right)\left(\frac{1 \text{ ft}}{0.3048 \text{ m}}\right) = \boxed{7824 \text{ ft/min}}$$

2.6 항공기의 구조

기본 개념이라는 관점에서는, 항공기와 우주 비행체와 관련된 기초적인 용어—기계 자체의 이름에 대해 알아보는 것이 적절할 것이다. 이 절에서는 항공기에 대해 알아보고; 2.7절에서는 우주 비행체에 대해 알아보자.

일반적인 항공기의 주요 요소들이 그림 2.13에 표시되었다. **동체**는 비행기의 대부분의 실제로 구성하는 용량을 가진 기체의 중심부분이다. 동체는 사람, 수화물, 다른 탑재하중, 연료와 항공기 설계자가 넣고 싶은 것들을 탑재할 수 있는 곳이다. **날개**는 항공기의 양력을 발생시키는 주 구성요소이다. 항공기 내부에서 앞을 바라보고 있을 때, 그때의 시점으로 왼쪽과 오른쪽으로 날개가 확인된다. 날개의 내부 공간은 연료탱크나 혹은 주 랜딩기어(바퀴와 지지대)의 저장소로 사용 가능하다. 수평과 수직 **안정판**은 항공기의 비행의 안정

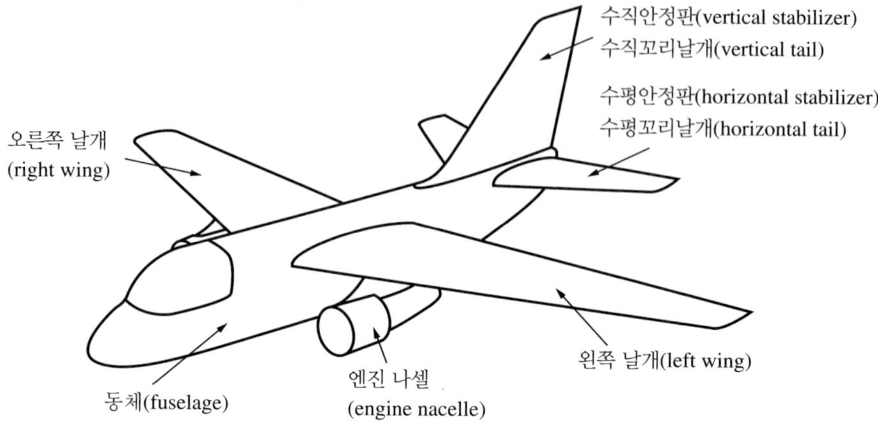

그림 2.13 항공기의 기본 구성요소

성에 의해 그 크기가 정해지고 위치가 정해진다. (안정성에 관한 것은 제7장에서 다루기로 한다.) 이 판들은 수평과 수직미익이라고도 불린다. 날개에 엔진이 장착될 경우, 그림 2.13에서 볼 수 있듯이 엔진은 보통 **나셀**이라는 것에 쌓여있다. 역사적으로 보면, 프랑스는 19세기 말에서 20세기 초까지 비행 기계에 대해 연구를 많이 했다. 그 결과, 몇몇 비행기의 이름들은 프랑스어에서 유래되었다는 것을 오늘날 볼 수 있다. **동체(*fuselage*)**는 프랑스어로 "축" 모양의 의미를 나타낸다. 나셀 또한 "작은 보트"라는 의미의 프랑스어이다.

플랩과 다른 조종면들이 그림 2.14에 회색으로 칠해져 있다. 이들은 보통 날개나 미익의 뒷전(날개의 뒷부분)에 달려있는 위아래로 회전 가능한 면들이다. 플랩의 역할은 항공기의 양력을 높이는 것이다(플랩에 대한 것은 5.17절에서 좀 더 자세하게 다루기로 한다). 어떤 항공기는 플랩이 날개의 뒷전뿐만 아니라 앞전(날개의 앞부분)에도 달려있다. 앞전에 달린 플랩은 그림 2.14에 나타나 있지 않다. 에일러런은 항공기 동체의 롤 운동성을 담당

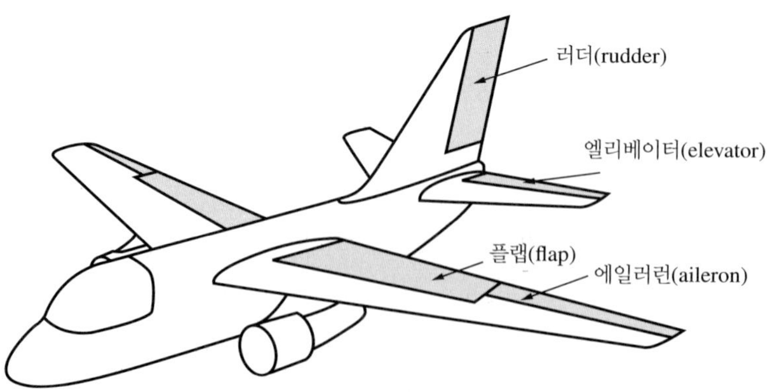

그림 2.14 조정면과 플랩

설계

DESIGN BOX

이것은 수많은 설계 중 책의 첫 설계이다. 이 설계들은 정보들을 철학적인 의미, 절차, 그리고 항공기 디자인에 대한 설명을 책에 있는 내용과 관련지어 자세히 강조한다. 이 설계의 목적은 논의되는 여러 가지 주제의 디자인에 미치는 영향을 반영하기 위해서이다. 이 책은 절대 디자인에 관한 책이 아니다. 하지만 이 책의 기본 정보는 디자인을 응용한 것이다. 설계는 이 응용 부분을 여러분에게 관심을 가지게 하기 위해 있다. 디자인은 공학에 있어서 보통 마지막 생산품에 대한 중요한 기능이다. 이 설계는 여러분에게 있어서 **항공공학**을 이해하는 데 도움을 줄 수 있다.

이번 설계는 항공기의 분석과 삼면도에 대한 필자의 생각과 연관이 있다. 좀 더 세부적인 삼면도의 예로는 그림 2.16에 제2차 세계 대전 때 유명했던 Vought F4U Corsair이다. 그림 2.16은 항공기 디자인의 절차 중 하나인 **형상 레이아웃**의 예이다. 그림 2.16에서는 우리는 정면, 앞면, 옆면, 윗면과 아랫면뿐만이 아니라, 항공기의 자세한 크기와 동체의 단면모양, 날개의 위치에 따른 익형의 모양, 랜딩기어, 조명의 위치, 안테나 등등을 볼 수 있다. (형상 레이아웃의 역할에 대한 것은 *Aircraft Performance and Design*, 저자 Anderson, McGraw-Hill, New York, 1999에서 볼 수 있다.)

하는 조종면이다. 예를 들어, 왼쪽 에일러런을 아래쪽으로 내리고 오른쪽 에일러런은 위쪽으로 들면, 양력을 왼쪽에서 증가하고 오른쪽에서 감소시켜 동체의 오른쪽으로 롤을 취하게 된다. 엘리베이터는 항공기 노즈를 위아래로 조종하는 피칭을 담당하고 있다. 예를 들면, 엘리베이터를 아래쪽으로 내리면 미익 쪽 양력을 증가시켜 미익 쪽을 들고 항공기의 노즈를 내린다. 러더는 항공기의 노즈를 좌우로 돌리는 제어를 한다(**요잉**이라고 불린다). 이들의 기본적인 개념과 기능들은 제7장에서 더욱 자세하게 알아보도록 한다.

항공학에서는 그림 2.11과 그림 2.15에서 보여지듯이, 보통 항공기의 모양을 **삼면도**로 알려준다. 그림 2.15의 위에서 아래쪽으로 살펴보면, 한국전쟁 당시 아주 유명했던 전투기인 North American F-86H의 정면, 위와 아래의 부분을 각각 볼 수 있다. 삼면도는 새 항공기의 디자인의 절차에서 특히 중요하다. 삼면도는 항공기의 정확한 모양과 크기를 알려주기 때문이다.

항공기의 내부구조는 그림 2.17에서 보여주듯이 주로 **커터웨이** 방식으로 그린다. 제2차 세계 대전 당시 유명했던 폭격기 B-17를 부분적으로 외피가 제거되어 내부가 보이도록 되어 있다. B-17은 1930년 말에 디자인됨에도 불구하고 여기서 이렇게 보여지는 이유는 그만큼 역사적으로 중대했고 또 일반적인 항공기의 구조를 보여주는 것이기 때문이다. Lockheed-Martin F-117A 스텔스기의 커터웨이를 그림 2.18에서 볼 수 있다. 이는 현대적인 항공기이지만 그림 2.17의 B-17과 차이가 많이 나지 않는다. 커터웨이는 보통 많은 항공기의 내부구조와 그 포장을 자세하게 나타낸다.

항공학의 역사로 모든 학생들은 항공기는 수많은 모양과 형태로 디자인되어 왔다는 것을 알 것이다. **형태는 기능을 따라간다**라는 말은 일반적으로 맞다. 그리고 항공기 디자이너

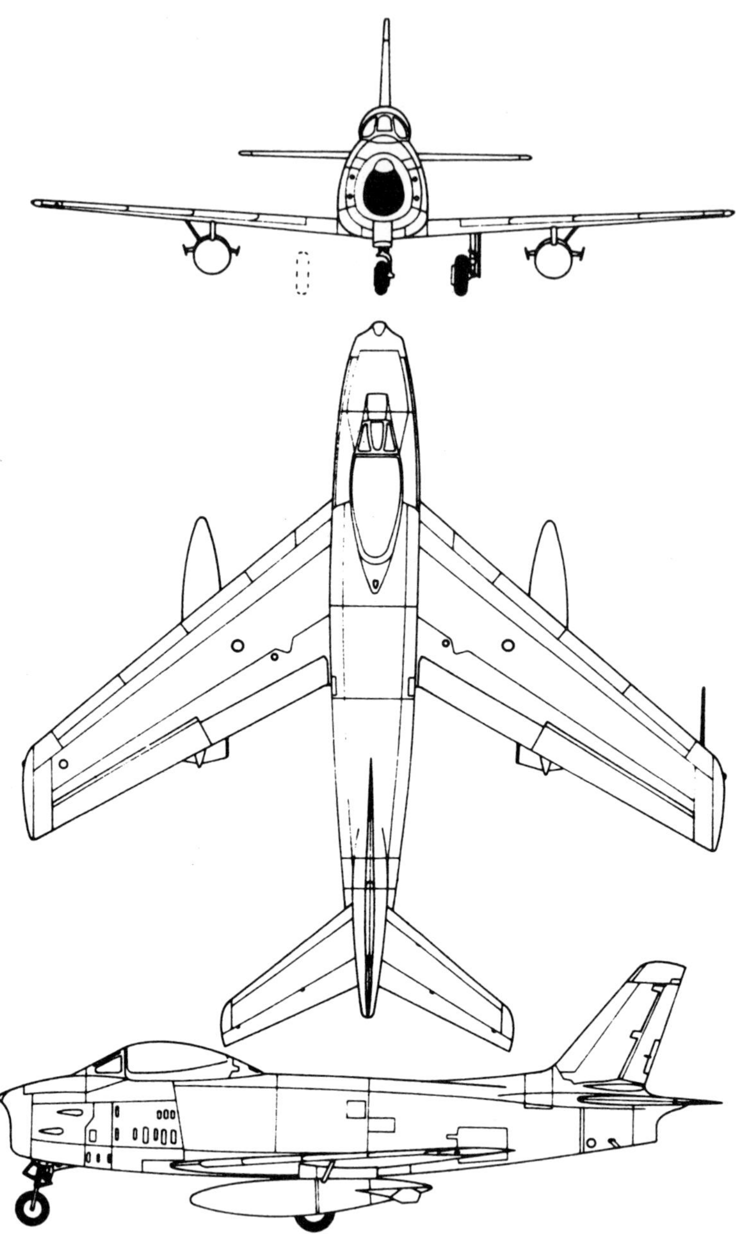

그림 2.15 North American F−86H의 삼면도

는 그들의 기체가 특정한 요구조건에 맞게끔 형성한다. 하지만 항공기를 디자인하는 것은 개방형 문제이다. 디자인을 하는 것에는 한 "올바른 방법"이나 "올바른 형상이 정해져 있지 않다. 항공기 디자인은 타협 또한 필요하다. 이는 한 부분의 비행성능을 높이기 위해선 다른 성능의 희생이 필요할 때가 있다. 예를 들어, 매우 빠른 속도를 갖게끔 디자인이 된 항공기는 이착륙의 성능이 좋지 못할 수 있다. 공력특성에 최적화되게 만들려면, 과도하게 복잡한 구조로 설계하여야 될 수 있다. 엔진을 원하는 위치에 두면 항공기의 공력에 영향을 미칠 수 있다 ... 등의 이유로 항공기는 매우 다양한 형태와 크기로 나온다. 항공기의 많은 유형들을 철저하게 분류하는 것은 의도된 것이 아니다. 여러분들의 연구와 일을 통해 조만간 대부분의 항공기 기종들을 만나게 될 것이다. 하지만 몇 가지 일반적인 항공기 형상의 종류를 여기서 먼저 언급해 볼 것이다.

그 첫 번째는 **일반적인 형상**이다. 이는 그림 2.13~2.17의 항공기들로 예가 들어져 있다. 여기서 항공기 뒤쪽에 수평, 수직 꼬리를 가진 **단엽기**(날개 한 세트)를 볼 수 있다. 항공기는 그림 2.13, 2.14, 2.16과 2.17에서와 같이 **곧은 날개**를 가질 수도 있고, 그림 2.15와 같이 **후퇴각을 가진 날개**를 가질 수도 있다. 후퇴익은 음속 주변을 비행하는 항공기의 항력을 줄여준다. 이는 요즘 고속비행하는 항공기들 대부분이 후퇴익을 가지는 이유이다. 하지만 이 개념은 1935년부터 생각되어 왔다. 후퇴익은 5.16절에서 더 자세하게 다뤄보도록 하자.

그림 2.15는 **후퇴각** 날개를 가진 항공기를 보여준다. 공기역학적으로 날개에 전진각을 주는 것도 같은 이점을 가질 수 있다. 그림 2.19에서 **전진익**의 연구 항공기인 X-29A의 삼면도이다. 전진익은 전혀 신개념이 아니다. 하지만 전진익은 날개가 구조적으로 비틀리고 실패를 유발하는 공력과 구조 기능을 결합시켜놓은 것이다. 이와 같은 이유로 항공기의 다수가 후퇴익을 사용하고 있는 것이다. 오늘날의 새로운 고강도 복합재료로 전진익도 이 같은 문제들을 이겨낼 만큼 강하게 디자인이 가능하다. X-29A의 전진익은 복합재료로 만들어진 날개이다. 5.16절에서 다룰 내용이지만, 전진익으로 인한 장점도 있다. 그림 2.15와 2.19를 비교하면, 전진익이 날개와 동체가 접하는 부분이 후퇴익보다 훨씬 뒤에 위치해 있다는 것을 볼 수 있다. 날개–동체를 접하는 곳에는 추가로 구조(예를 들어 동체를 가로지르는 날개의 스파)가 동체 내부를 방해할 수 있다. 동체–날개의 시점으로부터 더 후방에 놓인 전진익의 형상은 항공기 설계자가 보다 쉽게 내부의 포장을 동체 안에 위치시킬 수 있다. 이러한 장점에도 불구하고, 이 글을 쓰는 시점에서도, 어느 민간 항공기도, 군사용 항공기도 전진익을 이용하여 설계되지 않고 있다.

그림 2.19의 X-29A는 또 다른 특이한 특징을 보여준다. 수평 안정판이 날개의 뒤가 아닌 앞에 달려있는 것을 볼 수 있다. 이를 **카나드**형상이라고 부르고, 이 수평 안정판의 위치를 **카나드면**이라고 부른다. 1903년의 *Wright* 형제의 *Flyer*가 카나드형이었고, 그림 1.1과 1.2에서 명백하게 보여진다. 하지만 Wright 형제의 다음 세대의 항공기 설계자들은 수평 안정판을 항공기의 후방으로 배치한다. (이는 기술적인 면이라기보다 특허의 문제로 인

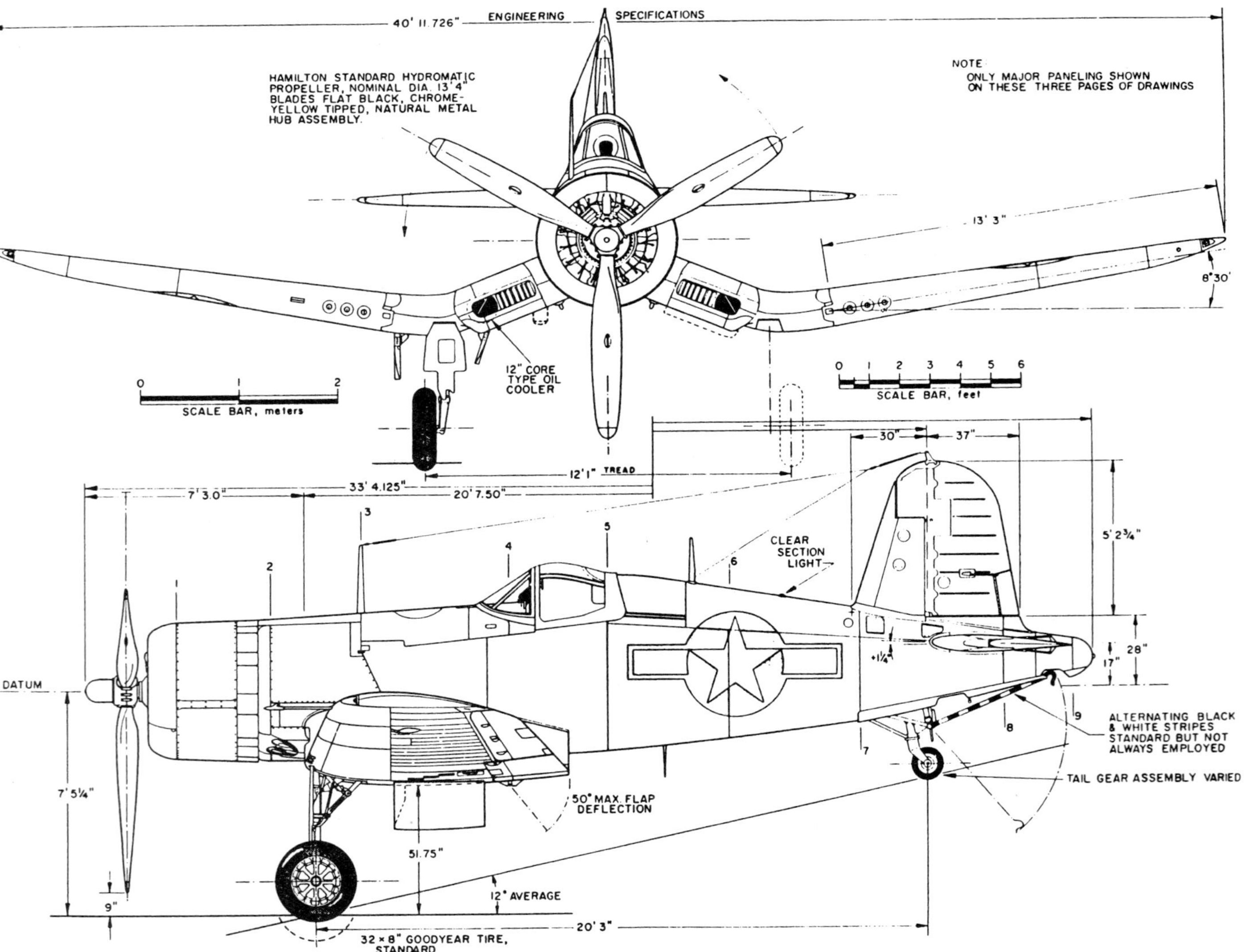

그림 2.16 Vought F4U-1D Corsair. Paul Matt의 도면

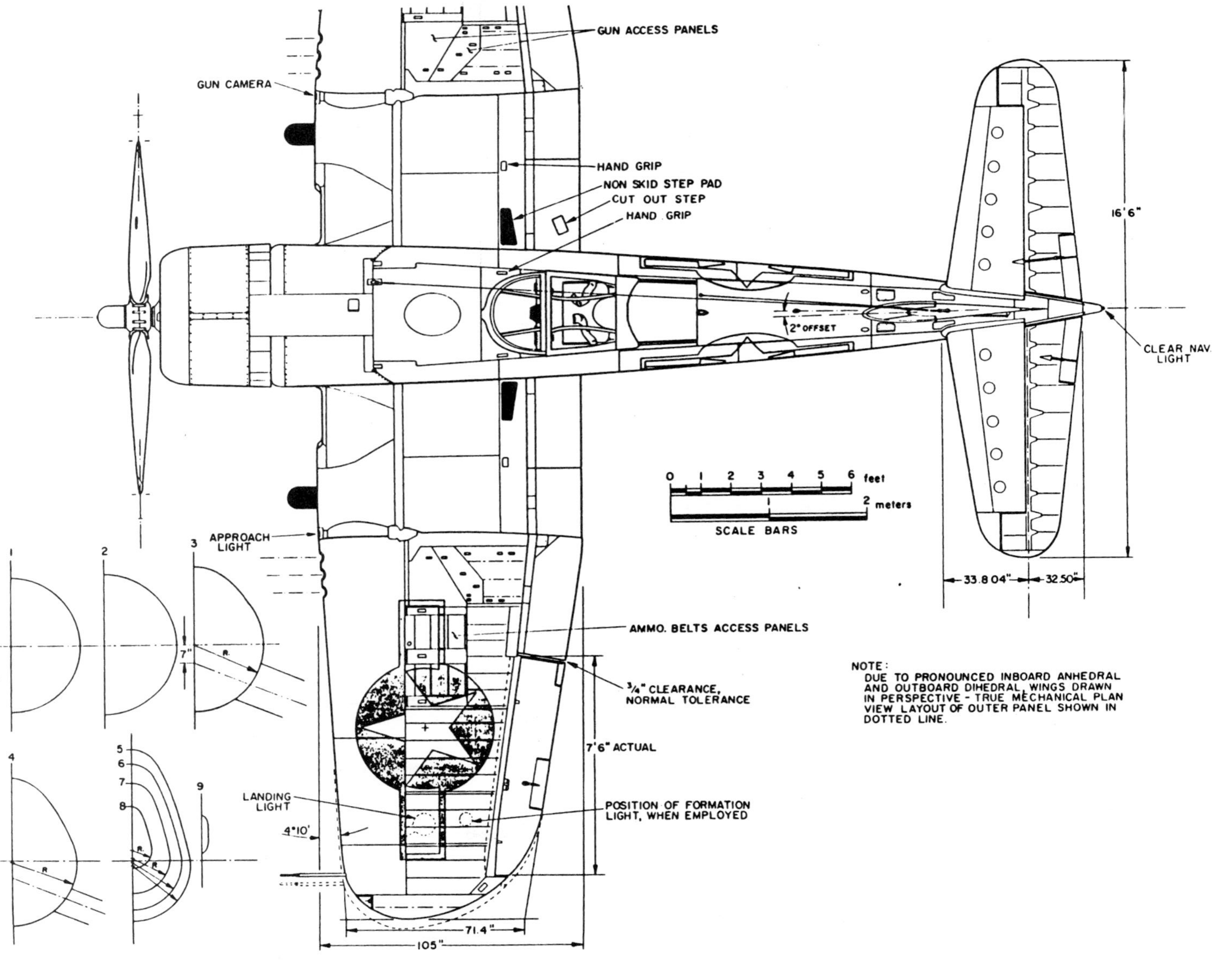
GUN ACCESS PANELS
GUN CAMERA
HAND GRIP
NON SKID STEP PAD
CUT OUT STEP
HAND GRIP
16'6"
2" OFFSET
CLEAR NAV. LIGHT
0 1 2 3 4 5 6 feet
1 2 meters
SCALE BARS
APPROACH LIGHT
33.8 04"
32.50"
1
2
3
7"
R
AMMO. BELTS ACCESS PANELS
NOTE:
DUE TO PRONOUNCED INBOARD ANHEDRAL AND OUTBOARD DIHEDRAL, WINGS DRAWN IN PERSPECTIVE - TRUE MECHANICAL PLAN VIEW LAYOUT OF OUTER PANEL SHOWN IN DOTTED LINE.
3/4" CLEARANCE, NORMAL TOLERANCE
7'6" ACTUAL
4
5
6
7
8
9
LANDING LIGHT
POSITION OF FORMATION LIGHT, WHEN EMPLOYED
4°10'
71.4"
105"

그림 2.16 (계속)

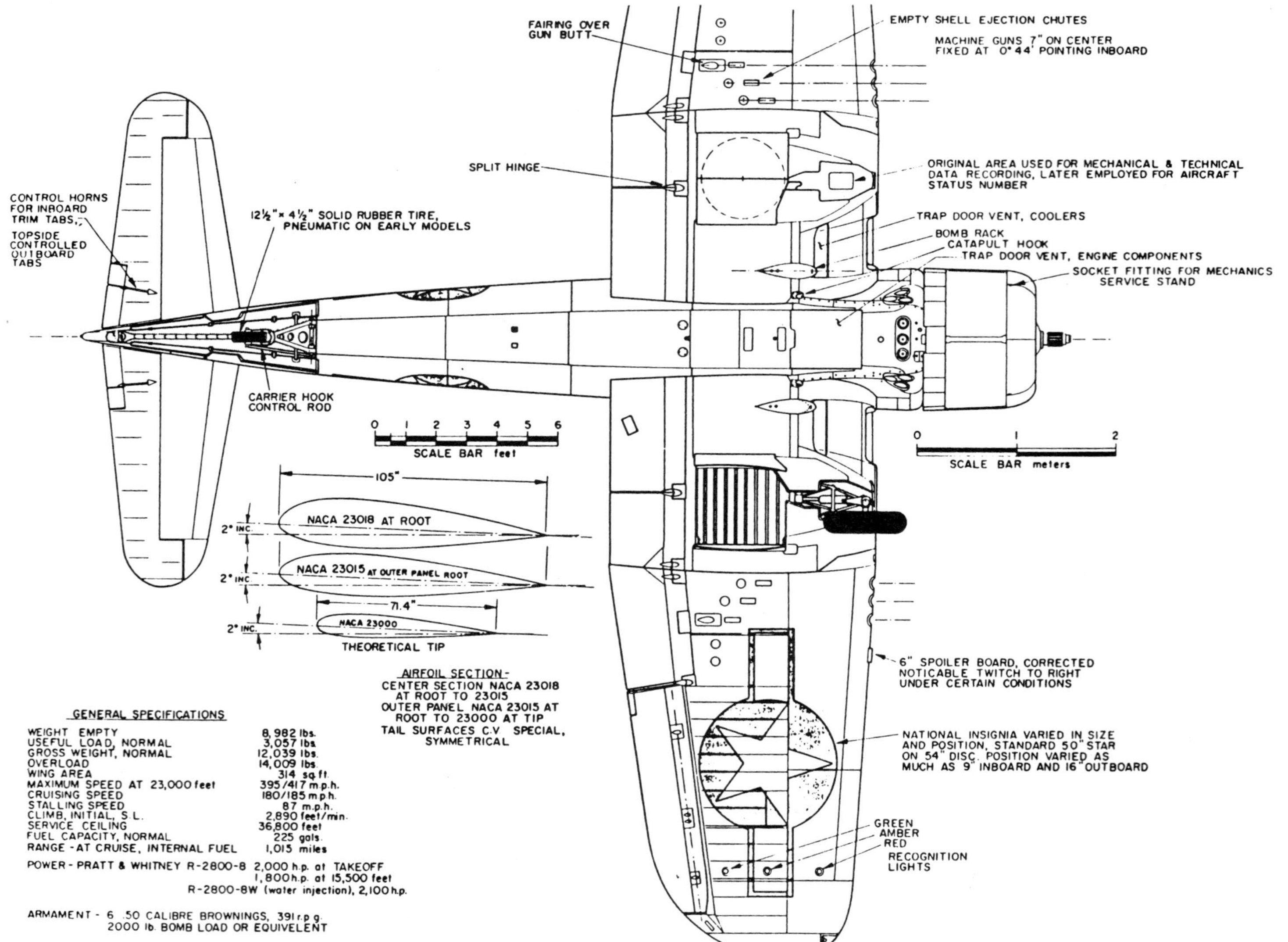
FAIRING OVER GUN BUTT
EMPTY SHELL EJECTION CHUTES
MACHINE GUNS 7" ON CENTER FIXED AT 0° 44' POINTING INBOARD
SPLIT HINGE
ORIGINAL AREA USED FOR MECHANICAL & TECHNICAL DATA RECORDING, LATER EMPLOYED FOR AIRCRAFT STATUS NUMBER
TRAP DOOR VENT, COOLERS
BOMB RACK
CATAPULT HOOK
TRAP DOOR VENT, ENGINE COMPONENTS
SOCKET FITTING FOR MECHANICS SERVICE STAND
CONTROL HORNS FOR INBOARD TRIM TABS
TOPSIDE CONTROLLED OUTBOARD TABS
12½" × 4½" SOLID RUBBER TIRE, PNEUMATIC ON EARLY MODELS
CARRIER HOOK CONTROL ROD
0 1 2 3 4 5 6
SCALE BAR feet
0 1 2
SCALE BAR meters
105"
2° INC.
NACA 23018 AT ROOT
2° INC.
NACA 23015 AT OUTER PANEL ROOT
71.4"
2° INC.
NACA 23000
THEORETICAL TIP
AIRFOIL SECTION-
CENTER SECTION NACA 23018 AT ROOT TO 23015
OUTER PANEL NACA 23015 AT ROOT TO 23000 AT TIP
TAIL SURFACES C.V. SPECIAL, SYMMETRICAL
6" SPOILER BOARD, CORRECTED NOTICABLE TWITCH TO RIGHT UNDER CERTAIN CONDITIONS
NATIONAL INSIGNIA VARIED IN SIZE AND POSITION, STANDARD 50" STAR ON 54" DISC. POSITION VARIED AS MUCH AS 9" INBOARD AND 16" OUTBOARD
GREEN
AMBER
RED
RECOGNITION LIGHTS
GENERAL SPECIFICATIONS
WEIGHT EMPTY 8,982 lbs.
USEFUL LOAD, NORMAL 3,057 lbs.
GROSS WEIGHT, NORMAL 12,039 lbs.
OVERLOAD 14,009 lbs.
WING AREA 314 sq.ft.
MAXIMUM SPEED AT 23,000 feet 395/417 m.p.h.
CRUISING SPEED 180/185 m.p.h.
STALLING SPEED 87 m.p.h.
CLIMB, INITIAL, S.L. 2,890 feet/min.
SERVICE CEILING 36,800 feet
FUEL CAPACITY, NORMAL 225 gals.
RANGE - AT CRUISE, INTERNAL FUEL 1,015 miles
POWER - PRATT & WHITNEY R-2800-8 2,000 h.p. at TAKEOFF
1,800 h.p. at 15,500 feet
R-2800-8W (water injection), 2,100 h.p.
ARMAMENT - 6 .50 CALIBRE BROWNINGS, 391 r.p.g.
2000 lb. BOMB LOAD OR EQUIVELENT

그림 2.16 (계속)

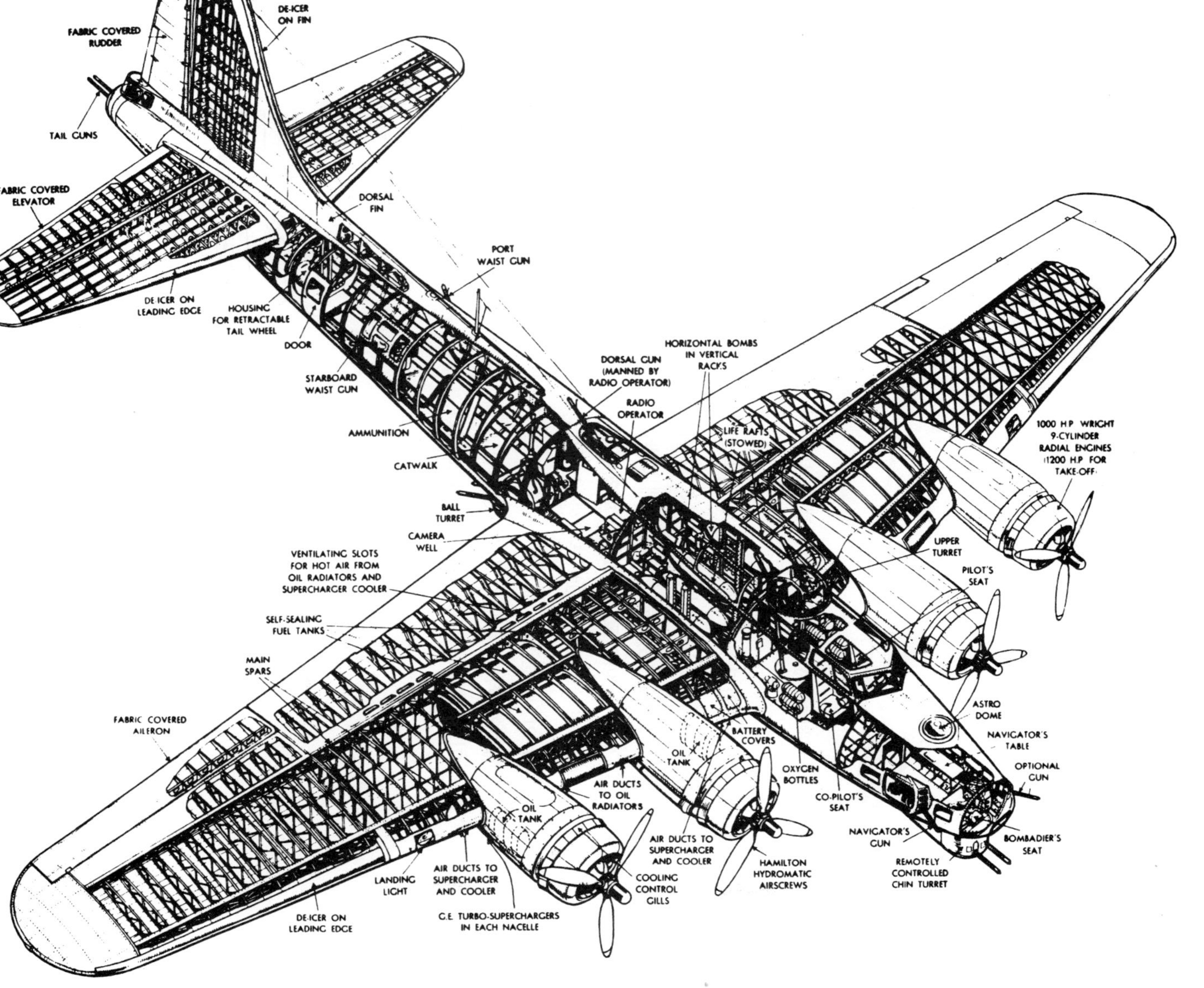

그림 2.17 Boeing B-17의 커터웨이(Cutaway) 도면

Bill Gunston, *Classic World War II Aircraft Cutaways*. London, England: Osprey Publishing, 1995. 사용 승인

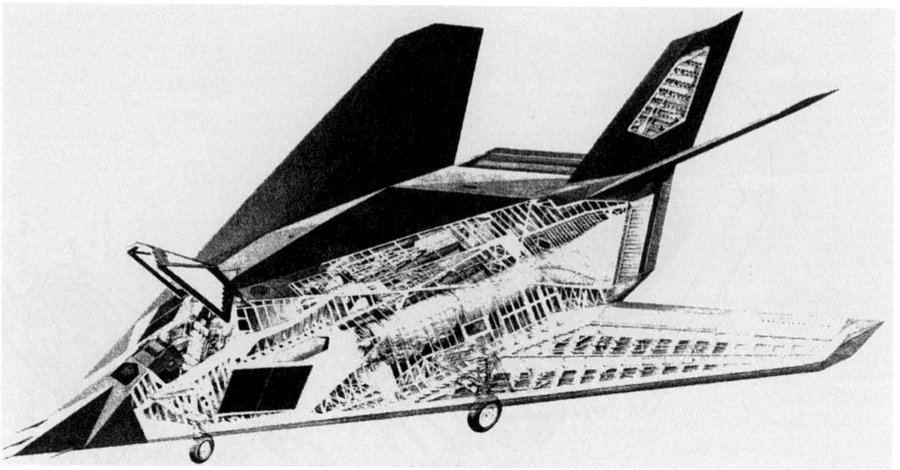

그림 2.18 Lockheed-Martin F-117A 스텔스 전투기의 커터웨이

해 바꿨다는 증거가 있다.) 후방에 수평 안정판을 위치하는 것은 일반적 항공기의 형태이다. 이는 *Wright* 형제의 *Flyer* 이후로 대부분의 비행기 설계에 사용되어 왔다. 이러한 이유 중 하나는 카나드면이 항공기를 불안정하게 하는 효과를 주는듯한 느낌을 설계자들이 받았다(카나드를 "안정판"이라고 부르기는 좀 잘못된 것 같다.) 하지만 제대로 설계된 카나드의 형상은 일반적 형상의 안정성과 동일할 수 있다. 이에 대한 부분은 제7장에서 더욱 자세히 다뤄보도록 하자. 실제로 제7장에서 언급하였듯이 카나드 형상에 대한 고유의 장점들이 있다. 이 때문에 최근 몇 년간 사설 및 일반 비행기부터 군사용 및 고성능 항공기까지 꽤 많은 기종들이 카나드를 이용하여 설계가 되었다. (카나드는 프랑스어로 "오리"라는 뜻

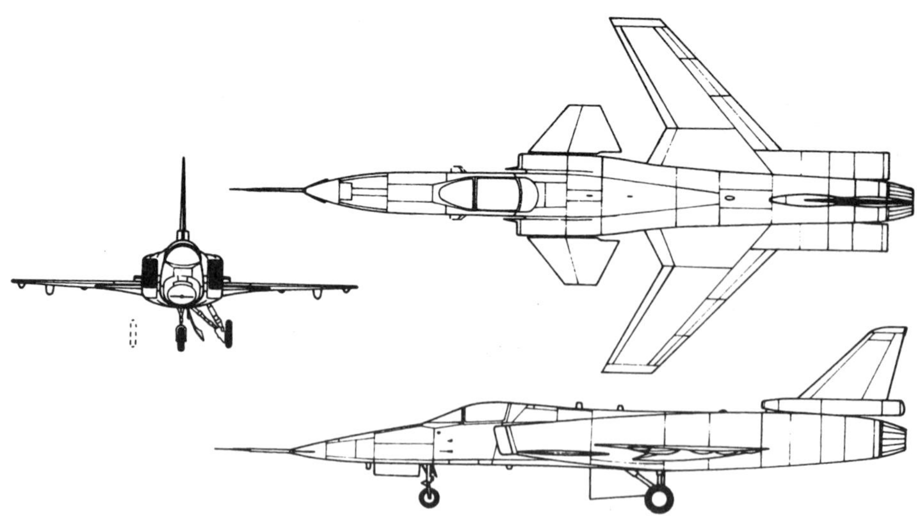

그림 2.19 Grumman X-29의 삼면도

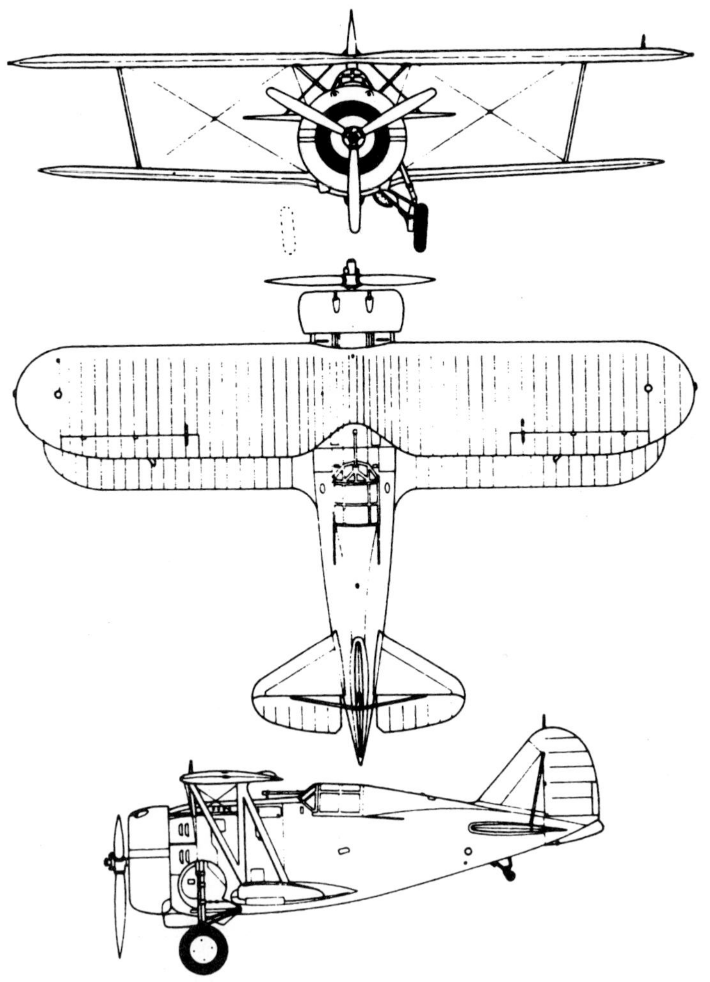

그림 2.20 미 해군의 마지막 복엽기 전투기인 Grumman F3F-2의 삼면도

이다.)

그림 1.1과 1.2의 *Wright* 형제의 *Flyer*를 다시 한번 보자. 이 항공기는 두 날개가 서로 위아래로 장착되어 있다. Wright 형제는 이를 **이층 형상**이라고 칭했다. 이는 몇 년 가지 않아 현재까지도 명명되는 **복엽기**라고 명칭이 바뀌었다. 그 반대로, 한 세트의 날개를 가진 항공기는 **단엽기**라고 불렸다. 그림 2.13부터 2.19까지가 지금의 **일반적인 항공기 형상**이 된 단엽기이다. 하지만 1930년대에는, 1935년까지는 복엽기가 그때의 일반적인 항공기 형상이었다. 그림 2.20은 1935년에 설계된 복엽기 Grumman F3F-2의 삼면도이다. 이는 미국 해군의 마지막 복엽기로 1940년까지 최고의 전투기로 임했다. 그 당시 단엽기보다 복엽기가 인기가 많았던 이유는 한 개의 긴 날개보다는 두 개의 짧은 날개가 위아래로 묶여있는 튼튼한 구조와 비교되었기 때문이다. 하지만 1915년 독일 공학자 Hugo Junkers에 의해

외팔보(cantilevered) 날개가 발표되고 점점 인정을 받으면서 복엽기의 기술적인 면은 잊혀졌다. 하지만 오랜 버릇은 바뀌기가 어려웠고, 복엽기는 어떤 기술보다 더 오래 유행했다. 지금도 복엽기는 공중곡예를 위한 스포츠 경비행기나 농장에 스프레이를 뿌리는 비행기로서의 장점이 있다. 이로써, 복엽기의 사용을 계속 이어져 가고 있다.

2.7 우주선의 분석

2.6절에서 우리는 일반적인 항공기 형상에 대해 알아보았다. 이와 반대로 우주선의 "일반적인" 형상을 정의하기는 쉽지 않다. 우주선의 모양, 크기 및 우주선의 구성요소는 특정의 미션에 따라 그의 형상이 다르고, 미션이 많은 만큼 우주선의 형상 또한 그만큼 많다. 이번 절에서는 잘 알려진 우주선 몇 가지에 대해 알아보도록 한다. 비록 복잡한 것과는 거리가 멀지만, 우주선의 구조에 대한 관점을 제공해주리라 믿는다.

현재까지, 모든 우주선은 로켓 부스터를 이용하여 우주로 발사되어왔다. 델타 삼중 로켓인 일반적인 부스터가 그림 2.21에 보인다. McDonnell Douglas(지금은 보잉과 합병된)의 델타로켓은 1950년대의 Thor 중거리 탄도 미사일까지 추적할 수 있는 오랫동안 디자인 개발이 진화된 제품이다. 우주 밖으로 발사한 후, 지구 대기권을 벗어나면 떨어져 나갈 우주선은 부스터의 꼭대기에 있는 페어링에 싸여있다. 로켓 부스터는 실제로 3개의 로켓이 아래위로 장착되어 있다. 이렇게 다단식 부스터(단일식과 반대로)로 되어 있는 기술적 이유는 9.11절에서 다뤄보도록 하자. 또, 이 부스터들의 원동력인 로켓 엔진의 기본적인 것들도 제9장에서 다뤄보도록 한다.

그다지 일반적이지 않은 부스터는 그림 2.22에 있는 공중발사부스터, 페가수스이다. 페가수스는 비행기로 운반되는 3단계 로켓이다. 대기를 느낄 수 있는 범위 내에서 부스터를 비행기에서 발사한다. 페가수스의 첫 번째 단계는 날개로 대기가 있는 범위 내에서 로켓을 더 높은 고도로 끌어올려 준다.

그림 2.21의 델타 로켓과 그림 2.22의 페가수스는 **소모성 발사체**의 예들이다. 부스터의 어느 한 부분도 복구하여 재사용하지 않는다. 부스터의 부분(전부는 아니지만)을 복구하여 재사용하는 것은 분명히 유리한 점이 있다. 최근 들어 **회수성 발사체**가 인기를 끌고 있다. 그의 예로 그림 2.23의 X-34 실험체가 있다. 이것은 부스터에 날개가 달린 기반으로 다시 발사될 수 있게 탑재 하중을 발사하고 다시 땅으로 안전하게 착지할 수 있다.

어떤 의미에선, 우주 왕복선은 부분적으로 재활용이 가능한 시스템이다. 우주 왕복선은 항공기와 우주선이 합쳐진 것이다. 그림 2.24에 우주 왕복선의 비행 시스템이 나와있다. 셔틀 오비터는 로켓 부스터 옆에 장착되는 비행기처럼 생긴 형상이다. 이것은 두 개의 **고체 로켓 부스터**로 인해 추력을 얻고 비행 2분 후에 떨어져 나간다. 고체 로켓 부스터는 복원되어 재사용된다. 외부의 탱크(오비터에 장착된 로켓 엔진도 포함하는)에는 추력을 담당하는 액체 산소와 액체 수소가 들어있다. 외부 탱크는 궤도에 진입하기 직전에 버려진다.

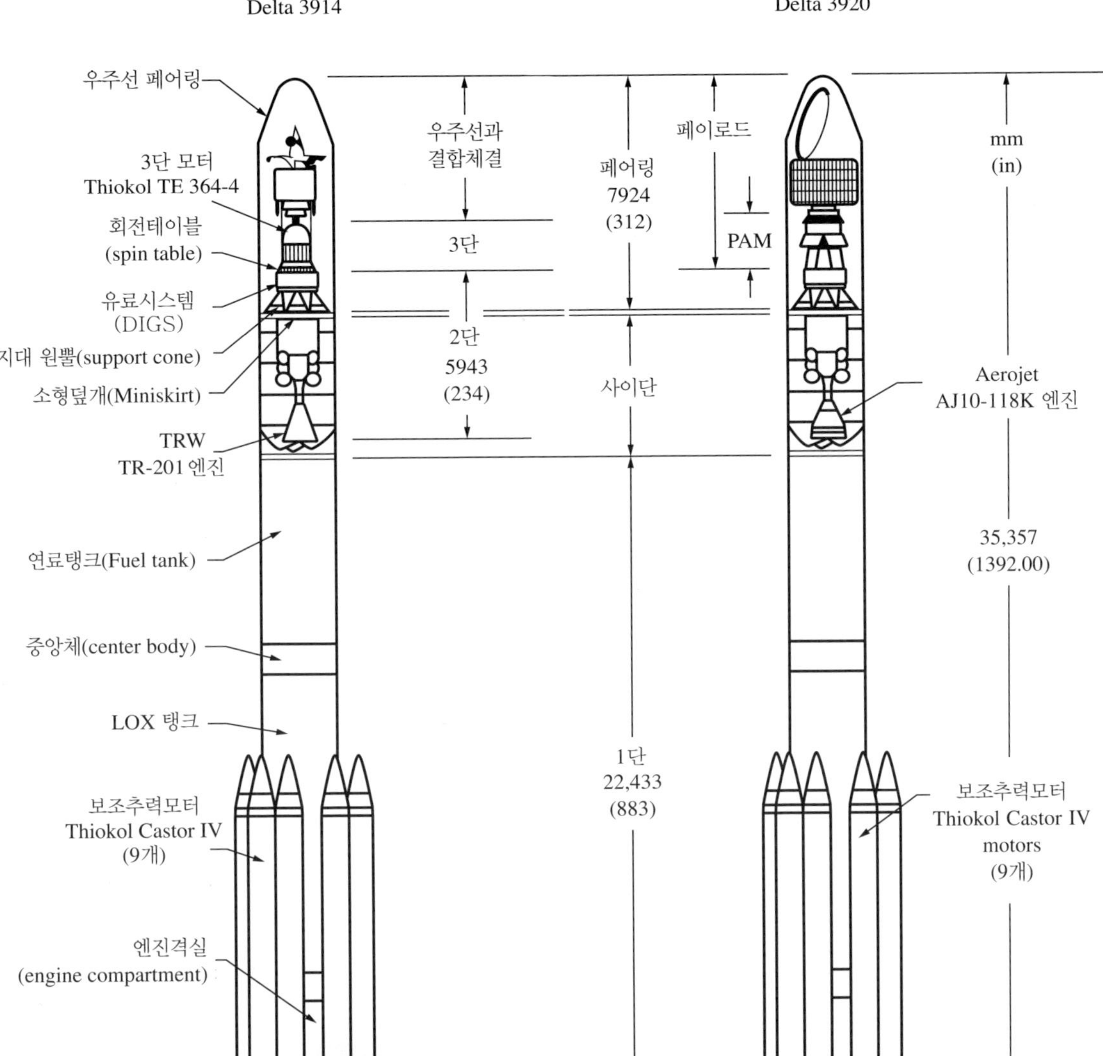

그림 2.21 Delta 3914와 3920 로켓부스터 개념도

M. D. Griffi n and J. R. French, *Space Vehicle Design*. Reston, VA. AIAA, 1991

탱크는 대기를 통과하며 소멸된다. 오비터는 우주에서의 미션을 수행한다. 그리고 미션이 끝나면, 대기로 재진입하여 보통 비행기들처럼 수평으로 지구에 착륙한다.

이제 지구 궤도를 도는 인공위성이거나 다른 행성이나 태양으로 향하는 우주선의 페

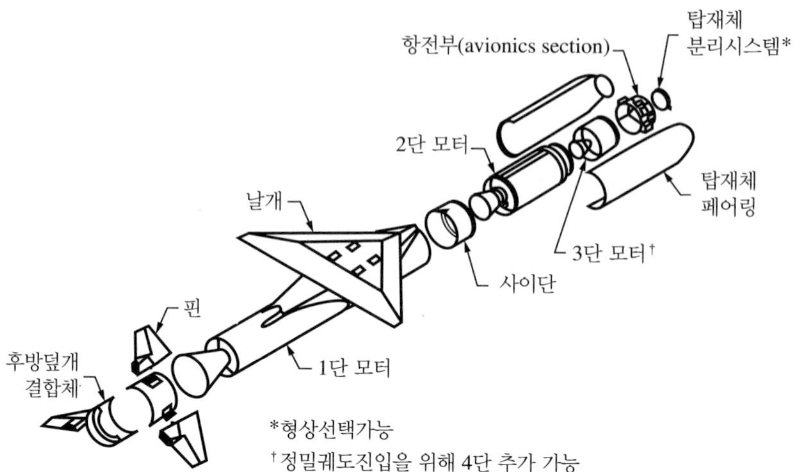

그림 2.22 Orbital Sciences의 페가수스(Pegasus), 공중발사로켓 부스터
(자료출처: *From C. H. Eldred et al., "Future Space Transportation Systems and Launch,"* in Future Aeronautical and Space Systems, *eds. A. K. Noor and S. L. Vennera, AIAA, Progress in Astronautics and Aeronautics, vol. 172, 1997.*)

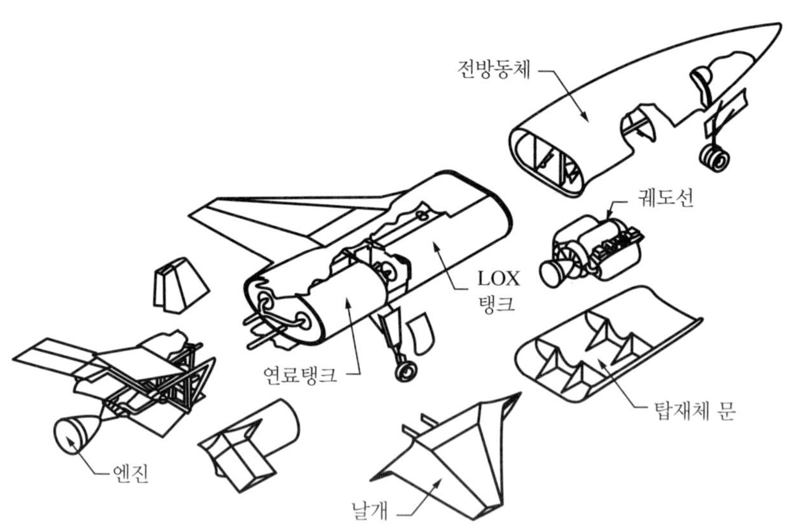

그림 2.23 소형 재사용 로켓 부스터 Orbital Sciences X-34
A. K. Noor, S. L. Vennera, "*Future Space Transportation Systems and Lau-nch,*" Future Aeronautical and Space Systems, Progress in Astronautics and Aeronautics, vol. 172, 1997.

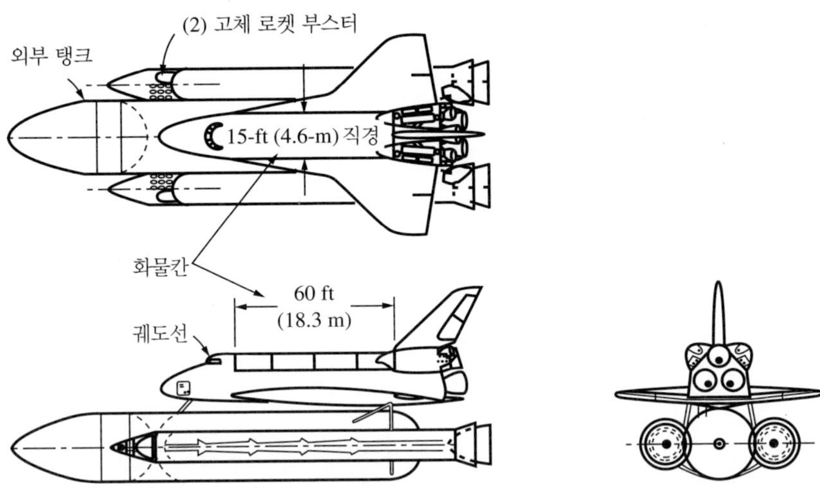

그림 2.24 스페이스 셔틀(The Space Shuttle)
Michael D. Griffi n and James R. French. *Space Vehicle Design*. 2nd ed. Reston, VA. AIAA, 2004.

이로드 그 자체를 한번 분석해보자. 앞서 말한 것과 같이, 이 우주선들은 서로 다른 특정 미션들로 설계되었다. 그래서 우주선들은 일반적인 형상으로 분류하기 쉽지 않다. 하지만 우주선들의 기본적인 개념만 짚고 넘어갈 수 있게 몇몇의 디자인들만 한번 분석해보도록 하자.

그림 2.25에서 보이는 것은 통신 인공위성이다. 이는 TRW에서 미국 해군을 위해 만든 우주선 FLTSATCOM이다. 이는 정지궤도(적도선상의 24시간의 주기를 갖는 궤도)에 위치해 있다. 이 때문에 인공위성이 정지궤도에 있을 때 항상 같은 자리에 있는 것처럼 보인다. 이는 대표적인 통신 인공위성의 특징이다. 우주선의 궤도와 궤적에 대한 것은 제8장에서 다뤄보도록 하자. 두 개의 육각형의 파트(버스)가 인공위성의 중심부에 위아래로 붙어있는 곳에는 제어와 통신에 필요한 부수적인 시스템들이 포함되어 있다. 버스의 꼭대기에서 두 개의 안테나가 지구를 향해 뻗어 나와있다. 이 버스의 옆으로 뻗어있는 두 개의 태양전지의 팔(태양전지패널)은 태양을 가리키기 위해 꾸준히 돌고 있다. 태양전지패널은 우주선 부품들의 원동력이다.

화성 우주선 *Pathfinder*는 그림 2.26과 2.27에 그려져 있다. 이 우주선은 1997년에 화성에 안전하게 착륙하였다. 그림 2.27에서 화성의 대기에 진입한 패키지가 폭발하는 모습을 볼 수 있다. 공력외피(aeroshell)와 후방외피(backshell)는 진입을 위한 공기역학적 형상을 안에 포장된 착륙선과 함께 만들어 준다. 이 공기역학적 특성은 바디가 항력을 생성하여 우주선이 표면에 도달할 때 속도를 줄여주고 안쪽에 포장되어 있는 부품들이 대기를

그림 2.25 TRW 통신위성 FLTSATCOM
(자료출처: *Courtesy of United States Navy*)

통과할 때 발생하는 공력가열을 낮추는 기능을 한다. 우주선이 행성의 대기를 진입하고 진입 시 발생하는 공력가열에 대한 동역학적인 부분은 제8장에서 다루도록 하자. 그림 2.26에서 화성 표면에서의 *Pathfinder* 착륙선 전개도를 볼 수 있다. 로버, 태양전지, 높은 이득과 낮은 이득의 안테나, 그리고 표면의 사진을 찍고 전송하는 것이 그림 2.26에 보인다.

어떤 우주선은 사진을 찍거나 과학적 자료를 지구로 송신하기 위해 태양계의 행성에 착륙하기보다는 간단하게 지나가도록 설계된다. *Mariner* 6호와 7호가 있는데, 두 우주선은 동일하게 화성의 표면과 대기를 연구하기 위하여 1969년에 발사되었다. 이 우주선의 모습은 그림 2.28에서 보여주고 있다. *Marine*r 6호는 1969년 7월 28일에 화성의 3,429 km까지 근접하였으며, *Marine*r 7호은 1969년 8월 5일에 3,430 km까지 접근하였다. 두 우주선 모두 화성의 대기 성분, 압력, 온도, 그리고 화성 표면의 심각한 분화구(crater)에 관한 중요한 정보를 보내주었다. 그림 2.28을 살펴보면 4개의 사각형 태양전지판을 지탱하는 8면으로 된 마그네슘 중앙 본체를 볼 수 있다. 중앙 본체는 지구의 지상 제어소로부터의 간섭 없이 *Mariner* 자체적으로 작동할 수 있도록 제어컴퓨터와 순차적으로 작동을 제어하는 장치를 가지고 있다. 중앙 본체에는 화성 표면을 훑기 위해 광각과 협각 2개의 텔레비전 카메라가 부착되어 있다.

그림 2.29에 있는 것은 굉장하고 성공적인 심우주 탐사선인 보이저 2호(Voyager 2)

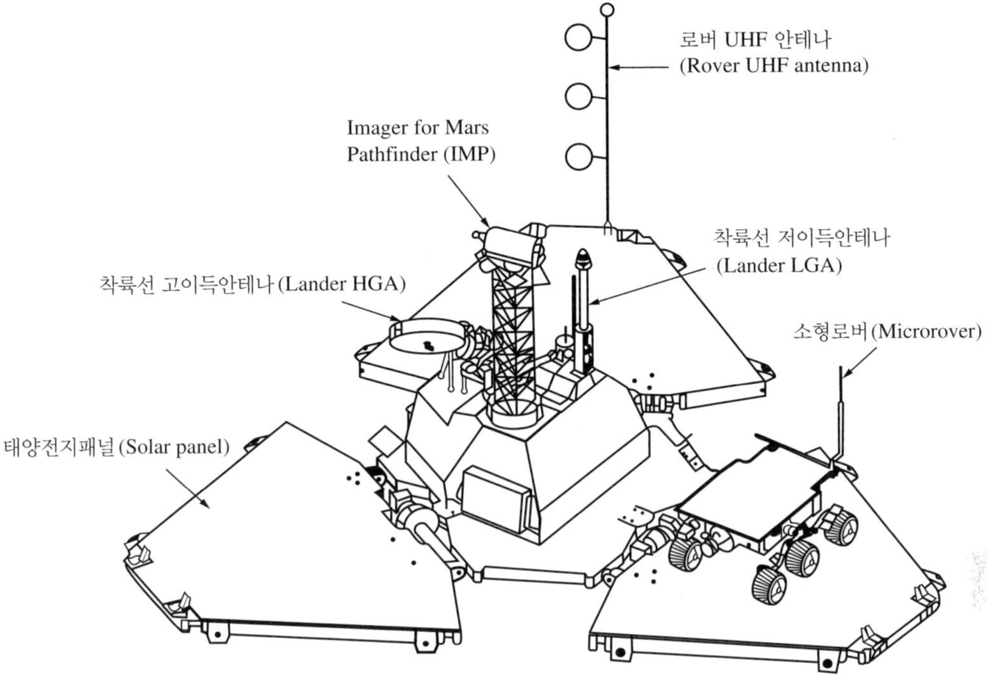

그림 2.26 화성표면의 Mars *Pathfinder*
M. K. Olsen et al., "*Spacecraft for Solar System Exploration*," Future Aeronautical and Space. Progress in Astronautics and Aeronautics, vol. 172, 1997. AIAA.

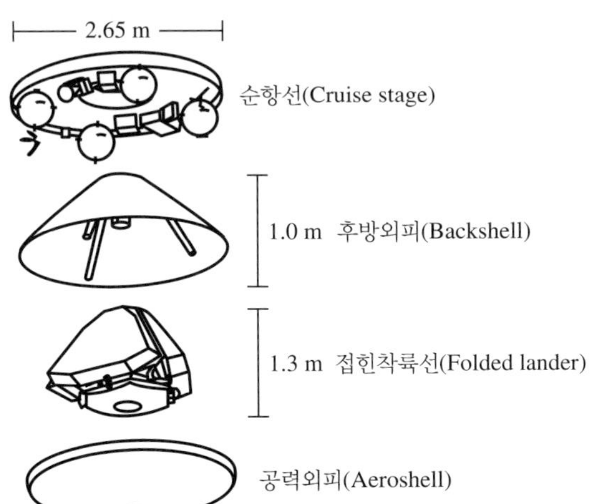

그림 2.27 *Pathfinder* 우주선의 구성품
M. K. Olsen et al., "*Spacecraft for Solar System Exploration*," Future Aeronautical and Space. Progress in Astronautics and Aeronautics, vol. 172, 1997. AIAA.

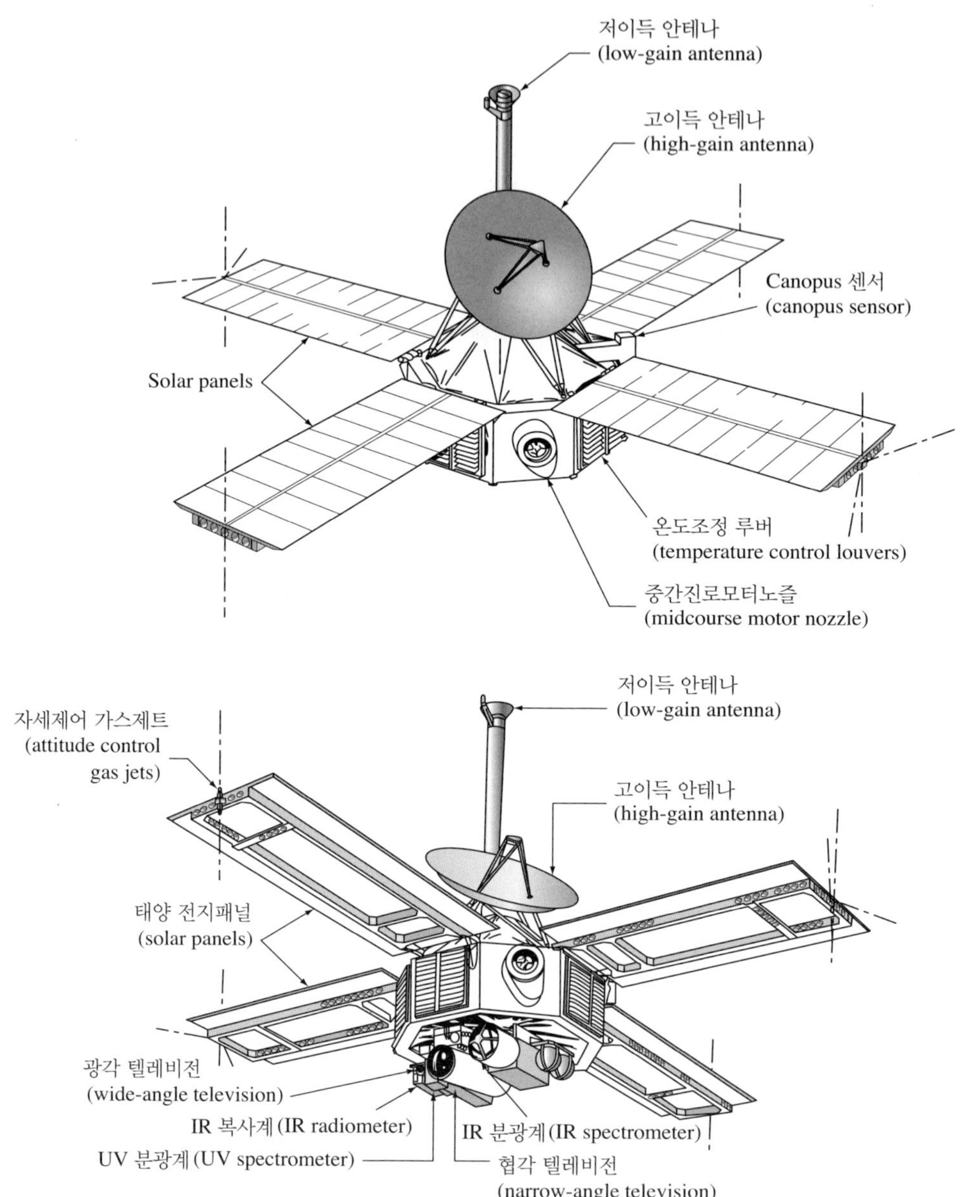

그림 2.28 1969년에 화성을 비행한 동일한 *Mariner 6*호와 7호의 2면

이다. 1977년 8월 20일 발사된 이 탐사선은 우리 태양계의 외행성들을 탐사하기 위해 설계되었다. 1979년 4월에 목성(Jupiter)과 그 위성들의 영상을 전송하기 시작하였다. 토성(Saturn)으로 달려간 보이저는 1981년 8월에 토성의 고리와 위성들의 자세한 영상을 보내왔다. 두 행성으로 보이저호의 주 임무는 성공하였지만 NASA JPL (Jet Propulsion Laboratory)의 임무설계자는 1986년 1월 24일에 천왕성(Uranus)의 71.000 km까지 접근

하도록 보이저를 보냈다. 지구로 보낸 자료로부터 과학자들은 천왕성의 새로운 위성 10개를 발견하게 된다. 중간 경로 수정 후, 보이저호는 해왕성(Neptune)의 구름 위 4,500 km를 스쳐지나가 태양계 밖으로 향했다. 해왕성을 지난 후 NASA는 공식적으로 전체 프로젝트를 행성간 임무의 보이저호(the Voyager Interstellar Mission)로 개명하고 에너지를 절약하기 위해 우주선의 장치들의 전력을 끄고 오직 필수적인 장치 7개만 작동하도록 하였다. 현재 보이저호는 지구로부터 100억 km 이상 멀어져 계속 진행하고 있다. 전력 수준이 낮아져 지구에서 수신할 수 없는 2020년까지 여전히 작동 중인 장치로부터 자료를 받을 수 있지만, JPL 기술자들은 2003년 초에 모든 전력을 차단하였다. 보이저호는 이미 충분한 탐사 자료들을 보내왔다.

그림 2.29에 있는 보이저 2호의 그림을 살펴보면, 고전적 우주선의 구성을 볼 수 있다. 여러 행성을 지나야 하기 때문에, 그림 2.29에서 보여주는 과학 장비들은 우주선의 어느 점에서 어느 행성도 다 볼 수 있어야 한다. 이 조건으로 그림 2.29에서의 우주선의 오른쪽 면에 보이는 연결된 계기판을 설계하도록 했다. 그림 2.29의 윗부분에 보이는 고이득 안테나(high-gain antenna)는 보이저를 조정함로써 지구를 향해 있도록 하였다.

요약하면, 우주에서 다른 임무를 수행하기 위해 다른 형상을 갖는 우주선은 다양하다. 거의 진공상태인 우주를 비행하는 우주선에는 공기력, 양력, 항력이 거의 작용하지 않는다. 따라서 우주선 설계자는 본인이 원하는 외부 형상대로 만들 수 있다. 이것은 항공기 설계

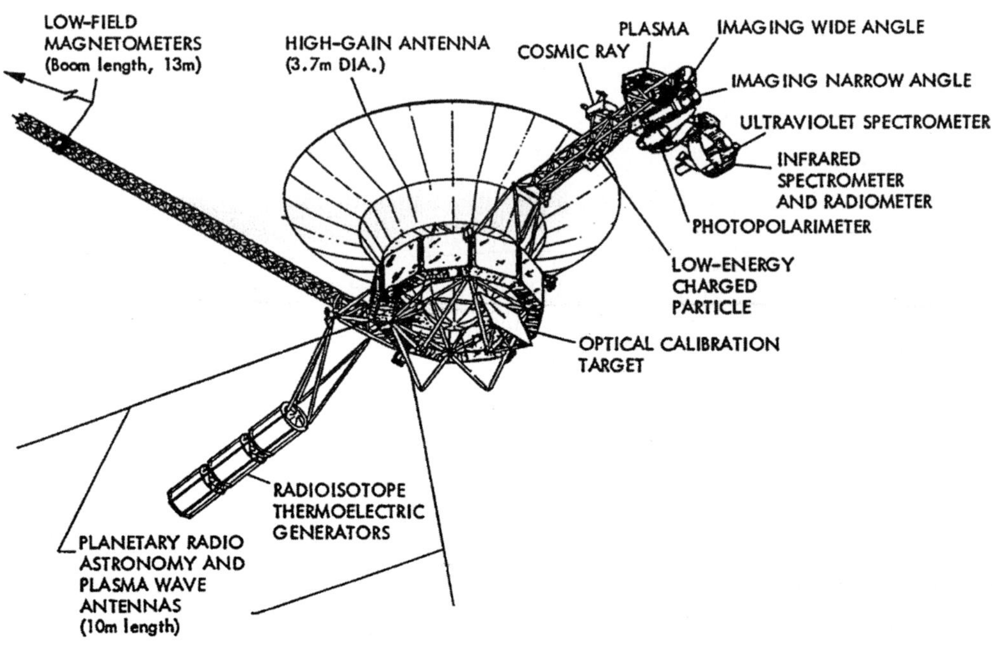

그림 2.29 우주선 *Voyager 2*

자에게는 옳지 않다. 항공기의 외형(동체, 날개 등)은 항공기의 양력, 항력을 결정짓기 때문에, 항공기 설계자는 대기를 통해 효과적인 비행을 하도록 형상을 최적화하여야 한다. 따라서 항공기는 우주 비행체보다 훨씬 복잡한 해부를 가지게 된다. 우주선의 해부는 맵상에 다 있다. 우주선의 해부에 관한 이 절은 설계에 있어 감(feeling)을 주기 위해 다른 형상의 예를 보여주고 있다.

2.8 역사적 기록: The NACA와 NASA

NASA—실제로 전 세계에 대해 의미를 가지는 네 글자. 1958년 출범 이후, 항공우주국(the National Aeronautics and Space Administration)은 달로의 아폴로 우주 비행 프로그램, 스페이스 셔틀, 우주 정거장 등의 매우 많은 좋은 뉴스, 가끔 좋지 않은 뉴스로 신문의 전면에 실렸다. 1958년 이후 NASA는 더 멀리, 더 빨리, 더 안전하고 더 저렴한 항공기 개발에 필요한 새로운 기술에 대한 책임을 지고 있다. 간략하게 말하면, 항공우주공학의 전문분야에서의 연구는 NASA에 의해 수행이 되었다. NASA 이전에는 NACA (the National Advisory Committee for Aeronautics)가 20세기 전반부에 비행에 대한 굉장한 기술 개발을 수행했다. 비행원리를 다루는 이 책을 더 나아가기 전에, NACA와 NASA의 역사적 기반과 두 기관의 항공우주공학에 어떤 영향을 주었는지 알고 가는 것이 좋겠다. NACA와 NASA는 비행기술에 대한 기초가 되어 왔다. 따라서 기본 개념을 다루는 이 장의 역사적 기록에 적합한 내용이 될 것이다.

제1장의 항공공학 역사로부터 실마리를 풀어보자. 1908년 Orville과 Wilbur Wright 형제의 미국에서와 유럽에서 극적으로 대중들 앞에서 시연을 한 이후에, 항공기술의 발전은 가히 폭발적이었다. 실제로 공기역학, 추진, 구조, 조종에 대한 새로운 기술의 연구는 급속한 진전을 가져왔다. 오늘날과 마찬가지로 때때로 항공 연구는 항상 지적인 재능을 요구하고 가끔 대형 시험장치를 필요로 하기 때문에 비용이 많이 든다. 여러 경우에 있어 이러한 연구는 민간업체가 부담하기에는 벅찬 비용이다. 따라서 20세기의 항공개발을 육성하고 진행시키기 위해 필요한 기초 연구는 정부가 지원하고 구축을 해야 한다. 1817년 George Cayley 자신이 비행선 개발의 비용을 “공공기금”이라고 명명한 것은 흥미로운 일이다(제1장 참조). 80년 후, 영국 정부는 영국 Farnborough에 기구와 군용 연(kite) 비행학교를 개설하였다. 1910년에 첫 번째 항공기 설계자이며 시험 조종사인 Geoffrey de Havilland와 함께 Farnborough에서 왕립항공기 제작사(the Royal Aircraft Factory)를 운영하였다. 이것은 역사상 첫 번째 정부의 항공시설이었다. 이러한 운영은 한 세기 동안 영국 정부를 위해 다양한 항공 연구를 수행한 왕립항공시설(RAE: the Royal Aircraft Establishment)로 바로 진화하였다.

미국에서는, 1910년 후 항공 연구와 항공기 개발이 침체되었다. 이후 10년간 미국은 항공 발전에 있어 당황스럽게도 유럽에 한참 뒤처지게 되었다. 이 점이 미국 정부로 하여금 항공의 “암흑시대”로부터 끄집어 내기 위해 공식적인 기구를 만들도록 하였다. 미 의회의 법령에 의해 1915년 3월 3일에 5년간 매년 5000불의 정부예산을 지원하는 항공자문위원회(NACA: National Advisory Committee for Aeronautics)를 창설하였다. 항공을 잘 알고 있는 유명한 12인으로 구성된 실제로 첫 번째 위원회가 되었다. 1915년 정식위원들 중에는 Johns Hopkins 대학의 Joseph S. Ames 교수(후에 Johns Hopkins 대학 총장이 됨)와 Stanford 대학의 William F. Durand 교수가 있었는데, 이들은 동력 비행의 처음 반세기 동안의 항공 연구에 커다란 업적을 보였다. 이 자문위원회 NACA는 "매해 10월 셋째 월요일 후의 목요일"에 Washington, DC (District of Columbia)에서 열렸다. 위원장이 특별회의를 열기도 하였다. 이 조직의 목적은 항공 연구와 개발에 대해 정부에 자문을 하고 미국에서의 이 활동의 연계를 이루는 것이었다.

이 위원회는 즉시 12명 위원으로 구성된 단일그룹으로는 미국 항공분야에 대해 충분하지 못하다는 것을 알게 되었다. 그들의 생각은 1915년 첫 NACA 연간 보고서에 제출한 서면을 보면 분명하다. 그 내용은 아래의 문장이다.

> 항공에 있어서 다수의 실제 문제들은 매우 불명확하여 실행에 옮기기 위한 방안을 강구하기가 어렵다. 위원회의 의견은 위원회의 업무와 연관시켜 이룰 수 있는 첫 번째로 매우 중요한 것 중 하나는 한정된 조건 혹은 자유비행하는 실제 비행기에 작용하는 힘을 알아내기 위한 비행기와 적절한 시험장비를 구비한 비행장에 대한 인력과 기구 배치이며, 마지막으로 실기 실험을 수행하기 위한 적합한 장비를 가진 기술자와 운용자의 구축을 위해 심사숙고한 안을 제출한다.
>
> 개발과정에 분명히 발생할 문제를 해결하기 위해 특별히 적합한 기구들이 잘 구축된 실험실이 궁극적으로 요구된다는 것은 자명하지만 현재 구축된 실험실의 장비들이 당장의 필요성을 입증하기에는 어려우므로 그러한 계획은 점진적으로 이루어져야 한다.

그래서 자문위원회는 첫 번째로 항공연구와 개발을 위한 주요한 정부 시설을 요청하였다. 유럽에서 전쟁의 구름—1년 전에 시작한 제1차 세계 대전—은 그들의 요청을 더욱 긴급하게 만들었다. 1917년, 미국이 전쟁에 가담했을 때 위원회의 의견대로 실행에 옮겨졌다. 3차년도 NACA 연간 보고서에 다음 부분이 들어갔다.

> 고도의 과학적이고 특수한 탐구를 수행하는 것은 위원회를 발족한 법령에 계획되어 있으며, 더 중요하게는 전쟁의 발족으로, 없거나 일정 부분만 있는 시설에 대해, 위원회는 Virginia 주 Hampton의 Langley Field에 있는 Signal Corps Experimental Station에 연구 실험실을 세우기로 계약을 맺었다.

보고서는 물리, 화학, 구조 시험 실험실용 단독 2층 실험실에 대해 설명을 이어갔다. 건물에 대한 계약은 80,900불이었다. 실제 공사는 1917년에 시작했다. 2개의 풍동과 1개의 엔진 시험대는 "곧" 계획이 되었다. Virginia 주 Hampton의 4 mi 북쪽 장소는 일반적으로 양호한 조건, Washington으로의 접근성, 해상 공격으로부터의 방어, 동편의 큰 산업 중심, 기후조건, 부지 비용 등을 고려한 것이다.

따라서 Langley Memorial Aeronautical Research Laboratory가 탄생되었다. 다음

20년 동안 이 실험실은 NACA의 유일한 실험실이자 유일한 미국의 항공실험실로 존재하였다. Samuel Pierpont Langley (1.7절 참조)의 이름을 따서 명명하였으며, 풍동과 비행연구를 이끌었다. 특별한 주석은 1920년대와 1930년대 동안 Langley에서 날개와 익형 연구가 수행이 되었다는 것이다. 제5장의 익형에 관한 내용으로 가면, 이미 부록 D에 수록되어 있는 익형자료가 Langley에서 얻어진 것이라는 것을 알고 있어야 한다. Langley 연구소에서 쏟아내는 결과로, 미국은 항공 발전에 선두를 차지하게 되었다. 체계적인 익형 시험과 함께 이룩한 실적 목록 중 우수한 것은 그러한 엔진의 공기역학적 항력을 매우 감소시킨, 원형 피스톤 엔진 주위의 공기역학적 페어링인 NACA 엔진 덮개(engine cowl, 6.19절 참조)의 개발이었다.

1936년 NACA의 항공연구소장(1924년에서 1947년까지)이었던 George Lewis 박사는 유럽 주요 연구소를 방문하였다. 그는 항공 연구에 있어서 NACA의 선두자리가 특히 독일이 이룬 개선에 의해 곧 사라질 것이라는 것을 주시했다. 제2차 세계 대전이 종료됨에 따라, NACA는 분명하게 새로운 2개의 연구소 운영이 필요하다는 것을 알게 되었다: 고속(초음속까지) 비행의 신기함을 탐구할 첨단 공기역학연구소나 주요 엔진 시험 연구소. 이것은 결국 California 주 Mountain View 근처 Moffett Field에 Ames Aeronautical Laboratory의 건설(1939년에 승인)과 Ohio 주 Cleveland에 Lewis Engine Research Laboratory의 건설(1941년에 승인)로 이어졌다. Langley와 함께 이 두 새로운 NACA의 연구소는 1940년대와 1950년대에 항공 연구와 개발에 미국을 선두로 다시 박차고 나갈 수 있도록 도와주었다.

러시아가 지구 궤도에 최초의 인공위성인 *Sputnik I*을 발사했을 때인, 1957년 10월 4일에 우주시대의 새벽이 열렸다. 기술적 자존심에 대한 당혹감을 삼키며, 미국은 우주 경쟁으로 재빨리 뛰어들었다. 1958년 7월 29일에 의회의 또 다른 법령(공법 85-568, Public Law)에 의해, 항공우주국(NASA: the National Aeronautics and Space Administration)이 탄생했다. 이와 동시에 NACA는 종지부를 찍었다. 그것의 사업, 인력, 시설 모두가 NASA로 이전되었다. 그러나 NASA는 예전의 NACA보다 더 큰 조직이었다. 그래서 우주를 위해 공군, 해군, 육군의 무수한 프로젝트를 흡수하였다. 발족 후 2년 안에, NASA는 4개의 새로운 주요 시설을 승인하였다. Alabama 주 Huntsville에 있는 육군시설을 George C. Marshall Space Flight Center로 개명하고, Texas 주 Houston에는 유인우주센터(the Manned Spacecraft Center, 현재는 the Johnson Spacecraft Center), Florida 주 Cape Canaveral에 발사운용센터(the John F. Kennedy Space Center)들이다. 이들은 약간 개명한 기존의 Langley, Ames, Lewis에 더해 NASA의 중심이 되었다. 따라서 NACA의 항공에 대한 전문성은 NASA의 씨앗이 되었고, 바로 이어 우주기술에 있어 세계의 가장 중요한 조직 중의 하나가 되었다.

NACA와 NASA의 뿌리에 대한 요약을 기본개념에 관한 이 장에 포함시킨 이유는 미국에 있는 학생이나 항공 우주전문가들이 NACA와 NASA의 자료나 결과에 영향을 받을 수밖에 없기 때문이다. 제5장의 익형에 대한 확장된 논의가 이 경우에 해당된다. NACA와 NASA는 항공우주공학원리에 기본이므로 이 기관들의 역사적 뿌리와 전통에 대해 감명은 중요하다. 저자는 이 짧은 역사적 기록이 그러한 감명을 주기를 바란다. 더 좋은 감동은 도서관에 있는 1915년의 첫 번째 NACA 보고서부터 이후 NACA와 NASA의 기술보고서를 통한 여정에서 얻을 수 있을 것이다. 그렇게 함으로써, 오랫동안의 항공과 우주연구에 대한 파노라마가 여러분들의 눈앞에 펼쳐질 것이다.

2.9 요약과 복습

이 장에서는 항공우주공학에 관한 연구를 시작하는 것에 필요한 정보들을 제시하였다 화가가 그림을 그리기 전에 그는 다양한 물감들을 팔레트 위에 섞기 시작하고 그것이 나중에 캔버스나 보드 위에 함께 모여 하나의 예술작품을 만든다. 이번 장에서의 다양한 아이디어가 항공우주공학이라는 팔레트 위에 수놓이고, 그것들이 나중에 우리의 생각에 모여서 종이나 컴퓨터에 한 공학 작품을 만들 것이다.

이번 장에서 유일하게 다룬 방정식은 상태방정식, 식 (2.3)이고 이 방정식은 기체의 압력, 밀도와 온도에 관련된 모든 고속 흐름의 분석에 기본이자 기초이다. 이것이 이번 장에 발표됨으로써 단위에 대한 기나긴 토론이 되는 발판이 되었다고 본다. 여러분이 어떠한 정량적인 계산을 하기 위해서는 꼭 이 개념을 마스터하는 것이 매우 중요하다.

계산을 할 때, 항상 일관된 단위를 사용하기를 강하게 추천하는 이유는 일관된 단위는 방정식에서 따로 전환인자 필요 없이 순수한 물리량 형태로 자연의 방정식을 나타낼 수 있기 때문이다. 일관된 단위를 사용함으로써 뉴턴의 제2법칙을 전환인자 g_c 없이 F = ma로 항상 쓸 수 있다. F = ma는 자연의 방정식이고, 일관된 단위를 사용하고 있다. 반면에, $F = \left(\frac{1}{g_c}\right)ma$는 인위적인 방정식으로 일관된 단위를 사용하지 않음으로써 불필요하게 복잡하다. 가장 기본적인 형태의 자연의 방정식에 일관된 단위를 사용하면, 계산을 할 때 세부적으로 단위를 따지지 않더라도 일관된 단위가 나오게 됨을 보장할 수 있다. 식 (2.3)으로 나타내는 상태방정식은 $p = \rho RT$이다.

이 식은 자연의 방정식이므로 인위적인 전환인자가 없다. 일관된 단위를 사용하여 이 식에 숫자를 넣게 되면 결과는 일관된 단위로 나오게 될 것이다.

불행하게도 과거 수세기 동안 공학의 역사를 걸쳐, 많은 인위적인 일관되지 않은 단위들이 사용되었으며, 특히 정확한 결과를 구하고자 할 때, 자주 계산에 있어 어려움을 마주하게 되었다. 단위가 동일하지 않음으로 발생하는 실수를 피하기 위해, 방정식에 항상 일관된 단위를 사용하도록 부탁한다. 이 책에서는, 일관된 단위 두 가지를 사용한다. 힘, 질량, 길이, 시간 그리고 온도의 단위로 N, kg, m, sec, 그리고 K를 사용하는 SI단위계와 lb, slug, ft, sec, 그리고 °R을 사용하는 영국공학단위계이다. 여태까지 SI단위계가 전 세계적으로 가장 널리 사용되고 있으며, 주로 영국과 미국에서 지난 세기 동안 사용되던 영국공학단위계는 이 두 나라에서 조차도 현재는 점점 SI단위계로 대체되고 있다. 그러나 과거 공학문헌들의 대부분이 영국공학단위계로 되어 있으며, 아직 몇몇 공학자들은 이 단위계를 사용하고 있기 때문에, 양 단위계를 알아야하고, 또 능숙해야 한다. 이 책에서 어떤 계산은 한 단위계로, 또 다른 계산은 다른 단위계로 하고 있는 이유가 이것이다. (현대공학책에서 SI단위계로만 사용하는 시도가 있지만, 이 책에서조차 그렇게 하는 것은 불합리하다고 보인다. SI단위계만 사용하는 나라에서 왔던, 영국공학단위계를 아직 최소한 사용하고 있는 나라에서 왔던, 세계화된 환경에서 자연스럽게 활동하기 위해서는 양 단위계에 친숙하고 편해야한다고 생각한다.)

이 장에서 소개하는 기본 개념 중 가장 중요한 것은 공기력의 원천에 관한 것이다. 2.2절에서 설명하였듯이, 물체 주위에 기체나 액체가 흘러갈 때, 그 물체는 공기력을 느끼게 된다. 이 힘은 대체로 두 힘으로 나뉘는데, 상류 유동에 수직한 **양력**과 상류 유동에 나란한 **항력**이다. 2.2절에서 강조하였던 것은 유체에 놓여 있는 물체의 형상과 방향, 또는 물체를 지나가는 유동의 속도에 상관없이, 유동과 접하고 있는 물체의 표면에서 발생하는 압력분포와 전단응력분포로 인한 양력과 항력이 존재한다는 것이다. 압력과 전단응력은 유동장에 놓인 물체에 발생되는 두 가지 힘이다. 오직 이것이야말로 중요한 것이다. 항공우주공학에 대한 공부를 시작하면서 바로 이 사실을 이해하고 알게 되면 앞으로 공부를 하든, 일을 하든 마주치게 되는 많은 고뇌와 혼동으로부터 시간을 절약하게 해 줄 것이다.

이번 장의 주 개념들을 아주 간략히 다음과 같이 요약할 수 있다.

1. 항공학의 언어는 압력, 밀도, 온도와 속도로 이뤄져 있다. 속도장의 그림은 주어진 흐름에 대한 유선으로 표현이 가능하다.
2. 물체에 가해지는 모든 공기역학적 힘의 원천은 물체 표면의 압력과 전단응력의 분포이다.
3. 이상기체는 분자간의 힘을 무시할 수 있다. 이상기체의 상태방정식은 p, ρ, T와 관련이 있다.

$$\boxed{p = \rho RT} \tag{2.3}$$

여기서 R은 기체상수이다.

4. 혼란, 오류와 기본방정식에서의 불필요한 단위환산계수를 피하기 위해 항상 일관된 단위를 쓰자. 책에서는 SI단위(N, kg, m, sec)와 영국공학시스템(lb, slug, ft, sec)이 사용되었다.

참고문헌

Anderson, John D., Jr. *Aircraft Performance and Design*. WCB/McGraw–Hill, New York, 1999.

Gray, George W. *Frontiers of Flight*. Knopf, New York, 1948.

Hartman, E. P. *Adventures in Research: A History of Ames Research Center 1940–1965*, NASA SP–4302. 1970.

Mechtly, E. A. *The International System of Units*. NASA SP–7012, 1969.

연습문제

2.1. 우주 왕복선이 착륙하기 전 저속비행하고 있을 때를 생각해보라. 만약 왕복선의 노즈에서의 공기압력과 온도가 각각 1.2 atm과 300 K일 때, 밀도와 비체적은 무엇인가.

2.2. 500 K에서의 1 kg의 헬륨을 생각해보라. 헬륨의 전체 내부 에너지는 모든 원자의 평균 운동에너지들의 합이라고 생각해볼 때, 이 기체의 내부 에너지를 구하라. 주: 헬륨의 분자의 질량은 4이다. 화학에서 분자의 질량은 질량당 기체 몰수이다, 즉 1몰의 헬륨은 4 kg의 질량을 가지게 된다는 뜻이다. 어느 기체든, 1몰에는 6.02×10^{23}개의 분자나 원자를 포함한다(아보가드로 수).

2.3. 길이 20 ft, 넓이 15 ft 그리고 높이 8 ft 방의 공기의 질량을(파운드로) 구하라. 표준 대기압과 온도는 각각 2116 lb/ft^{2}와 59°F이라고 가정하자.

2.4. 문제 2.3과 비교하여 공기의 온도가 −10°F가 줄어들면 몇 퍼센트의 총 공기의 질량이 바뀌는지 계산하라. 압력은 그대로 2116 lb/ft^{2}라고 가정하자.

2.5. 1500 lb$_m$의 공기가 900 ft^3 크기의 빈 탱크에 채운 뒤 공기의 온도가 70°F을 유지했을 때, 대기의 탱크 공기 압력은 얼마인가.

2.6. 문제 2.5에서, 탱크로 유입되는 공기의 비가 0.5 lb$_m$/s라고 가정하자. 1000 lb$_m$이 되는 찰나의 시간대를 한번 보자. 공기의 온도는 50ºF로 일정하고 이 순간에 1°F/min 온도가 증가한다고 가정하자. 이 순간의 압력변화는 얼마인가.

2.7. 초음속 여객기 콩코드 날개의 한 지점에서의 공기 온도가 −10ºC이고 압력이 1.7×10^4 N/m^{2}이라고 가정하자. 이 지점에서의 밀도를 구하라.

2.8. 초음속 풍동의 실험부의 한 지점에서 공기의 압력과 온도가 각각 0.5×10^4 N/m^{2}와 240 K이다. 비체적을 계산하라.

2.9. 공기역학적 흐름에 놓인 한 평평한 면(풍동의 평평한 옆면을 예로 들어)을 생각해보라. 평면의 크기는 유동의 방향으로(x 방향) 3 ft이고 유동의 수직인 방향(y 방향)으로 1 ft이다. 압력 분포(lb/ft^2)는 y엔 독립적인 $p = 2116 - 10x$라고 주어졌다고 가정하자. 전단응력(lb/ft^2)은 $\tau_w = 90/(x + 9)^{(1/2)}$로 주어져 있고 이 또한 y에 독립적이다. 면의 시작점은 $x = 0$이고 x는 ft로 표현된다. 평면에 가해지는 공기역학적 합력의 크기와 방향을 구하라.

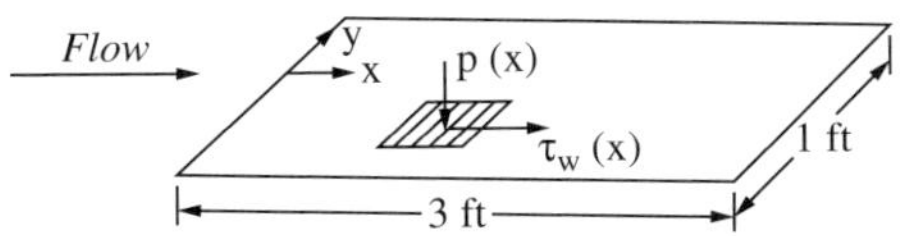

2.10. 투수가 공을 시속 85 mi의 속도로 던진다. 야구공의 유동장은 정적인 공기를 시속 85 mi로 지나가는 것과 가만히 있는 야구공에 유동이 시속 85 mi로 흐르는 것과 같다고 볼 수 있다(이는 제4장에서 다룰 풍동의 원리이다). 정적인 물체에 유동이 흐르고 있는 이 장면을 여기에 가지고 와보자. 마찰을 무시하고, 구(야구공 같은)의 표면에 흐르는 유동은 이론적으로 $V = \frac{3}{2}V_\infty$로 나타낼 수 있다. 여기서 V_∞는 공기 흐름의 속도이다(구의 훨씬 앞에 있는 자유류 속도). 구의 표면에서의 임의의 한 점은 구의 반지름과 구의 표면의 교차점에 위치해있고, θ는 자유류 흐름의 방향의 중심선으로부터 측정한 반지름의 각도의 위치이다(즉, 최전방과 후방의 점은 구의 각각 $\theta = 0°$과 180°에 해당된다). (그림을 참조하라.) 속도 V는 구의 임의의 표면에서의 유동 속도이다. 표면 위의 최소, 최대 속도를 구하고 이와 같은 현상이 발생되는 지점을 찾아라.

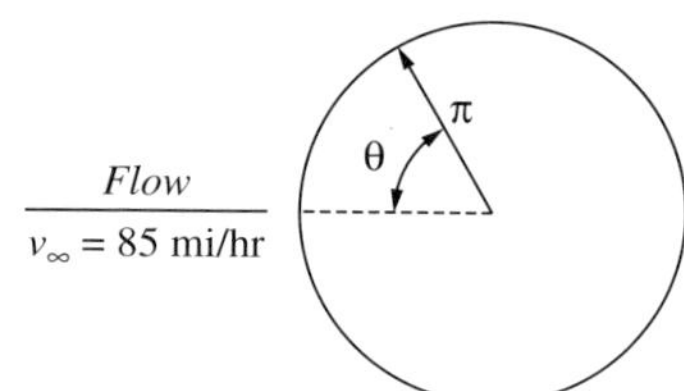

2.11. 부피 2.2 ft^3의 평범한 헬륨이 들어있는 풍선을 한번 보자. 풍선의 양력은 풍선의 바깥쪽 표면에 가해지는 압력 분포의 합력으로 인해 생긴 것이다. 이 사실을 이용하여, 아르키미데스의 원리를 유도할 수 있다. 즉, 풍선의 위쪽 방향의 힘의 크기는 풍선이 대체한 만큼의 공기의 무게와 같다는 것이다. 풍선이 해수면, 즉 0.002377 slug/ft^3의 공기 밀도인 곳에 있다고 가정하고, 풍선이 들어 올릴 수 있는 최대의 무게를 계산하라. 주: 공기의 분자 무게는 28.8이고 헬륨의 것은 4이다.

2.12. 대부분의 자동차들이나 작은 일반 항공기들의 원동력인 4번의 회전하는, 왕복, 내부 연소 엔진에서 제일 위의 피스톤과 원기둥 사이의 공간에서 공기 연소 혼합물의 연소가 발생한다. (왕복 엔진에 대해서는 제9장에서 다루도록 하자.) 연료-기체 혼합물은 피스톤이 압축기간이 끝날 때쯤 기체가 고압으로 압축되고 상단 피스톤과 실린더 사이의 공간을 지나갈 수 있을 정도의 크기로 줄었을 때 점화가 된다(*top dead center*). 연소는 피스톤이 힘을 내는 기간이 시작할 때 빠르게 발생한다. 이로써, 기체의 부피는 연소가 진행될 때에는 일정하게 유지된다. 이는 연소 진행이 **일정한 부피**라는 뜻이다. 순간적으로 연소가 일어났을 때의 기체의 밀도와 온도가 각각 11.3 km/m^3와 625 K일 때의 상황을 가정해보자. 일정한 부피의 연소의 진행이 끝날 때, 기체의 온도는 4000 K이다. 일정한 부피의 연소의 마지막 기체의 압력을 계산하라. 연료-공기의 혼합물 기체상수는 공기의 것과 같다고 가정하자.

2.13. 문제 2.12에서와 같은 조건에서, 피스톤의 상단에 기체에 의해 가해지는 힘을 (a) 연소가 시작할 때, (b) 연소가 끝날 때 구하라. 피스톤의 직경은 9 cm이다.

2.14. 가스 터빈 제트 엔진에서, 압축기를 통해 흐르면서 들어오는 공기의 압력이 높아진다. 공기는 이때 긴 캔 비슷하게 생긴 압축기에 들어간다(**연소 캔**이라고도 불린다.) 연료는 연소기에 주입되고 공기와 함께 탄다. 그리고 탄 연료-공기 혼합물은 연소기에 유입되는 공기보다 높은 온도로 빠져나간다. (기체 터빈 제트 엔진에 대해서는 제9장에서 다루도록 하자.) 연소기를 통해 흘러가는 압력은 상대적으로 일정하게 유지된다. 이는 연소 진행이 **일정한 압력**이라

는 뜻이다. 연소기에 들어오는 기체의 압력과 온도가 각각 4×10^6 N/m²와 900 K이고 연소기에서 빠져나가는 기체의 온도는 1500 K인 상황을 가정하자. 기체의 밀도를 연소기의 입구 (a)와 연소기의 출구 (b)에서의 기체 밀도를 계산하라. 연료-공기의 혼합물 기체상수는 공기의 것과 같다고 가정하자.

2.15. 이 책에서 속도의 단위를 시간당 mi의 단위를 자주 보았을 것이다. 일관된 영국공학시스템과 SI단위는 각각 ft/sec와 m/sec이다. 속도가 시속 60 mi이라고 가정하자. 이는 몇 ft/sec와 몇 m/sec인가?

2.16. 문제 2.15를 기억하는 것은 매우 유용하고 편리할 것이다. 만약 그렇다면, 시간당 mi에서 ft/sec나 m/sec로 바꾸는 것을 매우 빠르게 할 수 있을 것이다. 예를 들어, 문제 2.15를 가지고 F-86H(그림 2.15)의 해수면에서 최대 속도인 시간당 692 mi을 ft/sec와 m/sec로 환산하라.

2.17. 유동의 흐름에 수직으로 바라보고 있는 2 m²의 정적인 얇은 평평한 판을 생각해보라. 판의 앞면에 가해지는 압력은 (흐름을 바라보는) 모든 면에서 일정하게 1.0715×10^5 N/m²이다. 뒷면에 가해지는 압력의 힘(흐름의 반대 방향)은 모든 면에서 일정하게 1.01×10^5 N/m²이다. 공기역학적 힘을 파운드로 계산하라. 주: 전단응력은 무시한다.

2.18. 그림 2.12b에 보여지는 북미 P-51무스탱의 무게는 10,100 lb이고 날개 플랫폼의 넓이는 233 ft²이다. 날개의 하중을 영국공학시스템과 SI단위로 계산하라. 일관되지 않는 kg_f로도 날개 하중을 나타내어라.

2.19. 그림 2.12b에서 보여지는 P-51의 고도 25,000 ft에서의 최대 속도는 437 mph이다. 속도를 km/h와 고도를 km단위로 구하라.

2.20. 우주 왕복선(그림 2.24)의 로켓 부스터의 일시적 번아웃의 속도는 26,000 ft/sec이다. 이것은 km/h로 속도가 얼마인가.

2.21. 그림 2.16의 F4U-1D의 크기를 알려주는 그림(scale drawing)을 한번 살펴보면, 프롭허브의 팁에서 동체의 후면의 팁까지의 동체의 길이와 날개의 스팬(두 날개의 팁 사이의 선형적인 거리)를 미터로 구하라.

2.22. X-15(그림 5.92)는 초음속 비행의 미스터리들을 탐사하기 위해 고안된 로켓 동력의 연구 비행기이다. 2014년도, X-15는 여전히 가장 빠르고 가장 높이 비행하는 유인 비행기의 기록을 보유하고 있다. (이 문맥에서 우주 왕복선과 우주선은 우주 선체이며 비행기가 아니다.) 1963년 8월 22일 조종사 Joseph Walker는 354,200 ft의 비공식 세계 고도 기록을 세웠다. 1967년 10월 3일, 조종사 William J. Knight는 4,520 mph (Mach 6.7)의 세계 속도 기록을 세웠다. (a) Walker의 고도 기록을 meter와 kilometer로 전환하라. (b) Knight의 속도 기록을 m/s로 전환하라.

2.23. X-15는 B-52 모함 날개 아래로부터 공중 발사되었다. 착수 직후, 조종사는 추진력의 57,000을 주는 XLR-99 로켓 엔진을 작동한다. 처음에 X-15는 수평 비행에서 가속화한다. 시작점에서 비행기의 총 무게는 34,000 lb이다. 비행기에 대한 초기 가속도를 계산하라.

2.24. 흔히 고속 비행기와 로켓동력 우주선들의 가속도는 중력가속도와 관련된 가속도인 "g's"로 제시된다. 예를 들어 32.2 ft/sec²의 가속도는 1 "g"이다. 문제 2.23의 결과값으로부터 초기 가속 중 X-15 조종사에 의해 경험된 g's의 수를 계산하라.

2.25. 미국에서, 제트 엔진의 추진력은 보통 추진력의 pounds의 용어로 인용된다. 다른 곳에서, 추

진력은 일반적으로 kilo-newtons에서 명시된다. Rolls-Royce Trent 900 엔진의 turbofan의 추진력은 373.7 kN으로 평가된다. Pounds에서의 추진력은 무엇인가?

2.26. Apollo 우주 비행사들을 달로 보내는 데 사용된 Saturn 로켓 부스터의 첫 단계는 다섯 개의 F-1 로켓 엔진들에 의해 작동됐다. 로켓 엔진의 추진력은 때때로 kg force 측면에서 주어진다. 예를 들어 F-1엔진의 추진력은 때때로 690,000 kg으로 인용된다. (a) newtons과 (b) pounds의 일관된 구성단위의 F-1 추진력을 계산하라.

CHAPTER 03

표준 대기표

The Standard Atmosphere

때때로 부드럽고, 때때로 변덕스럽고, 때때로 무시무시하고, 결코 두 순간이 같지 않은; 감정에 있어서는 거의 인간과 같고, 민감함에 있어서는 초자연적이고, 무한함에 있어서는 거의 신과 같은.

하늘, *John Ruskin*

항공우주 비행체는 두 가지 기본 부류로 나눌 수 있다: 항상 느낄 수 있는 대기 내에서 비행하는 항공기와 헬리콥터 같은 대기 비행체; 느낄 수 있는 대기 바깥쪽에서 움직이는 인공위성, Apollo 달 탐사선, 심우주 탐사선과 같은 우주 비행체. 그러나, 우주 비행체도 지상에서 발사할 때, 다시 지구로 재진입 혹은 임무 수행 후 귀환할 때 지구 대기권을 통과해야 한다. 만약 비행체가 행성 탐사선이라면, 금성, 화성, 목성 등의 대기를 상대해야 한다. 따라서, 항공우주 비행체의 성능 및 설계 과정에서, 대기의 성질을 반드시 고려해야 한다.

지구의 대기는 항상 움직이면서 역동적으로 변하고 있다. 대기의 압력과 온도는 고도, 지구상의 위치(경도와 위도), 하루의 어느 때, 계절, 그리고 태양 흑점의 활동 등에 영향을 받는다. 비행체의 성능 및 설계 과정에서 이 모든 것을 고려한다는 것은 비현실적이다. 따라서, 비행시험, 풍동실험 결과와 일반적인 항공기 성능 및 설계에 보편적 기준을 연결시키기 위해 **표준 대기**를 정의한다. 표준 대기는 고도의 함수로 압력, 온도, 밀도, 그리고 다른 성질들의 평균값이다; 이 값들은 시험 풍선과 과학 로켓의 측정치와 대기의 수학적 모델을 결합하여 얻은 것이다. 표준 대기는 적합하게 대기 상태의 평균을 나타내고 있지만, 이것이 중요한 것이 아니다. 오히려 이것의 주요 기능은 어느 곳에서나 항공우주 공학자들이 잘 정리된 것을 사용할 수 있도록 기준 조건들에 대한 표를 제공하는 것이다. 이 장의

미리보기

PREVIEW BOX

생소한 연못이나 낯선 수영장에 들어가기 전에, 알아야 할 몇 가지가 있다. 물이 얼마나 차가운가? 얼마나 깨끗한가? 얼마나 깊은가? 이런 것들은 물에서 수영을 얼마나 잘 할 수 있는지에 영향을 주고, 아니면 수영을 할 것인가에 대한 결정에 영향을 준다. 유사하게, 공기 중을 나는 비행체의 성능을 공부하기 전에, 공기의 성질 자체에 대해 아는 것이 필요하다. 대기권을 비행하는 항공기나, 우주로 가기 위해 대기를 뚫고 발사되거나 우주에서 대기로 돌아오는 우주 비행체를 생각해보라. 이 모든 경우, 비행체의 성능은 온도, 밀도, 압력과 같은 대기의 성질에 부분적으로 좌우된다.

대기의 성질은 무엇인가? 이것은 고도에 따라 변하는 것은 알지만, 어떻게 변하는가? 어떻게 알 수 있을까? 이 장에서는 이러한 중요한 질문을 던질 것이다. 비행체에 관한 공부를 더 하기 전에, 대기에 대해 알 필요가 있다. 여기에 그 이야기가 있으니, 계속 읽어보라.

목적은 표준 대기란 무엇에 관한 것이고, 어떻게 항공우주 비행체 해석에 사용이 되는지에 대해 알아보고자 함에 있다.

그럴듯한 질문을 제시할 수 있을 것이다: **도대체 표준 대기란 무엇인가?** 이것에 대한 그럴듯한 답은: **이 책의 마지막 부분에 있는 부록 A와 B에 있는 표이다.** 두 부록을 보도록 하자. 이것은 다른 고도에 대해 온도, 압력, 밀도를 표로 만들어 놓았다. 부록 A는 SI단위로, 부록 B는 영국식 공학단위로 나타내었다. 이러한 숫자는 어디서 왔는가? 먼 과거에 어느 누군가에 의해 간단히 공기 밖으로 끌려 나온 것인가? 절대적으로 아니다. 표에 있는 숫자는 논리적이고 과학적인 기초에 의해 얻은 것이다. 이 장의 목적 중 하나는 논리적 기초를 전개해 보는 것이다. 또 다른 목적은 이 표를 어떻게 이용하는지 알도록 하는 것이다.

이 장의 로드맵은 그림 3.1에 주어져 있다. 로드맵의 왼쪽을 따라 내려가면 표준 대기표에 있는 숫자들을 구성하기 위해 필요한 도구인 기본 물리로부터 얻은 방정식(수정역학 방정식)과 몇 가지 정의를 구성하고 있다. 그리고 로드맵의 오른쪽을 보면 실제로 표에 있는 숫자들을 어떻게 구했는지에 대해 논의할 것이다. 자세하게 표준 대기를 구성해 볼 것이다. 마지막으로 표에 있는 숫자로부터 나온 몇몇 용어를 정의할 것이다—항공에서 일상적으로 사용하고 있는 압력 고도, 밀도 고도, 온도 고도.

이 장에서는 지구의 표준 대기표를 어떻게 결정하였는지에 대해 자세히 다룰 것이다. 부록 A와 B에 있는 표는 지구의 대기에 관한 것이다. 그러나, 이 장에서 다룬 물리적 원리나 방법은 금성, 화성, 목성과 같은 다른 행성의 대기 모델을 구성할 때도 적용할 수 있다. 이 장의 응용성은 지구를 벗어나 멀리까지 갈 수 있는 것이다.

약간 다른 실험값을 모델에 적용하고, 다른 시기에 다른 기관들이 만든 몇 가지 다른 표준 대기표가 존재한다는 것을 알아야 한다. 실용적인 목적으로는 현대 항공기의 영역인 30 km (100,000 ft) 이하에서는 그 차이가 미미하다. 일반적으로 사용되고 있는 표준 대기표는 1959 ARDC 모델 대기표이다(ARDC는 미국 공군의 연구소 Air Force Research Laboratory의 전신인 Air Reseach and Development Command의 약자이다). 이 책에서

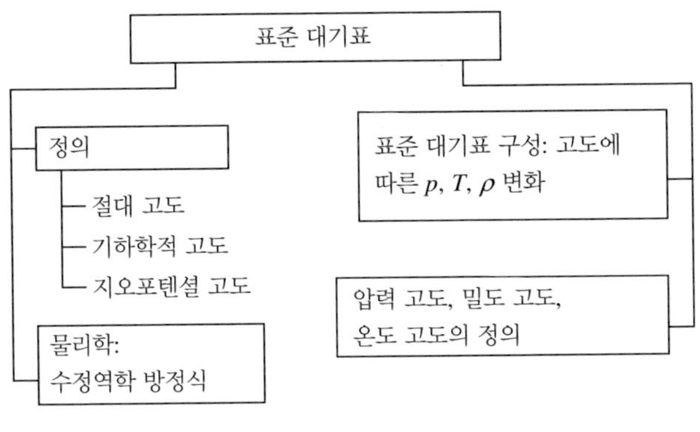

그림 3.1 제3장의 로드맵

사용된 표준 대기표는 1959 ARDC 모델 대기표에서 가져온 것이다.

3.1 고도의 정의

직관적으로 **고도**의 의미는 모두 알고 있을 것이다. 고도는 지면에서의 거리이다. 그러나 많은 다른 용어들과 마찬가지로, 공학에서 정량적으로 사용하기 위해서는 보다 정확하게 정의하여야 한다. 실제로 다음 절에서 6가지의 다른 고도를 정의할 것이다: 절대 고도, 기하학적 고도, 지오포텐셜 고도, 압력 고도, 온도 고도, 밀도 고도.

우선 해면에 위치한 Florida주 Daytona Beach에 있다 생각해보자. 헬리콥터에서 바로 위로 날 수 있다면 그리고 지면까지 줄자를 떨어뜨린다면, 줄자로 잰 것은 정의에 의해 **기하학적 고도** h_G가 될 것이다. 즉, 해면 위 기하학적 높이가 된다.

땅 속으로 지구 중심까지 구멍을 뚫고 줄자로 잰다면 그것은 정의에 의해 **절대 고도** h_a가 될 것이다. 지구의 반경을 r이라 하면 $h_a = h_G + r$이 된다. 이것은 그림 3.2에 보여주고 있다.

절대 고도는 국부중력가속도 g가 h_a에 따라 변하므로 특히 우주 비행에 있어서 중요하다. 뉴턴의 중력 법칙으로부터 g는 지구 중심으로부터의 거리 제곱에 반비례한다. 해면에서의 중력 가속도를 g_0로 놓으면, 절대 고도 h_a에서의 국부 중력가속도 g는

$$g = g_0\left(\frac{r}{h_a}\right)^2 = g_0\left(\frac{r}{r+h_G}\right)^2 \tag{3.1}$$

고도에 따른 g의 변화는 다음 절에서 배우겠지만 대기의 수학적 모델을 다룰 때 반드시 고려해야 한다.

3.2 수정역학 방정식

이제 고도의 함수로 p, ρ, T의 변화를 계산할 수 있는 모델을 짜 맞추어 보자. 이 모델의 기본은 정지 상태에 있는 유체요소에 작용하는 힘의 균형을 나타내는 수정역학 방정식이다.

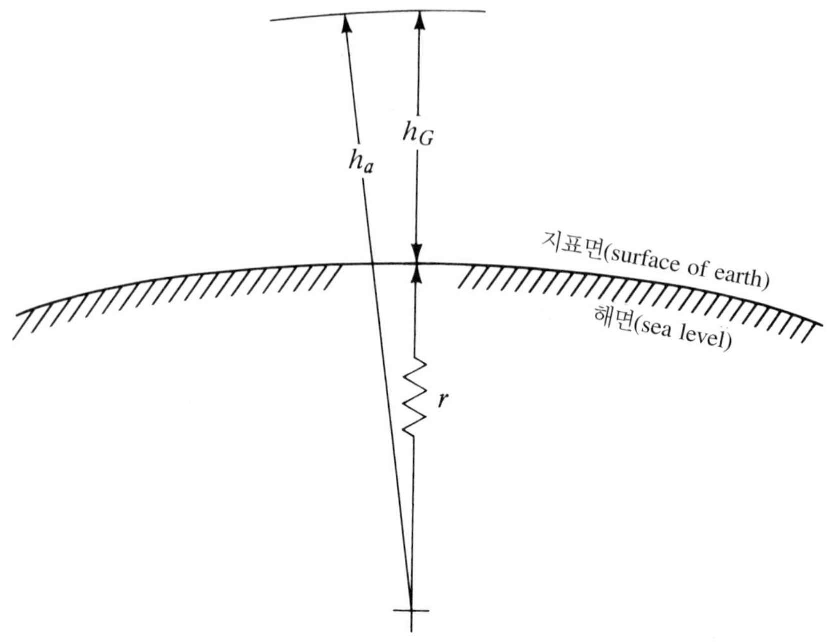

그림 3.2 고도의 정의

그림 3.3에 있는 정지 상태의 유체요소를 생각해보자. 편의상 직육면체 요소로 생각하면, 윗면과 아랫면은 단위 길이를 갖는 변으로 구성되어 있고 옆면은 매우 작은 높이 dh_G를 갖는다고 보자. 아랫면에서는 압력 p가 작용되어, 유체요소에 윗 방향으로 $p \times 1 \times 1$의 힘이 작용될 것이다. 윗면은 고도에서 약간 높다(거리 dh_G만큼): 압력은 고도에 따라 변하기 때문에, 윗면의 압력은 아랫면의 압력에 비해 매우 작은 dp만큼 달라질 것이다. 따라서 윗면에서는 압력 $p + dp$가 느껴질 것이다. 이것은 유체요소에서 아래 방향으로 $(p + dp)(1)(1)$의 힘이 작용되어질 것이다. 더욱이, 유체요소의 체적은 $(1)(1)\ dh_G = dh_G$이고 ρ는 단위체적당 질량이므로 유체요소의 질량은 간단히 $\rho(1)(1)\ dh_G = \rho dh_G$가 된다. 국부 중력가속도가 g이면, 유체요소의 무게는 $g\rho dh_G$가 된다. 그림 3.3에 보이듯이 윗면과 아랫면에 작용하는 압력 힘과 무게, 이 세 가지의 힘은 유체요소가 움직이지 않기 위해서는 평형을 이루어야 한다. 따라서,

$$p = p + dp + \rho g\, dh_G$$

$$dp = -\rho g\, dh_G \tag{3.2}$$

식 (3.2)는 **수정역학 방정식**이고 밀도가 ρ인 어떤 유체에도 적용할 수 있다. 예를 들면 공기뿐 아니라 바닷물에도 적용할 수 있다.

엄밀하게 이야기하면, 식 (3.2)는 미분방정식이고 고도 dh_G의 미소변화에 대한 압력 dp의 미소변화 관계식인데, 여기서 dp와 dh_G는 미분기호가 된다. 또한 식 (3.2)에서 g는

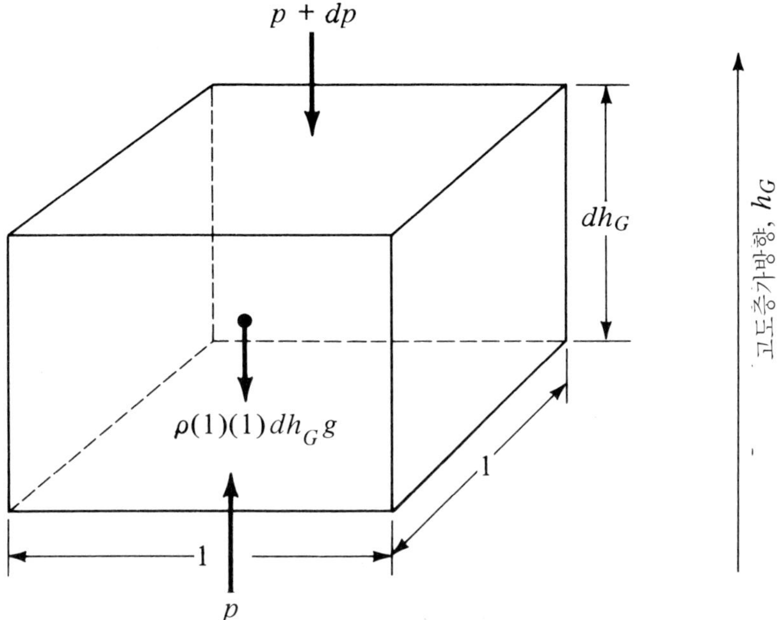

그림 3.3 수정역학 방정식의 힘 구성도

변수가 되는데, 식 (3.1)에 주어진 대로 g는 h_G에 따라 변한다.

유용하게 사용하기 위해, 식 (3.2)를 적분하여야 한다: 고도에 따른 압력의 변화 $p = p(h_G)$로 적분하여야 한다. 적분을 간단히 하기 위해, 대기를 통해 g의 값은 상수이며, 해면 고도에서의 값 g_0과 같다고 **가정한다**. 이것은 항공분야에서는 오랜 관습의 하나이다. 따라서 식 (3.2)를 다음과 같이 쓸 수 있다.

$$dp = -\rho g_0\, dh \tag{3.3}$$

그러나, 식 (3.2)와 (3.3)을 수치적으로 동일하게 만들기 위하여 식 (3.3)에 있는 고도 h는 g가 g_0과 약간 다름을 보상하기 위해 식 (3.2)에 있는 h_G와 약간 달라야 한다. 당장 기하학적 고도와 다른 **지오포텐셜 고도**라 불리는 새로운 고도 h를 정의한다. 지오포텐셜 고도의 개념을 보다 이해하기 위해, 압력값이 p인 기하학적 고도 h_G를 생각해보자. 기하학적 고도에서 작은 크기 dh_G만큼 증가를 하면 새 기하학적 고도는 $h_G + dh_G$가 된다. 이 새 고도에서는 압력이 $p + dp$가 되는데, 여기서 dp는 식 (3.2)에 주어져 있다. 식 (3.3)에 있는 같은 dp의 값을 대입해 보자. 식 (3.3)을 (3.2)로 나누면

$$1 = \left(\frac{g_0}{g}\right)\left(\frac{dh}{dh_G}\right)$$

가 된다. 분명히 g_0과 g가 다르기 때문에 dh와 dh_G도 달라야 한다; 즉, 동일한 압력 변화 dp에 해당하는 dh와 dh_G의 수치값은 다르다. 결과적으로, 실제 동일한 지점에 해당하는

h와 h_G의 값이 다르다.

실제로는 계산의 편의상 식 (3.3)에 정의된 지오포텐셜 고도는 "가상"의 고도이다. 그러나 많은 표준 대기표들은 지오포텐셜 고도로 그 결과들을 나타내고 있으므로 그 차이를 알아야 한다. 다시 말하면, 지오포텐셜 고도는 $g = g_0 =$ 상수라는 가정 하에서 실제에 해당하는 가상 고도로 간주할 수 있다.

3.3 지오포텐셜 고도와 기하학적 고도의 관계

아직 기하학적 고도에 따른 압력의 변화, $p = p(h_G)$를 구하고 있다. 그러나, 식 (3.3)을 이용한 계산은 $p = p(h)$이다. 그러므로, h와 h_G의 관계를 다음과 같이 구할 필요가 있다. 식 (3.3)을 식 (3.2)로 나누면

$$1 = \frac{g_0}{g}\frac{dh}{dh_G}$$

$$dh = \frac{g}{g_0}dh_G \tag{3.4}$$

식 (3.1)을 (3.4)에 대입하면

$$dh = \frac{r^2}{(r+h_G)^2}dh_G \tag{3.5}$$

관습적으로 해면 고도에서 h와 h_G를 모두 0이라 놓는다. 이제 대기권 내의 한 점을 생각해 보자. 이 점은 분명히 기하학적 고도 h_G에 있을 것이며, h_G와 다른 h의 어떤 값과 관련을 지을 것이다. 식 (3.5)를 해면 고도와 주어진 점 사이에 대해 적분하면

$$\int_0^h dh = \int_0^{h_G}\frac{r^2}{(r+h_G)^2}dh_G = r^2\int_0^{h_G}\frac{dh_G}{(r+h_G)^2}$$

$$h = r^2\left(\frac{-1}{r+h_G}\right)_0^{h_G} = r^2\left(\frac{-1}{r+h_G}+\frac{1}{r}\right) = r^2\left(\frac{-r+r+h_G}{(r+h_G)r}\right)$$

따라서,

$$\boxed{h = \frac{r}{r+h_G}h_G} \tag{3.6}$$

여기서 h는 지오포텐셜 고도이고 h_G는 기하학적 고도이다. 이것이 찾고 있던 두 고도 사이의 관계이다. $p = p(h)$에 대한 관계를 얻게 되면, 식 (3.6)을 사용하여 h_G에 대한 p를 얻게 된다.

식 (3.6)을 이용한 간단한 계산은 낮은 고도에서는 h와 h_G 사이에 큰 변화가 없음을 보여준다. $h_G << r$, $r/(r + h_G) \approx 1$인 경우에 $h \approx h_G$가 된다. $r = 6.356766 \times 10^6$ m(위도 45° 에서)를 대입하고, $h_G = 7$ km(약 23000 ft)일 경우, 식 (3.6)으로부터 h의 값을 구하면, $h = 6.9923$ km, 약 1퍼센트의 0.1의 차이 밖에 나지 않는다. 65 km (213,000 ft) 이상 고도에서 1퍼센트를 넘는 차이를 보인다(65 km는 NASA의 Space Shuttle이 우주에서 지구로

재진입할 때 중요한 공력가열이 발생하는 고도이다).

3.4 표준 대기표의 정의

이제 표준 대기표에 대한 h의 함수로 p, T, ρ를 구할 때가 되었다. 표준 대기표에서 중요한 것은 실험에 기초한 고도에 따른 T의 변화를 정의하는 것이다. 이 변화를 그림 3.4에 보여주고 있다. 이것은 직선의 연속으로 되어 있는데, 몇몇은 수직(상온 혹은 등온 영역)이고, 다른 것은 경사(기울기 영역)져 있다. 그림 3.4에 정의된 $T = T(h)$가 주어지면, 다음에 보여주듯 물리법칙에 의해 $p = p(h)$, $\rho = \rho(h)$를 구할 수 있다.

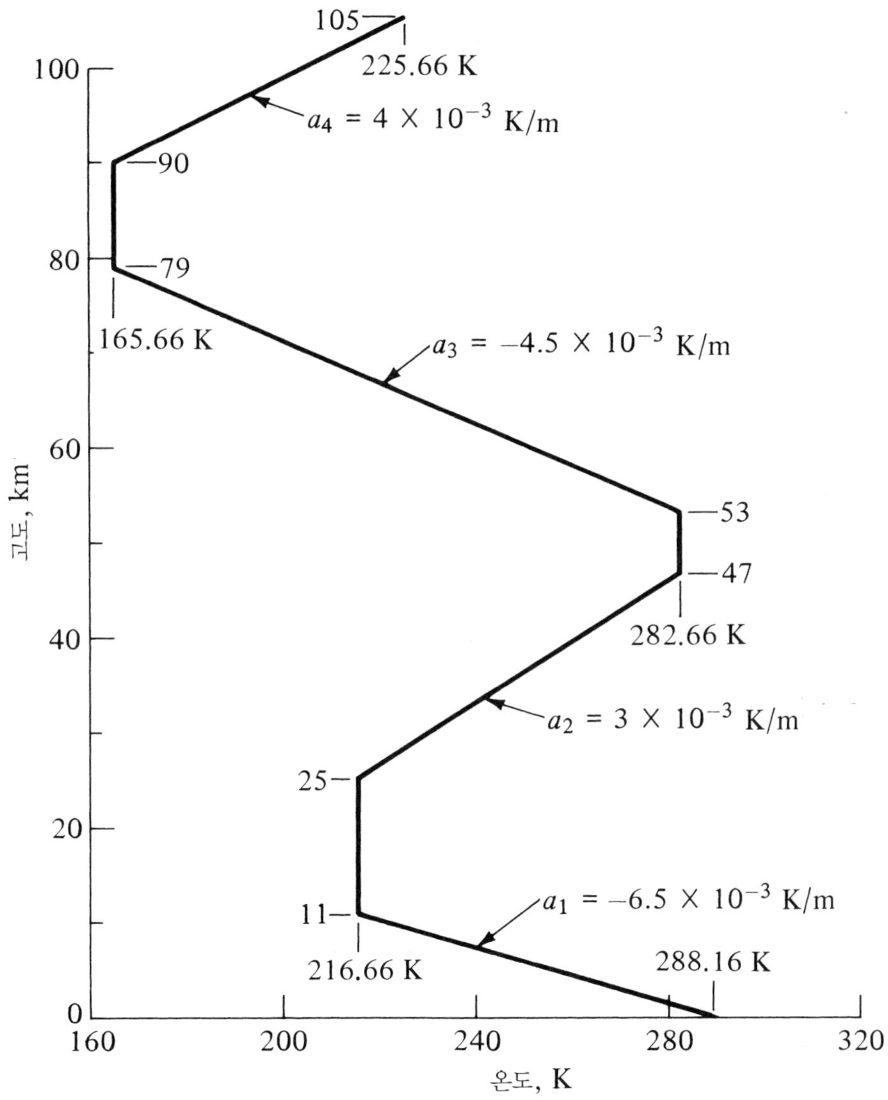

그림 3.4 표준 대기의 온도 분포

다시 식 (3.3)을 생각해 보자:

$$dp = -\rho g_0 \, dh$$

식 (2.3)인 상태방정식으로 나누면

$$\frac{dp}{p} = -\frac{\rho g_0 \, dh}{\rho RT} = -\frac{g_0}{RT} dh \tag{3.7}$$

그림 3.4에 수직선으로 주어진 것 중, 그림 3.5에 보이는 표준 대기의 등온(상온)층을 생각해보자. 그림 3.5에 나타낸 등온층의 시작점의 온도, 압력, 밀도를 T, p, ρ이라 하자. 이 시작점이 지오포텐셜 고도 h_1에 있다. 이제 시작점에서 시작한 선 위에 있는 고도 h에 있는 등온층의 한 점을 생각해보자. h에서의 압력 p는 식 (3.7)을 h_1과 h 사이에 대해 적분을 하여 구할 수 있다:

$$\int_{p_1}^{p} \frac{dp}{p} = -\frac{g_0}{RT} \int_{h_1}^{h} dh \tag{3.8}$$

g_0, R, T는 상수이므로 적분기호 밖에 둘 수 있음을 알 수 있다(이것은 $g = g_0 =$ 상수로 가정하여 간단히 얻을 수 있다는 것을 확실히 보여주고 있으며, 따라서 해석에서 지오포텐셜 고도 h를 사용하게 된다). 식 (3.8)을 적분하면 다음을 얻을 수 있다.

$$\ln \frac{p}{p_1} = -\frac{g_0}{RT}(h - h_1)$$

$$\boxed{\frac{p}{p_1} = e^{-[g_0/(RT)](h-h_1)}} \tag{3.9}$$

상태방정식에서,

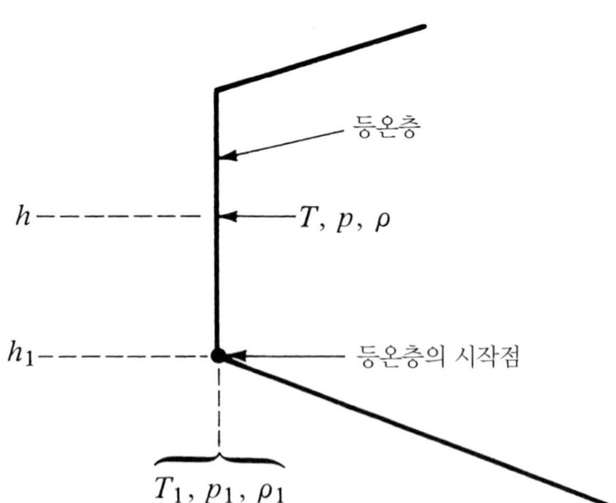

그림 3.5 등온층

$$\frac{p}{p_1} = \frac{\rho T}{\rho_1 T_1} = \frac{\rho}{\rho_1}$$

$$\boxed{\frac{\rho}{\rho_1} = e^{-[g_0/(RT)](h-h_1)}} \tag{3.10}$$

식 (3.9)와 식 (3.10)은 표준 대기표에서 등온층의 지오포텐셜 고도에 따른 p와 ρ의 변화를 보여주고 있다.

그림 3.6에 나타내었듯이 기울기 영역을 고려하면, 온도 변화가 선형이고 기하학적으로 다음과 같이 주어진다.

$$\frac{T - T_1}{h - h_1} = \frac{dT}{dh} \equiv a$$

여기서 a는 그림 3.4에서 주어진 온도 변화로부터 각 영역에 대해 얻은 상수가 된다. 가끔 a의 값을 기울기 영역의 **변화율**이라 부른다.

$$\boxed{a \equiv \frac{dT}{dh}}$$

따라서,

$$dh = \frac{1}{a} dT$$

이것을 식 (3.7)에 대입하면:

$$\frac{dp}{p} = -\frac{g_0}{aR}\frac{dT}{T} \tag{3.11}$$

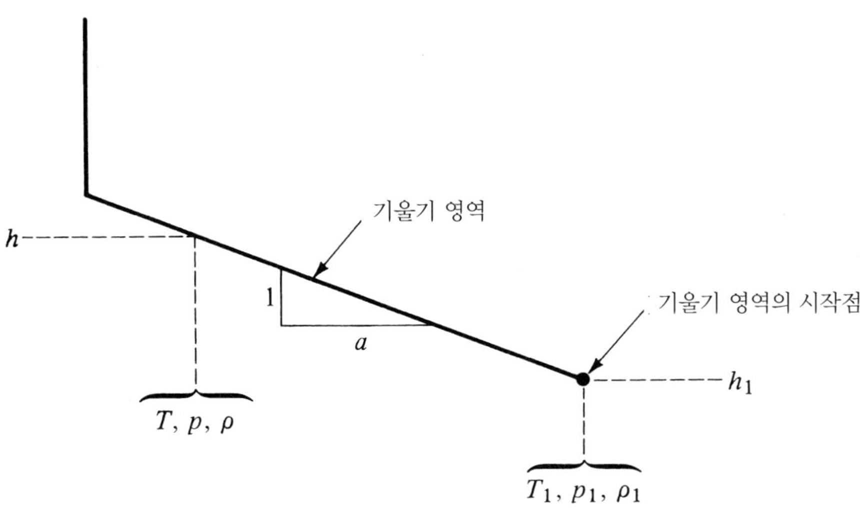

그림 3.6 기울기 영역

기울기 영역의 시작점과 어떤 고도 h 사이에 대해 기울기 영역에서 적분하면, 식 (3.11)은

$$\int_{p_1}^{p} \frac{dp}{p} = -\frac{g_0}{aR} \int_{T_1}^{T} \frac{dT}{T}$$

$$\ln \frac{p}{p_1} = -\frac{g_0}{aR} \ln \frac{T}{T_1}$$

따라서

$$\boxed{\frac{p}{p_1} = \left(\frac{T}{T_1}\right)^{-g_0/(aR)}} \tag{3.12}$$

상태방정식에서,

$$\frac{p}{p_1} = \frac{\rho T}{\rho_1 T_1}$$

그러므로 식 (3.12)는

$$\frac{\rho T}{\rho_1 T_1} = \left(\frac{T}{T_1}\right)^{-g_0/(aR)}$$

$$\frac{\rho}{\rho_1} = \left(\frac{T}{T_1}\right)^{-[g_0/(aR)]-1}$$

즉,

$$\boxed{\frac{\rho}{\rho_1} = \left(\frac{T}{T_1}\right)^{-\{[g_0/(aR)]+1\}}} \tag{3.13}$$

온도의 변화가 고도에 따라 선형이므로, 다음과 같이 나타낼 수 있다.

$$\boxed{T = T_1 + a(h - h_1)} \tag{3.14}$$

식 (3.14)는 기울기 영역에 대해 $T = T(h)$로 주어진다: 식 (3.12)에 대입하면 $p = p(h)$가 되고, 유사하게 식 (3.13)으로부터 $\rho = \rho(h)$를 얻게 된다.

이제 표준 대기표를 어떻게 결합하는지를 알 수 있게 되었다. 그림 3.4를 보면, 해면 고도($h = 0$)에서 시작하는데, 압력, 밀도, 온도의 해면에서의 값, p_s, ρ_s, T_s는

$$\boxed{\begin{aligned} p_s &= 1.01325 \times 10^5\ \text{N/m}^2 = 2116.2\ \text{lb/ft}^2 \\ \rho_s &= 1.2250\ \text{kg/m}^3 = 0.002377\ \text{slug/ft}^3 \\ T_s &= 288.16\ \text{K} = 518.69°\text{R} \end{aligned}}$$

이 값들은 첫 번째 기울기 영역의 시작값이 된다. $h = 11.0$ km에서 $T = 216.66$ K가 될 때까지 T를 h의 함수로 구하기 위해 식 (3.14)를 사용하면 된다. 이 T의 값을 가지고 식 (3.12)와 (3.13)을 사용하면 첫 번째 기울기 영역에서의 p와 ρ의 값을 구할 수 있게 된다. 다음으로 첫 번째 등온 영역의 시작점으로 $h = 11.0$ km에서 시작하여(그림 3.4 참조), 식 (3.9)와 (3.10)을 사용하여 $h = 25$ km까지 h에 따른 p와 ρ를 구한다. 이렇게 하여 그림 3.4와 식 (3.9), (3.10), (3.12)에서 (3.14)까지를 사용하면, 표준 대기표의 값을 구성할 수 있다.

설계

DESIGN BOX

새 항공기의 설계 과정의 시작은 새 비행체의 **규격** 혹은 **요구조건**을 결정하는 것이다. 이 규격은 주어진 고도에서의 요구 최대 속도 혹은 주어진 고도에서의 요구 최대 상승률과 같은 성능을 포함하고 있다. 이러한 성능 요소는 양력과 항력 같은 항공기의 공기역학적 특성에 좌우된다. 또한 양력과 항력은 대기의 성질에 좌우된다. 규격이 주어진 고도에서의 특정 성능을 요구할 때, 이 고도는 표에 있는 기준 고도가 된다. 따라서, 항공기의 예비설계에서는 설계자는 임의고도에서 압력, 온도, 밀도를 정의하기 위해 표준 대기표를 사용한다. 이렇게 하여, 항공기의 예비설계 과정에서의 많은 계산들은 표준 대기표로부터의 정보들을 포함하게 된다.

SI단위로 주어진 부록 A와 영국식 공학단위로 주어진 부록 B가 표로 주어져 있다. 이 표들을 주의 깊게 보고 친숙하게 되도록 하라. 이것들이 표준 대기표이다. 첫 번째 열은 기하학적 고도, 두 번째 열은 거기에 해당하는 식 (3.6)으로부터 구한 지오포텐셜 고도이다. 세 번째에서 다섯 번째 열은 앞서 논의한 각 고도에 따른 온도, 압력, 밀도의 값이다.

이 표준 대기표는 기준 대기이며 어떤 주어진 시간과 장소에서의 실제 대기 성질을 정확히 나타내는 것은 아니라는 것을 분명히 알아야 한다. 예를 들면, (기하학적)고도 3 km에서 $p = 0.70121 \times 10^5$ N/m^2, $T = 268.67$ K, $\rho = 0.90926$ kg/m^{3}라고 부록 A에서 구할 수 있다. 실제로는, 지금 고도 3 km로 상승한다면, 부록 A에서 얻은 p, T, ρ의 값과 다른 값을 느끼게 될 것이다. 표준 대기표는 이 책의 다음 절에서 보여주듯이, 편리하고 모두 인정하는 참고 자료로 실험 자료를 정리하고 계산할 수 있도록 해주고 있다.

참고사항: 기하학적 고도와 지오포텐셜 고도의 재방문 이제 기하학적 고도 h_G와 지오포텐셜 고도 h의 의미와 중요성을 알게 되었다. 표준 대기표에서 성질들의 변화는 식 (3.9)에서 (3.14)까지를 통해 계산하였다. 이 방정식들은 해면 고도에서의 중력가속도 g = 상수 = g_0로 간단히 가정하므로써 유도하였다. 결과적으로 이 방정식에 나타난 고도는 정의에 의해 지오포텐셜 고도, h이다. 이 방정식들을 다시 살펴보면, 이 식에 나와 있는 g_0와 h는 g와 h_G가 아니다. g를 상수로 가정하여 단순화한 것은 지오포텐셜 고도를 정의하기 위한 단 하나의 이유이다. 이 책에서는 부록 A와 B의 표에 있는 숫자를 계산하기 위해 지오포텐셜 고도를 여기에서만 사용한다. 더욱이, 식 (3.6)에서 h와 h_G를 관계 맺었기 때문에, 특정한 지오포텐셜 고도 h에 해당하는 기하학적 고도 h_G를 항상 구할 수 있다. 기하학적 고도 h_G는 해면으로부터의 실제 높이이기 때문에 보다 실용적이다. 부록 A와 B의 첫 번째 열이 h_G인 이유이고, h_G의 등 간격으로 나타내고 있다. 두 번째 열은 거기에 해당하는 h의 값이고, 이 값들은 식 (3.9)에서 (3.14)까지의 식으로부터 p, ρ, T에 해당하는 값들을 구하기 위해 사용한 수가 된다.

이 책의 다음 장에서는, 부록 A와 B에 있는 표준 대기표를 사용할 경우 기하학적 고도, h_G를 다루게 될 것이다. 예를 들면, "표준 고도" 5 km를 기준으로 한다고 하면, 이는 기하학적 고도 $h_G = 5$ km를 의미한다. 이제 표준 대기표가 어떻게 만들어졌는가를 알게 되었으며, 이후부터는 지오포텐셜 고도를 사용할 이유가 없다.

3.2절에서 지오포텐셜 고도는 뒤따르는 유도를 간단히 하기 위한 목적으로 식 (3.3)에서 정의하였듯이 단순히 "가상의" 고도라고 한 것을 잘 이해할 수 있을 것이다.

예제 3.1

지오포텐셜 고도 14 km에서의 T, p, ρ의 표준 대기표의 값을 구하라.

■ 풀이

T는 표준 대기에 대해 정의된 변화라는 것을 기억하라. 그러므로, 즉시 그림 3.4를 참조하여 $h = 14$ km일 때를 찾아라.

$$T = 216.66\text{K}$$

p와 ρ를 얻기 위해서, 식 (3.9)부터 (3.14)를 반드시 사용해야 하며, 해수면 상승부터 주어진 고도와 관련된 다른 영역까지 종합해야 한다. 해수면에서의 시작은, 첫 번째 영역(그림 3.4로부터)은 $h = 0$부터 $h = 11.0$ km까지 기울기 영역이다. 변화율은

$$a = \frac{dT}{dh} = \frac{216.66 - 288.16}{11.0 - 0} = -6.5 \text{ K/km}$$

또는, $a = -0.0065$ K/m이다.

그러므로, 식 (3.12)와 (3.13)을 이용해서, 기울기 영역과 시작점은 해수면이고(그러므로 $p_1 = 1.01 \times 10^5$ N/m^2, $\rho_1 = 1.23$ kg/m^3), $h = 11$ km일 때를 찾을 수 있다.

$$p = p_1\left(\frac{T}{T_1}\right)^{-g_0/(aR)} = (1.01\times10^5)\left(\frac{216.66}{288.16}\right)^{-9.8/[-0.0065(287)]}$$

여기서 SI단위로 $g_0 = 9.8$ m/s^{2}이다. 그러므로 $p(h = 11.0$ km에서$) = 2.26 \times 10^4$ N/m^{2}이다.

$$\rho = \rho_1\left(\frac{T}{T_1}\right)^{-[g_0/(aR)+1]}$$
$$= (1.23)\left(\frac{216.66}{288.16}\right)^{-\{9.8/[-0.0065(287)]+1\}}$$
$$= 0.367 \text{ kg/m}^3, \quad h = 11.0 \text{ km}$$

이러한 p와 ρ의 값은 지금은 첫 번째 등온 영역의 기본 값이다(그림 3.4 참조). 등온 영역의 방정식은 식 (3.9)와 (3.10)이며, 여기서 지금은 $p_1 = 2.26 \times 10^4$ N/m^2, $\rho_1 = 0.367$ kg/m^{3}이다. $h = 14$ km에 대해, $h - h_1 = 14 - 11 = 3$ km $= 3{,}000$ m이다. 식 (3.9)로부터

$$\boxed{\begin{aligned} &p = p_1 e^{-[g_0/(RT)](h-h_1)} = (2.26\times10^4)e^{-[9.8/287(216.66)](3000)} \\ &p = 1.41\times10^4 \text{ N/m}^2 \end{aligned}}$$

식 (3.10)으로부터,

$$\frac{\rho}{\rho_1} = \frac{p}{p_1}$$

그러므로

$$\rho = \rho_1\frac{p}{p_1} = 0.367\frac{1.41\times10^4}{2.26\times10^4} = \boxed{0.23 \text{ kg/m}^3}$$

이 값을 주어진 부록 A의 값과 확인해보면 반올림 오차 내이다. 주: 이 예제는 부록 A와 B의 숫자들이 어떻게 얻어졌는지를 증명해준다.

예제 3.2

근사적으로, 항공기 성능의 해석적 공학 계산(제6장), 고도에 따른 밀도 변화에 대한 간단한 방정식은 유용하다. ρ_0로부터 표준 해수면 밀도를 나타내는 것, 고도 h에 따른 밀도의 근사적인 지수 변화는 다음과 같이 쓰일 수 있다.

$$\frac{\rho}{\rho_0} = e^{-nh} \tag{3.15}$$

여기서 n은 상수이다.

(a) 식 (3.15)가 h = 36,000 ft (11 km, 그림 3.4에 보이는 첫 번째 기울기 영역의 위쪽 경계)에서 정확한 밀도를 제공하기 위해 n의 값을 유도하라.

(b) 이 n의 값을 이용하여, 식 (3.15)로부터 5,000 ft, 10,000 ft, 20,000 ft, 30,000 ft, 그리고 40,000 ft에서의 밀도를 계산하고, 부록 B의 정확한 수치값과 비교하라.

■ **풀이**

(a) 부록 B로부터, 36,000 ft에서, $\rho = 7.1028 \times 10^{-4}$ slug/ft^3. 식 (3.15)로부터, h = 36,000 ft에서 다음과 같이 쓰일 수 있다.

$$\frac{7.1028\times10^{-4}}{2.3769\times10^{-3}} = e^{-36{,}000\,n}$$

$$0.2988 = e^{-36{,}000\,n}$$

$$ln(0.2988) = -36{,}000\,n$$

$$n = \frac{-1.208}{-36{,}000} = 3.3555\times10^{-5}$$

그러므로

$$\frac{\rho}{\rho_0} = e^{-3.3555\times10^{-5}\,h}$$

$$\boxed{\frac{\rho}{\rho_0} = e^{\frac{-h}{29{,}800}}} \tag{3.16}$$

여기서 h는 ft이다.

(b) 식 (3.16)으로부터의 결과와 부록 B로부터의 정확한 값을 비교하면

h (ft)	ρ [식 (3.16)] $\left(\frac{\text{slug}}{\text{ft}^3}\right)$	ρ (부록 B) $\left(\frac{\text{slug}}{\text{ft}^3}\right)$	차이
5,000	0.00201	0.00205	2%
10,000	0.00170	0.00176	3.4%
20,000	0.00121	0.00127	4.7%
30,000	0.000869	0.000891	2.5%
40,000	0.000621	0.000587	–5.8%

참고사항: 해수면부터 40,000 ft까지, 식 (3.16)은 5.8% 또는 그보다 더 나은 오차 범위내로 대기의 밀도를 산출해 낸다. 이 결과는 근사적인 공학적 계산에 있어서 충분히 정확하다. 식 (3.16)은 예제 6.12의 항공기 절대 상승 한도의 근사적인 계산에도 쓰인다.

예제 3.3

표준 대기의 기울기와 등온 영역 둘 다에서, 고도 상승에 따라 압력이 감소한다. 문제: 기울기 영역과 등온 영역 중 어느 영역이 압력 감소가 더 빠른가?

■ 풀이

고도에 대한 미소증가, dh를 생각해보라. 그에 상응하는 압력에 대한 미소변화는 dp이며, 식 (3.7)로부터 주어졌다, 여기 다시 써보면:

$$\frac{dp}{p} = -\frac{g_0}{RT}dh \tag{3.7}$$

식 (3.7)로부터 주어진 미분 관계의 물리적인 의미를 이해하기 위해서, 압력이 p인 주어진 고도 h를 생각해 보라. 미소량, dh의 고도를 상승시킨다면, 그에 상응하는 압력에 대한 미소변화는 dp다. dp/p 비는 압력에 대한 아주 작은 변화이다(이것은 또한 압력에 대한 백분율 변화로 바꿀 수 있으며, 사실은 100 (dp/p)로부터 주어진 것이다) 고도에 따른 변화에 대하여 이 부분의 변화율, dh는 다음과 같이 표현되며

$$\frac{\frac{dp}{p}}{dh} = -\frac{g_0}{RT} \tag{3.17}$$

식 (3.7)로부터 얻어진 것이다. 이 예제에서 제시된 문제에 적절히 답하기 위하여 등온 영역과 기울기 영역에서의 $\frac{\left(\frac{dp}{p}\right)}{dh}$의 값을 평가하는 것이 필요하다. 명확히, 식 (3.17)로부터, 이 값은 오직 주어진 고도 h에서의 국부 온도에 의존한다. 이로부터, 다음과 같은 관측을 내놓을 수 있다:

1. 첫 번째 기울기 영역에서, 여기서 고도에 따라 T는 감소한다(그림 3.4 참조), $\frac{\left(\frac{dp}{p}\right)}{dh}$의 절대값은 h가 증가함에 따라 커진다.(즉, 압력은 빠른 속도로 감소한다). 예를 들어, 첫 번째 기울기 영역의 시작점에서, 여기서 $h = 0$이고 $T = 288.16$ K이다, 식 (3.17)로부터

   $\frac{\frac{dp}{p}}{dh} = -\frac{g_0}{RT} = -\frac{9.8}{(287)(288.16)} = -1.185\times10^{-4}$ per meter를 얻을 수 있다.

   첫 번째 기울기 영역의 끝점에서, 여기서 h = 11 km이고 T = 216.66 K이다,

   $\frac{\frac{dp}{p}}{dh} = -\frac{g_0}{RT} = -\frac{9.8}{(287)(216.66)} = -1.576\times10^{-4}$ per meter를 얻을 수 있다.

   명확히, 첫 번째 기울기 영역에서, 압력은 h가 증가함에 따라 빠른 속도로 감소한다. 반대로, 등온 영역에서, T는 이 영역에서 상수이기 때문에, 압력은 고도에 따라 같은 속도로 감소한다; 즉, h = 11 km부터 h = 25 km까지, 미터 당 $\frac{\frac{dp}{p}}{dh} = -1.576\times10^{-4}$의 값이다: 이것은 고도에 따라 변하지 않는다. 그러나, 그림 3.4에서 두 번째 기울기 영역을 살펴보면, 여기서 h가 증가함에 따라 T가 증가한다, 압력은 h가 증가함에 따라 느린 속도로 감소한다.

   결론: 이 예제에서 제시된 문제에 대한 짧고 간결한 답은 없다. 어떤 고도에서 고도에 대한 압력의 아주 작은 변화율은 단지 그 고도에서의 T의 값에 의존한다.

3.5 압력, 온도, 그리고 밀도 고도

부록 A와 B의 표를 손에 쥐고 지금 세 가지 새로운 "고도"—압력, 온도, 그리고 밀도 고도를 정의할 수 있다. 이것은 예제로부터 제대로 완료된 것이다. 몇몇 실제, 기하학적 고도에서 비행하는 항공기를 상상해보라. 실제 고도의 값은 이 논의에서 중요하지 않다. 그러나, 이 고도에서, 실제 밖의 기압은 6.16×10^4 N/m^{2}로 측정될 것이라 하자. 부록 A로부터 6.16×10^4 N/m^{2}의 압력에 상응하는 표준 고도는 4 km라는 것을 찾을 수 있을 것이다. 그러므로, **정의**에 의하여, 4 km의 **압력 고도**에서 날고 있다고 말할 수 있다. 동시에, 실제 밖의 기온이 265.4 K가 될 것이라고 판단할 수 있다. 부록 A로부터, 265.4 K의 온도에 상응하는 표준 고도가 3.5 km라는 것을 찾을 수 있다. 그러므로, 정의에 의하여, 3.5 km의 **온도 고도**에서 날고 있다고 말할 수 있다. 이와 같이, 실제 기하학적 고도는 다른 값인 동시에 4 km의 압력 고도와 3.5 km의 온도 고도에서 날고 있는 것이다. **밀도 고도**의 정의는 같은 방식으로 만들어졌다. 이러한 양들—압력, 온도, 그리고 밀도 고도는 부록 A 또는 B를 통해 단지 편리한 숫자들일 뿐이며, 비행중인 곳의 실제 고도에 대한 실제 p, T, 그리고 ρ와 관련되어 있다.

예제 3.4

항공기가 각각 실제 압력이 4.72×10^4 N/m^2, 실제 온도가 255.7 K인 고도에서 비행중이라면, 압력, 온도, 그리고 밀도 고도는 어떻게 되겠는가?

■ 풀이

압력 고도를 구하기 위해서, 부록 A를 보면 $p = 4.72 \times 10^4$ N/m^{2}에 상응하는 표준 고도값은 6,000 m이다. 그러므로

$$\boxed{\text{압력 고도} = 6{,}000 \text{ m} = 6 \text{ km}}$$

온도 고도를 구하기 위해서, 부록 A를 보면 $T = 255.7$ K에 상응하는 표준 고도값은 5,000 m이다. 그러므로

$$\boxed{\text{온도 고도} = 5{,}000 \text{ m} = 5 \text{ km}}$$

밀도 고도를 구하기 위해서, 반드시 상태방정식으로부터 ρ를 먼저 계산해야 해야 한다:

$$\rho = \frac{p}{RT} = \frac{4.72 \times 10^4}{287(255.7)} = 0.643 \text{ kg/m}^3$$

부록 A를 보고 6.2와 6.3 km 사이를 보간하면, $\rho = 0.643$ kg/m^{3}에 상응하는 표준 고도값은 약 6,240 m라는 것을 찾을 수 있다. 따라서

$$\boxed{\text{밀도 고도} = 6{,}240 \text{ m} = 6.24 \text{ km}}$$

온도 고도는 하나밖에 없는 유일한 값이 아니라는 점에 주목하라. 온도 고도에 대한 답은 똑같이 5.0, 38.2, 또는 59.5 km일 수도 있는데 온도 함수 대비 고도 함수의 많은 본질 때문이다. 이 절에서는 오직 가장 낮은 온도 고도의 값을 사용한다.

예제 3.5

주어진 항공기에 대한 비행시험 정보는 30,000 ft의 압력 고도와 28,500 ft의 밀도 고도를 동시에 상응하는 고도에서의 수평비행 최고속도를 참조한다. 항공기가 시험비행을 했던 고도에서의 온도를 계산하라.

■ **풀이**

부록 B로부터:

압력 고도 = 30,000 ft:

$$p = 629.66 \text{ lb/ft}^2$$

밀도 고도 = 28,500 ft:

$$\rho = 0.9408 \times 10^{-3} \text{ slug/ft}^3$$

이것은 항공기가 비행중일 때의 고도에서 동시에 존재하는 p와 ρ의 값이다. 그러므로 상태방정식으로부터,

$$T = \frac{p}{\rho R} = \frac{629.66}{(0.94082 \times 10^{-3})(1716)} = \boxed{390\,°\text{R}}$$

예제 3.6

몇몇 실제, 기하학적 고도에서 비행중인 항공기를 생각해보라. 밖의(주위) 압력과 온도는 각각 5.3×10^4 N/m²과 253 K이다. 이 항공기가 비행중일 때의 고도에서 압력과 밀도 고도를 계산하라.

■ **풀이**

5.3×10^4 N/m²의 주위 압력을 생각해보라. 부록 A에서 이 수치에 대한 정확한 값이 없다. 이것은 $h_{G,1} = 5100$ m 고도에서 $p_1 = 5.331 \times 10^4$ N/m²과 $h_{G,2} = 5200$ m 고도에서 $p_2 = 5.2621 \times 10^4$ N/m²의 값 사이에 있다. 적어도 두 가지 선택권이 있다. 단순하게 표에서 $h_{G,1} = 5100$ m 고도에 대해 가장 근처에 있는 값을 사용하고, 압력 고도에 대한 답이 5100 m라고 말하는 것이다. 오직 근사치의 계산을 하는 것이라면 이것은 허용 가능하다. 그러나, 조금 더 정확성이 필요하다면, 이 값들 사이를 보간할 수 있다. 선형 보간법을 이용하여, $p = 5.3 \times 10^4$ N/m²에 상응하는 h_G의 값을 구하면

$$\boxed{\begin{aligned} h_G &= h_{G,1} + (h_{G,2} - h_{G,1})\left(\frac{p_1 - p}{p_1 - p_2}\right) \\ h_G &= 5100 + (5200 - 5100)\left(\frac{5.331 - 5.3}{5.331 - 5.2621}\right) \\ &= 5100 + 100\,(0.4662) = 5146.6 \text{ m} \end{aligned}}$$

비행중인 항공기의 압력 고도는 5,146.6 m이다.(이 예제와 예제 3.4 그리고 3.5에서 표의 고도라는 단어를 지오포텐셜 고도 h보다는 기하학적 고도 h_G로 설명한 것을 주목하라. 이것은 편의를 위해서인데 h_G는 h에 대한 세로줄과 대조적으로 어림셈에 의한 수로서 표로 만들어지기 때문이다. 다시 말하면, 전통적인 비행에 대한 고도에서, h_G와 h사이의 차이는 중요하지 않다.)

밀도 고도를 얻기 위해서, 상태방정식으로부터 밀도를 계산한다:

$$\rho = \frac{p}{RT} = \frac{5.3 \times 10^4}{(287)(253)} = 0.72992 \text{ kg/m}^3$$

이 ρ의 값은 표의 두 값 사이에 속한다는 것을 다시 한 번 주목한다. 이것은 $h_{G,1} = 5{,}000$ m 여기서 $\rho_1 = 0.73643$ kg/m^{3}와 그리고 $h_{G,2} = 5{,}100$ m 여기서 $\rho_2 = 0.72851$ kg/m^3 사이에 속한다(이 아래첨자는 이것들로부터 표에 있는 다른 줄들은 이 예제의 첫 번째 부분으로 쓰인다는 의미라는 점에 주목하라. 아래첨자와 기호에 집착하는 것은 결코 좋지 않다. 하고 있는 것의 중요성을 항상 명심하라) 가장 근처에 있는 고도 $h_G = 5{,}100$ m를 선택하여, 밀도 고도에 대한 답이 5,100 m라고 말할 수 있다. 그러나, 좀 더 정확성을 위해서, 이 두 값 사이를 선형적으로 보간해보자.

$$\begin{aligned} h_G &= h_{G,1} + (h_{G,2} - h_{G,1})\left(\frac{\rho_1 - \rho}{\rho_1 - \rho_2}\right) \\ &= 5000 + (5100 - 5000)\left(\frac{0.73643 - 0.72992}{0.73643 - 0.72851}\right) \\ &= 5000 + 100(0.82197) = 5082.2 \text{ m} \end{aligned}$$

비행중일 때의 밀도 고도는 5,082.2 m이다.

예제 3.7

비행중인 항공기 앞쪽 공기의 주위 온도는 240 K이다. 비행중인 항공기의 온도 고도는 얼마인가?

■ **풀이**

이 예제는 온도 고도 사용에 대한 모호함을 보여주는 것이 목적이다. 먼저, 그림 3.4를 확인해보라. 가로 좌표로 가서 $T = 240$ K를 찾아라. 그리고서, 단순히 눈을 위쪽으로 따라 올라가라. 이 그림의 범위 안에, 240 K의 온도를 가지는 세 개의 다른 고도가 있다. 부록 A를 이용하면, 이 고도들은(가장 근처에 있는 값) 7.4 km, 33 km, 그리고(그림 3.4로 다시 돌아와서) 약 63 km이다. 물론, 항공기는 결코 세 개의 고도에 동시에 있을 수 없다. 온도 고도의 정의는 유용성에 한계가 있다고 결론 짓는다.

3.6 역사적 기록: 표준 대기

1783년(제1장 참조) 기구 비행의 도래와 함께, 사람들은 갑자기 지상 위 대기의 성질에 더 많은 이해를 습득하는 것에 관심을 가지게 되었다. 그러나, 이러한 지식에 대한 납득할 만한 이유는 20세기에 공기보다 더 무거운 비행기가 도래하기까지 발생하지 않았다. 다음 장에서 보겠지만, 항공기의 비행 성능은 공기의 압력이나 밀도처럼 이러한 성질에 의존한다. 이와 같이, 이러한 성질에 대한 지식, 또는 전 세계적인 참고 문헌에 대한 최소한의 몇몇 공인된 기준이 지능적인 항공 공학을 위해 절대적으로 필요하다.

이 상황은 1915년에 미 기상국(U.S. Weather Bureau)의 국장이자 NACA 소위원회 회장인 C. F. Marvin으로부터 대기에 대한 정보와 지식의 현재 상황에 대해 조사하고 보고하기 위하여 요약되었다. Marvin은 1915년, NACA 보고서 No.4, "항공학과 관련하여 대기의 문제에 대한 예비 보고서"를 작성했다;

미 기상국(Weather Bureau)은 이미 지표면에서 바람의 움직임을 포함하여, 대기의 상태와 관련한 엄청난 양의 정보를 소유하고 있었다. 이 정보는 항공학 활동에 분명한 가치가 있다는 것이 확실하지만, 비행 조건을 충족시키기 위해 서식을 맞추고 모을 필요가 있었다.

그 이후 4년간 항공 기술자들로부터 대기 정보를 사용하기 위해 이러한 수집 및 조직화 노력을 보였다. 1920년 프랑스 Saint-Cyr-1'Ecole에 공기역학 실험실 책임자였던 프랑스인 A. Toussaint는 높이에 따른 온도 감소에 대한 다음의 식을 제시했다:

$$T = 15 - 0.0065h$$

여기서 T는 섭씨온도이고 h는 미터단위 지오포텐셜 고도이다. Toussaint의 공식은 프랑스와 이탈리아로부터 동맹국간의 합의된 초안으로서 고도의 증가에 따른 온도 감소에 대해 정식으로 채택된 법칙으로, 1920년 3월 Aeronautique Militaire, Section Technique, Ministere de la Guerre로부터 발표되었다. 1년 후, 영국도 이에 따랐다. 미국은 바짝 뒤에 있었다. 1915년 Marvin의 보고서 이후로 미국의 기상국은 온도 분포의 측정을 편집하고 Toussaint의 공식을 관측된 연평균 값의 알맞은 표현 방법을 위해 정립했다. 그러므로, 1921년 12월 17일, 이것의 집행위원회 회의에서 NACA는 항공기 성능 시험을 위해 Toussaint의 공식을 채택하며 다음과 같이 말했다: "공기역학 관련 소위원회는 다른 나라들 간에 통일 관행의 목적을 위해 10 km (33,000 ft)까지 표준 대기로 결정하는 Toussaint의 공식을 채택하는 것을 권장합니다. . . ."

Toussaint의 공식을 뒷받침하는 많은 기술적인 정보기반은 1922년 NACA 보고서 No. 147, "표준 대기", Willis Ray Gregg로부터 보고되었다. Dayton, Ohio에 McCook Field, 그리고 Hampton, Virginia에 Langley Field에서의 자유-비행시험, 그리고 다른 쪽에서는 Washington, District of Columbia에서의 비행들, 뿐만 아니라 Aberdeen, Maryland, 그리고 Dahlgren, Virginia로부터의 대표 정보, 그리고 Fort Omaha, Nebraska 그리고 St. Louis, Missouri, Gregg에서의 기상 관측 기구에 기반하여 연평균 대기의 성질을 표로 편집할 수 있었다. 그의 결과물의 예는 다음과 같다:

고도, m	미국에서의 연평균 온도, K	Toussaint의 공식에 따른 온도, K
0	284.5	288
1000	281.0	281.5
2000	277.0	275.0
5000	260.0	255.5
10,000	228.5	223.0

명확히, Toussaint의 공식은 연평균 결과의 단순하고 알맞은 표현 방법을 미국에 제공했다. 이것은 1922년 Gregg의 보고서의 주된 메시지였다. 그러나, 보고서는 대규모 표를 제공하거나 공학적인 사용을 위한 문서를 제공하는 시도는 하지 않았다.

이처럼 Walter S. Diehl(나중에 잘 알려진 공기역학자이자 Naval Bureau of Aeronautics의 captain으로서 항공기 설계자가 되는 인물)는 항공학의 사용을 위해 처음으로 실용적인 표준 대기표를 제공해야겠다고 느꼈다. 1925년 NACA 보고서 No. TR 218, 제목(다시 말하면) "표준 대기"에서, Diehl은 미터법과 영국식 공학단위 둘 다로 대규모의 표준 대기의 성질을 표로 제시했다. 표는 10 km의 고도까지는 50 m씩 증가하도록 되어있었고, 그 이후부터 20 km까지는 100 m씩 증가하도록 되어있었다. 영국식 공학단위로는, 32,000 ft까지는 100 ft씩 증가하도록 되어있었고, 그 이후부터 65,000 ft까지는 200 ft씩 증가하도록 되어있었다. 오늘날의 항공기를 고려해보면(그림 1.31 참조), 이 표들은 분명히 충분하다. 게다가 10,769 m까지 T에 대한 Toussaint의 공식으로부터 시작하여 10,769 m 이후부터는 T = 상수 = -55°C로 가정하는 것에 이르기까지, Diehl은 이번 장의 전 장에 서술된 것과 같이 간결하게 같은 방식으로 ρ와 p를 구했다.

1940년대에는 독일의 V-2나 탐사 로켓의 개시와 함께 중대한 로켓 비행의 시작을 보였다. 그리고 항공기는 여태까지보다 더 높이 날게 되었다. 그리고서, 1950년대는 대륙 간 탄도 미사일 그리고 1960년대에는 우주 비행이 도래함과 함께, 고도는 ft보다는 몇 백 mi로 인용되기 시작했다. 그러므로, 새 표준 대기표가 만들어졌는데, 주로 오래된 표를 더 높은 고도로 확장한 것이다. 다양한 표들 중에서도 인기 있는 것은 ARDC 1959 표준 대기이며, 이 책과 주어진 부록 A, B에서도 사용되고 있다. 모든 실용적인 목적을 위해서, 오래된 그리고 새로운 표는 가장 큰 관심사인 밀도가 서로 일치한다. 참으로, 값을 비교하는 것은 다음을 보듯이 흥미롭다:

고도, m	Diehl의 온도, 1925, K	ARDC의 온도, 1959, K
0	288	288.16
1000	281.5	281.66
2000	275.0	275.16
5000	255.5	255.69
10,000	223.0	223.26
10,800	218.0	218.03
11,100	218.0	216.66
20,000	218.0	216.66

1925년부터 Diehl의 표준 대기는, 최소한 20 km까지는, 현재의 값과 다름없을 정도로 좋다.

3.7 요약과 복습

표준 대기표, 예를 들어 이 책의 부록 A 또는 B처럼, 항공우주 공학 전반에 걸쳐 가장 유용한 참고문헌 중 하나라고 입증될 것이다. 이것은 제6장에서 논의되고 설명되어 있는 것처럼, 항공기 성능 계산에 있어 필수적이다. 이것은 다른 출처로부터 얻어진 비행시험 정보의 이성적인 비교를 위해서도 필수적이다. 이것은 일반적인 기준에서 다양한 풍동시설로부터 정보를 입력할 때 도움을 준다. 또한, 표준 대기를 편집하기 위해 사용되는 방정식은 손 계산기 안에 프로그램 될 수 있으며, 표를 읽어야하는 것으로부터 자유롭게 해준다. 표는, 그러나, 특히 "간단한" 공학적 계산을 수행하기 위해서는 유용하다.

wright 형제 시절에는 어떠한 표준 대기표도 존재하지 않았다. 그들은 기본적으로 해수면에서 그들의 모든 작업을 수행했기 때문에 표가 필요하지 않았다. 양력과 항력의 계산을 위해, 그들은, 그러나, 주위 공기 밀도의 값이 필요했다. 그들은 이것을 간접적으로 Smeaton 계수라 불리는, 지금은 시대에 뒤쳐진 실험에 의한 인자를 통해 갖고 있었고, 이것은 Smithsonian 기관에서 Samuel Langley에 의해 측정된 Smeaton 계수의 알맞고 정확한 값과 함께, 해수면 밀도 값에 대한 부분에 기반을 두었다(좀 더 자세한 사항은 John Anderson, *A History of Aerodynamics and Its Impact on Flying Machines*, Cambridge University Press, New York, 1997.을 참조하라). 제1차 세계 대전 즈음에는, 그러나, 항공기들은 정기적으로 10,000 ft나 그보다 더 높은 고도에서 비행했고, 고도에 따른 대기의 성질 변화의 표준 테이블 부족이 항공기 설계자들로 하여금 실질적인 장애물이 되었다. 이것은 3.6절에서 설명한 표준 대기 정보의 모음집을 향한 큰 독려를 유발시켰다.

공기에 대한 표준 대기표의 모음집에 쓰이는 방정식은, 이 장에서 전개된, 외계 행성 대기의 곳곳에 대한 성질 계산에 쓰이는 것과 같다. 지구 대기의 성질 계산에 쓰이는 근본적인 물리학은 금성, 목성 등과 같기 때문에, 이것은 전혀 놀랄 일이 아니다. 그러므로, 이 장은 8장의 주제인 우주 비행과 우주선의 설계에 관련이 있다.

마지막으로, 부록 A와 B의 표준 대기표는 단순히 난데없이 나온 것이 아니라는 것을 강조하고자 한다. 거기에 표로 만들어진 값은 수정역학 방정식과 상태방정식처럼 구체화된 물리학의 응용으로부터 얻어진 것이다. 이 개념을 견고히 하는 것을 돕기 위해, 이 장의 몇 가지 주요 아이디어인 다음의 목록들을 논하기로 한다:

1. 표준 대기는 비행시험, 풍동실험 결과 그리고 일반적인 항공기 설계 및 성능을 보편적인 기준과 연결시키기 위해 정의된다.
2. 표준 대기의 성질에 대한 정의는 주어진 고도에 따른 온도 변화에 기초하며, 실험 정보의 평균을 나타낸다. 결국, 고도에 따른 압력과 밀도 변화는 물리학 법칙을 이용함으로써 이 실험에 의한 온도 변화로부터 얻어진다. 이러한 법칙 중 하나는 수정역학 방정식이다:

$$dp = -\rho g \, dh_G \tag{3.2}$$

3. 표준 대기의 등온 영역에서, 압력과 밀도 변화는 다음과 같이 주어진다:

$$\frac{p}{p_1} = \frac{\rho}{\rho_1} = e^{-[g_0/(RT)](h-h_1)} \qquad \text{(3.9)와 (3.10)}$$

4. 표준 대기의 기울기 영역에서, 압력과 밀도 변화는 각각 다음과 같이 주어지며,

$$\frac{p}{p_1} = \left(\frac{T}{T_1}\right)^{-g_0/(aR)} \tag{3.12}$$

$$\frac{\rho}{\rho_1} = \left(\frac{T}{T_1}\right)^{-\{[g_0/(aR)]+1\}} \tag{3.13}$$

여기서 T = T1 + a(h − h1)과 a는 주어진 변화율이다.

5. 압력 고도는 비행 중 혹은 실험실 실험에서 상대하는 실제 주위 압력에 상응하는 표준 대기의 고도이다. 예를 들어, 유동의 주위압력이 어디에 있든 혹은 무엇을 하든, 393.12 lb/ft2이라면, 유동은 40,000 ft의 압력 고도와 일치한다고 말할 수 있다(부록 B 참조). 이와 같은 아이디어는 밀도와 온도 고도를 정의하기 위해 사용될 수 있다.

참고문헌

Minzner, R.A., K.S.W. Champion, and H.L.Pond. The *ARDC Model Atmosphere, 1959*, Air Force Cambridge Research Center Report No.TR−59−267, U.S.Air Force, Bedford, MA, 1959.

연습문제

3.1. 표준 대기 12 km에서의 압력, 밀도, 그리고 온도는 각각 1.9399×10^4 N/m^2, 3.1194×10^{-1} kg/m^3, 그리고 216.66 K이다. 이 값들을 사용해서, 18 km의 고도에서 압력, 밀도, 그리고 온도의 표준 대기 값을 계산하고, 표준 고도표를 이용하여 확인하라.

3.2. 몇 가지 실제 고도에서의 항공기 비행을 생각해보라. 밖의 압력과 온도는 각각 2.65×10^4 N/m^{2}과 220 K이다. 압력과 밀도 고도는 무엇인가?

3.3. 새 항공기의 비행시험 동안, 조종사는 표준 고도 35,000 ft에서 수평 비행 중에 지상과 무선 연락을 한다. 주위 기압은 항공기에 얼마나 앞서 있는가?

3.4. 압력 고도 33,500 ft와 밀도 고도 32,000 ft에서 항공기 비행을 생각해보라. 밖의 기온을 계산하라.

3.5. 기하학적 고도의 어떤 값에서 $h - h_G$는 지오포텐셜 고도의 2퍼센트에 해당하는 차이가 있다. h는?

3.6. Toussaint의 공식을 이용하여, 지오포텐셜 고도 5 km에서의 압력을 계산하라.

3.7. 목성의 대기는 근본적으로 수소, H_2로 구성되어 있다. H_2에서, 특정 기체상수는 4,157 J/(kg)(K)이다. 목성의 중력가속도는 24.9 m/s^{2}이다. 150 K의 온도와 함께 등온 대기라 가정하고 목성은 한정할 수 있는 표면을 가진다고 가정하면, 압력이 표면 압력의 절반인 표면 위에 고도를 계산하라.

3.8. 초음속 전투기 F-15는 급상승 중이다. 표준 고도 25,000 ft를 지나 이것이 지나가는 순간, 이것의 고도 변화에 따른 시간 변화율은 500 ft/s이며, 제6장에서 논의된 정의로부터 **상승률**이라 한다. 25,000 ft에서 이 상승률에 해당하는 것은 주위 압력 변화에 따른 시간 변화율이다. 압력 변화에 따른 이 변화율을 초당 psf (pounds per square foot)단위로 계산하라.

3.9. 해수면에서 엘리베이터로 올라가는 중이라 가정하자. 고막은 압력의 미세한 변화에 매우 민감하다. 이 경우는, 분당 1퍼센트의 압력 감소를 느끼는 중이다. 분당 미터로 엘리베이터의 상승 속도를 계산하라.

3.10. 압력과 온도가 각각 530 lb/ft^{2}과 390°R인 고도에서 비행중인 항공기를 생각해보라. 항공기

가 날고 있는 곳에서의 압력과 밀도 고도를 계산하라.

3.11. 각각 30 ft 길이의 벽과, 10 ft 깊이의, 대기 중에 개방되어 있는 큰 직사각형 물탱크를 생각해보라. 물이 탱크의 끝부분까지 가득 채워져 있을 때, 물과 맞닿는 각 벽의 측면에 가해진 힘을 계산하라. 이 탱크는 해수면에 위치하고 있다.(주: 물의 비중량은 62.4 lb_f/ft^3이고, 1 톤 = 2,000 lb_f이다.)(힌트: 수정역학 방정식을 이용하라.)

3.12. 우주에서 임무 수행을 완료한 후 지구의 대기로 진입하는 우주선에 대한 논의는 8장에 나와 있다. 대기 진입동안 우주선의 움직임과 공력가열의 근사적인 분석을 **지수 대기**라 일컫는 근사적인 대기 모델로 가정하여, 고도에 따른 공기 밀도 변화는

$$\frac{\rho}{\rho_0} = e^{-g_0 h/(RT)}$$

로 가정될 수 있다. 여기서 ρ_0는 해수면 밀도이고 h는 해수면 위에서 측정된 고도이다. 이 방정식은 오직 전체 대기 곳곳에 대해 고도에 따른 밀도 변화를 위한 근사치이지만, 이 방정식의 간단한 형태는 이것을 근사적인 분석을 하는데 유용하게 만들어준다. 이 방정식을 이용하여 고도 45 km에서의 밀도를 계산하라. 구한 값을 표준 고도표로부터 실제 밀도의 값과 비교하라. 앞선 방정식에서, T = 240 K(표준 대기표를 확인해서 볼 수 있는 해수면과 45 km 사이의 온도의 값에 대한 적절한 수치)로 가정하라.

3.13. 부록 A와 B의 표준 고도에 대한 값들은 분명하고, 규칙적인 간격의 h의 값에서 주어져 있다. 표에서 인접한 두 개의 고도값 사이의 압력, 온도, 그리고 밀도의 값을 얻기 위해서, 선형 보간법이 근사치로서 사용될 수 있다. 표를 이용하여, 표준 고도 3.035 km에서의 압력, 밀도, 그리고 온도를 구하라.

3.14. 표준 고도 3.035 km에서, 정확한 방정식인 이 장의 식 (3.4)를 이용하여 압력, 밀도, 그리고 온도의 정확한 값을 계산하라. 연습문제 3.13에서 얻은 근사값과 이 정확한 값을 비교하라.

3.15. 3.3절에서 오직 고도 65 km 이상에서만 기하학적 고도와 지오포텐셜 고도 사이에 차이가 1퍼센트를 넘는다고 서술하였다. 이 차이가 정확히 1퍼센트가 나는 기하학적 고도의 정확한 값을 계산하라.

3.16. 지구의 대기에서 항공기 비행에 대해, 고도에 따른 중력가속도 변화는 일반적으로 무시된다. 가장 높이 비행하는 항공기 중 하나는 록히드 U-2(그림 5.52 참조)이며 70,000 ft에서 순항하도록 설계되었다. 해수면에서의 중력가속도와 이 고도에서의 중력가속도는 얼마나 차이가 나겠는가?

3.17. 1963년 8월 22일, 극초음속 시험 비행기인 X-15(그림 5.92 참조)는 시험 비행 조종사 Joseph Walker에 의해 고도 354,200 ft의 기록을 세웠다. 이 고도에서 중력가속도는 얼마인가? 해수면에서와 얼마나 차이가 나겠는가?

3.18. Toussaint 공식은 고도에 따른 온도 변화를 제공하기 위해 1920년대 초 사용되었다. 이것은 제1차 세계 대전 종전 직후의 시기이자 전통적인 항공기가 10,000 ft 혹은 그 이하의 고도에서 비행할 때였다. 기하학적 고도 10,000 ft에서 Toussaint 공식으로부터 얻은 온도와 부록 B의 표준 고도표로부터 얻은 결과를 비교하라.

3.19. 1967년 10월 3일, X-15 시험 비행 조종사 William J. Knight이 속도 세계 기록을 세웠을 때, 그의 기하학적 고도는 102,100 ft였다. 이 고도에서 온도, 압력, 그리고 밀도의 표준 값을 얻기 위하여 부록 B의 값들을 보간하라.

3.20. 풍동 시험부에서의 압력이 0.92 atm이다. 시험모델이 시험부에 설치되었다면, 이 모델에 대한 압력 고도는 얼마인가?

INTRODUCTION TO FLIGHT

CHAPTER 04

기초 공기역학

Basic Aerodynamics

비행에 관한 한 수학은 현재까지 별 도움이 되지 못했다.

1879년 영국 항공학회의 14번째 연례보고서 중

순수 수학자들의 관점에서 개발된 수학 이론들은 항공기에서 발생하는 공기흐름을 표현하는데 적절해 보이고, 항공기 설계에 직접 적용될 수 있을 만큼 굉장히 정확하다.

Theodore vor Karman, 1954

고도 3 km (9,840 ft)에서 속도 112 m/s (367 ft/s)로 비행하는 항공기를 생각해 보자. 날개 위 한 점에서 공기의 압력과 속도는 자연의 법칙에 따라 특정한 값을 가진다. 공기역학의 기술적 목표는 자연의 법칙을 해독하고 유동 특성을 계산하기 위한 방법을 제시하는 것이다. 이러한 방법과 정보를 이용해 항공기의 양력과 항력 같은 실용적 값을 계산할 수 있게 된다. 또 다른 예제는 주어진 크기와 모양을 가지는 로켓 엔진 내의 유동이다. 만약 이 엔진이 Cape Canaveral의 발사대에 놓여져 있고 연소실(combustion chamber)에서 주어진 연료와 산화제가 점화된다면, 노즐 출구에서 속도와 압력 또한 자연의 법칙에 따라 특정한 값을 가질 것이다. 공기역학의 기본 원리를 이용해 출구 유동의 속도와 압력, 그리고 이 값을 이용하여 추진력을 계산할 수 있다. 이와 같은 이유로 공기역학을 이해하는 것은 비행의 전반적인 이해에 필수적이다. 이 장의 목적은 공기역학의 기본적인 개념과 법칙을 소개하고 실제적인 문제에 어떻게 적용하는지를 알아보는 것이다.

이 장의 로드맵은 그림 4.1과 같다. 이 장에서 공기역학에 관해 무엇을 다루는지 좀 더 생각해 보기 위해 로드맵을 살펴보자. 먼저, 공기 유동의 두 가지 기본적인 형태를 인식할 수 있다. (1) 마찰이 없는 유동(**비점성** 유동), (2) 마찰이 있는 유동(**점성** 유동). 두 종류의

미리보기

PREVIEW BOX

제2장의 서두에서 우리는 대기 중을 비행하는 항공기를 생각했고, 그 첫 번째 생각은 비행기 주위 공기흐름의 변화가 존재하는 것이다. 공기흐름의 변화는 비행기의 공기역학적 힘을 만든다. 공기역학은 비행체의 설계에 적용되는 4가지 중요한 분야(공기역학, 비행동역학, 추진, 구조)의 하나임을 언급했다.

공기역학은 무엇인가? 미국 *Heritage* 영어사전은 "기체의 동역학, 특히 움직이는 물체와 대기의 상호 작용에 관한 동역학"이라고 공기역학을 정의하고 있다. 무슨 말인가? 동역학은 운동을 다루는 분야를 뜻한다. 기체는 형태가 고정되지 않는 물질이다. 공기역학은 형태가 변하는 물질의 동역학이란 말인가? 어떤 관점에서는 맞는 말이다. 반면 이 책 자체는 딱딱한 물체라서 잡을 수도 있고 밖으로 던져 버릴 수도 있다. 그때 속도나 가속도, 경로 등을 쉽게 추적할 수 있다. 이러한 고체의 동역학은 이전에 배운 물리학에서 친근한 개념일 것이다. 그러나 공기를 한 움큼 쥐고 방 밖으로 던진다고 생각해 보라. 가능한가? 형태가 변하는 공기는 여러분의 손을 빠져나가 어디론가 사라져 버릴 것이다. 분명히 공기의 동역학은 고체의 그것과 다르다. 공기역학은 완전히 새로운 관점을 요구한다. 이 장의 목적은 이러한 새로운 관점을 제공하는 것이다.

공기를 어떻게 움직일 수 있을까? 항공기가 여러분을 지나갈 때 공기는 항공기 주위를 흐르고 항공기 경로 바깥으로 움직이게 된다. 다른 관점에서, 여러분이 640 km/h의 속도로 움직이는 항공기 안에 타고 있다고 상상해 보자. 앞을 바라보면 공기가 여러분을 향해 640 km/h의 속도로 다가오는 것으로 느낄 것이다. 공기는 항공기 위, 아래로 흘러가고, 날개나 동체를 지나면서 가속되기도 감속되기도 한다. 이것만이 아니다. 공기는 항공기 표면에 마찰력과 압력 분포를 만들어서, 항공기에 공기역학적 양력과 항력을 발생시킨다(2.2절 다시 참조). 공기가 움직인다는 점을 명심하고 질문을 다시 해 보자. "공기를 어떻게 움직일 수 있을까?" 이것을 이해하기 위해 이 장을 읽어 보자.

많은 과학기술자들이 공기역학을 이해하기 위해 많은 공을 들였는데, 이것은 공기역학이 중요하다는 방증이다. 게다가 공기역학은 방대하기도 하기 때문에 이 장은 상당히 길다. 공기역학은 비행체의 외부 형상을 결정하는 데 지배적인 역할을 한다. 공기역학을 진지하게 이해하고 고려하지 않는다면, 항공우주공학의 첫 발을 내딛기 힘들게 된다. 이 장의 목적은 여러분들이 공기역학에 대한 이해를 얻어서 항공우주공학의 첫 발을 내딛도록 돕는 것이다. 이 장에서 공기가 어떻게 움직이게 되는지를 배운다. 공기 중의 물체 표면에 작용하는 압력을 어떻게 예측할 수 있는지, 압력이 공기의 속도와 어떻게 연관되는지를 배우게 될 것이다. 음속보다 빠른 초음속 흐름에 대해 배우고, 초음속에서 종종 발생하는 충격파를 알게 될 것이다. 비행 중인 항공기의 비행 속도를 계산하는 법 또한 배운다. 왜 로켓 엔진의 노즐 모양이 완전히 공기역학적 고려 때문에 결정된다는 것을 이해하게 된다. 많은 공기역학의 응용 사례를 배우기 위해 여러 가지 근본 원리, 즉 개념과 방정식을 이 장은 첫 번째 절에서 공부해야만 한다. 이상의 이유로 이 장은 중요하므로 진지하게 공부하길 부탁한다.

경고의 말: 이 장은 여러분에게 도전이 될 것이다. 주제의 대부분이 이전에 다루었던 것과 상당히 다르다. 새로운 개념, 생각, 낯선 관점들이 많다. 새로운 것들을 묘사하기 위한 많은 방정식들이 있다. 여러분이 이점을 인정한다면 지루하지 않게 즐길 수 있을 것이라 믿는다. 다름을 기대하고 열정을 가지고 도전하라. 열심히 읽고 단계를 밟으면 공기역학의 세계가 열릴 것이다.

유동은 로드맵 상단의 두 글상자로 표현된다. 마찰의 고려 유무는 공기역학에서 중요한 차이점이다. 실제 공기 유동에는 움직이는 유체 간에 작용하는 마찰이 항상 존재한다. 그러나 대부분의 실용적인 문제에서는 유동 내부의 마찰로 인한 영향이 매우 작아서 무시할 수 있다. 따라서 유동 내부에 **마찰이 없는 비점성 유동으로 가정**하여 해석할 수 있다. 마찰이 없는 이상적인(ideal) 상태를 다룸으로써 유동 해석이 간단해진다. 그러나 어떤 유동에서는 마찰의 영향이 중요해서 마찰의 영향을 반드시 해석에 포함해야 하는 경우가 있는데, 이 경우 유동 해석은 더 복잡해진다.

이 장은 말 그대로 **기초**를 다룬다. 3가지 근본적인 물리학 원리에 관한 설명으로 시작한다.

1. 질량은 보존된다.
2. 뉴턴의 제2법칙(힘 = 질량 × 가속도)이 적용된다.
3. 에너지는 보존된다.

3가지 근본 원리가 공기 유동에 적용될 때, 원리를 표현하는 몇 가지 수학적인 방정식이 유도될 것이다. 질량이 보존된다는 원리는 **연속방정식**(*continuity equation*)이라 불리는 지배 방정식의 형태로 표현된다. 이것은 그림 4.1의 중간 글상자에 연속방정식은 질량이 보존된다는 것을 뜻한다. 마찰의 고려 유무와 상관없이 질량은 보존된다. 그러므로 연속방정식은 점성 유동과 비점성 유동 모두에 적용되고, 그림 4.1의 상단 글상자 아래에 위치하

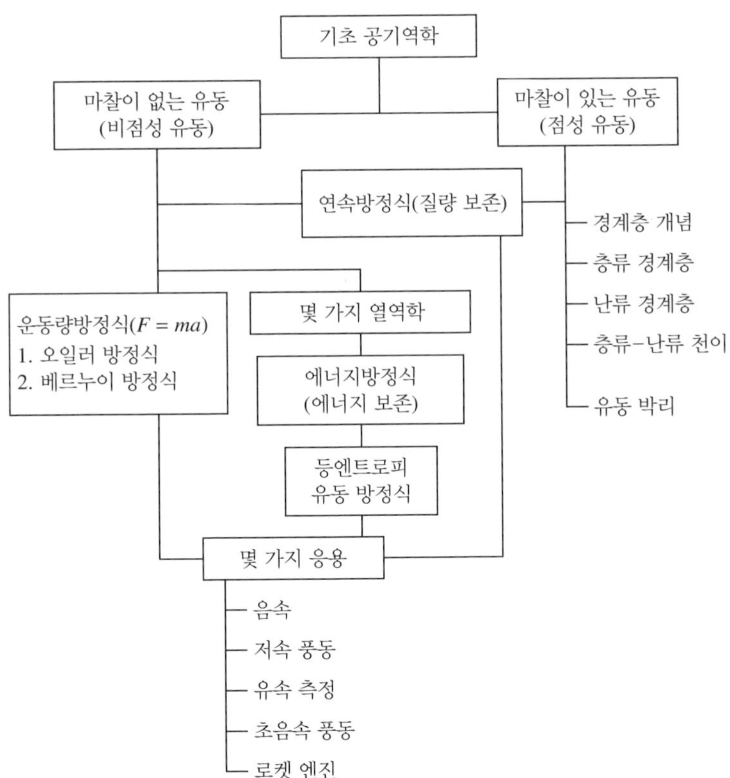

그림 4.1 제4장의 로드맵

게 된다. 로드맵에서 비점성 유동을 가정한 왼쪽 부분을 살펴보자. 비점성 유동에 대해 뉴턴의 제2법칙을 적용하면 운동량(momentum) 방정식을 얻을 수 있고, 이를 **오일러**(*Euler*) **방정식**이라 부른다. 오일러 방정식의 특별하고 중요한 한 형태가 널리 알려진 베르누이(Bernoulli) 방정식이다. 또한 우리는 에너지 보존법칙을 적용하여 유동의 에너지방정식을 얻을 수 있다. 에너지에 관한 과학은 **열역학**(*thermodynamics*)이므로 열역학의 몇 가지 기본 개념 또한 살펴 볼 것이다.

기초 방정식을 얻은 후, 비점성 유동의 몇 가지 응용으로서 음속, 풍동, 로켓 엔진 등을 살펴볼 것이다.

마지막으로 점성 유동의 몇 가지 중요 사항을 로드맵 오른편에서 살펴보자. 고체 표면에 인접한 영역에서 발생하고 마찰효과가 중요한 점성 **경계층**(viscous *boundary layer*)의 개념을 이해한다. 점성 유동은 **층류**(*laminar*) 유동과 **난류**(turbulent) 유동으로 구분할 수 있다. 유동이 어떻게 층류에서 난류로 천이(transition)되는지, 이러한 유동이 물체에 공기역학적 항력에 어떤 영향을 미치는지를 이해해야 한다. 마지막으로 점성 공기 유동이 물체 표현에서 떨어지는 **유동 박리**(*separation*)를 다룰 것이다.

다소 복잡미묘한 로드맵을 구체적으로 논하였는데, 저자의 경험으로는 공기역학에 첫 발을 내딛는 독자들이 주제를 찾는 데 때때로 당황하는 모습을 발견할 수 있다. 사실 공기역학은 예술적으로 구성된 학문 분야이고, 그림 4.1의 로드맵은 초심자의 혼란을 상당 부분 줄여준다. 이 장의 진도를 나가면서 이 로드맵을 중요한 나침반으로 활용하기 바란다.

4.1 연속방정식

흐르는 기체의 물리에 관한 몇 가지 기본 원리를 적용하여 공기역학의 법칙을 정식화한다. 예를 들어,

물리학 원리: 질량은 창조되지도 파괴되지도 않는다.[1]

흐르는 기체에 이 원리를 적용하기 위해서 그림 4.2에 나타난 흐름 방향에 수직하게 그린 원이 형성하는 가상의 원(imaginary circle)을 생각해 보자. 원의 테두리를 통과하는 유선들은 하나의 관를 만드는데 이를 **유관**이라고 한다. 유관 내부를 통해 흐르는 기체를 따라 점 1에서 점 2로 움직이면 관의 단면적이 변화하는 것을 볼 수 있다. 그러나 흐름이 정상상태(steady-state)인 경우 점 1 위치의 단면을 통과하는 질량은 점 2 위치의 단면을 통과하는 질량과 같아야 한다. 왜냐하면 유선의 정의에 따라 유선을 가로지르는 유동은 없기 때문이다. 유관을 통해 흐르는 질량은 경계의 유선에 의해 형태가 정해지는데, 이는 정원에 물을 공급하는 고무호스를 통해 흐르는 물이 고무호스의 벽면에 의해 갇히는 것과 같다.

---

[1]물론 Einstein은 $e = mc^2$, 즉 에너지가 방출되는 상황에서 질량이 완전히 보존되는 것이 아니라는 점을 발견했다. 그런데 현저한 질량의 변화가 발생하는 경우에는 핵분열에서와 같이 엄청난 에너지의 방출이 발생할 것이다. 실제 공기역학에서는 그런 상황은 거의 발생하지 않는다.

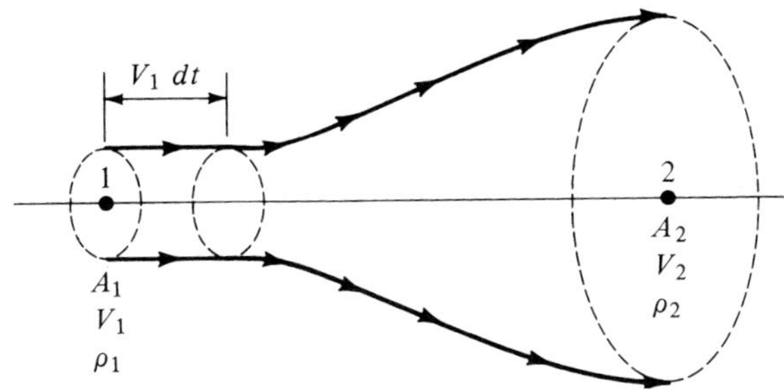

그림 4.2 유관과 질량 보존

다른 말로 "한쪽 끝에서 들어온 것은 다른 쪽 끝으로 나간다"고 말할 수 있다.

점 1 위치에서 유관의 단면적을 A_1, 유동 속도를 V_1이라 하자. 주어진 시점에서 A_1의 면에 순간적으로 위치한 모든 유체요소를 생각해 보자. 그림 4.2에서 보듯이 시간간격 dt 후에 유체요소들은 모두 $V_1 dt$만큼 움직이게 된다. 유체요소들은 점 1 아래쪽으로 $A_1\ V_1 dt$ 만큼의 부피에 해당하는 공간을 쓸고 지나가므로, 이 부피에 해당하는 질량 dm은 밀도와 부피의 곱과 같다. 즉,

$$dm = \rho_1(A_1\ V_1\ dt) \tag{4.1}$$

식 (4.1)은 시간간격 dt 동안 면적 A_1을 **통해 지나간** 기체의 질량을 표현한다.

정의: 면적 A를 통과하는 **질량 유량** $\dot{m}$는 단위 시간에 A를 가로지르는 질량이다.

따라서 식 (4.1)로부터 면적 A_1에 대한 질량 유량은

$$\text{질량 유량} = \frac{dm}{dt} \equiv \dot{m}_1 = \rho_1 A_1 V_1 \quad \text{kg/s 또는 slugs/s}$$

단면 A_1의 테두리를 통과하는 같은 유선으로 둘러싸인 면적 A_2를 통과하는 질량 유량도 같은 방법으로 구할 수 있다.

$$\dot{m}_2 = \rho_2 A_2 V_2$$

질량은 생성되거나 사라지지 않으므로 당연히 $\dot{m}_1 = \dot{m}_2$가 된다. 따라서,

$$\boxed{\rho_1 A_1 V_1 = \rho_2 A_2 V_2} \tag{4.2}$$

이 식을 정상 유동의 **연속방정식**이라 부르며, 유관 내에서 서로 다른 위치에서 밀도, 속도, 면적의 관계를 나타내는 간단한 관계식이다.

한 가지 주의사항은 그림 4.2의 모든 단면위치에서 밀도와 속도가 일정한 값을 가진다는 점이다. 즉, 단면 A_1의 모든 위치에서 밀도 ρ_1과 V_1이 일정한 값을 가진다. 이것은 현실과 다른 가정인데, 실제로는 밀도와 속도가 단면적 A 위에서 다른 값을 가진다. 식 (4.2)를 사용할 때 단면적 A 위에서 밀도와 속도의 **평균**값을 사용한다고 가정한다. 많은 응용문제

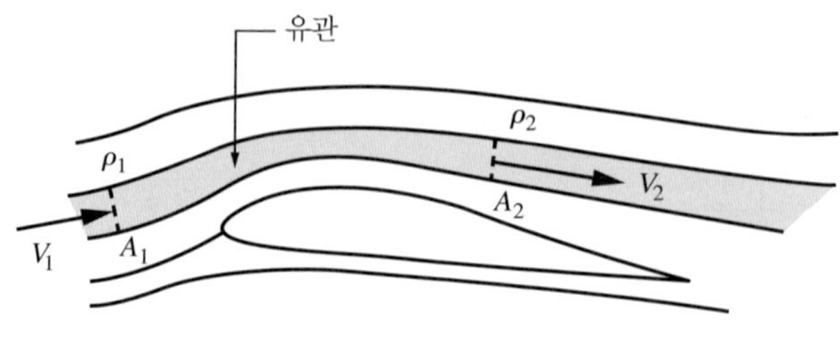

그림 4.3 익형 위의 유관

에서 이러한 가정은 상당히 합리적이다. 식 (4.2) 형태의 연속방정식은 풍동, 로켓 엔진과 같은 관 형태의 유동에 많이 사용된다.

그림 4.2에 도시한 유관은 고체 벽으로만 생각할 필요는 없다. 예를 들어, 그림 4.3에 나타난 익형 위를 흐르는 유동의 유선을 생각해 보자. 어두운 색으로 표현된 인접한 두 유선 간의 공간은 하나의 유관이 되므로, 식 (4.2)를 그림 4.3의 유관에 적용할 수 있다. 여기서 ρ_1과 V_1은 단면 A_1 위의 적절한 평균값이 된다.

4.2 비압축성 유동과 압축성 유동

진도를 나가기 전에 현실의 모든 일은 크든 작든 간에 **압축성**인 점을 강조할 필요가 있다. 즉, 물질의 일부를 떼어내서 약간의 압력을 가해 충분히 딱딱하게 뭉친다면 물질 일부의 부피는 줄어들 것이다. 그러나 질량은 유지된다. 이것을 그림 4.4에서 간략히 나타냈다. 결국, 물질의 **밀도** ρ는 뭉쳐질수록 커질 것이다. 밀도가 변하는 양은 물질의 특성이 얼마나 세게 뭉치느냐, 즉 압력의 크기에 따라 달라진다. 물질이 철과 같은 고체라면 부피의 변화는 무시할 만큼 작아서 실용적으로 밀도가 일정하다고 볼 수 있다. 물질이 물과 같은 액체인 경우에도 부피의 변화는 매우 작아서 밀도가 일정하다고 생각한다. 그러나 물질이 기체인 경우 부피가 쉽게 변할 수 있으므로 밀도는 하나의 변수로 생각해야 한다.

위의 토의를 통해 공기 흐름은 두 가지 종류로 분류할 수 있다: 압축성(compressible) 유동과 비압축성(incompressible) 유동

1. **압축성 유동**—흐르는 유체요소의 밀도가 변할 수 있는 유동. 식 (4.2)를 사용하면 유동이 압축성($\rho_1 \neq \rho_2$)인지를 알 수 있다. 공기 유동에서 밀도의 가변성은 고성능 아음속 비행기, 모든 초음속 비행체, 로켓 엔진과 같은 고속 상태에서 특히 중요하다. 사실 엄밀히 말해서 모든 현실의 유동은 압축성이다. 그러나 많은 경우 밀도는 조금만 바뀐다. 따라서 두 번째 정의가 필요하다.
2. **비압축성 유동**—유체요소의 밀도가 언제나 일정한 유동.[2] 식 (4.2)를 적용하면 유동이

[2]고급공기역학에서 여러분은 비압축성 유동의 정의에 대한 더 일반적인 표현을 배우게 된다. 이 책의 목적상 여기서는 비압축성 유동을 밀도가 일정한 유동으로만 생각하자.

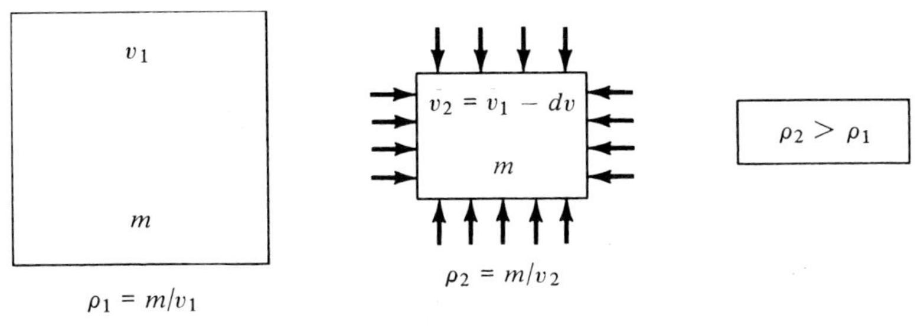

그림 4.4 부피의 변화와 압축성에 관한 도식

비압축성($\rho_1 = \rho_2$)인 경우에 다음 식이 성립한다.

$$A_1V_1 = A_2V_2 \tag{4.3}$$

비압축성 유동은 자연에서 결코 일어날 수 없다. 그러나 해석을 간단히 하기 위해서 밀도의 실제 변화가 무시할 만큼 작은 유동에서는 밀도가 일정하다고 **가정**하는 것이 편리하다. (사실 어떤 시스템을 해석이 가능하도록 실제 물리시스템에 대해 이상적인 가정을 만드는 일은 공학과 물리학의 일상적인 활동이다. 그러나 실제 문제에 대한 이상적인 가정이 부정확하거나 부적합할 경우 얻어진 결과를 사용하는 데 언제나 조심해야 할 것이다.) 물, 기름과 같은 액체 유동을 비압축성으로 가정하는 것은 매우 좋은 가정이다. 또한 속도가 100 m/s(또는 225 mi/h) 이하인 공기의 저속 유동 또한 비압축성으로 가정할 수 있다. *Wright Flyer* (1903)부터 1930년대 후반까지 거의 모든 종류의 비행기 비행 속도가 이 속도 이하임을 그림 1.30을 통해 알 수 있다. 그래서 초창기 공기역학은 비압축성 유동을 대부분 다루었고 이에 기초한 기술과 비압축성 유동에 관한 수많은 문헌이 존재한다. 이 장의 마지막 부분에서 왜 100 m/s 이하의 속도에서 공기흐름을 비압축성으로 안전하게 가정할 수 있는지를 증명할 것이다.

공기역학적 유동을 풀고 살펴보는 과정에서 비압축성과 압축성 유동의 차이점을 분명히 인식하게 될 것이다. 두 종류의 유동 간에 질적으로나 양적으로 명백한 차이가 있기 때

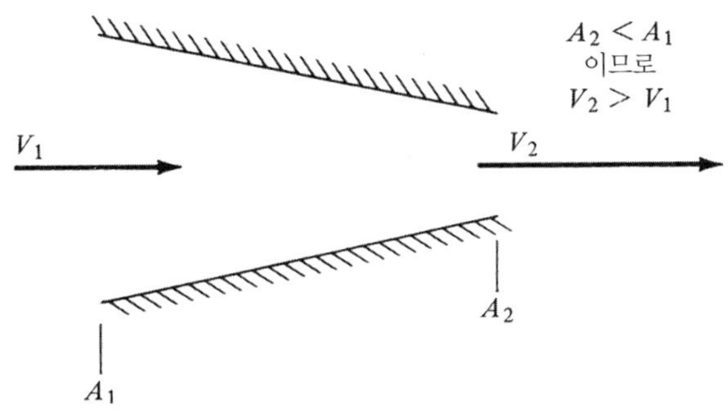

그림 4.5 수렴형 덕트의 비압축성 유동

문에 이러한 구분을 잘 짓는 것을 습관으로 만들 필요가 있다.

첨언으로서 식 (4.3)은 왜 모든 일반적인 물뿌리개 고무호스의 노즐이 그림 4.5와 같이 수렴형으로 생겼는지를 설명한다. 식 (4.3)으로부터,

$$V_2 = \frac{A_1}{A_2} V_1$$

만약 A_2가 A_1보다 작다면, 노즐을 통해 흐르는 물의 속도가 커진다. 4.10절에서 다시 토의하겠지만, 이와 같은 원리는 공기역학 실험을 위해 만드는 아음속 풍동의 노즐설계에 사용된다.

예제 4.1

입구 면적 $A_1 = 5\ \text{m}^2$인 수렴형 덕트를 생각하자. 덕트를 통해 들어오는 공기의 속도가 $V_1 = 10$ m/s 인이고, 덕트를 빠져나가는 속도 $V_2 = 30$ m/s이다. 덕트 출구의 면적은 얼마인가?

■ **풀이**

공기 속도가 100 m/s 이하이므로 비압축성으로 가정할 수 있다. 식 (4.3)으로부터,

$$\boxed{\begin{aligned} A_1V_1 &= A_2V_2 \\ A_2 &= A_1\frac{V_1}{V_2} = (5\ \text{m}^2)\frac{10}{30} = 1.67\ \text{m}^2 \end{aligned}}$$

예제 4.2

입구와 출구 면적이 각각 $A_1 = 3\ \text{ft}^2$이고 $A_2 = 2.57\ \text{ft}^2$인 수렴형 덕트를 생각하자. 덕트를 통해 들어오는 공기의 속도가 $V_1 = 700$ ft/s이고 밀도 $\rho_1 = 0.002\ \text{slug/ft}^3$, 출구에서 빠져 나가는 공기의 속도 $V_2 = 1070$ ft/s이다. 출구에서 공기의 밀도 ρ_2를 계산하라.

■ **풀이**

입구속도가 700 ft/s의 고속이므로 압축성 유동으로 생각해야 한다. 즉 입구와 출구에서 공기의 밀도가 다르다는 것을 의미한다. 식 (4.2)를 사용하면,

$$\rho_1 A_1 V_1 = \rho_2 A_2 V_2$$

$$\rho_2 = \rho_1 \frac{A_1V_1}{A_2V_2} = 0.002\frac{3(700)}{2.57(1070)} = \boxed{0.00153\ \text{slug/ft}^3}$$

주: ρ_2의 값이 ρ_1과 꽤 다르다는 점은 본 예제의 유동이 압축성 유동임을 보여준다. 유동이 비압축성이라면 두 값은 같은 값을 가질 것이다. 식 (4.2)는 식 (4.3)보다 더 일반적인 식임을 명심해야 한다. 즉, 식 (4.2)는 압축성과 비압축성 유동 모두에 적용되나, 식 (4.3)은 비압축성 유동이 확실할 때에만 유효하다.

참고: 이 예제를 푸는 과정에서 일치하는 단위를 사용하였다. 수학적인 계산에서 모든 항에 단위를 보여줄 필요는 없다. 연속방정식을 계산할 때, 면적은 ft², 속도는 ft/s, 밀도는 slug/ft³을 사용하였다. 영미식 단위계에서 밀도는 slug/ft³으로 표시되므로, ρ에 대한 답 또한 slug/ft³으로 표시한다.

4.3 운동량방정식

식 (4.2)의 연속방정식은 전체의 일부분에 지나지 않는다. 예를 들어, 연속방정식은 유동의 압력에 대해 어떤 정보도 포함하지 않는다. 압력이 중요한 유동변수임을 우리는 직관적으로 알고 있다. 사실 유동에서 두 지점 간에 압력의 차이는 유체요소에 작용하는 힘을 만들어 유체를 움직이게 한다. 그러므로 압력과 속도 간에 상관관계가 있음이 틀림없고, 이 절에서 그 관계를 유도한다.

물리학의 근본 법칙 중 하나인 뉴턴의 제2법칙에서 시작한다.

물리법칙: 힘 = 질량 × 가속도

$$F = ma \tag{4.4}$$

이 법칙을 흐르는 기체에 적용하기 위해 그림 4.6과 같이 속도 V로 유선을 따라 움직이는 무한히(infinitesimally) 작은 유체요소를 고려하자. 주어진 순간에 유체요소가 점 P에 위치하고, 유선과 평행한 x 방향을 향해 움직이고 있다. y와 z축은 x축에 서로 직교한다. 돋보기를 이용해 매우 작은 유체요소를 본다고 하면 그림 4.6의 위쪽 그림처럼 보일 것이다. 이 유체요소에 작용하는 힘은 무엇인가? 물리적으로 힘은 세 가지 현상의 조합이다:

1. 유체요소의 모든 여섯 면에 수직한 방향으로 작용하는 압력(= 단위 면적당 힘)
2. 유체요소의 모든 여섯 면에 평행하게 작용하는 마찰(전단)력
3. 유체요소 전체의 질량에 작용하는 중력

본 교재에서는 마찰력의 존재를 무시하고, 전체 힘에 비해 비중이 적은 중력 또한 무시한다. 따라서 유체요소에 작용하는 유일한 힘은 압력으로 인해 발생하는 힘이다.

압력으로 인한 힘을 계산하기 위해 그림 4.6에서 유체요소의 각 변 길이를 dx, dy, dz라 두자. x축에 수직인 왼쪽과 오른쪽 면의 힘을 고려하자. 왼쪽 면에 작용하는 압력은

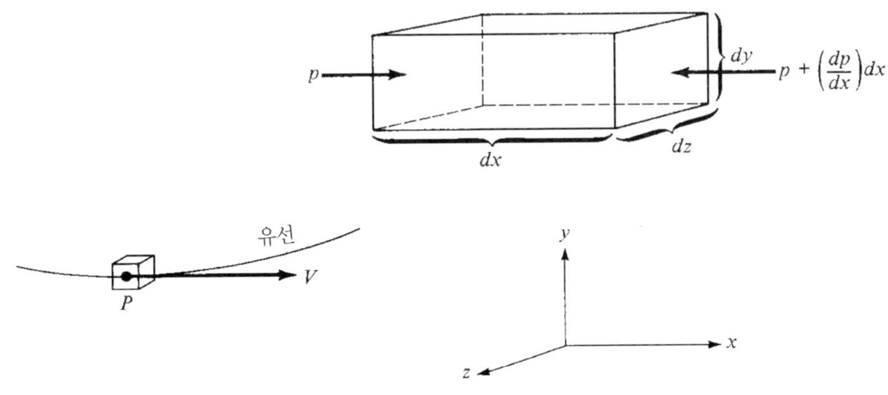

그림 4.6 운동량방정식의 힘 다이어그램

p이고, 면적은 $dy\ dz$이므로, 작용하는 힘은 $p(dy\ dz)$이다. 이 힘은 (+) x축 방향으로 작용한다. 압력은 흐름에 따라 변화하므로 단위 길이당 압력의 변화를 dp/dx로 나타내면, 왼쪽 면으로부터 x축을 따라 dx만큼 떨어진 거리에 있는 지점의 압력의 **변화량**은 $(dp/dx)dx$로 나타낼 수 있다. 즉, 오른쪽 면의 압력은 $p + (dp/dx)dx$가 된다. 결론적으로 오른쪽 면에 작용하는 힘은 $[p + (dp/dx)dx](dydz)$이며, 그림 4.6에서 보듯이 (−) x축 방향으로 작용한다. 따라서 x축 방향의 순힘(net force) F는 왼쪽과 오른쪽 면에 작용하는 힘의 합이다:

$$F = p\ dy\ dz - \left(p + \frac{dp}{dx}dx\right)dy\ dz \tag{4.5}$$

$$F = -\frac{dp}{dx}(dx\ dy\ dz)$$

식 (4.5)는 압력으로 인해 유체요소에 작용하는 힘을 나타낸다. 흐름의 방향을 x축으로 선택하였으므로, 유선에 평행한 면의 압력은 유선을 따라 움직이는 유체요소의 운동에 영향을 주지 못한다. 식 (4.5)를 이용해 유체의 압력과 속도의 변화에 대한 관계식을 유도할 수 있다.

유체요소의 질량은 밀도 ρ와 요소 부피 $dx/dy/dz$의 곱이므로,

$$m = \rho(dx\ dy\ dz) \tag{4.6}$$

또한, 유체요소의 가속도는 정의(속도의 시간변화율)에 따라 $a = dV/dt$이며, 속도 $V = dx/dt$으므로,

$$a = \frac{dV}{dt} = \frac{dV}{dx}\frac{dx}{dt} = \frac{dV}{dx}V \tag{4.7}$$

식 (4.5)부터 (4.7)을 뉴턴의 제2법칙, 식 (4.4)에 대입하면 다음과 같다:

$$F = ma$$

$$-\frac{dp}{dx}(dx\ dy\ dz) = \rho(dx\ dy\ dz)V\frac{dV}{dx}$$

$$\boxed{dp = -\rho V\ dV} \tag{4.8}$$

식 (4.8)을 **오일러(*Euler*) 방정식**이라 부른다. 기본적으로 식 (4.8)은 운동량의 변화율과 힘의 관계식이므로 **운동량방정식**(momentum equation)이라 표현하기도 한다. 식 (4.8)을 얻는 과정에서 적용한 가정들을 잘 인식해야 한다: 마찰과 중력이 무시되었다. 마찰이 없는 유동을 공기역학에서는 종종 **비점성 유동**(*inviscid flow*)이라 한다. 식 (4.8)은 마찰이 없는, 즉 비점성 유동에 대한 운동량방정식이다. 또한 유동은 시간에 따라 변하지 않는 정상 상태로 가정하였다.

식 (4.8)은 압력과 속도를 연관시키는 중요한 식이다(실제로는 압력의 작은변화 dp가 속도변화 dV와 연관된다). 식 (4.8)은 미분형으로 표현되었기 때문에 그림 4.6에서 점 P 주변의 매우 작은 유체요소에서의 현상을 묘사한다. 같은 유선 위에 있지만 상당히 떨어

진 두 점 1과 2를 생각하자. 점 1에서의 압력과 속도, 점 2에서의 압력과 속도를 연관 짓기 위해서는 식 (4.8)을 점 1부터 2까지 적분해야만 한다. 이 적분은 유동의 압축성 여부에 따라 다르게 된다. 물론 식 (4.8)은 모든 경우에 적용된다. 압축성 유동의 경우 식 (4.8)에서 밀도 ρ가 변수가 되지만, 비압축성일 경우 밀도는 상수가 된다.

먼저 비압축성 유동의 경우를 생각한다. 그림 4.7에서 익형 위를 흐르는 유선에 위치한 점 1과 2에 대해 생각하자. 식 (4.8)로부터

$$dp + \rho V\ dV = 0$$

여기서 밀도는 상수이다. 점 1과 2 사이를 적분하면 다음의 관계식을 얻는다:

$$\int_{p_1}^{p_2} dp + \rho \int_{V_1}^{V_2} V\ dV = 0$$

$$p_2 - p_1 + \rho\left(\frac{V_2^2}{2} - \frac{V_1^2}{2}\right) = 0$$

$$p_2 + \rho\frac{V_2^2}{2} = p_1 + \rho\frac{V_1^2}{2} \tag{4.9a}$$

$$p + \rho\frac{V^2}{2} = \text{유선 위 상수} \tag{4.9b}$$

식 (4.9*a*)와 (4.9*b*)는 동일한 의미를 가지며, **베르누이(*Bernoulli*) 방정식**이라 부른다. 역사적으로 베르누이 방정식은 유체역학의 가장 근본적인 관계식의 하나이다.

아래에 나열된 중요사항을 숙지해야 한다:

1. 식 (4.9*a*)와 (4.9*b*)는 (마찰이 없다고 가정한) 비점성, 비압축성 유동에만 유효하다.

2. 식 (4.9*a*)와 (4.9*b*)는 유선 위에 위치한 두 점 간에 유동 특성을 연관 짓는다.

3. 압축성 유동의 경우에 식 (4.8)은 밀도를 변수로 생각하여 사용되어야 한다. 베르누이 방정식은 압축성 유동의 해석에 사용되어서는 안 된다.

4. 식 (4.8), (4.9*a*), (4.9*b*)는 유체 유동에 대한 $F = ma$ 식이다. 즉 유체역학에 적용된 뉴턴의 제2법칙이다.

만약 익형에서 멀리 떨어진 상류(그림 4.7에서 왼쪽 방향으로 먼 곳)에서 모든 유선이 같은 압력 p 값과 속도 V를 가진다고 가정하면, 베르누이 방정식의 상수는 **모든 유선에 대**

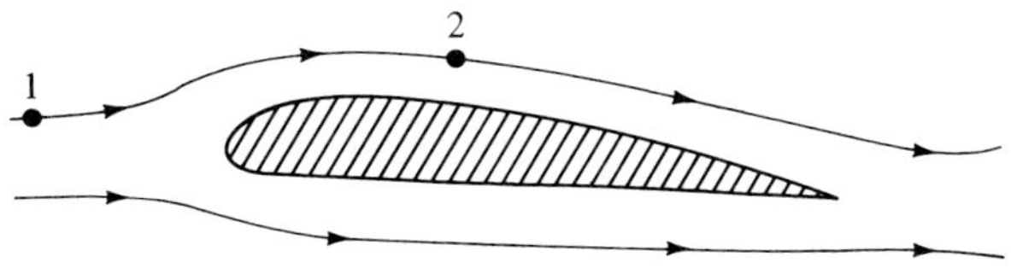

그림 4.7 유선 위 서로 다른 위치의 두 점

해 같은 값을 가진다. 대기(atmosphere) 중을 비행하는 비행체나 잘 설계된 풍동 시험부(test section)와 같이 유동이 균질할 경우에 압력과 속도가 일정한 경우가 된다. 이런 경우에 식 (4.9*a*)와 (4.9*b*)는 같은 유선이 아니더라도 적용할 수 있게 되어 점 1과 2는 유동의 어디에 위치해도 상관없다.

압축성 유동의 경우에도 오일러 방정식[식 (4.8)]을 점 1과 2 사이에서 적분할 수 있다. 그러나 밀도가 변수이므로 적분을 수행하기 전에 속도와 밀도 간의 추가적인 정보가 필요하다. 이러한 정보를 얻을 수 있으나, 운동량방정식을 직접 사용하지 않아도 압축성 유체 문제를 해결할 수 있는 대안들이 있으므로 적분에 대한 토의는 더 이상 진행하지 않도록 한다.

4.4 보충설명

식 (2.3), (4.2), (4.9*a*)로 표현되는 상태방정식, 연속방정식, 운동량방정식의 특성을 정확히 구분하는 것이 중요하다. 상태방정식은 한 위치에서 p, T, ρ의 관계를 표현한다. 한편, 연속방정식과 베르누이 방정식은 유동의 한 점과 또 다른 점에서 ρ와 V, p와 V를 연관짓는다. 공기역학 문제의 답을 구할 때 이러한 기본적인 차이를 명심하기 바란다.

예제 4.3

그림 4.7에서 날개의 단면에 해당하는 익형을 생각하자. 날개의 먼 상류지점에서 공기의 압력, 속도, 밀도가 각각 2,116 lb/ft^2, 100 mi/h, 0.002377 slug/ft^{3}이다. 익형 위의 점 *A*에서 압력은 2,070 lb/ft^{2}으로 측정되었다. 점 *A*에서 공기의 속도는 얼마인가?

■ 풀이

먼저 단위가 일치하는지를 검토한다. 속도 $V_1 = 100$ mi/h의 단위가 다른 양과 일치하지 않으므로 60 mi/h = 88 ft/s임을 이용해서 변환하면, $V_1 = 100(88/60) = 146.7$ ft/s가 된다. 속도가 충분히 작기 때문에 비압축성 유동으로 가정할 수 있다. 따라서 베르누이 방정식이 유효하고 식 (4.9)를 적용하면, 아래와 같이 속도를 구할 수 있다.

$$p_1 + \frac{\rho V_1^2}{2} = p_A + \frac{\rho V_A^2}{2}$$

따라서,

$$V_A = \left[\frac{2(p_1 - p_A)}{\rho} + V_1^2\right]^{1/2}$$

$$= \left[\frac{2(2116 - 2070)}{0.002377} + (146.7)^2\right]^{1/2}$$

$$\boxed{V_A = 245.4 \text{ ft/s}}$$

예제 4.4

예제 4.1과 동일한 수렴형 덕트와 조건을 고려하자. 입구에서 공기의 압력과 온도가 $p_1 = 1.2 \times 10^5$ N/m^2, $T_1 = 330$ K이라면 출구에서 압력을 계산하라.

■ **풀이**

상태방정식을 이용해 밀도를 구하면,

$$\rho_1 = \frac{p_1}{RT_1} = \frac{1.2\times 10^5}{287(330)} = 1.27\ \text{kg/m}^3$$

비압축성이므로 식 (4.9)를 이용해 출구에서의 압력을 구할 수 있다.

$$p_1 + \frac{\rho V_1^2}{2} = p_2 + \frac{\rho V_2^2}{2}$$

$$p_2 = p_1 + \tfrac{1}{2}\rho\left(V_1^2 - V_2^2\right) = 1.2\times 10^5 + \left(\tfrac{1}{2}\right)(1.27)(10^2 - 30^2)$$
$$p_2 = 1.195\times 10^5\ \text{N/m}^2$$

속도가 10에서 30 m/s로 가속될 때, 공기의 압력은 0.45%보다 적게 감소한다. 이것은 저속 공기 유동의 특징이다.

예제 4.5

그림 4.8*a*에 도시한 반원 모양의 긴 막대를 생각하자. 공기 유동은 반원 막대의 축에 수직한 방향에서 불어오고 있다. 그림 4.8*b*와 같이 반원 부분이 흐름과 마주하고 있는 **전면**이 된다. 반원 단면의 반지름 $R = 0.5$ ft이고, 흐름의 상류[보통 자유류(free stream)라고 부른다]에서 유동 속도 $V_\infty = 100$ ft/s이다. 마찰을 무시하는 비점성 유동을 가정한다. 막대의 전면 위 유동의 속도는 당연히 위치를 나타내는 θ의 함수가 된다(그림 4.8*b*). 즉, 반원 표면의 유동 속도는 $V = V(\theta)$이고, 다음과 같다.

$$V = 2V_\infty \sin\theta \tag{E4.5.1}$$

반원 단면 위에 작용하는 압력은 그림 4.8*c*와 같이 면에 수직으로 작용한다. 마찬가지로 압력 p는 표면 위치를 나타내는 θ에 따라 변한다. 즉, $p = p(\theta)$이다. 반원 뒤 평면에서의 압력 p_B는 상수이고, 다음과 같다.

$$p_B = p_\infty - 0.7\,\rho_\infty V_\infty^2 \tag{E4.5.2}$$

여기서 p_∞와 ρ_∞는 각각 자유류에서 압력과 밀도를 나타낸다. 자유류 밀도는 $\rho_\infty = 0.002378$ slug/ft^{3}이다. 그림 4.8에 묘사된 표면 압력 분포에 의해 1 ft 길이 반원 막대(그림 4.8*a*에서 음영부분)에 발생하는 공기역학적 힘을 계산하라.

■ **풀이**

이 문제는 2.2절과 4.3절에서 배운 내용을 이용해 해결한다. 그림 4.8*c*를 살펴보면, 반원 단면이 대칭이므로 거울에 비친 것처럼 윗면의 압력 분포는 아랫면과 동일하다. 즉, $0 \le \theta \le \pi/2$에서 $p = p(\theta)$와 $0 \ge \theta \ge -\pi/2$에서 $p = p(\theta)$는 동일하다. 대칭이므로 자유류와 수직인 방향으로 합력(resultant force)은 없다. 즉, 윗면에서 아래로 누르는 압력이 만드는 힘은 아랫면에서 위로 누르는 압력이 만드는 힘과 정확히 상쇄된다. 그러므로 이러한 대칭성 때문에 공기역학적 합력의 방향은 자유류의 방향과 같다. 최종 합력은 그림 4.8*c*에서 D로 표시한다.

숫자를 대입해 값을 얻기 전에, 아래와 같이 합력 D를 V_∞와 R의 함수로 표현하는 공식을 얻도록 한다.

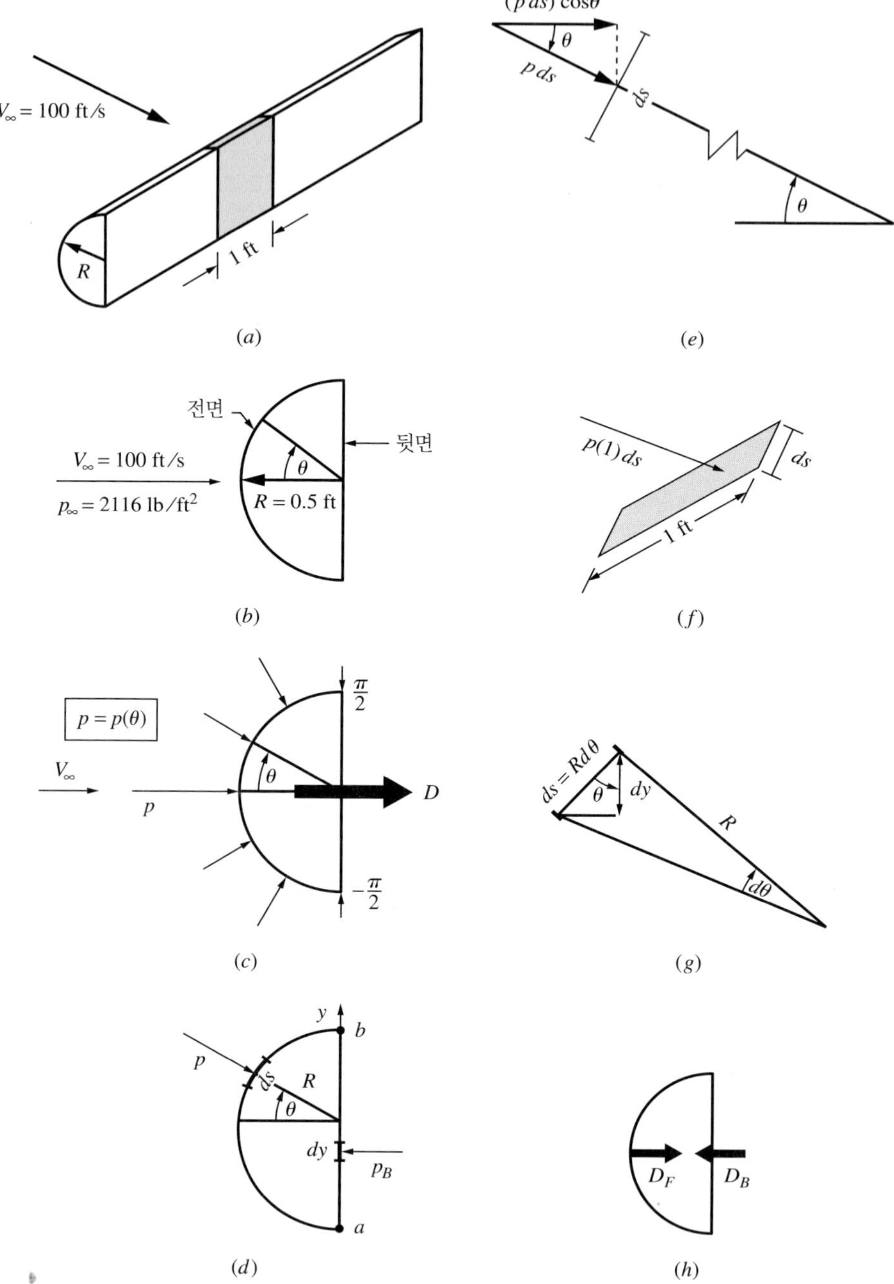

그림 4.8 반원 막대에 작용하는 공기역학적 힘의 구성을 위한 다이어그램

Step One: 전면에 작용하는 압력으로 인한 힘 계산

전면의 표면적 위에서 압력을 적분할 것이다. 표면적의 매우 작은 요소에 작용하는 압력힘(pressure force)에 대한 표현을 구하고 압력힘의 수평 방향(자유류의 방향) 성분을 얻은 후, 표면적 전체에 대해 적분을 수행할 것이다. 먼저, 그림 4.8*d*에 그린 매우 작은 면적요소의 호의 길이 *ds*와 면적요소에 작용하는 압력 *p*를 생각하자. 확대한 그림 4.8*a*에서 음영된 부분에 해당하는 1 ft 길이의 반원 막대에 작용하는 힘을 계산하길 원한다는 점을 기억하길 바란다. 음영된 부분의 한 부분으로서 그림 4.8*f*와 같이 폭이 *ds*이고 길이가 1 ft인 가늘고 긴 조각을 면적요소로 생각한다. 이때 이 면적요소 *ds*에 압력 *p*가 작용하여 생기는 힘은 $p(1)\ ds = p\ ds$가 된다. 그림 4.8*e*를 살펴보면, 이 힘은 면적요소 *ds*에 수직으로 작용하고, 수평 방향 힘의 성분은 $(p\ ds)\cos\theta$가 된다. 그림 4.8*g*의 기하학적 관계를 이용하면,

$$ds = R\ d\theta \tag{E4.5.3}$$

여기서 *ds*의 수직 방향 성분이 *dy*이므로

$$dy = ds\ \cos\theta \tag{E4.5.4}$$

식 (E4.5.3)을 식 (E4.5.4)에 대입하면 다음의 식을 얻는다.

$$dy = R\ \cos\theta\ d\theta \tag{E4.5.5}$$

식 (E4.5.5)는 Step Two에서 사용될 것이다. 여기서는 식 (E4.5.3)을 이용해서 계산을 진행한다. 그림 4.8*e*에서 수평 방향 힘 $(p\ ds)\cos\theta$는 식 (E4.5.3)을 사용하면 다음과 같이 표현된다.

$$(p\ ds)\cos\theta = pR\ \cos\theta\ d\theta \tag{E4.5.6}$$

그림 4.8*c*를 다시 살펴보면, 반원 전면 위 압력 분포에 의해 발생하는 수평 힘은 전면 위에서 식 (E4.5.6)의 적분과 같다는 것을 알 수 있다. 이 힘을 D_F라 두고 그림 4.8*h*에 표시한다.

$$D_F = \int_{-\pi/2}^{\pi/2} pR\cos\theta\ d\theta \tag{E4.5.7}$$

식 (E4.5.7)에서 압력은 식 (4.9), 베르누이 방정식으로부터 구한다. 자유류에서 압력 p_∞과 속도 V_∞를 기준으로 하여 표면 위의 압력 *p*와 *V*를 관계지을 수 있다.

$$p_\infty + \tfrac{1}{2}\rho V_\infty^2 = p + \tfrac{1}{2}\rho V^2$$

$$p = p_\infty + \tfrac{1}{2}\rho\left(V_\infty^2 - V^2\right) \tag{E4.5.8}$$

주: 자유류의 속도가 $V_\infty = 100$ ft/s로 낮기 때문에 유동을 비압축성으로 가정할 수 있다. 또한 밀도가 상수이므로 식 (E4.5.8)에서 밀도 ρ는 ρ_∞와 같다. 따라서,

$$D_F = \int_{-\pi/2}^{\pi/2}\left[p_\infty + \frac{1}{2}\rho\left(V_\infty^2 - V^2\right)\right]R\cos\theta\ d\theta \tag{E4.5.9}$$

표면에서의 속도 변화는 식 (E4.5.1)과 같이 주어져 있고, 다시 쓰면:

$$V = 2V_\infty\sin\theta \tag{E4.5.1}$$

식 (E4.5.1)을 (E4.5.9)에 대입하면 다음과 같이 D_F에 관한 식을 얻는다.

$$D_F = \int_{-\pi/2}^{\pi/2}\left[p_\infty + \frac{1}{2}\rho\left(V_\infty^2 - 4V_\infty^2\sin^2\theta\right)\right]R\cos\theta\ d\theta$$

$$D_F = \int_{-\pi/2}^{\pi/2}\left[p_\infty + \frac{1}{2}\rho V_\infty^2\left(1 - 4\sin^2\theta\right)\right]R\cos\theta\ d\theta \tag{E4.5.10}$$

D_F에 관한 이 식은 Step Three에서 사용될 것이다.

Step Two: 반원 뒤 평면에 작용하는 압력으로 인한 힘 계산

여기에서 반원 막대의 뒤 평면에 작용하는 압력 분포를 적분한다. Step One과 유사하게 평면 위에 매우 작은 면적요소에 작용하는 압력에 관한 표현을 얻은 후, 면적 전체에 대해 적분을 할 것이다.

평면에 작용하는 압력 p_B를 그림 4.8*c*에서 발견할 수 있을 것이다. 1 ft 길이의 반원 막대에 작용하는 힘 D_B은 그림 4.8*h*에 나타나 있다. 이 힘의 방향은 반원에 작용하는 D_F의 방향과 반대이다. 길이가 1 ft이므로 압력이 작용하는 면적은 (1)(2*R*)이다. 평면에 작용하는 압력 p_B는 상수이므로, 힘은 압력과 면적의 곱으로 바로 구할 수 있다.

$$D_B = (1)(2R)p_B \tag{E4.5.11}$$

그런데 그림 4.8*h*에서 보듯이 전면과 뒤 평면에 작용하는 합력은 $D_F - D_B$이고, D_F가 식 (E4.5.10)과 같이 적분으로 표현되기 때문에 D_B도 적분형으로 표현하는 것이 편리하다. 그림 4.8*d*를 다시 살펴보면, p_B가 작용하는 면적요소의 높이는 *dy*이고 막대가 1 ft 길이이므로 요소의 면적은 1 *dy*가 된다. 가늘고 긴 면적요소에 작용하는 힘은 p_B (1) *dy*이다. 그림 4.8*d*에서 점 *a*부터 *b*까지 *y* 방향으로 적분을 하면 뒤 평면에 작용하는 총 힘을 구할 수 있다.

$$D_B = \int_a^b p_B(1)\,dy \tag{E4.5.12}$$

여기서 식 (E4.5.5), $dy = R\cos\theta d\theta$ 임을 기억하면, 식 (E4.5.12)는 다음과 같이 표현된다.

$$D_B = \int_{-\pi/2}^{\pi/2} p_B\ R\cos\theta\ d\theta \tag{E4.5.13}$$

식 (E4.5.13)과 식 (E4.5.11)은 서로 다르게 보이지만, 둘 다 D_B에 관한 동일한 표현임을 주목하라. 이것을 확인하기 위해 식 (E4.5.13)의 적분을 수행해 보면, 그 결과가 식 (E4.5.11)과 같음을 알 수 있다. 또 p_B는 식 (E4.5.2)에 주어져 있고 다시 쓰면,

$$p_B = p_\infty - 0.7\rho V_\infty^2 \tag{E4.5.2}$$

따라서 식 (E4.5.13)은 다음과 같이 정리된다.

$$D_B = \int_{-\pi/2}^{\pi/2}\left(p_\infty - 0.7\rho\ V_\infty^2\right)R\cos\theta\ d\theta \tag{E4.5.14}$$

Step Three: 공기역학적 합력 계산

Step One과 Step Two에서 얻은 결과들을 여기서 통합할 것이다. Step One에서는 전면에서 압력으로 인한 힘을 얻었고, Step Two에서는 뒤 평면에서 압력으로 인한 힘을 구하였다. 전면과 뒤 평면에 작용하는 힘은 서로 반대 방향이므로, 이 둘 간의 차이가 합력이다.

그림 4.8*h*를 참고하면, 공기역학적 합력 *D*는 다음과 같다.

$$D = D_F - D_B \tag{E4.5.15}$$

식 (E4.5.10)과 (E4.5.14)를 식 (E4.5.15)에 대입하면,

$$\begin{aligned} D = &\int_{-\pi/2}^{\pi/2}\left[p_\infty + \frac{1}{2}\rho V_\infty^2\left(1-4\sin^2\theta\right)\right]R\cos\theta\ d\theta \\ &- \int_{-\pi/2}^{\pi/2}\left(p_\infty - 0.7\rho V_\infty^2\right)R\cos\theta\ d\theta \end{aligned} \tag{E4.5.16}$$

식 (E4.5.16)의 두 적분을 결합하면 다음과 같은 최종식을 얻을 수 있다. 여기서 p_∞와 연관된 두 개의 항이 서로 상쇄된다는 것에 주목해야 한다.

설계

DESIGN BOX

예제 4.5의 결과는 항공기 설계의 기본에 중요한 시사점을 제시한다.

1. 2.2절에서 얻은 중요사항을 다시 보여준다. 즉, 흐르는 유체에 놓여져 있는 물체에 작용하는 공기역학적 합력은 물체의 모든 표면에 대해 압력과 전단응력(shear stress) 분포의 순적분에 의해서 발생한다. 예제 4.5에서는 유동의 마찰 효과를 무시하는 비점성 유동을 가정하였다. 그래서 합력은 물체 표면에서 압력 분포의 총합으로 결정된다. 예제 4.5에서는 반원 막대의 표면에서 압력 분포를 적분하였다. 반원 막대 대신에 Boeing 747 제트기를 생각하더라도 합력을 구하는 방식은 똑같다. 항공기 설계에서는 필요한 양의 양력을 생성하되 저항을 최소로 만드는 표면의 압력 분포를 만들기 위한 노력을 반영하여 항공기 형상을 설계한다. 이 점은 이 책 전반에서 여러 번 강조하는 기본 개념이다.
2. 식 (E4.5.17)은 물체에 작용하는 공기역학적 힘(공력)에 관해 다음의 사실을 보여준다.
   (a) 공력은 유체의 밀도 ρ에 직접 비례한다.
   (b) 공력은 자유류 속도의 **제곱**에 직접 비례한다: $D \ \alpha \ V_\infty^2$
   (c) 공력은 물체의 **크기**에 직접 비례한다: 예제 4.5에서는 반지름 R

이러한 결과들은 예제 4.5의 반원 막대에만 적용되는 것이 아니라 매우 일반적으로 응용할 수 있다. 제5장에서 다룰 익형, 날개, 항공기 등에 작용하는 공기역학적 힘은 실제로 p_∞, V_∞^2, 비행체의 면적에 비례한다. [식 (E4.5.17)에서 R은 단위 길이에 대해 면적과 동일한 개념이다.] 식 (E4.5.17)을 자유류 압력 p_∞를 포함하지 않는다는 점에 주목하자. 사실 p_∞는 식 (E4.5.17)을 유도하는 과정에서 상쇄되었다. 이 점은 예제 4.5의 반원 막대만의 특성이 아니다. 비행체에 작용하는 공기역학적 힘을 계산할 때 자유류 압력의 값을 직접 알 필요는 없고, 공기역학적 힘의 대부분이 표면의 **압력** 분포로 인해 발생한다는 것을 제5장에서 확인할 것이다. 종합하면, 공기역학적 힘의 표현식에서는 자유류 밀도의 값이 포함되지만, 압력은 직접 드러나지 않는다.

$$
\begin{aligned}
D &= \int_{-\pi/2}^{\pi/2}\left[\left(\frac{1}{2}\rho + 0.7\rho\right)V_\infty^2 - 2\rho V_\infty^2 \sin^2\theta\right]R\cos\theta\, d\theta \\
&= 1.2\rho V_\infty^2 R\int_{-\pi/2}^{\pi/2}\cos\theta\, d\theta - 2\rho V_\infty^2 R\int_{-\pi/2}^{\pi/2}\sin^2\theta\cos\theta\, d\theta \\
&= 2.4\rho V_\infty^2 R - 2\rho V_\infty^2 R\left[\frac{\sin^3\theta}{3}\right]_{-\pi/2}^{\pi/2} \\
&= 2.4\rho V_\infty^2 R - 2\rho V_\infty^2 R\left(\frac{1}{3}+\frac{1}{3}\right) = 1.067\rho V_\infty^2 R
\end{aligned}
$$

강조하자면, 최종식은 막대의 단위 길이당 작용하는 공기역학적 힘에 관한 해석식이고, 다음과 같이 정리한다.

$$\boxed{D = 1.067\rho V_\infty^2 R} \tag{E4.5.17}$$

문제에서 주어진 숫자들을 식 (E4.5.17)에 대입하자. 밀도 $\rho_\infty = 0.002378$ slug/ft^3, $V_\infty = 100$ ft/s, $R = 0.5$ ft를 대입하면,

$$D = (1.067)(0.002377)(100)^2(0.5) = \boxed{12.68\ \text{lb}}$$ (반원 막대 1 ft당)이다.

4.5 기초 열역학

앞에서 논하였듯이, 공기흐름의 속도가 100 m/s를 초과할 때 유동은 더 이상 비압축성으로 다룰 수 없다. 이러한 기준은 음속에 대한 유동 속도의 비를 나타내는 **마하수**(*Mach number*)를 기준으로 압축성 여부를 판단할 수 있고, 마하수가 0.3을 넘을 때 유동은 압축성으로 간주하여야 한다는 것을 나중에 확인하게 될 것이다. 현대 공기역학 응용문제의 대부분은 마하수 0.3 이상을 다루기 때문에 압축성 유동에 대한 연구는 매우 중요하다.

고속의 기체 유동은 또한 고에너지(high energy) 유동이다. 고속에서 유체요소의 운동에너지가 크기 때문에 반드시 고려되어야 한다. 고속의 기체가 느려질 때, 줄어든 운동에너지는 온도를 크게 증가시키는 데 사용된다. 결국, 고속 유동은 압축성과 큰 에너지의 변화와 연관된다. 그래서 압축성 유동을 연구하기 위해서는 기체의 에너지 변화 원리를 알아야 하고 에너지 변화가 압력과 온도에 어떤 영향을 미치는지를 이해해야 한다. 이러한 원리는 열역학의 근본이 된다.

이 책을 읽는 독자들이 열역학에 익숙하지 않을 것이므로, 고속 압축성 유동을 이해하는 데 절대적으로 필요한 열역학의 개념과 결과를 소개하는 것을 이 절의 목적으로 삼는다. 4.5절부터 4.7절의 내용을 보고 두려워할 수도 있으나, 이해하기 어렵더라도 걱정하지 마라. 열역학 자체가 복잡하고 광범위한 학문이다. 여기서는 기초적인 개념과 관계식을 소개할 것이므로 열린 마음을 가지고 지적 도전이라 생각하고 공부하기 바란다.

열역학의 근본 원리는 자연 현상의 경험적 관찰에서 얻어진 **제1법칙**이라 불리는 관계식이다. 다음과 같이 법칙을 설명할 수 있다. 그림 4.9와 같이 형태가 유연하게 바뀌는 경계(*boundary*) 내부에 포함된 기체의 정해진 질량을 생각해 보자. 편의상 단위 질량이라 두자. 이 질량은 하나의 **시스템**을 이루고 경계 바깥의 모든 것들은 **주변**(*surrounding*)이 된다. 제2장에서처럼 자유운동을 하는 분자들로 구성된 시스템의 기체를 생각해 보자. 시스템 내부의 모든 분자 운동의 에너지를 다 더한 에너지를 시스템의 **내부에너지**(*internal energy*)라 부른다. 단위 질량당 내부에너지를 e로 표기한다. 내부에너지가 증가하거나 감소하는 방법은 다음과 같다.

1. 열이 시스템에 더해진다(또는 제거된다). 이 열은 주변으로부터 오고 경계를 통해 시스템에 더해진다. 단위 질량당 더해진 열의 증가량을 δq로 표기한다.
2. 시스템에 일(work)이 주어진다(또는 시스템이 일을 한다). 이 일은 시스템 경계를 통해 작용하는데, 주변이 경계에 일을 가하거나, 시스템 경계가 주변에 일을 하는 경우이다. 단위 질량당 시스템에 주어진 일을 δ_w로 표기한다.

또한 단위 질량당 내부에너지의 변화량을 de로 표시한다. 엄밀하게도 검증할 수 있지만 상식적으로 생각해 보면, 다음과 같은 관계가 성립한다.

$$\boxed{\delta q + \delta w = de} \tag{4.10}$$

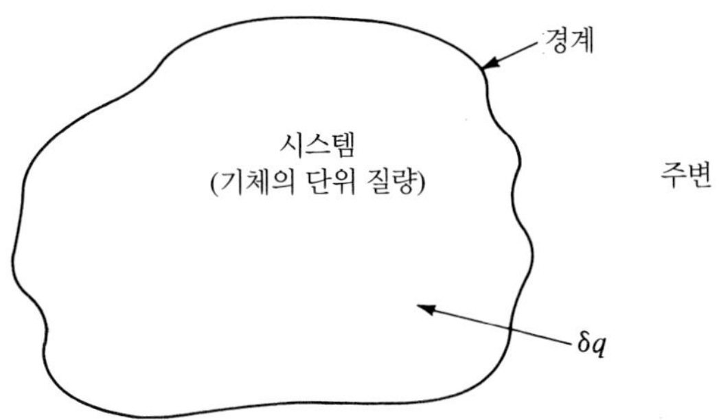

그림 4.9 단위 질량 시스템(system of unit mass)

식 (4.10)을 **열역학 제1법칙**이라 하고, 내부에너지의 변화량은 시스템에 가해진 열과 일의 합과 같다는 것을 의미한다. (여기서 δ와 d는 모두 매우 작은 양을 뜻하지만 d는 "완전미분"을 의미한다.)

식 (4.10)은 매우 근본적인 식이지만 압력, 속도 등을 다루는 공기역학에서 사용하는 실용적인 형태는 아니다. 제1법칙의 유용한 형태를 얻기 위해서 먼저 δw를 압력 p와 비체적(specific volume) v의 함수로 표현한다. 그림 4.10에 도시된 시스템을 생각하자. 경계면의 미소면적을 dA로 두고, 미소면적을 눌러서 작은 거리 s만큼 움직여 한 일을 ΔW라 두자. 일은 힘과 힘의 방향으로 이동한 거리의 곱이므로,

$$\begin{aligned}\Delta W &= (\text{force})(\text{distance})\\ \Delta W &= (p\ d\ A)s\end{aligned} \tag{4.11}$$

그림 4.10에 도시한 미소면적 dA가 경계의 모든 면적을 이룬다고 생각할 수 있고, 또한 모든 미소면적이 동시에 시스템을 향해 작은 거리 s만큼 움직인다고 가정하자. 그러면 단위 질량의 기체에 가해진 전체 일 δw는 전체 경계면의 모든 면적요소의 총합이 된다.

$$\delta w = \int_A (p\ d\ A)s = \int_A p s\ d\ A \tag{4.12}$$

열역학적으로 내부가 평형을 이루고 있다고 생각하면 시스템 내부의 압력 p는 상수이므로, 식 (4.12)가 표현될 수 있다.

$$\delta w = p\int_A s\ d\ A \tag{4.13}$$

식 (4.13)의 적분$\int_A s\ d\ A$는 물리적 의미가 있는데, 이 적분은 기하학적으로 단위 질량 기체의 부피의 변화량이 된다. 부피의 변화를 dv라 하자. 경계가 내부로 눌러지고 있으므로 부피는 감소(δw가 음수)하게 될 것이고 기체에 일이 가해진다. 따라서,

$$\int_A s\ d\ A \equiv -dv \tag{4.14}$$

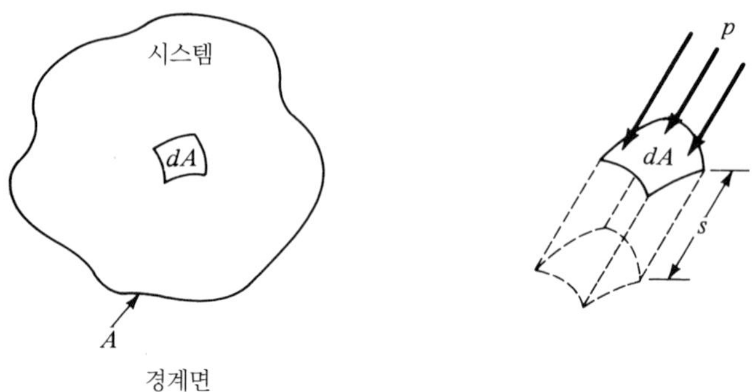

그림 4.10 압력에 의해 시스템에 가해진 일

식 (4.14)를 식 (4.13)에 대입하면,

$$\boxed{\delta w = -p\,dv} \tag{4.15}$$

식 (4.15)는 압력과 비체적으로 표현된 가해진 일의 관계식이다.

식 (4.15)를 식 (4.10)에 대입하면, 제1법칙은 다음 식이 된다.

$$\boxed{\delta q = de + p\,dv} \tag{4.16}$$

식 (4.16)은 열역학 제1법칙의 또 다른 형태이다.

엔탈피(*enthalpy*)라 부르는 새로운 물리량 h를 정의하면 여러모로 편리하다.

$$h = e + pv = e + RT \tag{4.17}$$

여기서 완전기체에 대해 $pv = RT$이므로, 식 (4.17)을 미분하면 다음의 관계식을 얻는다.

$$dh = de + p\,dv + v\,dp \tag{4.18}$$

식 (4.18)을 식 (4.16)에 대입하면, 다음과 같은 관계식을 얻을 수 있다.

$$\delta q = de + p\,dv = (dh - p\,dv - v\,dp) + p\,dv$$

$$\boxed{\delta q = dh - v\,dp} \tag{4.19}$$

식 (4.19) 또한 제1법칙의 또 다른 형태이다.

더 살펴보기 전에, 과학기술의 상당한 부분은 단순히 언어(language)라는 점을 이해해야 한다. 이 절에서 공기역학에 필수적인 열역학의 몇몇 언어를 발표하고 있는 것이다. 이 열역학 언어를 계속 익혀보도록 하자.

그림 4.9와 4.10은 열 δq가 가해지고, 일 δw를 하는 시스템을 묘사한다. 동시에 δq와 δw는 시스템의 압력, 온도, 밀도를 변하게 할 것이다. 열역학적 변수 (p, t, ρ, v)의 변화를 일으키는 방법을 **과정**(*process*)이라고 부른다. 예를 들어, **정적 과정**(*constant-volume process*)이 그림 4.11의 왼쪽에 표현되어 있다. 여기서 시스템은 속이 빈 쇠공(steel sphere)같이 고정된 경계 내부의 기체라면, 시스템의 부피는 항상 일정할 것이다. 이 시스템에 상당한 양의 열 δq가 가해지면 p와 T가 바뀔 것이다. 정의에 따라 이러한 변화는 일정한 부피에서 일어나므로 정적 과정이다. 또 다른 예는 그림 4.11의 오른쪽에 도시된 문제이다. 실린더-피스톤 내부의 기체가 시스템을 이룬다. 이 시스템에 열 δq가 가해지고, 피스톤은 시스템 내부의 일정한 압력을 유지하도록 움직인다고 생각해 보자. 열이 가해지면 온도 T와 비체적 v가 바뀌게 된다. 정의에 따라 이러한 변화는 일정한 압력에서 일어나므로 정압(constant-pressure) 과정이다. 다양한 형태의 열역학 과정 중에서 정적 과정과 정압 과정은 대표적인 두 가지 과정이다.

이 절에서 소개할 마지막 개념은 비열(specific heat)이다. 적은 양의 열 δq가 가해지는 시스템을 생각한다. 가해진 열은 시스템의 온도를 일정량 dT만큼 변화시킬 것이다. 정의에 의해 **비열**은 시스템의 온도를 1도 올릴 때 가해지는 열을 뜻한다. c를 비열이라 하면,

$$c \equiv \frac{\delta q}{dT}$$

이와 같은 정의에 따르면 c는 여러 값을 가질 수 있다. 정해진 열 δq가 가해지는 경우, 열이 가해지는 과정에 따라서 온도의 변화량은 다를 수 있다. 다시 말해서 c의 값은 열역학적 과정에 따라 변한다. 그러므로 과정의 종류에 따라 다른 비열을 좀 더 정교하게 정의하여야 한다. 대표적인 두 가지 과정인 정적 과정과 정압 과정에서의 비열에 대해 고찰해 보자.

만약 열 δq가 **일정한 부피** 조건에서 가해지고, 일이 온도의 변화 dT를 야기한다면, **정적 비열**(*specific heat at constant volume*) c_v를 다음과 같이 정의한다.

$$c_v \equiv \left(\frac{\delta q}{dT}\right)_{(\text{일정한 부피})}$$

$$\delta q = c_v\, dT \quad (\text{일정한 부피}) \tag{4.20}$$

한편, 열 δq가 일정한 압력 조건에서 가해지고, 일이 온도의 변화 dT를 야기한다면, **정압 비열**(*specific heat at constant pressure*) c_p를 다음과 같이 정의한다.

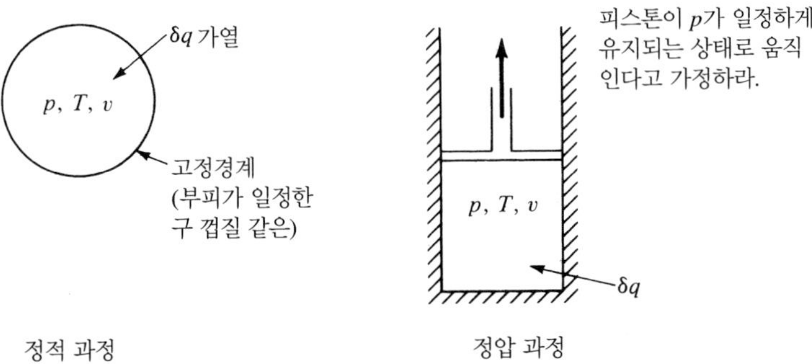

그림 4.11 정적 과정과 정압 과정

$$c_p \equiv \left(\frac{\delta q}{dT}\right)_{(\text{일정한 압력})}$$

$$\delta q = c_v\, dT \quad (\text{일정한 압력}) \tag{4.21}$$

정적 비열과 정압비열에 대한 정의에 따라 제1법칙을 살펴 보면 내부에너지 e와 엔탈피 h에 관한 유용한 관계식을 얻을 수 있다. 먼저 정적 과정 $dv = 0$을 생각해 보자. 제1법칙의 다른 형태인 식 (4.16)으로부터,

$$\delta q = de + p\, dv = de + 0 = de \tag{4.22}$$

정적 비열의 정의, 식 (4.20)을 식 (4.22)에 대입하면 다음의 식을 얻는다.

$$\boxed{de = c_v\, dT} \tag{4.23}$$

통상적인 공기 조건에서는 c_v를 상수로 가정하는 것이 합리적이며, $T = 0$일 때 $e = 0$이라 두면, 식 (4.23)의 적분 결과는 다음과 같다.

$$\boxed{e = c_v\, T} \tag{4.24}$$

다음으로 정압 과정($dp = 0$)을 고려하자. 제1법칙, 식 (4.19)에서

$$\delta q = dh - v\, dp = dh - 0 = dh \tag{4.25}$$

c_p의 정의를 나타내는 식 (4.21)을 식 (4.25)에 대입하면,

$$\boxed{dh = c_p\, dT} \tag{4.26}$$

여기서도 c_p를 상수로 가정하고 $T = 0$일 때 $h = 0$이라 두면, 식 (4.26)의 적분 결과는 다음과 같다.

$$\boxed{h = c_p\, T} \tag{4.27}$$

식 (4.23)부터 (4.27)은 매우 중요한 관계식이다. 비열의 정의와 제1법칙을 이용해 유도된 식들이다. 이 식들을 잘 들여다보자. 이 식들은 열역학적 변수들 간의 관계를 나타내며, 일과 열의 개념이 포함되지 않고 있다. 사실 식 (4.23)부터 (4.27)은 상당히 일반적이다. 다시 말해 이 식들을 얻기 위해 정적 또는 정압 과정에 대한 예제를 사용했음에도 불구하고, 이 식들은 기체가 분자력을 고려하지 않는 완전기체일 경우 항상 일반적으로 사용할 수 있다. 즉, 모든 과정에 대해 아래의 관계가 성립한다.

$$\boxed{\begin{aligned} de &= c_v\, dT \\ dh &= c_p\, dT \\ e &= c_v T \\ h &= c_p T \end{aligned}}$$

이러한 일반화는 논리적이지도 않고 받아들이기 어려울 수 있다. 그럼에도 불구하고, 이

책의 범위를 넘어서기 때문에 이 식들이 유효함을 받아들이기 바란다. 이 책의 여러 군데에서 내부에너지와 엔탈피를 온도로 표현하기 위해 위 관계식을 자주 사용할 것이다.

예제 4.6

표준 해수면 대기 조건(standard sea-level conditions)에서 단위 질량당 내부에너지와 엔탈피를 (a) SI단위계, (b) 영미 단위계에서 계산하라. 표준 대기 조건은 다음과 같다: c_p = 720 J/(kg)(K) = 4290 ft · lb/(slug)(°R), 그리고 c_p = 1008 J/(kg)(K) = 6006 ft · lb/(slug)(°R)

■ 풀이

표준 해수면에서 공기의 온도는 T = 288 K = 519°R

(a) 식 (4.24)와 (4.27)에서

$$\boxed{\begin{aligned} e &= c_v T = (720)(288) = 2.07 \times 10^5 \text{ J/kg} \\ h &= c_p T = (1008)(28) = 2.90 \times 10^5 \text{ J/kg} \end{aligned}}$$

(b) 식 (4.24)와 (4.27)에서

$$\boxed{\begin{aligned} e &= c_v T = (4290)(519) = 2.23 \times 10^6 \text{ft} \cdot \text{lb/slug} \\ h &= c_p T = (6006)(519) = 3.12 \times 10^6 \text{ft} \cdot \text{lb/slug} \end{aligned}}$$

완전기체의 경우, e와 h는 온도만의 함수이다. 기체의 온도를 안다면 식 (4.24)와 (4.27)을 이용해 e와 h를 직접 계산할 수 있다. 기체가 정적 또는 정압 과정을 겪는지는 염려할 필요가 없다. 내부에너지와 엔탈피는 상태변수, 즉 기체의 주어진 온도로 표현되는 기체의 상태에서 의존하는 특성값이 된다.

예제 4.7

실린더 상단에 피스톤이 놓여 있는 실린더 내부의 공기를 생각해 보자. 내부 공기의 내부에너지는 4×10^5 J이고, 시스템에 2×10^5 J의 일을 하도록 피스톤이 실린더 안쪽으로 움직인다. 동시에 시스템에 6×10^5 J의 열이 가해졌다. 일과 열이 가해진 후 공기의 내부에너지를 구하라.

■ 풀이

이 예제는 열역학의 제1법칙의 사용을 설명하기 위한 매우 간단한 예제이다. 식 (4.10)은 매우 작은 양의 열 δp와 일 δw로 표현되었지만, 양의 크기와 무관하게 적용 가능하다. ΔW를 시스템에 한 일의 총량이라 두고, ΔQ를 주변으로부터 시스템에 더해진 총 열, ΔE를 내부에너지의 변화량이라 두면, 식 (4.10)은 다음과 같다.

$$\Delta Q + \Delta W = \Delta E \tag{4.7.1}$$

이 예제에서 $\Delta Q = 6 \times 10^5$ J, $\Delta W = 2 \times 10^5$ J이므로 식 (4.7.1)로부터,

$$\Delta E = E_2 - E_1 = \Delta Q + \Delta W = 6 \times 10^5 + 2 \times 10^5 = 8 \times 10^5 \text{ J}$$

여기서 E은 4×10^5 J이므로,

$$E_2 = E_1 + \Delta Q + \Delta W = 4 \times 10^5 + 8 \times 10^5 = \boxed{12 \times 10^5 \text{ J}}$$

이 예제에서 열이나 일이 시스템에 가해진 과정에 대해서는 어떤 고민도 없다. 열과 일의 값이 모두 주어져 있으므로, 그 과정에 대해서는 고민할 필요가 없는 것이다. 시스템에 어떤 변화가 있을 때

Δw와 Δq를 계산할 경우에는 변화 과정의 형태를 특정할 필요가 있다. Δw와 Δq 모두 변화 과정에 의존한다. 그러나 이 예제에서 우리는 ΔW와 ΔQ의 최종값을 구할 수 있고, 이것이 열역학 제1법칙에서 찾을 수 있는 모든 것이다. 이 두 값은 내부에너지의 변화량을 구하는 데 필요한 모든 것이기도 하다: $\Delta E = E_2 - E_1$

4.6 등엔트로피 유동

이제 공기역학을 다시 생각할 준비가 거의 다 되었다. 그러나 여기서 열역학과 압축성 공기역학을 연결하는 등엔트로피 유동에 대한 몇 가지 개념을 소개해야 한다.

먼저 세 가지 정의를 고려한다.

단열 과정(*adiabatic process*)은 시스템에 열이 가해지지 않는 과정이다($\delta q = 0$).

가역 과정(*reversible process*)은 마찰이나 소산 효과가 일어나지 않는 과정이다.

등엔트로피 과정은 단열이면서 가역인 과정이다.

그래서 등엔트로피 과정은 열의 변화가 없고 마찰로 인한 어떤 효과도 없는 과정이다. 즉, 등엔트로피 과정에서는 엔트로피가 상수이다. 엔트로피 자체에 대한 논의는 중요하지 않아서 여기서는 생략한다.

등엔트로피 과정은 공기역학에서 매우 중요하다. 예를 들어, 그림 4.7의 익형 위 공기 유동을 고려하자. 유선을 따라 유체요소가 움직이고 있고, 어떤 열도 유체요소에 더해지거나 제거되지 **않는다**. 화염에 의한 가열, 냉장고의 냉기, 복사 등과 같은 자연계의 열 교환 과정은 존재하지 않는다. 그러므로 유선을 따르는 유체요소의 유동은 **단열 상태**이다. 동시에 익형 표면 가까이를 제외하면 유체요소의 표면에서 마찰로 인한 전단응력은 상당히 작아서 무시할 수 있다. 따라서 이 유동은 마찰이 없다고 간주할 수 있다[식 (4.8)의 운동량 방정식을 얻는 데 같은 가정이 사용되었음을 상기하라]. 그러므로 유체요소의 유동은 단열이면서 동시에 가역과정이 되는 **등엔트로피** 유동이다. 풍동 노즐, 로켓 엔진을 통하는 유동 등 공기역학의 많은 유동은 등엔트로피 유동으로 다룰 수 있다.

유동이 단열이라고 해서 온도가 일정할 필요는 없다는 점을 주의해야 한다. 사실 유체요소의 온도는 단열 압축성 유동에서 매 위치마다 변화할 수 있다. 질량이 일정할 때 유체요소가 유선을 따라 밀도가 다른 곳으로 이동하면 유체요소의 부피가 변화하므로, 식 (4.15)에서 부피변화로 인한 일이 발생하고 결국 내부에너지의 변화가 발생한다[식 (4.10)]. 이는 온도의 변화를 의미한다[식 (4.23)]. 이러한 설명은 밀도가 변하는 압축성 유동에서 성립니다. 반면 밀도가 일정한 비압축성 유동에서는 유체요소가 유선을 따라 움직일 때 부피의 변화가 없으므로 일이 발생하지 않고 온도의 변화도 없다. 만약 그림 4.7의 익형 위 유동이 비압축성이라면, 유동 전체에서 온도가 일정할 것이다. 이러한 이유로 온도는 마찰을 고려하지 않는 비압축성 유동에서 중요한 물리량이 아니다. 게다가 등엔트로피 유동은 **압축성** 유동에서만 중요한 의미를 가지게 됨을 아래에서 설명할 것이다.

등엔트로피 과정은 정의 이상의 의미가 있다. 주어진 한 유선을 따라 두 지점(그림 4.7에서 점 1과 2)에서 열적학적 변수 T, p, ρ 간에 중요한 관계식을 얻을 수 있다. 유동이 등엔트로피, 즉 단열이고 가역이므로 $\delta q = 0$이다. 식 (4.16)으로부터,

$$\begin{aligned} \delta q = de + p\,dv = 0 \\ -p\,dv = de \end{aligned} \tag{4.28}$$

식 (4.23)을 식 (4.28)에 대입하면,

$$-p\,dv = c_v\,dT \tag{4.29}$$

같은 방법으로 식 (4.19)에서 $\delta q = 0$임을 적용하면 다음의 관계를 얻는다.

$$\begin{aligned} \delta q = dh - v\,dp = 0 \\ v\,dp = dh \end{aligned} \tag{4.30}$$

식 (4.26)을 (4.30)에 대입하면,

$$v\,dp = c_p\,dT \tag{4.31}$$

식 (4.29)를 식 (4.31)로 나누면,

$$\begin{aligned} \frac{-p\,dv}{v\,dp} &= \frac{c_v}{c_p} \\ \frac{dp}{p} &= -\frac{c_p}{c_v}\frac{dv}{v} \end{aligned} \tag{4.32}$$

압축성 유동의 관계식에서 자주 나타나는 비열의 비 c_p/c_v는 통상 비열비 γ, $c_p/c_v \equiv \gamma$로 나타낸다. 이 책에서 다루는 통상적인 조건에서 공기의 비열은 모두 상수이므로 공기의 비열비 $c_p/c_v \equiv \gamma \equiv 1.4$를 사용한다. 따라서 식 (4.32)는 다음과 같이 쓸 수 있다.

$$\frac{dp}{p} = -\gamma\frac{dv}{v} \tag{4.33}$$

그림 4.7을 기준으로 식 (4.33)을 점 1과 2 사이에서 적분하면,

$$\begin{aligned} \int_{p_1}^{p_2}\frac{dp}{p} &= -\gamma\int_{v_1}^{v_2}\frac{dv}{v} \\ \ln\frac{p_2}{p_1} &= -\gamma\ln\frac{v_2}{v_1} \\ \frac{p_2}{p_1} &= \left(\frac{v_2}{v_1}\right)^{-\gamma} \end{aligned} \tag{4.34}$$

여기서 비체적은 밀도의 역수이므로 ($v_1 \equiv 1/\rho_1$, $v_2 \equiv 1/\rho_2$), 식 (4.34)는 다음 식이 된다.

$$\boxed{\frac{p_2}{p_1} = \left(\frac{\rho_2}{\rho_1}\right)^{\gamma} \quad \text{등엔트로피 유동}} \tag{4.35}$$

상태방정식으로부터 $\rho = p/(RT)$이므로,

$$\frac{p_2}{p_1} = \left(\frac{p_2}{RT_2} \frac{RT_1}{p_1} \right)^{\gamma}$$

$$\left(\frac{p_2}{p_1} \right)^{1-\gamma} = \left(\frac{T_1}{T_2} \right)^{\gamma} = \left(\frac{T_2}{T_1} \right)^{-\gamma}$$

$$\boxed{\frac{p_2}{p_1} = \left(\frac{T_2}{T_1} \right)^{\gamma/(\gamma-1)} \quad \text{등엔트로피 유동}} \tag{4.36}$$

식 (4.35)와 (4.36)을 종합하면, 다음의 관계식을 얻는다.

$$\boxed{\frac{p_2}{p_1} = \left(\frac{\rho_2}{\rho_1} \right)^{\gamma} = \left(\frac{T_2}{T_1} \right)^{\gamma/(\gamma-1)} \quad \text{등엔트로피 유동}} \tag{4.37}$$

식 (4.37)의 관계식은 매우 유용하다. 이 식은 등엔트로피 유동에서 유선 위 서로 다른 두 지점 간의 T, p, ρ에 대한 중요한 정보를 제공한다. 그림 4.7의 먼 왼쪽에 위치한 상류의 균질 유동으로부터 유선이 흘러 온다면, 식 (4.37)은 동일한 유선이 아니더라도 유동의 두 지점에 대해 성립한다.

식 (4.37)의 등엔트로피 관계식은 압축성 유동에서만 의미를 가진다는 점을 다시 한번 강조한다. 대조적으로, 비압축성 가정은 식 (4.37)의 유도 과정에서 고려한 물리와 일치하지 않는다. 비압축성 유동을 분석하기 위해서 우리는 연속방정식[식 (4.3)]과 운동량방정식[베르누이 방정식, 식 (4.9)]만 필요하다. 압축성 유동을 해석하기 위해서는 연속방정식, 식 (4.2), 운동량방정식[오일러 방정식, 식 (4.8)]과 함께 다음 절에서 곧 유도될 **에너지방정식**을 같이 고려할 필요가 있다. 압축성 유동이 등엔트로피라면, 식 (4.37)을 운동량방정식이나 에너지방정식 중 하나를 대체하여 적용할 수 있다. 미분방정식으로 표현되는 오일러 방정식보다 식 (4.37)은 더 간단하고 유용한 대수 관계식이므로, 이 책에서는 압축성 유동의 해석을 위해 식 (4.8)보다 식 (4.37)을 더 자주 이용할 것이다.

언급한 대로 압축성 유동의 해석에 필요한 근본 관계식을 완성하기 위해서 에너지방정식을 다음 절에서 고려할 것이다.

예제 4.8

표준 해수면 조건에서 비행하는 비행기의 날개 위 한 점의 온도는 250 K이다. 이 점에서 압력은 얼마인가?

■ **풀이**

날개의 먼 상류 지점에서 공기의 온도와 압력 p_1과 T_1은 표준 해수면 조건이다. 따라서 $p_1 = 1.01 \times 10^5\ \text{N/m}^2$이고, $T_1 = 288.16$ K이다. 유동이 등엔트로피 유동임을 가정하면, 점 1과 2 간의 관계를 나타내는 식 (4.37)로부터 압력을 구할 수 있다.

$$\frac{p_2}{p_1} = \left(\frac{T_2}{T_1}\right)^{\gamma/(\gamma-1)}$$

$$p_2 = p_1\left(\frac{T_2}{T_1}\right)^{\gamma/(\gamma-1)} = \left(1.01\times10^5\right)\left(\frac{250}{288.16}\right)^{1.4/(1.4-1)}$$

$$\boxed{p_2 = 6.14\times10^4\ \text{N/m}^2}$$

예제 4.9

로켓 엔진에서 연료(fuel)와 산화제(oxidizer)는 연소실에서 연소되고, 뜨거운 기체는 엔진 출구에서 고속으로 노즐을 통해 분출하면서 팽창한다. (그림 4.32에 있는 로켓 엔진 노즐 그림을 참고하라.) 연소실 이후의 노즐을 통한 유동은 등엔트로피 유동이다. 연소실에서 불타는 기체의 압력과 온도가 각각 20 atm과 3500 K일 때를 생각하자. 노즐 출구에서 기체의 압력이 0.5 atm일 때 출구에서 기체의 온도를 계산하라. 주: 연소기체는 더 이상 공기가 아니므로 비열비는 공기와 다르다. 즉, 비열비 γ는 1.4가 아니다. 이 문제에서 $\gamma = 1.15$라 두자.

■ **풀이**

식 (4.36)으로부터,

$$\frac{p_2}{p_1} = \left(\frac{T_2}{T_1}\right)^{\gamma/(\gamma-1)}$$

여기서 연소실의 조건을 1, 노즐 출구의 조건을 2라 둔다. 그래서 $p_1 = 20$ atm, $T_1 = 3500$ K, $p_2 = 0.5$ atm. 식 (4.36)을 정리하면, 출구에서 온도를 구할 수 있다.

$$T_2 = T_1\left(\frac{p_2}{p_1}\right)^{(\gamma-1)\gamma} = 2500\left(\frac{0.5}{20}\right)^{(1.15-1)/1.15} = 3500(0.025)^{0.13} = \boxed{2167\ \text{K}}$$

문제: 대기압 단위는 SI단위계와 일치하는 단위가 아니다. 식 (4.36)에 압력을 넣기 전에 p_1과 p_2를 N/m²으로 변환하지 않는 이유는 무엇인가? 답은 계산에는 압력비만 필요하기 때문이다. 분자, 분모에 같은 단위를 사용하는 한 그 비율은 어떤 단위를 쓰든 동일하다. 이러한 점을 확인하기 위해 대기압을 SI단위계의 N/m²로 변환해 보자. 표준 해수면 조건에서

$$1\ \text{atm} = 1.01\times10^5\ \text{N/m}^2\ (\text{유효숫자 세 자리})$$

이므로,

$$p_1 = 20(1.01\times10^5) = 2.02\times10^6\ \text{N/m}^2$$

$$p_2 = 0.5(1.01\times10^5) = 5.05\times10^4\ \text{N/m}^2$$

식 (4.36)에서

$$T_2 = T_1\left(\frac{p_2}{p_1}\right)^{(\gamma-1)\gamma} = 3500\left(\frac{5.05\times10^4}{2.02\times10^6}\right)^{(1.15-1)/1.15} = 3500(0.025)^{0.13} = 2167\ \text{K}$$

위에서 얻은 값과 같다.

예제 4.10

예제 4.7에서 다룬 움직이는 피스톤을 가진 실린더는 사실 대부분의 자동차나 소형 항공기에 사용되는 왕복기관(reciprocating engine)에서 동력을 생산하는 기구이다. 왕복기관의 작동원리는 9.3절에서 설명되어 있고, 4행정 엔진은 그림 9.11에 나타나 있다. 자세한 내용은 제9장에서 다루도록 하고, 여기서는 4행정이 흡입-압축-연소-배기의 과정이라는 점만 생각하자. 그림 9.11*b*는 압축 행정을 보여준다. 압축이 시작될 때, 피스톤은 실린더의 하단에 있고, 실린더 내부에는 연료-공기 혼합물로 가득 차 있다. 혼합물의 부피를 V_2라 두자. 압축 행정의 끝에 피스톤은 실린더의 상단을 향해 최대의 거리를 움직인다. 이때 피스톤 위 혼합물의 부피를 V_3라 하자. 내연기관의 정의에 따라 가장 중요한 **압축비**(*compression ratio*)는 V_2/V_3이다. 연료-공기 혼합물은 흡입 행정을 통해 표준 해수면 조건에서 실린더로 공급되는 경우를 생각하자. 설계 압축비는 10이다. 압축 과정이 등엔트로피라고 가정하고, 압축 행정의 끝에서 실린더 내부 혼합물의 압력과 온도를 계산하라. 혼합물의 대부분은 공기이고 연료는 매우 작아서(일반적으로 연료-공기 질량비는 0.05 정도) 비열비 $\gamma = 1.4$로 생각해도 된다.

■ 풀이

압축 행정이 시작될 때의 조건을 2, 행정의 마지막 지점을 3이라 하자. 식 (4.37)와 비체적의 정의에 따라 다음 관계를 얻는다.

$$\frac{p_3}{p_2} = \left(\frac{\rho_3}{\rho_2}\right)^{\gamma} = \left[\frac{(1/v_3)}{(1/v_2)}\right]^{\gamma} = \left(\frac{v_2}{v_3}\right)^{\gamma} \qquad \text{(E 4.10.1)}$$

비체적은 단위 질량당 부피이다. 실린더 내부의 질량은 압축 행정 동안 일정하므로, $v_2/v_3 = V_2/V_3$이다. 식 (E4.10.1)은 다음과 같이 쓸 수 있다.

$$\frac{p_3}{p_2} = \left(\frac{V_2}{V_3}\right)^{\gamma} \qquad \text{(E 4.10.2)}$$

압축비는 10이다. 압축 행정의 시작점에서 혼합물은 표준 해수면 조건에 있으므로, $p_2 = 1.02 \times 10^5$ N/m²이다. 따라서,

$$p_3 = p_2\left(\frac{V_2}{V_3}\right)^{\gamma} = (1.02\times10^5)(10)^{1.4} = \boxed{25.6\times10^5 \text{ N/m}^2}$$

주: 방정식에서 비율을 이용하기 때문에 압력의 단위를 SI단위로 변환할 필요가 없다. 즉, $p_2 = 1$ atm이므로,

$$p_3 = (1)(10)^{1.4} = \boxed{25.1 \text{ atm}}$$

$$p_3 = (25.1)\,1.02\times10^5 = 25.6\times10^5 \text{ N/m}^2$$

압축 행정의 끝에서 온도를 계산하기 위해 식 (4.37)을 다시 쓰면

$$\left(\frac{\rho_3}{\rho_2}\right)^{\gamma} = \left(\frac{T_3}{T_2}\right)^{\gamma/(\gamma-1)}$$

$$\left(\frac{T_3}{T_2}\right) = \left(\frac{\rho_3}{\rho_2}\right)^{(\gamma-1)} = \left(\frac{V_2}{V_3}\right)^{(\gamma-1)}$$

표준 해수면 조건에서, $T_2 = 288$ K이므로,

$$T_3 = T_2\left(\frac{V_2}{V_3}\right)^{(\gamma-1)} = 288(10)^{0.4} = 723 \text{ K}$$

압축비가 10인 등엔트로피 압축의 과정 동안 압력은 더 높은 배율 25.1만큼 증가하는 반면, 온도는 2.51배만 증가한다는 점은 상당히 흥미롭다.

이 절에서 상당히 다르면서도 실용적인 예제를 다루는 동안, 등엔트로피 유동과 시스템의 등엔트로피 변화를 이해하기 시작했다. 이것은 시작일 뿐이다! 공기역학과 추진역학을 다루는 동안 수많은 등엔트로피 유동의 활용사례를 목격할 것이다.

4.7 에너지방정식

유체 유동의 근본방정식을 얻기 위해서 근본원리를 적시하고 원리들을 p, T, ρ, V를 이용해 표현하는 접근방법을 채택했음을 상기하기 바란다. 또한 압축성 고속 유동은 에너지의 큰 변화를 동반한다는 점도 기억해야 한다. 우리가 고려해야 할 마지막 근본 물리학 원리는 다음과 같다:

> 에너지는 창조되지도 사라지지도 않는다. 단지 형태를 바꿀 수 있다.

이 원리는 열역학의 제1법칙, 식 (4.10)과 하나도 다르지 않다. 이 원리를 유체 유동에 적용하기 위해 그림 4.6처럼 유선을 따라 움직이는 유체요소를 다시 고려하자. 유체요소에 열역학 제1법칙

$$\delta q + \delta w = de$$

을 적용해 보도록 한다. 제1법칙의 한 형태는 식 (4.19)와 같다.

$$\delta q = dh - v\,dp$$

단열과정($\delta q = 0$)을 생각하면,

$$dh - v\,dp = 0 \tag{4.38}$$

오일러 방정식, 식 (4.8)을 다시 쓰면,

$$dp = -\rho V\,dV$$

식 (4.38)과 식 (4.8)을 결합하면 다음의 식을 얻는다.

$$dh + v\rho V\,dV = 0 \tag{4.39}$$

$V = 1/\rho$이므로 식 (4.39)는 다음과 같다.

$$dh + V\,dV = 0 \tag{4.40}$$

식 (4.40)을 유선 위의 두 점 사이에서 적분하면,

$$\int_{h_1}^{h_2} dh + \int_{V_1}^{V_2} V\,dV = 0$$

$$h_2 - h_1 + \frac{V_2^2}{2} - \frac{V_1^2}{2} = 0$$

$$\boxed{\begin{aligned} h_1 + \frac{V_1^2}{2} &= h_2 + \frac{V_2^2}{2} \\ h + \frac{V^2}{2} &= \text{const} \end{aligned}} \tag{4.41}$$

식 (4.41)은 마찰이 없고, 단열인 유동의 에너지방정식이 된다. 식 (4.27), $h = c_pT$를 사용하여 온도로 표현하면, 식 (4.41)은 다음과 같이 쓸 수 있다.

$$\boxed{\begin{aligned} c_pT_1 + \tfrac{1}{2}V_1^2 &= c_pT_2 + \tfrac{1}{2}V_2^2 \\ c_pT + \tfrac{1}{2}V^2 &= \text{const} \end{aligned}} \tag{4.42}$$

식 (4.42)는 유선 위 두 점에서 온도와 속도의 관계식이다. 모든 유선이 먼 상류의 균질류로부터 흘러온다면, 식 (4.42)는 동일 유선이 아니더라도 유동의 모든 위치의 두 점 간에 적용할 수 있다. 또한 식 (4.42)는 식 (4.37)처럼 압축성 유동의 해석에 매우 유동하다.

예제 4.11

그림 4.32에는 초음속 풍동이 그려져 있다. 풍동의 공기탱크 내부 온도와 압력은 각각 p_0 = 10 atm, T_0 = 1000 K이다. 노즐목과 출구에서의 온도(static temperature)는 각각 T^* = 833 K, T_e = 300 K이다. 노즐을 통과하는 질량 유량은 0.5 kg/s이다. c_p = 1008 J/(kg)(K)인 공기에 대해 다음을 계산하라.

a. 노즐목에서 속도, V^*

b. 출구에서 속도, V_e

c. 노즐목의 면적, A^*

d. 출구 면적, A_e

■ **풀이**

문제는 온도와 속도를 다루고 있으므로, 에너지방정식이 유용할 것이다.

a. 공기탱크와 노즐목에 대해 식 (4.42)를 쓰면,

$$c_pT_0 + \tfrac{1}{2}V_0^2 = c_pT^* + \tfrac{1}{2}V^{*2}$$

저장탱크 내에서 $V_0 \approx 0$이므로,

$$\boxed{\begin{aligned} V^* &= \sqrt{2c_p(T_0 - T^*)} \\ &= \sqrt{2(1008)(1000-833)} = 580 \text{ m/s} \end{aligned}}$$

b. 저장탱크와 출구에 대해 식 (4.42)를 쓰면,

$$\boxed{\begin{aligned} c_p T_0 &= c_p T_e + \tfrac{1}{2}V_e^2 \\ V_e &= \sqrt{2c_p(T_0 - T_e)} \\ &= \sqrt{2(1008)(1000-300)} = 1188 \text{ m/s} \end{aligned}}$$

c. 유량과 면적을 다루는 기본식은 연속방정식이다. 유동 속도가 분명히 빠르므로 압축성으로 다루어야 하므로, 식 (4.3)보다 식 (4.2)가 더 적합하다.

$$\dot{m} = \rho^* A^* V^*$$

또는

$$A^* = \frac{\dot{m}}{\rho^* V^*}$$

여기서, $\dot{m}$가 주어져 있고, V^*는 a에서 구하였다. 구하고자 하는 A^*를 구하려면 ρ^*를 계산해야 한다. 상태방정식으로부터,

$$\rho_0 = \frac{p_0}{RT_0} = \frac{10(1.01\times10^5)}{287(1000)} = 3.52 \text{ kg/m}^3$$

노즐 유동은 실제로 등엔트로피라 가정할 수 있으므로, 식 (4.37)을 이용하면 다음을 얻을 수 있다.

$$\left(\frac{\rho^*}{\rho_0}\right) = \left(\frac{T^*}{T_0}\right)^{1/(\gamma-1)}$$

$$\rho^* = \rho_0\left(\frac{T^*}{T_0}\right)^{1/(\gamma-1)} = (3.52)\left(\frac{833}{1000}\right)^{1/(1.4-1)} = 2.23\text{kg/m}^3$$

$$\boxed{A^* = \frac{\dot{m}}{\rho^* V^*} = \frac{0.5}{(2.23)(580)} = 3.87\times10^{-4}\text{m}^2 = 3.87 \text{ cm}^2}$$

d. A_e를 구하는 과정은 A^*를 구하는 과정과 유사하다.

$$\dot{m} = \rho_e A_e V_e$$

등엔트로피 유동에 대해서

$$\rho_e = \rho_0\left(\frac{T_e}{T_0}\right)^{1/(\gamma-1)} = (3.52)\left(\frac{300}{1000}\right)^{1/(1.4-1)} = 0.174\text{kg/m}^3$$

$$\boxed{A_e = \frac{\dot{m}}{\rho_e V_e} = \frac{0.5}{0.174(1188)} = 24.2\times10^{-4}\text{ m}^2 = 24.2 \text{ cm}^2}$$

예제 4.12

압력, 속도, 밀도가 각각 2,116 lb/ft^2, 500 mi/h, 0.002377 slug/ft^{3}인 자유류에서 익형 위 유동을 고려한다. 익형 위 주어진 점 *A*에서 압력이 1,497 lb/ft^{2}이다. 점 *A*에서 속도는 얼마인가? 등엔트로피 유동을 가정하고, 공기의 정압비열은 $c_p = 6006$ ft · lb/(slug)(°R)이다.

■ **풀이**

예제 4.3과 같은 문제인데, 비압축성 유동에 대한 예제 4.3과 달리 속도가 500 mi/h로 높아서 압축

성으로 생각해야 한다. 유동이 등엔트로피이므로 점 A와 자유류 조건에 대해 식 (4.37)을 사용할 수 있다.

$$\frac{p_A}{p_\infty} = \left(\frac{T_A}{T_\infty}\right)^{\gamma/(\gamma-1)}$$

$$\frac{T_A}{T_\infty} = \left(\frac{p_A}{p_\infty}\right)^{(\gamma-1)/\gamma} = \left(\frac{1497}{2116}\right)^{0.4/1.4} = (0.7075)^{0.286} = 0.9058$$

자유류의 온도 T_∞는 상태방정식에서 구할 수 있다.

$$T_\infty = \frac{p_\infty}{\rho_\infty R} = \frac{2116}{0.002377(1716)} = 519°\text{R}$$

그러므로 $T_A = 0.9058(519) = 470.1°\text{R}$

식 (4.42)의 에너지방정식에서 $V_\infty = 500(88/60) = 733.3$ ft/s이므로,

$$c_p T_\infty + \frac{V_\infty^2}{2} = c_p T_A + \frac{V_A^2}{2}$$

$$V_A = \sqrt{2c_p(T_\infty - T_A) + V_\infty^2}$$
$$= \sqrt{2(6006)(519 - 470.1) + (733.3)^2} = 1061 \text{ ft/s}$$

주: 압축성 유동을 다루는 이 문제의 계산과정은 비압축성을 다룬 예제 4.3과 완전히 다르다. 예제 4.3에서는 비압축성에서 유효한 베르누이 방정식을 사용하였다. **압축성 유동에서는 베르누이 방정식이 유효하지 않기 때문에 이 문제에는 베르누이 방정식을 적용할 수 없다.** 예제 4.3과 똑같은 방법으로 베르누이 방정식을 적용한다면, 점 A에서 속도를 1,029 ft/s로 얻게 된다. 틀린 답이 될 것이다. 스스로 이 점을 살펴보기 바란다.

예제 4.13

우주 궤도에서 임무를 완수하고 지구로 귀환하고 있는 우주 왕복선(그림 2.24, 8.6, 8.48)을 생각한다. 대기를 통과하는 진입궤도 위의 한 점에서 속도는 6.4 km/sec, 고도는 60 km이다. 왕복선의 선두부에 가까운 바닥면의 어떤 점에서 유동 속도는 0이 될 것이다. 이 점을 **정체점**(*stagnation point*)라고 정의한다. 정체점은 일반적으로 유동의 온도가 최대가 되는 지점이다. 자유류에서부터 유입되어 정체점을 지나는 유선을 **정체유선**(*stagnation streamline*)이라 한다. 정체유선을 지나는 유동에는 바깥에서부터 열의 유출입이 없기 때문에 단열이 된다. (만약 정체유선 위 유체요소의 온도가 너무 높아서 복사를 통해 많은 열을 방출하게 된다면 단열 유동으로 가정할 수 없을 것이다. 그러나 이 현상은 우주 왕복선이 대기에 진입할 때에는 중요하지 않다.) 정압비열 $c_p = 1008$ J/(kg)(K)이 상수라 가정할 때, 정체점에서 공기의 온도를 계산하라. (정압비열이 상수라는 가정은 합리적인가? 이 예제의 끝부분에서 이 점을 토론할 것이다.)

■ 풀이

식 (4.42)에서 자유류를 점 1, 정체점을 점 2라 두자. 표준 고도 조건을 나타낸 부록 A에서 자유류의 온도를 얻을 수 있다. 부록 A에서 60 km 바로 밑까지만 고도 조건이 제시되어 있다. $h = 59$ km, $T = 258.10$ K, $h = 59.5$ km, $T = 255.89$ K. 선형으로 외삽하면, 고도 $h = 60$ km에서

$$T_1 = 255.89 - (258.10 - 255.89) = 253.68 \text{ K}$$

에너지방정식을 다시 쓰자.

$$c_pT_1 + \tfrac{1}{2}V_1^2 = c_pT_2 + \tfrac{1}{2}V_2^2 \tag{4.42}$$

점 2는 $V_2 = 0$인 정체점이고, 점 2에서 온도는 정체점 온도 T_0이다.

$$c_pT_1 + \tfrac{1}{2}V_1^2 = c_pT_0$$

$$T_0 = T_1 + \frac{V_1^2}{2c_p} = 253.68 + \frac{(6.4\times10^3)^2}{2(1008)} = \boxed{20{,}571 \text{ K}}$$

정압비열이 상수라는 가정을 이용해 에너지방정식으로부터 이 답을 얻었다. 여기서 얻은 답은 태양표면 온도의 3배보다 더 큰 매우 높은 온도이다. 사실 이렇게 높은 온도에서는 공기가 화학적으로 반응하는 기체(chemically reactive gas)가 되어, 정압비열이 상수라는 가정은 옳지 않게 된다(10.2.4절 참조). 실제로 화학반응을 고려했을 때 얻게 되는 정체점 온도는 약 6,000 K 정도이다. 이 온도는 매우 높지만, 상수의 정압비열을 사용했을 때 얻게 되는 값보다는 상당히 낮은 값이다. 상수의 정압비열을 가정한 식 (4.42)는 우주 왕복선 예제에 적절하지 않음을 알 수 있다. 반면 일반적인 단열 유동에 적용 가능한 식 (4.41)에는 정압비열 값에 대해 가정이 주어지지 않았다. 화학반응 기체에 대한 심도있는 논의는 이 책의 범위를 넘는다. 깊이 있는 공부를 위해서는 Anderson, *Hypersonic and High Temperature Gas Dynamics*, 2nd ed., Americal Institute of Aeronautics and Astronautics, Reston, VA, 2006.를 참고하기 바란다.

예제 4.14

가족과 함께 뉴욕과 London을 왕복하는 Anglo-French Concorde 초음속 여객기(SST)를 타본 경험이 있다(당시 보통 아음속 제트기로 여섯 시간 걸리던 비행시간이 단 세 시간으로 줄었다). SST는 고도 50,000 ft에서 1,936 ft/s의 속도로 순항했다. 정압비열 $c_p = 6006$ ft · lb/(slug)(°R)로 두고, 순항 시 SST의 정체점 온도를 계산하라. (예제 4.13에서 정체점 온도의 개념이 소개되었다.)

■ **풀이**

식 (4.42)로부터

$$c_pT_1 + \tfrac{1}{2}V_1^2 = c_pT_2 + \tfrac{1}{2}V_2^2 = c_pT_0$$

$$T_0 = T_1 + \frac{V_1^2}{2c_p}$$

부록 B에서 $h = 50{,}000$ ft, = 389.99°R이므로,

$$T_0 = 389.99 + \frac{(1936)^2}{2(6006)} = \boxed{702°\text{R}}$$

화씨 온도계에서는

$T_0 = 702 - 460 = 242$°F이다.

이 온도는 물의 끓는점보다 높다. 사실 SST의 표면 온도가 착륙 후에 손으로 만져도 안전한 정도까지 냉각되려면 약 30분가량이 필요하다.

주: 10.2.4절을 참고하면, 공기에서 처음 화학적 변화가 일어나는 온도는 약 2,000 K = 3,600°R =

3,140°F이다. 이 예제의 온도에서는 상수의 정압비열을 가정해도 무방하다. 사실 공기의 정압비열은 약 1,000 K까지는 거의 상수이다. 이때 O_2와 N_2 분자의 진동에너지가 활성화되어 정압비열이 약간 변화하지만 화학반응으로 인한 큰 변화에 비하면 소소한 변화이다. **항공기를 다루는 공기역학적 문제의 대부분에서는 정압비열을 상수로 둘 수 있다.** 이 책에서 다루는 모든 문제에서도 정압비열을 상수로 가정할 것이다.

예제 4.15

열전달이 있는 유동, 즉 **비단열 유동**을 고려하자. 비단열 유동에 대한 에너지방정식을 유도하라.

■ 풀이

유선을 따라 움직이는 유체요소를 고려하자. δq는 유체요소의 단위 질량당 가해지는 열이라 두자. 열역학 제1법칙, 식 (4.19)를 적용할 수 있다.

$$\delta q = dh - v\,dp \tag{4.19}$$

오일러 방정식, 식 (4.8)을 다시 쓰면,

$$dp = -\rho V\,dV \tag{4.8}$$

식 (4.19)는 다음과 같이 쓸 수 있다.

$$\delta q = dh - v(-\rho V\,dV)$$

$$\delta q = dh + V\,dV \tag{E4.15.1}$$

식 (E4.15.1)을 유선 위의 점 1과 2 사이에서 적분하면 다음의 식을 얻는다.

$$\int_1^2 \delta q = \int_{h_1}^{h_2} dh + \int_{V_1}^{V_2} V\,dV \tag{E4.15.2}$$

점 1과 2 사이에서 적분된 δq는 유체요소가 점 1과 2 사이를 지날 때 단위 질량당 더해진 총 열이 된다. 이 총 열을 Q_{12}라 두면, 식 (E4.15.2)는 다음과 같이 표현된다.

$$Q_{12} = h_2 - h_1 + \frac{V_2^2}{2} - \frac{V_1^2}{2}$$

$$\boxed{h_1 + Q_{12} + \frac{V_1^2}{2} = h_2 + \frac{V_2^2}{2}} \tag{E4.15.3}$$

이 식은 비단열 유동에 대한 에너지방정식이다. 식 (4.41)과 유사하지만, 식의 왼쪽에 가열량을 나타내는 Q_{12}가 더해져 있음에 유의하라.

예제 4.16

터보젯 엔진의 연소실(burner)을 생각하자. 터보젯 엔진의 각 요소는 9.5절에서 다루고 연소실은 그림 9.16, 9.18, 9.19에 개략적으로 묘사되어 있다. (이 예제를 잘 이해하기 위해 잠시 이 그림들을 살펴보는 것도 좋다.) 압축기를 통과해서 연소실로 들어오는 공기의 온도는 1200°R이고, 연소실 내에서 단위 질량당 2.1×10^7 ft · lb/slug만큼의 열이 더해진다. 연소실 입구에서 유동 속도는 300 ft/s, 출구에서 200 ft/s로 감속된다. $c_p = 6006$ ft · lb/(slug)(°R)일 때, 연소실 출구에서 유동의 온도를 계산하라.

■ 풀이

예제 4.15에서 유도한 열이 가해질 때 에너지방정식, 식 (4.15.3)을 사용한다. 그림 9.16과 9.18의 다이어그램과 일치하도록 연소실 입구와 출구를 각각 점 3과 점 4로 표시하고, 상수의 비열비($h = c_p T$)를 가정하면, 풀이식은 다음과 같다.

$$c_pT_3 + Q_{34} + \frac{V_3^2}{2} = c_pT_4 + \frac{V_4^2}{2}$$

여기서 $T_3 = 1200°\text{R}$, $Q_{34} = 2.1 \times 10^7$ ft · lb/slug, $V_3 = 300$ ft/s, $V_4 = 200$ ft/s이므로,

$$T_4 = T_3 + \frac{Q_{34}}{c_p} + \frac{V_3^2 - V_4^2}{2\,c_p} = 1200 + \frac{2.1\times 10^7}{6006} + \left[\frac{(300)^2 - (200)^2}{2\,(6006)}\right] =$$
$$1200 + 3497 + 4 = \boxed{4701\,°\text{R}}$$

4.8 방정식 요약

이제 우리는 몇 가지 기본적인 물리 원리로부터 흐르는 기체의 해석에 필요한 방정식들을 얻게 되었다. 여러 가지 방정식을 혼동하지 않기 위해 주의를 기울여야 한다. 관심을 두고 있는 공기역학의 다양한 문제들을 분석하고 답을 얻는 데 유용하고 꼭 필요한 식들이다. 엔지니어나 과학자들이 이러한 방정식에 주의를 기울이고, 수학적 관계뿐만 아니라 물리적 연관관계를 살펴보는 것은 매우 중요하다. 예를 들어, 식 (4.2)는 질량이 보존된다는 점을 말하고 있다. 식 (4.42)는 단열이면서 마찰이 없는 유동에서 에너지가 보존된다는 것을 말하고 있다. 물리적 의미와 이 식들이 가지는 제한사항을 잊어서는 안 된다.

이 방정식들을 잘 기억하는 것을 돕기 위해서 이제까지의 결과를 여기서 요약한다.

1. 면적이 변할 수 있는 유관 내의 마찰이 없는 정상(steady) 비압축성 유동에 대해서는 ρ와 T가 유동 전체에서 일정하므로, ρ와 T가 중요한 유동변수이다. 온도와 속도를 구하기 위해 다음의 식을 사용한다.

$A_1V_1 = A_2V_2$	연속
$p_1 + \frac{1}{2}\rho V_1^2 = p_2 + \frac{1}{2}\rho V_2^2$	베르누이 방정식

2. 면적이 변할 수 있는 유관 내의 정상 등엔트로피 (단열이고 마찰이 없는) 압축성 유동에 대해서는 모든 유동변수가 변한다. ρ, T, p, V는 다음의 관계를 통해 얻을 수 있다.

$\rho_1A_1V_1 = \rho_2A_2V_2$	연속
$\frac{p_1}{p_2} = \left(\frac{\rho_1}{\rho_2}\right)^{\gamma} = \left(\frac{T_1}{T_2}\right)^{\gamma/(\gamma-1)}$	등엔트로피 관계
$c_pT_1 + \frac{1}{2}V_1^2 = c_pT_2 + \frac{1}{2}V_2^2$	에너지
$p_1 = \rho_1RT_1$ $p_2 = \rho_2RT_2$	상태방정식

이제부터 이 관계식들을 이용해서 기초적인 공기역학 현상과 문제들을 학습해 보자.

4.9 음속

음파는 공기를 통해 일정한 속도, 즉 음속으로 전파된다. 이 점은 실제 관찰을 통해 분명히 알 수 있다. 먼 곳에서 번개를 본 후, 약간의 시간이 지난 후 천둥소리를 듣게 된다. 많은 공기역학의 문제에서 음속은 기준이 되는 역할을 담당한다. 음속을 어떻게 계산할까? 음속은 무엇에 따라 달라질까? 압력, 온도, 밀도, 이들의 조합? 음속은 왜 중요한가? 이 절에서는 이러한 질문에 대한 답을 구한다.

먼저 음속을 계산할 수 있는 공식을 유도하자. 그림 4.12와 같이 멈춰 있는 기체에서 이동하고 있는 음파를 생각하자. 방의 한 구석에서 폭발하는 조그만 폭죽 같은 음원에 의해 음파가 발생한다. 방안의 공기는 멈춰 있고, 밀도, 온도, 압력을 각각 ρ, T, p라 두자. 방의 한 가운데에 여러분이 서 있으면, 음파는 속도 a m/s (ft/s)로 여러분을 지나갈 것이다. 음파 자체는 공기에서 밀도, 온도, 압력이 매우 조금 변화하는 교란(disturbance)이 있는 얇은 층이다. (압력의 변화는 고막을 움직이고 소리를 듣게 된다.) 이제 음파를 따라 뜀박질을 한다고 상상해 보자. 여러분은 움직이는 파동과 함께 움직이므로, 음파가 움직이는 방향인 그림 4.12의 왼쪽을 보고 있는 것과 같다. 여러분의 입장에서 음파는 그냥 서 있는 것처럼 보이고, 파동의 앞에 있는 공기가 속도 a로 다가오는 것으로 느낄 것이다. 다시 말해서, 여러분은 그림 4.13과 같이, 음파가 멈춰 있고 공기가 음파를 향해 속도 a로 움직이고 있는 것처럼 느끼게 될 것이다. 다시 그림 4.12로 돌아가서 움직이는 파동 꼭대기에 앉아서 오른쪽(파동의 뒤)을 바라보라. 여러분의 입장에서 공기는 멀어지는 방향으로 움직이는 것처럼 보인다. 파동이 제자리에 서 있는 그림 4.13에 표현되었듯이, 멈춰 있는 파동 뒤의 공기는 파동과 멀어지는 방향, 오른쪽으로 움직이고 있다. 그러나 파동을 지나가면서 공기의 압력, 온도, 밀도는 각각 dP, dT, $d\rho$만큼 변화할 것이다. 또한 공기의 속도도 da만큼 약간 변화할 것이라 추측할 수 있다. 그래서 그림 4.13에서 파동의 뒤 공기는 $a + da$의 속도로 파동과 멀어지는 방향으로 움직이게 된다. 그림 4.12와 4.13은 바라보는 시점이 다를 뿐 완전히 유사한 그림이다. 그림 4.12는 방의 한 가운데 서서 지나가는 음파를 바라보는 것이고, 그림 4.13은 음파와 함께 움직이면서 음파를 지나가는 공기를 바라보는 것이

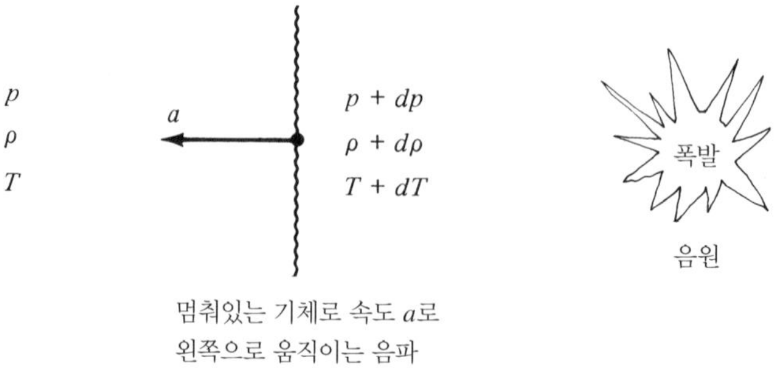

그림 4.12 멈춰 있는 공기 중을 움직이는 음파 모델

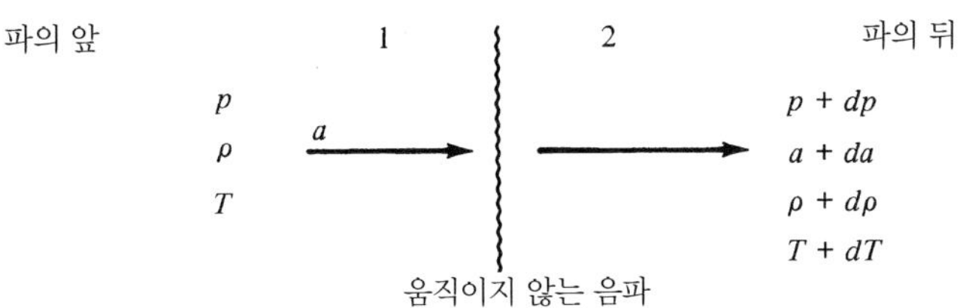

그림 4.13 제자리에 멈춰 있는 음파 모델

다. 그림 4.13이 공식을 유도하기에 더 쉽기 때문에, 그림 4.13에 집중하도록 한다.

그림 4.13의 음파 모델에 근본 방정식들을 적용해 보자. 목적은 음속 a에 관한 식을 구하는 것이다. 점 1과 2를 각각 파동의 앞과 뒤라 두고, 연속방정식 식 (4.2)를 적용하면 다음을 얻는다.

$$\rho_1 A_1 V_1 = \rho_2 A_2 V_2$$

$$\rho A_1 a = (\rho + d\rho) A_2 (a + da) \tag{4.43}$$

여기서 A_1과 A_2는 파동을 통과해서 지나가는 유관의 면적이다. 그림 4.13을 보면, 유관이 파동을 지나갈 때 면적이 변화할 이유가 없다는 것을 알 수 있다. 따라서 관의 면적은 상수이다: $A = A_1 = A_2 =$ 상수. (이것은 **1차원, 등단면적** 문제의 전형적인 예제이다.) 그러므로 식 (4.43)은 다음과 같다.

$$\rho a = (\rho + d\rho)(a + da)$$

$$\rho a = \rho a + a\,d\rho + \rho\,da + d\rho\,da \tag{4.44}$$

작은 양의 곱인 $d\rho da$는 식 (4.44)의 다른 항들에 비해 매우 작으므로 무시할 수 있다. 그래서 식 (4.44)로부터 다음을 얻는다.

$$a = -\rho \frac{da}{d\rho} \tag{4.45}$$

이제 오일러 방정식으로 표현된 운동량방정식, 식 (4.8)을 적용하자.

$$dp = -\rho a\,da$$

$$da = -\frac{dp}{\rho a} \tag{4.46}$$

식 (4.46)을 (4.45)에 대입하면,

$$a = \frac{\rho}{d\rho}\frac{dp}{\rho a}$$

$$a^2 = \frac{dp}{d\rho} \tag{4.47}$$

물리적 관점에서 보면, 음파를 통과하는 유동은 단열이고 마찰효과는 무시할 수 있다. 즉 음파를 통과하는 유동은 등엔트로피 유동이다. 그러므로 식 (4.47)에서 음속은 다음과 같다.

$$\boxed{a = \sqrt{\left(\frac{dp}{d\rho}\right)_{\text{isentropic}}}} \tag{4.48}$$

식 (4.48)은 상당히 근본적이고 중요하지만, 이 식은 음속 값을 직접 계산하는 공식을 제시하지 않는다. 더 깊이 생각해야 한다.

등엔트로피 유동에서 식 (4.37)은 다음과 같다.

$$\frac{p_2}{p_1} = \left(\frac{\rho_2}{\rho_1}\right)^{\gamma}$$

$$\frac{p_2}{\rho_2^{\gamma}} = \frac{p_1}{\rho_1^{\gamma}} = \text{상수} = c \tag{4.49}$$

식 (4.49)는 등엔트로피 유동의 모든 곳에서 p/ρ^{γ} 비가 일정한 상수임을 말해 준다. 즉,

$$\frac{p}{\rho^{\gamma}} = c \tag{4.50}$$

$$\left(\frac{dp}{d\rho}\right)_{\text{isentropic}} = \frac{d}{d\rho}c\rho^{\gamma} = c\gamma\rho^{\gamma-1} \tag{4.51}$$

식 (4.51)의 c 값에 식 (4.50)을 대입하면 다음의 관계를 얻는다.

$$\left(\frac{dp}{d\rho}\right)_{\text{isentropic}} = \frac{p}{\rho^{\gamma}}\gamma\rho^{\gamma-1} = \frac{\gamma p}{\rho} \tag{4.52}$$

식 (4.52)를 식 (4.48)에 대입하면,

$$\boxed{a = \sqrt{\gamma\frac{p}{\rho}}} \tag{4.53}$$

여기서 완전기체에서 p와 ρ는 상태방정식 $p = \rho RT$으로 연관되므로, $p/\rho = RT$이다. 따라서 식 (4.53)에서 다음의 최종식을 얻는다.

$$\boxed{a = \sqrt{\gamma RT}} \tag{4.54}$$

식 (4.48), (4.53), (4.54)는 음속에 관한 중요한 결과들이다. 식 (4.54)는 매우 유용하

다. 이 식은 아주 근본적인 사실을 설명하고 있다. 즉, **완전기체에서 음속은 기체의 온도에만 의존한다.** 이 간단한 결론은 놀라워 보이지만, 물리학적 관점에서는 예상할 수 있는 것이다. 기체를 지나가는 음파의 전파는 분자 충돌(molecular collisions)을 통해 이루어진다. 예를 들어, 방 한구석에서 터진 작은 폭죽을 다시 생각해 보자. 폭발 때문에 많은 에너지를 가지게 된 기체 분자들은 불규칙하게 움직이면서 주변의 분자들과 충돌한다. 이러한 충돌을 통해 주변 분자들에게 자신의 에너지를 운동에너지 형태로 전달하게 된다. 즉, 음파의 에너지는 서로 충돌하는 분자들에 의해 공기를 통해 전달된다. 각각의 분자들은 서로 다른 속도로 움직이지만, 수많은 분자들을 다 합해서 평균적인 분자 속도는 일정하다. 분자들의 묶음을 단위로 생각해 보면, 폭죽으로부터 발생한 소리의 에너지는 이 분자 평균속도와 유사한 속도로 공기 중에서 전파될 것이다. 제2장에서 온도가 분자 운동에너지의 평균(분자 평균속도)을 나타내는 척도임을 기억하라. 그러므로 온도는 분자 충돌에 의해 전파되는 음파의 속도를 나타내는 척도가 되어야 한다. 식 (4.54)는 이러한 사실을 증명하고 있다.

한 예제로서, 표준 해수면 온도 = 288.16 K에서 공기를 고려하자. 식 (4.54)에서 음속은 $a = \sqrt{\gamma RT} = \sqrt{1.4(287)(288.16)} = 340.3$ m/s이다. 기체 운동이론에서 분자 평균속도는 $\bar{V} = \sqrt{(8/\pi)RT} = \sqrt{(8/\pi)287\,(288.16)} = 458.9$ m/s 이다. 즉, 음속은 분자 평균속도와 같은 정도의 크기이며 약 26%의 작은 값이다.

제2장에서 언급하였듯이 온도는 유동의 각 지점에서 다른 값을 가지듯이 음속 또한 유동의 특정한 위치에서 변하는 값임을 강조하고자 한다. 또한 음속은 식 (4.48)부터 식 (4.54)에 의해 정의된 기체의 열역학적 특성이다. 일반적으로 음속의 값은 유동의 모든 지점에서 변화한다.

음속은 고속 기체 유동에서 매우 중요하게 다루는 **마하수**(*Mach number*)와 연관된다. 유동장에서 점 B를 생각하자. 점 B에서 유동 속도가 V이고, 음속이 a라면, 점 B에서 마하수는 속도를 음속으로 나눈 값이며 다음과 같다.

$$\boxed{M = \frac{V}{a}} \tag{4.55}$$

마하수는 공기역학에서 가장 강력한 양 중에 하나임을 알게 될 것이다. 마하수는 공기역학 유동의 세 가지 영역을 구분하는 데 직접 사용된다.

1. $M < 1$, 유동은 **아음속**(*subsonic*)이다.
2. $M = 1$, 유동은 **음속**이다.
3. $M > 1$, 유동은 **초음속**(*supersonic*)이다.

이 세 가지 영역은 각자 특별한 현상으로 특징지을 수 있고, 다음 절부터 이를 다룰 것이다. 또한 다른 두 가지 특별한 영역을 정의할 수 있다. 먼저 **천음속**(*transonic*) 유동은 마하수가 음속보다 약간 작거나 큰 영역(통상, $0.8 \le M \le 1.2$)을 나타내고, $5 < M$인 유동을

극초음속(*hypersonic*)이라 부른다. 마하수를 기준으로 아음속, 음속, 초음속 유동을 정교하게 구분하였다. 천음속과 극초음속에 대한 정의는 모호한 면이 있지만, 마하수의 값보다는 특별한 공기역학 현상을 표현하기 위한 개념이다. 이러한 차이점은 다음 절에서 분명해질 것이다.

예제 4.17

고도 30,000 ft의 표준 대기에서 550 mi/h의 속도로 제트기가 비행하고 있다. 마하수는 얼마인가?

■ 풀이

표준 대기에 관한 부록 B를 참고하면, 고도 30,000 ft에서 $T_\infty = 411.86°R$. 식 (4.54)를 사용하면,

$$a_\infty = \sqrt{\gamma R T_\infty} = \sqrt{1.4(1716)(411.86)} = 995\,\text{ft/s}$$

제트기의 속도는 $V_\infty =$ 550 mi/h이다. 단위계를 통일하기 위해 60 mi/h = 88 ft/s임을 이용하자.

$$V_\infty = 550\left(\frac{88}{60}\right) = 807\ \text{ft/s}$$

식 (4.55)로부터 마하수를 결정할 수 있다.

$$M_\infty = \frac{V_\infty}{a_\infty} = \frac{807}{995} = \boxed{0.811}$$

예제 4.18

예제 4.11에서 다룬 노즐 유동에서 노즐목에서 유동의 마하수 M^*와 출구에서의 마하수 M_e를 계산하라.

■ 풀이

예제 4.11의 노즐목에서 $V^* = 580$ m/s, $T^* = 833$ K임을 알고 있다. 그러므로, 식 (4.54)에서 식 (4.55)에서

$$a^* = \sqrt{\gamma R T^*} = \sqrt{1.4(287)(833)} = 580\ \text{m/s}$$

$$M^* = \frac{V^*}{a^*} = \frac{580}{580} = \boxed{1}$$

주: 유동은 노즐목에서 음속이다. 초음속 노즐 유동에서 노즐목에서 마하수는 항상 1이라는 점을 증명하였다(화학적으로 비평형인 고속유동에서는 예외인데, 이 책에서는 다루지 않는다.)
예제 4.11로부터, 출구에서 $V_e = 1188$ m/s, $T_e = 300$ K. 따라서,

$$a_e = \sqrt{\gamma R T_e} = \sqrt{1.4(287)(300)} = 347\,\text{m/s}$$
$$M_e = \frac{V_e}{a_e} = \frac{1188}{347} = \boxed{3.42}$$

참고사항. 예제 4.17과 4.18에서 마하수의 두 가지 용법을 다루었다. 비행기의 속도는 종

종 마하수로 주어진다. 예제 4.17에서 제트기의 마하수를 계산하였다. 여기서 마하수는 비행기의 비행 속도를 비행기 앞쪽 대기의 음속으로 나눈 값이다. 이 마하수를 **자유류 마하수**(*free-stream Mach number*)라 식별한다. 예제 4.18에서는 **국소 마하수**(*local Mach number*)를 유동장의 서로 다른 두 지점(노즐목과 노즐 출구)에서 계산하였다. 유동의 주어진 점에서 국소 마하수는 해당 지점의 유동 속도를 해당 지점의 음속 값으로 나누어 계산한다. 여기서 마하수는 유동장의 특정 위치에서의 유동 특성으로 사용되고, 그 값은 각 지점마다 다르다. 유동 전체에서 속도와 음속이 변화하기 때문이다.

예제 4.19

어떤 비행체가 속도 1,000 m/s로 (*a*) 공기, (*b*) 수소를 통해 비행하고 있다. 2원자 수소의 분자량은 2 kg/(kg mole)이다. (*a*) 공기, (*b*) 수소에서 비행체의 마하수를 계산하라. 결과의 의미를 논하라.

■ **풀이**

2.3절에서 다룬 화학 이론에서 비기체상수(specific gas constant) R은 기체상수(universal gas constant) R은 R = R/M으로 계산한다. 여기서 M은 기체의 분자량이고, $R = 8314$ J/(kg mole)(K)이다.
a 공기: 공기의 경우, $M = 28.97$이므로,

$$\mathrm{R} = \frac{R}{M} = \frac{8314}{28.97} = 287\ \mathrm{J/(kg)(K)}$$

여기서 $R = 287$ J/(kg)(K)는 2.3절에서 먼저 얻었고, 계속 사용하고 있음을 유의하라. 이 값을 이용해 음속과 마하수를 계산하면,

$$a = \sqrt{\gamma RT} = \sqrt{(1.4)(287)(300)} = 347.2\ \mathrm{m/s}$$

$$M = \frac{V}{a} = \frac{1000}{3472} = \boxed{2.88}$$

(*b*) 수소의 경우, $M = 2.0$이므로,

$$\mathrm{R} = \frac{R}{M} = \frac{8314}{2} = 4157\ \mathrm{J/(kg)(K)}$$

2원자 기체의 경우, 비열비 $\gamma = 1.4$이다. 따라서 T = 300 K에서,

$$a = \sqrt{\gamma RT} = \sqrt{(1.4)(4157)(300)} = 1321\ \mathrm{m/s}$$

$$M = \frac{V}{a} = \frac{1000}{1321} = \boxed{0.757}$$

참고사항. 공기와 같이 상대적으로 무거운 기체보다 수소 H_2와 같은 가벼운 기체에서 음속이 더 빠르다. 결국, 가벼운 기체에서 비행하는 물체는 무거운 기체에서보다 마하수가 더 낮게 될 것이다. 이 예제에서 1,000 m/s로 비행하는 비행체는 공기 중에서는 **초음속**이지만, H_2에서는 **아음속**이다. 이러한 차이는 비행체의 공기역학에 엄청난 차이를 만든다. 4.11.3절에서 설명하겠지만, 초음속 물체에서는 충격파가 발생할 수 있고 이로 인해 비행체의 항

력이 크게 증가한다. 이러한 항력의 증가는 조파항력(wave drag) 때문인데, 5.11절에서 설명할 것이다.

참고사항. 예제 4.19에서 계산된 결과의 실제 응용 사례가 그림 4.14에 나타나 있다. 그림 4.14*a*의 비행체는 속도 1,000 m/s로 공기 중을 비행하고 있다. 마하수는 초음속이고 2.88이다. 비행체 선두부에서 활모양 충격파(bow shock wave)가 발생하고, 비행체에 큰 초음속 조파항력이 작용한다(5.11절 참조). 그림 4.14*b*에서는 같은 속도 1,000 m/s로 관에 담긴 H_2 안에서 비행하고 있다. 이 경우 마하수는 아음속이고 0.757이 된다. 충격파가 발생하지 않고, 따라서 물체에 조파항력이 작용하지 않는다. 그러므로 H_2에서 1000 m/s로 비행할 때 필요한 추력은 공기 중에서 비행할 때 필요한 추력보다 훨씬 작다. 그림 4.14*b*의 비행체는 관 밖에서는 공기 중을 초음속으로 비행하지만, 관 내부에서는 수소 기체를 아음속으로 비행한다. 수소 관를 이용한 초음속 비행에 대한 아이디어는 현재 연구되고 있다. (예를 들어, Arnold R. Miller, "Hydrogen Tube Vehicle for Supersonic Transport: 2. Speed and Energy," International Journal of Hydrogen Energy , vol. 35 (2010), pp. 5745–5753). 이 문제는 음속과 마하수에 관한 참신한 예제가 될 것이다.

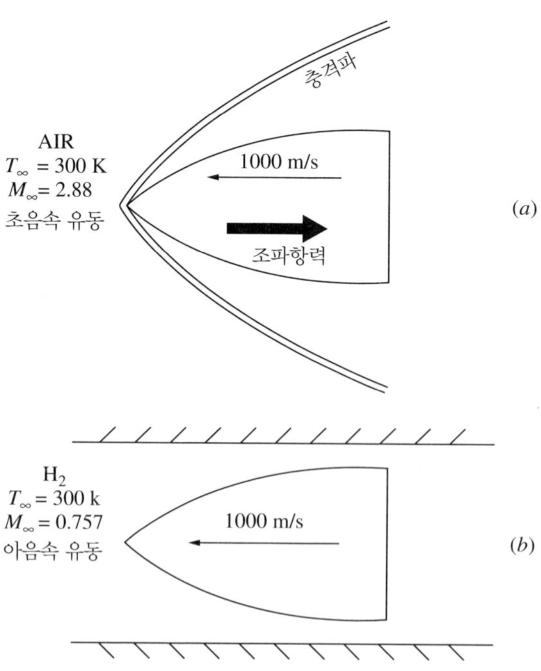

그림 4.14 같은 속도로 (*a*) 공기 중을 초음속으로, (*b*) 수소에서 아음속으로 비행하는 비행체

4.10 저속 아음속 풍동

앞에서 유도한 공기역학의 기본 원리와 도구(공식)들은이 책 전반에서 다양한 문제들에 적용될 것이다. 첫 번째 적용 문제는 저속 아음속 풍동(Low-Speed Subsonic Wind Tunnels)이다.

풍동이 무엇인가? 가장 기초적인 생각으로서 풍동은 실험실 바깥에서 발생하는 자연의 흐름을 모사하기 위해 공기(또는 다른 기체)의 흐름을 만들도록 설계된 지상의 실험 장치이다. 대부분의 항공우주공학 응용을 위해서 풍동은 항공기, 마사일, 우주 비행체 등의 비행과 관련된 유동을 모사하도록 설계된다. 이러한 유동은 *Wright* 형제의 최초 비행 속도 27 mi/h에서부터 아폴로 달탐사선이 지구로 재진입할 때의 속도인 25,000 mi/h까지의 영역에 해당하므로, 아음속부터 극초음속까지의 실제 비행 조건을 실험실에서 모사하려면 다양한 형태의 풍동이 필요하게 된다. 그림 1.30을 다시 살펴보면 1940년대까지 300 mi/h 이하의 비행 영역에 관심을 두고 있었음을 알 수 있다. 인류가 비행을 시작한지 첫 40년 동안에 비행기는 저속 아음속 비행을 모사하도록 설계된 풍동에서 시험되고 개발되었다. 이런 풍동은 오늘날까지도 여전히 사용되고 최근에는 천음속, 초음속, 극초음속 풍동과 함께 사용된다.

그림 4.15의 개요도는 전형적인 저속 아음속 풍동의 근본원리를 보여준다. 압력 p_1, 속도 V_1의 공기흐름이 단면적 A_1인 노즐로 들어 온다. 노즐은 시험부(test section)에서 더 작은 면적 A_2이 되도록 좁아진다. 보통 마하수가 0.3보다 작은 저속 유동을 다루고 있으므로 비압축성 유동으로 가정한다. 따라서 식 (4.3)에서 공기가 수렴형 노즐(converging nozzle)을 지나면서 속도가 증가함을 알 수 있다. 식 (4.3)에서 시험부의 속도는 다음과 같다.

$$V_2 = \frac{A_1}{A_2} V_1 \tag{4.56}$$

항공기 전체 모형이나 날개, 꼬리날개, 엔진 등과 같은 시험모델을 지난 후에 공기는 디퓨저(*diffuser*)라 불리는 발산형 덕트(diverging duct)를 지나게 된다.이 덕트에서 면적은 A_3

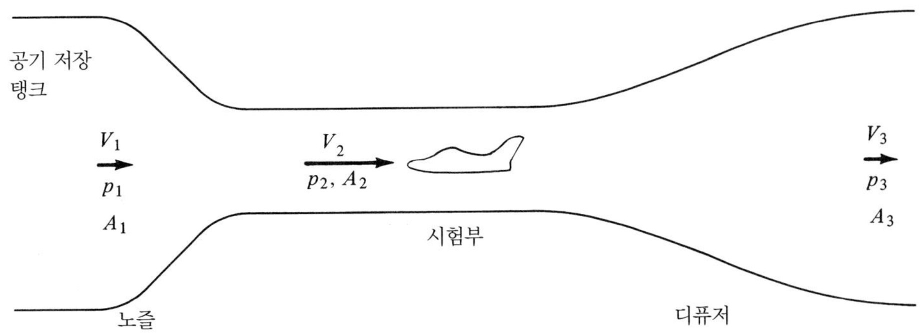

그림 4.15 아음속 풍동의 개요도

로 증가하고, 속도는 V_3로 감속한다. 연속방정식으로부터,

$$V_3 = \frac{A_2}{A_3} V_2$$

풍동 내부 여러 위치에서 압력은 식 (4.9a)에 주어진 비압축성 유동에 대한 베르누이 방정식을 이용해 속도와 연관지을 수 있다.

$$p_1 + \tfrac{1}{2}\rho V_1^2 = p_2 + \tfrac{1}{2}\rho V_2^2 = p_3 + \tfrac{1}{2}\rho V_3^2 \tag{4.57}$$

식 (4.57)에서 속도가 증가하면 압력은 감소한다. 노즐 상류의 공기 저장탱크의 압력에 비해 시험부의 압력이 낮다($p_2 < p_1$). 대부분의 아음속 풍동에서는 시험부의 일부 또는 전체가 실험실 주변 공기에 개방되어 있다. 그런 경우, 바깥 공기의 압력은 시험부의 흐름과 직접 소통하므로 $p_2 = 1$ atm이 된다. 시험부의 하류, 즉 디퓨저의 넓어지는 곳에서 압력은 증가하고 속도는 감소한다($p_2 < p_3$). 만약, $A_3 = A_1$이라면, 식 (4.56)과 (4.57)에서 $V_3 = V_1$이고, 당연히 $p_3 = p_1$이다. (주: 실제 풍동에서 시험모델로부터 유동에 작용하는 공기역학적 저항으로 인해서 운동량의 손실이 발생하지만, 베르누이 방정식의 유도 과정에서는 무시되었다. 그러므로 실제 p_3는 이러한 손실로 인해서 p_1보다 약간 작다.)

이런 형태의 풍동을 실제 작동할 때 시험부의 속도는 노즐의 면적비 A_2/A_1와 압력차 $p_1 - p_2$의 함수로 구해진다. 식 (4.57)에서,

$$V_2^2 = \frac{2}{\rho}(p_1 - p_2) + V_1^2 \tag{4.58}$$

식 (4.56)으로부터 $V_1 = (A_2/A_1)V_1$이다. 이것을 식 (4.58)의 오른쪽에 대입하면,

$$V_2^2 = \frac{2}{\rho}(p_1 - p_2) + \left(\frac{A_2}{A_1}\right)^2 V_2^2 \tag{4.59}$$

속도 V_2에 대해서 풀면 아래의 식을 얻는다.

$$\boxed{V_2 = \sqrt{\frac{2(p_1 - p_2)}{\rho[1 - (A_2/A_1)^2]}}} \tag{4.60}$$

면적비 A_2/A_1는 풍동을 설계할 때 이미 고정된 값이다. 풍동의 “조종간(control knob)”은 압력차 $p_1 - p_2$를 조절하며, 이를 통해 식 (4.60)에 주어진 시험부 속도 V_2를 결정할 수 있게 된다.

아음속 풍동에서 압력차 $p_1 - p_2$를 측정하는 편리한 방법은 **마노미터**(*manometer*)를 이용하는 것이다. 기본적인 마노미터의 형태는 그림 4.16과 같은 U관이다. 여기서 관의 왼쪽은 압력 p_1 지점에 연결되어 있고, 관 오른쪽은 압력 p_2 지점에 연결된다. 양쪽 유체의 높이 차이 Δh는 압력차 $p_1 - p_2$와 직접 비례한다. 이러한 사실은 그림 4.16에서 보듯이 단면 $B-B$에서 관 내 유체에 작용하는 힘의 균형을 고려함으로써 쉽게 설명된다. 단면 $B-B$는

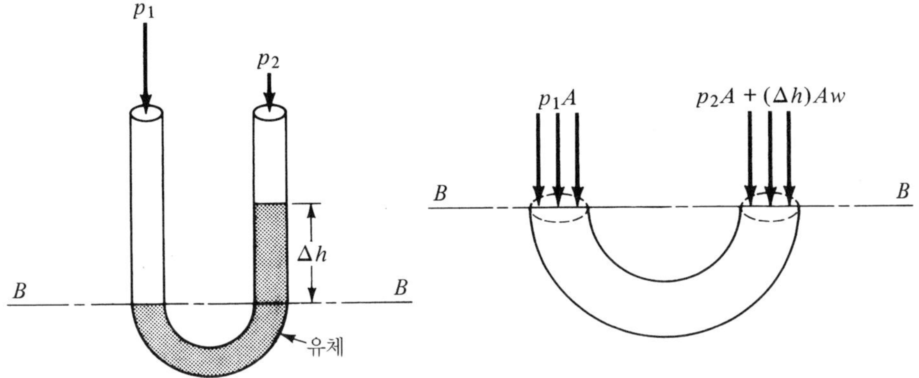

그림 4.16 마노미터에 작용하는 힘 다이아그램

왼쪽 유체 기둥의 상단에 평행하도록 그려진다. 관의 단면적이 A라면, 왼쪽 유체 상단에 작용하는 힘은 p_1A이다. 단면 $B-B$의 오른쪽 유체에 작용하는 힘은 단면 $B-B$ 위의 유체의 무게와 상단에 작용하는 힘 p_2A의 합과 같다. 오른쪽 유체 기둥의 부피는 $A\Delta h$이고, 유체의 단위 부피당 무게를 나타내는 비중은 $w = \rho_l g$이다. 여기서 ρ_l은 유체의 밀도이고, g는 중력가속도이다. 따라서 단면 $B-B$ 위의 유체 무게는 비중과 부피의 곱, $wA\Delta h$가 되며, 단면 $B-B$ 위에 작용하는 총 힘은 $p_2A + wA\Delta h$이다. 유체가 관 내에서 멈춰 있다면, 왼쪽과 오른쪽에 작용하는 힘은 균형을 이루고 있는 것이다. 즉, 두 힘의 크기는 같다.

$$p_1A = p_2A + wA\,\Delta h$$

$$\boxed{p_1 - p_2 = w\Delta h} \tag{4.61}$$

U관 마노미터의 왼쪽이 아음속 풍동의 공기탱크(그림 4.15의 점 1)에 연결되고 오른쪽은 시험부(점 2)에 연결되어 있다면, U관의 Δh는 식 (4.60)과 (4.61)을 통해 시험부 유속의 직접적인 척도가 된다.

최근에 개발된 풍동에는 마노미터가 전기신호를 이용하는 압력 트랜스듀서(pressure transducer)로 대체되어 압력과 압력차를 디지털로 읽을 수 있게 되었다. 그렇지만 여기서 마노미터의 기본 원리를 다루는 이유는 유체역학 이해의 필수불가결한 부분이기 때문이다.

예제 4.20

저속 아음속 풍동에서 수은(mercury) 마노미터의 한쪽은 공기 저장탱크(settling chamber, reservoir)에 연결되고 다른 쪽은 시험부에 연결되어 있다. 노즐의 면적비 A_2/A_1는 $\frac{1}{15}$ 이다. 공기탱크의 압력과 온도는 각각 $p_1 = 1.1$ atm, $T_1 = 300$ K이다. 풍동이 작동할 때 수은 기둥의 높이 차이가 10 cm이고, 액체 수은의 밀도는 1.36×10^4 kg/m^{3}이다. 시험부 유속 V_2를 계산하라.

■ 풀이

$$\Delta h = 10 \text{ cm} = 0.1 \text{ m}$$
$$w\,(\text{수은}) = \rho_l g = (1.36\times10^4 \text{ kg/m}^3)(9.8 \text{ m/s}^2) = 1.33\times10^5 \text{ N/m}^3$$

식 (4.61)에서

$$p_1 - p_2 = w\Delta h = (1.33\times10^5 \text{ N/m}^3)(0.1 \text{ m}) = 1.33\times10^4 \text{ N/m}^2$$

식 (4.60)을 이용해 속도 V_2를 구하라. 그런데 식 (4.60)에서 필요한 공기의 밀도는 상태방정식을 이용해 구할 수 있다. (여기서 1 atm = 1.01×10^5 N/m^2)

$$\rho_1 = \frac{p_1}{RT_1} = \frac{1.1(1.01\times10^5)}{287(300)} = 1.29 \text{kg/m}^3$$

저속 아음속 유동은 비압축성이므로 $\rho_1 = \rho =$ (상수)로 둘 수 있고, 식 (4.60)에 적용하면,

$$V_2 = \sqrt{\frac{2(p_1 - p_2)}{\rho[1-(A_2/A_1)^2]}} = \sqrt{\frac{2(1.33\times10^4)}{1.29[1-(\frac{1}{15})^2]}} = \boxed{144 \text{m/s}}$$

주: 여기서 구한 시험부 속도는 대략 마하수 0.4에 해당하고, 비압축성의 기준인 0.3보다 약간 큰 값이다. 그래서 밀도를 상수로 가정한 결과는 실제와 약 8% 정도 차이가 있다.

예제 4.21

그림 4.15를 참고하여, 공기 저장탱크의 단면적 $A_1 = 2$ m^2, 시험부 단면적 $A_2 = 0.5$ m^{2}가 되도록 설계한 저속 아음속 풍동을 고려하자. 개방형 시험부의 압력 $p_2 = 1$ atm이고, 상수인 밀도 값은 표준 해수면 밀도 값을 이용하라. (*a*) 시험부에서 속도가 $V_2 = 40$ m/s에 도달하기 위해 필요한 저장탱크의 압력 p_1을 계산하라. (*b*) 풍동 내부의 질량 유량을 계산하라.

■ 풀이

a 연속방정식, 식 (4.3)에서

$$A_1V_1 = A_2V_2$$

$$V_1 = V_2\left(\frac{A_2}{A_1}\right) = (40)\left(\frac{0.5}{2.0}\right) = 10 \text{ m/s}$$

베르누이 방정식, 식 (4.9*a*)를 적용하면,

$$p_2 + \rho\frac{V_2^2}{2} = p_1 + \rho\frac{V_1^2}{2}$$

단위계를 일치시키면,

$p_2 = 1 \text{ atm} = 1.01\times10^5 \text{ N/m}^2$

이고, 표준 해수면에서

$\rho = 1.23 \text{ kg/m}^3$

따라서 저장탱크의 압력을 구하면,

$$\boxed{\begin{aligned} p_1 &= p_2 + \frac{\rho}{2}(V_2^2 - V_1^2) \\ &= 1.01\times10^5 + \frac{1.23}{2}[(40)^2 - (10)^2] \\ &= 1.019\times10^5\ \mathrm{N/m^2} \end{aligned}}$$

계산 결과를 확인하기 위해 식 (4.60)에 $p_1 = 1.019 \times 10^5$ N/m^2 를 대입하여 시험부 속도가 40 m/s 임을 확인하자.

$$V_2 = \sqrt{\frac{2(p_1 - p_2)}{\rho\left[1-\left(\frac{A_2}{A_1}\right)^2\right]}} = \sqrt{\frac{2(1.019-1.01)\times10^5}{(1.23)\left[1-\left(\frac{0.5}{2.0}\right)^2\right]}} = 40\ \mathrm{m/s}$$

주: 시험부에서 속도 40 m/s을 얻는 데 필요한 압력차 $p_1 - p_2$는 매우 작은데, 그 값은 $1.019 \times 10^5 - 1.01 \times 10^5 = 900$ N/m^{2}이다. 대기압으로는 0.0089 atm 정도로 대기압의 1%도 되지 않는다. 이와 같이 매우 작은 압력차가 유속에 상당한 변화를 만든다는 점은 저속 유동의 고유한 특성이 된다.

b. 식 (4.2)에서 질량 유량은 풍동의 어떤 위치에서 측정한 ρVA 값이다. 시험부 위치를 선택해서 계산한다. $\rho = 1.23$ kg/m^3, $A_2 = 0.5$ m^2, $V_2 = 40$ m/s

$$\boxed{\dot{m} = \rho A_2 V_2 = (1.23)(0.5)(40) = 24.6\ \mathrm{kg/s}}$$

질량 유량을 저장탱크에서 계산해도 동일한 결과를 얻을 수 있다. $A_1 = 2$m^2, $V_1 = 10$m/s

$$\dot{m} = \rho A_1 V_1 = (1.23)(2)(10) = 24.6\ \mathrm{kg/s}$$

예제 4.22

예제 4.21에서 다룬 풍동에서 (*a*) 압력차 $p_1 - p_2$가 두 배가 될 때, 시험부의 유속을 계산하라. (*b*) 면적비 A_1/A_2는 풍동 노즐의 수축비(contraction ratio)로 정의된다. 수축비가 두 배가 되고 예제 4.21과 같은 압력차가 유지될 때, 시험부의 유속을 계산하라.

■ **풀이**

a. 식 (4.60)에서, V_2는 압력차의 제곱근에 정확히 비례한다:

$$V_2 \propto \sqrt{p_1 - p_2}$$

압력차가 예제 4.21에서 $V_2 = 40$m/s이고, 압력차가 두 배이므로,

$$V_2 = \sqrt{2}(40) = \boxed{56.6\ \mathrm{m/s}}$$

b. 예제 4.21의 원래 수축비는 $A_1/A_2 = 2.0/0.5 = 4$이다. 이 값을 두 배로 하면, $A_1/A_2 = 8$. 원래 문제의 압력차는 900 N/m^{2}이므로, 식 (4.60)을 이용하면 시험부 속도를 얻을 수 있다.

$$V_2 = \sqrt{\frac{2(p_1 - p_2)}{\rho\left[1-\left(\frac{A_2}{A_1}\right)^2\right]}} = \sqrt{\frac{2(900)}{1.23\left[1-\left(\frac{1}{8}\right)^2\right]}} = \boxed{38.6\ \mathrm{m/s}}$$

주: 압력차만 두 배로 했을 때, 시험부 속도는 42% 증가한다. 반면, 수축비를 두 배로 했을 때 시험부 속도는 3.5% 오히려 **감소한다**. 저속 유동에서 압력차가 속도 변화를 주도한다는 것을 다시 한번 확인할 수 있다. 또한 압력차 변화 없이 노즐 수축비만 증가할 때 시험부 속도가 느려짐을 알 수 있다. 직관적으로 잘 받아들이기 어려운 면이 있는데, "노즐목"의 좁아질 때 왜 속도가 증가하지 않는 것일까? 명백히 이상한 점을 풀기 위해서 수축비가 증가할 때 저장탱크의 속도를 계산해 보도록 하자. 연속방정식에서 $A_1V_1 = A_2V_2$이므로,

$$V_1 = \left(\frac{A_2}{A_1}\right)V_2 = \left(\frac{1}{8}\right)(38.6) = 4.83 \text{ m/s}$$

압력차가 고정된 채 수축비가 커지면 저장탱크의 유속은 시험부 유속보다 더 느려지고, 노즐을 통과할 때 더 큰 속도차이가 발생한다. 수축비가 4인 예제 4.21의 경우,

$$V_2 - V_1 = 40 - 10 = 30 \text{ m/s}$$

수축비가 8인 현재의 경우

$$V_2 - V_1 = 38.6 - 4.83 = 33.8 \text{ m/s}$$

압력차 없이 수축비가 증가함으로써 노즐을 통과하는 속도의 **차이**가 증가하지만, 노즐의 입구와 출구에서 속도값은 느려지게 된다.

4.11 공기의 속도 측정

4.10절에서는 저속 비압축성 풍동에서 압력차 $p_1 - p_2$를 측정함으로써 시험부의 공기흐름 속도를 얻을 수 있음을 설명하였다. 그러나 풍동 내부의 특정한 단면 위치에서 유동 특성이 일정하다고 가정하여 해석을 수행하였다. [이러한 가정을 준 1차원(quasione-dimensional) 유동이라 한다.] 만약 유동이 주어진 단면에서 균일하지 않다면 앞 절에서 얻은 속도 V_2는 시험부 속도의 평균값이 될 것이다. 예를 들어 시험부의 중심점에서의 속도는 벽면 근처에서보다 더 크다. 이러한 이유로 많은 공기역학 응용 문제에서는 유동의 특정한 위치에 있는 한 **점**(*point*) 속도를 측정하는 것이 중요하다. 특정 위치의 속도는 **피토 정압관**(*Pitot-static tube*)이라 불리는 장치를 이용해 측정할 수 있으며, 아래에서 설명할 것이다.

먼저 공기역학의 정의를 몇 가지 추가해야 한다. 지금까지 유동의 어떤 점(예를 들어 그림 4.7에서 점 1과 2)에서 압력에 관해 말로만 논해 왔는데, 이러한 압력의 형태를 **정압**(*static pressure*)이라 부른다. 주어진 어떤 점에서 정압은 유동을 따라 우리가 움직인다고 가정할 때 느끼는 압력이다. 정압은 사실 자유운동을 하면서 주변에 운동량을 전달하는 기체 분자 운동의 결과물이다. 흐르는 기체의 분자를 좀 더 가까이에서 바라 보면, 흐름의 속도로 인해 자유로운 분자 운동의 총 합이 한 방향으로 중첩됨을 볼 수 있을 것이다. 과학기술자들이 **압력**이라는 단어를 쓸 때, 특별히 언급하지 않는 한 정압을 의미한다. 사실 이전의 논의에서 다룬 모든 압력 또한 정압이다.

압력의 두 번째 형태는 공기역학에서 자주 사용되는 **전압**(*total pressure*)이다. 전압을

정의하고 이해하려면 그림 4.6의 유선을 따라 움직이는 유체요소를 다시 생각해라. 유체요소의 기체 압력은 정압이다. 그런데 이 유체요소를 움켜쥐고 속도가 0이 되도록 등엔트로피 상태에서 감속시킨다고 생각해 보자. 직관적으로, 열역학적 특성 p, T, ρ는 느려짐에 따라 변화할 것이다. 이 장에서 이미 토의한 보존법칙을 따른다. 사실 유체요소가 등엔트로피 과정으로 감속하면, p, T, ρ 모두 처음 값보다 증가할 것이다. 속도가 0이 되는 상태에 도달한 후 p, T의 값을 각각 **전압** p_0, **전온도**(*total* temperature) T_0라 한다. 아래와 같이 정교한 방법으로 정의할 수 있다.

> 유동의 어떤 점에서 전압은 유동의 속도가 0이 될 때까지 등엔트로피 과정으로 느려질 때 발생하는 압력이다.

전압 p_0는 주어진 점에서 기체 유동의 특성이다. 즉 흐름 자체와 연관된 어떤 양이다. 유동요소가 멈출 때까지 등엔트로피 과정을 생각하는 것은 사실 전압을 정의하기 위해 사용하는 상상 속의 과정이다. 실제로 일어난다는 것을 의미하지 않는다. 그림 4.7에 도시된 유동을 다시 생각한다면, 점 1과 2에서 우리가 고려할 수 있는 **두 가지** 압력으로서 정압 p와 전압 p_0 ($> p$)가 있고, 유동의 각 점의 상태와 연관된다.

기체가 움직이지 않는 특별한 경우, 정압과 전압은 동의어가 된다. ($p_0 = p$) 이것은 방안에 정체되어 있는 공기나 원통에 갇혀 있는 기체와 같은 상황에서 성립한다.

정압과 전압 간의 차이점을 묘사하기 위해 다음의 비유 문제가 도움을 줄 것이다. 여러분이 고속도로를 60 mi/h로 운전하고 있다고 가정하라. 자동차의 창문은 모두 닫혀 있고, 자동차 내부에 매우 자유롭게 날고 있는 파리 한 마리가 있다. 자동차와 파리의 평균속도는 모두 60 mi/h이다. 그런데 파리가 매우 불규칙한 운동을 하기 때문에 실제 속도는 이와 다를 수 있다. 자동차에 타고 있는 여러분은 매우 불규칙한 운동을 하고 있는 파리를 목격할 것이다. 이런 불규칙한 운동 중에 파리가 피부에 부딪힌다면, 약간의 충격을 느낄 것이다. 분자의 **자유운동**으로 인한 압력을 정압이라 부르기 때문에, 이 약간의 충격은 흐르는 기체의 **정압**을 비유한다. 이제 자동차의 창문을 열어 파리가 탈출한다 가정하라. 길가에 사람에서 탈출한 파리가 부딪힌다고 상상해보라. 파리의 운동속도와 평균속도 60 mi/h의 속도로 사람에게 부딪히므로 이 충격은 상처를 입힐 만큼 강할 것이다. 이러한 충격은 기체의 **전압**을 비유한다.

유동의 한 점에서 전압을 실제로 측정할 수 있는 **피토관**(*Pitot tube*)이라는 공기역학 장치가 있다. 그림 4.17은 피토관을 간단히 그린 것이다. 유동에 평행한 방향으로 유동을 향해 한쪽 끝(점 A)이 열려 있는 관이다. 관의 다른 쪽 끝(점 B)은 닫혀 있다. 유동이 흐르기 시작했다고 상상해 보자. 기체가 내부를 채우고, 잠시 후 기체가 더 들어갈 공간이 없게 되면 관 내부에서 기체의 운동은 멈출 것이다. 기체는 정상(steady state) 상태에 도달하여 정체된다. 사실, 기체는 점 A를 포함해서 관 내 모든 곳에서 정체된다. 결국 유동장은 피토관의 열린 끝(점 A)을 장애물로 인식하고, 유선(라벨 C)을 따라 움직이는 유체요소는 점 A에

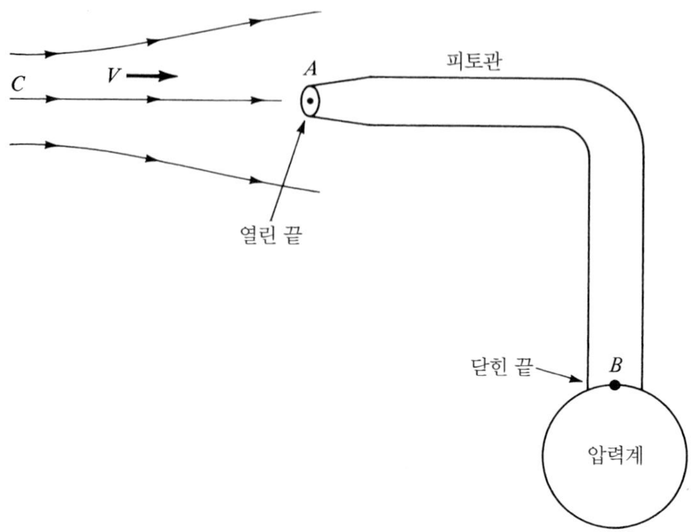

그림 4.17 피토관 개요

서 속도가 0이 된다. 열전달이 존재하지 않고 마찰은 무시될 수 있으므로 이 과정은 등엔트로피 과정이 될 것이다. 즉, 유선 C를 따라 움직이는 유체요소는 피토관이 시작되는 점 A에서 엔트로피 변화 없이 멈추게 된다. 따라서 점 A에서 압력은 정확히 말하면 전압 p_0이다. 이 압력은 피토관을 통해 전달되고 점 B에 놓인 압력계(pressure gauge)는 **전압**을 측정하게 된다. 이러한 방법으로 피토관은 전압을 측정하는 장치가 된다.

유동의 속도 $V = 0$인 점을 **정체점**(*stagnation point*)이라 정의한다. 그림 4.17에서 점 A는 정체점이다.

그림 4.18과 같은 측정장치를 고려해 보자. 여기서 평면에 평행한 방향으로 속도 V_1로 움직이는 균질유동을 생각한다. 점 A에서 표면에 뚫린 작은 구멍을 **정압공**(*static pressure orifice*)이라 한다. 유동이 표면에 평행하기 때문에 기체의 자유운동을 표면에서 느낄 수 있고 점 A에서 구멍에 압력으로 작용한다. 대조적으로, 그림 4.18에서 점 B에 있는 피토관을 통해 전압 p_0를 얻을 수 있다. 점 A에 있는 구멍의 압력과 점 B에 위치한 피토관이 압력계를 통해 연결되어 있다고 하면, 압력계는 전압과 정압의 차이 $p_0 - p$를 측정하게 될 것이다.

지금 이 절의 핵심이 되는 부분에 도달하였다. 그림 4.18에서 측정된 압력차 $p_0 - p$는 유동 속도 V_1을 측정하는 기준이 된다. 전압과 정압을 측정하는 장치의 조합을 통해 유동의 주어진 점에서 속도를 측정할 수 있는 것이다. 그림 4.19에 도시된 것처럼, 하나의 장치에서 두 가지 측정을 하도록 고안된 장치를 **피토 정압 탐침**(*Pitot-static probe*)이라 부른다. 정압 탐침은 탐침의 전면에서 전압 p_0를 측정하고, 중간의 어떤 지점에서 정압 p를 측정한다. 압력차 $p_0 - p$를 이용하여 속도를 알 수 있게 된다. 속도를 구하는 정량적인 공식은 유

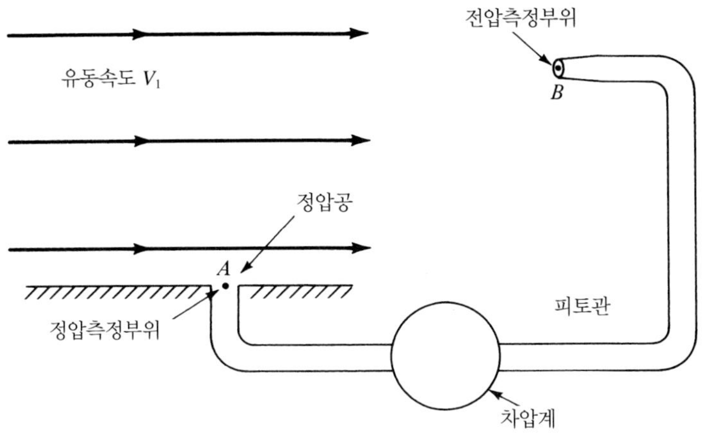

그림 4.18 피토 정압 측정 원리의 개요

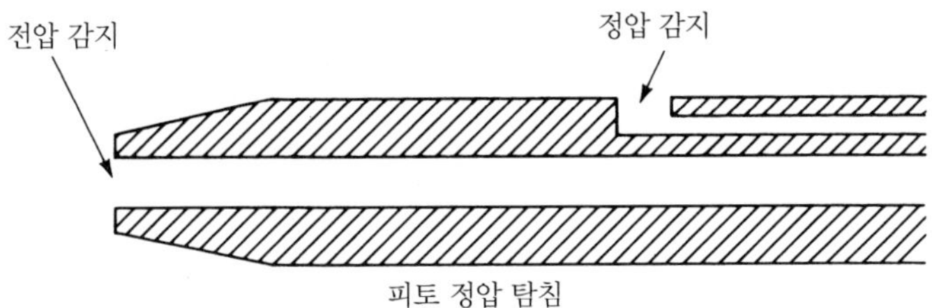

그림 4.19 피토 정압 탐침(Pitot-static probe)의 개요

동의 속도(비압축성, 아음속, 초음속)에 따라 달라진다.

4.11.1 비압축성 유동

그림 4.18의 스케치를 다시 고려하라. 점 A에서 압력은 p, 속도는 V_1이다. 점 B에서는 압력이 p_0이고, 속도는 0이다. 베르누이 방정식, 식 (4.9a)를 점 A와 B 지점에서 적용하면 아래의 관계를 얻는다.

$$\underbrace{p}_{\text{정압}} + \underbrace{\tfrac{1}{2}\rho V_1^2}_{\text{동압}} = \underbrace{p_0}_{\text{전압}} \tag{4.62}$$

식 (4.62)에서 동압(*dynamic pressure*) q는 다음과 같이 정의한다.

$$q \equiv \tfrac{1}{2}\rho V^2 \tag{4.63}$$

동압은 공기역학에서 자주 사용되는 개념이다. 유동이 비압축성이든 극초음속이든 모든 종류의 유동에 대해 동압은 $\frac{1}{2}\rho V^2$으로 정의된다.

$$\boxed{p_0 = p + q} \tag{4.64}$$

식 (4.64)는 베르누이 방정식을 뜻하므로 **비압축성 유동에서만 유효하다.** 식 (4.62)에서 전압은 정압과 동압의 합이다.

또한 식 (4.62)에서

$$\boxed{V_1 = \sqrt{\frac{2(p_0 - p)}{\rho}}} \tag{4.65}$$

식 (4.65)는 구하고자 한 결과이다. 피토 정압관으로부터 측정한 $p_0 - p$를 이용해 속도를 계산할 수 있다. 식 (4.65)는 비압축성 유동에서만 적용 가능함을 강조한다.

피토관은 그림 4.20에 도시한 저속 풍동의 시험부에 위치한 여러 점에서 속도를 측정하는 데 사용할 수 있다. 점 B에서 전압은 피토관을 사용해 얻는다. 보통 아음속 풍동의 시험부 단면의 모든 위치에서 정압은 일정하기 때문에, 점 B에서 정압은 폐쇄된 시험부상의 점 A에 위치한 정압공에서 얻을 수 있다. 시험부가 그림 4.20와 같이 개방되어 있다면, 시험부상의 모든 점에서 정압은 대기압과 같다. 어떤 경우든 점 A에서 속도는 식 (4.65)를 이용해 계산된다. 식 (4.65)에서 밀도 ρ는 비압축성이므로 상수이다. 풍동의 어느 곳에서든 압력과 온도를 측정하여 상태방정식에 대입함으로써 밀도 $\rho = p/(RT)$를 얻을 수 있다. 온

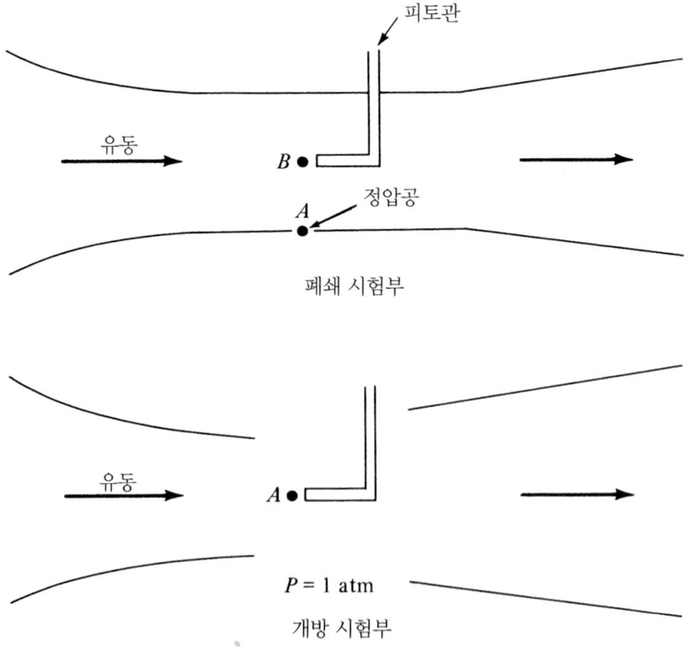

그림 4.20 아음속 풍동의 개방 및 폐쇄 시험부에서 압력 측정

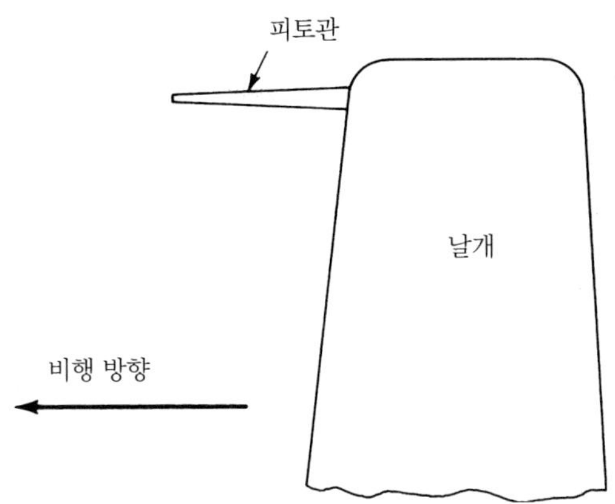

그림 4.21 날개에 장착된 피토관

도나 압력의 측정은 보통 노즐 상류에 있는 기체 저장탱크에서 이루어진다.

피토관이나 피토 정압관 둘 다 항공기의 속도를 측정하는 데 사용할 수 있다. 그림 4.21에서 보듯이, 항공기의 날개 끝단(wing tip)에 비행 방향을 향해 관가 설치된다. 피토관은 제1차 세계 대전 때 주로 영국군이 비행 속도를 측정하기 위해 사용하였다. 그림 4.22는 1917년 즈음 Sopwith Snipe의 날개 간 버팀목(interplane strut)에 이중으로 피토관과 피토 정압관을 설치한 모습을 확대한 그림이다. 그림 4.23은 1950년대 이후 북미 F-100 항공기의 오른쪽 날개 선두부에 장착한 피토관을 보여준다. 그림 2.16에서 제2차 세계 대전 당시 Corsair의 모양을 살펴보면 왼쪽 날개에 장착된 피토관을 볼 수 있다. 이러한 항공기들은 이 절에서 다루고 있는 비압축성 가정이 유효한 저속 항공기의 전형적인 사례에 해당한다.

피토관을 피토 정압관을 대신해 사용한다면, 항공기 표면에 정교하게 설치된 정압 구멍을 통해 항공기 주변의 대기 정압(ambient static pressure)을 얻을 수 있다. 표면 압력이 주변 대기압과 거의 같은 지점에 정압공을 설치한다. 그런 지점은 경험으로 찾을 수 있는데, 보통 항공기 전면과 날개 사이의 동체 어딘가에 위치한다. 날개 끝단에 위치한 피토관에서 전압 p_0를 구하고, 표면에 위치한 정압공에서 정압 p를 얻는다. **비압축성을 가정할 수 있을 만큼 충분히 항공기의 속도가 느리다면** 식 (4.65)를 이용해 공기 중을 비행하는 항공기의 속도를 계산할 수 있다. 이 속도는 대략 300 ft/s 이하이다. 실제 적용할 때 차압계(differential pressure gauge)를 통해 측정한 p_0와 p는 식 (4.65)를 사용하여 속도의 함수로 눈금이 보정된다. 속도계는 조종석에서 miles per hour를 단위로 하는 눈금으로 표시된다. 측정된 $p_0 - p$가 어떤 속도를 나타내는지를 일치시키기 위한 눈금 보정 단계에서 기술자들은 식 (4.65)에 사용되는 밀도의 값을 결정해야 한다. 항공기 주변 공기에 대해 어떤 방법으로든 측정한 밀도 값이 정확하다면, 식 (4.65)를 이용해 항공기의 **실제 속도**를 측정하게 될 것이다.

그림 4.22 미국 National Air and Space Museum에 제1차 세계 대전 전시관에 있는 Sopwith Snipe 날개 상세도. 날개 간 버팀목 중 하나에 장착된 피토관
(자료출처: *Courtesy of John Anderson*)

그림 4.23 1950년대 F-100. 오른쪽 날개의 선두부에서 나와 있는 피토관
(자료출처: *U.S. Air Force*)

$$V_{\text{true}} = \sqrt{\frac{2(p_0 - p)}{\rho}} \tag{4.66}$$

그러나 항공기의 현재 위치에서 대기의 밀도를 직접 측정하는 것은 어려운 일이다. 그래서 실제 저속 항공기의 속도계는 표준 해수면에서의 밀도 값 ρ_s를 기준으로 눈금이 맞추어져 있다. 이러한 속도 값을 **등가 속도**(*equivalent airspeed*)라 한다.

$$V_e = \sqrt{\frac{2(p_0 - p)}{\rho_s}} \tag{4.67}$$

등가 속도 V_e는 실제 속도 V_{true}와 약간 다르고, 그 차이는 $(\rho/\rho_s)^{1/2}$에 비례한다. 해수면에 가까운 낮은 고도에서는 이 차이가 적다.

예제 4.23

저속 Cessna 150 개인용 항공기의 고도계가 5,000 ft를 지시하고 있다. 바깥 공기의 온도는 505°R이다. 날개 끝에 장착된 피토관에서 압력을 1,818 lb/ft²으로 측정하였다면 비행기의 실제 속도와 등가 속도는 얼마인가?

■ **풀이**

제3장에서 논했듯이, 고도계는 압력 고도를 측정한다. 부록 B의 표준 대기표에서고도 5,000 ft의 압력 $p = 1761$ lb/ft²이다. 피토관은 전압을 측정하므로,

$$p_0 - p = 1818 - 1761 = 57 \text{ lb/ft}^2$$

실제 속도는 식 (4.66)을 이용해 얻을 수 있다. 여기서 밀도는 상태방정식을 이용해 얻는다. 바깥 공기의 조건으로부터,

$$\rho = \frac{p}{RT} = \frac{1761}{1716(505)} = 2.03 \times 10^{-3} \text{ slug/ft}^3$$

식 (4.66)에서 실제 속도는 다음과 같다.

$$V_{\text{true}} = \sqrt{\frac{2(p_0 - p)}{\rho}} = \sqrt{\frac{2(57)}{2.03 \times 10^{-3}}} = \boxed{237 \text{ ft/s}}$$

주: 88 ft/s = 60 mi/h이므로, $V_{\text{true}} = 237(60/88) = 162$ mi/h.

조종석의 속도계가 지시하는 속도인 등가 속도는 식 (4.67)을 통해 얻는데, 이때 밀도는 0.002377 slug/ft³(표준 해수면 밀도)이다.

$$V_e = \sqrt{\frac{2(p_0 - p)}{\rho_s}} = \sqrt{\frac{2(57)}{2.377 \times 10^{-3}}} = \boxed{219 \text{ ft/s}}$$

실제 속도와 등가 속도는 7.6%만큼 차이남을 알 수 있다.

예제 4.24

폐쇄 시험부를 가진 저속 아음속 풍동(그림 4.20*a*)에서 시험부 벽면에 설치된 압력탭이 0.98 atm을 측정하였다. 시험부 공기의 온도는 80°F이다. 시험부 중간에 삽입된 피토관에 측정한 압력은 2,200

lb/ft²이다. 시험부의 유속을 계산하라.

■ **풀이**

atm과 °F 단위가 계산식에서 일치하도록 변환한다.

$$p = 0.98(2116) = 2074 \text{ lb/ft}^2$$

$$T = 80 + 460 = 540°\text{R}$$

상태방정식을 사용하면,

$$\rho = \frac{p}{RT} = \frac{2074}{(1716)(540)} = 0.002238 \text{ slug/ft}^3$$

피토관은 전압을 측정한다. 따라서 $p_0 = 2200$ lb/ft²
식 (4.65)를 사용하면 속도를 구할 수 있다.

$$V_1 = \sqrt{\frac{2(p_0 - p)}{\rho}} = \sqrt{\frac{2\,(2200 - 2074)}{0.002238}} = \boxed{335.6 \text{ ft/s}}$$

풍동에서는 유속을 말할 때 종종 miles per hour 단위를 사용하므로 변환하면,

$$V_1 = \left(\frac{60}{88}\right)(335.6) = \boxed{229 \text{ mph}}$$

예제 4.25

개방 시험부를 가진 저속 아음속 풍동(그림 4.20*b*)에서 실험실의 대기압은 1 atm이고, 시험부의 공기 온도는 15°C이다. 풍동을 작동시켜 시험부 유속을 110 m/sec로 맞추었다. 피토관이 측정한 것은 무엇인가?

■ **풀이**

단위를 통일하기 위해서

$$p = 1 \text{ atm} = (1.01 \times 10^5)(1) = 1.01 \times 10^5 \text{ N/m}^2$$

$$T = 15°\text{C} = 273 + 15 = 288 \text{ K}$$

따라서 밀도는 다음과 같다.

$$\rho = \frac{p}{RT} = \frac{1.01 \times 10^5}{(287)(288)} = 1.22 \text{ kg/m}^3$$

식 (4.62)를 사용하면 전압을 계산할 수 있다.

$$p_0 = p + \tfrac{1}{2}\rho V^2 = 1.01 \times 10^5 + \tfrac{1}{2}(1.22)(110)^2$$

$$p_0 = \boxed{1.084 \times 10^5 \text{ N/m}^2}$$

대기압으로 표현하면,

$$p_0 = \frac{1.084 \times 10^5}{1.01 \times 10^5} = \boxed{1.07 \text{ atm}}$$

예제 4.26

비행기가 해수면에서 100 m/s로 비행하고 있다. 자유류의 동압과 전압을 계산하라.

■ **풀이**

동압은 식 (4.63)과 같이 정의된다.

$$q_\infty = \tfrac{1}{2}\rho_\infty V_\infty^2 = \tfrac{1}{2}(1.23)(100)^2 = \boxed{6.15\times 10^3\ \mathrm{N/m^2}}$$

비압축성 유동에 대해 전압은 정압과 동압의 합으로 계산되며, 식 (4.64)에서 자유류의 전압은

$$p_0 = \rho_\infty + q_\infty = 1.01\times 10^5 + 0.0615\times 10^5 = \boxed{1.07\times 10^5\ \mathrm{N/m^2}}$$

4.11.2 아음속 압축성 유동

4.11.1절의 결과는 비압축성 유동을 가정할 수 있도록 마하수가 0.3보다 작은 공기 유동에 적용할 수 있다. 소형 피스톤엔진이 장착된 개인용 항공기가 이 속도 영역에서 비행한다. 마하수가 1보다 작지만 더 높은 속도(high-speed subsonic flow)에서는 다른 공식을 사용하여야 한다. Boeing 747, McDonnell-Douglas DC-10 등 상용 제트기나 대부분의 군용 항공기가 이 속도 영역에서 비행한다. 이 경우에는 압축성 효과를 반드시 고려하여야 한다.

열역학 에너지의 정의를 먼저 고려하자. 엔탈피 $h = e + p\nu$이고, $h = c_pT$, $e = c_vT$이므로 $c_pT = c_vT + RT$이다. 또는,

$$c_p - c_v = R \tag{4.68}$$

식 (4.68)을 c_p로 나누면,

$$1 - \frac{1}{c_p/c_v} = \frac{R}{c_p}$$

$$1 - \frac{1}{\gamma} = \frac{\gamma-1}{\gamma} = \frac{R}{c_p}$$

$$\boxed{c_p = \frac{\gamma R}{\gamma - 1}} \tag{4.69}$$

식 (4.69)는 비열이 상수인 완전기체에 대해 유효하고, 에너지방정식을 사용하는 데 필요한 열역학 관계식이다.

그림 4.17과 4.19에 도시한 유동에서 피토관을 다시 생각하자. 유속 V_1은 압축성을 고려해야 할 만큼 충분히 크다고 가정하자. 이 경우에도 유동은 탐침의 전면 정체점에서 속도가 0이 될 때까지 등엔트피 과정으로 압축된다. 정체점에서 전압과 전온도의 값을 p_0, T_0라 두자. 에너지방정식, 식 (4.42)에서 온도와 속도가 각각 T_1과 V_1인 자유류의 한 점과 속도가 0인 정체점 간의 관계를 쓰면 다음과 같다.

$$c_pT_1 + \tfrac{1}{2}V_1^2 = c_pT_0$$

$$\frac{T_0}{T_1} = 1 + \frac{V_1^2}{2c_p T_1} \tag{4.70}$$

식 (4.69)를 식 (4.70)에 대입하면,

$$\frac{T_0}{T_1} = 1 + \frac{V_1^2}{2[\gamma R/(\gamma-1)]T_1} = 1 + \frac{\gamma-1}{2}\frac{V_1^2}{\gamma R T_1} \tag{4.71}$$

그런데 식 (4.54)에 정의된 음속은,

$$a_1^2 = \gamma R T_1$$

그러므로 식 (4.71)은 다음과 같이 쓸 수 있다.

$$\frac{T_0}{T_1} = 1 + \frac{\gamma-1}{2}\frac{V_1^2}{a_1^2} \tag{4.72}$$

마하수 $M_1 = V_1/a_1$이므로, 식 (4.72)는 다음과 같이 정리된다.

$$\boxed{\frac{T_0}{T_1} = 1 + \frac{\gamma-1}{2}M_1^2} \tag{4.73}$$

기체가 피토관 전면에서 **등엔트로피** 과정으로 압축되기 때문에 식 (4.37)을 자유류와 정체점 간의 관계에 적용할 수 있다. 즉, $p_0/p_1 = (\rho_0/\rho_1)^\gamma = (T_0/T_1)^{\gamma/(\gamma-1)}$. 따라서 식 (4.73)을 이용해 다음의 관계를 얻을 수 있다.

$$\frac{p_0}{p_1} = \left(1 + \frac{\gamma-1}{2}M_1^2\right)^{\gamma/(\gamma-1)} \tag{4.74}$$

$$\frac{\rho_0}{\rho_1} = \left(1 + \frac{\gamma-1}{2}M_1^2\right)^{1/(\gamma-1)} \tag{4.75}$$

식 (4.73)부터 식 (4.75)는 압축성, 등엔트로피 유동에서 매우 근본적이고 중요한 관계식이다. 이 식들은 피토관 문제뿐만 아니라 다른 많은 실용적인 문제에 적용된다. 주의할 점은 식 (4.73)은 단열유동에서 적용 가능한 반면, 식 (4.74)와 (4.75)는 마찰이 없다는 추가적인 가정을 포함하고 있다는 점이다. 조금 다른 측면에서 보면, 식 (4.73)부터 식 (4.75)는 마하수가 M_1일 때, 온도, 밀도, 압력(T_1, ρ_1, p_1)으로부터 전온도, 전밀도, 전압(T_0, ρ_0, p_0)을 결정하는 관계식이다. 이 식들은 또한 공기역학 계산에서 마하수의 강력한 역할을 말해 주고 있다. 비열비 γ를 알 때, T_0/T_1, p_0/p_1, ρ_0/ρ_1은 오직 M_1만의 함수라는 점은 매우 중요한 결과이다.

본 절의 목적인 유속 측정 문제로 다시 돌아가서, 식 (4.74)를 M_1에 대해 풀면,

$$M_1^2 = \frac{2}{\gamma-1}\left[\left(\frac{p_0}{p_1}\right)^{(\gamma-1)/\gamma} - 1\right] \tag{4.76}$$

즉, 아음속 압축성 유동에서는 전압과 정압의 비 p_0/p_1가 마하수 측정의 직접적인 척

도가 된다. 그래서 식 (4.76)에 필요한 p_0와 p_1을 각각 측정함으로써 조종석에서 **마하계**(*Mach meter*)라 불리는 장치의 눈금을 보정할 수 있다. 마하계의 눈금은 비행기의 비행 마하수를 직접 표시한다.

실제 비행 속도를 계산하기 위해 $M_1 = V_1/a_1$임을 적용하면, 식 (4.76)을 다음과 같이 쓸 수 있다.

$$\boxed{V_1^2 = \frac{2a_1^2}{\gamma - 1}\left[\left(\frac{p_0}{p_1}\right)^{(\gamma-1)/\gamma} - 1\right]} \tag{4.77a}$$

식 (4.77*a*)를 잘 정리해서 다시 쓰면,

$$V_1^2 = \frac{2a_1^2}{\gamma - 1}\left[\left(\frac{p_0 - p_1}{p_1} + 1\right)^{(\gamma-1)/\gamma} - 1\right] \tag{4.77b}$$

식 (4.77*a*)와 (4.77*b*)는 항공기의 실제 속도를 계산한다. 그런데 계산을 위해서는 음속과 온도를 알아야 한다. 항공기 주변의 공기의 온도는 사실 직접 측정하기 어렵다. 그래서 모든 고속 아음속 항공기의 속도계는 표준 해수면에서의 온도를 이용해 구한 음속 a_s = 340.3 m/s = 1116 ft/s과 a_1이 같다고 가정하여 식 (4.77*b*)를 통해 눈금이 보정된다. 또한 속도계는 식 (4.77*a*)에 나타난 압력비 p_0/p_1를 측정하는 것이 아니라, 식 (4.77*b*)에서 실제 압력차 $p_0 - p_1$을 측정하도록 설계된다. 따라서 식 (4.77*b*)가 보정된 속도를 정의하는 데 사용된다.

$$V_{\text{cal}}^2 = \frac{2a_s^2}{\gamma - 1}\left[\left(\frac{p_0 - p_1}{p_s} + 1\right)^{(\gamma-1)/\gamma} - 1\right] \tag{4.78}$$

여기서 a_s와 p_s는 표준 해수면 조건에서 음속과 정압을 의미한다.

식 (4.76)부터 (4.78)까지의 관계식은 유동이 압축성인 마하수 0.3 이상에서 속도를 측정하는 데 사용됨을 강조한다. 베르누이 방정식에서 유도한 식 (4.66)과 (4.67)은 마하수가 0.3 이상일 때 **적용할 수 없다.**

비압축성 영역을 비행하는 저속 항공기의 경우와 마찬가지로, 피토관은 고속 아음속 항공기의 속도를 측정할 때에도 사용되었다. 미국에서 최초로 양산되어 1945년부터 사용된 제트 전투기 Lockheed P-80(후에 F-80이 됨)는 1950년 초에 한국전에 참전한 최초의 미국 전투기였다. 그림 4.24는 F-80의 수직 꼬리날개 앞에 피토관을 장착한 F-80의 편대 비행 장면이다. 그림 4.25는 꼬리날개 부근을 확대한 사진이다. 한국전에서 성공적인 임무를 수행했던 미국의 첫 번째 후퇴각 날개 전투기인 F-86을 보여주는 그림 2.15를 다시 보면, 오른쪽 날개 끝단에 길게 나와있는 피토관을 볼 수 있다. F-86은 급하강(dive) 시 음속을 초과하는 능력을 가진 고속 아음속 항공기였다.

그림 4.24 Lockheed F-80 편대
(자료출처: *Department of Defense*.)

그림 4.25 F-80 수직 꼬리날개에 장착된 피토관 확대 사진. 미국 National Air and Space Meseum에 전시되어 있음
(자료출처: *Courtesy of John Anderson*.)

예제 4.27

McDonnell-Douglas 사의 DC-10 airliner는 압력 고도 10 km에서 고속 아음속 영역을 비행한다. 날개 끝단의 피토관에서 측정한 압력은 4.24×10^4 N/m^{2}이다. 항공기의 마하수를 계산하라. 대기의 온도가 230 K일 때, 실제 속도와 보정 속도를 계산하라.

■ **풀이**

표준 대기표 부록 A에서 고도 10,000 m일 때, 압력 $p = 2.65 \times 10^4$ N/m^{2}이다. 식 (4.76)을 적용하면,

$$M_1^2 = \frac{2}{\gamma - 1}\left[\left(\frac{p_0}{p_1}\right)^{(\gamma-1)/\gamma} - 1\right] = \frac{2}{1.4 - 1}\left[\left(\frac{4.24 \times 10^4}{2.65 \times 10^4}\right)^{0.286} - 1\right]$$
$$= 0.719$$

따라서 마하수 $\boxed{M_1 = 0.848}$

온도 $T_1 = 230$ K이므로 음속을 구하면,

$$a_1 = \sqrt{\gamma R T_1} = \sqrt{1.4(287)(230)} = 304.0 \text{ m/s}$$

식 (4.77)을 사용하여 실제 속도를 구한다.

$$V_1^2 = \frac{2a_1^2}{\gamma - 1}\left[\left(\frac{p_0}{p_1}\right)^{(\gamma-1)/\gamma} - 1\right] = \frac{2(304.0)^2}{1.4 - 1}\left[\left(\frac{4.24}{2.65}\right)^{0.286} - 1\right]$$

$$\boxed{V_1 = 258 \text{ m/s 실제 속도}}$$

주: 결과를 확인하기 위해서 마하수의 정의를 사용하면,

$$V_1 = M_1 a_1 = 0.848(304.0) = 258 \text{ m/s}$$

보정 속도는 식 (4.78)을 이용해서 얻을 수 있다.

$$V_{\text{cal}}^2 = \frac{2a_s^2}{\gamma - 1}\left[\left(\frac{p_0 - p_1}{p_s} + 1\right)^{(\gamma-1)/\gamma} - 1\right]$$
$$= \frac{2(340.3)^2}{1.4 - 1}\left[\left(\frac{4.24 \times 10^4 - 2.65 \times 10^4}{1.01 \times 10^5} + 1\right)^{0.286} - 1\right]$$

$$\boxed{V_{\text{cal}} = 157 \text{ m/s}}$$

실제 속도와 보정 속도 간의 차이는 39%이다. 주: 호기심으로 V_1을 틀린 방법으로 계산해보자. 즉 비압축성 유동에 대한 베르누이 방정식을 적용해 보는 것이다. 식 (4.66)은 이 예제에서 다루는 고속 유동에는 적용할 수 없지만, 어떤 결과가 나오는지 보기 위해서 적용해 보도록 하자.

$$\rho = \frac{p_1}{RT_1} = \frac{2.65 \times 10^4}{287(230)} = 0.4 \text{ kg/m}^3$$

식 (4.66)에 적용하면,

$$V_{\text{true}} = \sqrt{\frac{2(p_0 - p)}{\rho}} = \sqrt{\frac{2(4.24 - 2.65) \times 10^4}{0.4}} = 282 \text{ m/s 틀린 답}$$

속도 $V_1 = 258$ m/s와 비교해 보면, 적합하지 않은 비압축성 가정을 적용해 속도를 계산하면 9.3%의 오차가 발생한다. 이 오차는 마하수가 1에 가까이 갈수록 급격히 증가하는데, 다음 절에서 다룰 것이다.

예제 4.28

표준 해수면에서 594 mph로 비행하고 있는 F-80(그림 4.24)을 생각하라. (이 속도는 해수면에서 F-80C의 최대 속도이다.) 항공기의 선두부 정체점에서 압력과 온도를 계산하라.

■ **풀이**

표준해수면에서 $p_\infty = 2116$ lb/ft^2, $T_\infty = 519$°R이므로,

$$a_\infty = \sqrt{\gamma R T_\infty} = \sqrt{(1.4)(1716)(519)} = 1117 \text{ ft/s}$$

주: 여기서 구한 값은 영미 단위계에서 표준 해수면에서 음속이다. 4.9절에서 SI단위계에서 음속은 340.3 m/s이고, 이 값을 기억하는 것은 여러모로 편리하다.

$$a_\infty = 340 \text{ m/s} = 1117 \text{ ft/s} = 762 \text{ mph}$$

$$M_\infty = \frac{V_\infty}{a_\infty} = \frac{594}{762} = 0.78$$

주: 마하수는 차원이 없는 비율이므로, 분자, 분모가 동일한 단위를 가지는 경우에 굳이 단위를 바꾸지 않아도 무방하다.

식 (4.74)를 이용하여 정체점에서 압력에 해당하는 전압을 계산할 수 있다.

$$\frac{p_0}{p_\infty} = \left(1 + \frac{\gamma - 1}{2} M_\infty^2\right)^{\frac{\gamma}{\gamma-1}} = \left[1 + \frac{1.4 - 1}{2}(0.78)^2\right]^{\frac{1.4}{1.4-1}} = (1.122)^{3.5} = 1.496$$

$$p_0 = 1496\, p_\infty = 1.496\,(2116) = \boxed{3166 \text{ lb/ft}^2}$$

식 (4.73)을 이용하면 정체점에서 온도에 해당하는 전온도를 구할 수 있다.

$$\frac{T_0}{T_\infty} = 1 + \frac{\gamma - 1}{2} M_\infty^2 = 1 + (0.2)(0.78)^2 = 1.122$$

$$T_0 = 1.122\, T_\infty = 1.122\,(519) = \boxed{582.3°\text{R}}$$

주: 상태방정식을 이용하여 정체점 밀도를 계산하면 계산의 정확성을 점검할 수 있다.

$$\rho_0 = \frac{p_0}{R T_0} = \frac{3166}{(1716)(582.3)} = 3.168 \times 10^{-3} \text{ slug/ft}^3$$

식 (4.75)에서

$$\frac{\rho_0}{\rho_\infty} = \left(1 + \frac{\gamma - 1}{2} M_\infty^2\right)^{\frac{1}{\gamma-1}} = [1 + 0.2\,(0.78)^2]^{\frac{1}{0.4}} = (1.1217)^{2.5} = 1.3326$$

$$\rho_0 = 1.3326\ \rho_\infty = 1.3326\,(0.002377) = \boxed{3.168 \times 10^{-3} \text{ slug/ft}^3}$$

두 값이 동일하므로 계산이 정확하게 되었음을 확인할 수 있다.

예제 4.29

공기 유동장의 어떤 점에서 마하수, 속도, 밀도가 각각 0.9, 300 m/s, 1.2 kg/m³ 이다. 이 곳에서 (a) 전압, (b) 동압을 계산하라.

■ **풀이**

a. 먼저 상태방정식을 이용해서 온도와 압력을 얻어야 한다.

$$V = Ma = M\sqrt{\gamma RT}$$

$$T = \frac{V^2}{\gamma RM^2} = \frac{(300)^2}{(1.4)(287)(0.9)^2} = 276.5\ \text{K}$$

$$p = \rho RT = (1.2)(287)(276.5) = 0.952\times 10^5\ \text{N/m}^2$$

식 (4.74)에 대입하면,

$$\frac{p_0}{p} = \left(1 + \frac{\gamma - 1}{2}M^2\right)^{\frac{\gamma}{\gamma-1}} = [1 + 0.2\ (0.9)^2]^{3.5} = (1.162)^{3.5} = 1.691$$

$$p_0 = 1.691\ p = 1.691\ (0.952\times 10^5) = \boxed{1.61\times 10^5\ \text{N/m}^2}$$

b. 식 (4.63)에 정의된 동압은

$$q = \tfrac{1}{2}\rho V^2$$

$$q = \tfrac{1}{2}(1.2)(300)^2 = \boxed{5.4\times 10^4\ \text{N/m}^2}$$

중요사항. 압축성 유동의 경우 동압은 전압과 정압의 차이와 같지 않다. 비압축성에서만 성립한다. 식 (4.64)는 비압축성 유동에 대해서만 유효하다는 점을 강조한다. 본 예제에서 전압 $p_0 = 1.61 \times 10^5$ N/m², 정압 $p = 1.61 \times 10^5$ N/m²이다. 그 차이는

$$p_0 - p = (1.61 - 0.952)\times 10^5 = 6.58\times 10^4\ \text{N/m}^2$$

이 값은 동압 $q = 5.4 \times 10^4$ N/m²과 같지 않음을 확인할 수 있다.

4.11.3 초음속 유동

마하수가 1보다 큰 초음속 유동에서 속도 측정 방법은 아음속의 속도 측정 방법과 질적으로 다르다. 그림 4.26에서 보듯이 초음속 유동에서는 피토관 앞에서 충격파(*shock wave*)가 발생한다. 충격파는 앞뒤에서 상당한 유동 특성의 변화가 발생하는 매우 얇은 층(약 10^{-4} cm)을 의미한다. 특히, 유체요소가 충격파를 지날 때,

1. 마하수가 감소한다.

2. 정압은 증가한다.

3. 온도가 증가한다.

4. 유체 속도가 감소한다.

5. 전압이 감소한다.

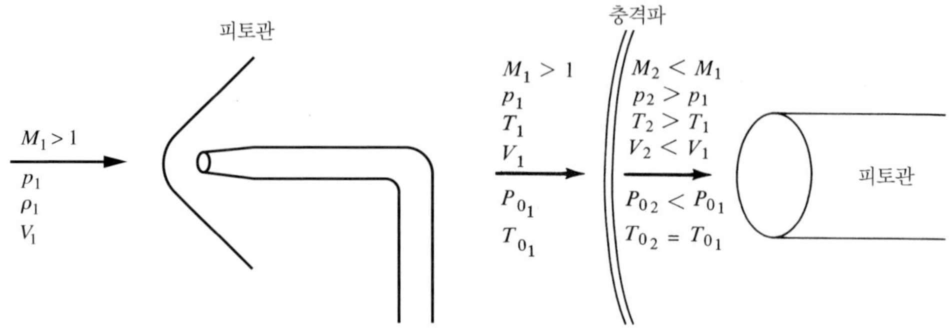

그림 4.26 초음속 유동에서 피토관 주위 유동

그림 4.27 초음속 피토관 앞의 충격파 전후의 변화

6. 완전기체의 경우 전온도는 **변하지 않는다.**

충격파 전후에서의 이러한 변화는 그림 4.27에 나타나 있다.

초음속 유동에서 충격파가 어떻게 형성되고 왜 발생하는가? 다양한 수준의 설명이 있으나, 핵심사항은 다음과 같다. 아음속에서 피토관을 도시한 그림 4.17을 참고하자. 탐침에 부딪히는 기체 분자들은 유동에 어떤 교란(disturbance)을 일으킨다. 이 교란은 음속의 속도로 탐침에서부터 시작해 유동의 먼 영역까지 약한 압력파(음파)의 형태로 전파된다. 그림 4.17에서처럼 유동 속도 V_1이 음속보다 작다면 음속의 크기로 전파되는 압력의 교란은 상류 방향뿐만 아니라 모든 방향에서 감지할 수 있을 것이다. 초음속에서 피토관을 도시한 그림 4.26의 경우를 살펴보자. 여기서 V_1은 음속보다 큰 값이다. 따라서 탐침에서 발생한 압력의 교란은 음속으로 전파되므로 결코 앞쪽으로 전파될 **수 없을** 것이다. 대신 이러한 교란은 탐침에서 약간 떨어진 영역까지만 전파되어 **충격파**라는 자연현상을 형성한다(그림 4.26, 4.27). 충격파의 왼쪽, 즉 충격파의 상류는 이러한 압력의 교란을 감지하지 못한다. 즉 피토관의 존재는 충격파 상류에서 인지할 수 없게 된다. 피토관의 존재는 단지 충격파 뒤쪽의 영역에서만 영향을 미친다. 충격파는 초음속 유동에서 유동 특성에 큰 변화가 발생하는 얇은 층이고, 교란이 존재하는 영역과 교란이 없는 영역을 구분한다.

어떤 물체가 초음속 유동에 위치하게 되면 항상 충격파가 발생한다. 그림 4.28은 여러 가지 공기역학적 형상 주위의 초음속 유동에 대한 사진들이다. 눈으로는 쉽게 볼 수 없는 충격파는 *schlieren* 또는 *shadow graph*라고 불리는 특별히 설계된 광학시스템을 이용해 가시화할 수 있다. Boeing 707 같은 고속 아음속 항공기의 날개 위에서 간혹 충격파를 눈으로 볼 수 있는 경우가 있다. 고속 순항 시 날개의 윗면에 국소적으로 초음속 영역이 존재하고, 이 초음속 유동은 약한 충격파를 동반한다. 만약 태양이 머리 위에 있고 날개의 스팬을 따라 창문을 바라본다면 날개 위에서 충격파가 앞뒤로 움직이고 있는 모습을 간혹 발견할 수 있다.

초음속 유동에서 속도를 측정하는 방법을 다시 생각하자. 그림 4.26의 충격파가 존재

(*a*)

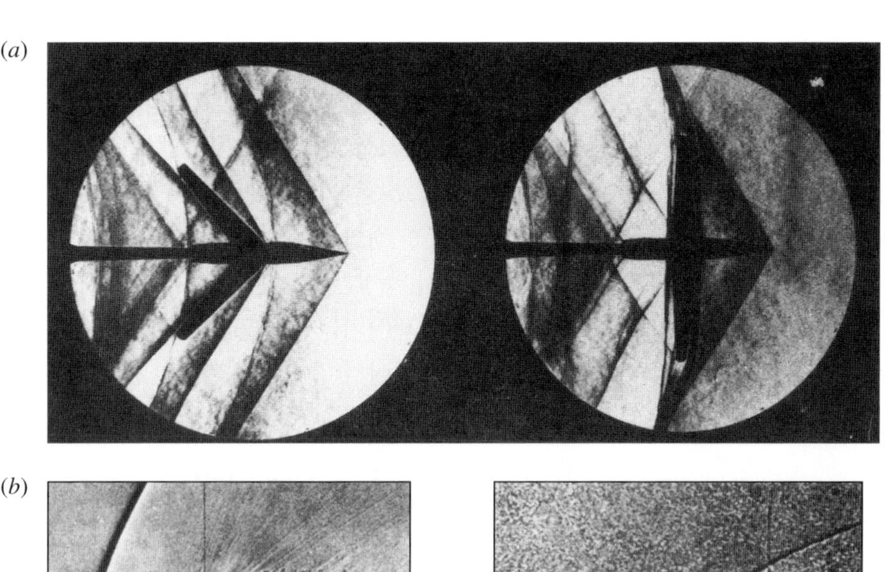

(*b*)

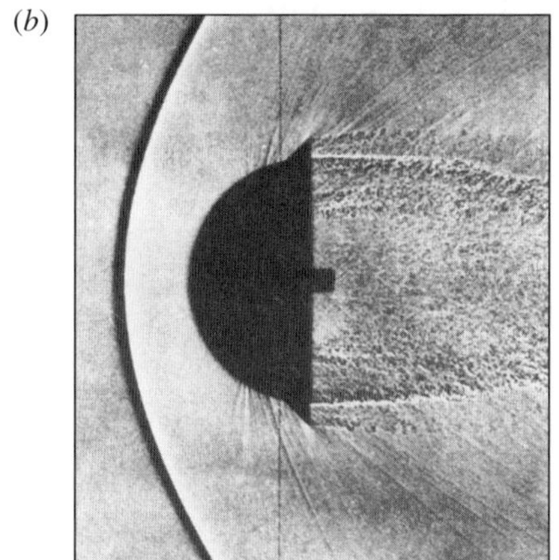

(*c*)

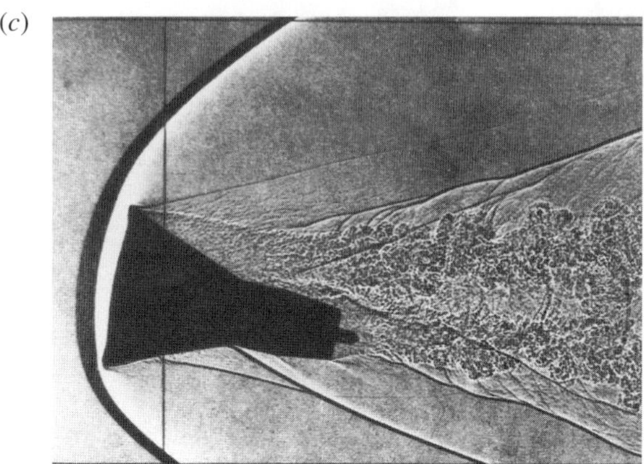

그림 4.28 (*a*) 후퇴익 항공기(왼쪽)와 평날개 항공기(오른쪽)의 충격파. NASA Ames 연구센터의 초음속 풍동에서 얻은 Schlieren 사진. (*b*) 무딘 물체의 충격파(왼쪽)와 앞이 뾰족한 물체의 충격파(오른쪽). (*c*) Gemini 유인 우주캡슐 모델의 충격파. (*b*)와 (*c*)는 shadow graph 사진임
(자료출처: *NASA Ames Research Center*.)

할 경우 충격파 주위의 유동은 **등엔트로피 유동이** 아니라서 속도 측정 방법이 더 복잡해진다. 충격파 자체의 얇은 구조 내부에서 매우 큰 마찰과 열전도 효과가 발생하며, 따라서 단열도 아니고 마찰이 없는 경우도 아니다. 그러므로 이 유동은 등엔트로피 유동이 아니다. 결국, 식 (4.74)와 이어지는 식 (4.76)과 (4.77a)를 충격파에 대해 적용할 수 없다. 이 시점에서 중요한 결과는 유동이 충격파를 지난 후 전압 p_0는 충격파를 지나기 전에 비해 작아진다는 점이다. 마찬가지로 피토관의 앞에서 측정한 전압은 자유류에서 계산한 전압과 같지 않다. 결국 마하수 M_1과 피토관 측정을 연관시키려면 별도의 충격파 이론이 적용되어야 한다. 이러한 충격파 이론은 이 책의 범위를 넘어서기 때문에 완전하지는 않더라도 결과만 여기서 제시한다.

$$\frac{p_{0_2}}{p_1} = \left[\frac{(\gamma+1)^2 M_1^2}{4\gamma M_1^2 - 2(\gamma-1)}\right]^{\gamma/(\gamma-1)} \frac{1-\gamma+2\gamma M_1^2}{\gamma+1} \tag{4.79}$$

그림 4.29 1950~60년대 Convair F-102A 초음속 전투기
(자료출처: *NASA*.)

이 식은 *Rayleigh* 피토관 공식이라 불린다. 충격파 뒤에서 피토관이 측정한 전압 p_0와 자유류 정압(정압은 항공기 표면의 특정 위치에 설치된 정압공을 통해 측정)의 비를 초음속 자유류의 마하수 M_1의 함수로 표현한 관계식이다. 식 (4.79)의 p_{0_2}와 p_1을 측정하여 초음속 항공기의 마하계 눈금을 보정한다.

그림 4.29는 삼각익을 가진 초음속 F-102A 전투기이다. 유속 측정을 위한 피토관이 전면에서 길게 나와 있다. 아음속 압축성 유동의 경우에서처럼, 자유류의 정압을 같이 측정하는 피토관 방법을 이용해 자유류의 마하수를 직접 측정하게 된다. 항공기 조종석에서 마하수는 아음속 비행에서는 식 (4.76)에 따라 계측되고, 초음속에서는 식 (4.79)를 따른다. 두 경우에 마하수는 직접 얻어지는 값이지만, 속도를 구하기 위해서는 추가적인 정보가 필요하다.

예제 4.30

로켓추진 실험용 항공기가 대기압 151 lb/ft², 390°R인 고도에서 3000 mi/h의 속도로 비행하고 있다. 항공기 선두에 피토관이 장착되어 있다. 피토관에서 측정된 압력은 얼마인가?

■ 풀이

유동이 초음속인지 아음속인지 구분해야 한다. 즉 마하수가 얼마인가? 식 (4.54)로부터,

$$a_1 = \sqrt{\gamma R T_1} = \sqrt{1.4(1716)(390)} = 968.0 \text{ ft/s}$$

$$V_1 = 3000\left(\frac{88}{60}\right) = 4400 \text{ ft/s}$$

$$M_1 = \frac{V_1}{a_1} = \frac{4400}{968.0} = 4.54$$

마하수가 1보다 크므로 초음속 유동이다. 피토관 앞에 충격파가 존재하기 때문에 등엔트로피 유동에 대한 식 (4.74)를 적용할 수 없다. 대신 식 (4.79)가 사용되어야 한다.

$$\frac{p_{0_2}}{p_1} = \left[\frac{(\gamma+1)^2 M_1^2}{4\gamma M_1^2 - 2(\gamma-1)}\right]^{\gamma/(\gamma-1)} \frac{1-\gamma+2\gamma M_1^2}{\gamma+1}$$

$$= \left[\frac{(2.4)^2(4.54)^2}{4(1.4)(4.54)^2 - 2(0.4)}\right]^{3.5} \frac{1-1.4+2(1.4)(4.54)^2}{2.4} = 27$$

$$p_{0_2} = 27 p_1 = 27(151) = \boxed{4077 \text{ lb/ft}^2}$$

주: 호기심으로 **틀린** 답을 한 번 계산해 보자. 초음속에서 피토관 앞의 충격파를 고려하지 않는다면, 식 (4.74)는 다음의 답을 줄 것이다.

$$\frac{p_0}{p_1} = \left(1+\frac{\gamma-1}{2}M_1^2\right)^{\gamma/(\gamma-1)} = \left[1+\frac{0.4}{2}(4.54)^2\right]^{3.5} = 304.2$$

그러므로, $p_0 = 304.2\, p_1 = 304.2(151) = 45{,}931 \text{ lb/ft}^2$

로 틀린 답을 얻는다. 틀린 답은 10배 이상 값의 오차가 있음을 주목하라.

예제 4.31

그림 4.29 F-102A를 고려하자. 전투기가 고도 8 km 표준 대기에서 초음속으로 비행하고 있다. 피토관이 측정한 압력이 9.72 × 104 N/m2일 때, 전투기의 마하수는 얼마인가?

■ 풀이

부록 A에서 고도 8 km일 때, 압력 $p = 3.5651 \times 10^4$ N/m²이다. 식 (4.79)에서,

$$\frac{p_{0_2}}{p_1} = \frac{9.27 \times 10^4}{3.5651 \times 10^4} = 2.6$$

식 (4.79)는 마하수M_1에 대해 내재적인 관계식이다. 외재적 관계식, 즉 $M_1 = f(p_{0_2}/p_1)$ 형태로 식을 변화하는 것이 쉽지 않다. 그래서 마하수의 값을 변화시키면서 식 (4.79)의 압력비 $(p_{0_2}/p_1) = 2.6$이 되도록 하는 마하수를 시행착오법으로 찾아 보자. 식 (4.79)를 다시 쓰면,

$$\frac{p_{0_2}}{p_1} = \left[\frac{(\gamma+1)^2 M_1^2}{4\gamma M_1^2 - 2(\gamma-1)}\right]^{\frac{\gamma}{\gamma-1}} \frac{1-\gamma+2\gamma M_1^2}{\gamma+1}$$

비열비 $\gamma = 1.4$이므로, 위 식은 다음과 같이 정리된다.

$$\frac{p_{0_2}}{p_1} = \left[\frac{5.76 M_1^2}{5.6 M_1^2 - 0.8}\right]^{3.5} (-0.1667 + 1.1667\, M_1^2)$$

다양한 마하수에 대해 값을 계산해 보면 다음 표와 같다.

M_1 (가정)	$\left[\frac{5.76\, M_1^2}{5.6\, M_1^2 - 0.8}\right]^{3.5}$	$(-0.1667 + 1.1667\, M_1^2)$	$\frac{p_{0_2}}{p_1}$
1	1.893	1	1.893
1.1	1.713	1.245	2.133
1.2	1.591	1.513	2.408
1.3	1.503	1.805	2.71
1.25	1.544	1.656	2.557
1.26	1.535	1.686	2.587
1.27	1.527	1.715	2.619

표에서 오른쪽 열에서 $p_{0_2}/p_1 = 2.6$를 기준으로 비교해보면, 소수점 세 자리를 기준으로 $p_{0_2}/p_1 = 2.587$이 가장 가까운 값임을 알 수 있고, 그때 해당하는 마하수 $M_1 = 1.26$이다. 따라서 본 예제 F-102A의 마하수는 1.26임을 알 수 있다.

$$\boxed{M_1 = 1.26}$$

4.11.4 요약

저속 비압축성, 고속 아음속, 초음속 영역과 같이 서로 다른 속도 영역에 대해 다른 속도 측정법이 적용된다는 점을 명심해야 한다. 이러한 근본적인 차이는 이전에 배운 다양한 공

기역학의 법칙들을 조금씩 다르게 적용해야 함을 보여준다. 또한 이 절에서 세운 많은 공식들은 아래 4.12절에서 실제적인 문제들에 적용될 것이다.

4.12 몇 가지 추가 고려사항

4.11절은 단순히 공기 속도를 측정하는 문제를 넘어서 상당히 일반적인 정보를 제공한다. 이 절의 목적은 4.11절에서 다룬 아이디어와 결과를 좀 더 정교하게 살펴보는 것이다.

4.12.1 압축성 유동에 대한 추가사항

식 (4.73)부터 (4.75)까지의 식은 T_0/T_1, p_0/p_1, ρ_0/ρ_1를 국소 마하수 M_1의 함수로 표현하며 모든 등엔트로피 유동에 일반적으로 적용할 수 있다. 어떤 등엔트로피 유동의 전 유동장에서 T_0, p_0, ρ_0가 상수값이라는 점을 증명 없이 선언하였다. 식 (4.73)부터 (4.75)를 포함하여 이러한 사실은 등엔트로피 유동의 해석에 강력한 도구를 제공한다. 예를 들어 예제 4.12에서 다룬 익형 위 등엔트로피 유동을 다시 생각하자. 이제 여러분은 더 많은 정보와 더 넓은 시각에서 이 문제를 접근할 수 있다.

예제 4.32

그림 4.30에 도시된 익형 위 등엔트로피 유동을 고려하자. 자유류의 압력, 속도, 밀도는 각각 2116 lb/ft^2, 500 mi/h, 0.002377 slug/ ft^{3}이다. 익형 위 한 점 A에서 압력은 1,497 lb/ft^{2}이다. 점 A에서 마하수와 유속은 얼마인가?

■ **풀이**

예제 4.12와 같은 문제인데, 점 A에서 마하수를 계산하는 것이 추가되었다. 이 문제에서는 다른 풀이법을 사용한다. 먼저 자유류의 마하수를 계산한다.

$$T_\infty = \frac{p_\infty}{\rho_\infty R} = \frac{2116}{0.002377(1716)} = 518.8°\text{R}$$

$$a_\infty = \sqrt{\gamma R T_\infty} = \sqrt{(1.4)(1716)(518.8)} = 1116.4 \text{ ft/s}$$

$$V_\infty = 500\,\text{mi/h} = 500\left(\frac{88}{60}\right)\text{ft/s} = 733.3 \text{ ft/s}$$

$$M_\infty = \frac{V_\infty}{a_\infty} = \frac{733.3}{1116.4} = 0.6568$$

식 (4.73)에서 자유류의 전온도는 다음과 같다.

$$\frac{T_{0\infty}}{T_\infty} = 1 + \frac{\gamma - 1}{2}M_\infty^2 = 1 + 0.2(0.6568)^2 = 1.0863$$

$$T_{0\infty} = 1.0863 T_\infty = 1.0863(518.8) = 563.6°\text{R}$$

식 (4.74)에서 자유류의 전압은 다음과 같다

$$\frac{p_{0_\infty}}{p_\infty} = \left(1 + \frac{\gamma - 1}{2} M_\infty^2\right)^{\gamma/(\gamma-1)} = (1.0863)^{3.5} = 1.336$$

$$p_{0_\infty} = 1.336(2116) = 2827 \text{ lb/ft}^2$$

날개 위 등엔트로피 유동 전 영역에서 전온도와 전압은 상수이므로, 점 A에서도 자유류와 같은 값을 가질 것이다.

$$T_{0_A} = T_{0_\infty} = 563.6°\text{R}$$

$$p_{0_A} = p_{0_\infty} = 2827 \text{ lb/ft}^2$$

점 A의 조건에 대해 식 (4.74)를 적용하면 점 A에서 마하수를 계산할 수 있다.

$$\frac{p_{0_A}}{p_A} = \left(1 + \frac{\gamma - 1}{2} M_A^2\right)^{\gamma/\gamma-1}$$

$$\frac{2827}{1497} = \left(1 + 0.2M_A^2\right)^{3.5}$$

$$1 + 0.2M_A^2 = (1.888)^{1/3.5} = (1.888)^{0.2857} = 1.1991$$

$$M_A = \sqrt{\frac{1.1991 - 1}{0.2}} = \boxed{0.9977}$$

주: 점 A에서 마하수는 본질적으로 1이다. 점 A에서 유동은 거의 음속이다.
점 A에서 온도는 식 (4.73)을 이용해 구할 수 있다.

$$\frac{T_{0_A}}{T_A} = 1 + \frac{\gamma - 1}{2} M_A^2 = 1 + 0.2(0.9955)^2 = 1.1982$$

$$T_A = \frac{T_{0_A}}{1.1982} = \frac{563.6}{1.1982} = 470.4°\text{R}$$

주: $T_A = 470.4°\text{R}$이라는 결과는 예제 4.12에서 계산한 값 470.1°R과 거의 일치한다. 약간의 오차는 소수점 네 자리만 사용함으로써 발생한 반올림 오차로 인한 것이다.
최종적으로 점 A에서 속도는 다음과 같이 구할 수 있다.

$$a_A = \sqrt{\gamma R T_A} = \sqrt{1.4(1716)(470.4)} = 1063 \text{ ft/s}$$

$$V_A = a_A M_A = 1063(0.9955) = \boxed{1058 \text{ ft/s}}$$

주: 여기서 구한 속도값도 예제 4.12에서 계산한 $V_A = 1061$ ft/s와 거의 일치한다.

예제 4.32에서 사용된 계산과정은 예제 4.12보다 조금 더 복잡하지만, 예제 4.12보다 더 근본적인 접근법이다. 예제 4.12를 풀 때, 비열 c_p의 값을 적용해야만 했던 것을 기억하라. 반면, 여기서는 비열 값을 알 필요가 없다. 사실 비열 값 자체는 등엔트로피 압축성 유동을 풀 때 필요가 없다. 대신 비열비 γ와 마하수 M을 사용하였다. 비열비와 마하수는 둘다 공기역학의 상사변수(similarity parameters)에 해당한다. 유체유동에서 상사변수의 개념과 위력은 이 책보다 더 심도 있는 공부를 할 때 다루게 될 것이다. 여기서는 마하수와 비열비가 압축성 유동의 특징을 지배하는 강력한 변수

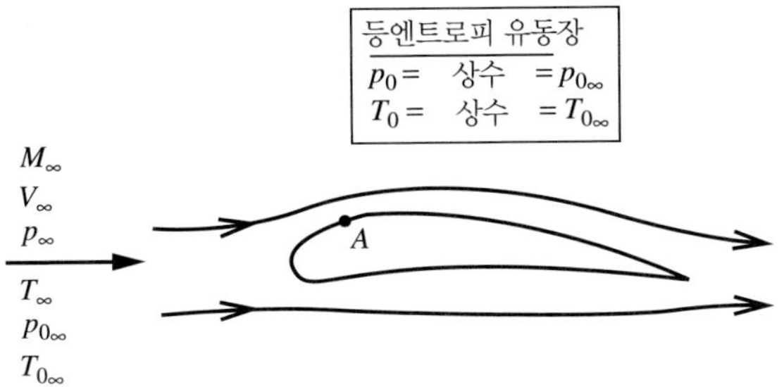

그림 4.30 전압과 전온도는 등엔트로피 유동장에서 상수이다.

라는 점만 강조하고자 한다. 예제 4.32는 압축성 유동 문제를 풀 때 마하수와 비열비가 적극적으로 사용되고 있음을 보여준다. 이어지는 몇몇 절에서도 마찬가지로 활용할 것이다.

4.12.2 등가 속도에 대한 추가사항

4.11.1절에서 소개된 등가 속도(equivalent airspeed)는 저속 비압축성 유동에 대해 식 (4.67)과 같이 표현된다. 4.11.1절에서 설명하였듯이 등가 속도는 표준 해수면 밀도를 이용하여 속도계의 눈금을 보정한다. 그런데 등가 속도의 개념은 속도계에 나타나는 값 이상의 더 넓은 의미를 가진다.

등가 속도의 일반적인 정의는 다음의 예제를 통해 도입할 수 있다. 자유류 밀도가 0.59 kg/m³인 고도 7 km에서 300 m/s로 비행하는 Lockheed-Martin F-16 전투기를 고려하라. 속도 300 m/s는 항공기의 실제 비행 속도이다. 이 속도와 고도에서 동압은 $\frac{1}{2}\rho_\infty V_\infty^2 = \frac{1}{2}(0.59)(300)^2 = 2.655 \times 10^4\,\mathrm{N/m^2}$이다. 동압은 $\frac{1}{2}\rho_\infty V_\infty^2$이라는 정의에 의해 결정된다는 점을 기억하는 것이 중요하다. 이 정의는 비행영역이 아음속이든 초음속이든 무엇이든 간에 유효하다. 심지어 비압축성인지 압축성인지도 상관없는 정의 그 자체이다. 동압 q_∞는 $\frac{1}{2}\rho_\infty V_\infty^2$로 정의된다.

$$q_\infty \equiv \tfrac{1}{2}\rho_\infty V_\infty^2$$

이제 자유류 밀도가 1.23 kg/m³인 표준 해수면에서 비행하는 F-16을 상상하라. 문제: 고도 7 km에서 300 m/s로 비행할 때와 같은 동압을 가지는 해수면에서의 속도는 무엇인가? 답은 쉽게 계산할 수 있다.

$$(q_\infty)_{\text{sea level}} = (q_\infty)_{7\text{ km}}$$

$$\left(\tfrac{1}{2}\rho_\infty V_\infty^2\right)_{\text{sea level}} = \left(\tfrac{1}{2}\rho_\infty V_\infty^2\right)_{7\text{ km}}$$

편의상 하첨자 ∞를 제거하고 다시 쓰면,

$$V_{\text{sea level}} = V_{7\text{ km}}\left(\frac{\rho}{\rho_s}\right)^{1/2}$$

여기서 ρ는 고도 7 km에서 밀도이고, ρ_s는 표준 해수면에서 밀도값이다. 숫자를 대입해 보면,

$$V_{\text{sea level}} = 300\left(\frac{0.59}{1.23}\right)^{1/2} = 207.8\text{ m/s}$$

따라서 고도 7 km에서 300 m/s로 비행하는 F-16이 같은 동압을 경험하려면 해수면에서 207.8 m/s로 비행해야 할 것이다. 정의에 따라서 고도 7 km에서 300 m/s로 비행하는 F-16의 **등가 속도**는 207.7 m/s이다.

이 예제는 등가 속도의 일반적인 정의를 제시한다. 어떤 고도에서 실제 속도로 비행하는 항공기를 생각하자. 이 조건에서 **등가 속도**는 표준 해수면에서 같은 동압을 경험하기 위한 비행 속도로 정의된다. 등가 속도에 대한 공식은 아래와 같이 단순하다.

$$V_e = V\left(\frac{\rho}{\rho_s}\right)^{1/2}$$

여기서 V_e는 등가 속도이고, V는 어떤 고도에서의 실제 속도이다. 또한 ρ는 해당 고도에서 밀도, ρ_s는 표준 해수면에서 밀도의 값이다.

돌이켜 보면, 4.11.1절의 내용은 이 절에서의 내용과 잘 일치한다. 그런데 4.11.1절에서는 비압축성 유동에서 속도 측정에 초점을 두고 논의를 진행하였다.

등가 속도의 개념은 항공기 양력과 항력을 다루는 항공기 성능을 학습할 때 유용하다. 제5장에서 알게 되겠지만, 양력과 항력은 동압, q_∞의 함수이다. 항공기의 **등가 속도**를 제시한다는 것은 항공기의 동압이 얼마인지를 아는 것과 동일한 의미를 가진다. 따라서 항공기 성능 데이터를 보고하거나 분석할 때 편의를 위해 등가 속도를 종종 사용한다.

4.13 초음속 풍동과 로켓 엔진

근 한 세기 이상 전부터 총알이나 포탄 같은 발사체(projectile)가 초음속으로 발사되고 있지만, 제2차 세계 대전 이후에서야 제트기와 로켓추진 유도탄의 발전과 더불어 초음속 유동에 대한 공기역학 연구가 많이 진행되었다. 결국 거의 모든 공기역학 연구실이 현대의 고속 비행을 연구하기 위한 초음속, 극초음속 풍동을 보유하게 되었다. 실용적 중요성과 함께 초음속 풍동은 공기역학의 근본 이론이 적용되는 훌륭한 문제가 된다. 로켓 엔진의 노즐 유동은 또 하나의 훌륭한 예제이다. 이 절에서 다루겠지만, 사실 초음속 풍동과 로켓 엔진에 대한 기초적인 공기역학은 본질적으로 동일하다.

먼저 그림 4.2에 도시된 유관에서 등엔트로피 유동을 고려하자. 연속방정식, 식 (4.2)는

$$\rho AV = \text{const}$$

또는 $$\ln\rho + \ln A + \ln V = \ln(\text{const})$$

미분하면 다음의 식을 얻는다.

$$\frac{d\rho}{\rho} + \frac{dA}{A} + \frac{dV}{V} = 0 \tag{4.80}$$

운동량방정식, 식 (4.8)은 다음과 같다.

$$dp = -\rho V\,dV$$

$$\rho = -\frac{dp}{V\,dV} \tag{4.81}$$

식 (4.81)을 식 (4.80)에 대입하면,

$$-\frac{d\rho}{dp}\frac{V\,dV}{} + \frac{dA}{A} + \frac{dV}{V} = 0 \tag{4.82}$$

등엔트로피 유동이므로,

$$\frac{d\rho}{dp} = \frac{1}{dp/d\rho} \equiv \frac{1}{(dp/d\rho)_{\text{isentropic}}} \equiv \frac{1}{a^2}$$

따라서 식 (4.82)는 다음과 같이 쓸 수 있다.

$$-\frac{V\,dV}{a^2} + \frac{dA}{A} + \frac{dV}{V} = 0$$

수식을 정리하면,

$$\frac{dA}{A} = \frac{V\,dV}{a^2} - \frac{dV}{V} = \left(\frac{V^2}{a^2} - 1\right)\frac{dV}{V}$$

$$\boxed{\frac{dA}{A} = (M^2 - 1)\frac{dV}{V}} \tag{4.83}$$

식 (4.83)은 **면적–속도 관계식**이라 불리며, 그림 4.2의 유관 내 유동에 대해 많은 정보를 담고 있다. 첫째로 수학적 관례에 따라 증가하는 속도와 증가하는 면적을 각각 양(+)의 값을 가지는 dV와 dA로 두면, 속도와 면적이 줄어들 때는 음(−)의 값을 가질 것이다. 미분 계산에서 일반적인 관례이다. 이를 바탕으로 식 (4.83)은 다음과 같은 물리현상을 설명한다.

1. 유동이 아음속($M < 1$)일 때, 유동 속도가 증가하려면 (dV가 양수) 면적은 감소하여야 한다. (dA가 음수) 즉 아음속 유동에서 속도를 증가시키려면 면적을 축소하여야 한다. 이것은 그림 4.31*a*에 나타나 있다. 비압축성 유동을 다룬 4.2절에서 동일한 결과를 확인할 수 있다. 물론 비압축성 유동은 마하수가 0인 아음속 유동의 극한에 해당한다.

2. 유동이 초음속($M > 1$)일 때, 유동 속도가 증가하려면 (dV가 양수) 면적 또한 커져야 한

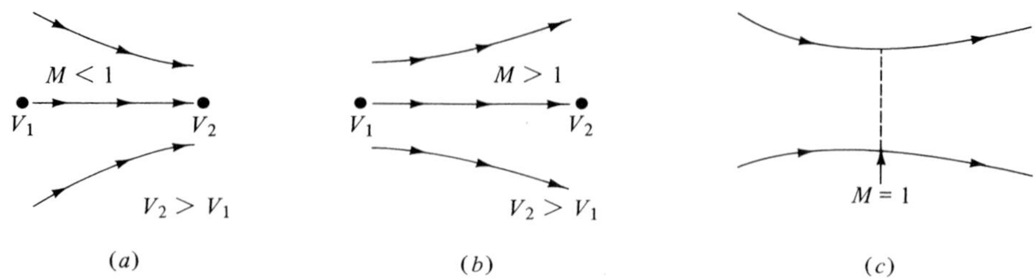

그림 4.31 면적-속도 관계식의 결과

다. (dA가 양수) 즉 초음속 유동에서 속도를 증가시키려면 면적을 확대하여야 한다. 이것은 그림 4.31*b*에 나타나 있다.

3. 마하수가 1(M =1)일 때 식 (4.83)은 다음과 같다.

$$\frac{dV}{V} = \frac{1}{M^2 - 1}\frac{dA}{A} = \frac{1}{0}\frac{dA}{A} \tag{4.84}$$

간단히 말해 dV/V가 무한대가 된다. 그러나 물리학적 관점에서 속도와 속도의 변화는 유한한 값이어야 한다. 이것은 그저 상식이다. 식 (4.84)를 잘 들여다보면, dV/V가 유한한 값을 가질 수 있는 유일한 방법은 $dA/A = 0$이 되는 것이다. 즉,

$$\frac{dV}{V} = \frac{1}{0}\frac{dA}{A} = \frac{0}{0} = \text{유한수}$$

수학용어로 말하자면, dV/V가 0/0의 부정형이면 유한한 값을 가진다. 만약 $dA/A = 0$이라면, 유선은 $M = 1$에서 **최소**의 면적을 가진다. 이 최소면적은 **노즐목**(*throat*)에 존재하고, 그림 4.31*c*에 나타나 있다.

그러므로 저장탱크에 정체되어 있는 기체가 초음속으로 팽창하려면, 충분히 좁아졌다가 넓어지는 모양을 가지는 수렴-발산 덕트(converging-diverging duct)가 사용되어야만 한다는 것을 알 수 있다. 그림 4.32는 초음속 풍동과 로켓 엔진에 사용되는 전형적인 형상이다. 두 가지 경우에서, 유동은 저장탱크에서 매우 낮은 속도($V \approx 0$)로 움직이기 시작해 좁아지는 수렴부에서 높은 아음속 유동으로 가속하여 노즐목에서 마하수 1에 도달한다. 노즐목 이후 면적이 넓어지면서 초음속 유동이 된다. 언제나 원하는 것은 초음속 풍동의 노즐 출구에서 균질한(smooth and uniform) 유동을 얻는 것이다. 따라서 그림 4.32*a*와 같이 길고 서서히 수렴-발산하는 노즐이 사용된다. 로켓 엔진의 경우 출구에서 유동의 질은 그다지 중요하지 않다. 반면 노즐의 무게를 줄이는 것이 중요하다. 무게를 최소화하기 위해서 엔진의 길이는 최소화되고, 초음속 영역에서 급격히 넓어지는 종 모양의 형상을 띄게 된다(그림 4.32*b*). 그림 4.33은 전형적인 로켓 엔진의 사진이다.

그림 4.32에 도시된 노즐의 실제 유동은 등엔트로피 유동으로 간주할 수 있다. 노즐 벽을 통해 열의 유출입이 거의 없고 유동의 대부분에서 실질적으로 마찰이 없기 때문이다.

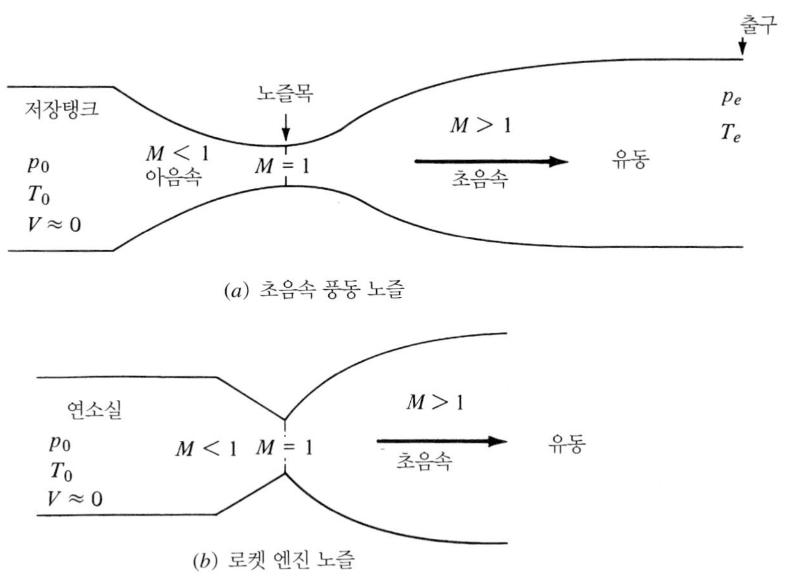

그림 4.32 초음속 노즐 형상

따라서 식 (4.73)부터 식 (4.75)까지의 관계식을 노즐 유동에 적용할 수 있다. 전압 p_0와 전온도 T_0는 유동 전체에서 상수로 유지되고, 식 (4.73)부터 식 (4.75)는 저장탱크의 정체점 조건과 유동의 모든 점의 상태를 연결하는 식이 된다. 예를 들어, $V \approx 0$인 곳에서 저장탱크의 조건이 p_0와 T_0인 그림 4.32의 문제를 고려하자. 저장탱크 하류의 어떤 단면을 생각한다. 이 점에서 온도, 밀도, 압력은 각각 T_1, ρ_1, p_1이다. 이 점에서 마하수 M_1을 알고 있다면, 식 (4.73)부터 식 (4.75)으로부터 T_1, ρ_1, p_1을 결정할 수 있다.

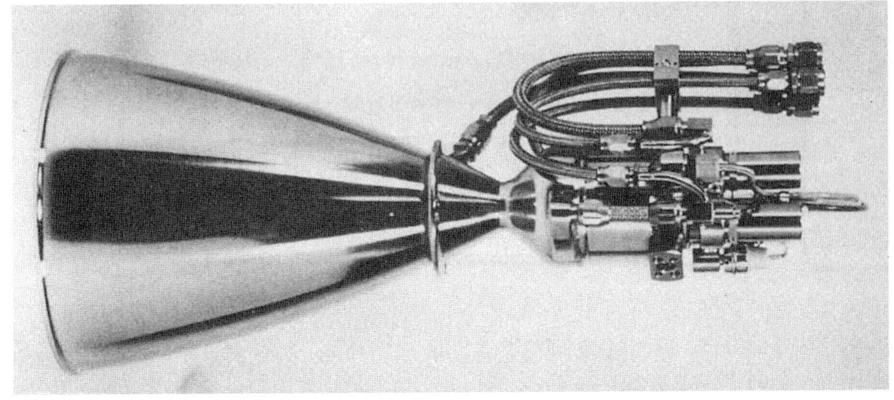

그림 4.33 로켓 엔진. 유럽위성 발사를 위해 Messerschmitt-Bolkow-Blohm에 의해 설계된 소형 로켓
(자료출처: *Courtesy of John Anderson.*)

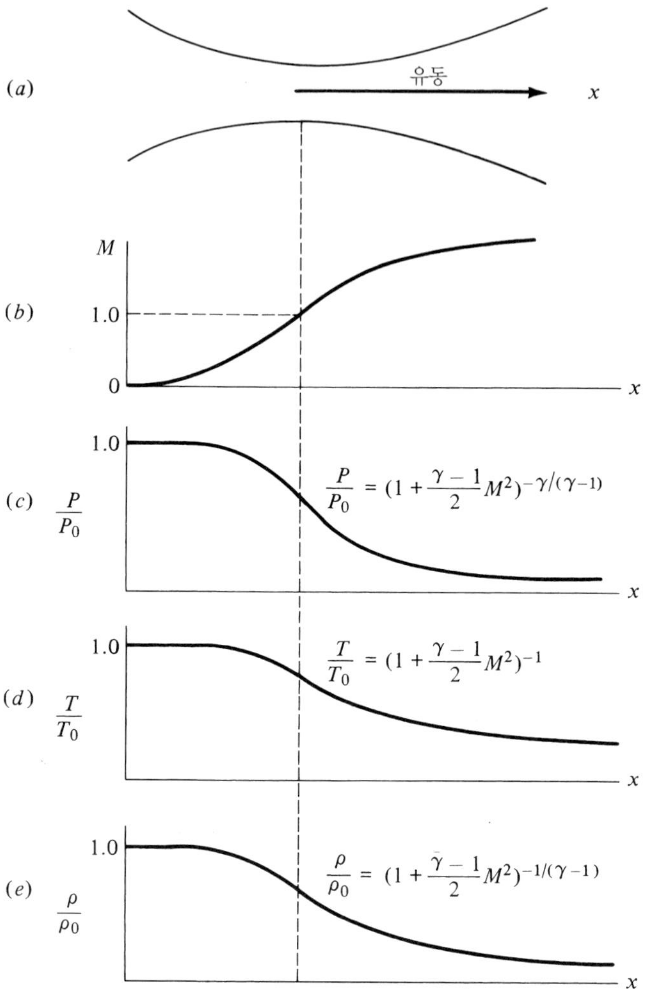

그림 4.34 초음속 노즐에서 마하수, 압력, 온도, 밀도의 변화

$$T_1 = T_0\left[1 + \tfrac{1}{2}(\gamma - 1)M_1^2\right]^{-1} \tag{4.85}$$

$$\rho_1 = \rho_0\left[1 + \tfrac{1}{2}(\gamma - 1)M_1^2\right]^{-1/(\gamma-1)} \tag{4.86}$$

$$p_1 = p_0\left[1 + \tfrac{1}{2}(\gamma - 1)M_1^2\right]^{-\gamma/(\gamma-1)} \tag{4.87}$$

식 (4.85)부터 (4.87)은 공기역학 계산을 할 때 마하수의 중요성을 보여준다. 노즐을 통해 마하수 값의 변화는 단면적과 노즐목의 면적비 A/A_t의 함수이다. 이 관계식은 이미 다룬 공기역학 관계식들로부터 얻을 수 있는데, 결과는 다음과 같다.

$$\left(\frac{A}{A_t}\right)^2 = \frac{1}{M^2}\left[\frac{2}{\gamma+1}\left(1+\frac{\gamma-1}{2}M^2\right)\right]^{(\gamma+1)/(\gamma-1)} \tag{4.88}$$

노즐을 통과하는 등엔트로피 유동의 해석은 상대적으로 간단하다. 해석 과정을 그림 4.34에 나타냈다. 그림 4.34*a*에 도시된 노즐 형상으로부터, A/A_t가 각 지점에서 결정되어 있다. 식 (4.88)에서 마하수를 내재적 방법으로 얻을 수 있다. 마하수의 변화는 그림 4.34*b*와 같다. 노즐 각 위치에서 마하수를 알고 있으므로, 식 (4.85)부터 (4.87)의 관계식을 이용해 T, ρ, p의 변화를 알 수 있다. 결과는 그림 4.34*c*부터 *e*까지에 그려져 있다. 이러한 변화의 경향성은 매우 중요해서 주목해야 한다. 그림 4.34에서 마하수는 노즐을 따라 증가하여 저장탱크에서 0이었다가 노즐목에서 $M = 1$이 되고, 노즐목을 지난 후 초음속의 값을 가진다. 저장탱크에서 정체상태의 값을 가지고 있던 T, ρ, p는 연속적으로 낮아져서 노즐 출구에서 가장 작은 값을 가진다. 그러므로 초음속 노즐 유동은 노즐을 지나면서 압력이 낮아지는 팽창의 과정이라고 할 수 있다. 사실 낮아진 압력은 노즐을 지나는 유동을 밀어내는 기계적 힘을 만들어 낸다. 그림 4.34*a*와 같은 형상을 가진 노즐을 실험실에서 가져다 놓으면 분명 아무 일도 일어나지 않을 것이다. 공기는 노즐을 통해 저절로 분출되지 않는다는 말이다. 대신 그림 4.34과 같은 유동을 형성하려면 입구에 고압 상태를 만들거나, 출구 영역에서 식 (4.87)에서 주어진 값과 같은 압력이 주어져야 할 것이다.

예제 4.33

표준 해수면 조건에서 시험부 마하수가 2인 초음속 풍동을 설계하고 있다. 이러한 조건을 얻기 위해서 필요한 공기 저장탱크의 압력과 온도, 면적비 A_e/A_t는 얼마인가?

■ 풀이

표준 해수면 조건이므로, 정압과 온도는 각각 $p_e = 1$ atm $= 1.01 \times 10^5$ N/m², $T_e = 288.16$ K이다. 시험부의 입구에 해당하는 노즐 출구에서 조건을 구하고자 한다. 노즐 출구 마하수가 2.0이므로 식 (4.85)부터 (4.87)까지의 관계식을 이용하면,

$$\frac{T_0}{T_e} = 1+\frac{\gamma-1}{2}M_e^2 = 1+\frac{1.4-1}{2}\left(2^2\right) = 1.8$$

$$T_0 = 1.8T_e = 1.8(288.16) = \boxed{518.7\text{ K}}$$

$$\frac{p_0}{p_e} = \left(1+\frac{\gamma-1}{2}M_e^2\right)^{\gamma/(\gamma-1)} = (1.8)^{3.5} = 7.82$$

$$p_0 = 7.82p_e = 7.82(1.01\times10^5) = \boxed{7.9\times10^5\text{ N/m}^2}$$

식 (4.88)에서 면적비는

$$\left(\frac{A_e}{A_t}\right)^2 = \frac{1}{M^2}\left[\frac{2}{\gamma+1}\left(1+\frac{\gamma-1}{2}M^2\right)\right]^{(\gamma+1)/(\gamma-1)}$$

$$= \frac{1}{2^2}\left[\frac{2}{2.4}\left(1+\frac{0.4}{2}2^2\right)\right]^{2.4/0.4} = 2.85$$

$$\boxed{\frac{A_e}{A_t} = 1.69}$$

따라서 면적비 $A_e/A_t = 1.69$ 이다.

예제 4.34

초음속 풍동의 저장탱크에서 온도와 압력이 각각 600°R, 10 atm으로 주어진다. 시험부에서 마하수는 3이다. 그림 4.28*b* 왼쪽에 있는 앞이 무딘 물체가 시험부에 장착되었다. 물체의 정체점에서 압력, 온도, 밀도를 계산하라.

■ **풀이**

시험부의 유동조건은 노즐 출구에서의 조건과 같다. 따라서 식 (4.87)에서 출구 압력을 구할 수 있다. 1 atm = 2116 lb/ft²이므로,

$$p_e = p_0\left[1+\tfrac{1}{2}(\gamma-1)M_e^2\right]^{-\gamma/(\gamma-1)}$$

$$= 10(2116)\,[1+0.5(0.4)(3)^2]^{-3.5}$$

$$= 576\ \text{lb/ft}^2$$

모델의 정체점에서 압력은 수직 충격파를 지난 후 전압과 같다. 그림 4.28*b*에서 정체점에 도달하는 유선은 굽어진 활 모양 충격파의 수직 부분을 통과하는 유선이고 충격파와 모델 사이에서 등엔트로피 과정으로 압축되기 때문이다. 이것은 4.11.3절의 초음속 피토관에 입구에서 나타나는 현상과 동일하다. 따라서 정체점 압력은 식 (4.79)를 이용해 결정할 수 있다.

$$\frac{p_{0_2}}{p_1} = \frac{p_{\text{stag}}}{p_e} = \left[\frac{(\gamma+1)^2 M_e^2}{4\gamma M_e^2 - 2(\gamma-1)}\right]^{\gamma/(\gamma-1)} \frac{1-\gamma+2\gamma M_e^2}{\gamma+1}$$

$$\frac{p_{\text{stag}}}{p_e} = \left[\frac{2.4^2(3^2)}{4(1.4)(3^2)-2(0.4)}\right]^{3.5} \frac{1-1.4+2(1.4)(3^2)}{2.4} = 12.06$$

$$p_{\text{stag}} = 12.06 p_e = 12.06(576) = \boxed{6947\ \text{lb/ft}^2}$$

노즐을 지나는 유동은 등엔트로피 유동이고 단열이므로, 출구에서 전온도는 저장탱크의 온도와 같다.

$$T_{o,e} = T_0$$

식 (4.42)에서 살펴보았듯이, 단열 유동에서 전온도는 일정하다. 따라서 $T_{0_1} = T_{0_2}$이 성립한다. 노즐 내 서로 다른 두 지점에서 전온도는 같다. 본 문제에서 시험부에서 전온도는 노즐 출구에서의 전온도와 같다. 즉, $T_{0_e} = T_0 = 600$°R. [식 (4.85)에서 얻은 시험부 유동의 온도는 214.3°R임을 기억하라.] 그림 4.27에 도시된 충격파 전후의 전온도는 변하지 않는다. 즉 모델과 충격파 사이에서도 전온도는 600°R로 유지된다. 물론 충격파 뒤의 온도는 600°R보다 낮다.

최종적으로 유동은 정체점에서 속도가 0이 되도록 등엔트로피 과정으로 압축되므로, 정체점에서의

온도는 전온도가 된다. 따라서 정체점에서의 기체 온도는

$$T_{stag} = T_0 = \boxed{600°R}$$

상태방정식을 적용하면,

$$\rho_{stag} = \frac{p_{stag}}{RT_{stag}} = \frac{6947}{1716(600)} = \boxed{0.0067 \text{ slug/ft}^3}$$

예제 4.35

로켓 엔진의 연소실에서 케로신(kerosene)과 산소가 연소하여 뜨겁고 고압인 기체 혼합물이 발생한다. 연소실에서 $T_0 = 3144$ K, $p_0 = 20$ atm, $R = 378$ J/(kg)(K), $\gamma = 1.26$이다. 로켓 노즐 출구에서 압력은 1 atm이며, 노즐목의 면적은 0.1 m²이다. 로켓 노즐의 유동을 등엔트로피라 가정하고, (*a*) 출구에서 속도와 (*b*) 노즐의 질량 유량을 계산하라.

■ **풀이**

a. 출구에서 속도를 얻으려면 먼저 온도, 음속, 마하수를 순차적으로 계산해야 한다. 연소실의 조건은 그림 4.32의 "저장탱크(reservoir)"의 조건과 같기 때문에 연소실의 압력과 온도를 p_0와 T_0로 표기하였다. 등엔트로피 유동이므로 식 (4.46)을 사용하면,

$$\frac{p_e}{p_0} = \left(\frac{T_e}{T_0}\right)^{\gamma/\gamma-1}$$

$$T_e = T_0\left(\frac{p_e}{p_0}\right)^{\gamma/\gamma-1} = (3144)\left(\frac{1}{20}\right)^{0.26/1.26} = 1694 \text{ K}$$

$$a_e = \sqrt{\gamma R T_e} = \sqrt{1.26(378)(1694)} = 898.2 \text{ m/s}$$

출구에서 마하수는 식 (4.73)에서 구할 수 있다.

$$\frac{T_0}{T_e} = 1 + \frac{\gamma-1}{2}M_e^2$$

$$M_e^2 = \frac{2}{\gamma-1}\left(\frac{T_0}{T_e} - 1\right) = \frac{2}{1.26-1}\left(\frac{3144}{1694} - 1\right) = 6.584$$

$$M_e = 2.566$$

따라서 출구속도 $V_e = M_e a_e = 2.566(898.2) = \boxed{2305 \text{m/s}}$이다.

b. 질량 유량은 노즐의 한 단면에서 ρAV를 계산하여 얻는다. 노즐목의 면적이 주어져 있으므로, 노즐목에서 질량 유량을 계산할 수 있다.

$$\dot{m} = \rho^* A^* V^*$$

여기서 ρ^*, A^*, V^*는 각각 노즐목에서의 밀도, 면적, 속도를 뜻한다. 노즐목에서 마하수는 $M^* = 1$임을 기억하라. 식 (4.74)에서 노즐목의 압력 p^*를 구한다.

$$\frac{p_0}{p^*} = \left(1 + \frac{\gamma-1}{2}M^{*2}\right)^{\gamma/(\gamma-1)} = \left[1 + \frac{0.26}{2}(1^2)\right]^{1.26/0.26} = (1.13)^{4.846} = 1.808$$

$$p^* = \frac{p_0}{1.808} = \frac{20(1.01\times10^5)}{1.808} = 1.117\times10^6\ \text{N/m}^2$$

노즐목의 온도는 식 (4. 73)에서 구한다.

$$\frac{T_0}{T^*} = 1+\frac{\gamma-1}{\gamma}M^{*2} = 1.13$$

$$T^* = \frac{T_0}{1.13} = \frac{3144}{1.13} = 2782.3\text{K}$$

$$a^* = \sqrt{\gamma RT^*} = \sqrt{1.26(378)(2782.3)} = 1151\ \text{m/s}$$

$$\rho^* = \frac{p^*}{RT^*} = \frac{1.117\times10^6}{378(2782.3)} = 1.062\ \text{kg/m}^3$$

마하수 $M^* = 1$이므로, $V^* = a^* = 1151$ m/s가 된다. 따라서

$$\dot{m} = \rho^* A^* V^* = 1.062(0.1)(1151) = \boxed{122.2\ \text{kg/s}}$$

예제 4.36

그림 4.35는 초음속 풍동이다. 이 풍동은 그림 4.32의 수축-팽창 노즐뿐만 아니라 노즐의 아래쪽에 면적이 일정한 시험부와 이어지는 수축-팽창 디퓨저를 포함하고 있다. 초음속 디퓨저는 시험부의 초음속 유동을 디퓨저 출구에서 주변에 영향이 적도록 저속의 아음속 유동으로 감속시키는 기능을 한다. 초음속 풍동에서 단면적이 최소가 되는 위치가 두 군데 존재한다. 그림 4.35에서 노즐의 위치 1을 **첫 번째 노즐목**이라 하고 면적은 $A_{t,1}$이다. 그림 4.35에서처럼 디퓨저 입구에서 충격파가 발생하고 충격파를 지난 유동의 마하수는 크게 작아진다. 4.11.3절에서 다루었는데, 충격파를 지나면서 전압이 감소하므로, 충격파 이후부터 전압의 손실이 발생한다. 이러한 전압의 손실 때문에 두 번째 목의 면적 $A_{t,2}$는 첫 번째 노즐목의 면적보다 커야만 한다. 두 번째 목의 전압 P_{02}와 첫 번째 노즐목에서 전압 P_{01}의 함수로 면적비 $A_{t,2}/A_{t,1}$에 관한 공식을 유도하여 이러한 사실을 증명하라. 두 군데 목에서 유동은 음속 유동이다.

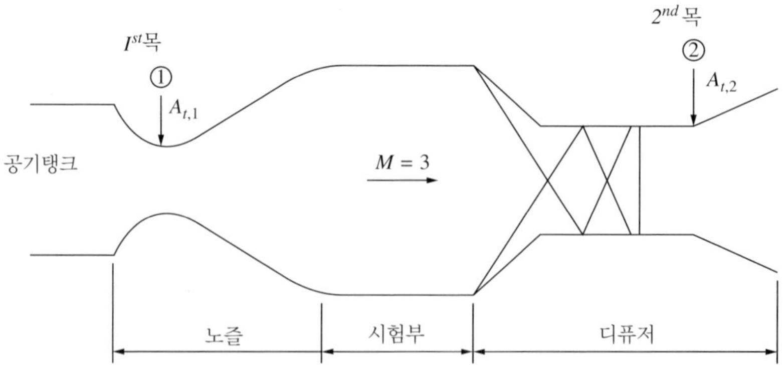

그림 4.35 노즐과 디퓨저의 목을 보여주는 초음속 풍동의 개요

■ **풀이**

풍동 내부에서 질량 유량은 일정하므로, 첫 번째와 두 번째 목에서의 질량유동도 같다.

$$\dot{m}_1 = \dot{m}_2 \tag{E 4.36.1}$$

$\dot{m}_1 = \rho AV$이므로 식 (E 4.36.1)은 다음과 같다.

$$\rho_1 A_{t,1} V_1 = \rho_2 A_{t,2} V_2 \tag{E 4.36.2}$$

첫째와 둘째 목은 풍동 내에서 면적이 최소가 되는 지점이고, 마하수 $M_{t,1} = M_{t,2} = 1$이다. 각 지점에서 속도는 음속과 같다. 따라서, 식 (E 4.36.2)에서

$$\rho_1 A_{t,1}\ a_1 = \rho_2 A_{t,2}\ a_2$$

$$\rho_1 A_{t,1} \sqrt{\gamma R T_1} = \rho_2 A_{t,2} \sqrt{\gamma R T_2} \tag{E 4.36.3}$$

상태방정식을 적용하면 식 (E 4.36.3)은 다음과 같이 쓸 수 있다.

$$\frac{p_1}{RT_1} A_{t,1} \sqrt{\gamma R T_1} = \frac{p_2}{RT_2} A_{t,2} \sqrt{\gamma R T_2}$$

$$\frac{p_1 A_{t,1}}{\sqrt{T_1}} = \frac{p_2 A_{t,2}}{\sqrt{T_2}} \tag{E 4.36.4}$$

첫째 노즐목에서 마하수가 1이라는 점과 식 (4.73)과 (4.74)를 이용하면,

$$\frac{T_{0,1}}{T_1} = 1 + \frac{\gamma - 1}{2} M_{t,1}^2 = 1 + \frac{\gamma - 1}{2} = \frac{\gamma + 1}{2}$$

$$T_1 = \frac{2}{\gamma + 1} T_{0,1} \tag{E 4.36.5}$$

$$\frac{p_{0,1}}{p_1} = \left(1 + \frac{\gamma - 1}{2} M_{t,2}^2\right)^{\frac{\gamma}{\gamma-1}} = \left(\frac{\gamma + 1}{2}\right)^{\frac{\gamma}{\gamma-1}}$$

$$p_1 = \left(\frac{\gamma + 1}{2}\right)^{\frac{-\gamma}{\gamma-1}} p_{0,1} \tag{E 4.36.6}$$

유사한 방법을 둘째 목에 적용하면,

$$T_2 = \frac{2}{\gamma + 1} T_{0,2} \tag{E 4.36.7}$$

$$p_2 = \left(\frac{\gamma + 1}{2}\right)^{\frac{-\gamma}{\gamma-1}} p_{0,2} \tag{E 4.36.8}$$

식 (E 4.36.5)부터 (E 4.36.8)까지의 관계식을 식 (E 4.36.4)에 대입하면 아래 관계를 얻는다.

$$\frac{p_{0,1} A_{t,1}}{\sqrt{T_{0,1}}} = \frac{p_{0,2} A_{t,2}}{\sqrt{T_{0,2}}} \tag{E 4.36.9}$$

그림 4.35의 풍동 내부의 유동은 단열 상태이다. 터널에 가열이나 냉각이 없다. 이것은 디퓨저

입구의 충격파에도 적용된다. 충격파를 지나는 유동은 등엔트로피는 아니지만, 단열이다. 예제 4.34에서 살펴보았듯이, 단열 유동에서 전온도는 일정하다. 그래서 풍동 내 유동 전체에서 전온도는 일정하다.

$$T_{0,1} = T_{0,2}$$

그러므로 식 (E 4.36.9)에서 다음의 결론을 얻는다.

$$\boxed{\frac{A_{t,2}}{A_{t,1}} = \frac{p_{0,1}}{p_{0,2}}} \qquad \text{(E4.36.10)}$$

디퓨저에서 전압 손실이 발생하므로, $p_{0,2} < p_{0,1}$이고 식 (E 4.36.10)에서 디퓨저목의 면적이 노즐목의 면적보다 크다는 것을 알 수 있다. 만약 $A_{t,2}$를 식 (E 4.36.10)에서 얻은 값보다 작게 만든다면 디퓨저는 노즐을 지나온 질량 유량을 감당하지 못하게 될 것이다. 시험부의 초음속 유동은 아음속이 되어, 설계한 유동 조건을 충족하지 못하게 된다. 이런 경우 풍동은 “choked”되었다고 말한다. 더 심도있는 논의는 이 책의 범위를 넘는다. 상세한 내용은 *Modern Compressible Flow with Historical Perspective*, 3rd ed., McGraw-Hill, New York, 2003에 나와 있다.

예제 4.37

그림 4.35의 초음속 풍동을 고려하라. 저장탱크의 압력은 5 atm, 노즐목(위치 1)의 면적은 100 cm^{2}이다. 디퓨저목(위치 2)의 벽에서 압력탭으로 측정한 정압은 0.87 atm이다. 디퓨저목에서 마하수 $M_{t,2} = 1$이다. 디퓨저목의 면적 $A_{t,2}$를 계산하라.

■ **풀이**

예제 4.36의 식 (E 4.36.10)을 다시 쓰면,

$$\frac{A_{t,2}}{A_{t,1}} = \frac{p_{0,1}}{p_{0,2}} \qquad \text{(E 4.36.10)}$$

노즐목의 전압은 탱크의 전압과 같으므로,

$$p_{0,1} = 5 \text{ atm}$$

마하수 $M_{t,2} = 1$인 디퓨저목의 전압 $p_{0,2}$은 디퓨저목에서 주어진 정압을 이용해 계산할 수 있다. 식 (4.74)에서

$$\frac{p_{0,2}}{p_2} = \left(1 + \frac{\gamma - 1}{2} M_{t,2}^2\right)^{\frac{\gamma}{\gamma-1}} = \left(\frac{\gamma + 1}{2}\right)^{\frac{\gamma}{\gamma-1}} = (1.2)^{3.5} = 1.893$$

그러므로 $p_{0,2} = 1.983(p_2) = 1.893(0.\ 87) = 1.6468$ atm. 이 결과를 식 (E 4.36.10)에 대입하면 면적을 얻을 수 있다.

$$A_{t,2} = A_{t,1}\left(\frac{p_{0,1}}{p_{0,2}}\right) = (100)\left(\frac{5}{1.6468}\right) = \boxed{303.6 \text{ cm}^2}$$

4.14 압축성의 기준

지금까지 마하수가 0.3보다 작은 유동은 본질적으로 비압축성으로 다룰 수 있고, 역으로 마하수가 0.3보다 큰 유동은 압축성으로 다루어야 한다고 여러 번 언급하였다. 이제 이 점을 증명해 보자.

밀도가 ρ_0인 멈춰 있는 기체($V = 0$)를 고려한다. 이 기체는 등엔트로피 과정으로 속도 V와 마하수 M이 될 때까지 가속된다. 밀도를 포함하여 기체의 열역학적 특성이 바뀌는 것은 분명하다. 사실 밀도의 변화는 식 (4.75)에 주어져 있다.

$$\frac{\rho_0}{\rho} = \left(1 + \frac{\gamma - 1}{2} M^2\right)^{1/(\gamma-1)}$$

비열비 $\gamma = 1.4$일 때, ρ/ρ_0의 변화는 그림 4.36과 같다. 마하수가 0.3인 경우에 밀도의 변화는 5 % 정도에 지나지 않는다. 즉, 마하수가 0.3보다 작은 경우 밀도는 본질적으로 일정하고, 이 유동은 비압축성이다. 그러므로 아래 명제가 유효함을 입증하였다:

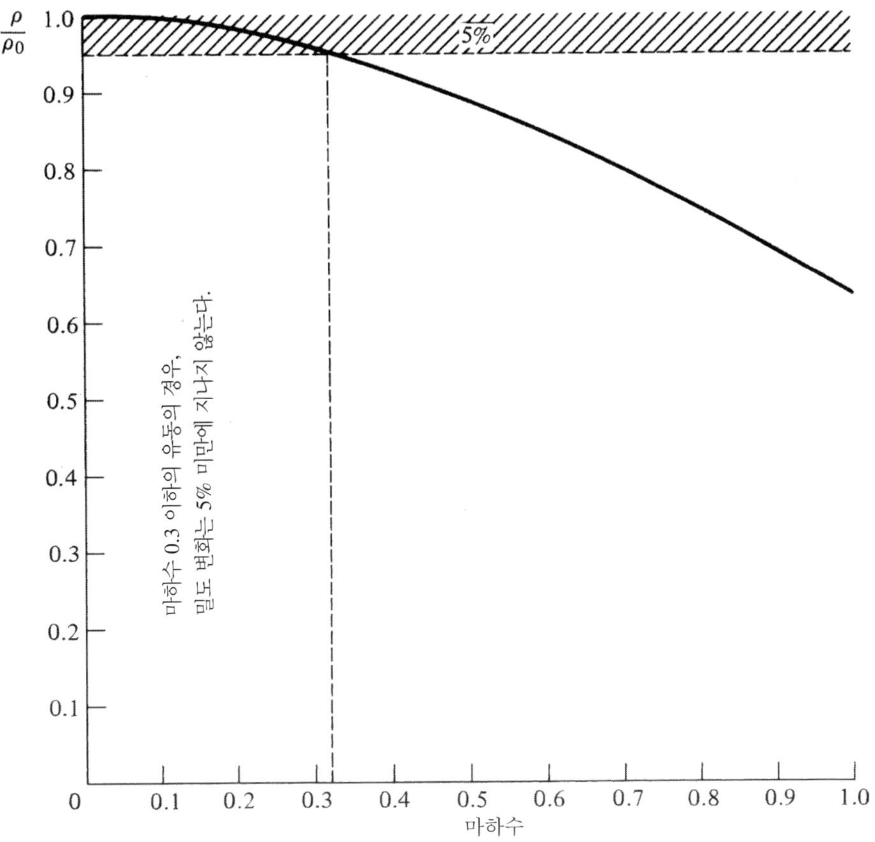

그림 4.36 비열비 1.4에 대해 마하수에 따른 밀도의 변화

마하수가 0.3보다 작은 유동은 비압축성으로 다룰 수 있다.

4.15 점성 유동 입문

이 시점에서 그림 4.1의 로드맵을 다시 살펴보도록 한다. 지금까지 로드맵의 왼편에 있는 비점성 유동에 대한 내용을 마쳤다. 왼편의 상자를 다시 살펴보면, 각 상자의 주제를 보는 데 확실히 편안함을 느낄 것이다. 마찰을 무시하는 것이 합리적인 공기역학 응용문제들이 있고, 비점성(inviscid) 가정은 유용할 뿐만 아니라 상당히 정확한 결과를 제시한다.

그런데 많은 실제적인 문제에서는 마찰 효과가 중요하므로 지금부터 이런 경우에 관심을 두도록 하자. 그림 4.1 로드맵의 오른편은 마찰을 고려하는 점성 유동(viscous flow)의 내용을 구성한다. 여러 문제에서 **근본적인** 거동은 유동과 고체표면 간에서 발생하는 마찰에 의해 지배된다. 그림 4.37은 고전적인 문제로서, 구 위의 저속유동을 보여준다. 유동이 비점성인 경우의 유동장이 왼편에 그려져 있다. 이러한 이상적이고, 마찰이 없는 유동은 대칭 유선을 가진다. 놀랍게도, 구 위에는 어떠한 힘도 작용하지 않는다. 구의 앞쪽에서 압력 분포는 정확히 뒤쪽의 압력 분포와 균형을 이루고 있기 때문에 항력(유동 방향으로 작용하는 힘) 또한 발생하지 않는다. 이러한 완전히 이론적인 결과는 상식에 반하는 결과이다. 실제에서 구의 운동을 방해하는 항력이 당연히 존재한다. 비점성 유동 이론이 항력을 예측할 수 없다는 점은 19세기 공기역학자들 사이에서 상당한 논란거리였고, 이 문제는 *d'Alembert* **파라독스**라는 이름으로 불렸다. 이것은 비점성 유동 이론에서 마찰을 포함하지 않았기 때문에 발생한 문제이다. 그림 4.37의 오른편에 구 위의 실제 상황을 그렸다. 구 위의 뒤쪽 표면에서 유동이 박리되고, 후류에 복잡한 유동을 발생시켜 뒤쪽 표면의 압력이 앞쪽보다 낮아지게 된다. 따라서 그림 4.37에서 D로 표시된 항력이 구 표면에 작용하게 된다. 그림 4.37에서 두 유동 간의 차이는 간단히 마찰의 유무라고 할 수 있다.

그림 4.38에서 익형과 같은 고체 물체 위의 기체의 흐름을 고려하라. 마찰이 없는 유동을 고려한 구의 경우를 참고하여, 그림 4.38에서 V_2로 표시된 표면에서 유동속도를 생각하자. 마찰이 없기 때문에, 표면에서 유선은 표면을 따라 미끄러질 것이다. 사실 유동이 비압축성이라면, V_2는 베르누이 방정식을 사용해 계산할 수 있다.

$$p_1 + \frac{1}{2}\rho V_1^2 = p_2 + \frac{1}{2}\rho V_2^2$$

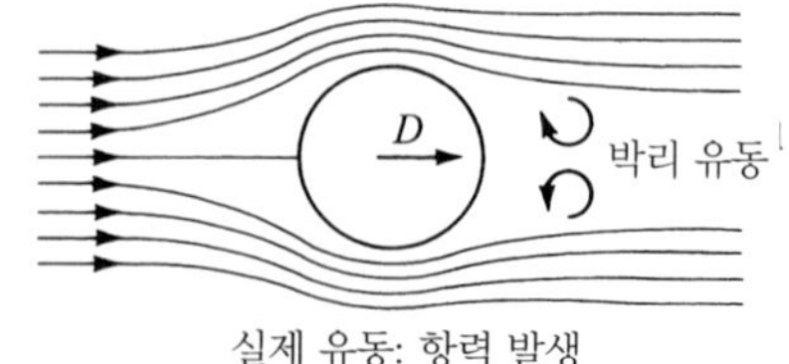

그림 4.37 마찰이 없는 유동과 마찰 효과가 있는 실제 유동 간의 비교

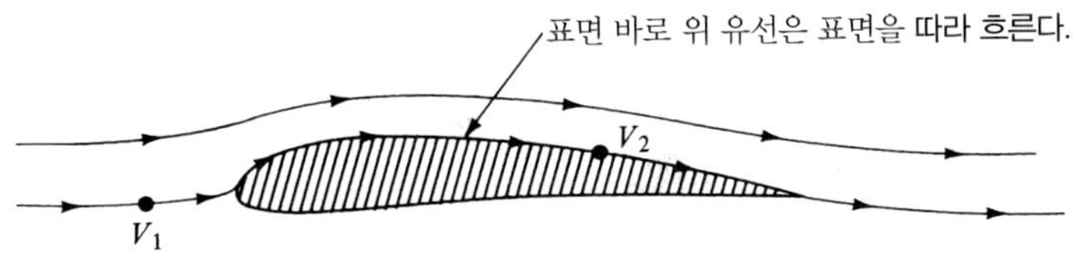

그림 4.38 마찰이 없는 유동

그런데 실제로는 기체와 고체 물질 간에 마찰이 있기 때문에 **표면에서 유동은 표면에 점착한다**. 즉, 표면에서 유동의 속도는 0이다. 그림 4.39와 같이 표면 근방에서는 유동 속도가 줄어드는 얇은 영역이 존재한다. 점성 유동에서 표면의 마찰로 인해 속도가 줄어지는 이 영역을 **경계층**(*boundary layer*)이라고 부른다. 경계층의 안쪽 끝은 고체 표면이 되고 (그림 4.39의 점 *a*), 속도는 0이다. 경계층의 바깥 경계(점 *b*)에서 유동 속도는 그림 4.38의 점 2에서 V_2에 해당된다. 이것은 이론 공기역학에서 개념적으로 중요하다. 유동장을 두 영역으로 나눌 수 있는데, 물체 표면 근처에서 마찰이 중요한 경계층 영역과 경계층 바깥에서 마찰이 없는 영역(**포텐셜 유동 영역**)으로 구분된다. 이러한 개념은 1904년에 Ludwig Prandtl에 의해 최초로 도입되었고, 현대 이론 공기역학에 혁신적인 발전을 이끌게 되었다.

경계층 내부에서 표면에 수직한 방향으로 압력이 일정하다는 사실을 이론적으로나 실험적으로 밝혀졌다. 즉 점 *a*와 *b*에서 정압을 각각 p_a와 p_b라 두면, 그림 4.39에서 $p_a = p_b$이다. 이것은 중요한 현상으로서, 많은 경우 비점성 유동에서 얻은 압력 분포가 실제 표면 압력 분포와 잘 일치하는 이유가 된다. 비점성 계산으로 경계층 바깥에서 압력을 옳게 계산할 수 있고(점 *b*), 이 값은 경계층을 통해 변화가 없으므로 표면에서의 값이 된다(점 *a*). 이러한 기술은 그림 4.39의 익형과 같이 얇은 공기역학적 형상에 대해 잘 들어맞는다. 그러나 그림 4.37과 같이 두껍고 앞이 무딘 물체의 박리 유동(separated flow) 영역에서는 유효하지 않다. 이 같은 박리 유동은 4.20절에서 다시 다루도록 한다.

그림 4.39를 다시 살펴보라. **경계층 두께**(*boundary layer thickness*) δ는 유동이 물체 위를 흐름에 따라 두꺼워진다. 유동이 표면을 따라 움직인 거리가 커짐에 따라 마찰의 영향을 더 많이 받기 때문이다. 마찰의 존재는 표면에서 **전단응력**(*shear stress*) τ_w을 발생시

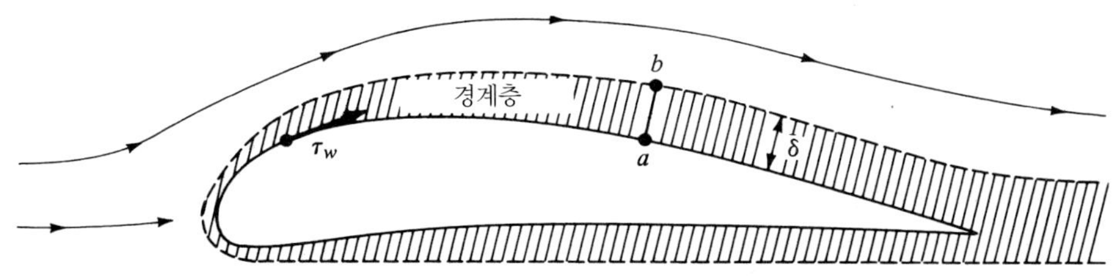

그림 4.39 마찰이 있는 실제 유동. 이해를 돕기 위해 경계층의 두께를 많이 과장하였음

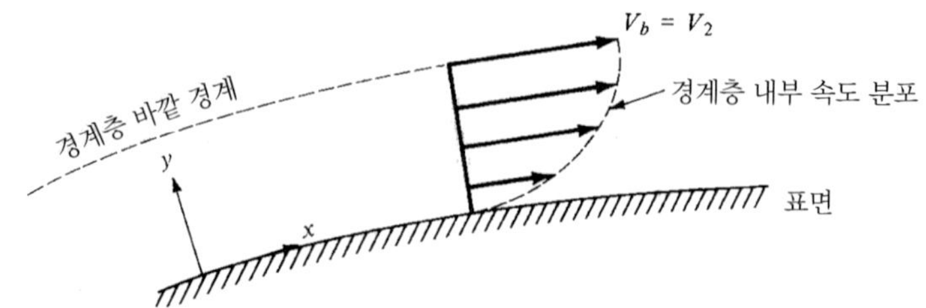

그림 4.40 경계층 내부의 속도 분포

킨다. 전단응력은 물체에 평행한 방향으로 작용하는 단위 면적당 힘(force/area)이다. δ와 τ_w 둘 다 중요한 양인데, 경계층 이론의 많은 부분이 이들을 계산하는 방법에 연관된다. 보다시피, τ_w은 **표면마찰항력**(*skin friction drag*)이라 불리는 항력을 발생시킨다. 다음 절에서 δ와 τ_w를 계산하기 위한 관계식을 얻을 것이다.

경계층을 더 가까이에서 살펴보면, 그림 4.40과 같이 경계층 내부의 **속도 분포**를 볼 수 있다. 속도는 표면에서 0이고, 바깥 경계에서 V_2가 될 때까지 연속적으로 증가한다. 표면에 평행한 방향을 x, 수직한 방향을 y가 되도록 좌표축을 설정해 보자. 정의에 따라 **속도 분포**는 y의 함수로 경계층에서 속도의 변화를 표현한다. 서로 다른 x 위치에서 속도 분포는 다를 것이다.

물체벽면에서 속도 분포의 기울기는 표면 전단응력을 결정하므로 특히 중요하다. $(dV/dy)_{y=0}$을 벽면에서 속도 구배(gradient)로 정의하면, 벽면에서 전단응력은 다음과 같다.

$$\tau_w = \mu\left(\frac{dV}{dy}\right)_{y=0} \tag{4.89}$$

여기서 μ는 기체의 **절대 점성계수**(*absolute viscosity coefficient*, 간단히 점성계수)이다. 점성계수는 질량/(길이)(시간)의 차원을 가진다는 점을 뉴턴의 제2법칙과 결합된 식 (4.89)으로부터 알 수 있다. 점성은 유체의 특성이다. 점성계수 μ는 기체와 액체의 종류에 따라 다르다. 또 μ는 온도의 함수이다. 액체의 경우, 온도가 증가할 때 μ는 감소한다. (온도가 증가할 때 액체 오일이 "묽어진다".) 그러나 기체의 경우, 온도가 증가할 때 μ 또한 증가한다. (즉 온도가 증가할 때 공기는 더 "진득해진다".) 표준 해수면 온도에서 공기의 점성계수는

$$\mu = 1.7894 \times 10^{-5}\ \text{kg/(m)(s)} = 3.7373 \times 10^{-7}\ \text{slug/(ft)(s)}$$

공기의 온도에 따른 μ의 변화는 그림 4.41과 같다.

이 절에서 경계층 유동의 근본 개념을 소개하고 있는데, 이 개념은 공기역학적 저항의 실제 계산에서 핵심이 된다는 점을 곧 이해하게 될 것이다. 앞에서 다룬 마하수만큼 중요하고 강력한 무차원 "수"인 **레이놀즈수**를 도입한다. 그림 4.42에 도시된 평판(flat plate)과 같은 표면에서 경계층이 발달하는 과정을 고려하라. 평판의 선두에서부터 거리를 x라 두고, 평판 상류의 자유류 속도를 V_∞라 두자. (하첨자 ∞는 보통 물체의 먼 상류 지점의 조건

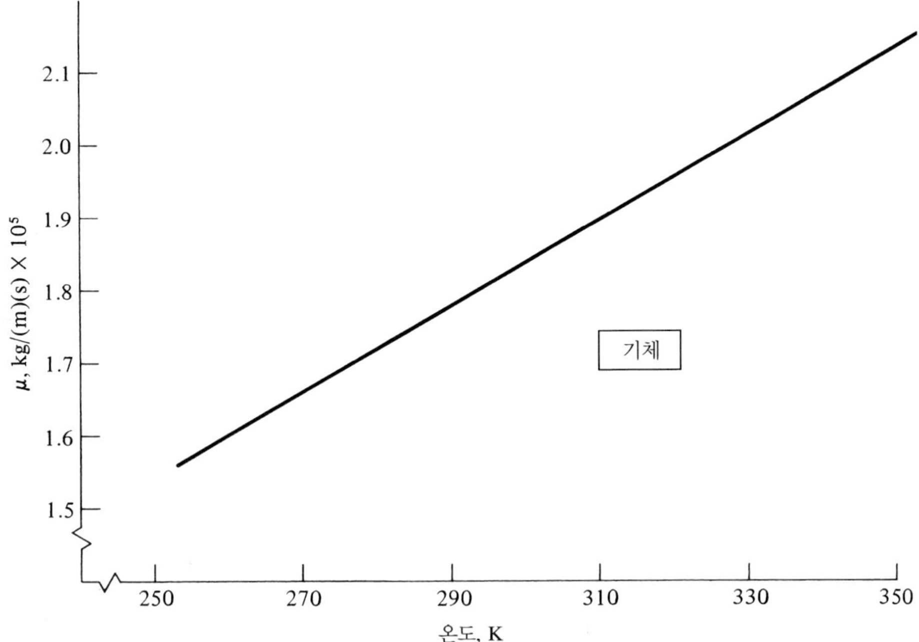

그림 4.41 온도에 따른 점성계수의 변화

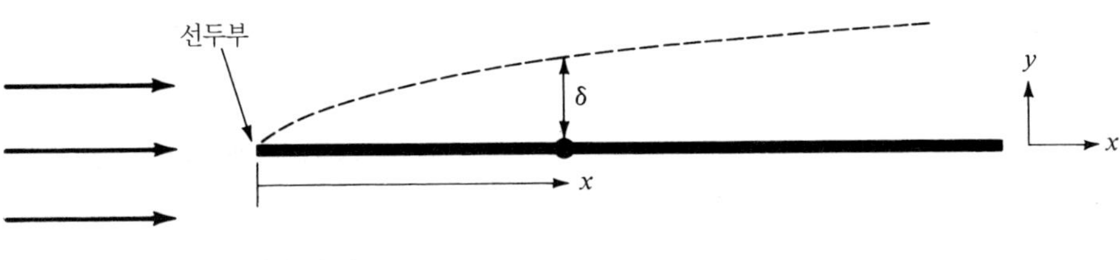

그림 4.42 경계층 두께의 발달

을 나타낼 때 사용하고, 자유류 조건이라 부른다.) 이때 **레이놀즈수** Re_x는 다음과 같다.

$$\boxed{\text{Re}_x = \frac{\rho_\infty V_\infty x}{\mu_\infty}} \tag{4.90}$$

여기서 Re_x는 차원이 없고, x에 따라 선형적으로 변하는 무차원수임을 명심하라. 위치 x에 따라 변하는 값이므로, 종종 국소(local) 레이놀즈수라 불린다.

지금까지 유동의 유선을 공간에서 항상 부드럽고 규칙적인 곡선으로 생각해 왔다. 그런데 점성 유동, 특히 경계층 내에서 벌어지는 일은 그렇게 간단하지가 않다. 점성 유동에는 기본적으로 두 가지 형태가 있다.

1. 층류 유동(*laminar flow*): 유선이 부드럽고 규칙적이라서 유체요소가 유선을 따라 부드

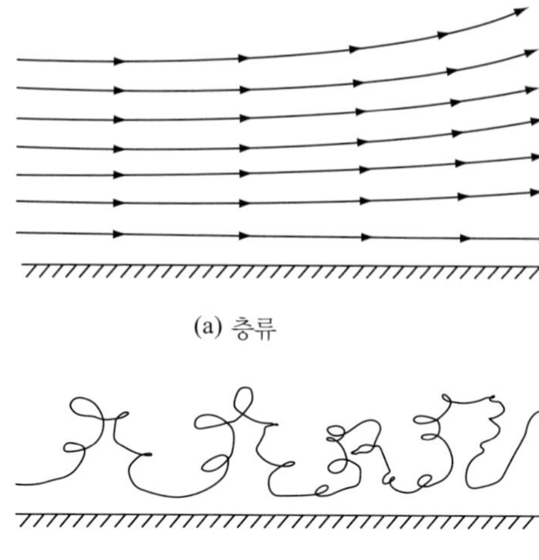

그림 4.43 (*a*) 층류에서 유체요소의 부드러운 운동, (*b*) 난류에서 유체요소의 찌그러지고 불규칙한 운동

럽게 움직이는 유동(그림 4.43*a*)

2. **난류 유동**(*turbulent flow*): 유선이 파괴되어 유체요소가 불규칙하고 찌그러지는 형태로 움직이는 유동(그림 4.43*b*)

층류와 난류 유동 간의 차이는 엄청나서 공기역학에 핵심적인 차이를 만든다. 예를 들어, 그림 4.44에 도시된 경계층의 속도 분포를 살펴보라. 속도 분포는 유동이 층류인지 난류인지에 따라 서로 다르다. 난류 속도 형상은 층류의 속도 형상보다 더 두껍다. 난류의 속도 형상에서 경계층의 바깥 경계 표면에 가까운 점에서 속도가 자유류 속도에 더 가깝게 유지된다. 그 후 급격하게 감소하여 표면에서 0의 속도가 된다. 반면, 층류의 속도 형상은 바깥 경계에서부터 점진적으로 0까지 감소한다. 그림 4.44에서 속도형상 곡선의 역에 해당하는 표면 속도구배, $(dV/dy)_{y=0}$을 생각하면, 다음의 결과를 얻을 수 있다.

$$\left(\frac{dV}{dy}\right)_{y=0} \text{층류 유동일 때} < \left(\frac{dV}{dy}\right)_{y=0} \text{난류 유동일 때}$$

τ_w에 관한 식 (4.89)를 다시 생각하면 매우 중요한 다음의 결과를 얻을 수 있다: 층류 전단응력이 난류 전단응력보다 더 작다.

$$\boxed{\tau_{w\ \text{laminar}} < \tau_{w\ \text{turbulent}}}$$

이것은 항공기 날개나 동체에 작용하는 표면마찰이 표면 위 경계층이 층류인지 난류인지에 따라 달라진다는 점과 층류 유동에서 더 적은 표면마찰항력이 발생한다는 점을 의미한다.

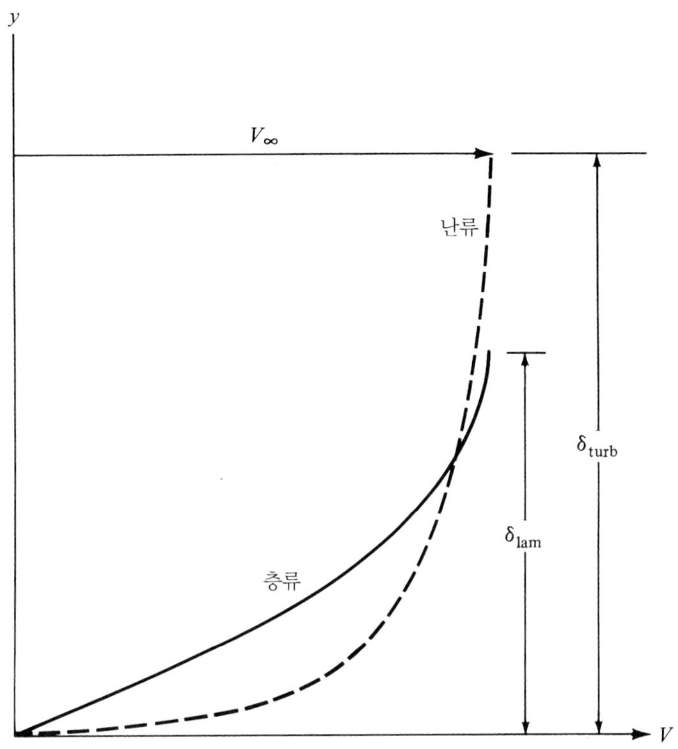

그림 4.44 층류와 난류 경계층의 속도 형상. 난류 경계층의 두께가 층류 경계층보다 더 두껍다.

자연에서는 최대의 **무질서도**(*disorder*)를 가진 시스템을 보편적으로 선호한다. 공기역학에서는 많은 실제적인 점성유동이 난류임을 뜻한다. 대부분의 항공기, 미사일, 선체에서 발생하는 경계층은 선두부의 작은 영역을 제외하면 난류이다. 결과적으로 이러한 물체들의 마찰항력은 층류보다 큰 난류의 값을 가진다. 항상 항력을 줄이기 위해 노력하고 있는 공기역학자들에게는 불운한 일이다. 그러나 날개단면과 같이 얇은 형상에서는 층류 유동의 영역을 넓히는 방법으로 형상을 설계함으로써 마찰저항을 줄일 수 있다.
그림 4.45는 이것이 어떻게 가능한지를 보여준다. 여기에 두 익형이 있다. 하나는 표준 익형이고, 다른 하나는 층류 익형(laminar flow airfoil)이다. 표준 익형(그림 4.45*a*)은 앞전 근처에서 최대 두께를 가지는 반면 층류 익형(그림 4.45*b*)의 최대 두께 지점은 익형의 중간 근처에 있다. 익형 윗면에서의 압력 분포가 그림 4.45에 도시되어 있다. 표준 익형의 경우 최소 압력이 앞전 근처에서 발생하고, 이 점에서부터 뒷전까지 지속적으로 압력이 증가한다. 압력이 지속적으로 증가하는 곳에서 난류 경계층이 쉽게 발달하므로, 표준 익형에서 난류 유동이 넓은 영역에서 발생하여 상당히 큰 표면마찰항력이 발생한다. 반면, 층류 익형의 경우에는 최소 압력 점이 뒷전에 더 가까워 앞전에서 이 점까지 지속적으로 압력이

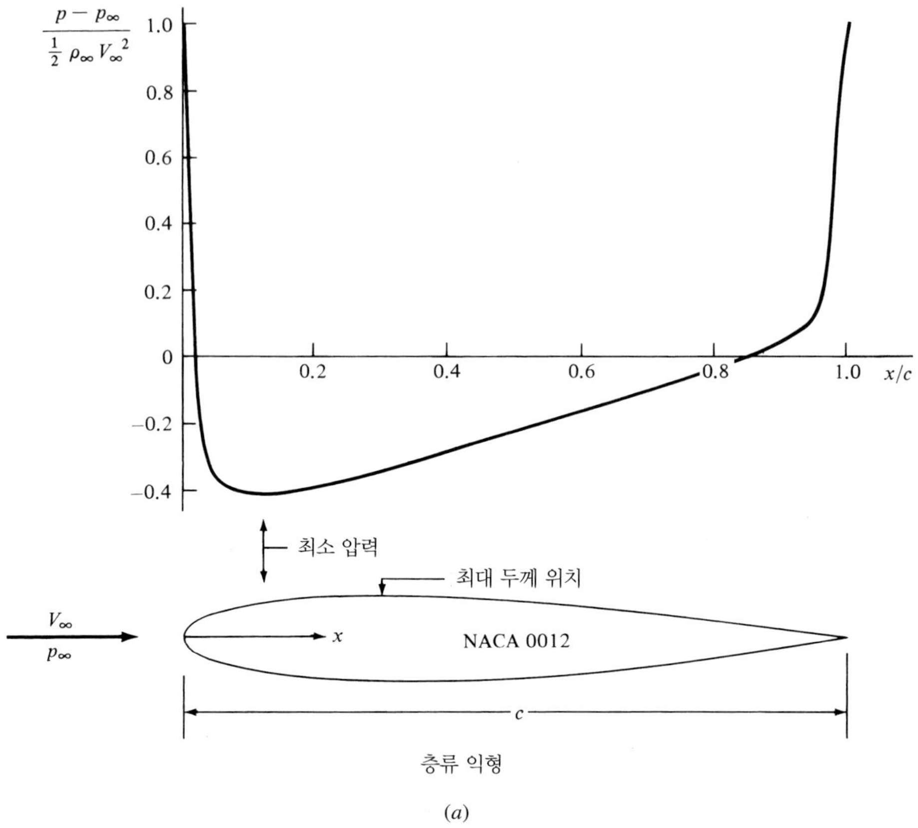

그림 4.45 표준 익형과 층류 익형의 비교. 그림의 압력 분포는 NACA로부터 얻었고 받음각은 0도이다. (형상의 척도는 실제와 다르다.)

감소한다. 압력이 지속적으로 감소하는 곳에서는 난류가 발달하기 어려워서 넓은 층류 영역이 존재한다. 즉 표면마찰항력이 크게 감소하는 것이다.

제2차 세계 대전 초기에 설계된 미국 P-51 Mustang은 층류 익형을 사용하여 양산된 최초의 전투기이다. 그런데 층류 유동은 민감한 현상이라서 쉽게 불안정한 난류 유동으로 바뀐다. 예를 들어, 돌출 리벳(rivet), 가공의 문제, 벌레가 들어붙은 곳과 같이 날개 표면에 있을 수 있는 약간의 거칠기(roughness)는 층류 유동을 난류 유동으로 조기에 천이(transition)시킬 수 있다. 그러므로 양산된 부분의 층류 익형은 설계 시점에 원했던 넓은 층류 영역을 발생시키지 못한다. 실제 설계 실험실에서는 매우 매끈하게 가공된 표면을 사용하기 때문이다. 이런 관점에서 초기의 층류 익형은 성공적이지 못하였다. 한편, 층류 익형이 매우 좋은 고속 성능을 가지고 있다는 점을 발견하였다. 층류 익형은 마하수 1 근처에서 유동의 박리와 충격파로 인해 항력이 매우 크게 발생하기 시작하는 비행마하수를 지연시킬 수 있다. (고속 현상은 5.9절부터 5.11절에서 다룰 것이다.) 이러한 다른 관점에서는 성공적이라 할 수 있을 것이다. 결국에 초기의 층류 익형은 50~60년대 제트 추진 항공

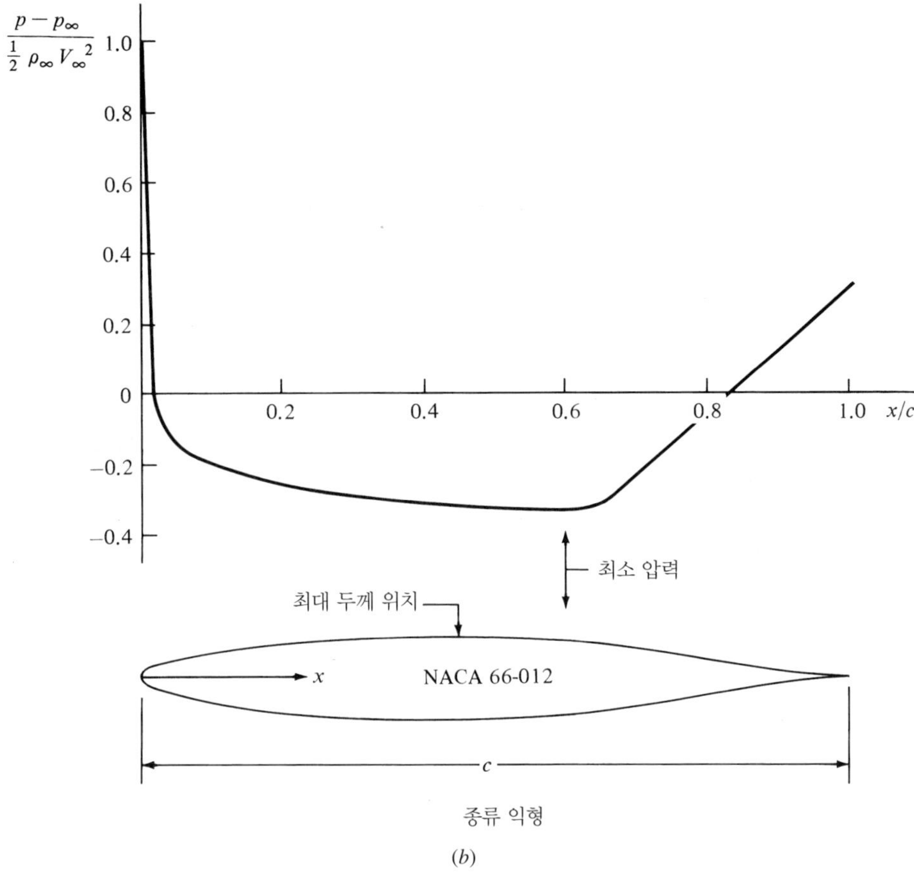

그림 4.45 (*계속*)

기에 널리 사용되었고 지금도 고속 항공기에 사용되고 있다.

표면 위에 주어진 층류와 난류 유동에서 표면마찰저항을 어떻게 계산할 수 있을까? 그 답을 아래 두 절에서 구한다.

4.16 층류 경계층에 대한 결과

그림 4.42의 평판에서 경계층을 다시 고려하자. 유동은 층류이다. 구하고자 하는 두 물리량은 위치 x에서 경계층 두께 δ와 전단응력 τ_w이다. 계산공식은 층류 경계층 이론에서 얻을 수 있는데, 이 책의 범위를 넘어선다. 실험을 통해 검증된 아래의 식을 살펴보자. 층류 경계층의 두께는

$$\boxed{\delta = \frac{5.2x}{\sqrt{\mathrm{Re}_x}} \quad \text{층류}} \tag{4.91}$$

여기서 $\mathrm{Re}_x = \rho_\infty V_\infty x/\mu_\infty$이고, 식 (4.90)에 정의되어 있다. 밀도, 속도, 점성계수, 표면의 위

그림 4.46 날개 단면에 층류 익형을 적용한 최초의 항공기, P-51 Mustang 사진은 후속모델인 P-51D
(자료출처: *Jim Ross/NASA.*)

치에 따라 달라지는 복잡한 경계층의 발달을 식 (4.91)과 같이 간단한 공식으로 기술될 수 있다는 점은 주목할 만하다. 이런 맥락에서, 식 (4.91)은 공기역학 계산에서 레이놀즈수의 강력한 지배력을 보여준다.

식 (4.91)은 층류 경계층 두께가 레이놀즈수의 제곱근의 역수에 비례한다는 점을 주목하자. $\mathrm{Re}_x = \rho_\infty V_\infty x/\mu_\infty$이므로, $\delta \propto x^{1/2}$이다. 즉 층류 경계층은 **포물선 형상**으로 발달한다.

국소 전단응력 τ_w 또한 x의 함수라는 사실을 그림 4.47에 도시하였다. 공기역학에서는 전단응력 τ_w을 직접 다루기보다 국소 표면마찰계수(skin friction coefficient) c_{f_x}를 사용하는 것이 더 편리하다. c_{f_x}의 정의는 다음과 같다.

$$\boxed{c_{f_x} \equiv \frac{\tau_w}{\frac{1}{2}\rho_\infty V_\infty^2} \equiv \frac{\tau_w}{q_\infty}} \tag{4.92}$$

표면마찰계수는 국소 전단응력을 경계층 바깥에서 구한 동압으로 나눈 무차원 값이다. 경계층 이론에서 구하면,

$$\boxed{c_{f_x} = \frac{0.664}{\sqrt{\mathrm{Re}_x}} \quad \text{층류}} \tag{4.93}$$

여기서 $\mathrm{Re}_x = \rho_\infty V_\infty x/\mu_\infty$이다. 식 (4.93)은 무차원수인 표면마찰계수를 정의하는 것이 유용함을 보여준다. 차원을 갖는 전단응력 τ_w은 밀도, 속도, 레이놀즈수와 같은 여러 물리량과 연관되어 있지만, 식 (4.93)의 c_{f_x}는 단지 Re_x만의 함수이다. 이러한 편의성 때문에 공기역학 전 영역에서 무차원 계수와 수를 사용하고 있다. 식 (4.93)에서처럼 무차원량 사이의 관

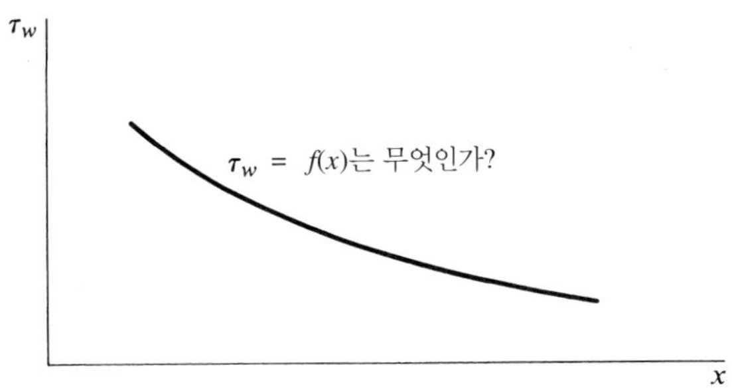

그림 4.47 표면 거리에 따른 전단응력의 변화

계식은 **차원해석**(*dimensional analysis*)을 통해 입증할 수 있는데, 구체적인 방법은 5.3절에서 다시 다루도록 한다.

식 (4.92)와 (4.93)을 결합하면 τ_w의 값을 얻을 수 있다.

$$\tau_w = f(x) = \frac{0.664 q_\infty}{\sqrt{\text{Re}_x}} \tag{4.94}$$

층류 경계층의 경우식 (4.93)과 (4.94)에서 c_{f_x}와 τ_w는 $x^{-1/2}$에 비례함을 알 수 있다. 즉, c_{f_x}와 τ_w는 유동 방향의 표면을 따라 감소한다(그림 4.47). 평판의 앞전 부근에서 전단응력은 뒷전 근처에서의 전단응력보다 더 크다.

표면을 따라 변하는 국소 전단응력 $V\tau_w$을 이용해 공기역학적 형상 위의 공기흐름으로 인한 총 마찰항력(total skin friction drag)을 계산할 수 있다. 공기역학적 순 힘은 물체 표면의 압력과 전단응력에 근본적으로 기인한다는 점을 2.2절에서 배웠다. 많은 경우에 주된 관심은 각각의 힘을 합친 총 힘에 있다. 예를 들어, 풍동의 내부에 유동 방향에 평행하게 평판을 설치하고 어떤 저울(balance)을 사용하여 평판에 작용하는 힘을 측정한다고 가정하자. 이때 각 지점의 전단응력 τ_w을 측정하지는 않는다. 대신 표면 전체에 작용하는 마찰항력으로 인한 총 항력을 측정하게 된다. **총 마찰항력**은 다음과 같이 구할 수 있다.

그림 4.48에서 유동에 평행한 방향으로 길이 L, 폭이 1인 평판을 생각하자. 길이가 dx, 폭이 1인 평판의 매우 작은 면적요소를 고려하라. 이 면적요소에 작용하는 전단응력은 τ_w이며 x의 함수이다. 표면마찰로 인해 이 면적요소에 작용하는 힘은 $\tau_w dx(1) = \tau_w dx$가 된다.

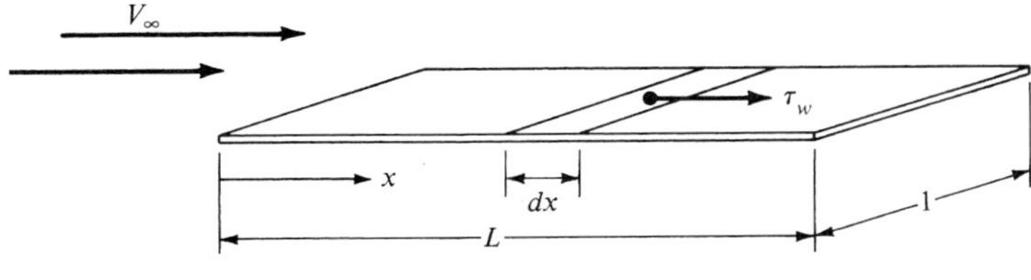

그림 4.48 총 항력은 표면에서 전단응력의 적분이다.

총 마찰항력은 앞전부터 뒷전까지 모든 면적요소의 힘을 합한 것이므로, 표면을 따라 τ_w를 적분하면 총 마찰항력 D_f를 계산할 수 있다.

$$D_f = \int_0^L \tau_w \, dx \tag{4.95}$$

식 (4.94)와 (4.95)를 결합하면,

$$D_f = 0.664 q_\infty \int_0^L \frac{dx}{\sqrt{\text{Re}_x}} = \frac{0.664 q_\infty}{\sqrt{\rho_\infty V_\infty / \mu_\infty}} \int_0^L \frac{dx}{\sqrt{x}}$$
$$D_f = \frac{1.328 q_\infty L}{\sqrt{\rho_\infty V_\infty L / \mu}} \tag{4.96}$$

여기서 **총 마찰항력계수**(*total skin friction drag coefficient*) C_f를 정의하자.

$$\boxed{C_f \equiv \frac{D_f}{q_\infty S}} \tag{4.97}$$

여기서 $S = L(1)$는 평판의 전체면적이다. 따라서 식 (4.97)에 (4.96)을 적용하면

$$C_f = \frac{D_f}{q_\infty L(1)} = \frac{1.328 q_\infty L}{q_\infty L(\rho_\infty V_\infty L/\mu_\infty)^{1/2}}$$

$$\boxed{C_f = \frac{1.328}{\sqrt{\text{Re}_L}} \quad \text{층류}} \tag{4.98}$$

여기서 레이놀즈수는 총 길이 L에 대해 계산된다. $\text{Re}_L = \rho_\infty V_\infty L/\mu_\infty$

식 (4.98)을 (4.93)과 혼동하지 않아야 한다. 두 식은 서로 다른 양을 의미하는데, 식 (4.93)에서 정의된 표면마찰계수 c_{f_x}는 해당 지점의 레이놀즈수 $\text{Re}_x = \rho_\infty V_\infty x/\mu_\infty$에 따른 값으로 x의 함수이다. 그런데 총 마찰항력계수 C_f는 평판 길이 L에 대한 레이놀즈수로 계산된다.

식 (4.91), (4.93), (4.98)은 층류 경계층에서만 적용된다는 점을 여기서 강조한다. 난류 유동에 대해서는 다른 식이 사용된다. 또한 이 계산식들은 저속 비압축성 유동에 대해서만 정확하다. 그런데 고속 아음속 유동에서도 꽤 정확하다는 것이 발견되어 왔다. 경계층 내부의 속도 구배가 매우 크고, 마찰 소산(frictional dissipation)으로 인해 경계층 내에 매우 큰 온도변화가 발생하는 초음속이나 극초음속 유동의 경우에는, 위 식들을 매우 간단한 근사식으로 간주하여 사용될 수 있다. 이러한 경우, 경계층 내부의 유동에 직접 연관되는 어떤 기준 조건에서 평가된 ρ와 μ가 사용되어야 한다. 이런 내용은 이 책의 범위를 넘어 더 이상 다루지 않는다.

예제 4.38

흐름 방향으로 길이가 5 cm이고, 폭이 1 m인 작은 평판 위의 공기 유동을 생각하라. 자유류 조건은 표준 해수면 조건과 같고, 유동 속도는 120 m/s이다. 층류 유동에 대해 다음을 계산하라.

a. 평판의 뒤쪽 끝, 뒷전에서 경계층 두께

(*b*) 평판의 항력

■ **풀이**

(*a*) 평판의 뒷전 위치 $x = 5$ cm = 0.05 m이고, 레이놀즈수는 식 (4.90)으로 계산한다.

$$\mathrm{Re}_x = \frac{\rho_\infty V_\infty x}{\mu_\infty} = \frac{(1.225\ \mathrm{kg/m^3})(120\ \mathrm{m/s})(0.05\ \mathrm{m})}{1.789\times 10^{-5}\ \mathrm{kg/(m)(s)}}$$
$$= 4.11\times 10^5$$

식 (4.91)에서

$$\delta = \frac{5.2x}{\mathrm{Re}_x^{1/2}} = \frac{5.2(0.05)}{(4.11\times 10^5)^{1/2}} = \boxed{4.06\times 10^{-4}\,\mathrm{m}}$$

뒷전에서 경계층의 두께가 0.0406 cm에 지나지 않음을 알 수 있다.

b. 식 (4.98)에서 주어진 마찰항력계수에서 L =0.05 m이므로,

$$C_f = \frac{1.328}{\mathrm{Re}_L^{1/2}} = \frac{1.328}{(4.11\times 10^5)^{1/2}} = 2.07\times 10^{-3}$$

항력은 마찰항력계수의 정의, 식 (4.97)로부터 구할 수 있다. 동압과 전체면적은

$$q_\infty = \tfrac{1}{2}\rho_\infty V_\infty^2 = \tfrac{1}{2}(1.225)(120)^2 = 8820\ \mathrm{N/m^2}$$
$$S = 0.05(1) = 0.05\,\mathrm{m^2}$$

그러므로, 식 (4.97)에서 평판의 한쪽 면적에 대한 항력은 다음과 같다.

$$\text{총 마찰항력 } D_f = q_\infty S C_f = 8820(0.05)(2.07\times 10^{-3}) = 0.913\ \mathrm{N}$$

표면의 위와 아래 양쪽으로 공기가 흐르므로 총 마찰항력은 위 결과의 두 배와 같다.

$$\text{총 마찰항력 } D_f = 2(0.913) = \boxed{1.826\ \mathrm{N}}$$

예제 4.39

예제 4.38의 평판에서 앞전으로부터 1 cm와 5 cm 위치에서 전단응력을 계산하고 비교하라.

■ **풀이**

$x = 1$ cm인 곳은 평판의 앞전 근처인데, 해당 지점의 레이놀즈수는 다음과 같다.

$$\mathrm{Re}_x = \frac{\rho_\infty V_\infty x}{\mu_\infty} = \frac{1.225(120)(0.01)}{1.789\times 10^{-5}} = 8.217\times 10^4$$

식 (4.93)에 대입하면,

$$c_{f_x} = \frac{0.664}{\sqrt{\mathrm{Re}_x}} = \frac{0.664}{\sqrt{8.217\times 10^4}} = \frac{0.664}{286.65} = 0.002316$$

동압 $q_\infty = 8820$ N/m^2 이므로, 식 (4.92)에서,

$$\tau_w = q_\infty c_{f_x} = 8820(0.002316) = \boxed{20.43\ \mathrm{N/m^2}}$$

마찬가지 방법으로 $x = 5$ cm인 곳에서 레이놀즈수는

$$\text{Re}_x = \frac{\rho_\infty V_\infty x}{\mu_\infty} = \frac{1.225(120)(0.05)}{1.789 \times 10^{-5}} = 4.11 \times 10^5$$

식 (4.93)에 대입하면,

$$c_{f_x} = \frac{0.664}{\sqrt{\text{Re}_x}} = \frac{0.664}{\sqrt{4.11 \times 10^5}} = 0.001036$$

식 (4.92)에서,

$$\tau_w = q_\infty c_{f_x} = 8820(0.001036) = \boxed{9.135\,\text{N/m}^2}$$

평판의 뒤쪽 끝에 해당하는 $x = 5$ cm인 지점의 전단응력은 앞쪽보다 더 작다. 평판 위 유동 방향의 거리에 따라 전단응력이 감소하는 그림 4.47의 결과와 동일함을 다시 확인할 수 있다.

식 (4.94)에서 τ_w는 $x^{1/2}$의 역수에 비례한다. $x = 1$ cm인 지점에서 $\tau_w = 20.43$ N/m^{2}임을 이용해서 $x = 5$ cm인 지점에서 τ_w를 직접 구할 수 있다.

$$\frac{\tau_{w_2}}{\tau_{w_1}} = \sqrt{\frac{x_1}{x_2}}$$

$x = 1$ cm인 지점을 점 1로 두고 $x = 5$ cm인 지점을 점 2로 두면, 다음의 값을 얻는다.

$$\tau_{w_2} = \tau_{w_1}\sqrt{\frac{x_1}{x_2}} = 20.43\sqrt{\frac{1}{5}} = 9.135\ \text{N/m}^2$$

이 값은 $x = 5$ cm인 지점에서 구한 전단응력과 같음을 알 수 있다.

4.17 난류 경계층에 대한 결과

유동 조건이 같은 경우, 난류 경계층은 층류 경계층보다 더 두꺼울 것이다. 그림 4.49는 이것을 비교한 그림이다. 층류 유동과는 다르게, 난류 경계층에서 대해서는 이론적인 엄밀해가 존재할 수 없다. 난류에 대한 연구는 오늘날 유체역학의 가장 큰 부분이다. 지금까지 난류 현상은 이론적으로 풀리지 않은 문제이며, 앞으로도 그럴 가능성이 크다. 사실 난류는 이론 물리학의 풀리지 않은 문제 중의 하나이다. 다시 말해, 이 책에서 다루는 난류 경계층의 δ와 τ_w에 대한 지식은 실험 결과에 의존한다. 실험 결과를 사용하여 난류 유동에 대해 다음의 근사공식이 제시되었다.

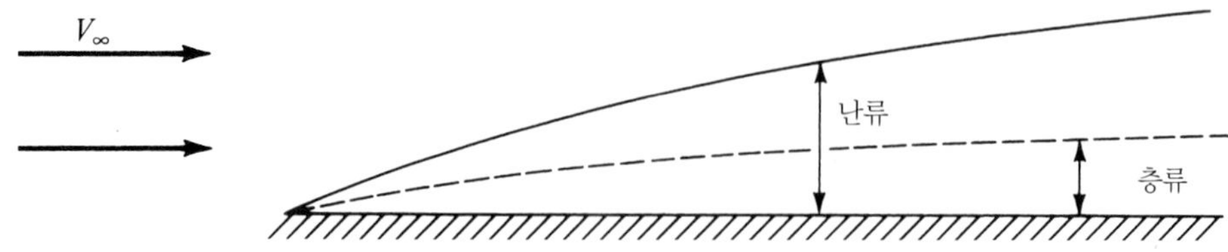

그림 4.49 난류 경계층은 층류 경계층보다 더 두껍다.

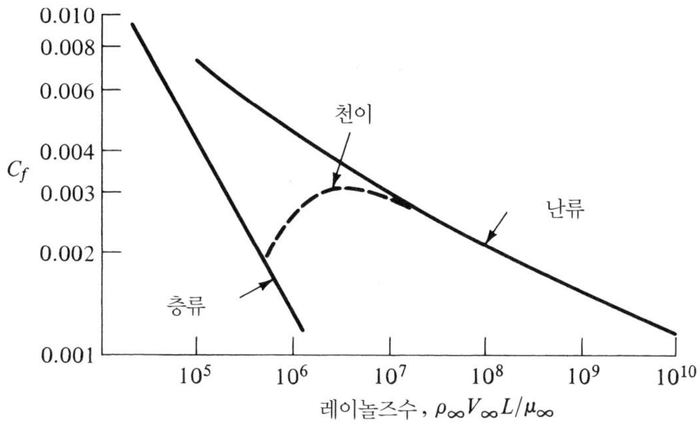

그림 4.50 저속에서 레이놀즈수에 따른 표면마찰계수의 변화. 층류와 난류 유동 비교

$$\boxed{\delta = \frac{0.37x}{\mathrm{Re}_x^{0.2}} \qquad \text{층류}} \tag{4.99}$$

식 (4.99)는 난류 경계층이 $x^{4/5}$에 비례하여 두꺼워짐을 말하고 있음에 주목하라. 층류 경계층은 $x^{1/2}$에 비례하여 상대적으로 천천히 발달하는 것과 비교된다. 결국 난류 경계층은 층류 경계층에 비해 더 빨리 자라서 더 두꺼워진다.

평판 위의 난류 유동에 대해 표면마찰계수는 다음과 같이 근사할 수 있다.

$$\boxed{c_{f_x} = \frac{0.0592}{(\mathrm{Re}_x)^{0.2}} \qquad \text{난류}} \tag{4.100}$$

총 마찰항력계수는 다음과 같다.

$$\boxed{C_f = \frac{0.074}{\mathrm{Re}_L^{0.2}} \qquad \text{난류}} \tag{4.101}$$

난류 경계층에서 C_f는 $L^{-1/5}$에 비례하여 변하고, 층류 경계층의 C_f는 $L^{-1/2}$에 비례한다. 따라서 C_f는 난류 유동에서 더 큼을 알 수 있다. 4.15절의 끝에서 설명한 τ_w(층류) < τ_w(난류)라는 내용을 증명한다. 식 (4.101)에서 C_f는 Re_L의 함수임에 유의하라. 그림 4.50은 층류와 난류 유동에서 C_f 값의 변화를 한 그래프에 도시한 그림이다. 그림 4.50에 나타난 수의 크기에 유념하라. 실제 비행 조건에서 Re_L의 값은 일반적으로 10^5부터 10^8 사이에서 변하는데, C_f의 값은 보통 1보다 많이 작은 10^{-2}부터 10^{-3} 정도의 크기를 가진다.

예제 4.40

예제 4.38의 문제를 다시 고려하자. 이제 경계층이 완전히 난류라고 가정한다. 뒷전에서 경계층의 두께와 평판의 항력을 계산하라.

■ **풀이**

예제 4.38에서 $\mathrm{Re}_x = 4.11 \times 10^5$이다. 난류 경계층의 두께는 식 (4.99)로 계산한다.

$$\delta = \frac{0.37x}{\mathrm{Re}_x^{0.2}} = \frac{0.37(0.05)}{(4.11\times10^5)^{0.2}} = \boxed{1.39\times10^{-3}\,\mathrm{m}}$$

주: 예제 4.38에서 얻은 층류 경계층의 결과와 비교해 보라.

$$\frac{\delta_{\mathrm{turb}}}{\delta_{\mathrm{lam}}} = \frac{1.39\times10^{-3}}{4.06\times10^{-4}} = 3.42$$

뒷전에서 난류 경계층의 두께는 층류 경계층의 두께보다 3.42배 더 두껍고, 이는 상당히 큰 차이다. 식 (4.101)에서 마찰항력계수를 구하면,

$$C_f = \frac{0.074}{\mathrm{Re}_L^{0.2}} = \frac{0.074}{(4.11\times10^5)^{0.2}} = 0.00558$$

윗면에서 항력은

$$D_f = q_\infty S C_f = 8820(0.05)(0.00558) = 2.46\ \mathrm{N}$$

위와 아랫면 모두를 고려하면, 총 항력은 다음과 같다.

$$\text{총 } D_f = 2(2.46) = \boxed{4.92\ \mathrm{N}}$$

난류 유동의 항력은 층류 유동 항력보다 2.7배 더 큼을 알 수 있다.

예제 4.41

예제 4.39를 반복하되, 경계층이 완전 난류임을 가정하라.

■ **풀이**

$x = 1$ cm인 곳에서 $\mathrm{Re}_x = 8.\ 217 \times 10^4$이다. 이 점에서 표면마찰계수는 식 (4.100)과 같다.

$$c_{f_x} = \frac{0.0592}{\mathrm{Re}_x^{0.2}} = \frac{0.0592}{(8.217\times10^4)^{0.2}} = 0.00616$$

예제 4.39에서 동압 $q_\infty = 8820\ \mathrm{N/m^2}$이므로,

$$\tau_w = q_\infty c_{f_x} = 8820(0.00616) = \boxed{54.33\ \mathrm{N/m^2}}$$

주: 예제 4.39에서 얻은 층류 경계층의 결과와 비교하면 난류의 전단응력이 2.7배 더 크다. 이 비는 예제 4.40에서 얻은 총 항력의 비와 동일하다.

$x = 5$ cm인 곳에서 $\mathrm{Re}_x = 4.11 \times 10^5$ 이므로, 표면마찰계수는

$$c_{f_x} = \frac{0.0592}{\mathrm{Re}_x^{0.2}} = \frac{0.0592}{(4.11\times10^4)^{0.2}} = 0.00446$$

$$\tau_w = q_\infty c_{f_x} = 8820(0.00446) = \boxed{39.34\ \mathrm{N/m^2}}$$

주: 예제 4.39에서 얻은 층류 경계층의 결과와 비교하면 난류의 전단응력이 4.3배 더 크다.

예제 4.39의 결과와 현재 결과를 비교하면, 주어진 평판 길이에 대해 층류 유동의 전단응력 감소비율이 난류보다 더 큼을 알 수 있다. $x = 1$ cm와 5 cm 사이에서 4 cm 거리에서 감소비율을 구체

적으로 살펴보자. 층류의 경우(예제 4.39)에는

$$감소 = \frac{20.43 - 9.135}{20.43} \times 100 = 55.3\%$$

난류의 경우(예제 4.41)에는

$$감소 = \frac{54.33 - 39.34}{54.33} \times 100 = 27.6\%$$

4.18 표면마찰에 대한 압축성 효과

식 (4.93)과 (4.100)에 각각 주어진 층류와 난류의 표면마찰계수의 표현식을 다시 살펴보도록 하자. 이 식들은 c_{f_x}가 레이놀즈수만의 함수임을 분명히 말하고 있다. 즉,

$$층류 \qquad c_{f_x} \alpha \frac{1}{\sqrt{\mathrm{Re}_x}}$$

$$난류 \qquad c_{f_x} \alpha \frac{1}{\mathrm{Re}_x^{0.2}}$$

점성 유동에서 레이놀즈수의 강력함을 다시 한번 느낄 수 있을 것이다. 그런데 이것으로 끝난 것이 아니다. 식 (4.91), (4.93), (4.98)은 비압축성 층류 유동의 평판 경계층에 대하여 각각 δ, c_{f_x}, C_f를 표현한 관계식이다. 마찬가지로 식 (4.99), (4.100), (4.101)은 비압축성 난류 유동의 평판 경계층에 대한 관계식이다. 문제를 단순화한 의도도 있었지만, 4.16절과 4.17절에서 이러한 관계식을 비압축성 유동에 적용한다고 강조하지 않았다. 여기서는 이 점에 대해 관심을 두려워 한다. 사실 여러분은 이 식들로 돌아가서 여백에 "비압축성"이라고 기록하고 싶을지도 모르겠다.

평판 경계층에서 압축성 효과는 무엇인가? 그 답은 4.11절부터 4.13절에서 이미 다룬 마하수에 있다. 마하수는 고속 압축성 비점성 유동을 지배하는 변수이다. 구체적으로, 압축성 평판 경계층 유동에서 δ, c_{f_x}, C_f는 마하수와 레이놀즈수의 함수이다. 마하수의 효과는 깔끔한 공식으로 주어지지는 않는다. 대신 압축성 경계층 유동에 대한 수치해(numerical 풀이)를 통해 평가될 수 있다. (이 책에서는 다루지 않는다.) 다만, 평판의 압축성 경계층에서 식 (4.93)의 분자에 있는 0.664 값이 자유류 마하수에 의존하는 다른 어떤 수로 교체된다는 점을 강조하려 한다. 즉,

$$C_{f_x} = \frac{f_1(M_\infty)}{\sqrt{\mathrm{Re}_x}} \qquad 압축성\ 층류 \tag{4.102}$$

유사하게 식 (4.100)의 분자에 있는 0.0592 값 또한 마하수에 따르는 어떤 수로 바뀐다.

$$C_{f_x} = \frac{f_2(M_\infty)}{\mathrm{Re}_x^{0.2}} \qquad 압축성\ 난류 \tag{4.103}$$

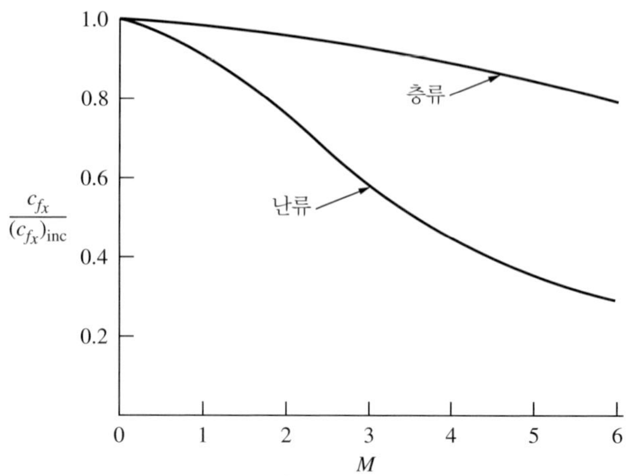

그림 4.51 층류와 난류 평판 표면마찰계수에 압축성이 미치는 영향에 대한 근사적인 이론 결과

이러한 변화는 그림 4.51에 도시되어 있다. 여기서 동일한 마하수에서 비압축성 표면마찰계수에 대한 압축성 계수값의 비율이 마하수의 함수로 도시되어 있다. 그림 4.51은 다음의 경향성을 말해 주고 있다.

1. 정해진 레이놀즈수에 대해 마하수가 증가하면 c_{f_x}는 감소한다.
2. c_{f_x}의 감소량은 층류일 때보다 난류일 때 더 현저히 크다.

예제 4.42

그림 4.52는 Lockheed F-104A Starfighter의 삼면도이다. 이 항공기는 마하수 2로 순항하도록 설계된 최초의 전투기다. 날개의 익형은 매우 얇고, 매우 뾰족한 앞전을 가진다. 날개를 매우 얇은 평판이라 가정하고, 날개 위의 경계층은 난류라 가정하라. 표준 고도 35, 000 ft에서 마하수 2로 비행하고 있는 F-104를 생각하자. 앞전에서 2 ft 뒷 지점에서 전단응력을 예측하라.

■ **풀이**

부록 B에서 고도 35,000 ft일 때, $\rho_\infty = 7.\ 382 \times 10^{-4}$ slug/ft³이고 $T_\infty = 394.08°\text{R}$이다. 레이놀즈수를 계산하기 위해서 V_∞와 점성계수 μ_∞가 필요하다. 자유류 속도는 음속과 마하수를 이용하여 아래와 같이 계산한다.

$$a_\infty = \sqrt{\gamma R T_\infty} = \sqrt{1.4(1716)(394.08)} = 973 \text{ ft/s}$$
$$V_\infty = a_\infty M_\infty = 973(2) = 1946 \text{ ft/s}$$

점성계수 μ_∞는 온도에 따른 점성계수의 변화를 그린 그림 4.41에서 얻는다. 대기 온도가 절대온도 K 단위를 가지므로 변환하면 394.08/1.8 = 219 K이다. 그림 4.41에서 219 K에서 점성계수를 구하기 위해 선형 외삽하면, $\mu_\infty = 1.35 \times 10^{-5}$ kg/(m)(s)가 된다. 4.15절에서 주어진 표준 해수면에서 $\mu_\infty = 1.7894 \times 10^{-5}$ kg/(m)(s) = $3.\ 7373 \times 10^{-7}$ slug/(ft)(s)로 영미 단위계로 변환된다. 이 두 값의 비율을 이용해서 $T_\infty = 394.08°\text{R}$에서 점성계수를 구하면,

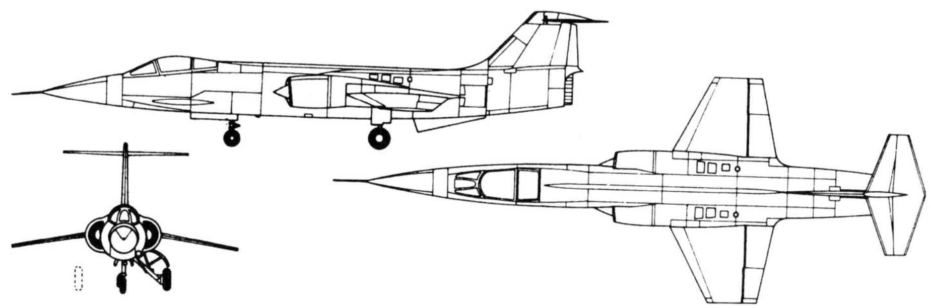

그림 4.52 Lockheed F-104 초음속 전투기의 삼면도

$$\mu = [1.35 \times 10^{-5}\,\text{kg/(m)(s)}]\frac{3.7373 \times 10^{-7}\,\text{slug/(ft)(s)}}{1.7894 \times 10^{-5}\,\text{kg/(m)(s)}}$$
$$= 2.82 \times 10^{-7}\,\text{slug/(ft)(s)}$$

따라서,

$$\text{Re}_x = \frac{\rho_\infty V_\infty x}{\mu_\infty} = \frac{(7.382 \times 10^{-4})(1946)(2)}{2.82 \times 10^{-7}} = 1.02 \times 10^7$$

식 (4.100)에서 **비압축성** 표면마찰계수는

$$(c_{f_x})_{\text{inc}} = \frac{0.0592}{\text{Re}_x^{0.2}} = \frac{0.0592}{1.02 \times 10^7} = 0.00235$$

마하수 2에서 난류 경계층에 대한 마찰계수비는 다음과 같다(그림 4.51).

$$\frac{c_{f_x}}{(c_{f_x})_{\text{inc}}} = 0.74$$

따라서 마하수 2에서c_{f_x}는 다음과 같이 계산된다.

$$c_{f_x} = 0.74(0.00235) = 0.00174$$

동압을 이용해서 전단응력을 다음과 같이 계산할 수 있다.

$$q_\infty = \tfrac{1}{2}\rho_\infty V_\infty^2 = \tfrac{1}{2}(7.382 \times 10^{-4})(1946^2) = 1398\ \text{lb/ft}^2$$

$$\tau_w = q_\infty c_{f_x} = 1398(0.00174) = \boxed{2.43\ \text{lb/ft}^2}$$

4.19 난류 천이

4.16절에서는 평판 위의 유동을 모두 층류로 생각하였고, 4.17절에서는 모두 난류로 생각하여 경계층에 대해 살펴보았다. 실제로 경계층 유동은 **항상** 앞전에서 층류인 상태로 시작한다. 앞전에서 일정한 거리를 흐른 후, 층류 경계층은 불안정해져서 갑작스런 난류 영역(burst)이 유동에서 발생하기 시작한다. **천이 영역**이라 불리는 어떤 영역을 지나 경계층은

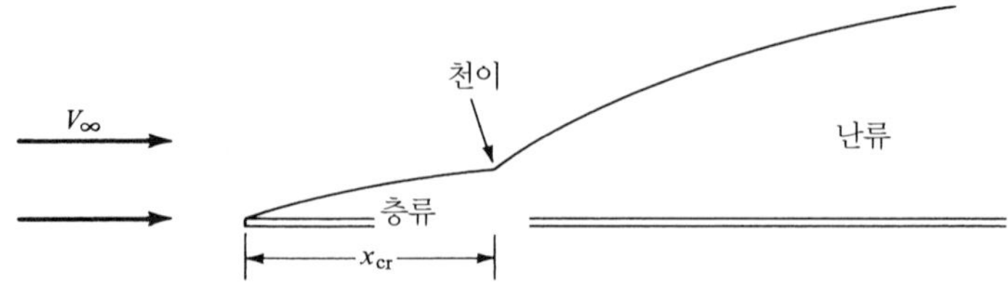

그림 4.53 층류에서 난류로의 천이. 경계층 두께는 실제보다 과장됨

완전히 난류가 된다. 그림 4.53은 경계층을 이해할 때 그리는 전형적인 그림인데, 층류 경계층이 앞전에서 포물선 형태로 발달하여 난류가 되는 과정을 보여준다. **천이점**(*transition point*)에서 유동은 빠른 속도로 난류 경계층으로 변하고, 이때 두께가 발달하는 속도는 $x^{4/5}$에 비례한다. 천이가 일어나는 거리 x의 값을 **임계값**(*critical value*) x_{cr}이라 한다. 이어서 **임계 레이놀즈수**는 다음과 같이 정의된다.

$$\mathrm{Re}_{x_{cr}} = \frac{\rho_\infty V_\infty x_{cr}}{\mu_\infty} \tag{4.104}$$

많은 연구와 문헌들이 층류에서 난류로 천이되는 현상을 다루고 있다. 분명히, τ_w는 층류와 난류에서 다르기 때문에 표면에서 천이가 일어나는 지점을 아는 것은 표면마찰항력을 정확히 예측하는 데 매우 중요하다. 천이점의 위치는 레이놀즈수, 마하수, 열전달의 유무, 자유류 난류강도, 표면거칠기, 압력구배와 같이 많은 변수에 영향을 받는다. 이 책에서 천이를 심도 있게 다루기는 어렵지만, 임계 레이놀즈수가 주어진다면 정의, 식 (4.104)로부터 천이점을 직접 구할 수 있을 것이다.

예를 들어, 자유류 속도 150 m/s에서 거친 표면을 가진 익형에 대해 천이점이 앞전에서 얼마나 떨어져 있는지를 예측하고자 한다고 생각해보자. 거친 표면 위의 저속 유동에 대한 문헌조사 후에 실험으로 결정된 임계 레이놀즈수가 $\mathrm{Re}_{x_{cr}} = 5 \times 10^5$임을 찾을 수 있을 것이다. 공기가 표준 해수면 조건에 있다고 가정하면, 식 (4.104)를 이용해 천이점을 찾을 수 있다.

$$x_{cr} = \frac{\mu_\infty \mathrm{Re}_{x_{cr}}}{\rho_\infty V_\infty} = \frac{[1.789 \times 10^{-5}\,\mathrm{kg/(m)(s)}](5 \times 10^5)}{(1.225\,\mathrm{kg/m^3})(150\,\mathrm{m/s})} = 0.047\,\mathrm{m}$$

이 예제에서 앞전에서 천이점까지 존재하는 층류 영역이 단지 4.7 cm에 불과하다는 것에 유의하라. 만약 자유류 속도가 두 배가 되어 300 m/s가 되어도, 천이점을 결정하는 임계 레이놀즈수는 $\mathrm{Re}_{x_{cr}} = 5 \times 10^5$ 이다. 따라서,

$$x_{cr} = \frac{(1.789 \times 10^{-5})(5 \times 10^5)}{1.225(300)} = 0.0235\ \mathrm{m}$$

그러므로 속도가 두 배가 될 때 천이점은 절반만큼 앞전으로 이동한다.

요약하면, 임계 레이놀즈수를 알면 식 (4.104)를 이용해 천이점을 찾을 수 있다. 그런

데, 실제 문제에 적용할 수 있는 $\mathrm{Re}_{x_{cr}}$의 정확한 값은 실험, 자유 비행 또는 준경험적 이론 등에서 제공되어야만 할 것이다. 이런 방법들로 정확한 값을 얻는 것은 꽤 어렵다. 이러한 상황은 천이 유동의 이해를 증진시키고 실용적 문제에서 천이의 예측을 더 잘하는 데서 왜 천이와 난류에 대한 기본적인 연구가 더 많이 필요한지에 대한 이유가 된다.

예제 4.43

Wright 형제의 첫 복엽기의 날개스팬(wingspan)은 40 ft 4 in이고, 각 날개의 평면 면적은 255 ft^2이다(그림 1.1과 1.2를 참조). 날개는 그림 4.54와 같이 직사각형이라 가정하라. 만약 복엽기가 속도 30 mi/h로 표준 해수면 조건에서 비행하고 있다면, 날개의 표면마찰항력을 계산하라. 천이 레이놀즈수는 6.5×10^5이라 두고, 층류와 난류의 영역은 각각 A와 B로 그림 4.54에 도시되어 있다.

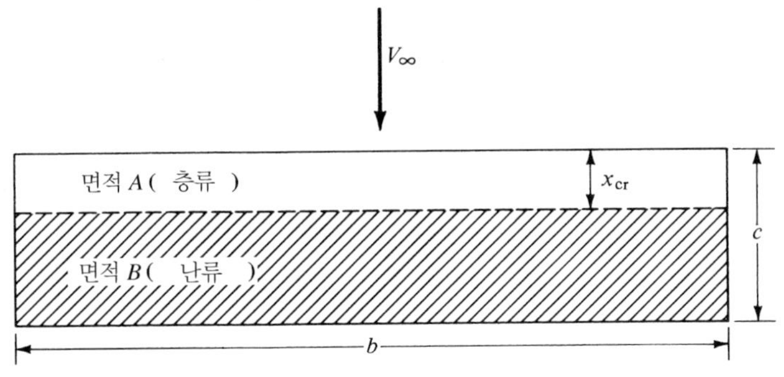

그림 4.54 난류 천이가 발생하고 있는 표면의 평면도

■ **풀이**

일반적인 풀이 과정은 다음과 같다.

a. 유동이 완전 난류라고 가정하고 $A + B$ 면적에서 D_f를 계산한다.

b. part(*a*)의 결과에서 면적 A에 대한 난류 항력 값을 빼는 방법으로 B 면적에서의 난류 항력 D_f을 계산한다.

c. 면적 A에 대해 층류 D_f를 계산한다.

d. part(*a*)와 part(*c*)에서 얻은 결과를 더하여 총 면적 $A + B$에서 총 항력을 얻는다.

먼저, 단위계를 일치시키고 레이놀즈수를 구하라. $b =$ 40 ft 4 in = 40.33 ft. S를 날개평면 면적이라 두면 $S = A + B = 255\ \mathrm{ft}^2$이다. 따라서 $c = S/b = 255/40.33 = 6.32$ ft. 표준 해수면 조건에서 $\rho_\infty = 0.002377\ \mathrm{slug/ft^3}$, $\mu_\infty = 3.7373 \times 10^{-7}$ slug/(ft)(s)이다. 속도는 30 mi/h = 30(88/60) = 44 ft/s이므로,

$$\mathrm{Re}_c = \frac{\rho_\infty V_\infty c}{\mu_\infty} = \frac{0.002377(44)(6.32)}{3.7373 \times 10^{-7}}$$
$$= 1.769 \times 10^6$$

이 값은 뒷전에서 레이놀즈수이고, 천이 레이놀즈수에서 x_{cr}을 구하면 다음과 같다.

$$\mathrm{Re}_{x_{\mathrm{cr}}} = \frac{\rho_\infty V_\infty x_{\mathrm{cr}}}{\mu_\infty}$$

$$x_{\mathrm{cr}} = \frac{\mathrm{Re}_{x_{\mathrm{cr}}}\mu_\infty}{\rho_\infty V_\infty}$$

$$= \frac{(6.5\times 10^5)(3.7373\times 10^{-7})}{0.002377(44)} = 2.32\,\mathrm{ft}$$

이제 항력을 계산할 준비가 되었다. *Wright* 형제의 복엽기 날개가 충분히 얇아서 평판 공식을 적용할 수 있다고 가정하자.

a. 식 (4.101)을 이용하여 전체 면적 $S = A + B$에 대해 난류 항력을 계산한다.

$$C_f = \frac{0.074}{\mathrm{Re}_L^{0.2}} = \frac{0.074}{(1.769\times 10^6)^{0.2}} = 0.00417$$

$$q_\infty = \tfrac{1}{2}\rho_\infty V_\infty^2 = \tfrac{1}{2}(0.002377)(44^2) = 2.30\ \mathrm{lb/ft^2}$$

$$(D_f)_s = q_\infty S C_f = 2.30(255)(0.00417) = 2.446\ \mathrm{lb}$$

b. 면적 A에 대해서만 난류를 가정하여 항력을 구한다.

$$C_f = \frac{0.074}{\mathrm{Re}_{x_{\mathrm{cr}}}^{0.2}} = \frac{0.074}{(6.5\times 10^5)^{0.2}} = 0.00509$$

$$(D_f)_A = q_\infty A C_f = 2.30(2.32\times 40.33)(0.00509) = 1.095\ \mathrm{lb}$$

그래서 면적 B에 대한 난류 항력은 다음과 같다.

$$(D_f)_B = (D_f)_s - (D_f)_A = 2.446 - 1.095 = 1.351\ \mathrm{lb}$$

c. 면적 A에서 항력은 실제로 층류 항력이므로 식 (4.98)을 이용해서 구할 수 있다.

$$C_f = \frac{1.328}{\mathrm{Re}_{x_{\mathrm{cr}}}^{0.5}} = \frac{1.328}{(6.5\times 10^5)^{0.5}} = 0.00165$$

$$(D_f)_A = q_\infty A C_f = 2.30(2.32\times 40.33)(0.00165) = 0.354\ \mathrm{lb}$$

d. 평면의 총 항력 D_f는 다음과 같다.

$$D_f = (A\text{면의 층류 저항}) + (B\text{면의 난류 저항})$$

$$= 0.354\ \mathrm{lb} + 1.351\ \mathrm{lb} = 1.705\ \mathrm{lb}$$

날개면 위에서의 항력을 구하였다. 각각의 날개가 윗면과 아랫면을 가지고 있고 날개는 2개이므로, 복엽기의 총 표면마찰항력은 *d*에서 구한 값의 네 배가 된다. $D_f = 4(1.705) = 6.820$ lb

$$D_f = 4(1.705) = \boxed{6.820\ \mathrm{lb}}$$

4.20 유동 박리

유동의 마찰은 물체 표면에 전단응력을 발생시키고 물체의 공기역학적 항력(표면마찰저항)이 발생하는 이유가 된다. 그런데 마찰은 또 다른 현상으로서 **유동 박리**(flow separation)를 일으키는데, 이것은 또 다른 항력인 **박리로 인한 압력항력**의 원인이 된다. 그림 4.37에 도시된 구 주위의 실제 유동은 뒷쪽 표면의 박리된 유동이 주를 이룬다. 결과적으로 뒤

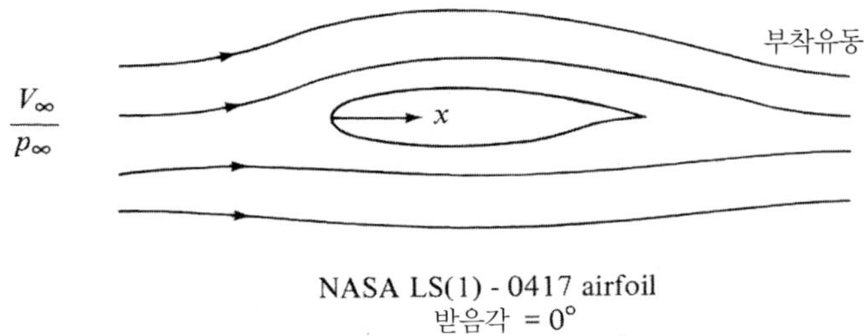

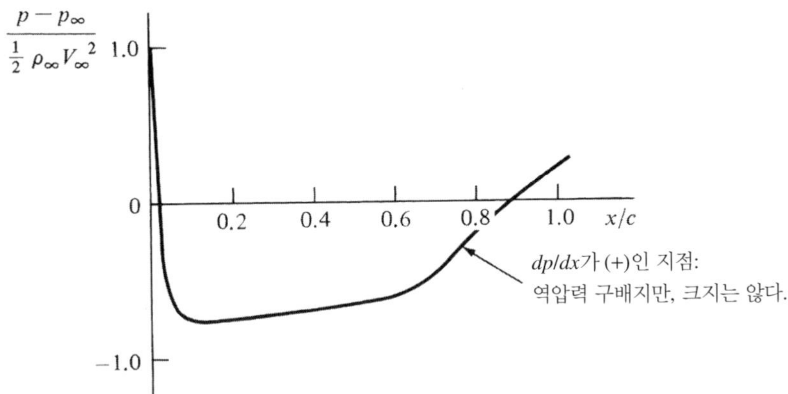

그림 4.55 익형 윗면에서 부착 유동의 압력 분포. 최신 NASA 저속익형의 해석데이터 (NASA Conference Publication 2046, *Advanced Technology Airfoil Research,* vol. II, March 1978, p. 11
(자료출처: *After McGhee, Beasley, and Whitcomb.*)

쪽 표면의 압력이 앞쪽의 압력보다 더 낮은 불균형 상태가 되어 항력이 발생하고 이를 박리로 인한 **압력항력**이라 부른다. 이 경우 구 표면의 표면마찰항력은 상대적으로 매우 작다.

유동 박리가 중요한 또 하나의 예는 익형 위 유동이다. 그림 4.55에서 유동에 대해 낮은 받음각(angle of attack)을 가지고 있는 익형을 생각해 보자. 유선은 날개 위를 부드럽게 움직인다. 윗면의 압력 분포가 그림 4.55에 나타나 있다. 즉 유동의 정체영역이 있는 앞전에서 압력이 높고, 이때의 압력은 본질적으로 전압과 같다. 정체점에서 압력이 가장 높다. 익형의 윗면에서 유동이 팽창함에 따라 표면 압력은 급격히 작아져서 자유류의 압력 p_∞보다 작은 최소 압력 영역을 이룬다. 유동이 더 뒷쪽으로 흘러감에 따라 압력은 다시 조금씩 증가하여 뒷전에서 자유류 압력보다 조금 높은 값에 도달한다. 이러한 압력이 증가하는 영역을 **역압력 구배**(*adverse* pressure gradient) 영역이라 부른다. 그림 4.55에 지적되어 있듯이, 이 영역에서 dp/dx는 양수이다. 역압력 구배가 크지 않아서 유동이 날개표면에 부착되어 있다고 간주할 수 있다. 실제로 약간의 유동 박리가 존재할 수 있는데 매우 작아서 실용적으로는 무시한다. 그러므로 날개 위 항력은 주로 표면마찰항력 D_f이다.

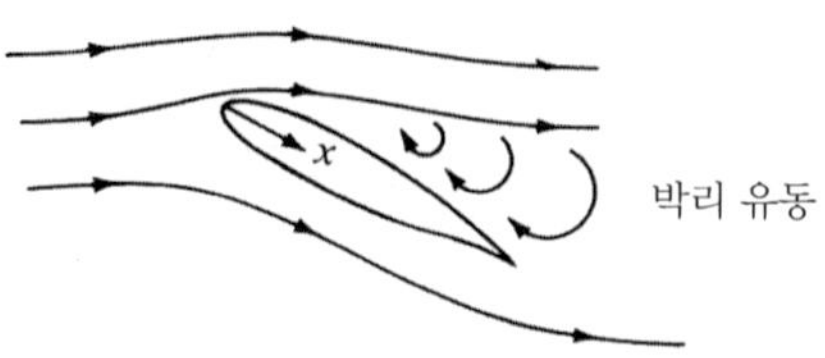

NASA LS(1) - 0417 익형
받음각 = 18.4°

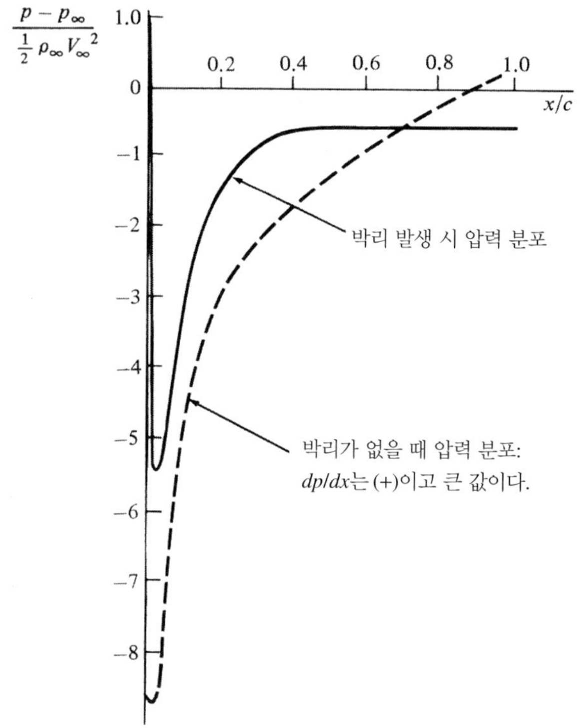

그림 4.56 익형 윗면에서 박리 유동의 압력 분포. 최신 NASA 저속 익형의 해석데이터(NASA Conference Publication 2045, Advanced Technology Airfoil Research, vol. I, March 1978, p. 380)
(자료출처: *After Zumwalt and Nack.*)

이제 그림 4.56에 그려진 매우 높은 받음각에서 같은 익형을 고려하자. 완전히 가상의 상황이지만, 먼저 어떤 마법 유체가 표면에 부착되어 흐르고 있다고 가정하자. 이 경우 윗면의 압력 분포는 그림 4.56의 점선을 따를 것이다. 앞전을 지나자마자 자유류 압력보다 매우 작은 값으로 급격히 압력이 낮아질 것이다. 더 뒤쪽에서는 압력이 급격하게 자유류 압력으로 회복될 것이다. 이렇게 다시 압력이 높아지면, 역압력 구배는 더 이상 작지 않다. 그림 4.56에서처럼 역압력 구배(dp/dx)가 심각하게 커서, 유동은 표면에서 떨어지기 쉽다.

그림 4.56은 익형 윗면에서 상당히 큰 박리영역을 가진 유동장을 보여주고 있다. 실제적인 박리 유동에서 **실제** 표면압력 분포는 실선으로 그려진다. 점선과 비교해 보면, 실제 압력 분포는 최소 압력만큼 낮아지지도 않고 뒷전에서 압력이 자유류 압력 p_∞까지 회복되지도 않는다. 그림 4.57에서 볼 수 있듯이, 이것은 두 가지 중요한 결과를 이끈다. 유동 박리가 존재하는 높은 받음각의 익형에서 표면압력 분포를 실선 화살표로 나타내었다. 압력은 항상 표면에 수직하게 작용하므로, 모든 화살표는 각 지점 표면에 수직하다. 화살표의 길이는 압력의 크기를 나타낸다. 화살의 반대 끝을 이어 "폐곡선"을 그리면 압력 분포를 시작적으로 이해하기 쉽다. 그런데 만약 유동이 박리되지 **않고** 부착되어 있다면, 압력 분포는 점선 화살표로 그려질 것이다. 그림 4.57의 실선과 점선 화살표는 질적으로 그림 4.56에 그려진 압력 분포에 해당한다.

그림 4.57에 실선과 점선으로 표시된 화살표는 조심스럽게 살펴봐야 한다. 익형 위 박리 유동에 대한 두 가지 주요사항을 설명하고 있다. 첫째는 양력의 손실이다. 공기역학적 양력(기름 4.57에서 수직 방향의 힘)은 수직 방향 압력 성분의 총합으로 얻어진다. 아랫면의 압력이 크고, 윗면의 압력이 작을 때 높은 양력을 얻게 된다. 유동 박리는 아랫면의 표면압력 분포에 영향을 미치지 못한다. 그러나 **앞전의 바로 아래 윗면 근처에서** 실선과 점선 화살표를 비교해 보면, 유동 박리가 발생할 경우에 실선 화살표가 더 높은 압력을 가리킴

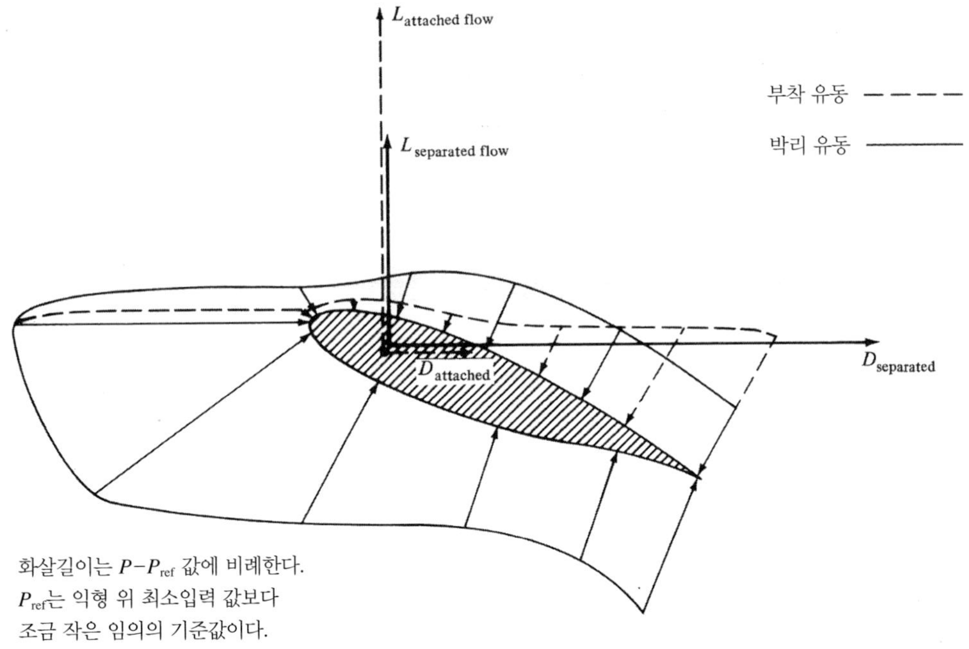

그림 4.57 부착 유동과 박리 유동의 압력 분포, 양력, 항력의 시적적 비교. 박리 유동의 경우 양력은 줄어들고 항력은 증가한다.

을 볼 수 있다. 이 더 높은 압력은 익형을 아래로 밀게 되어 양력을 낮추게 된다. 앞전 근처 익형 윗면의 상당 부분이 거의 수평하기 때문에, 낮아진 양력은 기하학적 효과와도 중첩된다. 유동 박리로 인해 높아진 압력이 작용하는 방향은 윗면의 수평한 부분에서 수직 방향과 같으므로, 증가된 압력의 대부분이 양력에 영향을 미친다. 박리로 인해 앞전 근처에서 압력이 높아진다는 점과 해당 면이 수평하다는 사실이 복합적으로 작용해서 박리 유동에서 엄청난 양력의 손실이 발생하는 것이다. 박리 유동의 양력이 유동이 부착되었을 때의 양력보다 작음을 그림 4.57에서 볼 수 있다.

뒷전 부근의 윗면에 집중해보도록 하자. 익형의 해당 부분에서 박리 유동의 압력은 부착유동의 압력보다 더 작다. 게다가 뒷전 부근 윗면은 (크지는 않지만) 수평 방향에 대해 기울어져 있다. 항력은 그림 4.57의 수평 방향으로 작용함을 기억하라. 뒷전 부근 윗면의 경사 때문에, 이 부분에 작용하는 압력은 수평 방향으로 큰 성분을 가진다. 수평 방향의 압력 성분은 왼쪽 방향, 즉 흐름의 반대 방향으로 작용한다. 익형의 앞전에서 발생하는 높은 압력은 오른쪽 방향(흐름 방향)으로 작용한다. 익형의 앞에서 오른쪽으로 누르는 힘과 뒤에서 왼쪽으로 누르는 힘의 차이가 바로 익형의 압력항력이다. 유동이 박리될 때, 뒤쪽의 압력은 부착되었을 때의 압력보다 낮다. 그러므로 박리 유동의 경우 왼쪽으로 누르려는 힘이 더 작고, 오른쪽으로 작용하는 항력은 증가하게 된다. 그림 4.57은 박리 유동의 항력이 부착유동의 항력보다 더 크다는 점을 보여준다.

정리하면, 익형 위 박리 유동이 이끄는 두 가지 주요사항은 다음과 같다.

1. 양력의 큰 손실(실속)
2. 박리로 인한 압력항력이 발생하여 전체 항력이 증가

항공기 날개가 높은 받음각으로 자세를 바꿀 때, 날개는 실속(stall)할 수 있다. 즉, 양력을 갑자기 잃게 될 수 있다. 위의 논의는 이러한 실속 현상에 대한 물리적 원인을 제시한다. 실속에 대한 추가적인 설명은 제5장에서 다룰 것이다.

박리 유동에 대한 논의를 마치기 전에, 다음의 질문을 생각해 본다: 유동은 왜 표면에서 박리되는가? 그 답은 역압력 구배($dp/dx > 0$)와 그림 4.44의 경계층의 속도 형상을 복합적으로 고려하여 얻을 수 있다. 만약 dp/dx가 양수라면, 유선을 따라 움직이는 유체요소가 증가하는 압력에 대항하여 "오르막길"을 가는 일을 해야만 한다. 유체요소가 일을 했기 때문에 역압력 구배 조건에서 점점 느려질 것이다. 경계층 바깥을 지나는 유체요소의 속도는 크기 때문에 큰 문제가 되지 않는다. 경계층 내부 깊숙한 곳의 유체요소의 경우에는 상황이 다르다. 그림 4.44를 잘 살펴보면, 깊숙한 곳에서 표면과의 마찰에 의해 속도가 작다는 것을 알 수 있다. 유체요소가 계속 역압력 구배를 겪고 있는데, 그 속도가 너무 낮아서 증가하는 압력을 감당할 수 없게 된다. 결국, 유체요소는 아래쪽 어느 지점에서 움직임을 멈추고 역 방향으로 움직인다. 이러한 역유동(reversed flow)은 그림 4.56과 같이 유동을 표면에서 박리시킨다. 이것이 박리 유동이 발생하는 물리적 과정이다.

다시 그림 4.44를 생각하면, 난류 경계층은 더 뚱뚱한 속도 분포를 가지고 있음에 유의하자. 표면으로부터 일정한 거리(주어진 y)에서 난류 경계층의 유체요소가 가진 속도가 층류의 속도보다 더 크다. 이 말은 난류 경계층에서 표면에 가까이 있는 유체가 더 높은 운동에너지를 가지고 있기 때문에 박리하려는 경향이 적다는 말과 같다. 이것은 중요한 다음의 사실을 제시한다. 층류 경계층은 난류 경계층에 비해 더 쉽게 박리한다. **따라서 난류 경계층은 유동 박리를 억제하는 데 유용하다.**

4.21 항력에 미치는 점성 효과 요약

유동의 마찰은 두 가지 종류의 항력을 유발한다는 점을 살펴보았다.

1. 벽면에서 전단응력으로 인한 표면마찰항력 D_f

2. 유동 박리로 인한 압력항력 D_p, 형상항력(*form* drag)으로도 불림

점성 효과로 인한 총 항력은

$$\underset{\substack{\text{Total drag}\\ \text{due to viscous}\\ \text{effects}}}{D} = \underset{\substack{\text{Drag due}\\ \text{to skin}\\ \text{friction}}}{D_f} + \underset{\substack{\text{Drag due to}\\ \text{separation}\\ \text{(pressure drag)}}}{D_p} \tag{4.105}$$

식 (4.105)는 공기역학의 전통적인 타협(compromise) 문제 중 하나와 연관된다. 앞 절에서 표면마찰항력은 물체 위 층류 경계층을 유지함으로써 감소시킬 수 있음을 지적하였다. 그런데 4.20절의 끝에서 난류 경계층이 유동 박리를 방지한다는 사실 또한 지적하였다. 즉, 유동 박리로 인한 압력항력은 물체 표면에서 난류 경계층을 생성시켜 감소시킬 수 있다. 그러므로 식 (4.105)는 다음과 같은 타협점을 가질 수 있다.

$$D = \underset{\substack{\text{층류에서 작고}\\ \text{난류에서 큼}}}{D_f} + \underset{\substack{\text{층류에서 크고}\\ \text{난류에서 작음}}}{D_p}$$

결국, 4.15절에 끝에서 논의한 것처럼, 층류와 난류 중 어떤 것이 더 바람직하다는 말을 일반적으로 할 수는 없는 것이다. 어떤 것이 더 좋은지는 구체적인 응용문제에 따라 다르다. 그림 4.37의 구와 같이 앞이 무딘 물체의 경우, 항력의 대부분은 박리로 인한 압력항력이다. 이 경우에는 난류경계층이 구 위의 압력항력을 줄일 수 있으므로 난류 유동을 더 선호하게 된다. 낮은 받음각을 가진 얇은 날개나 앞이 뾰족한 얇은 물체와 같은 경우에는 항력이 주로 표면마찰항력이므로, 층류 경계층이 더 바람직할 것이다. 어중간한 경우에는 설계자의 창의성이나 실제 경험을 바탕으로 최선의 결정을 하게 될 것이다.

이 절의 마지막 내용으로서, 표면마찰과 박리로 인한 압력항력은 물체의 크기나 형상에 따라 달라지므로, 식 (4.105)에 주어진 총항력 D는 **단면항력**(*profile drag*)이라고 불린다. 즉, 물체의 "단면" 모양에 의존한다. 단면항력 D는 점성 효과로 인해 공기역학적 형상에 작용하는 총 항력이다. 그런데 이것만이 물체에 작용하는 총 항력이라고 일반적으로 말할 수는 없다. 유도항력(induced drag)이라 불리는 또 다른 형태의 항력이 있기 때문이다.

이것은 제5장에서 다루도록 한다.

예제 4.44

그림 4.55의 NASA LS (1)-0417 익형이 풍동의 시험부에 장착되어 있다. 유동방향으로 모델의 길이(5.2절에서 시위 길이로 정의함)는 0.6 m, 유동에 수직한 방향의 폭(5.3절에서 날개스팬)은 1.0 m이다. 날개의 끝부분은 풍동의 수직 옆벽에 고정되어 있다. 이 경우 유도항력(5.13절)은 없고, 익형 모델의 총 항력은 식 (4.105)에 주어진 단면항력 D가 된다. 표준 해수면 조건에서 풍동 시험부의 공기 속도는 97 m/s이고, 받음각 0도에서 익형의 단면항력은 34.7 N이다. (*a*) 이 조건에서 표면마찰항력 D_f를 계산하라. D_f는 같은 길이와 폭을 가지는 평판의 난류 유동에 대한 표면마찰항력과 같다고 가정하라. (*b*) 익형의 유동 박리로 인한 압력항력 D_p를 계산하라. (*c*) 이 결과를 비교하고 토론하라.

■ **풀이**

a. 유동방향에서 익형의 길이, $L = 0.6$ m를 적용한 레이놀즈수에 따라 표면마찰항력이 결정된다. 풍동의 시험부에서 유속은 97 m/s이다. 따라서,

$$\mathrm{Re}_L = \frac{\rho_\infty V_\infty L}{\mu_\infty} = \frac{(1.23)(97)(0.6)}{(1.7894\times 10^{-5})} = 4\times 10^6$$

평판의 난류경계층에서 마찰항력계수, 식 (4.101)은 다음과 같이 계산된다.

$$C_f = \frac{0.074}{\mathrm{Re}_L^{0.2}} = \frac{0.074}{(4\times 10^6)^{0.2}} = 3.539\times 10^{-3}$$

평판의 한쪽 면에 작용하는 표면마찰항력은 $D_f = q_\infty S C_f$이고, 이때 면적 $S = (0.6)(1.0) = 0.6\ \mathrm{m}^2$이다. 따라서 한쪽 면의 항력은

$$D_f = q_\infty S C_f = \frac{1}{2}\rho_\infty V_\infty^2 S C_f = \frac{1}{2}(1.23)(97)^2(0.6)(3.539\times 10^{-3}) = 12.29\ \mathrm{N}$$

평판의 양쪽 면에서 작용하는 표면마찰항력은

$$D_f = 2(12.29) = \boxed{24.6\ \mathrm{N}}$$

b). 유동 박리로 인한 압력항력은 식 (4.105)를 이용해 간단히 구해진다.

$$D_p = D - D_f = 34.7 - 24.6 = \boxed{10.1\ \mathrm{N}}$$

c. 주어진 조건에서 LS(1)-0417 익형에 작용하는 압력항력과 총 단면항력의 비는 10.1/34.7 = 0.29이다. 즉, 압력항력이 전체의 29%이다. 아래 면에서 뾰족한(cusped) 뒷전 모양을 가지는 17% 두께의 익형에 대해 수긍이 가는 정도이다. 더 얇고 일반적인 형상을 가지는 익형의 경우에 압력항력은 더 작은 비율로 작용하는데, 보통 낮은 받음각에서 총 단면항력의 15% 정도가 된다.

4.22 역사적 기록: Bernoulli와 Euler

식 (4.9)는 유체역학에서 가장 오래되고 영향력 있는 식 중 하나이다. 이 식은 18세기에 살았던 Daniel Bernoulli 덕분이다. Bernoulli는 그의 개념이 20세기 항공학에 널리 적용될

줄은 거의 알지 못했다. Bernoulli는 누구인가? 그리고 베르누이 방정식은 어떻게 나타났는가? 이 질문들을 간략하게 살펴보자. 그 답변들은 오히려 예상치 못한 결론을 이끌 것이다.

Daniel Bernoulli (1700~1782)는 1700년 1월 29일, 네덜란드의 Groningen에서 태어났다. 그는 대단한 가족의 일원이었다. 그의 아버지인 Johann Bernoulli는 미분과 적분학에 기여했던 유명한 수학자였고 이후에 약사가 되었다. 아버지의 형제인 Jacob Bernoulli (Daniel의 삼촌)도 기량이 뛰어난 수학자였다. 그는 미적분학에 중대한 기여를 하였고 적분이라는 단어를 만들었다. Daniel을 포함하여 Jacob과 Johann의 아들들은 저명한 수학자와 과학자가 되었다. 온 가족은 스위스인이었고 스위스의 Basel에서 살았다. 그들은 Basel 대학에서 다양한 교수직을 역임하였다. Daniel Bernoulli는 그의 아버지가 Basel을 떠나 네덜란드에서 수학 교수로 10년 동안 재직할 때 태어났다. 이러한 형태의 족보를 보아, Daniel이 쌓은 수학과 과학에 대한 공헌은 피할 수 없는 운명 같은 것이었다.

그리고 그는 실제로 공헌하였다. 예를 들어, 그는 기체 분자 운동론에 대한 통찰을 가졌다. 그는 기체가 불안정한 fashion에서 각각의 움직이는 입자들의 무리라는 이론을 제시했다. 그리고 그는 입자들의 에너지 증가와 기체 온도의 증가를 정확히 연관 지었다. 1738년에 출간된 이 이론들은 한 세기 이후에 기체와 열의 본성에 깊이 있는 이해를 이끌었으며, 이후 정교한 기체 분자 운동론을 정립하는 데 기반이 되었다.

기체 분자 운동론에 대한 Daniel의 생각은 그의 책 *Hydrodynamica* (1738년)로 출판되었다. 하지만 그의 이름은 기체운동론보다 유체역학과 관련하여 더 깊이 새겨졌다. 이 책은 다니엘이 러시아의 Leningrad에서 수학 교수였던 1729년부터 쓰기 시작했다. 이때까지 그는 이미 잘 알려져 있었는데, 그는 다양한 수학적인 문제를 해결한 공로로 파리의 Royal Academy of Sciences에서 10개의 상을 받았다. 그의 *Hydrodynamica*(완전히 라틴어로 쓰여진 책이다)에서, Bernoulli는 제트 추진, 마노미터 그리고 파이프 유동과 같이 넓은 범위의 주제를 다루었다. 또한 그는 압력과 속도의 관계를 얻기 위해 시도했다. 하지만 그의 유도는 좀 불분명하였다. 사실, 식 (4.9)의 베르누이 방정식은 *Hydrodynamica*에서 자주 활용되었음에도, 정확한 공식은 책 어디에서도 발견되지 않는다! 그 관계는 오히려 그의 아버지인 Johann에 의해 1743년에 출판된 *Hydraulica*에서 완성되었다. 아들인 Daniel Bernoulli보다 아버지 Johann Bernoulli가 Bernoulli의 이론을 더 잘 이해했다는 것을 이 책으로부터 분명히 알 수 있다. Daniel은 마노미터 기둥의 높이만으로 압력에 대해 생각하였다. 반면에 Johann은 압력이 유체에 작용하는 힘이라는 더 근본적인 이해를 가지고 있었다. 하지만 둘 다 압력이 점 특성임을 이해하지는 못했다. 이것은 Leonhard Euler의 몫으로 남겨지게 되었다.

Leonhard Euler (1707~1783)도 스위스인 수학자였다. 그는 Daniel Bernoulli가 태어나고 7년 후, 1707년 4월 15일 스위스의 Basel에서 태어났다. Euler는 역사에서 수학의 거장들 중 한 명이 되었으나, 여기서는 단지 그의 유체역학에 대한 공헌에 관심을 둔다.

Euler는 Bernoulli의 가까운 친구였다. 그는 Basel 대학에서 Johann Bernoulli의 학생이었고, Euler는 St. Petersburg로 Daniel을 따라간 후에 수학 교수가 되었다. 여기서 Euler는 Daniel보다 Johann의 영향을 더 많이 받았다. Euler는 기체에서 점에 작용하는 압력의 개념을 고안했다. 압력의 점 개념은 압력구배에 의해 가속되는 유체에 대한 미분방정식의 출발점이 되었다. 이 식은 식 (4.8)에서 얻은 식과 같다. 이후, Euler는 미분방정식을 적분하여 역사상 처음으로 식 (4.9)의 베르누이 방정식을 얻게 된다. 역사적으로 볼 때, 식 (4.9)를 베르누이 방정식이라 잘 못 명명하였음을 알 수 있다. 베르누이 방정식에 대한 명예는 Euler와 공유하는 것이 타당하다.

4.23 역사적 기록: 피토관

공기 속도를 측정하는 피토관(Pitot tube)의 사용은 4.11절에 설명되어 있다. 피토관은 오늘날 공기역학 연구실과 항공기에서 일상적으로 당연하게 사용되고 있다. 하지만 이 간단한 작은 장치는 꽤 흥미롭고 다소 모호한 이력을 가지고 있다.

피토관은 그것의 발명가 Henri Pitot (1695~1771)의 이름을 따서 명명되었다. 프랑스 Aramon에서 1695년에 태어난 이래로 Pitot는 천문학자이자 수학자로 경력을 쌓았다. 그는 1724년 파리 Royal Academy of Sciences에 선출되기에 충분한 업적을 쌓았다. 이때에 Pitot는 수력학에 관심이 있었고, 특히, 강과 운하에서 물의 흐름에 관심을 가졌다. 그런데, 그는 물에 표면에 떠있는 물체의 속도를 관찰하기 위해 흐름의 속도를 측정하는 당시의 기술에 만족하지 않았다. 그래서 그는 두 개의 관로 구성된 기구를 고안하였다. 기구의 한 끝은 단순히 끝이 열려 있어 물이 수직으로 삽입되는(정압을 측정하기 위해) 긴 관이었고, 다른 하나는 열려 있는 끝이 흐름에 직접적으로 닿아(전압을 측정할 수 있도록) 한쪽 끝을 90도 구부린 관이었다. 그는 1732년에 파리의 센느 강 위 다리의 두 부두 사이에서 강의 유속을 측정하기 위해 이 기구를 사용하였다. 이 발명과 피토관의 첫 사용은 1732년 11월 12일에 학술원에 보고되었다. 그는 또한 깊이에 따른 유속의 변화에 대한 중요성을 보여주는 몇 가지 데이터를 제시하였다. 몇몇 이탈리아 공학자들의 경험을 기반으로 한 동시대의 이론은 주어진 깊이에서 유속이 지탱하고 있는 질량과 비례함을 제시하였다. 따라서 속도는 깊이에 따라 증가하는 것으로 생각되었다. Pitot는 그의 기구로 측정하여 깊이가 증가함에 따라 유동 속도가 **감소하는** 사실을 입증하는 놀라운 (그리고 정확한) 결과를 제시하였다. 그래서 피토관은 당시의 주류가 되었다.

흥미롭게도, Pitot의 발명품은 곧 엔지니어 학계에서 인기가 없어졌다. 수많은 발명가들은 국부적인 정압 측정 없이, 피토관 자체만을 사용하려고 시도하였다. 제어되지 않는 상태에서 피토관을 사용함으로써 다른 이들은 잘못된 결과를 도출하였다. 간단한 관보다 다양한 형태와 종류들의 관들은 때때로 측정장비의 입구에 사용되었다. 게다가, 피토관에 대한 공인된 합리적인 이론이 없었다. Daniel Bernoulli의 Hydrodynamica와 Euler가

4.22절에서 언급된 식 (4.9)에 대한 베르누이 개념을 개발하기 6년 전인 1732년에 이 측정 기구를 개발하였다. 따라서 Pitot는 그의 기구로 측정한 압력 차가 국부적인 유속의 제곱에 비례함을 보이기 위해 이론이 아닌 직관력을 사용했다. 물론, 4.11절에서 설명된 것처럼 우리는 지금 비압축성 유동에서 피토-정압 장치가 전압과 정압의 차이를 측정하는 것을 분명히 이해하고 있다. 이 차이는 베르누이 방정식에서 속도 제곱과 관련되어 있다. 그것은 식 (4.62)로부터,

$$p_0 - p = \frac{1}{2}\rho V^2$$

하지만 Pitot의 기구 도입 이후 150년이 넘도록 다양한 엔지니어들은 아래와 같은 의미로 해석하였다.

$$p_0 - p = \frac{1}{2}K\rho V^2$$

여기서, K는 경험 상수이고 일반적으로 1이였다. John Airey가 미시간대 기계공학과 교수로 재직할 때인 1913년에도 이것에 관한 논란은 여전히 극심하였다. 그는 마침내 수조에서 6개의 다른 형태의 피토 탐침(pitot probe)을 사용하여 일련의 잘 제어되는 실험을 수행하였다. 그림 4.58에서 나타난 이 형태를 사용한 결과는 1913년 4월 17일에 *Engineering News*판에서 "Notes on the Pitot Tube"라는 Airey의 논문으로 출판되었다. 이 논문에서 Airey는 관 모형과 관계없이 모든 관에 대한 측정이 1퍼센트 정확도 내에서 $K = 1.0$임을 가리켰다. 게다가 그는 베르누이 방정식을 기초로 합리적인 이론을 제시하였다. 이 결과들에 대한 추가적인 언급은 1913년 6월 5일에 *Engineering News*판에서 피츠버그의 원심 펌프 회사의 기관장인 A. E. Guy의 "Origin and Theory of the Pitot Tube" 논문에 실렸다. 이 논문은 더 정교한 기술적 기반에서 피토관을 확립하는 데 기여하였다.

언급된 1913년 논문들 어디에서도 비행기와 풍동의 공기 속도를 측정할 때 무엇이 가장 이용가치가 있는지에 대한 언급이 없음에 주목할 필요가 있다. 첫 실용적 공기속도 측정장치인 벤추리관은 첫 동력 비행이 성공한 후 7년 뒤인 1911년 1월에 프랑스인 Captain A. Eteve에 의해 항공기에 처음 사용되었다. 1911년 이후에 Farnborough에 Royal Aircraft Establishment (RAE)의 영국 공학자들이 처음으로 비행기에 피토관을 적용하였다. 피토관은 결국 비행 속도 측정을 위한 주요한 기구로 발전된다.

공기 속도 측정에 대한 필요성과 더불어 피토관에 대한 논란은 여전히 있었다. 1915년에 새로운 NACA가 첫 번째 연간 보고서에서 다음과 같이 서술하였다. "항공 운항에 대한 중요한 문제는 정확하고 신뢰성이 있고 내구성이 있는 공기 속도 미터를 고안하는 것… 표준국은 지금 이러한 미터들을 조사하는 데 관여하고 있다. 그리고 피토관 사무국 the bureau on Pitot Tube의 Herschel 교수와 Buckingham 박사의 보고서에 주목한다." 앞에서 언급한 보고서는 W. H. Herschel가 쓴 NACA Report No. 2의 Part 1인 "The Pitot Tube and other Anemometers for Aeroplanes"와 Part 2에 E.Buckingham가 쓴 "The

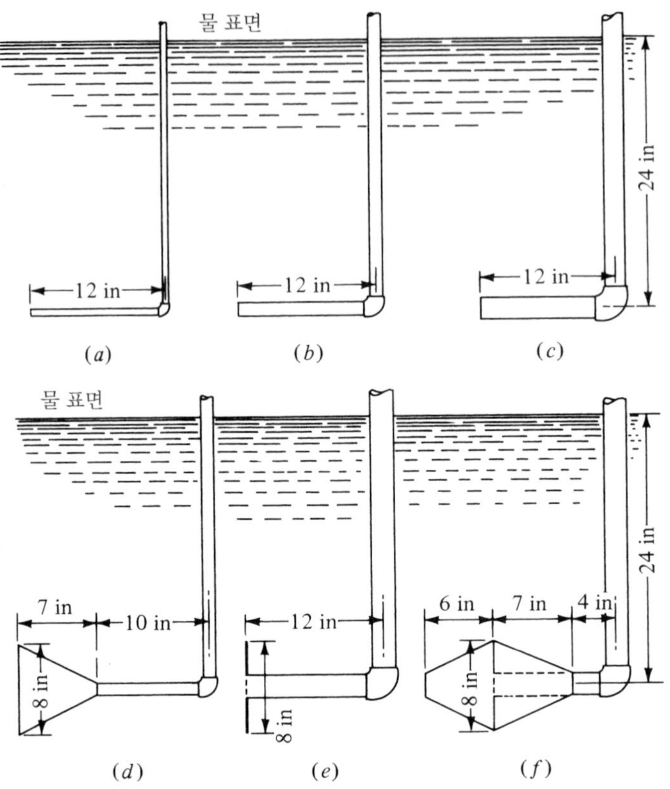

그림 4.58 John Airey가 고안한 여섯 가지 피토관 형태
(자료출처: *Engineering News, vol. 69, no. 16, p. 783, April 1913.*)

Theory of the Pitot and Venturi Tubes"이다. 명확한 용어로, 피토관에 대해 4.11에 전개한 이론을 제시하였다. 게다가 이 보고서는 **압축성** 아음속에 대한 이론을 처음으로 확립하였다. 1915년에 말이다! Buckingham은 비압축성 관계식을 가지고 0.5퍼센트 정확도를 얻기 위해서는 V_∞가 148mi/h = 66.1m/s를 초과하지 않아야 된다는 것을 보였다. 그런데 그는 다음과 같은 말도 언급하였다. "비행기 속도미터계에서 1퍼센트보다 더 나은 정확도가 요구되지 않으므로 압축성에 대한 보정이 필요하지 않다…." 이것은 확실히 당시의 "일반" 비행기에 대한 적절한 지적이었다. 진짜로, 그들의 이론은 1930년대까지 대부분의 항공기에 대해 정확하였다.

돌이켜 생각해보면, 인류는 거의 250년 전에 피토관을 발명했다는 것을 알 수 있다. 하지만 동력 비행 20년 후까지 피토관의 사용은 많은 논란을 야기하였고 이론이 확립되지 않았다. 그다음에, 1911년부터 1915년까지는 기술적인 발전이 "폭발적"으로 일어났던 시기 중 하나이다. 피토관은 항공기에 주로 활용되었고, 그들의 정확한 사용에 대한 적절한 이론이 마침내 확고해졌다. 그 이후에 피토관은 아주 흔한 기구가 되었다: 오늘날 피토관은 연구실에서 항공우주공학을 배우는 학생들을 위해 소개되는 첫 번째 공기역학 기구로 자리매김하고 있다.

4.24 역사적 기록: 첫 번째 풍동

일반적으로 항공우주공학, 특히 공기역학은 기본적으로 경험에 기반한 분야이다. 실험적인 방법에 의해 발견과 발달은 George Cayley(제1장을 참조)에서부터 지금까지의 모든 과정에서 활력소가 되고 있다. 결국, 이러한 실험의 주력은 대부분 풍동에서 이루어진다—오늘날 대부분의 항공 산업, 정부 그리고 대학 연구실들은 아음속부터 극초음속까지의 다양한 범위의 풍동을 가지고 있다.

역사로 돌아가서 풍동의 발달과정을 살펴보는 것은 흥미로운 일이다. 놀랍게도 이 역사는 400년 전 이상으로 되돌아간다. 풍동 시험의 기본 원칙은 다음과 같이 16세기 초에 Leonardo da Vinci에 의해 명시되었다:

> 멈춰 있는 물질(medium) 안에서 움직이는 물체에 대한 물질(medium)의 작용은 물질의 입자가 멈춰 있는 물체 주변에 같은 속도로 움직여 부딪히는 것과 같은 상황이다. 그러므로 가만히 있는 물체를 생각하고, 움직이는 물질에 의해 어떤 힘이 발생하는지를 살펴보자.

공기역학적 물체의 양력과 항력은 100 mi/h의 정체된 공기를 통해 물체가 이동하든지 정지된 물체 위로 100 mi/h로 공기가 움직이든지 서로 같다. 이러한 개념은 풍동 시험의 근간이 된다.

역사상 첫 실제 풍동은 100여 년 전 1871년 잉글랜드의 Greenwich에 Francis Wenham에 의해 디자인되었고 만들어졌다. 우리는 1.4절에서 영국 항공학회에서 Wenham의 활동을 주목했었다. Wenham의 풍동은 옆이 한 면이 18인치로 되어 있는 사각 단면과 10 ft의 긴 나무 상자에 지나지 않았다. 전면에 설치된 증기 구동 팬은 덕트를 통해 공기를 불어넣었다. 굴곡(contour)이 없어서 공기역학적 제어나 유동의 강화가 필요없었다. 비행기의 공기역학적 표면들은 풍동 상자의 후면에 장착되었고, Wenham은 이 모델에 연결된 대저울에서 양력과 항력을 측정하였다.

13년이 지나고 잉글랜드 사람인 Horatio F. Phillips는 역사상 두 번째로 알려진 풍동을 만들었다. 유동 덕트는 박스였지만 Phillips는 풍동을 통하여 공기를 빨아들이기 위해 유동 이젝터(고속 유동 노즐)를 시험부 하류에 설치하였다. Phillips는 그의 풍동에서 몇 가지 선구적인 익형 시험을 수행하였다. 이 점은 5.20절에서 다시 언급할 것이다.

다른 풍동들은 1903년에 항공의 전환점 이전에 지어졌다. 예를 들어, 러시아의 첫 풍동은 1891년 모스크바 대학에서 Nikolai Joukowski에 의해 지어졌다. (이것은 지름이 2 in이다.) 더 큰 것은, 1893년 오스트리아에서 Ludwig Mach에 의해 7 in × 10 in 풍동으로 만들어졌다. Ludwig Mach는 저명한 과학자이자 철학자인 Ernst Mach의 아들이다. 후에 그의 이름이 Mach number에 명명되었다. 미국의 첫 번째 풍동은 1896년에 Massachusetts Institute of Technology에서 Alfred J. Wells에 의해 지어졌다. Alfred J.

Wells는 Langley의 whirling-arm 측정을 확인하기 위해 평판의 항력을 측정하는 데 풍동을 사용하였다(1.8절 참조). 미국의 또 다른 풍동은 1901년에 카톨릭 대학에서 A. Heb Zahm 박사에 의해 만들어졌다. 이러한 활동을 고려하면, 20세기 전환기에 풍동에서 공기역학 시험을 수행할 준비가 갖춰졌고 비행기 자체의 발달과 더불어 전성기를 맞이하였음이 명백하다.

비행기를 하늘에 띄우는 데 공헌한 Wright 형제는 상당한 양의 풍동 시험을 책임지고 이끌었다. 1.8절에서 지적한 바와 같이, Wright 형제는 1901년에 당시의 공력 데이터 상당량이 잘못된 것으로 결론지었다. 이 때문에 그들은 가솔린 엔진과 연결된 두 개의 블레이드로 동력을 내는 6 ft의 길이, 16 in 제곱의 면적을 갖는 풍동 구조물을 제작하였다. 그림 4.59는 Wright 형제의 풍동 복원 모형을 보여준다. (원래의 풍동은 더 이상 존재하지 않는다.) Wright 형제는 양항비를 측정하기 위해 자체 제작한 저울을 사용하였다. 이 기구를 사용하여 Wilbur와 Orville은 1901년 9월과 1902년 8월 사이에 핵심적인 항공학 연구 프로그램을 착수하였다. 당시 그들은 강철로 만들어지지 않은 200여 개의 다른 익형 형태를 시험하였다. 이 시험에서 얻은 결과는 성공적인 비행기의 개발에 풍동 시험이 영향을 미친 첫 사례로 여겨진다. 1.8절을 인용하면, Orville은 그들의 결과에 대해 다음과 같이 말하였다. "우리의 풍동으로 만들어진 공기 압력 테이블은 미리 기계의 성능을 계산할 수 있도록 한다." 이 얼마나 엄청난 발전인가! 이것은 역사상 풍동 시험의 전환점이었으며, 1903년 12월 17일 인류가 성공시킨 첫 비행 못지 않게 항공 분야에 큰 영향을 미쳤다.

풍동의 빠른 성장에 의해 수적으로나 기술적으로 1903년 이후에 항공학이 빠르게 성

그림 4.59 Wright 형제의 풍동 모형
(자료출처: *US. Air. force*)

장하였다. 예를 들어, 여러 풍동이 1903년에 런던의 National Physical Laboratory에서 만들어졌다. 1903년에 로마, 1905년 모스크바, 1908년 독일의 Göttingen(유체역학의 경계층 개념의 창시자로 유명한 Ludwig Prandtl 박사에 의해), 1909년에서 파리(Gustave Eiffel에 의해), 1910년과 1912년에 National Physical Laboratory에서 또 다시 만들었다.

이 모든 풍동들은 물론 저속 풍동이었다. 하지만 그것들은 당시에 선구적이었다. 그리고 1915년에 NACA의 창설(2.8절 참조)과 함께 풍동 설계에서 몇 가지 주요 혁신 기반이 마련되었다. 첫 NACA 풍동은 1920년에 Virginia 주 Hampton의 Langley Memorial Aeronautical Laboratory에서 사용할 준비가 갖추어지게 되었다. 시험부는 3.5 ft의 폭과 5 ft의 지름을 갖고 있었다. 1923년에 비행과 관련된 고레이놀즈수로 모의 시험하기 위해, NACA는 처음으로 다양한 밀도가 구현되는 풍동을 만들었다. 이 풍동은 유동에 20 atm의 압력을 가할 수 있어 시험부에서 20배가 증가된 밀도를 얻을 수 있고 따라서 증가된 레이놀즈수를 얻을 수 있었다. 1930년대와 1940년대에는 아음속 풍동의 크기가 더욱 커졌다. 가로가 30 ft 세로가 60 ft인 타원형의 시험부를 갖는 NACA 풍동은 Langley에서 최대 유속 129 mi/h로 운용되었다. 이것은 역사상 첫 번째 100만 달러 풍동이었다. 1944년에 유속이 265 mi/h을 갖고 있는 가로 40 ft, 세로 80 ft인 풍동은 캘리포니아 Moffett Field의 Ames Aeronautical Laboratory에서 운용되었다. 이것은 오늘날에도 여전히 큰 풍동이다. 그림 4.60은 풍동의 크기를 보여주는데, 전기체가 시험부에 장착될 수 있다!

언급된 풍동들은 저속이며, 근본적으로 비압축성 유동을 위한 풍동이었다. 그것들은 1930년대까지 항공 시험의 주춧돌이었고, 오늘날 공기역학 분야 역사에서 중요한 부분으로 남아있다. 하지만 항공기 속도는 계속해서 증가하였고 고속 능력을 갖춘 새로운 풍동이 필요했다. 사실, 고속 아음속 풍동에 대한 필요성은 프로펠러 때문에 제기되었다. 1920년대와 1930년대에 프로펠러 지름과 회전속도가 크게 증가하였는데, 팁(the tips)의 압축성 문제가 난제였다. 이러한 문제를 해결하기 위해 NACA가 1927년에 Langley에서 12 in 지름의 고속 풍동을 만들었다. 그것은 시험부에서 765 mi/h의 유속을 생성하였다. 1936년에 증가하는 비행기 속도에 발맞춰서 Langley는 500 mi/h을 제공하는 8 ft의 고속 풍동을 만들었다. 이것은 1945년에 760 mi/h로 증가되었다. 1941년에 Ames에서 중요한 풍동을 만들었는데, 680 mi/h의 속도를 내는 16 ft 풍동이었다. 풍동의 거대한 사이즈를 느낄 수 있도록 Ames 16 ft 풍동 사진을 그림 4.61에서 나타내었다.

1940년대 초에 제트 엔진과 더불어 V-2 로켓의 발명은 항공 엔지니어들이 초음속 비행에 집중하도록 만들었다. 갑작스럽게 초음속 풍동이 필요해진 것이다. 그런데 실험실의 초음속 유동은 실제 데이터와 동떨어져 있었다. 첫 번째 초음속 노즐은 약 1880년에 증기 터빈을 사용하여 Laval에 의해 개발되었다. 수렴-확산 노즐이 *Laval* **노즐**로 자주 불려지는 이유이다. 1905년에 Prandtl은 증기 터빈 유동과 제재소 주변의 톱밥의 움직임을 연구하기 위해 Göttingen에서 작은 마하수 1.5의 풍동을 만들었다.

그림 4.60 전체 사이즈 비행기를 시험하기 위한 충분한 아음속 풍동 크기. NASA Langley Research Center의 30 ft × 60 ft 풍동
(자료출처: *NASA*)

공기역학 시험을 위한 첫 실제 초음속 풍동은 1930년대 중반에 독일 Braunschweig에서 A. Busemann 박사에 의해 1929년에 개발되었다. "특성 곡선법(method of characteristics)" 기법을 사용하여 Busemann은 충격파가 없는 등엔트로피 유동을 생성하는 매끄러운 초음속 노즐 윤곽을 최초로 설계하였다. 그는 유동을 감속시켜 풍동을 효율적으로 작동시키기 위해 두 번째 목 하류를 갖는 디퓨저를 사용하였다. Busemann의 풍동 사진은

그림 4.61 풍동 건물에 동조한 거대한 사이즈를 보여주는 Ames 16 ft고속 아음속 풍동
(자료출처: *NASA Ames Research Center.*)

그림 4.62 1930년대 중반에 A. Busemann에 의해 만들어진 첫 번째 실제 초음속 풍동
(자료출처: *Courtesy of Adolf Busemann.*)

그림 4.62에 나타나 있다. 오늘날의 모든 초음속 풍동과 근본적으로 같아 보인다.

Busemann의 개발사례를 바탕으로, 독일인들은 제2차 세계 대전 동안 Peenemünde에 있는 연구소에서 두 개의 중요한 초음속 풍동을 만들어 V-2 로켓의 개발과 연구에 활용하였다. 전쟁 이후에 이 풍동들은 U. S Naval Ordnance Laboratory에 전부 옮겨졌다. (후에 한 풍동은 메릴랜드 대학으로 옮겨졌다.) 풍동은 20세 말까지 사용되었다. 한편, 미국에서 만들어진 최초의 초음속 풍동은 1944년에 California Institute of Technology에서 Theodore von Karman과 그의 동료에 의해 설계되었다. 그리고 CalTech과의 계약하에 매릴랜드 Aberdeen에서 육군탄두연구소(Army Ballistics Reseach Laboratory)에서 운용하였다. 이후 1950년대에 초음속 풍동의 전성기를 맞이하였다. 테네시의 Arnold Engineering Development Center (AEDC)에 설치된 공군의 초음속 풍동은 가장 큰 풍동 중 하나로, 가로 16 ft, 세로 16 ft이며 장시간 작동이 가능하였다.

그 당시에 대륙간 탄도 미사일(ICBM)의 개발이 거의 끝나가고 있었고, 1960년대의 우주 계획이 바로 이어지게 되었다. 비행체는 대기에서 3,6000 ft/s만큼 높은 극초음속 속도를 경험하게 되었다. 결국, 극초음속 풍동($M > 5$)에 대한 수요가 갑자기 제기된 것이다. 최초의 극초음속 풍동은 1947년에 Langley에서 NACA에 의해 운용되었다. 그것은 11 in^2 시험부에서 마하수 7을 낼 수 있는 능력을 가졌다. 3년 후 또 다른 극초음속 풍동이 Naval Ordnance Laboratory에서 작동하기 시작하였다. 이 풍동들은 공기의 온도가 액화점까지 떨어질 만큼 공기를 팽창시켜 극초음속을 얻는다는 점에서 초음속 풍동과 분명히 다르다. 공기의 액화를 방지하기 위해, 예전 것과 오늘날의 모든 극초음속 풍동은 노즐을 통해 공기가 팽창하여 온도가 떨어지기 전에 저장탱크의 가스를 가열해야 한다. 열전달은 고속 비행체의 중요한 문제이며, 이러한 열 문제는 비행체에 대한 지상 시험 시설을 전적으로 필요로 한다.

요약하자면, 현대 풍동 시설은 아음속부터 초음속까지의 비행 속도의 전체 스펙트럼을 포함한다. 이러한 풍동은 항공 공학기술에서 항상 필요한 부분이다. 이 간략한 역사적인 개요는 항공공학의 전통과 개발에 대한 식견을 제공한다.

4.25 역사적 기록: Osborne Reynolds와 레이놀즈수

4.15절부터 4.19절까지 식 (4.90)에서 $\mathrm{Re} = \rho_\infty V_\infty x/\mu_\infty$로 정의된 레이놀즈수에 대해 살펴보았다. 이것은 점성 유동의 지배적 무차원 변수이다. 경계층 두께, 표면마찰항력, 난류 유동에 대한 천이, 그리고 점성 유동의 많은 특성들은 레이놀즈수에 분명하게 의존한다. 사실, 우리는 레이놀즈수 그 자체가 물리적인 의미를 가짐을 쉽게 알 수 있다: 그것은 유체 유동에서 점성력에 대한 관성력의 비에 비례한다. 분명히 레이놀즈수는 유체역학에서 극히 중요한 무차원 파라미터이다. 레이놀즈수는 어디로부터 왔는가? 언제 처음 도입되었는가? 그리고 어떤 상황에서 사용되는가? 레이놀즈수는 한 남자의 이름을 따서 명명되었다: Osborne Reynolds. Reynolds는 누구였는가? 이 장은 이러한 질문들을 답할 것이다.

먼저 Osborne Reynolds라는 사람을 살펴 보자. 그는 1842년 10월 23일에 아일랜드 Belfast에서 태어났다. 그는 지적인 가정의 분위기 속에서 자랐다. 그의 아버지는 캠브리지

Queens College의 연구원으로, Belfast Collegiate School의 학장으로, Essex에서 Debham Grammar School의 교장으로 그리고 마침내 Suffolk에 있는 Debach-with-Boulge에서 총장을 역임하였다. Reynolds의 가정은 독실한 영국성공회교도 집안이었다. 게다가 그의 아버지, 할아버지, 증조부 모두 Debach에서 총장을 하였다. 이러한 배경으로, Osborne Reynolds는 Dedham에서 그의 아버지에 의해 조기 교육을 받게 되었다. Osborne은 10대부터 이미 기계 연구에 강렬한 흥미를 보였다. 그는 천부적인 소질을 갖고 있었다. 그는 캠브리지 대학에 다니기 전 1년 전부터 19세의 나이로 기계공학과에서 견습직으로 잠시 근무하였다. Reynolds는 캠브리지에서 매우 성공한 학생이었는데, 수학분야에서 최우수 학생의 명예를 가지고 졸업하였다. 1867년에 그는 캠브리지의 Queens College의 펠로우에 선출되었다. (그의 아버지도 이미 선출되었다.) 그는 런던의 John Lawson의 사무실에서 견습 토목공학자로서 1년을 근무를 했다. 그런데 1868년에 맨체스터에 있는 Owens College(후에 맨체스터 대학이 되었다)가 공과대학장을 선임하고자 하였다—이 분야의 두 번째 영국 대학. (첫 번째 토목 공학과는 1865년 런던의 University College에서 설립되었다.) Reynolds는 그의 지원서를 편지로 보내 학과장에 지원하였다.

> 저의 어린 시절을 기억해보면, 저는 과학이 기반이 되는 기계공학의 물리 법칙과 기계공학에 대해 거부할 수 없는 열정을 가지고 있었습니다. 어린 시절에 저는 아버지의 한결같은 가르침으로부터 많은 것을 배웠습니다. 또한 기계공학을 사랑하는 자이며 수학에서 상당한 성취를 이루었고 물리학에 적용하길 좋아하는 사람입니다.

그가 어리고 상대적으로 경험이 부족했음에도 불구하고 Reynolds는 맨체스터에서 학과장으로 임명되었다. 37년 후 1905년에 퇴임할 때까지 그는 맨체스터에서 교수로 근무하였다.

37년 동안, Reynolds는 역사상 고전역학을 이끄는 전문가들 중 한 명으로서 명성을 날렸다. 그가 맨체스터에서 보낸 첫 몇 해 동안, 그는 태양, 혜성과 같은 현상들의 전기력, 자기력 그리고 전자기 특성을 포함한 문제에 노력을 기울였다. 1873년 이후에 그는 유체역학에 집중하였는데, 이 분야에서 그는 혁혁한 공을 세웠다. 예를 들어, 그는 (1) 1874년에 유체에서 열전달과 마찰 전단응력과의 관계를 나타내는 Reynolds 유사성을 개발했다. (2) 어는점과 끓는점 사이 물의 평균적인 비열을 측정하였다. 그의 방법은 물리상수의 전통적인 결정 방법이 되었다. (3) 강 하구에서 물의 조류와 파동을 연구하였다. (4) 터빈과 펌프를 개발했다. 그리고 (5) 유체에서 음파의 전파를 연구하였다. 하지만 그의 가장 중요한 업적과 레이놀즈수에 대한 개념의 시작은 1883년에 "An Experimental Investigation of the Circumstances which Determine whether the Motion of Water in Parallel Channels Shall Be Direct or Sinuous, and of the Law of Resistance in Parallel Channels."라는 논문에서 확립되었다. *Proceedings of the Royal Society*에 출판된 이 논문은 처음으로 층류에서 난류 유동의 천이를 설명되었고 무차원화된 파라미터의 임계값과 천이를 연결시켰다. 이 값이 후에 레이놀즈수로 알려지게 된다. Reynolds는 파이프를 통과하는 물의 흐름에서 이 현상을 연구하였다. 그의 실험기구는 그림 4.63에 나타나 있는데, 1883년에 나온 그의 본래의 논문에서 발췌하였다. (현대의 사진 기술이 사용되기 전임을 주의하라. 몇몇 기술논문들은 실험기구에 대한 명쾌한 손그림을 포함하고 있다. 그 예가 그림 4.63이다.) Reynolds는 큰 저장탱크(reservoir)에 벨 마우스 입구를 통해 유리 파이프로 물을 채웠다. 물이 파이프를 통해 흐르면서, Reynolds는 벨 마우스의 입구에서 물줄기의 중간으로 염료를 넣었다. 파이프를 통해 흘렀던 염료 필라멘트에 발생한 현상이 그림 4.64에 묘사되어 있다. 이것 또한 1883년에 출판된 그의 원전에서 발췌하였다. 유동은 오른쪽에서 왼쪽으로 흐른다. 그림 4.64*a*에 보여 준 것처럼 만약 유동 속도가 작았다면, 얇은 염료 필라멘트는 매끄럽고 깔끔하게, 즉 질서 있게 염료와 나머지 물 사이의 분명한 경계가 있는 하류로 흘러갔을 것이다. 하지만 만약 유속이 증가한다면, 그림 4.64*b*와 같이 염료 필라멘트는 갑작스럽게 불안정해지고 전체 파이프에 퍼지게 될 것이다. Reynolds는 그림 4.64*a*에서 매끄러운 염료 필라멘트가 파이프에서 층류 유동과 일치했음을 명백하게 가리켰다. 반면에 그림 4.64*b*에서는 불안정하고 전체적으로 확산된 염료 필라멘트는 파이프에서 난류 유동으로 나타났다. 또한 오늘날에는 스토로브 불빛을 사용하지만, Reynolds는 순간적인 전기 불꽃에 의해 불이 비춰진 파이프 유동을 외관상으로 관찰함으로써 이 난류 유동의 자세한 정보를 연구하였다. 그는 그림 4.64*c*에서 그린 것처럼 많은 별개의 와동을 구성하는 난류 유동을 보았다. ρ는 물의 밀도, V는 평균 유동 속도, μ가 점성계수, D가 파이프의 지름일 때, 층류에서 난류 유동으로 바뀌는 천이는 $\rho VD/\mu$의해 정의된 파라미터가 어떤 임계값을 초과할 때 발생했다. 이 무차원화 파라미터는 처음으로 Reynolds에 의해 소개되었다. 후에 Reynolds수로 알려지게 되었다. Reynolds는 난류 유동이 발생되는 레이놀즈수의 임계값으로 2300을 측정하였다. Reynolds의 본래의 작업은 유체역학에서 연구의 새로운 장인 층류−난류 천이에 대한 연구를 촉발하였다. 이 영역은 오늘날에도 여전히 가장 중요한 부분 중 하나이며 공기역학에서 충분히 이해되지 못한 분야이다.

Reynolds는 높은 엄격성을 지닌 학자였다. 그 당시 공학 교육은 영국 대학들에게 새로웠다. 그리고 Reynolds는 교육의 적절한 방식에 대한 확고한 생각을 가졌다. 그는 학생들의 전문성에 상관없이 모든 공학생들이 수학, 물리, 특히 고전역학의 기초를 기반으로 일반적인 배경지식을 가질 수 있다고 느꼈다. 맨체스터에서 그는 토목공학과 기계공학의 기초를 다루는 체계적인 공학 교육과정을 체계화하였다. 아이러니하게도 강의실에서 강연자로서 교육에 대한 그의 강한 열정에도 불구하고 Reynolds는 아쉬움을 남겼다. 그의 강의는 따라가기 어려웠고, 그의 주제들은 관련성이 아예 없거나 거의 없어 혼란스러웠다. 그는 강의를 하는 동안 새로운 생각을 찾는 것으로 알려졌다. 그리고 강의의 나머지 시간을 칠판에 그 아이디어들을 해결하는 데 사용하였다. 겉보기에는 강의실에서 학생들을 의식하지 않는 것으로 알려졌다. 그는 학생들에게 하나하나 다 가르쳐주지 않았다. 그리고 형

그림 4.63 Reynolds의 유명한 관 유동 실험 장치. 이 그림은 참고문헌이 있는 그의 원 논문에서 가져왔다.

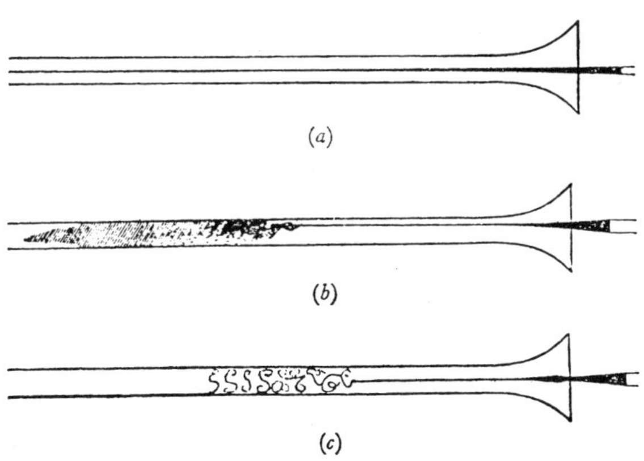

그림 4.64 Reynolds가 관찰하여 그린 관 유동의 난류 발달 과정. 이 그림은 참고문헌이 있는 그의 원 논문에서 가져왔다.

편없는 수많은 학생이 그의 시험을 통과하지 못했다. 그에 반해서, 최상위 학생들은 그의 강의를 즐겼고 그들을 자극하였다. Reynolds의 가르침을 받은 수 많은 학생들은 훌륭한 엔지니어와 과학자가 되었다. 가장 유명한 사람은 J. J. Thomson 경으로 이후에 캠브리지의 Cavendish 물리학 교수가 되었다. Thomson은 1897년에 전자의 존재를 처음으로 설명한 것으로 유명하다. 그는 1906년에 노벨상을 수상하였다.

Reynolds의 흥미진진한 연구 접근법과 관련하여, 그의 학생이자 동료이며 친구인 A. H. Gibson 교수는 Reynolds의 일대기를 알리기 위해 1946년에 British Council에 기고하였다:

> Reynolds의 문제에 대한 접근법은 근본적으로 개인주의적이었다. 그는 결코 문제에 대한 다른 이들의 생각을 읽는 대신 먼저 스스로 생각했다. 몇 가지 문제들에 대한 그의 접근법이 가지는 참신함은 보통 사람들이 따라가기 어려운 논문을 만들었다. 그가 말년에 쓴 논문들이 특히 더하다. 하지만 그의 상세한 물리학 논문들은 매력 있는 읽을거리가 되었고, 대중에게 얘기할 때 그의 연설은 명확한 설명의 본보기였다.

1900년대 초에 Reynolds의 건강이 악화되기 시작했고, 그는 1905년에 은퇴하였다. 그는 육체적으로나 정신적으로 상당히 힘든 일생을 보냈다. 특히 이러한 지적이고 성공한 학자에게 그의 말년은 특히 서글픈 상태였다. 그는 1912년에 영국의 Somerset에서 생을 마감하였다. 역사상 가장 유명한 유체역학자 중 한 명이며 Reynolds와 긴 시간 동안 동료로 지낸 Horace Lamb 경은 후에 Reynolds의 죽음에 대해 다음과 같이 기술하였다.

> Reynolds의 성격은 그의 글처럼 강하고 독특하다. 그는 자신이 하는 일의 가치를 알아챘지만 과학 세계의 성숙한 판단에 그 평가를 맡겼다. 자랑하자면, 그는 무색무취한 사람이었고, 인자한 미소로 다른 사람을 대하여 권위의식이 없는 사람이었다. 그는 그의 학생들에게 그들만의 방법으로 협력 속에서 소중한 일을 할 수있는 기회를 제공하는 것에 가장 관대하였다. 다소 심각하거나 개인적인 일에 말을 잘 하지 않았지만, 때때로 논쟁에 전투적이고 집요했던 그는 친구들과의 유쾌하고 다정한 삶의 평범한 관계를 즐겼다. 그는 유머에 예리한 감을 가졌고 반전 있는 역설에 즐거워하였다. 그는 깜짝 놀랄 만한 재주와 자산을 가지고 있으면서도 반은 심각하게, 반은 재미있는 삶을 유지하였다. 병마로 인해 그가 은퇴할 수밖에 없었던 때는 그의 학생들과 그의 동료들, 그리고 세계 곳곳에 있는 다른 친구들에 의해 통탄할 재앙으로 느껴졌다.

이 절의 목적은 유체역학에서 레이놀즈수의 역사적인 시작을 이해하는 것이었다. 지금부터 여러분은 레이놀즈수를 사용할 때 점성 유동을 지배하는 강력한 무차원 파라미터로 볼 뿐 아니라, 그것을 창시한 사람의 기념물로 대하길 바란다. 그는 19세기의 가장 유명한 유체역학자 중 한 명이다.

4.26 역사적 기록: Prandtl과 경계층 개념의 확립

공기역학의 현대 과학은 Isaac Newton까지 거슬러 올라야 뿌리를 찾을 수 있다. Isaac Newton은 그의 *Principia* (1687년)의 두 번째 책을 유체역학으로 채웠다—특히 "저항 법칙" (항력)의 공식. 그는 항력이 유체의 밀도, 속도 그리고 운동하는 물체 형태의 함수임을 주목하였다. 그런데 Newton은 항력에 대한 정확한 식을 만들어 낼 수 없었다. 그는 경사진 물체에서 항력이 받음각의 sine 제곱에 비례한다는 관계식을 유도했다. 훗날 Newton의 사인 제곱의 법칙은 "공기보다 가벼운(heavier-than-air) 비행의 불가능성"을 설명하기 위해 사용되었고, 결과적으로 19세기 비행기의 진보를 방해했다. 아이러니하게도 sine-squared law을 유도하여 Newton에 의해 사용된 물리적인 가정들은 근사적으로 극초음속 비행상태의 조건을 반영하고 있어서, 뉴턴 법칙은 1950년 이후로 높은 마하수의 비행체 설계에서 실제 사용되고 있다. 하지만 Newton은 유체에 전단응력이 작용하는 기술적 과정을 정확히 추론하였다. Principia 제2권의 제9장에서, Newton은 다음의 가설을 서술한다: "유체의 일부분에서 매끄러움이 부족하여 발생하는 저항은 유체와 물체가 서로 분리되는 부분의 속도와 비례한다. " 이것은 층류 유동에 대한 마찰 법칙의 역사상 첫 진술이고, "뉴턴 유체(Newtonian fluid)"에 대한 식 (4.89)로 표현된다.

유체의 동적 항력을 이해하기 위한 추가적인 시도들은 프랑스인 수학자 Jean le Rond d'Alembert에 의해 이루어졌다. 그는 편미분 방정식의 수학을 이끈 편미분의 미적분학을 개발하여 널리 알려졌다. 1768년에 d'Alembert는 2차원 물체에 대해 움직이는 유체에서 비압축성, 비점성(마찰이 없는) 유동에 대한 운동방정식을 적용하였고, 항력이 얻어지지 않음을 발견하였다. 그는 "나는 그때 만족할 만한 이론으로 유체의 저항을 어떻게 설명할 수 있는지 알지 못했음을 인정한다. 그것은 나에게 이 이론과 반대로 보인다. 엄청나게 주목하여 배우고 다루었던 이 이론은, 대부분의 경우에 저항이 절대적으로 0이란 결과를 제시한다는 점은 상당히 역설적으로 보인다. 내가 기하학자들에게 설명을 넘기는 유일한 역설이다"라고 썼다. 항력이 0인 이론적인 결과는 사실 d'Alembert에 의해 확실히 인정되었던 역설이다. d'Alembert는 또한 항력에 대한 실험적인 연구를 수행하였고 항력이 속도의 제곱에 비례한다는 것을 처음으로 발견한 사람들 중 하나이다. 이것은 5.3절에서 유도되고 식 (5.18)로 기술된다.

d'Alembert의 역설은 고전적 이론에서 마찰을 무시했기 때문에 발생한다. 한 세기가 지나서야 비로소 M. Navier (1785~1836)와 George Stokes (1819~1903)의 작업을 바탕으로 마찰의 영향이 고전적인 운동방정식에 적절하게 포함되었다. 유체역학의 고전 방정식으로 오늘날 흔히 Navier–Stokes 방정식이라고 일컬어지고 있다. 하지만 일반적으로 그것들은 비선형 방정식이고 해결하는 것이 매우 어렵다; 게다가, 현대 고속 디지털 컴퓨터의 수치적인 힘으로만 일반적인 유동장에 대한 Navier–Stokes 식의 "정확한(exact)" 해를 구할 수 있게 된다. 또한 19세기에 Osborne Reynolds (1842~1912)에 의해 층류에

서 난류로의 천이에 대한 첫 실험이 수행되었다. 이것은 4.25절과 관련되어 있다. 1883년에 "An Experimental Investigation of the Circumstances which Determine whether the Motion of Water in Parallel Channels Shell Be Direct or Sinuous, and of the Law of Resistance in Parallel Channels"라는 주제로 발표한 최고 수준의 논문에서 Reynolds는 파이프 유동에서 색이 있는 염료의 필라멘트를 발견했다. 그리고 층류로부터 난류 유동의 천이가 항상 무차원화된 수 $\rho VD/\mu$의 같은 값에 근사적으로 일치했다. D는 파이프의 지름이다. 이것은 4.15절에서 정의된 레이놀즈수의 근원이었다. 그리고 4.25절에서 상세히 논하였다.

그러므로 Wright 형제가 처음으로 비행에 성공한 20세기 초에도 이론적인 유체역학은 항력에 대한 실제 결과를 이끌어내지 못하였다. 이러한 상황이 1875년 2월 4일에 독일 Bavaria의 Freising에서 Ludwig Prandtl이 태어났을 때의 환경이었다. Prandtl은 천재였다. 그는 거대한 복합적인 물리현상을 파헤치는 재능을 가지고 있었다. 가장 중요한 점을 찾고 간단한 수학적인 형태로 단순화하였다. 물리학자로 교육받은 Prandtl은 1904년에 독일의 Göttingen Univerity에서 응용역학 교수로 임명되어, 그는 1953년에 죽을 때까지 교수직을 맡았다.

1902년부터 1904년까지의 기간에 Prandtl은 유체역학에 가장 중요한 공헌들 중 하나를 만들어내었다. 물체 위 점성 유동에 대한 생각을 통해, 그는 표면에서 유동 속도가 0으로 판단했고 만약 레이놀즈수가 충분히 높다면 마찰의 영향은 표면 근처 얇은 경계층에 제한됨을 추론하였다. [Prandtl은 처음에 이 층을 천이층(transition layer)이라 불렀다.] 그러므로 유동장의 분석은 2개의 각각의 영역으로 분리될 수 있다: 하나는 마찰이 포함된 표면에 가까운 영역, 그리고 다른 하나는 마찰이 무시되는 멀리 떨어져 있는 영역이다. 역사상 가장 중요한 유체역학 논문들 중 하나는 "Uber Flussigkeitsbewegung bei sehr kleiner Reibung"이다. Prandtl은 1904년에 Heidelburg에서 개최된 제3회 세계수학자학회에서 그의 생각을 보고했다. 이 논문에서 Prandtl은 말했다.

> 유체와 고체 물체 사이의 경계층에서 나타나는 물리적인 과정에 대한 매우 만족스러운 설명은 벽에서 유동의 접착력이 존재한다는 가설에 의해 얻게 될 수 있다. 그 가설은 유체와 벽 사이의 상대적인 속도가 0이라는 가설이다. 만약 점성이 매우 작고 벽을 따라 유동선이 매우 길지 않다면 유체 속도는 벽으로부터 매우 짧은 거리에서 수직 값으로 다시 시작해야 한다. 하지만 얇은 천이층에서 마찰계수가 작음에도 속도의 급격한 변화가 현격한 차이를 만든다.

같은 논문에서, Prandtl의 이론은 유동 박리 예측에 적용된다:

> 어떤 경우에, 외부 조건에 의해 전적으로 결정된 어떤 점에서 유체 흐름은 벽으로부터 박리해야 한다. 벽에서 마찰에 의해 회전(rotation)이 시작되어 자유유동이 되는 유체의 층이 있어야만 함을 암시한다.

Prandtl의 경계층 가설은 Navier-Stokes 방정식을 더 간략한 형태로 단순화시킬 수 있게 한다. 1908년에 Prandtl과 그의 한 학생인 H. Blasius는 평판 위 층류 유동에 대한 더 간단한 경계층 방정식을 풀었다. 그 결과 식 (4.91)과 (4.93)에 각각 주어진 경계층 두께와 표면마찰항력에 대한 식을 얻었다. 마침내 몇 세기의 노력으로 마찰로 인한 유체역학적 항력을 설명하는 최초의 합리적인 저항 법칙을 유도해 내었다.

Prandtl의 업적은 천재의 일격과 같았고 이론 공기역학에 혁신을 일으켰다. 하지만 언어의 장벽으로 인해 세계 곳곳의 학계로 느리게 확산되었다. 경계층 이론에 진지한 공을 세운 것은 1920년대까지 영국과 미국에서 드러나지 않았다. 당시 Göttingen에서 Prandtl과 그의 학생들은 그것을 다양한 공기역학적인 형상에 적용하였고 난류의 영향을 포함하였다.

Prandtl은 공기역학의 아버지라 불리고, 그렇게 불리는게 마땅하다. 그의 공헌은 경계층 이론을 넘어서는 것이었다. 예를 들어, 그는 제5장에 나온 것처럼 날개의 양력과 항력에 관한 이론을 개발한 선구자였다. 게다가, 그는 유체역학보다 더 많은 영역에 관심을 두었다—그는 또한 구조역학에도 몇 가지 중요한 기여를 하였다.

Prandtl의 사생활에 관한 기록에 따르면, 그는 인류의 많은 거인들이 그러하였듯이 한 가지 목적에 몰두하였다. 하지만 일에 대한 과도한 집착은 삶 자체에 대해 무관심하게 만들었다. Prandtl의 가장 훌륭한 학생 중 한 명인 Theodore von Karman은 Prandtl은 사회활동에 참여하는 것보다 아이들 장난감을 살펴보는 데 더 흥미가 있었던 것 같다고 말하였다. Prandtl이 거의 40이 되었을 때, 갑작스레 결혼을 결정하였고 그의 친구에게 두 딸 중 하나와 결혼해도 되겠는지를 묻는 편지를 썼다. Prandtl은 둘 중 누구인지 신경쓰지 않았다! 1930년대와 1940년 초에 Prandtl은 정치적인 문제에 대해 복잡한 감정을 가졌다. 그는 히틀러 나치 정권하에 Göttingen에서 그의 연구를 계속했다. 하지만 계속된 사건들의 전개에 혼란스러워졌다. von Karman은 그의 전기에서 Prandtl에 대해 다음과 같이 쓴다.

> 나는 Prandtl이 나치에게 굴복한 직후 마지막으로 그를 한 번 더 보았다. 그는 슬픈 모습이었다. 그가 슬퍼하듯이, Göttingen에 있는 그의 집의 지붕은 미국인들의 폭탄에 의해 파괴되었다. 그는 왜 그에게 이러한 상황이 왔는지 이해할 수 없었다! 그는 또한 독일의 붕괴에 의해 깊게 흔들렸다. 그는 그 이후 기상학에서 몇 가지 연구에 관여했지만 몇 년 만에 생을 마감했다. 나는 상처받은 사람은 인류가 가는 길에서 여전히 당혹스러움을 느낀다고 믿는다.

Prandtl은 1953년 8월 15일에 Göttingen에서 죽었다. 역사상 어떤 유체역학자나 공기역학자도 Prandtl만큼 노벨상을 받을 자격에 가까이 간 사람은 없었다. 왜 그가 결코 받을 수 없었는지는 대답할 수 없는 질문이다. 하지만 비행체가 존재하는 동안, 그리고 사람들이 유체역학의 원리를 공부하는 동안 Ludwig Prandtl의 이름은 후세에도 소중히 간직하게 될 것이다.

4.27 요약과 복습

편안한 마음으로 이 장에서 소개된 공기역학의 기본개념에 대해 다시 생각해 보자. 복잡한 식을 제외하고 이 장의 학문적 개념을 복습할 것이다. 즉 "공식 없는 공기역학" 토론을 제안한다. 방정식들은 이 장의 끝부분에서 다룬다.

공기역학을 공부할 때 지도교수님 중 한 분께서는 "공기역학은 연속방정식, 운동량방정식, 에너지방정식, 이 세 가지 방정식만 사용하기 때문에 쉬운 과목이다"라고 말씀하셨다. 이 지혜로운 말씀은 시간이 갈수록 가슴으로 와 닿게 된다. 공기역학의 모든 것은 실제로 세 가지 근본원리에 기초하고 있다: (1) 질량은 보존된다; (2) 뉴턴의 제2법칙, 즉 힘은 질량과 가속도의 곱으로 표현된다; (3) 에너지는 보존된다. 우리는 이 세 가지 물리학 원리를 가지고 이 장을 시작했고, 각각을 수학적 언어인 연속, 운동량, 에너지방정식으로 표현하였다. 실제로 이 장의 전체에 걸쳐 유도된 다른 모든 식들은 이 세 가지 방정식의 어떤 형태에서 도출되었다. 바로 이 점이 이 장에서 다룬 거의 모든 식들을 근본 방정식에서부터 유도하는 데 시간을 쓴 이유이다. 되돌아 가서 유도 과정을 다시 살펴보면 세 가지 방정식의 어떤 형태에서 기인함을 추적할 수 있을 것이다.

단지 세 가지 근본원리에 기초하고 있음에도 불구하고, 공기역학을 매우 흥미롭게 만드는 것은 거의 무한한 수의 유동형태에 이 원리들을 적용하는 것이 도전적이기 때문이다. 근본원리의 응용으로서 이 장에서 찾은 서로 다른 수 많은 관계식들을 유도하였다. 그러나 모든 것은 아니다. 그림 4.1의 로드맵은 서로 다른 개념과 궁극적으로는 모든 종류의 방정식을 더 잘 이해하도록 돕는다. 게다가 물리적 식견을 결코 잊지 말길 바란다. 관계식 하나 하나가 물리적 의미가 있다.

이 책의 모든 장에서도 마찬가지이지만, 이 장의 또 다른 면은 단지 **"정의"**에 있다. 여러분은 지금 학문적 식견과 기술적 용어를 넓히는 과정에 있다. 정의는 새로운 주제를 배울 때 가장 본질적인 부분이다. 또한 정의는 대부분 어렵고 간결하다. 정의는 단어나 수식 또는 두 가지 모두의 형태로 무엇을 뜻하는지를 나타낸다. 정의는 기술적인 언어를 사용하는 다른 과학기술자와 정의를 아는 사람과 소통하는 방법이 된다. 이 장에서 표현된 상당히 중요한 정의들 몇 가지는 다음과 같다.

1. 비압축성 유동: 일정한 밀도를 가지는 유동
2. 압축성 유동: 밀도가 변하는 유동
3. 질량 유량(*mass flow*): 단위 시간에 단면적 A를 지나는 질량
4. 단열 과정: 열이 가해지거나 제거되지 않는 과정
5. 가역 과정: 마찰이나 다른 소멸 효과(dissipative effect)가 없는 과정
6. 등엔트로피 과정: 단열이고 가역적인 과정
7. 마하수: 속도를 음속으로 나눈 값

8. 아음속 유동: 마하수가 1보다 작은 곳의 유동

9. 음속 유동: 마하수가 1인 곳의 유동

10. 초음속 유동: 마하수가 1보다 큰 곳의 유동

11. 정압: 특정한 방향성 없이 움직이는 분자의 자유운동으로 인해 발생하는 압력

12. 전압: 한 점에서 유동이 등엔트로피 과정으로 서서히 속도가 줄어 0이 될 때 느끼는 압력

13. 동압: $\rho V^2/2$

14. 등가 속도(*equivalent airspeed*): 주어진 고도에서 항공기가 비행할 때 표준 해수면 조건에서와 같은 동압을 가지는 항공기의 속도

15. 레이놀즈수: $\rho Vx/\mu$

16. 국소 마찰항력계수: τ_w/q_∞

17. 총 마찰항력계수: $D_f/q_\infty S$

18. 역압력 구배: 유동의 흐름 방향으로 압력이 증가하는 유동의 영역에서 압력변화율

19. 순압력 구배: 유동의 흐름 방향으로 압력이 감소하는 유동의 영역에서 압력변화율

주: 이 장에서 더 많은 정의를 다루었다; 나열된 정의는 단지 기초 공기역학에서 자주 다루는 것들 중의 일부에 불과하다.

이 장에서 다양한 형태의 유동을 정의하고 분류하였다. 자연에서는 이러한 유동의 분류가 의미가 없겠지만, 우리는 지식을 배양하고 그런 유동들을 계산해야만 한다. 많은 경우에 비압축성 유동은 밀도가 일정하기 때문에 가장 간단히 계산할 수 있는 형태의 유동이다. 압력과 속도는 베르누이 방정식을 통해 직접 연관된다. 마하수가 0.3 이하인 많은 저속 유동은 비압축성으로 쉽게 가정할 수 있다. 한편, 고속 유동은 밀도와 온도의 현저한 변화를 동반하므로 압축성으로 다루어야 한다. 압축성 유동의 경우, p, ρ, V, T가 밀접히 연관되어 있으므로 지배방정식을 상태방정식과 함께 풀어야 한다. 다행히, 자연에 존재하는 많은 압축성 유동의 응용문제는 가역적이고 단열에 가까운 유동 상태를 가지고 있다. 이러한 유동은 등엔트로피 상태로 가정할 수 있다. 등엔트로피 유동에서는 압력, 밀도, 온도 간에 성립하는 특별한 관계를 이용해 압축성 유동의 해석을 매우 간단히 할 수 있게 된다. 노즐 유동, 로켓 엔진 유동, 항공기의 아음속 압축성 유동, 피토관을 사용한 아음속 속도 측정 등 많은 문제를 계산하는 데 활용할 수 있다. 반면, 많은 초음속 유동은 충격파를 포함하는데, 충격파는 등엔트로피 과정이 아니므로 특별한 해석이 필요하다.

마지막으로, 서로 다른 형태의 유동에 공통적으로 적용되는 질문이 있다. 마찰의 효과가 얼마나 중요한가? 이 장의 첫 80%에서는 마찰의 효과를 무시한 채 유동을 다루었다. 그러나 마찰은 물체 표면에서 유동 속도를 느리게 만들기 때문에, 표면 근처의 유동 영역에서 언제나 중요하다. 우리는 마찰의 영향을 받은 물체 표면의 얇은 영역을 경계층으로 생각한다. 경계층 해석에는 완전히 다른 접근법이 필요한데, 이 장의 마지막 부분에서 다루

었다. 마찰이 있는 유동을 점성 유동이라 정의한다. 예를 들어, 비압축성 점성 유동 또는 압축성 점성 유동을 생각할 수 있다. 표면의 표면마찰을 계산하거나, 유동 박리로 인한 압력의 변화를 고려할 때 점성 유동을 다루어야 한다.

이제 복습한 개념으로부터 나오는 중요한 관계식을 요약해 보자. 그림 4.1의 로드맵으로 돌아가서 모든 항목들을 복기하고 각각의 방정식과 각 개념을 연결하면서 요약을 진행해 보자.

1. 공기역학의 기본 방정식은 다음과 같다.

Continuity $$\rho_1 A_1 V_1 = \rho_2 A_2 V_2 \tag{4.2}$$

Momentum $$dp = -\rho V\, dV \tag{4.8}$$

Energy $$c_p T_1 + \tfrac{1}{2} V_1^2 = c_p T_2 + \tfrac{1}{2} V_2^2 \tag{4.42}$$

이 식들은 압축성 유동에 적용할 수 있다. 비압축성 유동의 경우 아래와 같다.

Continuity $$A_1 V_1 = A_2 V_2 \tag{4.3}$$

Momentum $$P_1 + \rho \frac{V_1^2}{2} = p_2 + \rho \frac{V_2^2}{2} \tag{4.9a}$$

식 (4.9a)를 베르누이 방정식이라 부른다.

2. 등엔트로피 유동에서 두 점 사이의 압력, 밀도, 온도의 변화는 다음과 같다.

$$\frac{p_2}{p_1} = \left(\frac{\rho_2}{\rho_1}\right)^{\gamma} = \left(\frac{T_2}{T_1}\right)^{\gamma/(\gamma-1)}$$

3. 음속

$$a = \sqrt{\left(\frac{dp}{d\rho}\right)_{\text{isentropic}}} \tag{4.48}$$

완전기체인 경우 이 식은 다음과 같이 표현된다.

$$a = \sqrt{\gamma R T} \tag{4.54}$$

4. 전압 p_0를 계측할 수 있는 피토관으로 얻는 기체 유동의 속도. 비압축성 유동의 경우,

$$V_1 = \sqrt{\frac{2(p_0 - p_1)}{\rho}} \tag{4.66}$$

아음속 압축성 유동의 경우,

$$V_1^2 = \frac{2a_1^2}{\gamma - 1}\left[\left(\frac{p_0}{p_1}\right)^{(\gamma-1)/\gamma} - 1\right] \tag{4.77a}$$

초음속 유동의 경우, 피토관 앞에서 발생하는 충격파를 고려하기 위해 식 (4.77a) 대신

에 식 (4.79)를 사용하여 마하수를 얻는다.

5. 등엔트로피 유동의 면적-속도 관계식

$$\frac{dA}{A} = (M^2 - 1)\frac{dV}{V} \tag{4.83}$$

이 식에서 (1) 아음속 유동의 경우, 수렴형 덕트에서 속도가 빨라지고 발산형 덕트에서는 속도가 느려진다; (2) 초음속 유동의 경우, 수렴형 덕트에서는 속도가 느려지고 발산형 덕트에서는 속도가 빨라진다; (3) 음속 유동은 면적이 최소인 곳에서만 발생할 수 있다.

6. 등엔트로피 유동의 관계식은 다음과 같다.

$$\frac{T_0}{T_1} = 1 + \frac{\gamma - 1}{2} M_1^2 \tag{4.73}$$

$$\frac{p_0}{p_1} = \left(1 + \frac{\gamma - 1}{2} M_1^2\right)^{\gamma/(\gamma-1)} \tag{4.74}$$

$$\frac{\rho_0}{\rho_1} = \left(1 + \frac{\gamma - 1}{2} M_1^2\right)^{1/(\gamma-1)} \tag{4.75}$$

여기서 p_0, T_0, ρ_0는 각각 전압, 전온도, 전밀도를 나타낸다. 등엔트로피 유동의 경우에 유동 전체에서 전압은 일정하다. 마찬가지로 전온도와 전밀도도 일정하다.

7. 점성 효과는 물체 표면을 따라 경계층을 형성한다. 경계층 내에서 유동은 속도가 느려져서 물체 표면에서는 속도가 0이 된다. 벽면에서의 전단응력은 다음과 같다.

$$\tau_w = \mu\left(\frac{dV}{dy}\right)_{y=0} \tag{4.89}$$

전단응력은 층류 경계층에 비해 난류 경계층에서 더 크게 발생한다.

8. 평판 위에 발생하는 층류 비압축성 경계층의 경우,

$$\delta = \frac{5.2x}{\sqrt{\mathrm{Re}_x}} \tag{4.91}$$

$$C_f = \frac{1.328}{\sqrt{\mathrm{Re}_L}} \tag{4.98}$$

여기서 δ는 경계층 두께이고, C_f는 총 표면마찰 항력계수, Re는 레이놀즈수이다.

$$\mathrm{Re}_x = \frac{\rho_\infty V_\infty x}{\mu_\infty} \quad \text{국소 레이놀즈수}$$

$$\mathrm{Re}_L = \frac{\rho_\infty V_\infty L}{\mu_\infty} \quad \text{평판 레이놀즈수}$$

여기서 x는 평판을 따라 이동한 거리이고, L은 평판의 전체 길이를 나타낸다.

9. 평판 위에 발생하는 난류 비압축성 경계층의 경우,

$$\delta = \frac{0.37x}{\mathrm{Re}_x^{0.2}} \tag{4.99}$$

$$C_f = \frac{0.074}{\mathrm{Re}_L^{0.2}} \tag{4.101}$$

표면의 실제 유동에서 경계층은 층류로 시작하여 난류 유동으로 변화한다. 난류 유동의 특성이 나타나기 시작하는 지점을 천이점이라 하고 x_{cr}로 표시한다. 천이가 발생하는 임계 레이놀즈수는 다음과 같이 정의한다.

$$\mathrm{Re}_{x_{cr}} = \frac{\rho_\infty V_\infty x_{cr}}{\mu_\infty} \tag{4.104}$$

10. 경계층이 역압력 구배(유동 방향으로 압력이 증가하는 영역) 상태가 되면, 표면에서 박리하기 쉽다. 익형이나 날개 위에서 이러한 유동 박리는 양력을 감소시키고 항력을 증가시킨다.

참고문헌

Airey, J. "Notes on the Pitot Tube." *Engineering News*, vol. 69, no. 16, April 17, 1913 , pp. 782 – 783.

Anderson, J. D. , Jr. *A History of Aerodynamics and Its Impact on Flying Machines*. Cambridge University Press, New York, 1998.

——— *Fundamentals of Aerodynamics*, 5th ed. McGraw–Hill , New York, 2011 .

——— "Ludwig Prandtl's Boundary Layer."*Physics Today*, vol. 58, no. 12, December 2005, pp. 42 – 48.

Goin, K. L. "The History, Evolution, and Use of Wind Tunnels." *AIAA Student Journal*, February 1971, pp. 3 – 13.

Guy , A. E."Origin and Theory of the Pitot Tube. "*Engineering News*, vol. 69, no. 23, June 5, 1913, pp. 1172 – 1175.

Kuethe, A. M. , and C. Y. Chow. *Foundations of Aerodynamics*, 3rd ed. , Wiley, New York, 1976.

Pope, A. *Aerodynamics of Supersonic Flight*. Pitman, New York, 1958.

von Karman, *T. Aerodynamics*. McGraw–Hill, New York, 1963.

연습문제

4.1. 발산형 덕트를 통해 흐르는 물의 비압축성 유동을 고려하라. 입구 속도와 면적은 각각 5 ft/s, 10 ft^2 이다. 출구의 면적은 입구보다 4배가 크다면, 출구에서 물의 속도를 계산하라.

4.2. 문제 4.1에서 입구와 출구의 압력차를 계산하라. 물의 밀도는 62.4 lbF/ft^3이다.

4.3. 표준 고도 3 km에서 60 m/s의 속도로 비행하는 항공기를 고려하라. 날개 위 한 점에서 공기

의 유속은 70 m/s이다. 비압축성 유동을 가정하고, 이 점에서 압력을 계산하라.

4.4. 1919년에서 1930년까지 초창기에 많은 저속 항공기의 속도를 측정하는 데 사용한 장치는 벤츄리관(venture tube)이었다. 이 장치는 사실 수렴–발산형 덕트이다. [전방의 단면적 A는 흐름방향으로 좁아지고, 후방의 단면적은 반대로 증가한다. 덕트의 입구와 출구 사이에서 면적이 최소가 되는 지점을 **노즐목**(*throat*)이라 한다.] 아래 그림을 보라. A_1과 A_2는 입구와 노즐목의 면적을 각각 나타낸다. p_1과 p_2는 입구와 노즐목에서 압력을 의미한다. 벤츄리관은 항공기의 특정 위치에 장착되는데, 벤츄리관 입구 속도 V_1이 자유류 속도가 되도록 동체의 앞쪽이나 날개에 장착된다. 면적비 A_2/A_1와 압력차 $p_1 - p_2$를 안다면, 항공기의 속도를 결정할 수 있다. 예를 들어, $A_2/A_1 = 1/4$이고, $p_1 - p_2 = 80\ \text{lb/ft}^2$라면, 표준 해수면에서 비행하는 항공기의 속도는 얼마인가?

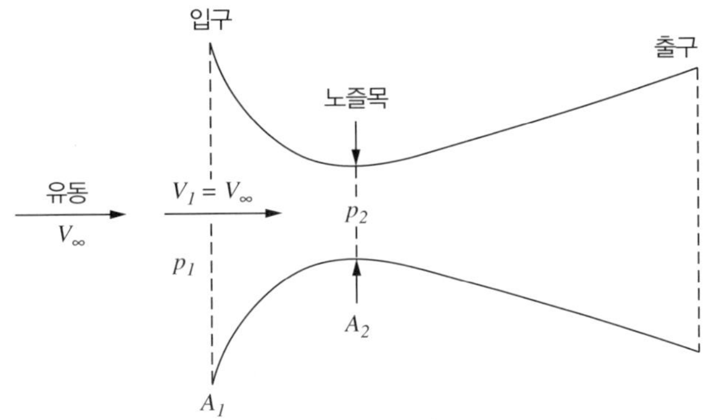

4.5. 그림 4.4에 설명된 벤츄리관과 같은 수렴–확산형 덕트에서 공기의 흐름을 고려하라. 입구, 노즐목, 출구에서 면적은 각각 3, 1.5, 2 m²이다. 입구와 출구의 압력은 각각 1.02×10^5, 1.00×10^5 N/ m²이다. 표준 대기의 밀도값을 가지는 비압축성 유동일 때 노즐목에서 유속을 구하라.

4.6. 표준 고도 5,000 ft에서 130 mi/h의 속도로 비행하는 항공기를 고려하라. 날개 위 한 점에서 압력이 1,750.0 lb/ft²이다. 비압축성 유동을 가정하고, 이 점에서 유속을 계산하라.

4.7. 해수면에서 최대 속도가 90 m/s인 저속 항공기를 설계한다고 상상하라. 유속측정을 위해 면적비가 1.3:1인 벤츄리관을 사용한다. 조종석 내부의 속도계는 벤츄리관의 압력차 $p_1 - p_2$를 계측하는 압력계에 연결되어 있다. 압력계에서 계측할 수 있는 압력차의 최대값은 얼마인가?

4.8. 초음속 노즐 또한 수렴–발산형 노즐이고, 큰 저장탱크에서 노즐 입구로 공기가 공급된다. 저장탱크에서 압력과 온도는 각각 10 atm, 300 K이다. 노즐 출구에서 압력은 1 atm이다. 출구에서 유동의 온도와 밀도를 계산하라. 이때 유동은 등엔트로피이며 압축성이라 가정한다.

4.9. 초음속 노즐에서 저장탱크와 출구의 압력비 p_0/p_e와 저장탱크의 온도 T_0의 함수로 노즐 출구의 속도를 표현하는 관계식을 유도하라.

4.10. 표준 고도 5 km에서 270 m/s로 비행하는 항공기를 고려하라. 항공기 날개 위 한 점에서 유속이 330 m/s일 때, 이 점에서 압력을 계산하라.

4.11. 초음속 노즐의 질량 유량이 1.5 lbm/s이다. 출구 속도는 1,500 ft/s, 저장탱크의 온도와 압력은 각각 1,000°R, 7 atm이다. 노즐 출구의 단면적을 계산하라. 공기의 경우, $C_p = 6000$ ft · lb/(slug)(°R)이다.

4.12. 표준 고도 50, 000 ft에서 1,500 mi/h의 속도로 비행하는 초음속 항공기를 고려하라. 날개 위 한 점에서 온도가 793.32°R일 때, 이 점에서 유속을 계산하라.

4.13. 문제 4.12의 항공기에 장착된 제트 엔진의 입구 단면적은 20 ft^2이다. 입구로 들어오는 공기의 특성은 항공기 앞 자유류의 값과 같다고 가정하라. 엔진 내부를 흐르는 공기 1 lb당 매 초 0.05 lb의 연료가 분사되고 있다. 즉, 연료-공기 질량비가 0.05이다. 엔진 출구를 통해 빠져나가는 질량 유량을 slugs/sec 단위로 구하라.

4.14. 문제 4.11의 노즐 출구에서 마하수를 계산하라.

4.15. 표준 고도 13 km에서 250 m/s로 비행하는 Boeing 747기의 마하수를 구하라.

4.16. 표준 해수면 조건에서 마하수 3으로 비행하는 고속 미사일의 속도를 mi/h 단위로 구하라.

4.17. 문제 4.12의 초음속 항공기의 마하수를 계산하라.

4.18. 노즐의 수축비가 1:20인 저속 아음속 풍동을 고려하라. 수은 압력계(manometer)의 한쪽은 정체 탱크에, 다른 쪽은 시험부에 물려 있다. 시험부에서 압력과 온도는 각각 1 atm과 300 K이다. 시험부의 유속이 80 m/s일 때, 수은기둥의 높이차는 얼마인가?

4.19. 저속 아음속 풍동의 시험부에서 유동의 속도가 200 mi/h가 되도록 작동하길 원한다. 아래 그림과 같이 서로 다른 두 형태를 고려하라: (*a*) 노즐, 면적이 일정한 시험부, 주변 대기에 개방되어 있는 시험부의 출구(즉, 디퓨저가 없는 경우); (*b*) 노즐, 시험부, 디퓨저의 일반적인 배치. (*a*)와 (*b*) 두 풍동 모두에 대해서, 시험부에서 주어진 속도 조건을 가지도록 하는 압력차 $p_1 - p_2$를 계산하라. (*a*) 풍동의 입구 단면적은 20 ft^2이고, 시험부의 단면적은 4 ft^2이다. (*b*) 풍동의 경우에 뒤에 붙어 있는 디퓨저의 출구 면적은 18 ft^2이다. 계산이 끝난 후에 두 풍동에 대한 답을 비교하라. 어떤 풍동이 총 압력차가 더 적은가? 아음속 풍동에서 디퓨저의 압력차에 관해 무엇을 말할 수 있는가?

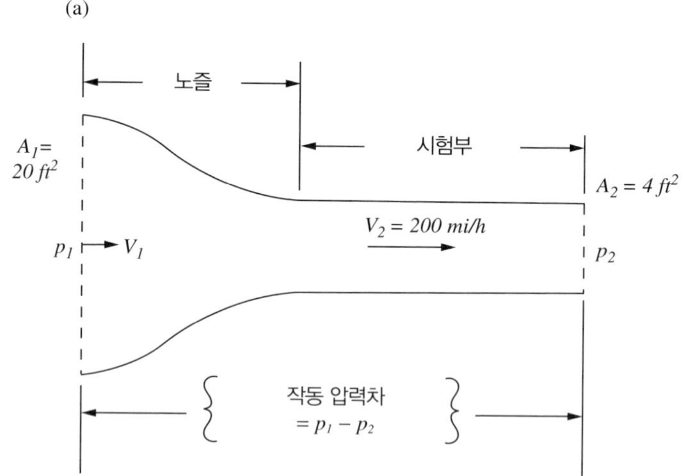

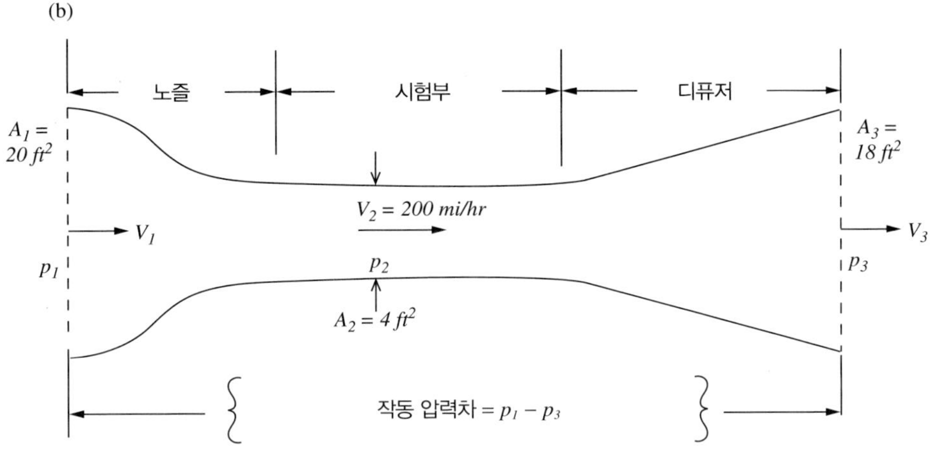

4.20. 저속 아음속 풍동의 시험부에 피토관이 장착되어 있다. 시험부의 유동 속도, 정압, 온도는 각각 150 mi/h, 1 atm, 70°F이다. 피토관에서 측정한 압력을 구하라.

4.21. 저속 Piper Aztec의 고도계가 8,000 ft를 지시하고 있다. 날개 끝단에 장착된 피토관의 압력은 1,650 lb/ft²이다. 바깥 대기 온도가 500°R이라면, 항공기의 실제 속도와 등가 속도는 얼마인가?

4.22. 저속 항공기의 고도계가 2 km를 지시하고 있다. 속도계는 50 m/s를 지시한다. 바깥 대기 온도가 280 K라면, 항공기의 실제 속도는 얼마인가?

4.23. 고속 아음속 풍동의 시험부에 피토관이 장착되어 있다. 공기 흐름의 압력과 온도는 각각 1 atm, 270 K이다. 유속이 250 m/s일 때, 피토관에서 측정한 압력은 얼마인가?

4.24. 고속 아음속 Boeing 777 에어라이너가 12 km의 압력 고도(pressure altitude)에서 비행하고 있다. 수직 꼬리날개에 장착된 피토관에서 압력이 $2.96 \times 10^4 \text{N/m}^2$이면, 항공기의 마하수는 얼마인가?

4.25. 고속 아음속 항공기의 마하수가 0.65이다. 날개 끝단에 장착된 피토관에서 압력을 2339 lb/ft²로 측정하였다. 고도계가 지시하는 고도는 얼마인가?

4.26. 고성능 F-16 전투기가 해수면에서 마하수 0.96으로 비행하고 있다. 날개의 선두부에 있는 정체점에서 공기의 온도는 얼마인가?

4.27. 어떤 항공기가 10 km의 압력 고도에서 596 m/s로 비행하고 있다. 외기 온도는 220 K이다. 항공기 전방에 설치된 피토관에서 측정한 압력은 얼마인가?

4.28. 동압은 $q = 0.5\rho V^2$로 정의된다. 고속 유동에서는 마하수가 자주 사용되는데, 동압을 압력 p와 마하수 M으로 표현하면 유용하다. 동압에 대한 관계식 $q = q(p, M)$을 유도하라.

4.29. 우주 왕복선이 지구궤도에서 임무를 마치고 지구 대기로 다시 들어올 때, 매우 높은 마하수가 발생한다. 대기를 뚫고 들어옴에 따라 공기 저항으로 인해 점점 속도가 느려지게 된다. (이 내용은 제8장에서 다룬다.) 대기 진입 시, 왕복선은 다음과 같이 고도 h에서 마하수 M으로 비행한다:

h, km	60	50	40	30	20
M	17	9.5	5.5	3	1

비행 경로상의 각 지점에서 해당하는 자유류의 동압을 계산하라. 문제 4.28의 결과를 사용하길 권한다. 왕복선이 대기로 진입함에 따라 동압의 변화를 살펴보라.

4.30. 표준 해수면에서 마하수 2의 유동에서 전압을 계산하라. (*a*) 앞이 무딘 물체의 전면에서 정체점 압력, (*b*) 베르누이 방정식으로 계산한 전압을 비교하라. 물론 베르누이 방정식은 이 경우에 실제 적용될 수 없다.

4.31. 초음속 노즐 유동을 고려하라. 저장탱크의 압력과 온도는 각각 5 atm, 500 K이다. 노즐 출구에서 마하수가 3인 경우, 출구의 압력, 온도, 밀도를 계산하라.

4.32. 압력비 p_e/p_0인 초음속 노즐에서 노즐목 면적에 대한 출구 면적의 비를 계산하라.

4.33. 수렴-확산형 노즐에서 팽창하는 공기를 생각해 보자. 마하수가 0인 저장탱크에서부터 유동은 가속되어 출구에서 마하수가 2.0에 이른다. 전압에 대한 동압의 비가 변화하는 과정을 마하수의 함수로서 그래프로 도시하라. 즉, q/p_0 대 M을 마하수 0부터 2까지 도시하라.

4.34. Fairchild Republic A-10A 쌍발 항공기의 날개 모양은 거의 직사각형이고, 날개 길이는 17.5 m, 시위(chord)는 3 m이다. 표준 해수면에서 200 m/s로 비행한다. 유동을 완전히 비압축성 층류라고 가정할 때, 날개 뒷전에서 경계층 두께와 총 마찰항력을 계산하라. 날개의 두께는 무시하고 평판이라 가정한다.

4.35. 문제 4.34에서 유동을 완전히 난류라 가정하고, 뒷전에서 경계층 두께와 총 마찰항력을 계산하라. 문제 4.34의 층류 결과와 난류 결과를 비교하라.

4.36. 천이 레이놀즈수가 10^6일 때, 문제 4.34의 날개에서 발생하는 마찰 항력을 계산하라.

4.37. 이 장의 도입부에서 살펴 본 유체운동의 근본 방정식으로 돌아가 보자. 종종 이 방정식들은 미분형으로 표현된다: 대부분의 경우에 미분형 방정식을 적분하여 대수식을 얻게 된다. 유동의 어떤 한 점 주위의 매우 작은 영역에서 유동변수의 변화를 지배하는 관계식으로서, 미분형 방정식을 생각하는 게 유용하다. (*a*) 국소 밀도가 1.1 kg/m^{3}인 비점성 유동의 한 지점을 생각하라. 유체요소가 이 점을 통과할 때, 밀리미터당 2 %의 속도 변화를 겪는다. 이 지점의 속도가 100 m/s일 때, 이 지점에서 밀리미터당 압력의 변화량을 계산하라. (*b*) 그 지점에서 속도가 1,000 m/s일 때, 밀리미터당 압력의 변화량을 계산하라. (*a*)와 (*b*)의 계산을 비교해서 결론을 도출하라.

4.38. 문제 4.3과 같은 계산은 저속 비압축성 유동의 고전적인 문제이다. 즉, 주어진 자유류의 압력과 속도, 유동의 다른 지점에서의 속도를 이용해 그 지점의 압력을 계산하는 것이다. 항공기가 표준 고도 3 km에서 마하수 0.7로 비행하고 있다. 날개 위의 어떤 점에서 마하수가 1.1일 때, 그 점에서 압력을 구하라. 유동은 등엔트로피 유동이다.

4.39. 표준 고도 25,000 ft에서 800 ft/s의 속도로 비행하는 항공기를 고려하라. 해수면에서 같은 동압을 겪을 때 비행기는 얼마나 빨리 날 수 있는가?

4.40. 4.9절에서 마하수가 5보다 큰 유동을 극초음속 유동으로 정의하였다. 시험부에서 마하수 5 이상을 가지는 풍동을 극초음속 풍동이라 한다. 식 (4.88)에서 출구-노즐목 면적비는 출구의 마하수가 증가할수록 커진다. 극초음속 마하수의 경우, 출구-노즐목 면적비는 매우 큰 값을 가지므로, 초음속 풍동의 노즐은 큰 팽창비(high-expansion-ratio)를 가지는 긴 모양으로 설계된다. 이번 문제와 다음 문제에서 극초음속 풍동의 특별한 특성 몇 가지를 다룬다. 초음속 풍동의 공기 유동이 마하수 10이 되도록 설계한다고 생각하자. 시험부에서 정압과 온도는 표준 고도 55 km의 값과 같다. (*a*) 출구-노즐목 면적비, (*b*) 필요한 저장탱크 압력

(atm), (*c*) 필요한 저장탱크 온도를 계산하라. 결과를 살펴보고, 극초음속 풍동을 작동시키기 위해 필요한 특별한 조건이 무엇이지 조사하라. 종종 매우 심각한 문제가 될 수도 있다.

4.41. 문제 4.40에서 극초음속 풍동의 출구 속도를 계산하라.

4.42. 문제 4.40에서 적절한 팽창비를 가진 더 긴 노즐을 더하는 방법으로 터널의 출구 마하수가 두 배가 되도록 만들어 보자. 저장탱크의 상태는 문제 4.40과 같다. 이때 출구 마하수는 20이 되고, 시험부의 압력과 온도는 크게 낮아질 것이다. 즉, 시험부의 유동 조건은 더 이상 표준 고도 55 km의 조건이 아니게 된다. 단지 마하수만 두 배가 된다. (*a*) 마하수 20일 때 출구–노즐목의 면적비, (*b*) 출구속도를 구하라. 문제 4.40과 4.41에서 얻은 마하수 10의 값과 비교하고. 차이점에 대해 논하라. 특히, 마하수 10과 20인 경우 출구속도에 유의하면, 속도가 많이 다르지 않을 것이다. 출구 마하수가 크게 증가한 이유는 무엇인가?

4.43. 예제 4.4의 결과는 물체에 작용하는 공기역학적 힘은 자유류 속도의 제곱에 비례함을 보여준다. 그런데 이것은 유동이 비압축성이고 물체에 작용하는 압력에 의해서면 힘이 발생할 때에만맞는 말이다. 힘이 마찰 전단응력에 의해서 발생하거나, 유동이 압축성일 때, “속도제곱”의 공식은 유효하지 않다. 문제 4.43의 목적은 물체에 작용하는 마찰항력이 비압축성 유동에서 자유류 속도에 어떻게 비례하는지를 살펴보는 것이다.
받음각이 0이고 저속 비압축성 유동에서 사각형 평판을 고려하자. 각 변의 길이는 4 m이다. 천이 레이놀즈수는 5.0×10^5이고, 자유류는 표준 해수면의 조건을 가진다. 자유류 속도가 (*a*) 20 m/s일 때, (*b*) 40 m/s 일 때 평판의 마찰항력을 구하라. (*c*) 마찰항력 D_f가 속도에 대해 V_∞^n에 비례한다고 가정하고, (*a*)와 (*b*)에서 얻은 결과에 기초해서 지수 n을 계산하라. n 값은 2에 얼마나 가까운가? 즉, 마찰항력은 “속도제곱” 공식을 얼마나 잘 따르는가?

4.44. 평판 위의 비압축성 점성 유동을 고려하자. 문제 4.43의 조건에 대해서 (*a*) 완전 난류 유동인 경우 표면마찰 항력은 $V_\infty^{1.8}$에 비례하고, (*b*) 완전 층류 유동인 경우 $V_\infty^{1.0}$에 비례함을 이론적으로 증명하라.

4.45. 문제 4.43과 같은 평판 위의 압축성 점성 유동을 고려하라. 평판 위 경계층은 완전 난류라 가정한다. 자유류는 표준 해수면 조건을 가진다. (*a*) $M_\infty = 1$, (*b*) $M_\infty = 3$일 때, 평편의 마찰항력을 계산하라. (*c*) 마찰항력 D_f가 속도에 대해 V_∞^n에 비례한다고 가정하고, (*a*)와 (*b*)에서 얻은 결과에 기초해서 지수 n을 계산하라. 주: 이 문제는 속도제곱 법칙에서 압축성과 마찰의 복합적인 효과를 살펴보는 문제이다. 문제 4.43과 4.44는 비압축성 유동에서 마찰의 효과를 독립적으로 살펴본 것이다.

4.46. 표준 해수면 조건에서 공기로 가득 찬 긴 관(pipe)을 고려하자. x는 관을 따라 축 방향으로 측정된 길이이다. 공기는 관 내부 모든 곳에서 속도가 0이다. 축 방향 $x = 0$인 곳에 폭탄이 설치되어 있다. 폭탄이 폭발할 때, $x = 0$ 위치에서 관을 따라 전파되는 두 개의 약한 압력 파동이 발생한다. 하나는 오른쪽, 하나는 왼쪽을 향한다. 두 압력파는 음속의 속도로 이동한다. SI단위계에서, (*a*) 관에 대한 두 압력파의 속도와 (*b*) 폭발 후 0.2 초 후, 각 파동의 x 위치를 계산하라.

4.47. 문제 4.46에서 관 내부의 공기가 왼쪽에서 오른쪽으로 흐르는 경우를 생각한다. 공기속도가 (*a*) 30 m/s, (*b*) 400 m/s일 때 문제 4.46의 답을 구하라.

4.48. 표준 고도 1,000 m에서 표준 대기 상태의 공기요소를 생각하자. 등엔트로피가 유지되도록 공기요소를 2,000 m까지 올렸다고 가정하자. 이 공기요소의 밀도를 계산하고, 표준 고도 3,000 m

에서 표준 대기의 밀도를 가지는 주변 공기요소를 비교해 보자. 이때 등엔트로피 과정으로 상승한 공기의 안정성에 대해 무엇을 논할 수 있는가?

주: 표준 대기의 특성은 유체요소가 멈춰 있을 때의 특성이고, 압력의 변화는 식 (3.2)를 따른다. 등엔트로피 과정은 표준 대기 조건을 구성할 때 활용되지 못한다. 이 문제의 목적은 고도에 따른 대기특성의 변화는 등엔트로피 과정으로 인한 변화와 상당히 다르다는 것을 보여주는 것이다.

4.49. 그림 4.15와 같은 저속 풍동을 생각하라. 전 구간에서 폭은 2 m로 일정한 사각형 단면이다. 노즐 입구와 출구의 높이는 각각 4, 0.5 m이다. 시험부의 유속은 120 mph일 때, 노즐 입구에서 유속을 m/sec 단위를 구하라.

4.50. 문제 4.49에서 다룬 풍동에서 저장탱크의 공기 압력은 1 atm이다. 시험부의 압력을 N/m^2으로 구하라. 풍동 내부의 공기는 표준 해수면의 밀도값을 가진다.

4.51. 문제 4.49와 4.50의 풍동에는 약간 둥근 모양으로 처리된 입구를 가지는 디퓨저가 있다. (아음속 유동에서 입구에 날카로운 모서리가 있다면 원치 않는 유동 박리가 발생할 것이다.) 그리고 직선 모양의 위, 아래 벽면이 수평면에 대해 15도의 기울기를 가지고 확대되고 있다. 디퓨저 길이 방향으로 거리에 따른 면적의 변화율을 계산하라. 주: 이 문제는 공기역학이 아니고 단순한 기하학 문제이다.

4.52. 문제 4.49에서 다룬 풍동에 공기흐름을 고려하자. 디퓨저 입구와 출구의 높이는 각각 0.5, 3.5 m이다. 디퓨저 입구와 출구에서 유동의 속도는 얼마인가?

4.53. 문제 4.49~4.52에서 다룬 풍동과 유동조건을 같이 생각하자. (*a*) 디퓨저 입구와 (*b*) 출구에서 흐름방향의 속도의 변화율을 계산하라.

4.54. 문제 4.53과 같은 조건에서 (*a*) 디퓨저 입구와 (*b*) 출구에서 흐름방향의 압력의 변화율을 계산하라.

4.55. 문제 4.49~4.54에서 다룬 풍동의 디퓨저 길이를 계산하라.

4.56. 풍동의 디퓨저나 공기흡입식 제트 엔진의 흡입구는 유동 속도를 줄이도록 설계된다. 오일러 방정식, 식 (4.8)로부터 디퓨저를 통과하면서 압력은 항상 증가함을 알 수 있다. 4.20절에서 토론한 바와 같이, 디퓨저 내부 유동은 역압력 구배 상태에 놓이므로 디퓨저 벽으로부터 경계층이 박리될 가능성이 높다. 경계층 박리는 전압의 손실뿐만 아니라 디퓨저의 공기역학적 효율을 떨어뜨린다. 문제 4.49~4.55에서 다룬 풍동과 유동 조건에 대해 층류 경계층이 박리되는 디퓨저 내부 위치를 나타내는 기준이 근사적으로 $x_s = 183(dp/dx)^{-1}_{\text{ave}}$로 주어진다. 여기서 x_s는 박리점의 위치이고, $(dp/dx)_{\text{ave}}$는 디퓨저 입구와 출구에서 박리가 없을 때의 압력구배의 평균값이다. 각각 m와 N/m^2의 단위를 가진다. 디퓨저 벽을 따라 층류 경계층이 생성될 때, 디퓨저에서 박리가 발생하는 위치를 계산하라.

4.57. 문제 4.56의 조건에 대해서 난류 경계층을 생각할 경우, 박리점에 대한 근사적인 기준은 $x_s = 506(dp/dx)^{-1}_{\text{ave}}$이 된다. 디퓨저 벽을 따라 난류 경계층이 생성될 때, 디퓨저에서 박리가 발생하는 위치를 계산하라.

4.58. 그림 1.33과 6.80에 도시된 Douglas DC-3 항공기의 최대 속도는 고도 7,500 ft에서 229 mph이다. 항공기의 피토관에서 측정된 압력과 항공기의 마하수를 계산하라.

4.59. 그림 5.70에 도시된 Boeing 727 항공기의 순항속도는 고도 25,000 ft에서 610 mph이다. 항공기의 피토관에서 측정된 압력과 항공기의 마하수를 계산하라.

4.60. 그림 1.34와 5.40에 도시된 Lockheed F-104의 최대 속도는 고도 35,000 ft에서 1,328 mph이다. 항공기의 피토관에서 측정된 압력과 항공기의 마하수를 계산하라.

4.61. 1967년 10월 3일에 시험비행사 William"Pete" Knight는 X-15 극초음속 연구용 항공기를 운항해 세계기록을 세웠다. 그는 고도 102,100 ft에서 마하수 6.7에 도달하였다.

(a) 최대 속도는 ft/s로 얼마였나?

(b) 항공기 선두에서 유동의 온도는 얼마였을까?

4.62. 그림 4.24에 아음속 전투기 F-80이 나타나 있다. 동체 양쪽면에 있는 공기 흡입구는 동체 내부에 있는 엔진에 공기가 도달할 때까지 공기의 마하수를 낮추도록 설계되었다. 단면적이 3 ft^2인 흡입구로 들어오는 공기의 마하수가 0.6인 경우를 생각하라. 흡입구 내부의 어떤 위치에서 단면적이 4 ft^2일 때, 이 위치에서 유동의 마하수를 계산하라. 힌트: 식 (4.88)을 사용한다.

4.63. 유명한 항공기 설계자인 Kelly Johnson에 의해 설계된 Lockheed F-80은 경계층 흡입(bleed) 장치를 사용한 최초의 항공기이다. 이 장치는 동체의 양쪽에 장착된 흡입구의 단면이 사각형이 되도록 한 덕트이다. 경계층 흡입 덕트는 동체 위의 낮은 에너지를 가지는 경계층이 공기 흡입구에 잘 들어갈 수 있도록 유도하기 위해 설계되었다. 이 장치를 통해 흡입구로 들어와서 제트 엔진에 공급되는 유동이 양질의 상태로 최소한의 전압손실을 가지도록 할 수 있다.

고도 20,000 ft에서 마하수 0.6인 F-80을 고려하라. 경계층 흡입 덕트는 F-80 선두부에서 2.89 m 아래쪽에 위치한다. 동체의 표면은 사각형 흡입 장치의 아랫면을 이룬다. 동체 표면을 따라 발달하는 경계층을 받아들이기 위해서 필요한 흡입장치의 높이를 계산하라. 동체의 경계층은 난류이고 비압축성이며, 평판과 동일한 과정으로 발달한다고 생각하라.

4.64. 표준 해수면 조건에서 길이가 3 m인 평판 위를 흐르는 층류 비압축성 유동을 고려하라. 유동의 속도는 100 m/s이다. 층류 경계층에 대해 다음을 계산하라.

(a) 평판의 아래쪽 끝에서 경계층의 두께

(b) 총 표면마찰항력계수

(c) 단위 너비당 항력

4.65. 문제 4.64에서 다룬 평판 위 경계층을 고려하자. 경계층 내부의 각 유선을 따라서 마찰 소산(frictional dissipation)으로 인한 전압의 손실이 존재한다. 경계층의 속도 분포는 $y/\delta = (V/V_e)^2$으로 주어진다. 여기서 V_e는 경계층의 끝단에서 속도이고, 자유류의 속도와 같다. (주: 이 문제에서 해석적인 결과를 얻기 위해서 사용하는 속도 분포이므로, 실제 응용문제에는 적용할 수 없다.) 문제 4.64에서 얻은 결과를 사용해서 단위 너비당 전압의 손실량을 계산하라. 전압 손실은 평판의 아래쪽 끝 경계층에서 압력을 적분해서 구할 수 있다. 문제 4.64에서 얻은 단위 너비당 총 표면마찰항력과 비교해 보라.

CHAPTER 05

익형, 날개, 공력형상

Airfoils, Wings, and Other Aerodynamic Shapes

면의 경사를 이용하는 것이 기계적인 방법으로 하늘을 운항하는 근본적 원리라는 데는 의심의 여지가 없다.

George Cayley 경, 1843

5.1 개요

우리가 알고 있듯이, 동체에 고정익, 수직, 수평 꼬리날개를 가지는 현대 항공기의 모습은 200여 년 전, 1799년에 George Cayley에 의해 처음 고안되었다. 그림 1.5에서 보듯이, 그는 첫 개념을 (아마도 영구보존을 목적으로) 은반에 새겼다. 또한 Cayley는 은반에서 볼 수 있듯이 굽은 면이 평면보다 더 많은 양력을 만든다는 것을 인식했다는 점은 놀라운 사실이다. Cayley의 고정익(fixed wing) 개념은 "공기보다 가벼운" 비행 기계의 개발에서 진정한 혁명이었다. 이전에는 비행에 대한 열망이 새의 자연 비행을 흉내내는 수준에 불과하여, 인간동력을 바탕으로 날개짓을 이용하는 디자인이 주종을 이루었다. 거의 실현될 수 있는 것들이었다. 사실, Leonardo da Vinci는 15세기 후반에 날개짓 비행기(ornithopter)의 여러 형태를 설계하는 데 많은 노력을 기울였다. 물론 실용화하지 못하였다. 이러한 날개짓 비행기에서 날개짓을 통해 양력(무게를 지탱함)과 추력(앞으로 움직임)을 동시에 생성하려 시도하였다. Cayley는 새의 비행을 흉내내려는 시도를 벗어나, 양력과 추력의 두 가지 원리를 분리해서 생각하는 데 기여하였다. 그는 고정되고, 길게 뻗은 날개가 공기흐름에 경사져 있을 때 양력이 발생할 수 있고, 페달이나 스크류와 같은 독립적인 장치를 이용해 추력을 발생시킬 수 있음을 제안하고 입증하였다. 이러한 개념과 함께 그는 다른 많은 개념과 발명품을 고안한 업적을 기려서 George Cayley 경을 현대 항공의 부모로 칭송

미리보기

PREVIEW BOX

이번 장은 익형과 날개와 같은 공기역학적(줄여서 공력) 형상에 작용하는 양력과 항력을 다룬다. 제1장부터 제4장까지 배운 기초적인 내용을 실제 항공우주 공학에 적용할 것이다. 이 장에서 배울 내용은,

1. 익형 모양에서 발생하는 양력과 항력을 계산하는 방법
2. 항공기의 전체 날개에 발생하는 양력과 항력을 계산하는 방법
3. 왜 날개에 발생하는 양력과 항력이 날개 단면인 익형에서 발생하는 힘과 다른가?
4. 익형과 날개가 음속 근처 또는 이상에서 날 때, 양력과 항력에 어떤 변화가 생기는가?
5. 왜 어떤 항공기는 후퇴익을 가지고, 어떤 것은 직선익을 가지는가?
6. 왜 어떤 항공기는 얇은 익형을 쓰고, 다른 것들은 두꺼운 익형을 쓰는가?
7. 초음속 비행에 최적인 날개 모양은 왜 아음속 비행의 최적 날개와 다른가?

이러한 질문에 대한 내용은 항공우주공학에서 피와 살 같은 내용이다. 이 장에서는 이것들에 대해 배울 것이다. 예를 들어, 스미소니안 국립 항공우주박물관에서 저자는 방문객으로부터 날개가 어떻게 양력을 만드는지에 대한 질문을 자주 받는다. 너무나도 당연한 질문이지만, 불행히도 만족스러운 한 줄짜리 답이 없다. 한 문단으로도 충분하지 않다. *Wrtght Flyer*의 비행 이후 100 여년 동안, 서로 다른 사람들은 양력을 만드는 가장 **근본적인** 원리가 무엇인지 종교에 가까운 열정으로 서로 다른 관점에서 답을 구하고 있다. 양력이 어떻게 발생하는지, 저자가 생각하는 가장 근본적인 설명이 무엇인지, 다른 설명과 어떻게 연관지을 수 있는지를 5.19절에서 다룰 것이다.

이 장을 통해서 여러분은 항공기, 우주 왕복선과 같이 날개를 가진 우주 비행체, 대기를 비행하는 여러 비행체에 집중하기 시작할 것이다. 비행의 이해를 향해 가속할 것이다. 단단히 잡고, 비행을 즐기기 바란다.

하고 있다. Cayley 경의 자세한 업적은 제1장에서 찾을 수 있다. 그런데, 이 장에서 다룰 많은 기술들은 19세기 초반에 개발된 기술들이며, 구체적으로는 1903년 12월 17일 미국 North Carolina주, Kitty Hawk에서 실현된 기술들이다.

이어지는 각 절에서는 익형과 날개에 관한 용어와 기초적인 공기역학 원리를 다룬다. 이러한 개념들은 항공기 비행의 핵심을 이루고, 항공우주공학을 향한 중요한 한 걸음이 된다. 그림 5.1은 이 장의 로드맵이다. 제5장에는 기초적인 세 가지 주제가 있다. 각각은 기하학적 형상 분류에 따른 공력 특성을 다룬다. 익형, 날개, 일반적인 형상이 그것이다. 이러한 각 주제는 로드맵 상단의 세 박스에 표시되어 있다. 먼저 익형의 공력 특성을 조사하고 그림 5.1의 왼쪽 열에 표시된 다양한 측면들을 살펴본다. 상당히 많은 항목들인데, 이 항목들의 대부분은 날개와 일반 형상에서도 다루게 될 것이다. 다음으로 중간 열에 있는 유한 길이를 가지는 날개에 대한 논의로 넘어간다. 여기서 날개의 공기역학은 익형의 그것과 어떻게 다른지 알게 될 것이다. 익형과 날개 둘 다 날씬한 물체(slender body)로 분류할 수 있다. 반면, 그림 5.1의 세 번째 열은 실린더나 구와 같이 뭉뚝한 물체(*blunt body*)로 분류되는 몇 가지 예제를 다룬다. 날씬한 것과 뭉뚝한 형상 간의 차이점을 정의하고 연구할 것이다. 마지막으로, 양력이 어떻게 발생하는지를 다룬다. 앞 장에서 양력에 대해 언급해 왔

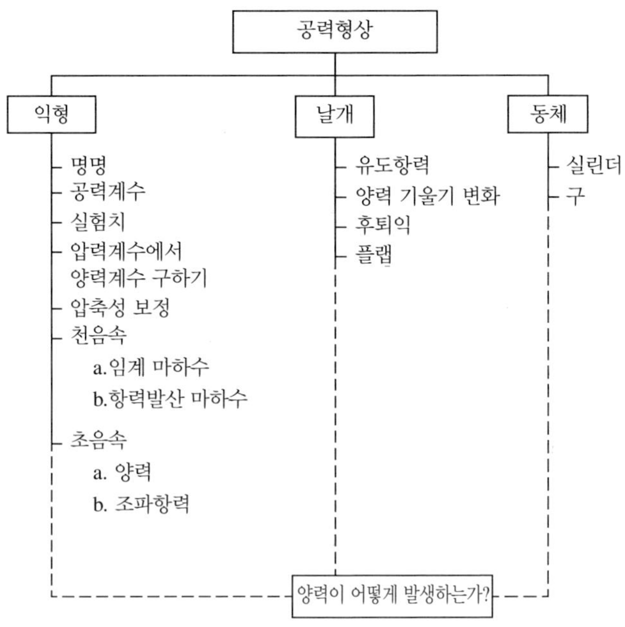

그림 5.1 이 장의 로드맵

지만, 자연이 어떻게 양력을 생성하는지에 대해 확실한 논의를 하기 위해서 이 장의 말미에서 다양한 형상의 공기역학을 다루고자 한다. 양력이 어떻게 생성되는지를 설명하기 위해 다양한 물리적 설명이 적용되어 왔고, 어떤 설명이 적절하고 근본적인지에 관한 많은 논의를 문헌에서 발견할 수 있다. 그림 5.1의 하단에 표시된 것과 같이, 이 장의 끝에서 다양한 관점들을 놓고 조망해 보려 한다. 여러분들이 이 장을 학습할 때, 각 절에서 배울 세부적인 내용이 어떻게 전체적인 흐름에 포함되는지를 그림 5.1의 로드맵을 통해 점검하길 바란다.

5.2 익형의 정의와 명명법

그림 5.2에 도시된 항공기의 날개를 생각하자. 그림 5.2의 수직면과 날개의 교차면에서 얻은 단면의 모양을 익형(*airfoil*)이라 부른다. 그림 5.3은 이러한 익형과 기본적인 용어를 나타내고 있다. 익형의 주요 설계 특성은 평균 캠버선(mean camber line)인데, 윗면과 아랫면 중간의 중심선의 궤적을 나타낸다. 윗면과 아랫면까지 수직 방향으로 같은 거리를 가지는 선이다. 평균 캠버선의 가장 앞쪽과 뒤쪽을 각각 앞전(*leading edge*)과 뒷전(*trailing edge*)이라 부른다. 앞전과 뒷전을 연결한 직선을 시위선(*chord line*)이라 하며, 시위선을 따라 앞전과 뒷전까지의 길이를 간단히 시위라 부르고, c로 표시한다. 캠버는 평균 캠버선과 시위선 사이의 최대 거리를 의미한다. 캠버, 평균 캠버선의 모양, 두께의 분포는 익형의 양력과 모멘트 특성을 근본적으로 바꿀 수 있는 요소들이다.

더 많은 정의가 공기의 흐름에 경사진 익형을 보여주는 그림 5.4a에 도시되어 있다. 자

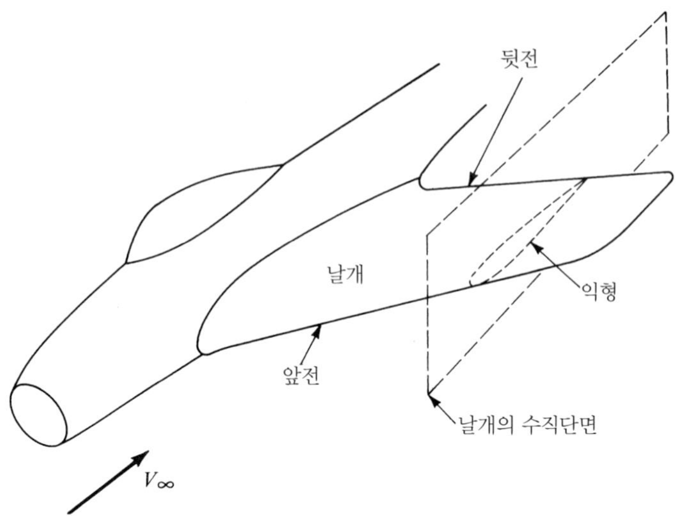

그림 5.2 날개와 익형의 스케치

유류 속도는 익형의 영향을 받지 않는 먼 상류에서의 공기속도이다. 속도 V_∞의 방향은 상대 풍향(*relative wind*)이라 정의된다. 상대 풍향과 코드선의 각도는 익형의 받음각(angle of attack) α이 된다. 제2장과 제4장에서 설명한 바와 같이, 공기역학적 힘은 날개 면의 압력과 전단응력의 분포에 의해 발생한다. 이 합력은 그림 5.4 a에서 벡터 R로 표시되었다. 힘 R은 상대 풍향에 수직한 힘과 수평한 힘, 두 가지로 분해할 수 있다. 항력 D는 항상 상대 풍향에 평행한 힘의 성분을 나타낸다. 양력 L은 상대 풍향에 수직한 방향의 힘의 성분으로 정의된다.

양력과 항력 또는 압력과 전단응력의 분포는 날개를 회전시키려는 경향을 나타내는 모멘트 M을 발생시킨다. 모멘트가 어떻게 발생하는지를 분명히 알기 위해서 그림 5.5에 도시한 익형 위 표면압력 분포를 생각해 보라. (여기서는 전단응력은 무시한다.) 날개 윗면의 압력을 고려하자. 여기서의 압력은 보통 아래 방향을 향하는 합력 F_1을 만든다. 게다가 시

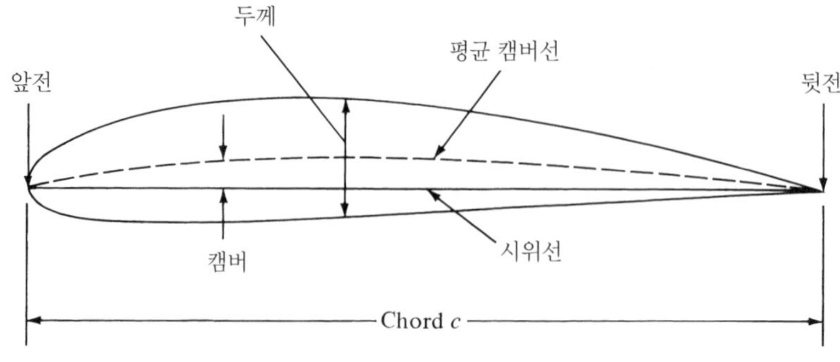

그림 5.3 익형 용어. 도시된 형상은 NACA 4415 익형임

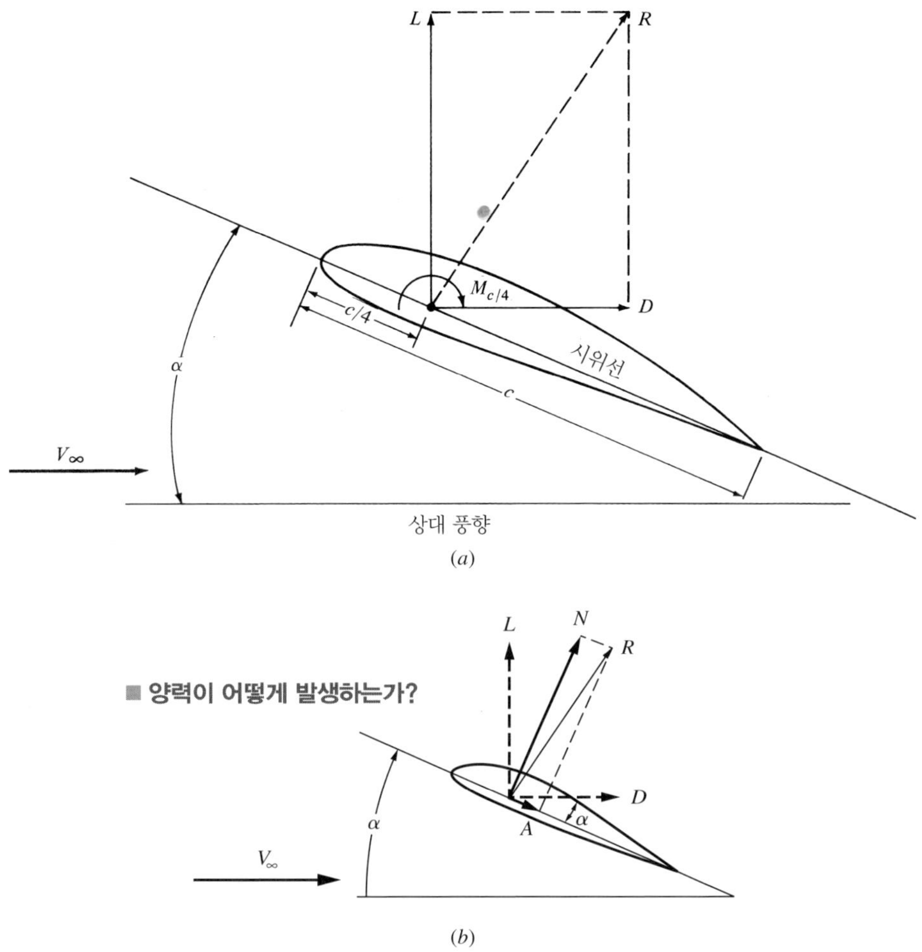

그림 5.4 (*a*) 양력, 항력, 모멘트, 받음각, 상대 풍향, (*b*) 수직력과 축력

위선 위의 주어진 점 1에 작용한다. 이 점은 무게중심이나 압력 중심을 계산할 때와 같은 방법으로 표면 위의 거리와 압력의 곱을 적분해서 얻을 수 있다. 이제 날개 아랫면의 압력을 고려해 보자. 여기서의 압력은 보통 위 방향을 향하는 합력 F_2를 만들고 점 2에 작용한다. 익형에 작용하는 총 공력은 F_1과 F_2의 합과 같으며, 양력은 F_2가 F_1보다 클 때 얻어진다. 그런데, F_1과 F_2는 익형을 회전시키려는 모멘트를 생성함에 유의해야 한다. 공기역학적으로 유도된 모멘트의 값은 우리가 모멘트를 구할 때 선택한 점에 따라 달라진다. 예를 들어, 모멘트를 앞전에 대해 구할 때, 모멘트는 M_{LE}로 표현된다. 보통 아음속 익형에 대해서는 모멘트의 기준점으로 앞전에서부터 $c/4$만큼 떨어진 시위선 상의 점을 선택하는데, 그림 5.4a에 도시된 이 점을 **1/4 시위점**이라 부른다. 1/4 시위점에 대한 모멘트는 $M_{c/4}$로 표시한다. 일반적으로, $M_{LE} \neq M_{c/4}$이다. 날개 위의 양력, 항력, 모멘트는 받음각에 따라 변화한다는 것을 직관적으로 알 수 있을 것이다. 사실, 받음각에 따른 공력의 변화는 항공기를

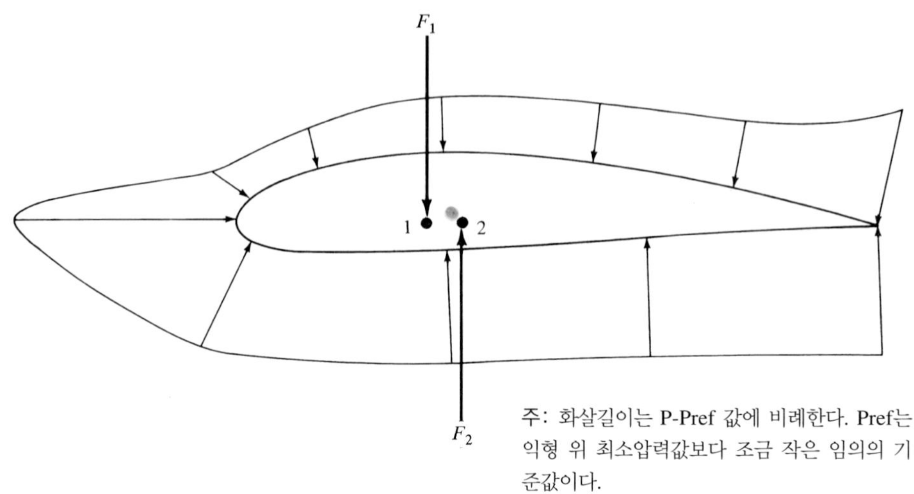

그림 5.5 익형에서 모멘트의 물리적 발생

설계하는 디자이너가 알아야 하는 가장 중요한 정보를 제공한다. 그런데, M_{LE}와 $M_{c/4}$는 둘 다 받음각의 함수이고, 익형 위 어떤 점에 받음각에 따라 모멘트가 변화하지 **않는** 익형 위의 어떤 점이 존재한다는 점을 강조하고자 한다. 이 점을 **공력중심**(*aerodynamic center*)이라 하고, 공력중심에 대한 모멘트는 M_{ac}로 표시한다. 정의에 의해

$$M_{ac} = \text{const}$$

받음각과 무관한 값이며, 실제 공력 형상에 대한 공력중심의 위치는 실험을 통해 얻을 수 있다. 저속 아음속 익형의 경우, 공력중심은 일반적으로 1/4 시위점에 매우 가깝다.

그림 5.4*a*로 돌아가서, 합력 *R*은 상대 풍향에 수직한 성분과 수평한 성분, 즉 양력과 항력으로 분해할 수 있다는 점을 상기하라. 힘을 분해하는 또 다른 방법은 그림 5.4*b*와 같이 시위선에 수직한 성분, 수평한 성분으로 분해하는 것이다. 그림 5.4*b*에서 이들을 각각 **수직력**(*normal force*) *N*과 **축력**(*axial force*) *A*로 표기하였다. 양력 *L*과 항력 *D*는 그림 5.4*b*에서 두꺼운 점선으로 표시하였다. 양력과 항력은 기하 관계에 따라 *N*과 *A*로 간단히 표현할 수 있다.

$$L = N\cos\alpha - A\sin\alpha \tag{5.1}$$

$$D = N\sin\alpha + A\cos\alpha \tag{5.2}$$

익형과 날개에 대해 Otto Lilienthal이 1889년 쓴 책인 "*Bird Flight as Basis of Aviation*"에서 *N*과 *A*를 이용해 공력을 표현하였다(1.5절 참조). 사실, Wright 형제가 초창기 글라이더를 설계할 때 사용했던 유명한 "Lilienthal tables"은 수직력과 축력에 관한 표였다(1.8절 참조). Wright 형제는 양력과 항력의 관점에서 생각하는 것을 선호했기 때문에 식 (5.1)

과 (5.2)를 이용해 Lilienthal의 결과를 양력과 항력으로 변환하였다. 오늘날 익형과 날개에 작용하는 공력을 표현하기 위해 L과 D를 사용하는 것이 보편적인 선택이 되었다. 그런데, N과 A는 아직도 미사일과 발사체와 같이 회전하는 물체의 공력을 표현할 때 종종 사용되고 있다. 그래서, 물체에 작용하는 공력을 표현하는 두 방법에 익숙해질 필요가 있는 것이다.

5.3 양력, 항력, 모멘트계수

다시 한번 직관에 기대어 생각해 보면, 비행하는 항공기의 실제 L, D, M은 받음각 뿐만 아니라 속도와 고도에도 연관된다고 생각할 수 있다. 사실 L, D, M의 변화는 최소한 다음과 연관됨을 기대할 수 있다.

1. 자유류 속도 V_∞
2. 자유류 밀도 ρ_∞ (즉, 고도)
3. 면적의 크기. 항공기의 경우 **날개 면적**을 사용한다.
4. 받음각 α
5. 익형의 모양
6. 점성계수 μ_∞ (공기역학적 힘은 부분적으로 표면마찰 분포에 따라 생성되기 때문)
7. 공기흐름의 압축성. 제4장에서 압축성 효과는 자유류 마하수 $M_\infty = V_\infty/a_\infty$ 값으로 결정된다. V_∞는 이미 나열되었으므로, 압축성 효과의 지표로 a_∞을 지정할 수 있다.

따라서, 주어진 받음각과 익형의 모양에 대해 다음의 관계를 쓸 수 있다.

$$L = f(V_\infty, \rho_\infty, S, \mu_\infty, a_\infty) \tag{5.3}$$

그리고 항력 D와 모멘트 M도 유사하게 표현할 수 있다.

원리적으로 주어진 받음각과 주어진 익형에 대해 V_∞, ρ_∞, S, μ_∞, a_∞를 개별적으로 바꾸면서 무수히 많은 실험을 수행함으로써 양력의 변화를 찾을 수 있을 것이다. 그리고 엄청나게 많은 자료들에서 어떤 관계를 찾고자 할 수 있을 것이다. 이것은 상당히 어려운 일이다. 대신 다른 생각을 해보자. 식 (5.3)이 더 적은 수의 매개변수로 쓰여질 수 있도록 V_∞, ρ_∞, S, μ_∞, a_∞을 대표하는 그룹이 있지 않을까? 그러한 **그룹**이 있다는 것이 답이다. 답을 찾는 과정에서 공기역학에 응용할 수 있는 자연의 오묘함에 관한 식견을 얻게 될 것이다.

여기에 적용할 기법은 **차원 해석**(*dimensional analysis*)이라 불리는 좀 더 일반적인 이론적 방법의 한 예가 된다. 식 (5.3)을 아래와 같은 함수로 표현해 보자.

$$L = Z V_\infty^a \rho_\infty^b S^d a_\infty^e \mu_\infty^f \tag{5.4}$$

여기서 Z, a, b, d, e, f는 무차원 상수이다. 그런데 이 상수의 값이 무엇이든 식 (5.4)의 왼쪽과 오른쪽의 차원이 같아야만 할 것이다. 즉, L이 힘(N)이면, 오른쪽에 있는 모든 지수와 곱셈의 최종 결과는 힘의 단위가 되어야만 한다. 이 조건을 이용하면 궁극적으로 상수값들을 결정할 수 있다. 우리가 질량, 길이, 시간을 각각 m, l, t라고 표시하면, 각 물리량의 차원은 다음과 같이 주어진다.

물리량	차원
L	ml/t^2 뉴턴의 제2법칙
V_∞	l/t
ρ_∞	m/l^3
S	l^2
a_∞	l/t
μ_∞	$m/(lt)$

따라서, 식 (5.4)의 왼쪽과 오른쪽의 차원을 등식으로 나타내면,

$$\frac{ml}{t^2}=\left(\frac{l}{t}\right)^a\left(\frac{m}{l^3}\right)^b(l^2)^d\left(\frac{l}{t}\right)^e\left(\frac{m}{lt}\right)^f \tag{5.5}$$

질량 m을 생각하라. 왼쪽에서 m의 지수는 1이므로, 오른쪽에서 m의 지수를 합하면 1이 되어야 한다. 따라서,

$$1=b+f \tag{5.6}$$

유사하게, 시간 t에 대해 적용하면,

$$-2=-a-e-f \tag{5.7}$$

길이 l에 대해서는

$$1=a-3b+2d+e-f \tag{5.8}$$

a, b, d를 e, f에 대해 표현하도록 식 (5.6)~(5.8)을 정리하면,

$$b=1-f \tag{5.9}$$

$$a=2-e-f \tag{5.10}$$

$$d=1-\frac{f}{2} \tag{5.11}$$

식 (5.9)~(5.11)을 식 (5.4)에 대입하면,

$$L=Z(V_\infty)^{2-e-f}\rho_\infty^{1-f}S^{1-f/2}a_\infty^e\mu_\infty^f \tag{5.12}$$

식 (5.12)를 다시 정리하면 다음의 식을 얻는다.

$$L=Z\rho_\infty V_\infty^2 S\left(\frac{a_\infty}{V_\infty}\right)^e\left(\frac{\mu_\infty}{\rho_\infty V_\infty S^{1/2}}\right)^f \tag{5.13}$$

$a_\infty/V_\infty = 1/M_\infty$을 고려하라. $S^{1/2}$과 l은 길이의 단위이고, 관례적으로 익형에서는 시위 길이를 선택한다. 그러면, $\mu_\infty/(\rho_\infty V_\infty S^{1/2})$는 다음과 같은 동일한 관계식으로 바꿀 수 있다.

$$\frac{\mu_\infty}{\rho_\infty V_\infty c}$$

그런데, $\mu_\infty/(\rho_\infty V_\infty c) \equiv 1/\text{Re}$이다. 여기서는 시위 길이로 계산한 값이다. 식을 정리하면 식 (5.13)은 다음과 같다.

$$L = Z\rho_\infty V_\infty^2 S\left(\frac{1}{M_\infty}\right)^e\left(\frac{1}{\text{Re}}\right)^f \tag{5.14}$$

여기서 새로운 양, **양력계수**(*lift coefficient*) c_l을 **정의**한다.

$$\frac{c_l}{2} \equiv Z\left(\frac{1}{M_\infty}\right)^e\left(\frac{1}{\text{Re}}\right)^f \tag{5.15}$$

결국 식 (5.14)는 다음과 같이 정리된다.

$$L = \tfrac{1}{2}\rho_\infty V_\infty^2 S c_l \tag{5.16}$$

4장에서 동압 $q_\infty \equiv \frac{1}{2}\rho_\infty V_\infty^2$ 임을 기억한다면, 식 (5.16)은 다음의 의미를 가진다.

$L =$	q_∞ $\times$	S $\times$	c_l
↑	↑	↑	↑
양력	동압	날개의 면적	양력계수

(5.17)

어떤 일이 일어났는지 주목하라. 직관적으로 볼 때 식 (5.3)은 그다지 유용하지 않다. 식 (5.3)과 같은 식이지만, 간단하고 직접적인 형태인 식 (5.17)은 엄청나게 많은 정보를 담고 있다. 사실 식 (5.17)은 응용 공기역학에서 가장 중요한 관계식의 하나이다. 이 식은 양력이 동압(속도의 제곱)에 직접 비례함을 보여준다. 또한 날개의 면적과 양력계수에도 정비례한다. 실제로 식 (5.17)은 양력계수의 **정의**로서 활용된다:

$$\boxed{c_l \equiv \frac{L}{q_\infty S}} \tag{5.18}$$

즉, 양력계수는 항상 양력을 동압과 어떤 기준면적(날개의 경우 S)으로 나눈 값으로 정의된다.

식 (5.15)에서 보듯이, 양력계수는 M_∞와 Re의 함수이다. 게다가 M_∞와 Re는 무차원수이고, Z는 처음에 무차원 상수로 정의하였기 때문에 식 (5.15)에서 c_l은 무차원 수이다. 이것은 식 (5.17)과 (5.18)에서도 마찬가지이다. 또한 결과식들은 주어진 형상과 받음각에서 익형에 대해 유도되었음을 상기하라. 만약 받음각 α가 변하면 c_l 또한 변할 것이다. 그래서, 주어진 익형에 대해서,

$$\boxed{c_l = f(\alpha, M_\infty, \text{Re})} \tag{5.19}$$

이 관계식은 중요하다. 양력계수는 받음각, 마하수, 레이놀즈수의 함수임을 항상 기억하기 바란다.

식 (5.19)에 표현된 관계의 값들을 이해하기 위해, 특별한 공력 형상에 대해 양력을 측정한다고 가정하고 서로 다른 변수에 따라 어떻게 변화하는지를 알기를 원한다. 실험실로 가서 풍동 시험의 순서를 정리한 후, 주어진 형상에 대한 양력을 측정한다. 식 (5.3)을 고려하면, 주어진 받음각에서 주어진 형상의 양력이 자유류 속도, 밀도, 기준 면적, 점성계수, 음속에 의존함을 알고 있다. 그러나 우리는 L이 이러한 변수의 변화에 따라 어떻게 변화하는지를 잘 모르기 때문에 어떻게 변화하는지를 찾길 원한다. 풍동 시험을 시작하고, S, μ_∞, a_∞를 고정한 채 V_∞를 변화시켜서 L을 측정한다. 이 실험의 결과를 이용해서 속도에 따른 양력의 변화에 관한 관계식을 얻을 수 있다. 다음으로, S, μ_∞, a_∞, V_∞를 고정한 채 ρ_∞를 변화시켜서 풍동 시험을 실시한다. 이 실험을 통해 밀도 변화에 따른 양력의 변화 관계를 얻을 수 있다. 세 번째로 S를 변화시키면서 시험을 수행하면, 양력과 기준 면적의 관계를 얻게 된다. 이러한 시험을 나머지 변수들에 대해서 수행하면 식 (5.3)의 함수관계를 표현하는 정교한 관계식을 얻을 수 있을 것이다. 아마 이미 느끼고 있을 것이다. 이것은 비용이 많이 드는 수많은 풍동 시험과 개인적인 노력이 필요함을 뜻한다. 그런데, 차원 해석, 즉 식 (5.19)로부터 얻은 지식을 사용한다면, 노력, 시간, 비용을 크게 줄일 수 있음을 알 수 있다. 앞에서 서술한 바와 같이 다섯 세트의 풍동 시험을 통해 양력 L을 측정하는 대신, **양력계수**의 변화를 측정해 보자. 주어진 받음각과 주어진 형상에 대해 식 (5.19)의 관계에 따라 풍동 시험을 수행한다. Re를 고정한 채 M_∞를 변화시키면서 양력계수 c_l을 측정하면, 마하수에 따른 양력계수의 변화를 나타내는 관계식을 얻는다. 두 번째로, M_∞가 일정할 때 Re를 변화시키면서 풍동 시험을 수행하면, 양력계수와 Re 간의 관계식을 얻을 수 있다. 즉 두 세트의 풍동 시험으로 모든 관계를 얻게 되었다. 주어진 받음각과 형상에 대해 M_∞와 Re에 따라 양력계수가 어떻게 변하는지를 알게 된다. 양력계수로부터 식 (5.17)에서 양력을 계산할 수 있다. 양력 자체를 다루는 대신에 양력계수를 얻음으로써 M_∞와 Re에 대한 단 두 세트의 풍동 시험으로 동일한 관계식을 얻을 수 있게 된다. 분명하게도, 무차원 양인 c_l, M_∞, Re를 사용하여 비용과 시간을 크게 절감할 수 있다.

아직도 남아 있는 얘기가 있다. 차원 해석은 식 (5.19)에서 지적한 대로 c_l은 V_∞, ρ_∞, S, μ_∞, a_∞ 각각의 함수라기보다는 **마하수**와 **레이놀즈수**의 함수임을 보여준다. 각각의 물리 변수들은 M_∞과 Re의 형태로 **조합**된다. 마하수와 레이놀즈수는 공기역학에서 강력한 값들이다. 이 절의 마지막에서 토의되겠지만, 이들은 **상사변수**(*similarity parameter*)라고 불린다. 4장에서 이미 목격하였듯이, 마하수는 압축성 유동을 지배하는 변수이다. 예를 들어, 식 (4.73)~(4.79)를 다시 살펴보라. 이 식들의 오른편에는 **마하수**와 비열비만 나타나 있다.

유사한 차원 해석을 식 (5.3)과 유사한 관계식을 사용해 항력과 모멘트에 대해 수행하면 다음과 같은 관계를 얻는다.

$$\boxed{D = q_\infty S c_d} \tag{5.20}$$

여기서 c_d는 무차원 수로서 **항력계수**이고,

$$\boxed{M = q_\infty S c c_m} \tag{5.21}$$

여기서 c_m은 **모멘트계수**이다. 식 (5.21)은 식 (5.17)과 식 (5.20)과 약간 다른데, 시위 길이 c를 포함하고 있다. 이것은 L과 D는 힘의 단위인데, M은 힘–거리 곱의 단위이기 때문이다.

식 (5.17)부터 (5.21)까지의 식은 아무리 강조해도 지나치지 않다. 이 식들은 모든 응용 공기역학의 근본이다. 식 (5.3)과 같이 대략 정의된 함수 관계를 이용해 차원 해석을 수행하는 방법으로 무차원 양들간의 잘 정의된 식들을 쉽게 얻을 수 있었다. 요약하면, 주어진 익형 형상에 대해 무차원 수인 양력, 항력, 모멘트계수를 정의한다.

$$\boxed{c_l = \frac{L}{q_\infty S} \qquad c_d = \frac{D}{q_\infty S} \qquad c_m = \frac{M}{q_\infty S c}} \tag{5.22}$$

여기서,

$$\boxed{c_l = f_1(\alpha, M_\infty, \mathrm{Re}) \qquad c_d = f_2(\alpha, M_\infty, \mathrm{Re}) \qquad c_m = f_3(\alpha, M_\infty, \mathrm{Re})} \tag{5.23}$$

조금만 생각해 보면, 공기역학의 철학과 맞지 않는 면이 있음을 알 수 있다. 한편, 제2장과 제4장에서 양력, 항력, 모멘트가 주어진 형상 표면 위의 압력과 전단응력의 분포에서 생성된다는 점, 이러한 분포의 측정이나 계산은 쉽지 않다는 점(특히 복잡한 형상의 경우)을 강조하였다. 반면, 식 (5.22)는 양력, 항력, 모멘트는 간단한 공식으로 얻어질 수 있다는 것을 말하고 있다. 이러한 두 가지 관점을 연결하는 것은 당연하게도 양력, 항력, 모멘트계수들이다. 공력 형상 주위 유동장의 물리적 복잡성은 c_l, c_d, c_m에 보이지 않게 반영되어 있다. 익형, 날개, 물체에 대한 양력, 항력, 모멘트를 계산할 때 간단한 식 (5.22)를 사용하기 전에, 적용할 공력계수들을 알아야 한다. 이러한 점에서 식 (5.22)의 간단함은 약간은 기만적이다. 이 식들은 힘과 모멘트 자체를 구하는 어려움을 단순히 해당하는 계수로 옮겨 놓았을 뿐이다. 우리는 다음과 같은 질문을 해야 한다. 주어진 형상에 대해 어떻게 c_l, c_d, c_m을 구할 것인가? 계수들은 α, M_∞, Re에 따라 어떻게 변화하는가? 이 질문에 대한 답을 다음 절에서 얻을 것이다.

그런데, 차원 해석에 대한 토의를 마치기 전에, 왜 M_∞, Re가 **상사변수**로 불리는지를 분명히 하는 것이 중요하다. 두 물체 위의 서로 다른 유동(적색 유동과 녹색 유동이라 하자)을 생각하라. 두 물체는 기하학적으로 닮음꼴이지만 크기가 다르다. 적색과 녹색 유동은 서로 다른 V_∞, ρ_∞, S, μ_∞, a_∞ 값을 가지고 있지만, 같은 M_∞와 Re 값을 가진다. 적색 유동과 녹색 유동에서 같은 M_∞와 Re를 가지므로, 식 (5.23)으로부터 적색 유동에서 측정한 c_l, c_d, c_m은 녹색 유동에서 측정한 c_l, c_d, c_m과 같은 값을 가지게 될 것이다. 적색과 녹색 유동은 서로 다름에도 불구하고 같은 공력계수를 얻게 된다는 말이다. 이 경우, 적색과 녹색 유동

은 **동적으로 상사인**(*dynamically similar*) 상태이고, 그래서 M_∞와 Re는 **상사변수**로 불린다. 동적 상사성의 개념은 상당히 고차원적이라서 이 책의 범위를 넘어선다. 그러나 공기역학에서 매우 중요하기 때문에 여기서 언급한다. 동적 상사성의 개념을 바탕으로 작은 크기로 만든 항공기 모델의 풍동 시험 측정결과를 실제 항공기에 적용할 수 있게 된다. 풍동 시험을 적색 유동, 실제 비행의 유동을 녹색 유동이라 생각할 수 있다. 풍동 시험과 실제 비행의 M_∞와 Re가 **같다면**, 풍동 시험에서 얻은 c_l, c_d, c_m은 실제 비행의 값들과 **정확히** 같다. 동적 상사성의 개념은 풍동 시험이 가능한 근본이유이다.

실제 항공기의 소형 모델을 이용한 대부분의 풍동 시험에서 실제 비행의 M_∞와 Re 값을 생성하는 데 많은 노력을 기울인다. 불행하게도, 풍동 설계와 작동의 현실적 제약으로 인해 이러한 상사성을 구현하는 것이 불가능할 때가 많다. 이런 경우에 풍동 시험 데이터는 실제 비행의 조건으로 "추정"하여야 한다. 이러한 추정은 대부분 근사법이므로, 풍동 시험 결과를 실제 비행에 적용할 때 일정한 오차가 발생한다. 동일한 풍동에서 실제 비행의 M_∞와 Re를 동시에 충족하는 것이 불가능하다는 점은 풍동 시험을 시작한 지 근 150년이 지난 오늘날에도 여전히 문제로 남아 있다. 다른 이유들도 있지만, 바로 이 점이 세상에 수많은 연구소에서 서로 다른 풍동을 운영하는 이유이다.

5.4 익형 데이터

이론 공기역학의 목적은 이전 장에서 논의하였던 물리학의 개념과 기본 방정식을 이용해 c_l, c_d, c_m을 예측하는 것이다. 그런데, 수학을 다룰 수 있도록 하기 위해 단순화를 위한 가정이 항상 필요하다. 그러므로, 이론적 결과는 통상 완전하지 않다. 유동의 지배방정식을 푸는 데 고속 디지털 컴퓨터를 사용함으로써 공력 특성의 계산이 점점 정확해지고 있다. 그러나, 수치해석 자체가 가지고 있는 제약이 상존하고 현대 컴퓨터의 메모리나 계산속도는 많이 복잡한 공기역학 유동을 해석하는 데 충분하지 못한 실정이다. 결국, 산업현장의 공기역학자들은 관심을 두는 특정한 물체에 대한 c_l, c_d, c_m을 **실험적** 방법에 의존해 구하고 있다.

익형에 대한 수많은 실험 데이터는 1958년 NASA (National Aeronautics and Space Administration)에 통합된 NACA (National Advisory Committee for Aeronautics)에 의해 수집되어 정리되었다. 저속 아음속 풍동에서 다양한 익형 형상에 대한 풍동 실험을 통해 양력, 항력, 모멘트계수를 체계적으로 획득하였다. 시험부 너비 방향으로 양쪽 벽에 고정된 직선형의 날개에 대해 측정이 이루어졌다. 날개 끝단이 없는 날개를 유동이 지나므로, 익형 데이터는 너비가 무한한 "무한 날개(infinite wing)"에 대해 측정된다. (유한 날개와 무한 날개의 차이점은 다음 절에서 다룬다.) 익형 측정의 결과 일부분은 부록 D에 수록되어 있다. 부록 D의 첫 페이지에는 NACA 1408 익형의 받음각에 대한 c_l과 $c_{m,\,c/4}$이 나타나 있고, 두 번째 페이지에는 같은 익형의 c_l에 대한 c_d와 $C_{m,\,ac}$가 도시되어 있다. c_l은 첫 페이지에서 받음각의 함수로 주어져 있으므로, 양 페이지의 데이터를 이용해 받음각에 대한

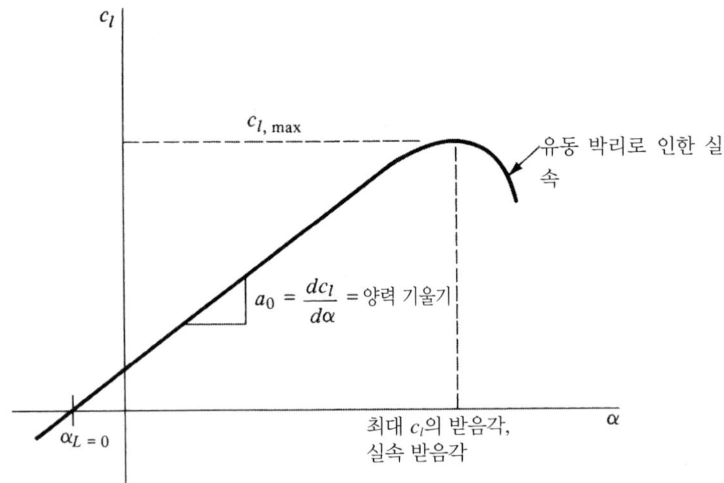

그림 5.6 전형적인 양력곡선

c_d와 $c_{m,\,ac}$의 변화를 얻을 수 있다. 부록 D의 나머지 부분은 다른 표준 NACA 익형에 대한 자료이다.

받음각에 대한 c_l의 변화를 그림 5.6에서 좀 더 자세히 살펴보자. 실험 데이터는 c_l이 받음각에 대해 넓은 영역에서 **선형적으로** 변화함을 보여준다. 고학년 공기역학 책의 주제가 되는 얇은 날개(thin airfoil) 이론 또한 동일한 형태의 선형적인 변화를 예측한다. 양력곡선의 직선 부분의 기울기는 $a_0 \equiv dc_l/d\alpha \equiv$ 양력 기울기로 표기한다. 그림 5.6에서 $\alpha = 0$일 때, c_l은 양의 값을 가진다. 즉 유동에 대한 받음각이 영일 때에도 약간의 양력이 발생한다. 이것은 익형의 캠버가 양의 값을 가지기 때문이다. 이러한 캠버를 가지는 모든 익형은 음의 값을 가지는 어떤 받음각에서 양력이 0이 된다. 이때의 받음각을 **0 양력 받음각** $\alpha_{L=0}$이라하고, 그림 5.6에 도시되어 있다. 캠버를 가진 익형과 캠버가 없는 대칭형 익형의 양력곡선을 비교한 그림 5.7에서 캠버의 효과를 더 분명하게 확인할 수 있다. 대칭형 익형의 양력곡선은 좌표의 원점을 지난다. 다른 측면에서, 그림 5.6을 다시 살펴보자. 받음각이 큰 곳에서 양력곡선의 선형성이 파괴된다. 어떤 받음각 이상에서 α가 증가할 때 c_l은 최대값 $c_{l,\max}$에 도달하고, 이후 받음각이 더 커지면 가파르게 감소하게 된다. 높은 α에서 양력이 급격하게 감소할 때, 익형은 **실속(stall)**하게 된다.

익형의 실속은 항공기 설계에서 매우 중요하다. 실속은 익형의 윗면에서 유동 박리로 인해 발생한다. 그림 5.8은 어떤 익형에 대해 α에 따른 c_l의 변화를 다시 보여주고 있다. 양력곡선의 선형 구간 위에 있는 점 1에서 익형 위의 유동은 표면에 부착되어 흐르고 있다. 그런데, 제4장에서 논의한 표면마찰의 효과는 표면 근처의 유동을 느리게 한다. 역압력 구배가 있을 때 경계층은 표면에서 분리하려는 경향이 있을 것이다. 받음각이 증가할수록 익형 윗면의 역압력 구배는 더 강해지게 되고, 어떤 α, 실속 받음각에서 유동은 윗면에서 떨

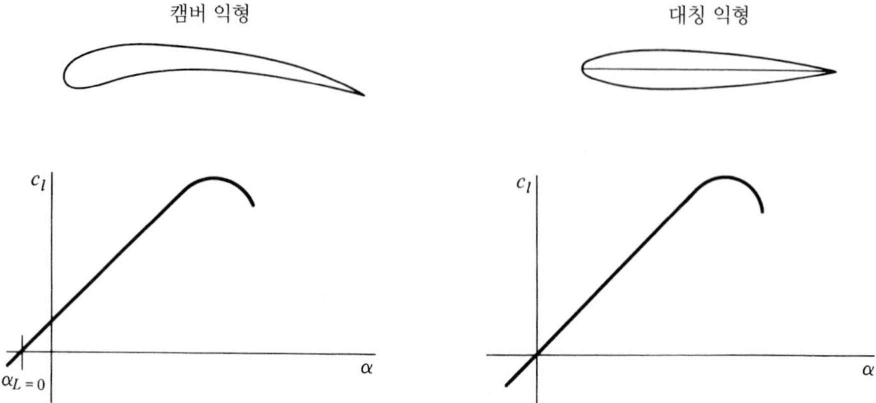

그림 5.7 캠버 익형과 대칭 익형의 양력곡선 비교

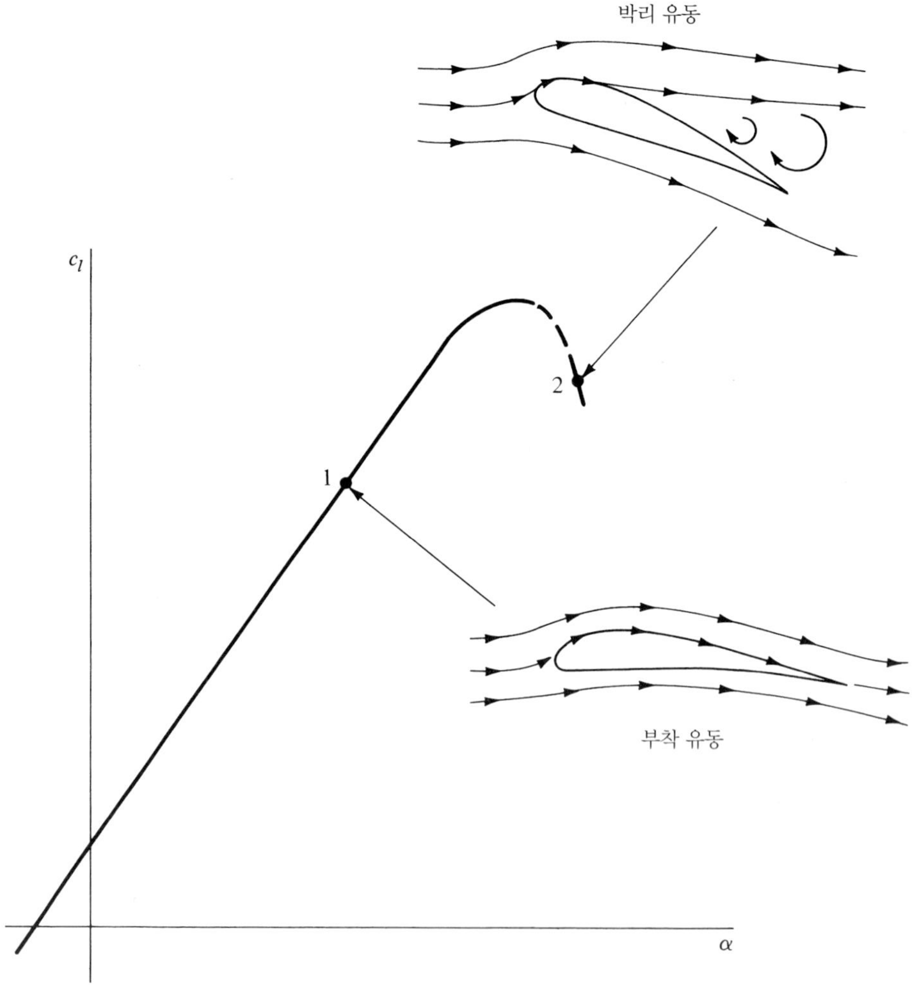

박리 유동

c_l

2

1

부착 유동

α

그림 5.8 실속과 연관된 유동의 구조

어져 나가게 된다. 박리가 발생하면, 양력은 급격히 감소하고 항력은 갑자기 증가한다. 이것은 그림 5.8에서 점 2에 도시된 현상이다(이 지점에서 여러분이 4.21절에서 배운 유동 박리에 대한 논의를 복습하길 권한다).

실속이 일어나기 전, 일어난 직후, 실속 이후에 항공기 날개 위의 유동장 모습이 각각 그림 5.9*a*, *b*, *c*에 나타나 있다. 이 사진들은 6 ft의 날개 너비를 가지는 풍동 모형에 대한 것이다. 모델은 자외선에 반응하는 형광 파우더와 석유의 혼합물로 도포되어 있다. 풍동이 작동한 후, 백색오일은 모델 표면의 유선 형태를 나타내게 된다. 그림 5.9*a*는 실속 전의 받음각에서 유선이 표면에 완전히 부착되어 흐름을 보여준다. 큰 표면 전단응력이 표면에서 오일의 대부분을 벗겨냄을 볼 수 있다. 실속 직후의 상태를 그림 5.9*b*에서 볼 수 있다. 크고, 버섯모양의 박리 유동 형태가 날개 위에서 발달하는데, 대단히 3차원적이고 낮은 에너지를 가지는 재순환(recirculating) 영역이 발생함을 보여 준다. 그림 5.9*c*에서 실속 받음각보다 훨씬 큰 받음각에서는 날개 위 전체에서 유동이 박리된 형태를 볼 수 있다. 서로 다른 받음각에서 항공기 날개 위해서 완전히 다른 형태의 유동이 발생할 수 있음을 보여주는 놀라운 사진들이다. 또한 일어날 수 있는 유동 박리의 크기를 보여 준다.

그림 5.6부터 5.8까지 도시된 양력곡선은 부록 D의 실험 데이터의 변화 형태를 묘사하고 있다. 부록 D를 살펴보고 양력곡선이 실속까지 선형적으로 증가함에 주목하자. NACA2412 익형 하나만 따로 생각을 해 본다. α에 따른 c_l은 레이놀즈수 3.1×10^6부터 8.9×10^6까지의 세 가지 값에 대해 주어져 있다. 세 Re에 대해 양력곡선은 선형 구간에서

그림 5.9 Grumman American Yankee 풍동 모델의 표면 오일 형태. Maryland 대학의 Glenn L. Martin 풍동에서 Allen Winkelmann 박사가 찍은 사진. (*a*) 유동이 표면을 잘 따라가는 실속 이전. 받음각 4도(*계속*)

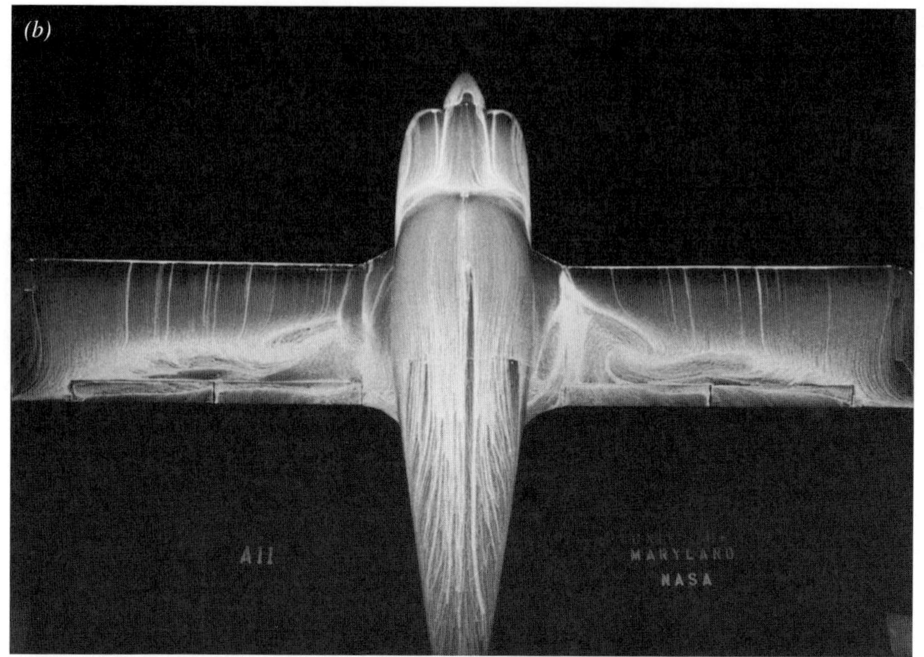

그림 5.9 (*b*) 유동이 박리된 실속 직후. 받음각 11도, (*c*) 실속이 많이 진행된 받음각 24도

다른 하나의 최상부로 급락한다. 즉, Re는 유동이 표면에 부착되어 있을 때 c_l에 별 영향이 없다. 그런데, 유동 박리는 점성 현상이다. 제4장에서 토론하였듯이, Re는 점성 유동의 지배적인 매개변수이다. 따라서, 실속 영역에서 $c_{l,\max}$에 대한 실험 데이터가 Re에 영향을 받는다는 사실은 그다지 놀랍지 않다. 사실, 다른 Re에서 양력곡선은 식 (5.19)에 관한 질문

에 부분적으로 답을 주는데, 즉 데이터는 $c_l = f(\mathrm{Re})$라는 점을 말해주고 있다. 다시 말하지만, Re는 실속 영역을 제외한다면 c_l에 큰 영향을 미치지 않는다.

α에 따른 c_l을 도시한 같은 페이지에, α에 따른 $c_{m,c/4}$의 변화가 주어져 있다. $c_{m,c/4}$는 α에 따라 약간의 변화만 있고, Re에 대해서는 거의 상관관계가 없다. $c_{m,c/4}$의 값은 작은 음의 값임에 주목하라. 통상적으로, 양의 모멘트는 시계 방향을 가리킨다. 즉, 그림 5.4에 도시한 것처럼 받음각이 커지도록 익형의 기수를 올린다. 그러므로 음의 $c_{m,c/4}$를 가지는 NACA 2412의 모멘트는 반시계 방향으로 작용한다. 이 현상은 익형의 기수를 낮추는 효과를 가진다. 이것은 양의 캠버를 가지는 모든 익형의 공통된 특성이다.

c_l과 $c_{m,c/4}$에 이어서 다음 페이지에서 c_l의 변화에 따른 c_d와 $c_{m,\mathrm{ac}}$의 변화가 주어져 있다. c_l은 α에 선형적으로 변하기 때문에, 여러분들은 α의 변화에 따른 c_d와 $c_{m,\mathrm{ac}}$의 변화를 그릴 수 있을 것이다. 선형구간에서 모양은 같은 모양이 될 것이다. 낮은 c_l에서 (즉, 낮은 받음각에서) 항력이 최소값이 되는 "버킷" 형태의 항력곡선에 주목하라. α가 큰 음이나 양의 값을 향해 갈 때 c_d는 증가한다. 또한 각 Re에 대해 확실히 차이가 나는 항력곡선에서 c_d는 Re에 크게 영향을 받는다는 사실을 알 수 있다. 이것은 얇은 공력 형상에 대해 항력은 대부분 표면마찰항력이기 때문이다. Re가 표면마찰에 큰 영향을 미침을 이미 4장에서 논하였다. $c_{m,\mathrm{ac}}$에 관한 데이터는 공력중심의 정의가 명확히 입증되고 있다. 즉, $c_{m,\mathrm{ac}}$는 받음각과 상관없이 거의 상수이다. 이 값은 또한 Re와 별 상관이 없고, 작은 음의 값을 가진다.

식 (5.23)을 참고하라. 부록 D의 익형 실험 데이터는 α와 Re에 대한 c_l, c_d, c_m의 변화에 관한 정보를 제공한다. 익형의 공력계수에 마하수 M_∞가 미치는 영향은 나중에 토의할 것이다. 그런데, 부록 D의 데이터는 저속 아음속 풍동에서 측정된 것들이다. 그래서 유동은 근본적으로 비압축성이다. 그러므로, c_l, $c_{m,c/4}$, c_d, $c_{m,\mathrm{ac}}$는 비압축성 유동의 값들이다. 이것을 다음 논의를 하는 동안 꼭 기억하기 바란다.

이 절에서 익형의 특성을 논의하고 있다. 그림 5.2에서 이미 지적하였듯이, 익형은 단순히 날개 단면의 모양이다. 그림 5.3부터 5.5까지, 그림 5.7과 5.8에 그려진 익형들은 종이 위에 평면으로 그려졌다. 익형 위에서, 즉 종이에 그려진 평면에서 양력, 항력, 모멘트를 논할 수 있을까? 어떻게 양력이 있을 수 있단 말인가? 익형의 양력에 대해 식 (5.17)을 쓸 때, 진짜 L은 무엇인가? 그 답은 그림 5.10에 있다. 여기서 시위 c가 상수인 날개의 단면을 본다. 위의 너비 방향으로 길이가 기본단위(1 ft, 1 m 등)이다. 그림 5.10에서 보듯이, 날개 위의 양력, 항력, 모멘트는 **단위 너비당** 양력, 항력, 모멘트로 이해할 수 있을 것이다. 단위 너비당 날개요소의 평면면적은 위에서 바라본 투과면적이고, 그림 5.10b에서 보듯이 $S = c(1) = c$이다. 그러므로, 익형에 대해 식 (5.17)을 쓸 때, 양력 L은 단위 너비당 양력으로, S는 단위 너비당 평면적으로 해석할 수 있다.

$$L\,(\text{단위 너비당}) = q_\infty c(1) c_l \tag{5.24}$$

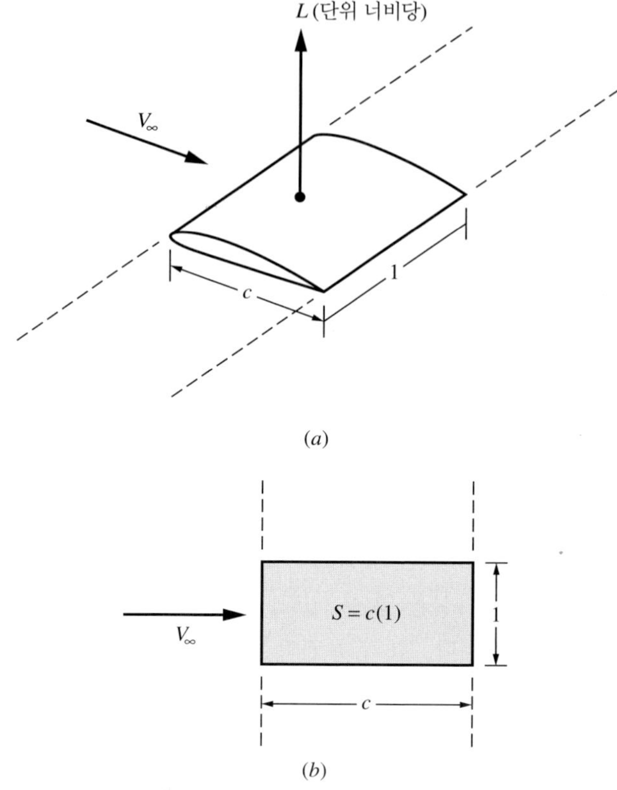

그림 5.10 단위 너비의 날개요소

$$c_l = \frac{L\,(\text{단위 너비당})}{q_\infty c} \tag{5.25}$$

마지막으로, 그림 5.1의 로드맵으로 돌아가 보자. 우리는 익형에 관한 왼쪽 열을 따라 움직이고 있다. 우리는 이미 많은 것을 획득하였는데, 익형에 관한 용어에 친숙해지고 있다. 차원 해석을 사용해서 매우 중요한 공력계수의 개념을 이해하였고, 이 계수들의 실험 데이터를 살펴 보았다. 진도를 나가기 전에 이러한 개념과 용어에 편안함을 느낄 수 있어야 할 것이다.

예제 5.1

일정한 시위 길이를 가지는 날개 모델이 저속 아음속 풍동에 설치되어 있다. 날개 단면은 NACA 2412 익형이고, 시위 길이는 1.3 m이다. 시험부에서 유동은 표준 해수면 조건이고 유동 속도는 50 m/s이다. 받음각이 4도일 때, (*a*) c_l, c_d, $c_{m,c/4}$, (*b*) 단위 너비당 양력, 항력, 1/4c 위치에서 모멘트를 계산하라.

■ **풀이**

a. 부록 D에서 NACA 2412 익형의 경우 받음각 4도에서,

$$\boxed{\begin{aligned} c_l &= 0.63 \\ c_{m,c/4} &= -0.035 \end{aligned}}$$

c_d를 구하기 위해 레이놀즈수의 값을 얻어야 한다.

$$\text{Re} = \frac{\rho_\infty V_\infty c}{\mu_\infty} = \frac{(1.225\ \text{kg/m}^3)(50\ \text{m/s})(1.3\ \text{m})}{1.789\times10^{-5}\ \text{kg/(m)(s)}} = 4.45\times10^6$$

얻은 Re값과 $c_l = 0.63$을 이용해 부록 D에서 항력계수를 찾으면,

$$\boxed{c_d = 0.007}$$

b. 시위가 1.3 m이고, 단위 너비당 힘과 모멘트를 구하기 때문에, $S = c(1) = 1.3(1) = 1.3\ \text{m}^2$이다.

$$q_\infty = \tfrac{1}{2}\rho_\infty V_\infty^2 = \tfrac{1}{2}(1.225)(50)^2 = 1531\ \text{N/m}^2$$

식 (5.22)에서,

$$L = q_\infty S c_l = 1531(1.3)(0.63) = \boxed{1254\ \text{N}}$$

1 N = 0.2248 lb이므로,

$$\boxed{\begin{aligned} L &= (1254\ \text{N})(0.2248\ \text{lb/N}) = 281.9\ \text{lb} \\ D &= q_\infty S c_d = 1531(1.3)(0.007) = 13.9\ \text{N} \\ &= 13.9(0.2248) = 3.13\ \text{lb} \end{aligned}}$$

주: 중요한 공력 값의 하나인 양항비(ratio of lift to drag)는,

$$\boxed{\begin{aligned} \frac{L}{D} &= \frac{c_l}{c_d} = \frac{1254}{13.9} = 90.2 \\ M_{c/4} &= q_\infty S c_{m,c/4} c = 1531(1.3)(-0.035)(1.3) \\ M_{c/4} &= -90.6\ \text{N}\cdot\text{m} \end{aligned}}$$

예제 5.2

예제 5.1과 같은 유동에서 같은 날개가 단위 너비당 양력이 700 N (157 lb)이 되도록 하는 받음각으로 기수가 올라와 있다.

a. 받음각은 얼마인가?

b. 어떤 받음각에서 양력이 0이 되는가?

■ **풀이**

a. 앞 예제에서

$$q_\infty = 1531\ \text{N/m}^2 \qquad S = 1.3\ \text{m}^2$$

그러므로,

$$c_l = \frac{L}{q_\infty S} = \frac{700}{1531(1.3)} = 0.352$$

NACA 2412에 대해 부록 D를 참고하면, 양력계수 $c_l = 0.352$에 해당하는 받음각은

$$\boxed{\alpha = 1°}$$

b. 부록 D에서 0 양력인 경우 (즉, $c_l = 0$)

$$\boxed{\alpha_{L=0} = -2.2°}$$

예제 5.3

그림 4.55는 NASA LS(1)-0417 익형의 모양을 보여준다. 이 익형은 예제 4.44의 주제였다. NASA LS(1)-0417 익형을 가지고 시위가 일정한 날개 모델이 풍동에 장착되어 있다. 양 날개 끝단은 풍동의 수직벽에 고정되어 있다. 이번 절의 내용에 기초해서 말하자면, 측정 데이터는 무한 날개에 대한 것이 된다. 표준 해수면 조건에서 유속이 97 m/s일 때, 예제 4.44에 주어진 날개 모델의 받음각 0도에 대한 항력은 34.7 N이다. 시위 길이는 0.6 m이고, 시험부의 날개 너비는 1 m이다. 따라서, 34.7 N은 단위 너비당 항력이 된다. 항력계수를 구하라.

■ **풀이**

$$q_\infty = \frac{1}{2}\rho_\infty V_\infty^2 = \frac{1}{2}(1.23)(97)^2 = 5786.5 \text{ N}$$

$$c_d = \frac{D}{q_\infty S} = \frac{34.7}{(5786.5)(0.6)(1)} = \boxed{0.01}$$

[Robert McGhee, William Beasley, and Richard Whitcomb in "NASA Low- and Medium-Speed Airfoil Development," *Advanced Technology Airfoil Research*, vol. 2, NASA CP2046, March 1978, p. 13]의 보고서를 참고하면, 받음각 0도에서 NASA LS(1)-0417 익형의 항력계수 측정값과 잘 일치하는 결과이다. 항력계수 $c_d = 0.01$은 부록 D에서 통상적인 NACA 익형과 비교해 볼 때 약간 큰 값이다. 예제 4.44에서 지적하였듯이, LS(1)-0417 익형은 통상적인 익형 형상보다 압력항력의 비중이 더 높은 것으로 나타난다.

예제 5.4

부록 D의 몇몇 익형에 대해서 60도 휘어진 분리형 플랩이 있는 경우의 추가적인 데이터가 제공되어 있다. (플랩의 작동원리는 5.17절에서 다룬다.) 익형 뒷전에서 플랩을 아래로 굽히면 익형의 주어진 받음각에서 양력과 모멘트 크기가 증가한다. 예를 들어, NACA 4412 익형의 데이터를 부록 D에서 살펴보자. 그래프에서 60도 굽은 분리형 플랩의 데이터는 역삼각형 기호로 나타나 있다. (*a*) 최대 양력계수의 퍼센트 증분, (*b*) 플랩을 60도 굽힘으로써 1/4*c*에 대한 모멘트계수 크기의 퍼센트 증분을 계산하라.

■ **풀이**

a. 부록 D에서 NACA 4412 익형의 경우, $(C_{\ell,\max})_1$과 $(C_{\ell,\max})_2$를 플랩이 있을 때와 없을 때의 최대 양력계수 값이라 두자.

$$(C_{\ell,\max})_1 = 2.7$$
$$(C_{\ell,\max})_2 = 1.7$$

플랩 변위로 인한 최대 양력계수의 퍼센트 증분은

$$\text{Increase} = \left(\frac{2.7-1.7}{1.7}\right)(100) = \boxed{59 \text{ percent}}$$

b. 마찬가지로, 플랩이 있을 때와 없을 때의 1/4c 에 대한 모멘트계수 값을 각각 $(c_{m,c/4})_1$과 $(c_{m,c/4})_2$라 두면,

$$(C_{m_{c/4}})_1 = -0.305$$
$$(C_{m_{c/4}})_2 = -0.09$$

플랩 변위로 인한 모멘트계수의 퍼센트 증분은

$$\text{Increase} = \left(\frac{0.305-0.09}{0.09}\right)(100) = \boxed{239 \text{ percent}}$$

예제 5.5

부록 D의 몇몇 익형에 대해서 **표준 거칠기**(*standard roughness*)가 있는 경우 추가적인 데이터가 제공되어 있다. 익형 앞전에서부터 아래로 0.08c 위치까지 윗면 아랫면에 0.011-in의 카보런덤 가루가 도포되었다. NACA 연구진은 익형 성능에 표면 거칠기가 미치는 영향을 조사하기 위해 제조 및 불순물 제거 과정에 의해 나타나는 통상적인 표면 거칠기보다 더 크고 얼음 적층, 총알로 인한 손상보다는 작은 정도의 표면 거칠기를 적용하였다. (더 자세한 내용은 이 장의 참고문헌에 포함된 Abbott and von Doenhoff 책, 143~148쪽을 보기 바란다.) 부록 D의 NACA4412 익형에서 레이놀즈수가 6×10^6일 때, (*a*) 최대 양력계수의 감소율(%), (*b*) 표준 거칠기로 인한 최소 항력계수의 증가율(%)을 계산하라.

■ **풀이**

a. 부록 D NACA 4412 익형 데이터에는 Re = 6×10^6일 때 표준거칠기에 대한 정보가 제시되어 있다. $(C_{\ell,\max})_1$과 $(C_{\ell,\max})_2$를 각각 표준 거칠기가 있을 때와 없을 때의 최대 양력계수 값으로 두자.

$$(C_{\ell,\max})_1 = 1.39$$
$$(C_{\ell,\max})_2 = 1.63$$

표준 거칠기로 인한 최대 양력계수의 감소율은

$$\text{Decrease} = \left(\frac{1.63-1.39}{1.63}\right)(100) = \boxed{14.7 \text{ percent}}$$

b. 같은 방법으로 표준 거칠기가 있을 때와 없을 때의 최소 항력계수 값을 각각 $(C_{d,\min})_1$과 $(C_{d,\min})_2$라 두면,

$$(C_{d,\min})_1 = 0.01$$
$$(C_{d,\min})_2 = 0.0062$$

표준 거칠기로 인한 최소 항력계수의 증가율은

$$\text{Increase} = \frac{0.01-0.0062}{0.0062}(100) = \boxed{61\ \text{percent}}$$

아래의 예제와 이 장의 끝에 나와 있는 숙제 문제에서는 플랩 변위나 표준 거칠기에 대한 익형 데이터를 더 이상 사용하지 않을 것이다. 예제 5.4와 5.5에 있는 특별한 경우에서만 이들을 사용하였다. 이 예제들은 부록 D 그래프에 더 친숙할 수 있도록 고안된 문제들이다.

예제 5.6

받음각 8도인 NACA 23012 익형을 고려하라. Re = 8.8 × 10⁶일 때, 수직력계수와 축력계수를 구하라.

■ 풀이

부록 D에서 받음각 8도의 NACA 23012 익형에 대해

$$c_\ell = 1.0$$

$$c_d = 0.0078$$

식 (5.1)에서

$$L = N\cos\alpha - A\sin\alpha$$

$$\frac{L}{q_\infty S} = \frac{N}{q_\infty S}\cos\alpha - \frac{A}{q_\infty S}\sin\alpha \tag{5.11}$$

$$c_\ell = c_n\cos\alpha - c_a\sin\alpha \tag{E 5.6.1}$$

여기서 c_n과 c_a는 단면의 수직력과 축력계수를 나타낸다. 마찬가지로 식 (5.2)로부터,

$$c_d = c_n\sin\alpha + c_a\cos\alpha \tag{E 5.6.2}$$

$\alpha = 8°$에서 c_ℓ과 c_d를 식 (E 5.6.1)과 식 (E 5.6.2)에 대입하면

$$1.0 = c_n\cos 8^\circ - c_a\sin 8^\circ$$

또는

$$1.0 = 0.990268\ c_n - 0.139173\ c_a \tag{E 5.6.3}$$

그리고,

$$0.0078 = 0.139173\ c_n + 0.990268\ c_a \tag{E 5.6.4}$$

식 (E 5.6.3)과 식 (E 5.6.4)를 c_n과 c_a에 대해 동시에 풀면,

$$\boxed{\begin{aligned} c_n &= 0.991 \\ c_a &= -0.131 \end{aligned}}$$

연립방정식을 풀지 않고 이 문제의 답을 구하는 직접적인 방법을 그림 5.4*b*를 다시 살펴봄으로써 구할 수 있는데, 식 (5.1)과 (5.2)의 역변환으로서 L과 D로 N과 A를 표현하는 것이다. 그림 5.4로부터,

$$N = L\cos\alpha + D\sin\alpha \tag{E 5.6.5}$$

$$A = -L\sin\alpha + D\cos\alpha \tag{E 5.6.6}$$

그래서,

$$c_n = c_\ell \cos\alpha + c_d \sin\alpha \qquad \text{(E 5.6.7)}$$

그리고,

$$c_a = -c_\ell \sin\alpha + c_d \cos\alpha \qquad \text{(E 5.6.8)}$$

식 (E 5.6.7)을 이용하면,

$$c_n = 1.0 \cos 8° + 0.078 \sin 8°$$

$$c_n = 1.0\,(0.990268) + 0.0078\,(0.139173)$$

$$c_n = \boxed{0.991}$$

식 (E 5.6.8)을 이용하면,

$$c_a = 1.0\,(0.139173) + 0.0078\,(0.990268)$$

$$c_a = \boxed{-0.131}$$

이 값들은 본 예제에서 먼저 구한 값들과 같다.

문제: 왜 축력계수는 음의 값을 가지는가? 즉, 왜 축력은 익형의 앞전 방향을 향하는가? 그림 5.4*b*를 잘 살펴보면 답을 얻을 수 있다. 시위선을 따르는 방향으로 양력 *L*의 성분은 **앞쪽**을 가리킨다. 시위선을 따르는 방향으로 항력 *D*의 성분은 **뒤쪽**을 가리킨다. 이 예제에서 양력은 항력의 128배만큼 크고, 양력으로 인한 앞 방향 성분이 축력의 대부분이 되어, 축력이 앞쪽 방향을 향하게 된다. 이것은 큰 양의 받음각에서 대부분의 익형이 가지는 성질이다.

예제 5.7

4.15절에서 다른 층류을 다루었다. 그림 4.45*b*는 전형적인 층류 익형을 보여준다. NACA 익형 명명법에서, 층류 익형을 의미하는 숫자는 6으로 시작된다. 그래서 "6-series" 익형이라 부르고, 몇몇 층류 익형이 부록 D에 소개되어 있다. 특히, $Re = 9 \times 10^6$, 받음각 0도에서 대칭 익형인 NACA 0009 익형과 NACA 65-009 층류 익형의 양력과 항력계수 값을 비교하라.

■ 풀이

NACA 0009 익형은 받음각 0도에서,

$$c_\ell = 0$$

받음각이 0도인 **모든** 대칭 익형에서 양력이 0이라는 것은 진짜로 당연한 것이다. 부록 D에서 $c_\ell = 0$인 경우 항력계수를 찾으면,

$$c_d = 0.0052$$

NACA 65-009 층류 익형의 경우, $c_\ell = 0$일 때,

$$c_d = 0.004$$

층류 익형의 항력계수 값이 표준 4단위 익형의 값보다 23% 작다는 점에 주목하라. 층류 익형의 c_d 변화를 주의깊게 살펴보기 바란다. 작은 c_l (즉, 낮은 받음각)에서 c_d가 갑자기 작아졌다가 바닥을 이

루고 있는 모양을 발견할 수 있다. 항력곡선의 이 부분을 항력버킷(drag bucket)이라 부르는데, 층류 익형의 고유한 특성이다. 부록 D의 63-210, 64-210, 65-210, 65-006 익형에서도 항력버킷을 발견할 수 있다.

예제 5.8

5.2절에 논의했던 익형에 작용하는 공력 모멘트를 고려하자. 모멘트의 값은 익형 위 어떤 점을 기준으로 하는지에 따라 달라진다. 부록 D의 익형 데이터에서, 두 가지 모멘트계수 값이 주어져 있다. 하나는 1/4c점에 대한 $c_{m,c/4}$, 다른 하나는 공력중심에 대한 $c_{\mathrm{m,ac}}$이다. 5.2절에서 언급하였듯이, 모멘트를 계산하는 또 다른 기준점으로 익형 앞전을 선택하기도 한다. 양력계수와 1/4c점에 대한 모멘트로 앞전 기준 모멘트계수를 표현하는 관계식을 유도하라.

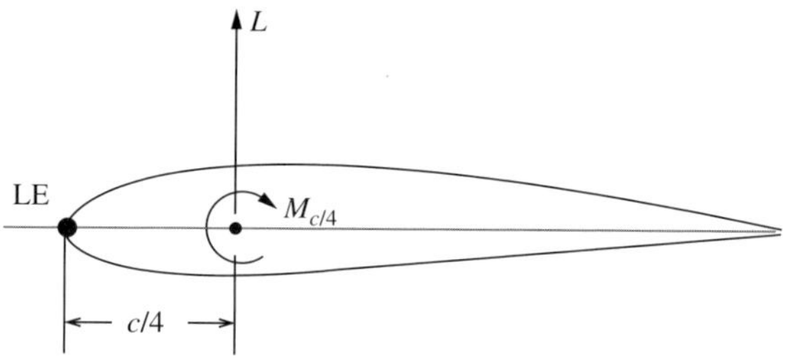

그림 5.11 익형 위의 양력과 모멘트

■ **풀이**

그림 5.11을 살펴보라. 양력 L과 $M_{c/4}$은 1/4c 점에 작용하고 있다. (주: 익형에 작용하는 양력과 모멘트는 역학적으로 익형 위 임의의 점에 작용하는 양력과 같은 점에 작용하는 모멘트로 표현된다.) 이 예제에서 우리는 양력이 작용하는 점을 1/4c점으로 선택하였다. 이것은 부록 D의 익형 모멘트는 1/4c점에서 측정되었기 때문이다.) 관례적으로 모멘트가 받음각을 증가시키는 방향을 양으로, 받음각을 낮추는 방향을 음으로 표기함에 유의해라. 그림 5.11로부터,

$$M_{\mathrm{LE}} = -L\left(\frac{c}{4}\right) + M_{c/4} \quad \text{(E 5.8.1)}$$

식 (E 5.8.1)을 $q_\infty Sc$로 나누면,

$$\frac{M_{\mathrm{LE}}}{q_\infty Sc} = -\frac{L}{q_\infty Sc}\left(\frac{c}{4}\right) + \frac{M_{c/4}}{q_\infty Sc}$$

또는

$$\boxed{c_{m_{\mathrm{LE}}} = -\frac{c_\ell}{4} + c_{m_{c/4}}} \quad \text{(E 5.8.2)}$$

예제 5.9

받음각 6도인 NACA 63-210 익형에서 선두부를 중심으로 한 모멘트계수를 계산하라.

■ **풀이**

부록 D에서 받음각 6도인 NACA 63-210 익형의 값을 찾으면,

$$c_\ell = 0.8;\ c_{m_{c/4}} = -0.04$$

예제 5.8에서 구한 식 (E 5.8.2)을 사용하면,

$$c_{m_{\text{LE}}} = -\frac{c_\ell}{4} + c_{m_{c/4}} = -\frac{0.8}{4} - 0.04 = \boxed{-0.24}$$

예제 5.10

비행기가 배면 비행을 할 때 익형이 양력을 발생시킬 수 있는지 질문을 받기도 한다. 이 예제에서 답을 구해 보자.

a. 예로서 그림 5.12와 같이 받음각 6도에서 정상 비행을 하고 있는 NACA 2415 익형을 고려한다. 시위가 1.5 m이고 150 m/s의 속도로 표준 고도 2 km에서 비행하고 있다. 단위 너비당 양력을 계산하라.

b. 이 익형을 뒤집어서 같은 비행 조건에서 받음각 6도로 비행할 때, 단위 너비당 양력을 계산하라.

c. 결과를 비교하고 토론하라.

■ **풀이**

a. 부록 D에서 $\alpha = 6°$, $c_\ell = 0.8$이다. 부록 A에서 표준고도 2 km에서 $\rho = 0.90926$ kg/m^{3}이다. 따라서,

$$q_\infty = \tfrac{1}{2}\rho V^2 = \tfrac{1}{2}(0.9026)(150)^2 = 1.023\times10^4\ \text{N/m}^2$$

그러므로, $L(\text{단위 너비당}) = q_\infty\, S\, c_\ell = q_\infty\, c(1)\, c_\ell =$

$$(1.023\times10^4)(1.5)(1)(0.90926) = \boxed{1.395\times10^4\ \text{N}}$$

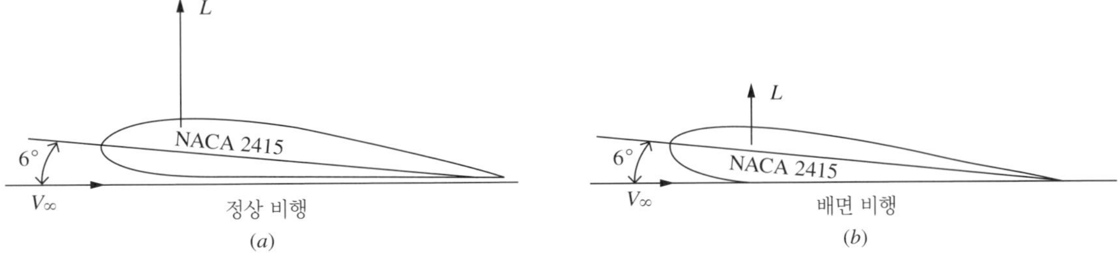

그림 5.12 NACA 2415 익형. (*a*) 정상 비행, (*b*) 배면 비행

b. 부록 D에서 NACA 2415 익형의 c_ℓ을 살펴 보라. $\alpha = -6°$에서 $c_\ell = -0.44$이다. 양력 벡터가 아래를 향하면 음의 양력을 의미한다. 바람 방향에 대해 익형을 180도 회전을 하면 그림 5.12와 같다.

즉, 받음각 6도에서 배면 비행하는 익형이 된다. 이 때 양력 벡터는 위쪽을 향하게 된다. 이 경우에,

$$L(\text{단위 너비당}) = q_\infty\, S\, c_\ell = (1.023\times10^4)(1.5)(0.44) = \boxed{0.675\times10^4\ \text{N}}$$

c. 배면 비행하는 익형이 양력을 발생시킬 수 있음은 분명하다. 질문에 대해 **예**라고 말할 수 있다. 그런데, NACA 2415와 같이 양의 캠버가 있는 익형의 경우, 0 양력 받음각이 음수($\alpha_{L=0} = -2°$)이므로 배면 비행 상태에서는 정상 비행 때보다 더 적은 양력이 발생하게 될 것이다. 본 예제에서는,

$$\text{정상 비행}: L = 1.395\times10^4\ \text{N}$$

$$\text{배면 비행}: L = 0.695\times10^4\ \text{N}$$

배면 비행에서 익형은 정상 비행에서 발생하는 양력의 48% 정도만 생성함을 알 수 있다.

5.5 무한 날개 대 유한 날개

5.4절에서 서술하였듯이, 부록 D의 익형 데이터는 시험부의 너비와 같은 길이를 가지는 모델이 장착된 저속 아음속 풍동에서 측정된 결과들이다. 유동은 날개 끝단(wing tip)이 없는 날개를 지난다. 즉, 원리적으로 너비 방향으로 $-\infty$에서 $+\infty$까지 뻗어 있는 무한히 긴 날개이다. 이런 날개를 **무한 날개**(*infinite wing*)라 하고 그림 5.13과 같다. 이 날개 주위의 유동은 단지 x, y 방향으로만 변화한다. 따라서, 이런 유동은 **2차원** 유동이다. 부록 D의 익형 데이터는 무한 날개, 즉 2차원 날개의 데이터임을 명심해야 한다.

반대로, 모든 실제 항공기 날개는 그림 5.14와 같이 유한한 길이를 가진다. 그림은 유한 날개(finite wing)를 위에서 바라본 평면도이며, 날개 끝단 사이의 거리를 **날개 너비**(*wingspan*) b로 정의한다. 평면도에서 날개의 면적은 S로 표시한다. 날개의 공기역학을 다룰 때 널리 활용되는 중요한 정의인 종횡비(aspect ratio) AR은 다음과 같다.

$$\boxed{\text{Aspect ratio} \equiv \text{AR} \equiv \frac{b^2}{S}} \qquad (5.26)$$

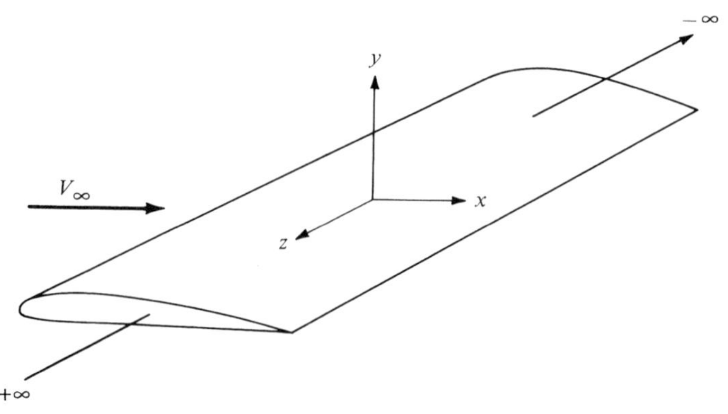

그림 5.13 무한(2차원) 날개

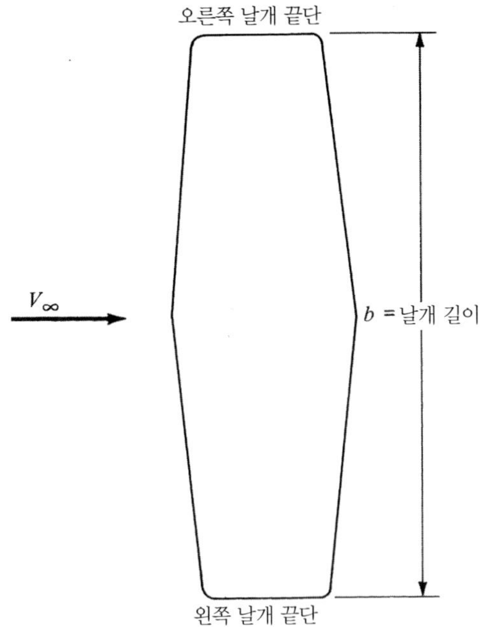

그림 5.14 유한 날개의 평면도

다음 절에서 AR의 중요성을 다룰 것이다.

유한 날개의 유동장은 3차원이고 무한 날개에 대한 2차원 유동장과 본질적으로 다르다. 결론적으로, 주어진 α에서 주어진 익형 모양을 가진 유한 날개의 양력, 항력, 모멘트계수는 같은 α와 같은 익형을 가진 무한 날개의 양력, 항력, 모멘트계수와 다르다. 이런 이유로 유한 날개의 공력계수는 대문자를 써서 C_L, C_D, C_M으로 표기한다. 반면, 무한 날개의 경우에는 c_l, c_d, c_m을 표기해 왔다. 부록 D의 익형 데이터는 무한 (2차원) 날개에 대한 것이며, c_l, c_d, c_m을 나타냄을 유의하라. 이어지는 절에서 부록 D의 무한 날개 데이터를 이용해 유한 날개의 공력계수를 얻는 방법을 알게 될 것이다. 이 절의 목적은 단순히 차이가 있다는 점을 지적하는 것이다.

5.6 압력계수

공기역학에 사용되는 정의를 계속 찾아보자. 익형 윗면의 압력 분포를 고려하라. 제곱 미터당 뉴턴의 단위를 가지는 실제 압력을 그리는 대신, **압력계수** C_p라 불리는 새 무차원 양을 정의한다.

$$\boxed{C_p \equiv \frac{p - p_\infty}{q_\infty} \equiv \frac{p - p_\infty}{\frac{1}{2}\rho_\infty V_\infty^2}} \tag{5.27}$$

그림 5.15는 C_p로 압력 분포를 그린 도표이다. 공기역학 문헌에서 찾을 수 있는 압력 분포

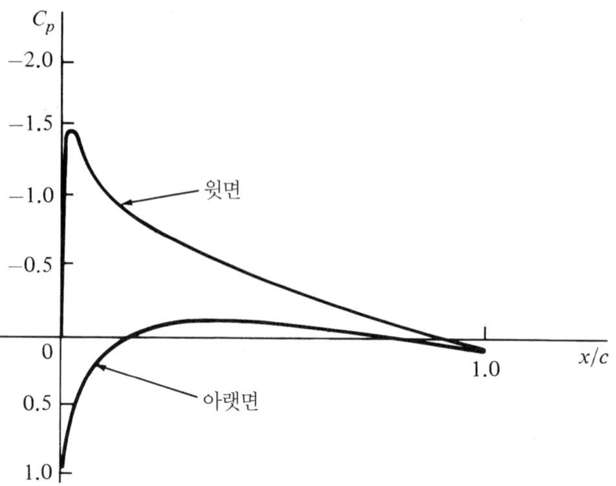

그림 5.15 받음각 3.93도 NACA 0012 익형의 윗면과 아랫면의 압력계수 분포. $M = 0.345$, $\text{Re} = 3.245 \times 10^6$. 실험데이터 [Ohio State University, in NACA Conference Publication 2045, part I, *Advanced Technology Airfoil Research*, vol. I, p. 1590.] (자료출처: *After Freuler and Gregorek.*)

는 보통 무차원 압력계수로 주어지기 때문에 잘 살펴볼 필요가 있다. 그림 5.15에서 익형 앞전에서 $p > \rho_\infty$이므로 C_p는 양의 값을 가짐에 주목하라. 그런데, 유동이 익형의 윗면에서 팽창함에 따라 압력은 급격히 감소하고, $p < \rho_\infty$인 곳에서 C_p는 음의 값을 가진다. 익형의 C_p 분포는 관례적으로 그림 5.15에서처럼 세로축을 거꾸로 그려 가로축 위가 음이 되도록 한다.

압력계수는 중요한 양이다. 예를 들어, 익형 위 C_p 분포로부터 c_l값을 직접 구할 수 있다. (5.11절에서 살펴볼 것이다.) 또한, C_p를 살펴보면 양력계수에 마하수 M_∞가 미치는 영향을 직접 계산할 수 있다. 이 계산을 하기 위해 익형 표면의 주어진 점에서 C_p를 생각하자. 받음각이 고정되어 있고, 풍동에서 익형을 실험하여 C_p를 측정할 수 있다. 시험부에서 V_∞가 낮아서, 즉 $M_\infty < 0.3$이어서 비압축성 유동이라고 가정하라. 익형 위 한 점에서 측정한 C_p 값은 저속 유동에 대한 값이 될 것이다. 저속 비압축성에서 얻은 C_p 값을 $C_{p,0}$라 두자. V_∞가 증가할 때 M_∞가 0.3보다 작을 경우에는 C_p에 변화가 거의 없을 것이다. 즉, C_p는 저속 유동에서 본질적으로 상수이다. 그러나, $M_\infty > 0.3$가 되는 V_∞에서는 압축성이 고려되어야하고, M_∞가 커짐에 따라 압축성이 커져서 C_p의 절대값 또한 커지게 된다. M_∞에 따른 C_p의 이러한 변화는 그림 5.16에 도시되어 있다. $M_\infty \approx 0$일 때, $C_p = C_{p,0}$이다. 마하수가 $M_\infty \approx 0.3$까지 증가할 경우에도 C_p는 상수이다. 그런데, M_∞가 0.3을 넘어서게 되면, C_p는 급격하게 커진다. (즉, 절대값이 커진다. $C_{p,0}$가 음이면 M_∞가 증가함에 따라 더 큰 음의 값을 가지게 될 것이고, $C_{p,0}$가 양이면 M_∞가 증가함에 따라 더 큰 양의 값을 가지게 된다.) 아음속 마

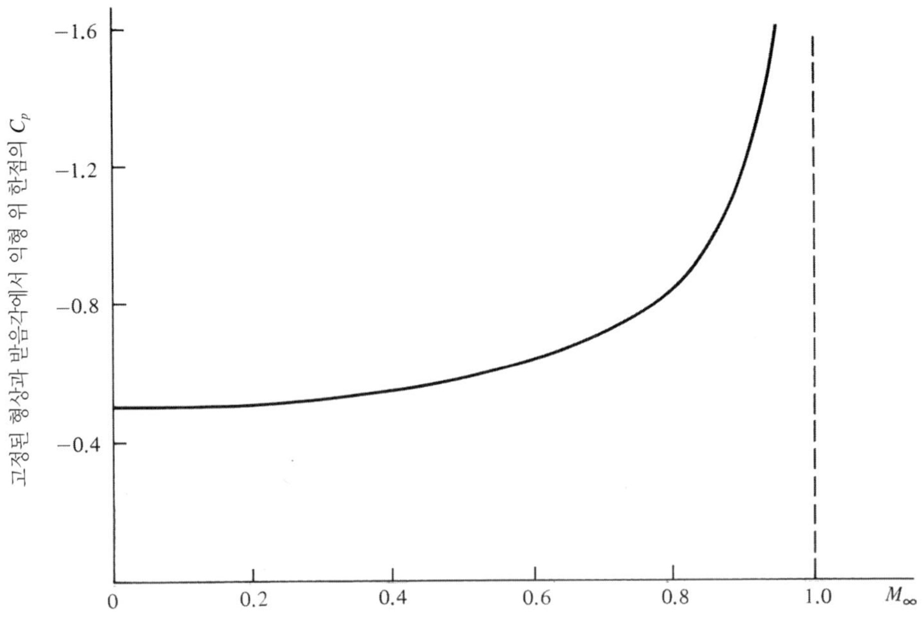

그림 5.16 $C_{p,0} = -0.5$일 때 Prandtl−Glauert 공식

하수 영역에서 M_∞에 따른 C_p의 변화는 제2차 세계 대전 이후 공기역학 연구의 주요 관심사였다. 근사적인 이론은 다음과 같은 관계식을 제시한다.

$$\boxed{C_p = \frac{C_{p,0}}{\sqrt{1-M_\infty^2}}} \tag{5.28}$$

식 (5.28)은 *Prandtl−Glauert* **공식**이라 불린다. 이 공식은 $0.3 < M_\infty < 0.7$에서 상당히 정확하지만 $M_\infty > 0.7$에서 정확도가 떨어진다. 사실 식 (5.28)은 M_∞가 1.0에 가까워지면 C_p가 무한대가 된다는 것을 의미하는데, 이는 불가능한 물리적 상황이다. 불연속이나 무한대 같은 현상은 수학이나 물리학의 근사이론에서 종종 나타나는 극단적인 현상에 불과하다. 마하수 1 근처에서 식 (5.28)보다 더 정확하지만 더 복잡한 공식이 있지만, 본 절의 목적상 식 (5.28)로 충분하다.

아음속에서 C_p에 M_∞가 미치는 영향을 예측할 수 있는 식 (5.28)과 같은 공식을 **압축성 보정**(*compressibility correction*)이라 부른다. 즉, 압축성 효과를 고려하기 위해 저속의 압력계수 $C_{p,0}$를 수정하는 공식이다. 압축성 보정은 높은 아음속 영역에서 중요하다.

예제 5.11

항공기 날개 위 한 점의 압력이 7.58×10^4 N/m^{2}이다. 항공기는 표준고도 2,000 m에서 70 m/s의 속도로 비행하고 있다. 날개 위 한 점에서 압력계수를 계산하라.

■ **풀이**

표준고도 2,000 m에서

$$p_\infty = 7.95 \times 10^4 \text{ N/m}^2$$
$$\rho_\infty = 1.0066 \text{ kg/m}^3$$

그러므로, $q_\infty = \frac{1}{2}\rho_\infty V_\infty^2 = \frac{1}{2}(1.0066)(70)^2 = 2466 \text{ N/m}^2$이다 식 (5.27)에서,

$$C_p = \frac{p - p_\infty}{q_\infty} = \frac{(7.58 - 7.95)\times 10^4}{2466}$$

$$\boxed{C_p = -1.5}$$

예제 5.12

저속 아음속 풍동에 설치된 익형을 고려하라. 시험부 유속은 100 ft/s이고, 유동 조건은 표준 해수면 조건이다. 익형 위 한점에서 압력은 2,102 lb/ft^{2}일 때, 압력계수는 얼마인가?

■ **풀이**

$$q_\infty = \frac{1}{2}\rho_\infty V_\infty^2 = \frac{1}{2}(0.002377 \text{ slug/ft}^3)(100 \text{ ft/s})^2 = 11.89 \text{ lb/ft}^2$$

식 (5.27)에서,

$$C_p = \frac{p - p_\infty}{q_\infty} = \frac{2102 - 2116}{11.89} = \boxed{-1.18}$$

예제 5.13

예제 5.12에서 유동의 속도가 증가해서 자유류 마하수가 0.6이 되었다면, 익형 위 같은 점에서 압력계수는 얼마인가?

■ **풀이**

예제 5.12의 유동에서 마하수는 얼마인가? 표준 해수면 조건에서,

$$T_s = 518.69° \text{ R}$$

그러므로

$$a_\infty = \sqrt{\gamma R T_\infty} = \sqrt{1.4(1716)(518.69)} = 1116 \text{ ft/s}$$

즉, 예제 5.12의 마하수는$M_\infty = V_\infty / a_\infty = (100)/1116 = 0.09$로 매우 작은 값이다. 즉, 예제 5.12의 유동은 본질적으로 비압축성이며, 압력계수는 저속에서의 값이다. 따라서, $C_{p,0} = -1.18$이다. 마하수가 0.6으로 증가한다면, Prandtl–Glauert 공식, 식 (5.28)에서,

$$C_p = \frac{C_{p,0}}{(1 - M_\infty^2)^{1/2}} = -\frac{1.18}{(1 - 0.6^2)^{1/2}}$$

$$\boxed{C_p = -1.48}$$

예제 5.14

표준고도 3 km에서 100 m/s로 항공기가 비행하고 있다. 동체 위 한 점에서 압력계수는 −2.2이다. 이 점에서 압력은 얼마인가?

■ 풀이

표준고도 3 km에서, $p_\infty = 7.0121 \times 10^4\ \mathrm{N/m^2}$, $\rho_\infty = 0.90926\ \mathrm{kg/m^3}$이다. 따라서,

$$q_\infty = \tfrac{1}{2}\rho_\infty V_\infty^2 = \tfrac{1}{2}(0.90926)(100)^2 = 4546\ \mathrm{N/m^2}$$

식 (5.27)에서

$$C_p = \frac{p - p_\infty}{q_\infty}$$

또는

$$p = q_\infty C_p + p_\infty = (4546)(-2.2) + 7.10121 \times 10^4 = \boxed{6.01 \times 10^4\ \mathrm{N/m^2}}$$

주: 이 예제는 압력계수의 유용한 물리적 해석을 설명하고 있다. 압력계수는 자유류 압력을 기준으로 "동압의 배수"로 국소 압력을 나타낸다. 이 예제에서, 해당 지점의 국소 압력은 $6.01 \times 10^4\ \mathrm{N/m^2}$이다. 이 압력값은 자유류 압력 빼기 동압의 2.2배에 해당하는 값이다. 즉, 압력은 자유류 값보다 동압의 2.2만큼 낮은 값이다. 그래서, C_p의 값을 볼 때, 자유류 압력 위 아래로 동압의 배수로서 압력의 크기를 순간적으로 알아챌 수 있게 된다. 만약 $C_p = 1.5$라면, 압력은 자유류 압력을 기준으로 "동압"의 1.5배 더 큰 값이 될 것이다.

예제 5.15

80 m/s로 비행하는 날개 표면에 있는 서로 다른 두 점을 고려하라. 점 1에서 압력계수와 유동 속도는 각각 −1.5와 110 m/s이다. 점 2에서 압력계수는 −0.8이다. 비압축성 유동을 가정하고, 점 2에서 유동 속도를 계산하라.

■ 풀이

식 (5.27)에서

$$C_{p_1} = \frac{p_1 - p_\infty}{q_\infty} \quad \text{or} \quad p_1 - p_\infty = q_\infty C_{p_1}$$

마찬가지로,

$$C_{p_2} = \frac{p_2 - p_\infty}{q_\infty} \quad \text{or} \quad p_2 - p_\infty = q_\infty C_{p_2}$$

두 식을 빼면,

$$p_1 - p_2 = q_\infty (C_{p_1} - C_{p_2})$$

베르누이 방정식을 이용하면,

$$p_1 + \tfrac{1}{2}\rho V_1^2 = p_2 + \tfrac{1}{2}\rho V_2^2$$

$$p_1 - p_2 = \tfrac{1}{2}\rho (V_2^2 - V_1^2)$$

동압 $q_\infty = \frac{1}{2}\rho V_\infty^2$이므로,

$$\frac{p_1 - p_2}{q_\infty} = \left(\frac{V_2}{V_\infty}\right)^2 - \left(\frac{V_1}{V_\infty}\right)^2$$

$p_1 - p_2$를 C_{p1}과 C_{p2}로 나타내면 다음과 같다.

$$\frac{q_\infty(C_{p_1} - C_{p_2})}{q_\infty} = \left(\frac{V^2}{V_\infty}\right)^2 - \left(\frac{V_1}{V_\infty}\right)^2$$

$$C_{p_1} - C_{p_2} = \left(\frac{V_2}{V_\infty}\right)^2 - \left(\frac{V_1}{V_\infty}\right)^2$$

주: 이 표현은 그 자체가 흥미롭다. 저속 비압축성 유동에서 서로 다른 두 지점의 압력계수의 차이는 자유류 값으로 무차원화된 속도 제곱의 차이와 같다.

값을 대입하면,

$$-1.5 - (-0.8) = \left(\frac{V_2}{V_\infty}\right)^2 - \left(\frac{110}{80}\right)^2$$

$$\left(\frac{V_2}{V_\infty}\right)^2 = 1.19$$

$$V_2^2 = 1.19V_\infty^2 = 1.19(80)^2$$

$$\boxed{V_2 = 87.3 \text{ m/s}}$$

주: 해법은 밀도에 대한 정보를 요구하지 않고 있다. 압력계수의 차이로 압력의 차이를 다루고 있기 때문이다. 압력계수의 차이는 단지 베르누이 방정식에서 무차원화된 속도의 제곱 차이로만 표현된다.

5.7 C_p에서 양력계수 구하기

익형의 윗면, 아래면에 압력계수의 분포를 알고 있다면, 양력계수 c_l을 직접 구할 수 있다. 그림 5.17의 무한 날개의 한 단면요소를 고려하라. 단면요소는 단위 너비와 시위 c를 가진다. 날개는 받음각 α의 상태에 있다. 그림 5.17에서 x는 시위를 따르는 방향의 거리이고, s는 앞전부터 **표면**을 따르는 방향의 거리를 의미한다. 그림 5.17에서 음영표시된 영역은 너비 방향으로 단위 길이를 가지고 길이가 ds인 매우 작은 회색면적을 고려하라. 이 회색면적의 넓이는 1 ds이다. 점선 ab는 시위 c에 수직하고, 실선 ac는 회색면적에 수직하다. ab와 ac가 이루는 각도는 θ이다. 회색면적에 작용하는 공력은 표면에 수직하게 ac 방향으로 작용하며, 크기는 $p(1)\ ds$가 된다. 이 힘중 시위에 수직한 방향 성분은 $(p \cos \theta)(1)\ ds$가 될 것이다. 날개 윗면에 작용하는 압력을 표현하기 위해 하첨자 u를 추가하고 힘이 아래를 향한다는 것을 표현하기 위해 (−)를 포함하면, 회색면적에 작용하는 압력의 수직력 성분이 $-p_u \cos \theta\ ds$임을 알 수 있다. 앞전에서 뒷전까지 윗면의 모든 면적요소에 작용하는 수직력 성분을 다 더하면, 적분식은

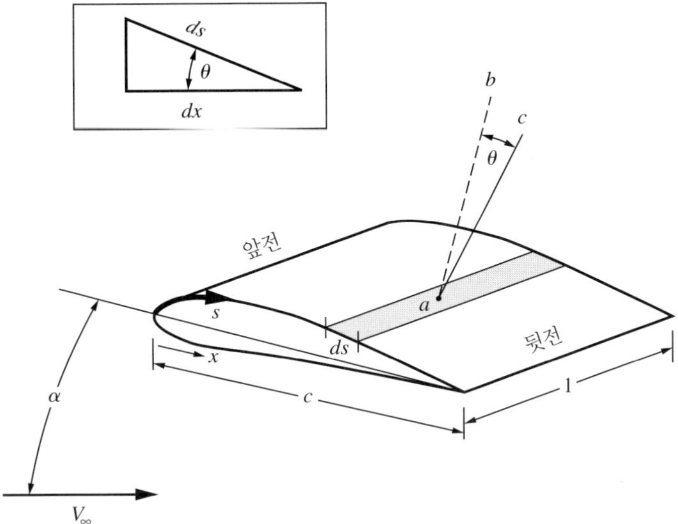

그림 5.17 단위 너비당 수직력을 얻기 위해 압력계수를 어떻게 적분하는지를 보여주는 스케치

$$-\int_{\text{LE}}^{\text{TE}} p_u \cos\theta \, ds$$

단위 너비에 대해 날개의 윗면에 작용하는 압력의 분포로 인한 수직 방향의 힘을 나타낸다. 5.2절에서 논의한 수직력 N과 축력 A의 정의를 상기하라(그림 5.4*a*). 위 적분식은 윗면에 작용하는 압력으로 인한 N의 한 부분을 나타낸다. 익형의 아랫면에 작용하는 압력으로 인한 성분도 유사한 방법으로 구할 수 있다. p_l을 아랫면에 작용하는 압력으로 두면, 단위 너비의 익형 위에 작용하는 총 수직력은 다음과 같다.

$$N = \int_{\text{LE}}^{\text{TE}} p_l \cos\theta \, ds - \int_{\text{LE}}^{\text{TE}} p_u \cos\theta \, ds \tag{5.29}$$

그림 5.17의 상자 속 삼각형은 $ds \cos\theta = dx$임을 보여주는 기하 관계도이다. 즉, 식 (5.29)에서 s에 관한 적분을 x에 관한 적분으로 교체할 수 있고, 동시에 앞전에서 뒷전까지의 x좌표는 0에서 c가 된다.

$$N = \int_0^c p_l \, dx - \int_0^c p_u \, dx \tag{5.30}$$

p_∞를 빼주면, 식 (5.30)은 다음과 같이 된다.

$$N = \int_0^c (p_l - p_\infty) \, dx - \int_0^c (p_u - p_\infty) \, dx \tag{5.31}$$

식 (5.31)을 잠시 서랍속에 넣어두고, 그림 5.4b에서 수직력 N과 축력 A의 정의로 되돌아간다. 익형에서 수직력계수와 축력계수를 각각 c_n과 c_a로 두면, 식 (5.22)에 주어진 양력과 항력계수와 같은 방법으로 정의할 수 있다.

$$c_n = \frac{N}{q_s S} = \frac{N}{q_\infty c} \tag{5.32}$$

$$c_a = \frac{A}{q_s S} = \frac{A}{q_\infty c} \tag{5.33}$$

그러므로, 수직력계수c_n은 식 (5.31)과 (5.32)에서 다음과 같이 계산된다.

$$c_n = \frac{1}{c}\int_o^c \frac{p_l - p_\infty}{q_\infty} dx - \frac{1}{c}\int_o^c \frac{p_u - p_\infty}{q_\infty} dx \tag{5.34}$$

다음에 주목하라.

$$\frac{p_l - p_\infty}{q_\infty} \equiv C_{p,l} \equiv \text{pressure coefficient on lower surface}$$

$$\frac{p_u - p_\infty}{q_\infty} \equiv C_{p,u} \equiv \text{pressure coefficient on lower surface}$$

그래서 식 (5.34)는 다음과 같다.

$$\boxed{c_n = \frac{1}{c}\int_0^c (C_{p,l} - C_{p,u})\, dx} \tag{5.35}$$

식 (5.35)는 익형 표면 위 압력계수의 적분으로 수직력계수를 계산하는 공식이다.

양력계수는 어떻게 구할 수 있나? 답은 식 (5.1)에 주어져 있는데, 다시 쓰면,

$$L = N\cos\alpha - A\sin\alpha \tag{5.1}$$

식 (5.1)을 $q_\infty S = q_\infty c$로 나누면,

$$\frac{L}{q_\infty c} = \frac{N}{q_\infty c}\cos\alpha - \frac{A}{q_\infty c}\sin\alpha$$

$$\boxed{c_l = c_n\cos\alpha - c_a\sin\alpha} \tag{5.36}$$

c_n과 c_a를 알면, 식 (5.36)을 이용해 c_l을 바로 계산할 수 있다. 식 (5.35)는 압력계수의 적분으로 c_n을 표현한 식이다. [식 (5.35)에서 전단응력의 영향을 무시하였는데, 실제 수직력에 미치는 영향은 미미하다.] c_a에 대한 유사한 표현을 표면마찰계수와 압력의 적분으로 얻을 수 있다. 최종 관계식은 Anderson, *Fundamentals of Aerodynamics*, 4th ed., McGraw-Hill, 2007의 1장에서 볼 수 있는데, 이 책에서는 더 이상 다루지 않는다.

받음각이 5도 이하인 낮은 받음각의 경우를 고려하라. 식 (5.36)에서 $\cos\theta \approx 1$이고 $\sin\theta \approx 0$이 된다. 식 (5.36)은 다음과 같이 간단해진다.

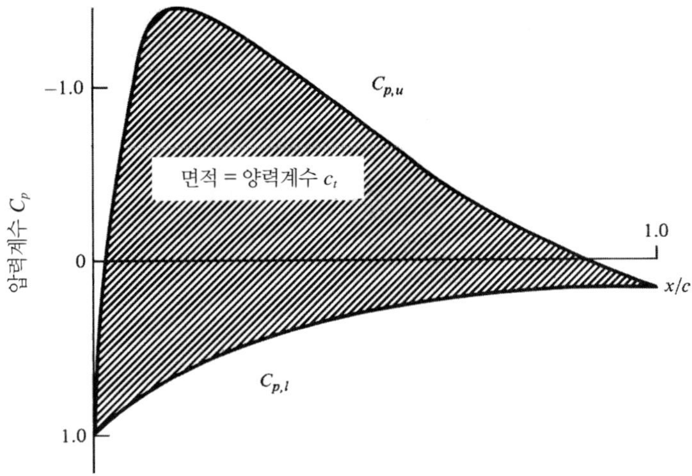

그림 5.18 낮은 받음각에서 두 곡선 사이 면적이 양력계수임을 보여주기 위한 압력계수 곡선의 스케치

$$c_l \approx c_n \tag{5.37}$$

그리고 식 (5.37)과 (5.35)를 결합하면,

$$\boxed{c_l \approx \frac{1}{c}\int_0^c (C_{p,l} - C_{p,u})\,dx} \tag{5.38}$$

대부분의 일반 항공기는 받음각 5도 이하에서 순항하고, 이런 경우 식 (5.38)은 압력계수의 적분으로 양력계수를 나타내는 합리적인 방법이 된다. 이것은 양력을 도식적으로 찾아내는 유용한 방법을 제시한다. 그림 5.18과 같이 x/c의 함수로 $C_{p,u}$와 $C_{p,l}$을 같이 그려서 보라. 두 곡선 사이의 면적은 정확히 식 (5.35)의 오른쪽에 있는 적분값과 같다. 즉, 그림 5.18의 빗금친 면적은 수직력계수 값과 동일하다. 따라서, 낮은 받음각에서는 그림 5.18에 기술하였듯이, 빗금친 면적이 식 (5.38)에서 구한 양력계수가 된다.

예제 5.16

시위 길이 c, 시위를 따른 거리를 x로 표현되는 익형을 고려하라. 앞전에서 $x/c = 0$, 뒷전에서 $x/c = 1$이다. 윗면과 아랫면에서 압력계수의 변화는 각각 다음과 같다.

$$C_{p,u} = 1 - 300\left(\frac{x}{c}\right)^2 \qquad \text{for } 0 \le \frac{x}{c} \le 0.1$$

$$C_{p,u} = -2.2277 + 2.2777\frac{x}{c} \qquad \text{for } 0.1 \le \frac{x}{c} \le 1.0$$

$$C_{p,l} = 1 - 0.95\frac{x}{c} \qquad \text{for } 0 \le \frac{x}{c} \le 1.0$$

수직력계수를 계산하라.

■ **풀이**

식 (5.35)에서

$$c_n = \frac{1}{c}\int_0^c (C_{p,l} - C_{p,u})\,dx = \int_0^1 (C_{p,l} - C_{p,u})\,d\left(\frac{x}{c}\right)$$

$$c_n = \int_0^1 \left(1 - 0.95\frac{x}{c}\right) d\left(\frac{x}{c}\right) - \int_0^{0.1}\left[1 - 300\left(\frac{x}{c}\right)^2\right] d\left(\frac{x}{c}\right)$$

$$- \int_{0.1}^{1.0}\left(-2.2277 + 2.2777\frac{x}{c}\right) d\left(\frac{x}{c}\right)$$

$$c_n = \frac{x}{c}\Big|_0^1 - 0.475\left(\frac{x}{c}\right)^2\Big|_0^1 - \frac{x}{c}\Big|_0^{0.1} + 100\left(\frac{x}{c}\right)^3\Big|_0^{0.1} + 2.2277\frac{x}{c}\Big|_{0.1}^{1.0} - 1.1388\left(\frac{x}{c}\right)^2\Big|_{0.1}^{1.0}$$

$$c_n = 1 - 0.475 - 0.1 + 0.1 + 2.2277 - 0.22277 - 1.1388 + 0.011388 = \boxed{1.40}$$

이 문제에서 함수로 주어진 C_p 변화는 실제 경우를 단순하게 표현한 것이므로, 심각하게 고려할 필요가 없다. 단순히 식 (5.35)의 사용법을 설명하기 위한 예제이다.

5.8 양력계수의 압축성 보정

식 (5.38)에서 압력계수는 식 (5.28)에 주어진 압축성 보정에 의해 다음과 같이 치환될 수 있다.

$$c_l = \frac{1}{c}\int_0^c \frac{(C_{p,l} - C_{p,u})_0}{\sqrt{1 - M_\infty^2}}\,dx = \frac{1}{\sqrt{1 - M_\infty^2}}\frac{1}{c}\int_0^c (C_{p,l} - C_{p,u})_0\,dx \tag{5.39}$$

여기서 하첨자 0은 저속 비압축성 유동의 값을 의미한다. 그런데, 식 (5.38)의 형태를 살펴보면,

$$\frac{1}{c}\int_0^c (C_{p,l} - C_{p,u})_0\,dx \equiv c_{l,0}$$

여기서 $c_{l,0}$는 저속에서 양력계수의 값이다. 따라서, 식 (5.39)는 다음 식이 된다.

$$\boxed{c_l = \frac{c_{l,0}}{\sqrt{1 - M_\infty^2}}} \tag{5.40}$$

식 (5.40)은 양력계수에 대한 압축성 보정을 제시한다. 식 (5.28)의 Prandtl−Glauert 공식과 같은 정도의 정확도를 가진다. 부록 D의 익형 데이터는 저속에서 측정한 결과임에 주목하라. 즉, 부록 D에서 얻은 양력계수의 값은 $c_{l,0}$이다.

마지막으로, 식 (5.19)를 참고하면, 양력계수가 마하수에 따라 어떻게 변하는지에 대한 합리적인 답을 얻는다. 마하수 1 근처를 제외하고 저속에서 양력계수는 $(1 - M_\infty^2)^{1/2}$의 역수에 비례한다.

예제 5.17

받음각 4도인 NACA 4412 익형을 고려하라. 자유류 마하수가 0.7일 때, 양력계수는 얼마인가?

■ **풀이**

부록 D에서 $\alpha = 4°$, $c_l = 0.83$이다. 이 값은 저속에서 얻은 값이므로, 0.83은 $c_{l,0}$이다.

$$c_{l,0} = 0.83$$

높은 마하수에서 식 (5.40)에 따라 수정되어야만 한다.

$$c_l = \frac{c_{l,0}}{(1-M_\infty^2)^{1/2}} = \frac{0.83}{(1-0.7^2)^{1/2}}$$

$$\boxed{c_l = 1.16 \quad \text{at } M_\infty = 0.7}$$

예제 5.18

예제 5.17에 주어진 것과 같은 조건에서 1/4c에 대한 모멘트계수를 구하라.

■ **풀이**

그림 5.5에서 보듯이, 익형의 모멘트는 표면 위 압력 분포에 의해 발생한다. 전단응력의 영향은 무시할 수 있다. 따라서, 모멘트계수에 대한 압축성 효과는 압력계수에 대한 압축성 효과와 동일할 것이다. 다시 말해서, Prandtl-Glauert 공식은 모멘트계수에 대해서도 적용가능하다. 따라서,

$$c_{m_{c/4}} = \frac{(c_{m_{c/4}})_o}{\sqrt{1-M_\infty^2}}$$

여기서 $(c_{m,c/4})_0$은 저속에서 모멘트계수의 값이고, $c_{m,\,c/4}$는 모멘트계수의 압축성 값이다. 부록 D에서 $\alpha = 4°$일 때, $(c_{m,c/4})_0 = -0.99$이므로,

$$c_{m_{c/4}} = \frac{(c_{m_{c/4}})_o}{\sqrt{1-M_\infty^2}} = \frac{-0.09}{\sqrt{1-(0.7)^2}} = \boxed{-0.126}$$

예제 5.19

자유류 마하수 0.8에서 NACA 23012 익형을 고려하라. 양력계수가 0.92일 때, 익형의 받음각은 얼마인가?

■ **풀이**

$c_\ell = 0.92$은 $M_\infty = 0.8$일 때, 실제의 압축성 값에 해당한다. 아래 식으로부터 비압축성 값을 찾을 수 있다.

$$c_\ell = \frac{c_{\ell,o}}{\sqrt{1-M_\infty^2}}$$

$$c_{\ell,o} = c_\ell\sqrt{1-M_\infty^2} = 0.92\ \sqrt{1-(0.8)^2} = 0.92\ (0.6) = 0.552$$

부록 D에서 $c_{\ell,0} = 0.552$일 때의 받음각을 찾으면,

$$\boxed{\alpha = 4°}$$

5.9 임계 마하수와 임계 압력계수

익형 위 공기의 흐름을 생각하자. 공기가 앞전 근처 윗면에서 팽창함에 따라 속도, 즉 마하수는 급격히 증가할 것이다. 사실, 국소 마하수가 M_∞보다 큰 익형 위 영역이 있을 수 있다. M_∞가 0.3인 풍동에 어떤 익형을 설치하고, 익형 윗면의 국소 마하수의 최대값이 0.435인 경우를 가정하라. 이것은 그림 5.19*a*에 나타나 있다. 지금 M_∞를 0.5로 증가시켜 국소 마하수의 최대값이 0.772까지 증가하는 그림 5.19의 경우를 생각한다. 마하수를 0.61까지 더 증가시키면, 익형 위 유동은 자유류 마하수가 아음속임에도 국소 마하수의 최대값은 1이 된다. 정의에 따라, 날개 위 어딘가에서 음속 유동이 처음 발생할 때의 자유류 마하수를 **임계 마하수**(*critical Mach number*)라 한다. 이 문제에서 **임계 마하수** M_{cr}은 0.61이다. 나중에 보겠지만, 자유류 마하수가 M_{cr} 이상인 익형은 엄청난 항력의 증가를 경험할 수 있기 때문에 M_{cr}은 중요한 물리량이다.

그림 5.19로 돌아가서, 국소 마하수가 최대값이 되는 익형 위 한 점은 표면 압력이 최소가 되는 점과 같다. 압력계수의 정의, 식 (5.27)에 따라 C_p는 이 점에서 가장 큰 음수값을 가질 것이다. Prandtl–Galuert 공식, 식 (5.28)에 따르면, 마하수가 0.3에서 0.61로 증가할 때, 이 점에서 C_p의 값은 점점 더 음의 값을 가지게 될 것이다. 이러한 사실은 그림 5.20에 도시되었다. 음속 유동일 때 C_p 값을 **임계 압력계수** $C_{p,\mathrm{cr}}$로 정의한다. 그림 5.19*a*와 5.19*b*에서 익형 위 최소 압력 지점의 C_p는 $C_{p,\mathrm{cr}}$보다 큰 값이다. 그런데, 그림 5.19*c*에서는 정의에 따라, $C_p = C_{p,\mathrm{cr}}$이다.

그림 5.21의 두께가 다른 세 익형을 고려하라. 얇은 익형에 먼저 집중하라. 얇고 유선형의 형상 때문에 날개 위 유동은 자유류 값을 기준으로 약간의 변동만 있다. 날개 윗면의 팽창도 그다지 크지 않아서, 속도는 조금만 증가한다. 압력은 상대적으로 적은 양만 감소하며, 최소 압력 지점에서 C_p의 크기는 작다. 그래서 M_∞에 따른 C_p의 변화는 그림 5.21의 가장 아래 곡선으로 나타난다. 얇은 익형의 경우, $C_{p,0}$의 크기는 작고, M_∞에 따른 C_p의 증가율 또한 상대적으로 낮다. 얇은 날개 표면의 유동 팽창이 크지 않기 때문에, 음속 유동이 발생하기 전에 M_∞는 큰 아음속 값까지 증가할 수 있다. 얇은 날개의 음속 유동 조건이 발생하는 점은 그림 5.21에서 점 *a*로 표시한다. 정의에 따라, 점 *a*에서 C_p와 M_∞의 값은 각각 $C_{p,cr}$과 M_{cr}이다.

이제 중간 두께 익형을 고려하라. 익형의 앞전에서 유동 팽창은 얇은 익형보다 더 강력해서, 속도는 더 큰 값에 이르고 압력은 더 낮은 값까지 감소할 것이다. C_p의 절대값은 더 크다. 그래서, 중간 두께 익형의 압력계수 곡선은 그림 5.21에서 얇은 날개보다 더 위에 위치한다. 또 유동 팽창이 더 강하기 때문에, 음속 유동은 더 빨리, 즉 더 낮은 마하수에서 발생한다. 중간 두께 익형의 음속 조건은 그림 5.21에서 점 *b*로 표시한다. 점 *b*는 점 *a*의 왼쪽에 자리한다. 즉, 중간 두께 익형의 임계 마하수는 얇은 익형의 M_{cr}보다 더 작다. 같은 논리가 두꺼운 익형의 압력계수 곡선에도 적용된다. $C_{p,cr}$과 M_{cr}은 점 *c*에서 발생한다. 익형이

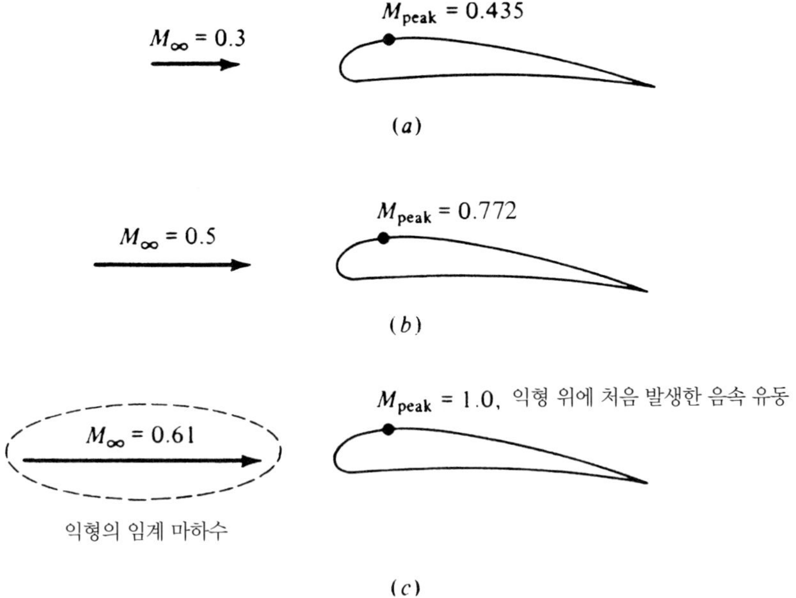

그림 5.19 임계 마하수

얇을수록 M_{cr}의 값이 더 커짐을 강조한다. 앞으로 보겠지만, 이것은 다행스러운 것이다. 이것은 현대 고속 항공기가 상대적으로 얇은 익형을 사용하는 이유이다.

그림 5.21에서 압력계수 곡선은 실선으로 그린다. 이 곡선 상에서 정의에 따라 점 a, b, c에서 임계 압력계수에 도달한다. 그런데, 이러한 임계점은 그림 5.21에서 점선으로 표시된 궤적을 이룬다. 즉, 그림 5.21에 표시된 바와 같이 임계 압력계수 자체는 $C_{p,cr} = f(M_\infty)$로 결정된다. 이 함수를 유도해 보자. 제4장에서 수립한 공기역학적 관계의 재밌는 응용문제이며, 상당히 중요하다.

식 (5.27)에서 C_p의 정의를 고려하라:

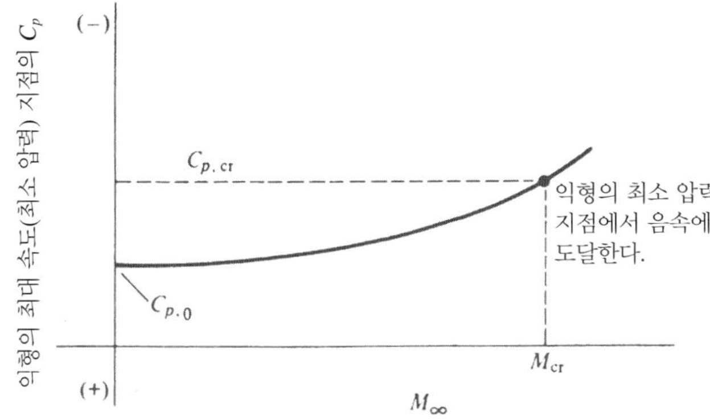

그림 5.20 임계 압력계수

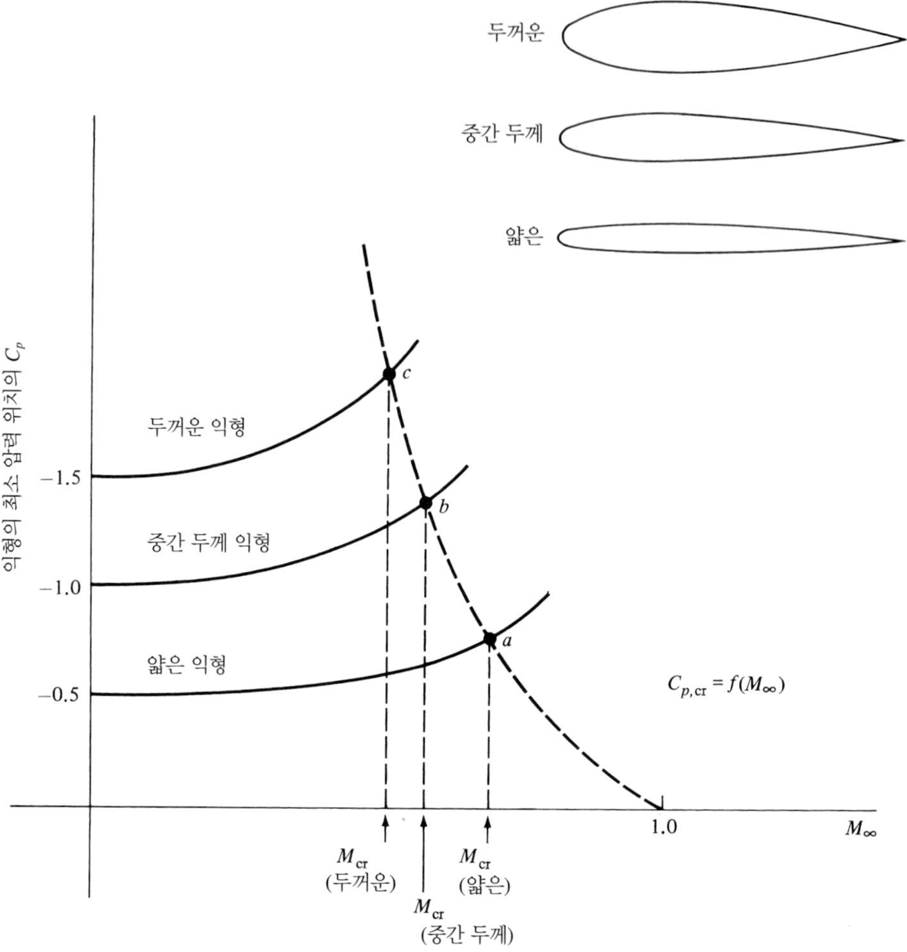

그림 5.21 두께가 다른 익형의 임계 압력계수와 임계 마하수

$$C_p = \frac{p - p_\infty}{q_\infty} = \frac{p_\infty}{q_\infty}\left(\frac{p}{p_\infty} - 1\right) \tag{5.41}$$

동압의 정의로부터,

$$q_\infty \equiv \frac{1}{2}\rho_\infty V_\infty^2 = \frac{1}{2}\frac{\rho_\infty}{\gamma p_\infty}(\gamma p_\infty)V_\infty^2 = \frac{1}{2}\frac{V_\infty^2}{\gamma p_\infty/\rho_\infty}(\gamma p_\infty)$$

그런데, 식 (4.53)에서 $a_\infty^2 = \gamma p_\infty/\rho_\infty$이므로,

$$q_\infty = \frac{1}{2}\frac{V_\infty^2}{a_\infty^2}\gamma p_\infty = \frac{\gamma}{2}p_\infty M_\infty^2 \tag{5.42}$$

잠시 식 (5.42)를 살펴보자. 등엔트로피 유동에 대한 식 (4.74)를 상기하라.

$$\frac{p_0}{p} = \left(1 + \frac{\gamma - 1}{2} M^2\right)^{\gamma/(\gamma-1)}$$

이 식은 유동의 어떤 점에서 전압 p_0와 정압 p의 관계를 국소 마하수 M의 함수로 표현한 식이다. 같은 관계식에서,

$$\frac{p_0}{p_\infty} = \left(1 + \frac{\gamma - 1}{2} M_\infty^2\right)^{\gamma/(\gamma-1)}$$

이 식은 자유류의 전압 p_0와 자유류의 정압 p_∞의 관계를 자유류 마하수 M_∞의 함수로 표현한 식이다. 익형 위 실제 아음속 유동에 대해 전압은 전 영역에서 일정한 값을 가진다는 사실은 등엔트로피 유동에서 잘 들어맞는다. (공기역학 심화과정에서 이 사실을 증명한다.) 그래서, 앞의 두 식을 나누면, p_0를 소거할 수 있고 다음 식을 얻는다.

$$\frac{p}{p_\infty} = \left[\frac{1 + \frac{1}{2}(\gamma - 1)M_\infty^2}{1 + \frac{1}{2}(\gamma - 1)M^2}\right]^{\gamma/(\gamma-1)} \tag{5.43}$$

식 (5.42)와 식 (5.43)을 식 (5.41)에 대입하면

$$C_p = \frac{p_\infty}{q_\infty}\left(\frac{p}{p_\infty} - 1\right) = \frac{p_\infty}{\frac{1}{2}\gamma p_\infty M_\infty^2}\left\{\left[\frac{1 + \frac{1}{2}(\gamma - 1)M_\infty^2}{1 + \frac{1}{2}(\gamma - 1)M^2}\right]^{\gamma/(\gamma-1)} - 1\right\}$$

$$\boxed{C_p = \frac{2}{\gamma M_\infty^2}\left\{\left[\frac{1 + \frac{1}{2}(\gamma - 1)M_\infty^2}{1 + \frac{1}{2}(\gamma - 1)M^2}\right]^{\gamma/(\gamma-1)} - 1\right\}} \tag{5.44}$$

주어진 자유류 마하수 M_∞에 대해 식 (5.44)는 유동장의 주어진 지점, 즉 익형 표면의 어떤 점에서 M과 C_p의 관계식이다. $M = 1$인 익형 위 특별한 점을 선택해 보자. 정의에 따라, $C_p = C_{p,\text{cr}}$이다. 식 (5.44)에 $M = 1$을 대입하면,

$$\boxed{C_{p,\text{cr}} = \frac{2}{\gamma M_\infty^2}\left\{\left[\frac{2 + (\gamma - 1)M_\infty^2}{\gamma + 1}\right]^{\gamma/(\gamma-1)} - 1\right\}} \tag{5.45}$$

식 (5.45)는 원하는 관계식 $C_{p,\text{cr}} = f(M_\infty)$을 표현한다. 자유류 마하수 값을 대입하면 그림 5.21의 점선을 얻는다. 자유류 마하수가 증가할수록 $C_{p,\text{cr}}$은 감소함에 유념하라.

보충. 잠시 쉬면서 이 절의 내용이 무엇을 의미하는지 되돌아보자. 저자의 경험에 따르면, 임계 마하수와 임계 압력계수의 개념은 초보자가 완전히 이해하기 어렵다. 그래서 자세히 풀어보자. 식 (5.44)와 식 (5.45)는 엄밀한 공기역학이다. 주어진 익형의 받음각이나 형상과 아무런 상관이 없다. 사실 압축성 유동에 대해 식 (5.44)는 비압축성 유동의 베르누이 방정식과 유사한 역할을 한다. 비압축성 유동에서 자유류 압력과 속도가 각각 p_∞와 V_∞인 자유류 상의 한 점과 압력과 속도가 각각 p와 V인 유동장의 어떤 점간의 관계를 나타내는 베르

누이 방정식, 식 (4.9)는 다음과 같이 쓸 수 있다.

$$p - p_\infty = \frac{1}{2}\rho(V_\infty^2 - V^2) \tag{5.46}$$

주어진 자유류 조건 p_∞와 V_∞에 대해 유동장의 어떤 점의 속도 V가 주어진 비압축성 유동에서 해당 점의 압력을 식 (5.46)으로부터 얻는다. 이제 식 (5.44)에 집중해보자. 속도보다 마하수가 지배적인 역할을 하는 **압축성 유동**을 지금 다루고 있다. 주어진 자유류 마하수 M_∞에 대해 어떤 지점의 마하수가 M인 압축성 유동의 어떤 지점의 압력계수는 식 (5.44)를 통해 얻는다. 그렇기 때문에 유사하다는 표현을 쓰는 것이다. 이러한 유사성은 식 (5.45)에도 반영되어 있다. 자유류 마하수가 M_∞인 유동을 생각해 보자. 이 유동의 어떤 점에서 마하수가 1이라 가정하라. 식 (5.45)는 마하수가 1인 이 점에서 압력계수의 값을 준다. 우리는 마하수가 1인 점에서 압력계수의 값을 임계 압력계수 $C_{p,\text{cr}}$로 정의하였다. 따라서 식 (5.44)에서 마하수 1을 대입하면 **정의에 따라서 임계** 압력계수를 얻을 수 있다. 식 (5.45)는 식 (5.44)에 마하수 1을 대입하여 얻는다. 식 (5.45)에 주어진 함수를 도시한다면, 즉 M_∞에 따른 $C_{p,\text{cr}}$의 그림을 그린다면 그림 5.21의 점선을 얻게 되는 것이다.

M_∞가 증가할수록 $C_{p,\text{cr}}$이 감소한다는 사실은 물리적 의미를 가진다. 예를 들어, $M_\infty = 0.5$인 자유류를 생각하라. 이 유동이 마하수 1로 팽창한다는 것은 상대적으로 큰 압력차 $p - p_\infty$가 필요하다는 것을 뜻하므로 상대적으로 크기가 큰 (음수의) 압력계수 값을 가진다. $C_p = (p - p_\infty)/q_\infty$. 한편 $M_\infty = 0.9$인 자유류를 생각해 보자. 이 유동이 마하수 1로 팽창한다는 것은 상대적으로 더 적은 압력차 $p - p_\infty$가 필요하다는 것을 뜻하므로 상대적으로 크기가 더 작은 (음수의) 압력계수 값을 가지게 된다. 결과적으로, 그림 5.21의 점선의 경향과 같이 M_∞가 증가할수록 $C_{p,\text{cr}}$이 **감소한다**. 게다가, 이 점선은 모든 경우에 적용되는 "고정된" 곡선이다. 익형의 형상이나 받음각과 무관한 순수한 공기역학인 것이다.

익형의 임계 마하수를 결정하는 방법. 주어진 받음각에서 어떤 익형을 고려하라. 특정한 받음각에서 이 익형의 임계 마하수를 어떻게 알 수 있을까? 아래에 이 문제에 대한 두 가지 접근법이 있다: 그래프법과 해석법.

그래프를 이용한 해법은 몇 가지 단계로 구성된다.

1. 식 (5.45)에서 M_∞에 따른 $C_{p,\text{cr}}$의 그림을 그린다. 그림 5.22에서 곡선 A와 같다. 앞에서 언급하였듯이, 이 곡선은 이런 문제를 풀 때 항상 사용할 수 있는 고유한 곡선이다.
2. 저속, 비압축성 유동에 대해 익형 표면의 최소 압력계수 값을 얻는다. 최소 압력계수 지점은 익형 표면에서 속도가 가정 빠른 지점에 해당한다. C_p의 최소값은 실험이나 이론으로부터 얻어야 한다. $C_{p,0}$는 그림 5.22에서 점 B에 있다.
3. 식 (5.28)을 사용해서 M_∞에 따른 최소 압력계수의 변화를 그린다. 그림 5.22의 곡선 C이다.
4. 곡선 C가 곡선 A와 교차할 때, 익형 표면의 최소 압력계수가 바로 임계 압력계수가 된

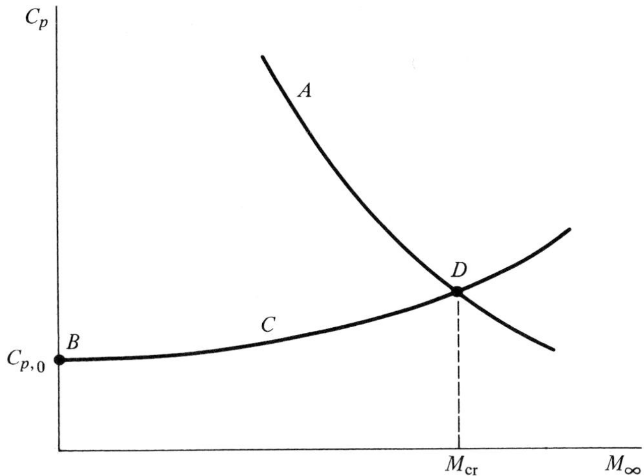

그림 5.22 임계 마하수 결정 방법

다. 이 교차점은 그림 5.22에서 점 D로 표기한다. 이 지점에서의 유동조건에 대해 최대 속도는 정확히 음속과 같다. 점 D에서 M_∞의 값은 정의에 따라 임계 마하수가 된다.

M_{cr}을 해석적으로 얻는 방법은 다음과 같다. 익형 위 주어진 점에서 마하수 M_∞에 따른 압력계수 C_p의 변화를 나타낸 식 (5.28)을 여기서 다시 쓴다.

$$C_p = \frac{C_{p,0}}{\sqrt{1-M_\infty^2}} \tag{5.28}$$

익형 위의 어떤 지점에서$C_{p,0}$는 표면에서 최대 속도가 되는 지점에 해당하는 최소값이다. 이 최소 압력계수의 절대값은 M_∞가 증가함에 따라 커질 것이다. 이러한 압축성 효과는 5.6절에서 이미 다루었다. 그러므로, 비압축성 유동($M_\infty < 0.3$)에서 익형 위 압력계수의 최소값이 $C_{p,0}$일 때, 식 (5.28)은 더 높은 마하수 M_∞에서 최소 압력계수의 값을 제시한다. 그런데, 어떤 M_∞ 값에서 압력계수가 최소인 지점에서 유동 속도가 음속이 될 것이다. 음속 조건에서 압력계수의 값이 식 (5.45)에 주어진 임계 압력계수이다. 압력이 최소인 점에서 유동이 음속 유동이 될 때, 식 (5.28)에서 얻은 압력계수는 식 (5.45)에 주어진 값이 된다. 이 두 관계식을 등치하면, 다음과 같다.

$$\frac{C_{p,0}}{\sqrt{1-M_\infty^2}} = \frac{2}{\gamma M_\infty^2}\left\{\left[\frac{2+(\gamma-1)M_\infty^2}{\gamma+1}\right]^{\gamma/(\gamma-1)} - 1\right\} \tag{5.47}$$

식 (5.47)을 만족하는 M_∞의 값은 최대 속도(최소 압력)가 음속인 점에서의 값이다. 즉, 식 (5.47)에서 얻은 M_∞의 값이 익형의 임계 마하수가 된다. 이것을 강조하기 위해서, 식 (5.47)의 M_∞를 M_{cr}로 바꾸어 쓴다.

$$\frac{C_{p,0}}{\sqrt{1-M_{\mathrm{cr}}^2}}=\frac{2}{\gamma M_{\mathrm{cr}}^2}\left\{\left[\frac{2+(\gamma-1)M_{\mathrm{cr}}^2}{\gamma+1}\right]^{\gamma/(\gamma-1)}-1\right\} \tag{5.48}$$

식 (5.48)은 주어진 익형의 주어진 받음각에서 임계 마하수를 직접 결정하는 해석식이다. 식 (5.48)은 M_{cr}에 대해 음해법으로 풀어야 한다. 예를 들어, M_{cr}의 값을 추정한 후 식 (5.48)을 만족하는지를 반복적으로 시도하는 시행착오법으로 풀 수 있다.

식 (5.48)은 그림 5.22에서 곡선 *A*와 *C*가 교차하는 점 *D*의 해석적 값임을 유의하길 바란다.

예제 5.20

그림 5.23의 상단에 보이는 형상을 가지는 NACA 0012 익형을 고려하라. 받음각 0도에서 익형의 표면에서 압력계수의 분포는 그림 5.23의 하단과 같다. Re = 3.65 × 10[6]일 때 풍동에서 측정한 저속 값에 해당한다. 이 정보를 이용해 받음각 0도에서 NACA 0012 익형의 임계 마하수를 구하라.

■ 풀이

먼저 그래프법을 적용하고, 해석법을 통해 답을 검산할 것이다.

a. 그래프법

그림 5.22에서 곡선 A에 해당하는 M_∞에 따른 $C_{p,\mathrm{cr}}$의 그림을 정확히 그려보자. 식 (5.45)를 다시 쓰면,

$$C_{p,\mathrm{cr}}=\frac{2}{\gamma M_\infty^2}\left\{\left[\frac{2+(\gamma-1)M_\infty^2}{\gamma+1}\right]^{\gamma/(\gamma-1)}-1\right\}$$

$\gamma = 1.4$에 대해 표로 나타내면,

M_∞	0.4	0.5	0.6	0.7	0.8	0.9	1.0
$C_{p,\mathrm{cr}}$	−3.66	−2.13	−1.29	−0.779	−0.435	−0.188	0

이 값들로 만들어진 곡선이 그림 5.24에서 곡선 *A*가 된다.

다음으로 그림 5.23에서 익형 표면에서 최소 C_p값을 측정해 보자. 이 값은 $(C_p)_{\min} = -0.43$이다. 그림 5.23의 압력계수 실험값은 저속 비압축성 유동에 대한 값들이다. 그러므로 식 (5.28)에서 $(C_{p,0})_{\min} = -0.43$이다. 마하수가 증가할 때, 최소 압력이 발생하는 지점의 위치는 근본적으로 동일하나, 최소 압력계수 값은 식 (5.28)과 같이 변한다.

$$(C_p)_{\min}=\frac{(C_{p,0})_{\min}}{\sqrt{1-M_\infty^2}}=\frac{-0.43}{\sqrt{1-M_\infty^2}}$$

마하수에 따른$(C_p)_{\min}$의 값 몇 개를 표로 정리하면 다음과 같다.

M_∞	0	0.2	0.4	0.6	0.8
$(C_p)_{\min}$	−0.43	−0.439	−0.469	−0.538	−0.717

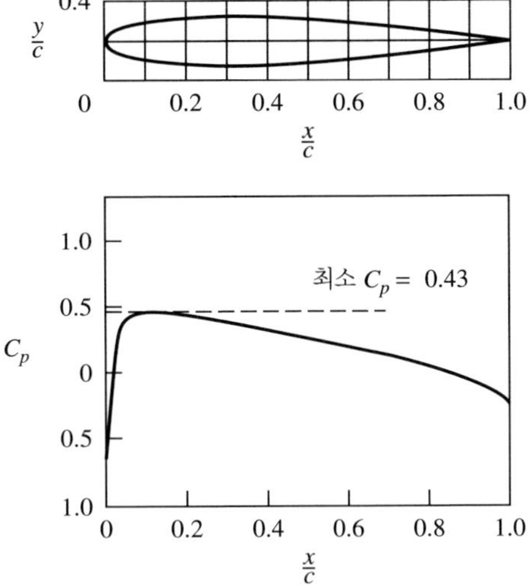

그림 5.23 받음각 0도 NACA 0012 저속 익형의 표면 압력계수 분포. (자료출처: *R. J. Freuler and G. M. Gregorek, "An Evaluation of Four Single Element Airfoil Analytical Methods," in Advanced Technology Airfoil Research, NASA CP2045 1978, pp. 133 – 162.)*

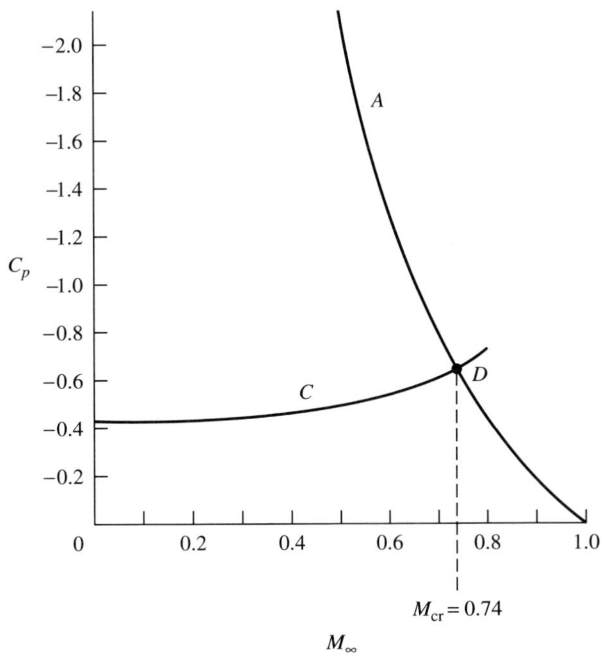

그림 5.24 예제 5.20에서 임계 마하수를 구하기 위한 그래프 해법

이 값들로 만들어진 곡선이 그림 5.24에서 곡선 C가 된다. 곡선 A와 C의 교차점이 점 D이다. 점 D에 해당하는 자유류의 마하수가 임계 마하수이며, 그림 5.24로부터 다음을 얻는다.

$$\boxed{M_{cr} = 0.74}$$

b. 해석법

$(C_{p,0})_{min} = -0.43$을 이용해 M_{cr}에 대해 식 (5.48)을 풀어라. 시행착오법을 사용할 수 있다. M_{cr}을 바꾸면서 식 (5.48)을 만족하는 값을 반복적으로 찾는다.

M_{cr}	$\dfrac{-0.43}{\sqrt{1-M_{cr}^2}}$	$\dfrac{2}{\gamma M_{cr}^2}\left\{\left[\dfrac{2+(\gamma-1)M_{cr}^2}{\gamma+1}\right]^{\gamma/(\gamma-1)}-1\right\}$
0.72	−0.6196	−0.6996
0.73	−0.6292	−0.6621
0.74	−0.6393	−0.6260
0.738	−0.6372	−0.6331
0.737	−0.6362	−0.6367
0.7371	−0.6363	−0.6363

소수점 네 자리까지 정확한 값을 찾으면, $M_{cr} = 0.7371$이고, 식 (5.48)의 오른쪽과 왼쪽의 값이 소수점 네 자리까지 동일하게 된다. 따라서, 해석법으로부터 값을 얻으면,

$$\boxed{M_{cr} = 0.7371}$$

주: 그래프법과 해석법을 사용해 얻은 결과를 비교하라. 소수점 둘째 자리까지 두 방법의 결과가 동일함을 알 수 있다.

문제: 예제 5.20에서 얻은 임계 마하수 값은 얼마나 정확할까? 그림 5.25*a*와 5.25*b*의 압력계수 데이터가 답을 제시한다. 고속 유동에서 받음각 0도의 NACA 0012 익형의 표면 압력 분포의 풍동실험 결과가 그림 5.25에 주어져 있다. 그림 5.25*a*는 $M_\infty = 0.575$인 경우, 그림 5.25b는 $M_\infty = 0.725$인 경우이다. 그림 5.25*a*에서 $M_\infty = 0.575$일 때 $C_{p,cr} = -1.465$가 점선 수평선으로 그려져 있다. 임계 압력계수의 정의에 따라 수평선 위의 C_p 값은 해당 지역이 초음속 유동임을 나타내고, 수평선 아래의 값은 아음속임을 의미한다. 그림 5.25*a*에서 $M_\infty = 0.575$에서 측정한 표면 압력계수 분포는 표면의 모든 점에서 아음속 유동임을 명백히 보여준다. 그러므로, $M_\infty = 0.575$은 임계 마하수 아래에 있다. 그림 5.25b에서 $M_\infty = 0.725$일 때 $C_{p,cr} = -0.681$ 값도 점선 수평선으로 그려져 있다. 국소 압력계수는 최소 압력 지점을 제외하고 표면의 모든 곳에서 $C_{p,cr}$보다 높다. $(C_p)_{min}$ 지점이 사실상 $C_{p,cr}$에 해당한다. 이것은 $M_\infty = 0.725$의 경우 유동 속도가 음속인 최소 압력 지점을 제외하고 표면의 모든 곳에서 유동이 아음속임을 의미한다. 이러한 실험결과는 받음각 0도에서 NACA 0012 익형의 임계 마하수가 0.73임을 의미한다. 예제 5.20에서 얻은 $M_{cr} = 0.74$의 계산값과 실험값을 비교해보면 예제의 계산오차가 1% 이내일 정도로 굉장히 정확하다는 것을 알 수 있다.

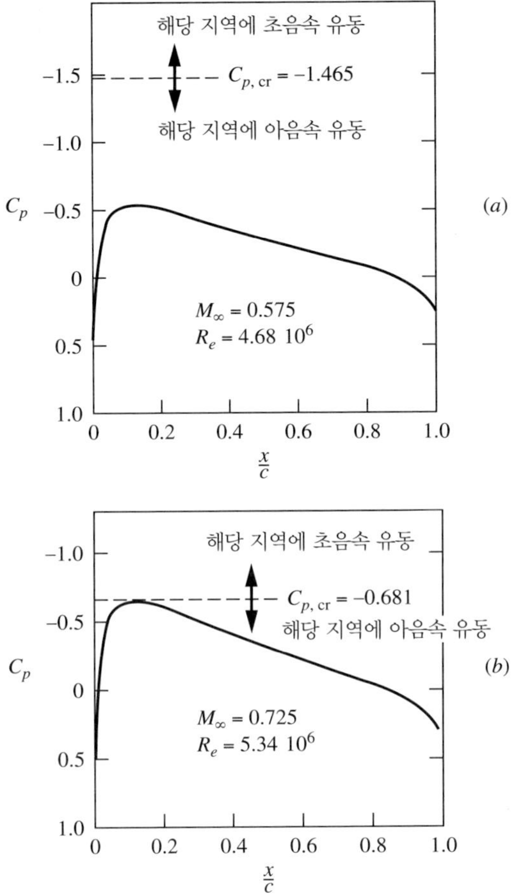

그림 5.25 받음각 0도에서 NACA 0012 익형의 표면 압력계수 분포에 대한 실험 결과(출처: *Experimental data of Frueler and Gregorek, NASA CP 2045* (a) $M = 0.575$, (b) $M = 0.725$.)

최대 속도(최소 압력) 점의 위치. 이 절의 마지막 고찰로서 그림 5.23과 5.25에 제시된 압력계수 분포와 그림 5.23의 상단에 도시된 NACA 0012 익형의 형상을 살펴본다. 최소 압력(즉, 최대 속도)은 익형의 두께가 최대가 되는 지점에서 발생하지 않는다. 그림 5.23에 주어진 익형 형상에서 최대 두께 지점은 $x/c = 0.3$이다. 그림 5.23과 5.25의 표면 압력계수 분포에서 최소 압력이 발생하는 지점은 $x/c = 0.11$이 되는 곳이며, 최대 두께 지점보다 상당히 앞쪽에 위치한다. 직관적으로 보자면 최대 속도(최소 압력) 지점은 최대 두께 지점일 것이다. 그러나 이것은 맞지 않다. 전체 유동의 보존법칙을 만족하도록 최대 속도 지점이 결정되는 것이지, 유동의 특정 지역에서 발생하는 것이 아니다. 즉, 최대 속도 지점은 익형의 전체 형상에 의해 결정되는 것이며, 특정 영역의 형상만으로 판단할 수 없는 것이다.

5.10 항력발산 마하수

이제 익형의 항력계수 c_d에 관심을 가져 보자. 그림 5.26은 M_∞에 따른 c_d의 변화를 도시한 그림이다. M_{cr}보다 낮은 마하수에서 c_d는 거의 상수이며, 부록 D에 주어진 저속 값과 같다. 이 조건(그림 5.26에서 점 *a*)에 대한 익형 주위 유동장은 그림 5.27*a*와 같다. 유동장 전체에서 $M < 1$이다. M_∞가 증가하여 M_{cr}보다 약간 커졌다면, 그림 5.27b와 같이 최소 압력 지점 주위를 둘러싸는 초음속 "거품(bubble)"이 발생할 것이다. 결과적으로, 그림 5.26의 점 *b*에서 c_d는 여전히 작은 값을 가진다. 그런데, M_∞가 더 증가하여 그림 5.26의 점 *c*에 이르게 되면, 항력계수는 매우 놀라울 정도로 급격히 증가함을 볼 수 있다. 여기서 충격파가 유동에 갑자기 나타남을 그림 5.27c에서 볼 수 있다. 표면 압력계수에 대한 충격파의 영향은 그림 5.28의 실험 데이터에서도 발견할 수 있다. 자유류 $M_\infty = 0.808$, 받음각 0도에서 NACA 0012 익형의 표면 압력계수가 주어져 있다. (그림 5.28은 그림 5.23과 5.25와 일가를 이룬다.) 그림 5.25b의 데이터와 예제 5.20의 결과를 비교하면, $M_\infty = 0.808$은 받음각 0도의 NACA 0012 익형에서 임계 마하수 이상임을 알 수 있다. 그림 5.28의 압력 분포는 압력 분포 곡선의 모양이 이전 그림의 것들과 꽤 다르다는 점을 확실히 보여준다. 그림 5.28에서 점선 수평선은 $M_\infty = 0.808$에서 $C_{p,cr}$에 해당한다. 익형 표면에서 유동 속도는 $0.11 < x/c < 0.45$ 구간에서 초음속임에 주의하라. 4.11.3절에서 충격파를 다룰 때, 충격파를 지나면 압력은 증가하고 속도는 감소한다는 점을 상기하기 바란다. 우리는 이 현상을 그림 5.28에서 명백히 볼 수 있다. $x/c = 0.45$에서 크고 급격한 압력의 증가는 이 지점에서

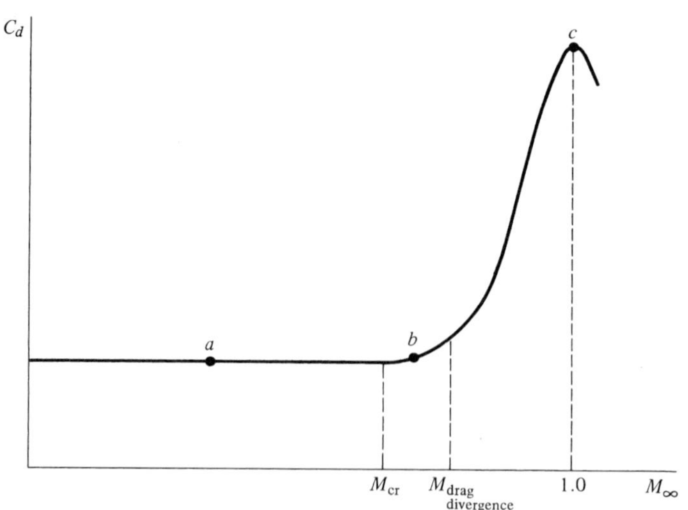

그림 5.26 마하수에 따른 항력계수의 변화

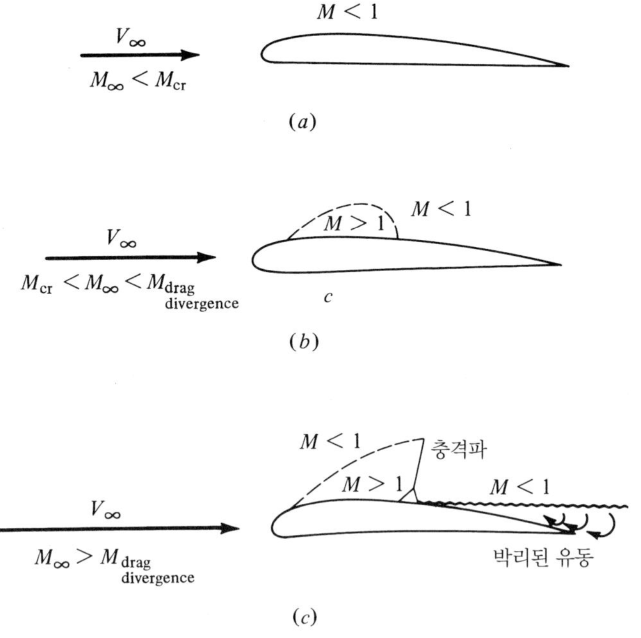

그림 5.27 항력발산의 물리적 과정.
(a) 그림 5.26의 점에 해당하는 유동장, (b) 그림 5.26의 점 b에 해당하는 유동장, (c) 그림 5.26의 점 c에 해당하는 유동장

충격파의 존재를 의미하고, 충격파의 앞에서 초음속이던 유동 속도가 충격파 이후 **아음속**으로 감속했음을 보여준다. (충격파 이후 속도가 작은 초음속 값을 가지지 않고 아음속이 되는 것은 유동에 수직한 충격파의 주요한 특성이다.)

충격파 자체는 익형의 항력을 증가시키는 소멸적(dissipative) 현상이다. 충격파 전후로 급격한 압력의 증가는 유동을 표면에서 박리시킬 수 있는 정도의 강한 역압력구배를 형성한다. 4.20절에서 토론하였듯이, 이런 유동 박리는 항력의 상당한 증가를 야기할 수 있다. 그래서, 그림 5.26의 c_d가 급격히 증가하는 것을 충격파와 유동 박리가 결합된 결과로 이해할 수 있다. c_d가 급격히 증가하기 시작하는 **자유류**의 마하수를 **항력발산 마하수**(drag-divergence Mach number)로 정의하며, 그림 5.26에 표기되어 있다. 아래 사항에 주목하라.

$$M_{cr} < M_{\text{drag divergence}} < 1.0$$

그림 5.27c에 도시된 충격파 패턴은 **천음속**(*transonic*) 비행 영역의 특성이다. $0.8 < M_\infty < 1.2$인 유동을 일반적으로 천음속 유동이라 부르고, 그림 5.27c에서는 현상의 일부만 볼 수 있는 매우 복잡한 효과를 특징으로 가진다. 이 말을 강조하기 위해서, 그림 5.29

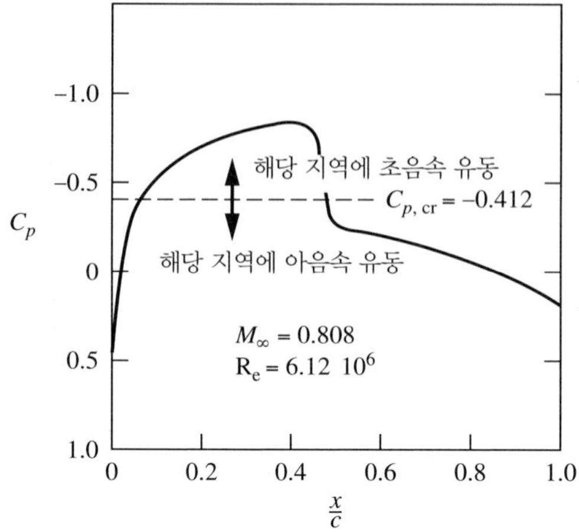

그림 5.28 임계 마하수보다 큰 $M = 0.808$에서 받음각 0도 NACA 0012 익형의 표면 압력계수 분포. (자료출처: *Experimental data are from Freuler and Gregorek, NASA 2045, and are a companion to the data shown in Figs. 5.23 and 5.25.*)

는 받음각을 매개변수로 하여 마하수의 함수로 c_l과 c_d의 변화를 보여준다. 익형은 표준 NACA 2315 익형이다. 실제 풍동실험 데이터를 도시한 그림 5.29는 양력계수와 항력계수 모두에 큰 천음속 유동 효과가 나타남을 보여준다. 천음속 유동 해석은 현대 공기역학의 주요한 도전과제 중 하나이다. 1970년 이후로 최근에서야 익형 위의 천음속 유동에 대한 수치해석이 실용화되었다. 이러한 수치해석은 여전히 개발 또는 개선 단계에 있으며, 깨기 힘든 딱딱한 호두라 할 수 있겠다.

5.11 조파항력(초음속 영역)

우리는 아음속 영역($M_\infty < 1$)에서 익형의 속성에 대해 논의했다. M_∞가 초음속일 때, 중요하고 새로운 물리적인 현상인 충격파가 소개된다. 우리는 이전에 4.11.3절에서 피토관을 이용한 초음속 측정법과 함께 충격파에 대해서 이야기했었다. 초음속 유동에서는, (다른 공기역학적 동체뿐만 아니라 관점에서 충격파는 항력의 원인 중 새로운 개념인 **조파항력** (*wave drag*)을 만든다. 이번 절에서, 우리는 충격파와 그 결과로 발생하는 조파항력에 대한 개념을 강조해 배울 것이다. 충격파 현상에 대한 자세한 공부는 추후에 더 고급 단계인 공기역학 책에서 배우도록 하자.

어떻게 충격파가 만들어지는지 알기 위해서, 음파를 발생시키는 "음원(beeper—소리굽쇠와 유사한 것)"를 생각해보자. t = 0일 때, 음원은 그림 5.34에서 점 P에 있다. 이 점에서 호출장치가 음파를 발산하도록 하자. 그리고 그것은 음속 a로 모든 방향으로 음파를 전

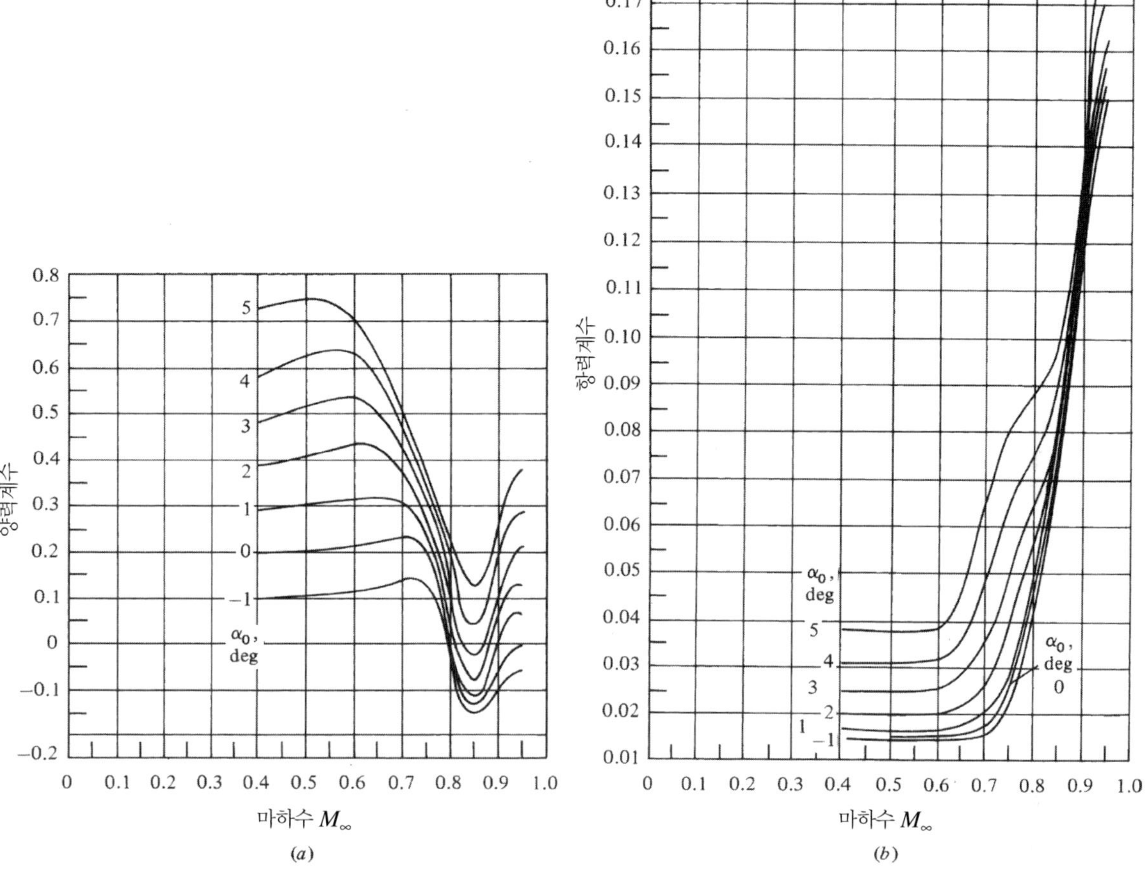

그림 5.29 NACA 2315 익형에서 받음각을 매개변수로 한 마하수에 따른 (*a*) 양력계수와 (*b*) 항력계수의 변화 (출처: *Wind tunnel measurements at the NACA Langley Memorial Laboratory.*)

설계

DESIGN BOX

천음속 항공기 설계자들은 천음속에서 항력의 큰 증가 없이 마하수 1에 가까운 속도를 얻기 위한 길을 자주 모색한다. 더 높은 마하수까지 항력발산을 지연시킬 수 있는 익형 선택에는 두 가지 방안이 있다: (1) 날개를 얇게 만들거나, (2) 초임계(*supercritical*) 익형이라 불리는 특별한 형상의 익형을 이용하는 것이다. 두 방안은 같이 적용될 수도 있다.

익형의 두께와 관련하여, 일반적인 경향을 그린 그림 5.21은 날개가 얇아지면 M_{cr}이 증가함을 분명히 보여준다. M_{cr}의 증가는 항력발산 마하수의 증가를 의미한다. 그러므로, 다른 조건이 동일하다면 얇은 익형을 가진 천음속 항공기는 항력발산 없이 더 높은 마하수에서 비행할 수 있다. 이 사실은 음속을 최초로 돌파하여 유명해진 Bell X-1 설계에 이용되었다(5.22절 참조). X-1은 두 쌍의 날개를 적용하여 설계되었다. 하나는 통상적인 비행을 위한 10% 두께를 가지고 있고, 다른 하나는 마하수 1을 돌파하기 위한 8% 두께를 가진다. 날개 단면은 각각 NACA 65-110과 NACA 65-108이었다. 게다가 수평 꼬리날개는 두 날개보다 더 얇아서 각각 NACA 65-008 (8% 두께)과 NACA 65-

006 (6% 두께) 익형이 적용되었다. 날개가 압축성 효과를 주로 받을 때, 수평 꼬리날개와 엘리베이터가 이러한 문제점을 겪지 않고 안정성과 조종성을 확보할 수 있게 한다. 그림 5.30은 Bell X-1의 삼면도이다.

그림 5.29에서 보듯이 양력의 가파른 손실과 항력의 엄청난 증가를 야기할 수 있는 압축성의 부정적 효과는 익형 두께를 줄여서 지연시킬 수 있다. 이러한 사실에 관한 지식 획득은 1918년도로 거슬러 올라간다. 1차 세계대전이 종국에 이른 그 해에 오하이오주 데이턴의 미 육군 연구소에 근무한 Frank Caldwell과 Elisha Fales, 두 엔지니어는 465 mi/h의 시험부 유속을 생성할 수 있는 고속 풍동에서 이러한 효과를 측정하였다. 1920~30년대에 NACA에서 연이은 시험을 통해 압축성 효과에 관한 지식이 축적되었다. (이 시기에 압축성 효과를 이해하기 위한 연구 과정은 아래 참고문헌에 자세히 기술되어 있다: 1.Anderson, *A History of Aerodynamics and Its Impact on Flying Machines*, Cambridge University Press, 1997. 2. Anderson, " Research in Supersonic Flight and the Breaking of the Sound Barrier," chapter 3 in *From Engineering Science to Big Science*, edited by Pamela Mack, NASA SP-4219, 1998.)

얇은 날개는 5.11절에서 논의했던 이유로 인해 초음속 항공기에서도 장점을 가지고 있다. 사실, 항공기 설계에서 설계 마하수가 커질수록 보통 익형 두께는 얇아진다. 이것은 그림 5.31에 극적으로 표현되어 있는데, 제2차 세계 대전 이후 다양한 고속항공기의 설계 마하수에 대한 익형 두께를 도시한 그림이다. 항공기의 설계 마하수가 커짐에 따라 더 얇은 익형이 필요하게 된다.

초임계 익형은 항력발산 마하수를 높이는 또 다른 방법이다. 여기서 초임계 익형은 그림 5.32와 같이 윗면이 상대적으로 평평한 **형상**을 가진다. 자유류 마하수가 M_{cr}을 초과할 때, 종종 초음속 포켓(pocket)이 윗면에 발생한다. 그러나 윗면이 상대적으로 평평하므로 초음속 영역의 마하수는 일반 익형의 경우에 나타나는 값보다 낮다. 결과적으로, 초음속 포켓의 끝에서 발생하는 충격파의 강도는 더 약하게 된다. 이후, 초임계 익형은 항력발산이 일어나기 전에 마하수 1에 근접할 수 있다. 본질적으로 M_{cr}과 $M_{\text{drag-divergence}}$ 사이에서 마하수의 증가(그림 5.26 참조)는 초임계 익형의 형상에 의해 결정된다. 이것을 생각하는 한 방법으로써, M_{cr}보다 큰 마하수 영역에서 일반 익형보다 초임계 익형이 "더 편안함"을 느끼기 때문에 항력발산이 일어나기 전 마하수 1에 더 가까이 비행한다고 생각할 수 있다. 이러한 이유로 **초임계** 익형은 M_{cr} 보다 **큰** 마하수에서 순항할 수 있도록 설계된다.

M_{cr}보다 크나 $M_{\text{drag-divergence}}$보다 작은 마하수에서 비행하는 초임계 익형의 윗면에서 압력 분포를 그림 5.32에 도시하였다. 앞전에서 압력이 급격히 감소한 후 윗면의 상당부분에서 압력이 거의 상수로 유지된다. 그림 5.28에서 볼 수 있듯이, M_{cr}보다 큰 마하수에서 비행하는 일반 익형의 압력계수 분포와 대조된다. 초임계 익형 위의 유동은 원하는 결과를 얻을 수 있도록 정교하게 맞춰져 있음을 명확히 볼 수 있다.

초임계 익형에 관한 초창기 공기역학 연구는 1960년대 중반에 NASA Langley 연구센터의 항공우주 엔지니어였던 Richard Whitcomb에 의해 수행되었다. Whitcomb에 의한 연구는 NACA 문헌, "An Airfoil Shape for Efficient Flight at Supercritical Mach Numbers" (NASA TM X-1109, July 1965, by R.T. Whitcomb and L.R. Clark)에 정리되어 있다. Whitcomb의 초임계 익형 설계는 선구적이었다. 오늘날 모든 현대 민간 제트기는 초임계 날개로 설계되고 있으며, 상용으로 사용되는 초임계 익형은 Richard Whitcomb의 초기 설계 개념을 물려받은 것들이다.

초임계 익형의 효용성은 1970년대 천음속 항공기 기술(TACT: Transonic Aircraft Technology) 프로젝트로 명명된 미 공군/NASA WTFT (wind tunnel and flight test) 프로그램을 통해 명확히 입증되었다. General Dynamics 사의 표준 F-111(그림 5.33의 상단)는 초임계 날개로 수정되었다. 표준 F-111과 TACT기(초임계 날개로 수정된 F-111)에 대한 풍동 시험 데이터가 그림 5.33에 제시되어 있다. F-111의 표준 익형은 NACA 64-210이고, TACT기에 적용된 익형은 똑같이 10% 두께를 가진 익형이다. 초임계 날개를 사용함으로써 항력발산 마하수를 0.76에서 0.88까지 16% 높일 수 있었다(그림 5.33).

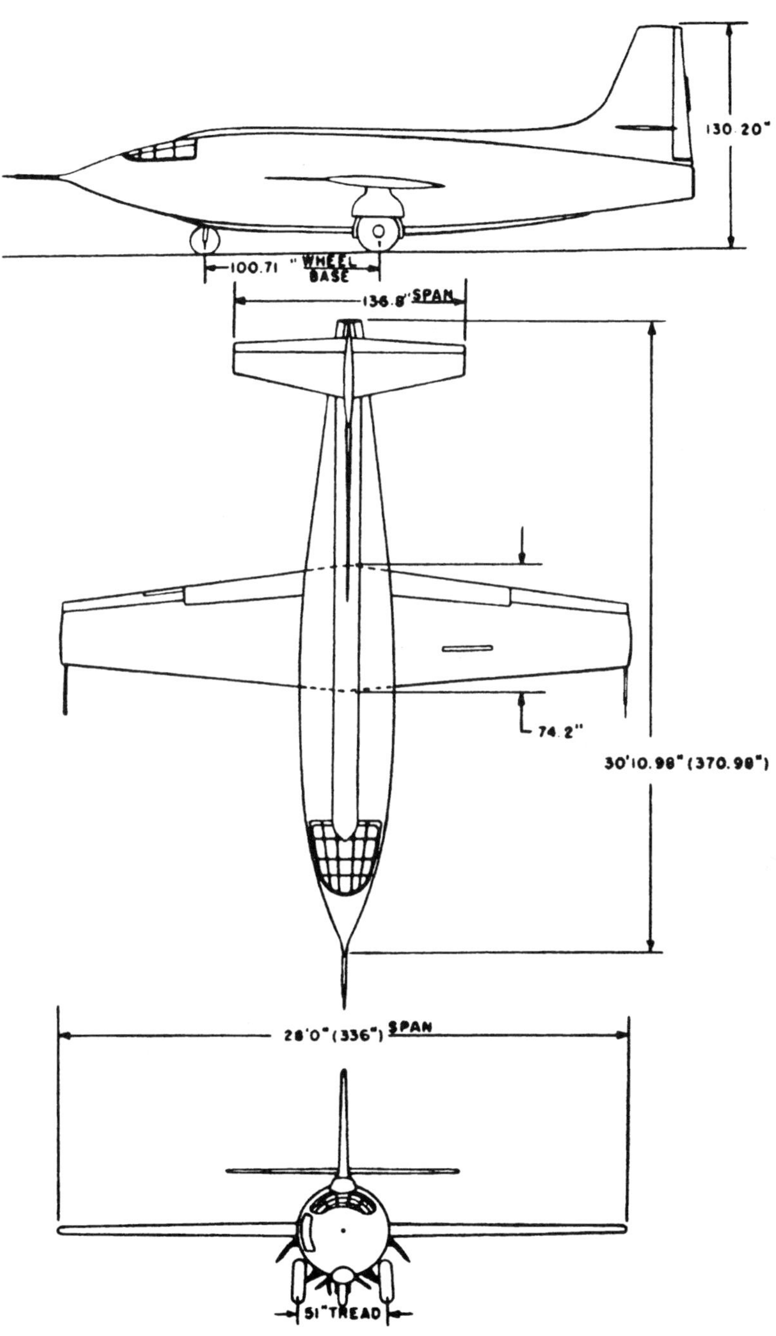

그림 5.30 Bell X-1의 삼면도

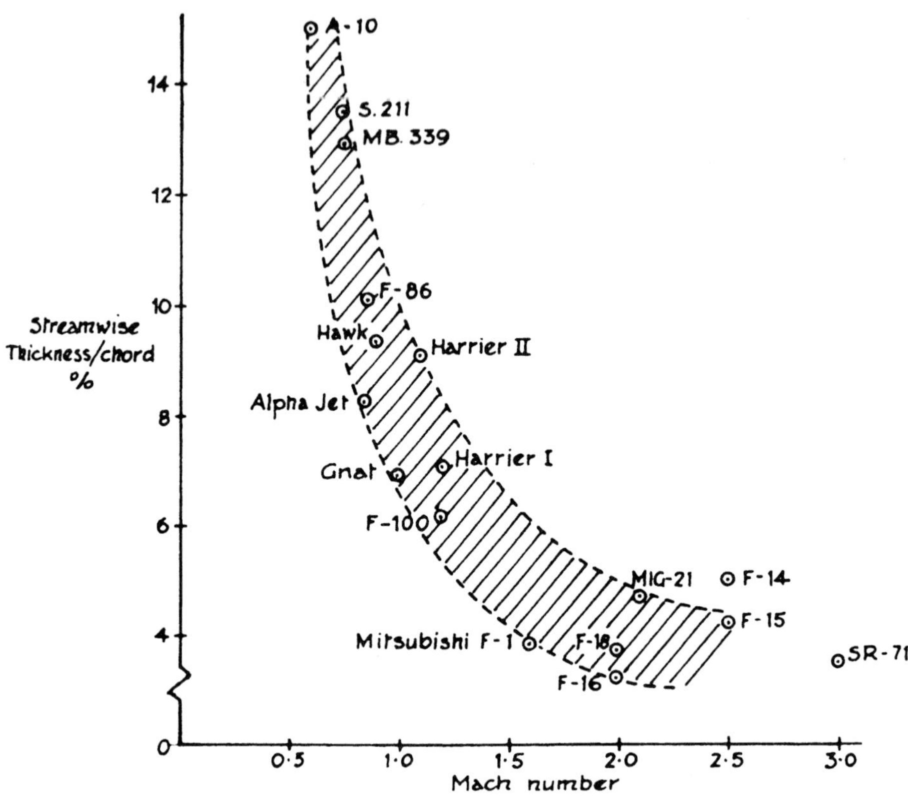

그림 5.31 대표적인 항공기, 견본들의 마하수에 따른 두께-시위 비의 변화(자료출처: *Ray Whitford, Design for Air Combat, Jane's Information Group, Surrey, England, 1989*)

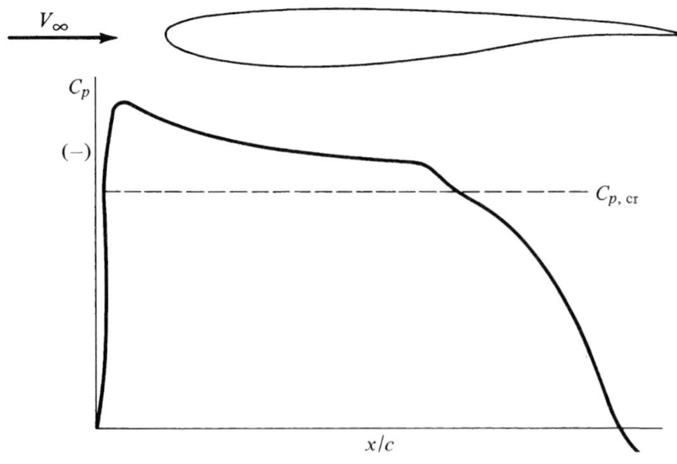

그림 5.32 초임계 익형의 전형적인 형상과 윗면의 압력계수 분포

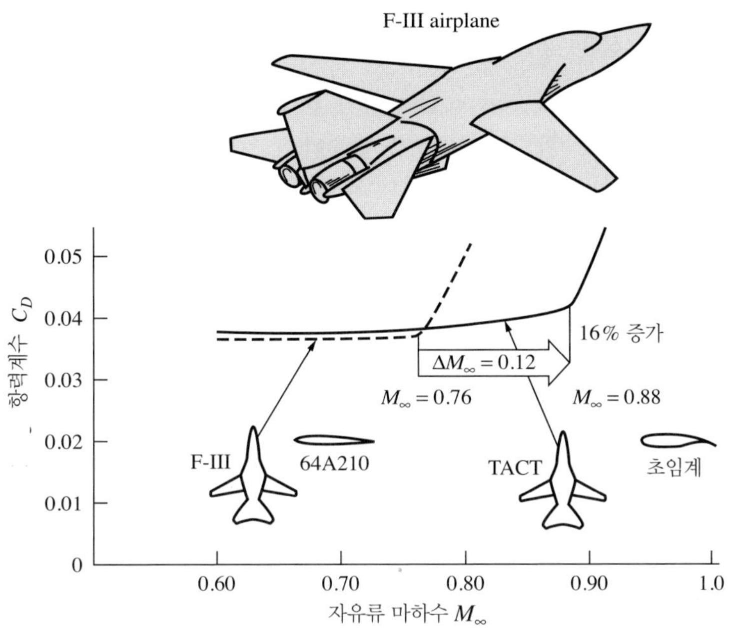

그림 5.33 표준 F-111 대비 초임계 익형을 사용한 TACT기의 항력발산 마하수의 비교. NASA Langley 연구센터의 풍동 시험 데이터. 날개 후퇴각 = 26도. 양력계수는 0.0465로 고정. (출처: *Ray Whitford, Design for Air Combat, Jane's Information Group, Surrey, England, 1989*)

천음속 항공기의 디자이너는 두가지 목적 중 하나를 달성하기 위해 초임계 날개를 사용할 수 있다. (1) 주어진 익형 두께에 대해 초임계 익형의 형상은 더 높은 순항속도를 허용한다. (2) 정해진 순항속도에 대해 익형 두께를 더 두껍게 할 수 있다. 두 번째 사항은 몇 가지 설계상의 이점을 가지고 있다. 더 두꺼운 날개의 구조설계는 더 간단하고 (두꺼움에도 불구하고) 가벼운 실용적인 결과를 도출할 수 있다. 또한, 더 두꺼운 날개는 연료 저장을 위한 더 넓은 공간을 제공할 수 있다. 초임계 익형을 사용함으로써 천음속 항공기 설계 시 더 여유로운 "설계"를 수행할 수 있음은 명백하다.

파한다. 또한 음원이 음속보다는 느린 속도 V로 움직이도록 하자. t의 시간일 때, 음파는 거리 at만큼 바깥으로 움직일 것이고(그림 5.34), 동시에 음원은 점 Q에서 거리 Vt만큼 움직일 것이다. V< a이기 때문에, 음원은 항상 내부에서 머무를 것이다. 만약 음원이 움직이면서 지속적으로 음파를 발산한다면 음파는 호출 장치보다 앞쪽에서 계속적으로 전파되어 나갈 것이다. V< a이기 때문에, 음원은 항상 음파가 만들어내는 경계의 내부의 존재하게 된다.

이제 상황을 바꾼다. 음원이 초음속으로 움직이고 있다. 즉 $V > a$이다. 그림 5.35에서 시간 $t = 0$에서 점 R에 음원이 있다고 가정한다. 이 점에서 음원이 음파를 방출하기 시작하고, 음원은 음속 a로 모든 방향으로 전파될 것이다. 시간 t에서 음파는 거리 at만큼 바깥을 향해 그림 5.35와 같이 움직일 것이다. 같은 시간 t에서 음원은 점 S까지 거리 Vt만큼 움직인다. 그런데, $V > a$ 이므로, 음원은 이제 음파 경계의 바깥에 위치할 것이다. 음원이 움직이면서 일정하게 음파를 방출한다면, 점 S에서부터 첫 음파가 점 R을 중심으로 만드는 원의 접점까지 이은 직선 안에 음파들이 갇히게 될 것이다. 압력파(pressure wave)가 중첩되어 발생하는 이 직선을 **마하파**(*Mach wave*)라 부른다. 파동의 모서리인 점 S는 움직이는 음원에 고정된다. 초음속 비행에서 그림 5.35의 음원 앞 공기는 음원이 다가옴을 알아챌 방법이 없다. 마하파를 경계로 닫힌 원뿔 내부의 공기만 압력 교란을 통해 음원의 존재를 느끼게 된다. 대조적으로, 아음속 비행에서는 그림 5.34의 음원 앞 공기는 음파에 의해 음원이 다가옴을 미리 알게 된다. 이 경우 압력 교란이 중첩되지 않기 때문에 마하파가 발생하지 않는다.

그러므로 초음속 비행에서 압력파의 중첩은 어떤 종류의 날카로운 파동을 생성할 수 있다는 점을 느끼게 될 것이다. 그림 5.35에서 형성된 마하파는 음원이 움직이는 방향과 μ의 각도를 가진다. 이 각도를 **마하각**(*Mach angle*)이라 정의하고 그림 5.35의 기하에서 쉽게 얻을 수 있다:

$$\sin\mu = \frac{at}{Vt} = \frac{a}{V} = \frac{1}{M}$$

즉

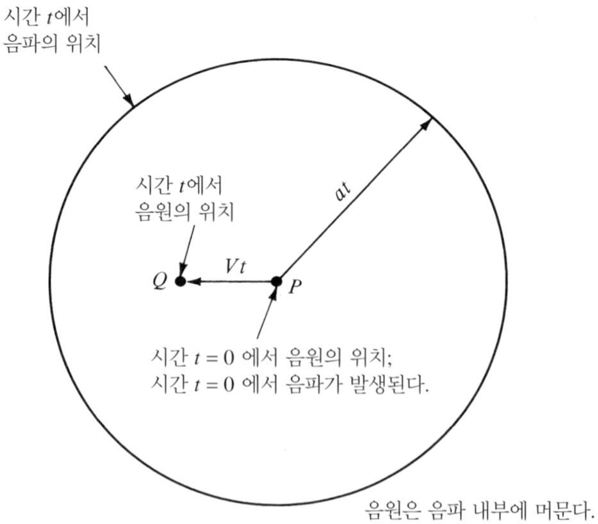

그림 5.34 음속보다 느린 속도로 움직이는 음원

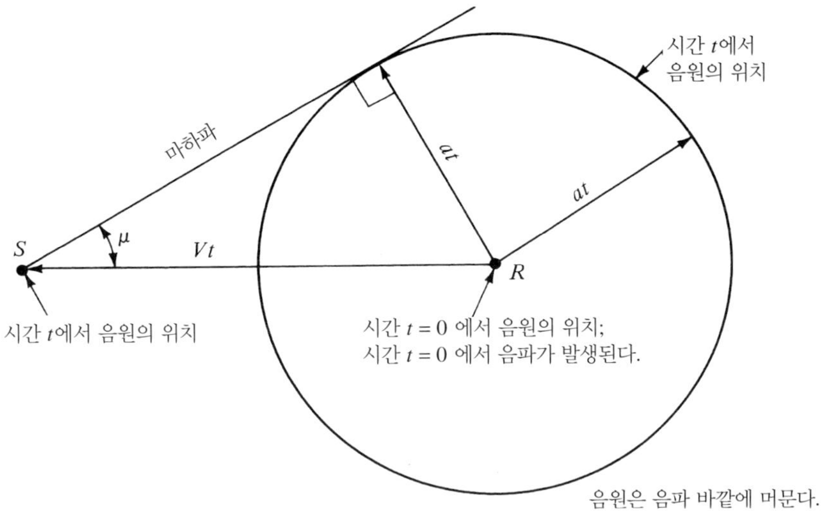

그림 5.35 마하파와 충격파의 기원. 음속보다 빠른 속도로 움직이는 음원

$$\boxed{\text{마하각} \equiv \mu \equiv \arcsin\frac{1}{M}} \tag{5.49}$$

실제 환경에서 $M_\infty > 1$에서 매우 얇은 물체는 마하파로 제한된 영역에서 유동에 매우 약한 교란을 일으킨다. 이것은 그림 5.36에 스케치되어 있다. 반대로, 그림 5.37의 쐐기와 같은 두꺼운 물체가 초음속으로 움직이면 **충격파**라 불리는 강한 교란을 발생시킨다. 충격파는 경사각(oblique angle) β로 기울어져 발생하며, 그림 5.37에서 보듯이 $\beta > \mu$이다. 유동이 경사 충격파를 가로질러 흐르기 때문에 압력, 온도, 밀도는 증가하고, 속도와 마하수는 감소한다.

그림 5.38에 도시된 쐐기의 표면에서 압력을 고려하라. 압력 p가 경사 충격파를 지날 때 증가하므로, 쐐기 표면에서 $p > p_\infty$이다. 압력은 면에 수직하게 작용하고 면 자체는 상대풍에 대해 경사져 있으므로, 그림 5.38에서 순 항력이 쐐기에서 발생함을 쉽게 알 수 있다. 근본적으로 충격파를 가로지를 때 압력이 증가하여 발생하기 때문에 이러한 항력을 **조파항력**이라 부른다.

충격파의 강도를 최소화하기 위해 모든 초음속 익형은 상대적으로 뾰족한 앞전과 얇은 형상을 가진다. (Lockheed F-104의 앞전은 면도날처럼 뾰족하다.) 얇은 초음속 익형을 그림 5.39에 도시한 평판으로 간주해 보자. 평판은 작은 받음각 α로 초음속 자유류에 대해 기울어져 있다. 평판의 윗면에서 유동장은 앞전의 **팽창파**를 통해 자유류와 다른 유동으로 변한다. 팽창파는 압력이 감소하는 부채모양의 영역을 말한다. 윗면의 뒷전에서 유동은 경사 충격파에 의해 자유류와 같은 유동으로 다시 복귀한다. 평판의 아랫면에서 유동은 압력

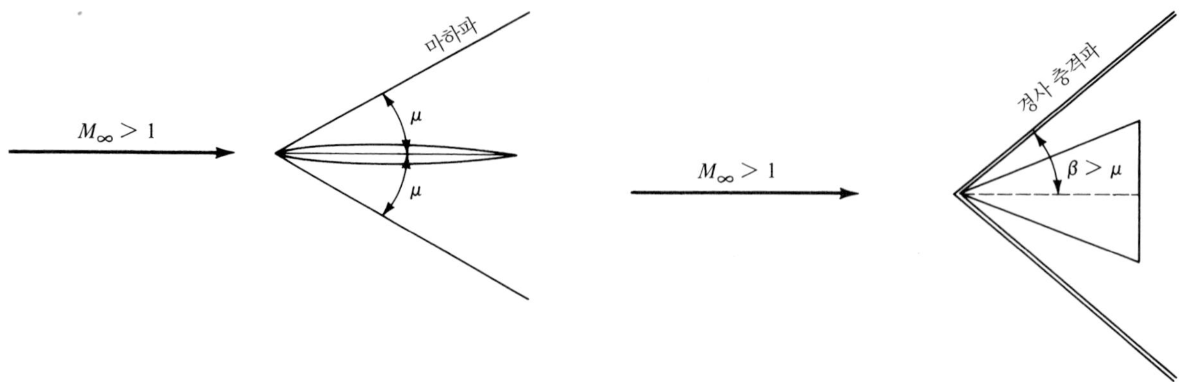

그림 5.36 바늘 모양 물체의 마하파

그림 5.37 쐐기 모양 물체의 경사 충격파

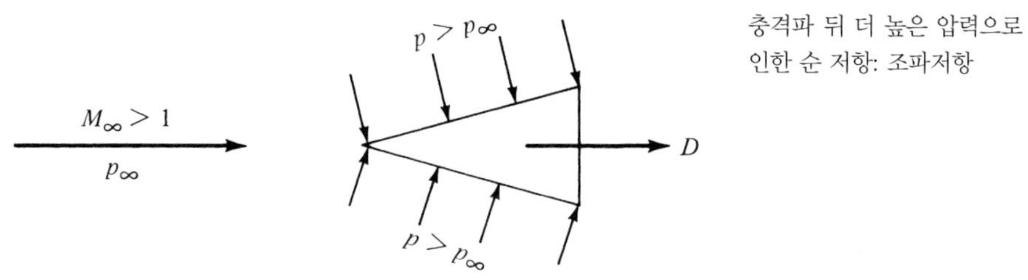

그림 5.38 초음속에서 쐐기 위 압력 분포. 조파항력의 기원

이 증가하는 경사 충격파를 생성한다. 뒷전에서 유동은 팽창파를 통해 자유류로 원상회복한다. (팽창파와 충격파에 대한 자세한 이론은 이책의 범위를 넘기 때문에, 더 심화된 공기역학을 공부하기 전까지는 그림 5.39의 유동장을 단순히 받아들여야 할 것이다.) 앞전에서 발생하는 팽창파와 충격파는 윗면 압력이 p_∞보다 작고, 아랫면 압력이 p_∞보다 큰 표면 압력 분포를 발생시킨다. 이들의 합력은 평판에 수직한 힘이 된다. 상대풍에 수직하고 평행한 합력의 성분은 각각 양력과 초음속 조파항력이다. 양력과 항력계수에 대한 근사 관계식은 각각 다음과 같다.

$$c_l = \frac{4\alpha}{(M_\infty^2 - 1)^{1/2}} \tag{5.50}$$

$$c_{d,w} = \frac{4\alpha^2}{(M_\infty^2 - 1)^{1/2}} \tag{5.51}$$

하첨자 w는 항력계수가 조파항력를 나타냄을 강조하기 위해 표기하였다. 식 (5.50)과 (5.51)은 낮은 받음각의 얇은 초음속 익형에서 유용한 근사 관계식이다. M_∞가 커질수록 c_l과 c_d 둘 다 감소함에 주목하라. 양력과 항력 자체가 M_∞에 따라 감소함을 말하는 것은 아니다. 오히려 그 반대이다. 주어진 속도 영역에서 비행 속도가 증가함에 따라 L과 D는 일

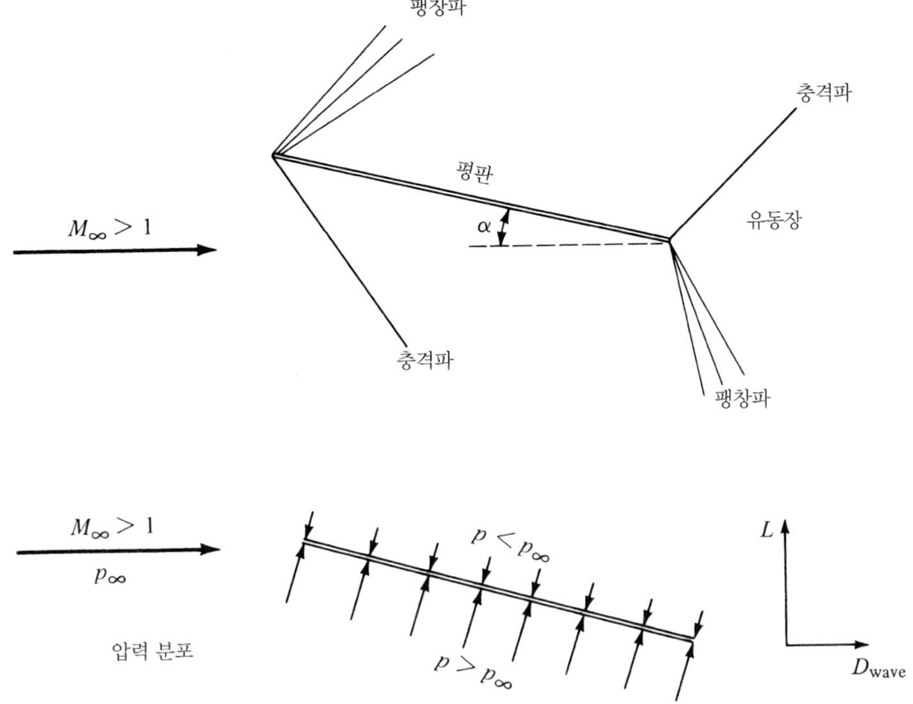

그림 5.39 받음각이 있는 초음속 평판의 유동장과 압력 분포. 충격파와 팽창파의 발생으로 인한 압력 분포가 생성하는 양력과 항력

반적으로 증가한다. 왜냐면 동압 $q_\infty = q_\infty = \frac{1}{2}\rho V_\infty^2$이 증가하기 때문이다. 초음속 영역에서는 C_l과 C_d가 M_∞에 따라 식 (5.50)과 (5.51)과 같이 감소함에도 불구하고, 속도가 증가할 때 L과 D는 커진다.

예제 5.21

표준고도 20,000 ft에서 자유류 마하수가 3인 유동에서 시위 길이 $c = 5$ ft인 얇은 초음속 익형을 고려하라. 익형은 받음각 5도 상태이다.

(*a*) 양력과 항력계수를 계산하고, 단위 너비당 양력과 조파항력 값을 구하라.

(*b*) 같은 조건에서 마하수가 2일 때, 해당하는 값들을 계산하라.

■ **풀이**

a. 식 (5.50)과 (5.51)에서 받음각 α는 radian 단위여야 한다.

$$\alpha = 5° = \frac{5}{57.3}\text{ rad} = 0.0873\text{ rad}$$

따라서,

$$\sqrt{M_\infty^2 - 1} = \sqrt{3^2 - 1} = 2.828$$
$$c_l = \frac{4\alpha}{\sqrt{M_\infty^2 - 1}} = \frac{4(0.0873)}{2.828} = \boxed{0.123}$$
$$c_{d,w} = \frac{4\alpha^2}{\sqrt{M_\infty^2 - 1}} = \frac{4(0.0873)^2}{2.828} = \boxed{0.0108}$$

고도 20,000 ft에서, $\rho_\infty = 1.2673 \times 10^{-3}$ slug/ft^3, $T = 447.43$°R이다. 그러므로,

$$a_\infty = \sqrt{\gamma R T_\infty} = \sqrt{1.4(1716)(447.43)} = 1037 \text{ ft/s}$$
$$V_\infty = M_\infty a_\infty = 3(1037) = 3111 \text{ ft/s}$$
$$q_\infty = \tfrac{1}{2}\rho_\infty V_\infty^2 = \tfrac{1}{2}(1.2673\times10^{-3})(3111)^2 = 6133 \text{ lb/ft}^2$$
$$L\,(\text{단위 너비 당}) = q_\infty c c_l = 6133(5)(0.123) = \boxed{3772 \text{ lb}}$$
$$D_w\,(\text{단위 너비 당}) = q_\infty c c_{d,w} = 6133(5)(0.0108) = \boxed{331.2 \text{ lb}}$$

b.

$$\sqrt{M_\infty^2 - 1} = \sqrt{2^2 - 1} = 1.732$$
$$c_l = \frac{4\alpha}{\sqrt{M_\infty^2 - 1}} = \frac{4(0.0873)}{1.732} = \boxed{0.207}$$
$$c_{d,w} = \frac{4\alpha^2}{\sqrt{M_\infty^2 - 1}} = \frac{4(0.0873)^2}{1.732} = \boxed{0.0176}$$

주: 마하수 2에서 c_l과 $c_{d,w}$는 마하수 3일 때보다 더 크다. 이것은 일반적인 결과로서, 마하수가 증가할 때 c_l과 $c_{d,w}$는 감소한다. 식 (5.50)과 (5.51)에서 명확히 표현되어 있다. 이것이 마하수가 증가할 때 L과 D_w가 감소함을 뜻하는가? 직관적으로는 그런 것으로 보인다. 직접 값을 구해보자:

$$V_\infty = a_\infty M_\infty = 1037(2) = 2074 \text{ ft/s}$$
$$q_\infty = \tfrac{1}{2}\rho_\infty V_\infty^2 = \tfrac{1}{2}(1.2673\times10^{-3})(2074)^2 = 2726 \text{ lb/ft}^2$$
$$L\,(\text{단위 너비 당}) = q_\infty c c_l = 2726(5)(0.207) = \boxed{2821 \text{ lb}}$$
$$D_w\,(\text{단위 너비 당}) = q_\infty c c_{d,w} = 2726(5)(0.0176) = \boxed{240 \text{ lb}}$$

결과를 비교해 보면, 초음속 마하수가 증가함에 따라 c_l과 $c_{d,w}$는 감소하지만, L과 D_w는 증가한다.

예제 5.22

Lockheed F-104 초음속 전투기의 삼면도는 그림 4.45와 같고, 그림 5.40은 실물 사진이다. 마하수 2로 비행을 유지할 수 있도록 설계된 최초의 항공기다. 날개 평면적은 19.5 m^{2}이다. 무게가 7262 kg$_f$인 상태에서 정상 순항하고 있는 F-104를 고려하라. (a) 해수면 고도, (b) 10 km 고도에서 비행할 때 마하수 2에서 받음각을 구하라.

■ 풀이

초음속 비행 중인 F-104 날개는 평판으로 단순화할 수 있고, 날개의 양력계수가 식 (5.50)에 주어져 있다고 생각하라. 평판 날개 단면에 대한 식이지만, F-104의 직선익에도 유효하다고 가정하자. 식 (5.50)은 무한 날개에서 대해서만 좋은 근사식이 됨을 유념하라.

그림 5.40 마하수 2로 비행할 수 있도록 설계된 최초의 항공기: Lockheed F-104 스타파이터 (자료출처: *John Anderson*.)

무게는 kg_f의 단위로 주어졌기 때문에 1 kg_f = 9.8 N임을 이용해 변환한다(예제 2.5). 정상 순항 비행에서 양력은 항공기의 무게와 같다. 따라서,

$$L = W = 7262(9.8) = 7.12\times10^4 \text{ N}$$

a. 표준 해수면 고도에서, $\rho_\infty = 1.23$ kg/m^3, $T_\infty = 288$ K이다. 음속은

$$a_\infty = \sqrt{\gamma R T_\infty} = \sqrt{(1.4)(287)(288)} = 340 \text{ m/s}$$

그러므로,

$$V_\infty = a_\infty M_\infty = (340)(2) = 680 \text{ m/s}$$
$$q_\infty = \tfrac{1}{2}\rho_\infty V_\infty^2 = \tfrac{1}{2}(1.23)(680)^2 = 2.84\times10^5 \text{ N/m}^2$$

$$c_l = \frac{L}{q_\infty S} = \frac{7.12\times10^4}{(2.84\times10^5)(19.5)} = 0.014$$

식 (5.50)에서,

$$c_l = \frac{4\alpha}{\sqrt{M_\infty^2 - 1}}$$

$$\alpha = \frac{c_l}{4}\sqrt{M_\infty^2 - 1} = \frac{0.014}{4}\sqrt{(2)^2 - 1} = 6.06\times10^{-3} \text{ rad}$$

각도 단위에서,

$$\alpha = (6.06\times10^{-3})(57.3) = \boxed{0.35^\circ}$$

주: 이 값은 매우 작은 값이다. 표준고도 마하수 2에서 동압이 꽤 커서 매우 작은 양력계수, 즉 매우 작은 받음각에서 항공기의 비행을 유지할 수 있다.

b. 부록 A의 고도 10 km에서 $\rho_\infty = 0.41351$ kg/m³, $T_\infty = 223.26$ K이다.

$$a_\infty = \sqrt{\gamma R T_\infty} = \sqrt{(1.4)(287)(223.26)} = 300 \text{ m/s}$$
$$V_\infty = a_\infty M_\infty = (300)(2) = 600 \text{ m/s}$$
$$q_\infty = \tfrac{1}{2}\rho_\infty V_\infty^2 = \tfrac{1}{2}(0.41351)(600)^2 = 7.44\times 10^4 \text{ N/m}^2$$
$$c_l = \frac{L}{q_\infty S} = \frac{7.12\times 10^4}{(7.44\times 10^5)(19.5)} = 0.049$$
$$\alpha = \frac{c_l}{4}\sqrt{M_\infty^2 - 1} = \frac{0.049}{4}\sqrt{(2)^2 - 1} = 0.02 \text{ rad}$$

각도 단위에서,

$$\alpha = (0.021)(57.3) = \boxed{1.2^\circ}$$

주: 해수면보다 동압이 낮은 10 km 고도에서, 비행을 유지할 수 있는 필요 받음각은 여전히 낮다: 약 1도 정도 높을 뿐이다. 이 예제는 항공기가 초음속 속도에서 매우 낮은 받음각으로 정상 순항 비행한다는 것을 보여준다.

예제 5.23

예제 5.22와 같이 표준고도 10 km, 마하수 2로 정상 비행하는 F-104 조종사가 받음각 10도가 되도록 갑자기 기수를 올렸다면, 항공기에 작용하는 순간적인 양력을 계산하라. 가능한 결과를 유추하라.

■ **풀이**

$$\alpha = \frac{10}{57.3} = 0.175 \text{ rad}$$

식 (5.50)에서

$$c_l = \frac{4\alpha}{\sqrt{M_\infty^2 - 1}} = \frac{4(0.175)}{\sqrt{(2)^2 - 1}} = 0.404$$

예제 5.22에서, 고도 10 km, 마하수 2일 때, $q_\infty = 7.44 \times 10^4$ N/m²이다:

$$L = q_\infty S c_l = (7.44\times 10^4)(19.5)(0.404) = \boxed{5.86\times 10^5 \text{N}}$$

항공기 무게 대비 양력 값을 비교하라:

$$\frac{L}{W} = \frac{5.86\times 10^5}{7.12\times 10^4} = 8.2$$

조종사가 받음각을 갑자기 10°로 올릴 때 발생하는 양력은 무게의 8.2배이다. 조종사는 중력가속도의 8.2배에 해당하는 급격한 가속도를 느끼게 될 것이고, 종종 8.2 g로 표시한다. 인간의 신체는 무의식 상태가 되기까지 단 몇 초만 이 가속도를 견딜 수 있다. 게다가 항공기의 구조물은 큰 응력상태에 놓이게 될 것이다. 이러한 이유로 초음속 비행에서는 항상 낮은 받음각 상태를 유지한다.

예제 5.24

비행 중인 어떤 물체의 양력계수는 받음각의 함수이다. 이 예제의 목적은 항공기의 모든 속도 영역(아음속과 초음속)에서 양력을 일정하게 유지하려면, 익형의 비행 속도에 따라 받음각을 어떻게 바꾸는지를 살펴보는 것이다. (항공기가 일정한 고도에서 비행하려면, 항공기 속도가 얼마든 양력이 항상 항공기의 무게와 같아야 한다는 점을 제6장에서 배운다. 이 예제의 결과는 항공기의 모든 속도에서 정상 동일고도 비행을 할 때 받음각의 변화에 대한 약간의 식견을 제공한다.)

a. 아음속 비행 표준 해수면 고도에서 시위가 1.5 m인 NACA 64-210 익형을 단면으로 하는 단위 너비의 날개를 고려하라. 단위 너비당 양력은 3,300 N이고, 속도와 상관없이 일정하다. 압축성 효과를 고려하여, 속도 V_∞가 50에서 250 m/s로 변할 때 받음각의 변화를 계산하고 그려라.

b. 초음속 비행 표준 해수면 고도에서 시위가 1.5 m인 단위 너비의 평판 날개를 고려하라. 단위 너비당 양력은 3,300 N이고, 속도와 상관없이 일정하다. 압축성 효과를 고려하여, 속도 V_∞가 500에서 1,000 m/s로 변할 때 받음각의 변화를 계산하고 그려라.

■ **풀이**

아래의 정보는 아음속과 초음속 모두에 적용된다. 4.9절에서 표준 해수면 고도의 음속은 $a_\infty = 340.3$ m/s이다. 따라서,

$$M_\infty = V_\infty / 340.3 \qquad \text{(E 5.24.1)}$$

$$q_\infty = \tfrac{1}{2}\rho_\infty V_\infty^2 = \tfrac{1}{2}(1.23)\ V_\infty^2 = 0.615\ V_\infty^2$$

식 (5.25)에 주어진 양력계수의 정의에 사용하면,

$$c_\ell = \frac{L\ (\text{단위 너비 당})}{q_\infty c} = \frac{3300}{(0.615\ V_\infty^2)(1.5)} = \frac{3577}{V_\infty^2} \qquad \text{(E 5.24.2)}$$

a. 아음속 비행 부록 D에 지시된 NACA 64-210 익형의 공력 데이터를 사용하여 받음각의 변화를 계산해야 한다. 부록 D의 양력계수는 저속에 해당하는 값, $c_{\ell,0}$이다. 한편, 식 (E 5.24.2)에서 계산된 양력계수 c_l은 실제 양력 값이므로, 5.8절에서 논의한 압축성 효과가 포함되어 있다. 부록 D를 사용하기 위해서 식 (5.40)으로부터 $c_{\ell,0}$ 값을 거꾸로 계산해야 한다.

$$c_{\ell,0} = c_\ell \sqrt{1 - M_\infty^2} \qquad \text{(E 5.24.3)}$$

여기서 구한$c_{\ell,0}$값에 대한 받음각을 부록 D에서 찾아라. 몇몇 값에 대한 표는 다음과 같다.

V_∞(m/s)	$M_\infty = V_\infty / 340.3$	$c_\ell = 3577/V_\infty^2$	$c_{\ell,0} = c_\ell\sqrt{1-M_\infty^2}$	α (부록)
50	0.147	1.43	1.41	12°
75	0.22	0.636	0.605	4°
100	0.294	0.358	0.342	1.5°
150	0.44	0.159	0.143	–0.5°
200	0.588	0.089	0.072	–1°
250	0.735	0.057	0.0386	–1.5°

b. 초음속 비행 무한히 얇은 평판 익형을 가정하여 식 (5.50)을 적용한다.

$$c_\ell = \frac{4\alpha}{\sqrt{M_\alpha^2 - 1}}$$

그러므로,

$$\alpha = \frac{c_\ell \sqrt{M_\infty^2 - 1}}{4} \tag{E 5.24.4}$$

여기서 받음각 α는 radian 단위이다. 1 rad = 57.3°임을 기억하라.

$$1 \text{ rad} = 57.3°$$

결과를 표로 정리하면,

V_∞(m/s)	$M_\infty = V_\infty / 340.3$	$c_\ell = 3577/V_\infty^2$	$\alpha = \frac{c_\ell}{4}\sqrt{M_\infty^2 - 1}$ (rad)	α (deg)
500	1.47	0.0143	3.85×10^{-3}	0.221
600	1.76	9.94×10^{-3}	3.60×10^{-3}	0.206
700	2.06	7.30×10^{-3}	3.28×10^{-3}	0.188
800	2.35	5.59×10^{-3}	2.97×10^{-3}	0.170
900	2.64	4.42×10^{-3}	2.70×10^{-3}	0.155
1000	2.94	3.58×10^{-3}	2.47×10^{-3}	0.142

보충. (*a*)와 (*b*)에서 얻은 결과는 그림 5.41과 같다. 아음속 비행의 경우, 속도가 증가할 때 상대적으로 큰 받음각의 감소가 일어난다. 속도 증가 시, 동압 q_∞가 증가함으로써 더 많은 양력을 얻기 때

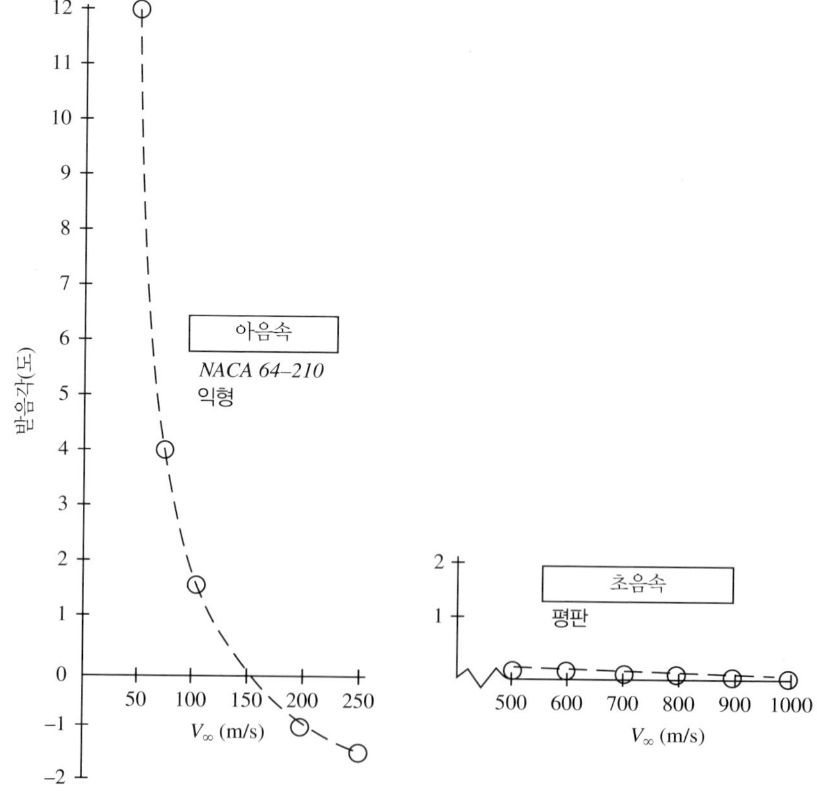

그림 5.41 아음속 및 초음속 익형에서 받음각의 전형적 변화

문이다. 그래서, 더 작은 양력계수, 즉 더 낮은 받음각이 양력을 유지하는 데 필요하게 된다. α의 감소는 압축성 효과에 의해 더 증폭된다: M_∞가 증가함에 따라 식 (E 5.24.3)에서 $c_{\ell,0}$는 더욱 감소한다. 초음속 비행의 경우, 매우 큰 q_∞로 인해 요구되는 c_l과 해당 α는 아음속에 비해 매우 작다. 식 (E 5.24.4)를 살펴 보면, c_ℓ이 증가하면 필요한 α가 낮아지지만, M_∞가 증가할 때에는 필요한 α가 커짐을 볼 수 있다. 따라서, 최종적으로 받음각의 변화는 상대적으로 적어 평평한 모양을 가진다.
이러한 결과로부터 얻을 수 있는 결과는 다음과 같다. 정상 수평 비행하는 아음속 항공기는 넓은 속도 영역에서 큰 받음각의 변화를 경험한다. 반대로, 초음속 항공기는 매우 작은 받음각의 변화를 필요로 하고, 받음각 자체도 낮은 값을 가진다.

5.12 요약: 익형 항력

식 (4.105)를 확대해서 보면, 총 항력을 이루는 세 부분의 합으로 쓸 수 있다.

$$D = D_f + D_p + D_w$$

여기서

D = 익형의 총 항력
D_f = 표면마찰항력
D_p = 유동 박리로 인한 압력항력
D_w = 조파항력(천음속과 초음속에서만 발생하고 항력발산 마하수 이후의 아음속에서는 0이다.)

항력계수로 표현하면 다음과 같다.

$$c_d = c_{d,f} + c_{d,p} + c_{d,w}$$

여기서 c_d, $c_{d,f}$, $c_{d,p}$, $c_{d,w}$는 각각 총 항력, 표면마찰, 압력, 조파항력계수들이다. $c_{d,f} + c_{d,p}$를 **형상항력계수**(*profile drag coefficient*)라 부르고, 부록 D에 주어진 항력 값이다. 형상항력계수는 아음속에서 M_∞가 변할 때 거의 상수 값을 가진다.

비압축성부터 아음속 속도에서 M_∞에 따른 c_d의 변화를 그림 5.42에 나타내었다. 이 곡선의 정성적 변화에 주목하는 것이 중요하다. 마하수 0부터 항력발산 마하수까지 M_∞에 대해 c_d는 거의 상수이다. 항력은 전부 형상항력과 같다. 항력발산 마하수부터 1.0 바로 위의 마하수 영역에서 C_d 값은 로켓처럼 솟구친다. 사실 마하수 1 근처에서 c_d의 최대값은 형상항력 자체의 값보다 수십 배 더 크다. 이러한 항력의 큰 증가는 충격파의 발생과 연관된 조파항력에 기인한다. 초음속 마하수 영역에서 c_d는 근사적으로 $(M_\infty^2 - 1)^{-1/2}$에 비례하여 감소한다.

마하수 1 근처에서 항력계수가 크게 변화하는 현상은 1940년대에 **음속 장벽**(*sound barrier*)이라는 말로 명명되었다. 그 때 전문가 집단은 음속 장벽을 돌파할 수 없다고 느끼고 있었다. 즉, 음속보다 빠르게 비행할 수 없다고 생각했었다. 초음속 유동에서 조파항력을 나타내는 식 (5.51)뿐만 아니라 아음속 유동에서 압력계수에 대한 식 (5.28)을 잠깐 살

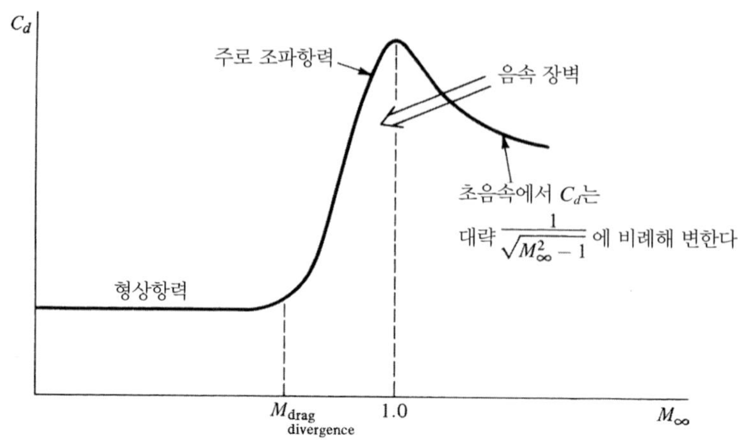

그림 5.42 아음속 및 초음속에서 마하수에 따른 항력계수의 변화

펴보면, M_∞가 아음속과 초음속 양쪽에서 1로 근접함에 따라 항력계수가 무한히 커지게 될 수 있음을 깨닫게 될 것이다. 그런데, 이러한 설명은 과학기술의 일상적인 문제점을 드러내는 한 사례이다. 식 (5.28)과 (5.51) 어느 것도 $M_\infty = 1$ 근처의 천음속 영역에서는 유효하지 않다. 게다가, 자연은 무한대를 허용하지 않음을 기억하라. 현실에서는 c_d가 무한히 커지지 않는다. 음속 장벽을 돌파하기 위해서(원리적으로) 필요한 딱 한 가지는 크지만 유한한 항력을 극복할 수 있는 충분한 추력을 가진 엔진이다.

설계

DESIGN BOX

초음속 항공기의 우수한 설계는 조파항력을 최소화하는 데 집중한다. 초음속에서 총 항력의 상당 부분이 조파항력이라는 점이 그림 5.42에 강조되어 있다. 조파항력을 줄이는 방법은 항공기 선두부, 주날개나 꼬리날개의 앞전, 초음속 유동이 발생하는 지역에서 충격파의 강도를 줄이는 것이다. 날카로운 선두부, 유연한 동체, 날개와 꼬리의 매우 날카로운 앞전을 사용하여 충격파의 강도를 약하게 할 수 있다. 그림 5.40의 사진과 그림 4.52의 삼면도에 도시된 Lockheed F-104는 좋은 초음속 항공기 설계의 훌륭한 사례이다. F-104는 마하수 2를 유지하도록 설계된 최초의 항공기였다. 그림 4.52와 5.40을 살펴 보면, 날카롭고 바늘 같은 선두부, 유연한 동체, 뾰족한 앞전과 함께 매우 얇은 날개를 가지고 있음을 볼 수 있다. 날개의 익형은 두께비가 0.035 (3.5% 두께)이면서 얇고 양면이 볼록한 모양이다. 앞전은 거의 면도날 수준이어서 항공기 주변에서 일하는 지상요원을 해칠 수 있을 만큼 날카롭다. F-104의 설계는 1953년에 유명한 Lockheed "Skunk Works"에서 시작되었고, 1958년에 미 공군에서 운용되기 시작했다. 이 책을 쓸 때 미 공군에서 퇴역하여 공군 창고에 들어 갔지만, F-104는 세계의 몇몇 나라 공군에서 여전히 운용되고 있다.

5.13 유한(길이) 날개

이제 5.5절에서 시작된 주제로 되돌아 간다. 이제까지 고려한 것들은 주로 공력 특성을 직접 무한한 길이의 날개에 적용할 수 있는 익형에 관한 것들이다. 그런데, 모든 현실의 날개 길이는 유한하다. 익형에 관한 지식을 날개 끝단(wing tips)을 가진 날개의 경우에 적용해야 한다. 이것이 5.14절과 5.15절의 목적이다.

아래의 질문을 풀어 보자. 받음각 6도에서 특정한 종횡비[식 (5.26)]를 가진 유한 날개를 고려하라. 유한 날개의 단면은 NACA 2412 익형이다. $\alpha = 6°$에서 익형의 양력과 항력계수를 부록 D에서 찾으면,

$$c_\ell = 0.85 \qquad c_d = 0.0077$$

문제: 유한 날개의 단면은 NACA 2412 익형이기 때문에, 날개의 양력과 항력계수가 익형의 값과 동일해야 하지 않을까? 즉, $\alpha = 6°$인 날개에서 아래가 옳은가?

$$C_L \stackrel{?}{=} 0.85 \qquad C_D \stackrel{?}{=} 0.0077$$

(5.5절에서 유한 날개의 공력계수들은 관례적으로 대문자를 써서 표기한다는 점을 상기하라.) 직관적인 관점에서는 C_L과 C_D가 각각 c_l과 c_d와 같을 것이라 생각하는 것이 합리적이다. 그러나, 직관이 항상 옳은 것은 아니다. 다음 몇 문단에서 이 문제의 답을 얻을 것이다.

무한 날개와 대비되는 유한 날개의 유동에서 근본적인 차이는 아래와 같다. 그림 5.43*a*는 유한 날개를 앞에서 바라본 그림이다. 날개가 양력을 발생시킨다면, 분명히 아랫면의 평균 압력이 윗면의 그것보다 더 클 것이다. 결과적으로, 그림 5.43*a*에서 보듯이 위아랫면의 압력 차이로 인해 날개 끝단 주위에서 일종의 "누수(leak)" 흐름이 발생하는 경향이 생긴다. 이 누수 흐름은 날개의 뒷 방향으로 흐르는 순환 운동(circulation motion)을 생성한다. 뒤로 회전하면 흐르는 유동을 **와류**(*vortex*)라 부른다. 그림 5.43*b*에서 각 날개 끝단으로부터 흘러가는 큰 와류를 볼 수 있고, 그림 5.44는 끝단 와류(wing-tip vortex)의 실제 사진이다.

날개의 뒷 방향으로 늘어진 이 끝단 와류는 날개 주위에 아래 방향의 속도 성분을 발생시킨다. 이것은 그림 5.43*b*에서 직관적으로 볼 수 있다. 양 끝에서 두 개의 끝단 와류는 주변의 공기를 끌어들이고, 이러한 이차적인 유체 운동은 날개에 아래 방향 속도 성분을 유발한다. 이 아래방향의 성분을 **내리흐름**(*downwash*)이라 부르고, w로 표기한다.

내리흐름의 효과는 그림 5.45에서 볼 수 있다. 통상 V_∞는 상대풍을 의미한다. 그런데, 날개와 가까운 곳에서는 V_∞와 w의 벡터합에 해당하는 "국소" 상대풍이 생성된다. V_∞의 원래 방향과 달리 경사진 방향으로 상대풍의 방향이 기울어진다. 이러한 사실에 대해 몇 가지 중요사항이 있다.

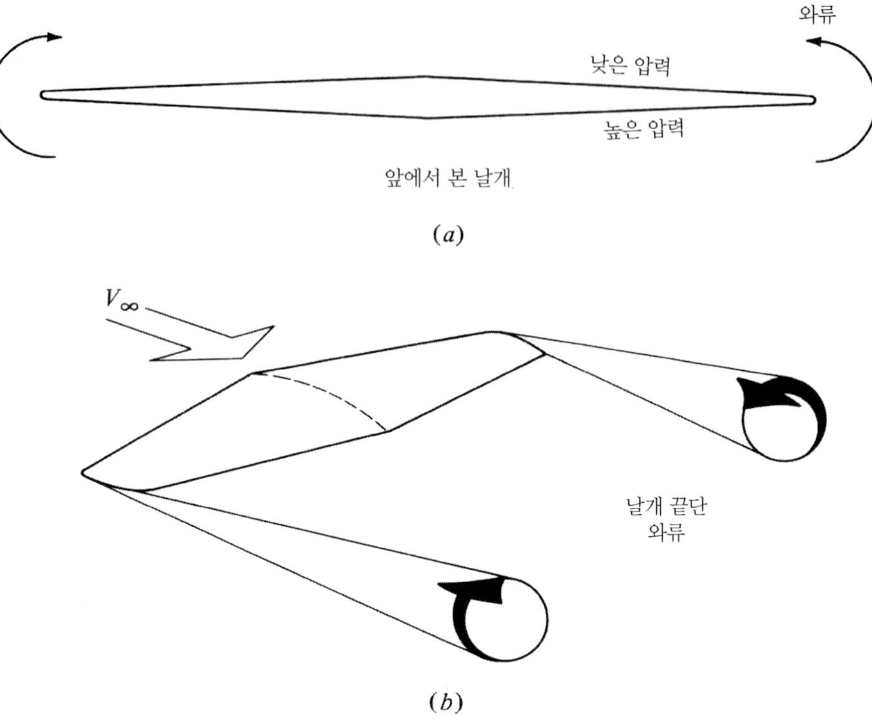

그림 5.43 유한 날개의 날개 끝단 와류의 생성

그림 5.44 Boeing 727 시제기의 날개 끝단에서 분출된 스모크로 가시화한 끝단 와류
(자료출처: *NASA*.)

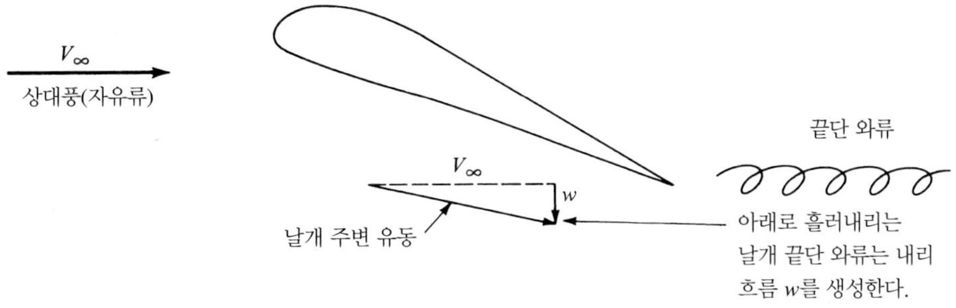

그림 5.45 내리흐름의 발생

1. 날개의 익형 받음각은 V_∞를 기준으로 날개의 받음각과 비교할 때 날개의 익형 받음각이 낮아지는 효과가 생긴다.
2. 항력이 증가한다. 이러한 항력 증가를 유도항력(*induced drag*)이라 부르고, 최소한 세 가지 물리적 의미를 가지고 있다. 첫째, 끝단 와류는 단순히 날개 주위의 유동을 변화시키고, 항력이 증가하는 쪽으로 표면 압력 분포가 변한다. 국소 상대풍이 아래로 기울어져 있기 때문에 양력 벡터가 "아래로 기운다"고 설명할 수도 있다(그림 5.45 참조). 따라서, 끝단 와류는 V_∞에 평행한 어떤 힘의 성분, 즉 항력의 발생에 기여한다. 세 번째로, 유도항력의 근원은 끝단 와류가 상당한 양의 회전 운동에너지를 포함한다는 점이다. 이 에너지는 어딘가로부터 왔다. 유동항력으로 인해 추가적으로 증가한 항력을 극복하기 위한 추가적인 동력은 항공기 추진(propulsion) 시스템으로부터 공급된다. 유도항력의 물리적 발생원리에 대해 세 가지 설명은 사실 서로 같은 말이다.

이제 이 절의 도입부에서 설정한 질문에 답을 할 수 있다. NACA 2412 익형을 단면으로 가지는 $\alpha = 6°$의 유한 날개로 돌아가 보자. 내리흐름 때문에 날개의 익형 단면에 적용되는 받음각은 6°보다 낮음을 알 수 있다. 각 지점의 익형 양력계수는 0.85보다 작음이 분명하다. 날개의 양력은 각 위치의 익형 양력을 적분한 값이므로, 유한 날개에 대해 다음을 말할 수 있다.

$$C_L < 0.85$$

또한, 무한 날개에서는 존재하지 않는 유한 날개의 유도항력은 익형 단면 자체가 겪게 되는 기존의 표면마찰저항과 유동 박리로 인한 압력저항에 더해진다. $c_d = 0.0077$은 표면마찰저항과 박리로 인한 압력저항의 합인 형상항력계수이다. 유한 날개의 경우에 유도항력이 형상항력에 더해져야 한다. 그래서, 유한 날개의 경우에는

$$C_D > 0.0077$$

이제 이 문제를 마무리할 수 있다. 유한 날개의 양력계수는 날개 익형 단면의 값보다 작고, 유한 날개의 항력계수는 익형 단면의 값보다 크다.

설계 DESIGN BOX

항공기 설계에서 익형의 모양이 날개의 너비 방향으로 변화하는 경우가 있다. 예를 들어, 그림 5.33의 상단에 보이는 F-111은 날개의 중앙(root)에서 NACA 64A210 익형 단면을 가진다. 한편, 날개의 끝단에서 NACA 64A209 익형 단면을 가진다. 2차 세계대전 당시 유명했던 British Spit-fire는 날개 중앙에서 13% 두께를, 끝단에서는 7% 두께를 가지고 있었다. 설계자가 너비 방향으로 익형의 형상을 변형하는 선택을 할 때는 아래와 같은 이유 때문이다.

1. 날개의 너비 방향으로 특별한 양력 분포를 만들기 위함이다. 이를 통해 날개의 공기역학적 효율성을 증진하고 구조물의 무게를 저감할 수 있다.
2. 날개 끝단 근처 영역에서 고속 압축성 효과의 발생을 지연시키기 위함이다. 끝단 영역에서 얇은 익형은 그림 5.27*c*와 같은 "충격파 실속(shock stall)"을 일으킬 수 있다. 두꺼운 익형을 사용하여 이러한 실속 영역을 더 높은 마하수로 지연시키면, 에일러런의 조종효율성을 유지할 수 있지만 반대로 날개 중앙에 더 가까운 날개의 단면은 큰 유동 박리를 겪을 수 있다.

이전의 논의를 참고하면, 유한 날개의 너비 방향으로 익형 형상을 변경하는 것은 유한 날개의 공력계수가 날개 자체를 만드는 익형의 값과 다르기 때문이다.

유한 날개의 항력계수와 양력계수를 어떻게 계산할 수 있는지를 5.14절과 5.15절에서 보게 될 것이다. 결과를 이용해서 그림 5.1의 로드맵의 중간 열로 이동한다. 그림 5.1로 잠시 돌아가서, 로드맵의 왼쪽 열에 표현된 익형의 서로 다른 양상에 주목하라. 이러한 지식을 가지고 로드맵의 중간 열에 표현된 유한 날개의 특성을 살펴볼 준비가 되었다.

5.14 유도항력 계산

그림 5.46은 유도항력을 개념화하는 방법을 보여준다. 그림 5.46의 유한 날개를 고려하라. $\mathbf{R}_1$으로 표시된 점선 화살표는 날개 끝단 와류가 없는 가상의 상황에서 날개에 작용하는 공기역학적 힘 벡터를 나타낸다. V_∞에 평행한 $\mathbf{R}_1$의 성분은 항력 D_1인데, 마찰항력과 유동 박리로 인한 압력항력의 합과 같다. $\mathbf{R}$로 표시된 실선 화살표는 끝단 와류의 효과를 포함한 실제 합력 벡터를 나타낸다. 발생한 와류는 날개 표면의 압력 분포를 변화시켜 $\mathbf{R}$ 벡터를 $\mathbf{R}_1$에 비해 뒤로 기울어지게 만든다. V_∞에 평행한 $\mathbf{R}$의 성분은 그림 5.46에서 D가 되고 실제 총 항력이 된다. 총 항력은 마찰항력과 유동 박리로 인한 압력항력뿐만 아니라 끝단 와류로 인한 압력 분포의 변화 효과를 포함한다. $\mathbf{R}$은 $\mathbf{R}_1$에 비해 뒤로 기울어져 있으므로 $D > D_1$이다. 유도항력 D_i는 D와 D_1의 차이다. 즉, $D_i = D - D_1$. 유도항력은 압력항력의 한 형태임에 유념하라.

D_i의 크기를 계산하기 위해 아래의 접근법을 따를 것이다. 그림 5.47의 유한 날개 단면을 고려하라. 날개의 평균 시위(mean chord)와 상대풍 V_∞의 방향 사이의 각, 받음각은 기하 받음각(*geometric angle of attack*) α이다. 그런데, 날개 주위 유동은 (평균적으로) 내리흐름 때문에 α_i만큼 아래로 휘어 흐른다. α_i각은 주위 유동 방향과 자유류 방향이 이루는

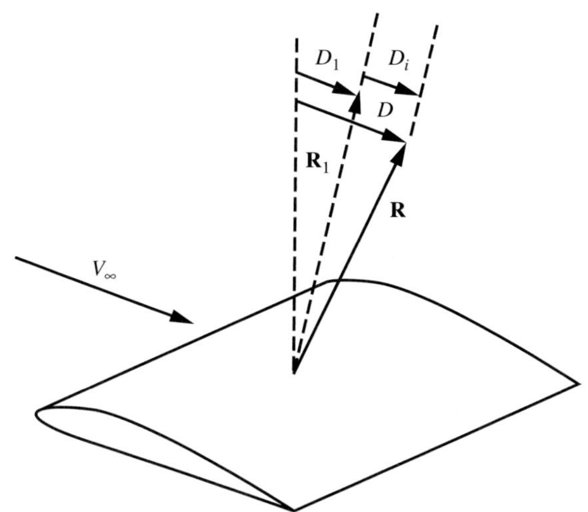

그림 5.46 유도항력 D_i 개념도

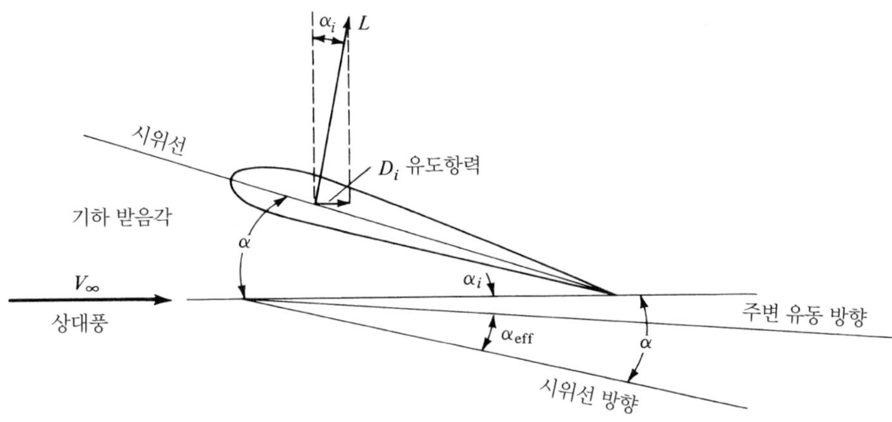

그림 5.47 유도항력의 발생

각으로 **유도 받음각**(*induced angle of attack*)이라 부른다. 그래서, 눈으로 보는 받음각은 α이지만, 날개 단면 자체는 α보다 낮은 **유효 받음각**(*effective angle of attack*)을 경험하게 된다. 유효 받음각은 α_{eff}로 표기하고, 그림 5.47에서 $\alpha_{\text{eff}} = \alpha - \alpha_i$이다.

날개 주위 유동의 방향은 자유류 방향에 대해 아래로 기울어져 있기 때문에 주위 유동 방향에 수직한 양력 벡터는 마찬가지로 α_i만큼 뒤로 기울어진다는 점을 인정해야 한다. 이것은 그림 5.47에 도시되어 있다. 그런데, 여전히 자유류 방향에 평행한 항력을 고려하면 기울어진 양력 벡터는 항력에 기여하는 성분을 만들 것이다. 이러한 항력은 그림 5.47에서 유도항력 D_i이고,

$$D_i = L \sin\alpha_i$$

α_i는 일반적으로 작은 값이므로, $\sin\alpha_i \approx \alpha_i$. 그래서,

$$D_i = L\alpha_i \tag{5.52}$$

식 (5.52)에서 α_i는 반드시 radian 단위여야 한다. α_i를 알게 되면 식 (5.52)에서 D_i를 계산할 수 있다.

α_i의 계산법은 이 책의 범위를 넘는다. 유한 날개의 주어진 단면에 대해 α_i 값은 날개 너비 방향으로 내리흐름의 분포에 따라 달라진다는 점을 말하려 한다. 이어서, 내리흐름의 분포는 날개 면 위에서 양력의 분포에 의해 결정된다. 이 점을 더 분명히 보기 위해서 유한 날개의 전면도를 보여 주는 그림 5.48을 고려하라. 단위 너비당 양력은 날개를 따른 거리의 함수로 변화할 것이다. 왜냐면,

1. 시위가 너비 방향으로 길이에 따라 변할 수 있다.
2. 날개가 비틀어져서 날개의 각 단면 익형은 다른 기하 받음각에 있을 것이다.
3. 익형 단면의 모양이 너비 방향으로 변할 수 있다.

그림 5.48에 보여지는 것은 타원형 양력 분포의 경우이다. 즉, 단위 너비당 양력이 너비 방향으로 타원형으로 변한다. 이 분포는 일정한 내리흐름을 발생시킨다. 이 경우, 비압축성 날개 이론은 아래의 결과를 제시한다.

$$\alpha_i = \frac{C_L}{\pi \mathrm{AR}} \tag{5.53}$$

여기서 C_L은 유한 날개의 양력계수이고, $\mathrm{AR} = b^2/S$은 식 (5.26)에서 정의한 종횡비(aspect ratio)이다. 식 (5.53)을 식 (5.52)에 대입하면,

$$D_i = L\alpha_i = L\frac{C_L}{\pi \mathrm{AR}} \tag{5.54}$$

그런데, $L = q_\infty S C_L$이므로 식 (5.54)에서,

$$D_i = q_\infty S \frac{C_L^2}{\pi \mathrm{AR}}$$

$$\frac{D_i}{q_\infty S} = \frac{C_L^2}{\pi \mathrm{AR}} \tag{5.55}$$

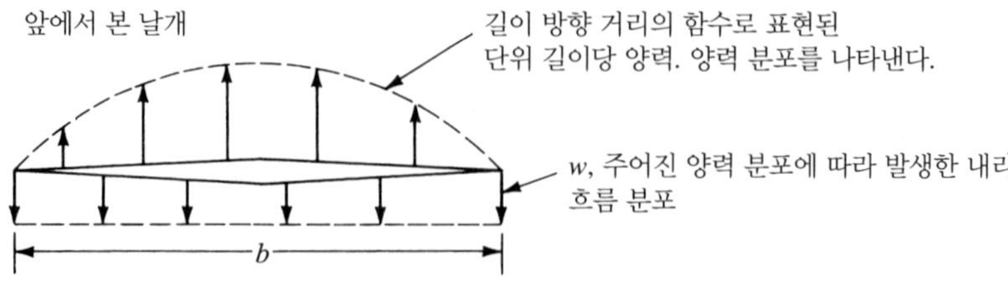

그림 5.48 단위 길이당 양력 분포와 내리흐름 분포

유도항력계수를 $C_{D,i} = D_i/(q_\infty S)$로 정의하면, 식 (5.55)는 다음과 같이 정리된다.

$$\boxed{C_{D,i} = \frac{C_L^2}{\pi \mathrm{AR}}} \tag{5.56}$$

이 결과는 그림 5.48의 타원형 양력 분포에서 유효하다. 너비 방향으로 같은 익형을 가지고 비틀림이 없는 날개의 경우에 한해서, 타원형 날개 평면(wing planform)이 타원형 양력 분포를 가진다. (제2차 세계 대전 당시 유명했던 British Spitfire는 타원형 평면으로 설계된 몇몇 역사적인 항공기 중 하나이다. 물론 앞전과 뒷전이 모두 직선인 날개가 만들기에 더 경제적이다.)

일반적인 모든 날개에 대해 다음 식과 같이 **스팬효율지수**(*span efficiency factor*) e를 정의할 수 있다.

$$\boxed{C_{D,i} = \frac{C_L^2}{\pi e \mathrm{AR}}} \tag{5.57}$$

타원형 평면의 경우에 $e = 1$이다. 다른 모양의 평면에서는 항상 $e < 1$이다. 그래서, $C_{D,i}$와 유도항력은 **타원형 평면에서 최소가 된다**. 전형적인 아음속 항공기의 경우 e는 0.85에서 0.95 사이의 값을 가진다. 식 (5.57)은 중요한 관계식이다. 이 식은 유도항력은 양력계수의 제곱에 비례함을 설명한다. $C_{L,\max}$ 근처에서 큰 양력이 발생할 때, 유도항력은 총 항력의 주된 부분이 될 수 있다. 식 (5.57)은 AR이 커지면 유도항력이 감소함을 설명한다. 그래서, 유도항력을 최소화하기 위해 설계된 아음속 항공기는 큰 종횡비의 날개를 가지게 된다. (예를 들어, Lockheed U-2 고고도 항공기의 짧은 시위를 가진 긴 날개)

식 (5.57)에서 유도항력은 근본적으로 양력과 연관됨을 분명히 말하고 있다. 사실, 유도항력의 또 다른 표현은 **양력으로 인한 항력**이다. 원리적으로, 유도항력을 극복하기 위해 항공기 엔진에서 공급된 동력은 공기 중에 떠 있는 항공기를 유지하는 데 필요한 동력이다. 양력을 유지하는 데 필요한 동력은 비행중인 항공기의 무게와 같다.

식 (5.57)을 적용하여, 아음속 유한 날개의 총 항력계수를 다음과 같이 쓸 수 있다.

$$\boxed{\underset{\text{총 항력}}{C_D} = \underset{\text{형상 항력}}{c_d} + \underset{\text{유도 항력}}{\frac{C_L^2}{\pi e \mathrm{AR}}}} \tag{5.58}$$

형상항력은 두 부분으로 구성됨을 유념하라: 표면마찰로 인한 항력 $c_{d,f}$과 박리로 인한 압력항력 $c_{d,p}$. 즉 $c_d = c_{d,f} + c_{d,p}$이다. c_d는 부록 D의 데이터로부터 얻을 수 있음도 기억하기 바란다. 식 (5.58)을 그래프로 그릴 때, C_L에 따른 C_D의 2차 관계식는 그림 5.49의 곡선과 같다. C_L에 대한 C_D의 이러한 그림을 **항력곡선**(*drag polar*)라 부른다. 항력곡선은 항공기 설계의 근본이 된다. 여러분은 항력곡선의 개념에 친숙해질 것이다. 부록 D의 항력 데이터는

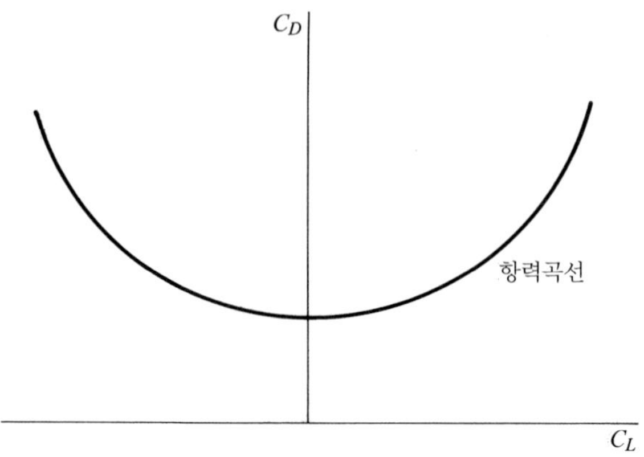

그림 5.49 항력곡선, 양력계수에 대한 항력계수의 그래프

무한 날개의 항력곡선의 형태로 주어져 있다. 즉, c_d가 c_l에 대해 그려져 있다. 그런데, 유도항력 $C_{D,i}$는 무한 날개(무한한 종횡비)에 대해 0이므로 부록 D에 포함되지 않는다.

예제 5.25

날개 면적이 170 ft^2인 Northrop F-5 전투기를 고려하라. 날개에서 18,000 lb의 양력이 발생하고 있다. 표준 해수면 고도에서 250 mi/h의 속도로 비행하고 있을 때, 양력계수를 계산하라.

■ 풀이

속도 단위를 통일하면

$$V_\infty = 250\left(\frac{88}{60}\right) = 366.7 \text{ ft/s}$$

$$q_\infty = \tfrac{1}{2}\rho_\infty V_\infty^2 = \tfrac{1}{2}(0.002377)(366.7)^2 = 159.8 \text{ lb/ft}^2$$

$$C_L = \frac{L}{q_\infty S} = \frac{18,000}{159.8(170)} = \boxed{0.6626}$$

예제 5.26

Northrop F-5의 날개 너비(span)는 25.25 ft이다. 예제 5.25의 조건에서 유도항력계수와 유도항력 값을 계산하라. $e = 0.8$로 가정하라.

■ 풀이

종횡비는 $\text{AR} = b^2/S = (25.25)^2/170 = 3.75$이다. 예제 5.25에서 $C_L = 0.6626$이므로, 식 (5.57)에서

$$C_{D,i} = \frac{C_L^2}{\pi e \text{AR}} = \frac{(0.6626)^2}{\pi(0.8)(3.75)} = \boxed{0.0466}$$

예제 5.25에서 $q_\infty = 159.8$ lb/ft^2이다. 따라서,

$$D_i = q_\infty S C_{D,i} = 159.8(170)(0.0466) = \boxed{1266 \text{ lb}}$$

예제 5.27

1950년대 초 Northrop YB-49와 같이 날개 면적 206 m^2, 종횡비 10, 스팬효율지수 0.95이며 NACA 4412 익형을 가지는 날개를 생각하라. 항공기의 무게는 7.5×10^5 N이다. 밀도 고도가 3 km이고 비행 속도가 100 m/s일 때, 항공기의 총 항력을 계산하라.

■ **풀이**

먼저 양력계수를 구하라. 밀도 고도 3 km = 3,000 m에서, $\rho_\infty = 0.909$ kg/m^3 (부록 A)

$$q_\infty = \tfrac{1}{2}\rho_\infty V_\infty^2 = \tfrac{1}{2}(0.909)(100)^2 = 4545 \text{ N/m}^2$$

$$L = W = 7.5\times10^5 \text{ N}$$

$$C_L = \frac{L}{q_\infty S} = \frac{7.5\times10^5}{4545(206)} = 0.8$$

주: 착륙속도에 가까운 낮은 속도임에도 꽤 큰 양력계수 값이다. 그래서, 항공기는 비행상태 유지를 위한 양력을 얻기 위해 큰 받음각으로 기수가 들려 있다.

다음, 유도항력계수를 구하라.

$$C_{D,i} = \frac{C_L^2}{\pi e \text{AR}} = \frac{0.8^2}{\pi(0.95)(10)} = 0.021$$

형상항력계수는 부록 D의 공력 데이터에서 구해야 한다. c_d는 부록 D의 NACA 4412 익형의 데이터 중 가장 높은 레이놀즈수에 대한 값이라 가정하라. 또한 항력버킷 안에 있다고 가정한다. 부록 D에서

$$c_d \approx 0.006$$

따라서, 식 (5.58)로부터 총 항력계수는

$$C_D = c_d + C_{D,i} = 0.006 + 0.021 = 0.027$$

이 문제의 경우 유도항력은 형상항력보다 약 3.5배 더 크다. 이것은 유도항력이 중요함을 보여준다. 최종적으로 총 항력은

$$D = q_\infty S C_D = 4545(206)(0.027) = \boxed{2.53\times10^4 \text{ N}}$$

예제 5.28

그림 4.46의 North American사의 P-51 Mustang은 4.15절에서 다룬 층류 날개를 사용하여 설계된 최초의 항공기였다. 공기역학 전문가들은 기존 NACA 익형 형상을 약간 바꾸어 자신의 고객맞춤형 층류 익형의 형상을 얻기 위해 NACA 층류 익형 이론을 적용하였다. (부록 D에서 6으로 시작되는 이름을 가진 익형, 소위 6-시리즈 익형들은 NACA 층류 익형들이다. 이 예제에서 P-51에 사용된 익형은 NACA 65-210 층류 익형이다. P-51의 총 중량은 10,100 lb이고, 날개 평면적은 233 ft^2, 날개 길이는 37 ft이다. P-51 날개는 매우 효율적인 형상으로, 스팬효율지수가 0.99이다. 고도 25,000 ft에서 P-51의 최대 속도는 437 mi/h이다. (a) 이 고도와 속도에서 날개의 유도항력과 형상항력을 계산하라. (b) 해수면 고도에서 착륙을 시도하고 있는 P-51을 생각하라. 비행 속도 140 mi/h에서 날개

의 유도항력과 형상항력을 계산하여 비교하라. (*c*) (*a*)와 (*b*)에서 얻은 항력 값을 비교하여 유도항력의 중요성을 논하라.

■ **풀이**

$$a.\quad V_\infty = 437 \text{ mi/h} = 437\left(\frac{88}{60}\right) = 640.9 \text{ ft/s}$$

부록 B에서 25,000 ft인 경우, $\rho_\infty = 1.0663 \times 10^{-3}$ slug/ft³이다.

$$q_\infty = \frac{1}{2}\rho_\infty V_\infty^2 = \frac{1}{2}(1.0663\times10^{-3})(640.9)^2 = 219 \text{ lb/ft}^2$$

동일고도 비행에서 무게 W는 양력과 같으므로,

$$C_L = \frac{L}{q_\infty S} = \frac{W}{q_\infty S} = \frac{10{,}100}{(219)(233)} = 0.198$$

$$\text{AR} = \frac{b^2}{S} = \frac{(37)^2}{233} = 5.88$$

$$C_{D,i} = \frac{C_L^2}{\pi e \text{AR}} = \frac{(0.198)^2}{\pi(0.99)(5.88)} = 0.00214$$

형상항력은 부록 D에서 NACA 65-210 익형 데이터에서 구한다. 이 문제에서도 부록 D 데이터 중 가장 큰 레이놀즈수에 대한 값을 선택한다. 날개 단면의 양력계수에 해당하는 양력계수 값 0.198을 이용해 부록 D의 항력버킷 바닥에서 형상항력 값을 찾는다. (현저한 항력버킷은 층류 익형의 특징이다.) 따라서,

$$c_d = \boxed{0.0037}$$

날개의 총 항력계수는

$$C_D = C_d + C_{D,i} = 0.0037 + 0.00214 = 0.0058$$

이 고속 비행의 경우, 형상항력(표면마찰항력 + 박리로 인한 압력항력)은 유도항력보다 1.73배 더 크다. 유도항력은 날개 전체 항력의 36.6%이며, 나머지는 형상항력이다. 이어서, 고속 비행의 경우에 낮은 받음각에서 낮은 C_L에서 비행하므로 유동 박리로 인한 압력항력이 상대적으로 낮다. 따라서 형상항력은 주로 표면마찰항력이 된다. 이 예제는 표면마찰항력의 상대적 중요성을 강조하며, 왜 층류 익형을 설계하기 위해 큰 힘을 쏟는지를 설명한다.

$$b.\quad V_\infty = 140\left(\frac{88}{60}\right) = 205.3 \text{ ft/s}$$

$$q_\infty = \frac{1}{2}\rho_\infty V_\infty^2 = \frac{1}{2}(0.002377)(205.3)^2 = 50.1 \text{ lb/ft}^2$$

$$C_L = \frac{L}{q_\infty S} = \frac{W}{q_\infty S} = \frac{10{,}100}{(50.1)(233)} = 0.865$$

$$C_{D,i} = \frac{C_L^2}{\pi e \text{AR}} = \frac{(0.865)^2}{\pi(0.99)(5.88)} = 0.041$$

부록 D에서 NACA 65-210 익형의 데이터로부터, $C_L = 0.865$일 때 높은 레이놀즈수에 대한 항력계수를 얻으면,

$$c_d = \boxed{0.008}$$

이 날개의 총 항력계수는

$$C_D = c_d + C_{D,i} = 0.008 + 0.041 = 0.049$$

저속 비행의 경우, 유도항력은 형상항력보다 5.1배 더 크다. 유도항력은 총 날개 항력의 83.7%를 차지한다.

c. (*a*)와 (*b*)의 결과를 비교해 보면, 유도항력은 고속 비행에서 전체 항력의 작은 부분이지만, 저속 비행에서는 주된 부분이 된다는 고전적인 사실을 알게 된다. 아음속 항공기의 설계에서 이 예제는 유도항력과 형상항력 모두를 줄이는 것이 왜 중요한지를 보여 준다. 4.15절에서 논하였듯이 날개의 제조과정이나 실제 비행 운용의 현실적 제약으로 인해, P-51의 날개는 의미 있을만큼 큰 층류 영역을 발생시키지 못하였다. 그럼에도 이 예제의 결론은 달라지지 않는다.

예제 5.29

그림 2.16의 Vought F4U-1D는 제2차 세계 대전 당시 전형적인 해군 전투기이다. 이 항공기의 데이터는 다음과 같다: 무게 = 5,461 kg_f, 날개 평면적 = 29.17 m^2, 날개 길이 = 12.49 m, 고도 6 km에서 최대 속도 = 684 km/h. 이 조건에서 날개의 총 항력계수는 0.00757이다. $e = 0.9$로 가정하고, 날개의 형상항력계수를 계산하라.

■ **풀이**

먼저 SI단위계로 이 데이터를 표현하자.

$$V_{\max} = 684\ \text{km/h} = \frac{684\ \text{km}}{\text{h}}\left(\frac{10^3\,\text{m}}{1\ \text{km}}\right)\left(\frac{1\ \text{h}}{3600\ \text{s}}\right) = 190\ \text{m/s}$$

2.4절에서 1 kg_f = 9.8 N임을 기억하라.

$$W = 5{,}461\ \text{kg}_f = 5461\ \text{kg}_f\left(\frac{9.8\ \text{N}}{1\ \text{kg}_f}\right) = 5.3518\times10^4\ \text{N}$$

이제 몇 가지 계산을 해보자.

$$\text{AR} = \frac{b^2}{S} = \frac{(12.49)^2}{29.17} = 5.35$$

고도 6 km에서 부록 A를 이용하면, $\rho_\infty = 0.66011\ \text{kg/m}^3$

$$q_\infty = \tfrac{1}{2}\rho_\infty V_\infty^2 = \tfrac{1}{2}(0.66011)(190)^2 = 1.1915\times10^4\ \text{N/m}^2$$

$$C_L = \frac{L}{q_\infty S} = \frac{W}{q_\infty S} = \frac{5.3518\times10^4}{(1.1915\times10^4)(29.17)} = 0.154$$

식 (5.57)에서

$$C_{D,i} = \frac{C_L^2}{\pi e \text{AR}} = \frac{(0.154)^2}{\pi(0.9)(5.35)} = 0.00157$$

식 (5.58)에서 다음을 얻는다.

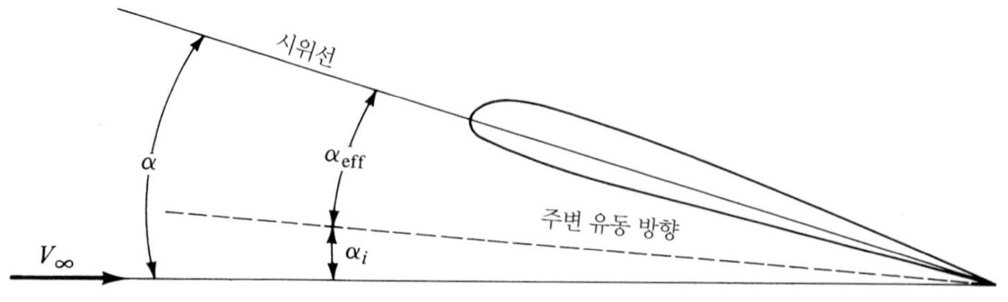

그림 5.50 기하, 유효, 유도 받음각의 관계

$$c_d = C_D - C_{D,i} = 0.00757 - 0.00157 = \boxed{0.006}$$

주: 그림 2.16에서 Corsair 날개에 사용된 익형 단면은 날개 중심에서 NACA 23018, 바깥 영역에서 NACA 23015, 이론적 끝단에서 NACA 23000 익형인 것으로 보인다. 부록 D에서는 NACA 23012의 공력 데이터만 제시되어 있다. 그런데, 날개 중심에서 NACA 23018이고 끝에서 NACA 23000 익형인 Corsair의 형상항력계수는 부록 D의 NACA 23012의 값과 대략 같을 것이다. 부록 D로 돌아가서, 양력계수 0.154에 해당하는 c_d의 값을 찾아보라. (c_l과 C_L의 차이는 무시하라. 이에 대해서는 다음 절에서 다룰 것이다.) 부록 D의 값은 $c_d = 0.006$이고, 이 예제에서 얻은 값과 똑같다.

예제 5.28에서 부록 D의 익형 데이터로부터 형상항력계수를 구하기 위해 가로축, c_l의 단면양력계수가 날개의 양력계수 C_L과 똑같다고 생각하였다. 이것은 날개의 스팬효율지수 e가 1에 가까운 높은 값을 가질 때 타당한 근사법이다. 그런데, 그림 5.47과 5.50의 기하학적 그림을 다시 살펴보면, 익형 단면에서 보여지는 유효 받음각이 날개의 기하 받음각보다 작다는 것을 알 수 있다. 그 차이는 유도 받음각이 된다. 예제 5.28에서 날개의 양력계수는 0.865였다. 부록 D에서 익형의 양력계수는 0.865는 받음각 6.5도에 해당한다. 이것이 그림 5.47과 5.50에 도시된 익형에서 보여지는 유효 받음각이다. 실제 날개의 기하 받음각은 6.5도보다 크다. 예제 5.28에서 양력계수만을 다루고 있기 때문에 받음각에 대해서는 걱정할 필요가 없다. 즉, 유한 날개에서 양력 기울기의 변화를 지금까지는 다룰 필요가 없었다. 유한 날개의 양력변화는 다음 절의 주제이다.

5.15 양력 기울기의 변화

유한 날개의 공력특성은 무한 날개에 대한 부록 D의 데이터와 두 가지 면에서 크게 다르다. 첫 번째 차이는 이미 논하였듯이, 유한 날개의 유도항력이 추가적으로 발생하는 것이다. 두 번째 차이는 동일한 익형 단면을 가지는 무한 날개의 양력곡선에 비해 유한 날개의 양력곡선 기울기가 더 작다는 점이다. 양력 기울기의 이러한 변화는 다음과 같이 설명될 수 있다. 날개 끝단에서 흘러나가는 끝단 와류에 의해 유도되는 내리흐름의 발생 때문에, 날개 주변의 유동은 자유류에 대해 아래로 기울어져 있음을 상기하라. 결과적으로 익형 단면에 대한 유효 받음각, α_{eff}는 기하 받음각 α보다 작게 된다. 이러한 상황은 그림 5.50에 도시되어 있다. α와 α_{eff}의 차는 5.14절에서 소개된 유도 받음각 $\alpha_i = \alpha - \alpha_{\text{eff}}$이다. 게다가, 타원형 양력 분포의 경우에 식 (5.53)은 유도 받음각이 $\alpha_i = C_L/(\pi \text{AR})$임을 보여 준다. 식 (5.53)을 일반적인 날개 평면에 대해 확장하면, 다음 식과 같이 적용되는 스팬효율지수 e_1을 정의할 수 있다.

$$\alpha_i = \frac{C_L}{\pi e_1 \text{AR}} \tag{5.59}$$

여기서 e_1과 식 (5.57)에서 유도항력에 대해 정의된 e는 이론적으로 다르지만, 현실적으로는 주어진 익형에 대해 같은 값이라 근사하여 사용한다. 식 (5.59)의 α_i는 radian 단위를 가진다. 도 단위에서는,

$$\alpha_i = \frac{57.3 C_L}{\pi e_1 \text{AR}} \tag{5.60}$$

받음각 α에서 유한 날개 위 유동은 근본적으로 받음각 α_{eff}에서 무한 날개 위 유동과 같음을 강조하고자 한다. 이 점을 명심하면서, 유한 날개의 양력계수 C_L을 유효 받음각 $\alpha_{\text{eff}} = \alpha - \alpha_i$에 대해 그림 5.51a처럼 그린다고 가정하라. α_{eff}를 사용하였기 때문에, 양력곡선은 무한 날개의 곡선과 같을 것이다. 즉 그림 5.51a에서 양력곡선의 기울기는 a_0이고, 주어진 익형에 대해 부록 D에서 얻는 값이다. 그런데, 실제 상황에서 우리는 α_{eff}를 직접 확인할 수 없고, 대신 우리가 실제로 측정하는 것은 유한 날개의 기하 받음각 α일 것이다. (α= 자유류의 상대풍과 평균 시위선 사이의 실제 각도.) 그러므로, 유한 날개에 대해서는 α_{eff}와 C_L의 관계보다 그림 5.51b와 같이 α와 C_L의 관계를 그리는 것이 더 의미가 있을 것이다. 예를 들어, 풍동실험에서는 α (α_{eff}가 아니고)를 직접 측정할 수 있기 때문에, α에 대한 C_L이 유한 날개를 측정하여 얻을 수 있는 더 직접적인 결과물이 될 것이다. 그래서, 유한 날개에 대한 양력곡선의 기울기는 $a \equiv dC_L/d\alpha$로 정의하고, $a \neq a_0$이다. 그림 5.50에서 $\alpha > \alpha_{\text{eff}}$임에 주의한다면, 그림 5.51$b$의 가로축은 그림 5.51$a$의 가로축보다 더 넓게 퍼져있음을 볼 수 있다. 그림 5.51b의 양력곡선이 덜 기울어져 있고, 즉 $a < a_0$이다. 유한 날개의 효과는 양력곡선의 기울기를 낮추는 것이다. 그런데, 양력이 영, $C_L = 0$일 때, 식 (5.53)에서 $\alpha_i = 0$이 된다. 따라서, 양력이 0인 상태에서는 $\alpha = \alpha_{\text{eff}}$이다. 그림 5.51$a$와 5.51$b$의 도식은 유한 날개의 영 양력 받음각 $\alpha_{L=0}$이 무한 날개의 그것과 같다는 것을 의미한다. 그래서, 유한 날개의 $\alpha_{L=0}$는 부록 D에서 직접 얻을 수 있다.

문제: a_0를 부록 D로부터 알고 있을 때, 주어진 종횡비의 유한 날개에서 a는 어떻게 구할 수 있을까? 그림 5.51을 살펴봄으로써 이 답을 구할 수 있다. 그림 5.51a에서,

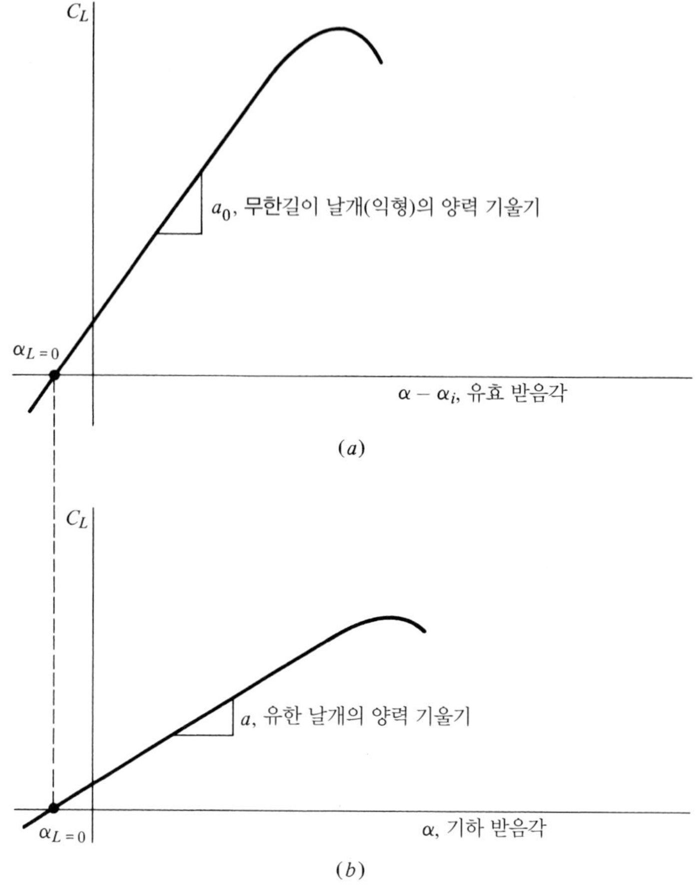

그림 5.51 유한 날개와 무한 날개의 양력 기울기 차이

$$\frac{dC_L}{d(\alpha-\alpha_i)}=a_0$$

이 식을 적분하면,

$$C_L=a_0(\alpha-\alpha_i)+\text{const} \tag{5.61}$$

식 (5.60)을 식 (5.61)에 대입하면 다음 식을 얻는다.

$$C_L=a_0\left(\alpha-\frac{57.3C_L}{\pi e_1\text{AR}}\right)+\text{const} \tag{5.62}$$

식 (5.62)를 C_L에 관해 풀면,

$$C_L=\frac{a_0\alpha}{1+57.3a_0/(\pi e_1\text{AR})}+\frac{\text{const}}{1+57.3a_0/(\pi e_1\text{AR})} \tag{5.63}$$

이번에는 식 (5.63)을 α에 대해 미분하면, 다음과 같다.

$$\frac{dC_L}{d\alpha} = \frac{a_0}{1 + 57.3 a_0 / (\pi e_1 \text{AR})} \tag{5.64}$$

그런데, 그림 5.51*b*에서 정의에 따라, $a \equiv dC_L/d\alpha$이다. 따라서,

$$\boxed{a = \frac{a_0}{1 + 57.3 a_0/(\pi e_1 \text{AR})}} \tag{5.65}$$

무한 날개의 양력 기울기 a_0를 알 때, 식 (5.65)는 주어진 종횡비 AR인 유한 날개의 양력곡선 기울기에 관한 답이다. a_0는 부록 D와 같은 익형 데이터에서 얻는다는 것을 기억하라. 식 (5.65)는 앞에서 정성적으로 언급했던 $a < a_0$을 입증하고 있음에도 주목하기 바란다.

요약하면, 유한 날개는 부록 D의 익형 데이터에 비해 두 가지 중요한 차이를 가진다.

1. 유한 날개의 유도항력이 형상항력에 더해져야 한다:

$$\underset{\text{총 항력}}{C_D} = \underset{\text{형상 항력}}{c_d} + \underset{\text{유도 항력}}{\frac{C_L^2}{\pi e \text{AR}}}$$

2. 유한 날개의 양력곡선 기울기는 무한 날개의 기울기보다 낮다; $a < a_0$.

예제 5.30

NACA 23012 익형을 단면으로 종횡비가 10인 날개를 고려하라. $\text{Re} \approx 5 \times 10^6$, 스팬효율지수는 $e = e_1 = 0.95$라 하자. 날개의 받음각이 4도일 때, C_L과 C_D를 계산하라.

■ 풀이

무한 날개의 익형 데이터(부록 D)만 알고 있는 유한 날개를 다루고 있기 때문에, 첫 번째 할 일은 부록 D의 데이터를 가공하여 유한 날개의 양력곡선 기울기를 구하는 것이다.

무한 날개의 양력곡선 기울기는 직선 구간의 두 점을 연결하여 구할 수 있다. NACA 23012 익형의 경우 부록 D에서,

$$c_l = 1.2 \quad \text{at } \alpha_{\text{eff}} = 10^\circ$$
$$c_l = 0.14 \quad \text{at } \alpha_{\text{eff}} = 0^\circ$$

$$a_0 = \frac{dc_l}{d\alpha} = \frac{1.2 - 0.14}{10 - 0} = \frac{1.06}{10} = 0.106 \text{ per degree}$$

부록 D에서

$$\alpha_{L=0} = -1.5^\circ \qquad \text{and} \qquad c_d \approx 0.006$$

유한 날개의 양력곡선 기울기는 식 (5.65)를 이용해 구한다.

$$a = \frac{a_0}{1+57.3a_0/(\pi e_1 \text{AR})} = \frac{0.106}{1+57.3(0.106)/[\pi(0.95)(10)]} = 0.088 \text{ per degree}$$

$\alpha = 4°$일 때,

$$C_L = \alpha(\alpha - \alpha_{L=0}) = 0.088[4° - (-1.5)] = 0.088(5.5)$$

$$\boxed{C_L = 0.484}$$

식 (5.58)에서 총 항력계수는

$$C_D = c_d + \frac{C_L^2}{\pi e \text{AR}} = 0.006 + \frac{0.484^2}{\pi(0.95)(10)} = 0.006 + 0.0078 = \boxed{0.0138}$$

예제 5.31

예제 4.43에서 1903년 Wright Flyer에 작용하는 표면마찰항력을 계산하였다. 예제 4.43에 주어진 비행 조건에 대해 (즉, 표준 해수면에서 $V_\infty = 30$ mi/h) Wright Flyer의 날개에서 발생하는 유도항력을 계산하고, 이전에 구한 마찰항력과 비교하라. 1903년 12월 17일의 역사적인 첫 비행에서, 조종사 Orville을 포함한 복엽기의 총 무게는 750 lb였다. 날개의 스팬효율지수는 $e = 0.93$을 가정하라.

■ **풀이**

예제 4.43에 주어진 데이터에서 날개 길이는 $b = 40.33$ ft이고, 각 날개의 평면적은 255 ft²이다. 각 날개의 종횡비는

$$\text{AR} = \frac{b^2}{S} = \frac{(40.33)^2}{255} = 6.38$$

고도가 일정한 비행에서는 무게와 같은 양력이 발생해야 한다. 복엽기의 양력은 무게 750 lb와 같다. 또한, wright 형제의 비행기는 복엽기이므로, 두 날개에서 양력이 발생한다. 발생해야 하는 양력이 두 날개에서 같은 양만큼 발생한다고 가정하라. 그러므로, 각 날개의 양력은 750/2 = 375 lb이다. 속도 $V_\infty = 30$ mi/h = 44 ft/s이므로, 동압은

$$q_\infty = \tfrac{1}{2}\rho_\infty V_\infty^2 = \tfrac{1}{2}(0.002377)(44^2) = 2.3 \text{ lb/ft}^2$$

각 날개의 양력계수는

$$C_L = \frac{L}{q_\infty S} = \frac{375}{2.3(255)} = 0.639$$

식 (5.57)에서 유도항력계수를 구하면,

$$C_{D,i} = \frac{C_L^2}{\pi e \text{AR}} = \frac{(0.639)^2}{\pi(0.93)(6.38)} = 0.0219$$

각 날개의 유도항력은

$$D_i = q_\infty S C_{D,i} = 2.3(255)(0.0219) = 12.84 \text{ lb}$$

날개가 두 개임을 고려하면, 총 유도항력은 다음과 같다.

$$D_i = 2(12.84) = \boxed{25.7 \text{ lb}}$$

예제 4.43에서 계산된 마찰항력 6.82 lb와 비교하라. 명백하게도, 유도항력이 마찰항력보다 훨씬 크다. 이것은 속도 30 mi/h가 상대적으로 작고, 750 lb의 양력을 발생시키기 위해 꽤 큰 양력계수를 필요로 하기 때문이다. 유도항력계수는 양력계수 C_L의 **제곱**에 비례하기 때문에, 유도항력은 상대적으로 낮은 비행 속도에서 마찰항력에 비해 크게 발생한다.

주: 실제로는 두 날개간에 공기역학적인 간섭이 상당히 복잡한 형태로 발생한다. 이러한 간섭에 대한 논의는 이 책의 범위를 넘어선다. 이러한 간섭 때문에 복엽기의 유도항력은 독립된 각 날개에 작용하는 유도항력을 단순히 더해서 구할 수 **없다**. 복엽기의 유도항력은 실제로 본 예제에서 얻은 합보다 약간 더 크고, 양력의 손실 또한 존재한다. 어쨌든, 이전의 계산은 복엽기의 유도항력을 구하는 가장 기본적인 방법일 것이다.

설계

DESIGN BOX

큰 종횡비 날개를 가지는 일반적인 아음속 항공기를 설계하는 것은 좋은 연습이 된다. 그 이유는 식 (5.57)과 (5.65)에서 명백하다. 유도항력계수 $C_{D,i}$는 식 (5.57)과 (5.58)에서 AR에 반비례한다. 이것은 강력한 효과를 발휘하는데, 만약 종횡비가 두 배가 되면 $C_{D,i}$는 절반으로 줄어든다. 비교해 보면, 날개 면적과 익형 설계에서의 변화는 e값에 단 몇 %만 영향을 주기 때문에 스팬효율지수 e의 영향은 부차적이다. 식 (5.57)에서 보면 $C_{D,i}$에도 몇 % 정도의 영향을 미친다. (물론, 설계자가 조금이라도 좋은 성능을 찾는다면, 날개의 양력 분포를 최대한 타원형 분포가 되도록 만들어서 e값을 가능한 1에 가깝게 만들 것이다.) 종횡비는 $C_{D,i}$를 통제하는 데 큰 고려사항이다. 식 (5.65)에서 보듯이, 양력곡선의 기울기에 대해서도 같은 말을 할 수 있다. 공기역학의 관점에서 일반적인 아음속 항공기 설계자가 가능한 한 큰 종횡비를 가지도록 만들고 싶어하는 점은 명백하다.

그런데, **가능한 한 큰**은 무엇을 의미할까? 실존하는 항공기의 날개는 종횡비가 큰 차양(venetian blind) 같이 길고 좁게 보이지 않는 것은 왜일까? 그 답은 구조적 문제에서 찾을 수 있다. 비행 중인 항공기의 양쪽 날개를 상상하라. 각 날개에 작용하는 양력은 날개와 동체가 만나는 곳에 굽힘(bending) 모멘트를 만들어서 날개가 위로 휘도록 작용한다. 날개 구조와 동체를 관통하는 구조는 이 굽힘 모멘트를 견딜 수 있도록 튼튼해야 한다. 이제 차양에 작용하는 양력을 상상하라. 설계자가 좌굴(buckling) 힘을 견딜 수 있을 만큼 강인한 재료를 쓰지 않는 한, 차양은 좌굴에 쉽게 휘게 될 것이다. 마찬가지로 날개의 강성(stiffness)을 증가시키는 것은 날개 구조물 무게를 증가시키는 대가를 요구한다. 결과적으로, 일반 항공기의 종횡비를 설계하는 것은 공기역학과 구조역학의 절충문제로 생각할 수 있다.

이러한 절충의 통상적인 결과로서 아음속 항공기는 5~7 정도의 종횡비를 가진다. 아래 표는 다양한 아음속 항공기 설계의 종횡비를 나타낸 도표이다.

항공기	종횡비
Wright Flyer (그림 1.1)	6.4
Vought F4U Corsair (그림 2.16)	5.35
Boeing B-17 (그림 2.17)	7.58
Grumman X-29 (그림 2.19)	3.91
Grumman F3F-2 (그림 2.20)	7.85
Boeing 727 (그림 5.44)	7.1

큰 종횡비가 중요함을 보여주는 놀라운 결과는 그

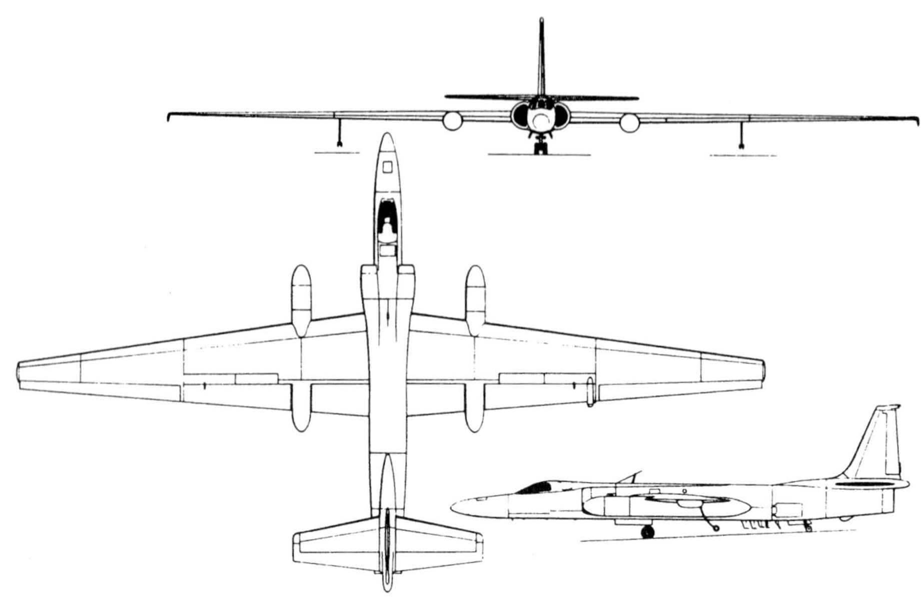

그림 5.52 Lockheed U-2 고고도 정찰기의 삼면도. 종횡비 = 14.3

림 5.52에서 삼면도가 그려져 있는 Lockheed U-2 고고도 정찰기에서 찾아 볼 수 있다. U-2는 임무특성 상 14.3의 특별하게 큰 종횡비로 설계되었다. 1954년 미국은 소련 상공을 비행할 수 있는 정찰기가 급하게 필요했다. 그 당시는 냉전이 시작되는 시점이었고, 소련은 수소폭탄을 막 시험하던 때였다. 그런데, 그런 정찰기는 지대공 미사일이나 요격기가 도달할 수 없을 만큼 높은 고도를 비행하여야만 했다. 1954년 당시에 고도 70,000 ft 이상에서 순항해야 함을 의미하였다. U-2는 창조적이고 첨단의 아이디어로 알려진 Lockheed 사의 엘리트 그룹인 Skunk Works에서 설계되었다. 그 항공기는 본질적으로 **단일 설계 조건**에서 설계되었다. 즉, 초고고도에서 순항하는 것을 유일한 목표로 설계되었다. 이후, 매우 큰 종횡비를 가진 날개를 이용하는 것이 가장 중요하였다. 이유는 다음과 같다.

정상, 일정고도 비행에서 항공기의 양력은 무게와 같다: $L = W$. 이 경우, 전체 항공기에 대한 식 (5.18)에서

$$L = W = \tfrac{1}{2}\rho_\infty V_\infty^2 S C_L \tag{5.66}$$

일정한 속도 V_∞로 비행하는 항공기를 생각하라. 더 높이 날수록, 밀도 ρ_∞는 감소한다. 그러므로, 식 (5.66)에서 무게와 동일한 일정한 양력을 위해 C_L이 커져야만 한다. 즉, ρ_∞이 감소할 수록 C_L을 증가시키기 위해 항공기의 받음각을 높여야 한다. C_L이 최대가 되는 곳에서 최대 고도(최소 밀도 ρ_∞)에 도달한다. 받음각이 이 점보다 더 커지는 항공기는 실속하게 될 것이다. 이 고고도 순항 조건에서 U-2는 실속의 경계에서 높은 받음각과 높은 C_L에서 비행하게 된다. (순항 시 양력계수와 받음각이 상대적으로 낮은 통상의 고도에서 일반 항공기가 정규 순항하는 조건과는 아주 대조적이다.) 큰 C_L 값은 큰 유도항력계수를 의미한다. 식 (5.57)에서 $C_{D,i}$는 C_L의 **제곱**에 정비례함에 주목하라. 결국, U-2의 고고도 순항 조건을 설계할 때, 유도항력이 중요한 요인이 되는 것이다. 순항 시 $C_{D,i}$를 줄이기 위해 U-2 설계자들은 가능한 한 큰 종횡비를 이용해야만 하였다. 그림 5.52에 보이는 날개는 이러한 설계의 결과물이었다.

흥미로운 점은 U-2의 고고도 운용 조건에서 항력 발산에 의해 제약되는 최대 속도와 실속에 의해 제약되는 최소 속도는 거의 같은 값이었다는 것이다. 이 두 속도는 약 7 mi/h밖에 차이가 나지 않아서, 조종사에게는 이 속도 구간을 지키는 것이 쉽지 않은 일이었다.

U-2의 초고고도 임무와 대비되는 정반대의 상황

은 지상에서 단지 수백 피트 정도의 고도에서 고속으로 비행하는 것이다. 저고도에서 고속으로 적의 방공망을 뚫기 위해 설계된 아음속 군용기를 생각하자. 적의 레이더 탐지를 피하기 위해 가능한 땅에 가까운 고도에서 비행한다. 해수면 고도에서 고밀도의 공기 중을 고속으로 비행하기 때문에, 식 (5.66)에서 알 수 있듯이 매우 낮은 C_L과 받음각에서 비행한다. 이러한 조건 하에서 유도항력은 형상항력에 비해 매우 작다. 이 설계점에서는 형상항력을 줄이기 위해 상대적으로 작은 날개 면적을 가지는 낮은 종횡비 날개가 유용하다. 게다가, 낮은 종행비는 이 비행 조건에서 또 다른 이점을 제공한다. 즉, 낮은 종횡비는 낮은 고도에 존재하는 대기 난류에 항공기가 덜 민감하게 만든다. 이것은 식 (5.65)에서 양력곡선의 기울기에 종횡비가 미치는 효과를 통해 가능해진다. 양력 기울기는 그림 5.53에 그려진 것과 같이 낮은 종횡비에서 더 작다. 그림 5.53과 같이, 순간적으로 항공기의 받음각을 $\Delta\alpha$만큼 변화시키는 대기 돌풍(atmospheric gust)을 만난 항공기를 상상하라. 양력계수 또한 ΔC_L만큼 요동칠 것이다. 그런데, 더 큰 기울기를 가지는 높은 종횡비 날개는 더 큰 교란 $(\Delta C_L)_2$을 경험하게 될 것이다. 반면, 낮은 종횡비 날개가 경험하는 교란 $(\Delta C_L)_1$은 상대적으로 더 작다. 이러한 차이가 그림 5.53에 개략적으로 나타나 있다. 낮은 종횡비 날개에서 돌풍으로 인한 C_L의 작은 변화는 더 부드러운 비행을 가능하게 한다. 항공기 승무원과 기체 구조에 좋은 것이다.

요약하면, 항공기 설계에서 종횡비를 고려하는 것은 "하나로 모든 것을 해결하는 일"이 아니다. 정반대이다. 두 가지 서로 다른 설계 조건을 반영하는 완전히 다른 두 비행 조건을 살펴 보았다. 하나는 높은 종횡비 날개를 요구하고, 다른 하나는 낮은 종횡비 날개를 원한다. 종횡비는 항공기 설계자의 가장 중요한 고려 사항 중 하나임은 명백하다. 주어진 항공기 설계 조건에서 어떤 종횡비를 사용할지 선택하는 것은 많은 변수들과 절충 사항에 따라 달라진다. 여기서 이러한 고려 사항의 일부를 살펴 보았다.

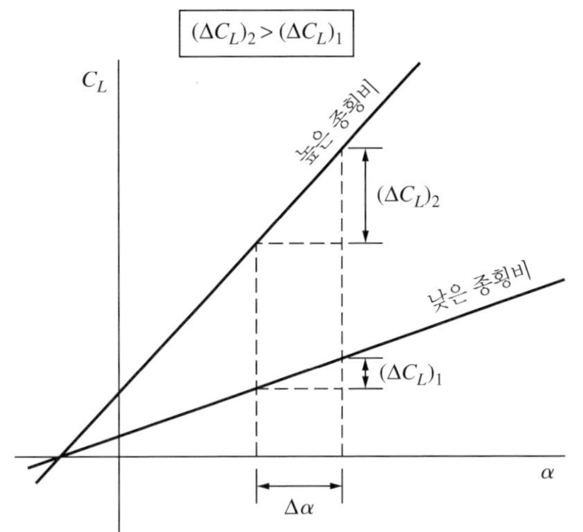

그림 5.53 양력 기울기에 대한 종횡비 효과. 받음각의 주어진 변화에 대해 높은 종횡비 날개는 낮은 종횡비 날개에 비해 더 큰 교란을 경험한다.

예제 5.32

NACA 23012 익형 단면을 가진 두 날개를 고려하라. (*a*) AR: 4인 날개, (*b*) AR = 10인 날개이다. 두 날개의 스팬효율지수는 $e = e_1 = 0.95$이다. 두 날개는 받음각 2도에서 비행하고 있다. 돌풍에 의해 $\Delta\alpha = 0.5°$만큼 받음각에 교란이 생겼다면, 두 날개의 양력계수의 변화를 계산하여 비교하라. 다른 말로, 그림 5.53을 참고하여 $\Delta\alpha = 0.5°$에 대해 $(\Delta C_L)_2$와 $(\Delta C_L)_1$을 계산하라.

■ **풀이**

a. AR: 4인 날개를 먼저 생각하자. NACA 23012 익형의 양력곡선 기울기와 0 양력 받음각은 예제 5.30에서 얻을 수 있다.

$$a_0 = 0.106 \text{ per degree}$$

$$\alpha_{L=0} = -1.5°$$

종횡비 AR = 4인 유한 날개의 양력곡선 기울기를 식 (5.65)에서 구하면,

$$a = \frac{a_0}{1+57.3a_0/(\pi e_1 \text{AR})}$$
$$= \frac{0.106}{1+57.3(0.106)/[\pi(0.95)(4)]} = 0.07 \text{ per degree}$$

받음각 $\alpha = 2°$에서 양력계수는

$$C_L = a(\alpha - \alpha_{L=0}) = 0.07[2-(-1.5)] = 0.245$$

받음각이 $\Delta\alpha = 0.5°$만큼 변하였을 때, 새 받음각은 2.5°이다. 이 받음각에서 양력계수는

$$C_L = 0.7[2.5-(-1.5)] = 0.28$$

그러므로, 그림 5.53을 참고하면,

$$(\Delta C_L)_1 = 0.28 - 0.245 = \boxed{0.035}$$

b. 종횡비가 10인 날개의 경우, 예제 5.30에서 구한 양력 기울기는

$$a = 0.088 \text{ per degree}$$

받음각 $\alpha = 2°$에서

$$C_L = a(\alpha - \alpha_{L=0}) = 0.088[2-(-1.5)] = 0.308$$

받음각 $\alpha = 2.5°$에서

$$C_L = a(\alpha - \alpha_{L=0}) = 0.088[2.5-(-1.5)] = 0.352$$
$$(\Delta C_L)_2 = 0.352 - 0.308 = \boxed{0.044}$$

(*a*)와 (*b*)에서 구한 결과를 비교하면, 높은 종횡비를 가진 날개가 낮은 종횡비를 가진 날개보다 26 % 더 큰 양력의 증가를 경험함을 알 수 있다.

예제 5.33

예제 5.29에서 다룬 Vought F4U-1D Corsair가 고도 6 km에서 최대 속도로 비행할 때 양력계수가 $C_L = 0.154$로 계산되었다. 항공기가 비행하고 있는 받음각을 구하라. $e_1 = 0.9$로 가정한다.

■ 풀이

예제 5.29에서 AR = 5.35이다. Corsair의 익형 데이터는 부록 D의 NACA 23012 익형 데이터와 같다. 예제 5.30에서,

$$a_0 = 0.106 \text{ per degree, and } \alpha_{L=0} = -1.5°$$

식 (5.65)를 이용하면,

$$a = \frac{a_0}{1+57.3\, a_0/(\pi\, e_1\, \text{AR})} = \frac{0.106}{1+57.3\,(0.106)/[\pi(0.9)(5.35)]} = 0.0756 \text{ per degree}$$

$C_L = a(\alpha - \alpha_{L=0})$,이므로 다음의 관계를 얻는다.

$$\alpha = \frac{C_L}{a} + \alpha_{L=0} = \frac{0.154}{0.756} + (-1.5)$$

$$\alpha = 2.037 - 1.5 \;\; = \boxed{0.537°}$$

주: 항공기가 최대 속도로 비행하고 있으므로, 양력의 대부분은 동압으로부터 발생한다. 필요한 양력계수는 작은 값 (0.154)이고, 해당하는 받음각 (0.537°)도 작다.

5.16 후퇴익

현대의 거의 모든 고속 항공기는 그림 5.54*b*와 같은 후퇴(swept-back)익을 가지고 있다. 왜인가? 우리는 현재 이 질문에 답할 수 있는 지점에 와있다.

먼저 아음속 항공기를 생각한다. 그림 5.54*a*에서 직선(straight)익의 평면도를 고려하라. 임계 마하수 $M_{cr} = 0.7$인 날개의 익형 단면을 가정하자. (M_{cr}보다 약간 큰 M_∞에서 항력이 크게 증가하므로, 고속 아음속 항공기 설계에서는 M_{cr}을 가능한 크게 만드는 것이 바람직하다는 점을 5.10절에서 배웠음을 기억하라.) 그림 5.54*b*와 같이 30도 각도로 날개가 뒤로 젖혀졌다고 가정하라. 익형의 임계 마하수는 여전히 $M_{cr} = 0.7$이고, 날개 앞전에 수직한 속도 성분만 익형 단면에 영향을 줄 것이다. 즉, 후퇴익의 특정 단면에서 공기역학적 특성은 앞전에 수직한 유동 성분에 의해 결정된다. 따라서, M_∞가 자유류 마하수라면, 그림 5.54*b*의 익형에 유효한 마하수는 더 작은 값 $M_\infty \cos 30°$가 된다. 결국, 실제 자유류 마하수는 날개의 임계 현상이 나타나는 0.7 이상으로 증가될 수 있다. 사실, **후퇴익 자체**의 임계 마하수를 그림 5.54*b*에서 보듯이 $0.7/\cos 30° = 0.808$까지 커진다고 예상할 수 있다. 이것은 (그림 5.26에 도시된) 항력의 큰 증가가 익형의 M_{cr}보다 더 큰 M_∞까지 지연될 수 있음을 의미한다. 즉 0.808까지 증가할 수 있다는 말이다. 그래서 후퇴익의 주요 기능은 다음과 같다: **아음속 항공기의 날개를 뒤로 젖힘으로써 항력발산을 더 높은 마하수까지 지연시킨다.**

현실적으로, 그림 5.54*b*에 도시된 후퇴익 위의 유동은 상당히 복잡한 3차원 유동이다. 익형이 앞전에 수직한 속도 성분만을 인식한다고 말하는 것은 과도하게 간략화된 것이다. 그런데, 이것은 좋은 경험적 법칙을 이끈다. 그림 5.54*b*에서처럼 만약 Ω를 후퇴각이라 두면, 실제 후퇴익의 임계 마하수는 다음 부등식 안에서 결정된다.

$$\text{익형의 } M_{cr} < \text{후퇴익의 실제 } M_{cr} < \frac{\text{익형의} M_{cr}}{\cos\Omega}$$

임계 마하수가 어떻게 후퇴익에 의해 커지는지에 대한 다른 설명도 있다. 그림 5.55*a*의 직선익의 한 부분을 고려하라. 시위에 대한 두께비가 $t_1/c_1 = 0.15$인 익형이 왼쪽에 그려져 있다. 화살표 선 *AB*는 직선익 위 유동의 유선을 표현한다. 이 유선은 익형 단면을 15 % 두께로 "바라 볼"것이다. 이제 같은 날개지만, 그림 5.55*b*에서 $\Omega = 45°$의 후퇴각을 가진

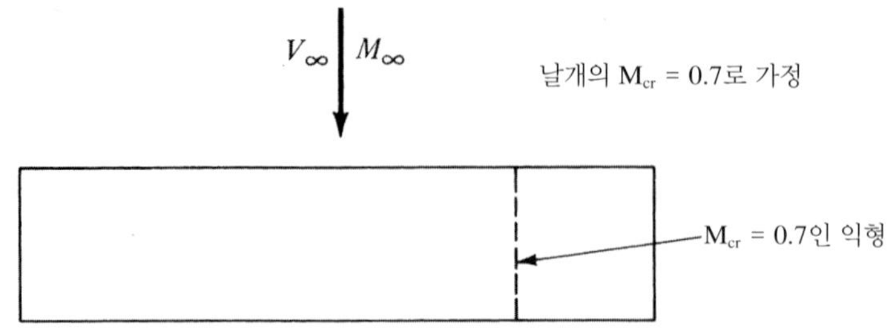

(a)

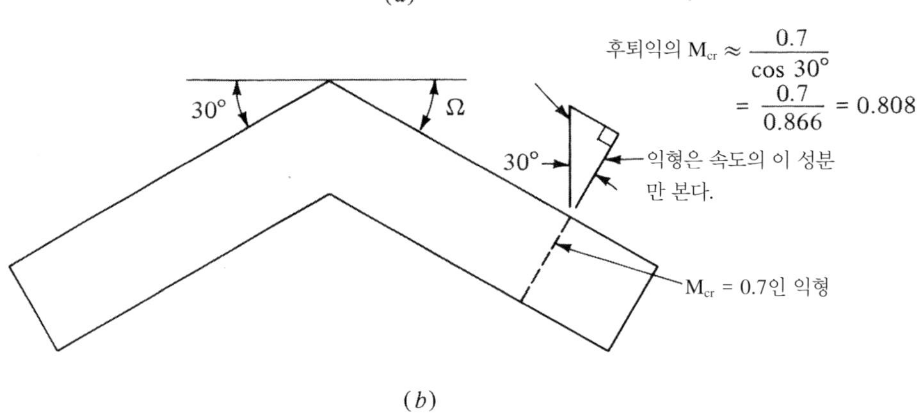

(b)

그림 5.54 후퇴익의 임계 마하수에 미치는 영향

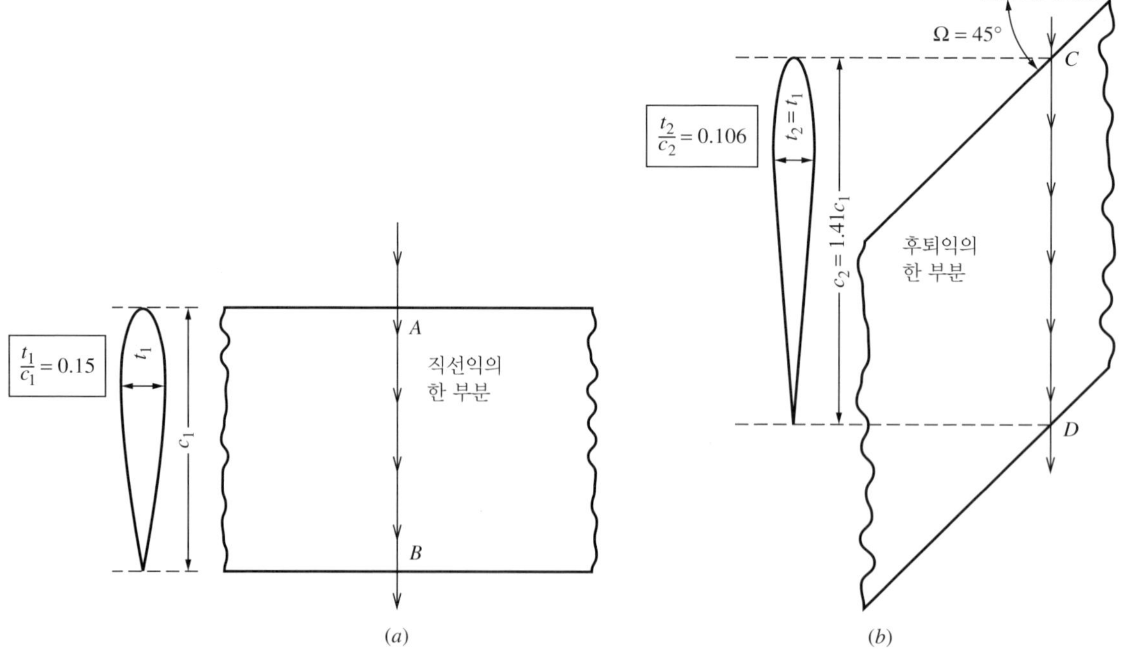

(a) (b)

그림 5.55 후퇴익에서 얇은 날개의 입장에서 본 유선

익형을 고려하라. 화살표 선 *CD*는 후퇴익의 유선을 표현한다. (간단히 생각하기 위해 3차원 유동 효과를 무시하고, 유선 *AB*와 *CD*는 흐름방향으로 직선으로 그린다.) 유선 *CD*는 후퇴익 위에서 더 먼 거리를 움직일 것이다. 이때, 유선 *CD*가 "바라 보는" 익형 단면은 그림 5.55*b*와 같다. 같은 두께를 가지지만 더 긴 유효 시위 길이가 된다. 그러므로, 유선 *CD*가 바라보는 유효 익형 단면은 직선익에서 보여지는 익형 단면보다 더 얇다. 사실, 후퇴각 45도에서 유선 *CD*가 보는 유효 익형 단면의 두께비는 $t_2/c_2 = 0.106$이다. 그림 5.55*a*의 직선익을 단순히 45° 각도로 뒤로 젖히면, 유효 익형이 후퇴각이 없을 때에 비해 1/3 더 얇은 상태로 유동을 마주하게 될 것이다. 5.9절에서 논의하였듯이, 더 얇은 익형은 임계 마하수를 증가시킨다. 따라서, 익형에 후퇴각을 줌으로써 날개의 임계 마하수를 증가시킬 수 있는 것이다.

"세상엔 공짜가 없다"처럼 아음속 비행에서 후퇴각의 증가는 양력의 손실을 가져온다. 후퇴익이 항력발산 마하수를 높이는 점에서 장점이 있지만, 후퇴익은 C_L을 감소시킨다. 이것은 그림 5.56에 잘 표현되어 있는데, 고도 30,000 ft에서 $M_\infty = 0.6$로 비행하는 대표적인 항공기의 후퇴각에 따른 *L/D*의 변화를 보여준다. 후퇴각이 증가할 때 *L/D*는 크게 감소하는데, 대부분 C_L의 감소 때문이다.

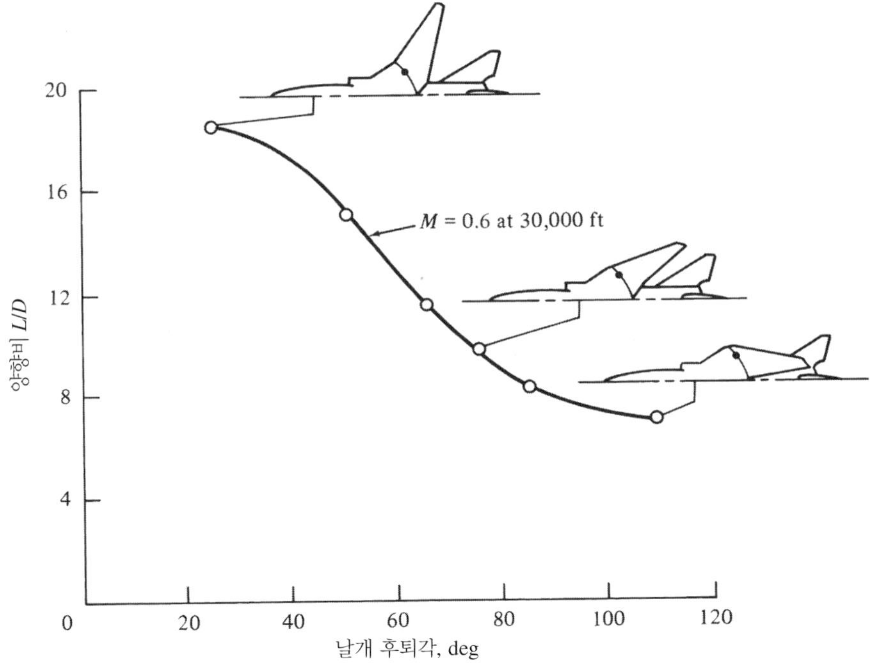

그림 5.56 후퇴각에 따른 양항비의 변화. NASA Langley 연구소의 풍동실험 결과 (자료출처: *Loftin, NASA SP 468, 1985.*)

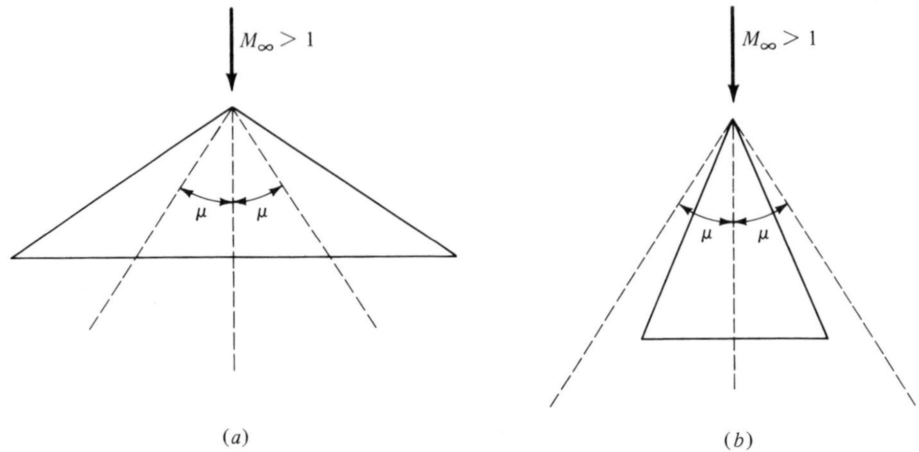

그림 5.57 초음속 유동에서 후퇴익. (*a*) 마하원뿔 바깥의 후퇴익, (*b*) 마하원뿔 내부의 후퇴익

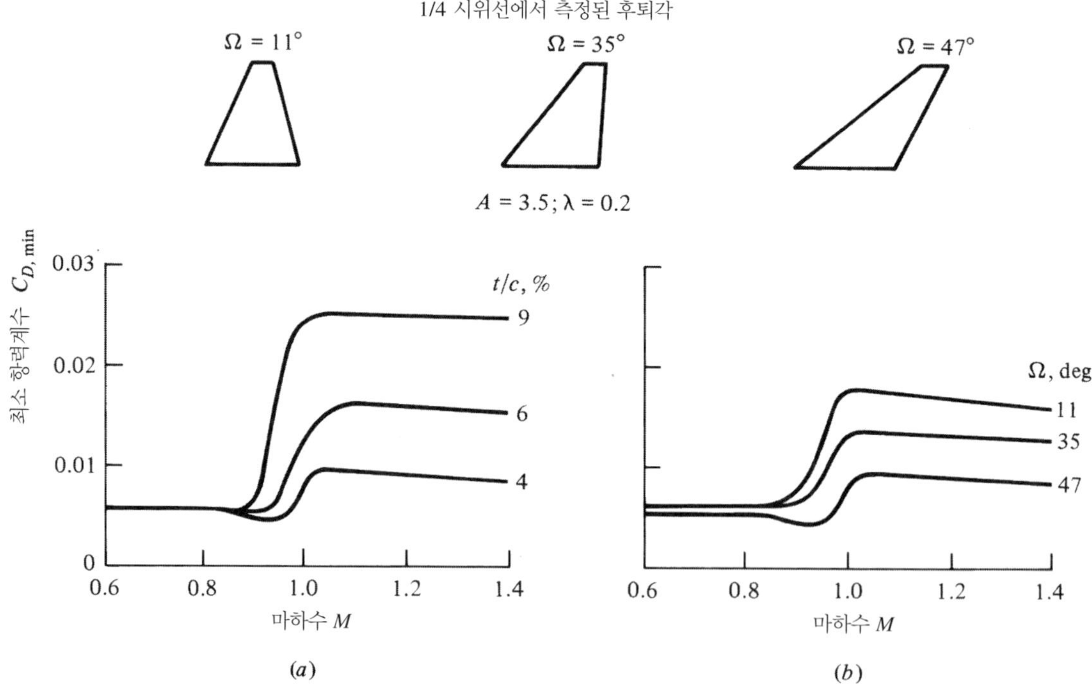

그림 5.58 마하수에 따른 날개의 최소 항력계수의 변화 그래프. (*a*) 매개변수는 날개 두께(후퇴각 47도), (*b*) 매개변수는 후퇴각(두께비 4%).
(자료출처: *L. Loftin, Quest for Performance, NASA SP 468, 1985.*)

후퇴익은 초음속 비행에서도 장점이 있지만, 아음속에서 설명한 장점과는 조금 다른 면이 있다. 그림 5.57에 도시된 두 후퇴익을 고려하라. 주어진 $M_\infty > 1$에 대해서 마하각과 같은 각도 μ의 마하원뿔(Mach cone)이 있다[식 (5.49)를 상기하라]. 그림 5.57*a*와 같이 후퇴익의 앞전이 마하원뿔 **바깥**에 있다면, 앞전에 수직한 성분의 마하수는 초음속이다. 결국, 상당히 강한 경사 충격파가 날개에서 발생할 것이다. 이때 상당히 큰 조파항력이 발생한다. 반면에, 그림 5.57*b*와 같이 후퇴익의 앞전이 마하원뿔 **내부**에 있다면, 앞전에 수직한 성분의 마하수는 아음속이다. 결과적으로 날개에서 발생하는 조파항력은 적을 것이다. 그러므로, 초음속 비행에서 후퇴익은 조파항력을 줄인다는 점에서 이점이 있다. 날개가 마하원뿔 내에서 후퇴각을 가지면, 항력의 상당한 감소를 얻을 수 있다.

그림 5.58*a*와 *b*는 각각 조파항력계수에 최대 두께와 후퇴각이 미치는 양적 효과를 보여 준다. 종횡비가 3.5인 모든 경우에 대해 테이퍼비(중심 시위에 대한 끝단 시위의 비)는 0.2이다. 큰 후퇴각을 가지는 얇은 날개가 가장 작은 조파항력을 생성함을 명확히 알 수 있다.

설계 DESIGN BOX

초음속 항공기 설계자는 날개평면에 대해 두 가지 기초적인 선택을 할 수 있다: 낮은 종횡비 직선익, (삼각익을 포함하여) 후퇴익. 날개평면의 두 종류 모두 고종횡비 직선익에 비해서 더 낮은 조파항력을 생성한다. 더 자세히 이러한 선택에 대해 살펴보자.

먼저 초음속에서 낮은 종횡비의 직선익을 고려하자. 식 (5.51)에서 무한한 길이의 평판에서 조파항력은

$$\frac{c_{d,w}}{\alpha^2} = \frac{4}{\sqrt{M_\infty^2 - 1}} \qquad (5.67)$$

여기서 α는 라디안 단위의 받음각이다. 유한한 종횡비 AR이 평판에서 조파항력 또한 같은 원리에 따라서

$$\frac{C_{D,W}}{\alpha^2} = \frac{4}{\sqrt{M_\infty^2 - 1}}\left(1 - \frac{1}{2R}\right) \qquad (5.68)$$

여기서 $R \equiv \text{AR}\sqrt{M_\infty^2 - 1}$.
(*Hilton, High-Speed Aerodynamics*, Longman, Green and Co., 1951 참조.) 식 (5.68)은 무한대의 AR에 대해 식 (5.67)과 같음에 주목하라. 식 (5.68)은 그림 5.59와 같이 나타낼 수 있고, $M_\infty = 2$의 경우에 종횡비의 함수로 $C_{D,w}/\alpha^2$의 그래프이다. 매우 낮은 종횡비에서 조파항력계수가 크게 감소함을 볼 수 있다. 무한히 얇은 평판에 대한 이 곡선은 두께를 가진 실제 날개를 다룰 때도 정성적으로 활용될 수 있다. 그런데, 이 곡선은 초음속 비행에서 낮은 종횡비 날개의 장점을 보여 준다. 이전에 논의한 아음속 항공기 설계 시 추천사항과는 정확히 반대되는 결과이다. 그런데, 초음속에서 충격파의 발생으로 인해 일반적으로 초음속 조파항력은 유도항력보다 훨씬 더 중요하다. 그러므로 낮은 종횡비 날개의 사용은 초음속 항공기 설계에서 좋은 관행이다. 한 사례로 그림 5.40과 4.52의 Lockheed F-104 초음속 전투기를 들 수 있다. 이 항공기는 마하수 2로 순항 가능한 최초의 항공기였고, Lockheed Skunk Works에서 설계자는 낮은 종횡비의 직선익을 선택하였다. F-104 날개의 종횡비는 2.45이다. 익형 단면은 매우 얇고 양면이 볼록한 형상이며, 시위에 대한 두께비는 단지 0.0336이다. 앞전은 반경이 0.016로 작고 유난히 날카로워서 항공기 주변에서 일하는 지상요원에게 해를 끼칠 수 있는 정도였다. 이 모든 것은 단 하나를 목적으로 한다. 즉 초음속 조파항력을 줄이는 것이다. 이 항공기는 좋은 초음속 항공기 설계의 고전적 사례이다.

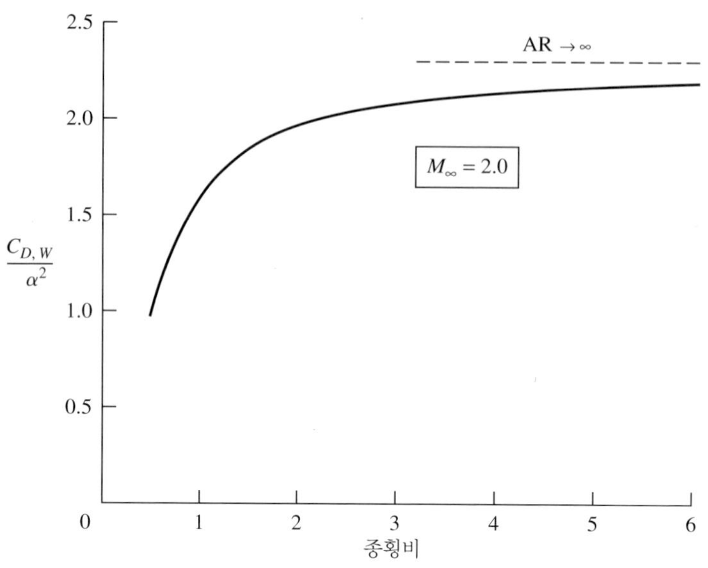

그림 5.59 평판의 종횡비에 따른 초음속 조파항력의 변화

종횡비가 작아지면 초음속 양력계수 또한 작아짐에 주목하자. 이것은 $M_\infty = 1.53$에서 테이퍼가 있는 직선익의 종횡비의 함수로 양력 기울기 $dC_L/d\alpha$의 변화를 보여주는 그림 5.60에 묘사되어 있다. 여기에 보여지는 것은 초음속 날개에 대해 미국에서 최초로 얻은 실험 데이터의 일부이다. 이 데이터들은 1947년 Walter Vincenti에 의해 NACA Ames 연구소에 있는 1-ft/3-ft 초음속 풍동에서 얻어졌다. 군사 기밀로 간주되어 1949년까지 공개되지 않은 데이터들이다. 그림 5.60*a*에서 선두부 끝에서 방출되는 점선 삼각형은 $M_\infty = 1.53$ 마하원뿔을 표현한다. (**마하원뿔**은 마하각 μ와 같은 모서리각을 가진 원뿔이다.) AR이 작아지면, 날개의 더 많은 부분이 마하원뿔 내부에 포함됨을 주목하라. 초음속에서 양력 기울기에 미치는 AR의 감소 효과는 양적으로 아음속의 효과와 동일하다. 5.15절에서 양력 기울기는 아음속에서 AR이 낮을수록 더 낮아짐을 상기하기 바란다. 공기 유동장의 물리적 특성이 완전히 다름에도 불구하고, 그림 5.60*a*로부터 같은 경향이 초음속에서도 나타남을 명확히 볼 수 있다.

초음속 항공기의 날개 평면의 다른 선택은 후퇴익을 사용하는 것이다. [후퇴익의 한 부류로서 삼각익(delta wing)을 다룰 것이다.] 그림 5.57과 관련하여, 초음속 조파항력은 마하원뿔 내부에 후퇴익이 포함되도록 하여 크게 줄일 수 있다는 것을 이미 다루었다. 즉, 앞전에서 유입되는 유동을 아음속으로 만드는 방법이다. 이것은 Vincenti가 초음속 풍동에서 얻은 그림 5.60*b*의 실험 데이터에서 명확히 볼 수 있다. 그림 5.60*b*은 총 항력계수의 최소값을 $M_\infty = 1.53$에서 후퇴각에 따라 그린 것이다. 총 항력계수는 압력항력(근본적으로는 조파항력)과 표면마찰항력의 합임을 명심하라. 양의 후퇴각은 **후퇴익**(*swept-back*)을, 음의 후퇴각은 **전진익**(*swept-forward*)을 뜻한다. 후퇴각의 부호와 관련하여 실험 데이터의 대칭성에 주목하라. 초음속 항력계수는 근본적으로 양이든 음이든 같은 후퇴각 크기에 대해서 거의 같다. 그림 5.60b에서 중요한 정보는 후퇴각이 49°보다 크거나 −49°보다 작을 때 $C_{D_{\min}}$이 감소한다는 사실이다. $M_\infty = 1.53$에서 마하각은 $\mu = \sin^{-1}(1/M_\infty) = \sin^{-1}(1/1.53) = 41°$로 주어진다. 그러므로, 49도 이상의 후퇴각을 가진 날개는 마하원뿔 내부에 들어가 있을 것이다. 후퇴각 ±60°에서 더 낮은 항력계수에 주목하라. 이 경우 날개는 마하원뿔 내부에 위치하며, 앞전 유동의 수직성분은 아음속이 된다. 이 데

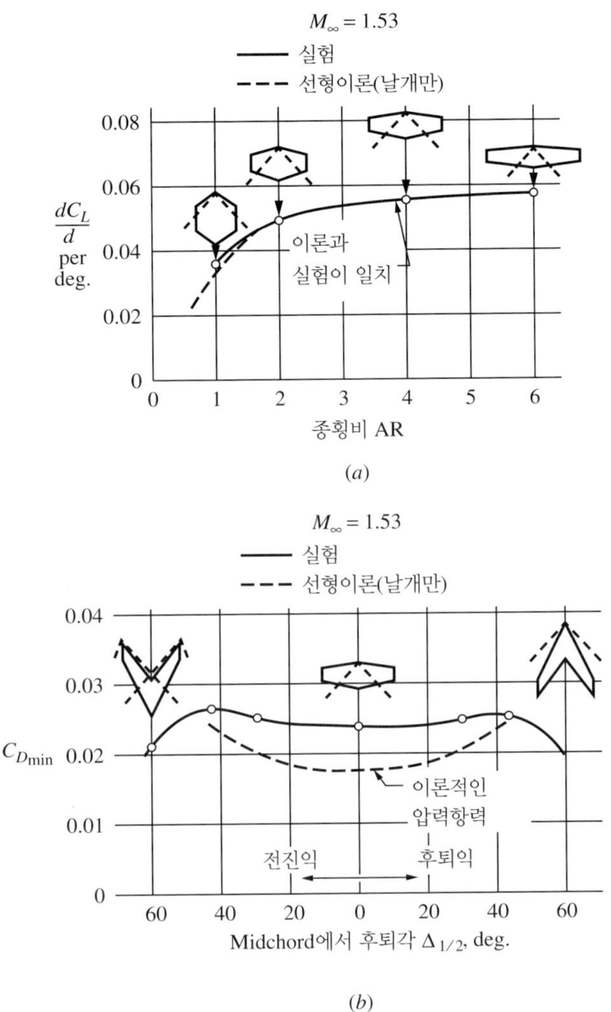

그림 5.60 (*a*) 초음속에서 직선익의 양력곡선에 종횡비가 미치는 영향. 마하수 1.53. W. G. Vincenti, "Comparison between Theory and Experiment for Wings at Supersonic Speeds," NACA TR 1033. (*b*) 종횡비가 초음속 항력에 미치는 영향. 최소 항력이 되는 받음각에서 얻은 항력계수
(자료출처: Data from Vincenti)

이터는 또한 날개가 마하원뿔 바깥에 있을 때(즉 앞전에서 초음속), 항력계수는 후퇴각과 무관하게 상대적으로 일정하다. 그래서 초음속 비행의 경우 후퇴익을 사용해서 항력을 줄이려면, 후퇴익이 마하원뿔 내부에 있도록 충분한 후퇴각을 가져야만 한다.

이것을 고려한 설계의 전통적인 예제는 1960년대와 70년대 영국 공군에서 사용된 마하 2 인터셉터, English Electric Lightning이다. 그림 5.61은 이 항공기가 큰 후퇴각($\Omega = 60°$)을 가짐을 보여준다. 마하수 2에서 마하각은 $\mu = \sin^{-1}(1/M_\infty) = \sin^{-1}(1/2) = 30°$이다. $M_\infty = 2$에서 마하원뿔 내부에 있는 후퇴익은 $\Omega = 60°$ 이상의 후퇴각을 가져야만 한다. $M_\infty = 2$가 설계점이므로, 라이트닝의 설계자가 60°의 후퇴각을 선택했음은 당연하다. 더불어 라이트닝의 날개는 상대적으로

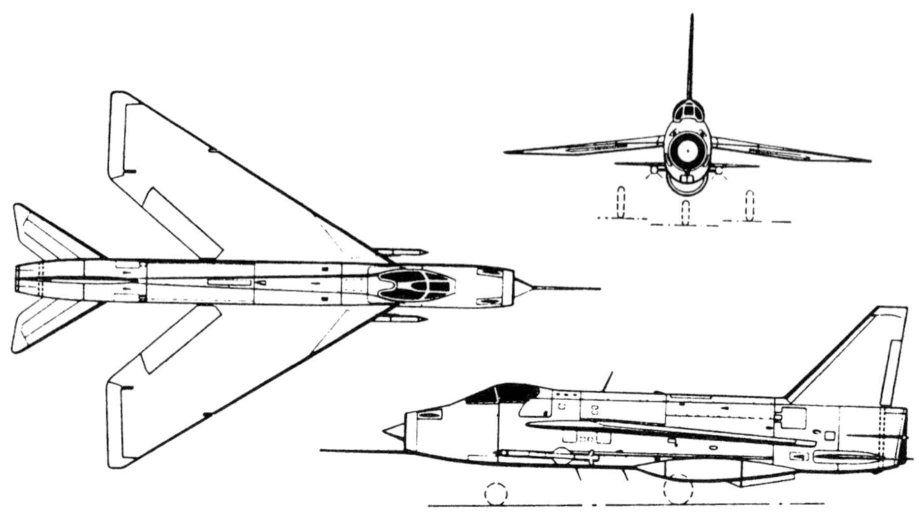

그림 5.61 English Electric Lightning 초음속 전투기의 삼면도

낮은 3.19의 AR을 가지고 있고, 익형 단면의 두께비는 5%로 얇다. 둘 다 초음속 항공기 설계 시 적용되는 좋은 관례이다.

그림 5.61의 라이트닝을 더 가까이서 살펴보고, 그림 4.52의 F-104로 돌아가서 자세히 조사해 보라. 여기서 초음속 항공기 설계자가 선택할 수 있는 두 가지 서로 다른 날개 평면의 전통적인 예제인 후퇴익과 낮은 종횡비 직선익을 보게 된다.

그림 5.56에서(양항비를 통해) 아음속 양력계수에 후퇴각이 미치는 영향을 조사했다. 후퇴각이 초음속 양력계수에 미치는 영향은 무엇인가? 그 답은 그림 5.62에 주어진 Vincenti의 실험 데이터에서 구할 수 있다. 항력계수의 변화 경향과 유사하게, 날개가 마하원뿔 바깥에 위치하는 한 양력 기울기는 후퇴각과 무관하게

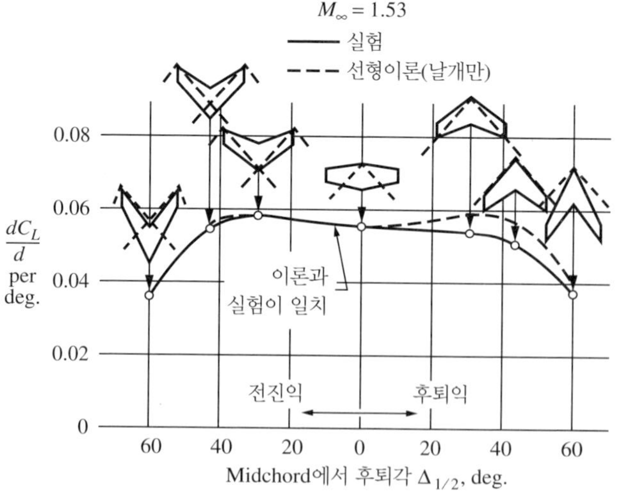

그림 5.62 초음속에서 후퇴각이 양력 기울기에 미치는 영향

상대적으로 일정함을 그림 5.62에서 볼 수 있다. 날개가 마하원뿔 내부에 위치하면, 양력 기울기는 후퇴각이 증가함에 따라 감소한다. 이것은 아음속 비행과 유사하다.

그림 5.60과 5.62에 나타난 결과는 날개가 마하원뿔 내부에 위차하도록 큰 후퇴각이 있을 때 날개의 공기역학적 특성에 뚜렷한 변화가 있음을 보여준다. 이것은 날개 앞전의 유동이 초음속에서 아음속으로 바뀔 때, 날개면 위의 압력 분포가 급변하기 때문이다. 급변하는 압력에 대한 물리적 설명이 그림 5.63에 주어져 있는데, 그림은 초음속에서 후퇴각의 크기에 따라 *A*, *B*, *C*로 구분되는 세 평판 날개 평면을 보여준다. *A* 날개는 직선익이다. 날개 끝단의 작은 영역에 제한적으로 마하원뿔의 영향이 미친다. 날개의 대부분은 5.11절과 그림 5.39에서 논의했던 평판 위 2차원 초음속 유동의 형태를 느낄 것이다. 그러므로, 날개 면 대부분에서 압력계수는 날개 끝단 근처에서 (수직 그림자 영역으로 표현된) 일정한 값을 가진다. *B* 날개는 앞전에서 초음속인 후퇴익이다. 날개의 대부분이 여전이 마하원뿔 바깥에 위치한다. 음영진 영역에서 초음속 평판으로 인해 같은 크기의 압력 분포가 나타난다. 그런데, *C* 날개는 앞전에서 아음속인 후퇴익이다. 날개 전체가 마하원뿔 내부에 들어가 있다. 자유류가 초음속임에도 불구하고, 날개 위의 압력 분포는 아음속일 때와 유사하다. 이전의 논의를 통해 친숙한 아음속 압력계수 분포를 *C* 날개 위 음영진 영역에서 볼 수 있다. 예를 들어, 그림 5.15와 비교해 보라. 마하원뿔 내부에 있는 날개 위 유동의 공기역학적 특성의 이러한 변화는 초음속 후퇴익의 조파항력과 양력계수를 감소시킨다.

아음속 앞전의 설계 상이점이 또 하나 더 있다. 즉, 아음속 항공기와 유사하게, 앞전 반경을 더 크게 할 수 있다. 이것은 저속, 특히 초음속 비행을 위해 설계된 항공기의 이착륙 시에 장점을 가진다. F-104(그림 4.52와 5.40)에서 사용된 것과 같이 날카로운 앞전과 얇은 익형을 가지는 날개는 아음속에서 크지 않은 받음각에서 이른 유동 박리를 발생시킨다. 이른 유동 박리는 $(C_L)_{\max}$ 값을 낮추기 때문에 항공기는 더 높은 속도에서 이착륙하게 된다. (예를 들어, 실제 운항기록을 보면, F-104는 저속 비행 조건에서 날개 실속으로

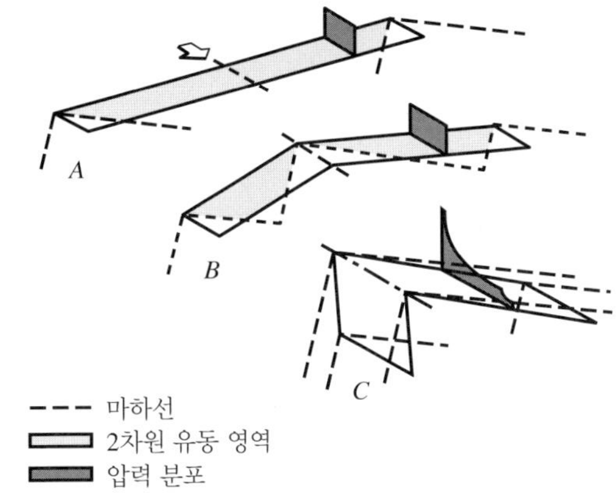

그림 5.63 초음속에서 날개의 후퇴각이 점점 커질 때 시위방향 압력 분포의 변화. 즉, 앞전의 유동이 초음속에서 아음속으로 변화하고 있다.

인해 굉장히 많은 사고를 겪었다.) 대조적으로, 앞이 뭉뚝하고 원형으로 된 앞전을 가지는 날개는 저속에서 더 좋은 실속 특성을 가지고 있다. 앞전이 아음속인 후퇴익을 가지는 초음속 항공기는 뭉뚝하고 원형으로 된 앞전을 가지고 설계될 수 있다. 따라서 저속에서 더 좋은 실속 특성을 가질 수 있다.

그림 5.60과 5.62에서 전진익과 관련한 초음속 항력과 양력계수는 후퇴익과 본질적으로 같음을 기억하라. 사실, 고속 아음속 비행에 대해서도 같은 말을 할 수 있다. 그런데, 항공기 설계자들은 거의 언제나 전진익보다 후퇴익을 선택하고 있다. 왜일까? 그 답은 힘을 받고 있는 후퇴익의 공탄성 변형(aeroelastic deformation)과 관련되어 있다. 후퇴익의 경우 유효 양력의 위치로 인해 날개가 끝단 근처에서 비틀리고, 이로 인해 날개의 바깥 부분에서 받음각이 낮아지는 효과가 발생한다. 이것은 양력이 증가할 때 날개 바깥쪽에 하중을 줄이는 경향을 만든다. 안정된 상태이다! 반면, 전진익의 경우 유효 양력은 날개 끝단의 비틀림이 받음각이 커지도록 하는 방향으로 일어난다. 이로 인해 양력이 증가할 때 날개 바깥쪽에 하중이 더 커지는 경향을 만들어 항공기에 큰 구조적 불안정이 발생한다. 이러한 공탄성 변형 효과는 그림 5.62에 보여지는 실험 데이터에서 분명히 보인다. 전진익과 후퇴익에서 실험 데이터가 대칭이 아님에 유의하라. 양력 기

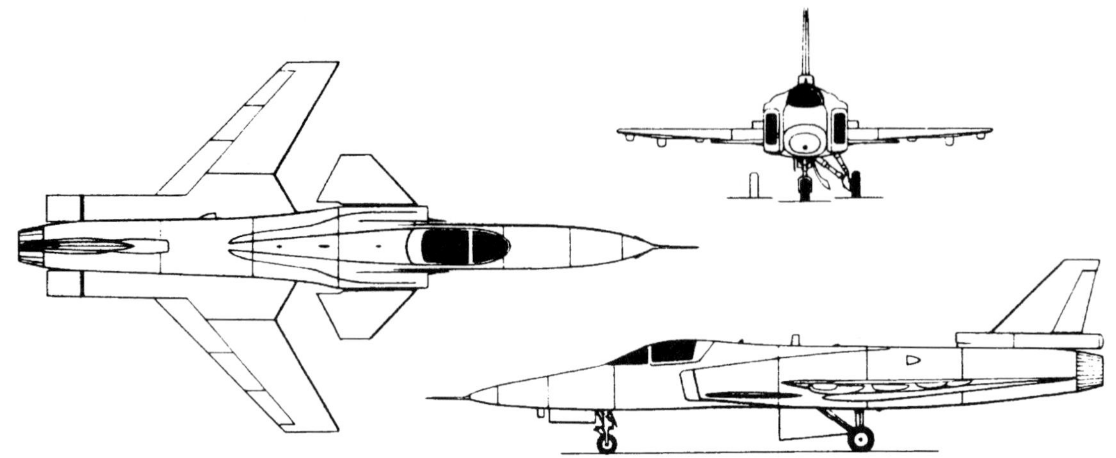

그림 5.64 Grumman X-29: 전진익의 예

울기는 풍동 시험 모델의 공탄성 변형으로 인해 후퇴익에서 더 작다. 그러므로, 구조적인 이유로 전진익이 선택되지 못하였다. 그런데, 최근 복합재료(composite materials)의 발달은 매우 강하고 경량의 항공기 설계를 가능하게 하였고, 설계자가 고속 항공기용으로 전진익의 사용을 고려할 수 있게 되었다. 사실, 전진익은 확실한 설계상의 장점을 가지고 있다. 예를 들어, 날개 중심을 동체의 더 뒤쪽에 둘 수 있어서 동체에 내부 공간을 설계하는데 큰 유연성이 생긴다. 또한, 전진익의 3차원 유동에서는 유동 박리가 날개 중심에서 먼저 발생하여, 날개 끝에 설치된 에일러런(aileron)의 조종성을 유지할 수 있다. 반면, 후퇴익은 유동 박리가 발생하면 에일러런의 조종성을 상실한다. 1980년대 시험기인 Grumman X-29는 전진익을 사용한 설계의 실용적 특성을 조사하기 위해 전진익을 사용하여 설계되었다. 그림 5.64는 X-29의 삼면도이다. X-29 연구프로그램은 성공적이었으나, 전진익을 사용한 항공기 설계의 붐을 일으키지는 못하였다.

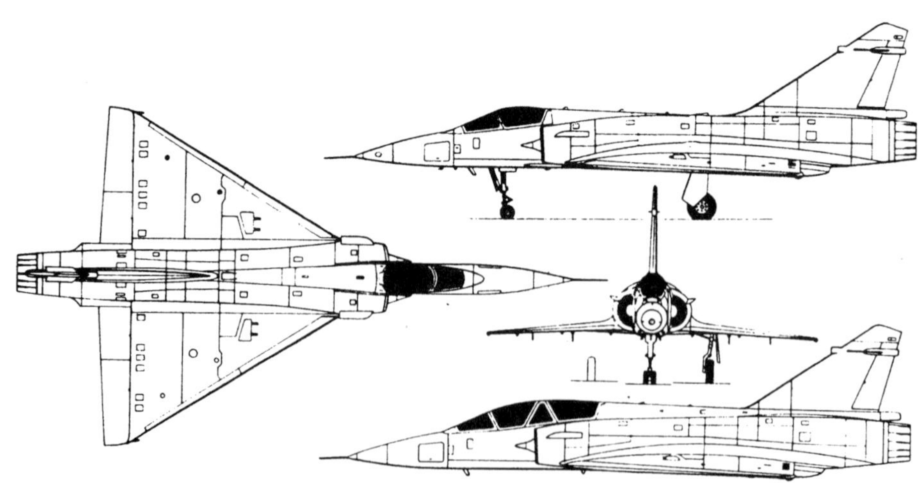

그림 5.65 삼각익의 예: 프랑스 Dassault-Breguet 사의 Mirage 2000C와 Mirage 2000N의 측면도(오른쪽 아래)

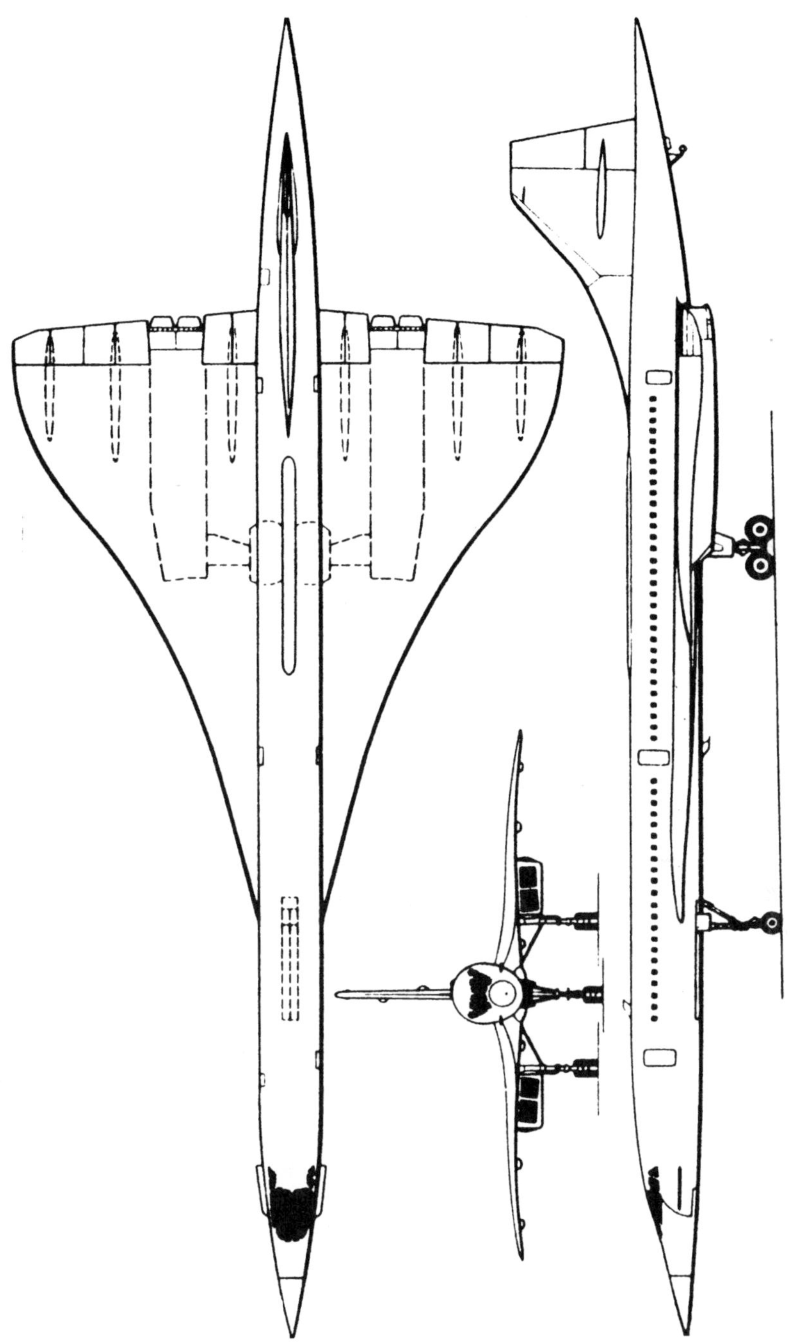

그림 5.66 Anglo−French Aerospatiale/BAC Concorde 초음속 여객기

그림 5.61로 돌아가서, 큰 후퇴각을 가진 라이트닝의 날개를 다시 살펴보라. 날개 구조물로 채워진 동체와 날개의 뒷전 사이에 빈 공간을 채워서 삼각형 평면을 가지는 날개를 상상하는 것은 그리 어려운 일이 아니다. 이런 날개를 **삼각익**(*delta wing*)이라 한다. 제트 엔진이 개발된 이래로 아음속, 초음속을 막

론한 고속 항공기에 삼각익을 사용하고자 관심을 기울였다. 삼각익이 가지는 한 가지 장점은 빈 공간을 채워 날개 중심의 시위 길이를 크게 늘릴 수 있다는 것이다. 정해진 t/c비에서 날개 중심의 두께를 더 크게 만들어 구조물이나 연료 등을 위한 더 큰 공간을 제공할 수 있음을 의미한다. 삼각익의 장점과 단점을 나열하면 너무 길어서 여기서 논할 수 없다. 삼각익 전반을 읽기 쉽게 다룬 다음 책을 추천한다. Ray Whitford, *Design for Air Combat*, Janes Information Group Limited, 1989. 많은 아음속 및 초음속 삼각익 항공기가 설계되어 활발히 사용되고 있다는 것을 말하는 것으로 충분하다. 그림 5.65의 프랑스 Dassault-Breguet 사의 Mirage 2000C를 예로 든다. Mirage 2000C는 최고 마하수 2.2의 초음속 전투기인데, 앞전 후퇴각이 $\Omega = 58°$이다. Dassault사는 1950년대 이래로 성공적인 삼각익 항공기를 다수 설계한 것으로 유명하다. 그림 5.65의 Mirage 2000C는 수평 안정판(horizontal stabilizer)이 없음에 주목하라. 이것은 많은 삼각익의 특성이다. 뒷전 제어면은 **엘러본**(*elevon*)이라 부르는데, 같은 방향(위 또는 아래)으로 일정하게 변형시키면 엘리베이터의 기능을 하고, 반대 방향(하나는 위로 하나는 아래로)으로 변형시키면 에일러런으로 작동한다.

여러모로 날개는 항공기의 심장이다. 엄청난 관심과 노력이 날개의 설계에 주어지고 있다. 오늘날 초음속 항공기의 날개 형상의 설계는 세세한 부분까지 정교해졌다. 예를 들어, 그림 5.66의 Concorde 초음속 여객기를 고려하라. 콩코드는 정규 운항된 유일한 상용 초음속 여객기다. 영국의 British Aircraft Corporation과 프랑스의 Aerospatiale가 합작하여 만든 콩코드는 1969년 3월 2일 첫 비행을 시작으로 1976년에 British Airways와 Air France가 상용 서비스를 시작하였다. 그림 5.66에 보이는 것처럼 콩코드의 날개는 큰 후퇴각을 가진 궁형(ogival) 삼각익이다. 캠버가 복잡하고 날개의 아래꺾임(anhedral)이 특이하다. 익형 단면의 두께비는 날개 중심에서 3%, 나셀 바깥에서 2.15%로 얇다. (개인적인 생각: 나는 부인과 함께 1998년 여름에 콩코드를 탔었다. 흥미진진한 경험이었다! 뉴욕과 런던 간 비행시간은 단지 3시간 15분에 불과하였다. 너무 짧아서 기내 영화를 볼 수 없었다. 불행히도, 콩코드 가격은 너무 비쌌고, 어떻게 생각해도 경제적으로는 실패한 항공기였다. 이런 이유로, 2003년 콩코드는 퇴역하였다. 21세기 경제적이고 친환경적인 2세대 초음속 여객기를 설계하는 과정에서 콩코드 여객기는 가장 필요한 도전으로 기록될 것이다. 아마 여러분 중의 누군가는 이 도전에 성공할 수 있을 것이다.)

5.17 플랩-고양력 장치

항공기는 평상시 가장 낮은 속도에서 이착륙한다. 두 순간은 항공기 안전에 가장 중요한 때이다. 항공기가 일정 고도에서 직선비행을 할 수 있는 가장 낮은 속도를 **실속속도**(*stalling speed*) V_{stall}라 정의한다. 실속속도의 계산뿐만 아니라 V_{stall}을 가장 낮게 만드는 공기역학적 방법은 매우 중요하다.

실속속도는 최대 양력계수에 의해 쉽게 얻어진다. C_L의 정의에서,

$$L = q_\infty S C_L = \tfrac{1}{2}\rho_\infty V_\infty^2 S C_L$$

$$V_\infty = \sqrt{\frac{2L}{\rho_\infty S C_L}} \tag{5.69}$$

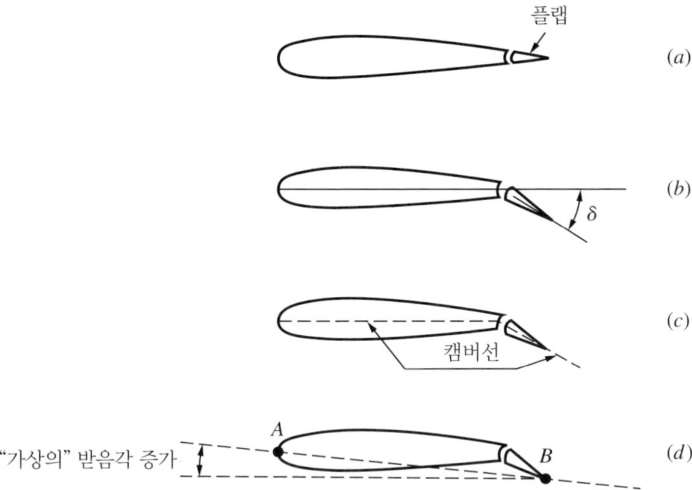

그림 5.67 평면 플랩(plain flap)이 굽어있을 때, 유효 캠버가 증가하고 유효 받음각이 증가함으로써 양력이 증가한다.

정상, 일정고도 비행에서, 양력은 항공기의 무게 W를 지탱할 수 있으면 된다. 즉, $L = W$이므로,

$$V_\infty = \sqrt{\frac{2W}{\rho_\infty S C_L}} \tag{5.70}$$

식 (5.70)을 살펴 보면, 주어진 고도와 무게를 가지는 항공기에서 V_∞를 최소화하는 유일한 방법은 C_L을 최대로 하는 것이다. 그러므로, 실속속도는 $C_{L,\max}$를 만드는 받음각에서 속도에 해당한다:

$$\boxed{V_{\text{stall}} = \sqrt{\frac{2W}{\rho_\infty S C_{L,\max}}}} \tag{5.71}$$

V_{stall}을 줄이려면 $C_{L,\max}$가 최대가 되어야 한다. 그런데, 익형 형상이 정해진 날개의 경우, $C_{L,\max}$는 당연히 정해져 있다. 즉, 최대 양력을 포함하여 익형의 양력 특성은 익형 위 유동의 물리적 특성에 의해 정해진다. 주어진 익형의 양력 특성은 "인공적인" 고양력(high-lift) 장치를 사용하여 크게 증가시킬 수 있다. 그림 5.67에 도시된 것과 같이 이러한 장치의 대부분은 날개의 뒷전에 장착된 플랩(flap)이다. 그림 5.67*b*에서 플랩이 δ의 각으로 아래로 굽어 있을 때, 양력계수는 아래와 같은 이유로 증가한다.

1. 그림 5.67*c*와 같이 익형 단면의 유효 캠버가 증가한다. 주어진 받음각에서 익형의 캠버가 증가할수록 양력계수는 더 커진다.

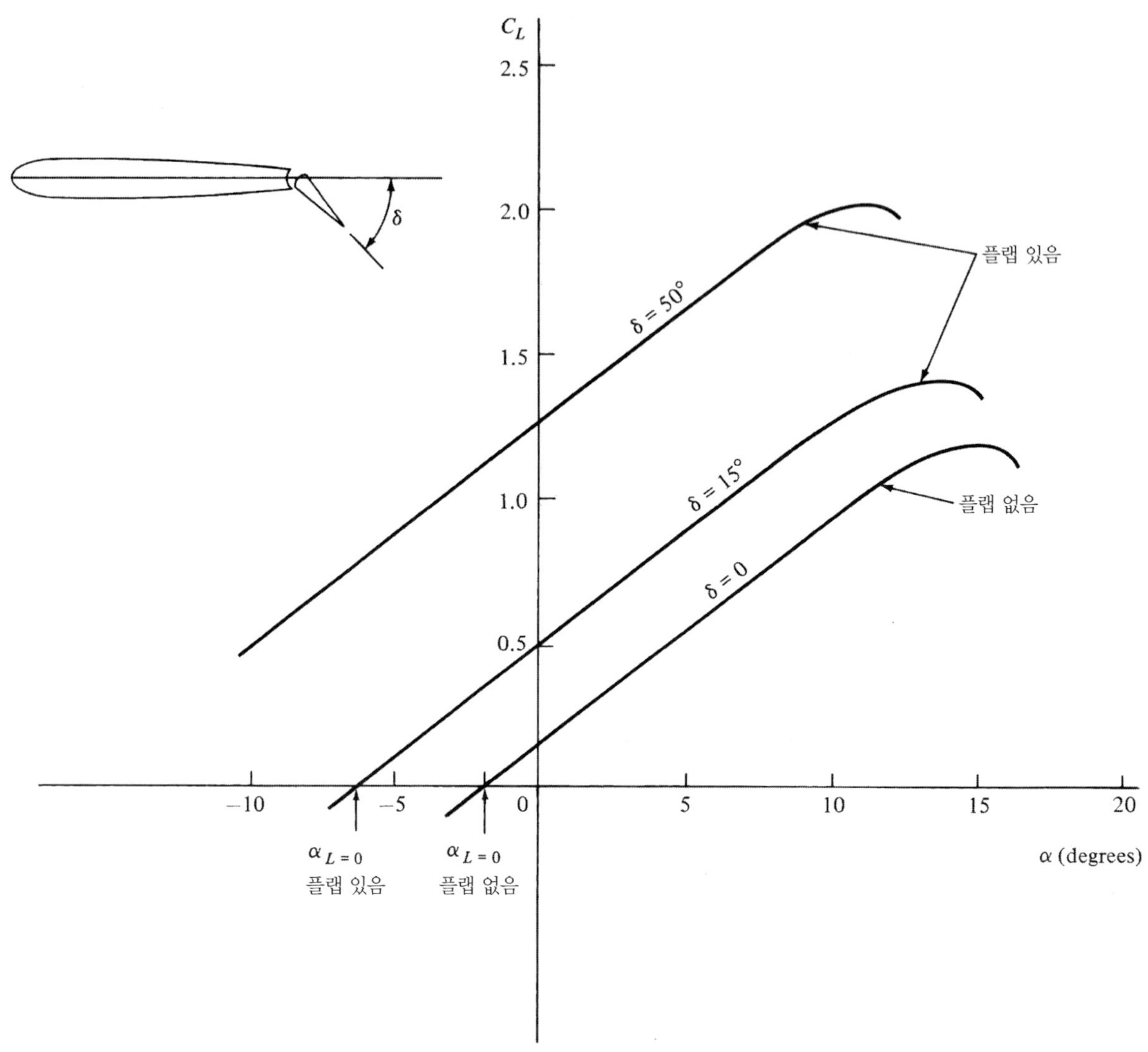

그림 5.68 양력곡선에 플랩이 미치는 효과. 현대 중거리 제트여객기에 대한 숫자들이다.

2. 플랩이 굽어있을 때, 익형의 앞전과 플랩의 뒷전을 연결하는 선을 볼 수 있다: 그림 5.67*d*에서 각각 점 *A*와 *B*. 선분 *AB*는 **가상의 시위선**이고, 익형의 실제 시위선에 대해 시계 방향으로 회전되어 있다. 이로 인해 굽어있는 플랩을 가진 익형의 받음각은 "가상적으로" 증가한다. 그러므로, 양력계수가 커지는 것이다.

이러한 이유로 인해, 플랩이 플랩 변위각(deflection angle) δ로 아래로 굽을 때, 그림 5.68과 같이 $C_{L,\max}$의 값은 증가하고 영 양력 받음각은 더 음의 값으로 이동한다. 그림 5.68에서 플랩이 있는 경우와 없는 경우의 양력곡선을 비교하였다. 플랩 변위가 있을 때 양력곡선은 왼쪽으로 이동하고 $C_{L,\max}$의 값은 증가한다. 또한 $C_{L,\max}$가 최대가 되는 실속 받음각은 감소

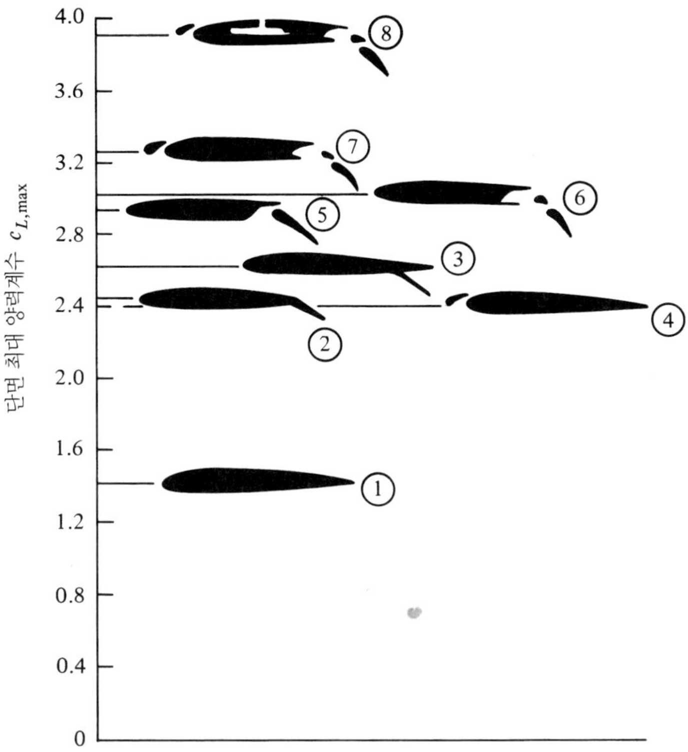

그림 5.69 여러 형태의 고양력 장치의 익형 최대 양력계수의 값. (1) 단순 익형, (2) plain flap, (3)split flap, (4) leading-edge slat, (5) single-slotted flap, (6) double-slotted flap, (7) leading-edge slat과 결합된 double-slotted flap, (8) 익형 윗면의 경계층 흡입 장치
(자료출처: *Loftin*, *NASA* SP 468, 1985.)

한다. 그런데, 양력 기울기는 변하지 않는다. 즉, 뒷전 플랩(trailing-edge flap)은 $dC_L/d\alpha$를 변화시키지 않는다. 부록 D에 주어진 익형들에 대해 양력곡선은 플랩 변위의 효과를 포함하여 주어져 있다.

플랩으로 인한 $C_{L,\max}$의 증가는 극적이다. 플랩이 아래로 회전하는 것뿐만 아니라 날개의 유효면적을 증가시킬 수 있도록 앞뒤로 움직이도록 설계된다면, $C_{L,\max}$는 2배 가량 증가될 수 있다. 앞전에서 슬랫(slat), 경계층 제어 방법과 같은 또 다른 고양력 장치가 사용된다면, 그림 5.69에서 보듯이 $C_{L,\max}$가 3배 이상 커질 수 있다. 다양한 고양력 장치의 흥미롭고 자세한 논의는 McCormick과 Shevell의 책에서 찾을 수 있다. (이 장의 참고문헌 목록을 참고하라.) 또한 저자의 책도 도움이 된다: Anderson, *Aircraft Performance and Design*, McGraw-Hill, Boston, 1999.

예제 5.34

그림 4.52의 삼면도와 그림 5.50의 사진으로 표현된 Lockheed F-104를 고려하라. 연료를 가득 채우면 항공기의 무게는 10,258 kg_f가 된다. 연료가 없을 때의 공허 중량(empty weight)은 6,071 kg_f이고, 날개 면적은 18.21 m^2이다. F-104의 날개는 초음속에서 조파항력을 최소화하기 위해 설계되었는데, 두께가 시위의 3.4%로 매우 얇고, 면도날처럼 앞전이 날카롭다. 그런데, 날카로운 앞전을 가진 얇은 날개는 저속에서 공력 성능이 매우 나쁘다. 이런 날개들은 낮은 받음각에서 실속이 일어나는 경향이 있어서, 최대 양력계수가 낮다. F-104는 앞전과 뒷전 모두에서 플랩을 가지고 있다. 이러한 고양력 장치에도 불구하고, 아음속에서 최대 양력계수는 1.15에 지나지 않는다. (*a*) 연료를 가득 채웠을 때, (*b*) 연료가 없을 때 표준 해수면 고도에서 실속속도를 계산하고 결과를 비교하라.

■ **풀이**

a. kg_f를 N 단위로 바꿔야 한다. 2.4절에서 1 kg_f = 9.8 N임을 기억하라.

$$W = 10{,}258(9.8) = 1.005 \times 10^5 \text{ N}$$

표준 해수면에서, $\rho_\infty = 1.23 \text{ kg/m}^3$. 식 (5.71)을 사용하면,

$$V_{\text{stall}} = \sqrt{\frac{2W}{\rho_\infty S C_{L,\max}}} = \sqrt{\frac{2(1.005\times10^5)}{(1.23)(18.21)(1.15)}} = \boxed{88.3 \text{ m/s}}$$

시간당 마일을 계산하기 위해 예제 2.6의 변환비율, 60 mi/h = 26.82 m/s를 이용하면,

$$V_{\text{stall}} = (88.3 \text{ m/s})\left(\frac{60 \text{ mi/h}}{26.82 \text{ m/s}}\right) = \boxed{197.6 \text{ mi/h}}$$

b.

$$W = 6071(9.8) = 5.949\times10^4 N$$

$$V_{\text{stall}} = \sqrt{\frac{2W}{\rho_\infty S C_{L,\max}}} = \sqrt{\frac{2(5.949\times10^4)}{(1.23)(18.21)(1.15)}} = \boxed{68 \text{ m/s}}$$

주: (*a*)와 (*b*)의 차이는 무게이다. 식 (5.71)에서 $V_{\text{stall}} \propto W^{1/2}$이므로, *a*에서 얻은 답을 이용해 간단히 계산하면,

$$V_{\text{stall}} = (68)\left(\frac{60}{26.82}\right) = \boxed{152 \text{ mi/h}}$$

같은 결과를 얻는다.

(*a*)와 (*b*)의 결과를 비교하면, 모든 조건이 동일할 때 항공기가 가벼울수록 실속속도가 더 낮다. 실속속도는 무게의 제곱근에 비례하므로, 실속속도가 줄어드는 정도는 무게가 줄어드는 비율보다 적다. 이 예제에서, 무게가 41% 감소할 때 실속속도는 23% 밖에 줄지 않았다.

예제 5.35

그림 5.44의 사진과 그림 5.70의 삼면도에 나타난 Boeing 727 trijet 여객기를 고려하라. 이 항공기는 작은 도시 공항의 여객 운송을 위해 활주거리가 상대적으로 짧은 공항에서 운용하도록 1960년대에 설계되었다. 이착륙 거리를 최소화하기 위해 727은 상대적으로 낮은 실속속도로 설계되어야만

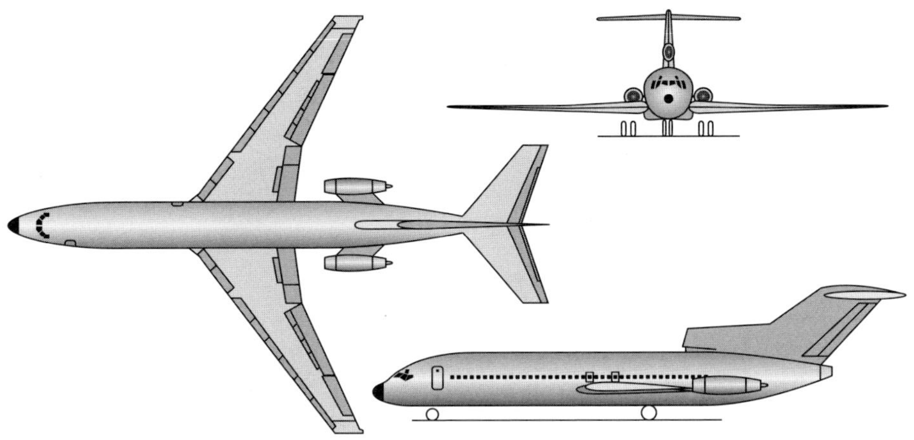

그림 5.70 상용 제트여객기 Boeing 727의 삼면도

했다. 식 (5.71)에서 큰 날개 평면적 S를 가지거나(가지고) 매우 큰 $C_{L,\max}$ 값을 가지도록 설계함으로써 낮은 V_{stall}을 얻을 수 있다. 그런데, 큰 날개 면적은 구조적으로 무거운 날개를 야기하고 표면마찰 항력의 증가를 가져온다. 둘 다 바람직하지 않다. 대신 Boeing 기술자들은 당시의 가장 정교한 고양력 장치를 설계하는 방법으로 가장 높은 $C_{L,\max}$를 얻고자 하였다. 이 장치는 날개 뒷전에서 삼중 전개(triple-slotted) 플랩을 사용하고 앞전에서는 플랩과 슬랫을 사용한다. 이 장치가 완전히 전개되었을 때, Boeing 727은 3.0의 최대 양력계수 값을 가진다. 무게 160,000 lb, 날개 면적 1,650 ft²일 때, 표준 해수면에서 Boeing 727의 실속속도를 계산하라. 이 결과를 예제 5.34 F-104에서 얻은 값과 비교하라.

■ **풀이**

식 (5.71)에서

$$V_{\text{stall}} = \sqrt{\frac{2W}{\rho_\infty S C_{L,\max}}} = \sqrt{\frac{2(160{,}000)}{(0.002377)(1650)(3.0)}} = \boxed{165 \text{ ft/s}}$$

단위 시간당 마일로 표현하면,

$$V_{\text{stall}} = 165\left(\frac{60}{88}\right) = 112.5 \text{ mi/h}$$

Lockheed F-104에 대한 예제 5.34a에서 $V_{\text{stall}} = 197.6$ mi/h임을 알았고, Boeing 727보다 매우 큰 값이다. 이 두 예제의 항공기, 마하 2를 목표로 설계한 전투기와 짧은 이착륙 거리를 가지는 상용 여객기는 통상적인 제트 항공기의 실속속도가 가지는 양 극단을 보여준다.

주: Boeing 727 익형 단면 위에서 계산으로 얻은 유선의 형태가 그림 5.71에 도시되어 있다. 위에서부터 받음각 6°에서 착륙할 때, 받음각 10°에서 이륙할 때 전개된 고양력 장치의 모습을 보여준다. 순항 시에는 고양력 장치를 전개하지 않고 받음각 3°에서 순항한다. 고양력 장치가 전개되었을 때 유동장이 얼마나 많이 바뀌는지에 주목하라. 즉 유선의 곡률이 크게 증가함으로써 양력계수가 크게 증가한다.

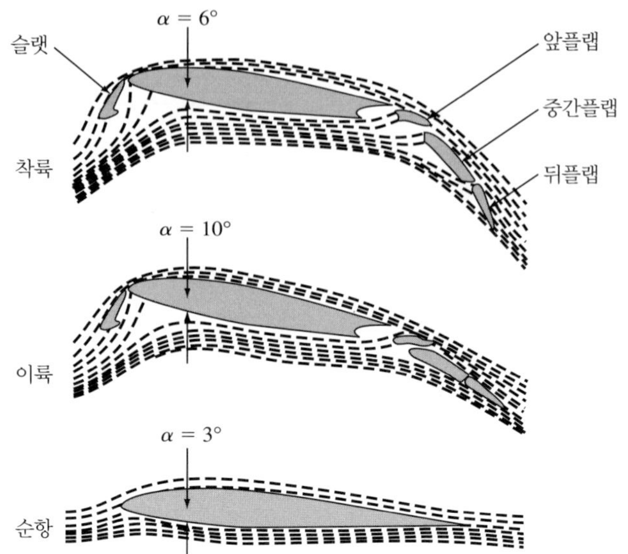

그림 5.71 전개된 고양력 장치 유무에 따른 Boeing 727 날개 단면의 유선 패턴. 착륙, 이륙, 순항 시 비교

5.18 실린더와 구의 공기역학

유동 방향에 수직한 축을 가지는 무한한 길이의 실린더(cylinder)와 구(sphere) 위의 저속 아음속 유동을 고려하라. 유동이 마찰이 없는 비점성 유동이라면, 이론적인 유동 형태는 그림 5.72*a*와 정성적으로 같아 보일 것이다. 유선은 대칭형을 이루고 그림 5.72*b*와 같이 앞면과 뒷면의 압력 분포 또한 대칭일 것이다. 이러한 대칭성은 중요한 현상을 만든다. 즉, 유동의 마찰이 없다면 **구 표면에서 압력저항이 발생하지 않는다.** 이것은 그림 5.72*b*를 간단히 살펴 보면 알수 있다. 앞면 ($-90° \leq \theta \leq 90°$) 영역은 항력의 방향으로 힘을 만들지만, 배면 ($90° \leq \theta \leq 270°$)의 압력 분포는 똑같은 크기의 반대 방향 힘을 만든다. 그래서 물체에 작용하는 항력이 없다는 특이한 이론적 결과를 얻는다. 이것은 일상적 경험과 반대된다. 이론과 실제 간의 이러한 충돌은 19세기 말부터 *d'Alembert paradox*로 잘 알려져 있다.

그림 4.37은 구나 실린더 주위의 실제 유동을 나타낸다. 4.20절에서 논하였듯이, 마찰의 존재는 역압력 구배 영역에서 유동 박리를 일으킨다. 그림 5.72*b*의 이론적 비점성 유동의 압력 분포를 살펴 보면, 뒷면 ($90° < \theta < 270°$)에서 압력이 유동 방향으로 증가함을 알 수 있다. 즉, 역압력 구배가 존재한다. 그래서, 구나 실린더 위의 실제 유동은 뒷면에서 박리될 것이다. 그림 4.37에서 처음 도시되고 5.73*a*에서 다시 그려진 것처럼, 이것은 사실이다. 이 박리 영역에 해당하는 실제 압력 분포는 그림 5.74*b*에서 실선으로 나타나 있다. 앞

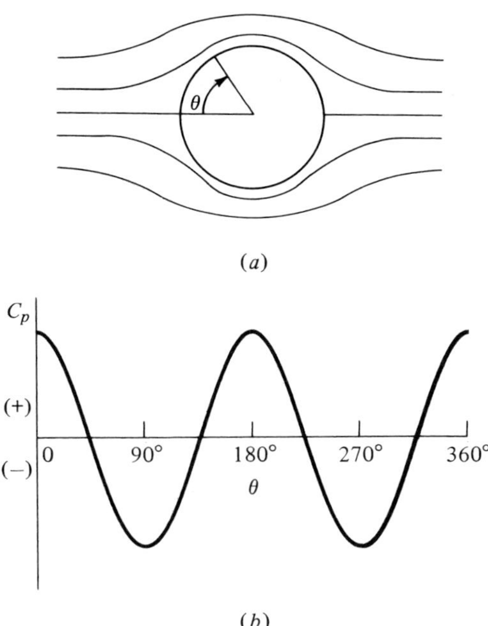

그림 5.72 구 위의 마찰이 없는 이상 유동. (*a*) 유동장, (*b*) 압력계수 분포

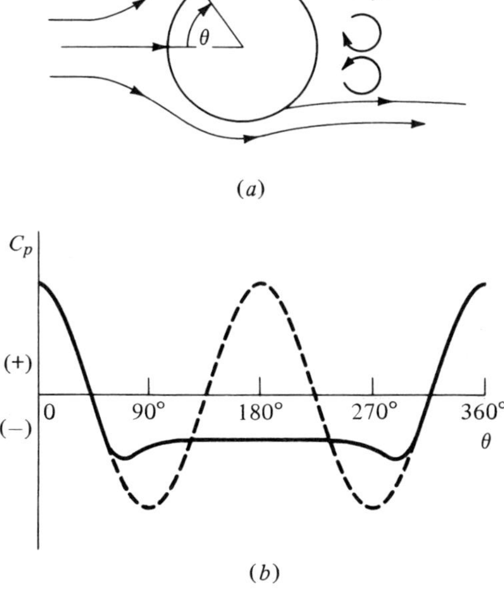

그림 5.73 구 위의 실제 박리 유동. 마찰이 박리를 일으킨다. (*a*) 유동장, (*b*) 압력계수 분포

면($-90° < \theta < 90°$)에서 평균 압력이 뒷면에서보다 훨씬 큼에 주목하라. 결국, 총 항력이 물체에 작용한다. 그러므로 자연과 경험은 다시 조화를 이루게 되고, d'Alembert paradox는 마찰을 고려함으로써 해결된다.

구나 실린더 위의 유동, 이로 인한 항력은 뒷면의 유동 박리에 의해 지배된다. 이것은 레이놀즈수에 따른 C_D의 재밌는 변화를 야기한다. 레이놀즈수를 구의 지름 d를 기준으로 정의해 보자. $\mathrm{Re} = \rho_\infty V_\infty d/\mu_\infty$. 구가 저속 아음속 풍동에 설치되어 있고, 자유류 속도가 바뀌어서 Re가 10^5부터 10^6까지 증가한다면, $\mathrm{Re} = 3 \times 10^5$ 근처에서 신기하게도 C_D가 거의 불연속적으로 작아짐을 관찰할 수 있다. 이 레이놀즈수를 구에 대한 **임계** 레이놀즈수라 부르고, 그림 5.75에서 확인할 수 있다. 무엇 때문에 항력이 이렇게 급격히 작아지는가? 그 답은 층류 경계층과 난류 경계층이 유동 박리에 다른 영향을 주기 때문이다. 4.20절의 끝부분에서 층류 경계층이 난류에 비해 더 쉽게 박리됨에 주목하였다. $\mathrm{Re} < 3 \times 10^5$인 구 위의 유동에서 경계층은 층류이다. 그래서 유동은 뒷면에서 완전히 박리되고 물체 뒤의 후류가 그림 5.75*a*처럼 크게 발생한다. 이어서, C_D의 값도 큰데, $\mathrm{Re} < 3 \times 10^5$에 대해 그림 5.74의 왼쪽 편에서 확인할 수 있다. 그런데, Re가 3×10^5 이상이 되면, 난류 천이가 앞면에서 발생하고 경계층은 난류가 되어 박리점이 뒤로 이동한다. (난류 경계층은 역압력 구배가 있는 곳에서 더 멀리까지 표면에 붙어 있을 수 있다.) 이 경우 물체 뒤 후류는 그림 5.75b와 같이 훨씬 더 작다. 이어서 압력항력이 더 작게되고, 그림 5.74의 오른쪽에서 확인할 수 있듯이 C_D 또한 감소한다.

그러므로, 구나 실린더의 항력이 감소하려면, 난류 경계층이 앞면에서 얻어져야 할 것이다. 이것은 앞면에서 난류 천이가 일어날 수 있도록 Re를 증가시킴으로써 자연적으로 얻을 수 있다. 더 낮은 Re에서 인공적으로도 얻을 수 있는데, 난류를 위해 표면에 선을 감거

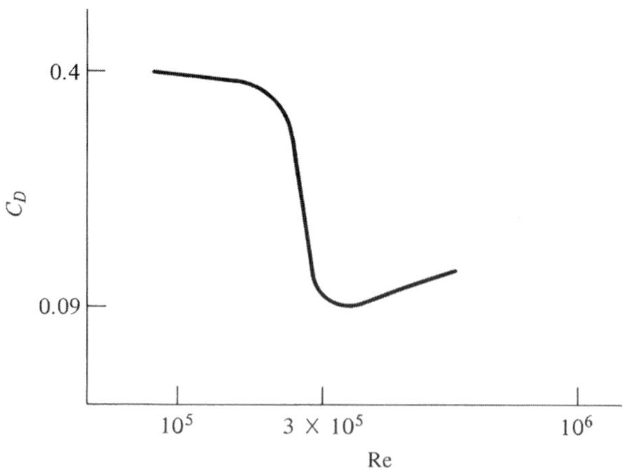

그림 5.74 저속에서 구의 레이놀즈수에 따른 항력계수의 변화

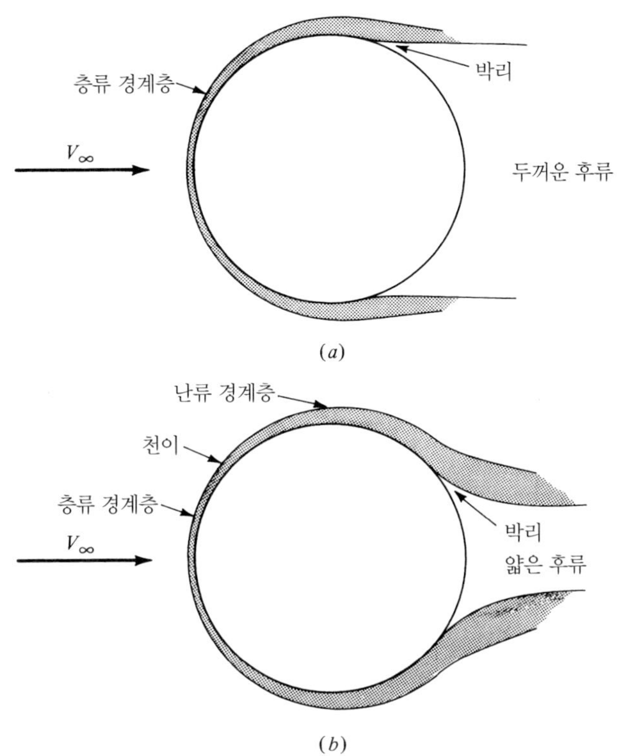

그림 5.75 구 주위 층류와 난류 유동

나 돌기를 심음으로써 빠른 천이를 일으키는 거친 표면을 이용한다. (이러한 인공적 장치를 사용하는 것을 **경계층** *tripping*이라 부른다.)

골프공 표면에서 볼 수 있는 오목한 돌기인 딤플(dimple)은 난류를 촉진시켜 골프공의 항력을 줄이기 위해 설계된다는 점은 재미있는 사실이다. 실제로, 몇몇 최신 연구는 다각형 딤플이 통상적인 원형 딤플보다 항력을 더 많이 줄인다는 점을 보여주고 있다. 어쨌든, 어떤 모양의 딤플이라도 매끄러운 표면보다는 압력항력을 더 작게 만든다. (탁구공은 골프공보다 더 항력이 크다.)

설계

DESIGN BOX

실린더 및 구와 같은 앞이 둥근 물체에서 생기는 큰 압력항력 때문에 **유선형**(*streamlining*) 설계 개념이 제시된다. 실린더 단면의 지름이 d이고, 실린더의 축이 유동 방향에 수직한 물체를 고려하라. 실린더의 뒷면에서 박리된 유동이 있고, 상대적으로 두꺼운 후류와 이로 인한 큰 압력항력이 발생한다. 이 경우는 그림 5.76*a*에 나타나 있다. 그림 5.76*a*의 오른쪽의 막대는 실린더의 총 항력을 나타낸다. 막대의 음영 부분은 표면마찰항력을, 나머지는 압력항력을 나타낸다. 앞이 뭉뚝한 물체의 경우에 항력이 상대적으로 크고, 이 항력의 대부분

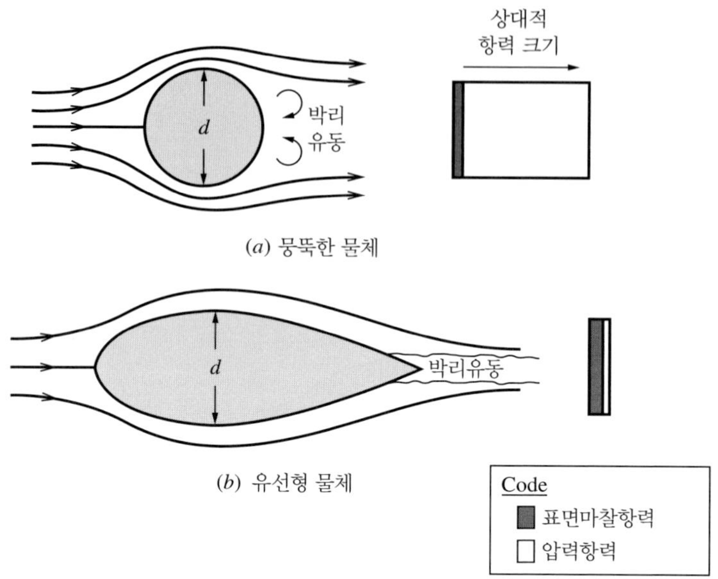

그림 5.76 뭉뚝한 물체와 유선형 물체의 항력 비교

은 압력항력이 차지한다. 그런데, 실린더의 뒷면에 길고 점점 얇아지는 형상을 감쌌다고 할 때 발생하는 일을 살펴보자. 최종 형상은 그림 5.76*b*의 눈물방울 모양이다. 이러한 형상은 유선형이고, 실린더와 같은 두께 *d*를 가진다. 그런데, 얇아지는 후방 형상 때문에, 실린더 뒷면에 비해서 유선형 물체 뒤를 따라 발생하는 역압력 구배가 훨씬 부드러울 것이다. 그래서, 그림 5.76*b*와 같이 뒷전에 훨씬 더 가까운 곳까지 유선형 물체의 유동 박리가 지연될 것이다. 후류 또한 매우 작다. 결국, 유선형 물체의 압력항력은 실린더의 그것보다 훨씬 더 작다. 사실, 그림 5.76*b*의 오른쪽 막대에서 보듯이, 저속 유동에서 유선형 물체의 총 항력은 같은 두께의 실린더 항력에 비해 10% 정도가 된다. 표면적이 커졌기 때문에 유선형 물체의 마찰항력은 더 크게 되지만, 압력항력이 더 많이 줄어든다.

이것이 항공기 설계에서 유선형에 많은 관심을 두는 것에 대한 이유이다. 1920년대 후반까지 항공기 설계자들은 유선형의 가치를 완전히 인식하지 못하였다. 그림 6.79와 6.80으로 건너가 보자. 그림 6.79은 2차 세계 대전 이후 전형적인 strut-and-wire 복엽기인 프랑스 SPAD XIII를 보여준다. 이 항공기는 확실히 유선형이 아니다. 반면에, 유선형 항공기가 유행이었던 1930년대 중반에 설계된 Douglas DC-3가 그림 6.80에 나타나 있다. 유선형 개념의 진화와 함께 그것이 항공기 설계에 어떻게 적용되었는지는 공기역학 역사에서 상당히 흥미로운 이야기들 중 하나이다. 이러한 이야기는 아래 책에서 들을 수 있다. (*Anderson, A History of Aerodynamics and Its Impact on Flying Machines*, Cambridge University Press, New York, 1997.)

예제 5.36

미국 표준 골프공의 직경은 1.68 in.이다. 골프 드라이버 클럽에 부딪힌 직후 골프공의 속도는 일반적으로 148 mi/h이다. 표준 해수면 고도에서 골프공의 레이놀즈수를 계산하고, 구의 임계 레이놀즈수와 이 값을 비교하라.

■ **풀이**

직경 d = 1.68 in = 0.14 ft. 속도 V_∞ = 148 mi/h = 148 (88/60) ft/s = 217.1 ft/s이다. 표준 해수면 고도에서 ρ_∞와 μ_∞는 각각 0.002377 slug/ft^3, 3.7373 × 10^{-7} slug/ft s (4.15절 참조)

$$\mathrm{Re} = \frac{\rho_\infty V_\infty d}{\mu_\infty} = \frac{(0.002377)(217.1)(0.14)}{3.7373\times 10^{-7}} = \boxed{1.933\times 10^5}$$

이 값은 구의 임계 레이놀즈수 3 × 10^{5}보다 약간 아래의 값이다. 자연 현상으로만 생각하면, 그림 5.75*a*와 같이 골프공은 빠른 유동 박리가 발생하는 층류 경계층을 가지게 될 것이고, 그림 5.74에서 레이놀즈수가 3 × 10^{5}보다 작으므로 큰 항력계수를 가지게 된다. 그런데, 골프공 표면의 딤플은 3 × 10^{5}보다 작은 레이놀즈수에서 경계층이 난류가 되도록 촉진하여, 그림 5.75b에서 보듯이 유동은 표면에 더 오래 부착한다. 따라서 그림 5.74의 오른쪽에 해당하는 더 낮은 항력계수를 가지게 된다. 딤플은 난류 천이가 발생하는 레이놀즈수를 효과적으로 낮추는 경계층 tripping의 인공적인 방법이다.

예제 5.37

예제 5.36의 골프공에 대해 아래 두 경우의 항력을 계산하라. (*a*) 완전히 매끄러운 표면을 가지는 가상의 공, (*b*) 딤플이 있는 실제 공.

■ **풀이**

a. Re = 1.933 × 10^{5}은 임계값 아래에 있고 경계층을 인공적으로 천이시킬 표면의 거칠기가 없기 때문에, 그림 5.74에서 구에 대한 항력계수 값인 0.4를 적용한다. 예제 5.36에 주어진 유동 조건에 대해,

$$q_\infty = \tfrac{1}{2}\rho_\infty V_\infty^2 = \tfrac{1}{2}(0.002377)(217.10)^2 = 56\ \mathrm{lb/ft^2}$$

구의 경우, 항력계수를 정의할 때 사용한 기준면적은 단면적이다.

$$S = \frac{\pi d^2}{4} = \frac{\pi(0.14)^2}{4} = 0.0154\ \mathrm{ft^2}$$

그러므로,

$$D = q_\infty S C_d = (56)(0.0154)(0.4) = \boxed{0.345\ \mathrm{lb}}$$

b. 이 경우 골프공 표면에 딤플이 있고 경계층은 난류로 천이된다. 따라서, 그림 5.74에서 층류에 비해 훨씬 더 작은 0.1의 항력계수 값을 가진다.

$$D = q_\infty S C_d = (56)(0.0154)(0.1) = \boxed{0.086\ \mathrm{lb}}$$

골프를 치는 독자라면 이 결과의 중요성을 이해할 수 있다. 항력이 큰 매끈한 공에 비해서 딤플이 있는 저항력 공을 사용하면 페어웨이에 더 먼 거리까지 공을 날릴 수 있다.

5.19 양력 발생의 원리 — 몇 가지 다른 설명

그림 5.1의 로드맵으로 돌아가자. "양력이 어떻게 발생하는지"에 관한 하단의 한 내용을 제외하고는 모든 주요 지점을 지났다. 이것이 본 절의 주제이다.

Wright 형제의 첫 비행 이후 100년이 넘은 오늘날에도 과학기술자, 조종사를 포함한 관련자들 모두가 어떻게 항공기 날개가 양력을 생성하는지에 관한 논쟁을 지속하고 있다는 사실은 놀라운 일이다. 다양한 설명이 제기되었고, 논쟁은 어떤 설명이 가장 근본적인지에 초점이 맞추어져 있다. 이 절의 목적은 논쟁을 해소하기 위해서 이러한 다양한 설명을 올바르게 접근하고자 시도하는 것이다. 이전의 논의에서 일관되게 가장 근본적인 하나의 설명을 제시하였고, 여러분들이 다른 대안으로 머리를 복잡하게 하지 않도록 의도하였다. 그래서 무엇이 문제인지 궁금해 할지 모르겠다. 여러분은 이미 양력이 어떻게 발생하는지 알고 있다. 그런데, 양력 발생에 관한 서로 다른 (때때로 옳지 않은) 수많은 문헌들이 있으므로, 대안적인 생각들의 일부를 인지할 필요가 있다.

먼저 본 저자가 양력에 대한 가장 근본적인 설명으로 주장하는 것을 고려해 보자. 유체(액체 또는 기체)를 통해 움직이는 물체를 이해하는 두 가지 방법은 물체 표면에 작용하는 압력과 전단응력의 분포이다. 물체에 작용하는 공력의 합력은 물체 표면의 압력과 전단응력의 종합적인 결과이다. 양력은 상대풍에 수직한 이 합력의 성분이고 적절한 받음각에서 익형의 표면에 작용하는 압력은 주로 양력의 방향으로 작용하므로(반면 전단응력은 주로 항력의 방향으로 작용한다), 양력의 경우에 전단응력의 효과는 부차적이고 양력은 익형 윗면과 아랫면의 압력 분포가 가지는 불균형에 주로 기인한다고 쉽게 말한다. 특히, 익형 윗면의 압력이 아랫면의 압력보다 낮을 때 양력이 생긴다고 말한다. 그런데, 압력은 왜 날개 윗면에서 낮고, 아랫면에서 높은지 궁금해질 것이다. 이것은 익형 위의 공기역학적 유동이 자연의 법칙을 따르기 때문이다. 질량보존과 뉴턴의 제2법칙! 이 식들을 자세히 살펴보고 어떻게 자연은 항공기 날개의 양력을 생성하는 데 이 법칙들을 적용하는지 살펴보도록 하자. 이러한 지적 사고는 아래의 결론을 제시한다.

1. 그림 5.77*a*에 그려진 익형 위 유동을 고려하라. 유관 *A*와 *B*를 생각하라. 음영진 유관 *A*는 날개 위를 흐르고, 투명한 유관 *B*는 날개 아랫면을 흐른다. 두 유관은 익형 앞의 자유류에서 시작한다. 유관 *A*가 익형을 향해 흐름에 따라 관은 장애물로 익형의 윗면을 느끼게 되고, 유관은 이 장애물을 회피하는 길로 움직여야 한다. 그렇게 함으로써 유관 *A*는 익형의 선두를 지날 때 더 작은 단면적으로 수축될 것이다. 이어서, **질량 보존**($\rho AV =$ constant) 때문에 이 유관의 수축된 곳에서 유동 속도가 커져야만 한다. 이 높은 속도는 그림 5.77*a*에서 점 *a*의 긴 화살로 표시된다. 유관이 점 *a* 아래로 흐름에 따라 단면적은 점차 증가하고 유동 속도는 감소할 것이다. 이것은 점 *b*에서 짧은 화살표로 표시된다. 유관 *A*는 익형의 최대 두께 **지점 앞** 선두부에서 가장 많이 수축됨에 주목하라. 그래서, 최대 속도는 익형의 최대 두께 **지점 앞**에서 발생한다. 이제 익형의 아랫면을 지나는 유

관 B를 생각하자. 익형은 양의 캠버를 가지도록 설계되어 익형의 아랫면은 유관의 입장에서 더 작은 장애물이 된다. 그래서 유관 B는 익형의 선두에서 흐르는 유관 A만큼 수축되지 않는다. 그 결과, 유관 B의 유동 속도는 유관 A의 속도보다 낮은 상태를 유지한다. 그러므로, 다음과 같이 말할 수 있다:

질량 보존의 법칙, 즉 연속방정식에 따라서 유동 속도는 아랫면보다 윗면에서 더 많이 증가한다.

실제 유동에서 유관의 수축을 보기 위해 그림 2.6의 연기 가시화 사진으로 돌아가라. 익형의 윗면을 지나는 유관이 앞전 직후에서 수축되고 있으며, 이 곳에서 유동 속도가 가장 크다는 것을 명확히 볼 수 있다.

2. 비압축성 유동의 경우에 베르누이 방정식 $p + \frac{1}{2}\rho V^2 = \text{constant}$으로부터 명백히 속도가 증가하는 곳에서 정압이 감소한다. 오일러 방정식 $dp = -\rho V dV$로부터 속도가 증가하면 ($+dV$) 압력은 감소한다($-dp$). 속도가 증가하는 곳에서 압력이 감소한다는 점을 일반화해서 **베르누이 효과**라 부른다. 베르누이 방정식과 오일러 방정식은 뉴턴의 제2법칙을 나타냄을 상기하라. 유동 속도가 아랫면보다 윗면에서 더 크다는 것을 1번 꼭지에서 보였기 때문에, 다음과 같이 말할 수 있다:

베르누이 효과로 인해 날개 윗면의 압력이 아래면의 압력보다 더 낮다.

이것은 윗면과 아랫면에서 압력 분포를 개략적으로 그린 그림 5.77b에 묘사되어 있다. 최소 압력은 점 a에서 발생함에 주목하라.

3. 최종적으로 정리하면,

윗면의 낮은 압력과 아랫면의 높은 압력으로 인해 익형은 위 방향으로 양력을 받게 된다.

이러한 양력은 개략적으로 그림 5.77*b*에 나타나 있다.

꼭지 1부터 3까지 연결되는 내용은 항공기 날개에 양력을 발생시키는 자연의 근본법칙이다. 질량보존과 뉴턴 제2법칙보다 더 근본적인 원리를 얻을 수는 없을 것이다.

앞선 설명은 날개에서 발생하는 대부분의 양력이 왜 앞전부터 날개의 20~30% 영역에서 발생하는지를 보여줌에 주목하길 바란다. 이것은 그림 5.77*b*에 나타나 있는데, 윗면과 아랫면 사이에 압력차가 가장 큰 곳이 익형의 앞 부분에 위치한다. 익형의 앞 부분에서 양력의 대부분이 발생함은 그림 5.18, 4.55, 4.56에서도 볼 수 있다. 윗면에서 익형의 앞전 바로 뒤의 앞 부분에서 최소 압력이 발생함을 보여준다. 이런 면에서, 익형의 뒷부분이 가지는 중요한 기능은 유동 박리를 피하기 위해 단지 유선형을 구성하는 것이라 볼 수 있다.

왜 유동 속도가 익형의 윗면에서 증가하는지에 관한 보편적인 오해를 이제 떨쳐버리자. 유체의 정체 영역에 들어오는 유체요소가 두 요소로 나뉘고, 하나는 윗면으로 다른 하나는 아랫면으로 흐른다고 종종 표현된다. 이 두 요소는 뒷전에서 다시 만난다고 가정을 하게 된다. 익형의 윗면에서 움직인 거리가 아랫면에서보다 더 길기 때문에, 윗면의 유체

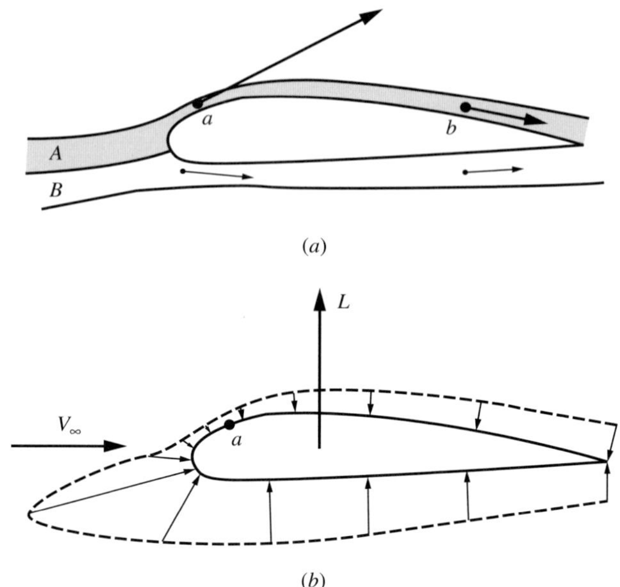

주: 화살길이는 $p-p_{ref}$ 값에 비례한다. p_{ref} 는 익형 위 최소 압력값보다 조금 작은 임의의 기준값이다.

그림 5.77 (*a*) 윗면의 유동 속도는 평균적으로 아랫면에서 보다 더 크다. 이것은 유관 B보다 A에서 관이 더 많이 수축하기 때문이다. (*b*) 결국, 윗면에서 압력이 아래면의 압력보다 더 낮고, 위 방향으로 양력을 발생시킨다.

요소가 더 빨리 움직인다고 설명한다. 이것은 간단히 말해 틀린 말이다. 실험이나 전산유체역학 계산은 아랫면을 따라 움직이는 요소가 뒷전을 떠나기 전에 윗면을 움직이는 유체 요소가 뒷전을 더 먼저 떠나게 됨을 분명히 보여준다. 이것은 그림 5.78에 도시되어 있다. 그림 5.78에서 익형의 앞전 정체 영역에서 있는 시간 t에서 합쳐진 유체요소 CD를 고려하자. 이 유체요소는 윗면을 따라 움직이는 요소 C와 아랫면을 따라 움직이는 요소 D로 나누어진다. 이후 시간 t_2에 요소 C는 뒷전 뒤로 흘러가고, 요소 D는 아직 뒷전에 도달하지 못하였다. 이 두 요소는 뒷전에서 만나지 않기 때문에, 이들의 만남을 생각한 어떤 설명도 참이 아니다.

양력 발생에 관한 앞선 설명은 또한 곡선 모양의 익형 뿐만 아니라 평판에도 적용된다.

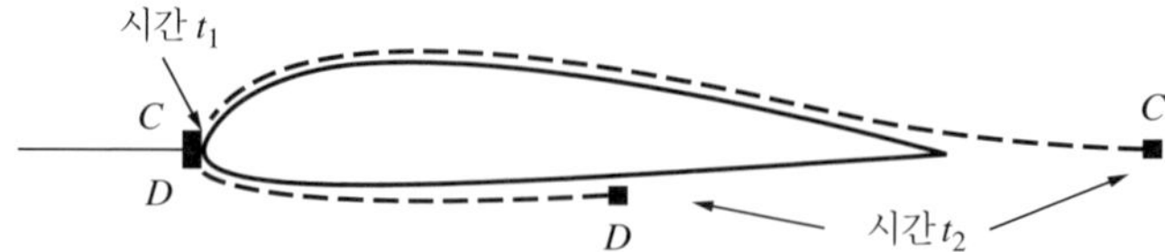

그림 5.78 익형 위 유동에서 두 유체요소의 추적. 윗면의 요소 C와 아랫면의 요소 D

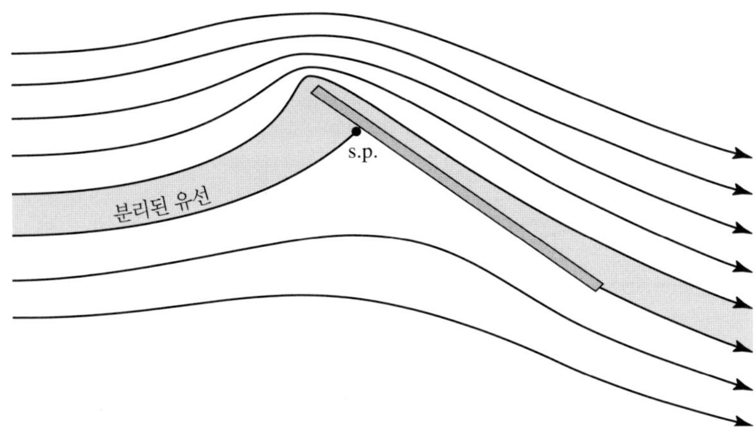

그림 5.79 받음각이 있는 평판의 유선흐름 개략도

몇몇 유명한 문헌의 설명과 달리, 익형의 곡선 모양은 양력 발생을 설명하는 데 필요가 없다. 받음각이 있는 얇은 평판은 양력을 발생시킨다. 그림 5.79는 받음각이 있는 평판에서 유선흐름을 개략적으로 도시한 그림이다. 정체점(그림 5.79에서 s.p.로 표기)은 앞전 이후 아랫면에 위치한다. 정체점을 관통하는 유선을 **분할 유선**(*dividing streamline*)이라 부른다. 분할 유선 위의 유동은 평판의 윗면을 따라 흐르고, 반대로 분할 유선 아래로 흐르는 유동은 평판의 아랫면을 따라 흐른다. 그림 5.79의 음영진 유관은 그림 5.77에서 음영진 유관 *A*와 유사하다. 그림 5.70의 음영진 유관 내의 유동은 표면을 따라 정체점으로부터 **위로** 움직인다. 앞전을 굽이쳐 흐르므로, 유관은 크게 수축되어 평판 윗면의 뒷 방향으로 흐른다. 결국, 수축되는 영역에서 앞전의 유동 속도는 매우 크고, 따라서 압력은 매우 낮다. 유관이 평판의 윗면에서 흐름에 따라 단면적은 점차 증가하게 되어 유동 속도는 앞전의 큰 초기값에서부터 점차 감속하고, 표면 압력은 점차 증가한다. 그런데, 윗면의 압력은 아랫면의 압력보다 평균적으로 낮게 유지된다. 보통 이러한 압력차이는 평판에 양력을 일으킨다. 이 시점에서 그럼 왜 항공기 날개로 얇은 평판을 사용하지 않는지 궁금할 것이다. 내부 구조물, 연료, 착륙 장치(landing gear)를 위한 공간을 위해 날개의 두께가 필요하다는 실용적인 이유를 제외하면, 그 답은 평판이 많은 항력을 발생시키는 점에 있다. 평판의 경우 꽤 낮은 받음각에서 윗면의 유동이 앞전에서 박리되기 쉬우므로 엄청난 압력항력을 유발한다. 결과적으로, 받음각을 가지는 평판이 양력을 발생시킬 수 있음에도 통상적인 유선형의 두꺼운 익형에 비해 양항비가 너무 낮다.

양력 발생의 원리를 설명하는 여러가지 대안적 설명이 있지만, 실제 **근본적인 이유에 대한 설명**이라기보다는 차라리 양력의 **효과**에 대한 것들이 대부분이다. 이러한 대안적 설명을 살펴 보자.

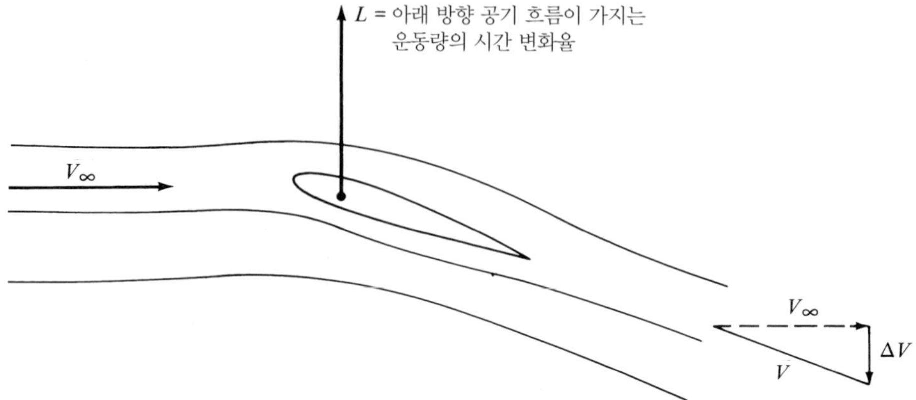

그림 5.80 유동 모멘텀의 시간 변화율과 양력의 관계

때때로 아래와 같은 설명이 대안으로 제시되곤 한다. 날개가 공기흐름을 휘게 만들어서 날개 뒤 평균 속도 벡터가 그림 5.80과 같이 아래로 약간 기울어진다. 그래서, 날개는 공기의 아래 방향 모멘텀 성분에 영향을 주고, 즉 날개가 공기에 힘을 가해서 유동을 아래로 밀어낸다. 뉴턴의 제3법칙에 따르면, 반대 방향의 동일한 반작용이 양력이 된다. 그런데, 이 설명은 실제 양력의 **효과**를 말하는 것이지 이유를 말하지는 않는다. 실제로, 표면의 공기압은 표면을 누르고, 위 방향의 양력을 만든다. 작용–반작용의 원리의 결과로 날개 표면은 공기를 밀어 내어 공기가 아래 방향 힘을 받으므로 속도 벡터가 아래로 기울어진다. 그러므로, 날개의 존재로 인해 공기 흐름에 발생된 아래 방향 모멘텀의 변화율은 표면 압력 분포로 인한 하나의 **효과**로 생각될 수 있다. 압력 분포 자체가 양력의 근본적인 이유라는 말이다.

세 번째 논쟁은 양력의 원천에 관해 종종 논의되는 **양력의 순환이론**(*circulation theory*)이다. 그런데, 이것은 양력 그 자체를 **설명**하는 데 큰 도움이 되지 못함이 밝혀졌다. 대신 익형이나 주어진 형상의 양력 순환에 대한 수학적 공식에 도움이 된다. 게다가, 주로 비압축성에만 적용가능하다. 양력의 순환이론은 고급스럽고 잘 정립되어 있다. 이 책의 범위를 넘는 내용이지만, 아래와 같이 맛보기 정도로만 다룬다.

그림 5.81에서 주어진 익형 위의 유동을 고려하라. 익형을 둘러싸는 폐곡선 C를 상상하라. 이 곡선 위 한 점에서, 유동 속도는 V이고, 곡선의 접선과 V가 이루는 각은 θ이다. ds를 곡선 C를 따르는 거리 증분으로 두자. **순환** Γ라 불리는 양은 다음과 같이 정의된다.

$$\Gamma \equiv \oint_C V \cos\theta \, ds \tag{5.72}$$

즉, Γ는 폐곡선 C에 접하는 방향의 속도 성분을 선적분(line integral)한 양이다. Γ의 값을 얻은 후, **단위 너비당 양력**은 다음으로 계산된다.

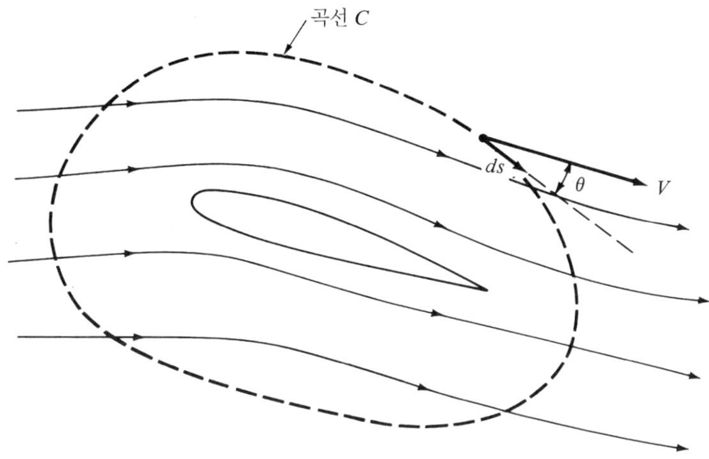

그림 5.81 양력의 순환이론 개념도

$$\boxed{L = \rho_\infty V_\infty \Gamma_\infty} \tag{5.73}$$

식 (5.73)은 *Kutta–Joukowsky* 정리로서, 양력의 순환이론에서 핵심이 되는 관계식이다. 이 이론의 목적은 주어진 V_∞와 익형 형상에서 Γ를 계산하는 것이다. 식 (5.73)에서 양력을 얻는다. 종종 **포텐셜 유동 이론**이라 불리는 비압축성 이상유동 이론의 힘은 Γ를 계산하는 것이다. 이러한 내용은 고급 공기역학 교재에서 많이 다룰 것이다. (Anderson, *Fundamentals of Aerodynamics*, 5th ed., McGraw-Hill, 2011 참조)

여타의 성공적인 수학적 이론이 그러하듯, 양력의 순환이론은 익형 위 유동의 물리적 본성에 잘 들어 맞는다. 가장 간단한 개념으로, 익형 위의 실제 유동을 그림 5.82의 오른쪽과 같이 가시화 할 수 있다. 이것은 그림 5.82의 왼쪽에 있는 일정한 자유류 흐름과 순환 유동을 중첩하여 얻은 결과이다. 시계 방향으로 회전하고 있는 순환 유동을 일정한 자유류에 더하게 되면, 익형의 위에서 속도가 빨라지고 아래에서는 느려지게 된다. 베르누이 방정식으로부터, 이것은 익형의 윗면에 낮은 압력이, 아랫면에 높은 압력이 발생하여 위 방향으로 양력이 생성됨을 의미한다. 식 (5.72)에 정의된 순환의 크기는 자유류에 더해 졌을 때 날개 위의 실제 유동이 그림 5.82의 오른쪽과 같이 뒷전을 부드럽게 빠져 나갈 수 있도록 하는 만큼의 값을 가진다. 이것을 *Kutta* **조건**이라 부르고, 양력의 순환이론의 중요한 부분이 된다.

그림 5.77*b*에 도시된 것처럼, 자연이 익형에 양력을 발생시키는 실제적인 방법은 익형 표면의 압력 분포임을 다시 한번 명심하라. 이 압력 분포는 궁극적으로 공기흐름의 모멘텀의 시간 변화율을 일으킨다(그림 5.80). 이 원리는 양력 발생을 가시화할 수 있는 대안적 방법으로 사용될 수 있다. 최종적으로, 양력의 순환이론조차도 익형 표면의 압력 분포에 기반을 둔다. 이것은 Kutta–Joukowsky 정리, 식 (5.73) 또한 표면 압력 분포를 이

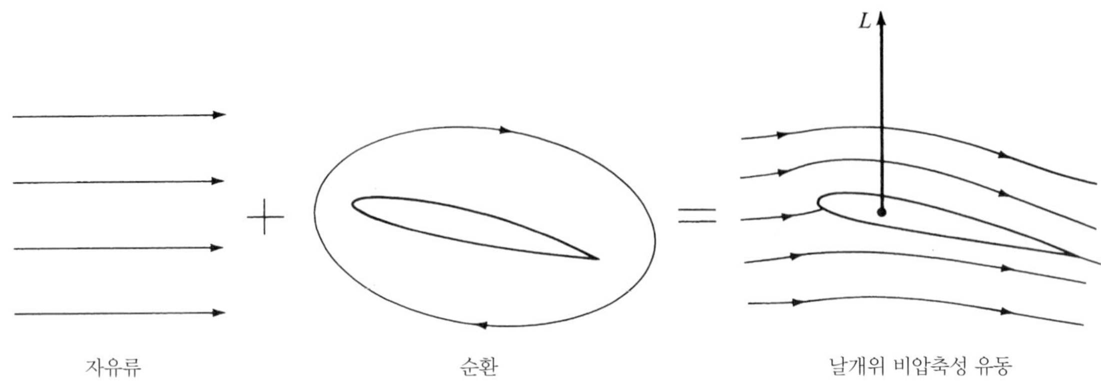

그림 5.82 더 복잡한 유동을 조합하기 위한 두 기본 유동의 중첩. 기본 유동이 순환을 가지고 있으면 조합된 유동 또한 같은 순환을 가진다. 양력은 순환에 정비례한다.

용해 유도하였기 때문이다. 더 자세한 내용을 공기역학에서 배우기 바란다(Anderson, *Fundamentals of Aerodynamics*, 5th ed., McGraw-Hill, 2011 참조).

예제 5.38

배면 비행하는 NACA 2415 익형이 효율적이지는 않지만 양력을 발생시킬 수 있음을 예제 5.10에서 증명했다. 본 예제에서는 다른 익형을 가지고 다시 이 문제로 돌아가보자. 대신 공중곡예 비행에 적합한 익형 형상을 살펴보는 목적을 가지도록 한다. 그림 5.83*a*와 *b*에서 각각 정상 비행과 배면 비행하고 있는 NACA 4412 익형을 고려하라. 둘 다 같은 받음각에 놓여 있다. 받음각 6도에서 (*a*)와 (*b*)에 보여지는 각 경우의 양력계수를 구하라.

■ **풀이**

a. 부록 D에서 받음각 6도인 NACA 4412의 양력계수는

$$\boxed{c_l = 1.02}$$

b. 그림 5.83*b*의 상태를 뒤집어서 생각하면, NACA 4412 익형이 제 위치에 있지만, 음의 받음각 상태에 있음을 보게 된다. 그러므로, 그림 5.83*b*에서 양의 받음각에 있는 배면 비행 익형의 양력계수는 부록 D에서 음의 받음각에 대한 데이터로 주어진다. 즉 받음각 −6°에서 $c_l = -0.22$이다. 음의 c_l은 받음각 −6°로 기수가 내려져 있는 정상 익형에서 아래 방향 양력을 의미한다. 그림 5.83*b*에 보이는 배면 상태에서는 이 양력이 위를 향하게 될 것이다. 그러므로, 받음각 6°에서 배면 비행하고 있는 NACA 4412 익형의 양력계수는 다음과 같다.

$$\boxed{c_l = 0.22}$$

주: 그림 5.83*b*에서 배면 비행하는 익형은 양력을 발생시키지만, 같은 받음각에서 정상 비행하는 동일한 익형만큼 발생시키지는 못한다. 그림 5.83*a*의 정상 비행 중인 익형과 동일한 양력을 발생시키기 위해서는 그림 5.83*b*의 배면 비행하는 익형의 받음각이 더 커야만 한다.

곡예 항공기는 상당한 시간 동안 배면 비행한다. 이러한 이유로, 곡예 항공기의 설계자는 날개 단면

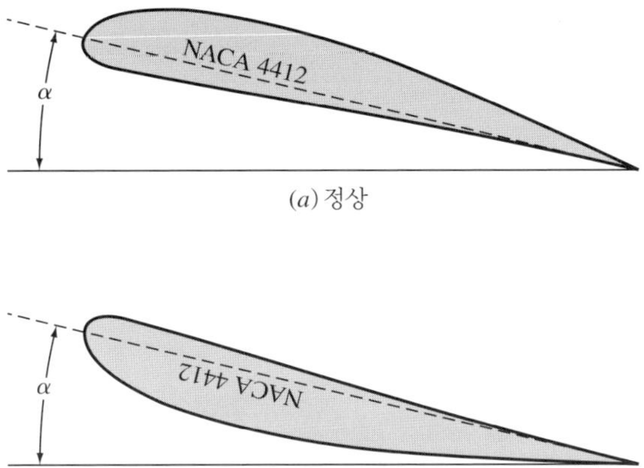

그림 5.83 (a) 정상 비행 익형, (b) 배면 비행 익형. 둘 다 같은 받음각을 가진다.

으로 대칭형 익형을 종종 선택한다. 또한 모든 종류의 항공기에서 수평 및 수직 꼬리 날개는 일반적으로 대칭형 익형 형상을 가진다. 그림 5.84의 사진은 미국 경연대회에서 세 번 챔피언이었던 유명한 곡예비행 조종사 Patty Wagstaff의 곡예 항공기이다. 날개 단면이 대칭 익형임을 볼 수 있다.

그림 5.84 National Air and Space Museum에 전시되어 있는 Patty Wagstaff의 곡예 비행기, Extra 260. (*a*) 항공기 전체 사진(*계속*)

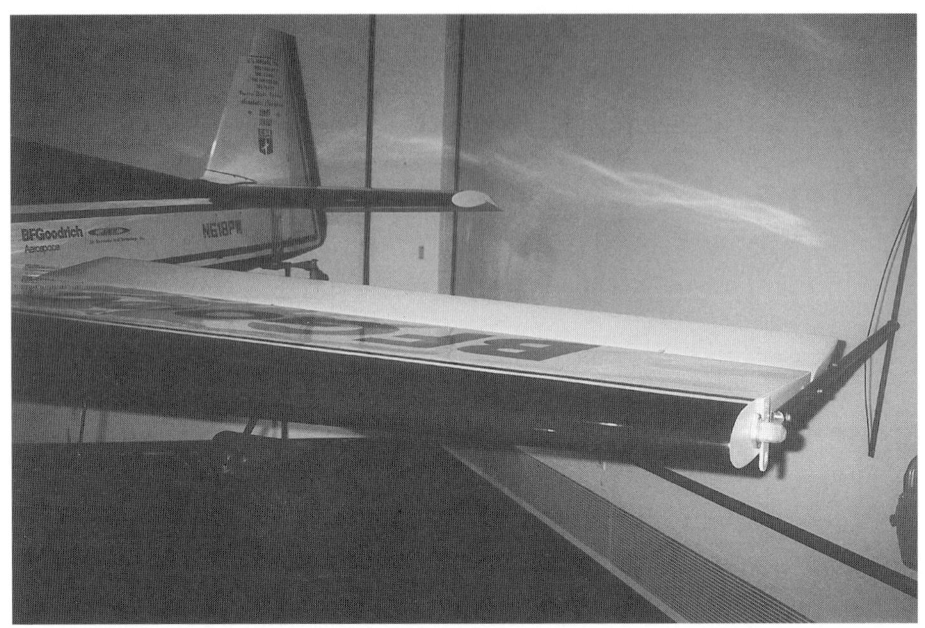

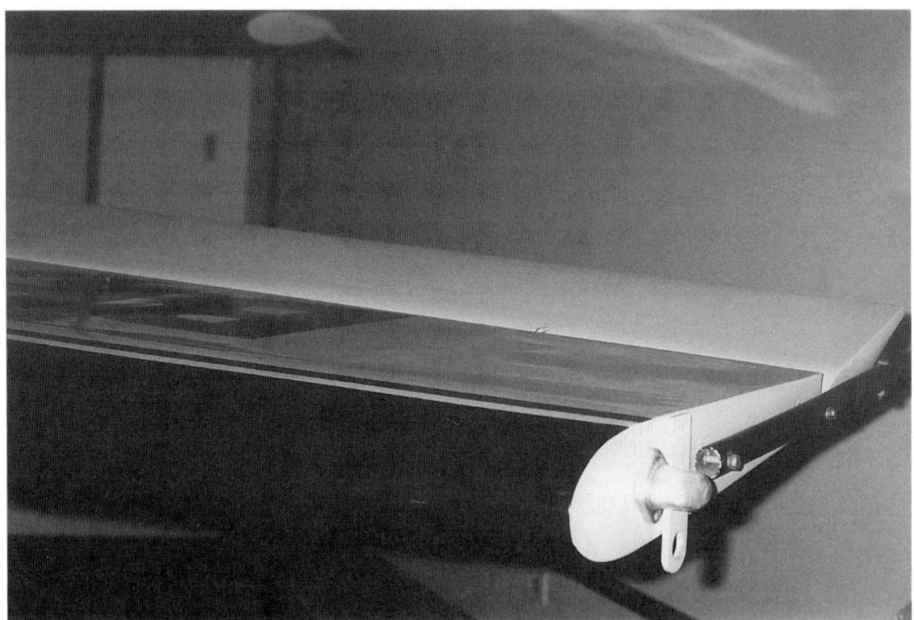

그림 5.84 (*b*) 직각 끝단(squared-off wing tip)을 가진 왼쪽 날개, (*c*) 왼쪽 날개 끝단의 대칭 익형 단면을 보여주는 확대 사진
(자료 출처: *Courtesy of John Anderson*)

5.20 역사적 기록: 익형과 날개

우리는 1799년에 George Cayley가 고정익의 개념을 도입한 것을 알고 있으며, 이것은 1.3절과 5.1절에서 상세히 논의하였다. 게다가, Cayley는 양력이 날개(wing) 윗면의 낮은 압력 영역과 아랫면의 높은 압력에 의해 생성되고 캠버 형태가 평면보다 더 큰 양력을 생성한다는 사실을 알게 되었다. 사실, 그림 1.5는 비록 곡률이 느슨한 천 표면에 맞서 불어오는 바람 때문이었지만, Cayley가 생각한 날개에 대해 커브가 있는 표면을 나타낸다. 그런데, Cayley나 그를 따르는 어떤 누구도 익형을 연구하고 개발하는 일조차 수행하지 않았다.

1884년에 처음으로 깊이있는 익형이 개발되었다. 그 해에 영국인 Horatio F. Phillips의 양면, 캠버 익형(cambered airfoils) 시리즈에 대한 특허권이 인정되었다. 그림 5.85는 익형 단면에 대한 Phillips의 특허 도안을 나타낸다. Phillips는 19세기 말 항공우주 공학에서 중요한 인물이 되었다. 우리는 이젝터로 구동되는 풍동을 설명한 4.24절에서 그를 만난 적이 있다. 사실, 그림 5.85에 나타난 익형 형태는 Phillips가 "상상할 수 있는 모든 형태와 조합"으로 휘어진 날개를 조사했던 수많은 풍동 실험의 결과였다. Phillips는 항공우주 커뮤니티에 대부분의 영향을 가져왔던 그의 결과를 널리 발행하였다. Phillips의 업적은 계속되었고 1891년에 더 많은 익형 형상으로 특허를 취득하였다. 그리고 나서 그는 1893년에 항공기를 디자인 하였다. 그는 각각 스팬이 19 ft, 코드길이가 1.5 in인 다수의 날개로 이루어진 큰 다엽기 모델을 만들었고 시험하였다. 이것은 얇은 차양막(venetian blind)처럼 보였다. 항공기는 6.5 ft 프로펠러를 가진 증기엔진을 동력으로 삼았다. 항공기는 원형궤도로 달렸고, 순간적으로 땅에서 몇 피트 상승하였다. 이러한 입증 이후에, Phillips는 더 이상의 일을 진행하지 못하다가, 1907년에 그가 영국에서 처음으로 순간적으로 짧게 날아가는 비

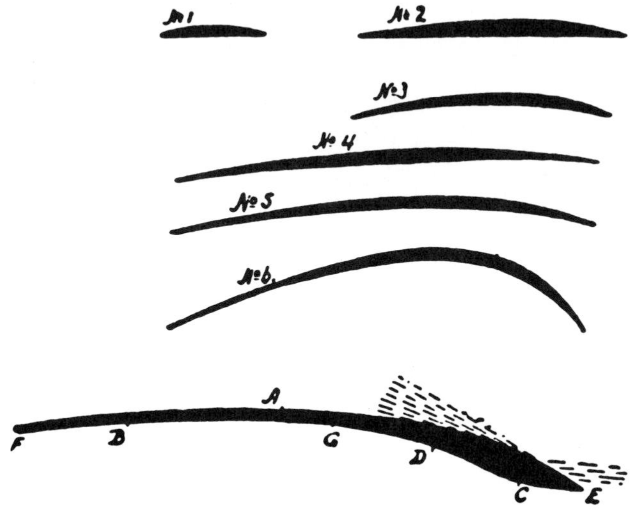

그림 5.85 Phillips에 의한 양면 익형. 6개 윗면의 형상으로 1884년에 Phillips가 특허를 받았고 아랫면은 1891년에 특허 받음.

행기를 처음으로 비슷하게 만들었다. 하지만 가솔린 동력으로 가는 기계를 대략 500 ft 공중에 머무르게 했던 이 사건은 항공우주공학에 대한 큰 기여가 되었다. 그런데, 1880년대와 1890년대 그의 선구자적인 업적으로 그는 현대 익형의 조부모라는 타이틀을 얻었다.

Phillips 이후에, 익형에 대한 연구는 가장 효율적인 형상에 대한 연구로 옮겨졌다. 비록 많은 진전이 있었지만, 이 문제는 오늘날에도 여전히 진행되고 있다. 효율적인 익형에 대한 연구는 다음 5.20.1부터 5.20.6에서 설명되는 여러 역사적 기간 동안 지속된다.

5.20.1 Wright 형제

1.8절과 4.24절에 언급된 것처럼, Wilbur와 Orville Wright가 그들의 초기 글라이더 경험이 있고 난 후에 1901년에 익형 단면에 대한 많은 "공기압" 데이터가 부적절하고 자주 부정확하였다는 결론을 얻었다. 이러한 문제점을 바로잡기 위해 그들은 1901년 9월부터 1902년 8월 사이에 수백 가지 다른 익형 형태를 그들이 구성한 풍동에서 시험하였다. (그림 4.59 참조) 실험결과로부터 Wright 형제는 1903년에 그들의 성공적인 *Wright Flyer I*에 캠버/시위 비가 최대 1:20이 되는 익형을 적용하였다. Wright 형제에 의한 이 풍동 시험은 세기의 전환기에 익형 기술의 주요한 발전을 이루었다.

5.20.2 영국과 미국의 익형(1910년~1920년)

동력 비행이 이루어진 초창기에, 익형 설계는 기본적으로 개인적으로 제작되었다. 표준화된 효율적인 익형을 찾는 노력이 별로 없었다. 그런데, 몇몇 초창기 작업은 제1차 세계대전에 사용된 Royal Aircraft Factory (RAF)시리즈의 익형을 이끈 National Physical Laboratory (NPL)에서 영국 정부에 의해 수행되었다. 그림 5.86은 RAF 6 익형의 형상을 설명한다. 1915년까지, 미국에서 대부분의 비행기는 RAF 익형이나 프랑스인 Alexandre Gustave Eiffel에 의해 디자인된 형상을 사용하였다. 익형에 대한 지지부진한 상태는 NACA의 창립을 이끌었다. 1915년에 첫 연간 보고서에서, "경제성 있는 구조에 대한 적절한 크기를 가지고 압력 중심이 크게 이동하지 않으면서 큰 받음각에서 효율성을 보장하는 날개 단면의 진화"가 필요함을 강조하였다. 이때로부터 100년이 지난 지금까지도 NASA는 여전히 이러한 일을 하고 있다.

익형에 대한 첫 NACA 업무는 1917년에 메사추세츠 공과대학교에서 Lt. Col. Edgar S. Gorrell과 **Major** H. S. Martin에 의해 쓰여진 NACA 보고서 No. 18 "Aerofoils and Aerofoil Structural Combinations"에 기록되어 있다. Gorrell과 Martin는 다음과 같이 당대의 익형 상태를 요약하였다.

> 수학적 이론은 아직까지 캠버 표면을 지나는 불연속적인 운동에 적용되지 않았다. 이러한 이유로 우리는 경험으로부터 배운 일반적인 규칙을 적용하거나 믿을 만한 풍동에서 익형을 실험하는 방법으로 익형을 설계할 수 있다.

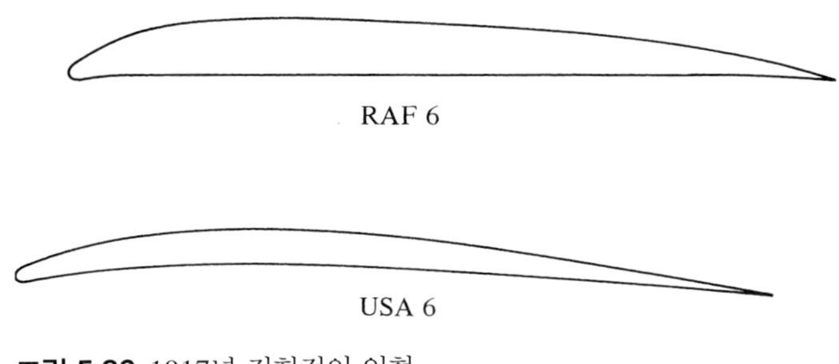

그림 5.86 1917년 전형적인 익형

NACA 보고서 No.18에서, Gorrell과 Martin은 Eiffel가 NPL에서 했던 일을 제외하고 당시 가장 많은 익형 시리즈에 대한 일련의 시험들을 수행했다. 그들은 미국의 익형 시리즈를 소개했고 USA 1~6 단면에 대한 풍동 데이터를 보고하였다. 그림 5.86은 USA 6 익형의 형태를 보여주었다. 익형 모델은 놋쇠로 만들어졌고 스팬이 18 in., 시위가 3 in.인 유한한 날개였다. 이것의 AR은 6이다. MIT 풍동에서 속도 30 mi/h에 대해 양력과 항력계수가 측정되었다. 이 익형들은 최초의 체계적인 익형 시리즈가 되었고, NACA에 의해 연구되었다.

5.20.3 1920년~1930년

1917년에 그들의 풍동 관찰에 기초하여, Gorrell과 Martin은 익형 디자인의 미소한 변화가 공기역학적 현상에서 큰 차이를 만들어낸다고 언급하였다. 이것은 익형 연구의 중요한 문제이고, 1920년대에 다양한 익형 형태를 만들어 낸 이유이다. 사실, 1929년에서야 F. A. Louden은 NACA 보고서 No.331 "Collection of Wind Tunnel Data on Commonly Used Wing Sections"이라는 주제로 "이 나라에서 가장 널리 사용되는 날개 단면은 Clark Y, Clark Y-15, Gottingen G-387, G-398, G-436, N.A.C.A. M-12, Navy N-9, N-10, N-22, R.A.F.-15, Sloane, U.S.A.-27, U.S.A.-35A, U.S.A.-35B이다"라고 언급하였다. 하지만, 이것은 기여(도움)가 되고 있는 중이다. 4.24절에서 기술하였듯이, 1923년에 NACA는 Langley Aeronautical Laboratory에서 가변 밀도(variable-density) 풍동을 만들었다. 5.20.4에서 강조하겠지만, 이 풍동은 미래 익형 연구에 많이 사용되는 주력이 되었다.

5.20.4 초기 NACA 4단위 익형

1933년에 마침내 미국에서 익형 디자인에 대한 논리적인 체계가 구축되었다. 이것은 NACA 보고서 No.460 "The Characteristics of 78 Related Airfoil Sections from Tests in the Variable-Density Wind Tunnel"를 통해 Eastman N. Jacobs, Kenneth E. Ward와 Robert M. Pinkerton에 의해 보고되었다. 익형에 대한 그들의 철학은 다음과 같았다.

> 익형 형상은 어떤 평균선(mean line)을 기준으로 어떤 형상두께(profile thickness)를 배치하여 구성하는 것으로 간주될 수 있다. 주요한 형상(shape) 변수는 두 가지인데, 두께 분포와 평균

선의 모양이다. 이 두께 형태는 구조적인 관점으로부터 특별히 중요하다. 반면에, 평균선의 형태는 거의 독립적으로 익형 단면의 가장 중요한 공기역학적 상태를 결정한다. 즉, 0 양력(zero lift) 각과 피칭 모멘트 특성들이다. 이 연구와 관련된 익형 프로파일은 이 형상 변수들을 체계적으로 변화시켜 파생되었다.

그 때 그들은 역사상 처음으로 유명한 NACA 4자리 익형 시리즈를 정의하고 연구를 진행하였다. 이 책 부록 D에 일부가 주어져 있다. 예를 들어, NACA 2412는 다음과 같은 형상으로 정의된다. 최대 캠버가 시위 길이의 2퍼센트이며(첫 번째 자리), 최대 캠버가 앞전으로부터 40% 위치에 있고(두 번째 자리) 최대 두께가 12%이다(마지막 두 자리). Jacob과 그의 동료들은 30 in, ~ 5in. 유한한 날개(즉, AR = 6)를 사용하여 NACA 가변 밀도(variable-density) 풍동에서 이 익형들을 시험하였다. NACA 보고서 No.460에서, 그들은 유한한 날개에 대해 C_L, C_D, L/D 곡선을 제시하였다. 게다가, 5.15절에서 개발된 동일한 공식들을 사용하여, 무한한 날개의 경우에 대한 결과를 보정하였다. 이 결과가 출판된 후에, 표준 NACA 4자리 익형들은 널리 사용되었다. 심지어 NACA 2412는 오늘날에도 몇몇 경항공기에 사용되고 있다.

5.20.5 이후 NACA익형

1930년대 말에 NACA는 가장 알려져 있는 230개의 캠버선과 함께 최대 양력을 증가시키기 위한 새로운 캠버선을 개발하였다. 표준 NACA 두께 분포와 함께 결합되어, 이것은 NACA23012와 같은 NACA 5단위 익형 시리즈를 탄생시켰다. 이것들의 일부는 오늘날에도 여전히 비행하고 있다. (예를 들어, Cessna Citation과 Beech King Air에 사용되고 있다.) 이 일은 1940년대에 층류 익형과 고속 익형의 개발로 이어졌다.

익형 개발을 강화하기 위해, 1939년에 NACA는 Langley에서 독창적인 익형실험을 위한 새로운 저난류(low-turbulence) 2차원 풍동을 구성하였다. 이 풍동은 너비가 3 ft, 높이가 7.5 ft인 사각형의 테스트 섹션을 가지고, 고레이놀즈수 실험을 위해 압력을 10 atm까지 높여줄 수 있다. 가장 중요한 것은 이 풍동이 테스트 섹션에 완전히 걸쳐 익형 모델을 장착함으로써 직접적으로 무한한 날개의 데이터를 제공한다. 이것은 앞에서 논한 예전의 실험과 대비되는데, 예전 실험은 AR = 6의 유한한 날개를 사용하고 무한한 날개 조건에 맞추기 위해 데이터를 보정하였다. 이러한 보정은 항상 팁 효과(tip effect)와 타협하게 된다. (예를 들어, 주어진 날개에 대한 정밀한 스팬효율지수는 무엇인가?) 새 2차원 풍동을 사용하여, 레이놀즈수 3~9백만 범위와 마하수가 0.17보다 작은(비압축성 유동) 조건 하에 예전 것과 새로운 익형 형상에 대해 엄청난 수의 시험이 1940년대 초에 수행되었다. 익형 모델들은 일반적으로 2 ft의 시위 길이를 가졌고 테스트 섹션의 3 ft 너비에 완전하게 걸쳤다. 양력과 항력이 힘 밸런스(저울: balance)를 사용하지 않았다는 점이 흥미롭다. 오히려, 양력은 풍동의 벽면 위와 아래에서 측정된 압력 분포를 적분함으로써 계산된다. 그리고 항력은 뒷전(trailing edge)의 후류에서 만들어진 피토 압력 측정으로부터 계산되었다.

그런데, 피칭 모멘트만 힘 밸런스로 직접 측정되었다. 2차원 풍동으로부터 이런 식으로 얻은 수많은 익형 데이터는 Langley에서 가공되었고, 1949년에 Abbott과 von Doenhoff는 *Theory of Wing Sections Including a Summary of Airfoil Data*라는 제목의 책을 발행하였다(이 장의 끝에 써있는 참고문헌 참조). 중요한 것은 부록 D에 나온 모든 익형 데이터가 이 참고문헌으로부터 얻어진 정보라는 것이다. 즉, 부록 D의 모든 데이터는 근본적으로 비압축성 조건에서 무한한 날개에 대해 직접 측정한 것이다.

5.20.6 현대 익형

초음속과 극초음속 공기역학의 우선순위에 밀려 1950년에 NACA는 익형 개발을 중단하였다. 15년 후에, 익형 시험에 특화된 장치가 해체되었다. 실제로 이 시기에 어떤 체계적인 익형 연구도 미국에서 진행되지 않았다.

그런데, 1965년 Richard T. Whitcomb은 NASA 초임계(supercritical) 익형을 개발하는 혁신을 이루었다. 이 혁신적인 개발은 높은 임계 마하수가 있는 날개의 설계를 이끌었고, (5.10절 참조) NASA 내부에서 익형 연구를 다시 일으켰다. 그때부터 현대적인 익형 개발을 위한 활기찬 프로그램이 재건되었다. Langley의 저난류, 가압식 2차원 풍동이 다시 작동되었고, 익형 연구의 새 지평이 열렸다. 그것은 바로 고속 디지털 컴퓨터였다. 사실, 아음속에서 익형 주변 유동장을 계산하기 위해 사용하는 컴퓨터 프로그램은 매우 신뢰할 수 있다. 당시 NASA 내에서 현대 익형에 대한 연구활동을 설문한 결과는 Pierpont가 쓴 *Astronautics and Aeronautics*에 기록되어 있다(참고문헌 참조).

특별한 기록은 경항공기의 일반적인 비행에 이용하기 위해 NASA가 개발한 저속 익형 시리즈이고, LS(1)으로 특정된다. 전형적인 LS(1) 익형의 형태는 그림 5.87의 "conve-

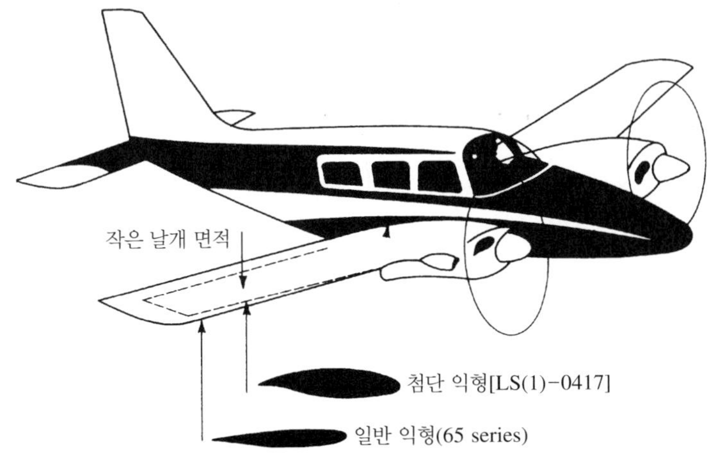

그림 5.87 현대 LS(1)-0417 익형과 일반 익형의 형상 비교. LS(1)-0417에서 얻은 더 높은 양력으로 인해 더 작은 날개 면적과 낮은 항력이 발생한다.
(자료출처: *NASA*)

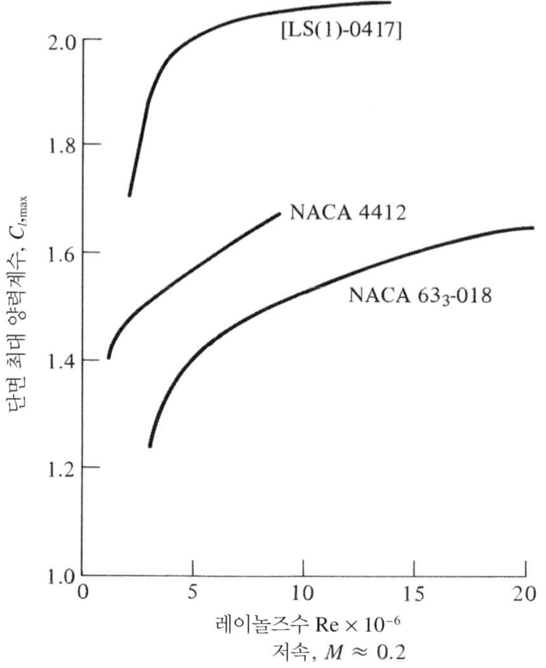

그림 5.88 LS(1)-0417 익형과 일반 익형의 최대 양력계수 비교

ntional" 익형과 대비된다. 그림 5.88에서 묘사된 것처럼 양력 특성은 분명히 우수하고 더 작은 날개 면적을 허용할 수 있다. 따라서 그림 5.87에서 보이는 비행기의 형태에 대해 항력이 더 작다.

정리하면, 지난 100년 이상의 익형 개발은 임시방편적이고 개별적인 과정에서부터 매우 체계적이고 논리적인 공학 프로세스로 발전해왔다. 풍동과 컴퓨터 모두를 사용하여 미래에 주요한 발전을 이끌 것이다.

5.20.7 유한 날개

이제 유한 날개(finite wings)에 대한 몇 가지 역사적인 사실을 언급할 차례다. Francis Wenham (제1장 참조)은 1866년 6월 27일에 영국의 Aeronautical Society에 게재한 "*Aerial Locomotion*"이라는 제목의 고전논문에서 양력의 대부분이 날개 앞전 근처 일부에서 발생한다는 이론을 정확하게 제시하였다. 따라서 길고 좁은 날개가 가장 효율적이라 주장하였다. 이런 식으로 그는 역사상 아음속 비행을 위한 높은 종횡비(aspect ratio) 날개의 가치를 인식한 최초의 사람이었다. 게다가, 그는 필요한 양력을 얻기 위해 여러 개의 길고 얇은 날개를 쌓는 방법을 제안하였다. 그래서 그는 다엽기(multiplane) 개념의 지지자가 되었다. 결국, 그는 1858년에 각각 5개의 날개가 있는 두 개의 실물 크기의 글라이더를 만들었다. 그리고 그가 가진 생각의 타당성을 성공적으로 입증하였다.

그런데, 정확한 공기역학적 이론과 유한 날개의 이해는 영국인 Frederick W. Lanchester가 *Aerodynamics*를 출판했던 1907년까지 나오지 않았다. 그는 독일의 Kutta와 러시아의 Joukowsky가 거의 동시에 독립적으로 제안했던 양력 순환이론(circulation theory of lift)을 강조하였다. 더 중요하게는, Lanchester는 유한 날개의 날개 끝단 와류(wing-tip vortex)의 효과를 처음으로 논하였다. 불행하게도, Lanchester는 글을 잘 쓰지 못해서 그의 생각을 이해하기가 매우 어려웠다. 그리고 그의 생각은 항공 분야에 거의 적용되지 못하였다.

1908년 Lanchester는 독일 Göttingen에 방문하였고 Ludwig Prandtl과 그의 제자 Theodore von Karman과 함께 그의 날개 이론을 심도있게 논의하였다. Prandtl은 영어로 말하지 못했고 Lanchester은 독일어로 말하지 못했다. Lanchester가 그의 생각을 명쾌하게 설명하지 못했다는 점을 고려하면, 그들이 서로의 생각을 거의 이해하지 못한 듯하다. 그런데, 1914년 Prandtl은 유한 날개의 공기역학적 특성에 대한 끝단 와류의 영향을 계산하기 위해 간단명료하고 정확한 이론을 세웠다. Prandtl이 Lanchester로부터 얼마나 영향을 받았는지 입증하는 것은 사실상 불가능하지만, 5.13절부터 5.15절까지의 유한 날개에 대한 근본이론으로서 실용적인 유한 날개 이론을 최초로 정립한 공은 Prandtl에게 가는 것이 타당하다. 사실, Prandtl이 이 주제에 대해 최초로 출판한 글은 다음과 같다:

> 비행기에 의해 발생되는 양력은 작용 반작용 원리로 설명이 된다. 하강류(descending current)는 한 쌍의 와류(vorteices)에 의해 형성된다. 와류 필라멘트는 비행기 날개 끝단(wingtip)으로부터 시작된다. 두 와류의 거리는 비행기의 스팬 길이와 동일하다. 와류의 세기는 비행기 주변 흐름의 순환과 동일하다. 그리고 비행기 부근의 흐름은 전체적으로 직선 부분으로 구성되어 있는 와류의 흐름과 균일한 흐름이 중첩된 것이다.

그의 기발한 경계층 이론과 함께, Prandtl의 유한 날개 이론에 대한 업적으로 훗날 **공기역학의 아버지**라는 타이틀을 얻게 되었다. 1914년부터 4년 동안 그는 타원형의 양력 분포가 최소 유도항력을 생성한다는 것을 보이기 위해 노력하였다. 실제로, **유도항력**과 **형상항력**이라는 용어는 "Contribution to the Aerodynamics of the Lifting Organs of the Airplane"라는 제목의 노트에서 Max Munk에 의해 1918년에 만들어졌다. Munk는 Prandtl의 동료였고, 그 노트는 전쟁 시기에 항공기 공기역학에 관한 여러 가지 기밀문서 중 하나였다.

익형과 날개의 역사에 대한 더 많은 세부 사항은 1997년 Cambridge University Press에서 나온 Anderson의 *A History of Aerodynamics and Its Impact on Flying Machines*를 참조하라.

5.21 역사적 기록: Ernst Mach와 마하수

마하 2에서 비행하는 항공기는 오늘날 아주 흔하다. Lockheed SR-71과 같은 고성능의 군용기는 마하 3을 넘어서 비행할 수 있다. 결과적으로, **마하수**라는 용어는 우리의 일반적인 언어 중 일부가 되었다—거리의 일반 사람들은 마하 2가 음속의 2배라는 것을 이해한다. 기술적 토대로 하여, 5.3절의 차원 해석(dimensional analysis)은 공기역학적 양력, 항력, 모멘트가 레이놀즈수와 마하수라는 두 개의 중요한 무차원수의 조합으로 결정됨을 보여준다. 유체역학에서 일반적으로 좀 더 다루면, 레이놀즈수와 마하수는 또 다른 실제 유동장을 지배하는 무차원 매개변수이다. 이들은 **유사성**(*similarity*) **변수**라 불리는 중요한 무차원화 매개변수에 속한다. 우리는 이미 4.25절에서 레이놀즈수에 대한 역사적 자료를 검토하였다. 이번 절에서 마하수의 역사적 의미를 살펴보자.

마하수는 Erenst Mach에서 따왔다. 그는 19세기에 유명한 물리학자이자 철학자였다. Mach는 광범위하게 다양한 분야에 흥미를 가진 저명인사였다. 그는 역사상 초음속 유동을 관찰하고 그것의 기본적인 성질을 이해한 첫 번째 사람이었다. 우리는 이 남자와 초음속 공기역학에 대한 그의 기여를 빠르게 살펴볼 것이다.

Ernst Mach는 1838년 2월 18일, 오스트리아 Moravia의 Turas에서 태어났다. Mach의 아버지와 어머니 두 분 다 굉장히 개인적이고 내성적인 지식인이었다. 그의 아버지는 철학과 고전문학을 배우는 학생이었다. 그의 어머니는 시인이자 음악인이었다. 그의 가족은 자발적으로 농장에서 칩거하여 살았다. Mach의 아버지는 누에 키우는 것에 관심을 가져 유럽의 양잠 문화를 시작한 선구자였다. Mach가 어렸을 때 특별히 성공한 학생은 아니었다. 이후에 Mach는 그 자신을 "매우 느리게 발달하는 약하고 불쌍한 아이"라고 설명하였다. 집에서 그의 아버지의 광범위한 가르침을 통해, Mach는 라틴어와 그리스어, 역사, 대수학, 기하학을 배웠다. 초등학교와 고등학교에서는 뛰어나지 못하였고(지적인 능력의 결핍이 아닌 보통 암기로 가르치는 것에 흥미를 잃어버렸기 때문에), Mach는 Vienna 대학에 들어갔다. 거기서 그는 수학, 물리학, 철학, 역사에 흥미를 가졌고, 이러한 관심을 바탕으로 꽃피기 시작했다. 1860년에 그는 "On Electrical Discharge and Induction"라는 제목의 논문을 저술하여 물리학 박사 학위를 받았다. 1864년까지 그는 Graz 대학의 물리학 교수였다.(당대에 그의 다양하고 깊이 있는 지적인 열정은 Graz로 가기 위해 Salzburg 대학의 외과학장을 거절했었던 사실에 의해 증명되었다.) 1867년에 Mach는 Prague 대학의 실험물리학 교수가 되었고, 28년 동안 그 자리를 맡았다.

오늘날 현대 기술은 필요 이상으로 지극히 특화된 좁은 분야에 과학기술자들이 집중하도록 강요하고 있다. 이런 측면에서 다양한 분야에 뛰어났던 마하의 개성을 살펴 볼 필요가 있다. 여기서는 그의 저술로부터 입증된 Mach의 수많은 기여들 중 일부분만을 다룬다. 그의 저술은 물리광학, 과학사, 기계공학, 철학, 상대성 이론의 기원, 초음속 유동, 생리학, 열역학, 포도의 당주기, 음악의 물리학(physics of music), 고전 문학을 포함하고 있다.

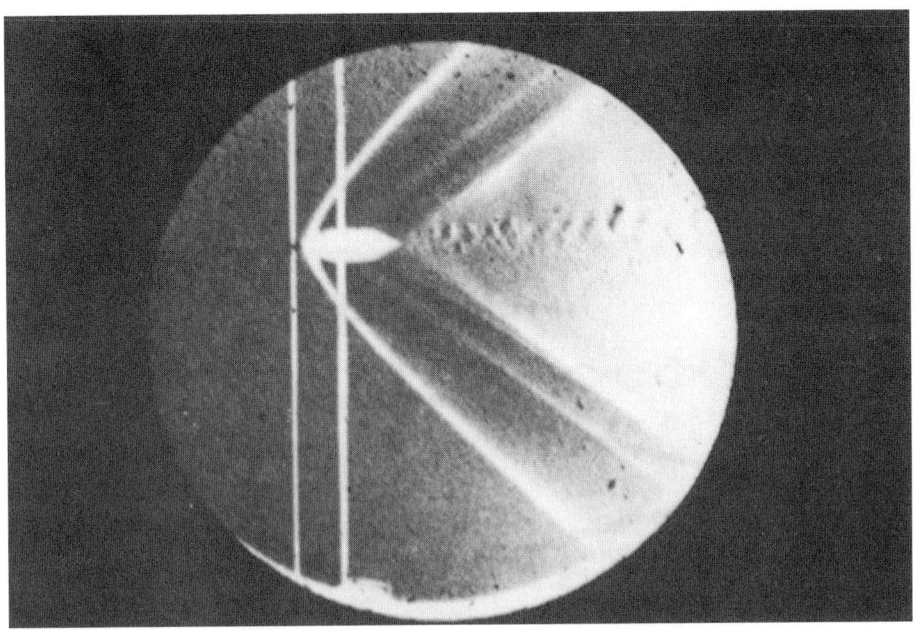

그림 5.89 1887년에 Ernst Mach에 의해 출판된 초음속 총알 사진
(자료출처: *Courtesy of John Anderson.*)

그는 심지어 세계사에 대해서도 서술하였다. (Mach의 논문들 중 하나는 "absurdity committed by the statesman who regards the individual as existing solely for the sake of the state"에서 언급되었다. 이 때 Mach는 Lenin에 의해 심하게 비난을 받았다.) 미국의 철학자 William James의 글에서 "우리는 모든 것에 대해 다 알고 있는 Mach에 대한 선망과 경외심으로 그저 가만히 있을 수 밖에 없다."라고 말했다.

초음속 공기역학에 대한 Mach의 공헌은 1887년에 Academy of Sciences in Vienna에서 발표한 "Photographische Fixierung der durch Projektile in der Luft eingeleiten Vorgange"라는 논문에서 강조되었다. 여기서, 역사상 처음으로 Mach는 초음속에서 움직이는 총알 앞에 나타나는 충격파 사진을 나타내었다. 그림 5.89는 Mach의 본래 논문에서 나타낸 역사적 사진이다. 또한 보이는 것은 발사체의 뒤쪽에서 더 약한 파와 기저(base) 영역의 난류 하류의 구조이다. 두 수직선은 발사체의 통과와 함께 시간에 따른 사진 광원의 시간을 보여주기 위한 trip wire이다. Mach는 꼼꼼하고 주의깊은 실험자였다. 그가 충격파 사진을 만들 수 있었다는 사실과 함께, 그림 5.89에서 보여진 그림의 질은 그의 특출한 실험능력을 증명한다(그는 *shadowgram*이라 불리는 독창적인 방법을 사용했다). Mach는 전자공학이 없었던 시기에 매우 짧은 시간을 구분한 이런 실험을 수행할 수 있었음에 주목하라. 실제로, 당시에는 진공 관(vacuum tube)이 아직 발명되지 않았다.

Mach는 초음속 유동의 기본적인 특징들을 최초로 이해한 사람이었다. 그는 유동 속

그림 5.90 Ernst Mach (1838년~1916년)
(자료출처: *Courtesy of John Anderson.*)

도 V에 대한 음속 a의 중요성을 처음으로 언급하였다. 그리고 1보다 작은 V/a에서부터 1을 초과할 때 발생하는 불연속적이고 현저한 변화에 주목하였다. 그런데, 그는 이 비를 마하수라고 부르지 않았다. 마하수라는 용어는 잘 알려진 스위스 엔니지어 Jacob Ackeret이 Zurich에 있는 Eidgenossiche Technische Hochschule의 강의에서 Mach에게 경의를 표하기 위해 이 용어를 도입한 1929년까지 만들어지지 않았다. 따라서 마하수라는 용어는 상당히 최근부터 사용되었고, 1932년까지 영어 문헌에 소개되지 않았다.

마하수는 그의 78번째 생일 다음 날, 1916년 2월 19일 Munich에서 죽을 때까지 활발한 사상가이자 문학가, 그리고 작가로 활동하였다. 인류에 대한 그의 공헌은 많고, 지식 그 자체에 대한 연구인 인식론에 대한 그의 일반적인 철학은 여전히 오늘날에도 철학 수업에서 다루고 있다. 항공우주공학자들은 초음속 공기역학의 창시자로 그를 알렸다. 세상은 그가 다음과 같은 철학을 창시했던 한 사람으로 인식한다. 20세기 초의 잘 알려진 수학자이자 공기역학자인 Richard von Mises는 다음과 같이 표현하였다:

> Mach는 성명서, 문장의 체계 또는 이론들을 분석하지 않는다. 오히려 그 자체 현상을 분석하였다. 그의 생각을 이루는 부분들은 가장 간단한 문장이나 이론의 기초가 아니라, 최소한 그의 말

에 따르면, 우리가 살고 있고, 알고 있는 세상의 가장 간단한 사실, 현상, 사건이라 볼 수 있다. 우리가 관찰하고 경험하는 세상은 "색깔, 소리, 따뜻함, 압력, 공간, 시간 등"이 크고 작게 복합되어 존재한다. 우리가 하는 말이나 주장, 문답하는 모든 것은 이러한 부분들이 서로 관련되는 관계에 기초하고 있다. 이것이 Mach의 관점이다.[1]

1910년에 찍은 Mach의 사진인 그림 5.90로 이 절을 마친다. 사진에는 사려깊고 세심한 한 남자가 있다. Von Mises가 논하였듯이, 그의 삶의 철학이 감각을 통한 관찰을 강조하고 있음은 놀랍지 않다. 그의 업적을 기리기 위해, 전문 연구기관인 독일의 Ernst Mach Institute를 그의 이름을 따 명명하였다. 이 기관은 기체역학 실험, 탄도학, 고속 사진, 시네마토그래피에 대한 연구를 진행하고 있다. Mach의 기술적인 성취에 대해 더 광범위한 검토를 위해, 1983년에 발행된 *Annual Reviews of Fluid Mechanics*의 제15권, 1~28 쪽의 "Contributions of Ernst Mach to Fluid Mechanics"라는 논문을 참조하라. 이 논문은 Ernst Mach Institute의 일원인 H. Reichenbach가 서술하였다.

5.22 역사적 기록: 첫 유인 초음속 비행

1947년 10월 14일, 인류는 사상최초로 음속보다 더 빠른 비행을 하였다. 이 성취의 크기를 상상해 보라 — Mach가 초음속 총알에서 충격파를 관찰한 후 60년이 되었고, (5.21절 참조) Wright 형제가 처음으로 성공적인 동력 비행을 성취한 후 44년도 채 되지 않았다. (1.1절과 1.8절 참조) 거의 확실한 것은 Mach는 공기보다 무거운 유인 비행에 대해 어떤 생각도 하지 않았다는 것이다. 당시에는 실제 불가능하였고 환상에 지나지 않았다. 또한 wright 형제가 1903년 12월 17일 30 mi/h의 속도로 비행한 것이 초음속 유인 비행을 이끈 사건임을 Orville이 살아서 보게 될 줄은 꿈에도 몰랐다는 것 또한 확실하다. (Wilbur는 1912년에 죽었지만, Orbille은 1948년 죽기 전까지 활발한 삶을 살았다.) 15세기의 Leonardo da Vinci의 발상으로 돌아가 유인 비행기의 전체 스펙트럼을 비교하자. 초음속 비행의 영역으로 이렇게 빨리 발전했다는 사실은 경의롭다. 어떻게 이렇게 발전할 수 있었을까? 최초의 초음속 비행이 나타난 상황은 무엇인가? 왜 그것은 중요한가? 이 절은 이러한 질문들을 다룬다.

초음속 비행은 우연히 일어난 것이 아니다. 그것은 오랜기간 점진적으로 발전한 항공우주 기술의 필연적 결과였다. 한편으로는, Mach의 선구적인 업적과 함께 5.21절에서 설명된 고속 공기역학 이론을 우리는 가지고 있다. 이것은 스웨덴의 Carl G. P. de Laval과 스위스의 A. B. Stodola 두 유럽 엔지니어가 초음속 노즐을 개발한 근원이다. 1887년에 de Laval은 터빈의 동력을 공급하기 위해 고속 유동을 생산하도록 수렴-발산 초음속 노즐을 사용했다. 1903년 Stodola는 역사상 처음으로 수렴-발산 노즐이 실제 초음속 유동

[1] From Richard von Mises, Positivism, A Study in Human Understanding, Braziller, New York, 1956.

을 생성하는 것을 실험으로 명확히 증명한 사람이었다. 1905년부터 1908년까지, 독일의 Prandtl은 초음속 노즐 내에서 마하 충격파 사진을 찍었다. 그리고 궁형 충격파와 팽창 충격파에 대한 합리적인 이론을 처음으로 개발하였다. 제1차, 2차 세계 대전이 끝난 후에, Prandtl은 고속 아음속 유동에 대한 압축성 효과를 연구하였다. 이 일은 1920년대 후반에 Prandtl–Glauert 공식으로 귀결되었다. (Prandtl–Glauert 공식과 압축성 보정은 5.6절 참조) 여러 가지 중에서 이 중요 사건들은 고속 유동에 대한 공기역학 이론의 근간이 되었다. — 핵심은 첫 초음속 비행 선 최소 20년 전에 잘 수립되었다. (초음속 비행에 관계된 공기역학적 이론의 발전에 대한 좀 더 역사적인 세부사항을 알기 위해 Anderson의 2003년 McGraw-Hill, 3판 *Modern Compressible Flow: With Historical Perspective* 참조)

다른 한편으로, 초음속 비행에 필요한 하드웨어 또한 지속적으로 발전하였다. 고속 풍동의 개발은 1927년 NACA Langley Memorial Aeronautical Laboratory에서 12 in. 지름의 고속 아음속 터널에서부터 시작하였다. 그리고 1930년대 초에 독일에서 Adolf Busemann에 의해 처음으로 개발된 실용적인 초음속 풍동으로 이어졌다. 이것은 4.24절에 설명되었다. 1930년대 후반에 처음으로 성공적인 로켓 엔진을 이끌었던 흥미로운 개발 과정은 9.17절에서 논의된다. 발명과 개발이 동시에 이루어진 제트 엔진은 9.16절과 관계가 있다. 제트 엔진은 일상적인 초음속 비행에 필요한 궁극적인 추력을 제공해 주고 있다. 따라서, 그 당시의 이론과 하드웨어를 기초로 하여 1947년에 유인 초음속 비행의 출현은 항공우주의 발달 과정에서 자연적인 일이라 할 수 있다.

그런데, 1947년에 이론과 하드웨어 모두에서 빠진 고리가 있었다. 마하수 1 근처인 천음속 영역이 그것이다. 천음속 유동에 대한 지배방정식은 거의 비선형적이고 따라서 문제를 해결하기 어렵다. 1947년에는 이 지배방정식의 실용적인 해결책이 존재하지 않았다. 이 근본적인 문제점은 풍동에서도 비슷하게 나타났다. 마하 1 근처 유동의 민감도는 적절한 천음속 풍동 설계를 어렵게 만든다. 1947년에는 이용할 수 있던 천음속 풍동 데이터를 신뢰할 수 없었다. 이러한 지식의 차이는 초음속 항공기를 처음에 설계했던 항공우주 엔지니어들의 가장 큰 고민 중 하나였다. 이것은 사상 최초의 초음속 비행에 대한 불안감, 걱정, 불확실성, 무모함의 유일하고 가장 중요한 이유가 되었다.

천음속 유동에 대한 해결되지 않은 질문들로 인해 1930년대와 1940년에 떠오르는 "음속 장벽(sound barrier)"의 신화를 떨쳐버릴 수가 없었다. 5.12절에서 논의한 것처럼, 항력발산 마하수를 넘어 매우 빨리 증가하는 항력계수 때문에 결코 음속보다 더 빨리 비행할 수 없다고 믿게 되었다. 영국의 유명한 항공기 설계자의 아들, Geoffrey deHavilland가 1946년 9월 27일 세계 속도 기록을 갱신하려 *D.H. 108 Swallow*에 도전할 때, Grist도 이러한 주장을 차용했다. *Swallow*는 실험용 제트 프로펠러 항공기였다. 그것은 후퇴각 날개와 수평 꼬리 날개가 없었다. 낮은 고도에서 비행하여 처음으로 615mi/h의 빠른 속도에 도전한 Swallow는 중요한 압축성 문제로 공기 중에서 파손되었고, deHavilland는 즉사하였

그림 5.91 1947년 첫 초음속 비행기인 Bell XS-1
(자료출처: *NASA*)

다. 음속 장벽은 여러 사상자를 냈다. 이러한 배경에도 불구하고 1947년에 첫 초음속 비행이 시도되었다.

1930년대 후반 제2차 세계 대전 당시에, 몇몇 도전자들은 초음속 비행의 미스터리를 조사하기 위해 설계된 실험용 항공기가 필요함을 분명히 알게 되었다. 결국, 1944년에 그들의 노력이 승리했다. NACA와 함께 미 육군 항공대는 디자인, 구조 그리고 유인 초음속 비행의 예비 시험을 위해 Bell Aircraft Corporation과 개발연구를 계약하였다. 디자인 된 XS-1 (Experimental Sonic-1)은 50구경 총알과 같은 형태의 동체를 가졌다. 또한, 낮은 종횡비, 두께비가 0.08인 매우 얇은 한 쌍의 쭉 뻗은 날개를 그림 5.91에서 볼 수 있다. 항공기는 꼬리에 장착된 4개의 챔버를 가진 액체 연료 로켓 엔진을 추진력으로 얻는다. Reaction Motors에 의해 만들어졌고 XLR11로 명명된 이 엔진은 액체 산소와 희석된 알코올 혼합물을 연소시켜 6,000 lb의 추력을 생성시켰다.

Bell XS-1은 거대한 Boeing B-29 같은 모항공기(parent airplane)로 수송하여 높은 고도에서 발사되는 형태로 설계되었다. 이것은 속도 달성에 집중한 설계자들이 이륙과 고도 상승에 필요한 추가 연료의 무게를 절약하기 위함이었다. 1호기가 1945년 크리스마스 직후에 처음으로 완성되었고, 최종적으로 3호기까지 만들어졌다. 1년 반 동안 활공시험을 마친 후, 동력 테스트를 하였다. 그러는 동안 XS-1의 속도는 조심스럽게 음속을 향해 증가하게 되었다.

Muroc 호수는 캘리포니아 모하비 사막에 있는 광활한 말라버린 호수다. 제2차 세계 대전 동안 미군 고속 비행시험센터로 사용된 Muroc은 후에 Edwards Air Force Base로 알려지게 되었다. 지금 그곳은 공군 시험비행 조종사 학교이자 공군과 NASA를 위한 고속 비행 시험장으로 사용되고 있다. 1947년 10월 14일 화요일에 Muroc에서 B-29의 동체 아래에 결합된 Bell XS-1이 비행 대기선에서 기다리고 있었다. 한 무리의 기술자들에 의해 집중적인 준비가 이뤄진 이후에, 격납고에 있는 B-29가 오전 10시에 이륙하였다. XS-1에 Charles E. (Chuck) Yeager 기장이 탑승하였다. Yeager은 그 주 초에 승마사고로 두 개의 갈비뼈가 골절되었고 그날 아침에 그로 인해 극심한 고통을 느꼈지만, 실제 아무에게도 말하지 않았다. 오전 10시 26분에, Bell XS-1는 고도 20,000 ft까지 올라갔고 Yeager가 조종한 XS-1이 B-29로부터 분리되었다. 다음에 일어난 것은 항공 역사상 중요한 사건 중 하나이다. 어떻게 Yeager 스스로가 이 사건들을 회상하는지 그가 적은 비행 일지를 보자.

날짜: 1947년 10월 14일
조종사: Chales E. Yeager
시간: 14분, 9번째 동력 비행

1. 정상적으로 조종사 착석과 상승 이후, XS-1은 20,000 ft에서 표준 대기 시속 250 마일로 B-29에서 분리되었다. 이것은 원했던 것보다 느렸다.
2. 즉시 분리된 후에 모든 4개의 엔진 실린더가 빠른 동작으로 점화되었다. 지난 비행에서 챔버와 라인 압력에서 4개 실린더의 작동 안정성을 보고하였다. 확실한 상승은 마하 0.85−0.88에서 만들어졌다. 평상시처럼 사전에 1° 기수 내림으로 조정되어 있는 수평안정판(stabilizer)을 2° 기수 내림으로 변경할 필요가 있었다. 실린더 두 개는 35,000 ft~40,000 ft 사이에서 작동을 멈추었으나, 속도는 항공기가 42,000 ft에 도달할 때까지 마하 0.92로 증가하였다. 그런데 이 고도에서 약간 더 상승하는 동안, 액체 산소의 압력이 아마도 40 psi 떨어졌고, 풍부한 혼합물로 생긴 결과물은 챔버 압력을 약간 낮추었다. 효과는 순간적으로 0.6 G에서 발생하였으나, 모든 압력은 1 G에서 정상으로 돌아왔다.
3. 마하 0.93 이상의 모든 속도에서 승강타(elevator) 효과가 감소한다는 예상 속에서, 마하 0.83, 0.88 그리고 0.92로 상승하는 동안 수평안정판을 이용하여 세로방향의 제어가 시도되었다. 수평안정판은 1/4~1/3도 증가되었고, 매우 효과 있음을 증명하였다. 효과에 변화가 없는 것은 다른 속도에서도 인지되었다.
4. 수평비행에 가까운 42,000 ft에서 세번째 실린더를 작동시켰다. 급격한 가속도로 빠르게 마하 0.98에 도달하였다. 마하계의 바늘은 순간적으로 진동했고, 계기 눈금을 넘어섰다. 계기 눈금을 넘어서도 선형적으로 변하다고 가정하면, 이 순간 마하수 1.05에 도달한 것으로 추정된다. 이 속도에 도달하고 모터를 껐을 때, 연료와 액체 산소가 대략 30 퍼센트 남아 있었다.
5. 통상적인 양력 버펫(buffet)과 불안정 특성이 마하수 0.88~0.90 영역에서 발생하였고, 수평안정판의 성능이 0.94에서 매우 크게 감소하였지만, 모든 3 축에 대한 안정성은 속도가 증가함에 따라 좋아졌고, 수평안정판의 성능은 마하수 0.97 이상에서 다시 회복되었다. 모터가 꺼지고 속도가 감소했을 때 다양한 현상이 역으로 발생했다. 그리

고 추가적으로 약간의 기수 방향 흔들림이 마하수 0.98부터 0.96 사이에서 감지되었는데, 승강타만으로 제어가 가능하였다. 참고로, 수평안정판은 마하수 0.92에 도달한 이후에도 2도 기수 내림 상태에서 바꾸지 않았다.

6. 1 G에서 남은 연료와 액체 산소를 버린 후, 45,000 ft에서 하강하였다. 활공 비행 이후 호수 바닥에 정상적으로 착륙하여 비행을 마쳤다.

CHARLES E. YEAGER
Capt. Air Corps

공식적인 NACA 추적 데이터로부터 밝혀진 것처럼, 실제로 Bell SX-1은 자유류 마하수 1.06에 도달했다. 초음속 비행의 지속 시간은 20.5초였다. 44년 전 wright 형제의 첫 비행보다 거의 두 배나 길었다. 그 날은 Chuck Yeager가 음속보다 더 빨리 비행한 최초의 사람이 된 날이었다. 비행이 예기치 못한 결과 없이 순조로웠다는 점은 그 당시 항공우주 공학자들이 원했던 명예이다. 항공기는 "음속 장벽"을 탐험하기 위해 적절하게 디자인되었다. 비행기는 비교적 쉽게 음속 장벽을 뚫었다. 한 달도 안 돼서 Yeager는 같은 비행기로 마하 1.35에 도달했다. 음속 장벽을 관통하였을 뿐만 아니라, 음속 장벽으로 비행기가 거의 파손될 것이라는 신화도 무너트렸다.

마지막으로, 초음속 비행에 대한 탐구와 최종적인 성취를 다룬 인류와 공학의 도전에 관한 전체 이야기는 정말로 흥미롭다. 또한 항공우주 공학의 영광에 바치는 살아있는 상장이다. 이 이야기는 Richard Hallion 박사가 쓴 *Supersonic Flight*에 훌륭하게 서술되어 있다(이 장 마지막의 참고문헌 참조). Richard Hallion 박사는 스미소니언 연구소의 Air and Space Museum에서 초창기 큐레이터였고 미국 공군의 수석 사학자(현재 퇴직)였다. 1947년 Yeager의 비행을 다룬 Hallion의 이야기를 공부하기 바란다.

5.23 역사적 기록: X-15 — 첫 유인 극초음속 비행과 우주 왕복선으로 나아가기 위한 디딤돌

더 빠르고 더 높게—1903년 Wright 형제의 최초 비행 이후 모든 실용적 목적을 가지고 항공 기술의 발전을 이끈 원동력이 되고 있다(1.11절, 그림 1.30, 그림 1.31 참조). 이러한 믿음은 5.22절에서 설명된 Bell XS-1로 Chuck Yeager의 첫 초음속 비행 이후에 15년 이상 동안 더 이상 강화되지 못하였다. 음속 장벽이 파괴 된 후에는 희뿌연 안개에 가려져 있었다. 다음 목표는 마하수 5를 넘어서는 유인 극초음속 비행이 되었다.

이 목표를 달성하기 위해서 NACA는 1950년대 초반에 마하수 5를 초과하여 비행하는 항공기에 대한 예비 연구를 시작하였다. 마하수 5는 어림잡아 극초음속 유동 영역으로 간주된다. 이 정의는 근본적으로 경험에 근거한다. 항공기가 마하수 1을 돌파할 때 발생하는 심각하고 과격한 변화와 달리, 마하수 5를 초과할 때는 아무런 극적인 변화가 생기지 않는다. 오히려, 극초음속 영역은 간단하게 매우 높은 마하수 영역이다. 이 영역은 충격파가 특

그림 5.92 첫 유인 극초음속 비행기인 North American X-15
(자료출처: 미 공군.)

별히 강하고 충격파 뒤로 기체 온도가 높다. 예를 들어, 전온도 T_0 를 구하는 식 (4.73)을 고려하자. 즉 기체의 온도는 처음에 마하수 M_1이고 단열적으로 속도가 0으로 줄어들었다. 이것은 근본적으로 물체 위 정체점에서의 온도이다. 만약 $M_1 = 7$이면, 식 (4.73)에서 $T_0/T_1 = 10.8$이다($\gamma = 1.4$). 만약 비행 고도가 100,000 ft일 때, $T_1 = 419°R$ 이면 $T_0 = 4525°R = 4065°F$가 된다. 스테인리스의 녹는점을 넘는다. 그러므로, 비행 속도가 음속을 넘어 증가하면서 그들은 점차적으로 **열의 장벽**(*thermal barrier*)에 다가간다: 표면 온도가 매우 높고 구조적인 고장이 발생할 수 있는 속도. 음속 장벽과 마찬가지로 열 장벽 또한 단순한 비유에 해당한다. 비행 속도를 근본적으로 제한하는 사항이 아니라는 말이다. 높은 공력가열을 극복할 수 있는 적절한 설계가 있으면, 오늘날의 항공기는 마하수 36까지도 날 수 있다. (예를 들어, 아폴로 달 귀환 캡슐. 자세한 내용은 고속 귀환 시 공력가열에 대한, 8.12절 참조)

그럼에도 불구하고, 1950년대 초에 유인 극초음속 비행은 성취해야 할 목표였다—고온과 강한 충격파를 특징으로 하는 시도되지 않고 의문스런 영역이었다. NACA 기초 연구들은 극초음속 비행기에 대한 산업 전반의 설계 경쟁을 이끌었다. 1955년에 North American Aircraft Corporation은 NACA, 미 공군, 해군과 공동으로 상을 받았다. 그들은 최대 고도 264,000 ft에서 마하수 7로 비행할 수 있는 연구용 유인 극초음속 비행체의 세 가지 모형을 만들었다. 이 비행기는 X-15로 명명되었고 그림 5.92에 나타내었다. 첫 두 개의 비행기는 8,000 lb의 추력을 내는 Reaction Motors LR11 로켓 엔진에 의해 동력이 공급되었다. (Bell XS-1에 사용된 것과 근본적으로 같은 엔진) 세 번째 시제품과 마찬가지로, 두 비행기는 후에 더 강력한 로켓 모터를 달았다. 그 모터는 추력이 57,000 lb인 Reaction Motors XLR99이다. 비행기의 기본적인 내부 구조는 티타늄과 스테인레스로 구성되어 있었다. 하지만, 비행기 표면은 1200°F 의 온도를 견딜 수 있는 니켈 합금 철인 Inconel X 재료로 만들어졌다. (이전에 논의했던 것처럼, 비록 마하 7에서 이론적인 정체온도가 4065°F이지만, 실제 표면 온도는 열 소산 효과 때문에 더 낮다.) 초음속 조파항력을 줄이기 위해서 날개의 AR은 2.5로 낮고, 두께비는 0.05로 얇게 설계되었다.

첫 X-15는 1958년 10월 15일에 로스앤젤레스의 North American 공장에서 출시되었다. 부사장 Richard M. Nixon은 출고(rollout) 기념식에서 초청연사로 초대받은 사람이었다. X-15은 기술적인 성취뿐만 아니라 정치적으로도 성공한 작품이 되었다. 러시아가 일 년 전 사상 최초로 유인 위성 *Sputnik I*호를 성공적으로 발사함으로써 상처받은 미국민의 자존심을 치유하고자 하였기 때문이다(8.21절 참조). 그 날 X-15는 Edwards Air Force Base에 트럭으로 운반되었다. (Muroc은 Bell XS-1의 첫 초음속 비행을 보았던 장소)

XS-1처럼, X-15는 Boeing B-52 폭격기에 의해 하늘로 수송되도록 설계되었다. 동력이 없는 첫 자유 비행은 1959년 6월 8일에 Scott Crossfield에 의해 만들어졌다. 이어서 1959년 9월 17일 첫 동력 비행이 이루어졌고, 이때 X-15는 고도 52,341 ft에서 약한 상승 중 마하 2.1에 도달했다. 이후 1960년 8월 4일 더 작은 LR11 로켓 엔진을 장착하고 마하수 3.31의 신기록을 달성하였다. 8일 후 136,500 ft의 고도 기록을 수립하였다. 그런데, 이 기록은 오래가지 않았다. 1960년 11월 이후 X-15는 더 강력한 XLR99 엔진을 달았다. 이 로켓이 있는 비행기는 1960년 11월 15일에 처음으로 만들어졌다. 이 비행에서 가장 낮은 수준으로 맞춰진 동력과 공기브레이크(air brake)를 완전히 전개한 상태로 X-15는 2,000 mi/h로 비행하였다. 마침내 극초음속 비행의 최종적인 성취가 1961년에 6월 23일에 이루어졌다. 미 공군 시험 조종사 Robert White 소령은 마하 5.3에서 X-15를 비행했는데, 최대 속도가 3,603 mi/h이었고 이는 항공기 비행에서 최초로 "초당" 1 마일에 도달한 기록이다. 이후 많은 극초음속 비행 시험이 진행되었는데, 1967년 10월 3일 미 공군 Pete Knight 소령이 마하수 6.72에 도달하기도 하였다.

실험용 비행기는 단지 구체적인 실험 목적을 위해 설계된 수단이다. 그것들이 성취된 이후에 프로그램은 종료되었다. 1968년 10월 24일에 X-15는 마지막 비행 임무를 수행하였다. 이는 전체 프로그램의 199번째 비행이었다. 아쉬운 마음에 200번째 비행이 계획되기도 했었다. 하지만 기술적인 문제들로 12월 20일까지 이 계획된 비행은 연기되었다. 그 때 X-15는 모 비행기인 B-52에 부착되어 비행할 준비가 되어 있었다. 그러나, 무엇보다 매우 심상치 않는 눈보라가 Edwards에 몰아쳤고 비행은 취소되었다. X-15는 결코 다시 날지 못하였다. 1969년에 X-15 첫 시제기는 Smithsonian의 National Air and Space Museum에 갔다. 현재 Bell XS-1와 함께 Milestones of Flight Gallery 근처에 전시되어 있다.

X-15는 유인 극초음속 비행의 세계를 열었다. 다음 극초음속 비행기는 우주 왕복선

이었다. 우주 왕복선 설계로 이어지는 X-15 프로그램을 하는 동안, 방대한 공기역학과 비행역학 데이터가 만들어졌다. 낮은 양항비를 가지는 고속 항공기에서 저속 비행을 경험하는 것은 조종사들이 우주 왕복선을 운행할 준비의 기초 단계이다. 이러한 점에서 X-15는 1980년대의 우주 왕복선에 분명히 중요한 디딤돌이었다. X-15에 대한 더 자세한 내용은 다음 책을 참고하기 바란다: *X-15: The World's Fastest Rocket Plane and the Pilots Who Ushered in the Space Age*, by John Anderson and Richard Passman, Zenith Press, Minneapolis, MN, 2014.

5.24 요약과 복습

항공공학은 비행체와 관련 응용, 특히 항공기와 우주발사체를 주로 다룬다. 이 장에서 발견한 개념과 응용문제들은 대기 중을 비행하는 비행체, 즉 항공기에 치중되어 있다. 지표면에서 발사되는 모든 우주발사체 공기역학적 양력과 항력을 느낄 수 있는 대기를 일정 시간 동안 비행한다. 또한 몇몇 우주발사체는 다른 행성 탐사를 목적으로 설계되는데, 외계의 다른 대기 조건에서 상당한 양력과 항력을 겪게 될 것이다.

양력과 항력은 이 장의 주 내용이다. 이 내용들을 지능적으로 여러 절로 나누었다. 익형 단면부터 시작했고, 단면에서(단위 너비당) 양력, 항력, 모멘트를 살펴보았다. 그런데, 힘과 모멘트 자체를 다루기보다는 양력, 항력, 모멘트**계수**를 다루었다. 이러한 공기역학적 계수들은 공학계산에 훨씬 더 유용하고, 익형의 형상과 자세(받음각), 마하수, 레이놀즈수로 결정된다. 몇 특정 익형에대해 계산을 돕기 위해서 다양한 NACA 익형의 양력, 항력, 모멘트계수에 대한 데이터를 부록 D로 제공하였다.

다음으로 유한 날개로 관심을 넓혔는데, 유한 날개의 양력과 항력계수는 날개의 익형 단면이 가지는 양력과 항력계수와 다르다. 이 차이는 날개 끝단에서 뒤로 흐르는 와류로 인해 발생한다. 이러한 끝단 와류는 날개 위 유동을 변형시켜서 항력을 증가시키고 양력을 감소시킨다. 항력 증가는 유도항력(때때로 **와류항력**)의 발생에 기인한다. 유도항력은 날개 끝단 와류로 인해 유동 표면의 압력 분포가 변형된 결과이며, 변형된 압력 분포는 공기역학적 합력 벡터를 뒤로 기울어지게 만들어서 항력 방향으로 힘의 성분을 만든다. 이 추가적인 성분이 바로 유도항력이다. **내리흐름**이라 불리는 날개 위 유동의 아래 방향 성분이 끝단 와류에 의해 발생되기 때문에 양력은 감소한다. 날개 익형 단면에서 상대풍이 아래로 경사져 **유도 받음각**을 발생시켜 실제 익형 입장에서 기하 받음각보다 더 낮은 받음각이 작용한다. 기하 받음각은 익형의 먼 앞쪽에서 자유류의 방향과 시위가 이루는 각이다. 이 더 낮은 받음각을 **유효 받음각**이라 하는데, 날개의 익형 단면의 양력, 항력, 모멘트계수는 유효 받음각으로 결정된다. 사실, 유한 날개의 주어진 익형 단면에서 양력, 항력, 모멘트계수들은 부록 D의 익형 데이터로 제시되어 있고, 가로 축은 단면 받음각은 기하 받음각이 아니라 유효 받음각을 나타낸다.

마지막으로, 유한 날개의 공력계수들은 날개의 특별한 기하학적 형상의 함수, 즉 날개 너비의 제곱을 면적으로 나눈 종횡비의 함수이다. 종횡비가 클수록 날개 끝단 와류가 중심에서 더 먼 곳에서 발생하기 때문에 유도항력이나 유도 받음각과 같은 공기역학적 유도 효과는 더 적어진다. 아음속 항공기의 경우, 높은 종횡비 날개는 길이 방향으로 더 강도가 커야 하기 때문에 더 무겁고 두꺼운 구조를 필요로 한다. 따라서 종횡비는 공기역학과 구조역학 간의 적절한 타협으로 결정된다.

공력계수는 마하수에 크게 영향을 받는다. 항력계수는 마하수가 1 이상까지 커짐에 따라 극적으로 증가한다. 항력계수가 눈에 띄게 증가하기 시작하는 마하수를 **항력발산** 마하수라 부른다. 물체의 어딘가에서 음속이 처음 나타날 때의 자유류 마하수를 **임계** 마하수라 정의한다. 항력발산 마하수는 보통 임계 마하수보다 약간 큰 값이다. 초음속에서 물체에 나타나는 충격파는 항력을 크게 증가시키는데, 이로 인한 항력을 **조파항력**이라 한다. 결국, 초음속 비행을 위해 설계된 익형, 날개, 물체의 형상은 아음속 비행을 목적으로 한 것들과 매우 많이 다르다.

이 장의 식과 개념의 일부를 강조하기 위해 아래 목록을 참고하기 바란다.

1. 익형의 양력, 항력, 모멘트계수는 다음과 같이 정의된다.

$$c_l = \frac{L}{q_\infty S} \quad c_d = \frac{D}{q_\infty S} \quad c_m = \frac{M}{q_\infty Sc}$$

여기서 L, D, M은 각각 단위 너비당 양력, 항력, 모멘트이고, 면적 $S = c(1)$이다.

유한 날개의 양력, 항력, 모멘트계수는 다음과 같이 정의된다.

$$C_L = \frac{L}{q_\infty S} \quad C_D = \frac{D}{q_\infty S} \quad C_M = \frac{M}{q_\infty Sc}$$

여기서 L, D, M은 각각 날개의 양력, 항력, 모멘트이고, 면적 S는 날개의 평면적이다. 주어진 형상에서 이 계수들은 받음각, 마하수, 레이놀즈수의 함수이다.

2. 압력계수는 다음과 같이 정의된다.

$$C_p = \frac{p - p_\infty}{\frac{1}{2}\rho_\infty V_\infty^2} \tag{5.27}$$

3. Prandtl–Glauert 공식은 아음속 유동의 압축성을 보정하는 식이다:

$$C_p = \frac{C_{p,0}}{\sqrt{1 - M_\infty^2}} \tag{5.28}$$

여기서 $C_{p,0}$와 C_p는 각각 비압축성과 압축성에서 압력계수를 나타낸다. 같은 공식이 양력과 모멘트계수에 대해서도 성립한다.

$$c_l = \frac{c_{l,0}}{\sqrt{1 - M_\infty^2}} \tag{5.40}$$

4. 임계 마하수는 물체 표면에서 음속이 처음 나타날 때의 자유류 마하수이다. 항력발산 마하수는 천음속 충격파의 발생으로 항력계수가 급격히 증가하기 시작할 때의 자유류 마하수이다. 주어진 형상에서 항력발산 마하수는 임계 마하수보다 약간 더 크다.

5. 마하각은 다음과 같이 정의된다.

$$\mu = \arcsin\frac{1}{M} \tag{5.49}$$

6. 유한 날개의 총 항력계수는 다음과 같다.

$$C_D = c_d + \frac{C_L^2}{\pi e \text{AR}} \tag{5.58}$$

여기서 c_d는 형상항력계수이고, $C_L^2/(\pi eAR)$은 유도항력계수이다.

7. 유한 날개의 양력 기울기 a는 다음과 같이 주어진다.

$$a = \frac{a_0}{1+57.3a_0/(\pi e_1 \text{AR})} \tag{5.65}$$

여기서 a_0는 같은 익형 단면을 가진 무한 날개의 양력 기울기이다.

참고문헌

Abbott, I. H., and A. E. von Doenhoff. *Theory of Wing Sections*. McGraw–Hill, New York, 1949 (also Dover, New York, 1959).

Anderson, John D., Jr. *A History of Aerodynamics and Its Impact on Flying Machines*. Cambridge University Press, New York, 1997.

———. *Fundamentals of Aerodynamics*, 5th ed. McGraw–Hill, New York, 2011.

Dommasch, D. O., S. S. Sherbey, and T. F. Connolly. *Airplane Aerodynamics*, 4th ed. Pitman, New York, 1968.

Hallion,R. *Supersonic Flight* (*The Story of the Bell X-1 and Douglas D-558*). Macmillan, New York, 1972.

McCormick, B.W. *Aerodynamics, Aeronautics, and Flight Mechanics*. Wiley, New York, 1979.

Pierpont, P. K. “Bringing Wings of Change,” *Astronautics and Aeronautics*, vol. 13, no. 10, October 1975, pp. 20 – 27.

Shapiro, A. H. *Shape and Flow: The Fluid Dynamics of Drag*. Anchor, Garden City, NY, 1961.

Shevell, R.S. *Fundamentals of Flight*. Prentice–Hall, Englewood Cliffs, NJ, 1983.

von Karman, T. (with Lee Edson). *The Wind and Beyond* (an autobiography). Little, Brown, Boston, 1967.

연습문제

5.1. 차원 해석의 방법으로 익형에 작용하는 공력 모멘트의 관계식 $M = q_\infty Scc_m$를 유도하라. c는 시위 길이, c_m은 모멘트계수이다.

5.2. 날개 단면이 NACA 1412이고 시위 길이가 3 ft인 무한 날개를 고려하라. 표준 해수면 조건에서 100 ft/s의 속도로 받음각 5도 상태이다. 단위 너비당 양력과 항력, c_{mc} 위치에서 모멘트를 계산하라.

5.3. 저속 아음속 풍동에 설치된 사각형 날개를 고려하라. 날개 모델은 시험부의 너비를 꽉 채워서 유동은 사실상 무한 날개를 "느낄" 것이다. 0.3 m 시위를 가지는 NACA 23012 익형이 사용된다면, 단위 너비당 양력과 항력, $c/4$ 위치에서 모멘트를 계산하라. 유동의 압력, 온도, 속도는 각각 1 atm, 303 K, 42 m/s이고, 받음각은 8°이다.

5.4. 문제 5.3의 날개 모델의 양력이 풍동 힘 밸런스에서 200 N으로 측정되는 새 받음각으로 조정되었다. 날개 길이가 2 m이면, 받음각은 얼마인가?

5.5. 풍동 시험부 너비와 같은 길이와 NACA 0009 익형 단면을 가지는 직사각형 날개를 고려하라. 시험부 공기조건은 120 mi/h의 속도, 표준 해수면 조건이다. 날개의 받음각이 4°이고, 풍동 힘 밸런스가 측정한 양력은 29.5 lb이다. 날개의 평면적은 얼마인가?

5.6. 날개나 익형의 양항비 L/D는 중요한 공력 변수이다. 실제로 날개의 공기역학적 효율에 직접적인 척도이다. 날개의 받음각이 어떤 구간에서 바뀌고 있다면, L/D가 먼저 증가하여 최대값에 이르고 다시 감소한다. NACA 2412 익형을 가지고 있는 무한 날개를 생각하라. L/D의 최대값을 추정하라. 이 때, 레이놀즈수는 9×10^6이다.

5.7. 표준 해수면 조건에서 50 m/s로 비행하는 익형을 고려하라. 익형의 한 점에서 압력은 9.5×10^4 N/m²이다. 이 점에서 압력계수는 얼마인가?

5.8. 속도 55 m/s로 날고 있는 저속 항공기를 고려하라. 동체 위 한 점에서 속도가 62 m/s라면, 이 점에서 압력계수는 얼마인가?

5.9. 아음속 풍동의 시험부에 설치된 날개를 고려하라. 공기흐름의 속도는 160 ft/s이다. 날개 위 한 점에서 속도가 195 ft/s라면, 이 점에서 압력계수는 얼마인가?

5.10. 문제 5.9와 동일한 풍동에 설치된 같은 날개를 고려하라. 시험부 공기 온도 510°R에서 공기 속도가 700 ft/s로 높아졌을 때, 같은 점에서 압력계수는 얼마인가?

5.11. 고속 풍동의 날개를 고려하라. 날개의 한 점에서, 속도는 850 ft/s이다. 시험부 속도가 780 ft/s, 압력과 온도는 각각 1 atm, 505°R이라면, 이 점에서 압력계수를 계산하라.

5.12. 문제 5.11에서 시험부 유속이 100 ft/s로 낮아졌을 때, 날개의 같은 점에서 압력계수는 얼마가 될까?

5.13. 받음각 4°인 NACA 1412 익형을 고려하라. 자유류 마하수가 0.8일 때, 양력계수를 계산하라.

5.14. NACA 4415 익형이 고속 아음속 풍동에 설치되어 있다. 양력계수는 0.85로 측정되었다. 시험부 마하수가 0.7이라면, 익형의 받음각은 얼마인가?

5.15. 어떤 특정 받음각, α_1에 있는 익형을 고려하라. 저속에서 날개 윗면에서 발생하는 최소 압력계수 값은 −0.90이다. 이 익형의 임계 마하수는 얼마인가?

5.16. 문제 5.15의 익형이 더 낮은 받음각, α_2 상태에 있다고 생각하라. 저속에서 이 낮은 받음각에서 최소 압력계수는 −0.65이다. 이 익형의 임계 마하수는 얼마인가?

5.17. 마하수 2의 균일류를 생각하라. 유동 방향에 대한 마하파의 각도는 얼마인가?

5.18. 고도 10 km에서 마하수 2.5로 비행하는 초음속 미사일을 고려하라(그림 P5.18 참조). 선두부 충격파의 각도는 마하각과 거의 같다고 가정하라. (마하파는 매우 약한 충격파다.) 충격파가 지면에 충돌할 때까지 미사일 선두부는 얼마나 멀리 떨어져 있게 되는가? (음속과 마하각

이 고도에 따라 바뀐다는 사실은 무시하라.)

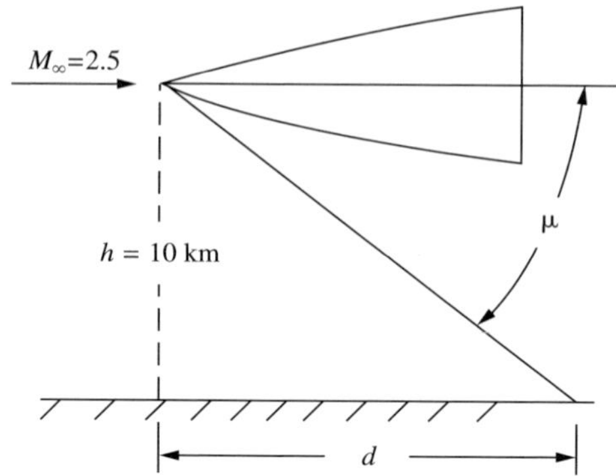

5.19. Lockheed F-104 초음속 전투기의 직선형 날개는 약 210 ft^2의 면적을 가진다. 항공기 무게는 16,000 lb이고, 표준고도 36,000 ft에서 마하수 2.2로 일정한 고도 비행을 하고 있다. 날개의 조파항력을 예측하라.

5.20. 마하수 2.2에서 받음각 2도인 평판을 고려하라. (마하수 2.2는 콩코드 초음속 여객기의 순항 마하수이다.) 유동 방향으로 평판의 길이는 202 ft이고, 이것은 콩코드의 길이와 같다. 표준고도 50,000 ft에 해당하는 자유류 조건을 가정하라. 이 평편의 총 항력은 조파항력과 표면마찰항력의 합이다. 평판 전체에 난류 경계층이 존재하다고 가정하라. 제4장에서 얻은 표면마찰항력계수는 비압축성 유동에서만 유효하다. C_f에도 압축성 효과가 있어서 이 값은 마하수가 증가할수록 감소한다. 특히, 마하수 2.2에서는 제4장에 주어진 C_f보다 약 20% 감소한다.

a. 문제의 정보를 이용해 평판의 총 항력계수를 계산하라.

b. 받음각이 5도로 증가하면, 총 항력계수는 얼마인가? C_f는 변하지 않는다고 가정하라.

c. 두 경우에서, 조파항력과 표면마찰항력의 상대적인 영향에 대해 어떤 결론을 내릴 수 있는가?

5.21. Cessna Cardinal 단발(single-engine) 경항공기의 날개 면적은 16.2 m^2이고, 종횡비는 7.31이다. 스팬효율지수를 0.62로 가정하라. 항공기는 251 km/h의 속도로 표준 해수면 조건에서 비행하고 있다. 총 무게가 9,800 N일 때, 유도항력은 얼마인가?

5.22. 문제 5.21에서 속도가 (해수면 고도에서 플랩을 내린 실속속도인) 85.5 km/h일 때 유도항력을 계산하라.

5.23. 날개 면적과 AR이 각각 21.5 m^2과 5인 유한 날개를 고려하라. (Gates Learjet 쌍발로 실행되는 항공기에 해당한다.) 날개의 단면은 NACA 65-210 익형이고, 스팬효율지수는 0.9, 형상 항력계수는 0.004이다. 날개의 받음각 6도일 때, C_L과 C_D를 계산하라.

5.24. 1920년, 30년대 동안 NACA는 AR = 6인 유한 날개를 시험하여 여러 익형의 풍동 시험 데이터를 얻었다. 이 데이터는 무한 날개 익형의 특성을 얻기 위해 "보정"되었다. 시험부에 설치된 유한 날개의 면적과 AR은 각각 1.5 ft^2과 6이다. 풍동 시험은 표준 해수면 조건에서 100 ft/s의 시험부 유속으로 수행되었다. 날개의 받음각이 10도일 때, 19.7 lb의 양력이 측정되었다. 스팬효율지수가 0.95일 때, 익형(무한 날개)의 양력 기울기를 계산하라.

5.25. AR이 6이고 날개 면적이 1.5 ft^2인 유한 날개가 표준 해수면 조건에서 130 ft/s의 시험부 유속에서 측정되고 있다. 받음각 −1도에서 양력과 항력은 각각 0과 0.181 lb로 측정된다. 받음

각 2도에서 양력과 항력은 각각 5.0과 0.23 lb이다. 스팬효율지수와 무한 날개의 양력 기울기를 계산하라.

5.26. Piper Super Cub과 같은 단발 경항공기를 고려하라. 항공기의 최대 하중은 7,780 N이고, 날개 면적은 16.6 m^2, 플랩 전개 시 최대 양력계수는 2.1이다. 해수면에서 실속속도를 계산하라.

5.27. Lockheed F-104 초음속 전투기의 직사각형 날개는 두께비 3.5%로 얇고 대칭인 익형을 가지고 있다. 익형의 받음각이 5도일 때를 고려하라. 비압축성 양력계수는 대략 $c_l = 2\pi\alpha$이고, α는 radian 단위이다. (a) $M = 0.2$, (b) $M = 0.7$, (c) $M = 2.0$ 인 경우 익형의 양력계수를 구하라.

5.28. 그림 1.7은 George Cayley 경이 1804년에 사용한 회전막대(whirling-arm) 실험장치이다. Cayley는 경사면의 양력을 최초로 측정한 사람이었다. 3°의 받음각에서 21.8 ft/s로 움직이는 평면은 1 온스의 양력을 발생시킨다고 그의 1804년 노트에 기록하였다. 평면의 가로와 세로는 각각 1 ft의 길이를 가지고 있다. 이 조건에서 양력계수를 계산하라. 비압축성에서 평판 익형의 양력계수를 구할 수 있는 식 $c_l = 2\pi\alpha$의 결과와 구한 값을 비교하라. 이 결과에서 차이가 발생하는 이유는 무엇인가? (Anderson, *A History of Aerodynamics and Its Impact on Flying Machines*, Cambridge University Press, 1997, pp. 68 – 71. 참조)

5.29. 받음각 6도인 유한 날개를 고려하라. 수직력계수와 축력계수가 각각 0.8과 0.06이다. 해당하는 양력과 항력계수를 계산하라. 양력과 수직력계수간의 차이를 비교하라.

5.30. AR = 7인 유한 날개를 고려하라. 날개의 익형은 양력 기울기가 0.11 /deg인 대칭 익형이다. 양력계수가 0.35일 때 이 날개의 양항비는 29이다. 받음각이 같은 상태에서 날개 길이를 늘여 AR = 10이 되도록 했다면, 새로운 양항비는 얼마인가? 스팬효율지수는 두 경우 모두 0.9로 가정하라.

5.31. 저속 비압축성 유동에서 받음각이 90도가 되도록 세워진 평판을 고려하라. 유동과 만나는 평판의 전면에 작용하는 압력은 전면 전체에서 정체압으로 일정하다고 가정한다. 평판의 후면에 작용하는 압력도 일정하지만, 자유류의 정압과 크기가 같다. (실제로 이러한 가정은 평판의 실제 유동의 아주 간단한 근사이다. 평판의 전면과 후면에서의 압력은 정확히 상수이지도 않고 정체압이나 자유류 정압과 같지도 않다. 이 문제의 목적을 위한 근사로 생각하길 바란다.) 이 문제의 항력은 근본적으로 모두 압력항력이다. 평판이 90도로 세워져 있어서, 표면마찰항력은 고려사항이 아니다. 이 유동의 모델에 대해 평판의 항력계수가 $C_D = 1$임을 증명하라.

5.32. 몇몇 공기역학 문헌에서는 항공기의 항력을 항력계수 대신 "항력 면적(drag area)"으로 표현한다. 정의에 따라, 항력 면적 f는 항공기의 항력과 같은 항력의 크기를 가지도록 유동에 90도 각도로 세워진 평판의 면적이다. 이 정의의 결과로서, 문제 5.31에서 구한 바와 같이 평판의 항력계수는 1과 같다고 가정한다. C_D가 날개 평면적 S를 기준으로 한 항공기의 항력계수라면, $f = C_D S$임을 증명하라.

5.33. 지금까지 가장 아름답게 유선형으로 설계된 항공기 중 하나는 그림 4.46의 북미 P-51 무스탕이다. 무스탕은 역사상 가장 낮은 항력계수 값을 가진다. $C_D = 0.0163$. 무스탕의 날개 평면적은 233 ft^2이다. 문제 5.32의 결과를 이용해서, 무스탕의 항력 면적이 3.8 ft^2임을 보여라. 즉, P-51 항공기 전체의 항력은 유동에 수직하게 세워진 면적이 3.8 ft^2에 불과한 평판의 항력과 같다.

5.34. 저속 유동에서 받음각 0도, 레이놀즈수 8.9×10^6의 NACA 2412 익형을 고려하라. 유동 박

리로 인한 압력항력의 비중을 백분율로 계산하라. 익형 위의 완전 난류 경계층을 생각한다. 표면마찰항력은 제4장에서 검토한 평판의 결과를 이용해 계산될 수 있을만큼 얇다고 가정한다.

5.35. 문제 5.34를 받음각 6도에서 반복하라. 익형의 받음각이 증가함에 따라 c_d가 급격히 증가하는 것에 대해 어떤 말을 할 수 있는가?

5.36. 경계층을 완전한 난류로 가정한 문제 5.34의 조건으로 돌아가서, 이제 경계층이 층류에서 시작해 앞전 후방의 어딘가에서 난류로 천이되는 실제 상황을 고려해 보자. 천이 레이놀즈수는 500,000으로 가정하라. 이 경우, 유동 박리로 인한 항력의 비율을 백분율로 계산하라.

5.37. 문제 5.34부터 5.36까지의 맥락을 이어가 본다. 여기서는 더 두꺼운 익형의 표면마찰항력과 압력항력의 상대적인 비중을 살펴본다. 받음각 0도에서 $\mathrm{Re} = 9 \times 10^6$인 저속 비압축성 유동에서 NACA 2415 익형의 표면마찰항력계수를 (a) 층류 경계층에 대해 (b) 난류 경계층에 대해 계산하라. NACA 2415 익형에 대한 실험 데이터인 부록 D에 주어진 단면 항력계수와 결과를 비교하라. 각 경우에 압력항력과 표면마찰항력의 상대 비율에 대해 논하라.

5.38. 실제로 문제 5.37의 익형 위 경계층은 완전 층류도, 완전 난류도 아니다. 경계층은 층류에서 시작해서 앞전 후방의 어딘가에서 난류로 천이된다. (4.19절의 내용을 참조.) 천이점을 결정하는 임계 레이놀즈수는 650,000이다. NACA 2415 익형의 표면마찰항력계수를 계산하여 부록 D에 실험값으로 주어진 항력계수 값과 비교하라. 주: 이 문제의 답은 익형 항력계수의 86%는 표면마찰로 인한 것이고, 14%만 압력항력으로 인한 것이다. 이 답을 얇은 익형에 대한 문제 5.36의 결과와 비교하면, 두꺼운 익형에서 압력항력의 비중이 더 크다는 것을 알 수 있다. 그런데, 일반적인 익형의 경우, 압력항력은 전체 항력의 작은 부분이다. 유선형 익형은 작은 압력항력을 가지도록 설계되는데, 보통 전체 항력의 15% 정도이다.

5.39. 이 문제에서는 더 낮은 Re가 익형 항력에 미치는 영향과 원인을 살펴본다. $\mathrm{Re} = 3 \times 10^6$인 경우에 대해 문제 5.38을 반복하라. Re가 어떻게 왜 항력에 영향을 미치는지 논하라. 주: 이 질문의 답으로부터 여러분은 더 낮은 Re에서 표면마찰항력의 비중이 높아짐을 알게 될 것이다. 다른 말로 낮은 Re에서는 압력항력의 비중이 낮아진다.

5.40. 풍동에서 5도의 받음각을 가지고 설치된 공력 모델에서 양력과 항력이 각각 100과 145 lb로 측정되었다. 해당하는 수직력과 축력을 계산하라.

5.41. Otto Lilienthal (1.5절 참조)은 회전막대를 사용하여 작은 모형 날개의 공력 실험을 다수 수행했고, 이후 정지한 모델에 대해서도 실험을 하였다. 그는 평판 날개와 캠버가 있는 얇은 날개 모두에 대해 실험하였다. 평판의 경우, 합력은 평판의 수직선 뒤로 항상 기울어졌고, 축력은 언제나 뒤 방향을 가리켰다. 그런데, 캠버 익형에 대한 데이터는 어떤 받음각에서 시위에 수직한 수직선의 앞쪽으로 합력 벡터가 기울어짐을 보여주었다. 이런 경우에 축력은 앞 방향을 가리켰다. Lilienthal은 이 앞 방향 성분을 "미는 성분(pushing component)"이라 불렀고, 캠버 익형의 우월성을 입증하는 증거로 인용하였다. (자세한 역사적인 사항은 다음 책에 있다: Anderson, A History of Aerodynamics, Cambridge University Press, 1998.) 배경지식으로 위의 정보를 가지고, 앞 방향 축력을 발생시킬 수 있는 공기역학적 조건이 다음과 같음을 보여라. α는 받음각이다.

$$L/D > \cot\alpha$$

5.42. 부록 D의 익형 데이터는 NACA Langley 기념연구소에 있는 NACA 2차원 저난류 압력 풍동(LTPT: Low Turbulence Pressure Tunnel)에서 얻어졌다. 이 시설은 1941년 봄부터 가동되었다. 풍동은 익형 실험을 위해 특별히 설계되었는데, 시험부의 폭은 3 ft이고 높이는 7.5 ft이다. 날개 모델은 시험부의 폭과 일치하도록 3 ft 길이로 제작되어 모델의 유동이 2차원과 유사하게 되도록 하였다. 모델의 시위는 2 ft이다. 풍동이 가동된 후 첫 실험으로서, 구형 풍동에서 측정되었던 NACA 4-5 단위 익형 시리즈가 다시 측정되었다. 그런데, LTPT는 NACA 층류 익형의 측정 장비로 가장 많이 활용되었다. 풍동이 3 atm으로 가압되고, 시험부 유동의 온도가 60°F인 상태에서 160 mi/h의 속도로 실험을 한다고 생각하라. 단면이 NACA 2412 익형인 날개가 양력계수 값이 0.2가 되는 받음각으로 설치되어 있다.

a. 이 모델의 받음각은 얼마인가?

b. 이 모델에 작용하는 총 항력은 얼마인가?

5.43. 문제 5.42의 날개 모델이 NACA 64-210 익형을 가지는 모델로 교체되었다. 모든 유동 조건은 문제 5.42와 같다.

a. 이 모델의 받음각은 얼마인가?

b. 이 모델에 작용하는 총 항력은 얼마인가?

5.44. 문제 5.42에서 NACA 2412 익형의 경우, 총 항력 대비 표면마찰항력의 비율은 얼마인가? 익형의 표면마찰항력은 평판의 값과 같다고 가정하라. 또한 모델의 경계층은 비압축성 난류 상태임을 가정한다.

5.45. 문제 5.43의 NACA 64-210 층류 익형의 경우에, 총 항력 대비 표면마찰항력의 비율은 얼마인가? 익형의 표면마찰항력은 평판의 값과 같다고 가정하라. 또한 모델의 경계층은 비압축성 층류 상태임을 가정한다.

CHAPTER 06

항공기 비행성능

Elements of Airplane Performance

처음에는 유럽이, 그 후에는 세계가 비행으로 연결될 것이고 국가들이 하나처럼 연결되어 결국 옆집 이웃이 될 것이다. 이처럼 하늘을 지배하는 것은 궁극적으로는 인류의 가장 위대하고 영광스러운 업적이 될 것이다. 철도노선이 국가들을 연결한 것처럼 항공노선이 전세계를 하나로 묶을 것이다.

Claude Grahame-White, 영국출신 조종사, 1914

6.1 개요: 양항곡선

그림 1.11은 19세기 중반 Henson의 증기동력 항공기를 동시대의 미술가가 마치 세계 곳곳을 날아다닌 것처럼 묘사한 것이다. 물론, 당시 설계자들은 장거리를 비행하는 방법에 대해 고민하지는 않았다. 그 당시 최초의 항공 엔지니어에게는 단순히 공중에 띄우거나 혹은 지면으로부터 추진하는 방법이 주된 관심사였기 때문에 비행중인 항공기에서 무슨 일이 벌어지는가는 부차적인 문제였다. 그러나, 1903년 Wright 형제의 성공적인 비행과 이로 인한 제1차 세계 대전 이전 기간 동안의 항공분야의 빠른 성장으로 공중에서 항공기 성능이 갑자기 가장 중요한 문제가 되었다. 주어진 설계에 대해 몇 가지 중요한 질문들이 던져졌다(지금까지도 주어진다). 항공기의 최대 속도는 얼마인가? 주어진 고도에서 얼마나 빨리 상승할 수 있는가? 주어진 연료탱크의 연료량으로 얼마나 멀리 비행할 수 있는가? 얼마나 긴 시간동안 체공할 수 있는가? 이들 혹은 이와 유사한 질문에 대한 답을 찾는 것이 **항공기의 성능**이고 이번 장의 주제이다.

앞 장들에서는 항공기의 양력, 항력 및 모멘트가 발생하는 물리적인 원리들을 소개하였다. 특히, 강조할 내용은 유체 내에서 움직이는 물체에 작용하는 공기역학적 힘과 모멘트는 물체 표면에 작용하는 아래의 두 가지 현상에 의해 발생한다는 점이다.

미리보기

PREVIEW BOX

여러분은 이륙준비를 완료하고 활주로 시작점에 정지해 있는 항공기에 탑승한 승객이거나 조종사이다. 엔진 스로틀(engine throttle)을 완전히 개방하면 여러분은 활주로에서 가속해 나간다. 여러분은 지면으로부터 날아올라 활주로 끝에 도달하기 전에 공중으로 이륙할 수 있을지 어떻게 알 수 있겠는가? 이번 장에서 여러분은 이 질문에 어떻게 대답해야 하는지를 학습하게 될 것이다.

이제 여러분은 공중에 있는 상태지만 전방에 천둥과 번개를 동반한 폭풍우 지역이 있어 항공기를 최대한 빨리 상승시켜 이 지역을 벗어나야 한다. 이 항공기가 이것을 할 수 있는가? 안전고도까지 상승하는 데 얼마나 긴 시간이 필요한가? 여러분은 어떻게 알 수 있겠는가? 이번 장에서 여러분은 이러한 질문들에 어떻게 대답해야 하는지를 학습하게 될 것이다.

이제 여러분은 높은 고도에서 편안하게 목적지를 향해 순항하고 있다. 연료를 모두 사용하기 전에 목적지에 도착할 수 있겠는지 여러분은 어떻게 알 수 있겠는가? 혹은 연료탱크에 남은 연료로 얼마나 먼 거리를 비행할 수 있을 것인가? 여러분이 취미로 비행하는 경우라면 가능한 한 오랫동안 비행하고 싶은 마음이 들것이다. 남은 연료로 얼마나 오랫동안 비행을 할 수 있는지 어떻게 예측할 수 있을까? 이번 장에서 여러분은 이러한 질문들에 어떻게 대답해야 하는지를 학습하게될 것이다.

아마도 여러분이 스피드 광일 수도 있다. 스로틀을 최대로 열어 엔진에서 최대의 파워를 얻을 수 있다. 항공기는 적어도 얼마 동안은 미친 듯이 가속하여 최대 전진비행 속도에 도달할 것이다. 이 "최대" 전진비행 속도를 어떻게 예측할 수 있겠는가? 이번 장에서 여러분은 이 질문에 어떻게 대답해야 하는지를 학습하게 될 것이다.

여러분이 적 항공기와 목숨을 건 공중전을 하고 있는 최고의 전투조종사라고 해보자. 공중접전에서 적 항공기를 격추시키기 위해 작은 반경으로(적 항공기의 "안쪽"으로 선회하면서) 더 빠른 선회비행을 할 수 있기를 바랄 것이다. 항공기가 이러한 선회비행을 할 수 있겠는지 여러분은 어떻게 알 수 있겠는가? 이번 장에서 여러분은 이 질문에 어떻게 대답해야 하는지를 학습하게될 것이다.

불행하게도 항공기 엔젠이 꺼져 여러분은 공중에서 모든 엔진 동력이 상실된 상태가 되었다. 여러분은 활강을 하여(무동력 하강비행을 통해) 기지로 돌아가야 한다. 항공기가 이 일을 해낼 수 있을까? 혹은 목적지에 도착하기 전에 착륙을 해야만 하는가? 이번 장에서 여러분은 이 질문에 어떻게 대답해야 하는지를 학습하게 될 것이다.

다행히도 항공기가 엔진 동력을 회복하여 비행을 완료한 후 착륙할 준비가 되어 있다. 여러분은 활주로로 접근해 나간다. 활주로는 안전하게 착지하여 정지할 수 있을 정도로 충분한 길이를 가지고 있는가? 혹은 활주로 끝을 훨씬 지나 숲으로 돌진하여 필사적으로 안착하기를 바라게 되지는 않을까? 이번 장에서 여러분은 이 질문에 어떻게 대답해야 하는지를 학습하게 될 것이다.

이번 장은 위와 같은 중요한 문제와 이에 대한 대답으로 가득 차있다. 이들 모두는 항공기의 성능과 관련이 있다. 적어도, 이번 장에서는 하나의 익형이나 날개가 아니라 전체 항공기를 다룰 것이다. 결국, 이 책의 중반부에서 우리는 실제적으로 비행을 하러 갈 것이다. 안전벨트를 매고 읽어라. 자, 이제 비행하러 가보자.

1. 압력 분포
2. 전단응력분포

이들 현상을 지배하는 물리법칙을 공기흐름에 대한 다양한 응용과 더불어 소개할 것이다.

이번 장에서 우리는 새로운 학습단계를 시작한다. 항공기를 양력, 항력, 추력 및 중력 등 4가지의 자연력이 작용하는 강체로 가정하였다. 이들 힘에 반응하는 항공기의 운동에 초점을 두었다. 이러한 고려는 항공우주공학의 중요한 분야인 **비행동역학**(*flight dynamics*)의 핵심 내용이다. 이번 장의 항공기 성능과 제7장의 안정성과 조종성에 대한 학습은 모두 비행동역학의 주요 분야에 속한다.

이들에 대한 학습에서는 공기역학의 세부내용에 관심을 갖는 대신 공기역학자들이 주어진 항공기에 대해 필요한 공력 데이터를 우리에게 제공했다고 가정할 것이다. 이들 데이터는 통상 아래와 같이 전체 항공기에 대한 **양력-항력 관계식**(*drag polar*)의 형태로 우리에게 주어진다.

$$C_D = C_{D,e} + \frac{C_L^2}{\pi e \mathrm{AR}} \tag{6.1a}$$

식 (6.1*a*)는 식 (5.58)을 전체 항공기에 대해 확장한 형태이다. 여기서, C_D는 전체 항공기에 대한 항력계수이며, C_L은 수평 꼬리날개와 동체에 의한 작은 양력까지를 포함한 전체 양력계수를 나타낸다. $C_{D,e}$는 **유해항력계수**(*parasite drag coefficient*)로 날개의 형상항력(profile drag)[식 (5.58)의 c_d]뿐만 아니라 꼬리날개, 동체, 엔진나셀, 착륙장치 등과 같이 공기흐름에 노출되어 있는 모든 항공기 구성품에 의한 마찰저항과 압력저항을 포함한다. 천음속 및 초음속에서 $C_{D,e}$는 조파항력(wave drag)까지도 포함한다. 받음각의 변화에 따라 항공기 주위의 유동장이 변하기 때문에—특히, 항공기에 걸친 박리영역의 크기 변화—$C_{D,e}$는 받음각에 따라 변화된다. 다시 말해 $C_{D,e}$는 그 자체가 양력계수의 함수이다. 이 함수에 대한 정확한 근사식은 다음과 같다.

$$C_{D,e} = C_{D,0} + rC_L^2$$

여기서, r은 실험적으로 결정되는 상수이다. 따라서, 식 (6.1*a*)는 다음과 같이 쓸 수 있다.

$$C_D = C_{D,0} + \left(r + \frac{1}{\pi e \mathrm{AR}}\right) C_L^2 \tag{6.1b}$$

식 (6.1*a*)와 (6.1*b*)에서 e는 잘 알려진 스팬효율지수(span efficiency factor)로 일반적 형상을 가진 날개의 양력이 타원형 분포를 벗어난 정도를 고려하기 위한 지수이다(5.14절 참조). 양력에 따른 유해항력 변화 효과를 포함시키기 위해 **e를 다시 정의하면** 식 (6.1*b*)는 다음의 형태로 나타낼 수 있다.

$$C_D = C_{D,0} + \frac{C_L^2}{\pi e \mathrm{AR}} \tag{6.1c}$$

여기서, $C_{D,0}$는 **무양력** 받음각에서의 유해항력계수이고 $C_L^2/(\pi eAR)$은 유도항력 뿐만 아니라 양력에 의한 유해항력까지도 포함한다. 식 (6.1*c*)에서 새롭게 정의한 e는 식 (6.1*b*)에서 r의 영향을 포함한 것이며 **오스왈드 효율지수**(*Oswald efficiency factor*)라 부른다(1932년 NACA Report No. 408에서 이 용어를 처음 사용한 W. Bailey Oswald의 이름을 따서

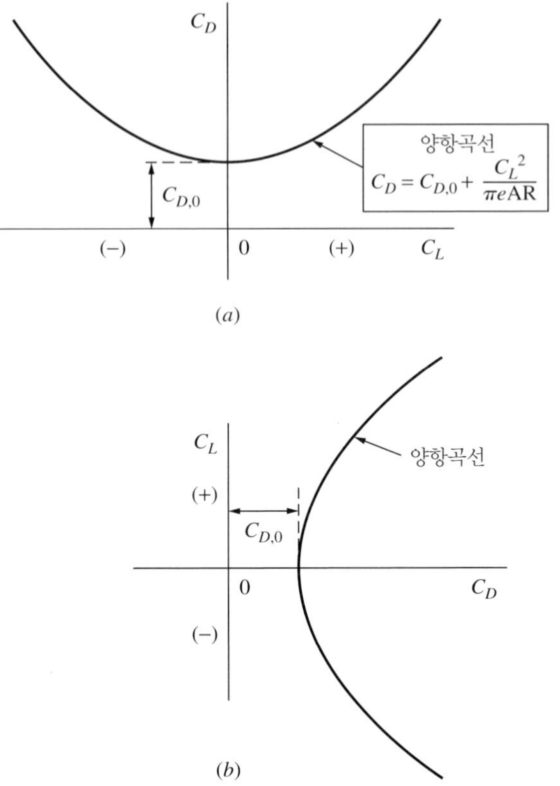

그림 6.1 양항곡선의 예

만듦). 이번 장에서는 항공기의 기본 공력특성을 식 (6.1*c*)로 표현하고 공기역학자들로부터 얻어진 $C_{D,0}$와 e는 이미 알고 있는 공력지표로 가정하였다. 또한, 앞으로 $C_L^2/(\pi e\mathrm{AR})$를 $C_{D,i}$로 정의하여 사용할 것이다. 여기서, $C_{D,i}$는 유도항력과 $\alpha_L = 0$이 아닌 받음각에서 받음각에 따른 유해항력의 증가분 등을 포함하는 확장된 의미를 갖는 **양력에 의한 항력계수**를 나타낸다. 우리는 $C_{D,0}$를 식 (6.1*c*)에서 보듯이 $C_L = 0$인 상태의 무양력 항력계수로 정의한다. 그러나, 좀 더 정확하게는 $C_{D,0}$를 무양력에서의 유해항력으로—다시 말해 $\alpha = \alpha_L = 0$일 때의 항력계수로—인식하여야 한다.

그림 6.1은 식 (6.1*c*)를 나타낸 것으로 **양항곡선**(*drag polar*)이라 부른다. 식 (6.1*c*)의 근사식으로부터 양항곡선은 양력이 0인 종축에 절편의 값이 $C_{D,0}$인 쌍곡선으로 표시된다. 그림 6.1*a*은 C_L에 따른 C_D를 나타낸 것이고 그림 6.1*b*는 C_D에 따른 C_L을 나타낸 것이다. 두 그림은 동일한 표현으로 그림 6.1*b*는 그림 6.1*a*를 축회전하여 얻을 수 있다. 그림 6.1에서 음의 C_L 값은 항공기 받음각이 $\alpha_L = 0$보다 작은 경우에 양력이 음의 값을 가지는 경우를 나타낸다. 이런 경우는 항공기 비행성능 해석에서 드물게 일어나기 때문에 C_L 이 양의 값을 갖는 범위의 양항곡선만을 통상적으로 나타낸다.

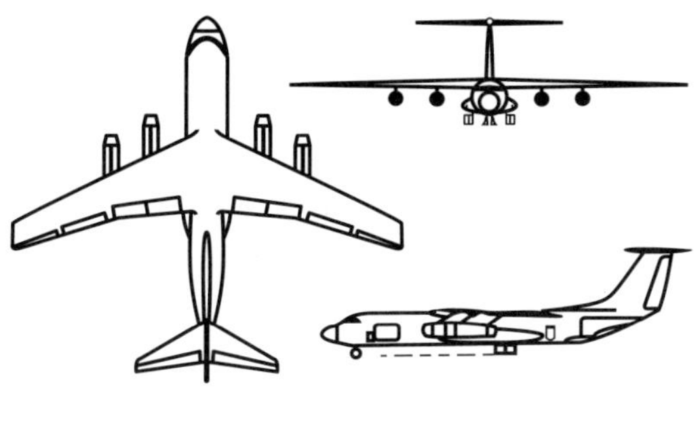

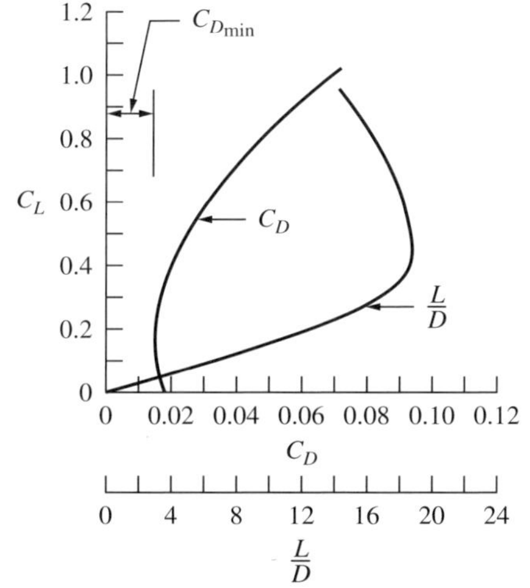

그림 6.2 록히드사 C-141A 항공기에 대한 저속에서의 양항곡선과 양항비 변화. 항공기는 양항곡선 위에 3면도로 나타내었음

특정 항공기에 대한 양항곡선의 예가 그림 6.2에 나타나 있으며 이는 그림 위쪽에 3면도로 나타낸 록히드사의 C-141A 항공기의 실제 데이터를 나타낸 것이다. 자세히 살펴보면 실제 항공기에 대한 양력곡선은 식 (6.1*c*)에 주어진 근사식과 약간의 차이를 나타낸다. 그림 6.2의 무양력 항력계수가 최소 항력계수가 아님을 주목하라. 다시 말해 쌍곡선형 양항곡선의 축이 양력이 0인 축이 아니라 약간 위쪽에 위치해 있다. 그림 6.2에서 최소 항력계수는 $C_{D,\min} = 0.015$이고 이 값은 양력계수가 $C_{L_{\min\ \mathrm{drag}}} = 0.16$일 때의 항력계수이다. 무양력 항력계수는 $C_L = 0$일 때 $C_{D,0} = 0.017$이다. 그리고 대부분의 항공기 설계에서 $\alpha_L = 0$를 작은 음의 값으로 설정하기 때문에 $C_{D,0}$는 최소 항력계수가 아니다. 즉, 이 받음각에서 항공기(무양력 항력계수) 기수는 약간 내려간 상태이고 흐름박리에 의한 **압력저항**(*form drag*)은 항공기의 받음각이 무양력 받음각 쪽으로 조금 더 커진 경우보다 약간 더 큰 값을 갖는다.

최소 항력계수는 받음각 α가 $\alpha_{L=0}$보다 커서 항공기가 더 정확하게 상대풍에 정렬된 상태에서 얻어진다. 이 경우 양항곡선은 식 (6.2)와 같이 나타낼 수 있고 그림 6.3과 같은

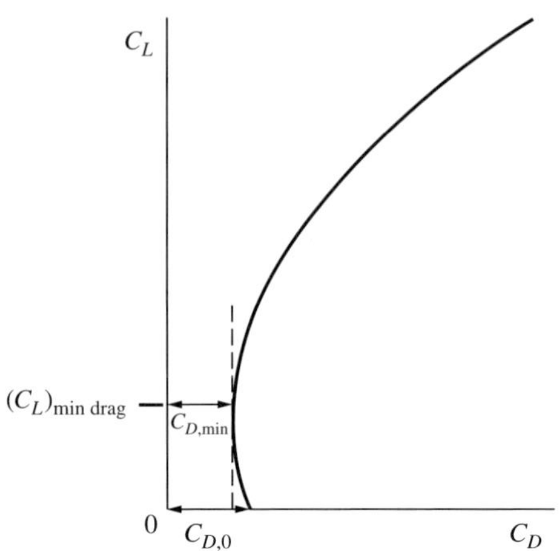

그림 6.3 무양력 항력계수가 최소 항력계수와 다른 양항곡선

형태를 갖는다.

$$C_D = C_{D,\text{min}} + \frac{(C_L - C_{L_{\text{min drag}}})^2}{\pi e \text{AR}} \tag{6.2}$$

지금까지 우리는 그림 6.1과 6.3에서 보여준 바와 같이 두 가지의 일반적인 양항곡선의 차이에 대하여 살펴보았다. 이번 장의 항공기 성능에 대한 학습에서는 식 (6.1*c*)과 그림 6.1을 양항곡선으로 사용할 것이다. 이 방법은 일반적인 특성을 잃지 않으면서도 분석을 간단하게 해준다. 정량적으로 두 가지 표현방법에 약간의 차이는 있다. 그러나, 특정 항공기에 대한 정확한 성능해석에서는 항공기에 대한 정확한 양항곡선을 사용하는 것이 일반적인 방법으로 그림 6.3과 식 (6.2)로 주어진 보다 정확한 값을 사용하는 것이 바람직하다.

잠시, 그림 2.1의 전체 로드맵으로 돌아가보자. 이번 장에서 우리는 그림 2.1에 비행역학으로 구분된 새로운 주제를 다룰 것이다. 특히, 이번 장에서는 그림 2.1의 중앙에 있는 비행역학의 하부 주제인 항공기 성능을 다루게 된다. 이번 장에 대응되는 로드맵을 그림 6.4에 나타내었다. 항공기 성능에 대한 분석은 대기 중에서 항공기의 운동을 설명할 수 있는 뉴턴의 제2법칙을 흔히 사용한다. 우리는 먼저 항공기 **운동방정식**들을 얻을 것이다. 이번 장의 나머지 부분은 두 가지 형태의 운동방정식을 이용한다: (1) **등속**비행 조건과 관련된 형태로 그림 6.4 왼쪽의 **정적성능** 분석에 사용할 수 있는 방정식, (2) 항공기 가속도와 관련된 형태로 그림 6.4 오른쪽의 **동적성능** 분석에 사용할 수 있는 방정식(정적성능과 동적성능 사이의 차이는 정역학과 동역학 교과과정의 차이와 유사하다). 정적성능에서 우리는 항공기의 최대 속도를 어떻게 계산하는 지, 얼마나 빨리 상승할 수 있는지(상승률), 얼마나 높이 날 수 있는 지(최대 고도), 얼마나 멀리 날 수 있는지(항속거리)와 얼마나 오랫동안 공중에 머물러 있을 수 있는지(항속시간) 등의 중요한 문제를 다룰 것이다. 동적성능에

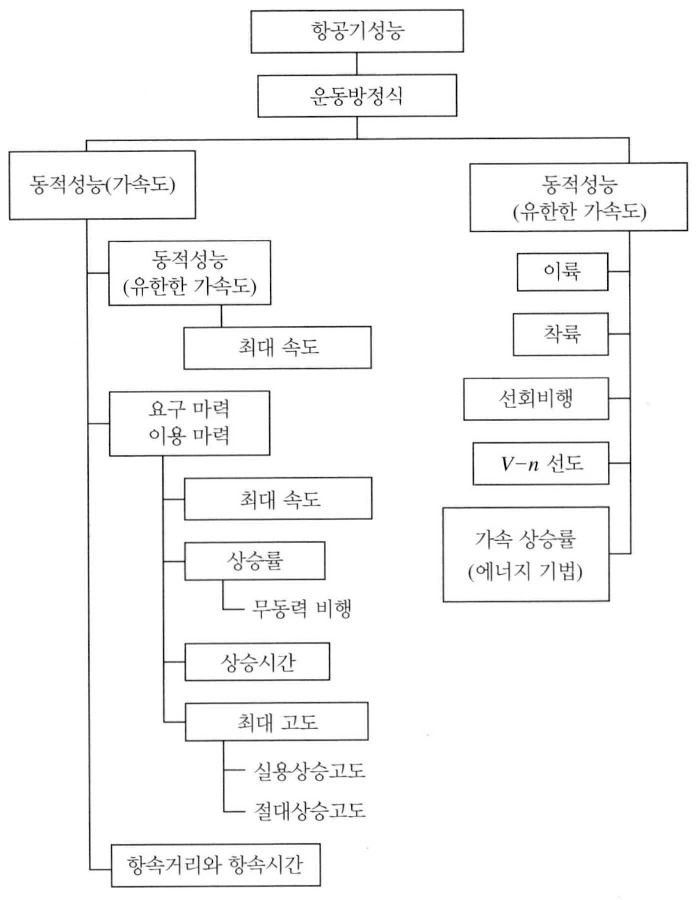

그림 6.4 제6장의 로드맵

서는 이륙 및 착륙 특성, 선회비행과 상승가속도 등을 학습할 것이다. 로드맵의 맨 아래에 도달했을 때 우리는 항공기 설계와 관련된 기본 특성들을 다루고 더 나아가 항공우주공학의 가장 중요한 영역들을 학습하게 될 것이다. 자, 힘차게 전진하자!

6.2 운동방정식

항공기의 성능을 학습하기 위해서는 우선 공중에서의 병진운동을 지배하는 기본 방정식들을 유도해야 한다. 그림 6.5와 같이 비행 중인 항공기를 고려해 보자. 비행경로(항공기의 운동방향)가 수평면과 θ의 각도로 기울어져 있다. 제5장의 정의에 따르면 비행경로방향과 상대풍이 동일한 방향이다. 평균 시위선은 비행경로방향에 대해 기하학적 받음각 α의 상대적인 각도를 갖는다. 항공기에 작용하는 4가지 외력은 다음과 같다.

1. 양력 L – 비행경로방향에 수직으로 작용
2. 항력 D – 비행경로방향과 나란하게 작용

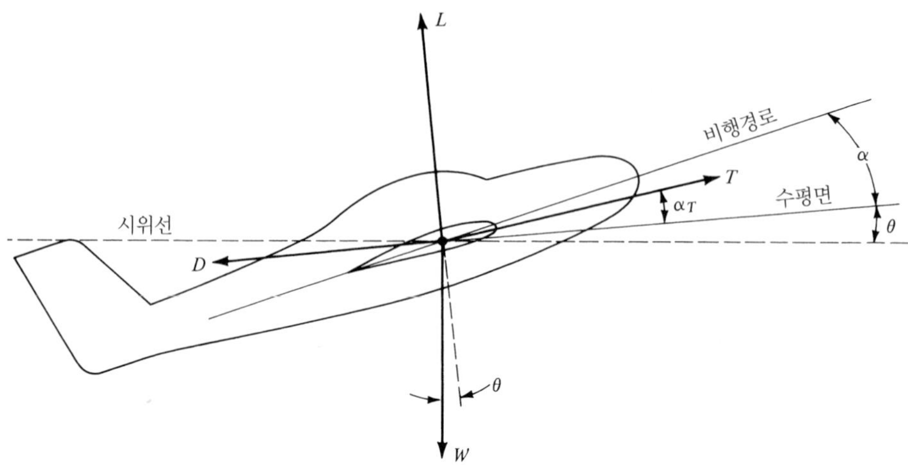

그림 6.5 비행 중인 항공기의 외력선도

3. 무게 W – 지구중심쪽으로 연직방향으로 작용 (따라서, 양력방향과 θ의 각도를 가짐)
4. 추력 T – 일반적으로 비행경로방향과 α_T의 각도를 가짐

그림 6.5은 중요한 외력선도이다. 익숙해질 때까지 세심하게 학습하도록 하자.

그림 6.5은 비행경로를 직선으로 나타내었다. 이 그림은 항공기를 기준으로 그린 것이다. 그러나, 우리가 한발 물러서서 항공기가 비행 중인 공간으로 시야를 넓히면 비행경로는 일반적으로 곡선이다. 항공기가 기동비행 중일 때는 물론이고 항공기가 지면에 대해 "수평비행"을 하는 경우라고 할지라도 절대상승고도 h_a (3.1절에서 정의)와 동일한 반경을 가진 곡선 비행경로를 비행하는 것이다.

어떤 물체가 곡선을 따라 움직이는 경우 이 운동을 **곡선운동**이라 부르고 반대로 직선을 따라 움직이는 경우에는 **직선운동**이라 부른다. 힘 = 질량 × 가속도로 표현되는 뉴턴의 제2법칙은 두 가지 운동에 대해 공통적으로 적용할 수 있다.

곡선경로를 고려해보자. 경로상의 한 점에서, 비행경로 방향과 이 방향에 수직인 두 개의 축을 정의하자. 비행경로에 따라 뉴턴 법칙을 적용하면 다음과 같다.

$$\sum F_{\parallel} = ma = m\frac{dV}{dt} \tag{6.3}$$

여기서, $\Sigma F_{\parallel}$는 비행경로와 나란한 모든 힘들의 합이고, $a = dV/dt$는 비행경로를 따른 가속도를, 그리고 V는 항공기의 순간 비행 속도를 나타낸다. (정의에 따라 속도 V는 항상 비행경로 방향과 나란하다.) 비행경로에 수직 방향으로 뉴턴 법칙을 적용하면 다음의 식을 얻을 수 있다.

$$\sum F_{\perp} = m\frac{V^2}{r_c} \tag{6.4}$$

여기서, $\sum F_\perp$는 비행경로에 수직인 모든 힘들의 합이고, V^2/r_c는 곡률반경이 r_c인 비행경로에 수직인 가속도이다. 수직 가속도 V^2/r_c는 기본 물리학을 통해 우리가 잘 알고 있는 것으로 식 (6.4)의 우변항은 **원심력**을 나타낸다.

그림 6.5를 참고로 비행경로에 나란한 힘(오른쪽 +, 왼쪽 −)은 다음과 같이 표현된다.

$$\sum F_\parallel = T\cos\alpha_T - D - W\sin\theta \tag{6.5}$$

또한, 비행경로에 수직인 힘(위쪽 +, 아래쪽 −)은 아래와 같다.

$$\sum F_\perp = L + T\sin\alpha_T - W\cos\theta \tag{6.6}$$

식 (6.3)과 (6.4)에 식 (6.5)와 (6.6)을 각각 조합하면 아래 식들을 얻을 수 있다.

$$\boxed{T\cos\alpha_T - D - W\sin\theta = m\frac{dV}{dt}} \tag{6.7}$$

$$\boxed{L + T\sin\alpha_T - W\cos\theta = m\frac{V^2}{r_c}} \tag{6.8}$$

식 (6.7)과 (6.8)은 병진운동에 대한 항공기의 **운동방정식**이다. (항공기가 기체 축 주위로 회전할 수 있음에 유의하라. 이것은 제7장에서 다룰 것이다. 또한, 그림 6.5의 평면에 수직인 항공기 좌측 및 우측 방향의 운동을 고려하지 않았다는 점도 유념하라.)

식 (6.7)과 (6.8)은 가속비행 중인 항공기의 2차원 평면에서의 일반적인 병진운동을 설명한 것이다. 그러나, 이번 장의 첫번째 부분에서 우리는 이들 방정식의 특별한 응용에 관심을 갖는다. 즉, 가속도가 0인 경우이다. 가속도가 없는 상태에서의 항공기 성능을 정적성능이라고 부른다. 이 조건은 언뜻 보기에 너무 제한적인 것처럼 보인다. 그러나, **정적성능** 해석은 최대 비행 속도, 최대 상승률과 최대 비행거리 등과 같이 항공기 성능과 운용에 가장 중요한 파라미터들을 계산하는 데 유용하다.

이 점을 기억하면서 등속 수평비행을 고려해 보자. 그림 6.5를 참고하면 수평비행은 비행경로가 수평면 상에 있는 것으로 다시 말해 $\theta = 0$이다. 등속비행은 식 (6.7)과 (6.8)의 우변항이 0임을 의미한다. 따라서, 운동방정식은 다음과 같이 표현할 수 있다.

$$\boxed{T\cos\alpha_T = D} \tag{6.9}$$

$$\boxed{L + T\sin\alpha_T = W} \tag{6.10}$$

대부분의 일반 항공기에서는 α_T가 충분히 작기 때문에 $\cos\alpha_T \approx 1$과 $\sin\alpha_T \approx 0$의 근사식을 사용할 수 있다. 따라서, 식 (6.9)와 (6.10)은 아래의 식으로 나타낼 수 있다.

$$\boxed{T = D} \tag{6.11}$$

$$\boxed{L = W} \tag{6.12}$$

식 (6.11)과 (6.12)는 등속 수평비행에 대한 운동방정식이다. 이들 식은 그림 6.5을 참고로 쉽게 얻을 수도 있다. 등속 수평비행에서 항력은 추력과 균형을 이루고 양력은 항공기 무게와 균형을 이룬다—지극히 간단하지만 매우 중요한 결과이다.

자 이제 이들 결과를 항공기 정적성능 해석에 적용해 보자. 다음 절들은 이러한 해석의 주요 절차를 다룰 것이며 주어진 항공기가 얼마나 빨리, 얼마나 멀리, 얼마나 오랫동안, 얼마나 높이 비행할 수 있는지 등에 대한 질문에 대한 답을 제공해줄 것이다. 또한 각 절들에서의 학습은 항공기 성능계산에 대한 도표를 이용한 접근방법을 주로 사용할 것이다. 최신의 항공우주공학에서는 빠른 디지털 컴퓨터에서 이러한 계산을 쉽게 할 수 있다. 그러나, 그림을 통한 설명은 프로그램 개발과 컴퓨터 계산결과를 이해하는 데 필수적이며 더욱이 나타낼 주요 개념들을 분명하게 설명하는 데 도움이 된다.

6.3 등속 수평비행을 위한 필요추력

주어진 고도와 속도로 정상 수평비행 중인 항공기를 고려해보자. 이 속도로 비행을 하기 위해 항공기의 동력장치(터보젯 엔진이나 왕복 엔진-프로펠러 조합 등과 같은)는 항력과 동일한 추력을 발생하여야 한다. 주어진 정상 비행 속도를 얻기 위해 필요한 추력은 다음과 같이 쉽게 계산할 수 있다. 식 (6.11)과 (5.20)으로부터

$$T = D = q_\infty S C_D \tag{6.13}$$

식 (6.12)와 (5.17)으로부터

$$L = W = q_\infty S C_L \tag{6.14}$$

식 (6.13)을 (6.14)로 나누면 다음의 식이 얻어진다.

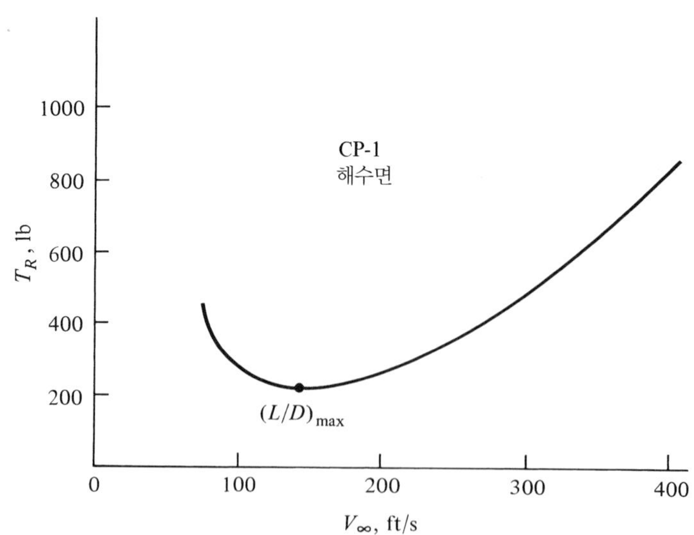

그림 6.6 필요추력 곡선. 이 그림과 다음 그림은 이번 장의 몇몇 예제들의 풀이를 포함한다

$$\frac{T}{W} = \frac{C_D}{C_L} \tag{6.15}$$

따라서, 식 (6.15)로부터 주어진 속도에서 등속 수평비행에 필요한 추력은 다음과 같다.

$$\boxed{T_R = \frac{W}{C_L/C_D} = \frac{W}{L/D}} \tag{6.16}$$

(필요추력임을 강조하기 위해 추력에 하첨자 R을 추가한 것에 유념하라.)

주어진 고도에서 필요추력 T_R은 속도 V_∞에 따라 변한다. **필요추력 곡선**은 이러한 변화를 나타낸 것으로 그림 6.6과 같은 일반적인 형태를 갖는다. 이 곡선의 한 점을 계산하기 위해 다음의 절차를 따라가 보자.

1. V_∞값을 설정

2. 식 (6.14)를 이용하여 V_∞에서의 양력계수를 계산

$$C_L = \frac{W}{\frac{1}{2}\rho_\infty V_\infty^2 S} \tag{6.17}$$

ρ_∞는 주어진 고도에서 기지의 값이고 S는 주어진 항공기로부터 알 수 있다. 식 (6.17)을 이용하여 계산된 C_L은 주어진 항공기 무게 W와 균형을 이루는 양력계산에 필요한 값이다.

3. 항공기에 대해 주어진 양항곡선을 이용하여 C_D를 계산

$$C_D = C_{D,0} + \frac{C_L^2}{\pi e \mathrm{AR}}$$

여기서, C_L은 식 (6.17)로부터 얻은 값이다.

4. C_L/C_D비를 계산

5. 식 (6.16)을 이용하여 필요추력 계산

계산절차 5에서 얻어진 T_R값은 계산절차 1에서 설정한 특정 속도에서 비행하기 위해 필요한 필요추력이다. 그림 6.6은 항공기 비행영역의 모든 속도에 대한 이런 점들의 궤적이다. 앞의 계산절차에 익숙해지기 위해 이 절의 끝에 있는 예제 6.1을 학습하라.

식 (6.16)으로부터 T_R은 L/D에 반비례함을 유념하라. 따라서, 최소 필요추력은 항공기가 L/D가 최대인 속도에서 비행할 때 얻어질 것이다. 이 상태를 그림 6.6에 나타내었다.

양항비는 항공기의 공력효율을 나타내는 척도로 최대 공력효율은 최소 필요추력에서 얻을 수 있다는 점과 일맥상통한다. 따라서, 양항비는 항공기 설계에서 고려해야 할 중요한 공기역학적 특성 중 하나이다. 더불어, L/D는 그림 6.7에 나타낸 바와 같이 받음각의 함수임을 유념하라. 대부분의 일반 아음속 항공기에서 L/D값은 통상 α가 2도에서 5도 범위의 특정한 값에서 최대값을 갖는다. 따라서, 그림 6.6에 나타낸 바와 같이 최소 T_R에 대응하는 속도로 비행하는 항공기 상태는 그림 6.7과 같이 최대의 L/D에 대응되는 받음각에서

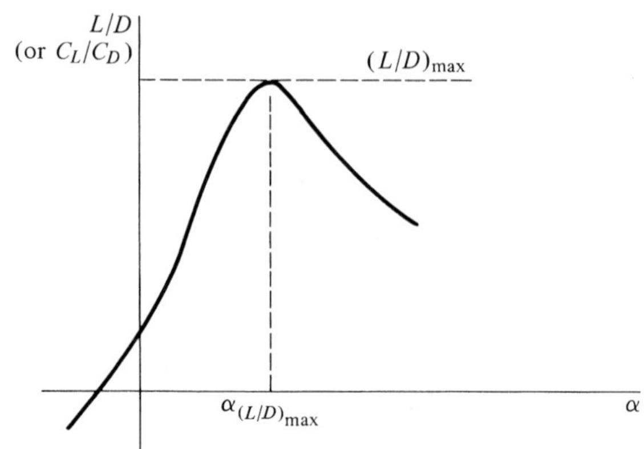

그림 6.7 받음각에 따른 양항비

비행하는 상태와 동일하다.

위 설명의 당연한 결과이지만 필요추력 곡선상의 서로 다른 점들은 서로 다른 받음각에 대응된다는 점에 유의하라. 이점을 그림 6.8에서 강조하였으며 필요추력 곡선의 오른쪽에서 왼쪽으로 이동함에 따라 항공기의 받음각이 증가함을 보여준다. 또한, 이 점은 T_R이 곡선의 중간에서 최소값을 갖게 되는 이유를 물리적으로 설명하는 데 도움이 된다.

$L = W = q_\infty SC_L$임을 상기하라. 고속에서(그림 6.8의 점a) 필요추력의 대부분은 높은 동압을 통해 얻어진다. 따라서, C_L과 이에 대응되는 α값은 작다. 또한, 동일한 조건에서 항력($D = q_\infty SC_D$)은 q_∞가 크기 때문에 상대적으로 큰 값을 갖는다. 필요추력 곡선의 왼쪽으

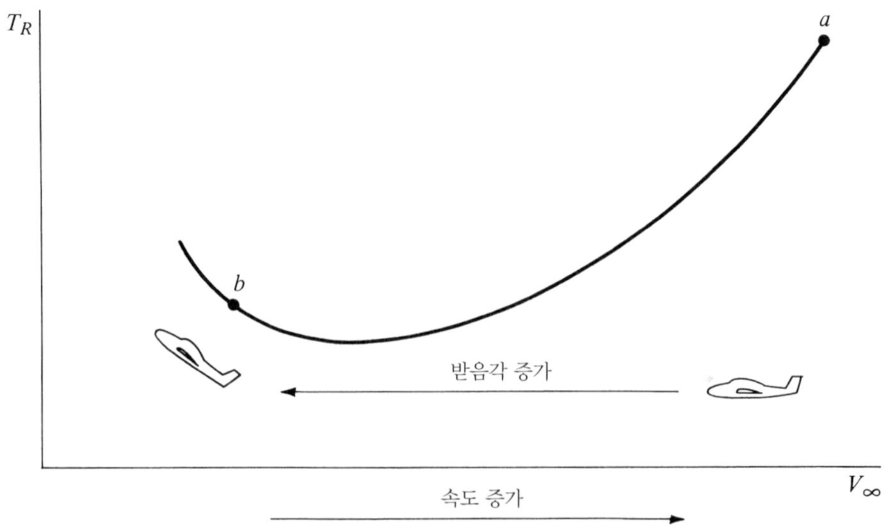

그림 6.8 받음각에 따른 필요추력 곡선

로 이동하면 q_∞가 감소한다. 그 결과, 주어진 항공기의 무게를 지탱하기 위해 C_L과 이에 대응되는 α를 증가시켜야만 한다. q_∞가 감소하기 때문에 D와 T_R은 초기에는 감소한다. 그러나, 양력에 의한 항력도 전체항력의 일부분이고 $C_{D,i}$가 C_L^2에 따라 변한다는 점을 상기하라. 그림 6.8의 b점에서와 같은 저속에서는 q_∞가 작기 때문에 C_L이 큰 값을 갖는다. 이들 조건에서 $C_{D,i}$ 는 급격히 증가하여(q_∞가 감소하는 것보다 더 빠르게) D와 T_R이 증가한다. 이것이 점 a에서 시작해서 V_∞가 감소함에 따라 T_R이 처음에는 감소하다 최소값을 갖게 되고 다시 증가하기 시작하여 b점으로 증가하게 되는 원인이다.

식 (6.1c)로부터 항공기의 전체 항력은 무양력 항력과 양력에 의한 항력의 합임을 상기하라. 이들에 대응되는 항력들은 각각 $C_{D,0}$와 $C_{D,i} = C_L^2/(\pi eAR)$이다. 최소 T_R 조건에서는 $C_{D,0}$와 $C_{D,i}$ 은 다음과 같이 흥미로운 관계를 갖는다. 식 (6.11)로부터

$$
\begin{aligned}
T_R = D = q_\infty S C_D &= q_\infty S (C_{D,0} + C_{D,i}) \\
&= q_\infty S \left(C_{D,0} + \frac{C_L^2}{\pi e \text{AR}} \right) \\
T_R = \underbrace{q_\infty S C_{D,0}}_{\text{무양력}} &+ \underbrace{q_\infty S \frac{C_L^2}{\pi e \text{AR}}}_{\text{양력에 의한}}
\end{aligned}
\tag{6.18}
$$

식 (6.18)에서 나타난 바와 같이 필요추력은 **무양력에서의 필요추력**과(무양력 항력과 균형을 이루기 위해 필요한 필요추력) **양력에 의한 필요추력**(양력에 의한 항력과 균형을 이루기 위해 필요한 필요추력)의 합으로 생각할 수 있다. 그림 6.9를 살펴보면 속도가 증가함에 따라 양력에 의한 T_R은 감소하지만 무양력 T_R은 증가함을 알 수 있다(왜 그런가?).

$C_L = W/(q_\infty S)$임을 상기하라. 식 (6.18)로부터

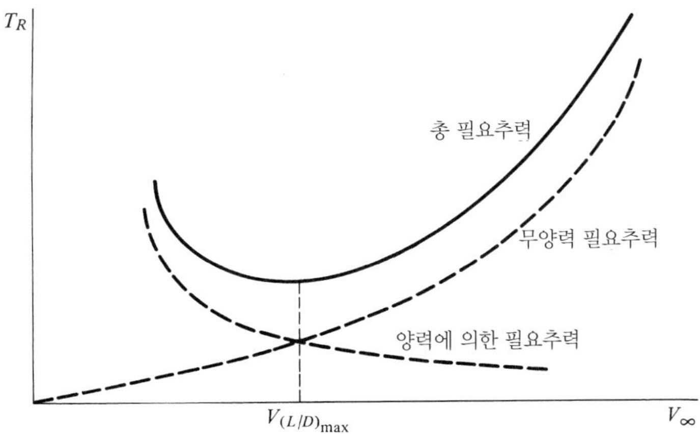

그림 6.9 양력에 의한 필요추력과 무양력 필요추력의 비교

$$T_R = q_\infty S C_{D,0} + \frac{W^2}{q_\infty S \pi e \mathrm{AR}} \tag{6.19}$$

또한

$$\frac{dT_R}{dq_\infty} = \frac{dT_R}{dV_\infty}\frac{dV_\infty}{dq_\infty} \tag{6.20}$$

미적분학으로부터 그림 6.6의 최소 T_R 위치는 $dT_R/dV_\infty = 0$이 되는 점에 대응된다는 것을 알 수 있다. 따라서, 식 (6.20)으로부터 최소 T_R은 $dT_R/dq_\infty = 0$에 대응된다. 식 (6.19)를 q_∞에 대해 미분하고 도함수값을 0으로 놓으면 다음과 같은 식을 얻을 수 있다.

$$\frac{dT_R}{dq_\infty} = SC_{D,0} - \frac{W^2}{q_\infty^2 S \pi e \mathrm{AR}} = 0$$

따라서

$$C_{D,0} = \frac{W^2}{q_\infty^2 S^2 \pi e \mathrm{AR}} \tag{6.21}$$

한편

$$\frac{W^2}{q_\infty^2 S^2} = \left(\frac{W}{q_\infty S}\right)^2 = C_L^2$$

따라서, 식 (6.21)은 아래와 같이 표현된다.

$$\boxed{\begin{array}{c} C_{D,0} = \dfrac{C_L^2}{\pi e \mathrm{AR}} = C_{D,i} \\ \text{무양력 항력 = 양력에 의한 항력} \end{array}} \tag{6.22}$$

식 (6.22)는 최소 필요추력 상태에서 무양력 항력은 양력에 의한 항력과 동일하다는 흥미로운 공기역학적인 결과를 나타낸다. 따라서, 무양력 T_R과 양력에 의한 T_R에 대응되는 곡선들은 그림 6.9에서와 같이 최소 T_R(최대 L/D에 대응)을 갖는 속도에서 교차한다. 이 결과는 6.13절에서 다시 살펴볼 것이다.

예제 6.1

이번 장의 모든 예제에서는 두 가지 형상의 항공기를 고려할 것이다.

a. 단발엔진을 탑재한 개인용 프로펠러 경항공기는 그림 6.10과 같은 Cessna T-41을 근사적으로 모델링하였다. 편의상, 아래와 같은 제원을 갖는 CP-1 항공기로 구분하였다.

날개스팬 = 35.8 ft

날개면적 = 174 ft²

총중량 = 2950 lb

탑재가능연료: 65 gal의 항공용 가솔린

그림 6.10 제6장의 예제에서 사용한 가상 CP-1항공기의 모델에 사용된 Cessna T-41A 항공기 (자료출처: 미공군)

동력장치: 해수면에서 230 hp 출력의 단발 왕복 엔진
비연료소모율 = 0.45 lb/(hp)(h)
유해항력계수 $C_{D,0} = 0.025$
오스왈드 효율지수 $e = 0.8$
프로펠러 효율 = 0.8

b. 터보젯 비즈니스 항공기는그림 6.11의 Cessna Citation X를 근사적으로 모델링하였다. 편의상, 아래와 같은 제원을 갖는 CJ-1 제트 항공기로 구분하였다.

날개스팬 = 53.3 ft
날개면적 = 318 ft^2
총중량 = 19,815 lb
탑재가능연료: 1119 gal 케로진
동력장치: 해수면에서 3650 lb 추력의 쌍발 터보팬엔진
비연료소모율 = 0.6 lb/(lb thrust)(h)
유해항력계수$C_{D,0} = 0.02$
오스왈드 효율지수 $e = 0.81$

이 장의 끝까지 모든 주어진 예제는 이 두 항공기에 대한 기본 성능해석을 다루었다.

이번 예제에서는 필요추력만을 고려하였다. 평균해수면에서 CP-1과 CJ-1에 대한 T_R 곡선을 구하라.

■ **풀이**

a. CP-1에 대해 V_∞ = 200 ft/s = 136.4 mi/h로 가정하자. 식 (6.17)로부터

$$C_L = \frac{W}{\frac{1}{2}\rho_\infty V_\infty^2 S} = \frac{2950}{\frac{1}{2}(0.002377)(200)^2(174)} = 0.357$$

그림 6.11 제6장의 예제에서 사용한 가상 CJ-1항공기의 모델에 사용된 Cessna Citation X 항공기 (자료출처: © *RGB Ventures LLC dba SuperStock/Alamy*)

종횡비

$$\text{AR} = \frac{b^2}{S} = \frac{(35.8)^2}{174} = 7.37$$

따라서, 식 (6.1*c*)로부터

$$C_D = C_{D,0} + \frac{C_L^2}{\pi e \text{AR}} = 0.025 + \frac{(0.357)^2}{\pi(0.8)(7.37)} = 0.0319$$

따라서,

$$\frac{L}{D} = \frac{C_L}{C_D} = \frac{0.357}{0.0319} = 11.2$$

식 (6.16)을 이용하여 최종결과를 얻을 수 있다.

$$T_R = \frac{W}{L/D} = \frac{2950}{11.2} = \boxed{263 \text{ lb}}$$

필요추력 곡선을 얻기 위해서는 V_∞값의 변화에 따른 계산을 반복해야 한다. 결산결과의 예를 아래의 표에 나타내었다.

V_∞, ft/s	C_L	C_D	L/D	T_R, lb
100	1.43	0.135	10.6	279
150	0.634	0.047	13.6	217
250	0.228	0.028	8.21	359
300	0.159	0.026	6.01	491
350	0.116	0.026	4.53	652

이러한 표는 독자가 스스로 계산을 해보고 결과를 비교할 수 있도록 나타내었다. 표의 값들은 서로 다른 100개의 속도로 데이터를 생성한 컴퓨터 계산결과로부터 가져온 것이다.

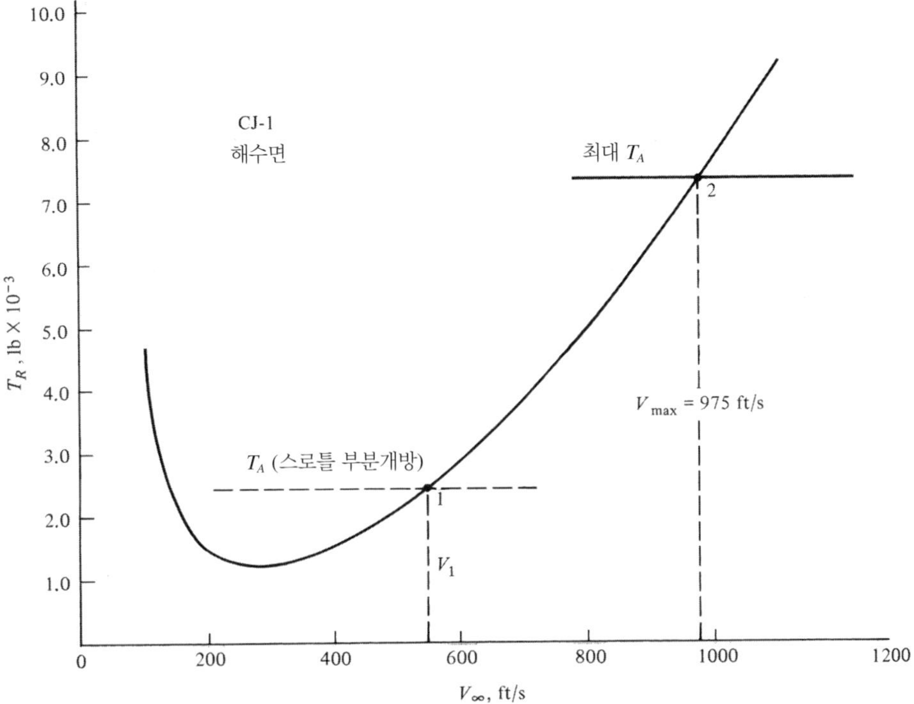

그림 6.12 CJ-1 항공기의 필요추력 곡선

이러한 계산으로부터 얻은 T_R 곡선은 그림 6.6에 주어져 있다.

b. CJ-1에 대해 V_∞ = 500 ft/s = 341 mi/h로 가정하자. 식 (6.17)로부터

$$C_L = \frac{W}{\frac{1}{2}\rho_\infty V_\infty^2 S} = \frac{19{,}815}{\frac{1}{2}(0.002377)(500)^2(318)} = 0.210$$

종횡비

$$\text{AR} = \frac{b^2}{S} = \frac{(53.3)^2}{318} = 8.93$$

따라서, 식 (6.1*c*)로부터

$$C_D = C_{D,0} + \frac{C_L^2}{\pi e \text{AR}} = 0.02 + \frac{(0.21)^2}{\pi(0.81)(8.93)} = 0.022$$

따라서,

$$\frac{L}{D} = \frac{C_L}{C_D} = \frac{0.21}{0.022} = 9.55$$

식 (6.16)을 이용하면

$$T_R = \frac{W}{L/D} = \frac{19{,}815}{9.55} = 2075 \text{ lb}$$

몇 개의 서로 다른 속도에 대한 결과를 다음 표에 나타내었다.

V_∞, ft/s	C_L	C_D	L/D	T_R, lb
300	0.583	0.035	16.7	1188
600	0.146	0.021	6.96	2848
700	0.107	0.021	5.23	3797
850	0.073	0.020	3.59	5525
1000	0.052	0.020	2.61	7605

필요추력 곡선은 그림 6.12와 같다.

6.4 이용추력과 최대 속도

6.3절에 설명한 필요추력 T_R은 공기력과 항공기 무게의 영향을 받기 때문에 **항공기 기체와 관련된 현상**이다. 반면, **이용추력** T_A는 항공기 엔진의 고유한 특성이고 엔진-프로펠러 조합, 터보젯 및 로켓 등이 발생하는 추진 추력이다. 추진은 제9장의 주제이다. 여기서는, 프로펠러를 장착한 왕복 피스톤 엔진이 그림 6.13a에서와 같이 속도에 따라 추력이 변한다고 이해하는 것으로도 충분하다. 추력은 속도가 0인 상태에서(정적 추력) 최대이고 전진속도에 따라 감소한다. 제5장에 설명한 바와 같이 음속근처에서는 프로펠러 블레이드 끝에서 압축성 문제가 발생하며 이용추력은 급격히 감소한다. 반면 터보젯 엔진의 추력은 그림 6.13b에서와 같이 속도에 따라 상대적으로 일정하다. 이 두 종류의 추진기관은 현재 항공

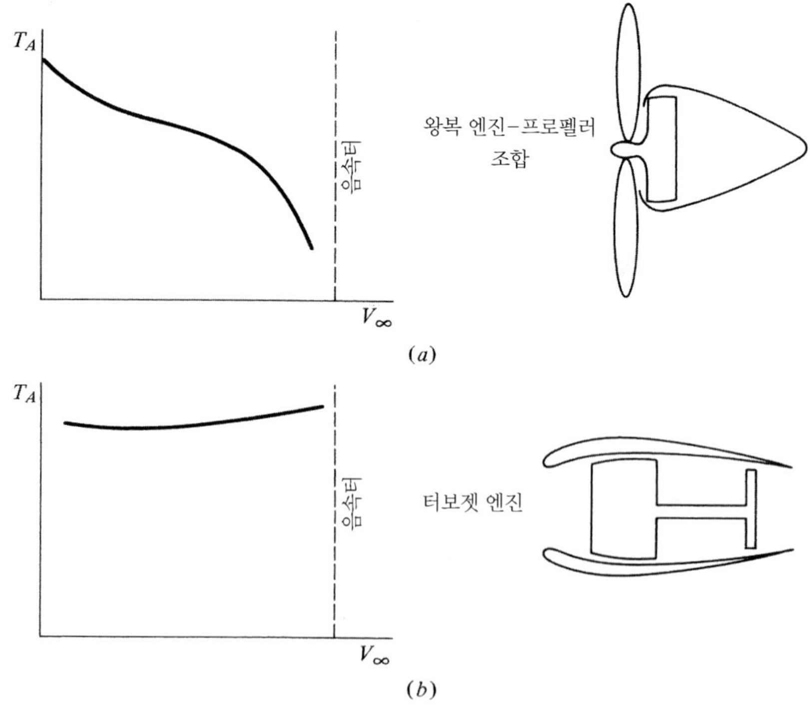

그림 6.13 이용추력 곡선. (a) 피스톤 엔진-프로펠러, (b) 터보젯 엔진

용으로 널리 사용된다. 왕복 엔진-프로펠러 조합은 경항공기와 일반 항공기에서 사용되는 반면 제트 엔진은 모든 대형 여객기나 군용 전투기에서 사용된다. 이러한 이유 때문에 이번 장에서 이들 두 종류의 추진 메커니즘만을 고려하였다.

그림 6.12에서와 같이 주어진 고도와 속도 V_1으로 등속 수평비행 중인 제트 추진 항공기를 생각해보자. 필요추력 곡선상의 점 1은 속도 V_1으로 비행중인 항공기의 T_R값을 나타낸다. 이 점에서 조종사는 스로틀을 조작해서 필요추력과 동일한 이용추력($T_A = T_R$)을 발생시켜야 한다. 이 스로틀 조작에 의한 T_A를 그림 6.12에 점선으로 나타내었다. 이 상태에서 조종사가 스로틀을 앞쪽으로 밀어 엔진추력을 증가시키면 항공기는 더 높은 속도로 가속될 것이다. 스로틀을 최대로 밀면 제트 엔진은 최대 추력을 발생할 것이다. 이 경우 항공기의 속도는 필요추력이 최대추력과 동일한 상태(그림 6.12의 점 2)까지 더 증가할 것이다. 그렇지 않으면 필요추력이 추진기관으로부터 얻을 수 있는 최대 이용추력보다 크게 될 것이다. 따라서, T_R 곡선(기체에 의한)과 최대 T_A 곡선(엔진에 의한)의 교차점이 그림 6.12에서와 같이 주어진 고도에서 항공기의 최대 속도 $V_{\max}$를 결정하게 된다. 최대 속도의 계산은 항공기 설계과정에서 중요한 분야의 하나이다.

일반적인 제트 엔진의 성능은 추력(통상 파운드 단위)으로 평가한다. 따라서, 그림 6.12의 추력곡선은 제트 항공기의 성능해석에 유용하다. 그러나, 피스톤 엔진의 성능은 파워 (통상 마력 단위)로 평가하기 때문에 프로펠러 항공기에 대해 T_A와 T_R을 사용하는 것이 불편하다. 이 경우 필요마력과 이용마력이 보다 의미 있는 값이다. 더욱이, 제트항공기나 프로펠러 항공기에서 상승률과 최대 고도 등은 파워에 대한 고려가 필요하다. 따라서, 이 장의 후반부에서는 추력보다는 파워(6.5절에 설명)에 초점을 두었다.

예제 6.2

평균해수면에서 CJ-1의 최대 속도를 계산하라(예제 6.1 참조).

■ 풀이

예제 6.1의 정보로부터 CJ-1의 동력장치는 평균해수면에서 추력이 3,650 lb인 두개의 터보팬 엔진으로 구성되어 있음을 알 수 있다. 따라서,

$$T_A = 2(3650) = 7300 \text{ lb}$$

예제 6.1의 결과로부터 $T_R = T_A = 7300$ lb에서의 속도는 $V_\infty = 975$ ft/s이다(그림 6.12 참조). 따라서,

$$\boxed{V_{\max} = 975 \text{ ft/s} = 665 \text{ mi/h}}$$

평균해수면에서 음속이 1,117 ft/s이기 때문에 최대 비행 마하수가 아래와 같이 계산된다는 점이 흥미롭다.

$$M_{\max} = \frac{V_{\max}}{a} = \frac{975}{1117} = 0.87$$

이번 예제에서 $C_{D,0}$는 일정하다고 가정했고 따라서, 양항곡선에는 제5장에서 설명한 항력발산이 나타나지 않는다. 통상 이러한 형상의 항공기에서 항력발산 마하수가 0.82에서 0.85 정도의 값을 갖기

때문에 앞에서의 계산은 M_{max}가 항력발산 마하수보다 작다는 것을 나타내고 이와 같이 높은 마하수에서 $C_{D,0}$가 일정하다는 가정은 부정확하다.

6.5 등속 수평비행에서의 필요마력

파워는 정확하게 정의된 역학 용어로 단위 시간당 에너지이다. 움직이는 물체와 관련된 파워는 그림 6.14에서와 같이 일정한 힘 F을 받으며 일정한 속도 V로 운동하는 블록으로 설명할 수 있다. 블록이 $t_2 - t_1$의 시간 동안 거리 d를 왼쪽에서 오른쪽으로 이동하였다(그림 6.14에 나타내지는 않았지만 마찰력에 의한 반대 방향의 힘이 블록의 가속을 방해한다고 가정하자). 일은 또 다른 역학 용어로 물체가 이동하는 동안 작용한 힘과 이동거리를 곱한 것이다. 더욱이, 일은 에너지와 동일한 단위를 갖는 에너지이다. 따라서,

$$\text{파워} = \frac{\text{에너지}}{\text{시간}} = \frac{\text{힘} \times \text{거리}}{\text{시간}} = \text{힘} \times \frac{\text{거리}}{\text{시간}}$$

그림 6.14의 이동하는 블록에 적용하면, 위 식은 다음과 같이 표현된다.

$$\text{파워} = F\left(\frac{d}{t_2 - t_1}\right) = FV \tag{6.23}$$

여기서, $d/(t_2 - t_1)$는 물체의 속도이다. 따라서, 식 (6.23)은 움직이는 물체에 작용한 힘과 관련된 파워는 힘 × 속도가 된다는 중요한 결과를 나타낸다.

주어진 고도와 V_∞의 속도로 등속 수평비행 중인 항공기를 고려해 보자. 필요추력은 T_R이다. 따라서, 식 (6.23)으로부터 필요마력 P_R은 다음과 같다.

$$\boxed{P_R = T_R V_\infty} \tag{6.24}$$

항공기의 공기력 (C_L과 C_D)이 P_R에 미치는 영향은 식 (6.16)과 (6.24)를 이용하여 쉽게 얻어진다.

$$P_R = T_R V_\infty = \frac{W}{C_L/C_D} V_\infty \tag{6.25}$$

식 (6.12)로부터

$$L = W = q_\infty S C_L = \tfrac{1}{2}\rho_\infty V_\infty^2 S C_L$$

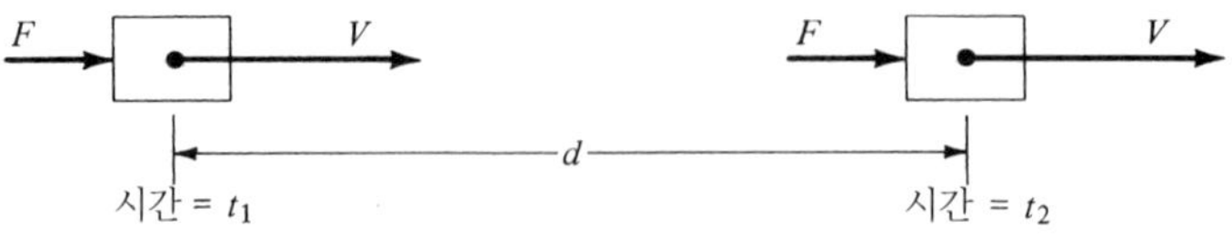

그림 6.14 움직이는 물체의 힘, 속도 및 파워

따라서

$$V_\infty = \sqrt{\frac{2W}{\rho_\infty S C_L}} \tag{6.26}$$

식 (6.26)을 식 (6.25)에 대입하면 다음 식을 얻을 수 있다.

$$P_R = \frac{W}{C_L/C_D}\sqrt{\frac{2W}{\rho_\infty S C_L}}$$

$$\boxed{P_R = \sqrt{\frac{2W^3 C_D^2}{\rho_\infty S C_L^3}} \propto \frac{1}{C_L^{3/2}/C_D}} \tag{6.27}$$

C_L/C_D에 반비례하여 변하는 필요추력(식 6.16을 참조)과는 달리 필요마력은 $C_L^{3/2}/C_D$에 반비례하여 변한다.

필요마력 곡선은 그림 6.15에 나타낸 것처럼 V_∞에 따른 P_R값의 변화를 도식화한 것이다. 이 곡선이 그림 6.6의 필요추력 곡선과 정량적으로 닮아있다는 점에 유념하라. 항공기 속도가 증가함에 따라 처음에는 P_R이 감소하다 최소점을 지난 후 다시 증가하게 된다. 필요마력이 최소가 되는 속도에서 항공기는 $C_L^{3/2}/C_D$이 최대값인 받음각에서 비행하게 된다.

우리는 6.3절에서 최소 T_R 값이 공기역학적으로는 무양력 항력과 양력에 의한 항력의 합에 대응된다는 점을 보인 바 있다. 약간 다르지만 유사한 관계식을 최소 P_R값에 대해서

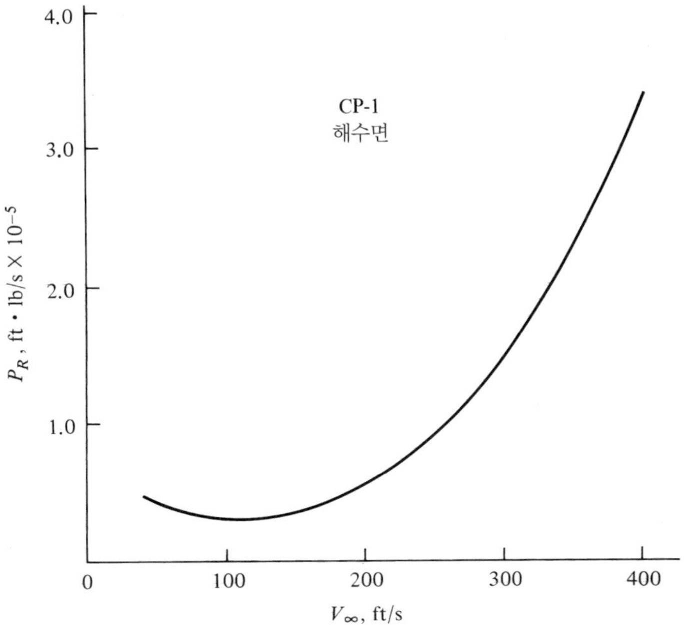

그림 6.15 해수면에서 CP-1항공기의 필요마력 곡선

도 유도할 수 있다. 식 (6.11)과 (6.24)로부터

$$P_R = T_R V_\infty = DV_\infty = q_\infty S\left(C_{D,0} + \frac{C_L^2}{\pi eAR}\right)V_\infty$$

$$P_R = \underbrace{q_\infty S C_{D,0} V_\infty}_{\text{무양력 필요마력}} + \underbrace{q_\infty S V_\infty \frac{C_L^2}{\pi eAR}}_{\text{양력에 의한 필요마력}} \tag{6.28}$$

따라서, 앞의 T_R의 경우와 마찬가지로 필요마력은 무양력 항력과 양력에 의한 항력들을 극복하는 데 필요한 각각의 성분들로 나눌 수 있다. 이들 성분을 그림 6.16에 나타내었다. 우리가 앞에서 했던 것과 같이 식 (6.28)에 $dP_R/dV_\infty = 0$을 적용함으로써 최소 P_R에 대응되는 공기역학적 조건을 구할 수 있다. 이를 위해, 우선 $q_\infty = \frac{1}{2}\rho V_\infty^2$과 $C_L = W/(\frac{1}{2}\rho_\infty V_\infty^2 S)$의 관계식을 상기하면서 식 (6.23)을 V_∞로 표현하자.

$$P_R = \frac{1}{2}\rho_\infty V_\infty^3 S C_{D,0} + \frac{1}{2}\rho_\infty V_\infty^3 S \frac{[W/(\frac{1}{2}\rho_\infty V_\infty^2 S)]^2}{\pi e\text{AR}}$$

$$P_R = \frac{1}{2}\rho_\infty V_\infty^3 S C_{D,0} + \frac{W^2/(\frac{1}{2}\rho_\infty V_\infty S)}{\pi e\text{AR}} \tag{6.29}$$

필요마력이 최소가 되려면 $dP_R/dV_\infty = 0$이다. 식 (6.29)를 미분하면

$$\frac{dP_R}{dV_\infty} = \frac{3}{2}\rho_\infty V_\infty^2 S C_{D,0} - \frac{W^2/(\frac{1}{2}\rho_\infty V_\infty^2 S)}{\pi e\text{AR}}$$

$$= \frac{3}{2}\rho_\infty V_\infty^2 S\left[C_{D,0} - \frac{W^2/(\frac{3}{4}\rho_\infty^2 S^2 V_\infty^4)}{\pi e\text{AR}}\right]$$

$$= \frac{3}{2}\rho_\infty V_\infty^2 S\left(C_{D,0} - \frac{\frac{1}{3}C_L^2}{\pi e\text{AR}}\right)$$

$$= \frac{3}{2}\rho_\infty V_\infty^2 S\left(C_{D,0} - \frac{1}{3}C_{D,i}\right) = 0 \qquad \text{최소 } P_R \text{ 조건}$$

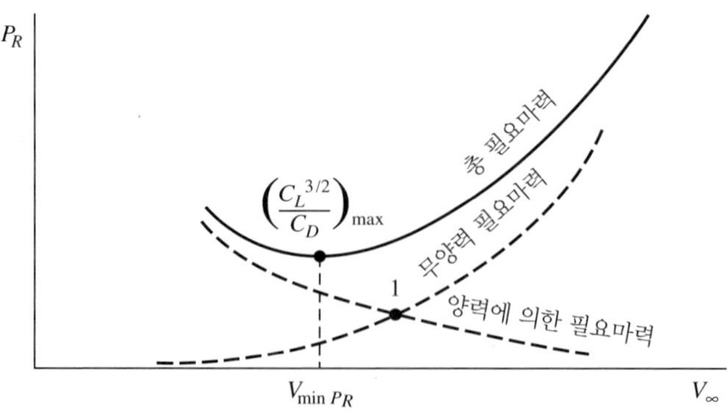

그림 6.16 양력에 의한 필요마력, 무양력 필요마력 및 총 필요마력의 비교

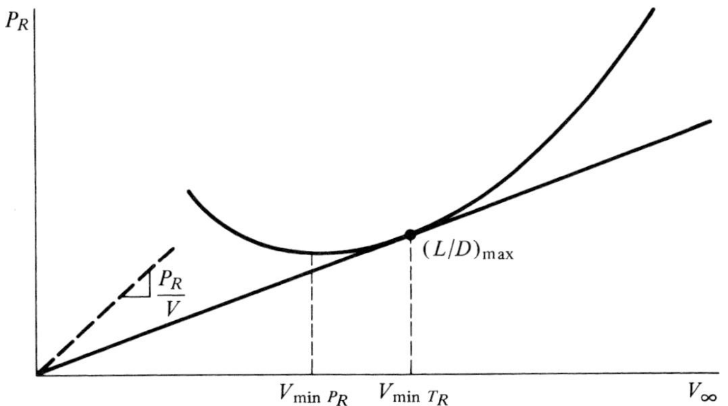

그림 6.17 필요마력 곡선의 접점을 이용한 최소 필요추력의 결정(최대 L/D를 갖는 점)

따라서, 필요마력이 최소가 되는 공기역학적인 조건은 다음과 같다.

$$\boxed{C_{D,0} = \tfrac{1}{3}C_{D,i}} \tag{6.30}$$

최소 P_R에서 무양력 항력은 양력에 의한 항력의 1/3이라는 사실이 그림 6.16을 살펴보면 더욱 명확해진다. 또한, 그림 6.16의 점 1에서는 $C_{D,0} = C_{D,i}$이 성립하고 따라서 최소 P_R에서의 V_∞ 값은 최소 T_R에서의 값보다 작다는 점에 주목하라.

필요마력 곡선에서 최소 T_R에 대응되는 점은 그림 6.17과 같이 원점에서 T_R 곡선에 접하는 직선을 작도하여 쉽게 구할 수 있다. 접점이 최소 T_R(따라서, L/D가 최대인)에 대응된다. 이것을 증명하기 위해 그림 6.17의 점선처럼 원점을 통과하고 P_R 곡선과 교차하는 직선들을 고려해 보자. P_R 곡선을 따라 오른쪽으로 이동하면 교차하는 직선의 기울기가 처음에는 감소하다 최소인 값(접하는 점에서)에 도달하고 다시 증가하게 된다.

그림 6.17에 간단히 그려보면 이 사실을 쉽게 알 수 있다. 따라서, 접점은 최소 기울기와 P_R/V_∞ 값이 최소인 점에 대응된다. 미적분학으로부터 이 점은 아래의 식에 대응된다.

$$\frac{d(P_R/V_\infty)}{dV_\infty} = \frac{d(T_R V_\infty/V_\infty)}{dV_\infty} = \frac{dT_R}{dV_\infty} = 0$$

위의 접점에서의 조건식 $dT_R/dV_\infty = 0$은 최소 T_R 조건에 대한 수학적 정의와 동일하다. 따라서, 접점에서 L/D는 최대가 된다.

예제 6.3

필요마력 곡선을 (*a*) 평균해수면에서의 CP-1과 (*b*) 22,000 ft 고도에서의 CJ-1에 대해 계산하라.

■ **풀이**

a. CP-1에 대한 평균해수면에서의 T_R 값은 이미 예제 6.1의 표와 그림에 나타나 있다. 따라서, 식 (6.24)을 이용하여

$$P_R = T_R V_\infty$$

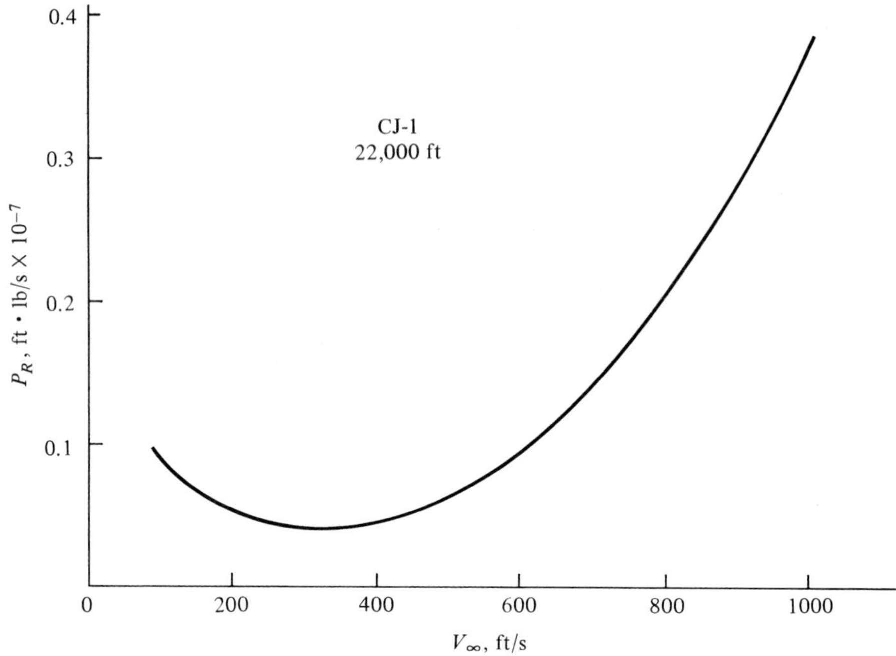

그림 6.18 CJ-1항공기의 고도 22,000 ft에서의 필요마력 곡선

다음과 같은 표를 얻을 수 있다.

V, ft/s	T_R, lb	P_R, ft · lb/s
100	279	27,860
150	217	32,580
250	359	89,860
300	491	147,200
350	652	228,100

필요마력 곡선은 그림 6.15에 주어져 있다.

b. CJ-1의 비행고도 22,000 ft에서 공기밀도는 $\rho_\infty = 0.001184$ slug/ft^{3}이다. T_R은 예제 6.1과 동일한 방법으로 계산할 수 있고 P_R은 식 (6.24)를 이용하여 계산할 수 있다. 계산결과의 일부를 아래 표에 수록하였다.

V_∞, ft/s	C_L	C_D	L/D	T_R, lb	P_R, ft · lb/s
300	1.17	0.081	14.6	1358	0.041×10^7
500	0.421	0.028	15.2	1308	0.065×10^7
600	0.292	0.024	12.3	1610	0.097×10^7
800	0.165	0.021	7.76	2553	0.204×10^7
1000	0.105	0.020	5.14	3857	0.386×10^7

여러분 스스로 이 결과들을 계산하여 비교해 보아야 한다.

필요마력 곡선은 그림 6.18에 나타내었다.

6.6 이용마력과 최대 속도

다시 한번 P_R은 항공기 자체의 공력설계와 무게와 관련된 특성임을 주목하라. 반면, **이용마력** P_A는 추진기관의 특성이다. 추진에 대한 상세한 설명은 제9장으로 미루겠지만 성능해석을 신속히 하는 데 필요한 몇 가지 설명을 아래에 추가하였다.

6.6.1 왕복 엔진-프로펠러 조합

피스톤 엔진은 한정된 실린더에서 연료를 연소시켜 얻어진 에너지로 피스톤을 움직이고 그림 6.19의 개략도와 같이 이 동력을 회전하는 크랭크축에 전달함으로써 파워를 발생시킨다. 크랭크축에서 프로펠러로 전달된 파워를 **브레이크 축 마력** P으로 정의한다(**브레이크**라는 단어는 보정된 브레이크 메커니즘을 이용하여 엔진 파워를 측정하는 실험기법에서 유래하였다). 모든 P가 항공기를 추진하는 데 이용이 가능한 것은 아니어서 일부는 프로펠러 자신의 비효율성(제9장에서 다시 설명할 계획임)으로 인해 소멸된다. 따라서, 항공기를 추진할 수 있는 이용마력 P_A은 다음과 같이 나타낼 수 있다.

$$\boxed{P_A = \eta P} \tag{6.31}$$

여기서, η는 프로펠러 효율로 $\eta < 1$이다. 프로펠러 효율은 프로펠러 공기역학과 직접적인 관계가 있는 중요한 척도이다. 이것은 항상 1보다 작다. 여기서는 편의상 주어진 항공기에 대한 η와 P 모두를 알고 있다고 가정하자.

단위에 대한 설명이 필요하다. 공학 시스템에서 파워 단위는 ft · lb/s이다. SI단위계에서는 watts (= N · m/s)를 사용한다.그러나, 공학의 역사는 널리 사용은 되지만 지극히 일관성이 없는(그러나, 매우 편리한) 파워의 단위인 마력(h_p)을 우리에게 제공하였다. 모든 왕복 엔진의 파워는 마력(h_p)으로 평가하며 다음의 변환식에 유념해야 한다.

$$\boxed{1\ \text{hp} = 550\ \text{ft} \cdot \text{lb/s} = 746\ \text{W}}$$

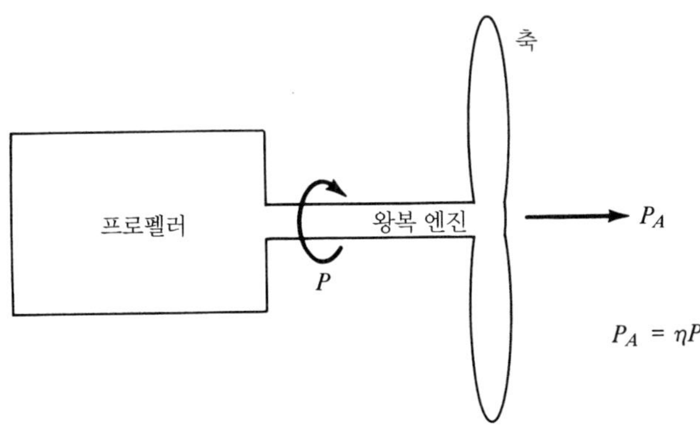

그림 6.19 브레이크 축 마력과 이용마력과의 관계

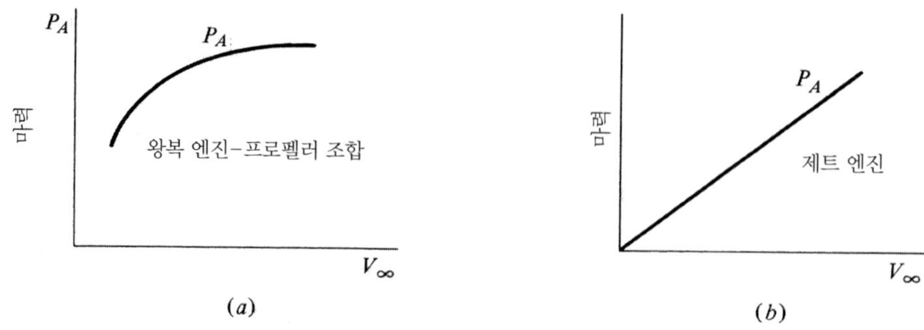

그림 6.20 이용마력. (*a*)피스톤 엔진-프로펠러 조합, (*b*) 제트 엔진

따라서, P대신 브레이크 축 마력 bhp를 사용하고 P_A 대신 이용마력 hp_A을 사용하는 것이 통상적이다. 식 (6.31)은 다음 식으로도 표현할 수 있다.

$$hp_A = (\eta)(bhp) \tag{6.32}$$

그러나, 유념하라. 기본적인 물리적 관계식을 다룰 때와 같이 항상 단위는 일관성이 있어야 한다. 따라서, 좋은 습관은 해석하기 전에 마력을 즉시 ft lb/s나 왓트로 변화하는 것이다. 여기서도 이러한 접근방법을 사용하였다.

전형적인 피스톤 엔진-프로펠러 조합에 대한 이용마력을 그림 6.20*a*에 나타내었다.

6.6.2 제트 엔진

제트 엔진(제9장 참조)은 유입공기를 연소-가열시키고 이 고온의 공기를 노즐을 통해 고속으로 배출함으로써 추력을 얻는다. 제트 엔진의 이용마력은 식 (6.23)을 이용하여 다음 식으로 계산할 수 있다.

$$P_A = T_A V_\infty \tag{6.33}$$

그림 6.13*a*와 같이 제트 엔진의 T_A는 속도에 따라 거의 일정하다는 점을 상기하라. 따라서, 이용마력 곡선은 그림 6.20*b*에서와 같이 V_∞에 따라 거의 선형적으로 변화한다.

프로펠러 및 제트 항공기 모두에 대해 최대 비행 속도는 고속에서 최대 P_A 곡선과 P_R 곡선의 교점으로 결정된다. 이것을 그림 6.21에 나타내었다. 항공기의 다른 성능특성을 결정하는 경우에도 유용하기 때문에 이들 파워 곡선들은 어떠한 성능해석에서도 필수적으로 사용된다.

예제 6.4

최대 속도를 (*a*) 평균해수면에서의 CP-1 과 (*b*) 22,000 ft 고도에서의 CJ-1에 대해 계산하라.

■ **풀이**

a. 예제 6.1의 정보로부터 CP-1에 대한 평균해수면에서의 동력장치 마력은 230 hp로 주어져 있다.

따라서,

$$hp_A = (\eta)(bhp) = 0.80(230) = 184 \text{ hp}$$

예제 6.3의 필요마력에 대한 결과를 그림 6.21*a*에 hp 단위로 다시 그려 놓았다. 또한, 이용마력 곡선도 나타내었으며 V_{max}는 두 곡선의 교점으로 다음과 같이 결정된다.

$$\boxed{V_{max} = 265 \text{ ft/s} = 181 \text{ mi/h}}$$

b. CJ-1에 대해서도 예제 6.1의 정보로부터 평균해수면에서의 정적추력은 엔진당 3,650 lb이다. 두 개의 엔진에 대해서는 $T_A = 2(3650) = 7300$ lb이다. 식 (6.33)로부터 $P_A = T_A V_\infty$이고 hp 단위를 사용하면 lb 단위의 T_A와 ft/s 단위의 V_∞를 이용하면 고도에 따른 추력은 다음과 같다.

$$hp_A = \frac{T_A V_\infty}{550}$$

$hp_{A,0}$을 해수면에서의 마력이라고 하자. 제9장에서 알 수 있듯이 제트 엔진 추력은 일차의 근사로 공기밀도에 비례한다. 이 같은 근사를 적용하면, 높은 고도에서의 추력은 다음과 같다.

$$T_{A,\text{alt}} = \frac{\rho}{\rho_0} T_{A,0}$$

따라서,

$$hp_{A,\text{alt}} = \frac{\rho}{\rho_0} hp_{A,0}$$

22,000ft에서 $\rho = 0.001184$ slug/ft^{3}를 이용하면 CJ-1에 대해

$$hp_{A,\text{alt}} = \frac{(\rho/\rho_0)\, T_A V_\infty}{550} = \frac{(0.001184 / 0.002377)\,(7300) V_\infty}{550} = 6.61 V_\infty$$

예제 6.3의 필요마력에 대한 결과를 그림 6.21에 hp 단위로 다시 그려 놓았다. 또한, 앞에서 계산한 이용마력 곡선도 나타내어 V_{max}는 이들 곡선의 교점으로 다음과 같이 결정된다.

$$\boxed{V_{max} = 965 \text{ ft/s} = 658 \text{ mi/h}}$$

6.7 필요마력과 이용마력에 대한 고도의 영향

P_R의 고도에 따른 곡선은 주어진 고도에 대응되는 ρ_∞로 앞 절의 계산을 반복하여 만들 수 있다. 그러나, 이 과정으로 평균해수면에서의 P_R 곡선이 일단 계산되면 고도에 따른 곡선들은 다음과 같이 간단한 비율로 빠르게 구할 수 있다. 하첨자 0를 평균해수면으로 나타내자. 식 (6.26)과 (6.27)로부터

$$V_0 = \sqrt{\frac{2W}{\rho_0 S C_L}} \tag{6.34}$$

$$P_{R,0} = \sqrt{\frac{2W^3 C_D^2}{\rho_0 S C_L^3}} \tag{6.35}$$

여기서, V_0, $P_{R,0}$와 ρ_0는 각각 평균해수면에서의 속도, 파워 및 밀도를 나타낸다. 밀도가 ρ인 고도에서 이들 관계식은 다음과 같다.

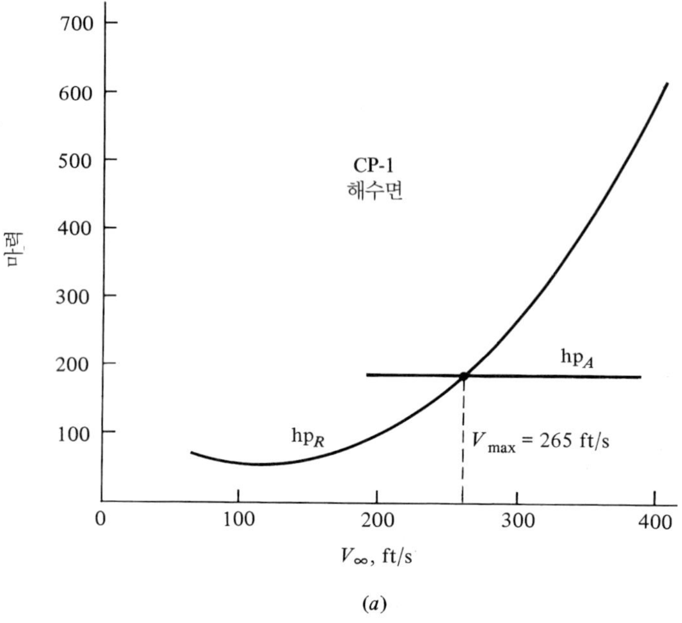

(*a*)

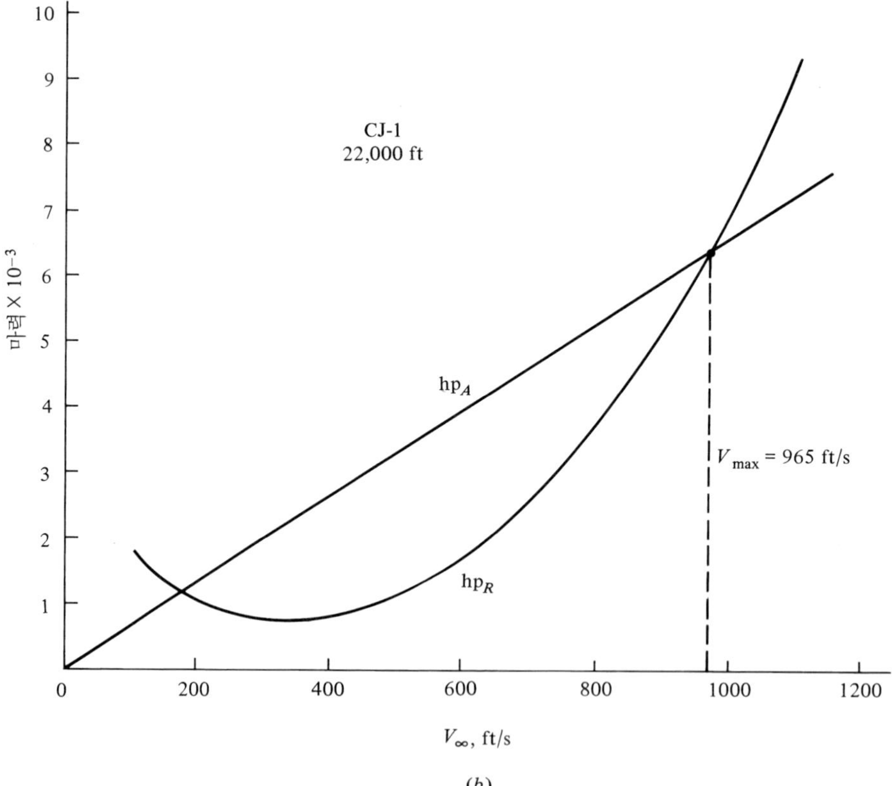

(*b*)

그림 6.21 이용마력과 필요마력 곡선 및 최대 속도의 결정. (*a*) 프로펠러 추진 항공기, (*b*) 제트 추진 항공기

$$V_{\text{alt}} = \sqrt{\frac{2W}{\rho S C_L}} \tag{6.36}$$

$$P_{R,\text{alt}} = \sqrt{\frac{2W^3 C_D^2}{\rho S C_L^3}} \tag{6.37}$$

여기서, 계산의 편의를 위해 평균해수면과 주어진 고도까지 C_L이 일정하다고 가정하자. 그러면, $C_D = C_{D,0} + C_L^2/(\pi eAR)$이기 때문에 C_D 또한 일정하다. 식 (6.36)을 식 (6.34)로 나누고 식 (6.37)은 식 (6.35)로 나누면, 다음의 식들을 얻을 수 있다.

$$V_{\text{alt}} = V_0 \left(\frac{\rho_0}{\rho}\right)^{1/2} \tag{6.38}$$

그리고

$$P_{R,\text{alt}} = P_{R,0} \left(\frac{\rho_0}{\rho}\right)^{1/2} \tag{6.39}$$

기하학적으로 이들 방정식은 평균해수면에서 주어진 점으로부터주어진 고도에 대응되는 P_R 곡선의 점들을 작도할 수 있게 해준다. 예를 들어, 그림 6.22에 표시된 평균해수면의 P_R 곡선 위에 있는 점 1을 고려해 보자. 점 1에서의 속도와 파워에 $(\rho_0/\rho)^{1/2}$를 곱하여 그림 6.22의 2로 표시된 새로운 점을 얻을 수 있다. 앞의 분석결과로부터 점 2는 주어진 고도에 대응되는 곡선 위에 있게 된다. 이런 방법으로 평균해수면에서의 곡선으로부터 고도에 따른 완전한 P_R 곡선을 쉽게 얻을 수 있다. 이 결과를 그림 6.23에 정성적으로 나타내었으며 고도에 따른 곡선들은 시계방향으로 약간의 회전과 우측상단으로 향하는 경향을 보여준다.

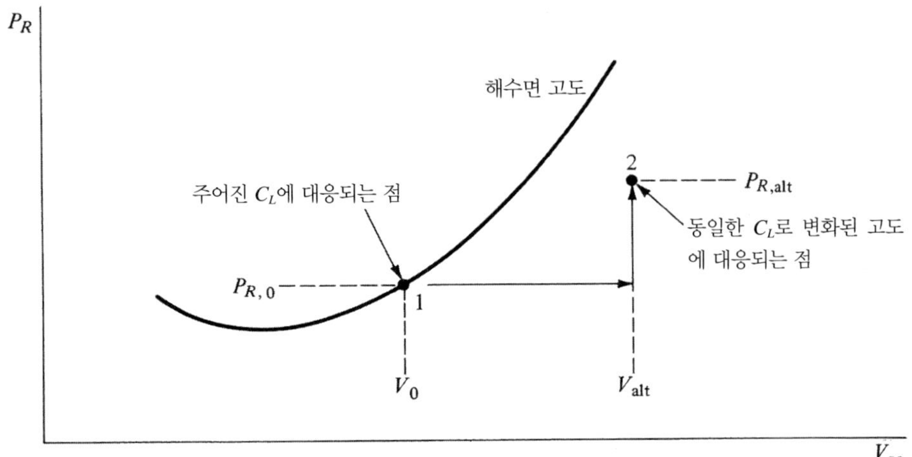

그림 6.22 평균해수면에서의 필요마력과 고도에 따른 필요마력과의 관계

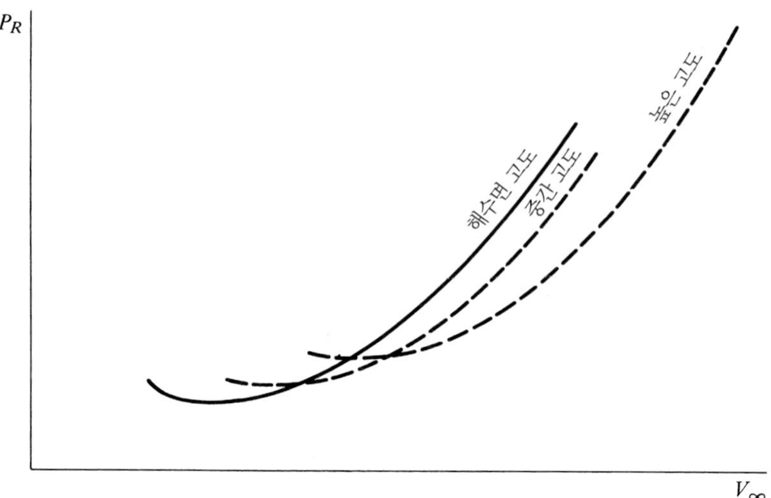

그림 6.23 필요마력에 대한 고도의 영향

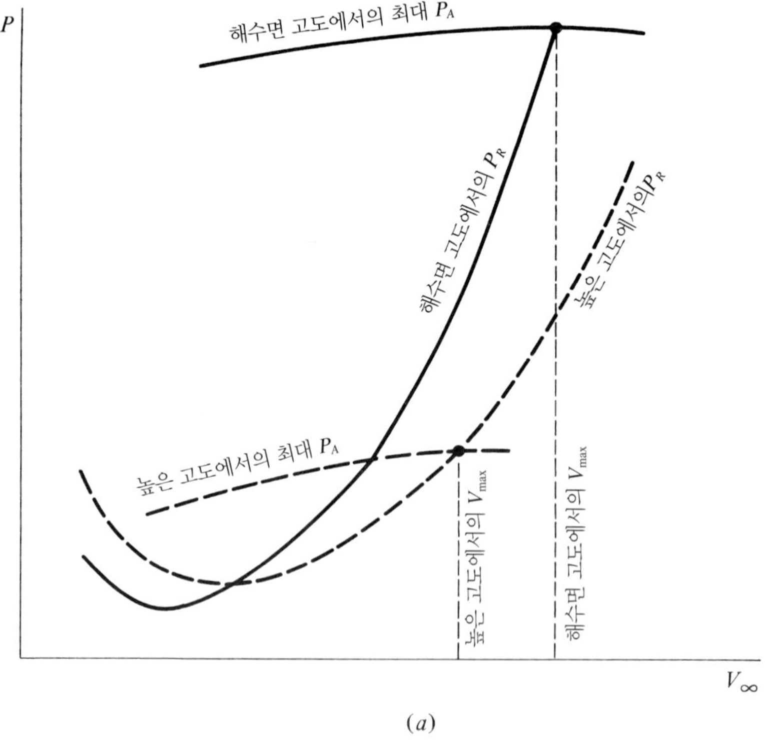

그림 6.24 최대 속도에 대한 고도의 영향. (*a*) 프로펠러 추진 항공기(계속)

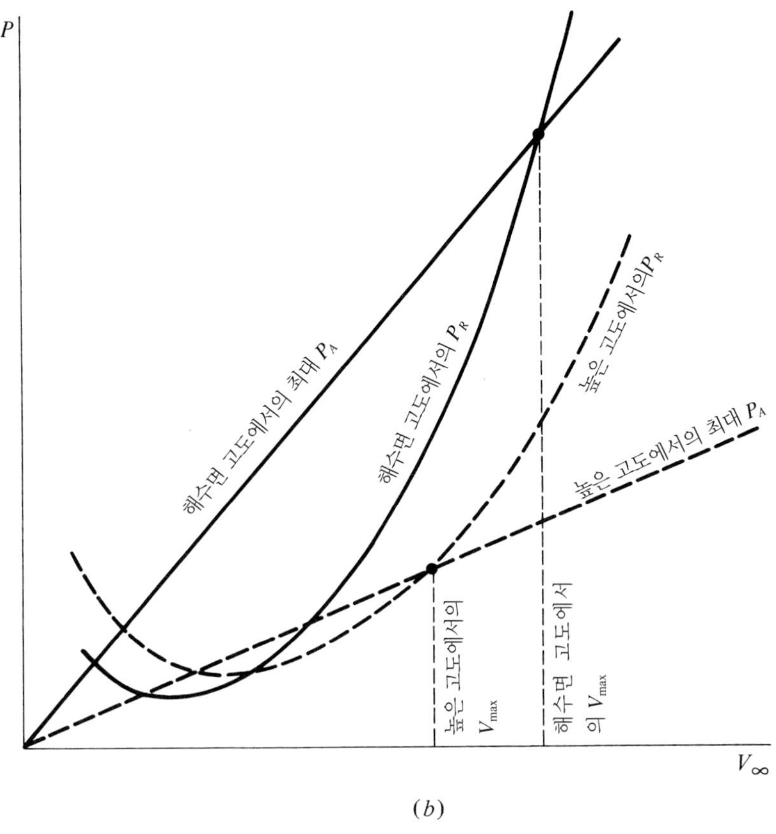

그림 6.24 (*계속*) 최대 속도에 대한 고도의 영향. (*b*) 제트 추진 항공기

P_A와 관련하여 높은 고도에서의 낮은 공기밀도는 왕복 엔진과 제트 엔진 모두에서 항상 파워를 감소시킨다. 이 책에서 우리는 예제 6.4에서와 같이 P_A와 T_A가 대기 밀도에 비례한다고 가정하였다. 이것에 대한 원인은 제9장에서 확실해진다. 왕복 엔진의 파워 감소는 과급기(supercharger)를 이용하여 지연시킬 수 있다. 그럼에도 불구하고 고도효과가 항공기 성능에 미치는 불가피한 영향을 그림 6.24*a*와 *b*에 프로펠러 항공기 및 제트 추진 항공기에 대해서 각각 나타내었다. P_R과 최대 P_A를 나타내었으며 실선은 해수면에 대응되고 점선은 높은 고도를 나타낸다. 이들 곡선으로부터 V_{max}가 고도에 변한다는 점에 주목하라. 또한, 충분히 높은 고도에서는 보통 V_{stall}로 나타내는 저속한계가 최대 P_A로 결정될 수 있는 점도 유의하자. 그림 6.25에서는 실속이 발생하여 P_R이 P_A을 초과하는 최대 P_A 값이 작은 범위까지 나타내어 이 점을 강조하였다. 이 경우에는 정상 수평비행으로 실속속도에 도달할 수 없다는 흥미로운 결론을 얻을 수 있다.

지금까지 우리는 수평 속도 성능(정상 수평비행에서의 최대 및 최소 속도)에만 초점을 두었다. 우리는 항공기의 최대 속도가 고속에서 P_A 곡선과 P_R 곡선의 교점으로 결정되고

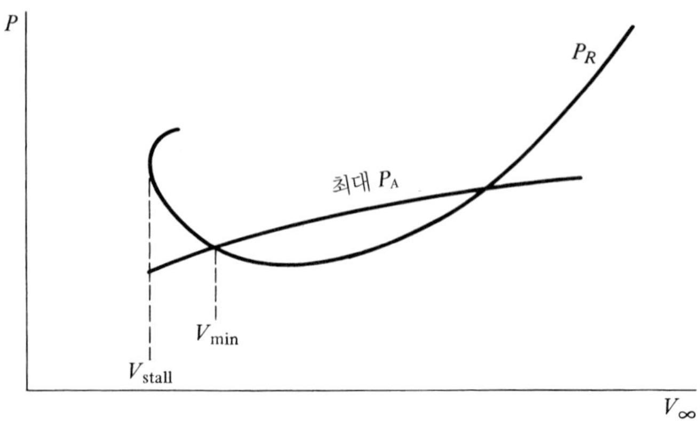

그림 6.25 높은 고도에서 최소 속도가 실속속도보다 큰 경우

최소 속도는 실속이나 저속에서 이들 곡선의 교점으로 결정된다는 점을 알았다. 이들 속도에 대한 고려는 — 특히, 대다수의 군용 전투기와 같은— 항공기 성능에서 매우 중요하여 항공기로부터 얻을 수 있는 최대 속도를 가능한 한 크게 하는 것이 설계의 주안점이 되기도 한다.

예제 6.5

예제 6.4의 22,000 ft에서의 CJ-1에 대한 필요마력 곡선과 이 절의 방법들을 사용하여 해수면에서 CJ-1의 필요마력 곡선을 구하라. 이들 고도에서의 최대 속도를 비교하라.

■ **풀이**

식 (6.38)과 (6.39)로부터 필요마력 곡선에서 이들 고도에 대응되는 점들은 각각 다음과 같다.

$$V_0 = V_{\text{alt}} \left(\frac{\rho}{\rho_0} \right)^{1/2}$$

그리고

$$\text{hp}_{R,0} = \text{hp}_{R,\text{alt}} \left(\frac{\rho}{\rho_0} \right)^{1/2}$$

예제 6.4의 CJ-1에 대한 곡선으로부터 22,000 ft에서의 V_{alt}와 $\text{hp}_{R,\text{alt}}$를 구할 수 있다. 아래의 밀도관계를 고려하고 주어진 공식을 이용하여 V_0와 $\text{hp}_{R,0}$를 다음 표와 같이 계산할 수 있다.

$$\left(\frac{\rho}{\rho_0} \right)^{1/2} = \left(\frac{0.001184}{0.002377} \right)^{1/2} = 0.706$$

주어진 고도에서의 값		$\left(\dfrac{\rho}{\rho_0}\right)^{1/2}$	해수면에서의 값	
V_{alt}, ft/s	hp_R,alt		V_0, ft/s	$hp_{R,0}$
200	889	0.706	141	628
300	741	↓	212	523
500	1190	↓	353	840
800	3713	↓	565	2621
1000	7012	↓	706	4950

이 결과들은 해수면과 22,000 ft에서의 hp_A 곡선과 함께 그림 6.26에 도시하였다. 그림 6.26을 자세히 살펴보면 22,000 ft의 hp_R 곡선 위의 점 1은 해수면의 hp_R 곡선의 점 2를 구하는 데 사용한 점을 유념하라. 이는 본 절의 기법을 나타낸다. 또한, 해수면에서 V_{max}는 975 ft/s = 665 mi/h 이다. 이는 22,000 ft에서의 V_{max}인 965 ft/s = 658 mi/h보다 약간 큰 값이다.

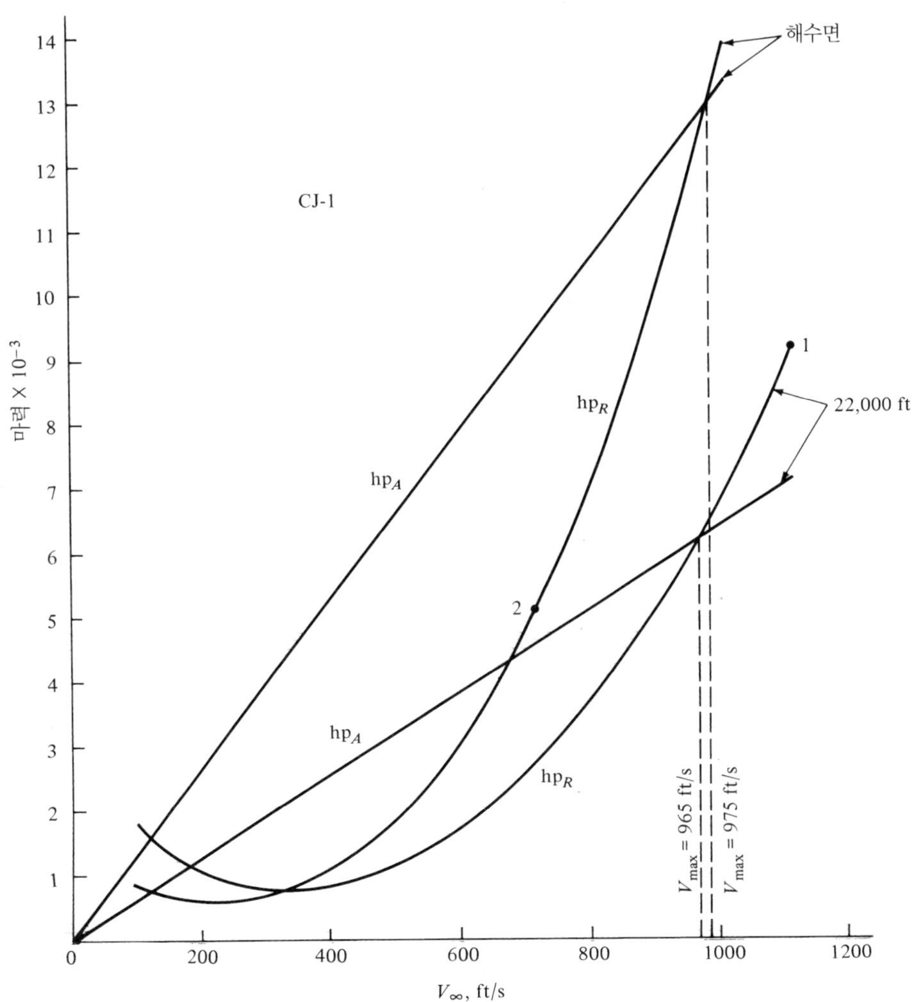

그림 6.26 CJ-1 항공기 V_{max} 값에 대한 고도의 영향

예제 6.6

정상 수평비행중인 항공기에 대해 식 (6.39)는 고도에 따른 필요마력의 최소값과 해수면에서의 필요마력 최소값 사이의 관계식으로 사용할 수 있음을 증명하라. 다시 말해 다음 관계식을 증명하면 된다.

$$\frac{(P_{R,\mathrm{alt}})_{\min}}{(P_{R,0})_{\min}} = \left(\frac{\rho_0}{\rho}\right)^{1/2} \tag{E 6.6.1}$$

■ **풀이**

식 (6.39)는 특정 고도에서의 필요마력 곡선 위의 한 점(그림 6.22의 점 2)과 이에 대응되는 해수면에서의 필요마력 곡선 위의 한 점(그림 6.22의 점 1)의 관계를 나타내며 두 점에서의 C_L 값은 같다. 우리는 그림 6.22의 점 1이 해수면에서의 **최소** P_R값에 대응되는 경우 그림 6.22의 점 2가 주어진 고도에서의 **최소** P_R임을 증명하고 싶다. 이것을 점 1과 2에서 C_L이 같다는 가정을 이용하여 식 (6.39)을 유도하는 과정으로부터 쉽게 알 수는 없다.

식 (6.27)로부터 P_R에 대한 일반적인 공식은 다음과 같다.

$$P_R = \sqrt{\frac{2\ W^3 C_D^2}{\rho_s\ S\ C_L^3}} = \left(\frac{C_D}{C_L^{3/2}}\right)\sqrt{\frac{2\ W^3}{\rho\ S}} \tag{E 6.6.2}$$

식 (E 6.6.2)로부터 분명한 것은 P_R이 공기력의 비인 $C_L^{3/2}/C_D$에 반비례하고 항공기가 $C_L^{3/2}/C_D$이 최대인 상태로 비행 중일 때 $(P_R)_{\min}$이 발생한다는 점이다. 5.3절에 언급한 바와 같이 C_L과 C_D는 항공기의 공력특성으로 받음각, 마하수 및 레이놀즈수의 함수라는 점을 상기하라. 마하수와 레이놀즈수의 영향을 무시하면 C_L과 C_D는 받음각만의 함수이다. 따라서, $C_L^{3/2}/C_D$는 받음각만의 함수이고 $C_L^{3/2}/C_D$의 최대값은 특정 받음각에서의 값이다. 따라서, 주어진 항공기는 항공기의 공기력과 관련된 특정한 $(C_L^{3/2}/C_D)_{\max}$을 갖게 되고 이 값은 항공기가 비행하는 고도에 관계 없이 동일하다.
식 (E 6.6.2)로 돌아가면, 다음의 관계식을 얻을 수 있다.

$$P_R = \frac{C_D}{C_L^{3/2}}\sqrt{\frac{2W^3}{\rho S}} = \frac{1}{(C_L^{3/2}/C_D)}\sqrt{\frac{2W^3}{\rho S}}$$

따라서,

$$\frac{P_{R,\mathrm{alt}}}{P_{R,0}} = \frac{(C_L^{3/2}/C_D)_0\sqrt{\dfrac{2W^3}{\rho\ S}}}{(C_L^{3/2}/C_D)_{\mathrm{alt}}\sqrt{\dfrac{2W^3}{\rho_0\ S}}} = \left(\frac{\rho_0}{\rho}\right)^{1/2}\frac{(C_L^{3/2}/C_D)_0}{(C_L^{3/2}/C_D)_{\mathrm{alt}}} \tag{E 6.6.3}$$

식 (E 6.6.3)을 특정고도와 해수면에서의 최대 필요마력으로 표현하면

$$\frac{(P_{R,\mathrm{alt}})_{\min}}{(P_{R,0})_{\min}} = \left(\frac{\rho_0}{\rho}\right)^{1/2}\frac{\left[(C_L^{3/2}/C_D)_0\right]_{\max}}{\left[(C_L^{3/2}/C_D)_{\mathrm{alt}}\right]_{\max}} \tag{E 6.6.4}$$

위의 설명으로부터

$$\left[(C_L^{3/2}/C_D)_0\right]_{\max} = \left[(C_L^{3/2}/C_D)_{\mathrm{alt}}\right]_{\max}$$

따라서, 식 (E 6.6.4)는 다음식으로 표현된다.

$$\frac{(P_{R,\text{alt}})_{\min}}{(P_{R,0})_{\min}} = \left(\frac{\rho_0}{\rho}\right)^{1/2}$$

이 결과는식 (E 6.6.1)과 같다.

예제 6.7

CJ-1의 해수면과 22,000 ft에서 최소 필요마력에 대한 예제 6.5의 수치해석 결과와 예제 6.6의 해석적 결과를 비교하라.

■ 풀이

예제 6.5의 수치결과 표에서

$$(\text{hp}_{\text{R},0})_{\min} = 523$$

$$(\text{hp}_{\text{R,alt}})_{\min} = 741$$

따라서,

$$\frac{(\text{hp}_{\text{R,alt}})_{\min}}{(\text{hp}_{\text{R},0})_{\min}} = \frac{741}{523} = 1.417 \text{ (numerical)}$$

예제 6.6의 식 (E 6.6.1)로부터

$$\frac{(P_{R,\text{alt}})_{\min}}{(P_{R,0})_{\min}} = \left(\frac{\rho_0}{\rho}\right)^{1/2}$$

고도 22,000 ft에서 공기밀도는 $\rho_\infty = 0.001184$ slug/ft^{3}이다. 따라서,

$$\frac{(P_{R,\text{alt}})_{\min}}{(P_{R,0})_{\min}} = \left(\frac{0.002377}{1.1836\times10^{-3}}\right)^{1/2} = 1.417 \text{ (analytical)}$$

예상한 바와 같이 두 결과가 동일하다. 이 사실은 예제 6.5의 수치계산결과가 타당하다는 것을 보여준다.

예제 6.8

CJ-1에 대해 식 (6.44)를 이용하여 22,000 ft 고도에서 $V_{\max}$를 해석적으로 구하고 예제 6.5의 그림의 결과와 비교하라.

■ 풀이

CJ-1에 대한 앞의 예제들로부터 W = 19,815 lb, 해수면에서 = 7300 lb, $C_{D,0}$ = 0.02, e = 0.81 및 AR = 8.93으로 주어져 있다. 부록 B로부터 22,000 ft에서 ρ_∞ = 0.001184 slug/ft^3 이다. 따라서, 22,000 ft에서 이용추력은

$$(T_A)_{\text{alt}} = \frac{\rho_0}{\rho}(T_A) = \left(\frac{0.0011836}{0.002378}\right)(7300) = 3633 \text{ lb}$$

따라서,

$$\left(\frac{T_A}{W}\right)_{\max} = \frac{3633}{19,815} = 0.1833$$

$$\frac{W}{S} = \frac{19,815}{318} = 62.3 \text{ lb/ft}^2$$

$$\frac{4C_{D,0}}{\pi e \text{AR}} = \frac{4(0.02)}{\pi(0.81)(8.93)} = 3.521 \times 10^{-3}$$

식 6.44을 다시 쓰면

$$V_{\max} = \left[\frac{\left(\frac{T_A}{W}\right)_{\max}\left(\frac{W}{S}\right) + \left(\frac{W}{S}\right)\sqrt{\left(\frac{T_A}{W}\right)^2_{\max} - \frac{4C_{D,0}}{\pi e \text{AR}}}}{\rho_\infty C_{D,0}}\right]^{1/2}$$

$$V_{\max} = \left[\frac{(0.1833)(62.3) + (62.3)\sqrt{(0.1833)^2 - 3.521\times10^{-3}}}{(0.0011836)(0.02)}\right]^{1/2}$$

$$= \left[\frac{11.42 + (62.3)\sqrt{0.0336 - 3.521\times10^{-3}}}{2.367\times10^{-5}}\right]^{1/2}$$

$$= \left(\frac{11.42 + 10.80}{2.367 \times 10^{-5}}\right)^{1/2} = \boxed{969 \text{ ft/s}}$$

예제 6.2의 해석결과 그래프에서 $V_{\max} = 965$ ft/s임을 알 수 있다. 해석결과와 그래프를 이용한 결과가 예상결과와 같이 0.4% 오차 범위에서 일치한다. 그래프 결과와 해석결과 모두 동일한 방정식의 결과이다. 그러나, 그래프 결과는 그래프의 해상도에 좌우되지만 해석적 결과는 수학적으로 정확하다. 또한, 예제 6.1과 6.2의 필요추력과 필요마력 곡선을 계산하고 작도하기 위해서는 여러 번의 수치계산이 필요한 반면 식 (6.44)의 해석적 공식은 $V_{\max}$를 보다 간단하고 빠르게 계산할 수 있게 해준다.

예제 6.9

예제 6.8에서 $4C_{D,0}/\pi e\text{AR}$항의 수치값은 $(T_A/W)^2_{\max}$보다 더 작다는 것을 알았다. 식 (6.44)에서 이 항을 무시하고 $V_{\max}$를 다시 계산하라. 계산결과의 물리적 의미에 대해 설명하라.

■ **풀이**

식 (6.44)에서 $4C_{D,0}/\pi eAR$을 무시하면

$$V_{\max} \approx \left[\frac{\left(\frac{T_A}{W}\right)_{\max}\left(\frac{W}{S}\right) + \left(\frac{W}{S}\right)\sqrt{\left(\frac{T_A}{W}\right)^2_{\max}}}{\rho_\infty C_{D,0}}\right]^{1/2}$$

$$= \left[\frac{2\left(\frac{T_A}{W}\right)_{\max}\left(\frac{W}{S}\right)}{\rho_\infty C_{D,0}}\right]^{1/2} = \left[\frac{2\,(0.1833)(62.3)}{(0.0011836)(0.02)}\right]^{1/2} = \boxed{982 \text{ ft/s}}$$

이 계산결과는 예제 6.8의 결과와 단지 1.34%의 차이를 보인다. 따라서, 식 (6.44)에서 무시된 항의 영향이 작다는 점을 알 수 있다.

무시한 항의 물리적 의미는 무엇인가? 설계박스에서 식 (6.44)의 유도과정을 살펴보면 이 항은 양력에 의한 항력으로부터 나온다. 고속으로 비행하는 항공기에서는 양력에 의한 항력이 무양력 항력에 비해 훨씬 작다는 점을 5장과 6장에서 자주 설명하였다. 실제로, 정상 수평비행 상태에서 단순히 $T = D$로 놓고 항력이 무양력 항력으로만 발생한다고 가정하면 다음식을 얻을 수 있다.

$$T_A = D = \tfrac{1}{2}\rho_\infty V_\infty^2 \, S C_{D,0}$$

V_∞에 대해 풀이하면 다음의 결과를 얻을 수 있다.

$$V_\infty = \left[\frac{2T_A}{\rho_\infty S C_{D,0}}\right]^{1/2} = \left[\frac{2\left(\dfrac{T_A}{W}\right)\left(\dfrac{W}{S}\right)}{\rho_\infty C_{D,0}}\right]^{1/2}$$

최대 속도는 엔진 추력이 최대가 될 때 얻을 수 있으므로 다음과 같이 표현된다.

$$V_{\max} = \left[\frac{2\left(\dfrac{T_A}{W}\right)_{\max}\left(\dfrac{W}{S}\right)}{\rho_\infty C_{D,0}}\right]^{1/2}$$

이 결과는 정확하게 식 (6.44)에서 $4C_{D,0}/\pi e\mathrm{AR}$항을 무시하여 얻은 공식이다.

결론 항공기 최대 속도를 가능한 한 가장 빨리 예측하기 위해서는 아래의 식을 이용하여 $V_{\max}$를 구하라.

$$(T_A)_{\max} = \tfrac{1}{2}\rho_\infty V_\infty^2 \, S C_{D,0}$$

6.8 상승률

공항 활주로에서 추력으로 이륙속도에 이른 Boeing 777 여객기(그림 6.27 참조)를 떠올려 보자. 항공기는 180 mi/h에서 사뿐히 이륙하여 기수를 위로 회전한 뒤 우리의 시야 밖으로 빠르게 상승하고 있다. 몇 분 뒤 항공기는 30,000 ft에서 순항하게 된다. 이 모습은 다음과 같은 질문을 하게 한다. 항공기는 얼마나 빠르게 상승할 수 있는가? 주어진 고도까지 도달하는 데 시간이 얼마나 소요되는가? 다음 두 절은 이들 질문에 대한 몇 가지 답을 제공한다.

그림 6.28과 같이 등속으로 정상 상승비행중인 항공기를 살펴보자. 비행경로를 따른 속도는 V_∞이고 비행경로는 수평면에 θ의 각도로 기울어져 있다. 항상 양력과 항력은 V_∞에 수직이고 나란하며 무게는 수평면에 수직이다. 추력 T는 비행경로 방향이라고 가정하자. 여기서, 수평비행에 대한 앞의 분석과 물리적으로 다른 점은 T가 항력을 이기기 위해서뿐만 아니라 상승비행을 위해 무게의 성분을 극복하기 위해서도 사용된다는 점이다.

비행경로와 나란한 힘들로부터 다음의 식을 얻을 수 있다.

$$T = D + W\sin\theta \tag{6.45}$$

비행경로에 수직인 힘에 대해서는 다음의 식이 성립한다.

$$L = W\cos\theta \tag{6.46}$$

식 (6.46)으로부터 양력은 이제 무게보다 더 작다는 것에 주목하자. 식 (6.45)와 (6.46)은

설계

DESIGN BOX

주어진 고도에서 최대 속도는 흔히 새로운 항공기 설계규격의 한 부분이 된다. 주어진 V_{max}를 갖는 항공기를 설계하기 위해서 항공기 설계자인 여러분은 항공기의 어떤 특성에 관심을 가져야 하는가? 다시 말해 항공기의 어떤 특성이 최대 속도를 결정짓는가? 이 질문에 대한 답은 V_{max}뿐만 아니라 항공기의 다른 성능특성에 대해서도 중요한 다수의 주요 설계 파라미터가 있음을 나타낸다. V_{max}에 대한 식을 구하고 파라미터들을 살펴봄으로써 이 질문에 대한 답을 구해보자. 식 (6.1*c*)와 (6.13)을 이용하여 다음 식을 얻을 수 있다.

$$T = q_\infty S C_D - q_\infty S\left(C_{D,0} + \frac{C_L^2}{\pi e \mathrm{AR}}\right) \tag{6.40}$$

식 (6.14)로부터 정상 수평비행에 대한 아래식을 얻을 수 있다.

$$C_L = \frac{W}{q_\infty S} \tag{6.41}$$

식 (6.41)을 식 (6.40)에 대입하면

$$\begin{aligned} T &= q_\infty S\left(C_{D,0} + \frac{W^2}{q_\infty^2 S^2 \pi e \mathrm{AR}}\right) \\ &= q_\infty S C_{D,0} + \frac{W^2}{q_\infty S \pi e \mathrm{AR}} \end{aligned} \tag{6.42}$$

식 (6.42)에q_∞를 곱하고 정리하면

$$q_\infty^2 S C_{D,0} - q_\infty T + \frac{W^2}{S \pi e \mathrm{AR}} = 0 \tag{6.43}$$

식 (6.43)은 q_∞에 대한 2차 방정식이다. $q_\infty = \frac{1}{2}\rho_\infty V_\infty^2$임을 염두에 두고 식 (6.43)의 T를 최대 이용추력(최대 스로틀에서의 추력)으로 놓고 근의 공식을 이용하여 q_∞에 대한 방정식 (6.43)을 풀이하면 최대 속도를 구할 수 있다 (상세한 내용은 과제에 포함되어 있다).

$$V_{max} = \left[\frac{\left(\frac{T_A}{W}\right)_{max}\left(\frac{W}{S}\right) + \left(\frac{W}{S}\right)\sqrt{\left(\frac{T_A}{W}\right)_{max}^2 - \frac{4C_{D,0}}{\pi e \mathrm{AR}}}}{\rho_\infty C_{D,0}}\right]^{1/2} \tag{6.44}$$

식 (6.44)를 자세히 살펴보자. $(T_A)_{max}$는 독립적으로 나타나지 않고 $(T_A/W)_{max}$ 비율로만 나타난다는 점에 유의하라. 또한, 날개 형상 단면적 S도 독립적으로 나타나지 않고 (W/S)의 비로만 나타난다. 따라서, V_{max}는 추력, 무게, 날개면적들 각각보다는 아래와 같은 이들의 비와 관련이 있다.

$$\left(\frac{T_A}{W}\right)_{max} : \text{최대 추력 중량비}$$

$$\frac{W}{S} : \text{날개하중}$$

우리는 가장 중요한 항공기 설계 파라미터 중 2가지인 추력 중량비와 날개하중을 식별하였다. 더불어, 우리는 식 (6.44)로부터 V_{max}가 ρ_∞(고도), 무양력 항력계수 $C_{D,0}$와 eAR에 영향을 받는다는 것을 알았다. 앞의 6.15절에서 πeAR항이 $4C_{D,0}(L/D)_{max}^2$과 같다는 것을 증명할 것이다. 여기서, $(L/D)_{max}$는 항공기 양항비의 최대 값이다. 따라서, $(L/D)_{max}$도 중요한 설계 파라미터의 하나이다.

식 (6.44)로부터 V_{max}를 아래의 방법으로 증가시킬 수 있음을 알 수 있다.

1. 최대 추력 중량비 $(T_A/W)_{max}$를 증가시킴
2. 날개하중 W/S를 증가시킴
3. 무양력 항력계수 $C_{D,0}$를 감소시킴

이러한 경향은 날개하중의 증가로 얻을 수 있는 장점을 제외하고는 식 (6.44)를 보지 않고도 거의 직관적으로 알 수 있다. 높은 날개하중이 주는 장점을 이해하기 위해 S의 감소로 W/S가 커진다고 가정하자. 만약 평면면적이 줄어들면 날개의 전체 마찰항력은 감소하고 (전단응력이 작용하는 면적이 감소) 따라서, V_{max}가 증가한다.

이와 같은 결과는 항공기 성능의 다른 특성에 대해서도 중요하다. 설계 파라미터인 T/W와 W/S는 V_{max}뿐만 아니라 다른 성능지표에도 큰 영향을 주며 여러분은 뒤에 이어지는 절들에서 이 사실을 알게 될 것이다.

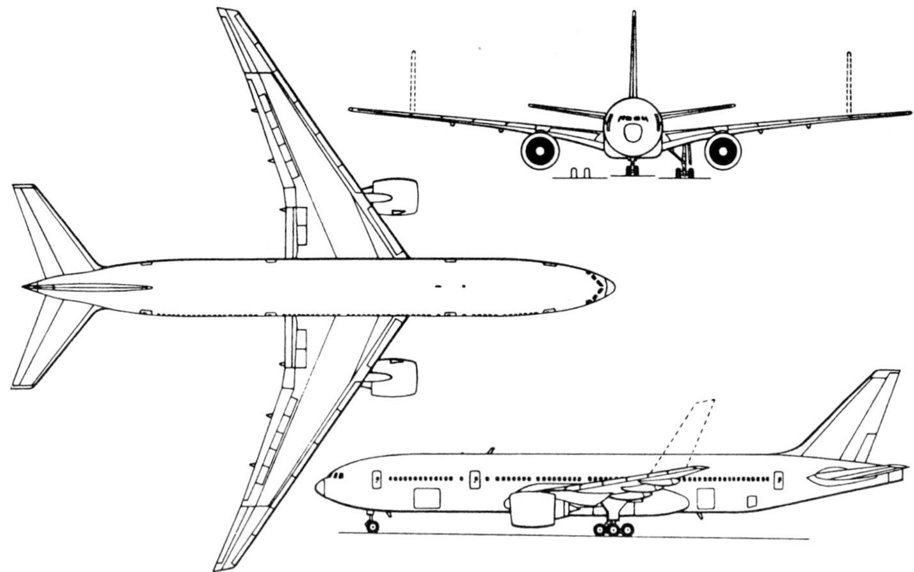

그림 6.27 Boeing 777-200 쌍발 터보팬 엔진의 대형 여객기 삼면도

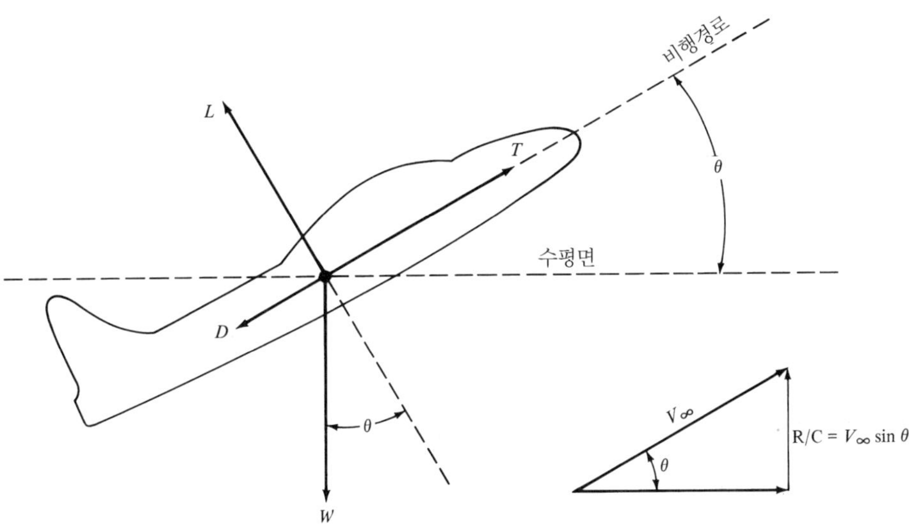

그림 6.28 상승비행중인 항공기

정상상승비행에 대한 운동방정식을 나타내고 정상 수평비행에 대해 앞서 구한 식 (6.11)과 (6.12)와 유사하다.

식 (6.45)에 V_∞를 곱하면

$$TV_\infty = DV_\infty + WV_\infty \sin\theta$$
$$\frac{TV_\infty - DV_\infty}{W} = V_\infty \sin\theta \tag{6.47}$$

식 (6.47)을 자세히 살펴보라. 우변항의 $V_\infty \sin\theta$은 그림 6.28에 나타난 바와 같이 항공기의 **수직 방향속도**이다. 이 수직속도를 **상승률** R/C이라 부른다.

$$\boxed{\mathrm{R/C} \equiv V_\infty \sin\theta} \tag{6.48}$$

식 (6.47)의 좌변항에서 TV_∞는 식 (6.33)로부터 이용마력이고 그림 6.20의 P_A 곡선으로 표시된다. 식 (6.47) 좌변 두 번째 항은 DV_∞로 그림 6.15의 P_R곡선으로 나타낸 수평비행에서의 필요마력이다. 그러나, 상승비행에서는 DV_∞가 정확한 의미의 필요마력은 아니다. 왜냐하면 파워는 항력뿐만 아니라 무게 성분을 동시에 극복할 수 있도록 작용해야 하기 때문이다. 그럼에도 불구하고 작은 상승각(말하자면 $\theta < 20°$인)에서는 이 사실을 무시하고 식 (6.47)의 DV_∞항이 그림 6.15의 수평비행 P_R곡선으로 주어진다고 가정해도 타당하다. 이 경우

$$\boxed{TV_\infty - DV_\infty = \text{잉여마력}} \tag{6.49}$$

여기서, 잉여마력(excess power)은 프로펠러 항공기와 제트 추진 항공기에 대해 그림 6.29a와 6.29b에 각각 나타낸 이용마력과 필요마력의 차이다. 식 (6.47)과 (6.49)를 이용하면 다음 식이 얻어진다.

$$\boxed{\mathrm{R/C} = \frac{\text{잉여마력}}{W}} \tag{6.50}$$

여기서, 잉여마력은 그림 6.29와 같이 보다 분명하게 나타낼 수 있다.

그림 6.29a와 6.29b의 P_R 곡선들은 수평비행에 대해 이미 계산한 값들을 편의상 사용했음을 다시 한번 강조한다. 따라서, **이들 곡선과 관련하여** 식 (6.50)은 상승률에 대한 **근사값**으로 작은 θ에 대해서만 정확하다. 좀 더 구체적으로 말하면 상승비행의 V_∞에 대한 DV_∞ 곡선(식 (6.47)에 필요한 값)은 수평비행의 V_∞에 대한 DV_∞곡선 [그림 6.2에서 가정한 곡선

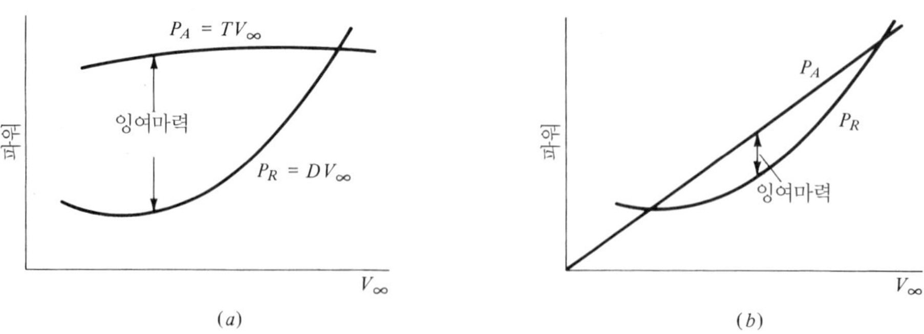

그림 6.29 잉여마력의 정의. (a) 프로펠러 추진 항공기, (b) 제트 추진 항공기

으로 식 (6.50)에서 사용된]과는 다르며 이는 동일한 V_∞에서 D 값이 수평비행보다 상승비행일 때 더 작다는 단순한 원인 때문이다. 이 사실을 보다 명확히 알기 위해 $W = 5000$ lb, $S = 100$ ft^2, $C_{D,0} = 0.015$, $e = 0.6$ 이고 AR = 6 인 항공기를 고려하자. 속도가 해수면에서 $V_\infty = 500$ ft/s이고 항공기가 수평비행 상태라면 $C_L = L/(q_\infty S) = W/(\frac{1}{2}\rho_\infty V_\infty^2 S) = 0.168$이다. 결국

$$C_D = C_{D,0} + \frac{C_L^2}{\pi e \mathrm{AR}} = 0.015 + 0.0025 = 0.0175$$

이제, 해수면에서 동일한 속도 $V_\infty = 500$ ft/s로 각도 30°로 상승하는 동일한 항공기를 고려하자. 여기서, 양력은 $L = W\cos\theta$로 무게보다 작고 따라서, $C_L = W\cos 30°/(\frac{1}{2}\rho_\infty V_\infty^2 S) = 0.145$ 이다. 다음으로 $C_D = 0.015 + 0.0019 = 0.0169$ 이다. 이 값은 앞의 수평비행에서 구한 더 큰 값인 0.0175와 비교가 된다. 이 예에서 보듯이 정상 상승비행에서 L(또는, C_L)이 더 작고 따라서, 유도항력도 더 작다. 결과적으로 상승비행에 대한 전체 항력은 동일한 속도의 전진비행에서의 전체항력보다 더 작다.

주어진 고도에 대응되는 그림 6.29로 돌아가 보자. 잉여마력은 V_∞에 따라 변한다는 점에 주목하라. 실제로 프로펠러 항공기와 제트 추진 항공기 모두에 대해 잉여마력이 최대가 되는 V_∞ 값이 존재한다. 식 (6.50)으로부터 이 점에서 R/C가 최대가 될 것이다.

$$\max \mathrm{R/C} = \frac{\text{최대 잉여마력}}{W} \tag{6.51}$$

이 경우를 그림 6.30a에 나타내었고 이용마력은 최대 스로틀 상태인 말하자면 최대 P_A이다. 그림 6.30a에 나타낸 최대 잉여마력은 식 (6.51)에 따라 주어진 고도에서 항공기가 낼 수 있는 최대 상승률을 발생시킨다. 그래프로 최대 R/C를 편리하게 결정하는 방법은 그림 6.30b에 보인 바와 같이 V_∞에 따른 R/C 변화를 작도하여 최대 R/C를 결정하는 방법이다. 수평 접선은 최대 R/C값을 갖는 점을 결정한다. 또 다른 유용한 방법은 호도그래프(hodograph) 선도를 이용하는 방법으로 항공기의 수평속도에 따른 수직속도 변화를 도시한 것이다. 이 호도그래프를 그림 6.31에 나타내었다. R/C는 수직속도 $R/C \equiv V_v$로 정의되기 때문에 호도그래프의 수평접선으로 최대 R/C값을 갖는 점(그림 6.31의 점 1)을 결정한다는 것에 유의하라. 또한, 원점을 지나면서 호도그래프와 교차하는(점 2에서와 같이) 어떠한 직선도 기울기가 V_v/V_h이기 때문에 속도성분의 형상으로부터 이 선들은 그림 6.31에서 보는 것처럼 수평축과 상승각 θ의 각도를 이룬다. 더욱이, 선의 길이는 V_∞와 같다. 이 선이 시계 반대방향으로 회전함에 따라, R/C 값은 초기에 증가하다 최대값을 갖게 되고 최종적으로는 감소한다. 마지막으로 이 선은 점 3에서 호도그래프와 접한다. 이 접선은 그림 6.31에 $\theta_{\max}$로 나타낸 것처럼 항공기가 정상상태 비행으로 유지할 수 있는 최대 상승각을 결정한다. 흥미로운 점은 최대 R/C는 최대 상승각에서 나타나지 않는다는 점이다.

최신 항공기의 큰 잉여마력과 높은 이용추력은 어떤 상승각으로도 상승비행이 가능하게

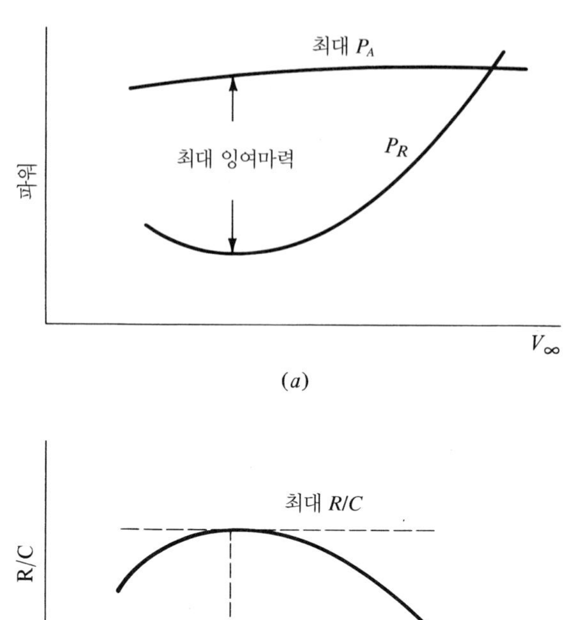

그림 6.30 주어진 고도에서의 최대 상승률의 결정방법

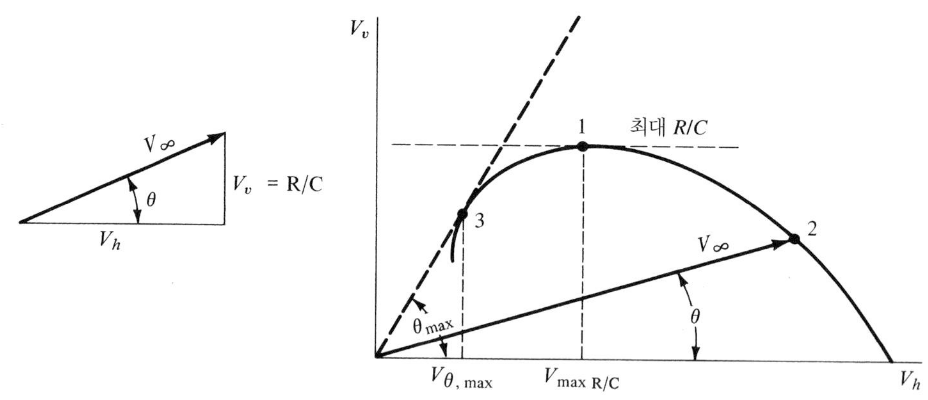

그림 6.31 주어진 고도에서의 상승성능에 대한 호도그래프

해준다. 큰 상승각에 대해서는 앞의 분석이 타당하지 않다. 큰 θ 각을 다루기 위해서는 어떤 θ값에 대해서도 정확한 엄밀해를 구할 수 있는 원래의 운동방정식 [식 (6.45)와 (6.46)]을 이용하여 대수방정식 풀이방법을 사용하여야 한다. 이에 대한 상세한 접근방법은 Dommasch et al.와 Perkins 등의 책에 소개되어 있다(이 장의 끝에 나열한 참고문헌을 참조).

잠시 프로펠러 항공기와 제트 추진 항공기 각각에 대한 그림 6.29*a*와 그림 6.29*b*로 돌아가면 두가지 형상에 대한 저속에서의 상승률 성능에 중요한 차이를 발견할 수 있다. 피스톤 엔진-프로펠러 조합에 대한 이용마력 특성 때문에 실속속도보다 조금 큰 작은 V_∞값에서 큰 이용마력을 얻을 수 있다. 착륙접근 중인 항공기에 대해 이러한 특성은 갑작스런 착함재시도 지시(항공모함에 착륙할 때 특히 중요한)가 있는 경우에 충분한 안전마진을 제공해 줄 수 있다. 이와는 반대로 제트 항공기는 낮은 V_∞에서 잉여이용마력이 작아 상승률 성능이 저조하다.

그림 6.30*b*와 6.31은 주어진 고도에서 R/C를 나타낸다. 6.10절에서 우리는 *R*/*C*가 고도에 따라 어떻게 변하는지에 대해 질문을 할 것이다. 답을 찾는 과정에서 우리는 또 다른 질문—항공기가 얼마나 높이 비행할 수 있는지?—에 대한 답도 찾아낼 것이다.

예제 6.10

해수면에서 (*a*) CP-1 과 (*b*) CJ-1 의 속도에 따른 상승률을 계산하라.

■ 풀이

a. CP-1에 대한 식 (6.50)으로부터

$$\text{R/C} = \frac{\text{expcess power}}{W} = \frac{P_A - P_R}{W}$$

파워는 ft$_\infty$lb/s 단위로 *W*는 lb의 단위를 사용하면 CP-1에 대해 위 방정식은 다음과 같이 표현된다.

$$\text{R/C} = \frac{P_A - P_R}{2950}$$

예제 6.3으로부터 $V_\infty = 150$ ft/s에서 $P_R = 0.326 \times 10^5$ 이고 예제 6.4로부터 $P_A = 550(\text{hp}_A) = 550(184) = 1.012 \times 10^5 \text{ft}_\infty\text{lb/s}$가 된다. 따라서,

$$\text{R/C} = \frac{(1.012 - 0.326) \times 10^5}{2950} = 23.3 \text{ ft/s}$$

단위로 ft/min을 사용하면

$$\text{R/C} = 23.3(60) = \boxed{1398 \text{ ft/min}} \qquad \text{at } V_\infty = 150 \text{ ft/s}$$

이러한 계산을 다른 속도에 대해서도 반복하면 다음과 같은 결과를 얻을 수 있다.

V, ft/s	R/C, ft/min
100	1492
130	1472
180	1189
220	729
260	32.6

이들 결과는 그림 6.32에 도시하였다.

b. CJ-1에 대한 식 (6.50)으로부터

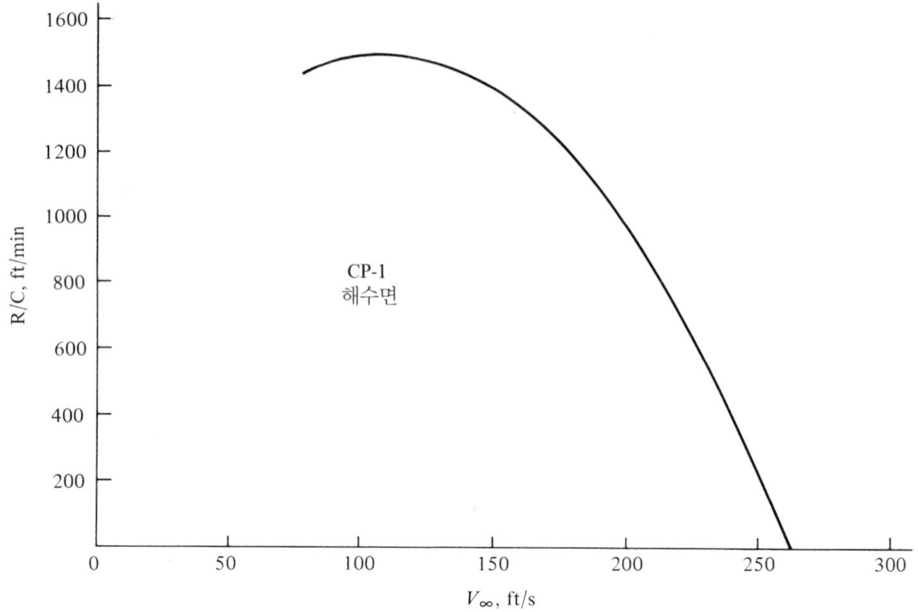

그림 6.32 CP-1 항공기의 해수면에서의 상승률

$$R/C = \frac{P_A - P_R}{W} = \frac{550\,(hp_A - hp_R)}{19{,}815}$$

예제 6.5의 결과와 곡선들로부터 $V_\infty = 500$ ft/s에서 $P_R = 1884$이고 $hp_A = 6636$이다. 따라서,

$$R/C = 550\left(\frac{6636 - 1884}{19{,}815}\right) = 132 \text{ ft/s}$$

또는

$$R/C = 132(60) = \boxed{7914 \text{ ft/min}} \qquad \text{at } V_\infty = 500 \text{ ft/s}$$

다른 속도에 대해 독자 스스로가 계산결과를 비교할 수 있도록 몇 가지 경우의 결산결과를 아래 표에 간단히 정리하여 놓았다.

V, **ft/s**	**R/C, ft/min**
200	3546
400	7031
600	8088
800	5792
950	1230

이들 결과는 그림 6.33에 도시되어 있다.

예제 6.11

X-15(그림 5.92)는 극초음속 비행영역에 대한 연구를 위해 설계된 로켓 추진 연구용 항공기이다. 1963년 8월 22일 비행시험 조종사 Joe Walker가 조종하여 354.200 ft의 비행고도 기록을 세웠

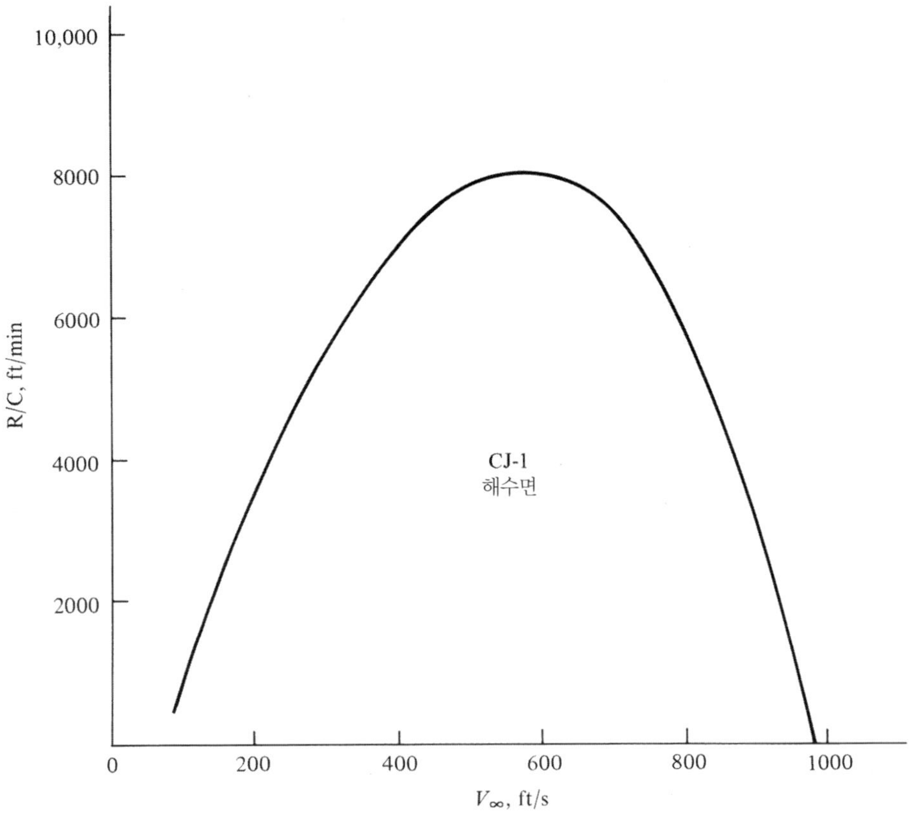

그림 6.33 CJ-1 항공기의 해수면에서의 상승률

다. 약 4년 이상이 지난 후 X-15A-2로 명명된 두 번째 X-15 항공기로 시험조종사 Pete Knight는 102,700 ft에서 4520 ft/s (마하수 6.70)의 속도기록을 수립하였다. 2014년 6월까지 이 기록은 깨지지 않고 있으며 X-15는 역사적으로 가장 빠르고 가장 높이 비행하는 항공기로 남아 있다[보다 자세한 내용은 John Anderson과 Richard Passman의 저서 *X-15: The World's Fastest Rocket Plane and the Pilot Who Ushered in the Space Age*, Zenith Press (for the Smithsonian Institution), Minneapolis, MN 2014를 참조].

(a) 최대 고도로 비행하는 추진단계의 상당히 긴 시간 동안 Joe Walker는 X-15의 자세각을 32도로 유지하였다. 로켓 추진제가 모두 소모되었을 때 X-15는 5600 ft/s의 속도로 176,000 ft 고도를 통과하면서 상승하고 있었다. 엔진연료가 소진된 시점에서 상승률을 계산하라.

(b) XLR-99 로켓 엔진의 추력은 X-15의 추진단계 비행 동안 57,000 lb로 거의 일정하였다. 1963년 8월 22일의 최대 고도 비행에서 엔진연료가 소진된 176,000 ft 고도에서 항력은 높은 고도에서의 매우 낮은 공기밀도로 인해 252 lb에 불과하였다. X-15의 공허중량은 14,590 lb였다. 정상 등속비행에 대한 식 (6.50)을 이용하여 X-15의 상승률을 계산하고 (a)에서 얻은 결과와 비교하라.

■ **풀이**

(a) 그림 6.28의 도해로부터

$$R/C = V_\infty \sin\theta = 5600 \sin 32^\circ = 2968 \text{ ft/s}$$

(b) 식 (6.50)으로부터

$$R/C = \frac{\text{(excess power)}}{W} = \frac{TV_\infty - DV_\infty}{W} = \frac{(T-D)V_\infty}{W}$$

$$= \frac{(57{,}000-252)(5600)}{14{,}590} = 21{,}781 \text{ ft/s}$$

참고사항: 확실히, (b)에서 식 (6.50)을 사용한 상승률이 (a)에서 구한 실제 상승률보다 매우 크다. 무엇이 문제인가? 답: 식 (6.50)은 정상 등속비행 조건이 적용된 것이다. 한편, 이 예제에서 X-15는 큰 상승 가속도를 갖는 경우에 해당되며 이 문제는 6.18절에서 다룰 것이다. 이 경우 식 (6.50)은 부정확하다. 6.18절의 가속 상승비행에 대한 설명에서와 같이 잉여마력은 항공기의 운동에너지와 위치에너지를 동시에 증가시키는 데 사용된 경우의 결과이다. (a)에서 구한 비행특성은 운동에너지와 위치에너지 모두를 증가시키도록 잉여마력을 사용한 결과이다. 반면, (b)의 결과는 잉여마력을 위치에너지만을 증가시키는 데 사용한다고 가정한 결과이다. 따라서, 과도하게 큰 상승률 계산결과를 나타내었다. 이 점은 6.18절의 가속상승에 대한 설명의 중요성을 강조한다. 실제로 X-15의 잉여마력 중 상당부분이 항공기를 5,600 ft/s까지 가속시키는 데 사용되었다.

더불어, 비행경로상의 이 점에서 X-15의 항력은 LR99 로켓 엔진 추력의 0.5%보다 적은 252 lb에 불과하다는 점에 주목하라. 이 비교는 NACA 연구용 항공기 프로그램의 초기 책임자였던 Hartley Soule이 X-15를 설계하는 동안 북아메리카 항공사의 책임연구원이었던 Harrison Storms에게 말한 주요 지침의 중요성을 강조한다. Soule은 Storms에게 "우리는 작은 항공기에 큰 추력 여유를 갖는 큰 엔진을 장착하고 공력가열에 대한 연구하고 있다. 우리는 공기역학인 안정성과 조정성은 혹은 항공기가 파괴되는 것을 걱정하고 싶지 않다. 따라서, 어떠한 실수를 한다면 장점을 활용해서 해결하라. 당신은 문제를 해결할 수 있는 충분한 추력을 가지고 있다. Storms이 "그래서 우리가 이렇게 해냈습니다"라고 덧붙였다. (참조: Jenkins, X-15: *Extending the Frontiers of Flight*, NASA SP-2007-562, Government Printing Office, 2007, p. 108.)

6.9 활강비행

그림 6.34에 도시한 바와 같이 무동력 활강비행 중인 항공기를 고려해 보자. 이 항공기에 작용하는 힘은 양력, 항력 및 무게이고 동력이 없기 때문에 추력은 0이다. 활강비행 경로는 수평면과 θ의 각도를 이룬다. 평형상태의 등속활강에 대해 모든 힘들의 합은 0이다. 비행경로를 따른 힘들을 합하면

$$D = W\sin\theta \tag{6.54}$$

비행경로에 수직 방향 힘의 합으로부터

$$L = W\cos\theta \tag{6.55}$$

설계

DESIGN BOX

최대 상승률을 결정하는 항공기 설계 파라미터들은 무었인가? 이에 대한 답은 이번 장의 그래프를 이용한 해석으로는 분명하지 않다. 그러나, 그 답은 최대 상승률에 대한 방정식을 유도하고 방정식에 나타난 파라미터를 식별함으로써 분명하게 알 수 있다. 유도과정이 길기 때문에 여기서는 최종결과에만 관심을 가져보자. 상세한 유도는 Anderson, *Aircraft Performance and Design*, McGraw-Hill, New York, 1999를 참조하라. 최대 상승률을 $(R/C)_{max}$로 나타내고 간편한 유도를 위해 기호 Z를 아래와 같이 정의하자.

$$Z = 1 + \sqrt{1 + \frac{3}{(L/D)^2_{max}(T/W)^2_{max}}}$$

여기서, (L/D)max는 주어진 항공기에 대한 최대 양항비 값이다. 제트 추진 항공기에 대해 아래의 식을

$$(\mathrm{R/C})_{max} = \left[\frac{(W/S)Z}{3\rho_\infty C_{D,0}}\right]^{1/2}\left(\frac{T}{W}\right)^{3/2}_{max} \times\left[1 - \frac{Z}{6} - \frac{3}{2(T/W)^2_{max}(L/D)^2_{max}Z}\right] \tag{6.52}$$

프로펠러 항공기에 대해서는 아래의 식을 증명할 수 있다.

$$(\mathrm{R/C})_{max} = \left(\frac{\eta P}{W}\right)_{max} - 0.8776\sqrt{\frac{W/S}{\rho_\infty C_{D,0}}}\frac{1}{(L/D)^{3/2}_{max}} \tag{6.53}$$

여기서, h는 식 (6.31)로 정의된 프로펠러 효율이고 P는 엔진(다발엔진의 경우 모든 엔진)의 블레이크 축마력이다.

식 (6.52)를 살펴보면 앞에서와 같이 W, S 및 T가 독립적이 아닌 비율들로 나타남을 알 수 있다. 식 (6.52)로부터 제트 추진 항공기의 $(R/C)_{max}$를 결정하는 설계 파라미터들은 다음과 같다.

- 날개하중 W/S
- 최대 추력-중량비$(T/W)_{max}$
- 무양력 항력계수 $C_{D,0}$
- 최대 양항비$(L/D)_{max}$

이들은 식 (6.44)로 V_{max}를 결정할 때 필요한 설계 파라미터들과 동일하다. 앞쪽의 6.14절을 살펴보면 $(L/D)_{max}$는 $C_{D,0}$, e 및 AR– 즉, $(L/D)^2_{max} = \pi e\mathrm{AR}/(4C_{D,0})$로 결정된다. 따라서, $(L/D)_{max}$를 설계 파라미터로 설정하는 것은 e, AR 및 $C_{D,0}$를 설계 파라미터로 설정하는 것과 동일하다. 뒷 절에서 항공기 설계에 있어 $(L/D)_{max}$의 중요성에 대해 더 많은 설명을 할 것이다.

프로펠러 추진 항공기에 대해 엔진-프로펠러 조합에 대한 성능은 추력보다는 파워로 나타내는 것이 보다 적절하다. 따라서, 식 (6.53)은 파워-중량비 hP/W로 프로펠러 항공기의 최대 상승률을 나타내었다. [식 (6.31)로부터 ηP는 프로펠러 항공기의 이용마력 P_A임을 상기하라] 따라서, 프로펠러 항공기의 최대 상승률 $(R/C)_{max}$를 결정하는 중요한 설계 파라미터는 파워-중량비이다.

식 (6.54)를 (6.55)로 나누면 평형상태에서의 활강각을 다음의 식으로 구할 수 있다.

$$\frac{\sin\theta}{\cos\theta} = \frac{D}{L}$$

또는

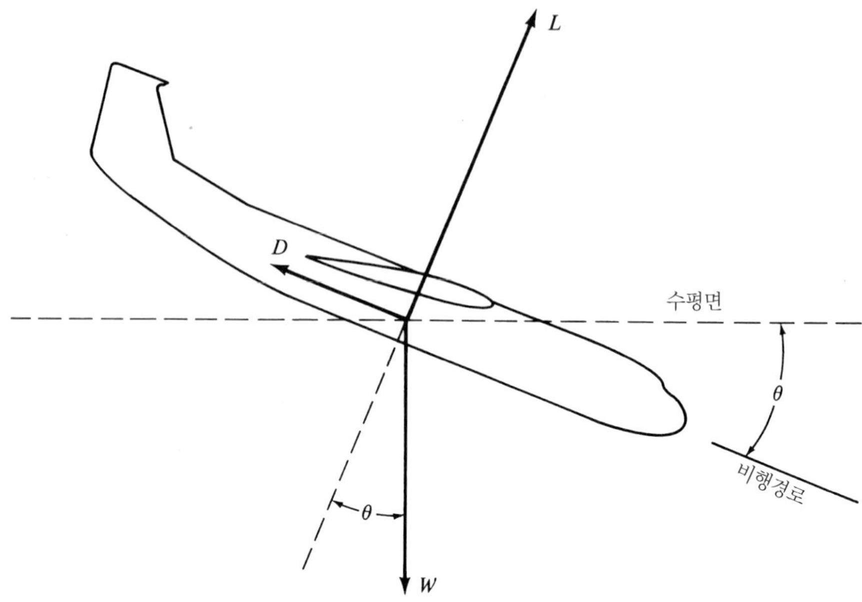

그림 6.34 무동력 활공비행중인 항공기

$$\boxed{\tan\theta = \frac{1}{L/D}} \tag{6.56}$$

분명히, 활강각은 양항비만의 함수이다. (L/D)가 클수록 활강각은 작아진다. 이 결과로부터 평형상태 활강각의 최소값은 $(L/D)_{max}$인 조건에서 얻어지고 이 조건은 최대 활강거리에 대응된다.

예제 6.12

CP-1의 최대 양항비는 13.6이다. 최소 활강각과 10,000 ft 고도에서 무동력 활공을 시작한 경우 지면을 따라 측정한 CP-1의 최대 비행거리를 계산하라.

■ **풀이**

최소 활강각은 식 (6.56)으로부터 다음과 같이 계산된다.

$$\tan\theta_{min} = \frac{1}{(L/D)_{max}} = \frac{1}{13.6}$$

$$\boxed{\theta_{min} = 4.2°}$$

그림 6.35에서 보는 바와 같이 지면을 따른 거리는 R이다. 활강 시작점에서의 고도가 h인 경우로 다음과 같다.

$$R = \frac{h}{\tan\theta} = h\frac{L}{D}$$

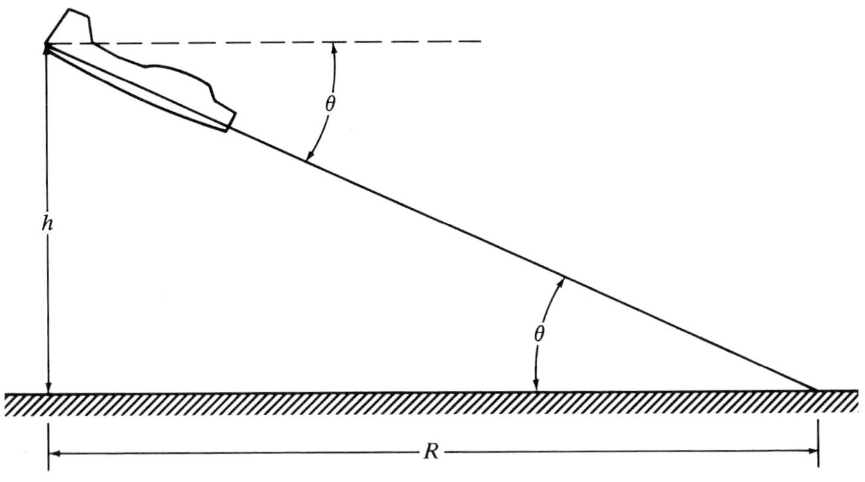

그림 6.35 평형활강 비행 시의 비행거리

따라서,

$$R_{\max} = h\left(\frac{L}{D}\right)_{\max} = 10{,}000(13.6)$$

$$\boxed{R_{\max} = 136{,}000\ \text{ft} = 25.6\ \text{mi}}$$

예제 6.13

CJ-1에 대해 $(L/D)_{\max}$ 값이 16.9인 경우 예제 6.12를 풀이하라.

■ **풀이**

$$\tan\theta_{\min} = \frac{1}{(L/D)_{\max}} = \frac{1}{16.9}$$

$$\boxed{\theta_{\min} = 3.39°}$$

$$R_{\max} = h\left(\frac{L}{D}\right)_{\max} = 10{,}000(16.9)$$

$$\boxed{R_{\max} = 169{,}000\ \text{ft} = 32\ \text{mi}}$$

$(L/D)_{\max}$ 값이 더 큰 CJ-1이 CP-1보다 더 큰 활강거리를 비행할 수 있음을 유념하라.

예제 6.14

CP-1에 대해 최소 활강각에 대응되는 평형 활강속도를 10,000 ft와 2,000 ft 고도에 대해 각각 계산하라.

■ **풀이**

$$L = \tfrac{1}{2}\rho_\infty V_\infty^2 S C_L$$

식 (6.55)와 위 식을 조합하면

$$W\cos\theta = \tfrac{1}{2}\rho_\infty V_\infty^2 S C_L$$

또는

$$V_\infty = \sqrt{\frac{2\cos\theta}{\rho_\infty C_L}\frac{W}{S}}$$

여기서, W/S는 이제 익숙해진 날개하중 값이다. 이 방정식으로부터 우리는 날개하중이 클수록 활강속도가 커진다는 것을 알 수 있다. 타당한 결과이다: 날개면적이 더 작고 무게가 더 무거운 항공기는 더 큰 속도로 지표면까지 활강비행을 하게 될 것이다. 그러나 활강각(활강거리 또한)은 항공기의 무게와 날개하중이 아닌 오로지 $(L/D)_{max}$의 값에만 의존한다는 점에 주목하라. 이 값은 기체설계와 관련된 공기역학적인 특성이다. 날개하중이 더 크다는 것은 단지 더 빠르게 활강하여 지표면에 더 일찍 도달한다는 것을 의미한다. 예제 6.1에서 CP-1의 날개하중은

$$\frac{W}{S} = \frac{2950}{174} = 16.95 \text{ lb/ft}^2$$

예제 6.1의 표로부터 우리는 $(L/D)_{max} = 13.6$ 값이 양력계수 $C_L = 0.634$에 대응된다는 것을 알 수 있다. (L/D와 C_L 모두 항공기 받음각의 함수로 항공기 기체와 관련 공력데이터이고 비행 조건에는 영향을 받지 않는다. 따라서, 항공기가 수평비행이든, 상승비행이나 활강비행이냐에 관계없이 최대 L/D값에서 $C_L = 0.634$이다.) 그 결과, $\rho_\infty = 0.0017556$ slug/ft³인 10,000 ft 고도에서 비행 속도는 다음과 같다.

$$V_\infty = \sqrt{\frac{(2\cos 4.2°)(16.95)}{0.0017556(0.634)}}$$

$$\boxed{V_\infty = 174.3 \text{ ft/s}} \qquad \text{at } h = 10{,}000 \text{ ft}$$

2000 ft에서 $\rho_\infty = 0.0022409$ slug/ft³이다. 따라서,

$$V_\infty = \sqrt{\frac{(2\cos 4.2°)(16.95)}{0.0022409(0.634)}}$$

$$\boxed{V_\infty = 154.3 \text{ ft/s}} \qquad \text{at } h = 2000 \text{ ft}$$

평형 활강속도는 고도가 감소함에 따라 감소한다는 점에 유의하라.

6.10 절대상승고도와 실용상승고도

P_A와 P_R에 미치는 고도의 영향은 6.7절에 설명하였고 그림 6.2a와 b에 나타내었다. 설명을 위해 프로펠러 추진 항공기를 고려할 것이지만 이 절의 결과들은 제트 추진 항공기에 대해

서도 정량적으로는 동일하다. 그림 6.36에서와 같이 최대 잉여마력은 고도가 증가함에 따라 감소한다. 따라서, 최대 R/C도 감소한다. 이 것을 R/C를 횡축으로 하여 고도에 따른 R/C의 변화를 그림 6.37에 나타내었다.

충분히 높은 고도에서 P_A 곡선은 P_R 곡선에 접하게 된다(그림 6.38의 점 1). 이 점에서의 속도는 정상 수평비행이 가능한 유일한 점이다; 더욱이 이 점에서는 잉여마력이 0이고, 따라서, 최대 상승률도 0이다. R/C의 최대값이 0되는 고도를 **절대상승고도**(*absolute ceiling*)로 정의한다. 더 유용한 파라미터는 최대 R/C가 100 ft/min인 고도로 정의되는

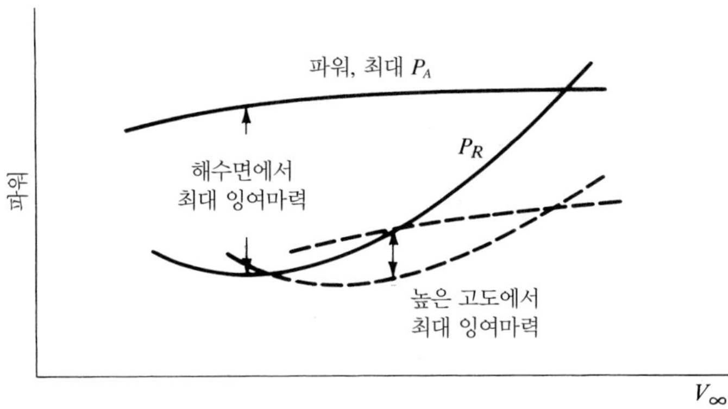

그림 6.36 고도에 따른 잉여마력의 변화

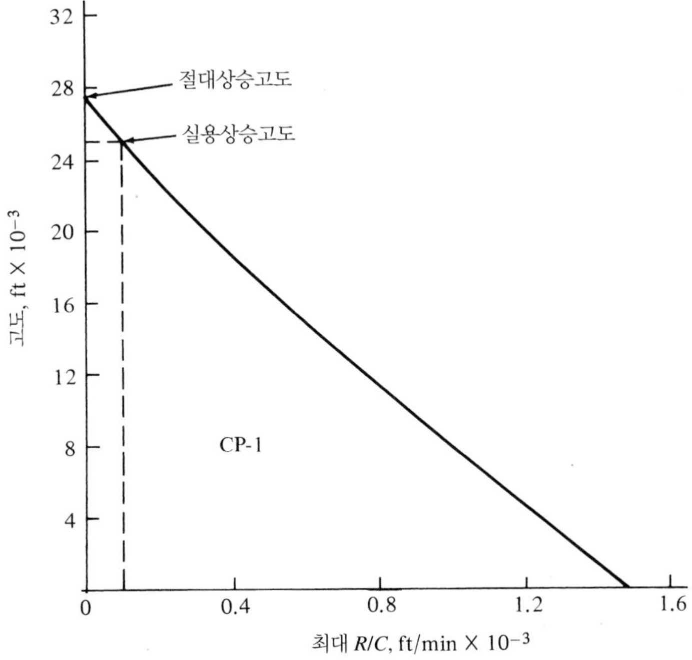

그림 6.37 CP-1 항공기의 절대상승고도와 실용상승고도의 결정방법

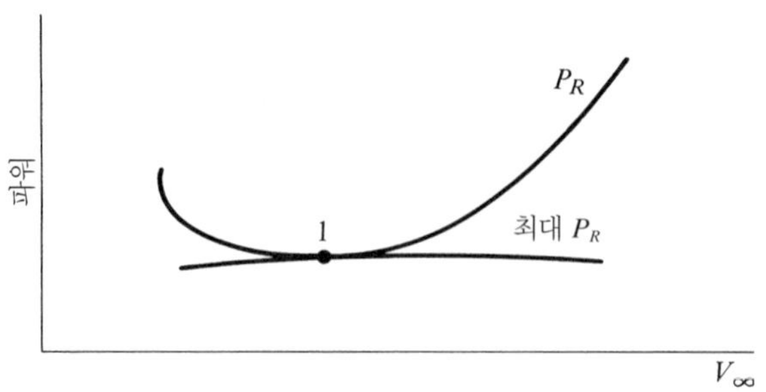

그림 6.38 절대상승고도에서 필요마력과 이용마력 곡선

실용상승고도(*service ceiling*)이다. 실용상승고도는 정상 수평비행이 가능한 실제적인 최대 고도를 나타낸다.

절대상승고도와 실용상승고도는 다음과 같은 방법으로 결정할 수 있다.

1. 서로 다른 고도에서 최대인 최대 R/C 값들을 6.8절의 방법들을 사용하여 계산하라.

2. 고도에 따른 상승률을 그림 6.37과 같이 도시하라.

3. 실용상승고도와 절대상승고도를 찾기 위해 곡선을 100 ft/min과 0 ft/min까지 연장하여 그림 6.37과 같은 방법으로 고도를 추정하라.

예제 6.15

(*a*) CP-1 과 (*b*) CJ-1에 대해 절대상승고도와 실용상승고도를 계산하라.

■ 풀이

a. 예제 6.1에서 언급한 바와 같이 CP-1에 대해 이 장의 모든 예제에 나타낸 결과들은 고도별로 해수면에서 시작하여 2000 ft 간격으로 고도를 증가시키면서 100개의 서로 다른 속도에서의 컴퓨터 계산으로 구한 것이다. 최근의 공학에서는 광범위하고 반복적으로 계산해야 하는 어려운 일을 컴퓨터가 수행하는 것이 일상적이다. 예를 들어 예제 6.10에서 CP-1에 대한 해수면에서의 최대 상승률이 1500 ft/min이라는 것을 상기하라. 본질적으로 이 결과는 예제 6.1에서 6.5까지와 6.10에서 수행된 모든 계산의 결과이다. 이제 절대상승고도와 실용상승고도를 계산하기 위해서는 R/C = 0와 R/C = 100 ft/min 값을 어떤 고도에서 각각 갖는지를 알기 위해 다수의 다른 고도에서 이들 계산을 반복해야 한다. 몇 가지 결과들이 다음과 같은 표와 그림으로 나타나 있다. 독자들은 몇 가지에 대해 계산한 후 결과를 비교하여야 한다.

고도, ft	최대 상승률, ft/min
0	1500
4,000	1234
8,000	987
12,000	755
16,000	537
20,000	331
24,000	135
26,000	40

이들 결과는 그림 6.37에 나타내었다. 이들로부터 다음의 결과를 얻을 수 있다.

절대상승고도 (R/C = 0) is $\boxed{27{,}000\ \text{ft}}$

실용상승고도(R/C = 100 ft/min) is $\boxed{25{,}000\ \text{ft}}$

b. CJ-1에 대해서는 예제 6.1에서 6.5까지와 예제 6.10의 결과를 이용하고 다양한 고도에서 유사한 계산을 수행하면 그 결과들을 아래의 표 형태로 나타낼 수 있다.

고도, ft	최대 상승률, ft/min
0	8118
6,000	6699
12,000	5448
18,000	4344
24,000	3369
30,000	2502
36,000	1718

이들 결과는 그림 6.39에 나타내었다.

이들로부터 다음의 결과를 얻을 수 있다.

절대상승고도(R/C = 0)는 $\boxed{49{,}000\ \text{ft}}$

실용상승고도(R/C = 100 ft/min)는 $\boxed{48{,}000\ \text{ft}}$

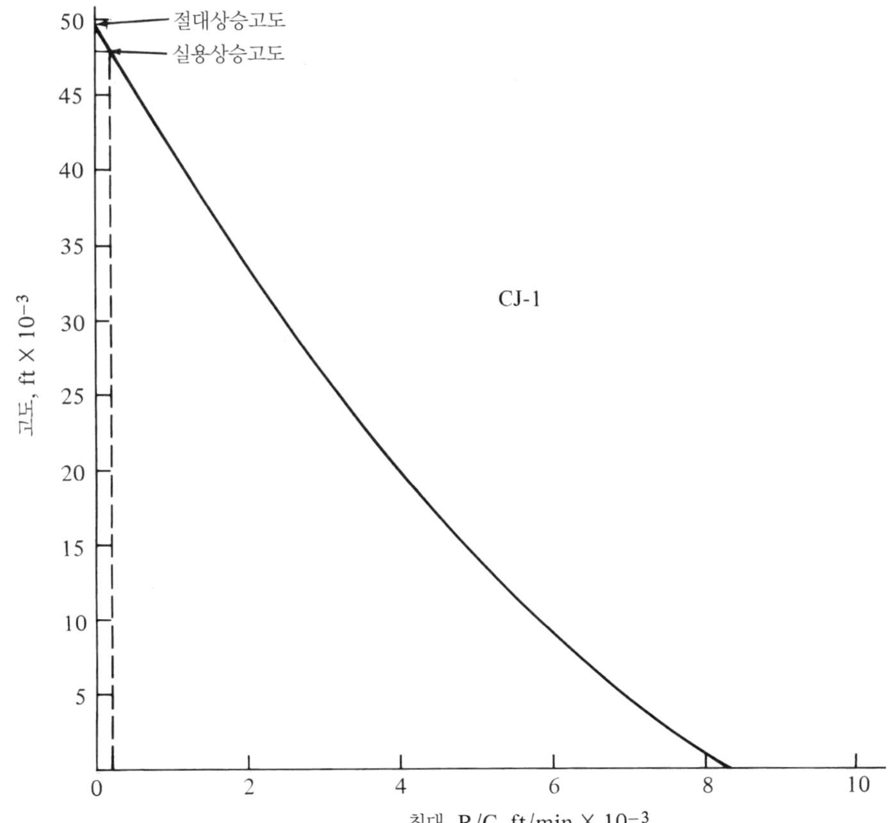

그림 6.39 CJ-1 항공기의 절대상승고도와 실용상승고도의 결정방법

예제 9.16

주어진 항공기의 절대상승고도에 대한 닫힌 형태의 방정식을 날개하중 W/S과 동력하중 $W/(P_{A,0})_{max}$의 함수로 유도하라. 여기서, $(P_{A,0})_{max}$는 해수면에서의 최대 이용마력이다.

■ 풀이

그림 6.38을 살펴보면 항공기가 절대상승고도에서 비행할 때 최소 필요마력 $(P_{R,alt})_{min}$은 최대 이용마력$(P_{A,alt})_{max}$과 같다는 것을 알 수 있다. 이 조건은 그림 6.38의 점 1에 대응되고 이 점에서 아래 조건이 성립한다.

$$(P_{R,alt})_{min} = (P_{A,alt})_{max} \tag{E 6.15.1}$$

이용마력에 고도가 미치는 영향은 6.7절에서 설명하였고 우리는 P_A가 대기 밀도와 비례한다고 가정하였다. 이것은 터보젯 엔진과 과급기가 없는 왕복 엔진에 대해서는 적절한 근사방법이다. 따라서,

$$(P_{A,alt})_{max} = \frac{\rho}{\rho_0}(P_{A,0})_{max} \tag{E 6.15.2}$$

예제 6.6으로부터 높은 고도에서의 최소 필요마력 $(P_{R,alt})_{min}$을 해수면에서의 최소 필요마력 $(P_{R,0})_{min}$으로 나타낸 관계식인 식 (E 6.6.1)을 이용하자.

$$(P_{R,alt})_{min} = \left(\frac{\rho_0}{\rho}\right)^{1/2}(P_{R,0})_{min} \tag{E 6.6.1}$$

식 (E 6.15.2)와 (E 6.6.1)을 식 (E 6.15.1)에 대입하면

$$\left(\frac{\rho}{\rho_0}\right)^{1/2}(P_{R,0})_{min} = \frac{\rho}{\rho_0}(P_{A,0})_{max}$$

또는

$$(P_{R,0})_{min} = \left(\frac{\rho}{\rho_0}\right)^{1.5}(P_{A,0})_{max} \tag{E 6.15.3}$$

여기서, 밀도 ρ는 절대상승고도에서의 밀도이다.

ρ/ρ_0에 대한 근사식은 h의 함수로 예제 3.2과 같이 다음의 같은 근사식으로 구할 수 있다.

$$\frac{\rho}{\rho_0} = e^{-\frac{h}{29,800}} \tag{3.16}$$

여기서, h의 단위는 ft이다. 식 (3.16)을 (E 6.15.3)에 대입하고 절대상승고도와 관련된 h를 H로 나타내면

$$(P_{R,0})_{min} = e^{\frac{-1.5H}{29,800}}(P_{A,0})_{max}$$

$$(P_{R,0})_{min} = e^{\frac{-H}{19,867}}(P_{A,0})_{max}$$

$$e^{\frac{-H}{19,867}} = \frac{(P_{R,0})_{min}}{(P_{A,0})_{max}} \tag{E 6.15.4}$$

$$-\frac{H}{19,867} = \ell n\left[\frac{(P_{R,0})_{min}}{(P_{A,0})_{max}}\right]$$

$$H = -19,867\ \ell n\left[\frac{(P_{R,0})_{min}}{(P_{A,0})_{max}}\right]$$

해수면에서 P_R에 대한 식 (6.27)을 이용하면

$$P_{R,0} = \sqrt{\frac{2W^3}{\rho_0 S}\left(\frac{1}{C_L^{3/2}/C_D}\right)} \tag{E 6.15.5}$$

최소 필요마력은 항공기가 $\left(\dfrac{C_L^{3/2}}{C_D}\right)_{max}$ 상태로 비행 중인 경우에 발생한다. 따라서, 식 (E 6.15.5)로부터

$$(P_{R,0})_{min} = \sqrt{\frac{2W^3}{\rho_0 S}} \frac{1}{(C_L^{3/2}/C_D)_{max}} \tag{E 6.15.6}$$

주어진 항공기에 대한 $\left(\dfrac{C_L^{3/2}}{C_D}\right)_{max}$ 값은 단지 항공기의 공기역학적인 특성의 하나이라는 사실을 증명한 앞의 6.14절의 결과인 식 (6.87)를 이용하면

$$\left(\frac{C_L^{3/2}}{C_D}\right)_{max} = \frac{(3\, C_{D,0}\ \pi e \,\mathrm{AR})^{3/4}}{4C_{D,0}}$$

이 결과를 식 (E 6.15.6)에 대입하여 다음의 결과를 얻을 수 있다.

$$(P_{R,0})_{min} = \sqrt{\frac{2W^3}{\rho_0 S}}\left[\frac{4C_{D,0}}{(3\, C_{D,0}\ \pi e \,\mathrm{AR})^{3/4}}\right]$$

또는

$$(P_{R,0})_{min} = W\sqrt{\frac{2}{\rho_0}\left(\frac{W}{S}\right)}\left[\frac{0.7436\, C_{D,0}{}^{1/4}}{(e\,\mathrm{AR})^{3/4}}\right] \tag{E 6.15.7}$$

식 (E 6.15.6)을 식 (E 6.15.4)에 대입하면

$$\boxed{H = -19{,}867\ \ell n\left\{\frac{W}{(P_{A,0})_{max}}\right\}\sqrt{\frac{2}{\rho_0}\left(\frac{W}{S}\right)}\left[\frac{0.7436\, C_{D,0}{}^{1/4}}{(e\,\mathrm{AR})^{3/4}}\right]} \tag{E 6.15.8}$$

식 (E 6.15.8)은 절대상승고도 H에 대한 닫힌 형태의 해석적인 방정식이다. 여기서, H의 단위는 ft 이다.

예제 6.17

CP-1에 대한 절대상승고도를 예제 6.16의 해석적 결과를 이용하여 계산하고 결과를 예제 6.15에서 계산한 엄밀한 수치결과 값과 비교하라.

■ 풀이

예제 6.16의 식 (6.15.8)을 다시 쓰면

$$H = -19{,}867\ \ell n\left\{\frac{W}{(P_{A,0})_{max}}\right\}\sqrt{\frac{2}{\rho_0}\left(\frac{W}{S}\right)}\left[\frac{0.7436\, C_{D,0}{}^{1/4}}{(e\,\mathrm{AR})^{3/4}}\right]$$

예제 6.1에서 주어진 CP-1데이터로부터

$$\mathrm{AR} = \frac{b^2}{S} = \frac{(35.8)^2}{174} = 7.366$$

$$(P_{A,0})_{\max} = (230 \text{ hp})\ \eta = (230)(0.8) = 184 \text{ hp} = (184)(550) = 1.02 \times 10^5 \text{ ft lb/s}$$

$$\frac{W}{(P_{A,0})_{\max}} = \frac{2950}{1.012 \times 10^5} = 0.02915 \text{ s/ft}$$

$$\sqrt{\frac{2}{\rho_0}\left(\frac{W}{S}\right)}\sqrt{\frac{2}{0.002377}\left(\frac{2950}{174}\right)} = 119.44\left(\frac{\text{ft lb}}{\text{slug}}\right)^{1/2}$$

$$(e\,\text{AR})^{3/4} = [(0.8)(7.366)]^{3/4} = (5.8926)^{3/4} = 3.782$$

$$(C_{D,0})^{1/4} = (0.025)^{1/4} = 0.3976$$

$$\frac{0.7436\ C_{D,0}{}^{1/4}}{(e\,\text{AR})^{3/4}} = \frac{(0.7436)(0.3976)}{3.782} = 0.07817$$

$$\begin{aligned} H &= -1987\ \ell n[(0.02915)(119.44)(0.07817)] \\ &= (-19{,}867)\ \ell n\,(0.27216) = (-19{,}867)(-1.301) = \boxed{25{,}850 \text{ ft}} \end{aligned}$$

CP-1의 절대상승고도에 대한 엄밀한 수치결과 값은 예제 6.15로부터 27,000 ft이다. 식 (6.15.8)로부터 얻은 해석적인 근사값은 엄밀해와 [(27,000 − 25,800)/27,000](100) = 4.26%의 오차범위 내에 있다. 따라서, 예제 6.15에서 유도한 해석적인 공식은 예제 6.15에 구체화 된 상세한 수치연산을 하지 않고서도 절대상승고도 값을 빠르고 정확하게 예측할 수 있게 해준다.

6.11 상승시간

방어임무를 적절히 수행하기 위해 전투기는 가능한 한 짧은 시간 내에 해수면에서 전진하는 적기의 고도까지 상승할 수 있어야 한다. 또 다른 경우로 상업용 항공기는 궂은 날씨로 인한 불편함과 위험을 최소화하고 항공관제와 관련된 문제를 최소화하기 위해 높은 고도까지 신속하게 상승할 수 있어야 한다. 결과적으로 항공기가 주어진 고도까지 상승하는 데 필요한 시간은 중요한 설계요소가 될 수 있다. 상승시간의 계산은 앞서 설명한 내용들과 직접적인 관련이 있으며 아래에 설명하였다.

상승률은 6.8절에서 항공기의 수직속도로 정의하였다. 속도는 단지 거리의 시간변화율이고 여기서 거리는 고도 h이다. 따라서, R/C = dh/dt이다. 따라서,

$$dt = \frac{dh}{\text{R/C}} \tag{6.57}$$

식 (6.57)에서 dt는 작은 고도증분 dh을 상승하는 데 필요한 작은 시간증분이다. 따라서 미적분학으로부터 어떤 고도 h_1에서 다른 고도 h_2까지의 상승시간은 식 (6.57)을 적분하여 얻어진다.

$$t = \int_{h_1}^{h_2} \frac{dh}{\text{R/C}}$$

상승시간은 통상 $h_1 = 0$인 해수면을 기점으로 고려한다. 따라서, 임의의 주어진 고도 h_2까지의 상승시간은 다음과 같다.

$$t = \int_0^{h_2} \frac{dh}{\mathrm{R/C}} \tag{6.58}$$

그래프를 이용하여 t를 계산하기 위해, 우선 그림 6.40과 같이 h에 따른 $(\mathrm{R/C})^{-1}$을 도시하라. $h = 0$에서 $h = h_2$까지의 곡선 아래의 면적이 고도 h_2까지의 상승시간이다.

예제 6.18

(*a*) CP-1과 (*b*) CJ-1이 20,000 ft까지 상승하는 데 필요한 상승시간을 계산하고 비교하라.

■ **풀이**

a. CP-1에 대해 식 (6.58)로부터 상승시간은 그림 6.40의 빗금 친 영역의 면적과 같다. 면적 계산 결과 상승시간은 **27.0 min.** 이다.

b. CJ-1에 대한 식 (6.58)을 그림 6.1에 작도하였다. 면적 계산결과 상승시간은 **3.5 min.** 이다.

CJ-1은 CP-1에 필요한 시간의 1/8 시간 내에 20,000 ft까지 상승한다; 이것은 피스톤 엔진으로 추진되는 프로펠러 항공기와 비교하여 고성능 비즈니스 제트 여객기에 대해 예상할 수 있는 결과이다.

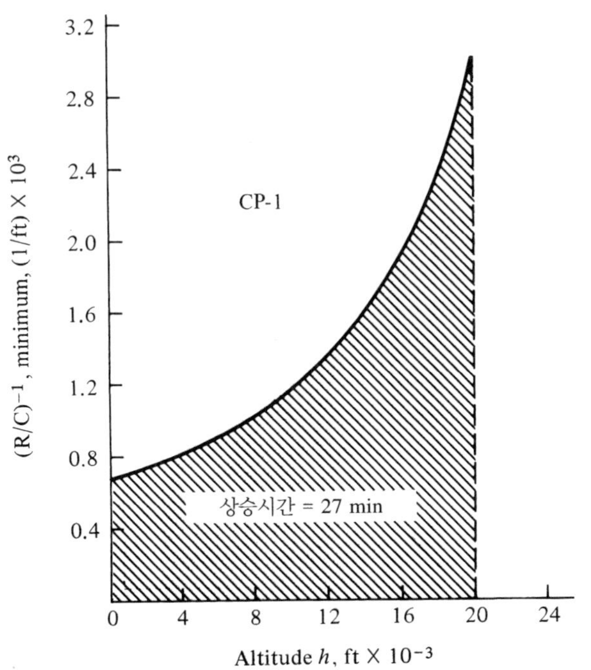

그림 6.40 CP-1의 상승시간 결정방법

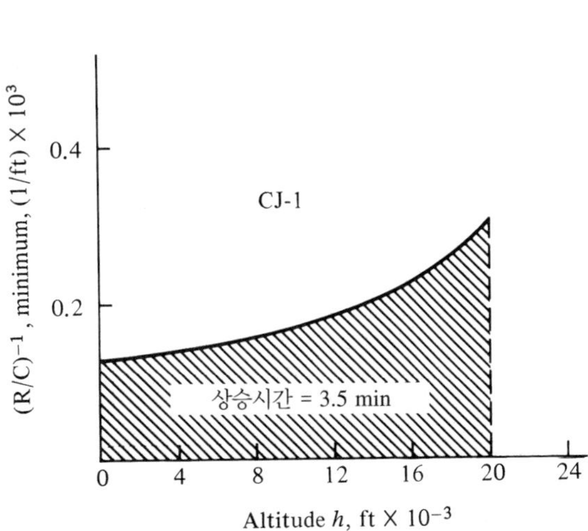

그림 6.41 CJ-1의 상승시간 결정방법

6.12 항속거리와 항속시간: 프로펠러 항공기

Charles Lindbergh 가 1927년 3월 20일부터 21일까지 단독으로 극적인 대서양 횡단비행을 할 때 그는 최대 속도, 상승률 혹은 상승시간 등에 대해 관심을 갖지 않을 수 없었다. 그의 마음의 가장 정점에는 Spirit of St. Louis 기에 탑재된 연료량으로 비행할 수 있는 최대거리가 자리잡고 있었다. 따라서, Lindbergh가 항공기를 설계하고 제작하는 동안 항속거리는 주도 면밀한 고려의 대상이었다. 실제로 20세기의 모든 항공기에 대해 항속거리는 중요한 설계특성이었으며 특히, 대륙 및 대양 횡단이나 군용 전략 폭격기 등에서 중요시된다.

항속거리(range)는 기술적으로는 연료탱크를 가득 채운 연료로 항공기가 이동할 수 있는(지면에 대해 측정) 전체거리로 정의된다. 관련된 물리량은 연료탱크의 연료로 항공기가 체공할 수 있는 전체 시간으로 정의되는 항속시간(endurance)이 있다. 이 둘 중의 하나를 최대로 만드는 것이 바람직하다. 항속거리를 최대로 하는 파라미터들은 항속시간이 최대가 되게 하는 파라미터와는 다르다. 또한, 프로펠러기와 제트 추진 항공기에 대한 파라미터들도 다르다. 이 절의 목적은 프로펠러 항공기에 대한 이들 변화를 설명할 것이며 제트 항공기는 6.13절에서 고려할 것이다.

6.12.1 물리적인 고찰

항속거리와 항속시간에 영향을 주는 중요한 요소의 하나는 엔진의 특성인 **비연료소모율**(*specific fuel consumption*)이다. 왕복 엔진의 경우 비연료소모율(통상 사용되는 약어로 SFC)은 **단위마력과 단위시간당 소모된 연료의 무게**로 정의된다. 앞서 언급한 바와 같이 왕복 엔진은 마력으로 성능을 평가하고 비연료소모율에 대한 일반적인 단위는 다음과 같다.

$$\text{SFC} = \frac{\text{lb of fuel}}{(\text{bhp})(\text{h})}$$

여기서, bhp는 6.6절에 설명한 바와 같이 브레이크 축 마력임을 강조한다.

먼저 항속시간을 고려해보자. 정량적으로 가장 오랫동안 체공하기 위해서는 시간당 최소의 연료량을 사용하는 것이 일반적인 상식일 것이다. 물리적으로 이 값은 항공기의 필요마력과 SFC에 비례한다.

$$\frac{\text{lb of fuel}}{\text{h}} \propto (\text{SFC})(\text{hp}_R)$$

따라서, 시간당 최소 연료소모량은 hp_R이 최소일 때 얻어진다. 시간당 최소 연료소모량이 최대 체공시간을 결정하기 때문에 우리는 쉽게 다음과 같이 결론을 내릴 수 있다.

프로펠러 항공기의 최대 체공시간은 항공기가 시간당 최소의 필요마력으로 비행할 때 얻어진다.

이 조건을 그림 6.42에 나타내었다. 더욱이, 8.5절에서 필요마력의 최소값은 $C_L^{3/2}/CD$이 최대인 값에 대응된다는 점을 증명한 바 있다[식 (6.27)을 참조]. 따라서,

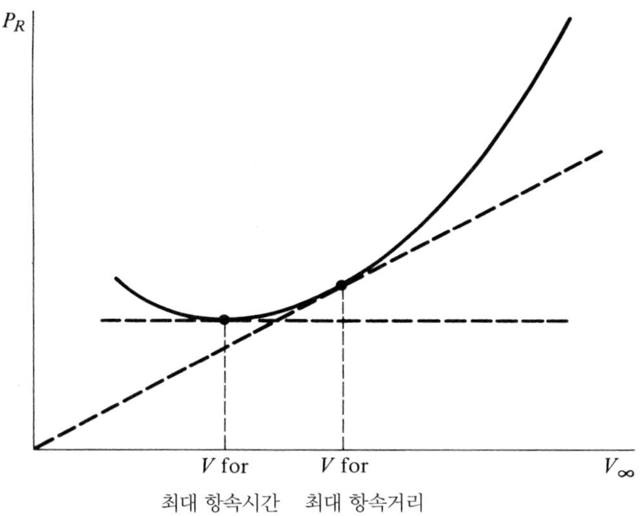

그림 6.42 프로펠러 추진 항공기의 최대 항속거리와 최대 항속시간을 나타내는 점들

프로펠러 항공기의 최대 체공시간은 항공기가 $C_L^{3/2}/C_D$이 최대인 속도로 비행할 때 얻어진다.

이제 항속거리를 생각해보자. 가장 먼 거리를 비행하기 위해서는 (mi 단위로) 마일당 최소의 연료소모량을 사용하는 것이 상식이다. 이를 물리량으로 다음과 같은 비례관계로 나타낼 수 있다

$$\frac{\text{lb of fuel}}{\text{mi}} \propto \frac{(\text{SFC})(\text{hp}_R)}{V_\infty}$$

(V_∞는 mi/hr 단위임을 고려하여 여러분 스스로 단위를 점검하기를 바란다.) 결과적으로 단위 마일당 최소 연료소모량은 hp_R/V_∞가 최소일 때 얻어진다. 이 hp_R/V_∞의 최소값은 정확히 그림 6.17의 접점에 대응되고 접점은 6.5절에 증명한 바와 같이 L/D의 최대값에 대응된다. 따라서,

프로펠러 항공기의 최대 항속거리는 항공기가 L/D가 최대인 속도로 비행할 때 얻어진다.

이 조건을 그림 6.42에 나타내었다.

6.12.2 정량적인 공식

6.12.1절에서 도출한 중요한 결론은 단지 물리적인 판단으로부터 얻은 것이다. 우리는 이들 결론을 입증하고 주어진 조건에서 항속거리와 항속시간을 직접 계산할 수 있는 정량적인 공식을 유도할 것이다.

이 유도과정에서 비연료소모율은 다음과 같은 적절한 단위들을 사용할 것이다:

$$\frac{\text{lb of fuel}}{(\text{ft}\cdot\text{lb/s})(\text{s})} \text{ or } \frac{\text{N of fuel}}{(\text{J/s})(\text{s})}$$

편리하면서도 명확하게 하기 위해 c를 적절한 단위를 갖는 비연료소모율로 나타내었다.

P가 엔진마력이고 dt가 작은 시간 증분인 경우 곱셈항 $cPdt$를 고려해 보자. 이 항의 단위는(English 공학단위로)

$$cP\,dt = \frac{\text{lb of fuel}}{(\text{ft}\cdot\text{lb/s})(\text{s})}\frac{\text{ft}\cdot\text{lb}}{\text{s}}(\text{s}) = \text{lb of fuel}$$

따라서, $cP\,dt$는 짧은 시간 dt 동안 소모된 연료 무게의 변화량을 나타낸다. 항공기 전체무게 W는 고정된 구조물의 무게, 유상하중(payload)과 시간에 따라 변하는 연료무게의 합이다. 따라서, W의 어떠한 변화도 연료량의 변화로 생긴 것이다. W는 임의의 순간에서의 무게를 나타낸다는 것을 상기하라. 더불어, W_0 = 항공기의 총 중량(연료전체와 유상하중 포함), W_f = 탑재 연료량, 그리고 W_1 = 연료를 제외한 항공기 무게 등으로 정의하자. 이들을 이용하면 다음 관계식이 성립한다.

$$W_1 = W_0 - W_f$$

그리고

$$dW_f = dW = -cP\,dt$$

또는

$$dt = -\frac{dW}{cP} \tag{6.59}$$

식 (6.59)의 음의 부호는 dt가 물리적으로 양수이고(공상과학영화를 제외하고는 시간이 뒤로 이동할 수는 없다) 반면에 W는 감소하기 때문이다(따라서, dW는 음수이다). $W = W_0$인 시간 $t = 0$에서 $W = W_1$인(연료탱크가 비어 있는) $t = E$까지 식 (6.59)를 적분하면 다음의 식이 구해진다.

$$\int_0^E dt = -\int_{W_0}^{W_1} \frac{dW}{cP}$$

$$\boxed{E = \int_{W_1}^{W_0} \frac{dW}{cP}} \tag{6.60}$$

식 (6.60)에서 E는 sec 단위의 항속시간이다.

항속거리에 대해 유사한 식을 유도하기 위해 식 (6.59)에 V_∞를 곱하라.

$$V_\infty\,dt = -\frac{V_\infty\,dW}{cP} \tag{6.61}$$

식 (6.61)에서 $V_\infty dt$는 시간 dt 동안의 거리증분 ds이다.

$$ds = -\frac{V_\infty\, dW}{cP} \tag{6.62}$$

비행으로 이동한 총 거리는 식 (6.62)를 $W = W_0$인(연료탱크가 가득한) $s = 0$에서 $W = W_1$인 (연료탱크가 비어 있는) $s = R$까지 적분한 것과 같다:

$$\int_0^R ds = -\int_{W_0}^{W_1} \frac{V_\infty\, dW}{cP}$$

또는

$$\boxed{R = \int_{W_1}^{W_0} \frac{V_\infty\, dW}{cP}} \tag{6.63}$$

식 (6.63)에서 R은 ft나 m와 같은 적절한 단위의 항속거리이다.

식 (6.60)과 (6.63)은 그림 6.43a와 b에 항속거리와 항속시간을 각각 나타낸 것처럼 그래프를 이용한 방법으로 계산할 수 있다. 그림 6.43a에 나타낸 것처럼 W에 따른 $V_\infty/(cP)$를 작도하고 W_1에서 W_0까지의 곡선의 아래 부분의 면적을 계산함으로써 항속거리를 정확하게 계산할 수 있다. 유사한 방법으로 그림 6.43b에 나타낸 것처럼 W에 따른 $(cP)^{-1}$를 작도하고 W_1에서 W_0까지의 곡선의 아래 부분의 면적을 계산함으로써 항속시간을 계산할 수 있다.

식 (6.60)과 (6.63)은 항속시간과 항속거리에 대한 정확한 공식이다. 본질적으로 이 식들은 비행경로상의 각 점에서 W, V_∞, c와 P의 순간 값들을 알고 있으면 전체 비행—이륙, 상승, 순항과 착륙 등—에 적용할 수 있다. 그러나, 정확하긴 하지만 이러한 방법으로 식 (6.60)과 (6.63)를 계산하는 것은 많은 시간과 지루한 계산이 필요하다. 따라서, R과 E에 대한 한결 간단한 해석적 근사식이 유용하다. 이러한 공식들을 6.12.3에서 유도하였다.

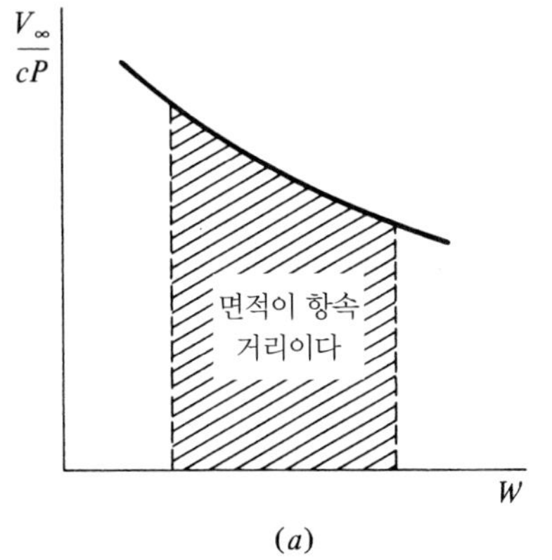

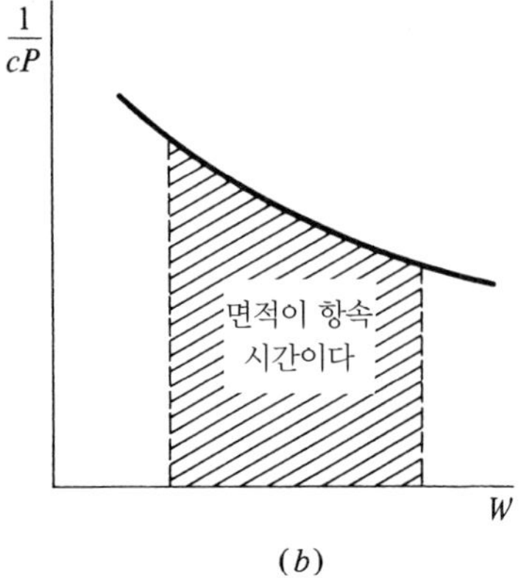

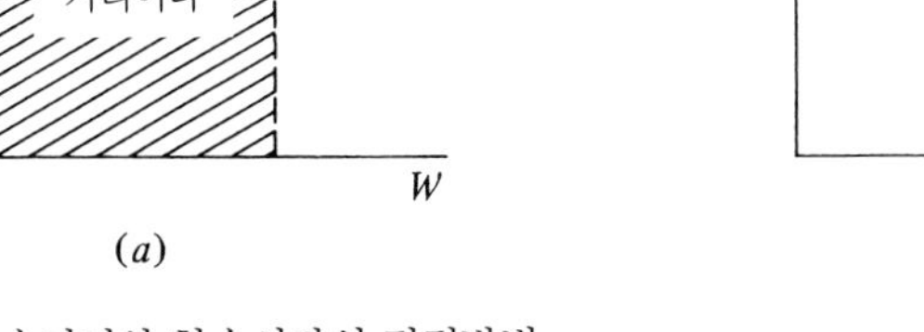

그림 6.43 항속거리와 항속시간의 결정방법

6.12.3 Breguet 공식(프로펠러 항공기)

수평 등속 비행에 대해 6.5절에서 $P_R = DV_\infty$임을 보였다. 정상상태를 유지하기 위해 조종사는 엔진-프로펠러 조합으로 얻을 수 있는 이용마력이 필요마력과 정확히 일치되도록 $P_A = P_R = DV_\infty$인 상태로 스로틀을 조작하여야 한다. 식 (6.59)에서 P는 엔진 자체의 브레이크 축마력이다. 식 (6.31)로부터 프로펠러 효율이 η인 경우 $P_A = \eta P$임을 상기하라. 따라서,

$$P = \frac{P_A}{\eta} = \frac{DV_\infty}{\eta} \tag{6.64}$$

식 (6.64)를 식 (6.63)에 대입하면

$$R = \int_{W_1}^{W_0} \frac{V_\infty dW}{cP} = \int_{W_1}^{W_0} \frac{V_\infty \eta\, dW}{cDV_\infty} = \int_{W_1}^{W_0} \frac{\eta\, dW}{cD} \tag{6.65}$$

식 (6.65)에 W/W를 곱하고 정상 수평비행에서 $W = L$임을 상기하면 다음 식을 얻을 수 있다.

$$R = \int_{W_1}^{W_0} \frac{\eta}{cD} \frac{W}{W} dW = \int_{W_1}^{W_0} \frac{\eta}{c} \frac{L}{D} \frac{dW}{W} \tag{6.66}$$

엄밀해인 식 (6.63)과는 달리 식 (6.66)은 수평 등속 비행이라는 직접적인 가정이 내포되어 있다. 그러나, 실제적인 사용을 위해 η, $L/D = C_L/C_D$와 c가 전체 비행 동안 일정하다고 가정함으로써 더욱더 간단한 형태로 나타낼 수 있다. 그 결과 식 (6.66)은 다음과 같이 표현된다.

$$R = \frac{\eta}{c} \frac{C_L}{C_D} \int_{W_1}^{W_0} \frac{dW}{W}$$

$$\boxed{R = \frac{\eta}{c} \frac{C_L}{C_D} \ln \frac{W_0}{W_1}} \tag{6.67}$$

식 (6.67)은 항공공학의 대표적인 공식의 하나로 *Breguet* **항속거리 공식**이라고 부른다. 이 공식은 일반적으로 10%에서 20% 범위의 정확도를 갖고 항속거리를 빠르고 실제적으로 예측할 수 있게 해 준다. 모든 물리적인 유도와 마찬가지로 식 (6.67)도 적절한 단위를 사용해야 함을 명심하라. 따라서, 6.12.2절에서 언급한 바와 같이 c가 lb/(ft · lb/s)(s)나 N/(J/s)(s) 단위의 연료소모율인 경우 R은 단위는 ft 또는 m가 된다. 만약 c가 브레이크 축 마력으로 주어지고 R을 mi 단위로 계산하고 싶다면 식 (6.67)을 사용하기 전에 적절한 단위변환을 해야 한다.

식 (6.67)을 보라. 이 식은 상식으로 예측할 수 있는 다음과 같은 내용을 담고 있다. 왕복 엔진-프로펠러 항공기의 항속거리를 최대로 하기 위해서는 다음의 사항이 요구된다.

1. 가능한 한 가장 높은 프로펠러 효율
2. 가능한 한 가장 낮은 비연료소모율

3. 가장큰 W_0/W_1 비 (연료무게 W_f가 가장 클 때 얻어진다.)
4. 가중 중요한 것은 L/D가 최대인 상태에서 비행하는 것이다. 이것은 최대 항속거리를 얻기 위해 최대 L/D인 상태로 비행해야 한다는 6.12.1절의 결과가 사실임을 나타낸다. 실제로 Breguet의 항속거리 공식은 항속거리가 L/D에 정비례한다는 것을 보여준다. 이 것은 항공기 설계에서 왜 높은 L/D 값(높은 공기역학적 효율)이 중요한지를 분명하게 설명한다. 이 중요성은 1970년대 연료절약의 필요성이 커지면서 강조된 바 있다.

항속시간에 대해서도 유사한 공식을 얻을 수 있다. $P = DV_\infty/\eta$이고 $W = L$임을 상기하면 식 (6.60)은 다음과 같이 표현된다.

$$E = \int_{W_1}^{W_0} \frac{dW}{cP} = \int_{W_1}^{W_0} \frac{\eta}{c}\frac{dW}{DV_\infty} = \int_{W_1}^{W_0} \frac{\eta}{c}\frac{L}{DV_\infty}\frac{dW}{W}$$

$L = W = \frac{1}{2}\rho_\infty V_\infty^2 SC_L$이 만족되기 때문에 $V_\infty = \sqrt{2W/(\rho_\infty SC_L)}$이다. 따라서,

$$E = \int_{W_1}^{W_0} \frac{\eta}{c}\frac{C_L}{C_D}\sqrt{\frac{\rho_\infty SC_L}{2}}\frac{dW}{W^{3/2}}$$

C_L, C_D, η, c와 ρ_∞(일정한 고도) 모두 일정하다고 가정하면 방정식은 다음과 같이 쓸 수 있다.

$$E = -2\frac{\eta}{c}\frac{C_L^{3/2}}{C_D}\left(\frac{\rho_\infty S}{2}\right)^{1/2}[W^{-1/2}]_{W_1}^{W_0}$$

또는

$$\boxed{E = \frac{\eta}{c}\frac{C_L^{3/2}}{C_D}(2\rho_\infty S)^{1/2}(W_1^{-1/2} - W_0^{-1/2})} \qquad (6.68)$$

식 (6.68)이 Berguet의 항속시간 공식이다. 여기서, E의 단위는 sec이다(적절한 단위).

식 (6.68)을 보라. 이 식은 왕복 엔진-프로펠러 항공기의 항속시간을 최대로 하기 위해 다음과 같은 비행 조건이 필요함을 나타낸다.

1. 최대 프로펠러 효율 η
2. 최소 비연료소모율 c
3. 최대 연료무게 W_f (여기서, $W_0 = W_1 + W_f$)
4. 최대 $C_L^{3/2}/CD$ 조건에서의 비행. 이것은 최대 항속시간을 얻기 위해 $C_L^{3/2}/CD$이 최대값인 상태로 비행해야 한다는 6.12.1절의 결과가 사실임을 보여준다.
5. 해수면에서 비행. $E \propto \rho_\infty^{1/2}$이고 ρ_∞는 해수면에서 가장 크기 때문이다.

우리가 사용한 근사화의 결과로 항속시간은 고도에 영향을 받는 반면 항속거리(식 (6.67)을 보라)는 고도에 무관함을 알 수 있다는 점이 흥미롭다.

이 장에서의 설명은 피스톤 엔진과 프로펠러 조합에 대해서만 성립한다는 점을 명심하라. 제트 추진 항공기에서는 6.13절에서와 같이 다른 형태를 나타낸다.

예제 6.19

CP-1에 대해 최대 항속거리와 최대 항속시간을 예측하라.

■ **풀이**

프로펠러 항공기에 대한 Breguet 공식이 식 (6.67)로 주어져 있다. 이 방정식은 아래와 같다.

$$R = \frac{\eta}{c}\frac{C_L}{C_D}\ln\frac{W_0}{W_1}$$

비연료소모율 c의 적절한 단위는 lb/(ft · lb/s)(s) 또는 간단히 ft^{-1}이다. 그러나, 예제 6.1에서 SFC은 0.45 lb/(hp)(h)로 주어져 있고 적합한 단위로 변환하면

$$c = 0.45\frac{\text{lb}}{(\text{hp})(\text{h})}\frac{1\ \text{hp}}{550\ \text{ft}\cdot\text{lb/s}}\frac{1\ \text{h}}{3600\ \text{s}} = 2.27\times10^{-7}\ \text{ft}^{-1}$$

예제 6.1에서 $C_L/C_D = L/D$의 변화는 속도에 따라 계산되어 있다. 같은 방법으로 $C_L^{3/2}/CD$도 계산할 수 있다. 결과는 그림 6.44에 나타내었다.

이들 곡선으로부터

$$\max\left(\frac{C_L}{C_D}\right) = 13.62 \qquad \max\left(\frac{C_L^{3/2}}{C_D}\right) = 12.81$$

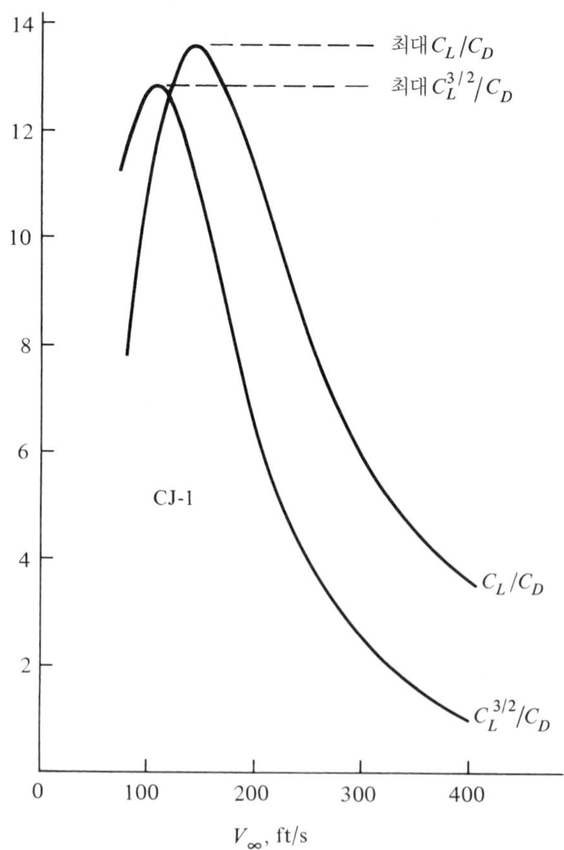

그림 6.44 CP-1 항공기의 해수면에서의 공력계수 비

이들은 항공기의 공기역학으로만 결정되는 결과들이다: 비록 앞의 그림들이 해수면(예제 6.1로부터)에서 계산된 것이긴 하지만 C_L/C_D과 $C_L^{3/2}/CD$의 최대값들은 고도와 속도 등과 같은 물리량들과는 관계가 없다. 이 값들은 오직 항공기의 공력설계로만 결정된다.

CP-1의 총 중량은 W_0 = 2950 lb이다. 예제 6.1에 주어진 최대 연료탑재량은 비중이 5.64 lb/gal의 항공용 가솔린 65 gal이다. 따라서, 연료의 무게는 W_p = 65(5.64) = 367 lb 이다. 결과적으로 공허중량은 W_1 = 2950 − 367 = 2583 lb이다.

식 (6.67)을 이용하면

$$R = \frac{\eta}{c}\frac{C_L}{C_D}\ln\frac{W_0}{W_1} = \frac{0.8}{2.27\times10^{-7}}(13.62)\left(\ln\frac{2950}{2583}\right)$$

$$\boxed{R = 6.38\times10^6 \text{ ft}}$$

1 mi = 5280 ft이므로

$$R = \frac{6.38\times10^6}{5280} = \boxed{1207 \text{ mi}}$$

항속시간은 식 (6.68)로 주어져 있다:

$$E = \frac{\eta}{c}\frac{C_L^{3/2}}{C_D}(2\rho_\infty S)^{1/2}(W_1^{-1/2} - W_0^{-1/2})$$

항속시간에 대한 방정식에 포함된 ρ_∞ 항을 고려하면 최대 항속시간은 ρ_∞ = 0.002377 slug/ft^{3}인 해수면에서 얻을 수 있게 된다. 따라서,

$$E = \frac{0.8}{2.27\times10^{-7}}(12.81)[2(0.002377)(174)]^{1/2}\left(\frac{1}{2583^{1/2}} - \frac{1}{2950^{1/2}}\right)$$

$$\boxed{E = 5.19\times10^4 \text{ s}}$$

3600 s = 1h를 이용하면

$$E = \frac{5.19\times10^4}{3600} = \boxed{14.4 \text{h}}$$

6.13 항속거리와 항속시간: 제트 항공기

제트 항공기의 비연료소모율은 단위추력 및 단위시간당 소모된 연료 무게로 정의된다. 여기서, 왕복 엔진-프로펠러 조합에 대한 이전의 경우에서 파워를 사용한 것과는 달리 추력이 사용된 점을 주목하라. 왕복 엔진의 연료소모는 물리적으로 브레이크 축 마력과 관련이 있으나 제트 항공기의 연료사용은 물리적으로 엔진이 발생시키는 추력에 의존한다. 이러한 단순한 차이로 제트 항공기에 대한 항속거리와 항속시간 공식이 다른 형태로 나타난다. 문헌에서 통상적으로 사용하는 제트 엔진의 비추력 연료소모율(TSFC: thrust-specific fuel consumption)은 다음과 같이 정의된다.

$$\text{TSFC} = \frac{\text{lb of fuel}}{(\text{lb of thrust})(\text{h})}$$

시간단위가 다르다는 점에 주목하라.

6.13.1 물리적인 고찰

제트 항공기의 최대 항속거리는 프로펠러 항공기와 마찬가지로 시간당 사용한 연료의 무게가 최소일 때 얻어진다. 그러나 제트 항공기에서는

$$\frac{\text{lb of fuel}}{\text{h}} = (\text{TSFC})(T_A)$$

여기서, T_A는 제트 엔진에 의해 발생한 이용추력이다. 정상 수평 등속비행인 경우 조종사는 이용추력 T_A이 필요추력 T_R이 정확하게 일치되도록(즉 $T_A = T_R$) 스로틀을 조작해야 한다. 따라서, 시간당 최소 연료 소모량은 최소 필요추력에 대응된다. 그 결과, 다음과 같이 결론을 내릴 수 있다.

제트 항공기의 최대 항속시간은 항공기가 최소 필요추력 상태로 비행할 때 얻어진다.

이 조건을 그림 6.45에 나타내었다. 더욱이, 6.3절에서 최소 필요추력은 최대 L/D에 대응된다는 점을 보였다. 따라서,

제트 항공기의 최대 항속시간은 항공기가 C_L/C_D 값이 최대인 속도로 비행할 때 얻어진다.

이제 항속거리를 고려해 보자. 앞에서와 같이 최대 항속거리는 단위 mi당 소모된 연료 무게가 최소일 때 얻어진다. 제트 항공기에 대해 물리량으로 나타내면.

$$\frac{\text{lb of fuel}}{\text{mi}} = \frac{(\text{TSFC})(T_A)}{V_\infty}$$

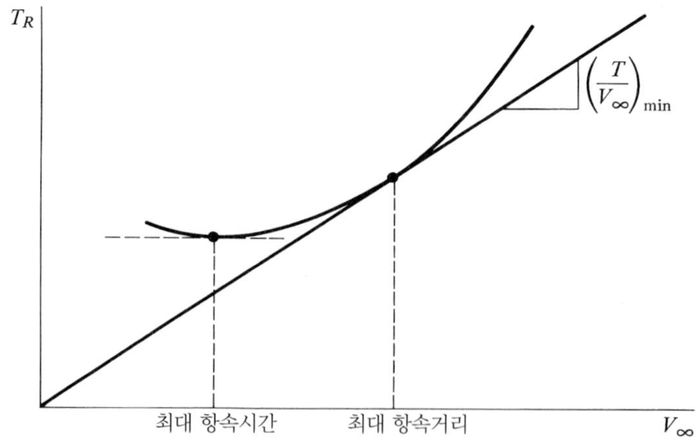

그림 6.45 필요추력 곡선에서 최대 항속거리와 항속시간을 나타내는 점

정상 수평비행에서 $T_A = T_R$ 임을 상기하면 단위 mi당 소모된 연료 무게의 최소값은 T_R/V_∞ 이 최소인 값에 대응된다는 것을 알고 있다. 다음으로 T_R/V_∞는 원점을 통과하면서 필요추력과 교차하는 직선들의 기울기이다; 이 최소값은 그림 6.45에 도시된 것과 같이 필요추력 곡선과 직선이 접할 때 얻어진다. 이 접점에서 만족되는 공기역학적인 조건은 다음과 같이 얻을 수 있다. 정상 수평비행에서 $T_R = D$임을 상기하라. 따라서,

$$\frac{T_R}{V_\infty} = \frac{D}{V_\infty} = \frac{\frac{1}{2}\rho_\infty V_\infty^2 SC_D}{V_\infty} = \frac{1}{2}\rho_\infty V_\infty SC_D$$

$V_\infty = \sqrt{2W/(\rho_\infty SC_L)}$를 이용하면 다음의 식을 얻을 수 있다.

$$\frac{T_R}{V_\infty} = \frac{1}{2}\rho_\infty S\sqrt{\frac{2W}{\rho_\infty SC_L}}C_D \propto \frac{1}{C_L^{1/2}/C_D}$$

따라서, T_R/V_∞의 최소값은 $C_L^{1/2}/CD$가 최대인 값에 대응된다. 결과적으로, 다음과 같은 결론을 얻을 수 있다.

제트 항공기의 최대 항속거리는 $C_L^{1/2}/CD$가 최대인 비행 속도로 비행할 때 얻어진다.

6.13.2 정량적인 정식화

c_t를 아래와 같은 적절한 단위의 비추력 연료소모율로 정의하자.

$$\frac{\text{lb of fuel}}{\text{(lb of thrust)(s)}} \quad \text{or} \quad \frac{\text{N of fuel}}{\text{(N of thrust)(s)}}$$

dW를 시간증분 dt 동안의 연료소모로 인한 항공기 무게의 변화량이라고 하자. 그러면,

$$dW = -c_t T_A\, dt$$

또는

$$dt = \frac{-dW}{c_t T_A} \tag{6.69}$$

식 (6.69)를 $W = W_0$인 $t = 0$에서 $W = W_1$인 $t = E$까지 적분하면 다음의 식이 얻어진다.

$$E = -\int_{W_0}^{W_1} \frac{dW}{c_t T_A} \tag{6.70}$$

비행상태 조건 $T_A = T_R = D$와 $W = L$를 이용하면

$$E = \int_{W_1}^{W_0} \frac{1}{c_t}\frac{L}{D}\frac{dW}{W} \tag{6.71}$$

c_t와 $C_L/C_D = L/D$가 일정하다고 가정하면 식 (6.71)은 다음과 같이 표현된다.

$$\boxed{E = \frac{1}{c_t}\frac{C_L}{C_D}\ln\frac{W_0}{W_1}} \tag{6.72}$$

식 (6.72)로부터 제트 항공기에 대해 최대 항속시간을 얻기 위해서는 비행 중에 다음과 같은 조건들이 요구된다.

1. 최소 비추력 연료소모율 c_t
2. 최대 연료탑재중량 W_f
3. 최대 L/D 조건에서 비행. 이 조건은 제트 항공기에 대해 최대 항속시간을 얻기 위해 L/D가 최대인 조건에서 비행해야 한다는 6.13.1절의 설명이 사실임을 보여준다

우리가 사용한 근사화 결과로 제트 항공기의 E는 ρ_∞와는 관계가 없다. 부연하면 E는 고도에 영향을 받지 않는다.

이제 항속거리를 고려해 보자. 식 (6.69)에 V_∞를 곱하면 다음 식을 얻을 수 있다.

$$ds = V_\infty dt = -\frac{V_\infty dW}{c_t T_A} \tag{6.73}$$

여기서, ds는 시간증분 dt 동안 제트 항공기가 이동한 거리증분이다. 식 (6.73)을 $W = W_0$인 $s = 0$에서 $W = W_1$인 $s = R$까지 적분하면

$$R = \int_0^R ds = -\int_{W_0}^{W_1} \frac{V_\infty dW}{c_t T_A} \tag{6.74}$$

다시 한번, 정상 수평비행에서 엔진 스로틀을 $T_A = T_R$인 상태로 유지해야 하고 식 (6.16)으로부터 $T_R = W/(C_L/C_D)$라는 점을 상기하면 식 (6.74)을 다음의 식으로 나타낼 수 있다.

$$R = \int_{W_1}^{W_0} \frac{V_\infty}{c_t} \frac{C_L}{C_D} \frac{dW}{W} \tag{6.75}$$

$V_\infty = \sqrt{2W/(\rho_\infty S C_L)}$를 이용하면, 식 (6.75)는 아래와 같이 표현된다.

$$R = \int_{W_1}^{W_0} \sqrt{\frac{2}{\rho_\infty S}} \frac{C_L^{1/2}/C_D}{c_t} \frac{dW}{W^{1/2}} \tag{6.76}$$

다시 한번 c_t, C_L,C_D 및 ρ_∞(고도 일정)가 일정하다고 가정하면 식 (6.76)을 다음과 같이 나타낼 수 있다.

$$R = \sqrt{\frac{2}{\rho_\infty S}} \frac{C_L^{1/2}}{C_D} \frac{1}{c_t} \int_{W_1}^{W_0} \frac{dW}{W^{1/2}}$$

$$\boxed{R = 2\sqrt{\frac{2}{\rho_\infty S}} \frac{1}{c_t} \frac{C_L^{1/2}}{C_D} (W_0^{1/2} - W_1^{1/2})} \tag{6.77}$$

식 (6.77)로부터 제트 항공기에 대해 최대 항속거리를 얻기 위해 다음의 비행 조건이 요구된다는 점에 주목하라.

1. 최소 비추력 연료소모율 c_t
2. 최대 연료탑재중량 W_f
3. 최대 $C_L^{1/2}/CD$ 조건에서 비행. 이 조건은 제트 항공기가 최대 항속거리를 얻기위해 $C_L^{1/2}/CD$가 최대인 비행 속도로 비행해야 한다는 6.13.1절의 설명이 설명이 사실임을 보여준다.
4. 높은 고도(즉, 작은 ρ_∞ 조건)로 비행. 물론 식 (6.77)은 ρ_∞가 0으로 감소하면(말하자면 대기권 밖으로 나가면) R이 무한대가 된다는 점을 말해준다. 그러나 이것은 항공기가 양력과 추력을 발생시키려면 대기가 필요하기 때문에 물리적으로 옳지 않은 결과이다. 대기권 밖에 도달하기도 전에 식 (6.77)의 사용된 가정이 무너진다. 더욱이 고고도에서는 통상의 터보젯 엔진의 성능이 저하되고 c_t가 증가하기 시작한다. 식 (6.77)로부터 내릴 수 있는 결론은 단지 제트 항공기의 항속거리는 해수면에서 가장 나쁘고 어느 고도까지는 고도가 증가함에 따라 증가한다는 점이다. 아음속 상업용 제트 여객기의 통상적인 순항고도는 30,000에서 40,000 ft까지이다. 반면, 초음속 여객기의 순항고도는 50,000에서 60,000 ft까지이다.

예제 6.20

CJ-1에 대해 최대 항속거리와 최대 항속시간을 예측하라.

■ **풀이**

예제 6.1의 계산으로부터 얻은 C_L/C_D과 $C_L^{1/2}/C_D$의 변화가 그림 6.47과 같이 속도에 따라 주어져 있다. CJ-1에 대한 이들 곡선으로부터

$$\max\left(\frac{C_L^{1/2}}{C_D}\right)=23.4$$

$$\max\left(\frac{C_L}{C_D}\right)=16.9$$

예제 6.1에서 비연료소모율은 TSFC = 0.6 bl/(lb)(h)로 주어져 있다. 적절한 단위로 변환하면

$$c_t=0.6\frac{\text{lb}}{(\text{lb})(\text{h})}\frac{1\,\text{h}}{3600\,\text{s}}=1.667\times10^{-4}\,\text{s}^{-1}$$

또한 총중량은 19,815 lb이다. 연료탑재량은 케로진 1119 gal이고 케로진 1 gal은 6.67 lb이다. 따라서, W_f = 1119(6.67) = 7463 lb이다. 결과적으로 공허중량은 $W_1 = W_0 - W_f$= 19.815 − 7463 = 12,352 lb가 된다.

제트 항공기의 항속거리는 식 (6.77)과 같이 고도에 따라 다르다. 순항고도를 ρ_∞ = 0.001184 slug/ft^{3}인 22,000 ft라고 가정하자. 예제 6.1의 정보를 이용하면 식 (6.77)로부터 다음과 같이 항속거리를 계산할 수 있다.

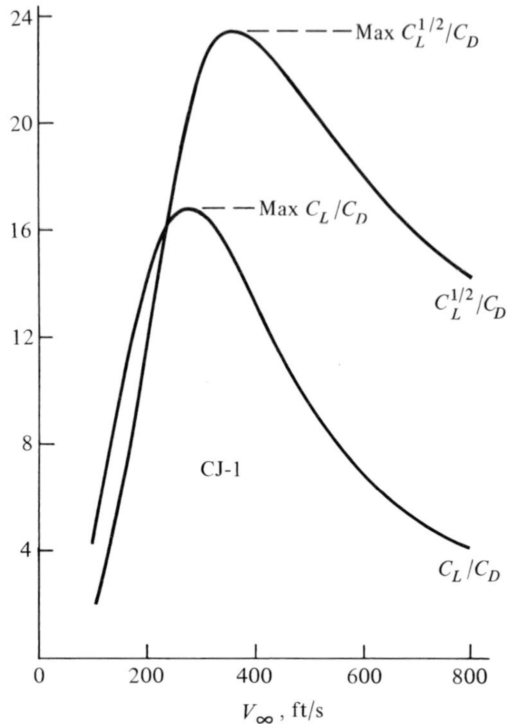

그림 6.46 CJ-1 항공기의 해수면에서의 공력계수 비

$$R = 2\sqrt{\frac{2}{\rho_\infty S}}\frac{1}{c_t}\frac{C_L^{1/2}}{C_D}\left(W_0^{1/2} - W_1^{1/2}\right)$$

$$= 2\sqrt{\frac{2}{0.001184(318)}}\left(\frac{1}{1.667\times 10^{-4}}\right)(23.4)(19{,}815^{1/2} - 12{,}352^{1/2})$$

$$\boxed{R = 19.2\times 10^6\,\text{ft}}$$

mi 단위로는

$$R = \frac{19.2\times 10^6}{5280} = \boxed{3630\text{ mi}}$$

항속시간은 식 (6.72)을 이용하여 계산할 수 있다.

$$E = \frac{1}{c_t}\frac{C_L}{C_D}\ln\frac{W_0}{W_1} = \frac{1}{1.667\times 10^{-4}}(16.9)\left(\ln\frac{19{,}815}{12{,}352}\right)$$

$$\boxed{E = 4.79\times 10^{-4}\,\text{s}}$$

또는 hr 단위로

$$E = \frac{4.79\times 10^4}{3600} = \boxed{13.3\text{ h}}$$

6.14 $C_{D,0}$와 $C_{D,i}$의 관계식

앞 절에서 우리는 형상이 다른 항공기들의 다양한 성능특성들이 공기력의 비율인, C_L/C_D 또는 $C_L^{3/2}/CD$와 관련이 있다는 사실을 알았다. 더욱이, 6.3절에서는 T_R이 최소인 경우 양력에 의한 항력은 무양력 항력과 동일하다는 즉, $C_{D,0} = C_{D,i}$임을 증명하였다. 유사하게 P_R이 최소인 경우에 대해서도 $C_{D,0} = \frac{1}{3} C_{D,i}$임을 6.5절에서 증명하였다. 이 절에서는 이러한 결과들을 공기역학적인 고찰만으로 유도하였다. $C_{D,0}$와 $C_{D,i}$ 사이의 관계는, C_L/C_D 또는 $C_L^{3/2}/CD$이 최대가 되는 조건만으로 결정된다: 즉 6.3절과 6.5절에서 했던 것처럼 이들을 T_R 혹은 T_R의 최소값과 연관을 갖도록 유도할 필요는 없다.

예를 들어 L/D의 최대값을 고려해 보자. $C_D = C_{D,0} + C_L^2/(\pi eAR)$임을 상기하면

$$\frac{C_L}{C_D} = \frac{C_L}{C_{D,0} + C_L^2/(\pi e\mathrm{AR})} \tag{6.78}$$

C_L/C_D를 최대로 하기 위해 식 (6.78)식을 C_L로 미분하고 0으로 놓으면

$$\frac{d(C_L/C_D)}{dC_L} = \frac{C_{D,0} + C_L^2/(\pi e\mathrm{AR}) - C_L[2C_L/(\pi e\mathrm{AR})]}{[C_{D,0} + C_L^2/(\pi e\mathrm{AR})]^2} = 0$$

따라서,

$$C_{D,0} + \frac{C_L^2}{\pi e\mathrm{AR}} - \frac{2C_L^2}{\pi e\mathrm{AR}} = 0$$

또는

$$C_{D,0} = \frac{C_L^2}{\pi e\mathrm{AR}}$$

$$\boxed{C_{D,0} = C_{D,i}} \qquad \text{for} \qquad \left(\frac{C_L}{C_D}\right)_{\max} \tag{6.79}$$

따라서, 식 (6.22)와 동일한 식 (6.79)는 L/D가 최대인 조건으로 쉽게 유도된다. 이 값 또한 T_R의 최소값에 대응된다는 것은 L/D가 최대일 때 T_R이 최소가 된다는 단순한 이유로부터 알 수 있다.

이제 $C_L^{3/2}/C_D$이 최대인 경우를 고려해보자. $dC_L^{3/2}/dC_L = 0$으로 놓고 위와 같은 방법으로 유도하면

$$\boxed{C_{D,0} = \frac{1}{3} C_{D,i}} \qquad \text{for} \qquad \left(\frac{C_L^{3/2}}{C_D}\right)_{\max} \tag{6.80}$$

식 (6.30)과 동일한 식 (6.80)은 $C_L^{3/2}/C_D$이 최대인 조건으로 쉽게 유도된다. 이 조건 또한 P_R이 최소가 되는 값에 대응된다는 것은 $C_L^{3/2}/C_D$가 최대일 때 P_R이 최소가 된다는 단순한 이유로부터 알 수 있다.

유사한 방식으로 $C_L^{1/2}/C_D$이 최대일 때 $dC_L^{1/2}/dC_L = 0$으로 놓고 풀이하면

$$\boxed{C_{D,0} = 3C_{D,i}} \qquad \text{for} \qquad \left(\frac{C_L^{1/2}}{C_D}\right)_{\max} \tag{6.81}$$

여러분들은 식 (6.80)과 (6.81)을 당연한 것으로 받아들여서는 안 된다. 여러분 스스로 유도해 보라.

예제 6.18에서, C_L/C_D 와 $C_L^{3/2}/C_D$의 최대값은 고도, 속도 등과는 무관하고 대신 항공기의 공기역학적인 설계로만 결정된다고 언급하였다. 이번 절의 결과들은 다음과 같이 이러한 주장을 증명할 수 있게 한다.

우선, C_L/C_D이 최대가 되는 조건을 다시 살펴보자. 식 (6.79)로부터

$$C_{D,0} = C_{D,i} = \frac{C_L^2}{\pi e \text{AR}} \tag{6.82}$$

따라서

$$C_L = \sqrt{\pi e \text{AR} C_{D,0}} \tag{6.83}$$

식 (6.82)를 식 (6.83)에 대입하면 다음 식을 얻을 수 있다.

$$\frac{C_L}{C_D} = \frac{C_L}{2C_L^2/(\pi e \text{AR})} = \frac{\pi e \text{AR}}{2C_L} = \frac{\pi e \text{AR}}{2\sqrt{\pi e \text{AR} C_{D,0}}} \tag{6.84}$$

따라서, C_L/C_D의 최대값은 식 (6.84)로부터 다음과 같이 얻어진다.

$$\boxed{\left(\frac{C_L}{C_D}\right)_{\max} = \frac{(C_{D,0}\pi e \text{AR})^{1/2}}{2C_{D,0}}} \tag{6.85}$$

식 (6.85)로부터 $(C_L/C_D)_{\max}$는 항공기의 공기역학적 설계 파라미터인 e, AR 및 $C_{D,0}$ 등에만 연관이 있음을 주목하라. 특히, $(C_L/C_D)_{\max}$는 고도와는 무관하다. 그러나, 그림 6.44와 6.46으로부터 C_L/C_D의 최대값은 어떤 특정한 속도에서 얻어지고 $(C_L/C_D)_{\max}$가 되는 속도는 고도에 따라 변한다는 사실에 주목하라.

같은 맥락으로 다음 관계식을 쉽게 증명할 수 있다.

$$\boxed{\left(\frac{C_L^{1/2}}{C_D}\right)_{\max} = \frac{\left(\frac{1}{3}C_{D,0}\pi e \text{AR}\right)^{1/4}}{\frac{4}{3}C_{D,0}}} \tag{6.86}$$

그리고

$$\boxed{\left(\frac{C_L^{3/2}}{C_D}\right)_{\max} = \frac{(3C_{D,0}\pi e \text{AR})^{3/4}}{4C_{D,0}}} \tag{6.87}$$

여러분 스스로 증명해 보라.

예제 6.21

CP-1에 대한 $(C_L/C_D)_{\max}$와 $(C_L^{3/2}/CD)_{\max}$를 이번 절에서 주어진 방정식을 이용하여 직접 계산하라.

■ **풀이**

식 (6.85)로부터

$$\left(\frac{C_L}{C_D}\right)_{\max} = \frac{(C_{D,0}\pi e \mathrm{AR})^{1/2}}{2C_{D,0}} = \frac{[0.025\pi(0.8)(7.37)]^{1/2}}{2(0.025)} = \boxed{13.6}$$

식 (6.87)로부터

$$\left(\frac{C_L^{3/2}}{C_D}\right)_{\max} = \frac{(3C_{D,0}\pi e \mathrm{AR})^{3/4}}{4C_{D,0}} = \frac{[(3)(0.025)\pi(0.8)(7.37)]^{3/4}}{4(0.025)} = \boxed{12.8}$$

그래프를 이용하여 $(C_L/C_D)_{\max}$과 $(C_L^{3/2}/CD)_{\max}$의 값을 얻은—즉, C_L/C_D과 $C_L^{3/2}/CD$를 작도하여 이들의 최대값을 찾은—예제 6.19로 돌아가보자. 식 (6.85)와 (6.87)로부터 얻은 결과는 예제 6.19에서 그래프로 얻은 결과와 일치한다(당연한 결과이다). 그러나 식 (6.85)와 (6.87)을 사용하는 것이 숫자열을 작도하고 그 최대값을 찾는 것보다 훨씬 쉽고 빠르다.

예제 6.22

CJ-1에 대한 $(C_L^{1/2}/CD)_{\max}$와 $(C_L/C_D)_{\max}$를 이번 절에서 주어진 방정식을 이용하여 직접 계산하라.

■ **풀이**

식 (6.86)로부터

$$\left(\frac{C_L^{1/2}}{C_D}\right)_{\max} = \frac{(\frac{1}{3}C_{D,0}\pi e \mathrm{AR})^{1/4}}{\frac{4}{3}C_{D,0}} = \frac{[\frac{1}{3}(0.02)\pi(0.81)(8.93)]^{1/4}}{\frac{4}{3}(0.02)} = \boxed{23.4}$$

식 (6.85)으로부터

$$\left(\frac{C_L}{C_D}\right)_{\max} = \frac{(\pi e \mathrm{AR} C_{D,0})^{1/2}}{2C_{D,0}} = \frac{[\pi(0.81)(8.93)(0.02)]^{1/2}}{2(0.02)} = \boxed{16.9}$$

이 값들은 예제 6.20에서 그래프로 얻은 결과와 일치한다.

예제 6.23

이번 절의 결과와 식 (6.44), (6.52) 및 (6.53)을 이용하여 해석적으로 다음을 계산하라.

a. 해수면에서 CP-1에 대한 $V_{\max}$

b. 해수면에서 CP-1에 대한 $(\mathrm{R/C})_{\max}$

c. 해수면에서 CJ에 대한 $V_{\max}$

d. 해수면에서 CJ-1에 대한 $(R/C)_{\max}$

예제 6.2, 6.4 및 6.10의 그래프를 이용한 해답과 비교하라.

■ 풀이

a. 최대 속도는 식 (6.44)로 주어져 있고 아래와 같다.

$$V_{\max}=\left[\frac{\left(\frac{T_A}{W}\right)_{\max}\left(\frac{W}{S}\right)+\left(\frac{W}{S}\right)\sqrt{\left(\frac{T_A}{W}\right)_{\max}^2-\frac{4C_{D,0}}{\pi eAR}}}{\rho_\infty C_{D,0}}\right]^{1/2}$$

CP-1에 대해 예세 6.1에 주어진 데이터로부터

$$\frac{W}{S}=\frac{2950}{174}=16.95\ \mathrm{lb/ft^2}$$

$$\eta P=0.8(230)(550)=1.012\times10^5\ \frac{\mathrm{ft.lb}}{\mathrm{s}}$$

식 (6.85)와 예제 6.21의 결과로부터

$$\frac{4C_{D,0}}{\pi e\mathrm{AR}}=\frac{1}{(L/D)_{\max}^2}=\frac{1}{13.6^2}=5.4066\times10^{-3}$$

또한,

$$\rho_\infty C_{D,0}=0.002377(0.025)=5.9425\times10^{-5}\mathrm{slug/ft^3}$$

이용마력과 이용추력은 다음과 같은 관계가 있다.

$$T_A V_\infty=P_A=\eta P$$

최대 T_A와 최대 P_A에서 $V_\infty=V_{\max}$이다. 따라서,

$$(T_A)_{\max}=\frac{\eta P}{V_{\max}}$$

또는,

$$\left(\frac{T_A}{W}\right)_{\max}=\frac{\eta P}{W}\frac{1}{V_{\max}}=\frac{1.012\times10^5}{2950}\frac{1}{V_{\max}}$$

또는,

$$\left(\frac{T_A}{W}\right)_{\max}=\frac{34.305}{V_{\max}} \tag{E6.22.1}$$

앞의 데이터를 식 (6.44)에 대입하면 다음 식을 얻을 수 있다.

$$V_{\max}=\left[\frac{(T_A/W)_{\max}(16.95)+16.95\sqrt{(T_A/W)_{\max}^2-5.4066\times10^{-3}}}{5.9425\times10^{-5}}\right]^{1/2} \tag{E6.22.2}$$

또는,

$$V_{\max}=558.97\left[\left(\frac{T_A}{W}\right)_{\max}+\sqrt{\left(\frac{T_A}{W}\right)_{\max}^2-5.4066\times10^{-3}}\right]^{1/2}$$

식 (E6.22.1)와 (E6.22.2)는 반복계산 과정으로 $V_{\max}$에 대해 풀이하여야 한다. $V_{\max}$값을 가정하고, 식 (E6.22.1)로부터 $(T_A/W)_{\max}$ 계산한 후 이 결과를 식 (E6.22.2)에 대입하라. (E6.22.2)로부터 $V_{\max}$를 계산하고 이 값이 가정한 $V_{\max}$ 값과 일치하는지를 살펴보라. 일치하지 않으면 다른 $V_{\max}$으로 가정하고 위 과정을 반복하라. 반복계산 과정의 일부가 다음 표에 주어져 있다.

V_{max} (가정)	$\left(\frac{T_A}{W}\right)_{max}$ [식 (6.22.1)로부터]	V_{max} (ft/s) [식 (6.22.2)로부터]
265	0.1295	271.6
270	0.12706	268.5
269	0.1275	269.1

이상의 결과로부터 해수면에서 CP−1에 대해 계산한 V_{max}은

$$V_{max} = \boxed{269 \text{ ft/s}}$$

이 값은 예제 6.4의 그래프를 이용한 결과인 $V_{max} = 265$ ft/s("그래프의 해상도"에 따라 정확도가 달라짐)와 비교된다. 여기서 얻은 해석적인 해답 $V_{max} = 269$ ft/s이 본질적으로 더 정확하다.

b. 프로펠러 항공기에 대한 최대 상승률은 식 (6.53)으로 주어져 있고 다음과 같다.

$$(\text{R/C})_{max} = \left(\frac{\eta P}{W}\right)_{max} - 0.8776\sqrt{\frac{W/S}{\rho_\infty C_{D,0}}}\frac{1}{(L/D)_{max}^{3/2}}$$

다음은 앞에서 구한 데이터들이다.

$$\left(\frac{\eta P}{W}\right)_{max} = \frac{1.012\times 10^5}{2950} = 34.305 \text{ ft/s}$$

$$\rho_\infty C_{D,0} = 5.9425\times 10^{-5} \text{ slug/ft}^3$$

$$\frac{W}{S} = 16.95 \text{ lb/ft}^2$$

$$\left(\frac{L}{D}\right)_{max} = 13.6$$

따라서, 식 (6.53)은

$$(\text{R/C})_{max} = 34.305 - 0.8776\sqrt{\frac{16.95}{5.9425\times 10^{-5}}}\frac{1}{(13.6)^{3/2}}$$

또는

$$(\text{R/C})_{max} = 34.305 - 9.345 = 24.96 \text{ ft/s}$$

따라서,

$$(\text{R/C})_{max} = 24.96(60) = \boxed{1497.6 \text{ ft/min}}$$

이 값은 예제 6.10의 그림 6.22에서 얻을 수 있는 최대값 $(\text{R/C})_{max} = 1500$ ft/min과 유사하다.

c. CJ-1에 대해 예제 6.1에서 주어진 데이터로부터

$$\left(\frac{T_A}{W}\right)_{max} = \frac{7300}{19{,}815} = 0.3684$$

$$\frac{W}{S} = \frac{19{,}815}{318} = 62.31 \text{ lb/ft}^2$$

$$\rho_\infty C_{D,0} = 0.002377(0.02) = 4.754\times 10^{-5} \text{ slug/ft}^3$$

또한, 예제 6.22로부터

$$\frac{4C_{D,0}}{\pi e \mathrm{AR}} = \frac{1}{(L/D)^2_{\max}} = \frac{1}{(16.9)^2} = 3.501 \times 10^{-3}$$

이들 데이터를 식 (6.44)에 대입하면

$$V_{\max} = \left[\frac{\left(\frac{T_A}{W}\right)_{\max}\left(\frac{W}{S}\right) + \left(\frac{W}{S}\right)\sqrt{\left(\frac{T_A}{W}\right)^2_{\max} - \frac{4C_{D,0}}{\pi e AR}}}{\rho_\infty C_{D,0}} \right]^{1/2}$$

$$= \left[\frac{0.3684(62.31) + 62.31\sqrt{(0.3684)^2 - 3.501 \times 10^{-3}}}{4.754 \times 10^{-5}} \right]^{1/2}$$

혹은

$$V_{\max} = \boxed{979.5 \text{ ft/s}}$$

이 값은 예제 6.2에서 그래프 방법으로 구한 $V_{\max} = 975$ ft/s와 유사하다.

d. 제트 항공기에 대한 최대 상승률은 식 (6.52)로 주어져 있으며 다음과 같다.

$$(\mathrm{R/C})_{\max} = \left[\frac{(W/S)Z}{3\rho_\infty C_{D,0}}\right]^{1/2} \left(\frac{T}{W}\right)^{3/2}_{\max} \left[1 - \frac{Z}{6} - \frac{3}{2(T/W)^2_{\max}(L/D)^2_{\max} Z}\right]$$

여기서

$$\mathrm{Z} = 1 + \sqrt{1 + \frac{3}{(L/D)^2_{\max}(T/W)^2_{\max}}}$$

CJ-1에 대한 데이터를 대입하면

$$\mathrm{Z} = 1 + \sqrt{1 + \frac{3}{(16.9)^2(0.3684)^2}} = 2.038$$

그리고

$$(\mathrm{R/C})_{\max}$$

$$= \left[\frac{(62.31)(2.038)}{3(4.754 \times 10^{-5})}\right]^{1/2} (0.3684)^{3/2} \left[1 - \frac{2.038}{6} - \frac{3}{2(0.3684)^2(16.9)^2(2.038)}\right]$$

$$= 135.28 \text{ ft/s}$$

혹은

$$(\mathrm{R/C})_{\max} = 135.28(60) = \boxed{8117 \text{ ft/min}}$$

이 값은 예제 6.10의 그림 6.33에서 얻을 수 있는 최대값 $(\mathrm{R/C})_{\max} = 8100$ ft/min과 유사하다.

설계

DESIGN BOX

양항비는 주어진 항공기의 공기역학적 효율을 판단할 수 있는 직접적인 척도이다. 예를 들어 $(R/C)_{max} = 15$인 항공기는 1 lb의 항력으로 15 lb의 무게를 들어올릴 수 있다—매우 큰 영향력이다. 실제로 대기권에서 비행하는 경우 항공기 날개는(단연코 가장 강력한 항공기의 양력요소인) 엔진의 추력(항력을 극복하기 위한)을 사용하는 것보다 훨씬 더 큰 무게를 들어올릴 수 있게 해주는 지렛대와 유사하다고 할 수 있다. 20세기 항공기의 진화는 $(L/D)_{max}$의 지속적인 증가로 특징지을 수 있다. 이러한 발전을 6.26절에서 상세히 설명하였다. 통상의 항공기에 대한 $(L/D)_{max}$값의 일부를 아래에 나열하였다.

항공기	$(L/D)_{max}$
Wright Flyer (1903)	5.7
French SPAD XIII (World War I)	7.4
Douglas DC-3 (1930s)	14.7
Boeing 747 (contemporary)	20

항공기 설계 파라미터에서 $(L/D)_{max}$의 중요성은 아무리 강조해도 지나치지 않는다. 이 값은 항공기의 형상을 결정하는 주된 특성의 하나이다. 통상, 항공기 설계자들은 설계의 다른 특성들과 절충하면서 가능하면 $(L/D)_{max}$를 조금이라도 더 증가시키려고 안간힘을 쓴다. 앞에서 우리는 $(L/D)_{max}$가 V_{max}와 $(R/C)_{max}$ 그리고 특히 항속거리와 항속시간들을 결정하는 데 기여한다는 사실을 알았다. 역사적으로 항속거리를 더욱더 증가시키려는 노력은 $(L/D)_{max}$의 설계 값을 끌어올리는 주요 요인이었다. (Anderson, *A History of Aerodynamics and Its Impact on Flying Machines*, Cambridge University Press, New York, 1997 참조)

6.12절과 6.13절에서 알 수 있듯이 엄밀히 말하면 $(L/D)_{max} = (C_L/C_D)_{max}$의 값은 프로펠러 항공기의 최대 항속거리와 제트 항공기의 최대 항속시간을 결정하고 반면 $(C_L^{3/2}/CD)_{max}$는 프로펠러 항공기의 최대 항속시간을 $(C_L^{1/2}/CD)_{max}$은 제트 항공기의 최대 항속거리를 결정한다. 한편, (6.85)에서 (6.87)까지의 식들에서 보인 바와 같이 C_L/C_D를 최대로 만드는 항공기의 형상과 공기역학적인 특성들은 $(C_L^{1/2}/CD)_{max}$와 $(C_L^{3/2}/CD)_{max}$들 또한 최대가 되도록 할 것이다. 이들 공기력 비율들의 최대값을 얻으려면 (6.85)에서 (6.87)까지의 식들에서 분명하게 나타난 것처럼 항공기 설계자들은 아래와 같은 지침을 최대한 따라야 한다.

1. 무양력 항력계수 $C_{D,0}$를 줄여라.
2. 오스왈드 효율지수 e를 증가시켜라.
3. 종횡비 AR을 증가시켜라.

물론 마지막 지침—종횡비 AR을 증가시킬 것—은 아음속 항공기에 해당된다. 천음속 및 초음속 항공기에서는 조파항력이 현저하게 크고 조파항력은 낮은 종횡비의 날개를 채용하면 어느 정도 이를 줄일 수 있다. 초음속에서 순항비행을 하도록 설계된 고속 항공기에 대한 날개 종횡비의 설계는 아음속비행의 최대 항속거리 이외의 다른 요인들로 결정된다. 그림 4.52의 마하수 2인 록히드사 F-104의 낮은 종횡비는 좋은 예이다.

$(L/D)_{max}$의 값은 $C_{D,0}$, e 및 AR을 통해 주어진 항공기 형상에 대한 공기력과 기하학적 특성으로 고정된 값이다. 따라서, $(L/D)_{max}$는 고도에 따라 변하지 않는다. 그러나, $(L/D)_{max}$를 얻기 위해 항공기가 비행해야하는 속도는 고도에 따라 변한다. 왜 그런지를 설명하기 위해 우선 L/D가 받음각의 함수라는 점을 상기하라. 예를 들어 특수목적의 F-111 TACT 항공기(그림 5.33에 보여준)의 α에 따른 L/D의 변화가 그림 6.47에 나타나 있다. $(L/D)_{max}$는 받음각 6°에서 얻을 수 있다. 이 각도에서 $C_L = 0.44$이다. 해수면에서 비행을 한다면 $(L/D)_{max}$상태로 날기 위해 항공기는 $C_L = 0.44$인 $\alpha = 6°$로 비행해야만 한다. 주어진 중량에 대해 이 조건은 $W = q_\infty SC_L$이나 아래의 관계식에 따라 항공기가 비행해야 하는 속도를 결정한다.

$$V_\infty = \sqrt{\frac{2W}{\rho_\infty SC_L}} \tag{6.88}$$

더 높은 고도에서 $(L/D)_{max}$로 비행하기 위해 항공기는 여전히 $C_L = 0.44$인 $\alpha = 6°$로 비행해야만 한다. 그러나, ρ_∞가 감소했기 때문에 $\alpha = 6°$에서 고정된 C_L

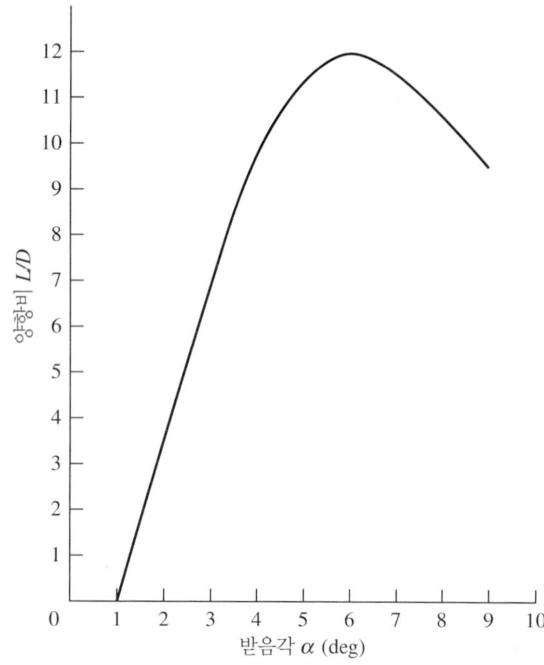

그림 6.47 F-111 TACT 항공기 (그림 5.33) 의 받음각에 따른 양항비의 비행 데이터 $M_\infty = 0.7$. 발개 후퇴각 = 26°. (자료출처: *Data from Baldwin et al., Symposium on Transonic Aircraft Technology (TACT), Air Force Flight Dynamics Laboratory Technical Report AFFDL-TR-78-100, Wright-Patterson Air Force Base, Ohio, 1978.*)

값으로 중량과 동일한 양력을 유지하기 위해서는 V_∞가 더 커져야 한다. 결론적으로 $(L/D)_{max}$로 비행하기 위해 요구되는 속도는 고도에 따라 증가한다.

$(L/D)_{max}$ 값이 항공기 설계에서 매우 중요하다고 하더라도 $(L/D)_{max}$로 비행하는 것이 항상 따라야 된다고 여겨질 정도로 고귀한 항공공학의 불문률은 아니다. 통상, 항공기 설계자들에게는 절충이 필요하며 여기서는 $(L/D)_{max}$를 얻기 위한 속도와 V_{max} 사이의 상대적인 선택과 관련이 있다. $(L/D)_{max}$를 얻기 위한 속도는 최대 속도보다 훨씬 작다. 예를 들어 그림 6.46에서 해수면에서 $(L/D)_{max}$가 되는 CJ-1의 속도는 약 300ft/s이고 반면 그림 6.26으로부터 V_{max} = 975ft/s이다—큰 차이가 있다. 그림 6.44에서 해수면에서 $(L/D)_{max}$가 되는 CP-1의 속도는 약 150ft/s이고 반면 그림 6.21*a*로부터 해수면에서 V_{max} = 265ft/s이다. 만약 CP-1의 조종사가 매우 효율적으로 비행하기 위해 *L*/*D*가 최대인 V_∞ = 150 ft/s로 비행하는 경우 어떤 지점 *A*에서 *B*까지 가는 데 V_{max}로 비행하는 경우보다 거의 75% 정도의 시간이 더 소요된다. 시간이 중요하기 때문에(실제로 대부분의 승객들은 시간을 절약하기 위해 항공기를 이용한다) 주어진 항공기의 설계 순항속도는 $(L/D)_{max}$에 대응되는 속도가 아닐 수 있다. 항공기 설계자들은 실제의 $(L/D)_{max}$보다는 더 작은 $(L/D)_{max}$로 고속에서 순항하는 것을 받아들일 준비가 되어 있어야 한다. 그러나 이것으로 설계 파라미터로서 $(L/D)_{max}$의 중요성이 경감되지는 않는다. 예를 들어 높은 $(L/D)_{max}$값을 갖는 항공기는 $(L/D)_{max}$가 되는 속도 이외의 속도로 비행하는 경우에도 여전히 높은 $(L/D)_{max}$에 상응하는 값을 갖게 될 것이다. 미국 해군대학의 항공공학 교수였던 Bernard Carson은 $(L/D)_{max}$에 대응되는 저속비행에서 얻을 수 있는 긴 항속거리와 더 높은 속도로 얻을 수 있는 짧은 비행 시간의 개념을 결합한 합리적인 절충방법을 제안하였다. 그는 분석을 통해 $(L/D)_{max}$에 대응되는 속도보다 1.32배 큰 **칼슨속도**로 불리우는 최적의 절충 비행 속도를 찾아내었다. 세부적인 내용은 Anderson, *Aircraft Performance and Design*, McGraw-Hill, New York, 1999에서 참조할 수 있다.

예제 6.24

$C_{D,0}$ = 0.025이, AR = 7.37, *e* = 0.80인 항공기를 고려해보자. 양력계수가 C_L = 0.228인 조건에서 비행을 하고 있다. 이 조건에서 양항비를 계산하라.

■ **풀이**

$$C_D = C_{D,0} + \frac{C_L^2}{\pi e \text{AR}}$$

따라서

$$\frac{C_L}{C_D} = \frac{C_L}{C_{D,0} + \frac{c_L^2}{\pi e \mathrm{AR}}} = \frac{0.228}{0.025 + \frac{(0.228)^2}{\pi(0.80)(7.37)}}$$

$$\frac{C_L}{C_D} = 8.2$$

이번 예제로부터 다음과 같은 두 가지 시사점을 얻을 수 있다.

1. 설계특성인 $C_{D,0}$, AR과 e 값들은 예제 6.1에서 주어진 CP-1의 값과 동일하다. 따라서, 여기서 해석적으로 얻은 답은 예제 6.1의 수치해석 결과와 비교할 수 있다. 구제적으로 250 ft/s의 비행 속도에서 예제 6.1의 표는 $C_L = 0.228$(이번 예제와 같은)에서의 값이고 계산결과는 $L/D = 8.21$이다(여기서 얻은 결과와 절삭오차 범위 내에서 동일하다).
2. 주어진 항공기에서, L/D 는 C_L만의 함수이다. 물론 C_L이 받음각만의 함수이기 때문에 그림 6.7에 나타낸 바와 같이 L/D은 α만의 함수이다. 이번 예제가 시사하는 요점은 주어진 항공기에 대한 C_L 값을 알고 있으면 위에서와 같이 L/D를 직접 계산할 수 있다는 점이다.

6.15 이륙성능

항공기 성능에 대한 지금까지의 설명에서 모든 가속도는 0이라고 가정하였다. 다시 말해 우리는 6.2절에 정의된 정적성능의 특성들을 다루었다. 이번 장의 나머지 부분에서는 이 제한을 완화시켜 이륙과 착륙 활주, 선회비행 및 가속 상승비행 등과 같이 유한한 가속도를 가질 경우의 다양한 항공기 성능특성들을 고려할 것이다. 이를 통해 그림 6.4에 나타낸 로드맵의 우측행으로 이동하게 될 것이다. 이제 우리는 동적성능에 대한 학습을 시작하게 된다.

시작을 위한 질문: 정지상태에서 출발하여 비행 속도를 증가시켜 지면으로부터 부양하기 위해 필요한 지면을 따른 항공기의 활주거리는 얼마인가? 이 거리는 **지상활주**(*ground roll*) 또는 **이륙 부양**(*lift-off*) 거리 s_{LO}로 정의된다.

이 질문을 다루기 위해 우선 그림 6.48과 같이 일정한 힘 F를 받는 질량 m인 물체의 직선 가속운동을 고려해 보자. 뉴턴의 제2법칙으로부터

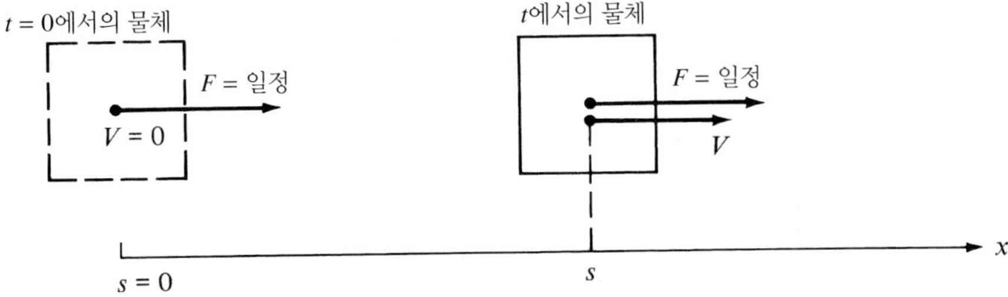

그림 6.48 정지상태에서 일정한 힘 F를 받으며 거리 s에서 속도 V로 가속하고 있는 물체의 운동

$$F = ma = m\frac{dV}{dt}$$

또는

$$dV = \frac{F}{m}dt \tag{6.89}$$

물체가 시간 $t = 0$와 위치 $s = 0$에서 정지상태로 출발하여 시간 t와 거리 s에서 V속도까지 가속을 했다고 가정하자. 식 (6.89)를 이들 두 점 사이에서 적분하고 F와 m이 일정하는 것을 주지하면 다음의 식을 얻을 수 있다.

$$\int_0^V dV = \frac{F}{m}\int_0^t dt$$

또는

$$V = \frac{F}{m}t \tag{6.90}$$

t에 대해 풀이하면

$$t = \frac{Vm}{F} \tag{6.91}$$

속도가 V가 되는 순간을 고려하면 미소시간 dt 동안의 거리증분 ds는 $ds = Vdt$이다. 식 (6.90)으로부터 t에 대해 풀이하면

$$ds = V\ dt = \frac{F}{m}t\,dt \tag{6.92}$$

식 (6.91)을 적분하면

$$\int_0^s ds = \frac{F}{m}\int_0^t t\,dt$$

또는

$$s = \frac{F}{m}\frac{t^2}{2} \tag{6.93}$$

식 (6.91)을 (6.93)에 대입하면

$$\boxed{s = \frac{V^2 m}{2F}} \tag{6.94}$$

식 (6.94)는 일정한 힘 F를 받고 있는 질량이 m인 물체를 속도 V까지 가속시키는 데 필요한 거리를 나타낸다.

이제 그림 6.69에 나타낸 것처럼 지상활주 동안의 항공기의 힘분포도를 고려해보자. 양력, 항력, 추력 및 중력과 같은 익숙한 힘들 이외에 항공기는 타이어와 지면과의 사이에 회전마찰로 인한 저항력 R을 경험하게 된다. 이 저항력은 다음과 같이 주어진다.

$$R = \mu_r(W - L) \tag{6.95}$$

여기서, $W - L$은 타이어와 지면 사이에 작용하는 순 수직력이고 μ_r은 회전마찰계수이다. 지면에 나란한 힘들을 합산하고 뉴턴의 제2법칙을 적용하면

$$F = T - D - R = T - D - \mu_r(W - L) = m\frac{dV}{dt} \tag{6.96}$$

식 (6.96)을 좀 더 자세히 살펴보자. 이 식은 국부적이고 순간적인 항공기의 가속도 dV/dt를 T, D, W와 L의 함수로 나타낸 것이다. 이륙하는 동안 모든 지면활주 동안 T는 거의 일정하다(이 점은 특히, 제트 추진 항공기에 대해서 사실이다). W 또한 일정하다. 그러나, L과 D 모두 다음과 같이 속도에 따라 변한다.

$$L = \tfrac{1}{2}\rho_\infty V_\infty^2 S C_L \tag{6.97}$$

그리고

$$D = \frac{1}{2}\rho_\infty V_\infty^2 S\left(C_{D,0} + \phi\frac{C_L^2}{\pi e \text{AR}}\right) \tag{6.98}$$

식 (6.98)의 물리량 ϕ에 대해서는 약간의 설명이 필요하다. 항공기가 지면 근처에서 비행을 하는 경우 날개 끝 와류들의 강도는 지면과의 상호작용으로 인해 어느 정도 감소한다. 이들 날개 끝 와류들은 내리흐름을 유도하고 이것이 유도항력을 발생시키기 때문에(5.13절을 보라) 항공기가 지면 근처에서 비행 중일 때 내리흐름과 이로 인한 유도항력이 감소한다. 이 현상을 **지면효과**(*ground effect*)라 부르고 이 것은 착륙순간 전후에서 항공기를 지면 위로 부양하거나 떠있도록 하는 경향을 나타내는 원인이다. 지면효과로 감소된 항력이 식 (6.98)의 ϕ에 반영되어 있고 여기서, $\phi < 1$이다. 공기역학 이론에 근거한 ϕ에 대한 근사값은 McCormick(이번 장의 끝에 있는 참고문헌을 참조)의 다음과 같은 공식으로부터 구할 수 있다.

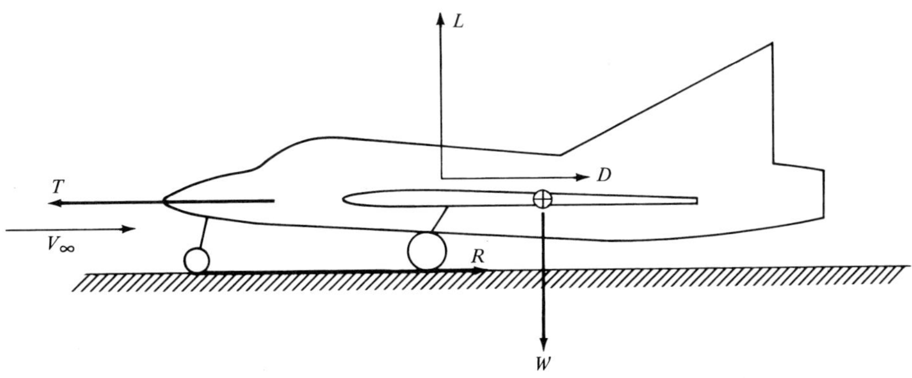

그림 6.49 이륙과 착륙 시 항공기에 작용하는 힘들

$$\phi = \frac{(16h/b)^2}{1+(16h/b)^2} \tag{6.99}$$

여기서, h는 날개의 지면 위 높이이고 b는 날개스팬이다.

앞의 내용을 고려할 때 지면활주 동안 시간에 따른 속도변화와 최종적인 지면부양에 필요한 거리를 정확하게 계산하기 위해서는 T에 대한 속도의 모든 영향뿐만 아니라 식 (6.97)과 (6.98)에 각각 나타낸 L과 D식에 적합한 속도변화를 반영하면서 식 (6.96)을 수치적으로 적분해야 한다. 이륙 중 지면상의 거리에 따른 이들 힘들의 전형적인 변화를 그림 6.50에 나타내었다. 식 (6.94)로부터 s는 V^2에 비례하며, 따라서, 그림 6.50의 수평축을 V^2으로 보는 것이 좋을 듯하다. L과 D 모두 동압 $q_\infty = \frac{1}{2}\rho_\infty V_\infty^2$에 비례하기 때문에 그림 6.50에는 이들 영향이 선형변화를 하는 것처럼 나타나 있다. 물론 그림 6.50은 제트 추진 항공기에 대한 것으로 T가 상대적으로 일정하다.

이륙 부양 거리 s_{LO}에 대한 간단한 근사식을 다음과 같이 얻을 수 있다. T가 일정하다고 가정하라. 또한 항력과 저항력의 합력은 적절한 이륙 부양 거리를 계산할 수 있는 합력에 대응되는 일정한 평균값$[D + \mu_r(W - L)]_{\text{av}}$으로 가정하자. 그러면 다음과 같이 이륙 지상활주 동안 항공기에 작용하는 일정한 유효힘을 다음 식으로 고려할 수 있다.

$$F_{\text{eff}} = T - [D + \mu_r(W-L)]_{\text{av}} = \text{const} \tag{6.100}$$

이러한 가정들은 그림 6.50에서 보는 바와 같이 매우 타당하다. 거리(혹은 V^2) 변화에 대한 합력 $D + \mu_r(W - L)$은 거의 일정하다는 점을 주지하라. 따라서, 그림 6.50에 보인 추력선과 점선 사이의 차이로 나타낼 수 있는 가속력 $T - [D + \mu_r(W - L)]$ 또한 거의 일정하다. 식 (6.94)로 돌아가서, 식 (6.100)으로 주어진 F, $V = V_{\text{LO}}$(부양속도)와 $m = W/g$(여기서, g는 중력가속도)를 고려하면 식 (6.94)는 다음과 같이 표현된다.

$$s_{\text{LO}} = \frac{(V_{\text{LO}}^2)(W/g)}{2\{T - [D + \mu_r(W-L)]_{\text{av}}\}} \tag{6.101}$$

이륙 시 안전율을 고려하여 부양속도는 실속속도보다 통상 20% 정도 큰 값이다. 따라서, 식 (5.71)로부터 다음의 식으로 나타낼 수 있다.

$$V_{\text{LO}} = 1.2V_{\text{stall}} = 1.2\sqrt{\frac{2W}{\rho_\infty S C_{L,\max}}} \tag{6.102}$$

식 (6.102)를 (6.101)에 대입하면

$$\boxed{s_{\text{LO}} = \frac{1.44W^2}{g\rho_\infty S C_{L,\max}\{T - [D + \mu_r(W-L)]_{\text{av}}\}}} \tag{6.103}$$

식 (6.103)을 계산에 적용하기 위해 Shevell(이 장 끝의 참고문헌을 참조)은 식 (6.103)에 있는 평균값을 $0.7V_{\text{LO}}$ 속도에서의 순간 값을 사용하는 방법을 제안하였다. 즉

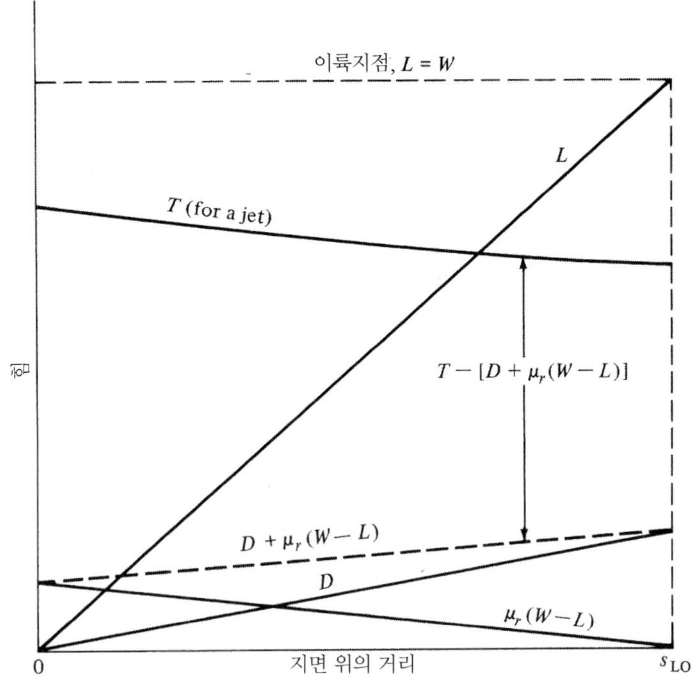

그림 6.50 이륙중인 항공기에 작용하는 힘들의 통상적인 분포

$$[D + \mu_r(W - L)]_{av} = [D + \mu_r(W - L)]_{0.7V_{LO}}$$

또한 경험적으로 식 (6.103)의 회전마찰계수 μ_r은 상대적으로 평탄하고 포장된 활주로에서의 0.02 값에서 목초지에서의 0.10까지의 변화범위를 갖는다는 것이 알려져 있다.

추력이 D나 R보다 훨씬 크다고 가정하면 위의 식을 더욱더 간단하게 나타낼 수 있다. 그림 6.50에 보여준 예를 참조하라. 이러한 단순화가 비합리적인 것은 아니다. 따라서, T와의 비교를 통해 D와 R을 무시하면 식 (6.103)은 다음과 같이 단순해진다.

$$s_{LO} = \frac{1.44\,W^2}{g\rho_\infty S C_{L,\max} T} \tag{6.104}$$

식 (6.104)는 다음과 같은 중요한 물리적인 특성을 나타낸다.

1. 이륙 부양 거리는 항공기 중량에 매우 민감하여 W^2에 정비례한다. 만약 중량을 2배로 하면 항공기의 지면활주는 4배가 된다.
2. 이륙 부양 거리는 대기밀도에 따라 변한다. 만약 6.7절에서 언급한 바와 같이 추력이 ρ_∞에 정비례한다고 가정하면(즉, $T \propto \rho_\infty$) 식 (6.104)로부터

$$s_{LO} \propto \frac{1}{\rho_\infty^2}$$

이것은 차가운 날에 비해 뜨거운 여름날 공기 밀도가 더 작은 경우 주어진 항공기가 지면으로부터 이탈하기 위해서 더 긴 지상활주가 필요한 이유이다. 또한 고도가 더 높은 공항(해수면에서 1 mi 이상인 덴버, 콜로라도 공항에서처럼)에서 더 긴 이륙 부양 거리가 필요하다.

3. 이륙 부양 거리는 날개면적증가, $C_{L,\max}$ 증가 및 추력을 증가시킴으로써 감소시킬 수 있다. 이들의 영향은 모두 쉽게 알 수 있다.

전체 이륙 부양 거리는 연방항공규정(FAR: Federal Aviation Requirements)에서 정의한 바와 같이 지면활주거리 s_{LO}와 35 ft 높이(제트 추진 상업용 여객기에 대해)나 50 ft(모든 다른 항공기) 높이의 장애물을 회피하는 데 필요한 거리의 합이다. 이 규정과 전체 이륙 거리와 관련된 세부 사항을 포함한 설명을 Anderson, *Aircraft Performance and Design*, McGraw-Hill, New York, 1999.에서 찾을 수 있다. 또한, 이 주제에 대한 더 많은 정보는 이 장의 끝의 참고문헌에 나열된 Shevell과 McCormick의 책을 보라.

예제 6.25

해수면에서 CJ-1에 대한 이륙 부양 거리를 예측하라. $\mu_r = 0.02$인 포장된 활주로로 가정하라. 지면활주 동안 항공기의 받음각은 꼬리부분이 지면과 접촉을 피해야 하는 요구조건으로 제한된다. 따라서, 지면회전 동안 $C_{L,\max}$가 1.0으로 제한된다고 가정하라. 또한, 항공기가 지면에 접촉한 상태에서 날개는 지면 위 6 ft에 위치해 있다고 가정하라.

■ **풀이**

식 (6.103)을 이용하라. 식 (6.103)의 평균 힘을 계산하기 위해 우선 식 (6.99)로부터 지면효과지수를 계산하라. 여기서 $h/b = 6/55.3 = 0.113$이다.

$$\phi = \frac{(16h/b)^2}{1+(16h/b)^2} = 0.764$$

식 (6.102)로부터

$$V_{\text{LO}} = 1.2V_{\text{stall}} = 1.2\sqrt{\frac{2W}{\rho_\infty S C_{L,\max}}} = 1.2\sqrt{\frac{2(19{,}815)}{0.002377(318)(1.0)}} = 230 \text{ ft/s}$$

따라서, $0.7V_{\text{LO}} = 160.3$ft/s. 식 (6.103)의 평균힘은 160.3ft/s에서 계산되어야 한다. 이를 위해 식 (6.97)을 이용하면

$$L = \tfrac{1}{2}\rho_\infty V_\infty^2 S C_L = \tfrac{1}{2}(0.002377)(160.3)^2(318)(1.0) = 9712 \text{ lb}$$

식 (6.98)로부터

$$D = \frac{1}{2}\rho_\infty V_\infty^2 S\left(C_{D,0} + \phi\,\frac{C_L^2}{\pi e \text{AR}}\right)$$
$$= \frac{1}{2}(0.002377)(160.3)^2(318)\left[0.02 + 0.764\,\frac{1.0^2}{\pi(0.81)(8.93)}\right] = 520.7 \text{ lb}$$

마지막으로 식 (6.103)을 이용하면

$$s_{\mathrm{LO}} = \frac{1.44W^2}{g\rho_\infty SC_{L,\max}\{T-[D+\mu_r(W-L)]_{\mathrm{av}}\}}$$

$$= \frac{1.44(19{,}815)^2}{32.2(0.002377)(318)(1.0)\{7300-[520.7+(0.02)(19{,}815-9712)]\}}$$

$$= \boxed{3532\ \mathrm{ft}}$$

$[D+\mu_r(W-L)]_{\mathrm{av}} = 722.8$ lb이고 이 값은 추력의 약 10%라는 점에 주목하라. 따라서, 식 (6.104)에 사용된 가정(즉, T와 비교하여 D와 R은 종종 무시될 수 있다는)은 매우 적절하다.

6.16 착륙성능

착륙 중인 항공기를 고려해보자. 항공기가 지면에 착지한 후 지면활주 시 힘의 분포도는 그림 6.49와 정확히 일치하고 순간 가속도(이 경우는 부호가 음인)는 식 (6.96)으로 주어져 있다. 그러나, 완전히 정지할 때까지 필요한 거리를 최소화하기 위해 지면착지 시 조종사는 추력을 0으로 감소시킨다고 가정한다. 그 결과, 착륙 지면 활주에 대한 운동방정식은 $T = 0$ 조건에서 식 (6.96)으로부터 얻을 수 있다.

$$-D-\mu_r(W-L) = m\frac{dV}{dt} \tag{6.105}$$

착륙 중인 항공기에 작용하는 힘들의 통상적인 변화가 그림 6.51에 나타나 있다. 속도 V_T로 착지하여 완전히 정지할 때까지 지면활주거리를 s_L로 나타내자. s_L에 대한 정확한 계산은 식 (6.105)를 식 (6.97)과 (6.98)과 함께 수치적으로 적분하여 얻을 수 있다.

그러나, 6.15절과 같은 맥락에서 s_L에 대한 근사식을 유도해 보자. 착륙 시 정확한 착륙 활주 거리 s_L을 효과적으로 계산할 수 있도록 $D+\mu_r(W-L)$에 대응되는 일정한 평균값을 가정하자. 또 다시 $[D+\mu_r(W-L)]_{\mathrm{av}}$이 $0.7V_L$인 순간의 값과 같다고 가정하면

$$F = -[D+\mu_r(W-L)]_{\mathrm{av}} = -[D+\mu_r(W-L)]_{0.7V_T} \tag{6.106}$$

[그림 6.51로부터 순 감속력 $D+\mu_r(W-L)$은 점선과 같이 거리에 따라 크게 변화된다는 점을 주지하라.] 따라서, 착륙에 대한 우리의 가정은 이륙 때보다 정확하지 않다. $s = s_L$이고 $t = 0$인 착지점에서 $s = 0$인 시간 t까지 식 (6.92)를 적분하면:

$$\int_{s_L}^{0} ds = \frac{F}{m}\int_0^t t\,dt$$

또는

$$s_L = -\frac{F}{m}\frac{t^2}{2} \tag{6.107}$$

식 (6.106)에서 F가 음이고 따라서, 식 (6.107)의 s_L은 양이 됨을 주지하라.

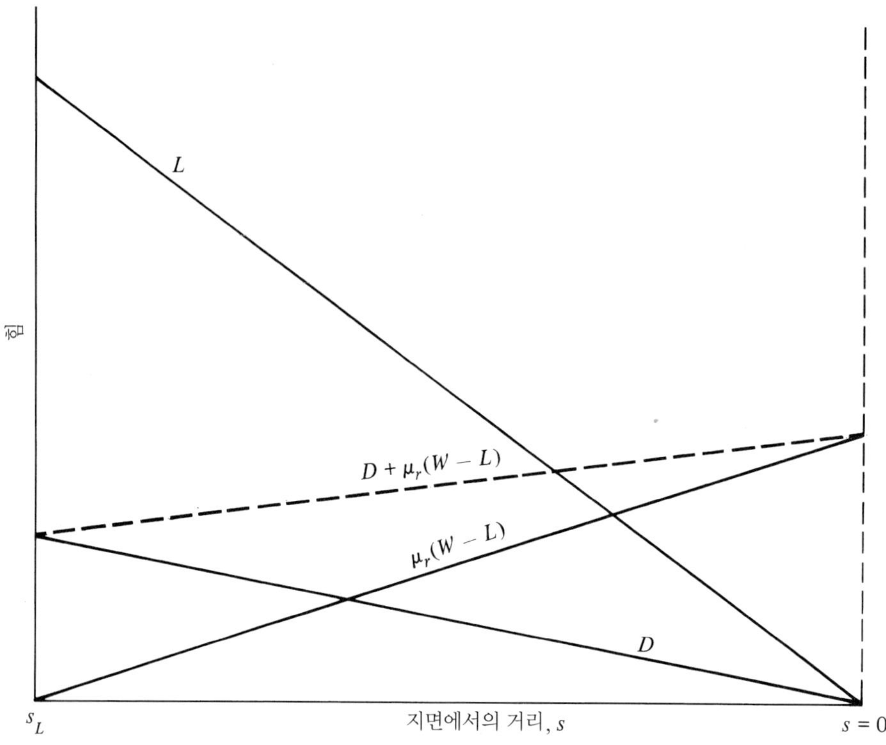

그림 6.51 착륙 시 항공기에 작용하는 힘들의 통상적인 변화

식 (6.91)과 (6.107)을 이용하면 다음의 식을 얻을 수 있다.

$$s_L = -\frac{V^2 m}{2F} \tag{6.108}$$

식 (6.108)은 일정한 힘 F를 받으면서 초기속도 V에서 속도가 0으로 감속하는 데 필요한 거리를 나타낸다. 식 (6.108)에서 F는 식 (1.106)으로 주어지고 V는 V_T이다. 따라서, 식 (6.108)은 다음과 같이 표현된다.

$$s_L = \frac{V_T^2 (W/g)}{2[D + \mu_r (W - L)]_{0.7V_T}} \tag{6.109}$$

안전계수를 도입하면

$$V_T = 1.3 V_{\text{stall}} = 1.3 \sqrt{\frac{2W}{\rho_\infty S C_{L,\max}}} \tag{6.110}$$

식 (6.110)을 (6.109)에 대입하면 다음 식이 얻어진다.

$$\boxed{s_L = \frac{1.69 W^2}{g \rho_\infty S C_{L,\max} [D + \mu_r (W - L)]_{0.7V_T}}} \tag{6.111}$$

착륙 지면활주 동안 조종사는 브레이크를 작동시키기 때문에 식 (6.111)의 회전마찰계수는 브레이크 인가상태에서의 값이고 이 값은 포장된 활주면에서 약 $\mu_r = 0.4$의 값을 갖는다.

최신의 제트 여객기는 착륙지면활주 시 역 추진을 이용한다. 역 추진은 제트 엔진에서 얻은 공기를 통상적으로 추력을 발생시키는 하류방향과 반대 방향인 상류쪽으로 불어냄으로써 발생시킬 수 있다. 그 결과 역 추진을 이용하면 그림 6.49의 추력벡터는 방향이 반대로 되어 감속을 통해 활주거리를 줄이는 데 도움이 되는 항력방향을 향하게 된다. 역 추진을 T_R로 나타내면 식 (6.105)는 다음과 같이 표현된다.

$$-T_R - D - \mu_r(W - L) = m\frac{dV}{dt} \tag{6.112}$$

T_R이 일정하다고 가정하면 식 (6.111)은 다음과 같이 나타낼 수 있다.

$$s_L = \frac{1.69\,W^2}{g\rho_\infty S C_{L,\max}\{T_R + [D + \mu_r(W - L)]_{0.7V_T}\}} \tag{6.113}$$

지면활주거리를 줄이는 또 다른 방법은 양력을 0 근처까지 감소시켜 타이어와 지면 사이에 전체 중량이 작용하도록 함으로써 마찰에 의한 저항력을 증가시키는 방법이 있다. 항공기 날개의 양력은 스포일러를 이용하여 없앨 수 있다. 스포일러는 날개 스팬에 따라 장착된 길고 폭이 좁으면서 유동방향으로 직접 전개되어 큰 흐름박리를 유발함으로써 양력을 대폭 감소시킨다.

FAR에서 정의하는 총 착륙거리는 지면활주거리와 50 ft 고도로부터 활강 후 착지할 때까지 필요한 거리의 합이다. 세부적인 설명은 이 책의 범위를 벗어난다. Shevell 과 McCormick의 책들(이 장의 끝의 참고문헌에 나열된)과 Anderson의 *Aircraft Performance and Design*, McGraw-Hill, New York, 1999.을 참조하라.

예제 6.26

해수면에서 CJ-1에 대한 착륙활주거리를 예측하라. 역 추진 장치는 사용하지 않았다. 그러나 $L = 0$가 되도록 스포일러를 전개하였다. 이 스포일러들은 무양력 항력을 10% 증가시킨다. 연료 탱크는 완전히 빈 상태로 항공기에서 연료의 무게를 무시하라. 플랩을 완전히 전개한 상태에서 최대 양력계수는 2.5이다.

■ **풀이**

CJ-1의 공허중량은 12,352 lb이다. 따라서,

$$V_T = 1.3V_{\text{stall}} = 1.3\sqrt{\frac{2W}{\rho_\infty S C_{L,\max}}} = 1.3\sqrt{\frac{2(12{,}352)}{0.002377(318)(2.5)}} = 148.6 \text{ ft/s}$$

따라서, 0.7 V_T = 104 ft/s이다. 또한, $C_{D,0} = 0.02 + 0.1(0.02) = 0.022$ 이다. 식 (6.98)로부터 $C_L = 0$인 조건에서(스포일러가 전개되어 양력을 대폭 감소시킨다는 점을 기억하라)

$$D = \tfrac{1}{2}\rho_\infty V_\infty^2 S C_{D,0} = \tfrac{1}{2}(0.002377)(104)^2(318)(0.022) = 89.9 \text{ lb}$$

식 (6.111)과 $L = 0$를 이용하면

$$s_L = \frac{1.69W^2}{g\rho_\infty S C_{L,\max}(D + \mu_r W)_{0.7V_T}}$$

$$= \frac{1.69(12,352)^2}{32.2(0.002377)(318)(2.5)[89.9 + 0.4(12,352)]} = \boxed{842 \text{ ft}}$$

6.17 선회비행과 V–n 선도

항공기 성능에 대한 지금까지의 설명에서 우리는 직선운동을 고려하였다. 정적성능에 대한 분석은 직선 비행경로를 따라 속도가 일정한 가속도가 0인 비행을 다룬다. 이착륙 성능은 직선비행경로를 따른 운동인 직선 가속비행에 대한 성능이다. 이제 **곡선경로**로 비행하여 **반경방향**의 가속도를 갖는 경우를 살펴 보자. 즉, 항공기의 선회비행을 살펴보자. 세 가지 특별한 경우인 수평선회, 급상승(풀−업) 및 급하강(풀−다운) 비행 등을 학습할 것이다. 3차원 비행경로를 따른 일반적인 항공기 운동은 이 책의 범위를 벗어난다.

수평선회비행은 그림 6.52에 나타나 있다. 여기서, 항공기 날개는 각도 ϕ로 경사져 있고 따라서 양력벡터는 수직 방향과 각도 ϕ만큼 기울어져 있다. 경사각 ϕ와 양력 L은 양력의 수직 방향 성분이 정확히 무게와 같다는 조건을 만족하기 위해 다음 식이 성립한다,

$$L\cos\phi = W$$

따라서, 항공기는 동일한 수평면에서 운동을 하면서 일정한 고도를 유지한다. 그러나, L과 W의 합력은 수평면에서 작용하는 합력 F_r과 같다. 이 합력은 비행경로에 수직이며 항공기를 곡률반경이 R인 원형 비행경로에서 선회하도록 한다. 선회율 $d\theta/dt$뿐만 아니라 선회반경 R에 대해서도 살펴보고자 한다.

그림 6.52의 힘 선도로부터 합력의 크기는

$$F_r = \sqrt{L^2 - W^2} \tag{6.114}$$

새로운 용어인 **하중계수** n은 다음과 같이 정의된다.

$$n \equiv \frac{L}{W} \tag{6.115}$$

하중계수는 보통 "g" 단위로 나타낸다. 예를 들어, 양력이 무게의 5배인 항공기는 하중계수 5 g 를 경험한다고 말한다. 따라서, 식 (6.114)는 다음과 같이 나타낼 수 있다.

$$F_r = W\sqrt{n^2 - 1} \tag{6.116}$$

항공기는 속도 V_∞로 원형 비행경로에서 운동한다. 따라서, 반경방향 가속도는 V_∞^2/R로 주어진다. 뉴턴의 제2법칙으로부터

$$F_r = m\frac{V_\infty^2}{R} = \frac{W}{g}\frac{V_\infty^2}{R} \tag{6.117}$$

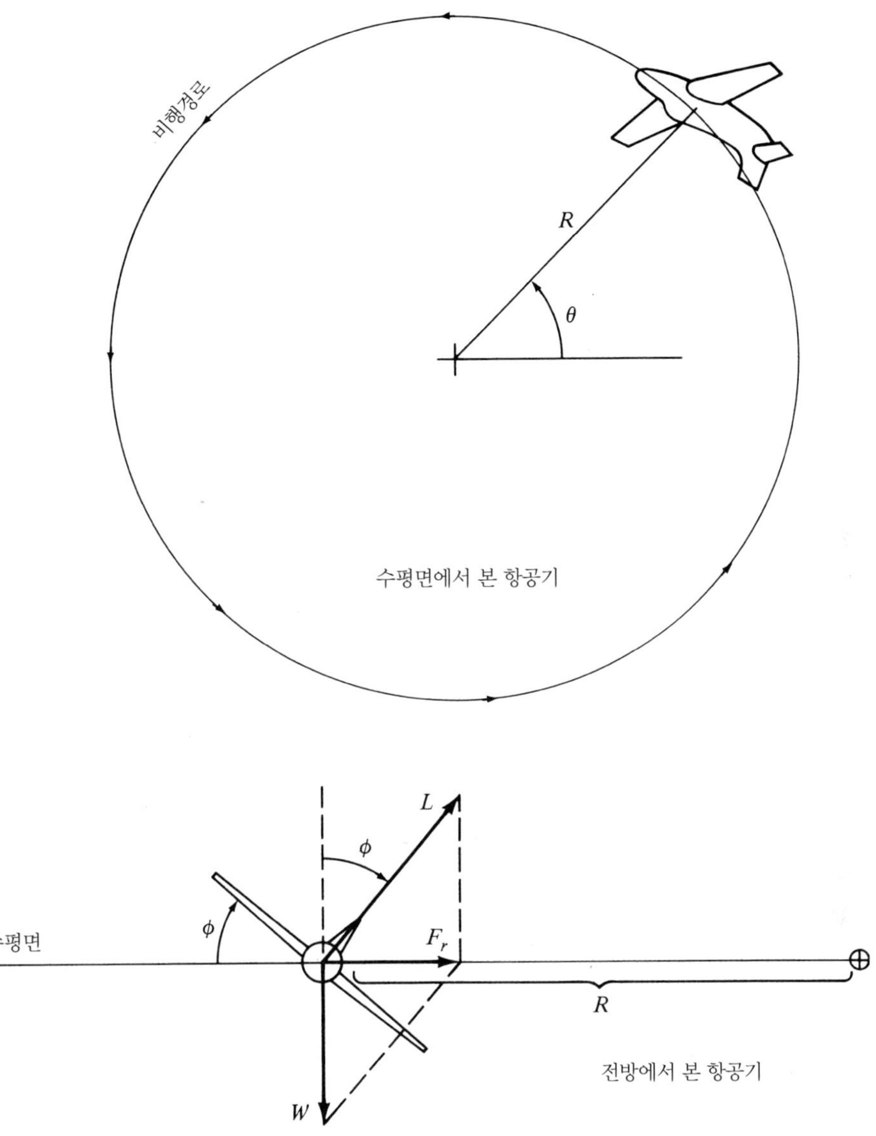

그림 6.52 수평선회비행중인 항공기

식 (6.116)과 (6.117)을 이용하여 R을 구하면

$$\boxed{R = \frac{V_\infty^2}{g\sqrt{n^2 - 1}}} \tag{6.118}$$

$\omega = d\theta/dt$로 표시되는 각속도를 **선회율**이라 부르고 V_∞/R로 주어진다. 따라서, 식 (6.118)을 이용하여

$$\boxed{\omega = \frac{g\sqrt{n^2 - 1}}{V_\infty}} \tag{6.119}$$

군용이든 민수용이든 항공기의 가능하면 가장 작은 R과 가장 큰 ω 값을 갖는 선회성능이 일반적으로 바람직하다. 식 (6.118)과 (6.119)는 작은 선회반경과 큰 선회율을 동시에 얻기 위해 다음과 같은 조건이 만족되어야 함을 나타낸다.

1. 가능한 한 가장 큰 하중계수(즉 가능한 한 가장 큰 L/W)
2. 가능한 한 낮은 속도

초기에 수평 직선비행($L = W$인) 중인 항공기가 양력의 갑작스런 증가를 경험하는 선회비행의 또 다른 경우를 고려해 보자. $L > W$이기 때문에 항공기는 그림 6.53에 나타낸 것과 같이 위쪽 방향으로 선회를 시작할 것이다. 이 풀업(pull-up, 급상승) 기동에서 비행경로는 수직 평면에서 선회율 $\omega = d\theta/dt$을 가진 곡선이 된다. 그림 6.53의 힘 선도로부터 합력 F_r은 수직 방향이고 다음과 같이 주어진다.

$$F_r = L - W = W(n - 1) \tag{6.120}$$

뉴턴의 제2법칙으로부터

$$F_r = m\frac{V_\infty^2}{R} = \frac{W}{g}\frac{V_\infty^2}{R} \tag{6.121}$$

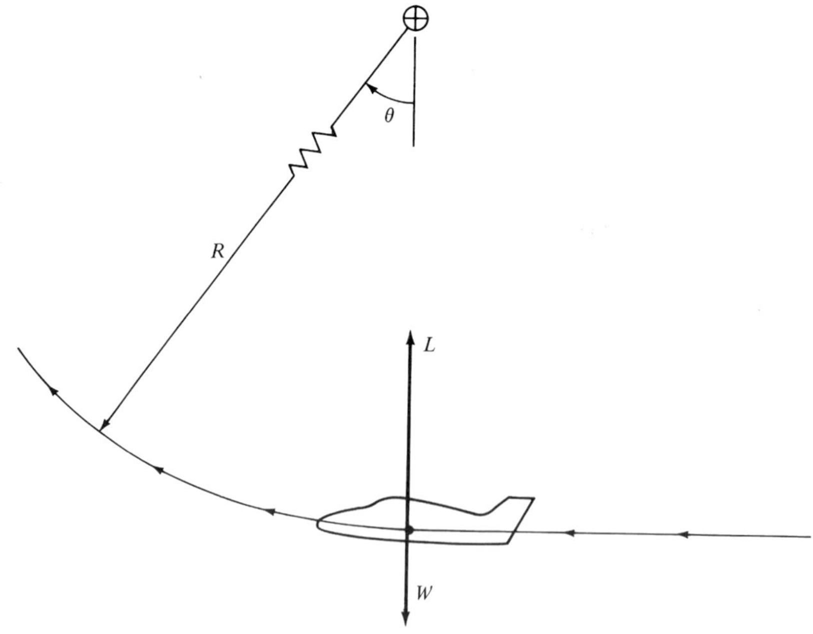

그림 6.53 풀업(pull-up) 기동비행

식 (6.120)과 (6.121)을 이용하여 R을 구하면

$$\boxed{R = \frac{V_\infty^2}{g(n-1)}} \tag{6.122}$$

그리고, $\omega = V_\infty/R$이므로

$$\boxed{\omega = \frac{g(n-1)}{V_\infty}} \tag{6.123}$$

이와 관련된 경우로 그림 6.54와 같은 풀다운(full-down, 급하강) 기동이 있다. 여기서, 항공기는 초기의 수평비행에서 빠르게 롤운동을 하여 거꾸로 된 자세를 취하게 되고 L과 W 모두 아래쪽을 향하게 된다. 항공기는 선회반경 R과 선회율 $\omega = d\theta/dt$를 가지고 원비행경로의 아래쪽으로 선회를 시작할 것이다. 앞의 과정과 유사한 분석을 통해 다음의 결과를 쉽게 얻을 수 있다.

$$R = \frac{V_\infty^2}{g(n+1)} \tag{6.124}$$

$$\omega = \frac{g(n+1)}{V_\infty} \tag{6.125}$$

여러분 스스로 증명해 보라.

선회반경과 선회율에 대한 학습은 특히 전투기에서 중요하다. 모든 것이 같다면 가장 작은 R과 가장 큰 ω을 갖는 항공기가 공대공 전투에서 훨씬 더 유리하다. 고성능 전투기는 높은 하중계수에서 운용할 수 있도록 설계된다(통상 3에서 10까지). n이 클 때 $n + 1 \approx$ n

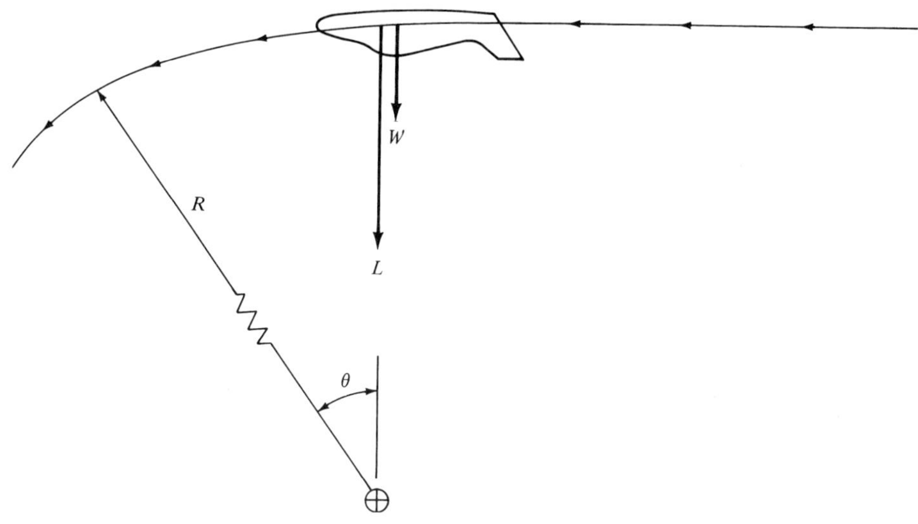

그림 6.54 풀다운(pull-down, 급하강) 기동비행

과 $n - 1 \approx n$의 근사식을 적용하면 식 (6.118), (6.119) 및 식 (6.122)에서 (6.125)까지의 관계식은 다음과 같이 나타낼 수 있다.

$$R = \frac{V_\infty^2}{gn} \tag{6.126}$$

그리고

$$\omega = \frac{gn}{V_\infty} \tag{6.127}$$

이들 방정식으로 좀 더 살펴보자. $L = \frac{1}{2}\rho_\infty V_\infty^2 S C_L$를 이용하면
따라서,

$$V_\infty^2 = \frac{2L}{\rho_\infty S C_L} \tag{6.128}$$

식 (6.128)과 (6.115)를 식 (6.126)과 (6.127)에 대입하면

$$R = \frac{2L}{\rho_\infty S C_L g(L/W)} = \frac{2}{\rho_\infty C_L g}\frac{W}{S} \tag{6.129}$$

그리고

$$\begin{aligned}\omega &= \frac{gn}{\sqrt{2L/(\rho_\infty S C_L)}} \\ &= \frac{gn}{\sqrt{[2n/(\rho_\infty C_L)](W/S)}} = g\sqrt{\frac{\rho_\infty C_L n}{2(W/S)}}\end{aligned} \tag{6.130}$$

식 (6.129)와 (6.130)에서 W/S 항이 나타난다는 점에 유의하라. 앞에서 설명한 바와 같이 이 항은 항공기 성능해석에서 종종 나타나는 것으로 아래와 같이 정의한다.

$$\frac{W}{S} \equiv \text{날개하중}$$

식 (6.129)와 식 (6.130)은 동일한 조건에서 낮은 날개하중을 갖는 항공기가 더 작은 선회반경과 더 큰 선회율을 가질 수 있다는 점을 분명하게 보여준다. 그러나, 항공기 날개하중의 설계는 통상 선회비행보다는 유상하중, 항속거리와 최대 속도 등과 같은 요인으로 결정된다. 그 결과로 일반 경량 항공기에 대한 날개하중은 상대적으로 낮지만 고성능 전투기의 날개하중은 상대적으로 크다. 통상적인 항공기 날개하중의 예가 아래에 나열되어 있다.

항공기	W/S, lb/ft²
Wright Flyer (1903)	1.2
Beechcraft Bonanza	18.8
McDonnell Douglas F-15	66
General Dynamics F-16	74

이 표로부터 Beechcraft Bonanza와 같은 소형 경량 항공기가 F-16과 같은 대형 공격기보다 더 작은 선회반경과 더 큰 선회율을 갖기 때문에 더 뛰어난 선회기동을 할 수 있다. 그러나 이것이 반드시 올바른 비교라고는 할 수는 없다. 대신, 주어진 날개하중을 갖는 **특정** 항공기에 대해 식 (6.129)와 (6.130)을 적용하고 질문을 던져보자. 이 특정 항공기에 대해 어떤 조건에서 R이 최소가 되는가? 위의 방정식들로부터 C_L과 n이 모두 가장 클 때 분명히 R이 최소가 되고 ω가 최대가 될 것이다. 즉

$$R_{\min} = \frac{2}{\rho_\infty g C_{L,\max}} \frac{W}{S} \tag{6.131}$$

$$\omega_{\max} = g\sqrt{\frac{\rho_\infty C_{L,\max} n_{\max}}{2(W/S)}} \tag{6.132}$$

또한, 식 (6.131)과 (6.132)로부터 최대 성능은 ρ_∞가 최대가 되는 해수면에서 얻을 수 있다는 것에 주목하라.

앞의 설명에는 몇 가지 제약조건이 따른다. 우선, 저속에서 $n_{\max}$는 다음과 같이 $C_{L,\max}$의 함수이다.

$$n = \frac{L}{W} = \frac{\frac{1}{2}\rho_\infty V_\infty^2 S C_L}{W}$$

따라서,

$$n_{\max} = \frac{1}{2}\rho_\infty V_\infty^2 \frac{C_{L,\max}}{W/S} \tag{6.133}$$

고속에서 $n_{\max}$는 항공기의 구조설계에 의해 제한된다. 이에 대한 설명은 주어진 항공기의 속도에 따른 항중계수를 나타내는 V–n **선도**인 그림 6.55로 매우 쉽게 이해할 수 있다. 곡선 AB는 식 (6.133)으로 주어진다. 그림 6.55에서 V_1으로 나타낸 속도로 비행 중인 항공기를 고려해보자. 항공기는 $C_L < C_{L,\max}$인 받음각을 갖는다. 이 조건을 그림 6.55의 점 1로 나타내었다. 자 이제 속도를 V_1으로 일정하게 유지하면서 $C_{L,\max}$에 도달할 때가지 받음각을 증가시켰다고 가정하자. 양력은 주어진 V_1에서 최대값으로 증가하고 따라서, 하중계수 $n = L/W$는 주어진 V_1에서 최대값인 $n_{\max}$에 이르게 된다. 이 $n_{\max}$값은 식 (6.133)으로 주어져 있고 대응되는 비행 조건은 그림 6.55의 점 2이다. 만약 받음각을 더 증가시키게 되면 날개는 실속상태가 되고 하중계수는 감소하게 된다. 따라서, 그림 6.55의 점 3은 비행으로는 도달할 수 없는 조건이다. 점 3은 V–n 선도의 **실속영역** 내에 있다. 결과적으로 점 2는 주어진 속도 V_1에서 얻을 수 있는 최대 하중계수를 나타낸다. 이제 V_1이 예를 들어 V_4까지 증가되면 그림 6.55의 점 4로 주어지고 식 (6.133)으로부터 계산할 수 있듯이 얻을 수 있는 최대 하중계수 $n_{\max}$ 값이 증가한다. 그러나, $n_{\max}$를 무한정 증가시킬 수는 없다. **양의 제한하중계수**로 정의되고 그림 6.55의 수평선 BC로 나타낸 하중계수 값 이상에서는 항공기에 구조손상이 일어날 수 있다. 점 B에 대응되는 속도는 V^*로 나타내었다. 예를 들어 V_5와 같이 V^*

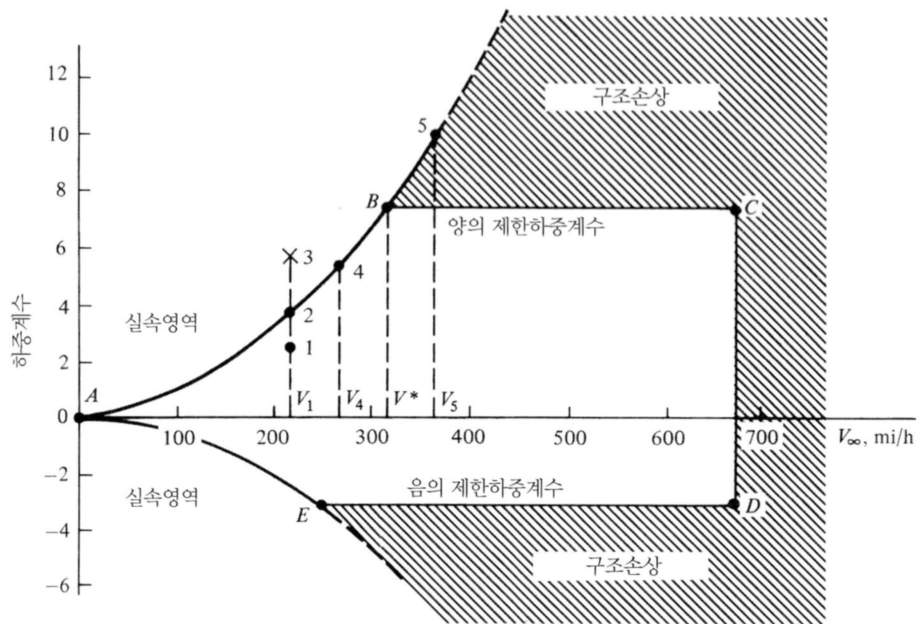

그림 6.55 통상적인 제트 추진 훈련기의 $V-n$ 선도
(자료출처: *U.S. Air Force Academy*)

보다 큰 속도에서 항공기는 양의 제한하중계수를 초과하지 않도록 $C_{L,\max}$보다 작은 C_L 값으로 비행하여야 한다. 만약 그림 6.55의 점 5에 대응되는 속도 V_5에서 $C_{L,\max}$에 도달하게 되면 구조손상이 일어날 것이다. $V-n$ 선도의 우측의 선 *CD*는 고속 제한속도이다. 이 값보다 큰 속도에서는 동압이 항공기의 구조손상을 일으킬 정도로 커지게 된다.(이 최대 제한속도는 설계를 통해 6.4절과 6.6절에서 계산한 수평비행 시의 $V_{\max}$ 값보다 휠씬 큰 값을 갖는다. 실제로 대부분의 항공기에 대한 구조설계에서 $V-n$ 선도로 허용되는 최대 속도는 항공기의 최대 운용속도보다 충분히 더 크게 설정된다). 마지막으로 그림 6.55의 곡선 *AE*와 *ED*로 주어지는 $V-n$ 선도의 아래 부분은 절대 받음각이 음인 경우이다(즉 음의 하중계수). 곡선 *AE*는 실속한계를 정의한다. (0보다 작은 절대 받음각에서 양력은 음이 되고 아래 방향으로 작용한다. 만약 항공기가 충분히 큰 음의 받음각이 되도록 아래쪽으로 피칭운동을 하게 되면 날개의 아래면에서 흐름박리가 일어나고 아래 방향으로 작용하는 양력의 크기가 감소하게 된다—즉 날개에 실속이 발생한다.) 선 *ED*는 음의 제한하중계수를 나타내고 이 범위를 넘어가면 구조손상이 발생할 것이다.

$V-n$선도와 관련된 마지막 검토로 그림 6.55의 점 B를 살펴보자. 이 점은 **기동점**(*maneuver point*)이라 불린다. 이 점에서는 C_L과 n이 항공기가 허용된 비행영역에서 얻을 수 있는 가장 큰 값으로 동시에 최대가 된다. 결과적으로 식 (6.131)과 (6.132)로부터 이 점은 항공기의 최소 선회반경과 최대 선회율을 동시에 갖게 되는 점에 해당된다. 점 B에

대응되는 속도를 **코너속도**(*corner velocity*)라 부르며 그림 6.55에 V^*로 나타내었다. 속도에 대한 식 (6.133)을 풀이하면 다음과 같은 코너속도에 대한 식을 얻을 수 있다.

$$V^* = \sqrt{\frac{2n_{\max}}{\rho_\infty C_{L,\max}} \frac{W}{S}} \tag{6.134}$$

식 (6.134)에서 $n_{\max}$는 그림 6.55의 점 B에 대응된다. 코너속도는 두 영역을 나누는 흥미로운 점이다. V^*보다 작은 비행 속도에서는 너무 큰 양력의 발생 때문에 구조손상이 발생할 가능성이 없다. 반면, V^*보다 큰 비행 속도에서는 항공기를 구조적으로 손상시킬 수 있는 (그림 6.55의 점 5와 같이) 양력을 얻을 수 있고 조종사는 이러한 경우를 회피하여야 한다.

예제 6.27

해수면에서 수평선회비행 중인 CJ-1(예제 6.1)을 고려하자. 최소 선회반경과 최대 선회율을 계산하라. 최대 하중계수와 양력계수(플랩을 전개하지 않은 상태)는 각각 5와 1.4이다.

■ **풀이**

최소 선회반경과 최대 선회율은 비행 속도가 코너속도(corner velocity) V^*일 때 얻을 수 있고 식 (6.134)로 주어져 있다.

$$V^* = \sqrt{\frac{2n_{\max}\left(\dfrac{W}{S}\right)}{\rho_\infty\, C_{L,\max}}} \tag{6.134}$$

연료를 가득 탑재한 CJ-1의 날개하중은

$$\frac{W}{S} = \frac{19{,}815}{318} = 62.3 \text{ lb/ft}^2$$

따라서, 식 (6.134)로부터

$$V^* = \sqrt{\frac{2n_{\max}\left(\dfrac{W}{S}\right)}{\rho_\infty\, C_{L,\max}}} = \sqrt{\frac{2(5)(62.3)}{(0.002377)(1.4)}} = 43.6 \text{ ft/s}$$

식 (6.118)에 $V_\infty = V^*$와 $n = n_{\max}$를 적용하면

$$R_{\min} = \frac{(V^*)^2}{g\sqrt{n_{\max}^2 - 1}} = \frac{(43.6)^2}{32.2\sqrt{(5)^2 - 1}} = \boxed{1186 \text{ ft}}$$

식 (6.119)로부터

$$\omega_{\max} = \frac{g\sqrt{n_{\max}^2 - 1}}{V^*} = \frac{32.2\sqrt{(5)^2 - 1}}{43.6} = \boxed{0.365 \text{ rad/s}}$$

1 rad = 57.3°을 이용하여 각도단위로 바꾸면

$$\omega_{\max} = \boxed{20.9 \text{ deg/s}}$$

6.18 가속 상승률(에너지 기법)[1]

그림 6.56에 나타낸 록히드-마틴 사의 초음속기 F-22 랩터와 F-15 이글과 같은 최신의 고성능 항공기들은 높은 가속 상승률을 가질 수 있다. 따라서, 이러한 항공기의 성능해석은 6.8절에서 다룬 정적 상승률 해석방법을 뛰어넘는 다른 방법들이 요구된다. 이번 절의 목적은 하나의 방법으로 항공기 **에너지**를 이용하는 방법을 소개하는 것이다. 이 방법은 항공기에 작용하는 힘들을 직접적으로 다루는 앞의 설명과 차이를 보인다.

고도 h에서 속도 V로 비행중인 질량이 m인 항공기를 고려해보자. 고도 때문에 항공기는 mgh의 **위치에너지** PE를 갖는다. 속도로 인해 항공기는 $\frac{1}{2}mV^2$인 **운동에너지** KE를 갖는다. 항공기의 총 에너지는 이들 에너지의 합이다.

$$\text{Total aircraft energy} = \text{PE} + \text{KE} = mgh + \tfrac{1}{2}mV^2 \tag{6.135}$$

항공기 단위 무게당 에너지는 식 (6,135)를 $W = mg$로 나누어 얻을 수 있으며 다음과 같은 **비에너지** H_e로 나타낼 수 있다.

$$H_e \equiv \frac{\text{PE}+\text{KE}}{W} = \frac{mgh + \frac{1}{2}mV^2}{mg}$$

또는

$$H_e = h + \frac{V^2}{2g} \tag{6.136}$$

비에너지 H_e는 고도의 단위를 가지기 때문에 항공기의 에너지 고도로도 불려진다. 따라서, 단위 무게당 위치에너지와 운동에너지의 단순한 합인 에너지 고도 H_e로 항공기 에너지를 나타내는 데 익숙해지자. H_e가 일정한 곡선들이 그림 6.57에서 보는 바와 같은 고도-마하수 곡선으로 나타나 있다. 여기서, 세로와 가로축은 각각 고도 h와 마하수 M이고 점선들은 에너지 고도가 일정한 선들이다.

그림 6.57의 중요성을 느끼기 위해 고도 30,000 ft에서 마하수 0.81로 비행하는 항공기(그림 6.57의 점 A)와 10,000 ft 고도에서 마하수 1.3으로 비행하는 항공기(점 B)를 고려해 보자. 두 항공기는 동일한 에너지 고도 40,000 ft를 가진다(여러분 스스로 계산하여 점검해 보라). 그러나, 항공기 A는 항공기 B에 비해 더 큰 위치 에너지와 더 작은 운동에너지를 갖는다. 두 항공기가 각각의 총 에너지를 유지한다면 두 항공기 모두 모든 운동에너지를 위치에너지로 소진하면서 40,000 ft 고도까지 급상승하여 속도가 0인 상태(점 C)에 도달할 수 있다. 그림 6.57의 점 D로 나타낸 고도 50,000 ft에서 마하수 1.85로 비행하는 또 다른 항공기를 고려해 보자.

[1] 본 절은 매년 콜로라도 스프링스에서 개최되는 공기역학 워크숍에서 미공군사관학교 항공과 교수가 발표한 자료의 일부를 참조한 것이다. 이 저자는 1979년 최초 개최 이후 이 워크숍에 참여할 수 있는 특권을 가지고 있다. 이 자료의 제공과 관련하여 James D. Lang 대령, Thomas Parrot 소령과 Daniel Daley 대령께 깊은 감사를 드린다.

그림 6.56 90°로 수직 가속중인 록히드 마틴사의 F-22 랩터와 F-15 이글
(자료출처: *U.S. Air Force*.)

이 항공기는 100,000 ft의 에너지 고도를 가지고 있고 따라서 모든 운동에너지를 위치에너지로 소진하면 실제로 100,000 ft의 고도까지 급상승할 수 있다. 항공기 *D*는 항공기 *A*와 *B* (H_e = 40,000 ft)보다 훨씬 큰 에너지 상태(H_e = 100,000 ft)에 있다. 따라서, 항공기 *D*가 항공기 *A*와 *B*에 비해 훨씬 큰 속도성능과 고도성능을 갖는다. 다른 모든 조건들이 동일하다면 적 항공기에 비해 더 높은 에너지 상태(더 큰 H_e를 가지는)를 유지하는 것이 유리하다.

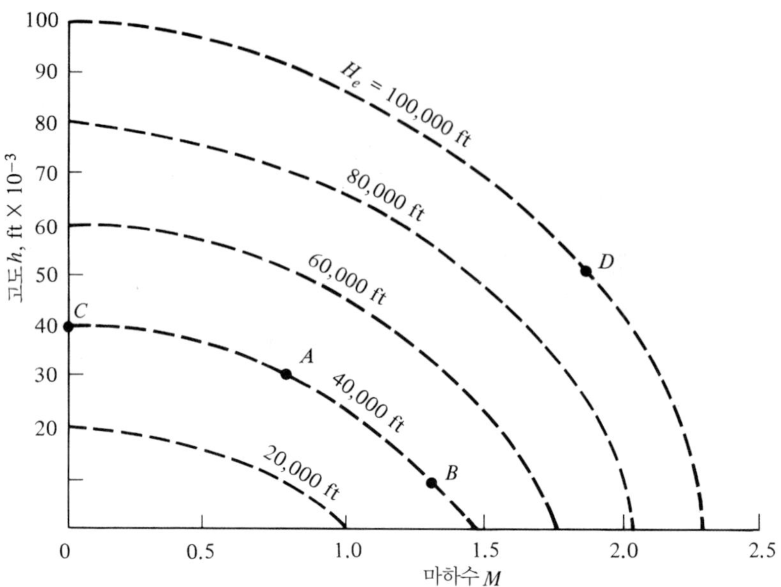

그림 6.57 일정한 에너지를 고도를 갖는 고도-마하수 선도. 이 곡선들은 단위 무게당 운동에너지와 위치에너지의 변화를 나타내는 일반적인 곡선이다. 이 곡선들은 주어진 항공기의 특정한 설계인자와는 관련이 없다.

어떻게 항공기가 자신의 에너지 상태를 변화시킬 수 있겠는가? 예를 들어 그림 6.57에서 어떻게 항공기 A와 B가 자신들의 에너지 고도를 점 D와 동일한 값으로 증가시킬 수 있겠는가? 이 질문에 대한 답을 찾기 위해 그림 6.5의 힘 선도와 식 (6.7)로 주어진 비행경로 상에서의 운동방정식 유도결과로 돌아가 보자. α_T가 작다고 가정하면 식 (6.7)은 다음과 같이 나타낼 수 있다.

$$T - D - W \sin\theta = m\frac{dV}{dt} \tag{6.137}$$

$m = W/g$ 인 관계를 상기하면 식 (6.137)을 다음과 같이 정리할 수 있다.

$$T - D = W\left(\sin\theta + \frac{1}{g}\frac{dV}{dt}\right)$$

V/W를 곱하면

$$\frac{TV - DV}{W} = V\sin\theta + \frac{V}{g}\frac{dV}{dt} \tag{6.138}$$

식 (6.138)을 살펴보고 6.8절의 정의들을 상기하면 $V\sin\theta = R/C = dh/dt$와 다음 관계식이 성립함을 알 수 있다.

$$\frac{TV - DV}{W} = \frac{\text{잉여마력}}{W} \equiv P_s$$

여기서 단위 무게당 잉여마력은 **비잉여마력**(*specific excess power*)으로 정의하고 P_s로 나타내었다. 따라서, 식 (6.138)은 다음과 같이 쓸 수 있다.

$$\boxed{P_s = \frac{dh}{dt} + \frac{V}{g}\frac{dV}{dt}} \tag{6.139}$$

식 (6.139)는 잉여마력을 갖는 항공기가 이 잉여마력을 상승률(dh/dt)이나 비행경로를 따른 가속 혹은 이들의 조합을 위해 사용할 수 있음을 말해준다. 예를 들어 800 ft/s 속도로 수평비행 중인 항공기를 고려해보자. 조종사가 스로틀을 완전히 앞쪽으로 밀었을 때 Ps= 300 ft/s의 비잉여마력이 발생한다고 가정하자. 식 (6.139)는 조종사가 이 잉여마력을 모두 사용하여 300 ft/s의 최대 등속 상승률($dV/dt = 0$, 따라서, $P_s = dh/dt$ = R/C)을 얻기 위해 사용할 수 있다. 이 경우 비행경로상에서 속도는 800 ft/s의 일정한 값을 유지한다. 이와는 달리 조종사는 수평비행($dh/dt = 0$)을 유지하면서 $dV/dt = gP_s/V = 32.2(300)/800 = 12.1$ ft/s²로 가속하는 데 모든 잉여마력을 사용할 수도 있다. 반면, 이들의 조합한 경우로 상승률 $dh/dt = 100$ ft/s와 비행경로를 따른 가속도 $dV/dt = 32.2(200)/800 = 8.1$ ft/s² 를 동시에 얻는 데도 사용이 가능하다. [식 (6.138)과 (6.139)는 식 (6.50)을 일반화시킨 것임을 주지하라. 6.8절에서 우리는 $dV/dt = 0$으로 가정하였고 정상 상승비행에 대한 결과 식으로 (6.50)을 얻었다. 이번 절에서는 가속도를 갖는 상승비행의 일반적인 경우를 다루고 있다.] 에너지 고도에 대한 식 (6.139)로 돌아가자. 시간에 대해 미분하면

$$\frac{dH_e}{dt} = \frac{dh}{dt} + \frac{V}{g}\frac{dV}{dt} \tag{6.140}$$

식 (6.139)와 (6.140)의 우변 항은 동일하다. 따라서,

$$\boxed{P_s = \frac{dH_e}{dt}} \tag{6.141}$$

즉, **에너지 고도의 시간 변화율은 비잉여마력과 동일하다**. 이것이 이번 절 서두의 질문에 대한 답이다. 항공기는 잉여마력을 인가함으로써 자신의 에너지 상태를 증가시킬 수 있다. 충분한 잉여마력을 가지고 있다면 그림 6.57의 항공기 A와 B는 항공기 D의 에너지 상태에 도달할 수 있다.

이 결과는 곧장 다음 질문으로 이어진다. 우리는 어떻게 주어진 항공기가 임의의 에너지 고도에 도달하기 위해 필요한 P_s를 가지고 있는지를 확신할 수 있겠는가? 이 질문에 대해 기술하기 위해 그림 6.29에 나타낸 잉여마력의 정의(즉, 이용마력과 필요마력의 차)를 상기하라. 주어진 고도 h 에서 잉여마력(P_s로 나타낼 수 있는)을 속도(혹은 마하수) 변화에 대해 작도할 수 있다. 항력발산 마하수 이하의 아음속 항공기에 대해서는 그림 6.58a와 유사한 형태를 가질 것이다. 주어진 고도 h_1에서 P_s는 거꾸로 된 U자 모양의 곡선이 될 것이다(이것은 본질적으로 그림 6.32와 6.33에 보여준 것과 같은 동일한 형태이다). h_2 및 h_3와

같이 고도를 점차 증가시키면 그림 6.58a에서 보인 바와 같이 P_s가 작아진다. 따라서, 그림 6.58*a*은 고도를 파라미터로 하여 마하수에 따른 P_s를 단순하게 그린 것이다. 이 결과들은 그림 6.58*b*에 보인 바와 같이 P_s를 파라미터로 사용한 고도-마하수 곡선으로 다시 그릴 수 있다. 예를 들어 그림 6.58*a*에서 $P_s = 0$이면서 수평축 상에 있는 점들에 대응되는 점 *a*, *b*, *c*, *d*, *e* 및 *f*와 같이 $P_s = 0$인 모든 점들을 고려해보자. 이 점들을 고도-마하수 곡선인 그림 6.58b에 다시 그려보자. 그러면 점 *a*, *b*, *c*, *d*, *e* 및 *f* 들은 $P_s = 0$인 종 모양의 곡선을 구성하게 된다. 이 곡선을 $P_s = 0$에 대응되는 P_s 선도(*PS contour*)라고 부른다. 유사하게 $P_s = 200$ ft/s인 모든 점들은 그림 6.58*a*의 수평선 *AB* 위에 나타나 있고 그림 6.58*b*의 $P_s =$ 200 ft/s인 곡선으로 다시 그릴 수 있다. P_s 선도의 모든 곡선을 고도-마하수 차트에서 만

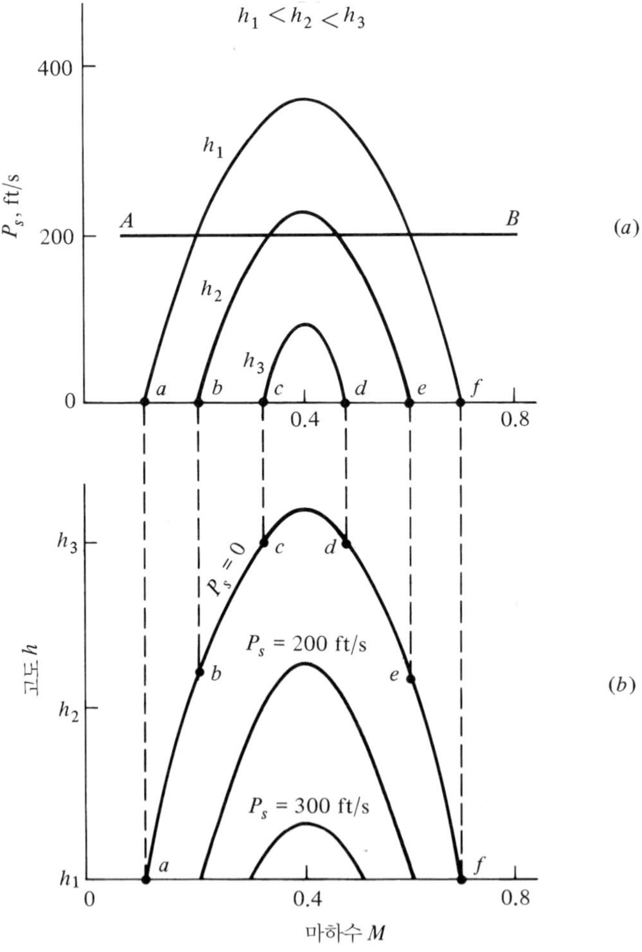

그림 6.58 항력발산 마하수 이하의 아음속 항공기의 고도-마하수 곡선으로 나타낸 비잉여마력 곡선의 작도방법. 이들 곡선은 고정된 하중계수에서 작성한 것으로 하중계수가 변하면 P_s곡선이 이동하게 될 것이다.

들어 낼 수 있다.

초음속 항공기에 대해 서로 다른 고도에서 마하수에 대한 P_s 곡선은 그림 6.59*a*와 같이 작도될 것이다. *U*자 모양의 곡선에서 마하수 1 근처의 움푹 들어간 부분은 천음속 비행영역에서 큰 항력의 증가로 인한 것이다(5.10절을 보라). 계속해서 이들 곡선들도 그림 6.59*a*에서 보인 것과 같은 P_s 선도를 작도하기 위해 고도-마하수 곡선으로 다시 그릴 수 있다. 그림 6.59*a*의 두 번 굽은 P_s 곡선의 형태로 인해 그림 6.59*b*의 P_s 선도가 아음속과 초음속에서 서로 다른 형태를 갖는다. 그림 6.59*b*에 나타난 P_s 선도의 모양은 대부분의 초음속 항공기의 특징이다.

이제 우리는 이 절의 시작점에서 언급한 질문에 대한 해답에 근접해 있다. P_s 선도(즉, 그림 6.59*b*)와 그림 6.57에 나타낸 에너지 상태를 고도-마하수 곡선에 중첩하여 나타내

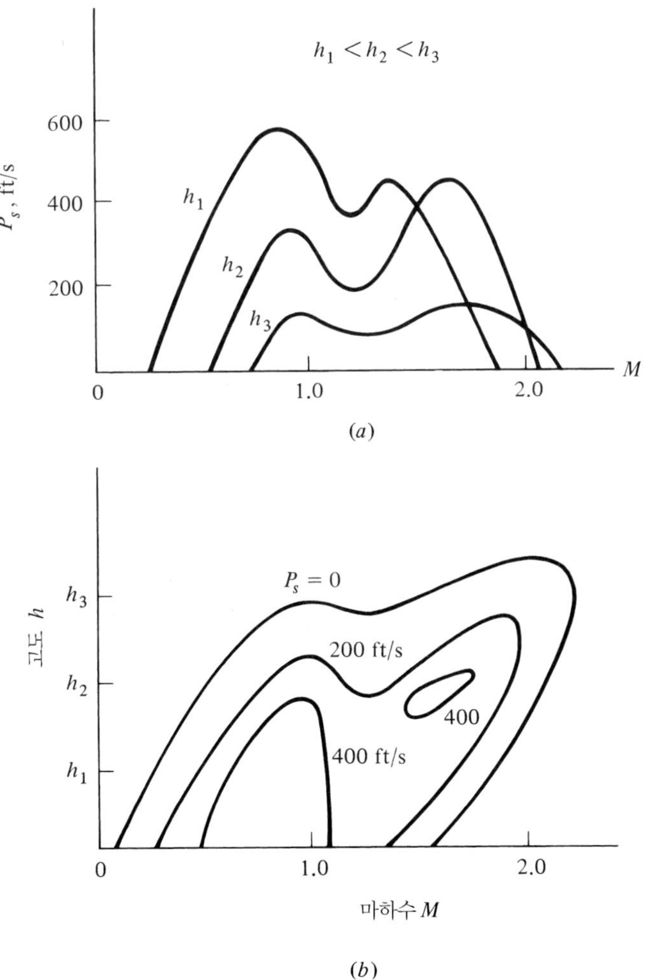

그림 6.59 초음속 항공기의 비잉여마력 곡선

보자. 그림 6.60과 같은 선도를 얻을 수 있다. 이 그림에서 H_e 곡선들은 임의로 주어진 항공기와는 전혀 상관이 없는 물리학 기반의 일반적인 곡선인 반면 P_s 선도들은 항상 하중계수가 정의된 주어진 항공기와 관련이 있다. 그림 6.60의 유용성은 이 그림으로 주어진 항공기에 대해 얻을 수 있는 에너지 상태를 알 수 있다는 점에 있다. 지속이 가능한 항공기의 비행영역은 $P_s = 0$로 형성된 영역의 안쪽이다. 따라서, 이 영역 내의 모든 H_e 값들은 주어진 항공기로부터 얻을 수 있는 값이다. 서로 다른 항공기에 대해 6.60과 같은 그림들을 비교함으로써 어떤 고도와 마하수 범위에서 주어진 항공기가 다른 항공기에 비해 기동성에서 우위를 갖는지를 알 수 있다.

또한, 그림 6.60은 최소 상승비행 시간을 얻을 수 있는 적합한 비행경로를 나타낸다는 점에서도 유용하다. 예를 들어 $H_{e,2} > H_{e,1}$인 두 에너지 고도 $H_{e,1}$과 $H_{e,2}$를 비교해 보자. 이 두 에너지 상태 사이를 이동하는 데 필요한 시간은 식 (6.141)로부터 얻을 수 있고 다음과 같이 나타낼 수 있다.

$$dt = \frac{dH_e}{P_s}$$

$H_{e,1}$에서 $H_{e,2}$까지의 적분을 통해

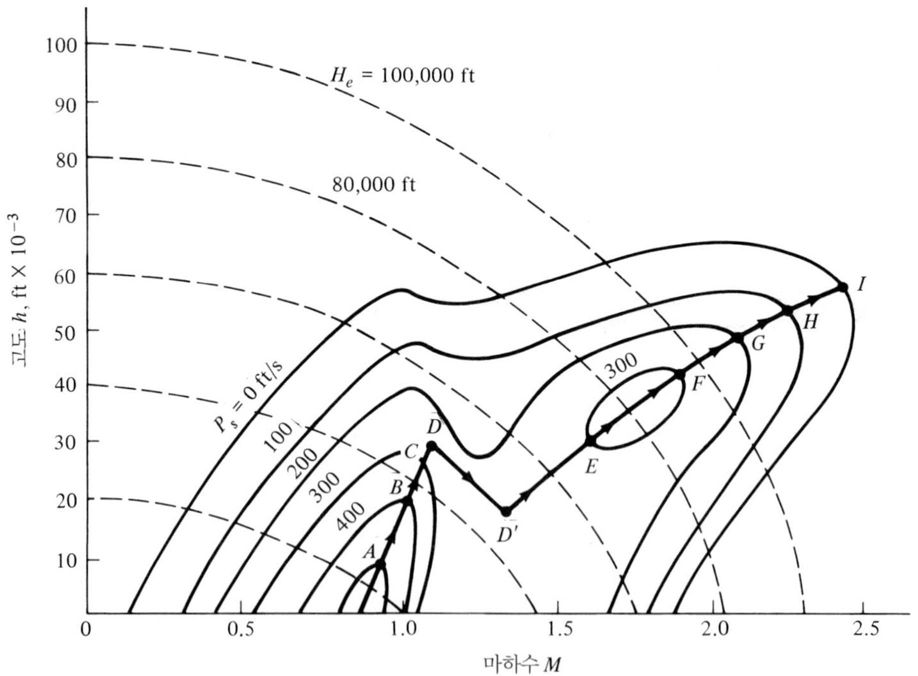

그림 6.60 고도-마하수 평면에서의 P_s 곡선과 비에너지 상태 곡선. 그림의 P_s는 록히드사의 F104-G 초음속 전투기에 대한 근사 값이다. 하중계수 $n = 1$. $W = 18,000$ lb, 항공기는 최대 추력 상태로 점 A에서 I까지의 비행경로는 상승시간이 최소가 되는 경로이다.

$$t_2 - t_1 = \int_{H_{e,1}}^{H_{e,2}} \frac{dH_e}{P_s} \tag{6.142}$$

식 (6.142)로부터 상승비행 시간은 P_s가 최대일 때 최소가 된다. 그림 6.60의 개별 곡선을 살펴보면 P_s가 최대가 되는 한 점을 찾을 수 있다. 실제로 이 점에서 P_s 곡선은 H_e 곡선과 접한다. 이러한 점들을 그림 6.60에 점 A에서 점 I 까지 나타내었다. 이 점들을 통과하는 화살표로 나타낸 선은 상승비행 시간이 최소인 비행경로에 따른 고도와 마하수의 변화를 나타낸다. D와 D' 사이의 비행경로는 마하수 1 부근의 항력발산 영역을 가속하면서 통과하기 위한 에너지가 일정한 상태의 급하강이다.

마지막으로 최근의 고성능 항공기의 해석은 앞서 설명한 것과 같은 에너지 개념을 폭넓게 이용한다. 실제로 군용 항공기 조종사들은 조종석에 P_s 선도를 비치하고 비행을 한다. 여기서의 우리의 목적은 이러한 개념과 관련된 정의와 기본적인 개념을 간단하게 소개하는데 있다. 보다 광범위하게 다루는 것은 이 책의 범위를 벗어난다.

6.19 초음속 항공기에 대한 특별한 고찰

아음속 유동과 초음속 유동의 물리적인 특성은 전적으로 다르다(밤과 낮의 확연한 대조처럼). 우리는 4장과 5장에서 이 차이점의 몇 가지에 대해 언급한 바 있다. 그러나, 이러한 차이는 이 장에서 언급한 항공기 성능 예측 기법에 영향을 주지는 않는다. 이들 기법들은 일반적이어서 아음속 및 초음속 항공기에 공히 적용된다. 성능해석에서 항공기가 아음속인지 초음속인지를 알게 해주는 유일한 통로는 양항곡선과 엔진 특성을 통해서이다. 5.3절에서 언급한 바와 같이 C_L과 C_D가 자유류 마하수의 함수이고 따라서, 양항곡선은 M_∞의 함수라는 점을 상기하라. 주어진 양항곡선은 특정한 마하수와 관계가 있다. 예를 들어 그림 6.2에 나타낸 Lockheed C-141A에 대한 양항곡선은 $M_\infty \leq 0.3$의 저 아음속과 관련된 것이다. 동일한 항공기에 대해 주어진 아음속 마하수에서의 양항곡선과 주어진 초음속 마하수에서의 양항곡선에 대한 포괄적인 비교가 그림 6.61에 나타나 있다. 주어진 C_L에 대해 초음속에서의 C_D가 초음속 조파항력 때문에 아음속에서의 값보다 훨씬 더 크다. 그림 6.61와 같이 초음속에 대한 양항곡선은 아음속에 대한 양항곡선의 오른쪽에 위치하여 보다 급한 포물선 형태를 나타낸다.

양항곡선에서 그림 6.61의 점 1과 같은 임의의 한 점을 고려해보자. 원점에서 점 1까지의 직선 O−1은 $C_{L,1}/C_{D,1}$의 기울기를 갖는다. 즉 기울기는 점 1에서의 비행과 관련된 양항비와 동일하다. 점 1을 양항곡선의 위로 이동시킴에 따라 L/D가 증가하기 때문에 선 O−1의 기울기는 커질 것이다. 점 A를 직선이 접하는 점으로 정의하자. 그러면, 직선 OA의 기울기는 얻을 수 있는 최대 기울기가 된다. 이 기울기는 $(L/D)_{\max}$와 같고 점 A는 최대 양항비 상태의 비행에 대응된다. 이 것이 양항곡선으로부터 $(L/D)_{\max}$를 구할 수 있는 도식적인 작도방법을 보여준다. 간단하게 원점에서 양항곡선에 접하는 직선을 작도하라. 그러

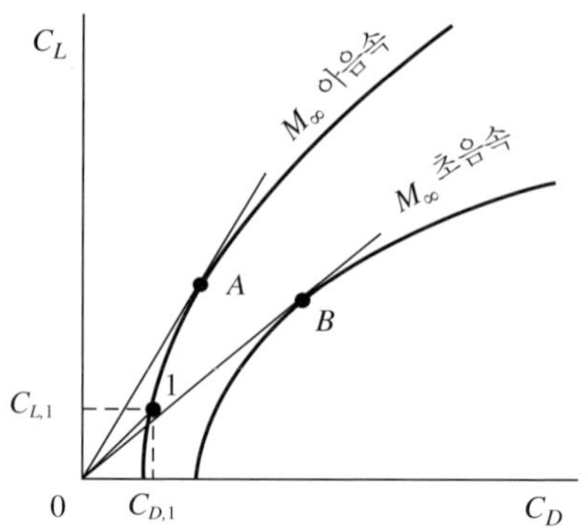

그림 6.61 동일한 항공기의 아음속과 초음속 양항곡선의 일반적인 형태 비교

면 이 선의 기울기가 $(L/D)_{max}$와 같다.

이 점을 기억하면서 그림 6.61의 두 양항곡선을 비교해보자. 선 OA는 아음속 양항곡선에 접하도록 작도된 것이고 그 기울기는 주어진 아음속 마하수에서 $(L/D)_{max}$이다. 선 OB는 초음속 양항곡선에 접하도록 작도된 것이고 그 기울기는 주어진 초음속 마하수에서 $(L/D)_{max}$이다. **초음속에서의 $(L/D)_{max}$의 값은 아음속에서의 값보다 더 작다.** 이것을 그림 6.62에 강조하여 그려 놓았다. 항공기가 마하수 1을 통과하여 가속함에 따라 $(L/D)_{max}$ 값이 크게 감소한다.

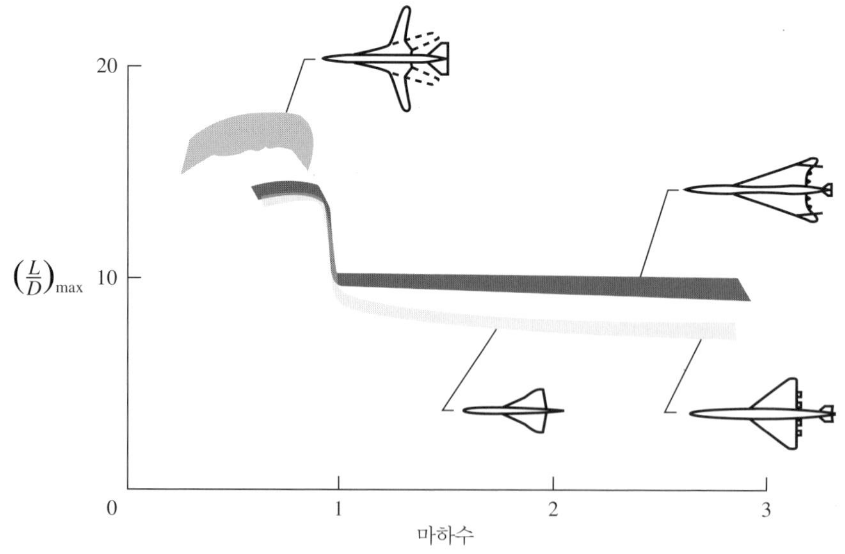

그림 6.62 일반적인 항공기 형상에 대한 마하수에 따른 $(L/D)_{max}$의 변화
(자료출처: *From M. R. Nichols, A. L. Keith, and W. E. Foss, "The Second-Generation Supersonic Transport," in Vehicle Technology for Civil Aviation: The Seventies and Beyond. NASA SP*−292, pp. 409−428.)

설계

DESIGN BOX

앞의 설명에 근거하여 초음속 민항기과 같이 초음속에서 순항하는 항공기 설계자는 식 (6.143)으로 표현되는 실제 현실을 고려해야만 한다. 그 예로 1990년대 고속 민수 여객기(HSCT: high-speed civil transport)로 명명된 2세대 초음속여객기에 대한 광범위한 연구가 나사가 주도한 고속비행 연구(HSR: high-speed research) 프로그램의 지원 아래 미국의 산업체에 의해 진행되었다. (이에 비해 1960년대 설계된 그림 5.66의 영국과 프랑스의 콩코드기는 1 세대 초음속 여객기이다.) 마하수 2.4에서의 순항비행, 5000 mi의 항속거리와 300명의 탑승객 등이 HSCT에 대한 기본 설계사양으로 요구되었다. 이것은 최신의 최첨단 항공공학 기술에 도전하는 어려운 설계였다. 식 (6.143)으로부터 *L*/*D* 값의 몇 페센트만 부족해도 비 항속거리를 달성할 수 없다. 이는 초음속에서 *L*/*D*를 증가시키기 위한 초음속 공기역학 연구의 중요성을 강조한다. 엔진은 대기 오존층의 보존을 위해 제트 엔진 배기가스의 오염물질을 환경기준치 이하로 유지하는 동시에 비추력 연료소모율을 가능한 한 낮은 값을 갖도록 해야 한다. 더욱이, 이착륙 시 엔진 소음은 기준치 이하여야 한다. 제트 배기가스의 속도가 커서 소음이 매우 크기 때문에 이와 같은 초음속 비행용 제트 엔진을 설계하는 것은 매우 도전적인 일이다. 따라서, HSCT용 엔진설계는 그자체로 큰 도전이다. 또한, 주요 구조물 설계와 항공기 재료 등도 어려운 문제다. HSCT의 설계목표는 구조물 중량비(구조물의 중량을 전체 이륙중량으로 나눈 값)를 통상적인 값 0.25나 일반 아음속 여객기의 값보다 현저히 작은 0.2로 설정하였다. 더 작은 구조물 중량비를 가져야 HSCT가 다른 설계사양을 만족시키면서 더 많은 연료를 탑재하거나 더 많은 승객을 실어 나를 수 있다. 이것으로 충분치 않으면 기본 HSCT 형상의 크기는 축구장보다 더 긴 길이를 가질 정도로 커서 동체의 탄성굽힘 변형(길이 방향의)의 문제가 생기고 그 결과 안정성과 조종성이 극도로 제한된다. 이 문제는 공기력, 추진 추력과 실시간 조종입력의 상호작용으로 악화된다. 공력−추진−탄성 서보(APSE: aero-propulsiveservoelastic) 효과로 불리는 이 문제는 비행중이거나 지면에 있는 HSCT에 영향을 준다. (HSCT의 도전적인 설계에 대한 보다 세부적인 사항은 *U.S. Supersonic Commercial Aircraft: Assessing NASA's High-Speed Research Program*, National Research Council Report, National Academy Press, Washington, DC, 1997를 참조.) 음속 폭음(sonic boom)은 HSCT가 지면 위를 아음속으로 비행한다는 사업결정으로 문제점으로 보지는 않았고 콩코드 초음속 여객기에 대해서도 동일한 제한이 적용되었다. 책을 쓰는 이 시점에서 HSCT연구는 주된 경제성 문제로 중단되었다. 그러나, NASA는 2세대 초음속 여객기가 언젠가는 개발될 것으로 기대하면서 초음속 여객기와 연관된 일반적인 기술적 문제에 대한 기초 연구를 계속하고 있다.

간단하게 말해서 환경기준에 적합하면서 경제성이 있는 초음속 여객기의 설계는 여전히 해결해야 할 항공공학의 중요한 기술적인 과제이다. 이것은 21세기에 가장 도전적인 항공공학 연구의 하나가 될 것이고 아마도 이 책의 많은 독자들이 이 도전에 참여하게 될 것이다.

초음속에서 $(L/D)_{max}$의 감소로 인해 가장 큰 영향을 받는 항공기의 성능은 아마도 항속거리일 것이다. 식 (6.77)로부터 우리는 제트 항공기의 항속거리는 $C_L^{1/2}/C_D$에 비례한다는 것을 알고 있다. 만약 주어진 초음속 마하수에서 $(L/D)_{max}$가 더 작아지면 $(C_L^{1/2}/C_D)_{max}$도 작은 값을 갖게 될 것이다. 이것이 모든 다른 조건이 동일한 상태에서 주어진 항공기의 초음속 순항에서의 항속거리가 아음속에서의 항속거리보다 더 작아지는 주된 원인이다.

식 (6.75)로 돌아가 보자. 다시 쓰면

$$R = \int_{W_1}^{W_0} \frac{V_\infty}{c_t} \frac{C_L}{C_D} \frac{dW}{W} \tag{6.75}$$

이 식은 식 (6.77)의 유도에 사용된 식이다. V_∞, c_t 및 C_L/C_D이 일정한 상태에서의 비행으로 가정하면 식 (6.75)는 다음과 같이 표현된다.

$$\boxed{R = \frac{V_\infty}{c_t} \frac{L}{D} \ln \frac{W_0}{W_1}} \tag{6.143}$$

여러분은 식 (6.143)을 문헌에서 제트 항공기의 항속거리에 대한 방정식으로 자주 보게될 것이다. 식 (6.143)은 최대 항속거리를 최대 L/D가 아닌 **곱셈항** $V_\infty(L/D)$의 값이 최대가 될 때 얻을 수 있음을 나타낸다는 사실에 주목하라. 이 곱셈항은 식 (6.77)의 유도과정에서 보인 바와 같이 $C_L^{1/2}/CD$가 최대가 될 때 최대값을 갖는다. 그럼에도 불구하고 식 (6.143)은 제트 항공기의 항속거리에 대한 유용한 식이다.

식 (6.77)과 식 (6.143) 모두 초음속 항공기에서 $(L/D)_{max}$의 감소(따라서 $C_L^{1/2}/CD$의 감소)를 만회할 수 있는 다음과 같은 확실한 방법들을 나타낸다.

1. 비추력 연료소모율 c_t를 감소시킨다.
2. 탑재연료량 W_f를 증가시킨다. 이로 인해 식 (6.143)의 W_0/W_1이 증가하고 식 (6.77)에서 $W_0^{1/2} - W_1^{1/2}$의 차가 증가한다.

연료무게를 증가시키는 것은 항공기의 유상하중을 더 작게 한다는 것을 의미하기 때문에 보통은 바람직한 설계해법은 아니다. 또한, 터보젯이나 작은 바이패스 비(bypass-ratio)의 터보팬에서는(제9장을 참조) 비추력 연료소모율이 초음속 마하수의 증가에 따라 증가하고 이것이 항속거리를 더욱 감소시키는 역할을 한다.

6.20 무인항공기

Wright 형제가 하늘 위로 비행하는 기계에 인간을 싣기 위해 숱한 노력을 기울인 지 100년이 지난 후 몇몇 항공공학자들은 비행하는 기계로부터 인간을 끌어내려고 열심히 노력하고 있다. **무인항공기**(*UAVs: Uninhabited aerial vehicles*)는 인간이 탑승하지 않고 지상이나 다른 항공기에 탑승하고 있는 조종사의 원격조종으로 날아가는 비행체이다. 이러한 항공기는 베트남에서 널리 사용된 정찰용 원격조종 Ryan Firebee가 등장하면서 1950년대에 소개되었다. 초기에는 이러한 형태의 항공기를 **원격조종 비행체**(*RPVs: remotely piloted vehicles*)라고 불렀다. 이스라엘은 정찰임무에 상대적으로 저가인 RPV를 잃는 것이 조종사와 수백만 달러의 항공기를 잃는 것보다 유리하다고 주장하면서 전장에서 RPV를 사용한 최초의 국가이다. 20세기 후반 RPV 기술이 발달하여 지금의 무인화된 항공기("unmanned" aerial vehicles)를 나타내는 UAVs로 명칭이 바뀌었다.

그러나, **무인화**(*unmanned*)라는 용어는 물리적으로 인간 조종사가 항공기 기내에 없다고 하더라도 항공기가 인간 조종사에 의해 원격으로 유인화된 상태이기 때문에 부적절한 명칭이다. 이에 대한 보다 올바른 표현으로 최근에는 **무인항공기**(*UAVs*: *Uninhabited aerial vehicles*)라는 용어를 사용하게 되었다.

이 책을 쓰는 이 시점에서는 UAVs와 그 파생형 **무인전투기**(*UCAVs*: *Uninhabited combat aerial vehicles*)가 더욱 더 중요한 항공우주공학의 일부가 되고 있다. 미국에서만 적어도 60개 이상 그리고 유럽, 중동과 아시아를 포함하면 더 많은 UAV 설계 프로그램들이 진행되고 있다. 이것은 이미 수십억 달러의 비즈니스가 되었고 빠르게 성장하고 있다. 항공기 설계의 측면에서 UAVs는 더 넓게 확장된 설계공간을 제공하며 조종사와 승객 및 이와 관련된 생명유지, 안전 및 안락함 등을 위해 별도의 장비가 더 이상 필요 없게 되었고 그로 인해 무게와 복잡성을 줄일 수 있게 되었다. 더욱이 약 9 g 혹은 그 이상의 가속도에서 수 초 동안 노출되어도 의식을 잃을 수 있는 인체의 제한에 따른 물리적 구속조건들이 사라진다. 무인항공기는 항공우주 엔지니어들에게 새롭고 흥미로운 설계에 도전하게 하고 있다. 이러한 비행체는 성능을 대폭 향상시킬 수 있고 새롭고 독특하며 다양한 응용 가능성을 제공한다. 점점 증가하는 중요성 때문에 이번 절을 UAVs에 할애하였다.

현존하는 UAVs의 몇 가지 예를 살펴보자. 오늘날까지 UAV의 주된 임무는 정찰이었다. 가장 잘 알려진 UAV 중의 하나가 그림 6.63에 삼면도로 나타낸 General Atomics

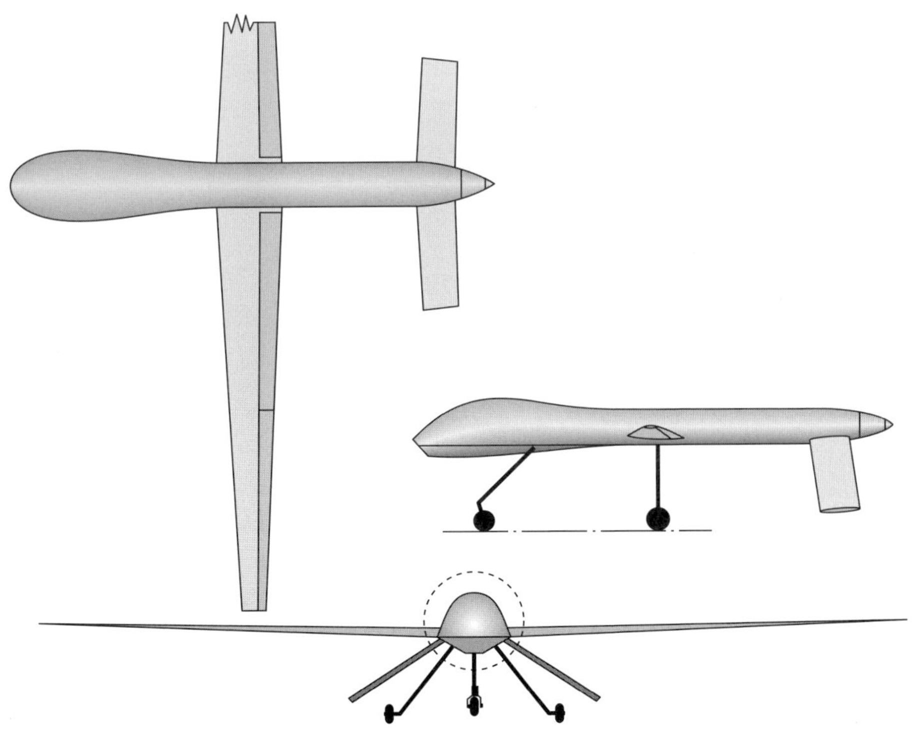

그림 6.63 장기체공 General Atomics Predator의 삼면도

Predator이다. 이 항공기는 보스니아, 아프가니스탄 및 이라크 군사작전에서 사용된 바 있다. Predator는 14.85 m (48.7 ft)의 날개스팬, 종횡비 19.3 및 1,020 kg_f (2,250 lb)의 최대 이륙중량을 가지고 있다. 퓨셔형 가변피치 프로펠러를 구동하는 104 hp 출력의 Lotax사 4기통 왕복 엔진 1기로 추진된다. 정찰용 비행체이기 때문에 Predator는 장시간 동안 공중에 머물 수 있도록 설계되어 최대 항속시간이 40시간 이상이다. (만약 조종사가 탑승했다면 이처럼 긴 항속시간은 비현실적일 것이다.) 높은 종횡비가 긴 항속시간을 가능하게 하는 설계특성의 하나다. 저고도에서의 항속시간이 이 항공기의 중요한 성능특성이다. 최대 속도는 204 km/h (127 mi/h)로 느리고 선회속도(loiter speed)는 111 km/h에서 130 km/h (69 mi/h에서 81 mi/h) 사이의 값을 갖으며 실용한계고도는 7.925 km (26,000 ft)로 낮다. Predator는 최근 아프가니스탄에서 지상의 목표물에 미사일을 발사하는 등 UCAV로도 성공적으로 사용된 바 있다.

저고도 Predator와는 대조적으로 그림 6.64에 나타낸 Northrop Grumman사의 Global Hawk는 고고도 정찰용 UAV이다. 그림 6.64에서 보는 바와 같이 Global Hawk는 이례적으로 큰 25의 종횡비를 갖고 있어 5.15절의 설계(Design Box)에서 상세히 설명한 Lockheed사의 고고도 U-2에 사용된 높은 종횡비 날개와 동일한 공기역학적인 장점을 갖는다. Global Hawk는 Predator보다 훨씬 커서 35.42 m (116.2 ft)의 날개스팬을 가지고

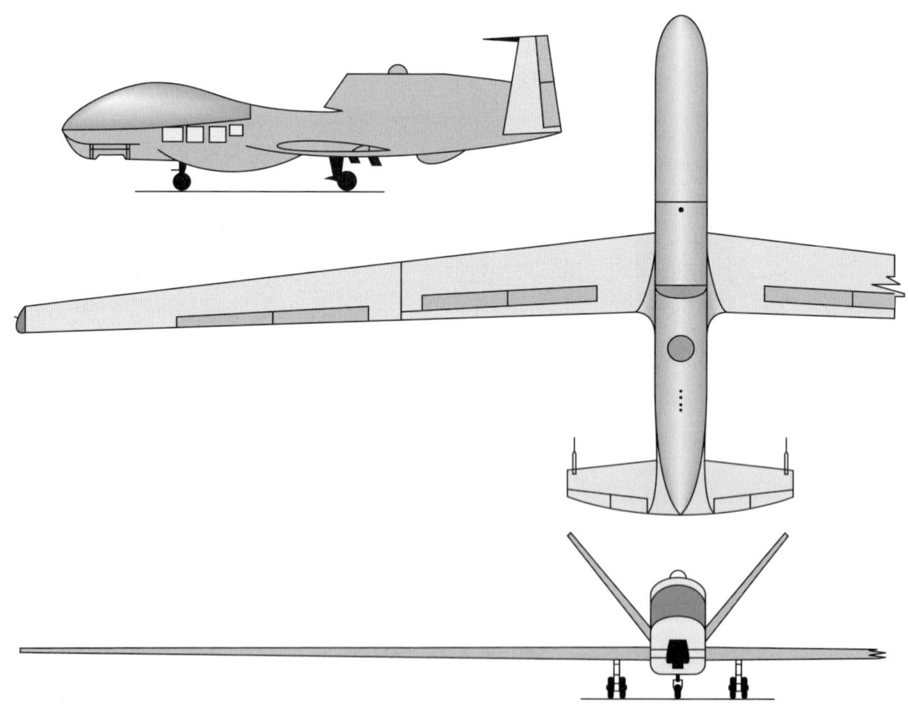

그림 6.64 고고도 장기체공 Global Hawk의 삼면도

있고 이륙중량이 11,612 kg (25,600 lb)나 된다. 실용한계고도는 19.8 km (65,000 ft)이고 15.2 km에서 19.8 km (50,000 ft에서 65,000 ft)까지의 고도에서 635 km/h (395 mi/h)의 선회속도(loiter speed)로 설계되었다. 최대 항속시간은 42시간이다.

피스톤 엔진을 탑재한 Predator와는 달리 Global Hawk는 롤스로이스 Allison AE 300 7H 터보팬 엔진 1기로 추진되어 해수면에서 7600 lb의 추력을 발생시킨다. 다양한 응용분야 중 Global Hawk는 대기과학 연구의 계측에도 사용되었다. 2010년 4월 7일 나사 드라이든 연구소(NASA Dryden Research Center)의 연구원들은 재래식 유인 항공기로 도달할 수 있는 고도보다 훨씬 높은 69,900 ft 고도까지를 포함하며 북쪽으로는 알래스카의 코디악 섬까지 태평양 상공의 4500 마일을 14.1 시간 동안이나 비행하였다. (오로지 그림 5.52에 보이는 U-2기 만이 그 정도 높이로 비행할 수 있으나 U-2 기는 "재래식" 항공기로 보기 어렵다.) 지구 대기의 화학적 조성, 대기의 움직임 및 구름과 에어로졸 입자들의 분포를 측정하기 위한 11가지의 계측장비를 탑재한 상태에서 적도에서 북극권까지와 하와이 서쪽까지 비행하는 임무에 나사의 공학자와 과학자(미국해양대기관리처의 인력과 협조를 하며)들이 Global Hawk를 선택하였다. 더 나아가 2010년 5월 27일 나사는 버지니아의 월롭스 비행기지(Wallops Flight Facility)에서 대서양에 이르는 지역에 걸친 허리케인의 특성 및 에너지 변화과정과 속도변화 등을 측정하기 위해 2012년에서 2014년까지 2대의 Global Hawk를 띄우는 결정까지 하였다.

스텔스 UAV도 있다. 일례로 그림 6.65에 보이는 록히드 마틴사의 DarkStar가 있다. 이 항공기는 실험용 항공기로 2대의 시제기가 생산된 후 프로그램이 중단되었다. 그럼에도 불구하고 DarkStar는 저 피탐성의 고고도 장기체공 UAV 설계를 대표하는 항공기이다. 그

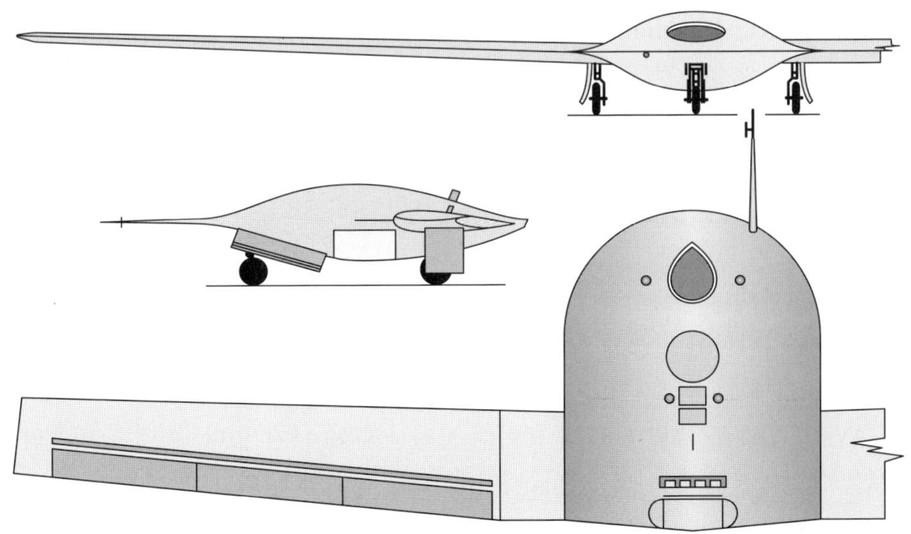

그림 6.65 DarkStar 스텔스 무인항공기의 삼면도

그림 6.66 UAV 설계 예
(자료출처: *U.S. Navy photo by Photographers Mate 2nd Class Daniel J. McLain.*)

크기는 Predator와 Global Hawk의 중간 정도로 종횡비가 14.8인 날개스팬은 21.03 m (69 ft)이고 이륙중량은 3,901 kg (8,600 lb)이다. 13.7 km에서 19.8 km (45,000~65,000 ft) 범위의 운용 비행고도와 13.7 km (45,000 ft)에서 463 km/h (288 mi/h)의 순항속도로 설계되었다. 최대 항속시간은 Predator와 Global Hawk보다 작은 약 12시간으로 스텔스 설계가 항공기의 공력특성을 저하시킨 것이 주요 요인으로 보인다.

다른 UAV 항공기 형상이 그림 6.66에 나타나 있으며 이들 항공기는 현존하는 수백 가지의 UAV 설계 중 몇 가지 예를 보여준다.

무인전투기(UCAV: Uninhabited Combat Aerial Vehicle) 앞 절에서 설명한 UAV들은 운송수단으로 설계된 것들이 아니며 정찰과 지휘통제 등과 같은 비전투용 비행체이다. 이와는 반대로 특별한 UAV들은 공대공 및 지대공 전투에 직접 활용할 목적으로 설계되곤 한다. 이러한 항공기들은 무인전투기(*UCAVs*: *Uninhabited Combat Aerial Vehicles*)라 부르며 분명한 차별성을 갖는 항공기 군을 형성한다. 조종사를 전투기나 폭격기로부터 배제시킴으로써 크게 향상된 가속도와 인간이 견딜 수 있는 것보다 훨씬 높은 하중계수(g-forces)로 표현되는 기동성을 갖도록 UCAVs를 설계할 수 있게 되었다. UCAVs에 대한 설계공간은 사람들이 탑승한 항공기에 비해 훨씬 넓어서 탑승자의 생존성을 보장하기 위한 비행체보다 훨씬 공격적인 전술을 사용할 수 있다.

UCAVs의 일례로 그림 6.67에 보여준 보잉사의 X-45가 있다. 이것은 미래의 실전 UCAVs를 개발하기 위한 실험용 항공기이다. 그림 6.67에 나타난 바와 같이 X-45는 스텔스 형상을 가지고 있다; 낮은 레이더 탐지 단면적(radar cross section)은 실전 UCAV에 필수적이다. X-45의 날개스팬은 33.75 ft이고 총중량은 15,000 lb이다. Honeywell 사

그림 6.67 X-45 스텔스 무인전투기(UCAV)
(자료출처: *NASA*.)

의 F-124 터보팬 엔진 1기로 추진되는 X-45는 마하수 0.95까지 비행이 가능하다. X-45와 이와 관련된 설계 공간은 군용 항공기에 대한 패러다임의 변화와 동시에 그 미래를 나타낸다.

참고사항: 그림 6.63에서 6.67까지를 다시 한번 살펴보자. 여러분이 보는 것은 통상의 항공기와는 다른 새로운 형상이지만 현 세대의 UAVs와 UCAVs의 전형적인 형상이다. 이것들은 시작에 불과하다. 지금부터 20년 후 여러분들이 그림 6.63에서 6.67까지의 형상을 다시 보게 된다면 이들을 무인항공기의 "Wright 형제의 항공기"쯤으로 여기게 될 것이다.

UAVs의 설계과정 항공기 개념설계 시의 주안점은 6.22절에 설명되어 있다. UAV도 항공기이고 따라서 그 개념설계는 6.22절의 7단계 절차를 따른다. 새로운 UAV 설계를 위한 요구조건(1단계)은 흔히 유상하중(임무수행에 필요한 계측장비와 무장 등에 따른), 항속거리, 항속시간 및 고도 등에 의해 결정된다. UAVs는 상대적으로 최신의 기종이기 때문에 종래의 항공기보다는 항공기 중량(2단계)에 대한 통계 데이터가 충분하지 않다. 그러나, 초기 항공기 중량에 대한 예측은 이전의 UAVs에 대한 그림 6.68과 유사한 데이터로부터 구할 수 있다. 요구조건으로부터 유상하중(전자장비 등)과 항속거리를 알 수 있다. 그림 6.68의 가로축은 (항속거리)×(유상하중) 이다. 이륙중량에 대한 초기 예측값은 그림 6.68의 세로축값으로부터 얻을 수 있다. 이것으로 6.22절에서 설명한 나머지 개념설계의 단계들을 밟아 나아가는 것이 가능하다.

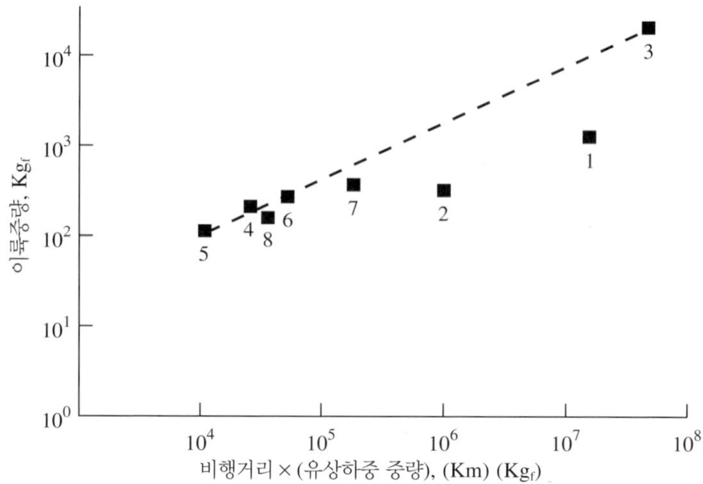

그림 6.68 UAV 설계과정에서 초기 중량예측을 위한 도표. 데이터: (1) General Atomics RQ-1A Predator, (2) Lockheed Martin/Boeing RQ-3A DarkStar, (3) Northrop Grumman RQ-4A Global Hawk, (4) BAE Systems Phoenix, (5) Meggitt ASR-4 Spectre, (6) IAI Searcher, (7) Silver Arrow Hermes 450, (8) AAI/IAI RQ-2 Pioneer

예제 6.28

앞의 예제들에서 보여준 CP-1항공기를 고려해 보자. 조종사, 승객, 좌석 및 계기판들을 제거하고 CP-1을 UAV로 전환했을 때 이 항공의 성능변화를 검토해 보자. 단순한 연습문제일 뿐이다. UAV는 초기부터 성능을 최적화하는 설계가 필요하고 실제설계는 이번 예제에서처럼 단순히 불필요한 것을 뺀 CP-1으로 되는 것은 아니다. 그럼에도 불구하고 탑승객과 관련된 장비를 항공기로부터 제거하고 나머지 부분을 동일하게 유지한 경우 CP-1의 성능변화를 살펴보는 것은 가치가 있는 일이다. 이 경우 해수면에서 (*a*) V_{max}, (*b*) 최대 상승률, (*c*) 최대 항속거리 및 (*d*) 최대 항속시간을 계산하라. 사람과 장비의 무게는 각각의 무게가 180 lb인 4명(조종사 포함) 총 720 lb, 30 lb의 좌석 4개 총 120 lb 그리고 계기판 40 lb로 총중량 감소는 880 lb이다.

■ **풀이**

CP-1을 다룬 앞의 예제들로부터 연료탑재 공허중량은 2583 lb이고 연료무게는 367 lb 이다. CP-1의 UAV 버전에서 연료탑재 공허중량은 다음과 같다.

$$W_1 = 2583 - 880 = 1703 \text{ lb}$$

총 중량은

$$W_0 = W_1 + W_f = 1703 + 367 = 2070 \text{ lb}$$

또한

$$\text{AR} = 7.37,\ C_{D,0} = 0.025,\ e = 0.8, \text{ and } S = 174 \text{ ft}^2$$

a. V_{max}는 6.5절과 6.6절에서 언급한 바와 같이 필요마력 곡선을 작도하고 이 곡선의 이용마력 곡선과의 교점을 찾음으로써 얻을 수 있다. 이러한 방법 대신 다음과 같은 해석적인 접근방법을 이용해

보자. 식 (6.42)를 다시 쓰면

$$T = q_\infty S\left(C_{D,0} + \frac{W^2}{q_\infty^2 S^2 \pi e \text{AR}}\right)$$

V_∞를 곱하고 $TV_\infty = P_A$임을 이용하면

$$TV_\infty = P_A = q_\infty V_\infty S\left(C_{D,0} + \frac{W^2}{q_\infty^2 S^2 \pi e \text{AR}}\right)$$

$$P_A = \tfrac{1}{2}\rho_\infty V_\infty^3 S C_{D,0} + \frac{W^2}{\tfrac{1}{2}\rho_\infty V_\infty S \pi e \text{AR}} \qquad \text{(E6.27.1)}$$

CP-1에 대한 예제 6.4로부터

$$P_A = \eta(\text{bhp}) = (0.80)(230) = 184 \text{ hp}$$

또는

$$P_A = (184)(550) = 1.012\times 10^5 \text{ ft}\cdot\text{lb/s}$$

또한

$$\tfrac{1}{2}\rho_\infty S C_{D,0} = \tfrac{1}{2}(0.002377)(174)(0.025) = 5.17\times 10^{-3}$$

$$\frac{W^2}{\tfrac{1}{2}\rho_\infty S \pi e \text{AR}} = \frac{(2080)^2}{\tfrac{1}{2}(0.002377)(174)\pi(0.8)(7.37)} = 1.119\times 10^6$$

따라서, (E6.27.1)은 다음과 같이 나타낼 수 있다.

$$1.012\times 10^5 = 5.17\times 10^{-3} V_\infty^3 + \frac{1.119\times 10^6}{V_\infty} \qquad \text{(E6.27.2)}$$

식 (E6.27.2)를 V_∞에 대해 풀이하면

$$V_\infty = 266 \text{ ft/s}$$

식 (E6.27.1)에서 P_A는 최대 이용마력이므로 $V_\infty = V_{\max}$. 따라서,

$$\boxed{V_{\max} = 266 \text{ ft/s}}$$

이 결과를 예제 6.4의 CP-1에 대해 얻은 $V_{\max} = 265$ft/s 값과 비교해 보자. 실제적인 변화가 없다. 단순히 무게만 줄이고 모든 다른 조건을 동일하게 유지한 경우 $V_{\max}$는 실질적으로 영향을 받지 않는다. 특히, 날개의 면적이 동일하게 유지되어 CP-1보다 날개하중이 감소하였다. 새로운 날개하중은 다음과 같이 비교된다.

$$\text{UAV:}\ \frac{W}{S} = \frac{2070}{174} = 11.9 \text{ lb/ft}^2$$

$$\text{CP-1:}\ \frac{W}{S} = \frac{2950}{174} = 17 \text{ lb/ft}^2$$

최대 속도는 날개하중 W/S의 영향을 받는다. 6.8절의 설계에서 $V_{\max}$가 W/S의 증가에 따라 증가한다는 것을 알았다. 우리의 UAV에 대해 마력 대 중량비(power-to-weight ratio)가 증가하고 그 결과 $V_{\max}$가 증가한다고 하더라도 줄어든 날개하중이 증가된 마력 대 중량비의 효과를 반감시켰다. 만약 W/S를 CP-1과 동일한 값이 되도록 UAV날개면적을 줄인다면 $V_{\max}$는 상당히 증가할 것이다. 이것은 초기부터 새로운 설계공간의 장점을 활용하면서 UAV를 설계하는 것이 중요하다는 점을 나타낸다.

b. 식 (6.53)을 다시 쓰면

$$(\mathrm{R/C})_{\max} = \left(\frac{\eta P}{W}\right)_{\max} - 0.8776\sqrt{\frac{W/S}{\rho_\infty C_{D,0}}}\frac{1}{(L/D)_{\max}^{3/2}}$$

식 (6.85)로부터

$$\left(\frac{C_L}{C_D}\right)_{\max} = \left(\frac{L}{D}\right)_{\max} = \frac{\sqrt{C_{D,0}\pi e \mathrm{AR}}}{2C_{D,0}}$$

$$= \frac{\sqrt{(0.025)\pi(0.8)(7.37)}}{2(0.025)} = 13.6$$

또한,

$$\frac{W}{S} = \frac{2070}{174} = 11.9\ \mathrm{lb/ft^2}$$

$$\left(\frac{\eta P}{W}\right)_{\max} = \frac{(0.8)(230)(550)}{2070} = 48.9\ \mathrm{ft/s}$$

따라서, 식 (6.53)은 다음과 같이 계산된다.

$$(\mathrm{R/C})_{\max} = 48.9 - 0.8776\sqrt{\frac{11.9}{(0.002377)(0.025)}}\frac{1}{(13.6)^{3/2}}$$

$$= 48.9 - 7.8 = 41.1\ \mathrm{ft/s}$$

또는

$$(\mathrm{R/C})_{\max} = (41.1)(60) = \boxed{2466\ \mathrm{ft/min}}$$

이 결과를 예제 6.10의 CP-1의 결과와 비교해 보자. 해수면에서 CP-1에 대한 $(\mathrm{R/C})_{\max}$값은 1495 ft/min이다. CP-1에서 탑승객과 관련 장비들을 제거하면 최대 상승률이 65%나 증가된다—매우 큰 증가이다.

c. 최대 항속거리는 아래와 같은 식 (6.67)로 얻어진다.

$$R = \frac{\eta}{c}\frac{C_L}{C_D}\ln\frac{W_0}{W_1}$$

여기서, $\eta = 0.8$, $c = 2.27 \times 10^{-7}\mathrm{ft}^{-1}$(예제 6.19로부터), $(C_L/C_D)_{\max} = 13.6$ 그리고 $W_0/W_1 = 2070/1703 = 1.216$이다. 식 (6.67)로부터

$$R = \frac{0.8}{2.27 \times 10^{-7}}(13.6)\ \ln(1.216) = 9.37 \times 10^6\ \mathrm{ft}$$

또는

$$R = \frac{9.37 \times 10^6}{5280} = \boxed{1775\ \mathrm{miles}}$$

이 결과를 예제 6.19에서 얻은 CP-1의 최대 항속거리 결과값 $R = 1207$ mi과 비교해 보자. 탑승객과 관련 장비를 항공기에서 제거함으로써 최대 항속거리가 47%나 증가하였다.

d. 해수면에서 최대 항속시간은 다음과 같은 식 (6.68)을 이용하여 얻을 수 있다.

$$E = \frac{\eta}{c}\frac{C_L^{3/2}}{C_D}(2\rho_\infty S)^{1/2}(W_1^{-1/2} - W_0^{-1/2})$$

식 (6.87)로부터

$$\left(\frac{C_L^{3/2}}{C_D}\right)_{\max} = \frac{(3C_{D,0}\pi e \text{AR})^{3/4}}{4C_{D,0}}$$

$$= \frac{[3(0.025)\pi(0.8)(7.37)]^{3/4}}{4(0.025)} = 12.8$$

$$E = \frac{(0.8)(12.8)}{2.27\times 10^{-7}}\sqrt{2(0.002377)(174)}\,[(1703)^{-1/2} - (2070)^{-1/2}]$$

$$E = 9.24\times 10^4 \text{ s} = \frac{9.24\times 10^4}{3600} = \boxed{25.7 \text{ h}}$$

이 결과를 예제 6.19에서 얻은 CP-1의 최대 항속시간 결과값 $E = 14.04$ hr와 비교해 보자. 탑승객과 관련 장비를 항공기에서 제거함으로써 최대 항속시간이 78%나 증가하였다.

注: 이번 예제는 기존의 항공기에서 단순히 탑승객과 관련 장비를 제거하여 최대 상승률, 항속거리와 항속시간 등을 대폭 증가시킬 수 있음을 나타낸다. UAV를 기존의 항공기를 단순히 개조하는 대신 초기부터 설계함으로써 얻을 수 있는 훨씬 큰 성능의 증가를 상상해 보라.

예제 6.29

두 종류의 군용항공기를 고려해 보자. 하나는 최대 하중계수가 9로 제한되는 재래식 유인 항공기이고 다른 하나는 최대 하중계수가 25인 UCAV이다. 이들 두 항공기에 대해 동일한 비행 속도에서 선회반경과 선회율을 비교하라.

■ **풀이**

식 (6.118)을 다시 쓰면 선회반경은 다음과 같다.

$$R = \frac{V_\infty^2}{g\sqrt{n^2-1}}$$

R_1을 UCAV의 선회반경으로 그리고 R_2를 재래식 유인 항공기의 선회반경으로 놓고 식 (6.118)을 적용하면 동일한 속도에서 다음과 같은 선회반경의 비를 계산할 수 있다.

$$\frac{R_1}{R_2} = \sqrt{\frac{n_2^2-1}{n_1^2-1}} = \sqrt{\frac{(9)^2-1}{(25)^2-1}} = 0.36$$

선회율에 대해 아래의 식 (6.119)를 이용하자.

$$\omega = \frac{g\sqrt{n^2-1}}{V_\infty}$$

ω_1을 UCAV의 선회율로 그리고 ω_2를 재래식 유인 항공기의 선회율로 놓고 식 (6.119)을 적용하면 동일한 속도에서 다음과 같은 선회율의 비를 계산할 수 있다.

$$\frac{\omega_1}{\omega_2} = \sqrt{\frac{n_1^2-1}{n_2^2-1}} = \sqrt{\frac{(25)^2-1}{(9)^2-1}} = 2.8$$

注: UCAV은 재래식 항공기의 선회반경의 1/3인 원을 선회할 수 있고 선회율은 거의 3배나 된다—기동성능이 대폭 증가하였다.

6.21 초소형 항공기

날개스팬이 15 cm 정도이거나 그 이하이고 무게가 0.09 kg 이하인 독특한 형태의 극히 작은 UAV들이 1990년대에 항공분야에 데뷔하였다. 이름하여 **초소형 항공기**(*mirco air vehicles*)로 불리우는 이들의 임무는 흔히 생물학전 물질, 화학조성 및 핵 물질 등을 탐지하는 것들이다. 이들은 범죄자나 테러리스트의 감시에도 사용될 수 있다. 이들은 큰 곤충처럼 작게 만들 수도 있고 건물의 복도나 모퉁이 주위를 비행할 수도 있다. 이들이 점점 중요해지기 때문에 여기서 언급할 만한 가치가 있다. 초소형 항공기 설계에 대한 전반적인 흐름을 파악하려면 Tom Mueller et al., *Introduction to the Design of Fixed-Wing Micro Air Vehicles*, American Institute of Aeronautics and Astronautics, Reston, VA, 2007. 를 참조하라.

초소형 항공기의 한 가지 형태에 대한 기본 형상이 그림 6.69에 나타나 있고 유사한 항공기의 사진을 그림 6.70에서 볼 수 있다. 이들 초소형 항공기들은 크기가 작고 비행 속도가 낮아 Re < 100,000 이하의 저레이놀즈수 영역에서 운용하게 된다. 이 책에서 다루고 있고 현재에도 운용되고 있는 모든 재래식 항공기들은 레이놀즈수가 수백만 이상에서 비행한다. 초소형 항공기와 관련된 저레이놀즈수는 설계에 있어 가장 큰 도전임에는 틀림이 없다. 저레이놀즈수에서의 익형과 날개에 대한 공기역학은 고레이놀즈수에 대한 공기역학과는 매우 다르다.

예를 들어 그림 6.71은 전산유체역학(CFD: computational fluid dynamics) 컴퓨터 프로그램을 이용하여 얻어진 Re = 100,000에서의 익형주위 유선들을 보여준다. 이 레이놀

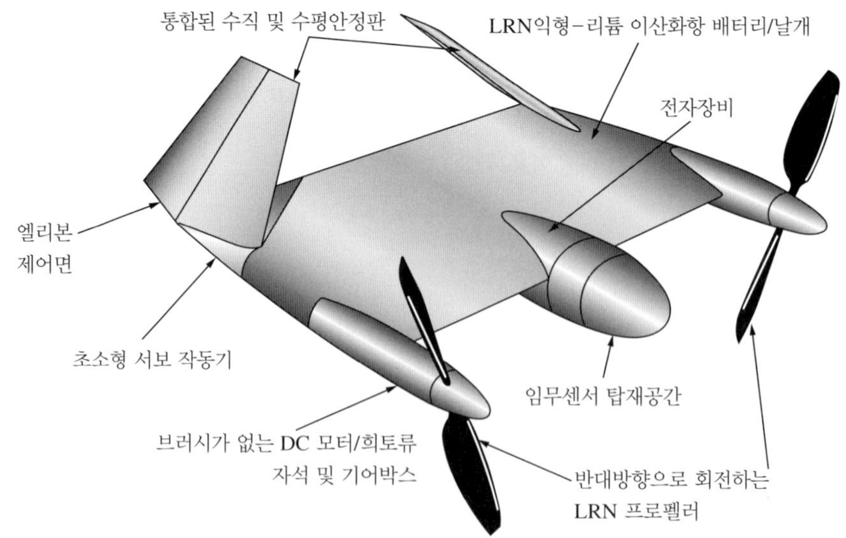

그림 6.69 초소형 항공기 개념도(설계: *R. J. Foch, Naval Research Laboratory*)

그림 6.70 초소형 항공기 UGMAV 15(설계: *University of Ghent, Belgium*)
(자료출처: © *Prof. Jan Vierendeels.*)

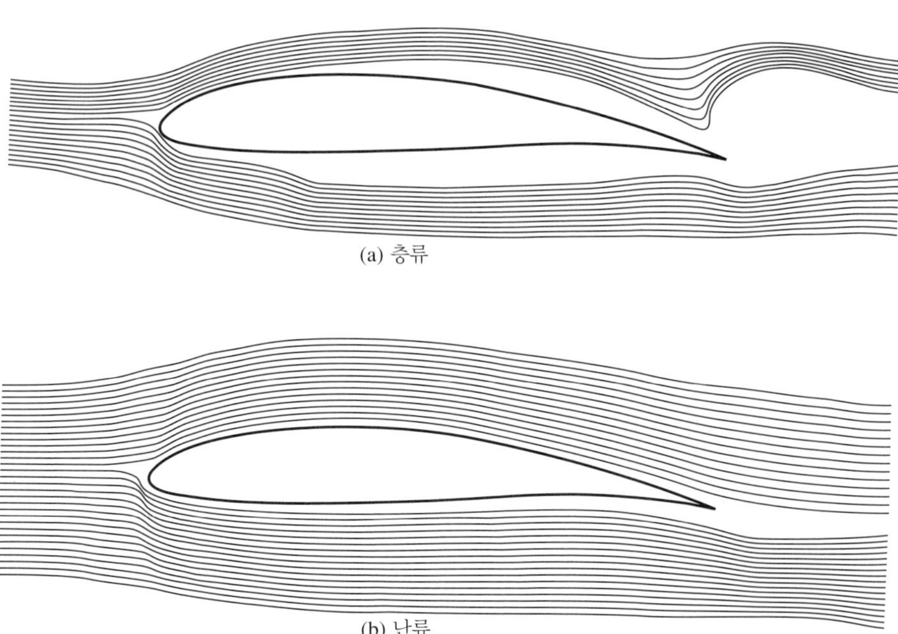

그림 6.71 Wortmann FX63-137 익형 주위 유동의 전산유체해석. Re = 100,000, M = 0.5. (*a*) 층류, (*b*) 난류
(계산: 저자와 *Dr. A. J. Kothari.*)

즈수에서 날개주위의 유동은 층류이다(그림 6.71*a*). 흐름박리 영역이 받음각이 0인 익형에서도 발생한다. 이것은 익형의 앞전 부근에서 형성된 층류 박리 기포(laminar separation bubble) 때문에 발생한다. 이와 같은 박리유동을 유발하는 층류 박리 기포는 보통의 두께를 가진 익형 주위의 저 레이놀즈수 유동의 특성이다. 이 박리유동(높은 받음각에서의 익형의 실속현상과 유사한)의 결과로 양력은 대폭 감소하고 항력이 급증하여 가장 중요한 익형의 L/D는 실질적으로 감소한다. 이와는 반대로 인위적으로 난류로 만든 유동의 계산에서는 그림 6.71*b*에서 보는 바와 같이 유동 박리가 일어나지 않는다. 박리가 없는 난류에서의 양력계수는 0.45인 반면 층류 박리 유동에서는 0.05의 값을 갖는다. (참고문헌: A. P. Kothari & J. D. Anderson, Jr., "Flows over Low Reynolds Number Airfoils—Compressible Navier-Stokes Numerical Solutions," AIAA Paper 85-0107, presented at the AIAA 23rd Aerospace Sciences Meeting, Reno, Nevada, January 14 – 17, 1985.)

또한, 그림 6.69와 6.70에서 보는 바와 같이 초소형 항공기의 종횡비는 1에서 2 정도의 범위로 매우 작다. 따라서, 초소형 항공기는 저레이놀즈수와 낮은 종횡비의 날개에 대한 공력특성을 나타낸다—이들 모두 양력감소와 항력증가를 가져온다. 최대 양항비는 통상 4에서 6 정도의 값을 갖는다.

초소형 엔진의 추력과 마력뿐만 아니라 주어진 초소형 항공기의 공력특성을 알고 있으면 성능은 이번 장에서 개발된 기법과 방정식을 이용하여 계산할 수 있다. 성능계산은 공기력을 "고려"해야 하고 공기력은 저레이놀즈수와 낮은 종횡비 형상을 "고려"해야 한다.

6.22 공력성능에 대한 탐구

더 빨리 더 높이—이것은 1.11절에서 상세히 설명한 바와 같이 20세기 걸친 항공기 설계의 확고한 목표였다. 그러나, 동일한 절에서 우리는 항공기 설계의 고고도 및 고속을 지향한 이념이 이제는 안전성, 비용, 신뢰성, 소음 및 환경 친화성 등의 다른 요소들로 인해 변화되고 있다는 점도 알았다. 이러한 목표들을 달성하기 위한 방법은 항공기의 성능(공력성능과 엔진성능)을 개선하는 것이다. 이번 절에서는 공력성능을 개선하기 위한 탐구를 할 것이고 제9장에서는 엔진성능 개선에 대해 고려할 것이다.

6.22.1 공력성능을 가늠하는 척도

항공기의 공력성능을 평가할 수 있는 중요한 척도는 양항비 *L/D*이다. *L/D* 값이 클수록 상승률이 증가한다(6.8절을 참조). 활강비행에서는 *L/D*가 가장 중요하여 이 값으로 활강각과 지면상의 활강거리가 결정된다(6.9절을 참조). *L/D* 값이 클수록 활강각이 작아져 활강거리가 커진다. 그러나, 항공기 성능에 양항비가 가장 큰 영향을 미치는 것은 6.12절과 6.13절에서 언급한 항속거리와 항속시간이다. *L/D* 값이 클수록 프로펠러 항공기와 제트 항공기 모두 항속거리와 항속시간이 모두 증가한다. 더 구체적으로 말하면 프로펠러 항공기의 항속거리는 C_L/C_D에 정비례하고 항속시간은 $C_L^{3/2}/CD$에 정비례한다. 제트 항공기의 경우 항속거리는 $C_L^{1/2}/CD$에 정비례하고 항속시간은 C_L/C_D에 정비례한다. 이것은 작은 차이가 아니다. L/D는 항속거리와 항속시간에 1차적인 영향을 주어 결국 항공기 효율을 가늠하는 중요한 지표가 된다.

특별한 고찰: 제트 항공기의 항속거리 방정식을 6.13.2절에서 유도하였고 그 결과는 식 (6.77)으로 항속거리가 정확히 $CL1/2/CD$에 따라 변한다는 것을 보여준다. 그러나, 이것이 제트 항공기에서 L/D의 중요성을 감소시키는 것은 아니다. 식 (6.77)의 중간 유도과정인 식 (6.75)는 다음의 관계를 나타낸다.

$$R \propto V_\infty \frac{C_L}{C_D} = V_\infty \frac{L}{D}$$

음속 a_∞와 마하수 M_∞에서 $V_\infty = a_\infty M_\infty$임을 상기하고 유도과정에 일정한 표준 대기라는 가정을 사용하여 a_∞가 일정하다는 점에 주목하면 위의 항속거리 관계식은 다음과 같은 관계를 나타낸다.

$$R \propto M_\infty \frac{L}{D}$$

따라서, 제트 항공기에 대한 최대 항속거리는 다음과 같은 비행 조건에서 얻어진다.

$$\left(M_\infty \frac{L}{D} \right)_{\max}$$

이 결과는 제트 추진 항공기의 효율에서 L/D의 중요성을 분명하게 나타낸다.

양항비의 근본적인 중요성은 다음과 같은 고찰을 통해서도 쉽게 알 수 있다. 여러분이 Boeing 747이나 Airbus 380과 같은 폭이 넓은 민항기에 탑승하여 국토를 횡단하거나 바다를 가로질러 비행을 하고 있다고 상상해 보라. 이와 같이 큰 항공기에서는 길이 때문에 레이놀즈수가 크다. 표면마찰력에 대한 제4장의 설명으로부터 전체적인 층류와 난류 표면 마찰계수는 작은 항공기에 비해 상대적으로 작다. 그 결과 이와 같이 큰 항공기의 양항비는 상대적으로 커서 말하자면 약 $L/D = 20$ 정도의 값을 갖는다. 이 값은 진정 무엇을 의미하는가? 이 것은 단순히 항공기에서 발생하는 20 lb의 양력마다 단지 1 lb의 항력이 걸린다는 것을 의미한다. 기본 물리학의 언어로 표현하면 이것은 어마어마한 “지렛대”이다. 어떻게 우리가 1 lb의 항력에 대한 비용을 지불할 수 있겠는가? 정상 수평비행에서 추력은 항력과 같다. 따라서 우리는 1 lb의 항력을 상쇄시키는 1 lb의 추력을 발생시키기 위해 엔진이 소모한 연료의 비용을 통해 20 lb의 양력에 대한 비용을 지불하게 되는 것이다. 실제로 양항비를 좀더 증가시키면 필요한 20 lb의 양력(정상 수평비행에서 양력은 항공기 무게와 동일한 값으로 고정된 값이기 때문에 양력조건은 동일하다)이 1 lb의 항력보다 적은 비용으로 발생하게 될 것이고 이로 인해 항공기는 더 멀리 그리고 더 빨리 비행할 수 있게 된다. 위의 검토 결과는 양항비가 항공기의 공력효율을 가늠하는 척도가 되는 이유를 나타낸다.

6.22.2 무엇이 L/D 값을 결정하는가?

여러분은 직감적으로 L/D를 단순히 분자를 크게하여(양력을 크게하여) 증가시킬 수 있다고 생각할 수 있다. 그러나 정상 수평비행 중인 항공기에서 양력은 항공기 설계 파라미터인 무게와 일치해야 한다는 점을 상기하라. 정상 수평비행 중인 항공기에서 필요한 양력의 값은 항공기 무게로 **고정**된다. 따라서 L/D는 분모를 줄여야만, 즉 항력을 줄여야만 증가시킬 수 있다. 공력성능을 증가시키려는 노력, 즉 양항비를 증가시키려는 노력은 **항력을 감소**시키기 위한 노력이다.

6.22.3 공기역학적 항력의 원인: 항력의 경감

공기역학적 항력의 원인과 결과에 대한 제4장과 제5장의 내용들을 고려하면서 어떻게 항력을 줄일 수 있는지를 검토해보자. 이러한 검토에서 무엇보다도 중요한 것은 공기나 다른 가스 혹은 유체 등의 매질에서 움직이는 물체에 작용하는 어떠한 공기역학적인 힘도 물체에 접근하여 움켜쥐는 자연의 두 손 때문에 생긴다는 하나의 통일된 개념이다. 이 두 손은 유체에 노출된 평방미터의 물체표면마다 동시에 작용하는 (1) 압력 분포와 (2) 마찰저항(전단응력)이다. 압력과 전단응력의 합(수학적 용어로 표면적분)은 자연에 의해 물체에 작용하는 알짜 공기력이다. 이 공기력의 상대풍 방향의 성분이 물론 항력이다. 따라서, 항력은 압력 분포(압력항력)와 전단응력분포(표면마찰항력)로 발생하며 그 밖의 것들과는 아무런 상관이 없다. 20세기 초 이후의 항공기 발전과정에서 다양한 형태의 항력이 항공공학계에서 식별되어 가끔 학생들이나 일반 항공업계 사람들 사이에 혼돈과 불필요한 분쟁을 일으키기도 하지만 실질적으로 개별 항력의 형태는 근본적으로 압력 분포나 표면 전단응력 분포 혹은 이들이 동시에 작용해서 발생하는 것이다.

1903년 Wright 형제의 비행기에서 1920년대의 날개들을 지지대나 철사로 엮은 상자모양의 복엽기에 이르기까지 항력의 주요 원인은 종종 "형상항력"으로 불리는 **흐름박리에 의한 압력항력**이었다. 이와 같은 형상항력을 감소시키는 방법은 단순하게 표면에서의 흐름박리를 줄이거나 거의 제거할 수 있도록 전체 항공기 형상을 **유선형**으로 만드는 것이다. 이러나 이 같은 방법은 유명한 영국의 항공공학자 B. Melvill Jones 경이 1929년 영국 왕립항공공학회(the Royal Aeronautical Society)에서 "유선형 항공기(The Streamline Airplane)"라는 주제로 강연하기 이전까지 대부분의 항공기 설계자들의 주목을 받지 못했다. Jones는 캠브리지 대학의 항공공학교수였으며 유선형의 장점에 대한 그의 분석은 항공기 설계자들에게 충격적으로 받아들여져서 유선형의 가치에 대해 더 많은 관심을 보이도록 만들만큼 설득력이 있었다. Jones는 다음과 같은 회상으로 그의 설명을 시작하였다:

> 내가 처음 공기역학을 공부하기 시작한 이래 기계적인 비행의 실제 파워와 적합한 형상을 가진 항공기로 비행할 때 필연적으로 요구되는 파워 사이에 어마어마한 차이가 있다는 점 때문에 고통스러웠다. 이러한 고통은 매년 여름 휴가기간 동안 바닷새의 수월해 보이는 비행과 그 형태가

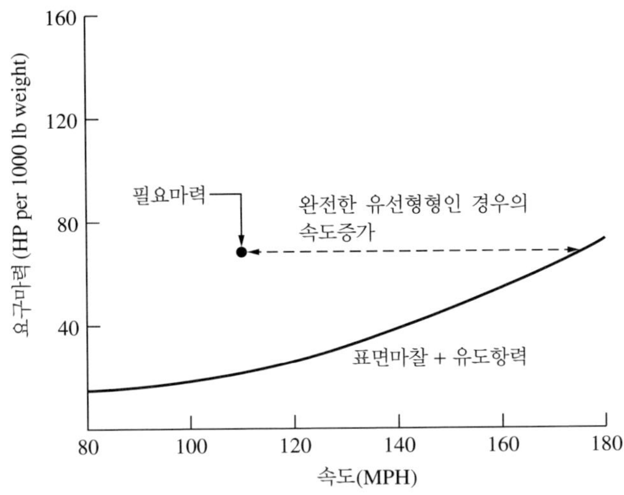

그림 6.72 유선형 항공기의 비행 속도 증가의 예

주는 아름다움과 우아함과 관련된 현상을 생각하면서 점점 커졌다.

Jones는 계속해서 이상적인 항공기는 형상항력이 없는 항공기로 단순히 정의하고 이러한 고귀한 목표를 달성하기 위해 무엇이 필요한지에 대한 설명을 이어갔다.

> 물체를 "세심한 형상"으로 설계하지 않으면 필연적으로 유선형 흐름이 생기지 않고 물체 표면의 여러부분에서 소용돌이(eddies) 흐름이 생긴다. 이러한 소용돌이들에 의해 소진되는 파워는 흔히 마찰저항과 유도항력에 의해 소진되는 파워보다 몇 배나 더 클 수 있다. 따라서, 실제 항공기의 항력은 유도항력과 표면마찰항력의 합에 유선형의 결함에 의한 값(a measure of *defective streamlining*) 만큼이 추가되어 발생한다.

Jones가 생각하는 이상적인 항공기는 유동 박리가 없어 압력항력이 없는 완전한 유선형의 항공기였다. 그는 형상항력이 0인 이상적인 항공기에 대한 속도에 따른 필요마력 곡선를 그려넣고 이 그래프에 그 당시에 존재했던 다수의 실제 항공기들의 최대 속도 점들을 중첩하여 작도함으로써 그가 강조하려는 바를 나타내었다. 그의 발표자료의 일례로 1920년대의 3기의 모터를 장착한 복엽의 상업용 여객기인 Armstrong-Whitworth Argosy에 대한 해수면에서의 속도에 따른 필요마력 곡선을 그림 6.72에 개략적으로 나타내었다. 검은색 원으로 표시된 점은 Argosy의 최대 속도 111 mi/h를 나타낸다. 아래쪽 곡선은 표면마찰항력과 유도항력만을 고려한 Argosy의 필요마력 곡선이다; 이것은 완벽한 유선형을 가진 Argosy에 대한 필요마력 곡선으로 말하자면 유동 박리에 따른 압력항력이 없어 형상항력 없는 경우이다. 아래쪽 곡선과 Argosy의 실제 데이터 사이의 수직 방향 거리는 차이는 Argosy가 최대 속도로 비행할 때 형상항력에 의한 기여분이다. 그러나, 이 그림이 주는 가장 중요한 메시지는 Argosy 데이터 점과 이상적인 항공기의 필요마력 곡선 사이의 수평방향 거리이다. 실제의 Argosy가 완벽한 유선형으로 Jones의 이상적인 항공기로 변환

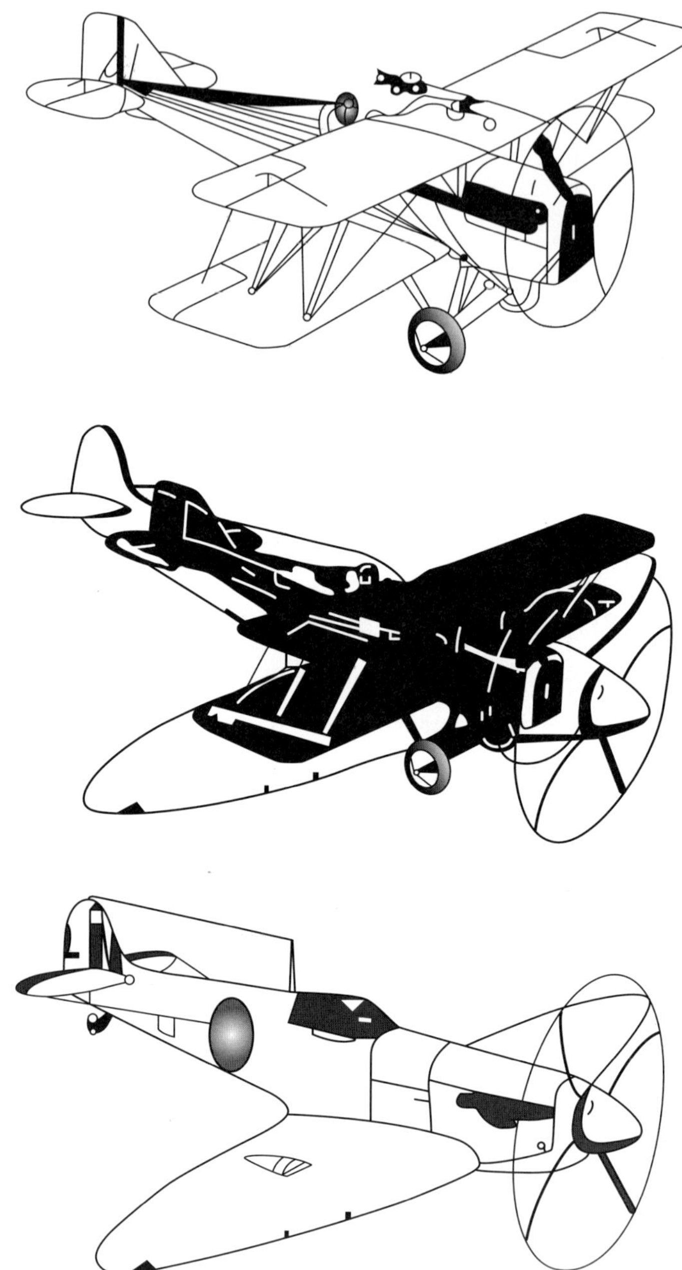

그림 6.73 유선형 항공기로의 발전과정

된 경우 최대 속도는 110 mi/h에서 180 mi/h로 크게 증가하게 될 것이다. 이것이 그 당시의 항공기 설계자들에게 주는 Melvill Jones의 메시지였으며 실제적으로도 큰 영향을 미쳤다. 항공기 설계자가 유선형을 받아들임으로써 1930년대에 일어난 "설계혁명(design revolution)"을 촉발시켰다. 이 혁명은 1944년 영국의 공학자 William S. Farren의 발표자료에서 나온 그림 6.73에 나타나 있다. 이 그림은 제1차 세계 대전에서 사용된 상자모양의 영국 S.E.5 전투기 형상이 제2차 세계 대전의 영국 Spitfire 전투기 형상으로 형태가 바뀌는 것을 보여주고 있다.

항공기는 피토관, 안테나, 터렛 및 전개된 착륙장치와 같이 공기흐름 방향으로 튀어나온 돌출부위를 가지고 있다. 이러한 돌출부위 주위의 유동은 통상 박리되어 흐름박리에 의한 압력항력의 원인이 된다. 이 항력은 단지 전체적인 압력항력의 일부분이지만 그 자체로 흔히 **돌출항력**(*protuberance drag*)으로 구분한다. 이것은 돌출부위 자체를 세심하게 유선형으로 만들거나 유동에 투영된 전면적의 양을 줄임으로써 감소시킬 수 있다. 1930년대 이륙 후에서 착륙 전까지 날개, 나셀 또는 동체의 안쪽으로 사라지는 접이식 착륙장치의 설계는 돌출항력을 줄이는 데 큰 도움이 되었다. 주목은 적게 받았지만 중요한 돌출저항의 주요 요인은 항공기 전체를 금속제로 생산하던 초기에 사용했던 둥근머리 리벳에 있었다. 리벳헤드는 금속표면에서 유동방향으로 돌출되어 항력을 증가시켰다.

냉각항력(*cooling drag*)은 피스톤 엔진 주위의 일부 유동을 엔진냉각을 위해 사용한 경우에 종종 시용되던 용어이다. 공랭식 방사형 엔진(radial engine)의 경우 공기흐름이 확연히 큰 형상항력을 일으키며 실린더 주위를 곧장 통과한다. 그러나, 적절하게 설계된 실린더 주위를 감싸는 덮개는 6.24절에서 설명한 바와 같이 실린더의 냉각을 크게 개선하는 동시에 형상항력을 크게 줄일 수 있도록 공기흐름의 효율적인 통로를 만들어준다. 1920년대와 1930년대 초 NACA의 덮개 개발은 공랭식 방사형 엔진으로 추진되는 항공기의 항력을 극적으로 감소시킬 수 있게 하였으며 어떤 의미로는 유선형 항공기 설계의 일부분으로도 볼 수 있다. 수냉식 피스톤 엔진의 경우 엔진 주위를 순환하는 냉각수가 라디에이터를 통해 순환하고 다시 라디에이터를 통과하는 공기흐름으로 자체적으로 냉각되어 이로 인해 압력항력(냉각항력으로 볼 수 있는)이 크게 증가한다. 마지막으로 어떤 항공기에서는 조종석과 승객석을 냉각시키기 위해 일부 외부 공기를 공급하기 위한 외부 환기구가 사용된다. 이에 따른 압력저항도 냉각항력으로 볼 수 있다.

유도항력(*induced drag*)은 유한한 길이를 가진 날개 주위의 표면 압력이 날개 끝 와류(wing tip vortices)로 인해 재분포되면서 발생한다. 따라서, 유도항력은 압력항력의 한 형태이다. 제5장에서 알 수 있듯이 유도항력은 날개의 종횡비를 증가시켜 대폭 감소시킬 수 있다. 그러나, 종횡비를 제한하는 구조에 대한 고려가 필요하다. 항공기설계에서 모든 조건이 동일하다면 날개의 종횡비를 증가시키기 위해 더 강하고 따라서 더 무거운 날개구조가 필요하다. 날개 끝에 설치된 윙렛(winglets)도 유도항력을 감소시키는 역할을 한다.

조파항력(*wave drag*)은 초음속비행을 기점으로 항공공학 용어가 되었다.초음속 물체에 작용하는 조파항력은 5.11절에 설명하였다. 요약하자면 충격파는 전방방향의 비행체 투영면적을 압박하여 압력항력을 크게 증가시킨다. 이러한 항력은 전적으로 충격파 형성과 관련을 갖고 있기 때문에 조파항력으로 구분된다. 따라서, 조파항력은 압력항력이다. 초음속 조파항력을 줄이는 표준화된 기법들에는 후퇴익(5.16절)의 사용, 뾰족한 앞전을 가진 얇은 날개(5.11절)의 채용 및 동체형상을 면적법칙 등에 맞추어 설계하는 방법 등이 있다.

그림 6.72에 포함된 메시지로 돌아가면 완벽하게 유선형을 가진 항공기의 양항비를 더 줄일 수 있는 유일한 방법은 **표면마찰항력**(*skin-friction drag*)**을 줄이는 것**이다. 4.16절과 4.17절의 내용을 비교함으로써 난류 표면마찰이 층류 표면마찰보다 상당히 크다는 점을 쉽게 알 수 있다. 불행하게도 자연은 최대의 혼돈 상태로 가려는 경향이 있고 그 결과 대부분의 항공공학 응용분야에서 경계층은 난류이다. 그림 6.72에서 Argosy의 표면마찰항력은 난류표면마찰이었다. 표면마찰항력을 줄일 수 있는 확실한 접근법은 표면에 걸쳐 층류 경계층 영역을 확장하는 것이다. 이 문제는 지난 세기 동안 결코 끝나지 않은 항공공학자들의 탐구영역이 되었다—항상 대자연에 도전하면서.

몇몇 분야에서 진척도 있었다. 익형형상과 항공기 여타의 부분은 표면을 따라 더 길게 양호한 압력구배(favorable pressure gradient) 영역를 갖도록 최적화할 수 있다. 양호한 압력구배는 층류 유동을 유지하는 데 도움이 된다. NACA의 층류 익형은 초창기의 좋은 사례였다. 그러나, 4.15절에서 지적한 바와 같이 현실적인 생산과 운용환경에서는 NACA 실험에서 사용된 것과 같이 매끄럽게 다듬어진 표면보다 더 거친 표면을 갖게 되고 NACA 층류 익형의 결과로 예상되는 기대효과가 실제운용에서는 구현되지 못했다. 매끄러운 복합재 표면의 사용과 더불어 최신의 전산유체역학을 이용하여 설계된 층류 익형에 대한 좀 더 최근의 NACA 연구는 날개 표면의 50%에서 그 이상의 길이에 걸쳐 층류 유동을 유지함으로써 어느 정도의 실현 가능성을 보여주었다. 탐구는 점점 더 높은 *L*/*D* 값을 얻는 것을 궁극적인 목표로 계속될 것이다.

형상변경과 매우 매끄러운 표면을 사용하여 높은 *L*/*D*값을 얻기 위한 노력은 수동적 기법(먼저 인간이 만들고 자연이 그 뒤를 따라가는)으로 볼 수 있다. 이와는 대조적으로 표면마찰을 대폭 줄이기 위해 수천 개의 작은 구멍을 표면에 설치하여 경계층을 빨아들이는 유동제어(flow control)를 사용하는 방법에 대해 수많은 연구가 수행되었다. 이러한 기법들은 지속적인 기계적 작용으로 자연현상이 수정되기 때문에 능동적 기법(active techniques)으로 불린다. 지금까지 이 같은 경계층 흡입기법들은 생산된 어떤 항공기에서도 적용된 바가 없다. 표면마찰의 감소는 크지만 추가적인 파워가 필요하고 흡입작용에 필요한 진공을 만들기 위해 소요되는 기계장치의 무게로 인해 지금까지는 공기역학적인 이점이 반감되었다. 그러나, 이 방법에 대한 탐구 역시 계속될 것이다.

6.22.4 높은 *L*/*D*를 갖는 혁신적인 항공기 형상

과거 100년 동안 전통적인 항공기 형상은 궁극적으로는 날개를 가진 관(동체)였다. 이 관는 유상하중(사람, 화물 등)을 운반한다. 실질적으로 더 높은 양항비를 가질 수 있는 형상 대안에 대한 새롭고 혁신적인 아이디어들이 NASA에 의해 고안되어 정부연구실, 산업계 및 대학 등에서 말하자면 연구의 "제도용 판(drawing boards)" 으로 자리매김을 하였다. 여기에 몇 가지 예를 설명하고자 한다.

여전히 관–날개의 개념을 가졌지만 날개의 공기역학이나 구조 지지부에 대해서는 혁신적인 한 가지 형상을 그림 6.74에 나타내었다. 일명 트러스 날개(truss-braced wing) 형상인 이것은 그림 6.74의 삼면도에서 보는 바와 같이 매우 높은 종횡비를 갖는 날개를 사용할 수 있으면서 동체 바닥에 한쪽을 지지하고 고익 형상의 날개 바닥에 부착된 외부 트러스를 이용하여 날개를 지지함으로써 높은 종횡비 날개에서 통상적으로 요구되는 무거운 내부구조를 피할 수 있게 해준다. 공기역학적으로 설계된 트러스는 양력에 상당히 기여하면서도 항력을 조금만 증가시킨다. 그 결과 현존하는 통상적인 항공기보다 25% 더 큰 양항비 26의 항공기가 되었다.

그림 6.75에 보여준 동체날개 혼합형(blended wing body) 구조는 더더욱 혁신적인 형상이다. 이것은 총알 모양의 전방과 두꺼운 익형모양을 한 중앙동체가 결합되어 본질적으

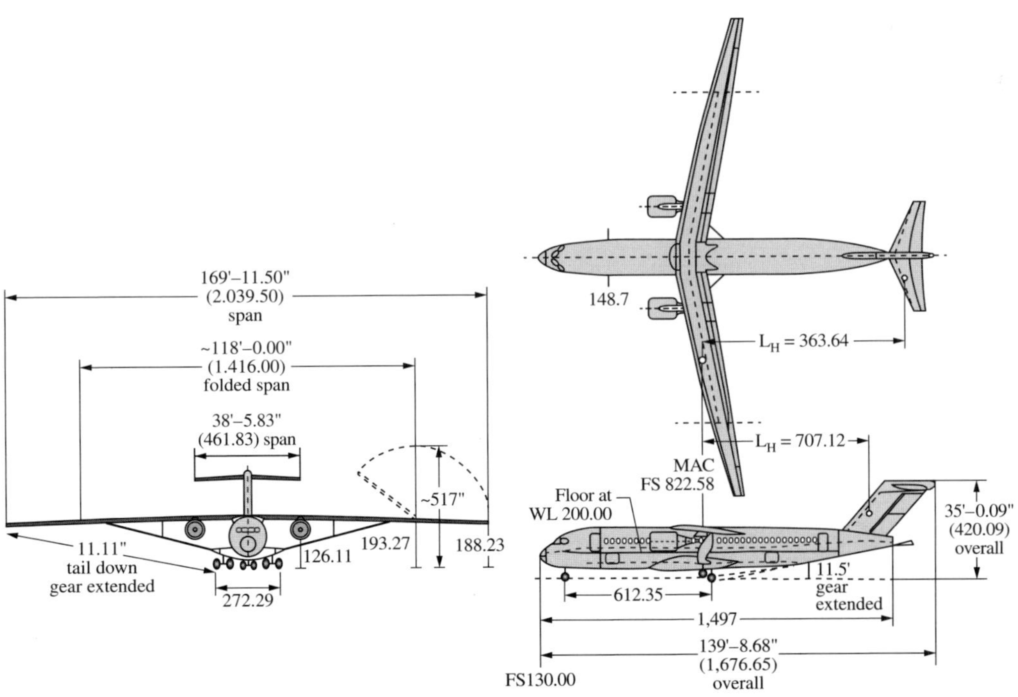

그림 6.74 NASA에서 연구 중인 트러스 날개 형상

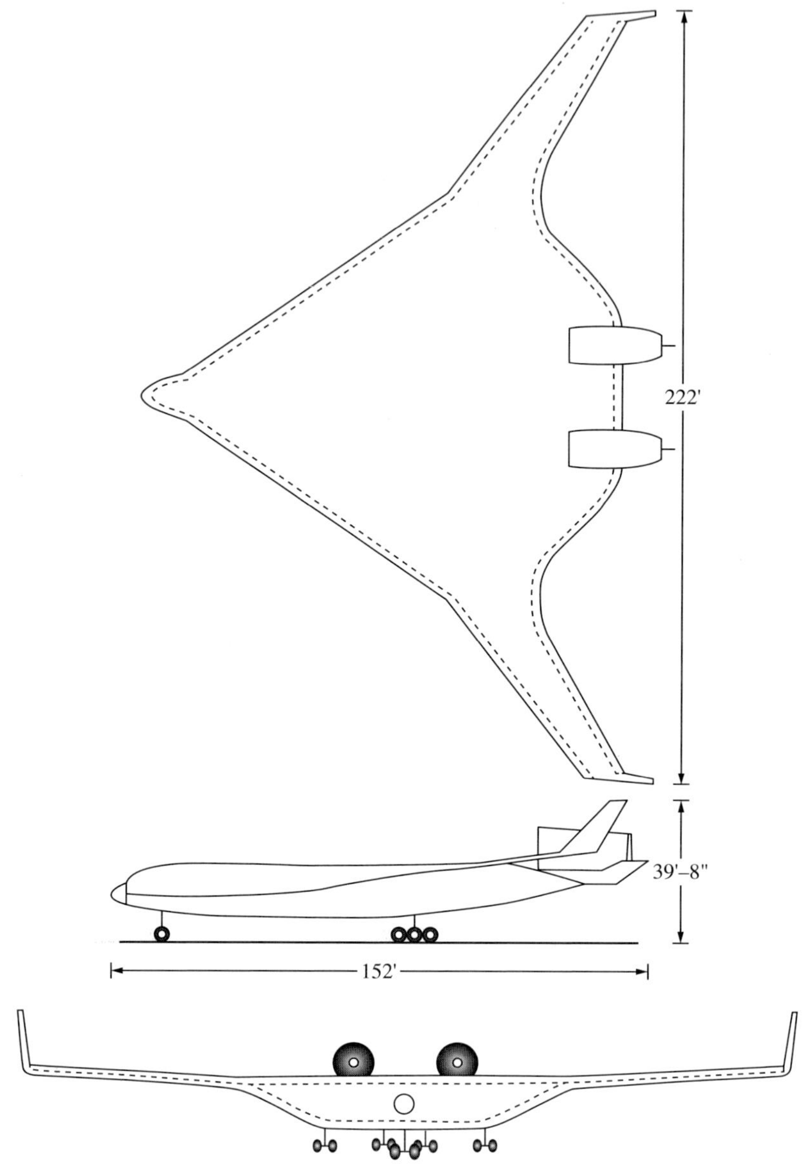

그림 6.75 동체날개 혼합형 형상

로 비행하는 날개(flying wing)라 할 수 있다. 통상의 관형태의 동체를 그 자체로 효율적인 양력면인 중앙 동체로 대체함으로써 날개 양 끝 사이에서의 스팬에 따른 양력분포가 이상적인 타원형 분포와 더 가깝게 되었다(5.14절 참조). 동체날개 혼합형의 양항비는 전통적인 형상보다 약 50%나 높은 30 정도를 가질 수 있다.

앞에 설명한 것들과 같이 높은 양항비를 얻기위해 설계된 혁신적인 형상들은 미래에 가야 할 길을 지시한다. 젊은 항공기 설계자들에게는 이것이 최상의 탐구가 될 것이다.

6.23 설명

항공기 성능을 정확하게 예측하기 위한 정교한 컴퓨터 프로그램들을 NASA와 항공산업계가 보유하고 있다는 점을 주지시키면서 이번 장의 기술적인 부분을 마치려 한다. 이들 프로그램들은 일반적으로 특정한 항공기 형상에 적합하도록 개발되었다—예를 들어 상용 항공기(단발 혹은 쌍발의 개인용 경항공기), 군용 전투기 및 상업용 여객기 등과 같은 특정 항공기. 이러한 고려는 이 책의 범주를 벗어난다. 그러나, 이번 장에서 설명한 기본적인 원리는 항공기 성능에 대한 보다 진보된 학습에 필요한 징검다리가 될 것이다; 이번 장의 끝에 있는 참고문헌은 이와 같은 학습에 도움을 줄 것이다.

6.24 역사적 기록: 항력감소—NACA 카울링과 필렛

방사형 피스톤 엔진은 제1차 세계 대전 이후 항공기에 널리 사용되었다. 제9장에서 설명한 바와 같이 방사형 엔진은 크랭크축 주위에 원통형의 피스톤이 배열되고 실린더 자체는 핀 모양의 외피를 흐르는 공기로 냉각된다. 1927년까지 이들 실린더는 일반적으로 그림 6.76에 보는 바와 같이 항공기의 공기흐름 주류에 직접 노출된 상태였다. 결과적으로 엔진-동체 결합형상의 항력은 과도하게 높았다. 이 문제는 매우 심각해서 항공기 제작사의 관계자들이 1927년 5월 24일 Langley 지역에 모여 NASA로 하여금 이와 같은 항력을 줄일 수 있는 방안을 찾도록 독촉하는 지경에 이르렀다. 결과적으로 Fred E. Weick의 관리하에 재래식 동체형상과 Wright Whirlwind J-5 방사형 엔진을 이용한 광범위한 일련의 실험이 Langley 20-ft 연구용 풍동에서 실시되었다. 이 실험에서는 카울링(*cowling*)으로 불리는 다양한 형태의 공력면이 엔진 실린더를 부분적으로 혹은 전체적으로 감싸는 데 사용되어 이 실린더 주위로의 공기흐름이 실린더를 냉각시키기는 하지만 동시에 동체 주위를 부드럽게 흐르는 주요 공기흐름과는 간섭 없이 곧장 지나가도록 하였다. 그 결과는 획기적이었다. 카울링이 없는 동체에 비해 전체를 카울링을 감싼 경우 항력이 뜻밖에도 60%나 감소하였다. 이것을 Weick의 보고서에 실려 있는 결과를 그림 6.78에 나타내었다(Weick의 보

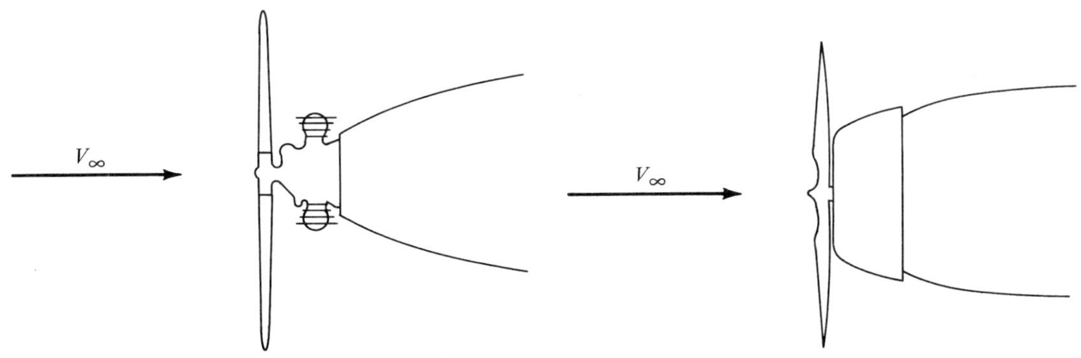

그림 6.76 카울링이 없이 장착된 엔진

그림 6.77 카울링으로 감싸진 상태로 장착된 엔진

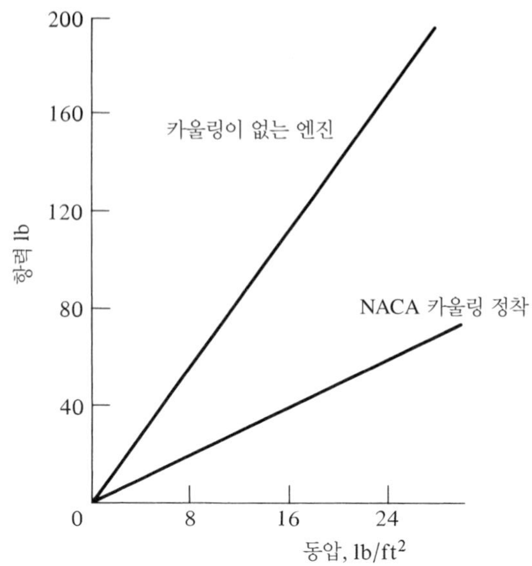

그림 6.78 카울링으로 인한 항력감소

고서: "Drag and Cooling with Various Forms of Cowling for a Whirlwind Radial Air-Cooled Engine," NACA Technical Report No. 313, 1928년 출판). 1928년 이후 거의 모든 방사형 엔진을 탑재한 항공기들은 NACA 카울링으로 완전히 감싼 형태로 설계되었다.

이 카울링의 개발은 1920년대 가장 중요한 공기역학적 진보 중의 하나로 항공기의 속도와 효율을 증가시키는 주된 수단을 제공하였다.

몇 년 뒤 두 번째로 중요한 진보가 완전히 다른 조직에 의해 그리고 항공기의 완전히 다른 부분에서 이루어졌다. 1930년대 초 캘리포니아 파세데나에 있는 캘리포니아 공과대학은 Theodore von Karman의 지휘 아래 항공공학 프로그램을 만들었다. Ludwig Prandtl의 학생이었던 Von Karman은 1920~1960년 기간에 선도적인 공기역학자였을 것이다. 캘리포니아 공과대학에서 Von Karman은 고품질의 항공공학 실험실을 설립하였으며 여기에는 구겐하임 재단(the Guggenheim Foundation)의 재정 지원을 받아 건립한 대형 아음속 풍동시설이 포함되어 있다. 이 풍동에서의 첫 번째 중요한 실험 프로그램은 더글라스 항공사의 상업용 프로젝트였다. 더글라스사는 매우 성공적인 여객기 시리즈(1930년대 상업비행에 대변혁을 일으킨 유명한 DC-3를 포함하여)의 선두주자인 DC-1을 설계하고 있었다. DC-1은 날개가 동체에 결합되는 영역에서 흔치 않은 버페팅(buffeting) 때문에 홍역을 치렀다. 연결부위의 예리한 모서리가 심한 유동 박리를 일으켜서 꼬리를 뒤흔드는 와류가 떨어져 나오고 동시에 높은 항력이 발생하였다. 캘리포니아 공과대학의 새롭고 선도적인 해결책은 날개의 뒷전을 동체안쪽으로 부드럽게 연결시켜주는 것(페어링)이었다. 필렛(*fillet*)이라 부르는 이러한 페어링은 경험적으로 설계되며 DC-1 풍동실험 모델에서는 점토로 필렛모델을 만들었다. 최적의 형상은 시행착오를 통해 결정되었다. 필렛의 추가로(그

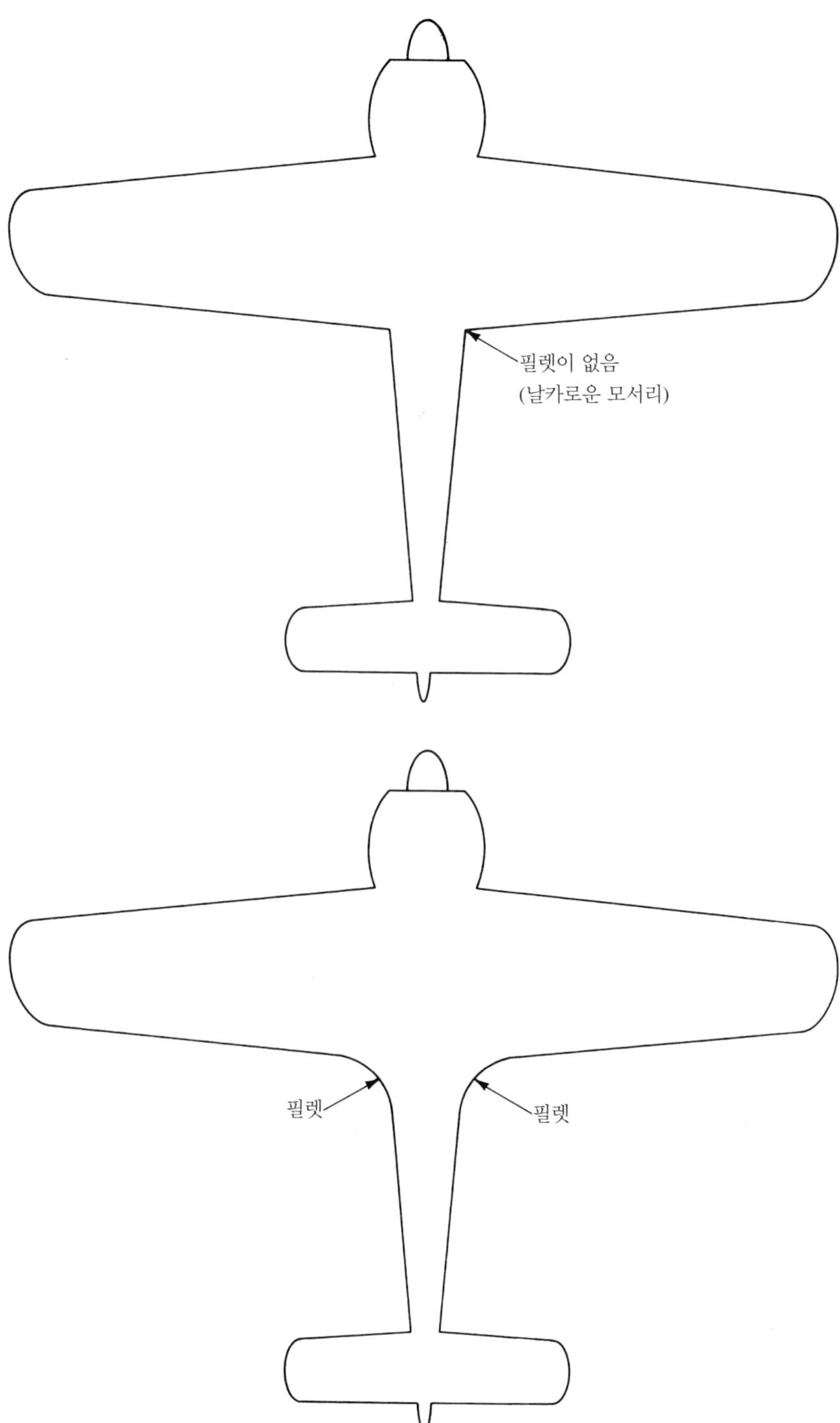

그림 6.79 윙 필렛(wing fillet)의 예

설계

DESIGN BOX

우리는 제5장과 제6장에서 항공기 설계에 있어 날개 종횡비가 얼마나 중요한지를 알았다. 특히, 아음속비행에서 종횡비를 증가시킴으로써 낮은 유도항력계수와 그 결과 더 높은 최대 L/D를 얻을 수 있다는 점에 주목하였다. 항공기의 공기역학과 성능에 대한 학습이 끝난 이 시점에서 위의 중요성을 다음과 같은 질문을 통해 좀더 깊이 살펴보는 것은 의미가 있다. 정상 수평비행 중인 항공기에서 **유도항력** 자체를(유도항력**계수**와 비교하여) 일으키는 설계 파라미터는 무엇인가? 직관적으로 떠오르는 종횡비인가? 아니면 또 다른 설계 파라미터인가? 이 질문에 대한 답은 유도항력에 대한 우리의 이해를 확장시키고 종횡비의 정의에 대한 좀 더 구체적인 물리적 의미를 알게하는 데 도움이 되는 아래의 설명으로부터 얻을 수 있다.

식 (6.1c)로부터 양력에 의한 항력**계수**(보통의 받음각을 갖는 아음속 비행에 대해서는 대부분 유도항력계수 때문인)는 아래와 같이 주어진다.

$$C_{D,i} = \frac{C_L^2}{\pi e \text{AR}} \tag{6.144}$$

따라서, 양력에 의한 **항력**은 다음과 같다.

$$D_i = q_\infty S C_{D,i} = q_\infty S \frac{C_L^2}{\pi e \text{AR}} \tag{6.145}$$

정상 수평비행에서 $L = W$ 관계를 이용하면

$$C_L^2 = \left(\frac{L}{q_\infty S}\right)^2 = \left(\frac{W}{q_\infty S}\right)^2 \tag{6.146}$$

식 (6.146)을 (6.145)에 대입하면

$$D_i = q_\infty S \left(\frac{W}{q_\infty S}\right)^2 \frac{1}{\pi e \text{AR}} \tag{6.147}$$

AR $= b^2/S$이므로 식 (6.147)을 다음과 같이 쓸 수 있다.

$$D_i = \frac{1}{\pi e} q_\infty S \left(\frac{W}{q_\infty S}\right)^2 \left(\frac{S}{b^2}\right) \tag{6.148}$$

(6.148)에서 날개면적이 상쇄되며 결과 식은 다음과 같게 된다는 점에 주목하라.

$$\boxed{D_i = \frac{1}{\pi e q_\infty} \left(\frac{W}{b}\right)^2} \tag{6.149}$$

이 결과는 매우 흥미롭다! 정상 수평비행에서 양력에 의한 항력(힘 그 자체)은 종횡비가 아니라 오히려 또 다른 설계 파라미터인 **스팬하중**(*span loading*)으로 불리는 W/b와 직접적인 관련을 갖는다.

$$\text{Span loading} \equiv \frac{W}{b} \tag{6.150}$$

양력에 의한 항력은 스팬하중의 제곱에 따라 변한다.

식 (6.149)로부터 주어진 중량을 가진 항공기의 양력에 의한 항력은 단지 날개스팬만을 증가시킴으로써 줄일 수 있음을 알 수 있다. 이렇게 하면 날개 끝 와류(유도항력의 물리적인 발생원)가 곧장 더 멀리 이동하게 되고 날개의 다른 부분에 대한 영향력이 줄어들어 유도항력을 줄이게 된다. 이것은 직관적으로 충분한 의미를 갖는다.

이러한 관점에서 스팬하중 W/b는 아직까지도 새로운 항공기의 개념설계 과정에서 항공기 설계자가 조절할 수 있는 또 다른 설계 파라미터로의 중요성을 가지고 있다. 물론 스팬하중과 종횡비는 다음의 식으로 연관되어 있다.

$$\frac{W}{b} = \left(\frac{W}{S}\right) \frac{b}{AR} \tag{6.151}$$

여기서, W/S는 잘 알고 있는 날개하중이다.

이제 좀 더 중요성을 갖게 된 종횡비의 개념으로 돌아가 보자. 우선 정상 수평비행에서 양력에 의한 항력은 식 (6.149)에 따라 스팬하중의 제곱에 비례하지만 D_0 로 나타낸 무양력 항력은 $q_\infty S C_{D,0}$이고 따라서 날개면적에 비례한다는 사실에 주목하라. 이들 두 항력의 비는 다음과 같다.

$$\frac{D_i}{D_o} = \left[\frac{1}{\pi e q_\infty}\left(\frac{W}{b}\right)^2\right] \frac{1}{q_\infty S C_{D,0}} \tag{6.152}$$

식 (6.152)에서 비율 $(W/b)^2/S$는 다음과 같이 표현된다.

$$\frac{(W/b)^2}{S} = \frac{(W/S)^2}{b^2/S}\frac{(W/S)^2}{\text{AR}} \tag{6.153}$$

식 (6.153)을 (6.152)에 대입하면

$$\frac{D_i}{D_0} = \frac{1}{\pi e q_\infty^2 C_{D,0}}\frac{(W/S)^2}{\text{AR}} \tag{6.154}$$

식 (6.154)로부터 우리는 다음과 같은 사실을 알 수 있다. 주어진 *W/S*와 $C_{D,0}$ 값에 대해 종횡비를 증가시키는 설계는 무양력 항력보다는 주로 양력으로 인해 항력이 감소한다. 따라서, 스팬하중은 양력으로 인한 항력의 실제적인 값을 결정하는 반면 종횡비는 주로 무양력 항력과 양력으로 인한 항력의 비를 결정한다.

림 6.79를 참조) 박리유동을 제거함으로써 버페팅 문제를 해결하였고 따라서 간섭항력을 줄였다. 그 이후로 필렛은 항공기 설계의 표준사양이 되었다. 더욱이, 필렛은 1930년대 대학의 실험실 연구가 어떤 방식으로 실제적인 항공기 설계기술의 발전에 직접적으로 기여를 하였는지를 보여주는 좋은 예이다.

6.25 역사적 기록: 초기의 항공기 성능 예측

오늘날의 항공기는 예술과 공학이 결합된 현대적인 작품이다. 마찬가지로 이번 장에서 설명한 항공기 성능예측도 종종 상대적으로 최근의 기법으로 여겨진다. 그러나, 직관적으로 느끼는 것과는 달리 몇 가지 기본적인 개념들은 역사에 깊은 뿌리를 두고 있다. 앞절에서 상세히 설명한 몇 가지의 기법들은 1903년 Wright 형제의 성공적인 최초 비행이 있은 뒤 몇 년이 지난 후부터 실제적으로 사용되어 왔다. 이번 절에서는 항공기 성능에 대한 기본 개념과 관련된 몇 가지 역사적인 흐름을 살펴보고자 한다.

1. 항공기의 필요마력 P_R에 대한 몇 가지 이해는 일정부분 George Cayley에 의해 이루어졌다. 그는 지구중력하에서 정상 활강 비행 중인 항공기의 에너지 손실률은 정상 수평비행을 유지하기 위해 엔진이 공급하는 마력과 반드시 같아야 된다고 이해하였다. 1853년 Cayley는 다음과 같이 기술하였다.

> 앞서 보낸 글에서 설명한 바와 같이 실험을 수행하는 사람의 무게와 동일한 하중을 싣고 주어진 고도에서 적절한 피치각으로 하강비행이 가능하도록 수평러더(상승타)를 조절한 경우, 전체 시스템은 자체 중력만으로 수평과 약 11도의 각도로 완만하게 착륙할 것이다. 단위 평방피트 면적당 1파운드의 하중이 작용하고 실험이 성공적이어서 직접적인 저항이 작은 경우 약 36 ft/sec의 속도를 가질 것으로 예상된다. 바람이 거의 없는 날씨에서 사람의 안전과 요구되는 기준들이 충족됨을 확신하기 위한 목적으로 이 실험을 반복적으로 수행할 수 있도록 날개가 사람의 최대하중을 견딜 수 있게 하고 더 큰 수평비행거리에서 측정된 각을 찾도록 하자. 반복된 실험으로 이 각도을 정확히 찾아내게 되면 동일한 무게와 환경조건에서 수평비행에 대해 얼마만큼의 엔진마력이 필요한지를 계산할 수 있는 실재적이고 참신한 방법을 확실하게 찾을 수 있을 것이다….

2. 그림 5.49와 식 (6.1*a*)로 나타내면서 5.14절과 6.1절에서 설명한 개념인 **양항곡선**(*drag polar*)은 항력계수가 양력계수의 제곱에 비례하는 것을 보여주는 항력계수와 양력계수의 관계를 단순히 나타낸 것이다. 양항곡선에 대한 이해는 항공기 성능계산에 필수적이다. 흥미로운 것은 최초의 양항곡선을 Lilienthal (Otto Lilienthal, 1.5절 참조)이 작도하고 출판했으나 그는 양항곡선이라고 부르지는 않았다는 점이다. 이 선도의 polar라는 용어는 에펠탑의 설계자이며 두 개의 풍동을 제작하여 1909년부터 그가 사망한 1923년까지 광범위한 공력실험을 수행했던 Gustave Eiffel이 1909년 최초로 사용하였다.
3. **상승률** 조건의 필요성에 대한 어느 정도의 이해는 1913년까지 거슬러 올라가 그 해 12월 글래스고에서 열린 스코틀랜드 항공학회에서의 Granville E. Bradshaw의 발표에서 찾을 수 있다. 그는 다음과 같은 설명을 하였다. "모든 성공적인 항공기가 가져야 할 특성 중에서도 항공기가 매우 빠르게 상승할 수 있어야 한다는 점이 필수적이다. 이것은 전적으로 항공기의 중량효율(weight efficiency)에 달려 있다. 상승률은 엔진마력에 정비례하고 들어올려야 하는 무게에 반비례한다." 이것은 근본적으로 식 6.50의 일부분에 대한 설명이다.
4. 20세기 이전까지 **항공기 성능** 예측에 대한 일반적인 이해가 없었다. 1894년 Octave Chanute에 의해 쓰여진 항공공학에 대한 훌륭한 요약인 Progress in Flying Machines에는 어떠한 계산기법도 포함되어 있지 않았으며 심지어 이번 장에서 제시한 절차와 조금이라도 유사한 기법도 없다. 그 당시까지는 기껏해야 양력과 항력이 면적과 속도의 제곱에 따라 변한다는 이해가 전부였으며 이러한 이해는 성능해석에 어떠한 도움도 되지 않는다. 그러나, 이 양상은 1911년에 근본적으로 바뀌었다. 그해 프랑스의 Duchène은 그의 책 *The Mechanics of the Airplane: A Study of the Principles of Flight*로 파리 과학원에서 Monthyon 상을 수상 받았다. Duchène 대령은 프랑스 공병장교로 1869년 12월 27일에 파리에서 태어나 유명한 에콜 폴리텍(École Polytechnique)에서 교육을 받았고 이후 프랑스의 경항공기 조종교육 시설의 하나인 툴 요새에 배정받았다. 여기서 그는 1910년부터 1911년까지 그의 책을 집필하였다. 이 책에는 최초로 이번 장에서 설명한 항공기 성능의 기본요소가 설명되어 있다. Duchène은 그림 6.21*a*에 나타낸 것과 같은 필요마력과 이용마력 곡선을 나타내었다. 그는 항공기의 최대 속도에 관하여 설명하였고 상승률에 관한 식 6.50과 동일한 관계식을 나타내었다. 따라서 현재의 항공기 성능해석에 대한 몇 가지 개념은 1910 또는 1911년까지 거슬러 올라간 시점에서 정립되었으며 이 시기는 제1차 세계 대전이 발발하기 4년 전이며 Wright 형제가 첫 비행을 한 1903년으로부터 7년 후인 때이다. 이후 1917년 Duchène의 책은 John Ledeboer와 T. O'b. Hubbard에 의해 영어로 번역되었다(이 장의 끝의 참고문헌 참조). 결과적으로 1918년부터 1920년까지 항공기 성

능에 관한 세 권의 추가적인 책이 집필되었고(참고문헌 참조) 가장 유명한 것으로는 Leonard Bairstow에 의해 쓰인 저명한 “응용 공기역학(Applied Aerodynamics)”을 뽑을 수 있다. 이때에 이르러 이번 장에서 설명한 기본적인 사항들이 적합하게 정립되었다고 할 수 있다.

6.26 역사적 기록: Breguet와 항속거리 공식

Louis-Charles Breguet는 가장 유명한 프랑스 비행사이자, 항공기 제작가이며 기업가였다. 그는 1880년 1월 2일에 파리에서 태어나 Lycée Condorcet, Lycée carnot 그리고 École Superieure d'Electricité 등에서 전기공학을 전공하였다. 졸업 후 그는 아버지 Maison Breguet의 전기 엔지니어링 회사에 합류하였다. 그러나, 1909년 Breguet는 그의 첫 항공기를 제작하였으며 이후 항공에 모든 그의 삶을 바쳤다. 그의 항공기는 제1차 세계대전 동안 프랑스 공군용으로 대량으로 생산되었다. 그는 1919년 추후 에어 프랑스로 성장한 항공사를 설립하였다. 그의 항공기들은 1920년대와 1930년대에 다양한 항속거리 기록을 세웠다. Breguet는 파리에서 1955년 5월 4일 사망하는 날까지 그의 항공사에서 활발히 활동하였다. 그의 이름은 프랑스 항공 역사의 중요한 부분에 실려있다.

식 6.67으로 주어진 프로펠러 추진 항공기의 항속거리 공식은 Breguet의 이름과 연관되어 있다. 이를 통상 *Breguet* 항속거리 공식(*Breguet range equation*)으로 불른다. 그러나, 이와 같은 연관성은 역사적으로 불분명하다. 실제로, 본 저자의 역사탐구로는 1922년 런던에 있는 왕립 항공학회에서 Breguet가 발표할 때까지 식 6.67과 Breguet와의 어떠한 연관성을 찾을 수 없었다. 한편, 1919년 이전의 항공기 성능에 대한 저술에서 항속거리 또는 항속시간에 대해 Breguet를 인용하지 않은 어떠한 문헌도 찾을 수 없었다. Cowley와 Levy (1918), Judge (1919)와 Bairstow (1920) 등이 집필한 권위적인 책들은 (이 장 끝에 있는 참고문헌 참조) 놀랍게도 이 주제를 충분히 다루지 않았다. 반면, 1919년 NACA 보고서 69에서 J.G. Coffin이 저술한 “A Study of Airplane Ranges and Useful loads” 제목의 보고서는 항속거리에 대한 식 6.67 과 항속시간에 관한 식 6.68의 공식을 완벽하게 유도해 놓았다. 그러나, 그 당시 커티스 공업주식회사(Curtiss Engineering Corporation)에서 책임연구원이었던 Coffin은 어느 누구의 참고문헌도 언급하지 않았다. Coffin의 연구는 독자적인 것으로 항속거리와 항속시간 공식을 문헌에 최초로 발표한 것이 분명해 보인다. 하지만, 몇 가지 혼란스러운 것은 몇 년 후 NACA 보고서 173에서 Walter S. Diehl의 보고서인 “Reliable Formulae for Estimating Airplane Performance and the Effects of Changes in Weight, Wing Area or Power”에서 다음과 같은 설명을 발견할 수 있다(3.6절에 Diehl에 대해 설명한 바 있다). “흔히 Breguet가 기여한 것으로 알여진 항속거리에 대해 공통적으로 적용이 가능한 공식을 쉽게 유도할 있다”. Diehl의 보고서는 Breguet에 대한 더 이상의 언급 없이 식 6.67을 사용할 때까지 이어진다. 이 보고서는 Coffin의 저술이 끝난 후 4년이 지난 1923년에 발표되었다.

따라서, 있는 그대로를 말하면 식 6.67를 누가 개발했는지는 분명하지 않다. 본 저자에게는 적어도 미국에는 식 6.67을 Coffin-Breguet 항속거리 공식으로 부르는 것이 타당함을 보여주는 많은 문서들이 있는 것으로 보여진다. 그러나, 분명한 증빙문서가 없이 이 공식이 단순히 Breguet 방정식으로 여러 세대를 거쳐 우리에게까지 전달되었다고 할 수 있다.

6.27 역사적 기록: 항공기 설계—진화와 혁신

잠시 앉아서 1804년 George Cayley 경의 손으로 날리는 글라이더로부터 시작된 항공기의 진화에 대해 생각해보자. 그림 1.8(이 항공기를 George Cayley가 직접 그린 그림)은 현대적 형상을 가진 최초의 항공기를 보여준다. 항공기 설계에 있어 그림 1.2와 같이 1903년 Wright 형제의 성공적인 최초비행에 대한 역사적인 사진으로 1세기 전까지 돌아가 보자. 이것이 실제적인 항공기의 진정한 출발점이다. 이제 다시 80년이 지난 뒤 최신의 제트 항공기를 나타내는 그림 6.11로 가보자. 위의 3개의 항공기, Cayley의 글라이더, Wright 형제의 항공기와 Cessna Citation 3를 여러분 머릿속에 나란히 배치해 보라. 항공설계의 진화에 대해 어떤 찬사를 하겠는가? 각 항공기는 과학 및 공학적인 이해와 기술이 전혀 다른 3개의 세계에서 생산된 것처럼 완전히 다르다. 특히, 그림 6.11과 같은 고속과 고고도 비행이 가능한 제트 항공기로 표현되는 현재의 항공기 설계가 가능하게 한 20세기의 과학기술의 급격한 진보에 놀라지 않을 수 없다. 이러한 발전에 있어 중요한 기술적인 이정표에는 어떤 것들이 있겠는가? George Cayley의 중요한 개념으로 부터 최신의 항공기까지 우리를 인도한 진화론적인(그리고 어느 정도는 혁신적인) 발전은 어떤 것들인가? 이 질문에 대한 경이롭고 흥미로운 답을 찾기 위해서는 별도의 책이 필요할 수도 있다. 그러나, 이번 절에서는 항공기 성능에 대해 이번 장에서 설명한 기술들을 이용하여 항공기 설계의 기술적인 발전의 몇 가지 특성에 주목하고자 한다.

기술적인 면에서의 설명을 위해 우리는 두 개의 공기역학의 파라미터를 선택하여 서로 다른 항공기 설계를 비교하고 평가할 수 있는 척도로 사용하였다. 첫 번째 파라미터는 무양력 항력계수인 $C_{D,0}$로 이 값이 최대 비행 속도에 큰 영향을 준다는 점에서 어떠한 항공기에 대해서도 중요한 특성이라 할 수 있다. 항공기는 $V_{\max}$에서 받음각이 작기 때문에 식 6.1*c*의 양항비식으로 주어지는 고속에서의 전체 항력은 $C_{D,0}$가 대부분이다. 모든 조건이 동일하다면 $C_{D,0}$가 작을수록 항공기는 더 빠르게 비행할 수 있다. 또 다른 공기역학적 척도로 주목되는 것은 양항비이며, 특히 $(L/D)_{\max}$ 값이다. 앞에서 설명한 바와 같이 L/D는 항공기의 공기역학적 효율을 나타내는 척도로써 항속거리와 항속시간과 같은 비행특성에 영향을 준다. 우리는 항공기 설계의 역학적 진보를 설명하기 위해 $C_{D,0}$와 $(L/D)_{\max}$을 이용할 것이다.

우리는 19세기의 George Cayley의 항공기들로 시작할 것이며 그 이유는 이들 항공기가 오늘날 우리가 알고 있는 공기보다 무거운 고정익 항공기를 전형적으로 나타내는 최초의 항공기였기 때문이다. 양력을 위한 고정익, 안정성을 위한 꼬리와 이 둘을 연결하는 동체를 가진 최신 형상을 가진 최초의 항공기를 나타내는 그림 1.8로 돌아가 보자. 추진 메커니즘(이 경우는 손으로 발사)은 양력 메커니즘과 분리되어 있다. Cayley가 설계에 반영할 수 있는 기술적 지식의 수준이 1809~1810에 쓰인 유명한 3편의 논문에 가장 잘 나타나 있다. Cayley의 시절에는 $C_{D,0}$와 $(L/D)_{\max}$에 대한 기술적 개념들이 존재하지 않았지만 그는 이들 파라미터에 대한 기초적인 직관적 이해를 3편의 논문에 나타내었다. 예를 들어 Cayley는 경사면(날개)의 작용하는 공기력을 예측하기 위해 뉴턴 이론(제10장에서 유도할 예정임)으로 불리는 방법을 이용하였다. 이 이론은 단지 날개에 작용하는 압력만을 고려하였으며 표면 전단력과 그에 따른 마찰항력은 Cayley 시대에는 충분한 이해가 없었다. 뉴턴 이론은 경사면에 수직으로 작용하는 전체힘을 예측한다. Cayley는 이것을 유동방향으로 작용하는 공기 압력의 성분이기 때문에 "지연력(retarding force)" 이라 칭하였다. 우리는 이 성분을 현대적 용어로 **양력에 의한 항력**으로 표현한다. Cayley는 계속해서(새의 비행에 대해 설명을 하면서) "지연력과는 별도로 직접적인 저항력을 받으며 대부분의 새들이 기류에 역행하여 비행할 때 받게 된다. 이것이 지금 고려하고 있는 원리와 분리하여 다루어야 하는 문제이다." 여기서, Cayley는 우리가 오늘날 새의 몸에서 주로 발생하는 **무양력 항력**(유동 박리로 인한 압력항력과 표면마찰항력의 합)으로 부르는 것을 설명하고 있는 중이다. 비록 Cayley가 개념적으로는 올바르게 설명을 하고는 있으나 그는 무양력 항력을 계산할 수 있는 수단이 없었으며 실험계측(그림 1.7에 도식화된 것과 같은 회전 암을 가진 장치를 이용한)은 전체적으로 정확도가 낮았다. 따라서, 그림 1.8에 보이는 1804년 Cayley의 글라이더에 대한 $C_{D,0}$ 값은 존재하지 않는다.

비록 Cayley가 직접적으로 L/D를 식별하거나 사용하지는 않았지만, 그의 3편의 논문에서 그는 언덕 꼭대기에서 수평면과 약 18°의 하강각으로 하강비행을 하는 그의 글라이더가 "위풍당당하게" 항행한다고 표현하였다. 무동력 활강을 다른 6.9절의 결과를 이용하여 오늘날 우리는 글라이더의 L/D 값이 그다지 크지 않은 3.08이었다는 것을 빠르게 계산할 수 있다. 최신 항공기의 양항비는 통상 15~20의 값을 가지면 글라이더는 40 이상의 큰 값을 갖는다. Cayley는 효율적인 항공기를 가지고 있지 않았고 종횡비 효과에 대해 알지도 못했다. 오늘날 우리는 Cayley가 사용했던 것과 같은 낮은 종횡비의 날개가 큰 유도항력을 발생시켜 매우 비효율적이라는 것을 알고 있다.

Cayley 이후 19세기의 남은 기간동안 항공기 설계의 기술적 진화는 점진적으로 발전하였다. Wright 형제의 항공기(그림 1.1과 1.2)가 일으킨 변화는 (1) Wright 형제가 이전의 어떠한 데이터에도 의존하지 않고 모든 것을 스스로 해냈다는 점과 (2) 최초로 성공적인 비행을 한 비행체였다는 점 때문에 혁신적이라고 말할 수 있다. Wright 형제의 항공기의 공기역학적 특성은 Culik와 Jex가 그 항공기(그림 6.80)에 대한 양항곡선의 현대적인

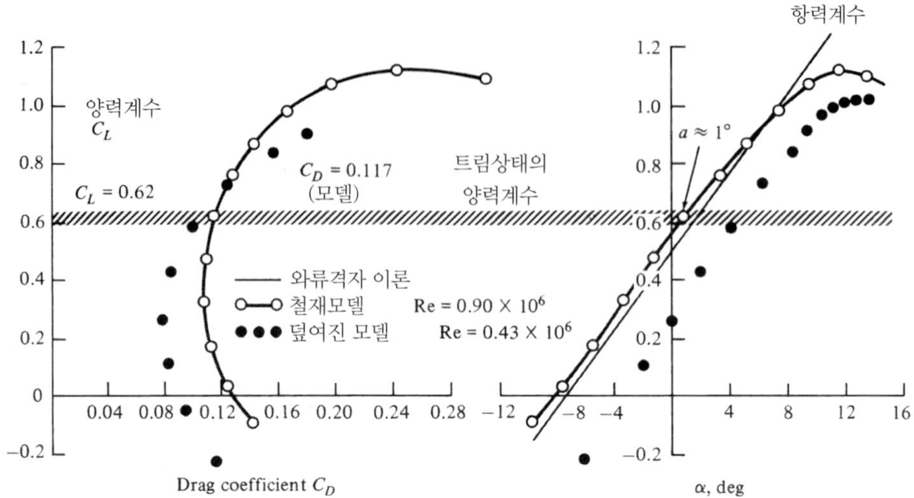

그림 6.80 1903년 Wright 형제 항공기의 양항곡선과 양력곡선. 실험데이터는 최신의 풍동시설에서 모델을 사용한 실험으로 측정되었다. 와류격자 방법은 최신의 컴퓨터 계산기법이다. $\hat{C}_L$, $\hat{C}_D$와 $\hat{\alpha}$ 등은 트림 비행상태(제7장 참조)에 대응되며 그림에서는 수평바로 나타내었다.
F.E.C Cluick and H.R.jex. "*Aerodynamic, Stability, and Control of the 1903 Wright Flyer.*" The Wright Flyer: An Engineering Perspective, pp.19–43.1987. Copyright 1987 by the Smithsonian Institution. All rights reserved. Used with permission

계산과 측정결과의 보고서에 설명되어 있다. 실험 데이터는 캘리포니아 공대의 풍동에 장착된 Wright 형제 항공기의 모델로부터 계측되었다. 이론적 데이터는 저속, 비압축성, 비점성 유동해석을 위한 최신의 와류격자 컴퓨터 프로그램으로 계산하였다(이 방법들은 마찰에 의한 효과를 포함하고 있기 때문에 유동의 박리를 예측하는 데는 이용할 수 없다). 그림 6.80의 데이터는 $C_{D,0}$가 약 0.10이고 최대 양력계수가 거의 1.1이라는 것을 보여준다. 더욱이, 원점에서 양항비 곡선에 접선을 그으면, $(L/D)_{max}$가 5.7이라는 것을 알 수 있다. 현재의 기준으로 보면 Wright 형제의 항공기는 공기역학적인 측면에서 명작이라고 할 수는 없다. 하지만 1903년 그 항공기는 당시 존재하는 유일한 성공적인 비행체였다. 더욱이, Cayley의 항공기와 비교하여 Wright 형제의 항공기는 설계에 있어 혁신적인 진보를 거두었다.

Wright 형제의 비행 이후 지난 20세기 후반 항공기 설계기술의 진보는 거의 지수함수적인 것이었다. 두 가지 성능지표인 $C_{D,0}$와 $(L/D)_{max}$를 이용하면 그림 6.81과 그림 6.82처럼 20세기에 나타난 것처럼 항공기 설계에 있어서의 진보를 3개의 기간으로 구분할 수 있다. 대표적인 항공기의 $C_{D,0}$(그림 6.81)와 $(L/D)_{max}$(그림 6.82)가 연도별로 나타나 있다. 이들 자료는 Loftin의 저명한 저술의 자료로 흥미 있는 독자는 읽어볼 것을 권한다. 이 책은 다수의 유명한 항공기들의 기술적인 설계의 세부적인 사례연구를 포함하고 있다. 그림 6.81의 $C_{D,0}$에 대한 데이터는 각각 획기적인 변화로 구별되는 3개의 주요 기간을 거치면서 항공기 설계가 진화해 왔음을 나타낸다. 예를 들어, 1920년대 중기에서 후기 사이에 지지

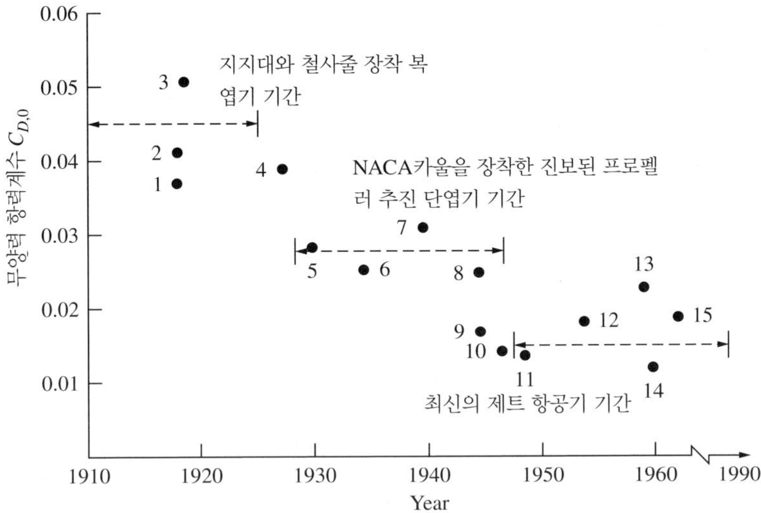

그림 6.81 20세기 항공설계의 일반적인 3개의 기간을 나타내기 위해 무양력 항력계수를 사용. 수치데이터는 다음의 항공기에 대응됨: (1) SPAD XIII, (2) Fokker D-VIII, (3) Curtiss JN-4H Jenny, (4) Ryan NYP (*Spirit of St. Louis*), (5) Lockheed Vega, (6) Douglas DC-3, (7) Boeing B-17, (8) Boeing B-29, (9) North American P-51, (10) Lockheed P-80, (11) North American F-86, (12) Lockheed F-104, (13) McDonnell F-4E, (14) Boeing B-52, (15) General Dynamics F-111D

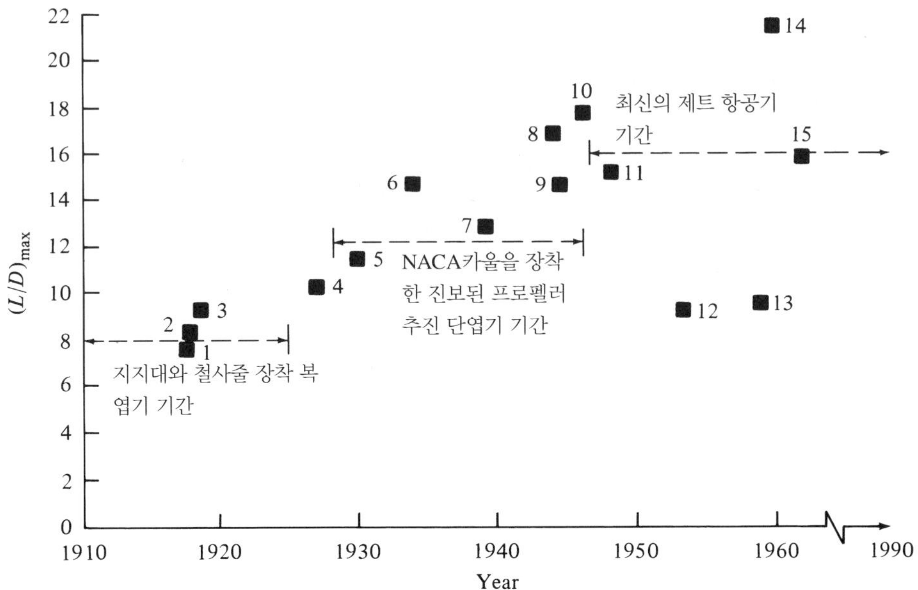

그림 6.82 항공설계의 일반적인 3개의 기간을 나타내기 위해 양항비(lift-to-drag ratio)를 사용

그림 6.83 프랑스의 SPAD XIII, 지지대와 철사줄 장착 복엽기 시대의 예. 항공기의 앞에 조종사인 Eddie Rickenbacker가 보인다.
(자료출처: 미국 공군)

그림 6.84 Douglas DC-3, NACA 카울링과 윙 필릿을 장착한 프로펠러 추진 단엽기 시대의 예
(자료출처: 미국 공군)

그림 6.85 North American의 F-86, 1950년대 초부터 가장 성공적인 현대의 제트기 중 하나임.

대와 철사줄을 이용한 복엽기(그림 6.83에서 보여진 SPAD XIII) 기간은 wright 형제의 항공기를 시작으로 1920년대 중반이나 말까지로 이어진다. 이때 항공기의 $C_{D,0}$는 0.04로 이같이 높은 형상항력(유동 박리에 의한 압력항력) 값은 두 평판 날개 사이에 설치된 지지대와 철사줄로 인해 발생한 유동 박리와 관련이 있다. 1920년대 후기의 설계 혁신은 NACA 카울(6.24절을 참조)과 단엽기 형상을 채택하여 이루어진 것이다. 설계혁신의 두 번째 기간은(그림 6.84의 DC-3으로 대표되는) $C_{D,0}$ 값이 0.027 정도의 값을 갖는 것이 특징이다. 1940년대 중기의 주요 설계혁신은 제트 추진 항공의 도래에 있다. 우리가 현재 살고 있는 이 기간은(그림 6.58의 한국전에 참전한 유명한 F-86로 대표되는) $C_{D,0}$ 값이 0.015 정도로의 값을 나타낸다.

공기역학적 성능지표로 $(L/D)_{max}$를 사용하는 것은 앞절에 설명하였다. 연도별 $(L/D)_{max}$를 나타낸 그림 6.82에 보는 바와 같이 그림 6.81과 동일한 세 개의 설계기간의 데이터 점들은 그대로 동일한 항공기 그룹을 형성한다. wright 형제 항공기의 $(L/D)_{max}$이 5.7인 것과 비교하여 세계 1차대전 동안 항공기들의 평균 $(L/D)_{max}$ 값은 약 8정도인 것에 주목하라. 크게 개선되지는 않았다. NACA 카울링을 장착한 단엽기의 등장 이후 평균적으로 크게 증가한 $(L/D)_{max}$이 통상 12 정도이거나 종종 크게 증가한 값을 나타낸다. [세계 2차대전 때 명성을 날린 보잉사 B-29 폭격기는 이 시기에 가장 큰 $(L/D)_{max}$ 값으로 거의 17이었다. 이것은 날개의 종횡비가 평균적으로 6~8 정도인 시대에 예외적으로 큰 종횡비 11.5를 채용했다는 점이 부분적으로 기여한 것이다.] 오늘날 최신 항공기의 $(L/D)_{max}$ 값은 모든 항공기 크기에 걸쳐 고성능 군용 제트 전투기에 대해서는 12 혹은 13 에서 대형 제트 폭격기와 보잉 747과 같은 민항기들은 20이나 그 이상의 값을 갖는다.

이번 절은 여러분이 이번 장에서 학습한 몇 가지 공력성능 파라미터로 항공기 설계에서의 발전을 생각해볼 수 있는 기회를 제공하였다.

6.28 요약과 복습

이번 절의 첫 번째 부분은 항공기의 정적성능 다시 말해 가속도가 0일 때의 성능을 설명하였다. 이 가정을 적용하면 항공기에 작용하는 힘들은 균형을 이룬다. 즉 정상 수평비행에서 양력은 무게와 같고 추력은 항력과 같다. 이러한 단순한 접근방법을 이용하여 얼마나 많은 항공기의 성능정보를 얻을 수 있었는지 놀라운 일이다. 우리는 주어진 고도에서 비행하는 항공기의 최대, 최소 속도를 어떻게 계산하는지를 알았다. 상승비행 중인 항공기의 경우, 양력은 무게보다 작아서 상승각이 θ인 경우 $L = W\cos\theta$이고, 추력은 $T = D + W\sin\theta$가 되어 항력보다 더 크다. 그러나, 가속도가 없다는 가정으로 상승비행 중인 항공기에 작용하는 힘도 균형을 이루기 때문에 주어진 고도에서 항공기의 상승률을 계산할 수 있다. 추력이 0인 활강비행도 동일한 방법을 적용할 수 있다. 활강각이 단지 양항비로 결정된다는 점이 흥미롭지 않은가? 이것은 반드시 직관적인 것만은 아니며 활강각에 대한 정적 성능분석으로 $\tan\theta = (L/D)^{-1}$의 공식을 얻을 수 있다. 또한, 정적 성능에 대한 가정은 최대 항속거리와 최대 항속시간에 대한 중요한 결과와 관계식을 제공한다.

이륙거리, 착륙거리 및 선회비행은 항공기 가속도가 0이 아니기 때문에 반드시 동적인 관점에서 해석하여야 한다. 이번 장의 후반부는 유한한 가속도를 가진 항공기의 성능을 다루었다. 이것이 **동적성능**의 핵심사항이다. 여기서, 우리는 이륙 및 착륙성능 결과를 얻기 위해 뉴턴의 제2법칙, $F = ma$를 이용하였고 선회비행 분석에 동일한 방정식으로 반경방향 가속도를 다루었다. 마지막으로 힘보다는 에너지에 대한 고려를 기반으로 동적성능 해석을 할 수 있음도 알았다. 이것이 동적인 상승률 계산을 위해 사용된 에너지 방법의 핵심내용이다.

끝으로, 우리가 이번 장의 항공기 성능해석에 그래프와 해석을 이용하는 두 가지 접근방법을 따랐다는 점을 명심하라. 그래프를 이용한 접근에서 우리는 양력, 항력, 추력, 무게와 같은 많은 물리량을 다루었다. 다양한 비행 속도 범위에서 이들의 값을 처리하여 최대 속도, 상승률, 절대상승고도 등에 대한 결과를 나타내는 그래프들을 얻었다. 이와는 다르게 해석적인 접근은 항공기의 성능특성에 대한 닫힌 형태의 방정식을 제공하였다. 더욱이, 이들 공식은 항공기의 성능이 단순히 양력, 항력, 추력과 무게에 독립적으로 영향을 받는 것이 아니라 오히려 이러한 힘들을 결합한 중요한 **비율**에 의존한다는 점을 나타내었다. 예를 들어, 최대 속도는 주로 추력중량비(T/W), 날개하중(W/S), 무양력 항력계수 C_{d0}에 영향을 받는다[식 (6.44) 참조]. 최대 상승률은 주로 추력중량비(또는 동력하중, P/W), 날개하중, 최대 양항비와 무양력 항력계수에 영향을 받는다[식 (6.52), (6.53) 참조]. 다음의 파라미터들이

$$\frac{T}{W}, \frac{W}{S}, \frac{P}{W}, \frac{L}{D}, \text{ and } C_{D,0}$$

근본적으로 항공기의 성능을 결정한다. 이것들은 가장 중요한 항공기 설계 파라미터들에 속하며 항공기 성능에 대한 닫힌 형태의 방정식을 도출하는 해석적인 접근에서는 쉽게 식별이 되지만 그래프의 분석만으로는 쉽게 나타나지 않는다.

이번 절에서 몇 가지 중요한 특성을 아래에 정리하였다.

1. 전체 항공기에 대한 양항곡선(drag polar)은 다음과 같이 주어진다.

$$C_D = C_{D,0} + \frac{C_L^2}{\pi e \text{AR}} \tag{6.1c}$$

여기에서 $C_{D,0}$는 무양력 항력계수이고 $C_L^2/(\pi e\text{AR})$ 부분은 양력으로 인한 유도항력과 유해항력의 기여를 포함하고 있다.

2. 가속이 없는 수평비행에 대한 필요추력은 다음과 같다.

$$T_R = \frac{W}{L/D} \tag{6.16}$$

필요추력은 양항비(L/D)가 최대일 때 최소가 된다.

3. 가속이 없는 수평비행에 대한 필요마력은 다음과 같다.

$$P_R = \sqrt{\frac{2W^3C_D^2}{\rho_\infty S C_L^3}} \tag{6.27}$$

필요마력은 $C_L^{3/2}/CD$가 최대일 때 최소가 된다.

4. 상승률 R/C = dh/dt는 다음과 같이 주어진다.

$$\frac{dh}{dt} = \frac{TV - DV}{W} - \frac{V}{g}\frac{dV}{dt} \tag{6.139}$$

여기서, $(TV - DV)/W = P_s$는 비잉여마력이다. 따라서, 가속이 없는 상승, $dh/dt = 0$에서는 다음과 같이 표현된다.

$$\text{R/C} = \frac{dh}{dt} = \frac{TV - DV}{W} \tag{6.50}$$

5. 무동력 활강에서의 활강각은 다음과 같이 주어진다.

$$\tan\theta = \frac{1}{L/D} \tag{6.56}$$

6. 절대상승고도는 최대 R/C = 0인 고도로 정의된다. 실용상승고도는 R/C = 100 ft/min인 고도이다.

7. 프로펠러 추진 항공기에서 항속거리 R와 항속시간 E는 다음과 같이 주어진다.

$$R = \frac{\eta}{c}\frac{C_L}{C_D}\ln\frac{W_0}{W_1} \tag{6.67}$$

$$E = \frac{\eta}{c}\frac{C_L^{3/2}}{C_D}(2\rho_\infty S)^{1/2}(W_1^{-1/2} - W_0^{-1/2}) \tag{6.68}$$

최대 항속거리는 최대 C_L/C_D에서 얻어지고 최대 항속시간은 $(C_L^{3/2})/C_D$가 최대인 해수면에서 얻어진다.

8. 제트 추진 항공기의 항속거리와 항속시간은 다음과 같이 주어진다.

$$R = 2\sqrt{\frac{2}{\rho_\infty S}}\frac{1}{c_t}\frac{C_L^{1/2}}{C_D}(W_0^{1/2} - W_1^{1/2}) \tag{6.77}$$

$$E = \frac{1}{c_t}\frac{C_L}{C_D}\ln\frac{W_0}{W_1} \tag{6.72}$$

9. 최대 $C_L^{3/2}/CD$에서 $C_{D,0} = \frac{1}{3}C_{D,i}$이다. 이 경우 다음 식이 성립한다.

$$\left(\frac{C_L^{3/2}}{C_D}\right)_{\max} = \frac{(3C_{D,0}\pi e\mathrm{AR})^{3/4}}{4C_{D,0}} \tag{6.87}$$

최대 C_L/C_D에서 $C_{D,0} = C_{D,i}$이다. 이 경우 다음 식이 성립한다.

$$\left(\frac{C_L}{C_D}\right)_{\max} = \frac{(C_{D,0}\pi e\mathrm{AR})^{1/2}}{2C_{D,0}} \tag{6.85}$$

최대 $C_L^{1/2}/C_D$에서 $C_{D,0} = 3\ C_{D,i}$이다. 이 경우 다음 식이 성립한다.

$$\left(\frac{C_L^{1/2}}{C_D}\right)_{\max} = \frac{(\frac{1}{3}C_{D,0}\pi e\mathrm{AR})^{1/4}}{\frac{4}{3}C_{D,0}} \tag{6.86}$$

10. 이륙지면 활주거리는 다음과 같다.

$$s_{\mathrm{LO}} = \frac{1.44W^2}{g\rho_\infty Sc_{L,\max}\{T - [D + \mu_r(W - L)]_{\mathrm{av}}\}} \tag{6.103}$$

11. 착륙지면 활주거리는 다음과 같다.

$$s_L = \frac{1.69W^2}{g\rho_\infty SC_{L,\max}[D + \mu_r(W - L)]_{0.7V_T}} \tag{6.111}$$

12. 하중계수는 다음과 같이 정의된다.

$$n \equiv \frac{L}{W} \tag{6.115}$$

13. 수평선회비행의 회전 반경은 다음과 같다.

$$R = \frac{V_\infty^2}{g\sqrt{n^2 - 1}} \tag{6.118}$$

그리고, 회전율은 다음과 같다.

$$\omega = \frac{g\sqrt{n^2 - 1}}{V_\infty} \tag{6.119}$$

14. $V\text{–}n$ 선도는 그림 6.55에 나타나 있다. 이것은 주어진 항공기에 대한 속도에 따른 하중지수를 나타내는 그래프로, 구조한계로 인한 n과 V에 대한 제한도 나타나 있다. $V\text{–}n$ 선도는 전반적인 항공기의 성능의 몇 가지 특별히 중요한 특성들을 나타낸다.

15. 항공기의 에너지 고도(비 에너지)는 다음과 같다.

$$H_e = h + \frac{V^2}{2g} \tag{6.136}$$

이것은 아래의 비잉여마력과 함께 에너지에 대한 고려만으로 가속 상승성능을 분석할 수 있게 해준다.

$$P_s = \frac{TV - DV}{W}$$

참고문헌

Anderson, J. D., Jr. *Aircraft Performance and Design*. McGraw–Hill, New York, 1999.

———. *The Airplane: A History of Its Technology*. American Institute of Aeronautics and Astronautics, Reston, VA, 2002.

Bairstow, L. *Applied Aerodynamics*. Longmans, London, 1920.

Cowley, W. L., and H. Levy. *Aeronautics in Theory and Experiment*. E. Arnold, London, 1918.

Culick, F. E. C., and H. R. Jex. "Aerodynamics, Stability, and Control of the 1903 Wright Flyer," pp. 19 – 43 in Howard Wolko (ed.), *The Wright Flyer: An Engineering Perspective*. Smithsonian Press, Washington, 1987.

Dommasch, D. O., S. S. Sherbey, and T. F. Connolly. *Airplane Aerodynamics,* 3rd ed. Pitman, New York, 1961.

Duchene, Captain. *The Mechanics of the Airplane: A Study of the Principles of Flight* (transl. by J. H. Ledeboer and T. O'B. Hubbard). Longmans, London, 1917.

Hale, F. J. *Introduction to Aircraft Performance, Selection, and Design*. Wiley, New York, 1984.

Judge, A. W. *Handbook of Modern Aeronautics*. Appleton, London, 1919.

Loftin, L. *Quest for Performance: The Evolution of Modern Aircraft*. NASA SP–468, 1985.

McCormick, B. W. *Aerodynamics, Aeronautics, and Flight Mechanics*. Wiley, New York, 1979.

Perkins, C. D., and R. E. Hage. *Airplane Performance, Stability, and Control*. Wiley, New York, 1949.

Raymer, D. P. *Aircraft Design: A Conceptual Approach,* 4th ed. American Institute of Aeronautics and Astronautics, Reston, VA, 2006.

Shevell, R. S. *Fundamentals of Flight*. Prentice-Hall, Englewood Cliffs, NJ, 1983.

연습문제

6.1. 쌍발엔진을 탑재한 비지니스 여객기 Beechcraft Queen Air를 닮은 항공기를 고려하자. 항공기 무게는 38,220N, 날개 면적은 27.3 m², 종횡비(aspect ratio)는 7.5, 오스왈드 효율지수는 0.9이며 무양력 항력계수는 $C_{D,0} = 0.03$이다. 시속 350 km/h로 비행하기 위한 필요추력을 (*a*) 표준 해수면 고도와 (*b*) 고도 4.5 km에 대해 계산하라.

6.2. 무게 5000 lb인 항공기가 200 mi/h의 속도로 표준 해수면 고도를 비행하고 있다. 이 속도에서 *L*/*D* 비가 최대가 된다. 날개면적과 종횡비는 각각 200 ft²와 8.5이고 오스왈드 효율지수는 0.93이다. 항공기의 전체 항력을 계산하라.

6.3. 쌍발 제트 엔진을 탑재한 공격기인 Fairchild Republic A-10을 닮은 항공기를 고려하자. 이 항공기의 특성은 날개 면적 = 47 m², 종횡비 = 6.5, 오스왈드 효율지수 = 0.87, 무게 = 103,047 N 이고 무양력 항력계수 = 0.032 등을 나타낸다. 항공기는 해수면 고도에서 각각 40,298 N의 정적 추력(static thrust)을 낼 수 있는 두 개의 제트 엔진을 장착하고 있다.

a. 해수면 고도에서 필요마력 곡선을 계산하고 그래프로 작도하라.

b. 해수면 고도에서 최대 속도를 계산하라.

c. 고도 5 km에서 필요마력 곡선을 계산하고 그래프로 작도하라.

d. 고도 5 km에서 최대 속도를 계산하라. (엔진추력이 공기의 밀도에 따라 변한다고 가정하라.)

6.4. V자 형태의 테일과 단발엔진을 탑재한 개인용 경항공기인 Beechcraft사의 Bonanza와 닮은 항공기를 고려하자. 항공기 특성은 종횡비 = 6.2, 날개 면적 = 181 ft², 오스왈드 효율지수 = 0.91, 무게 = 3000 lb, 무양력 항력계수 = 0.027 등을 나타낸다. 항공기는 해수면 고도에서 최대 345 hp인 단발의 피스톤 엔진으로 추진된다. 엔진파워가 자유류 밀도에 비례한다고 가정하자. 두 개의 블레이드를 장착한 프로펠러의 효율은 0.83이다.

a. 해수면 고도에서 필요마력을 계산하라.

b. 해수면 고도에서 최대 속도를 계산하라.

c. 고도 12000 ft 에서 필요마력을 계산하라.

d. 고도 12000 ft 에서 최대 속도를 계산하라.

6.5. 문제 6.3의 정보를 이용하여 해수면 고도와 고도 5 km에서 쌍발 제트 엔진 항공기의 최대 상승률을 계산하라.

6.6. 문제 6.4의 정보를 이용하여 해수면 고도와 고도 12,000 ft 에서 단발 엔진을 장착한 경항공기의 최대 상승률을 계산하라.

6.7. 문제 6.5의 쌍발 제트 엔진에 대한 상승률로부터, 항공기의 절대상승고도를 추정하라. (여기서, 최대 R/C는 고도에 따라 선형적으로 변한다고 가정하라. 이 가정은 정확하지는 않지만 크게 부정확하지도 않다.)

6.8. 문제 6.6의 단발엔진을 탑재한 경항공기의 상승률로부터, 항공기의 절대상승고도를 추정하라. (문제 6.7에서 설명한 선형 가정을 여기서도 사용하라.)

6.9. 제1차 세계 대전에 사용된 *Sopwith Camel* 항공기의 최대 양항비는 7.7이었다. 고도 5,000 ft 에서 비행하는 동안 엔진고장이 발생한 경우 항공기는 지면을 따라 측정된 거리로 얼마나 멀리 활공할 수 있겠는가?

6.10. 문제 6.9의 Sopwith Camel의 경우, 고도 3,000 ft에서 최소 활강각에 대응되는 정상 활공속도를 계산하라. 항공기는 종횡비 4.11, 오스왈드 효율지수 0.7, 무게 1,400 lb, 그리고 날개면적 231 ft2 인 특성을 갖는다.

6.11. 무양력 항력계수 0.025, 종횡비 6.72, 오스왈드 효율지수 0.9인 항공기를 고려해보자. 최대 양항비 $(L/D)_{max}$를 계산하라.

6.12. 문제 6.4에서 설명한 단발엔진을 탑재한 경항공기를 고려해보자. 만약 비연료소모율이 0.42 lb/(hp) (hr), 연료탑재량 44 gal, 최대 총 중량 3400 lb인 경우 표준 해수면 고도에서 항속거리와 항속시간을 계산하라.

6.13. 문제 6.3의 쌍발엔진을 탑재한 제트 항공기를 고려하자. 비추력 연료소모율은 1.0 lb/(N) (hr)이고, 연료 탑재량 1,900 gal, 최대 중량 136,960 N인 상태이다. 고도 8 km의 표준 대기조건에서 고도에서 항속거리와 항속시간을 계산하라.

6.14. 식 (6.80)과 (6.81)을 유도하라.

6.15. 식 (6.86)과 (6.87)을 유도하라.

6.16. 문제 6.3의 항공기에 대해 해수면 고도에서 이륙거리를 추정하라. 포장된 활주로라고 가정하라. 또한, 이륙하는 동안, 받음각은 항공기의 꼬리날개가 땅에 닿지 않는다는 요구조건에 의해 제한되어 있다. 따라서, 이륙하는 동안 $C_{L,max}$는 0.8로 제한되어 있다고 가정하라. 지면에서 활주 중인 항공기의 날개는 지면 위 5 ft 위치에 있다.

6.17. 문제 6.4의 항공기에 대한 해수면 고도에서의 이륙거리를 추정하여라. 포장된 활주로라고 가정하고 지면활주 시 $C_{L,max}$는 1.1이라고 가정하라. 지면에서 활주 중인 항공기의 날개는 지면 위 4 ft 위치에 있다.

6.18. 문제 6.3의 항공기에 대해 해수면 고도에서 착륙거리를 추정하여라. 항공기는 최대 중량으로 착륙한다고 가정하라. 착지 시 플랩을 최대로 전개한 경우의 최대 양력계수는 2.8이다. 착지 후 양력은 0이라고 가정하라.

6.19. 문제 6.4의 항공기에 대해 해수면 고도에서 착륙 지면활주거리를 추정하라. 항공기는 2900 lb 중량으로 착륙하고 있다고 가정하라. 착지 시 플랩의 전개로 최대 양력계수가 1.2이라고 가정하라. 착지 후 양력은 0이라고 가정하라.

6.20. 문제 6.3의 항공기에 대해 해수면 고도에서 코너속도는 250 mi/h이고, 플랩을 전개하지 않은 상태로 최대 양력계수가 1.2이다. 해수면 고도에서 최소 선회반경과 최대 선회율을 계산하라.

6.21. 문제 6.3의 항공기가 375 mi/h의 속도로 고도 15,000 ft에서 비행하고 있다. 이 조건에서 항공기의 비에너지를 계산하라.

6.22. 식 (6.44)를 유도하라.

6.23. 그림 6.2의 데이터로부터 Lockheed C-141A의 오스왈드 효율지수 값을 추정하라. 날개의 종횡비는 7.9이다.

6.24. 세계 2차대전이 종료된 후 강력한 프로펠러 추진 전투기들이 연직방향으로 추진 강하를 통해 음속을 돌파했다는 다양한 주장들이 인기 있는 항공학술지들에서 나타났다. 이 문제의 목적은 그러한 일이 기술적으로 불가능하다는 것을 입증하는 데 있다. 예를 들어 제2차 세계대전 때의 전형적인 전투기인 구루만사의 F6F-3 Hellcat을 고려해보자. 이 항공기는 무양력 항력계수가(저속에서) 0.0211, 날개면적 334ft^2 갖고 총중량이 12,441 lb이다. 이 항공기는 Pratt and Whitney사의 R-2800 왕복 엔진으로 추진되며 고도 17,500 ft에서 과급기가 작동

하면 엔진은 1500 마력을 발생한다. 이 항공기가 (*a*) 고도 30,000 feet와 (*b*) 20,000 feet에서 최대 파워로 수직강하를 하는 상태라고 가정하자. 이 두 고도에서 항공기가 마하수 1에 도달할 수 없음을 증명하라.

주: 이 항공기는 마하수 1에서 공기역학적인 특성은 측정된 적이 없다. 따라서, 여러분이 몇 가지 합당한 가정을 하여야 한다. 예를 들어 마하수 1에서 무양력 항력계수 값은 얼마인가? 예측값으로 NACA TR 916으로부터 North American P-51 Mustang 항공기에 대한 무양력 항력계수를 얻을 수 있다. 데이터를 마하수 1까지 외삽하면 저속에서의 값의 7.5배 이상 증가된 값을 나타낸다. F6F의 더 무딘 형상을 고려하여 $C_{D,0}$(마하수 1)이 $C_{D,0}$(저속)보다 10배 크다고 가정하자. 물론 마하수 1에서 프로펠러 효율은 거의 0이다 (실제로 프로펠러는 추력을 발생하기 보다는 항력을 더 발생시킨다). 보수적인 예측을 위해 마하 1에서 프로펠러 효율이 0.3이라고 가정하자.

6.25. Predator UAV는(그림 6.63을 참조) 다음과 같은 특성을 가지고 있다. 날개 길이(wingspan) = 14.85 m, 날개 면적(wing area) = 11.45 m^2, 최대 중량(maximum weight) = 1020 kg$_f$, 그리고 연료 무게(fuel weight) = 295 kg$_f$이다. 엔진은 2개의 가변피치 퓨셔형 프로펠러를 구동하는 85마력의 로텍스(Rotax)사의 4기통, 4행정기관이다. 오스왈드 효율지수는 0.7, 무양력 항력계수는 0.03, 프로펠러 효율은 0.9, 그리고 비연료소모율은 0.2 kg$_f$/(hp)(hr)이다. 해수면에서 Predator의 최고 속도를 구하라.

6.26. 문제 6.25의 Predator UAV의 최대 항속거리를 구하라.

6.27. 문제 6.25의 Predator UAV의 최대 항속시간을 구하라.

6.28. 아음속 정상 수평비행 중인 항공기에 대해, 양력으로 인한 항력 *Di*가 아래와 관계식으로 스팬하중이라고 불리는 설계 파라미터 W/b의 제곱에 비례한다.

$$D_i = \frac{1}{\pi e q_\infty}\left(\frac{W}{b}\right)^2$$

이 관계식을 유도하라.

6.29. 그림 4.46에 보이는 North American P-51D Mustang을 고려하자. 날개길이는 37 ft, 날개면적은 233.6 ft^2, 그리고 총 중량(gross weight)은 10,100 lb이다. 오스왈드 효율지수를 0.8로 가정을 하자. 항공기는 표준 대기 고도 5000 ft에서 300 mi/h의 속도로 정상 수평비행을 하고 있다. 이 때, 양력에 의한 항력을 (*a*) 문제 6.28의 결과를, (*b*) 양력으로 인한 항력계수 $C_{D,i}$를 각각 이용하여 구하라. 두 결과는 같아야 한다.

6.30. 그림 6.27에 보이는 Boeing 777과 같은 제트 민항 여객기 설계에서는 엔진 사이징은 통상 상승을 종료하고 순항고도에 도달한 지점에서 300 ft/min의 상승률을 가지도록 선정한다. 이것이 안전 마진이다. Boeing 777에 대해 상승이 종료된 순항고도에서 다음과 같은 순항조건을 가정하라. $L/D = 18$, 고도 = 31,000 ft, $M_\infty = 0.085$, $W = 550{,}000$ lb. (*a*) 상승각이 작아 $L = W$이라고 가정하고 엔진의 필요추력 방정식을 구하라. (*b*) (해수면에서 정지추력으로 일컬어지는) 요구되는 엔진 사이즈를 계산하고 결과를 해수면 정지추력이 34,000 lb인 Rolls-Royce Tront 타입 엔진 2개를 장착한 Boeing 777 설계자의 엔진 선정과 비교하라.

주: 새로운 항공기 설계를 위해 엔진의 크기는 정해진 이륙거리 내에서 지상으로부터 항공기가 이륙할 수 있을 정도로 충분한 이륙추력을 제공할 수 있도록 하여야 한다는 점을 직관적

으로 알 수 있다. 그러나, 앞의 상승 종료지점의 조건을 적용하면 엔진추력은 통상 이륙에 충분하다.

6.31. 그림 6.56에 보이는 록히드 마틴사 F-16은 수직 상승 가속비행 중이다. Jane의 *All the World Aircraft*로부터 이 항공기의 몇 가지 특성은 다음과 같다. 날개 면적 = 27.87 m^2, 통상의 전투 중량 = 8,273 Kg_f, 단발 GE F110 제트 엔진의 해수면에서 정지추력 = 131.6kN. (Jane 연감에서 무게는 kg force 단위임을 주의하라. 단위에 대한 2.4절의 설명을 참조하라.) 아음속에서 무양력 항력계수는 0.016으로 가정하라(그림 6.81의 데이터와 일치한다). 또한 마하수가 1인 천음속에서 무양력 항력계수는 항력발산 천음속 비행영역에서 발생하는 통상적인 증가를 반영하여 아음속에서의 값보다 2.3배로 크다고 가정하라. 이들 조건에서 F-16은 수직상승하면서 음속을 돌파할 수 있겠는가?

6.32. 문제 6.31에서 설명한 록히드 마틴사 F-16을 고려하라. 그림 6.56의 사진은 100m/s의 속도로 고도 2,000 m를 지나는 순간 수직상승할 때 촬영한 것이라고 가정하자. 이 때 항공기의 최대 가속도를 구하라.

6.33. 제트 엔진의 비추력 연료소모율 TSFC을 6.13절에서 정의하였다. 엔진 제작사는 주어진 시간동안에 정의된 비행에서 소모연료의 무게를 줄이기 위해 TSFC를 감소시키려고 부단히 노력한다. 연료무게를 줄임으로써 대응되는 유상하중을 증가시킬 수 있다. 그러나 TSFC를 감소시키려는 설계변경은 종종 엔진 자체 무게를 약간 증가시키게 되어 유상하중의 증가가 없는 결과를 낳기도 한다. 손익 분기점은 연료무게 감소가 엔진무게 증가와 정확하게 상쇄되어 그 결과 유상하중의 증가가 없는 경우이다. 작은 값인 ε_f와 ε_W를 이용하여 감소된 비추력 연료소모율을 $(\text{TSFC})_{\text{new}} = (\text{TSFC})(1 - \varepsilon_f)$로 엔진무게 증가로 인한 항공기 중량값을 $W_{\text{new}} = W(1 + \varepsilon_W)$로 나타낸 경우 엔진무게와 TSFC의 변화에 대한 손익 분기점은 다음 식으로 주어진다는 것을 증명하라.

$$\varepsilon_f = \varepsilon_w \left(1 + \frac{W}{W_f}\right) = \varepsilon_W [1 + (L/D)/(\text{TSFC})t]$$

여기서, W와 W_f 는 각각 순항 중인 항공기의 평균무게와 순항 중 사용된 연료의 무게이며 두 값 모두 설계변경으로 엔진무게 혹은 TSFC가 변하기 전의 값이고 t는 전체 순항비행 시간이다.

6.34. 이륙중량이 1,350,000 lbs인 4개의 제트 엔진을 탑재한 대형 여객기를 고려하자. 비행 종료시까지 500,000 lb의 연료가 소모되었다. 이제 엔진의 TSFC가 1% 감소시키는 성능개선을 하였다고 가정하자. 문제 6.33의 결과를 이용하여 이륙중량이 변하지 않았을 때 각각의 엔진무게에 있어 허용가능한 최대 중량의 증가값을 구하라.

6.35. 식 6.44를 살펴보라. 이 방정식은 항공기의 추력−중량비로 $V_{\max}$ 와 직접 관계되어 있어서 제트 추진 항공기의 $V_{\max}$를 해석적으로 빠르게 계산할 수 있도록 한다. 마력−중량비(동력하중, power loading)로 프로펠러 추진 항공기의 $V_{\max}$에 대해 유사한 관계식을 유도하라. 주: 여러분은 동력하중과 $V_{\max}$의 관계식을 찾게 될 것이지만 이 식으로 $V_{\max}$를 직접 계산할 수는 없다는 점도 알게될 것이다. 그렇지만 이 관계식은 6.6절에서 다룬 수치적인 해석과 비교하여 프로펠러 추진 항공기의 $V_{\max}$를 더 빠르게 해석할 수 있게 한다.

6.36. 문제 6.35의 결과를 이용하여, 해수면에서 CP-1의 최고속도를 계산하고 그 결과를 6.6절의

수치해와 비교하라.

6.37. 해수면에서 CJ-1의 최대 속도를 해석적으로 계산하고 6.4절의 수치해와 비교를 하라.

6.38. 고도 12,000 ft에서 CP-1의 최대 상승률을 해석적으로 구하고, 6.10절의 수치해와 비교하라.

6.39. 고도 24,000ft에서 CJ-1의 최대 상승률을 해석적으로 구하고, 6.10절의 수치해와 비교하라.

6.40. Douglas사의 DC-3(그림 6.84)는 고도 7,500 ft에서 최대 속도가 229 mi/h이다. 두개의 엔진은 각각 최대 1,200 hp를 제공한다. 항공기 무게는 25,000 lb, 종횡비는 9.14, 날개면적은 987 ft^2이다. 프로펠러 효율을 0.8로 오스왈드 효율지수를 0.7이라고 가정하자. DC-3의 무양력 항력계수를 구하라.

CHAPTER 07

안정성과 조종의 원리

Principles of Stability and Control

항공기에 있어 중요한 문제의 하나는 ……… 설계효율을 심각하게 떨어트리지 않고 조종사가 충분한 여유를 가지면서도 요구되는 주의력을 대폭 감소시키고 원하는 비행경로를 유지하는 조종이 가능하도록 고유의 잠재적인 안정성을 갖도록 항공기 형상을 개선하는 것이다.

제1호 NACA 연차보고서, 1915

7.1 개요

장면: 파리 근교 이시레몰리노 프랑스 육군 훈련장. **시간**: 1908년 1월 13일 아침. **등장인물**: 기껏 4개월 전에 처음으로 비행을 했고 영국에서 태어났지만 프랑스어로 말하는, 수염을 기른 비행사인 Henri Farman. **연기**: 정교하게 제작된 복엽기 보아장 Farman 아이비스(그림 7.1을 참조)가 50마력의 앙투아네트 엔진을 정면에 두고 Farman이 탑승한 가운데 상쾌한 파리의 바람을 맞으며 이륙준비 상태를 유지하고 있다. Farman이 험난한 이륙을 위해 동력을 인가할 때 바람이 상자 모양의 연처럼 생긴 꼬리의 천에 바람결을 일으켰다. 순풍과 싸우면서 그는 이륙지점에서 1,000 m 표식까지 항공기를 조종했다. 힘겨운 원형 선회비행에서 Farman은 러더를 조작해서 날개를 거의 지면과 수평인 상태로 유지한 채 표식 주위로 복엽기를 몰고 나갔다. 지극히 완만하고 보잘 것 없는 원호를 그리면서 항공기가 기수가 뒤쪽 방향으로 향했다. 결국 Farman은 관람을 위해 모여든 많은 사람들의 환호를 받으며 원래의 이륙지점에 착륙했다. Farman은 1분 28초간 공중에 있었고(그 당시 유럽에서 가장 긴 비행시간임) 1 km에 이르는 최초의 선회비행을 완료하였다. 이로 인해 그는 항공 그랑프리를 수상하였다. (우연히도 관중 속에 헝가리 출신의 젊은 공학자인 Theodore von Karman이 있었다. 그는 단지 역사적인 순간을 보기 위해 새벽 5시에 그를 깨운 여자

미리보기

PREVIEW BOX

여러분이 자신만의 항공기를 설계하고 처음으로 비행하려 한다고 가정해보자. 여러분은 이 책의 앞 장에서 확립한 원리를 따랐을 것이고 여러분의 비행기가 의도한 바와 같이 빠르고, 멀리 그리고 긴 시간을 비행할 수 있다고 확신할 것이다. 확신을 가지고 여러분은 새로 설계한 항공기를 이륙시키고 최초로 비행을 시작하게 할 것이다. 이륙 후 얼마 안되어 순간적으로 항공기 기수를 들어 올리는 돌풍에 부딪쳐 그야말로 의도한 것보다 큰 받음각까지 항공기가 회전을 하게 된다. 무엇 때문인가? 여러분은 조종을 통해 항공기를 계속 비행시킬 것인가? 아니면 잠시 뒤 자동적으로 원래의 자세로 돌아오게 할 것인가? 여러분은 항공기가 원래의 자세로 돌아올 수 있도록 적절하게 여러분의 항공기를 설계를 했는가? 어떻게 그렇게 했는가? 다시 말해, 항공기가 돌풍으로 교란을 받았을 피치각이 계속 증가하여 조종이 전혀 가능하지 않은 상태로 가지 않을 것이라고 어떻게 여러분은 확인할 수 있겠는가? 이것들은 매우 중요한 질문이고 여러분은 이번 장에서 그 답을 찾게 될 것이다. 질문과 대답들은 이번 장의 주제인 항공기 **안정성**과 관련이 있다.

여러분의 항공기가 안정하다고 가정해 보자. 말하자면 어떤 형태의 교란을 받은 후 여러분의 항공기는 원래의 자세로 자동적으로 되돌아온다. 비행을 하면서 여러분은 속도는 올리지만 수평비행을 유지하고 싶다. 제6장의 설명으로부터 여러분은 받음각을 적절하게 줄여야 한다는 것을 알고 있다. 이것은 꼬리에 달려 있는 엘리베이터 변위각을 변화시켜 얻을 수 있다. 그러나, 얼마만큼의 엘리베이터 각을 변화시킬 것인가? 그리고 적절한 변위각을 얻기 위해 엘리베이터에 얼마만큼의 힘을 가할 것인가? 이런 질문들은 약간 시시해 보일 수도 있다. 그러나 여러분이 올바른 답을 알지 못하고 설계하는 과정에서 이들을 적절히 고려하지 않은 경우, 십중팔구 여러분은 항공기를 제어할 수 없을 것이다. 이번 장의 두 번째 주제는 항공기 제어로 이 질문들에 대한 대답을 찾을 수 있게 될 것이다.

만약 불안정하고 제어가 불가능한 경우 항공기는 대부분 추락할 것이다. 이것은 심각한 문제이다. 이번 장은 중요한 장이다. 세심한 관심을 가지고 읽기 바란다. 그러나 동시에 나는 이번 장이 앞에서 고려한 것과는 약간 다른 물리학이나 수학을 이용하여 항공기 비행과 관련된 새로운 영역으로 여러분을 안내할 것이기 때문에 흥미롭게 읽게 될 것으로 확신한다.

그림 7.1 보아장-Farman 아이비스
(자료출처: © *Science and Society/SuperStock*)

친구의 성화에 못 이겨 그곳에 있었다. 그러나 von Karman은 그 비행으로 인해 유혹의 세계로 빠져들었고 항공과학에 대한 그의 관심은 불타올랐다. von Karman의 호기심은 동력비행의 최초 반세기 동안에 선도적인 공기역학의 천재가 될 때까지 계속될 것이다.)

장면은 프랑스 르망 근처의 작은 경마장으로 바뀐다. **시간**: 그 후 7개월 뒤인 1908년 8월 8일. **등장인물**: 강렬한 인상에 과묵하면서 자신감에 넘치는 Wilbur Wright. **연기**: 르망 근처 친구의 공장에서 조립되었고 상자에 실려 프랑스로 운송된 새로운 복엽기 Wright A타입(그림 1.25를 보라)이 비행을 준비하고 있다. 사전에 이루어진 많은 광고와 보도된 Wright 형제의 성공이 정말로 사실인지를 보려는 호기심에 이끌려 많은 사람들이 운집하였다. Wilbur가 이륙했다. Wright 형제의 특허 개념인 **날개 비틂**(*wing warping*)을 이용하여 Wilbur는 의도한 대로 롤 선회를 할 수 있었다. 그는 두 번의 화려한 원을 그린 뒤 힘들이지 않고 1분 45초 만에 착륙하였다. 사람들은 환호했다. 프랑스 언론은 거의 말문이 막혔으나 그 뒤 그 비행을 획기적인 것으로 보도하였다. 이 광경을 목격한 유럽의 비행사들은 놀란 눈으로 바라보았고 곧 Wright 형제의 항공기가 그 당시 유럽 최고의 항공기보다 훨씬 진보된 것으로 받아들였다. Wilbur는 그해 말까지 프랑스에서 104번이나 비행을 계속했으며 이 과정에서 유럽 항공산업의 방향을 바꾸어 놓았다.

이들 두 장면의 차이와 Farman의 힘겨운 원형 비행과는 달리 Wilbur가 쉽게 비행할 수 있었던 이유는 안정성과 제어와 관련이 있다. 그 당시 유럽의 최신 기술을 대표했던 Farman의 항공기 보아장은 단지 러더 제어만을 가지고 있어 꼬리날개를 흔들어대면서 힘겹게 평편한 선회를 할 수 있었다. 이와는 대조적으로 Wright 형제의 항공기는 날개 비틀림 메커니즘이 롤 제어를 가능하게 하였고 이것이 러더 제어와 결합하여 뱅크선회와 8자형 비행(figure-eight)을 힘들이지 않고 할 수 있게 하였다. Wright 형제는 동력 비행을 위한 엔진을 탑재하기 전에 모든 제어가 가능하도록 항공기를 설계하는 데 집중한 **비행사**(제1장 참조)였다. 초기에 위와 같은 일들이 있은 후 항공기의 안정성과 제어는 항공기 설계에 중요한 특성이 되었다. 이것들이 이번 장의 주제이다.

제6장에서 설명한 바와 같이 항공기 성능은 비행경로 방향이나 수직 방향의 힘들에 의해 결정되고 이런 힘들에 대한 반응으로 항공기가 선운동을 하게 된다. 이와는 대조적으로 이번 장에서 설명할 항공기의 안정성과 제어는 무게중심 주위의 모멘트에 의해 결정되며 이들 모멘트에 대한 반응으로 회전운동이 일어나게 된다. 따라서 모멘트와 회전운동이 이번 장의 주요 관심사항이다.

그림 7.2에 나타낸 것과 같이 비행 중인 항공기를 고려해보자. 무게중심(전체 항공기의 무게가 실효적으로 작용하는 점)은 cg로 나타내었다. 수직 좌표계 xyz는 항공기에 상대적으로 고정되어 있다. x축은 동체를 따라 그리고 y축은 x축에 수직인 날개 스팬 방향이고 z축은 xy 평면에 수직인 아래쪽을 향한다. 중심점은 무게중심에 있다. 항공기의 병진운동은 x, y, z 방향 속도 성분인 U, V, W로 각각 정의된다. (결과적인 공기흐름의 속도 V_∞는 U,

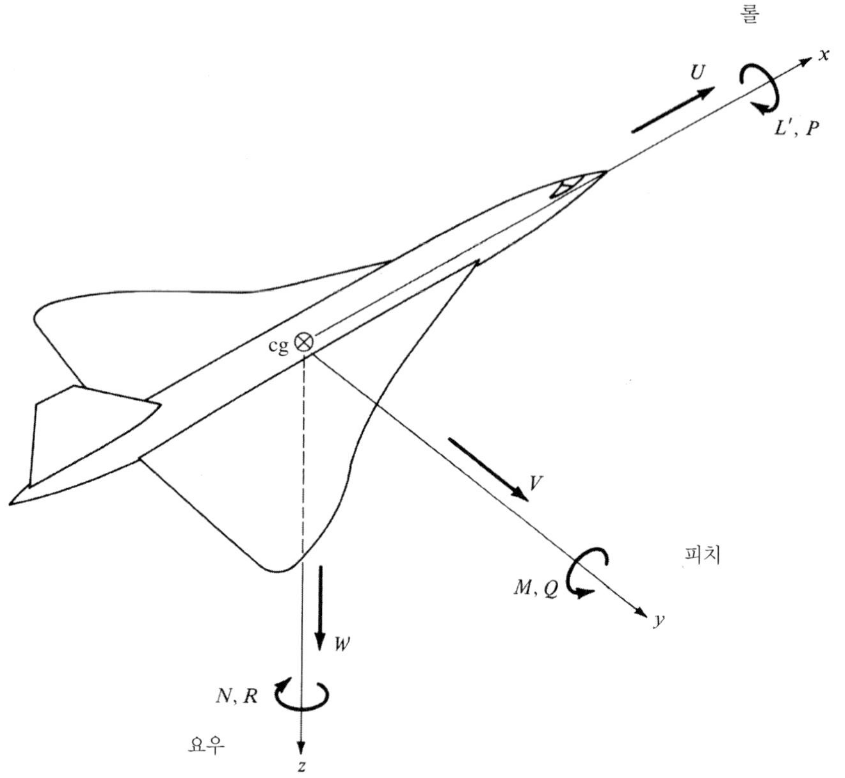

그림 7.2 선운동과 회전운동이 일어나는 항공기 좌표축에 대한 정의

V, W의 벡터 합이라는 점을 주목하라.) 회전운동은 x, y, z축 주위의 각속도 성분인 P, Q, R로 각각 정의된다. 이들 회전속도는 각각 x, y, z축 주위의 모멘트 L', M, N 에 의한 것이다. (기호 L의 프라임은 독자들이 양력과 혼돈하지 않도록 추가한 것이다.) x축 주위의 회전운동은 **롤**(*roll*)이라 부르며 L'와 P는 각각 롤링 모멘트와 롤 각속도이다. y축 주위의 회전운동은 **피치**(*pitch*)라 부르며 M과 Q는 각각 피칭 모멘트와 피치 각속도이다. z축 주위의 회전운동은 **요우**(*yaw*)라 부르며 N과 R은 각각 요잉 모멘트와 요우 각속도이다.

항공기의 기본적인 세 가지 조종(에일러런, 엘리베이터 및 러더)은 x, y, z축 주위의 모멘트를 변경하거나 제어할 수 있도록 설계된다. 이들 조종면 그림 2.14에 도시되어 있으며 그림 7.3에 다시 나타냈다. 이들은 조종사의 조종입력에 따라 앞뒤로 방향을 바꿀 수 있는 플랩과 유사한 면들이다. 에일러런은 날개 끝 근처의 날개 뒷전에 장착되어 있다. 엘리베이터는 수평 안정판에 설치되어 있다. 최신의 몇몇 항공기에서는 엘리베이터만이 아닌 수평 안정판 전체가 회전한다. (소위 flying tail로 불리는) 러더는 수직 안정판 뒷전에 설치되어 있다. 5.17절에 설명한 날개 플랩의 경우와 마찬가지로 아래쪽으로 조종면을 굽히면 날개 또는 꼬리날개의 양력이 증가한다. 그 결과 그림 7.4에 보는 바와 같이 모멘트가 변하

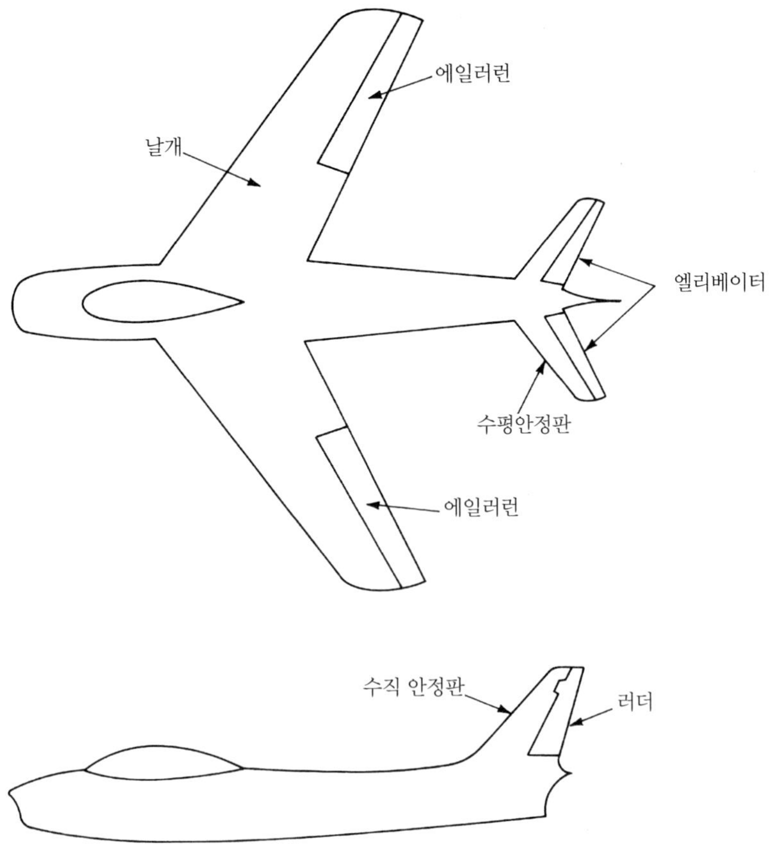

그림 7.3 몇 가지 항공기관련 용어

게 될 것이다. 그림 7.4*a*를 살펴보자. 한 쪽 에일러런은 위로 다른 쪽은 아래쪽으로 굽혀져 양쪽 날개에 서로 다른 양력을 발생시키고 그 결과로 롤링 모멘트 L'를 발생시킨다. 그림 7.4*b*에서는 엘리베이터가 위로 굽혀져 꼬리날개에 음의 양력을 발생시키고 그 결과 피칭 모멘트 M이 발생한다. 그림 7.4*c*에서는 러더는 오른쪽으로 굽혀져 꼬리날개에 오른쪽 방향의 공기력을 발생시키고 그 결과 요잉 모멘트 N이 발생한다.

롤링(x축 주위의)은 **횡축운동**(*lateral motion*)이라고도 부른다. 그림 7.4*a*를 참조하면, 에일러런이 롤을 제어한다는 것을 알 수 있다. 따라서 **횡축조종**(*lateral control*)으로 알려져 있다. 피칭(y축 주위의)은 또한 **종축운동**(*longitudinal motion*)이라고도 불려진다. 그림 7.4*b*에서 엘리베이터가 피치를 제어한다는 것을 알 수 있다. 따라서 이것은 **종축조종**(*longitudinal control*)으로 알려져 있다. 요잉(z축 주위의)은 **방향축 운동**(*directional motion*)으로도 불려진다. 그림 7.4*c*에서 러더가 요우를 제어한다는 것을 알 수 있다. 따라서 이것은 **방향축 조종**(*directional control*)으로 알려져 있다.

이상의 모든 정의와 개념은 항공기의 안정성과 제어의 기본적인 용어에 속한다. 이 과

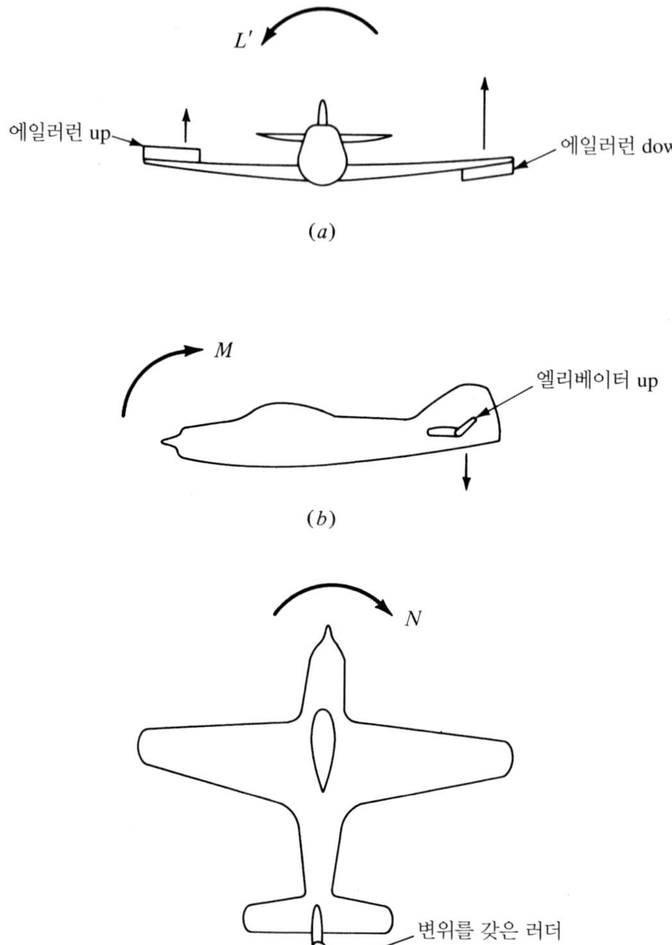

그림 7.4 롤, 피치, 요우 조종면 변위(조종각)의 효과 (*a*) 에일러런 변위 효과, 횡축조종, (*b*) 엘리베이터 변위 효과, 종축조종, (*c*) 러더 변위 효과, 방향축 조종

정에서 다음과 같은 의문이 생긴다. **안정성**과 **조종**이라는 단어들이 그 자체로 무엇을 의미하는가? 이 질문에 대한 답을 7.2절에서 찾을 수 있다.

그림 2.1에서 보여준 이 책의 일반적인 로드맵으로 돌아가 보자. 이번 장에서도 우리는 비행역학의 전반적인 주제를 다룰 것이다. 그러나 지금은 비행역학 아래에 있는 두 번째 박스(안정성과 조종)에 초점을 맞추었다. 이번 장의 로드맵은 그림 7.5에 나타낸 바와 같다. 두 개의 경로로 좌측 열에는 안정성에 대해 우측 열에는 조종에 대한 경로를 볼 수 있다. 안정성과 조종이라는 두 주제는 그림 7.5에서와 같이 **정**(*static*, 정적) 및 **동**(*dynamic*, 동적)이라는 용어로 세분화할 수 있다. 다음 절에서 우리는 이러한 구분의 차이점을 정의할 것이

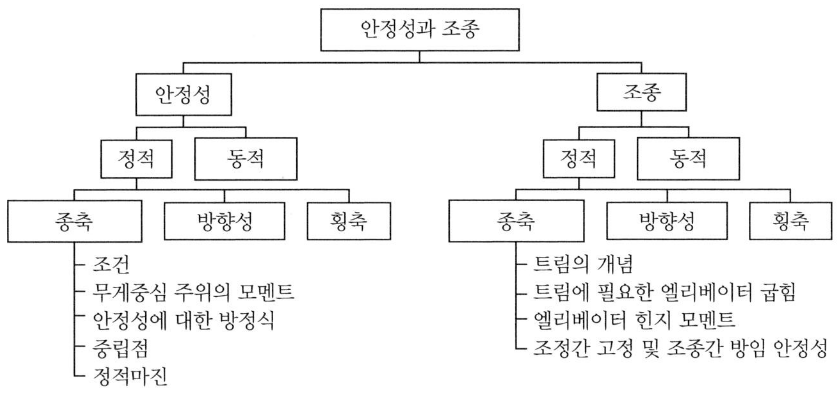

그림 7.5 제7장의 로드맵

다. 이번 장에서는 주로 종축 안정성과 조종(이것에 국한된 것은 아니지만)에 초점을 둘 것이다. 종축 정안정성은 항공기가 안정한지를 결정하는 데 도움이 되는 방정식인 무게중심 주위의 종축 모멘트를 계산하여 검토할 것이다. 그리고 안정성 특성을 설명하는 두 가지 개념인 중립점(neutral point)과 정적마진(static margin)을 정의할 것이다. 이번 장의 나머지 부분에서는 주로 정적 종축조종을 다루면서 그림 7.5 로드맵의 오른쪽 부분을 살펴볼 것이다. 여기서, 우리는 **트림**(*trim*)의 개념을 상세하게 검토하고 트림에 필요한 엘리베이터 굽힘각과 이와 관련된 엘리베이터의 힌지 모멘트를 살펴볼 것이다. 또한, **조종간 고정**(*stick-fixed*)과 **조종간 방임**(*stick-free*) 안정성 사이의 차이점을 학습할 것이다. 사용된 많은 용어들이 낯설거나 어떤 경우에는 이상하게 여겨질 수도 있다. 그러나 여러분이 이들에 대한 개념을 배우는 데 도움이 되고 항공기 안정성과 조종에 관련된 용어에 익숙해질 수 있도록 이번 장의 나머지 부분을 할애하였다. 이번 장을 학습하면서 그림 7.5를 자주 살펴보는 것이 유익하며 이것이 여러분을 세부적인 내용에 몰두할 수 있게 하고 그 내용들이 큰 그림의 어느 부분에 속하는지를 여러분이 이해할 수 있도록 도와줄 것이다.

7.2 안정성과 조종의 정의

두 가지 형태의 정적 및 동적 안정성이 있다. 이들을 다음과 같이 구체화할 수 있다.

7.2.1 정안정성

우묵하게 생긴 그릇의 곡면 위에 있는 구슬을 생각해보자. 그림 7.6*a*와 같이 그릇이 똑바로 놓여 있고 구슬은 안쪽에 있다. 구슬은 정지해 있다. 따라서 **평형**(*equilibrium*)상태이고 이것은 구슬에 작용하는 모멘트가 0임을 나타낸다. 만약 구슬의 위치를 바꿔(그림 7.6*a*의 점선으로 표시된 원처럼 한쪽으로 이동) 놓아두면 그릇의 아래쪽 방향으로 원래의 평형점까지 굴러갈 것이다. 이러한 시스템은 **정적으로 안정**(*statically stable*)하다. 일반적으로 다

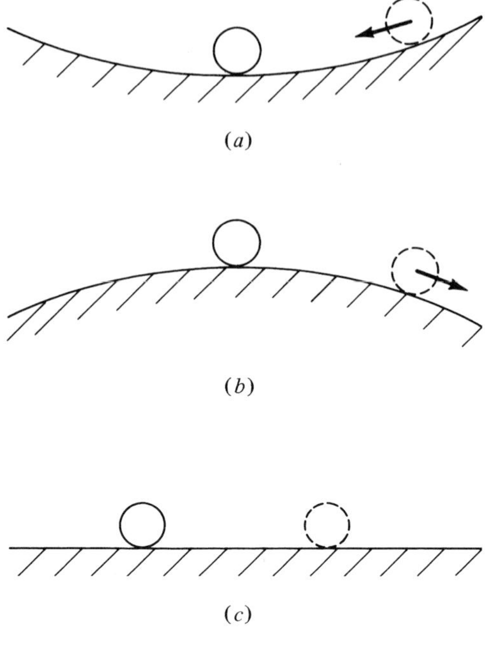

그림 7.6 정적 안정성의 예, (*a*) 정적 안정성을 가진 시스템, (*b*) 정적 불안정성을 가진 시스템, (*c*) 정적 중립 안정성을 가진 시스템

음과 같이 말할 수 있다.

> 교란에 의해 물체에 작용하는 힘과 모멘트가 그 물체를 원래의 평형위치로 되돌리려는 초기 경향을 나타내면 그 물체는 정적으로 안정하다. 물체는 **양의 정안정성**(*positive* static stability)을 갖는다.

이제 그림 7.6*b*와 같이 거꾸로 놓인 그릇의 정점에 구슬이 놓여 있다고 가정해 보자. 구슬이 정확하게 정점에 놓인 경우 모멘트는 0이 될 것이고 구슬은 평형상태를 유지할 것이다. 그러나 만약 구슬의 위치를 한쪽으로 변화시킨 상태에서(그림 7.6*b*의 점선으로 표시된 원처럼) 놓아두면 구슬은 그 면의 아래쪽으로 굴러 평형점에서 멀어지려 할 것이다. 이러한 시스템은 **정적으로 불안정**(*statically unstable*)하다. 일반적으로 다음과 같이 말할 수 있다.

> 교란을 받은 후에 모멘트가 지속적으로 물체를 원래의 평형위치에서 멀어지도록 만든다면 물체는 정적으로 불안정하다. 물체는 **음의 정안정성**(*negative* static stability)을 갖는다.

마지막으로 그림 7.6*c*와 같이 구슬이 평탄한 수평면에 놓여 있다고 가정해보자. 모멘트는 0이고 평형상태를 유지하고 있다. 구슬이 다른 위치로 교란을 받은 경우 모멘트가 여전히 0이고 여전히 평형상태를 유지한다. 이와 같은 시스템은 **중립적으로 안정**(*neutrally stable*)하다. 비행체에서 이런 경우는 드물어 여기서는 다루지 않을 것이다.

정안정성(혹은 정안정성의 부족)은 교란을 받은 물체가 평형상태로 돌아가려는(평형상태에서 멀어지려는) **초기경향**을 나타낸다는 점을 강조하고 싶다. 이것은 물체가 평형점에 도달할 것인지 혹은 어떻게 도착할 것인지 등과는 아무런 관련이 없다. 이러한 문제들은 동안정성 영역에 속한다.

7.2.2 동안정성

동안정성은 정안정성에 따라 초기 응답을 보인 이후 비행체 운동의 **시간에 따른 변화**를 다룬다. 예를 들어 무게중심 주위의 모멘트가 0인 받음각 α_e로 비행 중인 항공기를 고려해보자. 따라서 항공기는 α_e에서 평형상태를 유지하고 이 경우 항공기는 **트림된 상태**(*trimmed*)이며 α_e는 **트림 받음각**(*trim angle of attack*)으로 부른다. 이제 항공기는 그림 7.7에 보는 바와 같이 새로운 받음각 α를 갖도록 교란을 받았다고(말하자면 돌풍을 만나) 가정해 보자 항공기는 $\alpha - \alpha_e$의 각 **변위**를 가지고 피치가 변했다. 돌풍으로 교란을 받은 후 나타나는 항공기의 피칭운동을 살펴보자. 우리는 이 운동을 그림 7.8과 같이 시간에 따른 변위 변화를 작도함으로써 설명할 수 있다. 여기서 $\alpha - \alpha_e$는 시간 t의 함수로 주어진다. 시간 $t = 0$에서 변위는 돌풍에 의해 발생된 변위와 같다. 항공기가 정적으로 안정하다면 **초기에는** 평형위치 쪽으로 움직이려는 경향을 보일 것이다. 말하자면 초기에 $\alpha - \alpha_e$는 감소한다. 어느 정도 지난 뒤 비행체는 그림 7.8*a*에 보는 바와 같이 단조롭게 평형위치로 되돌아갈 수도 있다. 이런 운동을 **비주기적**(*aperiodic*)이라 부른다. 이와는 달리 그림 7.8*b*와 같이 초기에 평형위치를 크게 벗어나 여러 번의 진동을 하면서 진폭이 감소하여 α_e로 접근할 수도 있다. 이런 운동을 **감쇠진동**(*damped oscillations*)이라 한다. 그림 7.8*a*와 7.8*b* 두 경우 모두 항공기는 어느 정도 시간이 흐른 뒤 결국에는 평형위치로 되돌아가게 된다.

이들 두 경우는 항공기의 **동안정성**(*dynamic stability*)과 관련된 예이다. 따라서 다음과 같이 설명할 수 있다.

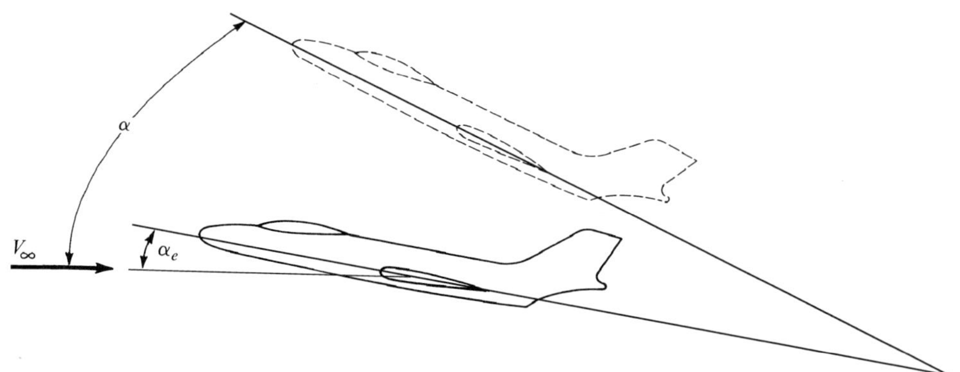

그림 7.7 평형상태 받음각에서 교란을 받은 경우

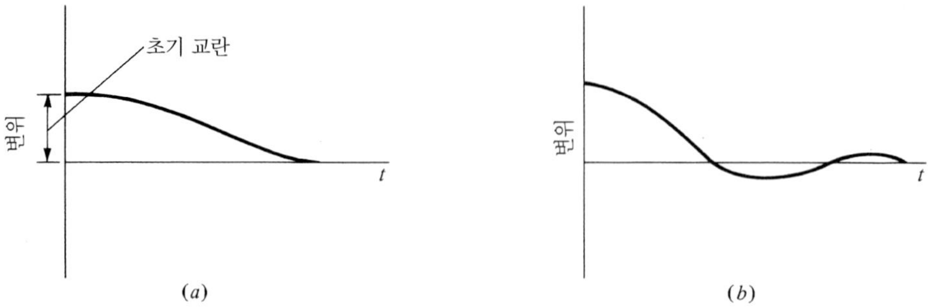

그림 7.8 동안정성의 예. (*a*) 비주기적 운동, (*b*) 감쇠진동

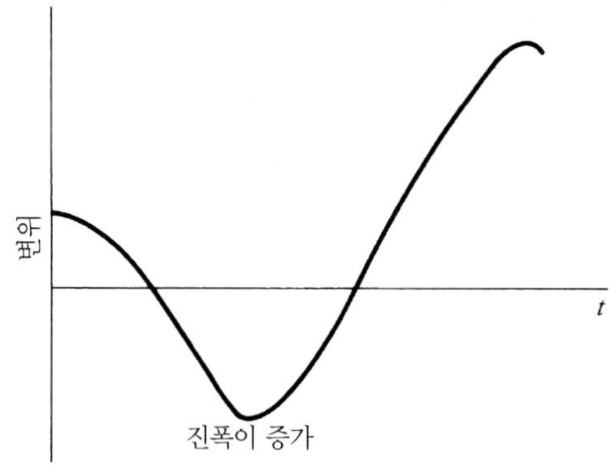

그림 7.9 동적 불안정의 예

시간이 흐른 뒤 최종적으로 평형위치로 되돌아가서 평형위치를 유지한다면 물체는 동적으로 안정하다.

이와는 대조적으로 정안정성에 따른 초기 응답 후 그림 7.9에서 보는 바와 같이 항공기가 진폭이 증가하면서 진동할 수 있다. 여기서 항공기는 어떠한 시간대에서도 평형위치를 유지하지 못하고 결국에는 완전히 발산을 하게 된다. 이 경우 항공기는 **동적으로 불안정**(*dynamically unstable*)하다(비록 정적으로 안정할 수는 있어도). 또한, 이론적으로는 항공기가 일정한 진폭을 가지고 위아래로 피칭운동을 할 수 있다. 이것은 **동적으로 중립**인 물체의 예로 실제적으로 나타나기 힘들다.

앞의 예들로부터 동적으로 안정한 항공기는 반드시 정적으로도 안정해야만 한다. 그러나 정안정성이 동안정성을 반드시 보장하는 것은 아니다. 그럼에도 불구하고 정안정성은 일반적으로 항공기 설계에 반영해야 할 가장 중요한 안정성 특성이다(나중에 설명하겠지만 여기에는 몇 가지 예외가 있다). 이러한 시각은 재래식 항공기에서 매우 중요하고 따라서, 이번 장의 대부분은 정안정성과 조종에 대해 설명할 것이다.

7.2.3 조종

항공기의 재래식 조종면(엘리베이터,에일러런 및 러더)은 7.1절에 설명하였고 그림 7.3과 7.4에 나타나 있다. 이들은 보통 (1) 하나의 평형위치에서 다른 평형위치로 항공기 위치를 변경하거나 (2) 기동비행과 같은 비평형 가속운동을 발생시키는 기능을 한다. 우리가 원하는 것을 항공기가 하도록 만들기 위해 필요한 에일러런, 엘리베이터 및 러더 등의 각 **변위**와 이러한 조종면 각 변위를 얻기 위해 조종사가 가해야 하는 **조종**(*control*)**력**에 대한 학습은 이번 장의 뒤에서 설명할 **항공기 조종**으로 불리는 분야에 속한다.

7.2.4 편미분

몇 가지 안정성 및 조종과 관련된 물리적 정의를 7.2.1절에서 7.2.3절까지에서 하였다. 더불어 편미분에 대한 수학적 정의가 제8장의 우주공학뿐만 아니라 이번 장의 방정식 전개에 있어서도 유용하다. 미적분학에 약간의 지식이 있는 독자에게는 이번 절이 별도의 설명이 필요 없는 정도로 쉽고, 깊은 지식을 가진 독자에게는 짧은 복습의 기회가 될 것이다.

단일변수 x의 함수 $f(x)$를 고려해보자. $f(x)$의 미분은 기초 미적분학에 따라 다음과 같이 정의된다.

$$\frac{df}{dx} \equiv \lim_{\Delta x \to 0} \left[\frac{f(x + \Delta x) - f(x)}{\Delta x} \right]$$

물리적으로 이 극한값은 x에 따른 $f(x)$의 순간적인 변화율을 나타낸다.

이제 $g(x, y, z)$와 같이 하나 이상의 변수에 종속된(세 개의 독립변수 x, y, z에 종속된) 다변수 함수를 고려해 보자. y와 z을 일정하게 유지하고 x를 변화시켜 보자. 그러면 x에 따른 g의 순간적인 변화율은 다음과 같이 주어진다.

$$\frac{\partial g}{\partial x} \equiv \lim_{\Delta x \to 0} \left[\frac{g(x + \Delta x, y, z) - g(x, y, z)}{\Delta x} \right]$$

여기서, $\partial g/\partial x$는 x에 대한 g의 **편미분**(*partial derivative*)이다. 이제 x와 z을 일정하게 유지하고 y를 변화시켜 보자. y에 따른 g의 순간적인 변화율은 다음과 같이 주어진다.

$$\frac{\partial g}{\partial y} \equiv \lim_{\Delta y \to 0} \left[\frac{g(x, y + \Delta y, z) - g(x, y, z)}{\Delta y} \right]$$

여기서, $\partial g/\partial y$는 y에 대한 g의 **편미분**이다. 유사한 방법으로 $\partial g/\partial z$로 표시되는 z에 대한 g의 편미분을 정의할 수 있다.

이 책에서 우리는 편미분에 대한 개념을 단지 정의로 사용하였다. 편미분과 관련된 미적분학은 실제로 어떠한 공학영역에 대한 심화학습에서 필수적이다. 그러나 이들에 대한 설명은 이 책의 범주를 벗어난다.

예제 7.1

$g = x^2 + y^2 + z^2$인 경우 $\partial g / \partial z$를 계산하라.

■ **풀이**

앞의 설명에 주어진 정의로부터 z에 대한 편미분은 x와 y를 일정하게 유지한 상태에서 다음과 같이 계산된다.

$$\frac{\partial g}{\partial z} = \frac{\partial (x^2 + y^2 + z^2)}{\partial z} = \frac{\partial x^2}{\partial z} + \frac{\partial y^2}{\partial z} + \frac{\partial z^2}{\partial z} = 0 + 0 + 2z = 2z$$

7.3 항공기에 작용하는 모멘트

안정성과 조종에 대한 학습은 모멘트에(항공기에 작용하는 모멘트와 조종면에 작용하는 모멘트) 초점을 두고 있다. 이 단계에서 5.2절의 공기력으로 발생하는 모멘트에 대한 설명을 복습하는 것이 도움이 될 것이다. 날개에 걸친 압력과 전단응력이 피칭 모멘트를 발생시킨다는 점을 상기하라. 이 모멘트는 임의의 점(앞전, 뒷전, 1/4 시위 또는 다른 지점) 주위의 값으로도 취할 수 있다. 그러나 모멘트가 받음각에 무관한 하나의 특정한 점이 존재한다. 이 점은 날개의 **공력중심**(*aerodynamic center*)으로 정의된다. 공력중심 주위의 모멘트와 그 계수를 각각 M_{ac}와 $C_{M,ac}$로 나타냈다. 여기서 $C_{M,ac} = M_{ac}/(q_\infty Sc)$이다.

다시 5.2절을 떠올리면서 그림 5.5의 힘 선도를 고려해보자, 날개는 양력이 0인 상태로 날고 있다고 가정하라. 그러면 F_1과 F_2는 크기는 같고 방향이 반대가 된다. 따라서 이들 힘에 의해 발생하는 모멘트는 기초 물리학으로부터 물체의 어느 지점으로도 일정한 값으로 변환이 가능한 것으로 여러분이 알고 있는 짝힘 모멘트(pure couple)이다. 따라서 양력이 0인 경우 $M_{ac} = M_{c/4} = M_{\text{any point}}$가 성립한다. 결과적으로

$$C_{M,\text{ac}} = (C_{M,c/4})_{L=0} = (C_{M,\text{any point}})_{L=0}$$

이 식은 $C_{M,ac}$ 값을 (받음각에 대해 일정한) 날개가 무양력 받음각 $\alpha_{L=0}$ 상태인 경우 어떠한 점 주위의 모멘트계수 값으로도 얻을 수 있음을 나타낸다. 이런 이유로 인해 M_{ac}를 종종 **무양력 모멘트**라 부른다.

공력중심은 안정성과 조종을 학습하는 데 유용한 개념이다. 실제 날개에 작용하는 힘과 모멘트를 그림 7.10에서 보는 바와 같이 공력중심에 작용하는 양력과 항력 그리고 공력중심 주위의 모멘트를 이용하여 완벽하게 명시할 수 있다. 이 방법을 이번 장의 나머지 부분에서 사용하였다.

자, 이제 그림 7.10과 같이 전체 항공기에 대해 살펴보자. 여기서는 항공기 무게중심 주위의 피칭 모멘트 M_{cg}가 가장 큰 관심의 대상이다. 그림 7.10을 살펴보면 M_{cg}가 (1) 날개의 L, D, M_{ac}, (2) 꼬리날개의 양력, (3) 추력, (4) 동체나 엔진 나셀과 같은 항공기의 다른 부분에 작용하는 공기력과 공력 모멘트 등에 의해 발생한다는 것을 쉽게 알 수 있다. (무게

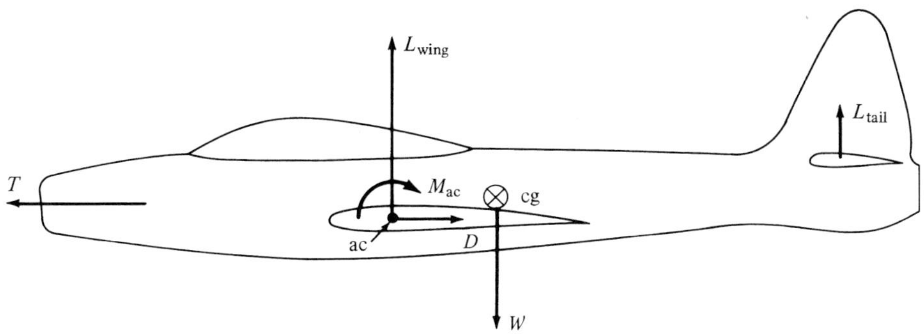

그림 7.10 항공기 무게중심 주위의 모멘트

는 무게중심에 작용하기 때문에 모멘트에 기여하지 않는다는 점에 유의하라.) 이들이 M_{cg}에 기여하는 값은 나중에 상세히 다룰 것이다. 그림 7.10의 목적은 단지 모멘트가 항공기 무게중심 주위에 존재하고 이 모멘트가 항공기 안정성과 조종에서 핵심적 역할을 한다는 중요한 결론을 나타내기 위해서이다.

무게중심 주위의 모멘트계수는 다음과 같이 정의된다.

$$C_{M,cg} = \frac{M_{cg}}{q_\infty Sc} \tag{7.1}$$

위의 개념을 7.2절의 설명과 연계시키면 무게중심 주위의 모멘트가 0이면 항공기는 평형상태(피치에 대해)가 된다는 것을 알 수 있다. 다시 말해 $M_{ac} = C_{M,ac} = 0$이면 항공기는 **트림상태**라고 말할 수 있다.

7.4 절대 받음각

계속해서 안정성과 조종을 분석하기 위한 도구들을 가지고 양력이 0인 받음각 상태의 날개를 고려해 보자. 즉, 날개는 그림 7.11*a*에서 보는 바와 같이 무양력 받음각 $\alpha_{L=0}$을 갖는다. 이 각도에서 날개의 뒷전을 통과하고 상대풍 속도 V_∞에 나란한 선을 작도해 보자. 이 선은 익형의 **무양력선**(*zero-lift line*)으로 정의된다. 이것은 고정된 선이다. 이 선을 그림 7.11*a*에 나타낸 바와 같이 익형 형상에 고정된 것으로 간주하자. 제5장에서 설명한 바와 같이 재래식 캠버형 익형은 그림 7.11*a* 와 같이 (과도하게 강조하여 나타낸) 약간 음인 무양력 받음각을 갖는다.

이제 그림 7.11*b*와 같이 양력이 발생할 수 있는 기하학적 받음각 α로 피치가 변한 경우를 살펴보자. (제5장으로부터 기하학적 받음각은 상대풍과 시위선이 이루는 각도임을 상기하라)

동일한 형상에서 그림 7.11*b*는 무양력선과 상대풍 사이의 각도는 α와 $\alpha_{L=0}$의 절대값의 합임을 보여준다. 이 각도를 **절대 받음각**(*absolute angle of attack*) α_a로 정의한다. 그림

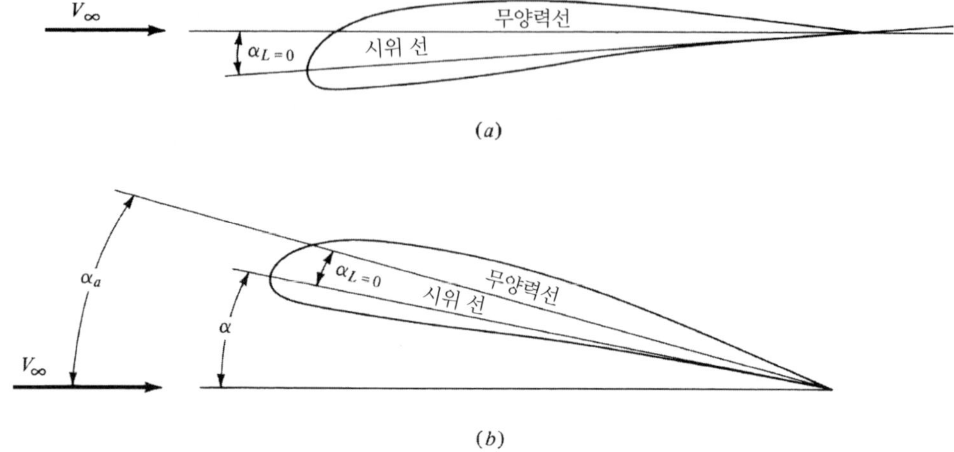

그림 7.11 무양력선과 절대 받음각의 예. (*a*) 양력이 0인 경우, (*b*) 양력이 0이 아닌 경우

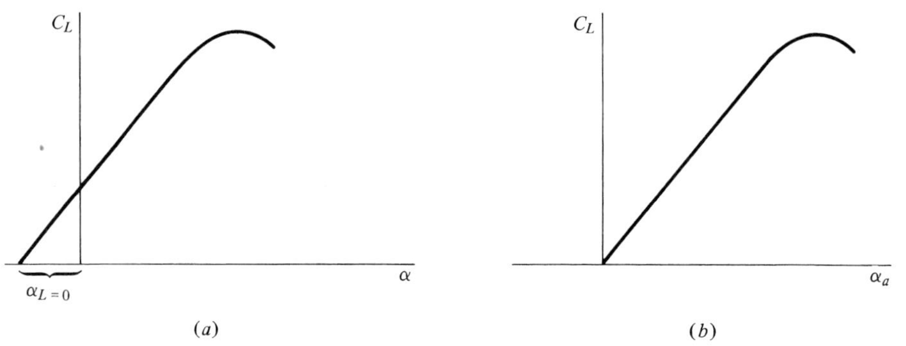

그림 7.12 양력계수. (*a*) 받음각에 따른 변화, (*b*) 절대 받음각에 따른 변화

7.11*b*로부터 $\alpha_a = \alpha + \alpha_{L=0}$ ($\alpha_{L=0}$의 절대값을 사용하여). 그림 7.11*a*와 그림 7.11*b*의 도형을 자세히 살펴보자.

절대 받음각에 대한 정의는 매우 유용하다. $\alpha_a = 0$이면 익형의 캠버에 관계없이 $L = 0$이다. 좀 더 나아가 그림 7.12의 양력곡선을 살펴보자. α에 대한 C_L의 전형적인 변화가(제5장에서 상세한 내용을 설명하였다) 그림 7.12*a*에 나타나 있다. 여기서, 양력곡선은 원점을 통과하지 않는다. 그리고 $\alpha_{L=0}$는 익형에 따라 달라진다. 이와는 대조적으로 그림 7.12*b*와 같이 C_L을 α_a에 대해 작도한 경우 곡선은 항상 원점을 지난다(α_a의 정의에 따라). 그림 7.12*b*의 곡선은 그림 7.12b와 동일하나 가로축이 $\alpha_{L=0}$만큼 이동된 것이다.

안정성과 조종을 학습할 때 α 대신 α_a를 사용하는 것이 일반적이다. 이 같은 방법을 이번 장의 나머지 부분에서 사용하였다.

7.5 종축 정안정성 조건

그림 7.2에 나타낸 3축 주위의 모든 안정성과 조종성은 전통적인 항공기의 설계에 있어 거의 필수적이다. 그러나 세 가지 형태(횡방향, 종방향 및 방향 정안정성과 조종)를 모두 완벽하게 설명하는 것은 이 책의 범위를 벗어난다. 여기서의 목적은 단지 안정성과 조종에 대한 개념을 느껴보도록 하는 것이다. 이를 위해 항공기의 종축운동(y축 주위의 피칭운동)만을 상세히 설명하였다. 이 피칭운동은 그림 7.4b에 나타나 있다. 이것은 항공기의 대칭면에서 일어난다. 또한 종축 안정성은 가장 중요한 정적 안정성 모드이다. 항공기 설계, 풍동 시험 및 비행시험 등에서 이것은 횡축이나 방향축 안정성보다 더 많은 주목을 받는다.

엘리베이터가 어떤 위치에 고정되어 있는 것과 같이 조종간이 고정된 강체 항공기를 고려해보자. 항공기가 풍동이나 비행상태에서 시험하는 도중에 받음각에 따른 M_{cg}의 변화를 측정한다고 가정해보자. 이 변화를 α_a에 따른 $C_{M,cg}$ 변화를 그림 7.13에 나타냈다. 많은 일반적인 항공기에 대해 이 곡선은 그림 7.13에 보는 바와 같이 거의 선형으로 변한다. 양력이 0인 경우($\alpha_a = 0$)에 $C_{M,cg}$ 값을 $C_{M,0}$로 나타냈다. $M_{cg} = 0$에서의 α_a 값은 α_e로 나타냈다. 7.3절에 설명한 바와 같이 이 값은 평형 혹은 트림 받음각이다.

그림 7.14a에서 보는 바와 같이 트림 받음각 α_e에서 정상 수평비행 중인 항공기를 고려해보자. 갑자기 항공기는 돌풍을 맞아 교란되어 받음각이 순간적으로 변한다. α_a가 증가하거나 감소하는 두 가지의 가능성이 있다. 만약 항공기 기수가 위쪽으로 들리는 경우(pitch up)에는 $\alpha_a > \alpha_e$이다. 그림 7.13으로부터 $\alpha_a > \alpha_e$인 경우 무게중심 주위의 모멘트는 음이 된다. 5.4절에서 설명한 바와 같이 음의 모멘트(약속된 정의에 따라)는 반시계 방향이고 기수를 아래쪽으로 내리는 경향을 나타낸다. 따라서 그림 7.14b에서 항공기는 교란을 받은 후 초기에는 평형위치로 되돌아가려는 경향을 갖는다.

반대로 항공기가 돌풍에 의해 그림 7.14c에서 보는 것처럼 기수가 아래쪽으로 내린 경우에는 $\alpha_a < \alpha_e$이다. 그림 7.13으로부터 무게중심 주위의 모멘트는 양(시계 방향)이 되고 기수를 위로 들리게 하는 경향을 나타낸다. 따라서 이 경우도 마찬가지로 항공기는 교란

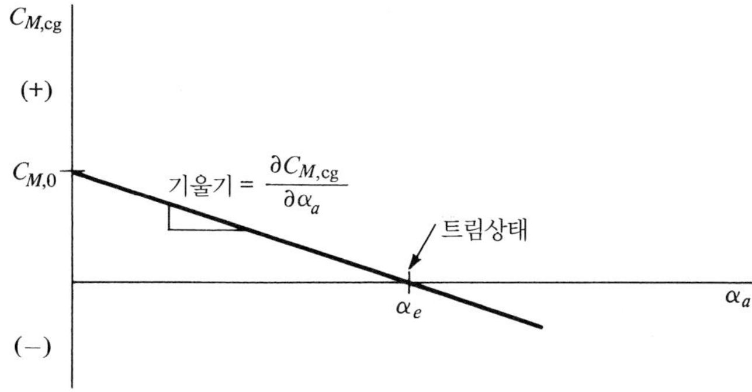

그림 7.13 음의 기울기를 가진 모멘트계수

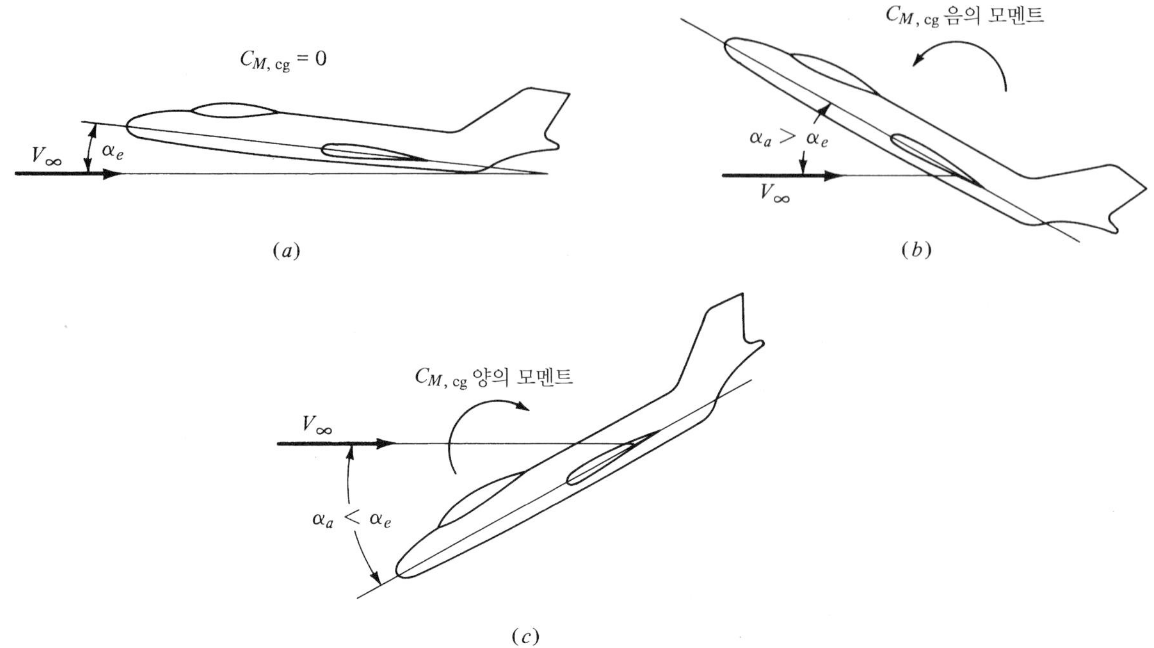

그림 7.14 정적 안정성 예. (*a*) 평형위치(트림상태), (*b*) 교란에 의한 피치각 증가상태, (*c*) 교란에 의한 피치각 감소상태. (*b*)와 (*c*)의 모든 상태에서 항공기는 평형위치로 되돌아가려는 초기 경향을 갖는다.

을 받은 후 초기에는 평형위치로 되돌아가려는 경향을 나타낸다. 이것은 정확하게 7.2절에서 설명한 정안정성에 대한 정의이다. 따라서 항공기가 그림 7.13과 같은 α_a에 따른 $C_{M,cg}$의 변화를 가지면 **정적으로 안정**(*statically stable*)하다는 결론을 내릴 수 있다. 그림 7.13으로부터 $C_{M,0}$는 양이고 곡선의 기울기 $\partial C_{M,cg}/\partial\alpha_a$는 음이라는 점에 주목하라. 여기서, 7.2.4절에서 정의한 편미분은 모멘트 곡선의 기울기를 계산하는 데 사용되었다. 이것은 (차차 알게 되겠지만) $C_{M,cg}$가 α_a뿐만 아니라 다른 많은 변수에 종속되기 때문이다. 따라서 그림 7.13의 곡선 기울기를 나타낼 때 $dC_{M,cg}/d\alpha_a$ 대신에 $\partial C_{M,cg}/\partial\alpha_a$를 사용하는 것이 수학적으로 올바르다. 7.2.4절에서 정의한 바와 같이 $\partial C_{M,cg}/\partial\alpha_a$는 다른 모든 변수를 고정시킨 상태에서 α_a에 따른 $C_{M,cg}$의 순간적인 변화율을 나타낸다.

이제 그림 7.15와 같은 $C_{M,cg}$의 측정값 변화를 보이는 다른 항공기를 고려해보자. 항공기는 그림 7.16*a*와 같이 트림 받음각 α_e에서 비행하고 있다. 항공기가 돌풍으로 교란되어 그림 7.16*b*와 같이 기수가 위쪽으로 들리는 경우(pitch up)에는 $\alpha_a > \alpha_e$이다. 그림 7.15로부터 양의 모멘트(시계 방향)가 발생하여 이로 인해 기수 방향이 평형위치에서 더 멀어지는 피칭운동의 경향을 나타낸다. 유사하게 교란이 항공기 기수를 아래쪽으로 내리는 피칭운동을 유발하는 경우에는(그림 7.16*c*) 음의 모멘트(반시계 방향)가 발생하여 그 결과로 평형위치에서 더 멀어지는 피칭운동의 경향이 나타난다. 따라서 항공기가 교란을 받으면 항상 평형상태로부터 발산하려는 경향을 보이기 때문에 항공기는 **정적으로 불안정하다**

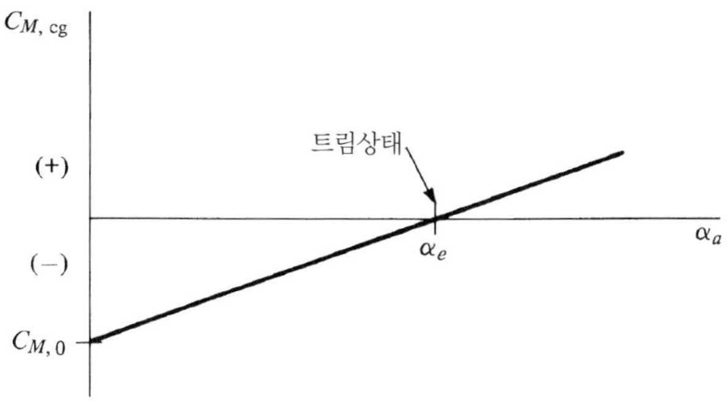

그림 7.15 양의 기울기를 가진 모멘트계수

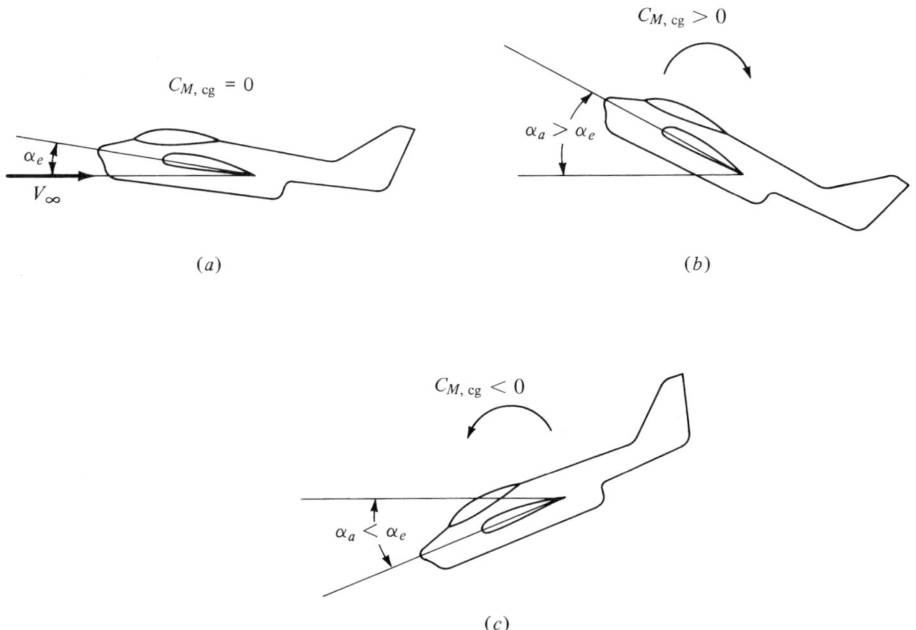

그림 7.16 정적 불안정성의 예. (a) 평형위치(트림상태), (b) 교란에 의한 피치각 증가상태, (c) 교란에 의한 피치각 감소상태. (b)와 (c)의 모든 상태에서 항공기는 평형위치부터 발산하려는 초기 경향을 갖는다.

(*statically unstable*). 그림 7.15로부터 이 항공기는 $C_{M,0}$가 음이고 $\partial C_{M,cg}/\partial \alpha_a$는 양이라는 점에 주목하라.

그림 7.13과 7.15는 두 항공기 모두 양의 α_e 값을 가진다는 것을 보여준다. 그림 6.8로부터 항공기는 V_{stall}(여기서 받음각은 최대)에서 V_{max}(여기서 받음각은 최소)까지의 속도영역에서 비행함에 따라 변하는 받음각 범위에서 운동을 한다는 점을 상기하라. 이 값은 이러한 받음각 변화범위 내에 있어야 한다. (엘리베이터 위치가 고정되었다고 가정하고 있다

는 점을 기억하라. 조종간 고정 안정성을 설명하는 것이다.) α_e가 이러한 범위 내에 있을 때 항공기는 **종축에서 평형이 이루어진 상태이다**(*longitudinally balanced*).

앞의 설명으로부터 다음과 같은 결론을 내릴 수 있다. 종축 평형상태와 정안정성에 대한 필요조건은 다음과 같다.

1. $C_{M,0}$가 양이어야 한다.
2. $\partial C_{M,cg}/\partial \alpha_a$는 음이어야 한다.

즉 $C_{M,cg}$는 그림 7.13과 같은 형태를 가져야 한다. 물론 이 조건에는 α_e가 항공기 받음각의 운용범위 내에 있다는 점이 내포되어 있다.

이제 우리는 왜 재래식 항공기가 수평 꼬리날개(그림 7.3의 수평 안정판)를 갖고 있는지를 설명할 수 있게 되었다. 말하자면 NACA 2412와 같은 재래식 익형을 가진 평범한 날개를 생각해보자. 부록 D의 익형 데이터로부터 공력중심 주위의 모멘트계수가 음이라는 점을 주목하라. 이것은 양의 캠버를 가진 모든 익형의 특성이다. 이제 날개의 양력이 0인 상태라고 가정해보자. 이 경우 날개의 유일한 모멘트는 7.3절에서 설명한 바와 같은 짝힘 모멘트(pure couple)이다. 따라서 한 점에서의 모멘트는 어떠한 다른 점에서의 모멘트와 같다. 특히,

$$C_{M,\mathrm{ac}} = C_{M,\mathrm{cg}} \qquad \text{양력이 0인 경우(날개만 고려)} \tag{7.2}$$

그러나 그림 7.13을 살펴보면 정의에 따라 $C_{M,0}$는 양력이 0인 상태($\alpha_e = 0$일 때)에서 무게중심 주위의 모멘트계수를 나타낸다. 따라서, 식 (7.2)로부터

$$C_{M,0} = C_{M,\mathrm{ac}} \qquad \text{날개만 고려} \tag{7.3}$$

식 (7.3)은 양의 캠버를 갖는 날개($C_{M,ac}$는 음)에 대해 $C_{M,0}$ 역시 음이라는 것을 나타낸다. 이러한 날개는 그 자체로 **비평형상태이다**(*unbalanced*). 이런 상태를 보완하기 위해서는 그림 7.17*a*와 7.17*b*에 보인 바와 같이 수평 꼬리날개가 항공기에 추가되어야 한다. 만약 꼬리날개가 그림 7.17*a*와 같이 날개 뒤쪽에 장착되고 보는 바와 같이 꼬리날개가 음의 꼬리날개 양력을 발생시키기 위해 아래쪽으로 기울어진 경우에는 무게중심 주위로 시계 방향 모멘트가 발생된다. 만약 충분히 크다면 이 시계 방향 모멘트는 음의 $C_{M,ac}$를 극복하고 주날개와 꼬리날개의 조합에 대한 $C_{M,0}$는 양이 될 것이다. 그러면 항공기는 평형상태가 될 것이다.

그림 7.17*a*에 보여준 배열은 가장 보편적인 항공기의 형상특성이다. 그러나 그림 7.17*b*와 같이 꼬리날개가 주날개의 앞쪽에 위치할 수도 있다. 이것을 **카나드 형상**(*canard configuration*)이라 부른다. 카나드에 대해서는 꼬리날개가 양의 양력을 발생시키기 위해 위쪽으로 기울어져 있고, 따라서 무게중심 주위로 시계 방향의 모멘트를 발생시킨다. 만약 이 모멘트가 충분히 크다면 주날개와 꼬리날개의 조합으로 생기는 $C_{M,0}$는 양이 되고 다시 항공기는 평형상태가 될 것이다. 불행하게도 앞쪽에 위치한 꼬리날개인 카나드는 날개 위

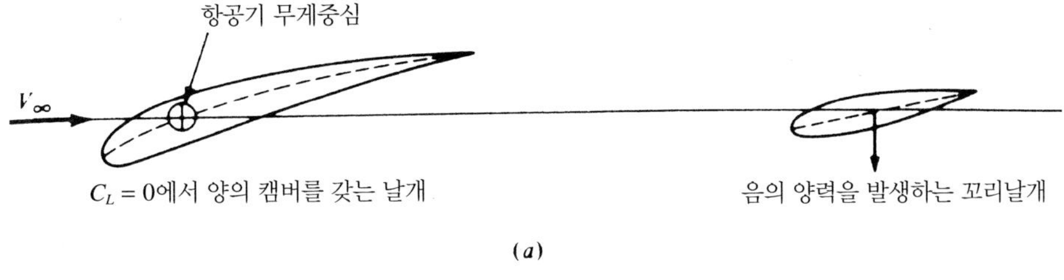

(*a*)

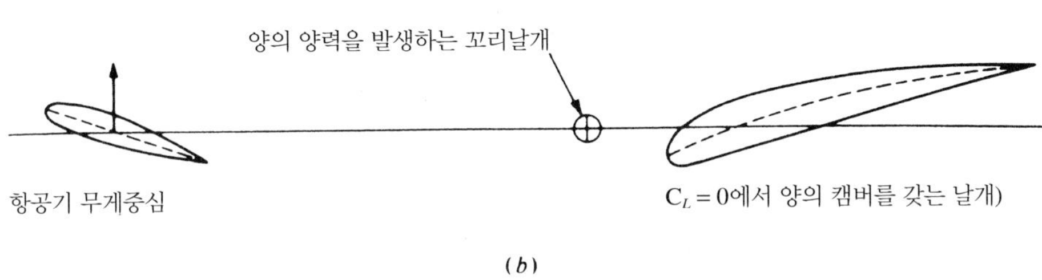

(*b*)

그림 7.17 (*a*) 전통적인 주날개-꼬리날개 조합. 꼬리날개는 음의 양력을 발생할 수 있는 각도로 설치되어 양의 C_{M0}를 발생한다. (*b*) 카나드형 주날개-꼬리날개 조합. 꼬리날개는 양의 양력을 발생할 수 있는 각도로 설치되어 양의 C_{M0}를 발생한다.

로 흐르는 완만한 공기흐름과 간섭을 한다. 이러한 특성과 또 다른 이슈 때문에 카나드 형상은 인기를 끌지 못했다.

주목할 만한 예외가 카나드 형상인 Wright 형제의 비행기이다. 사실 1910년이 될 때까지 Wright 형제의 비행기는 보편적인 배열이 아니었다. 엘리베이터를 의미하는 것으로 러더라는 단어를 사용하면서 Orville은 1909년 Wilbur에게 다음과 같은 편지를 썼다. “우리 장치를 조종하기 어려운 것은 앞쪽에 설치된 러더 때문이다. 이것이 수평경로를 유지하기 어렵게 만든다…… 나는 기계의 길이를 늘릴 필요는 없다고 보지만 단순하게 러더를 앞쪽 대신 뒤쪽에 설치하는 것이 필요하다고 생각한다.” 처음에 Wright 형제는 앞쪽에 위치한 엘리베이터가 Lilienthal이 경험한 형태의 치명적인 추락으로부터 그들을 보호하는 데 도움이 될 것으로 생각했다. 이러한 생각은 1910년 그들의 모델 B가 설계될 때까지 지속되었다. 최종적으로는 1960년대 미국 공군용으로 개발된 실험용 초음속 폭격기인 North American XB-70가 카나드 형상의 최신 사례가 되었다. 그림 7.18에는 날개 앞쪽에 있는 카나드 면이 확연히 드러나 있다. 최근에 몇몇 고성능 군용 항공기와 특별한 일반 항공기 설계에서 카나드가 항공분야에 다시 등장했다. 그림 5.64의 X-29는 카나드 항공기이다.

뒤돌아보면 물리적 성찰에 근거하여 본질적으로 정성적인 논리를 사용함으로써 복잡한 수학 공식에 의존하지 않고 몇 가지 중요한 결과를 얻을 수 있었다. 실로 이러한 정성적인 방법으로 얼마나 많은 설명을 해왔는지 약간 놀랍기까지 하다. 그러나 이제 몇 가지 정량적인 질문으로 방향을 바꿔보자. 주어진 항공기에 대해 안정성을 얻기 위해 주날개와 꼬

그림 7.18 북아메리카 XB-70. 카나드 표면이 조종석 바로 뒤에 있다는 점에 주목하라. (자료출처: *NASA Dryden Flight Research Centre*)

리날개가 얼마나 멀리 떨어져 있어야 하겠는가? 꼬리날개는 얼마나 커야 되는가? 어떻게 설계해야 원하는 α_e를 얻을 수 있는가? 이번 장의 나머지 부분에서는 이들 질문과 이와 유사한 질문들에 대해 설명하였다.

7.6 정성적인 고찰: 날개가 M_{cg}에 미치는 영향

항공기 무게중심 주위의 모멘트 M_{cg}를 계산하는 것은 종방향 정안정성 학습에 매우 중요하다. 앞의 절들에서 이 같은 사항을 강조한 바 있다. 따라서 이제 날개, 동체 및 꼬리날개가 항공기의 무게중심 주위의 모멘트에 각각 얼마나 기여를 하는지 살펴보자. 최종적으로 이들을 결합하여 총 M_{cg}를 결정하기 위해서이다.

그림 7.19에 보인 바와 같이 날개의 힘과 모멘트만 고려해보자. 여기서, 무양력선은 편의상 수평선으로 그렸다. 따라서 상대 바람은 무양력선에 대해 각도 α_w만큼 기울어져 있고 여기서 α_w는 날개의 절대 받음각이다. 날개의 무양력 평균시위(무양력선을 따라 측정한)를 c로 나타내자. 무양력 시위와 기하학적 시위(제5장에서 정의한 바와 같이) 사이의 차이는 보통 미미하여 여기서는 무시할 것이다. 항공기의 무게중심은 보는 바와 같이 앞전 뒤로 h_c와 무양력선 위로 z_c에 위치해 있다. 여기서 h와 z는 시위에 대한 비로 나타낸 무게중심의 좌표이다. 공력중심은 앞전에서 $h_{ac_w}c$ 위치에 있다. 보는 바와 같이 날개 공력중심 주위의 날개 모멘트는 M_{ac_w}, 날개의 양력과 항력은 L_w와 D_w 등으로 각각 나타내었다. 통상 L_w와

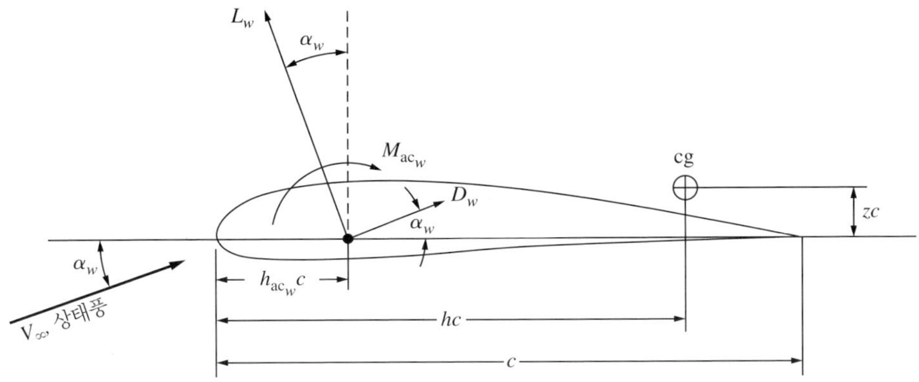

그림 7.19 익형 형상과 기호

D_w는 각각 상대풍과 수직 및 수평을 이룬다.

통상의 경우처럼 기수들림(피치업) 모멘트를 양으로 하여 무게중심 주위의 모멘트를 계산하려고 한다. 그림 7.19로부터 분명한 것은 L_w, D_w와 M_{ac_w} 모두 무게중심 주위의 모멘트에 기여한다는 점이다. 편리하게 L_w와 D_w를 시위에 대한 수평 및 수직 성분으로 나누어 보자. 그러면, 그림 7.19를 참조로 날개로 인한 항공기 무게중심 주위의 모멘트는 다음과 같다는 것을 알 수 있다.

$$\begin{aligned} M_{cg_w} &= M_{ac_w} + L_w \cos\alpha_w (hc - h_{ac_w} c) + D_w \sin\alpha_w (hc - h_{ac_w} c) \\ &\quad + L_w \sin\alpha_w zc - D_w \cos\alpha_w zc \end{aligned} \tag{7.4}$$

[식 (7.4)와 그림 7.19를 세심하게 학습하라. 그리고 앞으로 나아가기 전에 여러분이 각각의 항들에 대해 이해하고 있는지를 확인하라.] 재래식 항공기의 일반적인 비행영역에서 α_w 값은 작다. 따라서 $\cos\alpha_w \approx 1$과 $\sin\alpha_w \approx \alpha_w$의 근사가 가능하다. 그 결과 식 (7.4)는 다음 식으로 표현된다.

$$M_{cg_w} = M_{ac_w} + (L_w + D_w\alpha_w)(h - h_{ac_w})c + (L_w\alpha_w - D_w)zc \tag{7.5}$$

식 (7.5)를 $q_\infty Sc$로 나누고 $C_M = M/(q_\infty Sc)$를 이용하면 무게중심 주위의 모멘트계수는 다음 식으로 얻을 수 있다.

$$C_{M,cg_w} = C_{M,ac_w} + (C_{L,w} + C_{D,w}\alpha_w)(h - h_{ac_w}) + (C_{L,w}\alpha_w - C_{D,w})z \tag{7.6}$$

대부분의 항공기에서 무게중심은 무양력선 근처에 위치해 있다. 따라서 보통 z가 작아서 ($z \approx 0$) 무시할 것이다. 더욱이, α_w (radian 단위)는 보통 1보다 훨씬 작고, $C_{D,w}$는 $C_{L,w}$보다 더 작다. 따라서 이들의 곱 $C_{D,w}\alpha_w$는 $C_{L,w}$에 비교하여 작은 값이다. 이러한 가정을 이용하면 식 (7.6)은 다음과 같이 간단하게 표현할 수 있다.

$$\boxed{C_{M,cg_w} = C_{M,ac_w} + C_{L,w}(h - h_{ac_w})} \tag{7.7}$$

그림 7.12b를 참조하면 $C_{L,w} = (dC_{L,w}/d\alpha)\alpha_w = a_w\alpha_w$ 임을 알 수 있다. 여기서, a_w 날개의 양력 기울기이다. 따라서 식 (7.7)은 다음과 같이 쓸 수 있다.

$$C_{M,\,\mathrm{cg}_w} = C_{M,\,\mathrm{ac}_w} + a_w\alpha_w(h - h_{\mathrm{ac}_w}) \tag{7.8}$$

식 (7.7)과 (7.8)은 항공기 무게중심 주위의 모멘트에 대한 날개의 기여분을 나타내며 물론 앞에서 설명한 가정이 적용되었다. 식 (7.7)과 (7.8)을 그림 7.19와 함께 자세히 살펴보자. 물리적 의미에서 이 식들은 날개의 M_{cg}에 미치는 영향은 근본적으로 두 가지 요소 즉 공력중심에서의 모멘트 M_{ac_w}와 모멘트 팔 길이 $(h - h_{\mathrm{ac}_w})$로 작용하는 양력에 기인한다.

이들 결과는 동체가 추가되면 약간 수정된다. 공기흐름과 받음각을 가지고 있는 상태의 원통 모양의 몸체를 고려해보자. 이 동체 형태의 몸체는 주위의 공기흐름 때문에 자신의 공력중심 주위의 모멘트와 더불어 양력과 항력을 받게 된다. 이제 동체와 날개가 결합되었다고 가정하자. 이러한 **날개–동체 결합체** 주위의 공기흐름은 날개와 동체 각각에 대한 공기흐름과는 다르다. 공력간섭이 일어나 날개 주위의 공기흐름이 동체 주위의 공기흐름에 영향을 주고 거꾸로도 마찬가지다. 이러한 간섭 때문에 날개–동체 결합체의 모멘트는 분리된 상태의 날개와 동체의 모멘트를 단순히 합한 것이 아니다. 유사하게 날개–동체 결합체의 양력과 항력도 공기역학적 간섭에 영향을 받는다. 이러한 간섭 효과는 이론적으로 예측하기가 매우 어렵다. 따라서 통상 날개–동체 결합체에 대한 양력, 항력 및 모멘트는 풍동 시험 계측을 통해 얻는다. 날개–동체 결합체에 대한 양력계수와 무게중심 주위의 모멘트계수를 각각 $C_{L_{\mathrm{wb}}}$와 $C_{M_{\mathrm{wb}}}$라고 하자. 날개에 대한 식 (7.7), (7.8)과 유사하게 날개–동체 결합체의 M_{cg}에 대한 기여를 다음과 식과 같이 유도할 수 있다.

$$C_{M,\,\mathrm{cg}_{\mathrm{wb}}} = C_{M,\,\mathrm{ac}_{\mathrm{wb}}} + C_{L_{\mathrm{wb}}}(h - h_{\mathrm{ac}_{\mathrm{wb}}}) \tag{7.9}$$

$$C_{M,\,\mathrm{cg}_{\mathrm{wb}}} = C_{M,\,\mathrm{ac}_{\mathrm{wb}}} + a_{\mathrm{wb}}\alpha_{\mathrm{wb}}(h - h_{\mathrm{ac}_{\mathrm{wb}}}) \tag{7.10}$$

여기서, a_{wb}와 α_{wb}는 날개–동체 결합체에 대한 양력곡선의 기울기와 절대 받음각을 각각 나타낸다. 일반적으로 날개에 동체를 추가하면 공력중심이 앞쪽으로 이동하고 양력곡선 기울기는 증가하여 공력중심 주위의 모멘트를 음의 방향으로 증가시키는 데 기여하게 된다. 다시 한번 식 (7.9)와 (7.10)의 공력계수들은 거의 항상 풍동 시험 데이터로부터 얻어진다는 점을 강조한다.

예제 7.2

주어진 날개–동체 결합체에 대해 공력중심이 무게중심 앞쪽 0.05c에 위치해 있다. 공력중심 주위의 모멘트계수는 –0.016이다. 양력계수가 0.45인 경우 무게중심 주위의 모멘트계수를 계산하라.

■ **풀이**

식 (7.9)로부터

$$C_{M,\text{cg}_{\text{wb}}} = C_{M,\text{ac}_{\text{wb}}} + C_{L_{\text{wb}}}(h - h_{\text{ac}_{\text{wb}}})$$

여기서

$$h - h_{\text{ac}_{\text{wb}}} = 0.05$$
$$C_{L_{\text{wb}}} = 0.45$$
$$C_{M,\text{ac}_{\text{wb}}} = -0.016$$

따라서,

$$C_{M,\text{cg}_{\text{wb}}} = -0.016 + 0.45(0.05) = \boxed{0.0065}$$

예제 7.3

날개-동체 모델을 아음속 풍동에서 실험하고 있다. 기하학적 받음각 $\alpha = -1.5°$에서 양력이 0이다. $\alpha = 5°$에서 양력계수가 0.52로 계측되었다. 또한, $\alpha = 1.0°$와 7.88°에서 무게중심 주위의 모멘트계수는 각각 –0.01과 0.05로 계측되었다. 무게중심은 $0.35c$에 위치해 있다. 공력중심의 위치와 $C_{M,\text{ac}_{\text{wb}}}$ 값을 계산하라.

■ **풀이**

우선 양력 기울기를 계산하자.

$$a_{\text{wb}} \equiv \frac{dC_L}{d\alpha} = \frac{0.52-0}{5-(-1.5)} = \frac{0.52}{6.5} = 0.08/\text{deg}$$

식 (7.10)을 쓰면

$$C_{M,\text{cg}_{\text{wb}}} = C_{M,\text{ac}_{\text{wb}}} + a_{\text{wb}}\alpha_{\text{wb}}(h - h_{\text{ac}_{\text{wb}}})$$

$\alpha = 1.0°$에서 다음과 같이 계산된다. [α는 기하학적 받음각인 반면 식 (7.10)의 α_{wb}는 절대 받음각이라는 점을 기억하라.]

$$-0.01 = C_{M,\text{ac}_{\text{wb}}} + 0.08(1+1.5)(h - h_{\text{ac}_{\text{wb}}})$$

$\alpha = 7.88°$에서는 다음과 같이 계산된다.

$$0.05 = C_{M,\text{ac}_{\text{wb}}} + 0.08(7.88+1.5)(h - h_{\text{ac}_{\text{wb}}})$$

앞의 두 방정식은 두 개의 미지수 $C_{M,\text{ac}_{\text{wb}}}$와 $h - h_{\text{ac}_{\text{wb}}}$를 가지고 있다. 이들을 동시에 풀이할 수 있다.

첫 번째 식에서 두 번째 식을 빼면

$$-0.06 = 0 - 0.55(h - h_{\text{ac}_{\text{wb}}})$$
$$h - h_{\text{ac}_{\text{wb}}} = \frac{-0.06}{-0.55} = 0.11$$

h의 값은 $h = 0.35$로 주어져 있다. 따라서,

$$h_{\text{ac}_{\text{wb}}} = 0.35 - 0.11 = \boxed{0.24}$$

결과적으로

$$-0.01 = C_{M,\text{ac}_{\text{wb}}} + 0.08(1+1.5)(0.11)$$
$$C_{M,\text{ac}_{\text{wb}}} = \boxed{-0.032}$$

7.7 꼬리날개가 M_{cg}에 미치는 영향

분리된 꼬리날개가 독립적으로 항공기에 미치는 모멘트에 대한 해석은 독립적인 날개에 의한 모멘트와 같은 방법으로 수행할 수 있다. 그러나 실제에서는 꼬리날개가 항공기 자체와 명확히 연결되어 있어 분리된 것이 아니다. 더군다나, 꼬리날개가 일반적으로 날개 뒤쪽에 장착되어 있어서 날개 주위의 공기흐름에 의한 후류의 영향을 받게 된다. 결국 두 가지의 간섭 영향이 꼬리날개 공기력에 영향을 주게 된다.

1. 꼬리날개에서의 공기흐름은 유한 날개에 의한 **내리흐름** 때문에 아래쪽으로 굽혀진다(5.13절과 5.14절을 보라). 즉 꼬리날개에서 본 상대풍은 날개에서 본 상대풍 V_∞와 같은 방향이 아니다.
2. 날개에 작용하는 표면마찰항력과 압력항력에 의한 저항력 때문에 꼬리날개에 도달한 공기흐름은 느려진다. 따라서 꼬리날개에서 본 상대풍의 속도는 V_∞보다 작다. 결국 꼬리날개에서 본 동압은 q_∞보다 작다.

이러한 영향을 그림 7.20에 나타냈다. 여기서, V_∞는 날개에서 본 상대풍이고 V'는 꼬리날개에서의 상대풍으로 내리흐름 각 ε만큼 V_∞ 아래쪽으로 기울어져 있다. 꼬리날개 양력 L_t와 항력 D_t는 V'에 대해 각각 (정의에 따라) 직각 및 평행한 방향이다. 이와는 대조적으로 전체 항공기의 양력과 항력은 항상 V_∞에 대해 직각 및 평행한 방향이다. 따라서 L_t와 D_t의 V_∞에 수직인 성분을 검토하면 그림 7.20에서 전체 항공기 양력에 미치는 꼬리날개의 기여분은 $L_t\cos\varepsilon - D_t\sin\varepsilon$임을 알 수 있다. 많은 경우 ε이 매우 작기 때문에 $L_t\cos\varepsilon - D_t\sin\varepsilon \approx L_t$로 근사화할 수 있다. 따라서 실제적인 적용에서는 전체 항공기의 양력을 얻기 위해 날개–동체의 양력에 꼬리날개의 양력을 직접 추가하는 것만으로 충분하다.

그림 7.21에 나타낸 바와 같이 날개–동체의 무양력선과 관련된 꼬리날개를 고려해 보

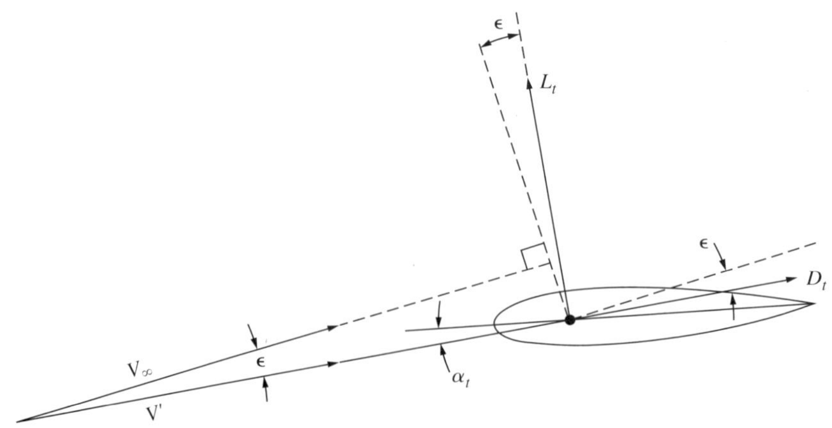

그림 7.20 꼬리날개 근처의 유동흐름과 공기력

자. 잠시 멈추고 이 그림을 살펴보는 것이 유용하다. 날개-동체 결합체는 절대 받음각이 α_{wb}이다. 꼬리날개는 7.5절의 끝부분에서 설명한 바와 같이 양의 $C_{M,0}$ 값을 가지기 위해 아래 방향으로 비틀려 있다. 따라서 꼬리날개의 무양력선은 날개-동체의 무양력선에 대해 **꼬리날개 붙임각** i_t만큼 의도적으로 경사지게 만든다. (꼬리날개의 익형 단면은 일반적으로 대칭이다. 이로 인해 꼬리날개의 무양력선과 시위선은 동일하다.) 꼬리날개의 절대 받음각 α_t는 국부적인 상대풍 V'과 꼬리날개의 무양력선 사이의 각으로 정의된다. 꼬리날개는 모멘트 M_{ac_t}와 V'에 대해 각각 직각 및 평행한 방향의 L_t과 항력 D_t가 작용하는 공력중심을 가지고 있다. 앞에서와 같이 V'는 내리흐름 각 ε만큼 V' 아래쪽으로 기울어져 있다. 그 결과, L_t는 수직축과 $\alpha_{wb}-\varepsilon$의 각도를 이룬다. 꼬리날개의 공력중심은 항공기 무게중심의 뒤쪽 l_t와 아래쪽 z_t에 위치해 있다. 그림 7.21에 나타난 도형을 세심하게 학습했는지 확인하라. 이것은 아래의 방정식 유도에 매우 중요하다.

L_t와 D_t를 각각의 수직 성분인 $L_t\cos(\alpha_{wb}-\varepsilon)$와 $D_t\sin(\alpha_{wb}-\varepsilon)$로 수평성분인 $L_t\sin(\alpha_{wb}-\varepsilon)$와 $D_t\cos(\alpha_{wb}-\varepsilon)$으로 분리하라. 그림 7.21을 고려하면 꼬리날개의 L_t, D_t와 M_{ac_t}에 의한 무게중심 주위의 모멘트 합은 다음과 같이 유도된다.

$$M_{cg_t} = -l_t[L_t\cos(\alpha_{wb}-\varepsilon) + D_t\sin(\alpha_{wb}-\varepsilon)] + z_tL_t\sin(\alpha_{wb}-\varepsilon) - z_tD_t\cos(\alpha_{wb}-\varepsilon) + M_{ac_t} \tag{7.11}$$

여기서, M_{cg_t}는 수평 꼬리날개에 의한 무게중심 주위의 모멘트 기여분을 나타낸다.

식 (7.11)의 우변 첫 번째 항 $l_tL_t\cos(\alpha_{wb}-\varepsilon)$은 크기에 있어 무엇보다도 가장 크다. 실제적으로는 통상의 항공기에 대해 다음과 같은 단순화가 타당하다.

1. $z_t << l_t$

2. $D_t << L_t$

3. $\alpha_{wb}-\varepsilon$가 작기 때문에 $\sin(\alpha_{wb}-\varepsilon)\approx 0$, $\cos(\alpha_{wb}-\varepsilon)\approx 1$

4. M_{ac_t}의 크기는 작다

경험에 근거한 위의 근사화를 적용하면 식 (7.11)은 아래와 같이 매우 간단해진다.

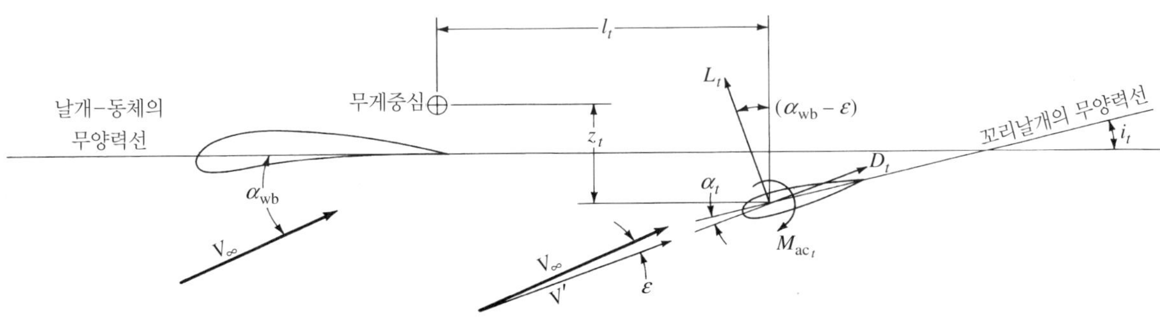

그림 7.21 날개-꼬리날개 결합체

$$M_{\mathrm{cg}_t} = -l_t L_t \tag{7.12}$$

자유류의 동압 $q_\infty = \frac{1}{2}\rho_\infty V_\infty^2$과 꼬리날개 투영면적 S_t을 기준으로 **꼬리날개 양력계수**를 정의하자.

$$C_{L,t} = \frac{L_t}{q_\infty S_t} \tag{7.13}$$

식 (7.12)와 식 (7.13)을 조합하면

$$M_{\mathrm{cg}_t} = -l_t q_\infty S_t C_{L,t} \tag{7.14}$$

식 (7.14)를 $q_\infty Sc$로 나누면 (여기서 c는 날개의 시위 S는 날개 투영면적이다.)

$$\frac{M_{\mathrm{cg}_t}}{q_\infty Sc} \equiv C_{M,\mathrm{cg}_t} = -\frac{l_t S_t}{cS} C_{L,t} \tag{7.15}$$

식 (7.15)의 우변항을 살펴보면 $l_t S_t$는 꼬리날개의 크기와 위치로 표현되는 **체적특성**이고 cS는 날개의 **체적특성**을 나타낸다는 것을 알 수 있다. 이들 두 항의 비를 **꼬리날개 체적비** (*tail volume ratio*) V_H라 부르며 다음과 같이 정의된다.

$$V_H \equiv \frac{l_t S_t}{cS} \tag{7.16}$$

따라서, 식 (7.15)는 다음과 같이 표현된다.

$$\boxed{C_{M,\mathrm{cg}_t} = -V_H C_{L,t}} \tag{7.17}$$

식 (7.17)의 간단한 관계식은 항공기 무게중심 주위의 모멘트에 대한 꼬리날개의 총 기여분을 나타낸다. 위의 단순화 과정과 그림 7.21을 참고로 식 (7.12)와 (7.17)은 이 모멘트가 팔 길이 l_t에서 작용하는 꼬리날개 양력과 같다는 점을 말해준다.

날개-동체 결합체에 대해 식 (7.10)에서 한 것처럼 식 (7.17)을 받음각으로 나타내는 것이 유용하다. 그림 7.13의 안정성 조건이 $\partial C_{M,\mathrm{cg}}/\partial\alpha_a$와 관련이 있음을 명심하라. 이 때문에 α_a로 표현된 방정식이 실제적으로 유용하다. 특히, 그림 7.21의 도형을 참조하면 꼬리날개의 받음각은 다음과 같다.

$$\alpha_t = \alpha_{\mathrm{wb}} - i_t - \varepsilon \tag{7.18}$$

꼬리날개의 양력 기울기를 a_t로 나타내면 식 (7.18)로부터

$$C_{L,t} = a_t \alpha_t = a_t(\alpha_{\mathrm{wb}} - i_t - \varepsilon) \tag{7.19}$$

내리흐름 각도 ε은 이론적으로 예측하기는 어렵기 때문에 통상 실험을 통해 얻는다. 이것은 다음과 같이 나타낼 수 있다.

$$\varepsilon = \varepsilon_0 + \frac{\partial\varepsilon}{\partial\alpha}\alpha_{\mathrm{wb}} \tag{7.20}$$

여기서, ε_0는 날개-동체 결합체의 양력이 0일 때의 내리흐름 각도이다. ε_0와 $\partial\varepsilon/\partial\alpha$ 모두는 통상 풍동실험을 통해 얻는다. 식 (7.19)와 (7.20)을 조합하면 다음과 같은 식을 얻는다.

$$C_{L,t} = a_t\alpha_{\text{wb}}\left(1 - \frac{\partial\varepsilon}{\partial\alpha}\right) - a_t(i_t + \varepsilon_0) \tag{7.21}$$

식 (7.21)을 (7.17)에 대입하면

$$\boxed{C_{M,\text{cg}_t} = -a_t V_H \alpha_{\text{wb}}\left(1 - \frac{\partial\varepsilon}{\partial\alpha}\right) + a_t V_H(\varepsilon_0 + i_t)} \tag{7.22}$$

식 (7.22)는 식 (7.17)에 비해 길지만 받음각에 대한 직접적인 관계를 나타내며 아래에 이어질 설명에서 유용하게 쓰인다.

7.8 무게중심 주위의 총 피칭 모멘트

항공기 전체를 고려해보자. 총 M_{cg}는 날개-동체 결합체와 꼬리날개 기여분의 합으로 다음과 같다.

$$C_{M,\text{cg}} = C_{M,\text{cg}_{\text{wb}}} + C_{M,\text{cg}_t} \tag{7.23}$$

여기서, $C_{M,\text{cg}}$는 전체 항공기의 무게중심에 대한 총 피칭 모멘트계수이다. 식 (7.9)와 (7.17)을 (7.23)에 대입하면

$$\boxed{C_{M,\text{cg}} = C_{M,\text{ac}_{\text{wb}}} + C_{L_{\text{wb}}}(h - h_{\text{ac}_{\text{wb}}}) - V_H C_{L,t}} \tag{7.24}$$

식 (7.10)과 (7.22)를 (7.23)에 대입하면 받음각으로 표현된 아래의 식을 얻을 수 있다.

$$\boxed{C_{M,\text{cg}} = C_{M,\text{ac}_{\text{wb}}} + a_{\text{wb}}\alpha_{\text{wb}}\left[h - h_{\text{ac}_{\text{wb}}} - V_H\frac{a_t}{a_{\text{wb}}}\left(1 - \frac{\partial\varepsilon}{\partial\alpha}\right)\right] + V_H a_t(i_t + \varepsilon_0)} \tag{7.25}$$

받음각에 대해 좀 더 상세히 설명할 필요가 있다. 다시 한번 그림 7.13을 살펴보자. 우리는 모멘트계수 곡선을 통상 전체 항공기 모델에 대한 풍동실험을 통해 얻는 것이 바람직하다는 것을 알고 있다. 따라서 그림 7.13의 α_a는 **전체 항공기**에 대한 무양력선을 기준으로 한 절대 받음각으로 간주해야 할 것이고 이 값은 날개-동체 결합체에 대한 무양력선과 반드시 일치하지는 않는다. 이에 대한 비교를 그림 7.22에 나타냈다. 그러나 많은 재래식인 항공기에서 그 차이는 작다. 따라서 이번 장의 나머지 부분에서는 그림 7.22에 나타낸 두 개의 양력선이 동일하다고 가정할 것이다. 그 결과 α_{wb}는 전체 항공기의 받음각 α_a가 된다. 이러한 가정을 적용하면 항공기 전체의 양력은 꼬리날개 양력을 무시한 날개-동체 결합체에서 발생한다. 따라서 $C_{L_{\text{wb}}} = C_L$이고 양력 기울기는 $a_{\text{wb}} = a$로 나타낼 수 있다. 여기서, C_L과 a는 전체 항공기에 대한 값이다. 이들 관계를 이용하면 식 (7.25)는 다음과 같이 쓸 수 있다.

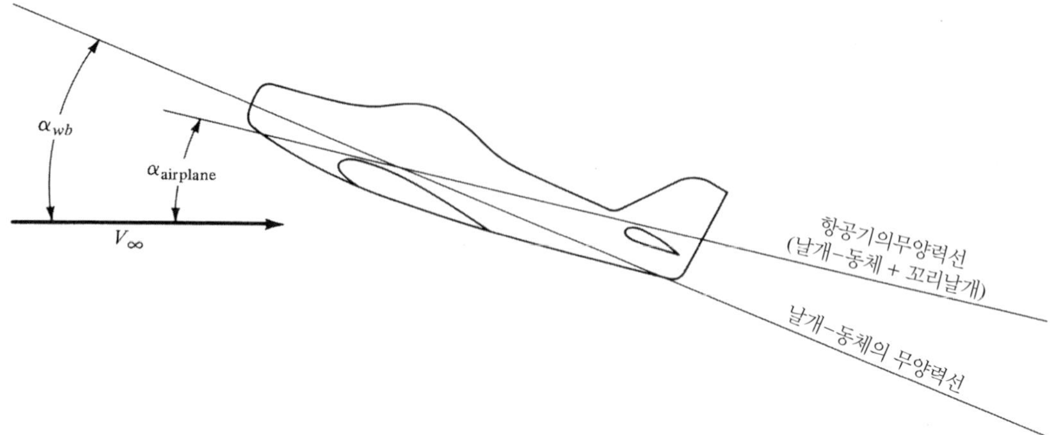

그림 7.22 전체 항공기와 날개-동채 결합체에 대한 무양력선의 비교

$$\boxed{C_{M,\text{cg}} = C_{M,\text{ac}_\text{wb}} + a\alpha_a\left[h - h_{\text{ac}_\text{wb}} - V_H \frac{a_t}{a}\left(1 - \frac{\partial \varepsilon}{\partial \alpha}\right)\right] + V_H a_t(i_t + \varepsilon_0)} \tag{7.26}$$

식 (7.26)은 몇몇 항에서 전체 항공기의 특성을 나타내기 위해 하첨자 wb를 생략했다는 점을 빼고는 식 (7.25)와 동일하다.

예제 7.4

예제 7.3의 날개-동체 모델을 고려해 보자. 날개의 면적과 시위는 각각 0.1 m²와 0.1 m이다. 이제 수평 꼬리날개를 이 모델에 추가했다고 가정하자. 항공기 무게중심에서 꼬리날개의 공력중심까지의 거리는 0.17 m, 꼬리날개의 면적은 0.02 m², 꼬리날개의 장착각은 2.7°, 꼬리날개의 양력 기울기는 0.1/deg이고 실험계측으로 $\varepsilon_0 = 0$과 $\partial\varepsilon/\partial\alpha = 0.35$ 값을 얻었다. $\alpha = 7.88°$인 경우 항공기 모델의 $C_{M,\text{cg}}$를 계산하라.

■ **풀이**

식 (7.26)으로부터

$$C_{M,\text{cg}} = C_{M,\text{ac}_\text{wb}} + a\alpha_a\left[h - h_{\text{ac}_\text{wb}} - V_H \frac{a_t}{a}\left(1 - \frac{\partial \varepsilon}{\partial \alpha}\right)\right] + V_H a_t(i_t + \varepsilon_0)$$

여기서,

$$C_{M,\text{ac}_\text{wb}} = -0.032 \quad \text{(예제 7.3에서)}$$
$$a = 0.08 \quad \text{(예제 7.3에서)}$$
$$\alpha_a = 7.88 + 1.5 = 9.38° \quad \text{(예제 7.3에서)}$$
$$h - h_{\text{ac}_\text{wb}} = 0.11 \quad \text{(예제 7.3에서)}$$
$$V_H = \frac{l_t S_t}{cS} = \frac{0.17(0.02)}{0.1(0.1)} = 0.34$$
$$a_t = 0.1/\text{deg}$$
$$\frac{\partial \varepsilon}{\partial \alpha} = 0.35$$

$$i_t = 2.7°$$
$$\varepsilon_0 = 0$$

따라서,

$$C_{M,\text{cg}} = -0.032 + 0.08(9.38)\left[0.11 - 0.34\left(\frac{0.1}{0.08}\right)(1-0.35)\right] + 0.34(0.1)(2.7+0)$$
$$= -0.032 - 0.125 + 0.092 = \boxed{-0.065}$$

7.9 종축 정안정성에 대한 방정식

종축 평형과 정안정성에 필요한 조건은 7.5절에 유도한 바와 같이 (1) $C_{M,0}$가 양이 되고 (2) $\partial C_{M,\text{cg}}/\partial\alpha_a$는 음이 되는 조건이다. 이 두 조건은 α_e가 실제적인 운용 받음각 범위 내에 있다는 가정을 내포하고 있다. 즉 모멘트 곡선이 그림 7.13과 유사한 형태를 가져야 한다. 그 결과 그 다음 절에서 정안정성에 대한 정량적 정식화 과정이 있었고 최종적으로 $C_{M,\text{cg}}$에 대한 식 (7.26)을 얻었다. 이번 절의 목적은 앞의 결과를 이용하여 $C_{M,0}$와 $\partial C_{M,\text{cg}}/\partial\alpha_a$를 직접 계산할 수 있는 공식을 유도하는 것이다. 그러면 주어진 항공기의 종축 정안정성을 정량적으로 평가할 수 있고 항공기 설계에 대한 기본적인 개념을 가질 수 있게 된다.

정의에 따라 $C_{M,0}$는 $\alpha_a = 0$ 즉 양력이 0일 때의 $C_{M,\text{cg}}$ 값이다. 식 (7.26)에 $\alpha_a = 0$을 대입하면 다음의 식을 쉽게 얻을 수 있다.

$$\boxed{C_{M,0} \equiv (C_{M,\text{cg}})_{L=0} = C_{M,\text{ac}_\text{wb}} + V_H a_t (i_t + \varepsilon_0)} \tag{7.27}$$

식 (7.27)을 자세히 살펴보면 항공기평형을 위해 $C_{M,0}$가 양이어야 한다는 것을 알 수 있다. 그러나 앞 절에서 전형적인 항공기에 대해 $C_{M,\text{ac}_\text{wb}}$가 음이라는 것을 지적한 바 있다. 따라서 $V_H a_t(i_t + \varepsilon_0)$는 양이고 음의 $C_{M,\text{ac}}$를 이기면서 평형을 유지할 수 있을 정도로 커야 한다. V_H 와 a_t는 모두 음의 값을 갖고 ε_0은 보통 매우 작아 미미한 영향을 미친다. 따라서 **i_t가 양의 값을 가져야 한다.** 이 결과는 그림 7.17a와 7.21에 보이는 것과 같은 날개에 상대적인 각도로 장착되어야 한다는 물리적인 근거를 나타낸다. 이로 인해 꼬리날개는 $C_{M,0}$가 양의 값을 가질 수 있는 정도의 음의 양력을 발생시킨다.

이제 모멘트계수의 기울기를 살펴보자. 식 (7.26)을 α_a에 대해 미분하면

$$\boxed{\frac{\partial C_{M,\text{cg}}}{\partial\alpha_a} = a\left[h - h_{\text{ac}_\text{wb}} - V_H \frac{a_t}{a}\left(1 - \frac{\partial\varepsilon}{\partial\alpha}\right)\right]} \quad \text{식 (7.28)}$$

이 방정식은 무게중심의 위치 h와 꼬리날개 체적비 V_H가 종축 정안정성에 큰 영향을 준다는 점을 분명하게 나타낸다.

식 (7.27)과 (7.28)은 a, a_t, $C_{M,\text{ac}_\text{wb}}$, ε_0 및 $\partial\varepsilon/\partial\alpha$ 등에 대한 풍동실험 데이터를 가지고 있는 경우 주어진 항공기에 대한 정안정성을 판정할 수 있도록 해 준다. 또한 이 식들은 항

공기 설계에 대한 몇 가지 지침을 나타낸다. 예를 들어 유상하중과 다른 임무 요구조건에 의해 무게중심의 위치 h가 결정되는 항공기를 고려해보자. 이런 경우에 요구되는 정안정성은 식 (7.28)에 따라 단지 V_H를 충분히 크게 설계함으로써 얻을 수 있다. 이런 방식으로 V_H가 일단 결정되면 식 (7.27)로 i_t를 근사적으로 설계함으로써 원하는 $C_{M,0}$를 얻을 수 있다. 따라서 $C_{M,0}$와 $\partial C_{M,cg}/\partial\alpha_a$의 값은 각각 i_t와 V_H의 설계 값에 근본적인 영향을 준다(무게중심 위치가 고정된 경우).

예제 7.5

예제 7.4의 날개-동체-꼬리날개에 대한 풍동모델을 고려해 보자. 이 모델은 종축 정안정을 가지고 있고 평형을 이루고 있는가?

■ **풀이**

식 (7.28)로부터

$$\frac{\partial C_{M,\mathrm{cg}}}{\partial \alpha_a} = a\left[h - h_{\mathrm{ac_{wb}}} - V_H \frac{a_t}{a}\left(1 - \frac{\partial \varepsilon}{\partial \alpha}\right)\right]$$

여기서, 예제 7.3과 7.4의 결과를 이용하면

$$\begin{aligned} a &= 0.08 \\ h - h_{\mathrm{ac_{wb}}} &= 0.11 \\ V_H &= 0.34 \\ a_t &= 0.1/\mathrm{deg} \\ \frac{\partial \varepsilon}{\partial \alpha} &= 0.35 \end{aligned}$$

따라서,

$$\frac{\partial C_{M,\mathrm{cg}}}{\partial \alpha_a} = 0.08\left[0.11 - 0.34\frac{0.1}{0.08}(1-0.35)\right] = \boxed{-0.0133}$$

모멘트 곡선의 기울기는 음이다. 따라서 항공기 모델은 정적으로 안정하다.

그러나 이 항공기가 종방향에서 평형을 이루고 있는가? 이 질문에 대한 답을 찾기 위해서는 $\partial C_{M,cg}/\partial\alpha_a$에 대한 앞의 결과를 이용하여 평형상태 받음각 α_e를 나타내는 $C_{M,0}$ 값을 찾아야 한다. 식 (7.27)로부터

$$C_{M,0} = C_{M,\mathrm{ac_{wb}}} + V_H a_t (i_t + \varepsilon_0)$$

예제 7.3과 7.4의 결과를 이용하면

$$\begin{aligned} C_{M,\mathrm{ac_{wb}}} &= -0.032 \\ i_t &= 2.7^\circ \end{aligned}$$

따라서

$$C_{M,0} = -0.032 + 0.34(0.1)(2.7) = 0.06$$

그림 7.13을 이용하면 평형상태 받음각은 다음과 같이 얻는다.

$$0 = 0.06 - 0.0133\alpha_e$$

따라서

$$\alpha_e = 4.5°$$

분명 이 받음각은 비행이 가능한 범위 내에 있다. 따라서 항공기는 정적으로 안정할 뿐만 아니라 종축평형을 이룰 수 있다.

7.10 중립점

다른 모든 것을 고정시킨 채 무게중심의 위치 h의 변화를 허용하는 경우를 고려해 보자. 실제 식 (7.28)은 정안정성이 h에 의해 큰 영향을 받는다는 것을 나타낸다. 무게중심의 위치를 적절하게 조절하여 $\partial C_{M,\text{cg}}/\partial \alpha_a$ 값이 항상 음이 되도록 만들 수 있다. 같은 맥락에서 다음과 같이 $\partial C_{M,\text{cg}}/\partial \alpha_a = 0$가 되는 하나의 특정한 무게중심 위치가 존재한다. 이 조건이 만족되는 h의 값을 **중립점**(*neutral point*) h_n이라고 정의한다. $h = h_n$일 때 모멘트계수 곡선의 기울기는 그림 7.23에서 보는 바와 같이 0이 된다.

중립점의 위치는 식 (7.28)에 $h = h_n$과 $\partial C_{M,\text{cg}}/\partial \alpha_a = 0$를 대입하여 다음과 같이 쉽게 구할 수 있다.

$$0 = a\left[h_n - h_{\text{ac}_\text{wb}} - V_H \frac{a_t}{a}\left(1 - \frac{\partial \varepsilon}{\partial \alpha}\right)\right] \tag{7.29}$$

식 (7.29)를 h_n에 대해 풀이하면

$$\boxed{h_n = h_{\text{ac}_\text{wb}} + V_H \frac{a_t}{a}\left(1 - \frac{\partial \varepsilon}{\partial \alpha}\right)} \tag{7.30}$$

식 (7.30)을 살펴보라. 우변항의 물성치들은 실질적인 목적을 위한 항공기 설계형상으

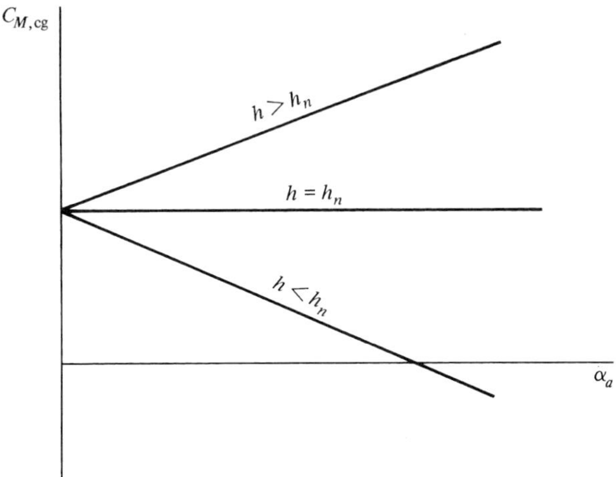

그림 7.23 중립점에 대한 무게중심의 상대적인 위치가 정안정성에 미치는 영향

로 결정된다. 따라서 주어진 항공기 설계에 대해 중립점은 **고정된 값**이다. 다시 말하자면 항공기 어느 지점에 붙어있는 점이다. 이것은 무게중심의 실제 위치 h와는 무관하다.

중립점에 대한 개념은 안정성 조건의 대체 가능한 조건으로 볼 수 있다. 예를 들자면 식 (7.28)과 (7.30)을 살펴봄으로써 h가 h_n보다 더 작거나, 같거나 혹은 더 크냐에 따라 값이 음이거나, 0 또는 양의 값을 갖는다는 것을 알 수 있다. 이런 경우들을 그림 7.23에 나타내었다. 그림 7.19와 같이 h는 날개의 앞전으로부터 측정된다는 것을 기억하라. 따라서 $h < h_n$은 무게중심이 중립점 **앞쪽**에 위치한다는 것을 의미한다. 따라서 대체 가능한 조건은 다음과 같다.

종방향 정안정성을 위해 항공기 무게중심의 위치는 항상 중립점 앞쪽에 있어야 한다.

날개의 공력중심의 정의는 모멘트가 받음각 변화와 관련이 없게 되는 점임을 상기하라. 이제 이 개념을 그림 7.23을 고려하여 전체 항공기에 대해서도 적용할 수 있다. 분명 $h = h_n$일 때 $C_{M,\mathrm{cg}}$는 받음각과는 관련이 없다. 따라서 중립점을 전체 항공기에 대한 공력중심으로 간주할 수 있다.

식 (7.30)을 다시 살펴보면 꼬리날개가 중림점 위치에 큰 영향을 준다는 것을 알 수 있다. **꼬리날개의 파라미터(이론적으로는 V_H)를 적절하게 선택함으로써 설계자 마음대로 h_n의 위치를 정할 수 있다.**

예제 7.6

예제 7.3의 풍동 시험 모델에 대한 중립점의 위치를 계산하라.

■ **풀이**

식 (7.30)으로부터

$$h_n = h_{\mathrm{ac}_{\mathrm{wb}}} + V_H \frac{a_t}{a}\left(1 - \frac{\partial \varepsilon}{\partial \alpha}\right)$$

여기서, $h_{\mathrm{ac}_{\mathrm{wb}}} = 0.24$(예제 7.3으로부터)이다. 따라서,

$$h_n = 0.24 + 0.34\left(\frac{0.1}{0.08}\right)(1 - 0.35)$$

$$\boxed{h_n = 0.516}$$

예제 7.3에서 $h = 0.35$임을 고려하여 이 무게중심 위치와 중림점 위치 값 0.516을 비교해 보자. 무게중심은 중림점으로부터 충분히 **앞쪽**에 위치해 있다. 이 결과 역시 항공기가 정적으로 안정하다는 예제 7.5의 결과를 뒷받침한다.

7.11 정적마진

앞의 설명에 따라 다음과 같은 결론을 얻을 수 있다. 식 (7.30)을 $h_{\mathrm{ac}_{\mathrm{wb}}}$에 대해 풀이하면

$$h_{ac_{wb}} = h_n - V_H \frac{a_t}{a}\left(1 - \frac{\partial \varepsilon}{\partial \alpha}\right) \tag{7.31}$$

식 (7.29)에서 (7.31)까지에서 V_H의 값은 식 (7.28)의 값과 정확하게 일치하지는 않는다는 점을 주목하라. 실제 식 (7.28)에서 V_H는 그림 7.21에서 보는 바와 같이 무게중심의 위치로부터 측정한 모멘트 팔 길이 l_t를 이용하였다. 반대로 식 (7.29)에서는 무게중심의 위치가 중립점으로 이동하였고, 따라서 중립점으로부터 측정한 모멘트 팔 길이가 이용되었다. 그러나 통상 이들의 차이는 미미하여 여기서는 이 효과를 무시할 것이다. 따라서 식 (7.31)을 식 (7.28)에 대입하고 V_H와 관련된 항을 소거하면 다음 식을 얻는다.

$$\frac{\partial C_{M,\text{cg}}}{\partial \alpha_a} = a(h - h_n) \tag{7.32}$$

거리 $h - h_n$은 **정적마진**(*static margin*)으로 정의되며 그림 7.24에 나타낸 바와 같다. 따라서 식 (7.32)를 이용하여

$$\frac{\partial C_{M,\text{cg}}}{\partial \alpha_a} = -a(h_n - h) = -a \times \text{정적마진} \tag{7.33}$$

식 (7.33)은 정적마진이 종방향 정안정성의 직접적인 평가척도임을 나타낸다. 정안정성을 위해 정적마진은 양이어야 한다. 더욱이, 정적마진이 클수록 항공기는 더 안정하다.

예제 7.7

앞의 예제들에서 사용된 풍동모델에 대해 정적마진을 계산하라.

■ 풀이

예제 7.6으로부터 $h_n = 0.516$, $h = 0.35$이다. 따라서 정의에 따라

$$\text{정적마진} \equiv h_n - h = 0.516 - 0.35 = \boxed{0.166}$$

계산결과가 올바른지 점검하기 위해 식 (7.33)을 고려하자.

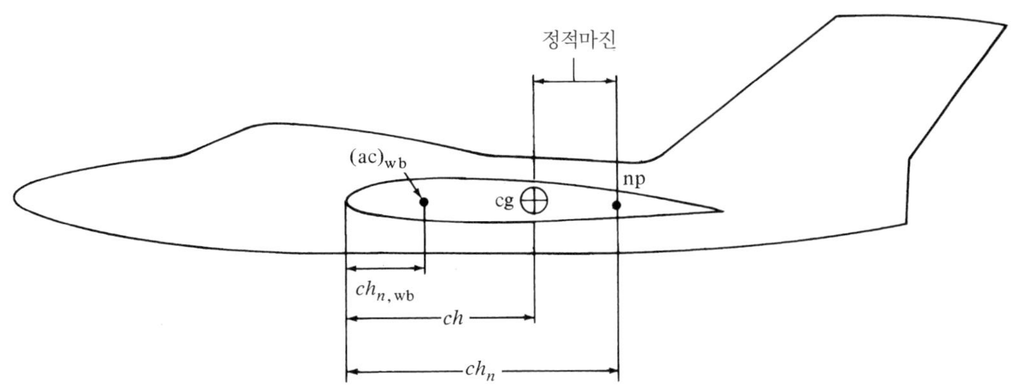

그림 7.24 정적마진에 대한 예

$$\frac{\partial C_{M,cg}}{\partial \alpha_0} = -a \times \text{정적마진} = -0.08(0.166) = -0.0133 \text{ per degree}$$

이 결과는 예제 7.5에서 계산된 값과 동일하다. 실제로 각각의 계산 값들이 일치한다.

설계

DESIGN BOX

항공기가 정적으로 안정하고 트림상태인 경우 무게중심에 상대적인 항공기의 위치에서 양력이 작용하는 경우에 대한 앞의 설명을 쉬운 말로 명료하게 설명해보자. 이와 같은 평이한 설명은 규정된 안정성(혹은 불안정성)을 만족시키기 위해 어떻게 설계해야 하는지에 대한 좀 더 분명한 개념을 항공기 설계자에게 제공해줄 수 있다.

정적으로 안정한 항공기를 나타내기 위해 흔히 사용되는 그림이 그림 7.25*a*에 나타나 있다. 여기서, 무게중심 뒤쪽의 한 점에 작용하는 양력을 볼 수 있고 이것은 정적 안정성을 위해 필수적이라고 말할 수 있다. 그러나 이것이 본질적으로 무엇을 의미하는가? 그림 7.25*a*의 실제적인 중요성은 무엇인가? 좀 더 자세히 살펴보자.

우선, 항공기 양력은 날개, 동체 및 꼬리날개 등과 같은 항공기 외부 면에 작용하는 압력 분포를 모두 적분한 결과 중 상대풍에 수직으로 작용하는 성분으로 발생한다는 점을 상기하라. 이 압력 분포는 전체 항공기에 걸친 **분포하중**에 기여한다. 그러나 통상적인 방법과 같이 이 분포하중을 임의의 점에 걸리는 하나의 집중하중과 그 점에 걸리는 모멘트의 합으로 대체함으로써 그 역학적인 결과를 구체화할 수 있다. 그림 7.25*a*는 이 방법의 결과를 나타내며 한 점에서 작용하는 집중하중인 양력과 그 점에서의 모멘트를 볼 수 있다. 그림 7.25*a*에서 선정된 점은 항공기의 공력중심(중립점)이다. 그림 7.25*a*의 양력은 꼬리날개를 포함한 항공기 **전체**의 양력이다.

7.10절에서 우리는 항공기가 정적으로 안정하려면 공력중심(중립점)이 무게중심 뒤쪽에 있어야 한다는 점을 보였다. 이제 이것을 쉽게 입증하는 간단한 그림이 그림 7.25*b*에 도시되어 있다. 그림 7.25*a*에서 항공기는 트림상태로 다시 말하면 $M_{cg} = 0$이다. 항공기가 돌풍을 만나 받음각이 순간적으로 증가했다고 가정해 보자. 그 결과 그림 7.25*b*에서와 같이 양력도 순간적으로 증가할 것이다. 여기서 L_1은 트림상태의 양력이고 L_2는 돌풍으로 증가된 양력이다. 양력이 무게중심 **뒤쪽**에 있는 한 점에서 작용하기 때문에 증가된 양력은 그림 7.25*b*에서와 같이 무게중심 주위로 음(pitch-down)의 모멘트를 발생시킨다. 따라서 돌풍을 만난 후의 초기경향은 기수를 아래로 향하게 하여 받음각을 감소시키고 항공기를 트림상태로 되돌리려고 할 것이다. 이것은 분명하게 정안정성을 나타낸다. 공력중심에 작용하는 양

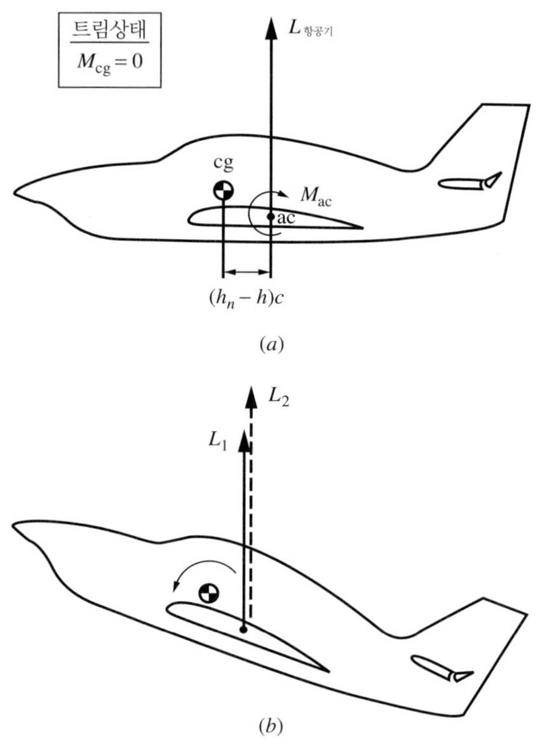

그림 7.25 양력이 무게중심 뒤쪽에서 작용하는 경우의 정안정성

력이 무게중심의 뒤쪽에 있으면 항공기는 정적으로 안정하다는 점이 그림 7.25로부터 명확해진다.

그림 7.25*a*의 항공기가 트림상태가 되려면 M_{cg} = 0임을 다시 상기하라. 양력은 $(h_h - h)c$의 모멘트 팔길이를 가지고 작용하여 무게중심 주위로 $-[(h_h - h)cL]$의 기수내림 모멘트를 발생시킨다는 것을 보여준다. 결국 항공기 공력중심 주위의 모멘트 M_{ac}는 무게중심 주위의 총 모멘트가 0이 되려면 크기는 같고 방향은 반대가 되어야 한다. 즉 M_{ac}는 그림 7.25*a*에서 보는 바와 같이 양의(기수올림) 모멘트가 되어야 한다. 보통 이 기수올림 모멘트의 많은 부분은 그림 7.17*a*에서 보는 바와 같이 꼬리날개에 걸리는 아래쪽으로 작용하는 하중 때문에 발생한다. 항공기 형상이 카나드인 경우 양의 M_{ac}는 그림 7.17*b*에 나타난 것과 같이 카나드에 위쪽으로 작용하는 하중으로 발생할 것이다. 실제로 이 경우가 카나드를 사용하는 하나의 장점이다. 그림 2.25에 나타낸 양력은 모든 양력을 합산한 것으로 정상 수평비행에서는 항공기 무게와 같다. 꼬리날개가 뒤쪽에 장착된 전통적인 항공기 형상에서는 무게와 동일한 총 양력을 발생시키기 위해 꼬리날개의 내림 하중 때문에 날개는 더 많은 양력을 발생시켜야 한다. 이와는 반대로 카나드 형상에서는 카나드에 걸리는 위방향 하중이 전체 양력에 추가되기 때문에 날개로부터 더 작은 양력을 요구하게 된다. 따라서 날개로부터 발생하는 유도항력이 감소한다.

그림 7.25는 무게중심 뒤쪽에서 양력이 작용하는 경우의 종방향 정적 안정성을 나타내는 데 흔히 쓰이는 그림이다. 그림 2.26에는 정적 안정성을 나타내는 또 다른 그림이 있다. 이 그림은 흔하게 쓰이지는 않지만 아마도 종방향 정적 안정성 특성을 더 진솔하게 설명하는 것일 수 있다. 항공기의 양력은 항공기 전체 표면에 작용하는 압력 분포를 적분한 결과값임을 상기하라. 이 압력 분포는 **중심점**을 가지고 있다(미분학에서 면적이나 강체의 중심과 유사한). 압력 분포의 중심점을 **압력중심**(*center of pressure*)이라 부른다. 중심점인 압력중심은 압력 분포에 의한 순 모멘트의 값이 0이 되는 점이다. 따라서 하나의 집중하중으로 압력 분포에 의한 역학적인 영향을 모사할 때 이 집중하중을 압력중심에 위치시키는 것이 바람직하다. 실제로 압력

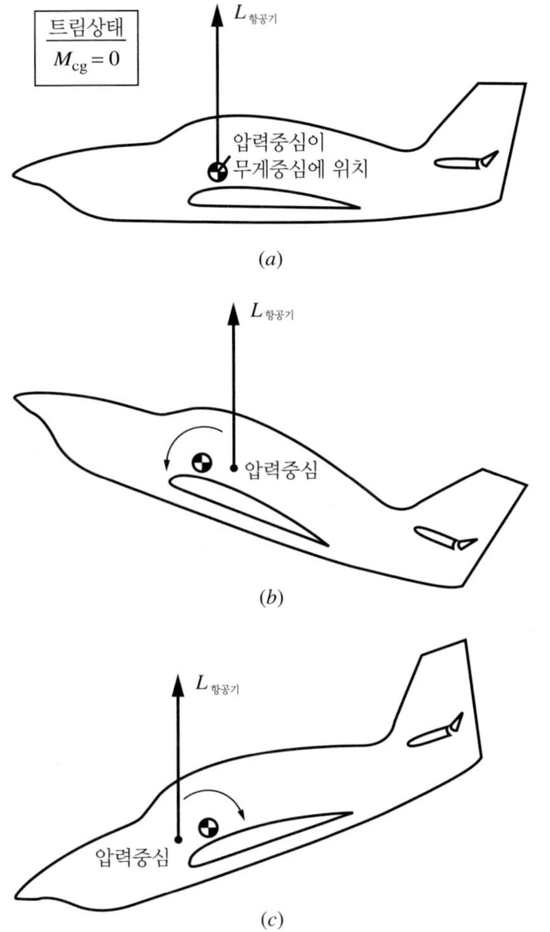

그림 7.26 양력이 압력의 중심에서 작용하는 경우의 정안정성

중심은 양력이 유효적으로 작용하는 항공기의 점으로 생각할 수 있다. 좀 더 구체적으로 말하면 분포된 압력 하중의 역학적 효과는 우선 압력중심의 위치를 구하고 모멘트가 0이고 양력이 이 점을 통과하도록 작도함으로써 모사할 수 있다. 이 결과를 그림 7.26에 나타내었다. 더욱이 **항공기가 트림상태일 때 압력중심은 정확하게 무게중심에 위치한다**. 그림 7.26*a*는 이런 경우를 나타내는 것으로 양력이 압력중심에 작용하고 압력중심은 무게중심에 위치하여 무게중심 주위의 모멘트가 없으며 정의에 따라 항공기는 트림상태가 된다. 이것은 자연스러운 것이다. 항공기가 트림상태일 때 압력중심이

정확하게 무게중심과 일치하도록 항공기 주위의 압력 분포가 조절된 것이다.

항공기의 받음각이 변하면 표면 압력 분포가 변하고, 따라서 압력중심이 이동한다. 그 위치는 받음각의 함수이다. 종방향 안정성을 위해 압력중심은 그림 7.26*b*에 나타낸 방향으로 이동하여야 한다. 정적 안정성을 위해 그림 7.26*b*에서 보는 바와 같이 무게중심 주위의 복원 모멘트를 발생시키기 위해 압력중심은 뒤쪽으로 이동해야 한다. 마찬가지로, 그림 7.26*c*와 같이 초기 트림상태의 항공기가 돌풍을 만나 받음각이 감소했다고 가정하자. 정적 안정성을 위해 그림 7.26*c*와 같이 무게중심 주위의 복원 모멘트를 발생시키기 위해 압력중심은 앞쪽으로 이동해야 한다. 따라서 정적으로 안정된 항공기는 그림 7.26*b*와 *c*에 표시된 방향으로의 압력중심이 이동되도록 설계하여야 한다.

요약하자면 그림 7.25와 7.26은 서로 다른 표현이지만 모두 종방향 정안정성을 나타내는 효과적인 그림이다. 이들 그림은 7.7절에서 7.11절까지의 보다 자세한 수학적 설명과 전적으로 동일하고 보완하는 내용을 포함한다.

7.12 종방향 정적 조종의 개념

안정성과 조종에 대한 학습은 두 가지 목적을 갖는다. 첫 번째 특성인 안정성은 앞 절들의 주제였다. 그러나 이 책의 나머지 부분에서는 두 번째 특성인 조종에 초점을 둘 것이다. 그림 7.5의 로드맵에 나타나 있는 오른쪽 열로 이동하는 것이다.

트림비행(평형상태 비행) 중인 정적으로 안정한 항공기를 고려해 보자. 그림 7.13을 상기하면 항공기는 트림 받음각 α_e로 비행하고 있어야 한다. 따라서 이 α_e 값은 양력계수의 특정한 값인 트림 양력계수 $C_{L_{\text{trim}}}$에 대응된다. 정상 수평비행에서 이 값은 식 (6.26)으로부터 아래와 같은 특정 속도에 대응된다.

$$V_{\text{trim}} = \sqrt{\frac{2W}{\rho_\infty S C_{L_{\text{trim}}}}} \tag{7.34}$$

자, 이제 조종사가 더 낮은 속도 $V_\infty < V_{\text{trim}}$로 비행하려 한다고 가정하자. 더 낮은 속도에서 양력계수는(또한, 받음각도) 동압의 감소를 만회하기 위해 증가하여야 한다. (제6장으로부터 정상 수평비행 시에는 양력이 무게와 항상 평형을 이루어야 한다는 점을 기억하라). 그러나 그림 7.13에 따라 α가 증가하면 $C_{M,\text{cg}}$가 음이 되며(무게중심 주위의 모멘트가 더 이상 0이 아니다) 항공기는 트림상태를 유지할 수 없다. 결과적으로 항공기의 모든 조건이 동일하다면 V_{trim} 속도 이외의 어떠한 속도 혹은 α_e 이외의 어떠한 받음각에서도 항공기는 정상 수평비행의 평형상태 비행을 유지할 수 없다.

분명 이것은 바람직하지 않은 상황이다. 왜냐하면 항공기는 조종사의 의지에 따라 속도를 변화시키고 또한 평형상태를 유지할 수 있어야 한다. 이것을 가능하도록 하는 유일한 방법은 항공기의 모멘트계수 곡선을 효과적으로 변경하는 것이다. 조종사는 좀 더 빠른 속도로 비행하면서 여전히 정상 수평의 평형상태에서 비행하기를 원할 수도 있다. 이를 위해 양력계수는 감소해야 하고 새로운 받음각 α_n은 $\alpha_n < \alpha_e$인 상태에서 설정되어야 한다. 동시에 모멘트계수 곡선은 α_n에서 $C_{M,\text{cg}} = 0$이 되도록 변화되어야 한다. 그림 7.27과 7.28은 이

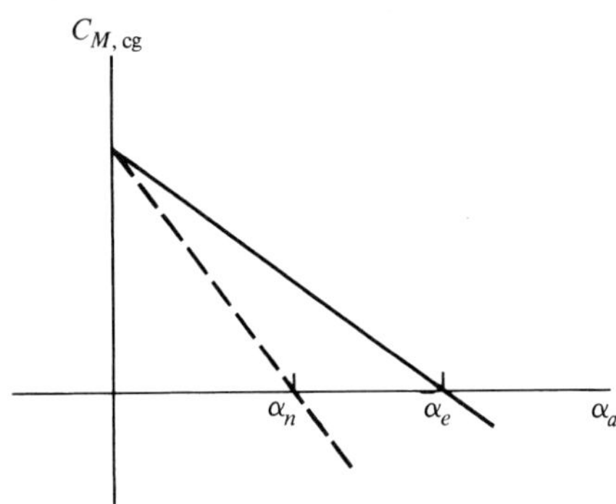

그림 7.27 모멘트 곡선 기울기를 변경시킨 경우의 트림 받음각 변화

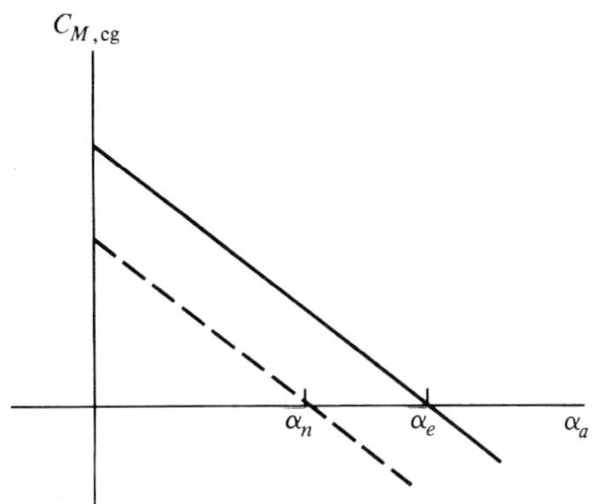

그림 7.28 C_{M0}를 변경시킨 경우의 트림 받음각 변화

러한 변화를 얻을 수 있는 두 가지 방법을 보여주고 있다. 그림 7.27에서는 기울기를 좀 더 음으로 만들어 α_n에서 $C_{M,\text{cg}}$가 0을 통과하게 한 것이다. 식 (7.28)이나 식 (7.32)로부터 이 기울기를 무게중심을 이동하여 변경시킬 수 있다. 이 예에서는 무게중심이 앞쪽으로 이동해야만 한다. Otto Lilienthal (1.5절을 참조)은 그의 활강비행에서 이 방법을 사용하였다. 그림 1.15는 글라이더 아래 느슨하게 매달려 있는 Lilienthal을 보여준다. 단순히 엉덩이를 움직여줌으로써 그는 무게중심을 이동시키고 항공기의 안정성을 변화시킬 수 있었다. 이런 원리는 오늘날까지 최신의 스포츠용 행글라이더에서 사용된다.

그러나 통상의 항공기에서 무게중심을 이동시키는 것은 거의 불가능하다. 따라서 그림 7.28에 보이는 바와 같이 모멘트 곡선을 변화시킬 수 있는 또 다른 방법이 채용되었다. 여기서는 기울기는 동일하지만 α_n에서 $C_{M,\text{cg}} = 0$이 되도록 $C_{M,0}$가 변화되었다. 이런 변화는 수평 꼬리날개에 장착된 엘리베이터를 굽힘으로써 얻어진다. 따라서 우리는 정적 종방향 조종이라는 중요한 개념에 이르게 되었다. 즉, 엘리베이터 변위각을 이용하여 트림 받음각을 제어할 수 있고, 따라서 항공기의 평형상태 비행 속도를 조절할 수 있다.

그림 7.28을 고려해보자. 앞에서 우리는 증명이 없이 단지 엘리베이터를 굽힘으로써 기울기 변화가 없이 모멘트 곡선을 이동시킬 수 있다는 점을 언급하였다. 그러나 엘리베이터 굽힘이 어떻게 그리고 어느 정도로 $C_{M,\text{cg}}$를 변경시킬 수 있겠는가? 이 질문에 대답하기 위해 우선 그림 7.29에서 보는 바와 같이 중립 위치에 고정된 엘리베이터(즉 엘리베이터의 굽힘이 없는)가 장착된 수평 꼬리날개를 고려해보자. 꼬리날개의 절대 받음각은 앞에서 정의한 바와 같이 α_t이다. 또한, α_t에 따른 꼬리날개의 양력계수 변화가 그림 7.29에 도시되어 있다. 이 곡선은 제5장에 설명한 익형과 날개의 양력곡선들과 동일한 일반적인 형태를 나타낸다는 점에 유의하라. 자 이제 엘리베이터가 그림 7.30과 같이 각도 δ_e만큼 아래쪽으로 굽혀졌다고 가정하자. 이것은 5.17절에서 플랩이 굽혀진 상태의 날개와 동일한 그림이다. 결국 굽혀진 플랩의 경우와 마찬가지로 굽혀진 엘리베이터는 그림 7.30에서 보는 바와

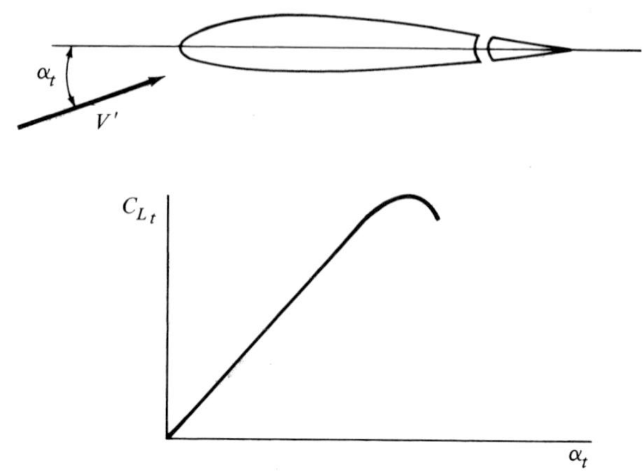

그림 7.29 엘리베이터 각 변위가 없는 경우 꼬리날개의 양력계수

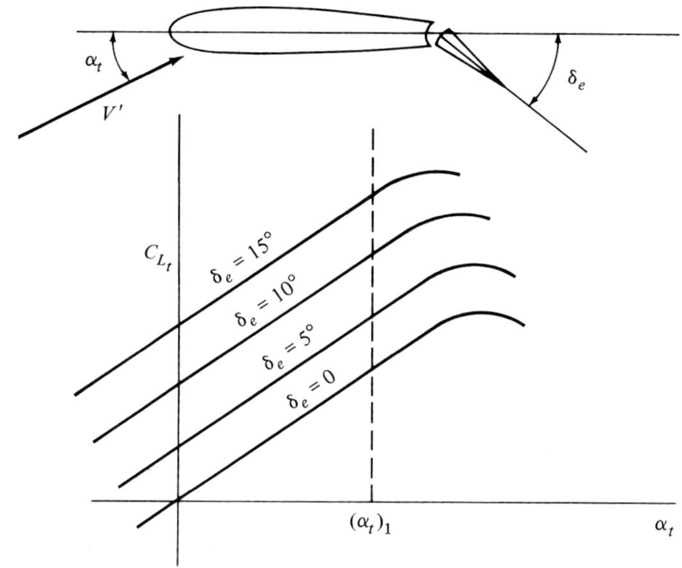

그림 7.30 엘리베이터 각 변위가 있는 경우 꼬리날개의 양력계수

같이 꼬리날개의 양력곡선을 왼쪽으로 이동시킨다.

아래쪽 방향의 엘리베이터 굽힘을 양으로 정의하는 관례를 적용하자(이후의 편리성을 위해). 따라서 엘리베이터가 어떤 각도로(예를 들어 5°로) 굽혀진 채 고정된 상태로 가능한 변화범위에서 전체 꼬리날개의 α_t를 변하게 하면 꼬리날개 양력곡선은 왼쪽으로 이동하게 된다. 엘리베이터가 좀 더 많이 굽혀지면(예를 들어 10°로) 양력곡선은 왼쪽으로 훨씬 더 이동하게 된다. 이러한 경향을 그림 7.30에 알기 쉽게 나타냈다. 모든 양력곡선에서 기울기 $\partial C_{L,t}/\partial\alpha_t$가 동일하다는 점에 유의하라.

앞의 설명을 염두에 두면서, 예를 들어 $(\alpha_t)_1$와 같은 고정된 받음각에서의 꼬리날개를 고려해보자. 엘리베이터 변위각이 예를 들어 0에서 15°까지 변한다면 $C_{L,t}$는 그림 7.30의 수직 점선을 따라 증가할 것이다. 이 변화를 그림 7.31과 같이 δ_e에 따른 $C_{L,t}$의 변화로 나타낼 수 있다. 대부분의 재래식 항공기에 대해 그림 7.31의 곡선은 거의 직선이고 그 기울기 $\partial C_{L,t}/\partial\delta_e$를 **엘리베이터의 조종효율**(*elevator control effectiveness*)이라 부른다. 이 물리량은 조종의 측면에서 엘리베이터의 능력을 나타내는 척도이다. 아래쪽 굽힘의 경우 δ_e를 양으로 정의했기 때문에 $\partial C_{L,t}/\partial\delta_e$는 항상 양의 값을 갖는다.

따라서 꼬리날개 양력계수는 α_t와 δ_e의 함수이다(따라서 앞서 설명한 바와 같이 편미분으로 나타내었다). 물리적으로 $\partial C_{L,t}/\partial\alpha_t$는 δ_e를 일정하게 고정시킨 상태에서 α_t에 대한 $C_{L,t}$의 변화율임을 기억하라. 따라서 물리적인 고려로부터

$$C_{L,t} = \frac{\partial C_{L,t}}{\partial \alpha_t}\alpha_t + \frac{\partial C_{L,t}}{\partial \delta_e}\delta_e \tag{7.35}$$

꼬리날개의 양력선 기울기가 $a_t = \partial C_{L,t}/\partial\alpha_t$라는 점을 상기하면 식 (7.35)는 다음과 같이 쓸 수 있다.

$$C_{L,t} = a_t\alpha_t + \frac{\partial C_{L,t}}{\partial \delta_e}\delta_e \tag{7.36}$$

식 (7.36)을 (7.24)에 대입하면 무게중심 주위의 피칭 모멘트는 다음의 식으로 얻어진다.

$$\boxed{C_{M,\mathrm{cg}} = C_{M,\mathrm{ac_{wb}}} + C_{L,\mathrm{wb}}(h - h_{\mathrm{ac}}) - V_H\left(a_t\alpha_t + \frac{\partial C_{L,t}}{\partial \delta_e}\delta e\right)} \tag{7.37}$$

식 (7.37)은 엘리베이터 굽힘이 항공기 무게중심 주위의 모멘트에 미치는 영향을 분명하게 나타낸다.

엘리베이터 변위각으로 인한 $C_{M,\mathrm{cg}}$의 변화율은 정의에 따라 $\partial C_{M,\mathrm{cg}}/\partial\delta_e$로 표현된다. 이

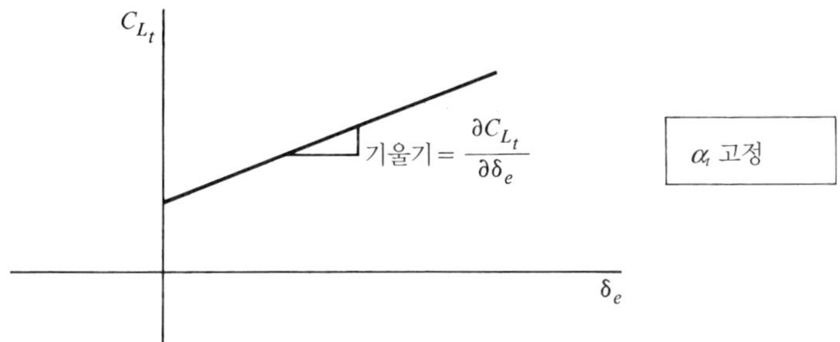

그림 7.31 엘리베이터 각 변위에 따른 꼬리날개 양력계수(그림 7.30의 또 다른 형태로 나타낸 그림)

편미분은 식 (7.37)을 모든 값은 고정시킨 채 δ_e에 대한 미분을 취하여 다음과 같이 얻을 수 있다.

$$\frac{\partial C_{M,\mathrm{cg}}}{\partial \delta_e} = -V_H \frac{\partial C_{L,t}}{\partial \delta_e} \tag{7.38}$$

그림 7.31로부터 $\partial C_{L,t}/\partial \delta_e$은 일정하고 더욱이 V_H는 주어진 특정 항공기에 대해서는 주어진 값이다. 따라서 식 (7.38)의 우변항은 일정하다. 그 결과 물리적인 관점에서 주어진 엘리베이터 변위각 δ_e에 따른 $C_{M,\mathrm{cg}}$의 증가는 다음과 같다.

$$\Delta C_{M,\mathrm{cg}} = -V_H \frac{\partial C_{L,t}}{\partial \delta_e} \delta_e \tag{7.39}$$

식 (7.39)는 엘리베이터 굽힘이 어떻게 그리고 어느 정도로 $C_{M,\mathrm{cg}}$를 변경시킬 수 있겠는가? 라는 앞의 질문에 대한 대답을 나타낸다. 그림 7.32에서 $\delta_e = 0$로 표시된 모멘트 곡선을 고려해 보자. 이것은 엘리베이터가 중립점에 고정된 상태에 대한 곡선으로 그림 7.13에 처음 소개되었다. 만약 엘리베이터가 양의 각도로(아래쪽으로) 굽혀지는 경우 식 (7.39)는 이 곡선의 모든 점들은 일정한 $\Delta C_{M,\mathrm{cg}}$ 값만큼 아래쪽으로 이동한다는 것을 나타낸다. 따라서 기울기는 일정하게 유지되고 $C_{M,0}$ 값만 엘리베이터 굽힘각에 따라 변한다. 이것이 그림 7.28과 관련된 앞의 설명을 증명한다.

중요한 사항이기 때문에 이번 절의 주된 요점을 반복해서 학습해보자. 엘리베이터를 항공기 트림상태를 변화시키고 조절하기 위해 사용할 수 있다. 궁극적으로 이것이 항공기의 평형상태 비행 속도를 조절한다. 예를 들어 아래쪽으로 엘리베이터를 굽히면 원래의 트림각 α_e보다 작은 새로운 트림각 α_n을 얻을 수 있다(그림 7.32는 이를 보여준다). 이로 인해 항공기의 속도가 증가된다.

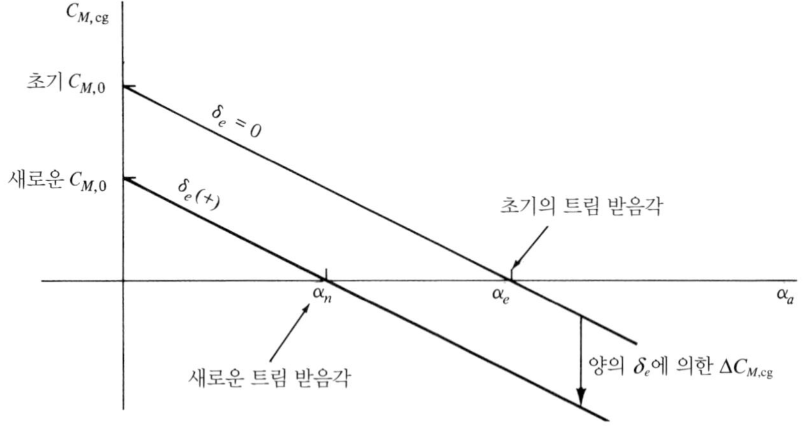

그림 7.32 엘리베이터 변위각이 모멘트계수에 미치는 영향

또 다른 예로 실속속도와 최대 속도라는 속도의 두 극한 값을 고려해보자. 그림 7.33은 이들 두 속도에서 항공기를 트림상태로 유지하기 위해 필요한 엘리베이터 변위각을 나타낸다. 먼저 $V_\infty \approx V_{\text{stall}}$에서 비행하는 항공기에 대한 그림 7.33*a*를 살펴보자. 이것은 예를 들자면 착륙접근 중인 경우에 해당된다. 항공기는 $C_{L_{\max}}$에서 비행하기 때문에 받음각이 크다. 따라서 앞의 설명으로부터 항공기는 **엘리베이터가 위쪽으로** 굽혀진 트림상태가 되어야 한다. 즉 δ_e는 음이다. 이와 반대로 $V_\infty = C_{L_{\max}}$에서 비행하는(스로틀을 완전히 개방한) 항공기에 대한 그림 7.33*b*를 고려해 보자. q_∞가 크기 때문에 필요한 양력을 발생하는 데 항공기는 매우 작은 C_L만을 필요로 하고 받음각은 작다. 따라서 항공기는 **엘리베이터가 아래쪽으로** 굽혀진 트림상태가 되어야 하며 δ_e는 양이다.

7.13 트림에 필요한 엘리베이터 변위각 계산

7.12절에서 전개한 개념과 관계식은 주어진 받음각에서 항공기를 트림시키는 데 필요한 정확한 엘리베이터의 변위각을 계산할 수 있게 해준다. 그림 7.34에 주어진 모멘트계수 곡선을 갖는 항공기를 고려해 보자. 엘리베이터 변위각이 0인 상태의 평형상태 받음각은 α_e이다. 우리는 새로운 받음각 α_n에서 항공기를 트림시키고자 한다. 이를 위해 δ_e의 값은 얼마로 설정해야 하는가?

이 질문에 답하기 위해 우선 $\delta_e = 0$인 모멘트 곡선(그림 6.34의 실선)에 대한 방정식을 이용하자. 이 곡선은 $\partial C_{M,\text{cg}}/\partial\alpha_e$와 동일한 일정한 기울기를 갖고 세로 축과의 교점이 $C_{M,0}$인 직선이다. 따라서 직선의 방정식은 다음과 같다.

$$C_{M,\text{cg}} = C_{M,0} + \frac{\partial C_{M,\text{cg}}}{\partial \alpha_a}\alpha_a \tag{7.40}$$

자, 이제 엘리베이터가 각도 δ_e만큼 변위를 일으켰다고 가정하자. $C_{M,\text{cg}}$는 $\Delta C_{M,\text{cg}}$의 변화량을 갖고 식 (7.40)으로 주어지는 모멘트 방정식은 다음과 같이 수정된다.

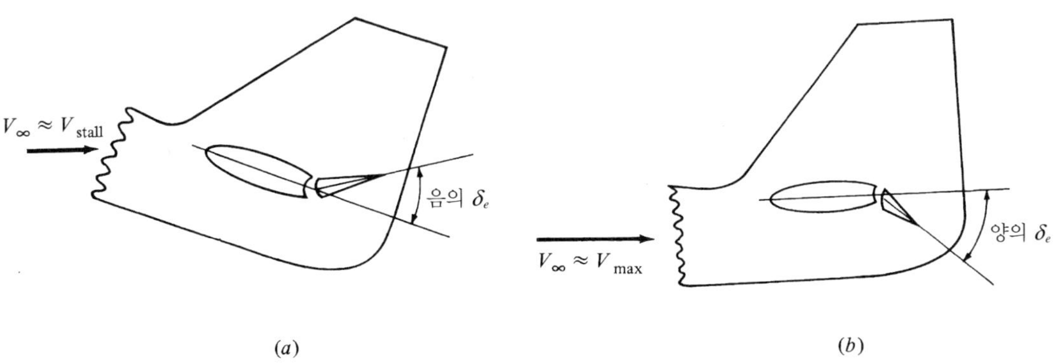

그림 7.33 트림에 필요한 엘리베이터 각변위. (*a*) 낮은 비행 속도, (*b*) 높은 비행 속도

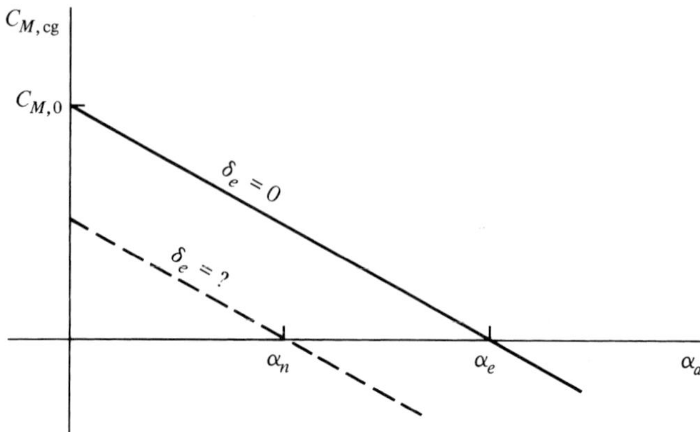

그림 7.34 엘리베이터 변위각이 0인 상태에서 평형상태 받음각이 주어진 경우, 새롭게 주어진 평형상태 받음각에 항공기를 맞추기 위해 필요한 엘리베이터 변위각은 얼마인가?

$$C_{M,\text{cg}} = C_{M,0} + \frac{\partial C_{M,\text{cg}}}{\partial \alpha_a}\alpha_a + \Delta C_{M,\text{cg}} \tag{7.41}$$

$\Delta C_{M,\text{cg}}$는 식 (7.39)에서와 같이 이미 알고 있는 값이다. 식 (7.39)를 (7.41)에 대입하면 다음의 식이 얻어진다.

$$C_{M,\text{cg}} = C_{M,0} + \frac{\partial C_{M,\text{cg}}}{\partial \alpha_a}\alpha_a - V_H \frac{\partial C_{L,t}}{\partial \delta_e}\delta_e \tag{7.42}$$

식 (7.42)를 이용하면 임의의 받음각 α_a와 임의의 엘리베이터 변위각 δ_e에 대한 $C_{M,\text{cg}}$를 계산할 수 있다. 그러나 우리는 $\alpha_a = \alpha_n$에서 $C_{M,\text{cg}} = 0$이고 이 조건을 만족하는 데 필요한 δ_e 값이 $\delta_e = \delta_{\text{trim}}$인 특별한 경우에 대해 관심을 가지고 있다. 즉 그림 7.34의 점선 위에 있는 δ_e 값을 찾는 것이다. 앞의 값들을 식 (7.42)에 대입하면

$$0 = C_{M,0} + \frac{\partial C_{M,\text{cg}}}{\partial \alpha_a}\alpha_n - V_H \frac{\partial C_{L,t}}{\partial \delta_e}\delta_{\text{trim}}$$

δ_{trim}에 대해 풀이하면 다음의 식을 얻을 수 있다.

$$\boxed{\delta_{\text{trim}} = \frac{C_{M,0} + (\partial C_{M,\text{cg}}/\partial \alpha_a)\alpha_n}{V_H(\partial C_{L,t}/\partial \delta_e)}} \tag{7.43}$$

식 (7.43)이 원하는 결과이다. 이 식은 주어진 받음각 α_n에서 항공기를 트림시키는 데 필요한 엘리베이터 변위각을 나타낸다. 식 (7.43)에서 V_H는 주어진 항공기에 대해 이미 알고 있는 값이고 $C_{M,0}$, $\partial C_{M,\text{cg}}/\partial \alpha_e$ 및 $\partial C_{L,t}/\partial \delta_e$ 등은 보통 풍동실험이나 비행시험을 통해 얻는다.

예제 7.8

예제 7.3에서 7.7까지의 풍동 시험 모델과 동일한 공력특성과 설계특성을 갖는 실물크기의 항공기를 고려해 보자. 항공기는 날개 면적이 19 m², 무게 2.27×10^4 N이고 엘리베이터의 조종효율은 0.04이다. 항공기를 해수면에서 61 m/s의 속도에서 트림시키는 데 필요한 엘리베이터 변위각을 계산하라.

■ **풀이**

우선, $V_\infty = 61$ m/s에서 항공기의 받음각을 계산하여야 한다. C_L 값은 다음과 같다.

$$C_L = \frac{2W}{\rho_\infty V_\infty^2 S} = \frac{2(2.27\times10^4)}{1.225(61)^2(19)} = 0.52$$

예제 7.3으로부터 양력선 기울기는 $a = 0.08$/deg이다. 따라서 항공기의 절대 받음각은 다음과 같이 계산된다.

$$\alpha_a = \frac{C_L}{a} = \frac{0.52}{0.08} = 6.5°$$

식 (7.43)을 이용하면 이 받음각에서 항공기를 트림시키는 데 필요한 엘리베이터 변위각이 아래와 같이 계산된다.

$$\delta_{\text{trim}} = \frac{C_{M,0} + (\partial C_{M,cg}/\partial\alpha_a)\alpha_n}{V_H(\partial C_{L,t}/\partial\delta_e)}$$

여기서

$C_{M,0} = 0.06$ (예제 7.5로부터)

$\dfrac{C_{M,cg}}{\partial\alpha_a} = -0.0133$ (예제 7.5로부터)

$\alpha_n = 6.5°$ (앞에 계산한 α_a값)

$V_H = 0.34$ (예제 7.4로부터)

$\dfrac{\partial C_{L,t}}{\partial\delta_e} = 0.04$ (주어진 값)

따라서 식 (7.43)으로부터

$$\delta_{\text{trim}} = \frac{0.06 + (-0.0133)(6.5)}{0.34(0.04)} = \boxed{-1.94°}$$

양의 δ는 아래쪽임을 상기하라. 따라서 받음각 6.5°에서 항공기를 트림시키기 위해서는 엘리베이터가 위쪽으로 1.94°만큼 굽혀져야 한다.

7.14 조종간 고정 및 조종간 방임 정적 안정성

7.5절의 두 번째 단락부터 조종간이 고정(*stick-fixed*)된, 예를 들어, 주어진 각으로 엘리베이터가 고정된 경우의 강체 항공기에 대한 학습을 시작하였다. 그 뒤의 절들에서는 이 경우의 정적 안정성을 다루었으며 항상 엘리베이터를 원하는 각도 δ_e로 조절할 수는 있으나 그 각도로 고정된 상태라는 가정을 하였다. 이것은 조종사(사람이 또는 자동조종으로)가 조

종간을 주어진 위치로 움직이고 그 위치를 그 상태로 단단하게 유지하는 경우에 해당된다. 따라서 지금까지 설명한 정적 안정성은 **조종간 고정 정적 안정성**(*stick-fixed static stability*)이라 부른다. 음속 근처나 그 이상의 속도에서 비행할 수 있도록 설계된 최신의 고성능 항공기는 유압으로 작동되는 조종계통을 가지고 있어서 조종간 고정 정적 안정성 해석은 이러한 항공기에 대해 적절하다.

그러나 어떠한 종류의 동력증폭도 없이 금속 케이블로 엘리베이터에 연결된 조종간을 생각해보자. 이것은 1940년대까지의 대부분의 초기 항공기에서 사용되었고 오늘날 많은 경량, 범용 그리고 개인용 항공기 등에서 사용되는 대표적인 방법이다. 이 경우 조종간을 주어진 위치에 고정시키기 위해서는 조종사가 지속적으로 인력을 인가하여야 한다. 이것은 불편하고 실제적이지 못하다. 따라서 정상 수평비행에서 조종간을 거의 방임한 상태로 두어 엘리베이터는 꼬리날개에 작용하는 고유의 공기력과 공력 모멘트의 영향에 따라 자유자재로 움직일 수 있는 상태가 된다. 따라서 이러한 항공기의 정적 안정성을 **조종간 방임 정적 안정성**(*stick-free static stability*)이라 부른다. 이것이 7.15와 7.16절의 주제이다.

7.15 엘리베이터 힌지 모멘트

그림 7.35와 같이 힌지 축 주위를 회전하는 엘리베이터를 장착한 수평 꼬리날개를 고려해보자. 꼬리날개의 익형이 대칭이라고 가정하자. 거의 대부분의 수평 및 수직 꼬리날개는 이러한 형태이다. 우선, 그림 7.35*a*와 같이 꼬리날개의 받음각이 0인 상태를 고려해보자. 엘리베이터의 윗면과 아랫면의 압력 분포는 동일하다. 다시 말해 시위에 대해 대칭이다. 따라서 엘리베이터 힌지축 주위의 모멘트가 작용하지 않을 것이다. 자 이제 꼬리날개의 받음각이 α_t가 될 때까지 피칭운동을 하되 엘리베이터 각변위가 없는 즉 $\delta_e = 0$인 상태를 유지한다고 가정해 보자. 그림 7.35*b*는 이 경우를 나타낸다. 제5장에서 설명한 바와 같이 익형의 윗면에는 낮은 압력이 아랫면에는 높은 압력이 작용한다. 엘리베이터에 작용하는 공기력은 평형을 잃게 될 것이고 엘리베이터를 위쪽으로 굽히려는 힌지 축 주위의 모멘트가 발생할 것이다. 마지막으로 그림 7.35*c*에서 보는 바와 같이 수평 꼬리날개의 받음각이 0이지만 엘리베이터를 아래쪽으로 굽혀 고정된 각도 δ_e를 유지하는 경우를 고려해보자. 5.17절로부터 플랩의 굽힘이 익형의 캠버를 변화시켜 압력 분포를 효과적으로 바꾸어 놓는다는 점을 상기하라. 따라서 그림 7.35*c*의 엘리베이터 윗면 및 아랫면에 각각 낮은 압력과 높은 압력이 걸리게 한다. 그 결과 힌지 축에 또다시 엘리베이터를 위쪽으로 굽히려는 모멘트가 작용하게 된다. 따라서 꼬리날개의 받음각 α_t와 엘리베이터의 굽힘각 δ_e 모두는 엘리베이터 힌지축 주위의 모멘트를 발생시킨다는 점을 알 수 있다. 이러한 모멘트를 **엘리베이터 힌지 모멘트**(*elevator hinge moment*)라고 정의한다. 이것이 7.16절에서 언급할 조종간 방임 정적 안정성을 지배하는 요인이다.

엘리베이터힌지 모멘트를 H_e로 나타내자. 또한 그림 7.36을 참조하면 꼬리날개의 시

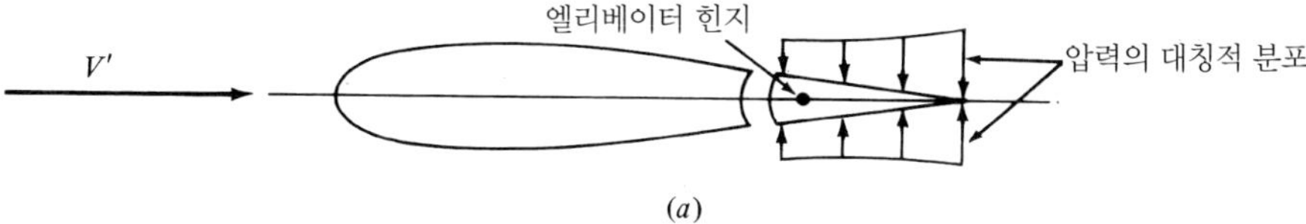

(a)

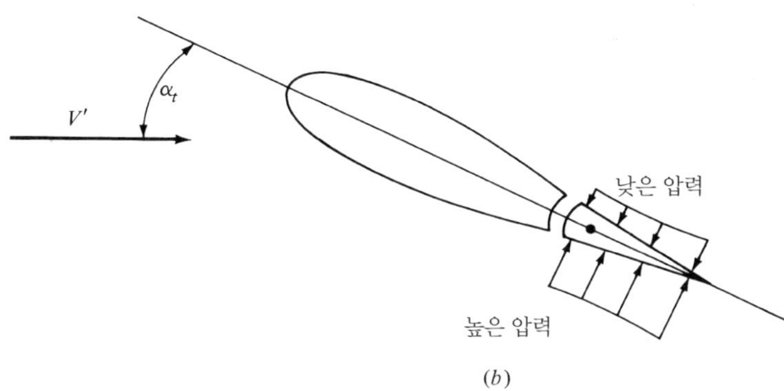

(b)

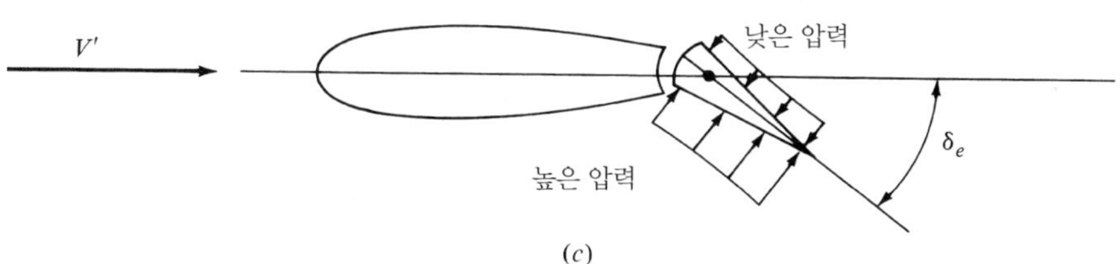

(c)

그림 7.35 엘리베이터 힌지 모멘트의 공기역학적 발생의 예. (a) 힌지 모멘트가 없는 경우, (b) 받음각에 의한 힌지 모멘트, (c) 엘리베이터 변위각에 의한 힌지 모멘트

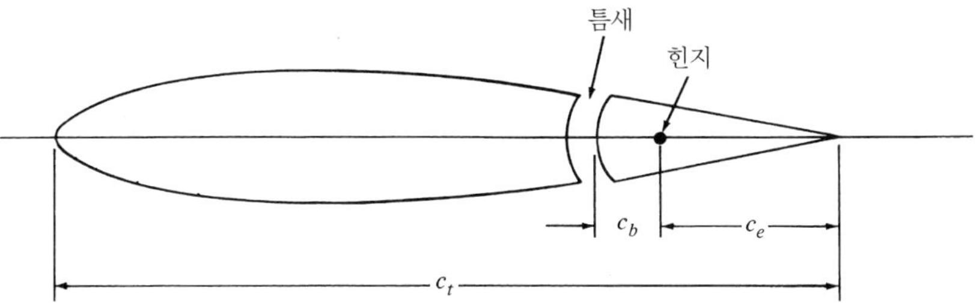

그림 7.36 힌지 모멘트와 관련된 용어와 형상

위는 c_t이고 힌지 축의 뒤쪽에 놓여 있는 부분의 엘리베이터 투영면적은 S_e이다. 엘리베이터 힌지 모멘트계수는 다음과 같이 정의된다.

$$C_{h_e} = \frac{H_e}{\frac{1}{2}\rho_\infty V_\infty^2 S_e c_e} \tag{7.44}$$

여기서, V_∞는 항공기의 자유류 속도이다.

엘리베이터 힌지 모멘트는 꼬리날개의 받음각과 엘리베이터의 굽힘각 때문에 발생한다는 점을 상기하라. 따라서 C_{h_e}는 α_t와 δ_e의 함수이다. 더불어 아음속과 초음속 모두에서 C_{he}는 근사적으로 α_t와 δ_e의 선형함수라는 점을 경험적으로 알고 있다. 따라서 7.2.4절의 편미분에 대한 정의를 상기하면 힌지 모멘트계수는 다음과 같이 쓸 수 있다.

$$C_{h_e} = \frac{\partial C_{h_e}}{\partial \alpha_t}\alpha_t + \frac{\partial C_{h_e}}{\partial \delta_e}\delta_e \tag{7.45}$$

여기서, $\partial C_{h_e}/\partial \alpha_t$와 $\partial C_{h_e}/\partial \delta_e$는 근사적으로 일정하다. 그러나 이들 상수의 실제적인 크기는 c_e/c_t, c_b/c_t, 엘리베이터 전방 형상, 틈새, 뒷전 각도와 평면형상 등에 따라 복잡하게 영향을 받는다. 더욱이, H_e는 국부적인 경계층 박리에 매우 민감하다. 따라서 식 (7.45)의 편미분들은 주어진 항공기에 대해 거의 대부분 경험적으로(풍동실험 데이터를 이용하는 것처럼) 얻어야 한다.

아래쪽으로의 엘리베이터 변위각을 양으로 정의한 것과 마찬가지로 엘리베이터를 아래쪽으로 굽히는 경향을 보이는 힌지 모멘트도 양으로 정의한다. 그림 7.35*b*로부터 양의 α_t는 물리적으로 음의 힌지 모멘트의 (엘리베이터를 위쪽으로 굽히려는) 경향을 보인다는 점에 주목하라. 따라서 $\partial C_{h_e}/\partial \alpha_t$는 보통 음이 된다. (그러나 힌지 축이 뒷전 부근처럼 매우 뒤쪽에 위치한 경우에는 H_e의 부호가 양이 될 수 있다. 재래식 항공기에서는 이런 경우가 거의 생기지 않는다. 또한, 그림 7.35*c*로부터 양의 δ_e는 통상 음의 H_e를 발생시켜 $\partial C_{h_e}/\partial \delta_e$ 또한 음이 된다는 점에 주목하라.

7.16 조종간 방임 종방향 정적 안정성

7.14절에서 소개한 조종간 방임(stick-free) 정적 안정성으로 돌아가 보자. 만약 엘리베이터가 자유롭게 떠 있도록 놓아두면 그것은 항상 힌지 모멘트가 0이 되는 즉 $H_e = 0$인 평형 굽힘각을 찾으려고 할 것이다. 이는 자유롭게 움직이는 엘리베이터에 모멘트가 작용하는 한 엘리베이터가 항상 회전을 할 것이기 때문에 분명한 사실이다. 모멘트가 0이 되는 위치에서만 엘리베이터가 정지상태(평형상태)가 될 것이다.

7.5절의 정적 안정성에 대한 정량적인 설명을 상기하라. 항공기가 평형상태 받음각에서 정상 수평비행 상태라고 가정하자. 자 이제 항공기가 그림 7.14에서 보는 바와 같이 돌풍으로 교란되어 또 다른 받음각으로 순간적인 피칭운동을 하였다고 가정하자. 항공기가 정적으로 안정하다면 평형위치로 되돌아가려는 초기 경향을 보일 것이다. 이어지는 절들

에서 수평 꼬리날개의 설계가 이 정적 안정성을 통제할 수 있는 강력한 수단임을 알았다. 그러나 지금까지는 항상 엘리베이터가 고정된 상태라고 가정하였다. 한편, 항공기가 교란에 의해 피칭운동을 할 때 엘리베이터가 자유롭게 움직일 수 있도록 방임을 한 경우라면 엘리베이터는 교란 전의 위치와는 다른 어떤 순간적인 평형위치를 찾으려고 할 것이다. 엘리베이터의 이러한 굽힘이 항공기의 정적 안정성 특성을 변화시킬 것이다. 실제로 조종간 방임 안정성은 통상 조종간 고정 안정성에 비해 떨어진다. 이런 이유로 조종간 방임과 조종간 고정 종방향 안정성 사이의 차이가 작게 되도록 항공기를 설계하는 것이 바람직하다.

이것을 마음속으로 기억하면서 방임 상태인 엘리베이터의 평형 굽힘각을 고려해보자. 이 각도를 그림 7.37과 같이 δ_{free}로 나타내자. 이 각도에서 $H_e = 0$이다. 따라서 식 (7.45)로부터

$$C_{h_e} = 0 = \frac{\partial C_{h_e}}{\partial \alpha_t}\alpha_t + \frac{\partial C_{h_e}}{\partial \delta_e}\delta_{\text{free}} \tag{7.46}$$

식 (7.46) 을 δ_{free}에 대해 풀이하면

$$\boxed{\delta_{\text{free}} = -\frac{\partial C_{h_e}/\partial \alpha_t}{\partial C_{h_e}/\partial \delta_e}\alpha_t} \tag{7.47}$$

식 (7.47)은 받음각의 함수로 자유롭게 떠있는 평형상태에서의 엘리베이터 각도를 나타내고 있다. 앞에서 언급한 바와 같이 식 (7.47)의 두 편미분 모두는 보통 음이다. 따라서 양의 α_t는 음의(위쪽으로의 굽혀지는) δ_{free}를 발생시킨다. 이는 그림 7.37로 증명할 수 있듯이 직관적으로도 알 수 있다.

당연히 δ_{free}는 꼬리날개의 양력계수에 영향을 주고 이는 다시 항공기의 정적 안정성에 영향을 미친다. 받음각과 고정된 엘리베이터 변위각 δ_e에 대한 꼬리날개 양력계수는 식 (7.36)으로 주어지며 아래와 같다.

$$C_{L,t} = a_t\alpha_t + \frac{\partial C_{L,t}}{\partial \delta_e}\delta_e$$

그러나 자유롭게 움직이는 엘리베이터에서는 $\delta_e = \delta_{\text{free}}$이다. 이 엘리베이터에 대한 꼬

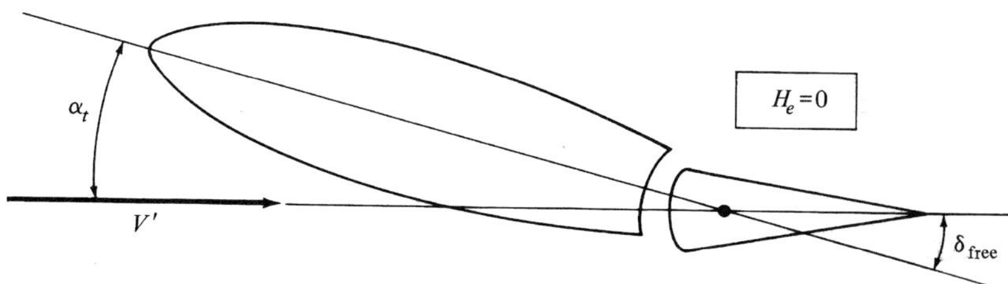

그림 7.37 엘리베이터의 방임상태 변위각의 예

리날개 양력계수를 $C'_{L,t}$로 나타내면 식 (7.47)을 (7.36)에 대입하여 다음의 식을 얻을 수 있다.

$$C'_{L,t} = a_t \alpha_t + \frac{\partial C_{L,t}}{\partial \delta_e} \delta_{\text{free}}$$

$$C'_{L,t} = a_t \alpha_t - \frac{\partial C_{L,t}}{\partial \delta_e} \frac{\partial C_{h_e}/\partial \alpha_t}{\partial C_{h_e}/\partial \delta_e} \alpha_t$$

또는

$$\boxed{C'_{L,t} = a_t \alpha_t F} \tag{7.48}$$

여기서 F는 방임상태 엘리베이터 지수(*free elevator factor*)로 다음과 같이 정의된다.

$$F = 1 - \frac{1}{a_t} \frac{\partial C_{L,t}}{\partial \delta_e} \frac{\partial C_{h_e}/\partial \alpha_t}{\partial C_{h_e}/\partial \delta_e}$$

방임상태 엘리베이터 지수는 보통 1보다 작고 통상적으로 0.7에서 0.8 정도 수준의 값을 갖는다. 이것은 엘리베이터가 방임된 경우 꼬리날개의 정정 안정성에 대한 기여도의 감소를 나타낸다. 이 감소분의 크기를 아래에서 유도하였다.

이제 항공기 무게중심 주위의 모멘트를 고려해 보자. 고정된 엘리베이터에 대한 모멘트계수는 식 (7.24)로 주어진다.

$$C_{M,\text{cg}} = C_{M,\text{ac}_{\text{wb}}} + C_{L\,\text{wb}} + (h - h_{\text{ac}_{\text{wb}}}) - V_H C_{L,t}$$

방임된 엘리베이터에 대한 꼬리날개 양력계수는 이제 $C'_{L,t}$로 변화되었다. 따라서 방임된 엘리베이터에 대한 모멘트계수 $C'_{M,\text{cg}}$는 아래와 같다.

$$C'_{M,\text{cg}} = C_{M,\text{ac}_{\text{wb}}} + C_{L_{\text{wb}}}(h - h_{\text{ac}_{\text{wb}}}) - V_H C'_{L,t} \tag{7.49}$$

식 (7.48)을 식 (7.49)에 대입하면 아래의 식을 얻을 수 있다.

$$\boxed{C'_{M,\text{cg}} = C_{M,\text{ac}_{\text{wb}}} + C_{L_{\text{wb}}}(h - h_{\text{ac}_{\text{wb}}}) - V_H a_t \alpha_t F} \tag{7.50}$$

식 (7.50)은 방임된 엘리베이터를 장착한 항공기 무게중심 주위의 모멘트계수의 최종 형태를 나타낸다.

식 (7.50)을 이용하면 7.9절과 동일한 해석을 통해 조종간 방임 종방향 정적 안정성에 대한 방정식을 얻을 수 있다. 그 결과들은 다음과 같다.

$$C'_{M,0} = C_{M,\text{ac}_{\text{wb}}} + F V_H a_t (i_t + \varepsilon_0) \tag{7.51}$$

$$h'_n = h_{\text{ac}_{\text{wb}}} + F V_H \frac{a_t}{a}\left(1 - \frac{\partial \varepsilon}{\partial \alpha}\right) \tag{7.52}$$

$$\frac{\partial C'_{M,\text{cg}}}{\partial \alpha} = -a(h'_n - h) \tag{7.53}$$

식 (7.51), (7.52)와 (7.53)은 프라임 기호로 나타낸 조종간 방임상태에 대해 적용된다. 이들을 조종간 고정 안정성에 대한 식 (7.27), (7.30) 및 (7.33) 등과 각각 비교하여야 한다. $h'_n - h$는 조종간 방임 정적마진이다. $F < 1.0$이기 때문에 이 값은 조종간 고정 정적마진보다 작다.

식 (7.51)에서 (7.53)까지의 식들은 방임된 엘리베이터가 통상 항공기의 정적 안정성을 감소시킨다는 것을 분명하게 보여준다.

예제 7.9

예제 7.8의 항공기를 고려해보자. 이 항공기의 힌지 모멘트 변화율은 $\partial C_{h_e}/\partial \alpha_t = -0.008$과 $\partial C_{h_e}/\partial \delta_e = -0.013$이다. 이 항공기의 조종간 방임 정적 안정성을 평가하라.

■ **풀이**

먼저 식 (7.48)로 정의되는 방임상태 엘리베이터 지수 F를 구해보자.

$$F = 1 - \frac{1}{a_t}\frac{\partial C_{L,t}}{\partial \delta_e}\frac{\partial C_{h_e}/\partial \alpha_t}{\partial C_{h_e}/\partial \delta_e}$$

여기서,

$$a_t = 0.1 \qquad (\text{예제 7.4로부터})$$

$$\frac{\partial C_{L,t}}{\partial \delta_e} = 0.04 \qquad (\text{예제 7.8로부터})$$

$$F = 1 - \frac{1}{0.1}(0.04)\left(\frac{-0.008}{-0.013}\right) = 0.754$$

조종간 방임 정적 안정성 특성은 식 (7.51)에서 (7.53)까지의 식으로 주어진다. 먼저, 식 (7.51)로부터

$$C'_{M,0} = C_{M,\text{ac}_\text{wb}} + FV_H a_t(i_t + \varepsilon_0)$$

여기서,

$$C_{M,\text{ac}_\text{wb}} = -0.032 \qquad (\text{예제 7.3로부터})$$
$$V_H = 0.34 \qquad (\text{예제 7.4로부터})$$
$$i_t = 2.7° \qquad (\text{예제 7.4로부터})$$
$$\varepsilon_0 = 0 \qquad (\text{예제 7.4로부터})$$

따라서,

$$C'_{M,0} = -0.032 + 0.754(0.34)(0.1)(2.7)$$
$$\boxed{C'_{M,0} = 0.037}$$

이 값은 예제 7.5에서 조종간 고정 조건에 대해 얻은 $C_{M,0} = 0.06$과 비교된다.

$$h'_n = h_{\text{ac}_\text{wb}} + FV_H\frac{a_t}{a}\left(1 - \frac{\partial \varepsilon}{\partial \alpha}\right)$$

식 (7.52)로부터

$$h_{\mathrm{ac_{wb}}} = 0.24 \quad (\text{예제 7.3로부터})$$

$$\frac{\partial \varepsilon}{\partial \alpha} = 0.35 \quad (\text{예제 7.4로부터})$$

$$a = 0.08 \quad (\text{예제 7.4로부터})$$

$$h_n' = 0.24 + 0.754(0.34)\left(\frac{0.1}{0.08}\right)(1 - 0.35)$$

$$\boxed{h_n' = 0.448}$$

이 값은 예제 7.5에서 조종간 고정 조건에 대해 얻은 $h_n = 0.516$과 비교된다. 조종간 방임상태인 경우 중립점이 전방으로 이동하여 안정성이 감소한 점에 주목하라. 조종간 방임 정적마진의 실제 값은 다음과 같다.

$$h_n' - h = 0.448 - 0.35 = 0.098$$

이 값은 예제 7.7의 조종간 고정 정적마진에 대해 41% 감소된 값이다. 마지막으로 식 (7.53)으로부터

$$\frac{\partial C_{M,\mathrm{cg}}'}{\partial \alpha} = -a(h_n' - h) = -0.08(0.098) = \boxed{-0.0078}$$

그 결과, 예상한 바와 같이 조종간 고정 모멘트계수의 기울기는 여전히 음이지만 절대값이 작아졌다.

결론적으로 이번 예제는 조종간 방임상태가 우리의 가상 항공기에 대한 정적 안정성을 거의 반 정도나 감소시켰다는 것을 나타낸다. 이것이 조종간 고정 및 조종간 방임상태의 차이를 극적으로 보여준다.

7.17 방향축 정안정성

그림 7.2로 돌아가 보면 앞의 절들은 종방향 안정성과 조종을 다루었고 이것은 피칭운동인 y축 주위의 각 운동과 관련이 있다. 이번 절에서는 z축 주위의 각 운동인 요잉운동과 관련된 안정성을 짧게 살펴보자. 요잉에서의 안정성을 **방향안정성**(*directional stability*)이라 부른다. 그림 7.5의 로드맵을 고려하면 우리는 좌측열의 두 번째 박스로 이동하는 것이다.

그림 7.3을 살펴보면, 수직안정판(수직 핀 혹은 수직 꼬리날개)은 방향안정성을 위한 전통적인 메커니즘이라는 것을 알 수 있다. 이것의 기능을 그림 7.38로부터 쉽게 알 수 있다. 그림 7.38*a*와 같이 요우가 없는 평형상태에서 비행 중인 항공기를 살펴보자. 대칭 익형으로 설계된 수직 꼬리날개는 자유류에 대해 받음각이 0이고 V_∞에 수직인 공기력이 작용하지 않는다. 항공기가 갑자기 교란을 받아 갑자기 오른쪽으로 회전한 경우라고 가정하자. 수직 꼬리날개는 이제 받음각이 θ이고 V_∞에 수직인 공기력 F_{vt}가 작용하게 된다. 이 힘은 평형위치로 항공기를 되돌리려는 경향을 가진 무게중심 주위의 요잉 복원 모멘트를 발생시킨다. 그림 7.38*c*에 나타낸 것처럼 교란에 의해 왼쪽으로 회전한 경우에도 항공기는 동일한 특성을 나타낸다.

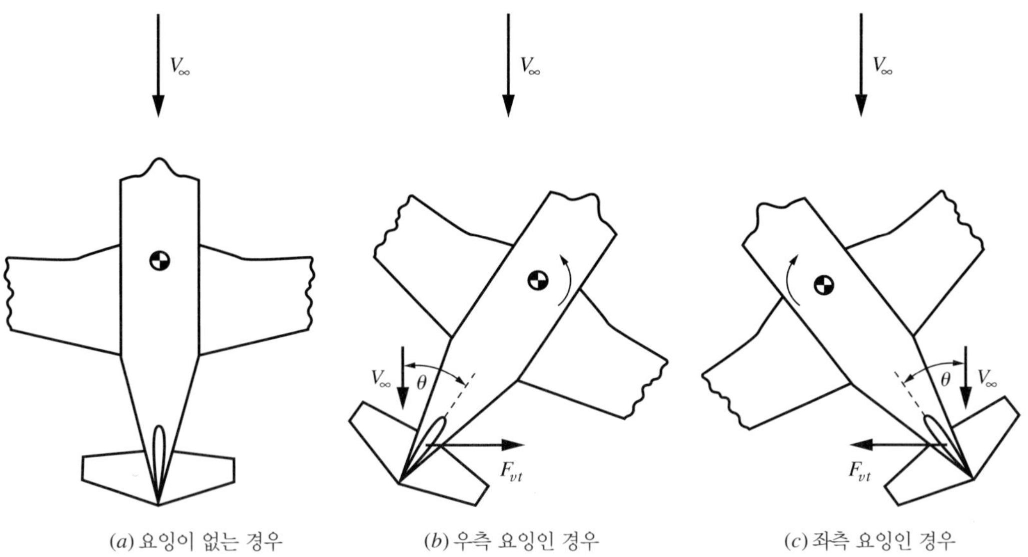

그림 7.38 수직안정판이 방향안정성에 미치는 영향

설계 DESIGN BOX

재래식 항공기의 경우, V_{vt}의 통상적인 값은 Raymer(참고문헌 참조)에 의해 다음과 같이 주어져 있다.

	V_{vt}
단발 엔진 소형 항공기	0.04
쌍발 터보프롭	0.08
제트 전투기	0.07
제트 여객기	0.09

이들 값은 V_{vt}를 정의할 때 c 대신 b를 사용했기 때문에 0.4에서 1.0까지의 값 범위를 갖는 통상적인 V_H 값보다 훨씬 작다. (예제 7.4에서 우리는 V_H = 0.34의 값을 사용하였다.)

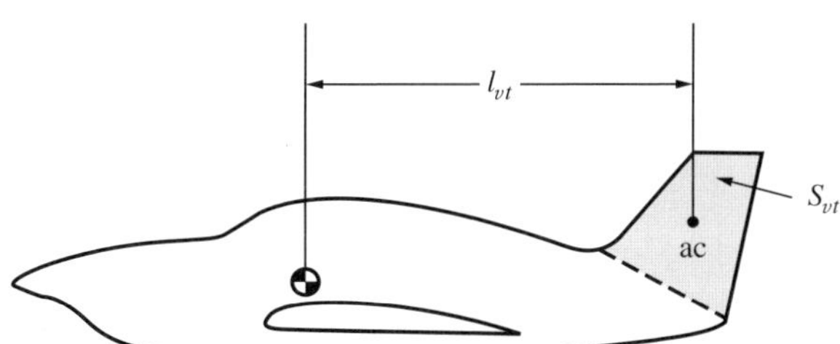

그림 7.39 수직 꼬리날개의 모멘트 팔 길이

요축 주위의 복원 모멘트의 크기는 $F_{vt}l_{vt}$와 같고, 여기서 l_{vt}는 그림 7.39와 같이 수직 꼬리날개의 공력중심에서 항공기의 무게중심까지의 모멘트 팔 길이를 나타낸다. 수직 꼬리날개에 작용하는 공기력 F_{vt}는 그림 7.39에 음영으로 표시한 면적인 수직 꼬리날개의 연적 S_{vt}에 비례하기 때문에 방향안정성을 지배하는 설계 파라미터는 다음과 같이 정의된 수직 꼬리날개 체적비임을 알 수 있다.

$$\text{수직 꼬리날개 체적비식} \equiv V_{vt} \equiv \frac{l_{vt}S_{vt}}{bS} \tag{7.54}$$

여기서, b는 날개의 스팬 그리고 S는 날개의 투영면적을 나타낸다. 식 (7.54)의 V_{vt}에 대한 정의는 식 (7.16)의 수평 꼬리날개 체적비 V_H와 유사하나 V_{vt}는 분모의 무차원 길이로 시위 c 대신 b를 사용했다는 점이 다르다.

7.18 횡축 정안정성

그림 7.2로 돌아가자. 이번 절에서 우리는 x축 주위의 각운동인 롤링운동과 관련된 안정성을 짧게 학습할 것이다. 롤축에서의 안정성은 **롤 안정성**이라 부른다. 그림 7.5의 로드맵으로는 좌측 열의 세 번째 박스로 이동하고 있는 것이다.

정상 수평비행 상태의 항공기를 고려하자. 뒤쪽에서 비행 방향으로 이 항공기를 바라보면 그림 7.40a와 같이 보일 것이다. 양력은 무게와 같다. 이들은 각각 크기는 같고 방향이 반대가 되어 좌우측 방향으로 알짜 힘은 없다. 항공기가 우측 날개가 내리는 돌풍으로 교란을 받았다. 다시 말해 오른쪽으로 롤이 발생했고 이것이 그림 7.40b에 나타나 있다. 양력 벡터는 이제 수직으로부터 **뱅크각**(*bank angle*)이라고 불리는 각도 ϕ만큼 회전하였다. L과 D벡터의 성분을 분해하면 측 방향 힘 F가 발생하고 이것이 항공기를 F 방향으로 가속하도록 한다. 이 같은 항공기의 측 방향 운동을 **사이드슬립**(*sideslip*)이라고 부른다. 그림 7.40b에서 보는 바와 같이 항공기와 상대적으로 사이드슬립 속도 V_S가 나타난다.

이 사이드슬립 속도가 좌우측 날개에서 발생하는 양력에 미치는 영향을 고려해보자. 이것을 그림 7.41에 나타내었다. 그림 7.41a에는 항공기의 좌우측 날개가 동체의 대칭면에 수직인 동일 평면에 있는 것으로 나타내었다. L_1과 L_2를 각각 우측과 좌측 날개에서 발생한 양력이라고 정의하자. 사이드슬립 속도 V_S는 각 날개에서 발생하는 양력에 영향을 미친다. 그러나 두 날개가 동일한 평면상에 있기 때문에 V_S는 양쪽 두 날개에 대해 각도 θ인 동일한 각도를 이룬다. 따라서, 그림 7.41에서 보는 바와 같이 $L_1 = L_2$이다. 결국, 그림 7.40과 같은 원래의 평형점으로 항공기를 되돌리려는 복원 모멘트는 발생하지 않는다. 그러나, 양쪽 날개가 그림 7.41b와 같이 위쪽으로 각도 Γ만큼 굽혀진 경우를 고려해보자. 다시 말하면, 날개가 V자 모양으로 설계된 경우이다. 이것을 상반각을 이루었다고 하고 Γ를 **상반각**(*dihedral*)이라 부른다.

여기서는 사이드슬립 속도가 우측 날개와는 θ_1을 좌측 날개와는 더 큰 각도인 θ_2의 각

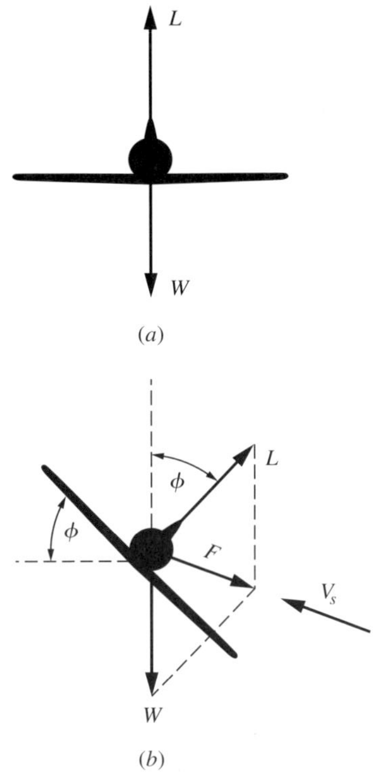

그림 7.40 사이드슬립의 발생

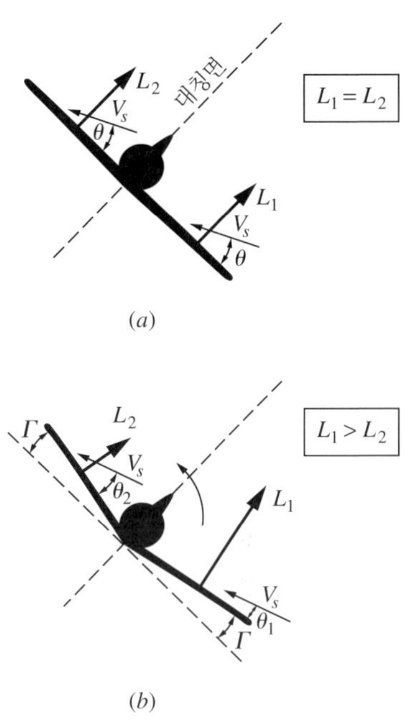

그림 7.41 상반각 효과(dihedral effect)

설계

DESIGN BOX

항공기 설계에서 상반각의 크기는 동체에 상대적인 날개의 위치에, 즉, 저익(low-wing), 중익(midwing) 및 고익(high-wing) 등의 위치에 영향을 받는다. 그림 7.40과 7.41의 개략도는 저익 설계를 나타낸다. 중익이나 고익의 위치보다 저익의 위치에서 더 많은 상반각이 요구된다. 또한, 후퇴익 날개는 직선익보다 더 작은 상반각을 필요로 한다. 재래식 항공기에서 어느 정도의 횡축 안정성은 통상적으로 필요하다. 그러나 너무 큰 안정성은 에일러런 조종입력에 대해 항공기의 응답이 매우 느리게 만든다. 후퇴각과 중익이나 고익 위치를 조합하는 경우 잠재적인 횡축 안정성이 너무 커져서 이 값을 어느 정도 상쇄시키려면 하반각(*anhedral*, 음의 상반각)을 사용하여야만 한다. Raymer(참고문헌을 보라)는 다양한 종류의 항공기에 대해 상반각(그리고 하반각)의 통상적인 값(deg 단위)을 다음과 같이 나타냈다.

	위치		
	저익	중익	고익
후퇴각이 없는 날개(상용기)	5 to 7	2 to 4	0 to 2
후퇴각을 가진 아음속 날개	3 to 7	−2 to 2	−5 to −2
후퇴각을 가진 초음속 날개	0 to 5	−5 to 0	−5 to 0

그림 7.41*b*에 보이는 상반각의 크기는 예시를 위해 과장하여 그린 것이다. 몇몇의 실제 항공기의 상반각은 이 책의 초기에 보여준 항공기의 삼면도에서 파악할 수 있으며 기종별로 다음 그림과 같다.
F-86(그림 2.15), F4U Corsair(그림 2.16), X-29(그림 2.19), F3F(그림 2.20), F-104(그림 4.52), X-1(그림 5.30), U-2(그림 5.52), English Electric Lightning(그림 5.61), Mirage C(그림 5.65), Concorde(그림 5.66), 그리고 the P-38(그림 7.42).

도를 이룬다. 결과적으로 좌측 날개에 작용하는 양력 L_2이 우측 날개에 작용하는 양력 L_1보다 작고 이것이 그림 7.41*b*에 보인 바와 같이 평형점으로 항공기를 되돌아가게 하려는 경향을 가진 롤 복원 모멘트를 발생한다. 따라서 **상반각은 횡축 안정성을 제공하는 항공기의 설계특성이 된다.**

상반각 효과에 대한 더 복잡한 설명들이 존재한다. 또한, 항상 요잉운동과 롤운동 사이에는 상호간섭이 존재해서 하나가 발생하면 항상 다른 것도 발생한다. 이들 주제를 더 깊히 다루는 것은 이 책의 범위를 벗어난다. 여러분은 이들 효과를 안정성 및 조종에 대한 좀 더 깊이 있는 연구를 수행할 때 학습하게 될 것이다. 이번 절과 7.17절의 기능은 방향축 및 횡축 안정성에 대한 가장 기초적인 사항을 단순히 소개하는 것이다.

7.19 참고사항

이것으로 안정성과 조종에 대한 기술적인 설명을 마치려 한다. 앞 절들은 주제에 대한 소개를 한 것이지만 표면에 흠집을 낸 정도에 불과하다. 조종력(control forces), 동적 안정성 및 조종 등 다른 많은 과제들이 있다. 이것들은 안정성과 조종의 좀 더 깊이 있는 주제들로 이 책의 범위를 벗어난다. 그러나 이들 주제는 항공공학의 근본적인 토대이며 관심 있는 독자는 Perkins와 Hage, 그리고 Etkin 등의 책에서 광범위한 내용을 찾을 수 있다(이번 장의 끝에 있는 참고문헌을 참조).

7.20 역사적 기록: 안정성과 조종에 대한 Wright 형제와 유럽의 관점

7.1절에 나타낸 두 장면인 Farman의 느리면서도 힘든 비행과 Wilbur Wright의 상대적으로 쉬워 보이는 기동비행은 동력 비행의 최초 10년 동안 서로 다른 두 학파의 항공공학에 대한 개념의 차이를 보여준다. 사실상 초기의 모든 유럽 국가와 미국의 항공공학자로 구성된 한쪽 학파는 잠재적인 안정성(정적 안정성)의 개념을 옹호했고 단지 Wright 형제로 이루어진 다른 학파는 매 순간 조종사의 조종이 필요한 정적으로 불안정한 항공기를 설계하였다. 이 두 관점에는 장점과 동시에 단점도 있다. 이들이 최신의 항공기 설계에 큰 영향을 주기 때문에 각각의 배경을 좀 더 자세히 살펴보고자 한다.

항공기의 안정성과 조종에 대한 기본적인 원리는 George Cayley 시절에 발전하기 시작했다. 그림 1.8에 그려진 1804년 그의 글라이더는 수직 꼬리날개와 위아래로 조절이 가능한 수평 꼬리날개를 장착하고 있다. 이런 형상에서 전체 꼬리날개는 엘리베이터 역할을 한다.

다음으로 중요한 항공기 안정성에서의 발전은 30세의 나이에 자살했지만 뛰어난 프랑스의 항공공학자인 Alphonse Penaud에 의해 이루어졌다. Penaud는 오늘날의 발사나무와 티슈 페이퍼로 만들어진 비행체 모델의 선도주자인 꼬아진 고무끈으로 추진되는 작은 항공기 모델을 만들었다. Penaud의 설계는 고정익으로 그 당시 Cayley의 업적을 인식하지는 못했지만 Cayley와 같은 꼬리날개를 가지고 있었다. 특이한 점은 Penaud의 수평 꼬리날개가 날개의 시위선에 대해 −8°로 장착된 것이다. 여기서 우리는 항공기의 정적 안정성에 대한 꼬리날개 붙임각 i_t의 역할에 대한 올바른 최초의 이해를 발견하게 된다. Penaud는 1871년 8월 18일 파리의 튈르리 정원에서 항공비행학회 회원들 앞에서 그의 모델을 날렸다. 항공기는 11초 동안 131 ft를 넘게 날았다. Penaud의 안정성 이론과 함께 이 행사는 현재까지 이어지는 미래의 항공공학 설계에 영향을 미쳤다.

Penaud의 업적이 있은 후 "잠재적인(정적)" 안정성은 항공공학 설계의 중요한 특성이 되었다. Lilienthal, Pilcher, Chanute와 Langley 모두 이를 위해 노력하였다. 그러나 정적 안정성은 하나의 단점을 갖는다. 즉, 항공기는 안정성이 더 클수록 기동하기 어려워진다. 또한, 매우 안정적인 항공기는 공중에서 반응이 느리고 이는 평형점으로 돌아가려는 고유의 경향이 조종면을 조작하여 방향을 바꾸려는 조종사의 의도를 어느 정도 반감시킨다. wright 형제는 1900년에 이 문제를 인식하였다. Wright 형제가 가장 적절한 용어로 조종사였기 때문에 그들은 빠르고 쉬운 기동성을 간절히 원했다. 따라서 Cayley와 Penaud에 의해 정립된 고유의 안정성에 대한 아이디어를 고집하지 않았다. Wilbur Wright는 "우리는 근본적으로 다른 원리를 시도하기로 마음먹었다. 우리는 그 자체로 올바른 경향을 갖지 않는 항공기를 구성하려 하였다."라고 책에 기술하였다. Wright 형제는 정적으로 불안정한 항공기를 설계하였다. 이러한 특성은 날개 비틀림을 이용한 횡축 조종의 개발과 더불어 1903년에서 1912년(Wilbur가 사망한 때인)까지 모든 그들의 항공기의 환상적인 공중곡예 성능에 크게 기여하였다. 물론 이러한 설계특성은 항공기의 불안정한 특성을 보상할 수 있도록 지속적으로 조작하면서 항공기를 매 순간마다 조종해야만 하는 조종사에게는 큰 부담으로 작용한다. 따라서 Wright 형제의 항공기는 비행하기 어렵고 이러한 항공기를 조종하는 조종사를 훈련시키려면 긴 기간이 요구된다. 같은 맥락에서 이처럼 불안정한 항공기는 더 위험하다.

이러한 바람직하지 않은 특성들이 곧 현실로 나타났다. 1908년 대중들 앞에서 Wilbur가 극적인 시연을 한 후 유럽의 설계자들은 날개의 비틀림과(혹은 에일러런을 이용한) 러더의 굽힘을 적절히 조합하여 횡축과 방향축 제어를 통합한 Wilbur의 특허개념을 빠르게 채용했다. 그러나 그들은 정적 불안정이라는 Wilbur의 철학을 재외시켰다. 1910년까지 유럽인들은 Wright 형제의 조종개념과 오랫동안에 걸쳐 정립된 정적 안정성 원리를 적절하게 조합한 항공기를 설계하고 비행을 하였다. 그러나 Wright 형제는 기본적인 그들의 불안정한 설계를 완고하게 고집하였다. 결국 1910년에 이르러 유럽의 설계가 Wright 형제의 항공기와 1903년 설립되어 프랑스, 영국과 독일을 거의 20년 동안이나 침묵하게 만들었던 미국의 항공공학 선두자리를 추월하기 시작했다. 그 과정에서 정적 안정성은 1970년대까지 모든 성공적인 항공기가 갖추어야 하는 설계특성이라는 점에 의심의 여지가 없게 되었다.

아주 최근의 항공기는 적어도 몇 가지 경우에 있어서 한 바퀴를 돌아 Wright 형제의 최기 철학으로 되돌아가고 있다. F-16과 F-18과 같은 최신의 경량 전투기들은 기동성을 획기적으로 증가시키기 위해 정적으로 불안정하다. 동시에 조종면의 위치를 컴퓨터로 계산하여 전기적으로 조절하는 전자식 비행제어(fly-by-wire) 개념을 도입하여 순간적인 조종을 한다. 이러한 형태로 정정 불안정성이 주는 기동성능의 장점을 조종사에게 큰 부담이 없이도 구현할 수 있게 된다. 즉, 조종이 전자장비로 이루어진다. 민수 여객기처럼 기동성능이 주요 목적이 아닌 경우라 할지라도 정적 불안정성은 몇 가지 장점을 갖는다. 예를 들어 불안정한 항공기의 꼬리날개면은 구조물의 중량과 공기항력을 줄이면서 더 작게 설계할 수 있다. 따라서 전자식 비행제어의 도래로 정적 안정성이라는 확고한 항공기 설계원리가 앞으로는 좀 더 완화될 수도 있다. Wright 형제가 다시 승리하게 될 수도 있다.

7.21 역사적 기록: 비행조종의 개발

그림 7.3은 항공기에 장착된 기본적인 공기역학적 조종면인 에일러런, 승강타와 러더 등을 보여준다. 이것들은 20세기의 대부분의 기간 동안 항공기 설계의 핵심적인 부분이었고 우리는 대부분 당연한 것처럼 받아들인다. 그러나 이것들은 어디에서 온 것인가? 언제 이러한 조종들이 최초로 실용화되기 시작했는가? 이러한 조종에 대한 영감을 최초로 가진 사람은 누구인가?

George Cayley가 1804년 설계에 움직이는 꼬리날개를 채용한 것은 7.20절에서 이미 설명하였고 이는 종축 조종방법에 대한 최초의 성과이다. 조종을 위해 전체 수평 꼬리날개를 움직이는 Cayley의 아이디어는 20세기 최초 10년 동안 채용되었다. Henson, Stringfellow, Penaud, Lilienthal 및 Wright 형제들 모두 종축 조종을 위해 수평 꼬리날개 전체를 움직이는 방법을 구상하고 채용했다. 1908년에서 1909년에 이르러 최초로 꼬리날개 조종에 대한 최신 형상이 구현되었다. 프랑스의 설계자인 Levavasseur이 그의 유명한 앙트와넷트에서 뒷전에 플랩처럼 움직일 수 있는 러더와 승강타 면을 설치한 고정된 수직과 수평 꼬리날개를 통해 이를 구현하였다. 따라서 그림 7.3에 보이는 승강타와 러더 형상은 동력 비행의 서막이 열리고 5년이 지난 후인 1908년으로 거슬러 올라간다.

에일러런(프랑스어로 새의 날개 끝)의 근원은 역사에 묻혀 있어 논쟁의 여지가 있다. 1868년 영국의 M. P. W. Boulton이 1868년 에일러런을 이용한 횡축 조종의 개념을 특허 출원한 것으로 알려져 있다. 물론 그 당시에는 실제적인 항공기는 존재하지 않았기 때문에 그 개념을 구형하거나 입증할 수 없었으며 M. P. W. Boulton의 발명은 역사의 뒤편으로 사라지고 잊혀졌다. 날개를 뒤틀거나 날개 끝에 수직면(스포일러)을 설치하는 아이디어는 19세기 말과 20세기 첫 10년까지 유럽에서 여러 번 나타나지만 이들 모두 한쪽 날개에서 속도를 줄여 항공기를 수직 축 주위로 회전시키려는 감속을 목적으로 하고 있다. 롤링을 통해 궁극적으로 항공기를 선회시키는 것과 같은 횡축조종을 위한 에일러런이나 날개 비틂의 실제적인 기능은 Wright 형제가 그들의 항공기에 날개 비틂을 이용할 때까지는 정확하게 인식되지 않았다. 날개 비틂을 자기들이 최초로 발명했다는 Wright 형제의 주장은 역사적으로 분명하지 않을 수 있지만 그들이 이 기능을 최초로 시연하였고 그 사용(를 선회조종에 러더 조작을 동시에 활용하는) 법적 구속력을 갖는 특허를 따낸 것은 확실하다. 초기 유럽의 설계자들은 1908년 프랑스에서 Wilbur가 극적인 공개 시연을 할 때까지 횡축 조종의 필요성을 인식하지 못했다. 이것은 Wilbur가 날개 비틂에 대한 개념을 1901년 9월 1일 시카고의 한 저널에서 충분히 설명하였고 이를 1903년 6월에 다시 발표했음에도 불구하고 사실이다. 실제로 Octave Chanute는 1903년 프랑스 파리의 항공클럽에서의 강연에서 Wright의 개념을 분명히 설명하고 있다. 그 당시 다른 항공공학자들은 들었다고 하더라도 주의를 기울이지 않았다. 그 결과 1908년 전의 유럽의 항공기들은 어느 시간 동안 지속적인 비행은 할 수 있었어도 조종하기가 어려웠다.

그러나 Wright 조종시스템의 확실한 우수성을 목격하고 실제로 모든 사람이 횡축 조종에 어떤 형태이든 눈을 돌리기 시작한 1908년 이후 상황은 바뀌었다. 날개 비틂은 빠르게 복제되어 다양한 설계에서 채택되었다. 더욱이, 이 아이디어는 날개 끝에서 움직이는 조종면으로 개선되었다. 이것들이 날개의 위아래나 중간에 장착된 최초의 독립적인 윙렛이다. 그러나 1909년 Henri Farman은 Henri Farman III로 불리는 복엽기에서 4개의 모든 날개 끝에 플랩과 같이 생긴 에일러런을 추가하였고 이것이 그림 7.3에 나타낸 일반적인 최신 에일러런의 진정한 원형이라 할 수 있다. Farman의 설계를 대부분의 설계자들이 빠르게 채택하였고 날개 비틂은 아무도 사용하지 않게 되었다. 단지, Wright 형제만이 그들의 오래된 개념을 고집했고 Farman이 개발한 지 6년이 지난 1915년까지 Wright 형제의 항공기는 에일러런을 채용하지 않았다.

7.22 역사적 기록: 턱언더 문제

그림 7.21과 그 결과인 식 (7.26), (7.27)과 (7.28)과 같은 안정성 방정식을 검토하면 종축 정적 안정성을 결정하는 데 내리흐름각 ε의 중요성을 쉽게 알 수 있다. 내리흐름(downwash)은 아주 변화무쌍한 공기역학 현상으로 실제 항공기에서 정확하게 계산하기가 매우 어렵고 따라서, 흔히 풍동 시험이나 자유 비행시험을 통해 측정된다. 내리흐름에 의해 발생할 수 있고 풍동 시험이 해결에 도움을 줄 수 있는 안정성 문제의 오래된 예가 다음에 설명한 것과 같이 2차 세계대전 중에 일어났다.

쌍발엔진과 두 개의 붐을 장착한 고성능 전투기인 Lockheed P-38(그림 7.42)이 1941년과 1942년 동안 수많은 비행에서 갑자기 회복이 거의 불가능한 급강하 비행을 경험하였다. 이로 인해 다수의 조종사가 사망했다. 이 문제는 고아음속에서 하강비행 도중에 항공기가 가수내림 경향을 보이면서 더 급격한 하강비행 상태로 빠질 때 발생했다. 흔히 항공기는 이 상태로 고착되어 승강타를 최대로 굽혀도 기수를 들어올릴 수 없었다. 이 “턱언더

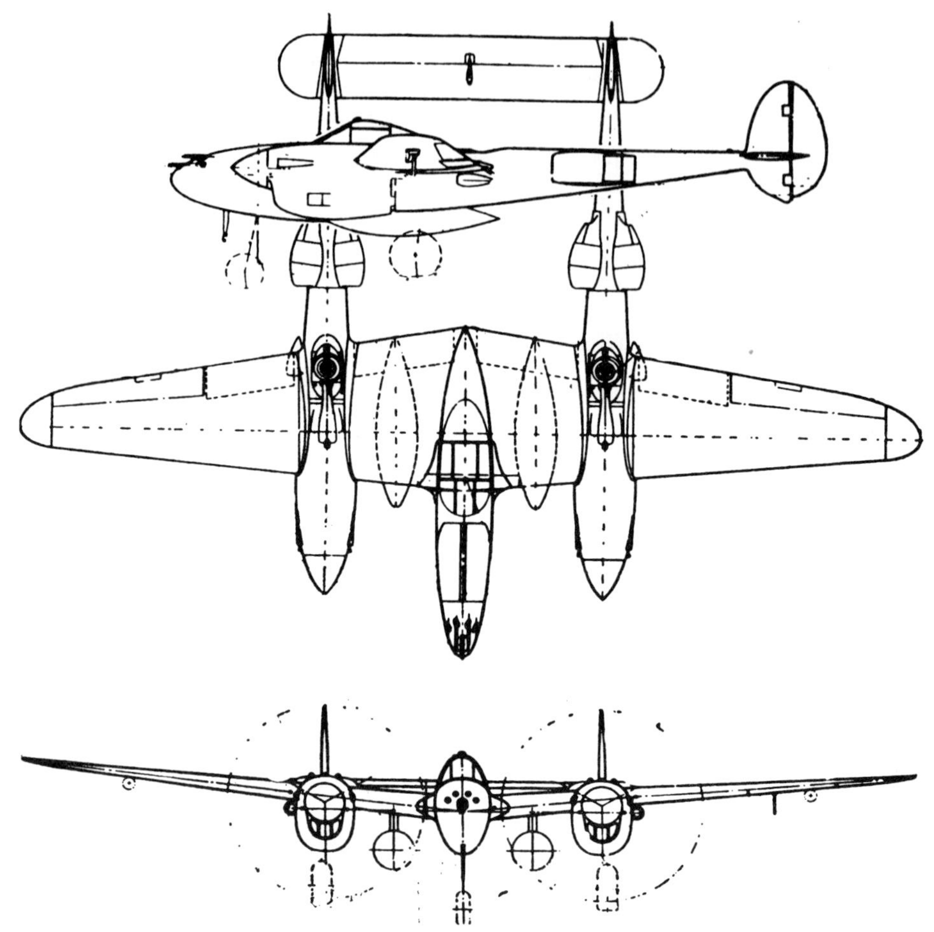

그림 7.42 제2차 세계 대전 시 명성을 날린 Lockheed P-38 항공기

(tuck-under)" 경향은 주요 공중전 임무가 특징인 전투기에서는 허용될 수 없는 것이었다.

따라서 긴급하게 NACA로 하여금 이 문제를 조사하게 하였다. 이 현상이 보통 마하수 0.6 이상의 고속에서 발생했기 때문에 압축성이 주범인 것처럼 보였다. Langley 36 ft × 60 ft 저속풍동과 8 ft의 고속 풍동(4.24절 참조)에서의 실험들이 날개표면에 충격파가 생기는 동시에 발생하는 턱언더 경향을 모사하였다. 이러한 압축성 효과는 5.9와 5.10절에서 설명하였고 날개의 임계 마하수 이상에서 충격파가 날개 윗면에 형성되어 뒷전에서 멀리 떨어진 전방 유동에서 흐름박리를 촉발하게 된다는 점을 강조한 바 있다. 분명히, P-38은 이 문제를 처음 접한 최초의 운용 항공기였다. Langley의 시험 엔지니어는 이 현상을 개선하라고 여러 차례 제안하였으나 모든 것이 항공기의 대대적인 개조를 필요로 했다. 이미 생산 중인 모델에 대해 빠른 해결책이 요구되었다.

다음으로 캘리포니아에 있는 NACA 에임즈 항공실험실의 16 ft 고속 풍동이 P-38의 문제를 해결하기 위해 동원되었다. 여기서의 추가적인 실험결과들은 충격파로 인해 발생하는 날개의 박리 유동이 양력을 대폭 떨어트린다는 것을 나타내었다. 이로 인해 5.13과 5.14절에서 설명한 바와 같이 내리흐름이 양력과 직접적인 관련이 있기 때문에 내리흐름각이 크게 감소하게 되었다. 결국 (그림 7.21 참조) 꼬리날개의 받음각 α_t이 크게 증가되었다. 이것이 꼬리날개의 양의 양력을 급격히 증가시켜 강한 피칭 모멘트를 발생시켰고 항공기를 더 급한 하강비행 상태로 기수를 변경시켰다. NACA의 Al Erickson은 양력을 증가시켜 내리흐름을 증가시키는 방법으로 아래쪽 날개면의 0.33c 위치에 플랩을 설치하는 방안을 제안하였다. 이 방법이 Lockheed가 찾던 빠른 해결책이었고 성공적으로 작동하였다.

7.23 요약과 복습

자유 물체이기 때문에 비행상태에서 양력, 항력, 추력 및 모멘트를 경험하는 항공기는 무게중심 주위로 회전하게 될 것이다. 이들 힘과 모멘트가 무게중심에서 합산된 모멘트가 0이 된 경우에만 항공기가 회전을 하지 않게 된다. 대부분의 비행에서 우리는 항공기가 회전하지 않고 항상 병진 운동만 하기를 원한다. 항공기에 작용하는 모든 힘과 모멘트가 무게중심 주위의 모멘트가 0이 되도록 조절된 상태가 되었을 때 항공기는 **트림되었다**고 말한다.

항공기가 정적 및 동적으로 안정하게 설계되고 주어진 속도에서 트림비행을 유지하는 경우 항공기가 자연스럽게 트림상태를 어느 정도 유지할 것은 분명하다. 정적으로 안정한 항공기가 평형위치로부터 벗어나 항공기를 순간적으로 회전시키려는 돌풍과 같은 외란을 경험하게 되면 항공기는 초기의 평형위치(트림상태)로 되돌아가려는 초기경향을 나타낼 것이다. 만약 동적으로도 안정한 경우라면 실제로 곧장 평형위치로 되돌아간다. 분명히 정적 안정성은 필요하지만 동적 안정성의 충분조건은 아니다. 고의든 실수든 항공기가 정적으로 불안정하게 설계된 경우 사람이나 (더 바람직하게는) 컴퓨터가 자동적으로 조작하는 조종사가 조종면(에일러런, 러더 및 승강타)을 적절하게 조작하도록 해서 무게중심 주위의 모멘트를 0으로 되돌려야 한다.

이번 장은 정적 안정성과 조종의 특성을 살펴보았다. 동적 안정성은 이책의 범위를 벗어난다. 또한, 종방향 안정성(피칭 운동)에 초점을 두었다. 정적 종축 안정성을 위해 공력중심(중립점)이 무게중심 뒤쪽 위치에 있어야 된다는 사실을 알았다. 이와 관련된 방정식들은 항공기를 정적으로 안정하게 설계하는 방법에 대한 적절한 정보를 제공해 준다.

또한, 우리는 승강타 조작을 통한 항공기 종축 조종을 살펴보았다. 비행 속도가 변할 때 항공기를 트림시키기 위해 필요한 승강타의 변위각을 계산하였고 승강타를 새로운 위치로 맞추는 데 필요한 힘을 학습하였다. 무엇보다도 우리는 정적 안정성과 조종에 대한 기초적인 특성으로 진입하는 문을 이번 장에서 열어놓았다.

이번 장의 몇 가지 요점은 다음과 같다.

1. 외란에 의해 물체에 작용하는 힘과 모멘트가 평형위치로 물체를 **보내려는 초기 경향**

을 가지면 그 물체는 정적으로 안정하다. 반대로, 이들 힘과 모멘트가 평형위치로부터 물체를 더 멀어지게 하려는 초기 경향을 가지면 그 물체는 정적으로 불안정하다.

2. 종축에서의 평형과 정적 안정성을 위해 필요한 조건은 (*a*) $C_{M,0}$가 양일 것, (*b*) $\partial C_{M,\text{cg}}/\partial \alpha_a$가 음일 것, 그리고 (*c*) 트림 받음각 α_e가 항공기의 받음각 허용범위 내에 있을 것 등이다. 이들 조건은 주어진 항공기에 대해 다음과 같은 관계식을 이용하여 평가할 수 있다.

$$C_{M,0} = C_{M,\text{ac}_{\text{wb}}} + V_H a_t (i_t + \varepsilon_0) \tag{7.27}$$

그리고

$$V_H = \frac{l_t S_t}{cS} \tag{7.28}$$

여기서, 꼬리날개 체적비는 다음 식으로 주어진다.

$$\frac{\partial C_{M,\text{cg}}}{\partial \alpha_a} = a\left[h - h_{\text{ac}_{\text{wb}}} - V_H \frac{a_t}{a}\left(1 - \frac{\partial \varepsilon}{\partial \alpha}\right)\right]$$

3. 중립점은 $\partial C_{M,\text{cg}}/\partial \alpha_a = 0$이 되는 무게중심의 위치이다. 이 값은 다음식으로 계산할 수 있다.

$$h_n = h_{\text{ac}_{\text{wb}}} + V_H \frac{a_t}{a}\left(1 - \frac{\partial \varepsilon}{\partial \alpha}\right) \tag{7.30}$$

4. 정적마진은 $h_n - h$로 정의된다. 정적 안정성을 위해 무게중심의 위치는 중립점 앞쪽에 있어야 한다. 즉 정적마진이 양이어야 한다.

5. 승강타 변위각 δ_e이 무게중심 주위의 피칭 모멘트에 미치는 영향은 다음과 같다.

$$C_{M,\text{cg}} = C_{M,\text{ac}_{\text{wb}}} + C_{L,\text{wb}}(h - h_{\text{ac}}) - V_H\left(a_t \alpha_t + \frac{\partial C_{L,t}}{\partial \delta_e}\delta_e\right) \tag{7.37}$$

6. 주어진 받음각 α_n에서 항공기를 트림시키기 위해 필요한 승강타 변위각은 다음과 같다.

$$\delta_{\text{trim}} = \frac{C_{M,0} + (\partial C_{M,\text{cg}}/\partial \alpha_a)\alpha_n}{V_H(\partial C_{L,t}/\partial \delta_e)} \tag{7.43}$$

참고문헌

Etkin , B. *Dynamics of Flight*. Wiley , New York, 1959 .

Gibbs-Smith , C. H. *Aviation: An Historical Survey from Its Origins to the End of World War II*. Her Majesty's Stationery Offi ce , London, 1970 .

Perkins , C. D. , and R. E. Hage. *Airplane Performance, Stability, and Control*. Wiley, New York, 1949 .

Raymer, D. P. Aircraft Design: *A Conceptual Approach*, 4th ed. American Institute of Aeronautics and Astronautics, Reston, VA, 2006.

연습문제

7.1. 주어진 날개–동체 조합에 대해 공력중심은 시위의 0.03배 길이만큼 무게중심의 앞쪽에 위치해 있다. 무게중심 주위의 모멘트계수는 0.0050이고 양력계수는 0.50이다. 공력중심에 대한 모멘트계수를 계산하라.

7.2. 풍동에 설치된 날개–동체 모델을 고려하자. 실험부의 유동조건은 속도가 100 m/s이고 표준 해수면 조건이다. 날개 면적과 시위는 각각 1.5 m^2와 0.45 m이다. 풍동에서 힘과 모멘트 측정 저울을 사용하면, 양력이 0일 때 무게중심 주위의 모멘트는 −12.4 N · m로 측정되었다. 모델이 다른 받음각으로 피치각이 변한 경우 무게중심 주위의 양력과 모멘트는 각각 3675 N과 20.67 N · m로 계측되었다. 공력중심에서의 모멘트계수와 공력중심의 위치를 계산하라.

7.3. 문제 7.2의 모델을 고려하자. 무게중심을 시위의 20%만큼 뒤쪽으로 이동시키기 위해 모델 후방에 납의 질량을 추가하는 경우, 양력이 4,000 N일 때 무게중심 주위의 모멘트를 계산하라.

7.4. 문제 7.2의 날개–동체 모델을 고려하자. 승강타가 없는 수평 꼬리날개가 이 모델에 추가되었다고 가정하자. 항공기의 무게중심으로부터 수평 꼬리날개의 공력중심까지의 거리는 1.0 m이다. 꼬리날개의 넓이와 장착각은 각각 0.4 m^2와 2.0°이며 양력선 기울기는 0.12/deg이다. 실험계측으로부터 $\varepsilon = 0.0°$이고 $\partial\varepsilon/\partial\alpha = 0.42$이다. 모델의 절대 받음각이 5.0°이고 이 받음각에서 양력이 4,134 N일 때, 무게중심 주위의 모멘트를 구하라.

7.5. 문제 7.4의 날개–동체–꼬리날개 모델을 고려하자. 이 모델은 종축 정적 안정성을 가지고 정적 평형상태를 유지하는가?

7.6. 문제 7.4의 형상에 대해, h = 0.26인 경우 중립점과 정적여유를 계산하라.

7.7. 문제 7.4에 주어진 형상의 수평 꼬리날개에 승강타가 추가되었다고 가정하자. 이때 승강타의 조종효율 0.04이다. 받음각이 8.0°일 때 트림에(평형상태를 위해) 필요한 승강타 변위각을 계산하라.

7.8. 문제 7.7의 형상을 고려하자. 승강타의 힌지 모멘트 미분계수(미계수)는 $\partial C_{h_e}/\partial\varepsilon_t = -0.007$과 $\partial C_{h_e}/\partial\delta e = -0.012$이다. 이 형상의 조종간 고정 정안정성을 평가하라.

7.9. 그림 7.17*b*에 나타냈고 그림 7.18의 XB-70과 같은 카나드 형상을 고려해보자. 여러분은 카나드 형상은 그 자체로 정적으로 불안정하다는 말을 서적이나 구두설명 등에서 가끔 마주치게 될 것이다. 이것은 전적으로 옳지 않다. 카나드 형상을 정적으로 안정하게 만들 수 있음을 증명하라. 이 안정성을 보장하기 위해 어떠한 설계조건이 충족되어야 하는가?

CHAPTER 08

우주공간에서의 비행

Space Flight—Astronautics

불가능한 것을 말하기는 어렵다. 왜냐하면 어제의 꿈은 오늘에 대한 희망이고 내일의 현실이 되기 때문이다.

Robert H. Goddard
1904년 그의 고등학교 졸업식에서

휴스턴, 여기는 고요의 바다 기지, 이글호가 착륙하였음.

Neil Armstrong
1969년 7월 인류 최초로 달에 착륙한 순간 관제소에 보낸 무선전송 내용

8.1 개요

우주—마지막 남은 국경, 가장 강력한 망원경으로도 도달할 수 없는 무한한 공간, 무수히 많은 행성에 지적인 외계인을 숨기고 있을 수도 있는 영역. 우주—숨겨진 비밀이 수세기 동안 인류를 상상력에 사로잡히게 하고 이에 대한 기술적 탐구로 인해 20세기 후반을 우주시대(*space age*)라고 부르게 만든 곳. 우주—이것이 이번 장의 주제이다.

지금까지 우리는 대기 중을 비행하도록 설계되어 대기가 양력과 추진력에 영향을 주는 비행체의 과학과 공학인 항공공학(aeronautics)에 초점을 두었다. 한편, 1.11절에 나타낸 바와 같이 항공기 발전의 추진동력은 항상 더 높이 그리고 더 빨리 비행하려는 욕망이었다. 물론 궁극적으로는 더 높이 그리고 더 빨리 비행하여 대기의 경계를 넘어선 외계우주에서 우리 자신을 발견하는 것이다. 여기서는 비행체의 운동이 중력과 몇 가지 형태의 가

설계

DESIGN BOX

여러분이 지구의 대기권 밖까지 도달할 수 있을 정도로 빠르고 높게 비행하는 비행체에 탑승해 있다고 상상하라. 즉, 여러분은 우주공간에 있는 것이다. 우주에는 공기가 없고 따라서 여러분이 탑승한 비행체는 공기역학적 양력이나 항력이 작용하지 않는다. 여러분을 그처럼 높이 있도록 하는 것은 무엇인가? 물론, 프로펠러를 장착한 왕복 엔진이나 비행을 지속할 수 있는 제트 엔진과 같은 공기흡입 추진도 분명히 없다. 로켓 엔진이 우주공간으로 여러분을 밀어 올릴 수는 있지만 이제 연료도 고갈되었다. 여러분이 비행을 계속할 수 있도록 하는 것은 무엇인가? 더욱이 여러분은 고정되어 있는 것이 아니라 공간에서 이동하고 있다. 이 순간 비행체는 어떤 속도와 방향을 가지고 있다. 비행체는 여러분을 어디로 보낼 것인가? 다시 말해 우주에서 여러분의 비행경로는 무엇인가? 이것들은 우주 비행에 대한 가장 기본적인 질문들이다. 여러분은 그 답을 이번 장에서 발견하게 될 것이다.

이 답들은 지금까지 이 책에서 다룬 것과는 완전히 다른 물리학과 수학을 필요로 한다. 이번 장은 우주공간에서의 비행이라는 또 다른 세계로 우리를 인도하는 신선한 시작점이다.

우주 비행의 어떤 단계에서 여러분은 집으로 돌아가기 위해 지구표면으로 복귀하고자 한다. 이것은 쉬운 일이 아니다. 우주공간을 떠나 대기권의 바깥 경계로 진입할 때 여러분은 적어도 26,000 ft/s(약 8 km/s)의 속도나 대부분은 이보다 훨씬 빠른 속도로 비행을 하게 된다. (이 속도에서 여러분이 비행할 것이라는 것을 어떻게 알 수 있겠는가? 계속해서 읽어 내려가라) 이러한 속도로 대기를 뚫고 지나갈 때 비행체의 공기역학적 항력과 특히 비행체의 공력가열이 상상할 수 없을 정도로 커지게 된다. 실제로, 이 같은 공력가열은 너무 커서 지구 혹은 또 다른 행성의 대기로 들어가는 어떠한 우주 비행체를 설계하는 경우에도 고려해야할 중요한 사항이다. 2003년 2월 1일 스페이스 셔틀 콜럼비아호의 손실은 지구 대기권으로의 고속진입과 연관된 불행한 증거이다. 자, 이제 여러분은 우주공간으로부터 지구표면으로 접근하면서 대기를 통과하여 급강하하고 있다. 높은 항력은 여러분의 신체를 압박하는 큰 하중(g-force)을 발생시킨다. 여러분은 어떻게 이 하중들을 예측할 수 있겠는가? 여러분은 강력한 공력가열로부터 방호되어야 한다. 얼마나 많은 에너지가 공력가열로 비행체의 표면에서 안쪽으로 전달될 것인가? 이번 장은 몇 가지 답들을 제공할 것이다.

제1장에서 제7장까지 항공기와 대기권에서의 비행을 다룬 후인 지금이 우주공간으로 들어갈 수 있는 기회이다. 계속해서 탐독하라. 그 힘은 여러분 것이 된다.

능한 추진력만으로 발생한다. 그러나, 추진의 형태는 추력발생에 공기가 전적으로 무관해야 한다. 따라서, 우주 비행체와 관련된 물리학적 기반이나 공학적 원리들은 항공기인 경우와는 어느 정도 차이가 있다. 이번 장의 목적은 몇 가지 기본적인 개념을 소개하는 것이다. 즉, **우주항행학**(*astronautics*)의 원리를 소개하는 것이다. 특히, 이번 장의 초반부의 절들에서 중력의 영향만을 받으며 (진공상태의 자유 공간에서와 같이) 비행하는 우주 비행체의 궤도와 비행경로의 계산 및 분석에 초점을 두었다. 이후의 절들에서는 우주선의 지구대기권 진입과 관련된 다양한 특성, 특히, 진입 비행경로와 비행체의 공력가열 등을 고려하였다.

우주시대는 소비에트 연방이 지구궤도로 보낸 최초의 인공위성 **스푸트니크 1호**를 발사한 때인 1957년 10월 4일에 공식적으로 시작되었다. 몇 년이 걸려서야 사회에 가시적인 영향을 미친 1903년 Wright 형제의 최초 비행과는 달리 **스푸트니크 1호**의 세계에 미친 영

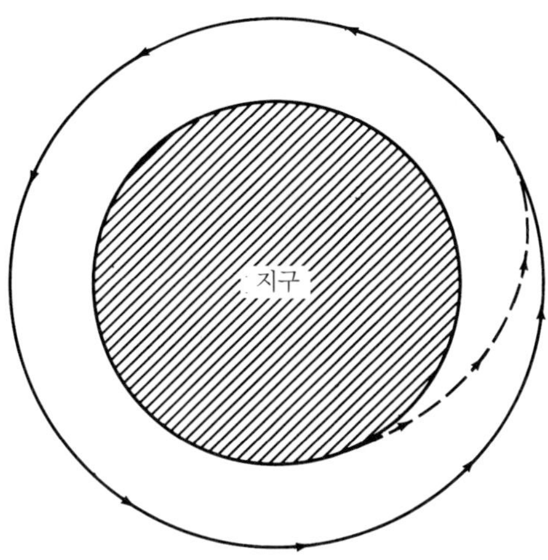

그림 8.1 지구궤도

향은 즉각적인 것이었다. 12년 내에 인류가 달을 밟았다. 이로부터 7년이 지난 후 무인 탐사선이 금성과 화성의 표면에 안착하였다. 1957년 이후로 다양한 임무를 수행하도록 설계된 수 많은 종류의 우주선이 발사되었다. 이들 비행체의 대부분은 다음과 같은 3개의 주요 카테고리로 분류할 수 있다.

1. 그림 8.1에 나타낸 것과 같이 지구 주위의 궤도로 진입할 수 있는 충분한 속도로 발사된 지구궤도 위성. 나중에 알게 되겠지만 비행체를 지구궤도로 보내기 위해서는 26,000 ft/s (7.9 km/s) 정도의 속도가 필요하고 이들 궤도는 일반적으로 타원이다. 그림 8.2는 지구궤도 인성위성의 사진이다.
2. 지구의 중력장을 벗어나 심해 우주로 비행할 수 있을 정도도 충분한 속도로 달과 행성으로 발사된 비행체. 이를 위해서는 36,000 ft/s (약 11 km/s)나 그 이상의 속도가 필요하다. 이런 경우 비행경로는 포물선이나 쌍곡선이다. 지구에서 달까지의 통상적인 경로가 그림 8.3에 나타나 있다. 여기서, 우주선은 우선 지구궤도로 보내지고 이곳으로부터 탑재된 로켓으로 순차적으로 달 주위 궤도로 추진되어 가속되고 최종적으로는 달 표면에 착륙하게 된다. 이것이 1969년 7월 20일 최초의 역사적인 달 착륙으로부터 시작되는 모든 아폴로 유인 달 탐사 임무에서 사용된 모드이다. 아폴로 우주선의 사진은 그림 8.4에 나타나 있다.
3. 지구표면에서 이륙하여 우주에서 임무를 수행하고 다시 지구표면으로 되돌아와 착륙할 수 있도록 설계된 우주 왕복선. 이들은 조종사가 비행체를 항공기처럼 착륙시킬 수 있을 정도로 충분한 *L/D*비로 설계된 부양이 가능한 지구 재진입 비행체이다. 재진입 경로와 함께 지구궤도가 그림 8.5에 그려져 있다.

재진입과 착륙을 포함한 우주 왕복선의 성공적인 최초의 우주 비행은 1981년 4월 12일에

그림 8.2 스카이 랩 —지구궤도 위성
(자료출처: NASA.)

서 14일의 기간 동안 나사 **컬럼비아호**에 의해 수행되었다. 우주 왕복선의 사진은 그림 8.6에 나타나 있다.

지금은 개요에 대한 것이기는 하지만 마지막의 우주항행학에 대한 설명에는 기초적인 미적분학 이상의 수학적 깊이가 필요하다. 따라서, 이번 장은 이 책의 다른 부분보다 더 많은 수학이 사용될 것이다. 특히, 미분방정식에 대한 개념들의 적용이 요구된다. 그러나, 독자들이 이러한 수학에 익숙하지 않다고 가정하고 필요한 개념을 쉽게 알 수 있도록 소개할 것이다.

이번 장에 대한 로드맵이 그림 8.7에 주어져 있다. 우주항행학에 대한 우리의 학습은 그림 8.8에서 보는 바와 같은 우주임무의 세 가지 주요 단계적 절차를 따라 3개의 부분으로 구성되어 있다.

1. **대기권을 통과하는 상승**. 대부분의 우주 비행체는 화염을 내뿜으며 지구표면을 떠나 대기 영향권 밖으로 상승하고 궤도속도 혹은 이탈속도(8.5절에 이들 속도를 정의할 것이다.)까지 가속을 하면서 임무를 시작한다. **상승단계**로 불리는 이것은 주로 비행체를 우주로

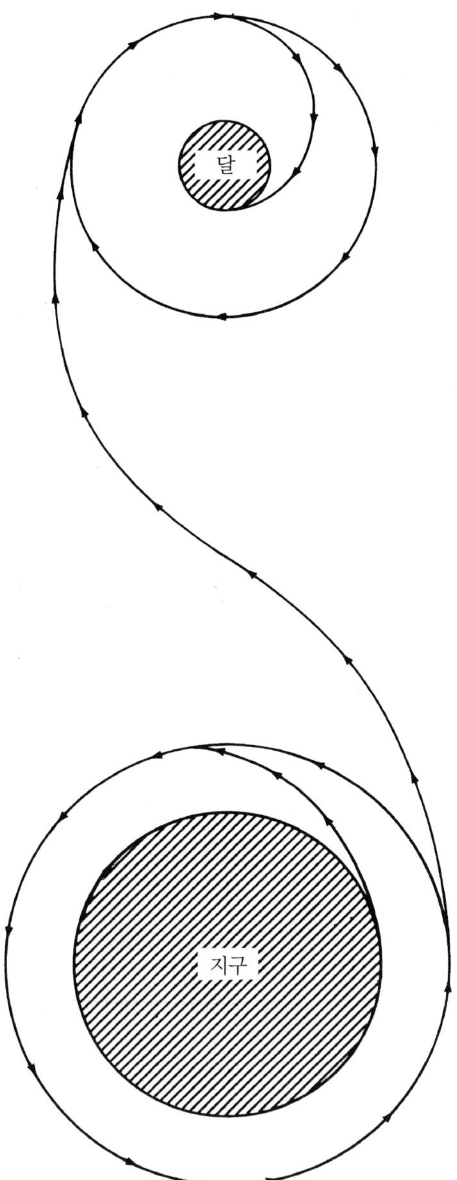

그림 8.3 지구-달 임무(실제 크기가 아님)

추진하는 로켓 엔진이 담당한다. 로켓 엔진은 제9장 추진에서 설명할 것이다. 따라서, 온전한 설명을 위해 상승단계가 그림 8.7의 로드맵에서는 왼쪽 위에 나타나 있지만 이 단계에 대한 설명은 제9장으로 미루었다.

2. 우주에서의 임무. 이 단계를 초반부에 설명하는 제8장에서 우리는 로켓 엔진이 점화한 후 궤도에 진입하거나 지구로부터 이탈하는 비행경로에 놓인 우주선의 운동을 공부하게 된다. 이것은 그림 8.7의 중앙 박스에 나타나 있다.

그림 8.4 아폴로 우주선
(자료출처: *National Air and Space Museum.*)

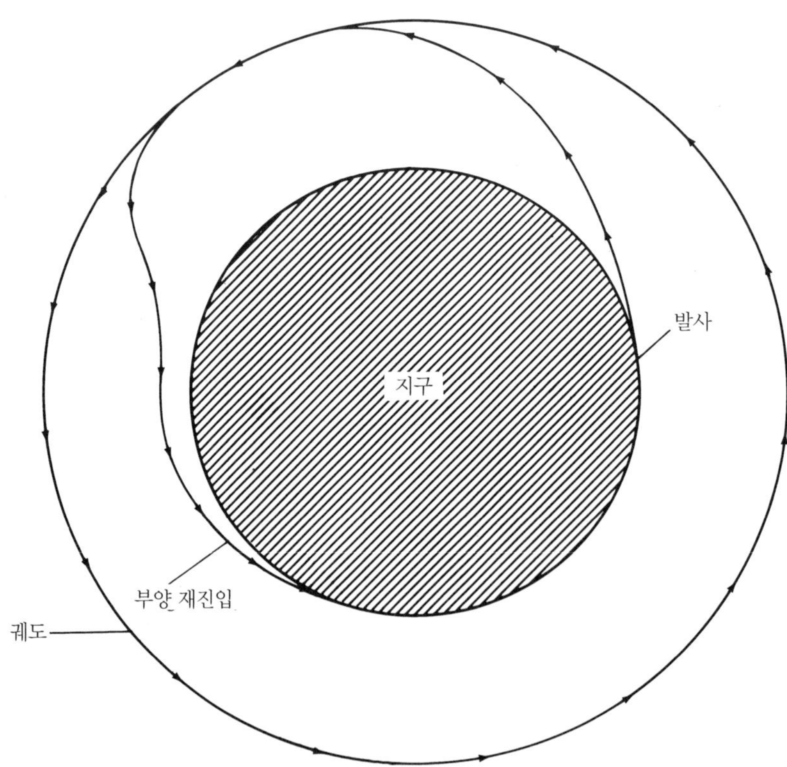

그림 8.5 부양 재진입 경로를 포함하는 지구궤도

그림 8.6 우주 왕복선
(자료출처: *NASA*.)

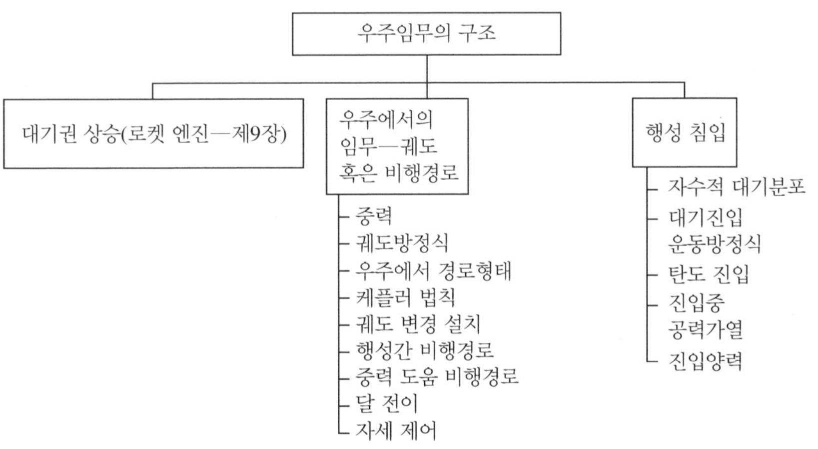

그림 8.7 제8장의 로드맵

3. 행성 진입(*planetary entry*). 어떤 우주선은 다시 대기와 부딪히는 일이 없이 심우주(deep space)로 무한히 비행하게 된다. 많은 다른 우주선, 특히 우주 비행사가 탑승한 우주선은 지구표면으로 되돌아와 매우 높은 속도로 지구 대기로 진입해야 한다. 이것을 **지구 진입**이라 부른다(가끔은 부적절한 **재진입**으로 일컬어지기도 한다). 혹은, 우주선이 태양계의 다른 행성의 대기로 진입하기도 한다. 이것을 **행성 진입**이라 부른다(보다 더 일반적으로는 지구 진입도 포함된다). 이 단계는 이것은 그림 8.7의 우측 박스에 나타나 있고 제8장의 후반부의 주제이다.

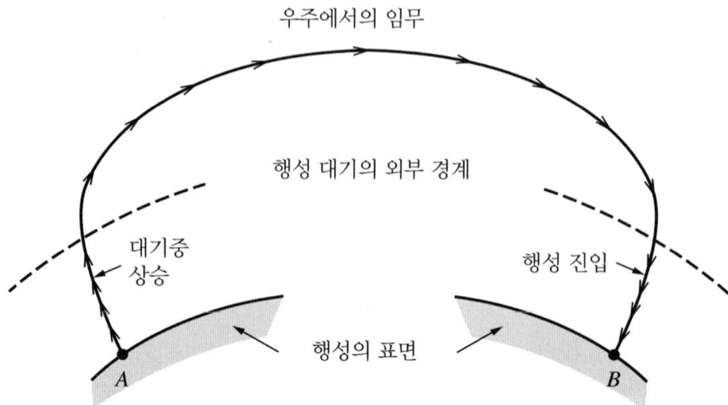

그림 8.8 우주임무의 구성도

8.2 미분방정식

독립변수 t에 따라 변하는 종속변수 r을 고려해보자. 즉, $r = f(t)$이다. dr/dt로 표현되는 시간 t에 대한 r의 미분의 개념이 이 책에서 종종 사용된다. dr/dt에 대한 물리적인 해석은 단순히 시간에 대한 거리의 변화율이다. 만약 r이 거리이고 t가 시간이면 dr/dt은 시간에 대한 거리의 변화율, 즉 속도이다. 시간 t에 대한 r의 이차미분은 단순히 아래와 같다.

$$\frac{d(dr/dt)}{dt} \equiv \frac{d^2r}{dt^2}$$

이것은 시간에 대한 미분의 변화율이다. 만약 r과 t가 각각 거리와 시간이라면 d^2r/dt^2는 단지 시간에 대한 속도의 변화율, 즉 가속도이다.

미분방정식은 몇 개의 항에 미분들을 포함하고 있는 방정식이다. 예를 들면 아래 식은 미분방정식으로 변수 r에 대한 미분과 t를 포함하고 있다.

$$\frac{d^2r}{dt^2} + r\frac{dr}{dt} - 2t^3 = 2 \tag{8.1}$$

반면, 아래 식은 대수방정식이다. 어떠한 미분 항도 없이 오직 r과 t만 포함하고 있다.

$$r + \frac{t^2}{r} = 0$$

식 (8.1)의 미분방정식의 해를 구한다는 것은 방정식을 만족하는 $r = f(t)$의 관계식을 찾아내는 것을 의미한다. 예를 들어 $r = t_1^2$ 이라고 가정하자. 그러면 $dr/dt = 2t$이고 $d^2r/dt^2 = 2$이다. 식 (8.1)에 대입하면

$$\begin{aligned} 2 + t^2(2t) - 2t^3 &= 2 \\ 2 + 2t^3 - 2t^3 &= 2 \\ 2 &= 2 \end{aligned}$$

따라서, $r = t^2$은 미분방정식 식 (8.1)을 실제로 만족시킨다. 따라서, $r = t^2$을 그 방정식의 해라고 부른다.

우주선의 비행경로 계산은 거리 r과 시간 t와 관련이 있다. 몇 가지 기본 방정식은 t에 대한 r의 1차 및 2차 미분을 포함한다. 이들 방정식의 표기을 단순화시키기 위해 시간미분에 대해 다음과 같은 **점 표기법**(*dot notation*)을 도입하자.

$$\dot{r} \equiv \frac{dr}{dt}$$
$$\ddot{r} \equiv \frac{d^2r}{dt^2}$$

변수위의 하나의 점은 그 변수의 1차 시간미분을 두 개의 점은 2차 시간미분을 각각 나타낸다. 예를 들어 미분방정식 식 (8.1)은 다음과 같이 나타낼 수 있다.

$$\ddot{r} + r\dot{r} - 2t^3 = 2 \tag{8.2}$$

식 (8.1)과 (8.2)는 동일하며 단지 표기법만 다르다. 시간미분들에 대한 점 표기법은 물리학에서 흔히 사용되며 과학과 공학에 대한 최신의 연구에서도 흔히 사용된다.

8.3 라그랑지 방정식

물리학에서 물체의 힘과 운동에 대한 연구를 **역학**(*mechanics*)이라 부른다. 좀더 세분해서 물체의 운동이 없는 경우를 **정역학**(*statics*)으로 물체가 운동을 하면 **동역학**(*dynamics*)으로 구분한다. 우리는 이번 장에서 우주 비행체의 **동역학**에 관심을 두고 있다.

동역학 문제들은 통상 뉴턴의 제2법칙인 $F = ma$를 사용하여 기술한다. 여기서, F는 힘, m은 질량이고 a는 가속도이다. 아마도 독자들은 기본 물리학에서 $F = ma$에 대한 다양한 응용에 익숙해 있을 것이다. 실제로 우리는 이 법칙을 제4장에서 공기역학의 모멘텀 방정식을 유도하기 위해 그리고 제6장에서 항공기의 운동방정식을 얻기 위해 사용하였다. 그러나, 이번 장에서는 뉴턴의 제2법칙의 필연적인 결과인 **라그랑지 방정식**(*Lagrange's equation*)을 소개하려고 한다. 라그랑지 방정식의 사용은 $F = ma$대신 동역학 문제를 풀이하는 또 다른 접근방법이다. 라그랑지 방정식은 우주선의 궤도나 비행경로에 대한 학습에서 분석을 매우 단순화시켜준다. 여기서는 라그랑지 방정식을 유도하지 않고 예제를 통해 간단하게 소개를 한 후 8.4절에서 궤도방정식을 구하는 데 사용할 것이다. 라그랑지 방정식의 세부적인 유도는 좀 더 심화된 역학의 학습에서 다룰 수 있을 것이다.

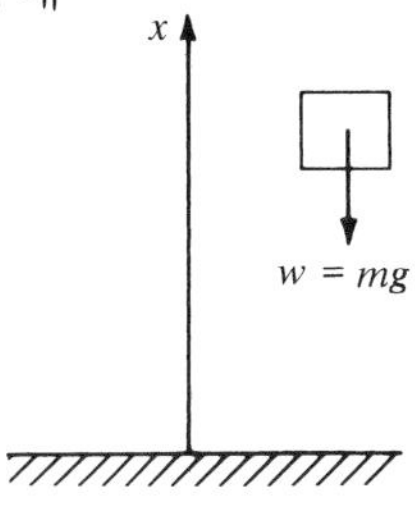

다음과 같은 예를 고려해 보자. 그림 8.9와 바와 같이 질량이 m인 물체가 지구의 중력장에서 자유낙하를 하고 있다. 지표면에서 물체까지의 수직거리를 x라고 하자. 항력을 무시하면 물체에 작용하는 힘은 아래쪽으로 행하는 무게 w이다. 정의에 따라, 물체의 무게는 질량 m과 중력가속도 g의 곱인 $w = mg$와 같다. 뉴턴의 제2법칙으로부터

그림 8.9 낙하하는 물체

$$F = ma \tag{8.3}$$

힘은 아래쪽 방향의 무게이다. 양의 x 방향이 위쪽이기 때문에 아래쪽 방향의 힘은 음이다. 따라서,

$$F = -w = -mg \tag{8.4}$$

8.2절의 설명으로부터 가속도를 다음과 같이 쓸 수 있다.

$$a \equiv \frac{d^2x}{dt^2} \equiv \ddot{x} \tag{8.5}$$

식 (8.4)와 (8.5)를 식 (8.3)에 대입하면 다음 식을 얻을 수 있다.

$$-mg = m\ddot{x}$$
$$\boxed{\ddot{x} = -g} \tag{8.6}$$

식 (8.6)은 앞의 예에 대한 물체의 운동방정식이다. 이것은 미분방정식으로 그 해는 $x = f(t)$로 표현된다. 더욱이 식 (8.6)은 뉴턴의 제2법칙을 적용하여 구하였다.

자 이제 이 예에 대한 또 다른 정식화로 라그랑지 방정식을 고려해 보자. 이것이 라그랑지 방정식에 대한 소개가 될 것이다. 물체의 **운동에너지**를 T로 나타내면 정의에 따라 다음과 같은 식이 성립한다.

$$T = \tfrac{1}{2}mV^2 = \tfrac{1}{2}m(\dot{x})^2 \tag{8.7}$$

물체의 위치에너지를 Φ로 나타내자. 정의에 따라 지구표면을 기준으로 한 위치에너지는 물체의 무게에 표면으로부터의 거리를 곱한 것으로 다음과 같이 표현된다.

$$\Phi = wx = mgx \tag{8.8}$$

이제 **라그랑지 함수**(*Lagrange function*) B를 다음과 같이 운동에너지와 위치에너지의 차로 정의하자.

$$B \equiv T - \Phi \tag{8.9}$$

식 (8.7)에서 (8.9)까지의 방정식을 조합하면 다음의 관계식을 구할 수 있다.

$$B = \tfrac{1}{2}m(\dot{x})^2 - mgx \tag{8.10}$$

지금은 증명이 없이 받아들여야 하지만 뉴턴의 제2법칙의 당연한 결과인 **라그랑지 방정식**은 다음과 같이 표현된다.

$$\frac{d}{dt}\left(\frac{\partial B}{\partial \dot{x}}\right) - \frac{\partial B}{\partial x} = 0 \tag{8.11}$$

라그랑지 방정식과 관련하여 7.2.4절에 주어진 편미분에 대한 정의를 상기하라. 예를 들어 $\partial B/\partial \dot{x}$은 모든 다른 값은 일정하게 유지한 상태에서 $\dot{x}$에 대한 B의 미분을 의미한다. 따라

서, 식 (8.10)으로부터

$$\frac{\partial B}{\partial \dot{x}} = m\dot{x} \tag{8.12}$$

그리고

$$\frac{\partial B}{\partial x} = -mg \tag{8.13}$$

식 (8.12)와 (8.13)을 식 (8.11)에 대입하면 다음 식을 얻을 수 있다.

$$\frac{d}{dt}(m\dot{x}) - (-mg) = 0$$

m이 일정하므로

$$m\frac{d}{dt}(\dot{x}) - (-mg) = 0$$

$$m\ddot{x} + mg = 0 \tag{8.14}$$

$$\boxed{\ddot{x} = -g}$$

식 (8.14)와 (8.6)을 비교해보라. 동일한 운동방정식이다. 따라서, 라그랑지 방정식과 뉴턴의 제 2법칙은 동일한 역학적인 관계식이고 역학 시스템에 대한 동일한 운동방정식을 유도할 수 있게 해준다. 앞의 예에서 라그랑지 방정식을 사용하는 것은 $F = ma$를 직접 사용하는 것보다 좀 더 복잡한 유도 과정이 필요하였다. 그러나, 우주선의 궤도와 비행경로 해석에 있어서 라그랑지 방정식이 8.4절에 상세히 나타낸 것과 같이 가장 편리한 유도 과정이다.

앞의 예를 기억하면 라그랑지 방정식에 대한 보다 더 일반적인 유도가 가능하다. 다시 한번 말하지만 직접적인 증명은 없으나 앞의 예를 유도 과정의 근간으로 활용한다면 독자는 다음에 설명하는 내용을 요리책에 설명된 요리법처럼 만족하게 될 것으로 확신한다. 3차원 공간에서 운동을 하는 물체를 고려해보자. 물체의 운동을 일반화된 좌표계 q_1, q_2 및 q_3로 나타내자. (이것들은 구 좌표계의 r, θ 및 Φ를 나타내거나 직교 좌표계의 x, y 및 z 등을 나타낸다.) 물체의 **운동에너지**에 대한 표현식을 유도하자. 이 운동에너지는 좌표 q_1, q_2 및 q_3 자체와 이들의 속도인 $\dot{q}_1$, $\dot{q}_2$ 및 $\dot{q}_3$ 등으로 다음과 같은 식으로 결정될 수 있다.

$$T = T(q_1, q_2, q_3, \dot{q}_1, \dot{q}_2, \dot{q}_3) \tag{8.15}$$

다음으로 오직 공간상의 위치로 결정되는 **위치에너지** 관계식을 다음과 같이 쓸 수 있다.

$$\mathbf{\Phi} = \mathbf{\Phi}(q_1, q_2, q_3) \tag{8.16}$$

라그랑지 함수를 구성하면

$$B = T - \Phi \tag{8.17}$$

최종적으로 각 좌표계에 대한 라그랑지 방정식을 적용하면 3개의 운동방정식(각 축 방향에 따른)을 다음과 같이 얻을 수 있다.

$$\boxed{\begin{aligned} q_1 \text{ 좌표}: \quad & \frac{d}{dt}\left(\frac{\partial B}{\partial \dot{q}_1}\right) - \frac{\partial B}{\partial q_1} = 0 \\ q_2 \text{ 좌표}: \quad & \frac{d}{dt}\left(\frac{\partial B}{\partial \dot{q}_2}\right) - \frac{\partial B}{\partial q_2} = 0 \\ q_3 \text{ 좌표}: \quad & \frac{d}{dt}\left(\frac{\partial B}{\partial \dot{q}_3}\right) - \frac{\partial B}{\partial q_3} = 0 \end{aligned}} \tag{8.18}$$

자, 이제 우주선의 궤도와 비행경로 방정식을 얻기 위해 이들 방정식을 적용해 보자.

8.4 궤도방정식

우주선이 로켓 추진기로 행성의 표면에서 발사되었다. 이 추진기를 작동시키는 엔진들은 제9장에서 설명하였다. 여기서는 추진기의 모든 단(stage)이 연소를 종료한 후의 비행체 운동에 관심을 가지며 인공위성, 행성 탐사선 혹은 다른 물체는 중력의 영향을 받으며 우주공간을 순조롭게 이동하는 상태이다. 추진기의 모든 단이 연소를 종료한 순간에 우주선은 특정 속도와 방향으로 이동하면서 행성중심으로부터 주어진 거리에 있다. 분명 자연법칙에 따라 연소종료 시 주어진 이들 조건에 따라 특정 경로(행성주위의 특정 궤도 혹은 행성으로부터의 특정한 비행경로)가 결정된다. 이번 절의 목적은 이러한 경로를 설명할 수 있는 방정식을 유도하는 것이다. 그림 8.7의 로드맵을 참조하면 우리는 가운데 열로 들어서는 것이다.

8.4.1 힘과 에너지

그림 8.10과 같이 큰 질량 M을 가진 행성근처에서 속도 V로 운동하는 질량이 m인 비행체를 고려해 보자. 두 질량의 중심 사이의 거리는 r이다. 17세기 마지막 25년 동안의 대단한 천재였던 Isaac Newton은 두 질량 사이의 중력은 중심간 거리의 자승에 반비례하여 변한

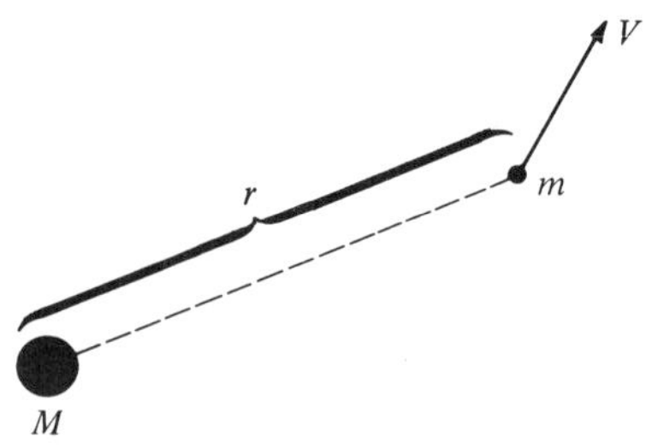

그림 8.10 큰 질량을 가진 물체의 중력장에서의 작은 질점의 운동

다는 만유인력 법칙(law of universal gravitation)을 발표하였다. 이 힘은 다음의 식으로 주어진다.

$$F = \frac{GmM}{r^2} \tag{8.19}$$

여기서, G는 만유인력 상수로 $G = 6.67 \times 10^{-11}\ \mathrm{m^3/(kg)(s)^2}$이다.

라그랑지 방정식은 위치 및 운동에너지의 두 에너지를 다룬다. 우선 그림 8.10에서 보는 바와 같은 시스템의 위치에너지를 고려해보자. 위치에너지는 항상 어떤 기준점에 대해 정의되며 우주공학의 중력문제에서는 r이 무한대일 경우를 위치에너지가 0이되도록 하는 것이 관례이다. 이를 따르면, 거리 r에서의 위치에너지는 질량 m이 무한대에서 위치 r까지 이동시키는 데 필요한 일로 정의된다. 위치에너지를 Φ로 놓자. 만약 M과 m 사이의 거리가 작은 증분 dr만큼 변한 경우 이 변화를 위해 한 일은 Fdr이다. 또한, 이것은 위치에너지의 변화 $d\Phi$를 나타낸다. 식 (8.19)를 이용하면 다음 식을 얻을 수 있다.

$$d\Phi = F\,dr = \frac{GmM}{r^2}dr$$

Φ가 0인 r이 무한대인 곳에서부터 위치에너지가 Φ인 $r = r$까지 적분을 하면

$$\boxed{\int_0^{\Phi} d\Phi = \int_{\infty}^{r} \frac{GmM}{r^2}dr}$$

또는

$$\boxed{\Phi = \frac{-GmM}{r}} \tag{8.20}$$

식 (8.20)은 큰 질량 M의 중력장에서 거리가 r인 작은 질량 m의 위치에너지를 나타낸다. 거리 r이 무한대인 경우 $\Phi = 0$으로 정의했기 때문에 거리 r에서의 위치에너지는 음의 값을 갖는다. 그러나 음의 부호가 여러분에게 이상하게 느껴지더라도 개의치 말라. 역학 시스템에서 우리는 통상 에너지의 **변화**에 관심을 가지며 이 변화는 우리가 위치에너지의 기준을 어떻게 설정하더라도 관계없다.

이제 운동에너지를 고려해보자. 이 시점에서 좌표계를 보다 상세하게 정의할 필요가 있다. 역학에 대한 보다 심화된 학습에서 중심력(central force)을 받는 물체의 운동은 평면에서 일어난다는 것을 증명할 수 있다. 따라서, 질량 m의 위치를 정의하기 위해 오직 2개의 좌표만이 필요하다. 이 경우에는 그림 8.11에 나타난 바와 같은 극 좌표계가 매우 유용하다. 여기서, 원점은 질량 M의 중심에 있고 r은 M과 m 사이의 거리이며 θ는 r의 각 변위이다. 비행체의 속도는 V이다. r방향의 속도성분은 $V_r = dr/dt = \dot{r}$ 이다. r에 수직인 속도성분은 r과 θ의 시간변화율(즉, 각속도)의 곱으로 $V_\theta = r(d\theta/dt) = r\dot{\theta}$ 이다. 따라서, 비행체의 운동에너지는 다음과 같다.

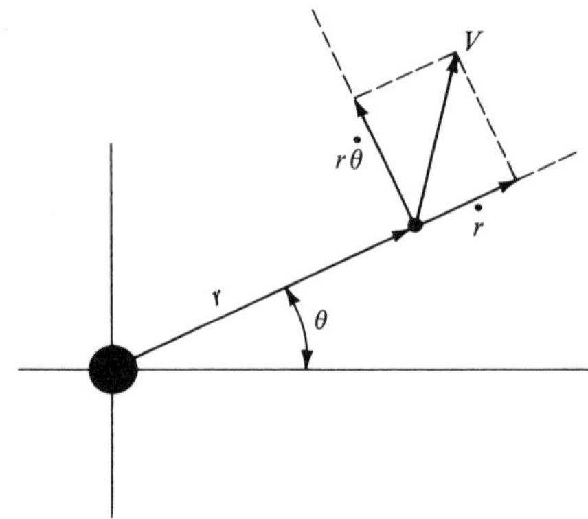

그림 8.11 극 좌표계(polar coordinate systems)

$$T = \frac{1}{2}mV^2 = \frac{1}{2}[\dot{r}^2 + (r\dot{\theta})^2]m \tag{8.21}$$

8.4.2 운동방정식

식 (8.17), (8.20) 및 (8.21)로부터 라그랑지 함수는 다음과 같다.

$$B = T - \Phi = \frac{1}{2}m[\dot{r}^2 + (r\dot{\theta})^2] + \frac{GmM}{r} \tag{8.22}$$

궤도해석에서는 흔히 GM을 k^2으로 나타낸다. $M = 5.98 \times 10^{24}$ kg인 지구에 대해서 이 값은 아래와 같다.

$$k^2 \equiv GM = 3.986 \times 10^{14}\,\mathrm{m^3/s^2}$$

식 (8.22)는 다음과 같이 표현할 수 있다.

$$B = \frac{1}{2}m[\dot{r}^2 + (r\dot{\theta})^2] + \frac{mk^2}{r} \tag{8.23}$$

이제 라그랑지 방정식인 식 (8.18)을 $q_1 = \theta$와 $q_2 = r$에 대해 적용하자. 먼저, θ에 대한 방정식은 아래와 같다.

$$\frac{d}{dt}\left(\frac{\partial B}{\partial \dot{\theta}}\right) - \frac{\partial B}{\partial \theta} = 0 \tag{8.24}$$

식 (8.23)으로부터

$$\frac{\partial B}{\partial \dot{\theta}} = mr^2\dot{\theta} \tag{8.25}$$

그리고

$$\frac{\partial B}{\partial \theta} = 0 \tag{8.26}$$

식 (8.25)와 (8.26)을 식 (8.24)에 대입하면 다음의 식이 얻어진다.

$$\frac{d}{dt}(mr^2\dot{\theta}) = 0 \tag{8.27}$$

식 (8.27)은 우주선의 θ 방향 운동방정식이다. 이 식은 곧장 다음과 같은 적분결과식으로 나타낼 수 있다.

$$\boxed{mr^2\dot{\theta} = \text{일정} = c_1} \tag{8.28}$$

기초 물리학으로부터 선운동량은 질량과 속도의 곱으로 정의된다. 유사하게 각운동의 경우 각운동량은 $I\dot{\theta}$으로 정의되며 여기서 I는 관성모멘트를 $\dot{\theta}$는 각속도이다. 질량이 m인 질점에 대해서는 $I = mr^2$ 이다. 따라서, $mr^2\dot{\theta}$은 우주선의 각운동량이고 식 (8.28)로부터

$$\boxed{mr^2\dot{\theta} = \text{각 운동량} = \text{일정}}$$

중심력만을 받는 경우 식 (8.28) 각운동량이 일정하다는 것을 나타낸다.

이제 r에 대한 방정식을 고려해보자. $q_2 = r$을 대입한 식 (8.18)로부터

$$\frac{d}{dt}\frac{\partial B}{\partial \dot{r}} - \frac{\partial B}{\partial r} = 0 \tag{8.29}$$

식 (8.23)으로부터

$$\frac{\partial B}{\partial \dot{r}} = m\dot{r} \tag{8.30}$$

$$\frac{\partial B}{\partial r} = -\frac{mk^2}{r^2} + mr\dot{\theta}^2 \tag{8.31}$$

식 (8.30)과 (8.31)을 식 (8.29)에 대입하면 다음의 식이 얻어진다.

$$\frac{d}{dt}m\dot{r} + \frac{mk^2}{r^2} - mr\dot{\theta}^2 = 0 \tag{8.32}$$

또는

$$m\ddot{r} - mr\dot{\theta}^2 + \frac{mk^2}{r^2} = 0 \tag{8.33}$$

식 (8.28)은 m이 일정하기 때문에 $r^2\dot{\theta}$이 일정하다는 것을 나타낸다. 이 값을 h로 나타내면

$$r^2\dot{\theta} \equiv h = \text{단위 질량당 각 운동량}$$

식 (8.33)의 두 번째 항에 r^3을 곱하고 나눈 후 m을 소거하면

$$m\ddot{r} - m\frac{r^4\dot{\theta}^2}{r^3} + \frac{mk^2}{r^2} = 0$$

또는

$$\boxed{\ddot{r} - \frac{h^2}{r^3} + \frac{k^2}{r^2} = 0} \tag{8.34}$$

식 (8.34)는 우주선의 r방향 운동방정식이다. h^2과 k^2이 일정하다는 점에 주목하라. 8.2절의 설명을 상기하면 식 (8.34)는 미분방정식이다. 그 해는 r을 시간의 함수인 $r = f(t)$의 관계식으로 나타난다.

그러나, 그림 8.11을 검토해 보라. 우주공간에서 비행체의 경로에 대한 방정식은 $r = f(t)$이 아닌 $r = f(\theta)$ 로 기하학적으로 주어진다. 우리는 이러한 경로에 관심을 갖는다. 즉 기하학적인 좌표 r과 θ로 주어지는 우주선의 운동방정식을 구하고 싶다. 이를 위해 식 (8.34)는 다음과 같은 변형이 필요하다.

식 (8.34)를 다음과 같이 정의된 새로운 종속변수 u로 변환하자.

$$r = \frac{1}{u} \tag{8.35}$$

그러면

$$h \equiv r^2\dot{\theta} = \frac{\dot{\theta}}{u^2} \tag{8.36}$$

따라서,

$$\begin{aligned}\dot{r} &\equiv \frac{dr}{dt} = \frac{d(1/u)}{dt} = -\frac{1}{u^2}\frac{du}{dt} \\ &= -\frac{1}{u^2}\frac{du}{d\theta}\frac{d\theta}{dt} = -\frac{\dot{\theta}}{u^2}\frac{du}{d\theta} = -h\frac{du}{d\theta}\end{aligned} \tag{8.37}$$

식 (8.37)을 t에 대해 미분을 취하면 다음의 식이 얻어진다.

$$\begin{aligned}\ddot{r} &= -h\frac{d}{dt}\frac{du}{d\theta} = -h\left(\frac{d}{d\theta}\frac{du}{d\theta}\right)\frac{d\theta}{dt} \\ &= -h\left(\frac{d^2u}{d\theta^2}\right)\frac{d\theta}{dt} = -h\frac{d^2u}{d\theta^2}\dot{\theta}\end{aligned} \tag{8.38}$$

한편, 식 (8.36)으로부터 $\dot{\theta} = u^2h$이다. 이 식을 식 (8.38)에 대입하면

$$\ddot{r} = -h^2u^2\frac{d^2u}{d\theta^2} \tag{8.39}$$

식 (8.39)와 (8.35)를 식 (8.34)에 대입하면

$$-h^2u^2\frac{d^2u}{d\theta^2}-h^2u^3+k^2u^2=0$$

위 식을 h^2u^2로 나누면

$$\frac{d^2u}{d\theta^2}+u-\frac{k^2}{h^2}=0 \tag{8.40}$$

식 (8.40)은 원래의 식 (8.34)과 같이 타당한 운동방정식이다. 식 (8.40)은 미분방정식이고 그 해는 $u=f(\theta)$ 로 주어진다. 특히, 식 (8.40)의 해는 다음과 같다.

$$u=\frac{k^2}{h^2}+A\cos(\theta-C) \tag{8.41}$$

여기서 A와 C는 상수이다(정확하게는 적분상수). 식 (8.41)을 (8.40)에 대입하여 식 (8.40)이 식 (8.40)의 실제의 해가 되는지를 스스로 확인해야 한다.

식 (8.35)의 원래의 변환식으로 되돌아가자. 식 (8.41)에 $u = 1/r$을 식 (8.41)에 대입하면

$$r=\frac{1}{k^2/h^2+A\cos(\theta-C)} \tag{8.42}$$

식 (8.42)에 h^2/k^2을 곱하고 나누면

$$\boxed{r=\frac{h^2/k^2}{1+A(h^2/k^2)\cos(\theta-C)}} \tag{8.43}$$

식 (8.43)이 우주선의 경로(궤도 혹은 비행경로)에 대해 우리가 원하는 방정식이다. 이것은 $r=f(\theta)$로 표현되는 대수방정식으로 주어진 경로에서의 기하학적인 좌표계 r과 θ의 관계를 나타낸다. **특정** 경로는 식 (8.43)에 있는 상수들인 h_2, A와 C로 결정된다. 다음으로 그림 8.12를 참조해 보면 이 상수들는 로켓 추진기의 연소가 종료된 순간의 상태값으로 고정된다. 연소종료 시 비행체가 지구중심으로부터의 거리가 r_b이고 r의 수직축에서 각도 β_b 방향으로 크기 V_b의 속도를 갖는다. 이러한 연소종료 시의 조건들이 비행체의 경로를 전적으로 결정한다. 즉 이들이 식 (8.43)의 h_2, A 와 C 의 값을 결정한다.

식 (8.43)은 일반적으로 **궤도방정식**(*orbit equation*)으로 알려진 방정식이다. 그러나, 이 방정식은 지구궤도에서의 인공위성의 궤도뿐만 아니라 지구 중력장을 이탈하는 우주선의 경로에도 적용된다. 실제 식 (8.43)으로 어떠한 종류의 궤도나 비행경로를 설명할 수 있는가? 물체가 궤도로 진입하거나 지구로부터 이탈하기 위해 필요한 물리적인 조건은 무엇인가? 이들 질문에 대한 답은 8.5절에 설명한 바와 같이 식 (8.43)을 좀 더 분석함으로써 찾을 수 있다.

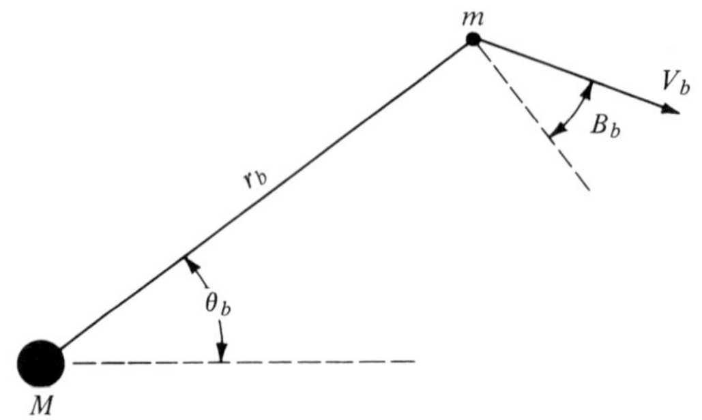

그림 8.12 연소가 종료된 시점의 비행 조건

8.5 우주선의 비행경로—몇 가지 기본 특성

식 (8.43)을 자세히 살펴보자. 이 식은 아래와 같은 일반적인 형태를 갖는다.

$$r = \frac{p}{1 + e\cos(\theta - C)} \tag{8.44}$$

여기서, $p = h^2/k^2$, $e = A(h^2/k^2)$이고 C는 단순한 위상각이다. 해석 기하학(analytic geometry)으로부터 식 (8.44)는 극 좌표계에서의 원뿔단면(conic section)을 나타내는 표준형태로 알려져 있다. 즉 식 (8.44)는 원뿔단면의 이심률(eccentricity)인 e의 값에 따라 원, 타원, 포물선 및 쌍곡선에 대한 방정식이다. 구체적으로 말하면

$e = 0$인 경우 경로는 **원**이다.
$e < 1$인 경우 경로는 **타원**이다.
$e = 1$인 경우 경로는 **포물선**이다.
$e > 1$인 경우 경로는 **쌍곡선**이다.

이들의 경우를 그림 8.13에 나타내었다. 그림에서 점 b는 연소가 종료된 점을 나타내고 θ는 b를 통과하는 점선을 기준으로 한다는 점에 유의하라. 즉 θ는 연소종료 시점에서 0이 되도록 임으로 정하였다. 그러면 C 는 단순히 연료종료 시점을 기준으로 x축과 y축의 위치를 나타내기 위한 위상각이다. 그림 8.13을 검토하면 원과 타원 경로는 큰 질량 M(지구) 주위의 궤도가 되고 반면에 포물선과 쌍곡선 경로는 지구로부터 이탈을 하는 경로가 된다는 것을 알 수 있다.

물리적으로 이심률(이에 따른 우주선의 경로의 모양)은 비행체의 운동에너지와 위치에너지 사이의 차에 의해 결정된다. 이를 증명하기 위해 우선 운동에너지 $T = \frac{1}{2}mV^2$를 고려해보자. 식 (8.21)로부터

$$T = \tfrac{1}{2}m[\dot{r}^2 + (r\dot{\theta})^2]$$

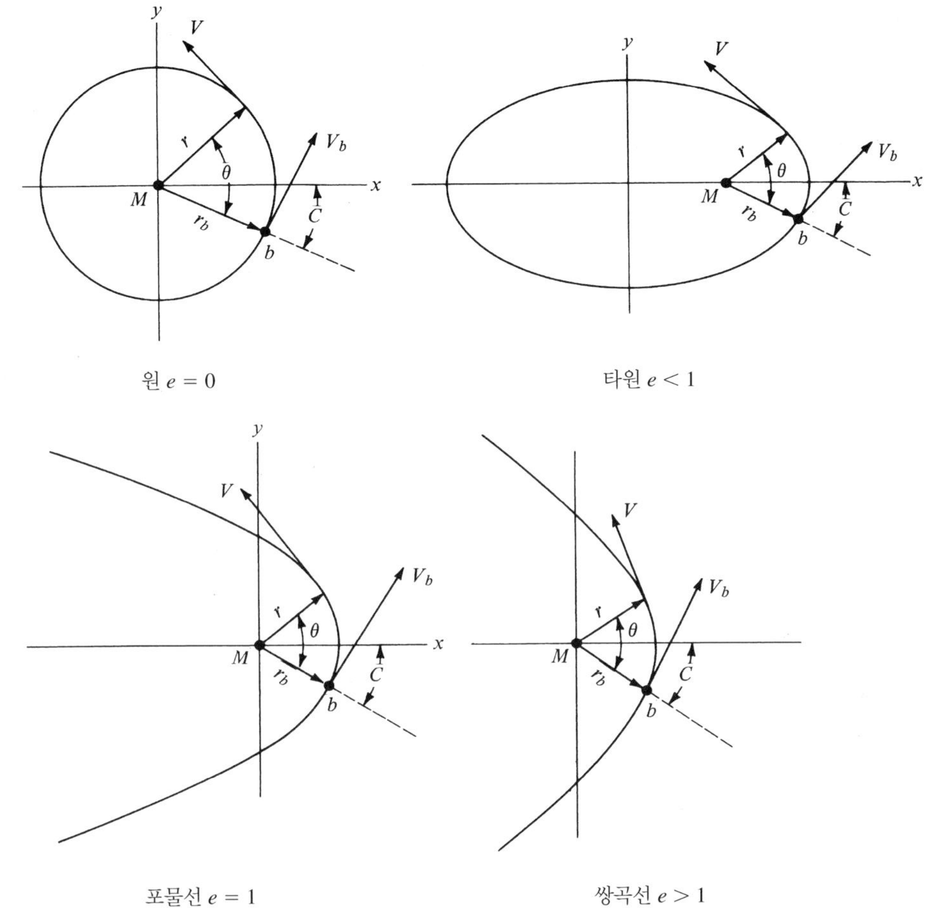

그림 8.13 연소종료 시점과 대칭축의 위상각의 관계를 나타내는 궤도와 경로의 4가지 형태

식 (8.44)를 t에 대해 미분하면

$$\frac{dr}{dt} = \dot{r} = \frac{[re\sin(\theta - C)]\dot{\theta}}{1 + e\cos(\theta - C)} \tag{8.45}$$

식 (8.45)를 (8.21)에 대입하면

$$T = \frac{1}{2}m\left\{\frac{[r^2e^2\sin^2(\theta - C)]\dot{\theta}^2}{[1 + e\cos(\theta - C)]^2} + r^2\dot{\theta}^2\right\} \tag{8.46}$$

$r^2\dot{\theta} \equiv h$ 임을 고려하면 $\dot{\theta}^2 = h^2/r^4$ 이 된다. 따라서, 식 (8.46)은 다음과 같이 표현된다.

$$T = \frac{1}{2}m\left\{\frac{h^2e^2\sin^2(\theta - C)}{r^2[1 + e\cos(\theta - C)]^2} + \frac{h^2}{r^2}\right\} \tag{8.47}$$

식 (8.47)의 우변을 동일한 분모로 통분하고 식 (8.44)인 아래의 식을 적용하면

$$r^2[1 + e\cos(\theta - C)]^2 = \left(\frac{h^2}{k^2}\right)^2$$

식 (8.47)은 다음과 같이 변환된다.

$$T = \frac{1}{2}m\frac{k^4}{h^2}[1 + 2e\cos(\theta - C) + e^2] \tag{8.48}$$

독자들은 식 (8.48)을 얻을 때까지 생략된 대수관계식을 유도해 보아야 한다.

이제 Φ로 표현되는 위치에너지의 절대값을 고려해보자. 식 (8.20)으로부터

$$|\Phi| = \frac{GMm}{r} = \frac{k^2 m}{r} \tag{8.49}$$

식 (8.44)를 (8.49)에 대입하면

$$|\Phi| = \frac{k^4 m}{h^2}[1 + e\cos(\theta - C)] \tag{8.50}$$

운동에너지와 위치에너지의 차는 식 (8.48)에서 식 (8.50)을 차감하면 다음 식으로 얻을 수 있다.

$$T - |\Phi| = \frac{1}{2}m\frac{k^4}{h^2}[1 + 2e\cos(\theta - C) + e^2] - \frac{k^4 m}{h^2}[1 + e\cos(\theta - C)] \tag{8.51}$$

$T - \Phi$를 H로 나타내면 식 (8.51)은 다음과 같이 표현된다.

$$H \equiv T - |\Phi| = -\frac{1}{2}m\frac{k^4}{h^2}(1 - e^2) \tag{8.52}$$

식 (8.52)를 e에 대해 풀이하면 아래의 식이 얻어진다.

$$\boxed{e = \sqrt{1 + \frac{2h^2 H}{mk^4}}} \tag{8.53}$$

식 (8.53)은 원하는 결과로 이심률 e를 운동에너지와 위치에너지의 차이인 H로 나타낸 식이다.

식 (8.53)을 검토해보자. 운동에너지가 위치에너지보다 더 작으면 H는 음이 되고 $e < 1$이 된다. 운동에너지와 위치에너지가 같아 $H = 0$가 되면 $e = 1$이 된다. 유사하게 운동에너지가 위치에너지보다 더 크면 H는 양이 되고 $e > 1$이 된다. 다시 그림 8.13을 참조하면 다음과 같은 표를 작성할 수 있다.

비행경로의 형태	e	에너지 관계식
타원(ellipse)	< 1	$\frac{1}{2}mV^2 < \frac{GMm}{r}$
포물선(parabola)	= 1	$\frac{1}{2}mV^2 = \frac{GMm}{r}$
쌍곡선(hyperbola)	> 1	$\frac{1}{2}mV^2 > \frac{GMm}{r}$

이것으로 지구를 이탈하여 심우주로 보내기 위해서는 (포물선 혹은 쌍곡선) 비행체가 연소종료 시의 운동에너지가 위치에너지와 같거나 그보다 더 커지도록 발사해야 된다는 중요한 결론을 얻을 수 있다. 이는 앞의 유도 과정이 없이도 직감적으로 타당한 결론이다.

식 (8.53)은 더 많은 것을 말해준다. 예를 들어 원 궤도에 필요한 속도는 무엇인가? 이 질문에 답하기 위해 원은 이심률이 0이라는 점을 상기하라. 식 (8.53)에 $e = 0$을 대입하면 다음의 식을 얻을 수 있다.

$$0 = \sqrt{1 + \frac{2h^2H}{mk^4}}$$

또는

$$H = -\frac{mk^4}{2h^2} \tag{8.54}$$

$H = T - |\Phi| = \frac{1}{2}mV^2 - GMm/r$임을 상기하라. 그러면, 식 (8.54)는 다음과 같이 표현된다.

$$\frac{1}{2}mV^2 = -\frac{mk^4}{2h^2} + \frac{GMm}{r} \tag{8.55}$$

$e = 0$과 식 (8.44)를 이용하면

$$r = \frac{h^2}{k^2} \tag{8.56}$$

식 (8.56)을 (8.55)에 대입하고 V에 대해 풀이하면

$$\frac{1}{2}mV^2 = -\frac{m}{2}\frac{k^2}{r} + \frac{k^2m}{r} = \frac{k^2m}{2r}$$

따라서,

$$\boxed{V = \sqrt{\frac{k^2}{r}} \quad \text{원 궤도속도}} \tag{8.57}$$

식 (8.57)은 원 궤도를 얻기 위해 필요한 속도를 나타낸다. 8.4.2절로부터 $k^2 = GM = 3.986 \times 10^{14}$ m³/s²임을 상기하라. r을 실제 지구 반경인 $r = 6.4 \times 10^6$ m로 가정하면

$$V = \sqrt{\frac{3.986 \times 10^{14}}{6.4 \times 10^6}} = 7.9 \times 10^3 \text{ m/s}$$

이 값은 기억하기 쉬운 수로 원 궤도속도 또는 궤도속도인 7.9 km/s 혹은 근사적으로 26,000 ft/s임을 나타낸다.

지구를 이탈하기 위해 필요한 속도는 거의 유사한 방법으로 구할 수 있다. 우리는 앞서 비행체가 포물선($e = 1$)이나 쌍곡선($e > 1$) 비행경로를 가질 때 이탈할 수 있다는 점을 밝혔다. 포물선 비행경로를 고려해보자. 이 경우 운동에너지와 위치에너지가 같다는 점을 알고 있다 ($T = |\Phi|$). 따라서,

$$\frac{1}{2}mV^2 = \frac{GMm}{r} = \frac{k^2 m}{r}$$

V에 대해 풀이하면

$$\boxed{V = \sqrt{\frac{2k^2}{r}} \quad \text{포물선 궤도속도}} \tag{8.58}$$

식 (8.58)은 포물선 비행경로를 얻기 위해 필요한 속도를 나타낸다. 이를 **이탈속도**(*escape velocity*)라 부른다. 식 (8.57)과 (8.58)을 비교하면 이탈속도는 궤도속도보다 약 $\sqrt{2}$배 크다는 점을 알 수 있다. 다시 r을 지구의 반경인 $r = 6.4 \times 10^6$ m로 가정하면 **이탈속도는** 11.2 km/s 혹은 **근사적으로** 36,000 ft/s가 된다. 그림 8.12로 되돌아가자. 연소종료 시점에서 $V_b^3 \geqq 11.2$ km/s이면 비행체는 운동의 방향인 β_b에 관계없이 지구를 이탈하게 될 것이다.

예제 8.1

우주선의 로켓발사가 종료되었을 때 연소종료 시의 속도는 9 km/s로 정북 방향이고 수평면에 대해 3° 윗 방향을 가리키고 있다. 고도는 해수면으로부터 500 mi이다. 연소종료 지점은 적도 위의 위도 27° 위치이다. 우주선의 비행경로를 계산하고 작도하라.

■ 풀이

연소종료 시의 조건을 그림 8.14에 나타내었다. 해수면 위의 고도는 다음과 같다.

$$h_G = 500\,\text{mi} = 0.805 \times 10^6 \text{ m}$$

지구 중심에서 연소종료 지점까지의 거리는 아래와 같다(여기서, 지구의 반경은 $r_e = 6.4 \times 10^6$ m이다)

$$r_b = r_e + h_G = 6.4 \times 10^6 + 0.805 \times 10^6 = 7.2 \times 10^6 \text{ m}$$

8.4.2절에서 주어진 아래의 값을 이용하자.

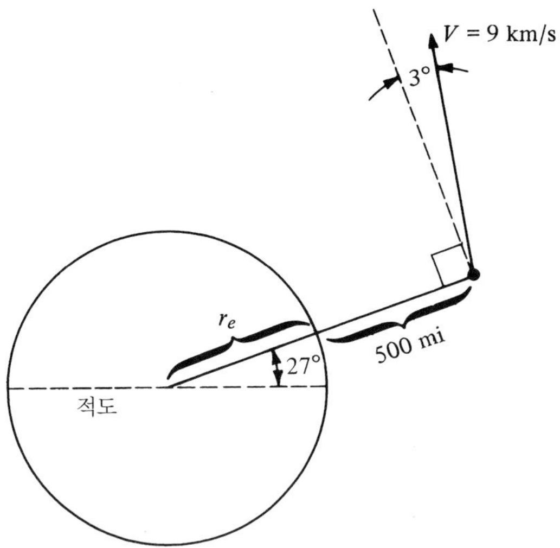

그림 8.14 예제 8.1의 연소종료 조건

$$k^2 \equiv GM = 3.986 \times 10^{14}\,\text{m}^3/\text{s}^2$$

또한, 앞에서 정의한 다음의 식을 이용하자.

$$h = r^2\dot{\theta} = r(r\dot{\theta}) = rV_\theta$$

여기서, V_θ는 반경벡터 r에 수직인 속도성분이다. 따라서,

$$h = rV_\theta = r_b V \cos\beta_b = (7.2 \times 10^6)(9 \times 10^3)\cos 3° = 6.47 \times 10^{10}\,\text{m}^2/\text{s}$$

$$h^2 = 4.188 \times 10^{21}\,\text{m}^4/\text{s}^2$$

그러므로

$$p \equiv \frac{h^2}{k^2} = \frac{4.188 \times 10^{21}}{3.986 \times 10^{14}} = 1.0506 \times 10^7\ \text{m}$$

비행경로 방정식은 식 (8.44)로 주어지며 위의 p값은 우변항의 분자이다. 계산을 위해 이심률 e가 필요하고 이 값은 식 (8.53)으로부터 얻을 수 있다.

$$e = \sqrt{1 + \frac{2h^2 H}{mk^4}}$$

여기서, $H/m = (T - |\Phi|)/m$이므로

$$\frac{T}{m} = \frac{V^2}{2} = \frac{(9 \times 10^3)^2}{2} = 4.05 \times 10^7\ \text{m}^2/\text{s}^2$$

$$\left|\frac{\Phi}{m}\right| = \frac{GM}{r_b} = \frac{k^2}{r_b} = \frac{3.986 \times 10^{14}}{7.2 \times 10^6} = 5.536 \times 10^7\,\text{m}^2/\text{s}^2$$

따라서,

$$\frac{H}{m} = (4.05 - 5.536) \times 10^7 = -1.486 \times 10^7\,\text{m}^2/\text{s}^2$$

결과적으로

$$e = \left[1 + \frac{2h^2}{k^4}\left(\frac{H}{m}\right)\right]^{1/2}$$

$$= \left[1 + \frac{2(4.188 \times 10^{21})(-1.486 \times 10^7)}{(3.986 \times 10^{14})^2}\right]^{1/2} = \sqrt{0.2166} = 0.4654$$

$e < 1$이고 $T < \Phi$ 이므로 비행경로가 타원 궤도임을 쉽게 알 수 있다. 식 (8.44)로부터

$$r = \frac{p}{1 + e\cos(\theta - C)} = \frac{1.0506 \times 10^7}{1 + 0.4654\cos(\theta - C)}$$

위상각 C를 구하기 위해 연소종료 위치($r_e = 6.4 \times 10^6$ m와 $\theta = 0°$)를 앞의 방정식에 대입하라. (연소종료 시점에서 $\theta = 0°$이고 따라서, θ는 그림 8.13에 나타낸 바와 같이 연료종료 시점의 반경벡터를 기준으로 계측되고 운동방향으로 증가한다는 점에 유의하라.)

$$r_b = \frac{p}{1 + e\cos(-C)}$$

$$7.2 \times 10^6 = \frac{1.0506 \times 10^7}{1 + 0.4654\cos(-C)}$$

$\cos(-C)$에 대해 풀이하면

$$\cos(-C) = 0.9878$$

따라서,

$$C = -8.96°$$

결과적으로, 완전한 궤도방정식은 다음과 같이 쓸 수 있다.

$$\boxed{r = \frac{1.0506 \times 10^7}{1 + 0.4654\cos(\theta + 8.96°)}}$$

여기서, θ는 deg 단위이고 r 은 m 단위이다.

궤도는 그림 8.15에 나타내었다. b는 적도 위의 27° 위도인 연소종료 시점을 나타낸다는 점에 유의하라. x축과 y축은 타원 궤도의 대칭축이고 위상각은 x축이 b점을 통과하는 반경벡터에 대해 8.96° 아래쪽에 위치하도록 하는 각이다(이 문제에서 C가 음수이기 때문에). θ는 b를 통과하는 반경벡터를 기준으로 계측되고 양의 θ 방향은 반시계 방향이다. 우주선은 타원 궤도를 반시계 방향으로 이동한다. 근지점(perigee)과 원지점(apogee)은 각각 7.169×10^6 m와 1.965×10^7 m이다. (다음 절에 나오는 근지점과 원지점에 대한 정의를 참조하라)

8.6 케플러 법칙

지금까지의 설명은 지구에서 발사된 인공위성을 기준으로 하고 있다. 그러나, 앞의 분석과 결과들은 큰 중력장에 놓여있는 어떠한 질점의 궤도와 비행경로에 대해서도 일반적으로 성립한다. 이러한 운동의 가장 익숙한 자연적인 예가 우리의 태양계이다. 즉, 태양 주위의 행성들의 궤도이다. 행성들의 궤도는 태양과 관련되어 있다. 이러한 운동은 인류문명의 초기 이래로 사람들의 관심을 끌어왔다. 행성의 운동에 대한 최초의 관측과 기록은 바빌로니아에서 이집트, 그리스와 로마시대까지 이어지고 아라비아의 암흑시대를 지나 15세기의

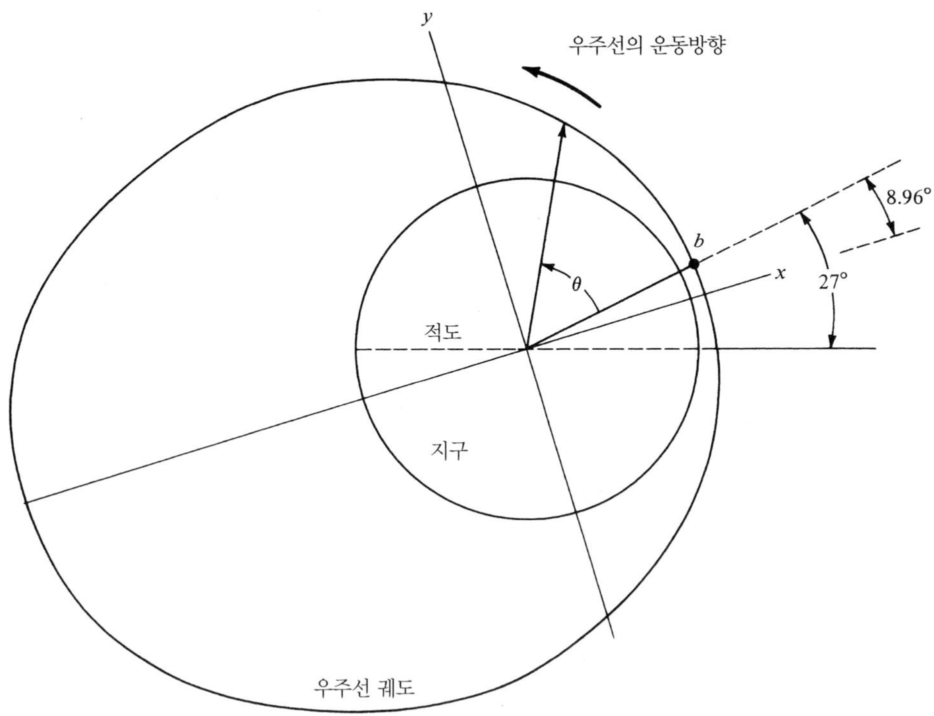

그림 8.15 예제 8.1의 우주선 궤도

코페르니쿠스 시대(Christopher Columbus가 아메리카를 발견하는 시기)에 이르기까지 수천년에 걸쳐 지속되었다. 그러나 이 때까지도 천문관측은 여전히 부정확하고 불확실하였다. 그리고 1576년에서 1597년까지 덴마크 귀족인 Tycho Brahe는 수많은 천문관측을 통해 그 당시까지 존재했던 표의 정확도를 50배 이상 향상시킬 수 있었다. 이들 관측을 좀더 개선한 젊은 독일의 천문학자이자 수학자인 Johannes Kepler가 인생의 마지막 근처에 있는 Brahe와 합류하였다. 좀더 나아가, Kepler는 행성운동의 기하학에 관한 몇 가지 선구자적인 결과를 도출하였다. 1609년부터 1618년까지 Kepler는 천문 데이터를 면밀히 검토한 끝에 얻어진 행성운동에 관한 세 가지 법칙을 유도하고 발표하였다. Kepler는 3/4세기가 지난 후 발표된 뉴턴의 만유인력 법칙이나 뉴턴 역학의 장점을 이용할 수 없었다. 그럼에도 불구하고, Kepler의 유도는 전적으로 옳았고 그의 고전적인 3가지 법칙은 행성의 운동을 이해하려 했던 17세기 때와 마찬가지로 인공위성의 운동을 이해하려는 오늘날에도 중요하다. 따라서, 그의 결론을 이번 절에서 설명하였다. Kepler 자신은 이용하지 않았지만 우리는 앞에서 유도한 궤도방정식의 장점을 이용하여 케플러 법칙(Kepler's laws)을 유도할 것이다.

Kepler의 첫 번째 주요 결론은 다음과 같다.

케플러 제1법칙: 위성은 인력의 중심 주위의 **타원** 비행경로를 그린다.

우리는 이미 8.4절과 8.6절에서 이와 같은 사실을 증명하였다. 따라서, 추가적인 언급은 하지 않겠다.

케플러의 제2법칙을 증명하기 위해, 식 (8.28)로부터 각운동량이 일정하다는 점을 상기하라. 즉, $mr^2\dot{\theta}=$ 일정. 반경벡터 r이 미소각도 $d\theta$를 통해 지나가는 것을 보여주는 그림 8.16을 고려하자. 작은 삼각형이 지나친 면적은 $dA=\frac{1}{2}r\,dh$ 이다. 또한, $d_h = rd\theta$이다. 그러므로, $dA=\frac{1}{2}r^2d\theta$로 나타낼 수 있다. 따라서, 반경벡터가 지나친 면적의 시간변화율은

$$\frac{dA}{dt}=\frac{\frac{1}{2}r^2d\theta}{dt}=\frac{1}{2}r^2\dot{\theta} \tag{8.59}$$

여기서, 식 (8.28)로부터 $r^2\dot{\theta}$는 일정한 값을 가진다. 그러므로 식 (8.59)는 다음의 식이 성립한다는 것을 나타낸다.

$$\frac{dA}{dt}=\text{const} \tag{8.60}$$

위의 식이 케플러 제2법칙을 증명하는 식이다.

케플러 제2법칙: 동일한 시간 동안 위성의 반경벡터가 지나간 면적은 같다.

그림 8.17에 나타낸 것처럼, 이 법칙으로부터 분명한 정성적인 결론을 도출할 수 있다. 여기서, 작은 질량 m의 타원 궤도는 큰 질량 M의 주위에 나타나 있다. 동일한 시간 동안 동일한 면적을 지나가기 위해 위성은 M근처에 있을 때 더 큰 속도를 가지고 멀리 떨어진 경우에는 더 작은 속도를 가져야 한다. 이것은 모든 위성의 운동이 가지는 특징이다.

케플러 제3법칙을 유도하기 위하여 그림 8.18에 나타낸 타원 궤도를 고려해보자. r이 최소인 가장 가까운 점을 **근지점**(*perigee*)으로, r이 최대인 가장 먼 거리의 점을 **원지점**(*apogee*)으로 정의한다. 질량 M(지구 혹은 태양의 질량)은 타원의 초점이다. 타원의 장축의 거리는 근지점으로부터 원지점까지의 거리이고 이 거리의 절반을 **장반경** a로 정의한다.

또한, **단반경** b를 그림 8.18에 나타내었다. 단순화를 위해 궤도 위상각 C를 0으로 가정하자. 그러면, 식 8.44로부터 최대, 최소 반경은 각각 다음과 같다.

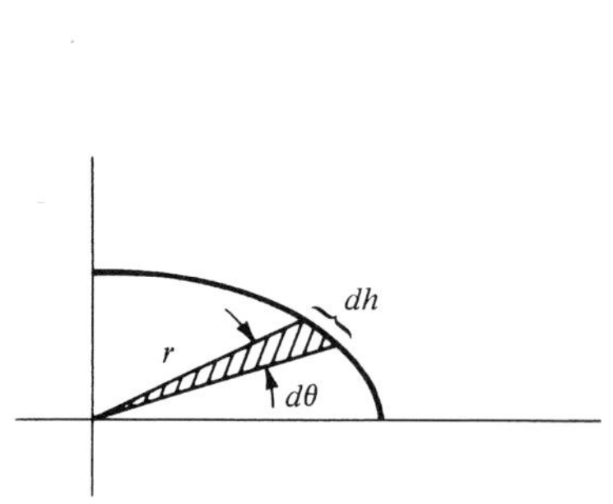

그림 8.16 각도 $d\theta$의 운동으로 반경벡터가 지나간 면적

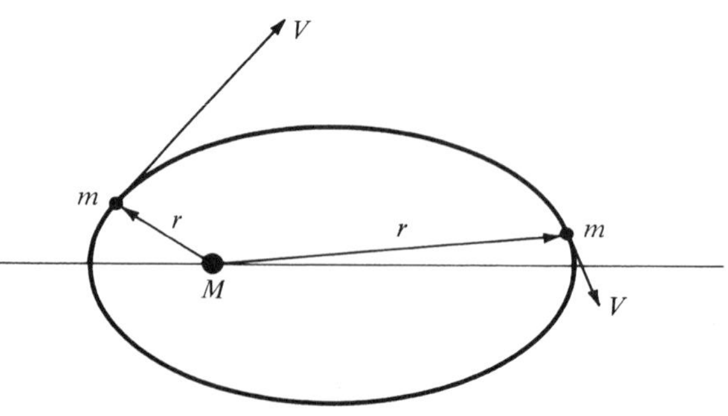

그림 8.17 궤도상의 두 지점에서 속도변화 예

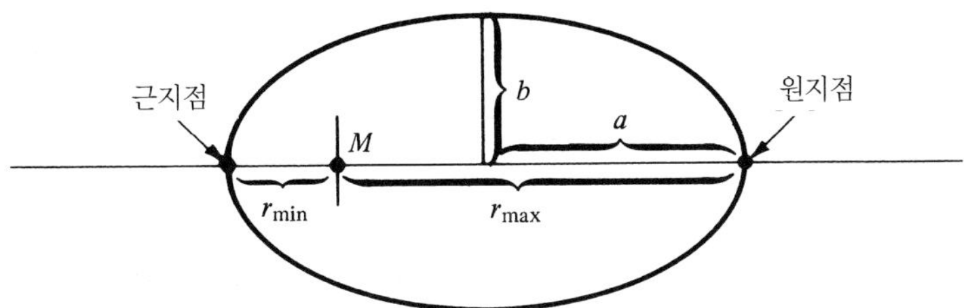

그림 8.18 원지점, 근지점, 장반경 및 단반경의 예

$$r_{max} = \frac{h^2/k^2}{1-e} \tag{8.61}$$

$$r_{min} = \frac{h^2/k^2}{1+e} \tag{8.62}$$

a의 정의와 식 (8.61) 및 (8.62)로부터 다음의 식을 얻을 수 있다.

$$a = \frac{1}{2}(r_{max} + r_{min}) = \frac{1}{2}\frac{h^2}{k^2}\left(\frac{1}{1-e} + \frac{1}{1+e}\right) = \frac{h^2/k^2}{1-e^2} \tag{8.63}$$

타원의 이심률(eccentricity) e는 기하학적으로 장반경, 단반경과 관련이 있으며 해석 기하학의 결과를 이용하면

$$e = \frac{(a^2 - b^2)^{1/2}}{a}$$

b에 대해 풀이하면

$$b = a(1-e^2)^{1/2} \tag{8.64}$$

해석 기하학으로부터 타원의 면적은 다음과 같다.

$$A = \pi ab \tag{8.65}$$

식 (8.64)를 식 (8.65)에 대입하면

$$A = \pi a[a(1-e^2)^{1/2}] = \pi a^2(1-e^2)^{1/2} \tag{8.66}$$

이제 식 (8.59)로 돌아가면

$$dA = \tfrac{1}{2}r^2\dot{\theta}\,dt = \tfrac{1}{2}h\,dt \tag{8.67}$$

따라서, 전체 궤도를 따라 식 (8.67)을 적분함으로써 타원의 면적을 얻을 수 있다. 즉, 시간이 0일 때의 근지점에서 출발하는 위성을 상상하라. 이제 근지점으로 되돌아올 때까지 위성을 전체 궤도 위로 이동시켜보자. 반경벡터가 지나간 면적은 타원 A의 전체 면적이다. 위성이 완전한 궤도를 움직일 때의 시간을 **주기**(*period*)라고 하며 τ라고 나타낸다. 따라서, 식 (8.67)을 전체 궤도 주위로 적분하여 다음 식을 얻을 수 있다.

$$\int_0^A dA = \int_0^\tau \frac{1}{2} h\, dt$$

또는

$$A = \tfrac{1}{2} h\tau \qquad (8.68)$$

이제, 우리는 A에 대한 두 가지 서로 다른 결과를 얻었다. 해석 기하학의 결과인 식 (8.66)과 궤도역학의 결과인 식 (8.68)이다. 이 두 관계식을 풀이하면 다음 식이 얻어진다.

$$\tfrac{1}{2} h\tau = \pi a^2 (1 - e^2)^{1/2} \qquad (8.69)$$

식 (8.63)을 h에 대하여 풀면

$$h = a^{1/2} k (1 - e^2)^{1/2} \qquad (8.70)$$

식 (8.70)을 식 (8.69)에 대입하면

$$\tfrac{1}{2} \tau a^{1/2} k (1 - e^2)^{1/2} = \pi a^2 (1 - e^2)^{1/2}$$

또는, 양쪽을 제곱하면

$$\tfrac{1}{4} \tau^2 a k^2 = \pi^2 a^4$$

또는

$$\tau^2 = \frac{4\pi^2}{k^2} a^3 \qquad (8.71)$$

식 (8.71)를 살펴보라. $4\pi^2/k^2$는 상수이다. 따라서,

$$\tau^2 = (\text{const})(a^3) \qquad (8.72)$$

즉, 주기의 제곱은 장반경의 세제곱에 비례한다. 만약 같은 행성에 각각 τ_1, a_1와 τ_2, a_2의 값을 가지는 두 개의 위성이 있다면, 케플러 제3법칙은 다음과 같이 나타낼 수 있다.

> 케플러 제 3법칙: 같은 행성 주위의 두 위성의 주기는 각각의 장반경과 다음과 같은 관계를 가진다.

$$\frac{\tau_1^2}{\tau_2^2} = \frac{a_1^3}{a_2^3}$$

예제 8.2

태양 주위로 지구가 회전하는 주기는 365.256일이다. 지구궤도의 장반경은 1.49527×10^{11} m이다. 화성궤도의 장반경은 2.2783×10^{11} m이다. 화성의 주기를 계산하라.

■ **풀이**

케플러 제3법칙으로부터 우리는

$$\tau_2 = \tau_1 \left(\frac{a_2}{a_1} \right)^{3/2}$$

여기서,

$$a_1 = 1.49527 \times 10^{11}\ \text{m} \quad \text{지구}$$
$$\tau_1 = 365.256\ \text{days}$$

그리고,

$$a_2 = 2.2783 \times 10^{11}\ \text{m} \quad \text{화성}$$

따라서,

$$\tau_2 = 365.256 \left(\frac{2.2783}{1.49527} \right)^{3/2}$$

$$\boxed{\tau_2 = 686.96\text{일-화성}}$$

8.7 응용: 보이저 우주선—설계, 비행경로 및 역사적 중요성

참고: 개정판 7판 제8장의 이 위치에 나오는 절들은 다음과 같은 내용을 다루고 있으며 개정판 8판용 웹 사이트에 실려있다. Vis-Viva 방정식(에너지방정식), 궤도면 변화를 포함하는 몇 가지 궤도 선회기동, 궤도면 변화와 궤도전이를 포함하는 선회기동, 쌍곡선 비행경로를 포함하는 행성간 비행경로, 세력권(SOI: sphere of influence), 태양중심 궤도, 원뿔곡선 접합법(method of patched conic), 중력조력 비행경로(gravity-assisted trajectories), 우주선의 자세제어.

보이저 2호 우주선이 재래식 우주선 배치의 일례로 그림 2.29에 나타나 있다. 거의 동일한 두 개의 우주선 보이저 1호와 2호는 캘리포니아 파사데나(Pasadena)에 있는 나사(NASA)의 제트 추진 연구소가 설계, 제작 및 운영하였다. 제트 추진 연구는 나사를 대신해 캘리포니아 공대가 소유하고 관리하고 있다. 보이저 임무는 워싱턴의 나사 본부에 있는 과학임무본부의 태양물리학 측정부서의 지원을 받은 태양물리 시스템 관측의 일부분이다. 비록 유사한 우주선이지만 두 보이저호는 약간 다른 비행경로로 태양계를 통과하여 심우주로 보내졌다. 이번 절은 이들 서로 다른 비행경로를 상세히 살펴보고 보이저의 몇 가지 설계특성과 역사적 중요성에 대해 설명하고자 한다.

보이저의 설계는 새로운 과학 데이터의 획득이라는 한 가지 중요한 요구조건을 따랐다. 본질적으로, 우주선은 그림 2.29에서 보다시피 비행경로에서 중간 궤도수정에 필요한 작은 보조 로켓과 특수장비들을 운반하려는 하나의 목적을 가진 우주트럭과 같은 형태였다. 비행경로가 보이저를 다양한 행성과 그들의 달로 보내기 때문에, 그림 2.29 우주선의 오른쪽에 보이는 바와 같이 관절형 계측장비 플랫폼에 계측장비를 장착할 필요가 있었다. 관절형 플랫폼에는 행성이 우주선과 어떠한 상대적 위치에 있다고 하더라도 각 행성을 방해 받지 않고 볼 수 있도록 계측장비를 장착해야 했다. 그림 2.29의 우주선의 위쪽에서 보는 바와 같이, 우주선이 정보와 데이터를 송수신할 수 있는 고 이득 안테나가 항상 지구를 지향하고 있다.

두 보이저의 원래 임무는 목성이나 토성, 토성의 고리, 그리고 두 행성의 더 큰 달에 대해 근접 연구를 수행하는 것이었다. 이러한 두 행성에 대한 임무를 위해 보이저호는 5년에 걸쳐 제작되었다. 그러나, 목성과 토성의 임무가 매우 성공적이어서 보이저 2 우주선은 천왕성과 해왕성을 지나가는 비행을 12년간 지속할 수 있도록 원격으로 재 프로그래밍되었다. 이러한 임무확장은 각 행성에서 에너지와 속도를 얻고 우주선 자체의 추진 시스템을 사용하고 다음 행성으로 우주선을 이동하도록 하는 **중력조력**(*gravity-assist*) 기동을 사용함으로써 가능하였다. (중력조력 비행경로에 대한 수학적인 상세설명은 개정판 8판용 웹사이트에서 찾을 수 있으며 제8장의 보충자료로 수록하였다.)

두 우주선은 태양으로부터 별사이 우주공간(성간공간)으로 이들을 운반시킬 수 있는 쌍곡선 궤도상에 있다. 이 때문에 나사는 프로젝트 이름을 보이저 성간임무(Voyager Interstellar Mission)로 바꾸었다. 이전에 정지시켰던 계측장비들을 다시 작동시키고 동력을 세심하게 사용함으로써 두 우주선의 수명을 확장하였다. 보이저 1과 2호 계측장비에 전력을 공급하는 방사능 열전기발전기는 1977년 발사된 이래 지금까지 작동하고 있다. 2020년까지 보이저 1호의 계측장비들은 on-off를 반복함으로써 전력을 나누어 사용하여야 한다. 2025년까지는 마지막 계측장비가 영원히 정지될 것이다. 보이저 2는 여전히 작동되는 플라즈마 계측장비를 가지고 있다.

보이저 1호와 2호의 비행경로를 따라가기 위해, 우리는 플로리다의 케이프 커너버럴에 있는 나사 케네디 우주센터에서의 발사시점에서 시작할 것이다. (보이저 2호: 1977년 8월 20일, 보이저 1호: 조금 뒤인 1977년 9월 5일). 두 우주선 모두 타이탄 추진로켓으로 발사되었다. 두 보이저호의 비행경로가 그림 8.19에 그려져 있다(실 척도와 다름). 보이저 1호의 비행경로를 살펴보면 다음과 같다.

지구에서 목성까지:	태양에 상대적인 타원 궤도, 이심률 = 0.7978.
목성 주위:	목성에 상대적인 쌍곡선 궤도, 이심률 = 1.3190. 중력조력으로 에너지 증가
목성에서 토성까지:	태양에 상대적인 쌍곡선 궤도, 이심률 = 2.3027.
토성 주위:	토성에 상대적인 쌍곡선 궤도, 이심률 = 2.1076. 중력조력으로 에너지 증가
토성 이후:	태양에 상대적인 쌍곡선 궤도, 이심률 = 3.7247. 성간공간으로 이동하는 동안 이 궤도를 유지

보이저 2호의 궤도를 살펴보면 다음과 같다.

지구에서 목성까지:	태양에 상대적인 타원 궤도, 이심률 = 0.7244.
목성 주위:	목성에 상대적인 쌍곡선 궤도, 이심률 = 1.3303. 중력조력으로

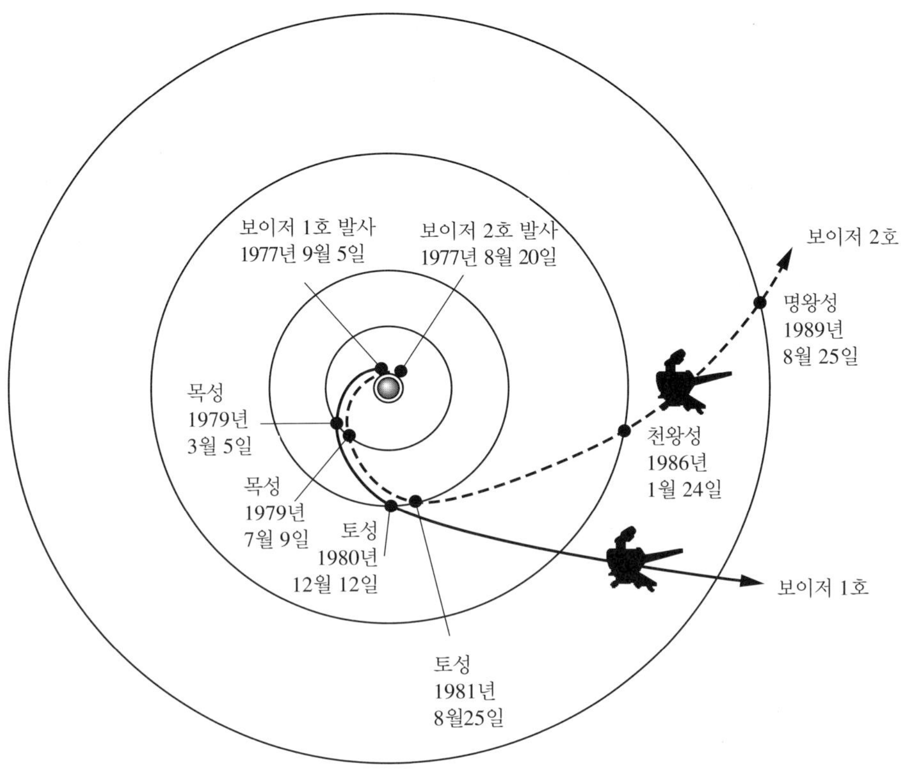

그림 8.19 보이저 1호와 2호의 비행경로(실 축적이 아님)

	에너지 증가
목성에서 토성까지:	태양에 상대적인 쌍곡선 궤도, 이심률 = 1.3383.
토성 주위:	토성에 상대적인 쌍곡선 궤도, 이심률 = 1.4826. 중력조력으로 에너지 증가
토성에서 해왕성까지:	태양에 상대적인 쌍곡선 궤도, 이심률 = 3.4802.
해왕성 주위:	해왕성에 상대적인 쌍곡선 궤도, 이심률 = 5.0142. 중력조력으로 에너지 증가
해왕성에서 천왕성까지:	태양에 상대적인 쌍곡선 궤도, 이심률 = 5.8068.
천왕성 주위:	천왕성에 상대적인 쌍곡선 궤도, 이심률 = 2.1945. 중력조력으로 에너지 증가
천왕성 이후:	태양에 상대적인 쌍곡선 궤도, 이심률 = 6.2846. 성간공간으로 이동하는 동안 이 궤도를 유지

주의: 원래 개정판 7판의 8.9절에서 다룬 쌍곡선 궤도와 중력조력에 대한 설명은 개정판 8판을 위한 웹 사이트로 이동하였다.

두 보이저 호의 출발 및 도착 날짜에 대한 표가 아래에 주어져 있다.

Voyager 2	*Voyager 1*	
1977. 8. 20	1977. 9. 5	발사
1979. 7. 9	1979. 3. 5	목성
1981. 8. 25	1980. 12. 12	토성
1986. 1. 25	–	천왕성
1989. 8. 25	–	해왕성
2007. 8 (84 AU)	2004. 12. (94 AU)	말단 충격파

위 표에서 마지막 항목은 두 보이저 호가 **말단 충격파**(*termination shock*)를 지난 시간이다. 말단 충격파는 몇 가지 설명이 필요한 용어이다. 태양은 태양으로부터 방사된 프라즈마로 구성된 태양풍을 포함하는 **태양권구**(*heliosphere*)라 불리는 큰 영역으로 둘러싸여 있다. 지역 주위를 돌고 있는데, 이 곳은 태양으로부터 불어오는 플라즈마로 구성된 태양풍을 포함하고 있다. 태양권구는 성간물질, 수소, 헬륨가스와 우리은하를 구성하는 다른 물질 등에 의한 어느 정도 일정한 외계압력을 견디는 태양풍을 포함하는 "버블(bubble)"의 일종이다. 태양 근처에서 태양풍은 태양에 대해 300~800 km/s의 상대속도를 갖는 초음속이다. (성간물질에서의 음속은 약 100 km/s이다.) 태양풍이 태양으로부터 전파되어 나가면서 속도는 점차 감소하고 압력은 태양으로부터 거리의 제곱에 비례하여 감소한다. 태양으로부터 충분히 먼 곳에서는 성간물질에 의한 압력은 태양풍을 음속까지 감소시킬 정도로 크고 이곳에서 충격파가 발생한다. 이러한 충격파를 **말단 충격파**라고 부르며, 이것을 지나면서 압축, 가열 및 자기장의 변화가 발생한다. 보이저 1호는 2004년 12월에 태양으로부터 94 AU (Astronomical Unit) 떨어진 위치의 말단 충격파를 만났다. (단위 AU는 태양과 지구사이의 평균 거리로 149,597,871 km이다) 거의 3년 후인 2007년 8월 보이저 2호가 말단 충격파를 통과하였다. 태양풍이 아음속이고 성간 물질과 강력하게 상호작용을 하는 말단 충격파의 다른 한쪽은 **태양권면**(*heliosheath*)이다. 결과적으로 대양권면의 바깥쪽 면이 **태양권경계면**(*heliopause*)이고 이곳을 지나면 오직 성간 물질만 존재한다. 2012년 8월 25일 보이저 1의 계측장비가 태양권구 안에서 생성된 우주광선의 급격한 감소를 기록하였다. 많은 과학적인 논쟁 끝에 지금은 이 날짜에 보이저 1호가 태양권구를 이탈한 것으로 받아들인다. (Kerr, "It's Official—Voyager Has Left The Solar System", 2013년 9월 13일 pp.1158~1159 참조). 그 때 계측장비 고장과 전력이 고갈된 보이저 1호는 외계 우주로 나간 인류가 만든 첫 번째 물체가 되었다. 보이저 2호는 그 뒤로 멀지 않은 거리에서 역시 성간우주로 향하고 있지만 이 글을 쓰는 시점(2014년 8월)에는 아직 그곳에 도달하지 못하였다.

보이저호의 비행을 설명하는 이번 절은 중력장이 태양, 지구 혹은 다른 행성 등 어디에서 생기든 관계 없이 오직 중력만으로 일어나는 우주공간에서의 우주선 운동에 대한 제 8장 앞부분 절들에서 설명한 내용의 응용 예를 보여주려는 의도를 가지고 있다. 우주공간에서의 비행에 쓰이는 물리학이나 수학은 우주공학 학습에 가장 중요한 특성의 하나이고 보이저 우주선의 비행은 우주공학의 역사에서 가장 중요한 기술적이고 역사적인 대표적인 기록이다.

8.8 지구 진입과 행성 진입의 개요[1]

현대의 유인 우주 비행체와 많은 무인 우주 비행체 등 모든 경우에 어떤 시기에는 궤도 혹은 비행경로를 종료하고 지구로 귀환하는 것이 필요하다. 분명히 이 경우에는 고속에서 대기권과 흥정을 할 필요가 생긴다. 8.5절로부터 궤도선은 26,000 ft/s에 가까운 속도에서 대기권의 외부영역으로 진입할 것임을 상기하라. 달 임무를 마치고 돌아오는 비행체(**아폴로**와 같은)는 훨씬 더 높은 속도인 약 36,000 ft/s에서 진입할 것이다. 이들 속도는 마하 30 또는 그 이상에 대응된다. 이 같은 극초음속 비행 조건은 다양하고 어려운 공기역학적 문제와 연관되어 있다−지극히 독특하고 어려워서 1950년대 후반부터 1960년대에 걸쳐 공기역학자들의 연구내용의 중요한 부분을 차지하였다. **머큐리**, **제미니**와 **아폴로** 비행체들의 성공적인 유인 진입은 이 극초음속 연구의 성공에 대한 놀랄만한 성과들이다. 극 초음속 비행체의 몇 가지 특성은 제10장에서 설명하였다.

그림 8.20에서 보이는 지구궤도에 있는 우주 비행체를 고려해보자. 우리는 이 궤도를

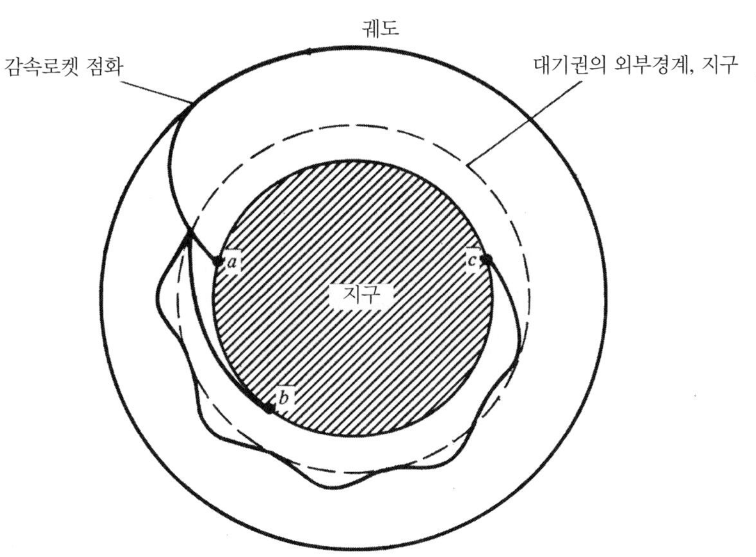

그림 8.20 세 가지 형태의 진입경로 (*a*) 탄도궤도 진입, (*b*) 활강 진입, (*c*) 물수제비 진입

[1] 여러분은 많은 문헌에서 지구 **진입**보다는 지구 **재진입**을 발견하게 될 것이다. **재진입**이라는 용어는 우주선이 대기로 들어왔었고 지금 다시 들어오고 있는 중임을 나타낸다. 이것은 우주 왕복선을 제외하고는 통상 잘못된 것이다. 따라서 여기서는 **진입**이라는 용어를 쓸 것이고 이것은 문법적으로 더 올바르고 최근에 사용되는 용어와도 잘 어울린다.

이탈하여 비행체가 지구표면 어딘가에 착륙시키고자 한다. 먼저, 역추진 로켓을 점화하여 속도를 줄이면서 비행체의 비행경로를 변경한다. 식 (8.43) 혹은 (8.44)의 궤도방정식에서 역추진 로켓의 발사는 비행체를 지구방향의 곡선이 되도록 h, e와 C값을 효과적으로 변화시킨다. 비행체가 대기권의 외부영역에 도달했을 때(그림 8.20에 점선으로된 원으로 표시), 세 가지 형태의 진입 경로가 가능하다.

1. **탄도궤도 진입(*ballistic entry*).** 여기서, 비행체에는 공기역학적인 양력이 거의 혹은 전혀 없다. 비행체는 그림 8.20의 *a*점의 표면을 때리면서 항력과 중력의 영향하에 대기를 통과하여 떨어진다. 충돌지점은 대기권 최초 진입시점의 조건으로 사전에 결정된다. 조종사는 이 탄도궤도상에 있을 때 착륙지점을 정하는 데 필요한 어떠한 조종도 할 수 없다. 이것은 글자 그대로 표면으로 낙하하는 것과 같다. 우주 왕복선 이전까지는 실제로 존재하는 모든 비행체의 진입이 탄도궤도 방식이었다. (그림 8.4에 있는 아폴로 캡슐은 아마도 예외일 수 있다. 여기서 아폴로 캡슐은 어떤 받음각에서 약간의 양항비, $L/D < 1$를 발생할 수 있다. 그러나 실제적으로는 여전히 탄도 진입 비행체이다.)
2. **물수제비 진입(skip entry).** 여기서 비행체는 1~4 사이의 L/D값을 발생하고 처음 대기를 지나치기 위해 부양능력을 이용하고 약간 감속을 한 후 기수를 들어올려 양력으로 대기권 밖으로 밀려나도록 한다. 양력이 비행체를 대기 밖으로 튕겨보낼 수 있을 정도로 피치각이 증가한다. 연못의 표면에서 납작한 돌이 튀기는 것처럼 이 과정을 여러 번 반복하여 결국 비행체가 적절하게 감속하고 대기를 통과하여 그림 8.20의 착륙지점 *c*에 도착하게 된다. 불행히도 물수제비 진입을 하는 비행체의 공력가열이 비정상적으로 크기 때문에 이러한 진입 방법은 전혀 사용된 적이 없고 향후에도 고려되지 않을 것이다.
3. **활강 진입(glide entry).** 여기서 비행체는 본질적으로 4 혹은 그 이상의 양항비를 발생시키는 항공기이다. 비행체는 높은 받음각(30° 이상)으로 대기로 진입 한 후 지표면까지 비행하고 그림 8.20의 점에 착륙한다. 이러한 부양 진입 비행체의 예가 그림 8.6에 나타나 있다. 우주 왕복선의 놀라운 장점은 조종사가 착륙지점을 원칙적으로 선택할 수 있고 비행체가 온전하게 착륙하여 재사용이 가능하다는 점이다.

이들 모든 진입 모드들은 최대 감속과 공력가열이라는 두 가지의 기술적인 문제가 우선적으로 해결되어야 가능하다. 유인 진입 비행체 탑승자의 안전을 위해서는 최대감속이 중력가속도의 10배를 초과하지 말아야 한다—즉, 10 g. 더불어 비행체의 공력가열은 충분히 작아 견딜 수 있을 정도의 캡슐 내부 온도를 유지할 수 있어야 한다. 무인 비행체라 하더라도 대기에서 연소되지 않도록 해야만 한다. 이러한 이유로, 진입 비행경로, 최대 감속과 공력가열 등이 이번 장의 나머지 부분의 주제가 되었다. 이를 통해 우리는 그림 8.7의 로드맵의 오른쪽 열로 이동하게 된다.

마지막으로, 달이나 다른 행성임무로부터 복귀하는 유인 우주 비행체의 진입과 관련하여 추가적인 설명을 할 것이다. 이러한 비행체는 그림 8.21과 같이 지구에 포물선 또는 쌍

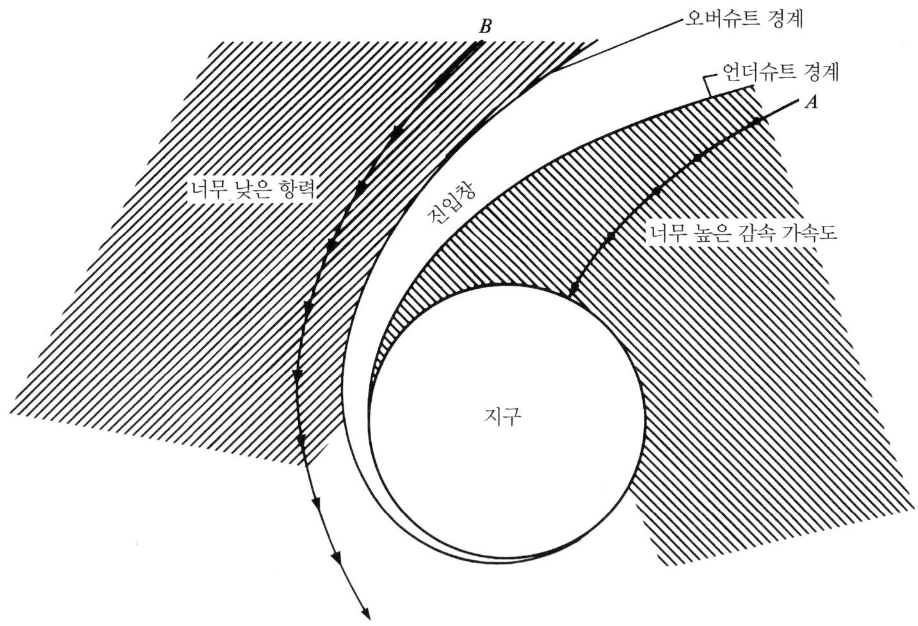

그림 8.21 진입창(entry corridor)의 예

곡선 궤도로 접근할 것이다. 만약 비행체가 그림 8.21에서 A 경로를 따라 이동하면 대기를 너무 빠르게 통과하여 최대 감속이 너무 커지게 된다. 반대로, B를 따라 이동할 경우 대기권 진입이 충분하지 않게 된다. 왜냐하면 항력이 너무 작아서 비행체가 지구 중력권에 포획될 정도로 충분히 감속할 수가 없어 지구를 지나쳐 바깥 우주로 되돌아가 다시는 돌아오지 않게 될 것이다. 결과적으로 비행체가 지구표면까지 성공적으로 복귀할 수 있도록 인도할 수 있는 좁은 **진입창**(*entry corridor*)이 존재한다. 이 진입창을 그림 8.21에 위쪽의 **오버슈트 경계**(*overshoot boundary*)와 아래쪽의 **언더슈트 경계**(*undershoot boundary*)로 나타내었다.

8.9 대기의 특성: 지수함수적 변화

진입은 대기권을 지나는 운동과 관련이 있기 때문에 진입 성능이 대기의 물리적 특성에 따라 달라진다고 예상하는 것이 바람직하다. 이러한 특성들은 3장에서 설명하였고 대기의 온도분포가 그림 3.4에 나타나 있다. 컴퓨터로 수행된 세부적인 진입 비행경로의 계산은 3장에 주어진 표준 대기의 정확한 변화를 고려한다. 그러나, 1차적인 근사로 그림 3.4에 나타난 변화의 평균값과 동일한 일정한 온도를 가지는 완전히 등온인 대기권으로 가정할 수 있다. 이경우 고도에 따른 밀도변화는 식 (3.10)과 같이 간단한 지수함수 형태로 나타난다. [여기서, 독자는 식 (3.10)의 유도 과정을 살펴보아야 한다.] 해면고도의 점1에서 식 (3.10)

을 쓰면 다음의 식이 얻어진다.

$$\boxed{\frac{\rho}{\rho_0} = e^{-g_0 h/(RT)}} \tag{8.73}$$

식 (8.73)은 **대기에 대한 지수함수 모델**을 나타낸다. 이 식은 약 450,000 ft(약 140 km)까지의 지구 표준 대기의 실제적인 밀도변화와 꽤 정확하게 일치한다. 이 고도 이상에서는 공기가 매우 희박하여 진입경로에 미미한 영향만을 준다. 대기의 지수함수 모델을 1950년대부터 1960년대 초까지의 지구 진입에 대한 초기연구에 나사(NASA)와 다른 연구기관들이 사용하였다. 우리는 이 장의 나머지 부분에 이 식을 적용할 것이다.

8.10 대기진입에 대한 일반 운동방정식

그림 8.22에 나타낸 대기권을 진입하는 우주 비행체를 고려하자. 주어진 고도 h에서 비행체의 속도는 V이고 수평면 아래로 θ 만큼 기울어져 있다. 무게 W는 늘 지구중심을 향하고 있고 항력 D와 양력 L은 예전처럼 비행경로에 각각 평행하고 수직이다. 비행경로에 수평 및 수직 방향의 힘들을 합산하고 뉴턴의 제2법칙을 이용하면 다음의 식들을 각각 얻을 수 있다.

$$-D + W\sin\theta = m\frac{dV}{dt} \tag{8.74}$$

$$L - W\cos\theta = m\frac{V^2}{r_c} \tag{8.75}$$

여기서, r_c는 비행경로의 곡률반경이다. 식 (8.74)와 (8.75)는 제6장의 식 (6.7), (6.8)에 T

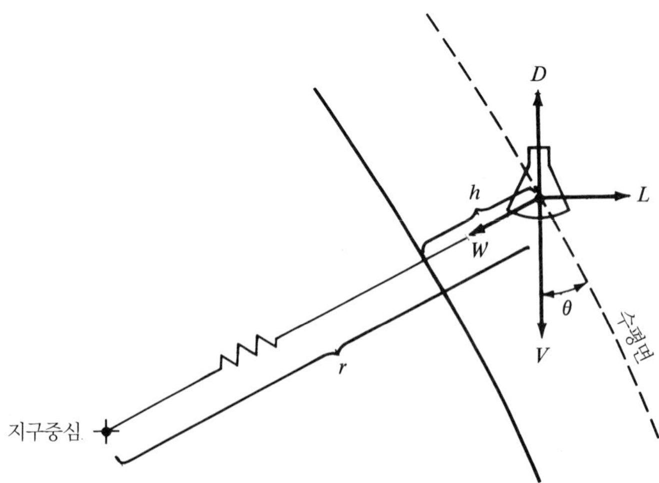

그림 8.22 진입 비행체에 작용하는 힘과 운동

= 0을 적용하고 θ를 수평면 위쪽 대신 아래쪽으로 측정하여 얻은 운동방정식과 동일하다.

우리는 속도 V를 고도 h의 함수로 나타내는 방법을 찾고 있다. 먼저 식 (8.74)의 항력 방정식을 이용하면 다음 식이 얻어진다.

$$-D + W\sin\theta = m\frac{dV}{dt} = m\frac{dV}{ds}\frac{ds}{dt} = mV\frac{dV}{ds}$$
$$-D + W\sin\theta = \frac{1}{2}m\frac{dV^2}{ds} \tag{8.76}$$

여기서, s는 비행경로를 따른 거리를 나타낸다. 항력계수의 정의로부터,

$$D = \tfrac{1}{2}\rho V^2 S C_D \tag{8.77}$$

또한 그림 8.23에 나타낸 도형으로부터

$$ds = -\frac{dh}{\sin\theta} \tag{8.78}$$

식 (8.77)과 식 (8.78)을 식 (8.76)에 대입하면

$$-\frac{1}{2}\rho V^2 S C_D + W\sin\theta = -\frac{1}{2}m\sin\theta\frac{dV^2}{dh} \tag{8.79}$$

우리는 h의 함수로 표현된 V를 얻는 데 관심이 있다. 그러나 식 (8.73)으로부터 $\rho = f(\mathrm{h})$임을 상기하라. 즉,

$$\frac{\rho}{\rho_0} = e^{-g_0 h/(RT)} = e^{-Zh} \tag{8.80}$$

여기서, $Z \equiv g_0/RT$는 표기를 간단히 하기 위해 사용하였다. 따라서, 속도와 밀도의 관계식 $V = f(\rho)$가 주어진 경우 식 (8.80)을 이용하여 h에 따른 V의 변화도 알 수 있다. 이 같은 접근방법을 사용해서 V와 ρ의 관계식을 찾아보자.

식 (8.80)을 미분하면 다음의 식이 얻어진다.

$$\frac{d\rho}{\rho_0} = e^{-Zh}(-Z\,dh) = \frac{\rho}{\rho_0}(-Z\,dh)$$

혹은

$$dh = -\frac{d\rho}{Z\rho} \tag{8.81}$$

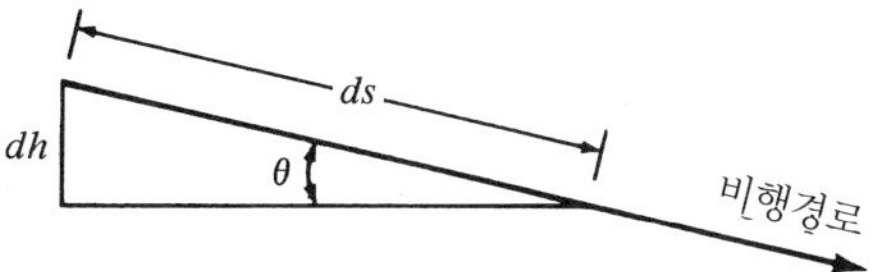

그림 8.23 비행경로 형상

식 (8.81)을 식 (8.79)에 대입하자.

$$-\frac{1}{2}\rho V^2 SC_D + \mathrm{W}\sin\theta = -\frac{1}{2}m\sin\theta\frac{dV^2}{dp}(-Z\rho) \tag{8.82}$$

식 (8.82)를 $-\frac{1}{2}\rho Zm\sin\theta$로 나누면

$$\frac{V^2 SC_D}{Zm\sin\theta} - \frac{2mg}{Z\rho m} = -\frac{dV^2}{d\rho}$$

혹은

$$\boxed{\frac{dV^2}{d\rho} + \frac{1}{m/(C_D S)}\frac{V^2}{Z\sin\theta} = \frac{2g}{Z\rho}} \tag{8.83}$$

식 (8.83)은 대기권으로 진입하는 비행체에 대한 정확한 운동방정식이다—유일한 가정은 대기에 대한 지수함수 모델이다. 또한 식 (8.83)의 두 번째 식에 나타난 파라미터 $m/(C_D S)$는 주어진 우주 비행체에 대해 본질적으로 상수이며 이를 다음과 같이 탄도 파라미터라 부른다.

$$\frac{m}{C_D S} \equiv [\text{탄도 파라미터(ballistic parameter)}]$$

나중에 다시 설명하겠지만 $m/C_D S$의 값이 진입 비행경로의 대부분을 결정한다.

식 (8.83) 또한 미분방정식이고, 이론적으로는 이를 해석하여 $V = f(\rho)$와 혹은 식 (8.80)을 이용한 $V = f(h)$의 관계를 얻을 수 있다. 그러나 일반적으로 식 (8.83)의 각도 θ 또한 h에 따라서 변하고 이 변화는 식 (8.83)을 풀이하기 전에 얻어져야 한다. 이것이 두 번째 운동방정식인 식 (8.75)의 양력 방정식의 역할이다. 식 (8.75)는 $d\theta/d\rho$의 항을 가진 미분방정식으로 변환할 수 있으며 그 결과를 식 (8.83)과 동시에 풀이함으로써 주어진 $m/C_D S$와 L/D을 가진 비행체의 V에 대한 식을 ρ의 함수로 나타낼 수 있다. 세부적인 사항은 여기에 수록되어 있지 않지만 앞에서 주어진 것처럼 부양 진입경로를 계산하는 한 가지 접근방법을 간단하게 살펴보는 것이 본 설명의 목적이었다. 독자는 이번 장의 끝에 있는 참고문헌에 주어진 NACA와 NASA의 보고서로부터 세부사항을 참조할 수 있다.

앞의 분석을 수행한 후의 실제 진입경로는 어떤 형상인가? 답은 속도변화(가로축)를 밀도(세로축)에 따라 나타낸 그림 8.24에 주어져 있다. 식 (8.80)에 따라 ρ가 고도의 함수이기 때문에, h 또한 세로축에 주어져 있다. 따라서, 그림 8.24는 진입경로를 고도에 따른 속도변화로 보여준다. 소위 진입에 대한 **속도–고도 선도**(*velocity–altitude map*)라 부른다. 이러한 속도–고도 선도들은 진입 비행체의 설계와 분석에서 자주 사용된다. 그림 8.24를 좀더 자세히 살펴보자. 진입 비행체가 대기권을 통과하기 시작한다고 상상하자. 그림 8.24의 점 a와 같이 고도와 속도가 매우 높은 상태이다. 진입의 초기 단계 동안은 대기밀도가 낮아 항력이 실제로 무시할 정도로 작으며 그림 8.24의 점 a에서 점 b까지와 같이 비행체

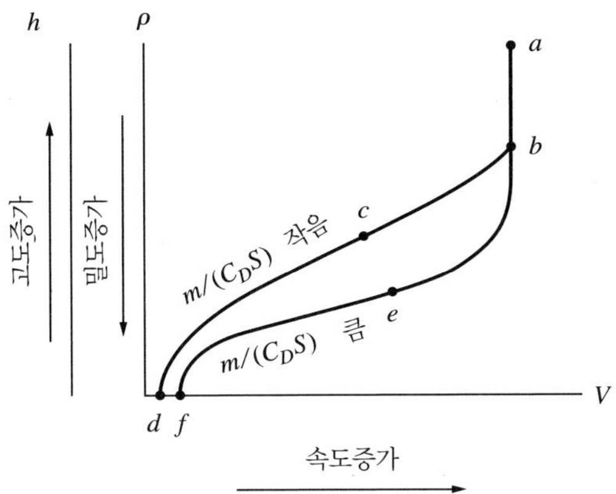

그림 8.24 속도-고도 선도상의 진입 비행경로

가 속도가 약간 감소된 채 대기권의 상층부로 들어오는 경우에 해당한다. 그러나, 점 b아래의 고도에서는 공기밀도가 급격히 증가하여 항력이 확연히 증가하면서 속도를 빠르게 감소시키게 된다. 그림 8.24의 c점이 이러한 경우이다. 마지막으로 비행체는 점 d의 표면에 도달한다. 그림 8.24에서 $a-b-c-d$ 는 주어진 탄도 파라미터에 대응되는 경로이다. 만약 m/C_DS이 커지면 경로 $a-b-e-f$와 같이 비행체는 감속이 되기 전에 대기권에 더 깊숙히 들어오게 된다. 따라서, 식 (8.83)의 설명에서 보았듯이 탄도 파라미터는 진입 비행체의 중요한 설계특징이 된다.

8.11 탄도 진입의 응용

식 (8.83)과 같은 정확한 운동방정식의 풀이는 고속 컴퓨터에서 수치적으로 수행되어야 한다. 즉, 그림 8.24의 곡선은 컴퓨터로 계산된 숫자들로부터 얻어지며 단순하고 닫힌 형태의 해석적 방정식으로 주어지지 않는다. 그러나, 몇 가지 가정을 하면 순수한 탄도 진입(양력이 없음)에 대한 해석적인 해를 구할 수 있다. 이것이 이번 절의 목적이다.

그림 8.22의 대기권으로 진입하고 있는 비행체로 돌아가 보자. 비행경로가 순전히 탄도 진입인 경우라면 정의에 따라 $L = 0$이다. 또한 초기 진입속도가 매우 크다는 사실을 (원궤도 26,000 ft/s, 쌍곡선 궤도 36,000 ft/s 등) 상기하자. 따라서, 속도-고도 선도의 대부분에서 진입속도에 의한 동압이 크다. 그 결과 항력이 커서 실제로 비행체의 무게보다 훨씬 더 크다($D \gg W$). 이것을 고려하면, W를 무시할 수 있고 원래의 항력방정식인 식 (8.74)는 아래와 같이 표현된다.

$$-D = m\frac{dV}{dt} \tag{8.84}$$

식 (8.83)과 동일한 유도 과정을 식 (8.84)에 적용하게 되면 다음의 식을 얻게 된다.

$$\frac{dV^2}{d\rho} + \frac{1}{m/(C_D S)} \frac{V^2}{Z \sin\theta} = 0 \tag{8.85}$$

(독자들은 스스로 이 유도 과정을 밟아야 한다.) W를 무시하였기 때문에 식 (8.85)는 식 (8.83)의 우변항을 0으로 놓은 것과 같다.

더불어, 식 (8.85)에서 θ가 일정하다고 가정하라. 그림 8.22를 참조하면 이 가정은 대기권을 통과하는 직선 진입경로를 의미한다는 것을 알 수 있다. 이것은 많은 실제의 탄도 진입 비행체에 대해 적절한 가정이다. θ가 일정한 경우, 식 (8.85)는 다음과 같이 닫힌 형태로 적분이 가능하다. 우선 식 (8.85)를 다음과 같이 정리하자.

$$\frac{dV^2}{V^2} = -\frac{d\rho}{[m/(C_D S)] Z \sin\theta} \tag{8.86}$$

식 (8.86)을 $\rho = 0$, $V = V_E$(초기 진입속도)인 대기와의 최초 접촉점으로부터 밀도가 ρ이고 비행체의 속도가 V인 대기권의 임의의 점까지 적분하라.

$$\int_{V_E}^{V} \frac{dV^2}{V^2} = -\frac{1}{[m/(C_D S)] Z \sin\theta} \int_0^{\rho} d\rho$$

혹은

$$\ln \frac{V^2}{V_E^2} = 2 \ln \frac{V}{V_E} = -\frac{\rho}{[m/(C_D S)] Z \sin\theta}$$

따라서,

$$\boxed{\frac{V}{V_E} = e^{-\rho/2[m/(C_D S)] Z \sin\theta}} \tag{8.87}$$

식 (8.87)은 ρ에 따른 V의 변화에 대한 닫힌 형태로의 표현이며 식 (8.80)을 통해 h에 따른 V의 변화를 나타낸다. 이것이 그림 8.24에 나타낸 속도–고도 선도에 대한 양함수 형태의 방정식(explicit equation)이다. 앞에서는 그림 8.24의 곡선들의 형태를 의심하지 않고 받아들였지만 식 (8.87)은 속도변화가 어떻게 일어나는지를 정확하게 설명한다. 예를 들어 식 (8.87)을 살펴보자. ρ가 증가함에 따라 (즉, 고도가 감소함에 따라) V는 감소한다. 이는 그림 8.24에서 보여준 곡선의 형태와 일치한다. 또한, $m/C_D S$가 큰 경우 식 (8.87) 지수함수 부분은 ρ가 커질 때까지는 (고도가 더 낮아질 때까지는) 큰 영향을 주지 않는다. 따라서, $m/C_D S$가 큰 비행체는 그림 8.24에 나타난 것처럼 높은 속도로 대기에 더 깊숙히 파고든다. 그러므로 그림 8.24에 나타낸 변화를 식 (8.87)의 형태로부터 직접 확인이 가능하다.

8.8절에서 최대 감속도(deceleration)가 진입 시 중요한 고려대상임을 설명하였다. 앞의 설명을 토대로 이제 우리는 감속도를 좀더 세부적으로 살펴볼 수 있다. 먼저, 비행체의 무게를 무시한 식 (8.84) 운동방정식을 고려하자. 정의에 따라 식 (8.84)의 dV/dt는 가속도이고, 이 값은 식 (8.84)로부터 진입 시 부호가 음이다.

$$\frac{dV}{dt} = -\frac{D}{m}$$

또한 정의에 따라 음의 가속도 값은 dV/dt로 나타낸 **감속도**(*deceleraion*)이다. 앞의 방정식으로부터

$$\text{감속도} = \left|\frac{dV}{dt}\right| = \frac{D}{m} \tag{8.88}$$

항력계수 $D = \frac{1}{2}\rho V^2 S C_D$의 정의로부터 식 (8.88)은 다음과 같이 표현된다.

$$\left|\frac{dV}{dt}\right| = \frac{\rho V^2 S C_D}{2m} \tag{8.89}$$

[식 (8.89)에서는 ρ와 V에 대한 하첨자∞를 편의상 생략하였다.]

식 (8.89)로부터 $|dV/dt|$는 ρ가 증가함에 따라 증가하고 V가 감소함에 따라 감소한다. 이 식은 그림 8.25과 같은 고도에 따른 감속도 변화를 정성적으로 작도할 수 있게 해준다. 높은 고도에서는 속도가 크지만 상대적으로 일정하다.(그림 8.24의 a점에서부터 b점을 보라.) 반면에 ρ는 증가하기 시작한다. 따라서, 식 (8.89)로부터 감속도는 그림 8.25의 높은 고도에서처럼 비행체가 대기에 들어가는 초기에는 증가할 것이다. 그러나, 그림 8.24는 낮은 고도에서 속도가 급격히 감소하는 것을 보여준다. 식 (8.89)로부터, 속도감소가 밀도증가보다 훨씬 커서 감속도의 크기가 감소할 것이다. 그림 8.25의 저고도 영역이 이러한 변화를 모여준다. 결국 진입 비행체의 감속도는 초기에 증가하다 최고점에 이른 후 마지막에는 감소한다. 그림 8.25는 이러한 변화를 분명하게 보여준다.

최대 감속도의 정량적인 값은 중요하다. 8.8절에 언급했듯이, 유인 진입 비행체는 10 g의 최대 감속도를 초과해서는 안 된다. 또한, 무인 비행체라 하더라도 비행체 자체나 구성

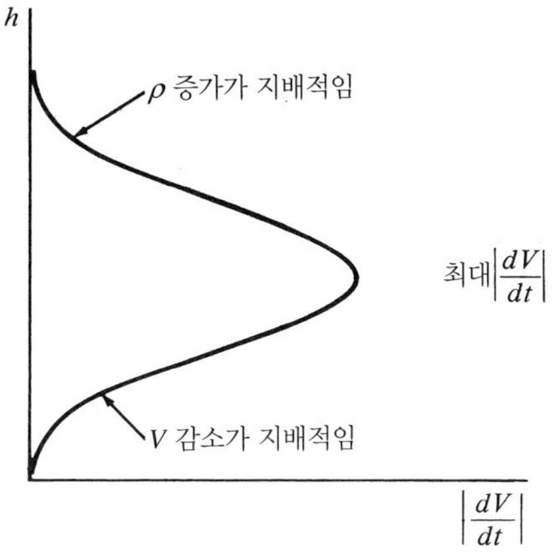

그림 8.25 탄도 진입의 경우 고도에 따른 감속도(deceleration)의 변화

품의 구조손상을 피하기 위해 설정된 제한이 존재한다. 이를 위해 최대 감속도에 대한 방정식을 유도해보자. 먼저, 식 (8.89)는 직선 탄도궤도 상의 임의의 점에서 성립하는 감속도에 대한 식을 제공한다. 우리는 최대 감속도를 구하고 싶다. 이를 위해 식 (8.89)를 미분하고 최대 감속도에 대한 조건식을 찾기 위해 그 결과를 0으로 설정하려 한다. 식 (8.89)를 시간에 대해 미분하고, 궤도를 따라 ρ와 V가 변화된다는 것을 고려하면 다음의 식을 얻을 수 있다.

$$\left|\frac{d^2V}{dt^2}\right| = \frac{SC_D}{2m}\left(2\rho V\frac{dV}{dt} + V^2\frac{d\rho}{dt}\right) \tag{8.90}$$

식 (8.84)로부터

$$\frac{dV}{dt} = -\frac{D}{m} = -\frac{1}{m}\left(\frac{1}{2}\rho V^2 SC_D\right) \tag{8.91}$$

식 (8.91)을 식 (8.90)에 대입하면,

$$\begin{aligned}\left|\frac{d^2V}{dt^2}\right| &= \frac{SC_D}{2m}\left[2\rho V\left(-\frac{\rho V^2 SC_D}{2m}\right) + V^2\frac{d\rho}{dt}\right] \\ \left|\frac{d^2V}{dt^2}\right| &= \frac{SC_D V^2}{2m}\left(-\frac{\rho^2 VSC_D}{m} + \frac{d\rho}{dt}\right)\end{aligned} \tag{8.92}$$

최대 $|dV/dt|$의 조건을 찾기 위해 식 (8.92)를 0으로 설정하면 다음의 식을 얻을 수 있다.

$$\frac{d\rho}{dt} = \frac{\rho^2 VSC_D}{m} \tag{8.93}$$

지수함수 형태의 대기모델인 식 (8.80)을 시간에 대해 미분하면

$$\frac{d\rho}{dt} = -\rho_0 Ze^{-Zh}\frac{dh}{dt} = -Z\rho\frac{dh}{dt} \tag{8.94}$$

한편, 그림 8.23의 기하학적 형태와 식 (8.78)을 이용하면

$$\frac{dh}{dt} = -\frac{ds}{dt}\sin\theta = -V\sin\theta \tag{8.95}$$

식 (8.95)을 식 (8.94)에 대입:

$$\frac{d\rho}{dt} = \rho ZV\sin\theta \tag{8.96}$$

식 (8.96)을 식 (8.93)에 대입:

$$\rho ZV\sin\theta = \frac{\rho^2 VSC_D}{m} \tag{8.97}$$

식 (8.97)을 ρ에 대해 풀이:

$$\rho = \frac{m}{C_D S} Z \sin\theta \tag{8.98}$$

식 (8.98)은 최대 감속도 점에서 밀도의 값을 나타낸다. 최대 감속도를 얻기 위해 이 식을 식 (8.89)에 대입하면 다음의 식이 얻어진다.

$$\begin{aligned} \left|\frac{dV}{dt}\right|_{\max} &= \frac{1}{2m}\frac{m}{C_D S} Z(\sin\theta)V^2 S C_D \\ \left|\frac{dV}{dt}\right|_{\max} &= \frac{1}{2} V^2 Z \sin\theta \end{aligned} \tag{8.99}$$

식 (8.98)과 식 (8.87)을 이용하면 최대 감속도 점에서의 속도는 다음과 같다.

$$V = V_E e^{-1/2} \tag{8.100}$$

식 (8.100)을 식 (8.99)에 대입하면

$$\boxed{\left|\frac{dV}{dt}\right|_{\max} = \frac{V_E^2 Z \sin\theta}{2e}} \tag{8.101}$$

식 (8.101)이 원하던 결과이다. 이 식은 직선 탄도 진입궤도에 대한 최대 감속도를 쉽게 계산할 수 있는 닫힌 형태의 표현식이다. 식 (8.101)로부터 아래의 관계가 있음을 주목하라.

$$\left|\frac{dV}{dt}\right|_{\max} \propto V_E^2 \quad \text{and} \quad \left|\frac{dV}{dt}\right|_{\max} \propto \sin\theta$$

따라서, 포물선이나 쌍곡선 궤도($V_E > 11.2$ km/s)로부터의 진입은 원 궤도($V_E = 7.9$ km/s) 진입보다 훨씬 더 어렵다. 그러나, 우리가 진입을 위하여 V_E값을 조절할 수 있는 여지는 거의 없다—이는 진입 전의 궤도 또는 비행경로에 의해 주로 결정되고 따라서 우주에서의 임무요구에 의해 정의된다. 그러므로, 식 (8.101)이 우리에게 시사하는 바는 최대 감속도는 주로 진입각도 θ를 이용하여 조절해야 한다는 점이다. 실제로 진입하는 동안 적절하게 낮은 감속도를 가지려면 비행체는 낮는 각도로 (다시 말해, 작은 θ값으로) 대기권으로 진입해야 한다는 결론을 내릴 수 있다.

최종적인 식 (8.101)은 놀랄만한 결과이다. 최대 감속도는 오직 V_E와 θ로 결정된다. 비행체를 설계—즉, 탄도 매개변수 $m/C_D S$—는 최대 감속도 값에 영향을 주지 않는다. 그러나, $m/C_D S$가 최대 감속도가 발생하는 고도를 결정한다는 사실 때문에 의아하게 생각할 수도 있다.

이상으로 감속과 진입 비행경로에 대한 일반적인 설명을 마치려고 한다. 8.12절에서는 8.8절에서 설명한 진입 시의 두 번째 중요한 문제인 공력가열에 대하여 설명할 것이다.

예제 8.3

13 km/s(이탈속도보다 조금 큰)의 속도와 수평면과 15°의 하반각으로 지구 대기로 진입하는 강철 구를 고려하자. 구의 지름은 1 m이다. 극초음속에서 구의 항력계수는 약 1이다. 철의 밀도는 6,963 kg/m³이다. (*a*) 최대 감속도가 발생하는 고도, (*b*) 최대 감속도의 값, (*c*) 구가 지구 표면과 충돌할 때의 속도를 계산하라.

■ **풀이**

먼저, 탄도 파라미터 $m/C_D S$를 계산하라:

$$m = \rho v = \rho\left(\tfrac{4}{3}\pi r^3\right) \qquad S = \pi r^2$$

여기서, r = 구의 반지름. 따라서,

$$\frac{m}{C_D S} = \frac{4}{3}\frac{r\rho}{C_D} = \frac{4}{3}\left[\frac{0.5(6963)}{1.0}\right] = 4642\,\text{kg/m}^2$$

또한 정의에 따라 $z = g_0/RT$. 지수형태의 대기모델에 대해 온도가 288°K로 일정하다고 가정하자(8.9절의 지수형태의 대기모델은 제3장에서 언급한 상세한 표준 대기에 대한 근사에 불과하다는 점을 상기하라.) 따라서

$$Z = \frac{g_0}{RT} = \frac{9.8}{287(288)} = 0.000118\,\text{m}^{-1}$$

a. 최대 감속도에 대한 고도를 얻기 위해 식 (8.98)으로부터 그에 대응되는 밀도를 계산하라:

$$\rho = \frac{m}{C_D S} Z\sin\theta = 4642(0.000118)(\sin 15°) = 0.1418\,\text{kg/m}^3$$

이 값을 식 (8.73)을 이용하여 고도로 나타내면

$$\frac{\rho}{\rho_0} = e^{-Zh}$$

혹은

$$h = -\frac{1}{Z}\ln\frac{\rho}{\rho_0} = \frac{1}{0.000118}\ln\frac{0.1418}{1.225} = 18,275\text{ m}$$

따라서, 최대 감속도가 일어나는 고도는

$$\boxed{h = 18.275\,\text{km}}$$

b. 최대 감속도 값은 식 (8.101)로부터 얻어진다.

$$\left|\frac{dV}{dt}\right|_{\max} = \frac{V_E^2 Z\sin\theta}{2e} = \frac{(13,000)^2(0.000118)(\sin 15°)}{2e} = 949.38\text{ m/s}^2$$

9.8 m/s²는 해수면에서의 중력가속도이기 때문에 최대 감속도를 g로 나타내면

$$\left|\frac{dV}{dt}\right|_{\max} = \frac{949.38}{9.8} = \boxed{96.87\text{ g's}}$$

이 감속도 값은 매우 커서 인체가 감당할 수 있는 범위를 초과한다.

c. 지구 표면과 충돌할 때의 속도는 식 (8.87)로부터 얻을 수 있다.

$$\frac{V}{V_E} = e^{-\rho/2[m/(C_D S)]Z\sin\theta}$$

여기서, ρ값은 표준 해수면 값 $\rho_0 = 1.225\ \text{kg/m}^3$를 사용할 수 있다. 따라서,

$$\frac{V}{V_E} = e^{-1.225/2(4642)(0.000118)\sin 15^\circ} = 0.01329$$

따라서,

$$V = 0.01329 V_E = 0.01329(13{,}000)$$

$$\boxed{V = 172.8\ \text{m/s}}$$

구는 충돌하기 전에 아음속으로 감속되었다는 점이 흥미롭다. 해수면에서 $a_s = 340.9\text{m/s}^2$이므로 충돌 시 마하수는

$$M = \frac{V}{a_s} = \frac{172.8}{340.9} = 0.507$$

실제로, $a_s = 13$ km/s와 같이 매우 큰 속도로 진입하는 동안 강철 구는 엄청난 공력가열을 받게 된다. 따라서 구는 대기에서 기화되어 표면과 전혀 충돌하지 못할 것 같다. 이것이 외계 우주에서 대기로 진입하는 대부분의 운석의 운명이다. 공력가열은 8.12절의 주제이다.

8.12 진입 가열

진입 물체(아폴로 캡슐과 같은)가 대기를 통과하는 때를 상상하라. 이유는 나중에 설명하겠지만, 물체는 그림 8.26과 같이 전방형상이 매우 뭉툭하다. 진입속도는 매우 높아서, 상응하는 마하수는 극초음속이다. 제4장에서 공기역학과 관련된 설명으로부터, 우리는 비행체 전방에 그림 8.26에 나타낸 바와 같은 궁형 충격파(bow shock wave)가 발생할 것이라는 점을 알고 있다. 진입속도가 매우 크기 때문에, 그 충격파는 매우 강하다. 그 결과 충격파 뒤의 공기온도는 지극히 높다. 예를 들어 아폴로가 11.2 km/s로 진입하는 동안 충격파 뒤의 공기온도는 11,000 K에 달했다—태양의 표면보다 더 높다! 이러한 온도에서 공기 자체가 분해되어 O_2와 N_2는 O와 N 원자로 분리되고 O^+, N^+이온과 전자로 이온화된다. 공기는 화학적으로 반응기체가 된다. 그러나 더 중요한 것은 그러한 높은 온도는 진입하는 비행체 자체에 큰 가열 입력으로 작용하게 된다. 그림 8.26에서와 같이 비행체는 뜨거운 공기층으로 쌓이게 된다. 우선 전방에서 충격파층에서 시작하여 앞과 뒤쪽 표면 위의 뜨거운 경계층으로부터 열이 전달된다. 이 뜨거운 가스는 비행체 후류의 하류로 흐른다. 진입 비행체 설계의 주요 목적은 이러한 심한 공력가열로부터 비행체를 보호하는 것이다.

이 문제를 바라보는 또다른 방법은 진입 비행체의 운동에너지와 위치에너지를 동시에 고려하는 것이다. 진입 초기에는 V_E와 h가 커서 두 에너지의 합도 크다. 진입의 종료시점 (즉, 충돌 시)에서는 V와 h가 거의 0이 되어 비행체는 운동에너지와 위치에너지를 갖지 않는다. 그러나, 에너지는 보존된다. 에너지는 어디로 간 것일까? 그 답은 운동에너지와 위치에너지가 결국 **열**로 소산되었기 때문이다. 그림 8.26으로 돌아가면 이러한 열 중 일부는 비행체 내부로 들어가고 나머지는 공기로 전달되었다는 것을 알 수 있다. 성공적인 진입 비행체의 설계 목적은 비행체 내부로 전달되는 열을 최소화하고 공기로 전달되는 열을 최

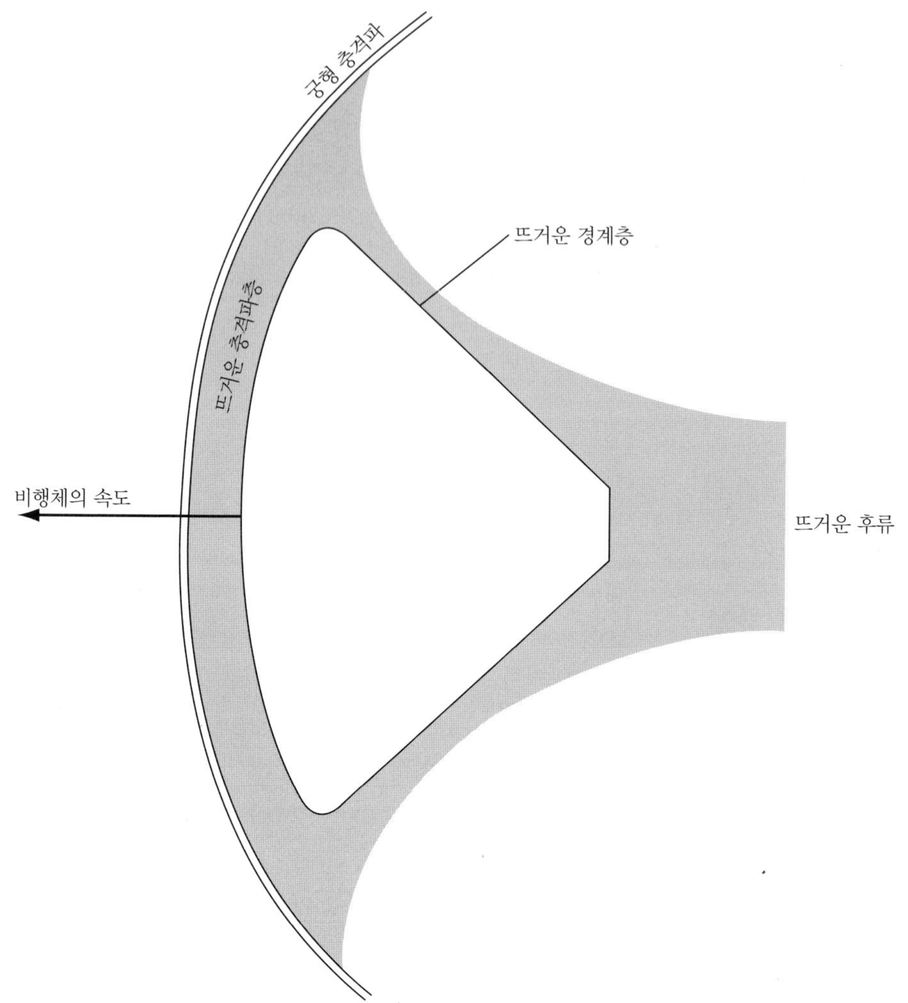

그림 8.26 뭉툭한 진입 비행체 주위의 고온 유동장

대화하는 것이다.

공력가열이 생기는 주된 물리적 원리는 전단응력 및 항력과 관련하여 제4장에서 설명한 경계층에서의 마찰작용과 관련이 있다. 만약 여러분의 손바닥을 테이블 표면에서 강하게 문지르면 여러분의 피부는 곧 뜨거워질 것이다. 표면마찰항력을 일으킨 똑같은 마찰력이 마찬가지로 공기를 가열한다. 그 결과는 표면에서의 열전달인 **공력가열**로 나타난다.

흔하지는 않지만, 공력가열은 진입속도보다 훨씬 낮은 속도에서도 문제가 된다. 예를 들어 해수면에서 마하수가 2라 하더라도 수직 충격파 뒤와 경계층 안의 깊은 곳에서의 온도는 520 K까지 높아질 수 있다. 따라서, F15와 같은 초음속 항공기의 표면에서의 공력가열은 매우 중요하며 제작에 사용되는 재료의 형태에 영향을 준다. 이것은 예를 들면 더 일반적으로 사용되는 알루미늄보다 고온에서 더 큰 강도를 갖는 티타늄이 고속 항공기에서 더 광범위하게 사용되는 이유이다. 그러나 우주시대에 초고속 진입 비행체의 출현으로 공력가열이 비행체의 생존을 위협하게 되었다. 앞으로 곧 알게 되겠지만, 공력가열은 심지어 비행체 형상까지를 결정한다.

공력가열의 정량적인 분석에는 아래와 같은 **스탄톤 수**(*Stanton number*) C_H를 사용하는 것이 편리하다.

$$C_H = \frac{dQ/dt}{\rho_\infty V_\infty (h_0 - h_w) S} \tag{8.102}$$

여기서, ρ_∞와 V_∞는 각각 자유류의 밀도와 속도이고, h_o는 총 엔탈피(제4장의 T_o에 대한 정의와 같은 맥락으로 단열과정으로 속도가 0으로 감소한 유체요소의 엔탈피로 정의), h_w는 공력면에서의 엔탈피(마찰력으로 표면에서 속도가 0이라는 점을 기억하라), S는 기준면적(날개의 투영면적, 구형 진입 비행체의 단면적 등과 같은)을 그리고 dQ/dt는 표면으로 침투하는 가열속도(초당 에너지)이다. 진입 비행체의 가열에 대한 정량적인 관계식을 구하기 위해 식 (8.102)를 사용하자.

식 (8.102)를 다시 쓰면

$$\frac{dQ}{dt} = \rho_\infty V_\infty (h_0 - h_w) S C_H \tag{8.103}$$

에너지방정식인 식 (4.41) 및 h_o에 대한 정의를 고려하면 다음의 식을 구할 수 있다.

$$h_0 = h_\infty + \frac{V_\infty^2}{2} \tag{8.104}$$

고속 진입 조건에서 V_∞는 매우 크다. 또한, 비행체 전방 주위의 공기는 상대적으로 차가워서 $h_\infty = c_p T$는 상대적으로 작다. 따라서, 식 (8.104)로부터

$$h_0 \approx \frac{V_\infty^2}{2} \tag{8.105}$$

표면온도는 정상표준보다는 뜨겁지만 표면의 용해나 분해 온도보다는 작은, 수천 켈빈 이하의 값을 유지해야만 한다. 반대로 h_o와 관련된 온도는 크다(앞서 언급한 바와 같이 아폴로 진입 시는 11,000 K임). 따라서, 우리는 다음과 같은 조건이 성립한다고 쉽게 가정할 수 있다.

$$h_0 \gg h_w \approx 0 \tag{8.106}$$

식 (8.106)과 (8.105)를 식 (8.103)에 대입하면 다음의 식이 얻어진다.

$$\boxed{\frac{dQ}{dt} = \frac{1}{2}\rho_\infty V_\infty^3 S C_H} \tag{8.107}$$

식 (8.107)은 **공력가열 속도가 비행 속도의 세제곱에 따라 변한다는 것을** 나타낸다. 이는 오직

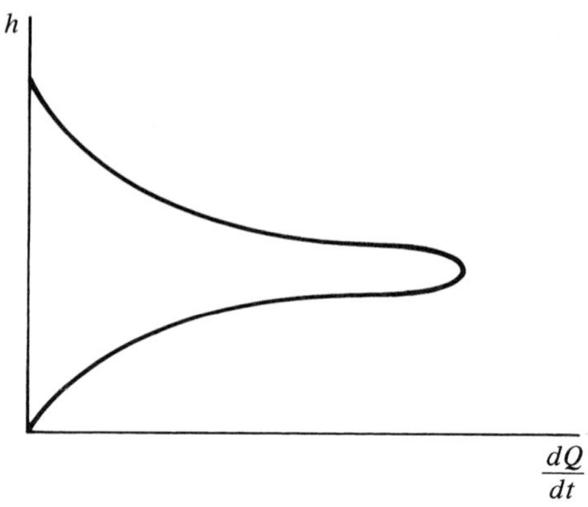

그림 8.27 탄도 진입 동안의 열전달률의 변화

속도의 제곱에 따라 변하는 항력과는 대조적이다(제4장과 제5장에서 알 수 있듯이). 이 때문에 매우 높은 속도에서는 공력가열이 두드러진 특성이고 항력은 별로 고려할만한 대상이 되지 못한다. 또한 식 (8.89)로부터 그림 8.25의 고도에 따른 감속 곡선으로 이끌어 낸 추론을 다시 떠올려 보자. 동일한 절차로 식 (8.107)로부터 그림 8.27에 나타낸 고도에 따른 열전달률에 대한 곡선을 얻을 수 있다. 진입 초기에는 대기밀도증가로 dQ/dt가 증가한다. 반대로 진입 후반부에서는 속도가 급격히 감소하기 때문에 dQ/dt가 감소한다. 따라서, 그림 8.27과 같이 이들 중간에서 dQ/dt가 최대가 된다.

국부적인 열전달률 dQ/dt와 더불어 진입의 시작에서 종료 시점까지 비행체에 전달된 총 에너지인 **총 열량** Q도 고려해야 한다. Q에 대한 결과 값은 우리에게 진입 비행체의 바람직한 **형상**과 관련된 몇 가지 중요한 정보를 제공해준다. 우선, **레이놀즈 상사성**(*Reynold's analogy*)으로 불리는 공력가열과 표면마찰 사이의 관계식을 이해해야 한다. 실제로 공력가열과 표면마찰은 둘 다 경계층 내부의 마찰에 영향을 받기 때문에 서로 맞물려 있다고 보는 것이 타당하다. 실험과 이론을 기초로 하여 우리는 레이놀즈 상사성을 (증명 없이) 아래와 같이 근사화하였다.

$$C_H \approx \frac{1}{2} C_f \tag{8.108}$$

여기에서, C_f는 전체 표면에서 평균을 취한 평균 표면마찰계수이다. 식 (8.108)을 식 (8.107)에 대입하면 다음 식이 얻어진다.

$$\frac{dQ}{dt} = \frac{1}{4} \rho_\infty V_\infty^3 S C_f \tag{8.109}$$

식 (8.84)의 운동방정식으로 돌아가면

$$\frac{dV_\infty}{dt} = -\frac{D}{m} = -\frac{1}{2m} \rho_\infty V_\infty^2 S C_D \tag{8.110}$$

수학적으로는 dQ/dt를 $(dQ/dV_\infty)(dV_\infty/dt)$와 같이 쓸 수 있다. 여기서 dV_∞/dt는 식 (8.110)으로부터 주어져 다음 식을 유도할 수 있다.

$$\frac{dQ}{dt} = \frac{dQ}{dV_\infty}\frac{dV_\infty}{dt} = \frac{dQ}{dV_\infty}\left(-\frac{1}{2m}\rho_\infty V_\infty^2 S C_D\right) \tag{8.111}$$

식 (8.111)과 (8.109)을 풀이하면,

$$\frac{dQ}{dV_\infty}\left(-\frac{1}{2m}\rho_\infty V_\infty^2 S C_D\right) = \frac{1}{4}\rho_\infty V_\infty^3 S C_f$$

$$\frac{dQ}{dV_\infty} = -\frac{1}{2} m V_\infty \frac{C_f}{C_D}$$

$$dQ = -\frac{1}{2} m \frac{C_f}{C_D}\frac{dV_\infty^2}{2} \tag{8.112}$$

$Q = 0$이고 $V_\infty = V_E$인 진입의 시작에서 $Q = Q_{\text{total}}$이고 $V_\infty = 0$인 진입의 끝까지 식 (8.112)를 적분하라.

$$\int_0^{Q_{\text{total}}} dQ = -\frac{1}{2}\frac{C_f}{C_D}\int_{V_E}^0 d\left(m\frac{V_\infty^2}{2}\right)$$
$$\boxed{Q_{\text{total}} = \frac{1}{2}\frac{C_f}{C_D}\left(\frac{1}{2} m V_E^2\right)} \tag{8.113}$$

식 (8.113)은 진입 비행체의 총 열입력에 대한 원하는 결과이다. 이 식은 중요한 관계식으로 자세하게 검토하여야 한다. 위 식은 두 가지 중요한 결론을 반영하고 있다:

1. $\frac{1}{2}mV_E^2$은 최초로 비행체가 대기로 들어올 때의 초기 운동에너지이다. 식 (8.113)은 총 열입력이 이 초기 운동에너지와 정비례한다는 점을 나타낸다.
2. 총 열입력은 표면마찰항력과 전체 항력의 비 C_f/C_D에 정비례한다.

두 번째 결론이 특히 중요하다. 제5장으로부터 양력이 없는 물체의 총 항력은 압력항력과 표면마찰항력의 합이라는 것을 상기하라.

$$C_D = C_{D_p} + C_f$$

식 (8.113)은 진입 가열을 최소화시키기 위하여, 아래 비율을 최소화하는 것이 필요하다는 점을 말해준다.

$$\frac{C_f}{C_{D_p} + C_f}$$

이제, 그림 8.28*a*의 원뿔과 같은 뾰족한 선두와 가느다란 동체형상과 그림 8.28b의 뭉툭한 동체형상의 두 가지 극단적인 공기역학적 형상을 고려하라. 가느다란 물체에서, 표면마찰

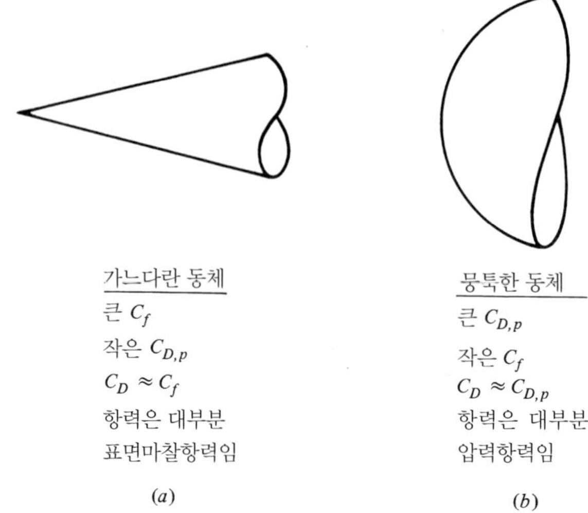

그림 8.28 뭉툭한 동체와 가느다란 동체의 비교

항력은 압력항력에 비하여 크다. 따라서 $C_D \approx C_f$이고

$$\frac{C_f}{C_D} \approx 1 \quad \text{가느다란 동체}$$

반대로, 뭉툭한 물체에서 압력항력은 표면마찰항력에 비해 크다. 따라서 $C_D \approx C_{D\,P}$이고

$$\frac{C_f}{C_D} \ll 1 \; \text{뭉툭한 동체}$$

식 (8.113)을 참고로 다음과 같은 중요한 결론을 얻을 수 있다.

진입 가열을 최소화하기 위해 비행체는 뭉툭한 전방형상을 가져야 한다.

이러한 이유로 실제 대륙간 탄도 미사일(ICBM)에서 아폴로에 이르는 모든 성공적인 진입 비행체는 곡선형 전방형상을 이용하였다.

그림 8.26과 관련된 정성적인 특성을 살펴보면 우리는 뭉툭한 물체의 장점은 순수하게 물리학적인 기반으로부터 유추할 수 있다. 그림 8.26과 같이 만약 물체가 뭉툭하면 궁형 충격파는 강해질 것이다. 다시 말하면 전방 근처의 상당 부분의 충격파가 거의 수직이 될 것이다. 이 경우 광범위한 영역의 공기온도가 높아지고 이 높은 온도의 공기의 많은 부분이 표면과 접촉하지 않고 물체를 단지 지나쳐 흘러갈 뿐이다. 따라서 뭉툭한 물체는 초기 운동에너지와 위치에너지의 대부분을 공기를 가열시키는 데 사용하고 물체를 가열시키는 데는 거의 사용하지 않는다. 이런 방식으로 식 (8.113)으로부터 정량적으로 증명된 것같이 뭉툭한 형상은 비행체로의 열입력을 최소화시키는 경향을 나타내게 된다.

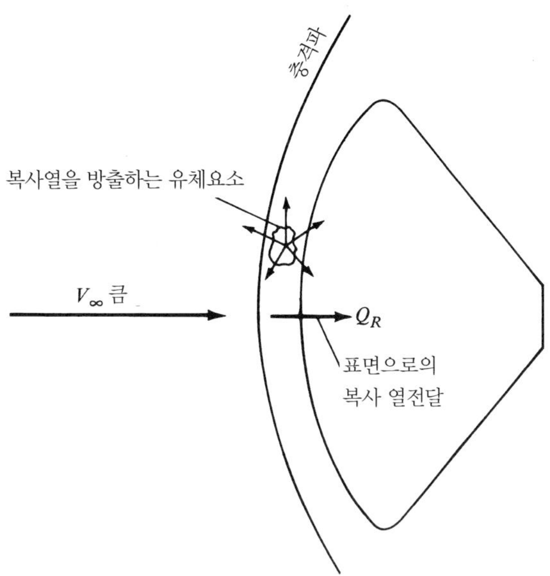

그림 8.29 고온 충격파층으로부터의 복사가열의 원리

앞에서 설명한 공력가열의 원리를 **대류가열**(*convective heating*)이라고 한다. 진입 열전달에 관한 이번 절을 마무리하기 전에 충격파층의 **복사가열**(*radiative heating*)에 대한 설명을 하고자 한다. 고속에서 뭉툭한 진입 물체를 보여주는 그림 8.29를 고려하자. 달 임무와 관련된 속도에서 (11.2 km/s 또는 36,000 ft/s) 충격파 뒤의 공기온도는 11,000 K정도로 높다는 점을 앞에서 설명한 바 있다. 이렇게 높은 온도에서는 그림 8.29에서 보는 바와 같이 충격파층은 마치 여러분이 추운 겨울날 벽난로에서 나오는 따뜻함을 느끼는 것과 같이 문자 그대로 모든 방향으로 에너지를 **방출한다**. 이런 복사열 중 일부는 비행체로 투과되고 흡수되어 추가적인 열 전달 요소 Q_R의 원인이 된다. 이러한 복사 열전달은 물체 전방부위의 반지름, 밀도, 속도영역에 따라 V_∞^5에서 V_∞^{12}의 범위의 속도 거듭제곱에 비례한다. 대륙간 탄도 미사일과 궤도 비행체에서는 복사가열이 심각하지 않다. 그러나 그림 8.30에 나타낸 것처럼 속도에 대한 강한 의존성 때문에 매우 높은 속도에서 복사가열이 현저히 크게 된다. 달 임무로부터 돌아오는 **아폴로**의 경우(V_E = 36,000 ft/s) 복사가열은 대류가열보다 약간 작았다. 그러나 향후의 유인 행성임무에서는 ($V_E \approx$ 50,000 ft/s) 복사가열이 대류가열을 초과할 것이다. 이것을 그림 8.30에 도식화하였다. 특히, 목성과 같은 다른 큰 행성의 대기로 진입하는 경우에는 복사가열이 압도적으로 커진다. 이러한 이유로 진보된 우주 임무용 비행체를 설계하는 사람들은 대기로 진입하는 동안 충격파층에 의한 복사가열을 심도있게 검토를 해야만 한다. 흥미있는 독자는 이번 장의 끝에 있는 참고문헌에 나열된 Anderson의 AIAA 논문에서 복사열에 대한 좀더 세부적인 내용을 참조할 수 있다.

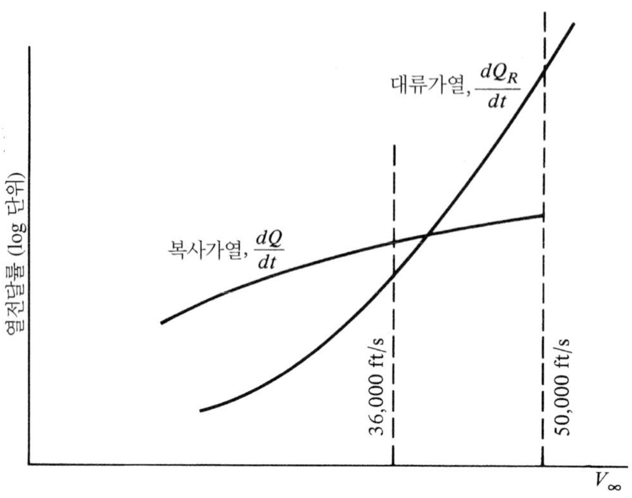

그림 8.30 대류 열전달과 복사 열전달의 비교 (고속에서 복사가열이 지배적임을 나타냄)

예제 8.4

지표면 상공 800 km 고도에서 지구 주위 원 궤도에 있는 두 물체를 고려하자. 각각의 물체는 질량이 1,800 kg이다. 하나는 꼭지각이 10°인 가느다란 원뿔형이고 다른 물체의 형상은 구이다. 원뿔인 경우 초음속 마하수에서의 압력항력계수가 0.017이고 표면마찰계수는 0.01이다. 구의 경우 압력 항력계수는 1.0이고 표면마찰항력계수는 0.001이다. 대기에 진입하는 동안 각각의 물체에 대한 총 공력가열 입력을 계산하고 비교하라.

■ **풀이**

궤도로부터 두 물체의 진입속도는 식 (8.57)으로부터 얻어진다. 여기서 $r = r_e + h_G$이고 r_e는 지구의 반지름 $r_e = 6.4 \times 10^6$ m, h_G는 해수면 위의 기하학적 고도로 $h_G = 800$ km $= 0.8 \times 10^6$ m이다.

$$V_E = \sqrt{\frac{k^2}{r}} = \sqrt{\frac{3.986\times10^{14}}{(6.4+0.8)\times10^6}} = 0.789\times10^4 \text{ m/s}$$

총 열입력은 식 (8.113)에 의해 주어지며 다시 쓰면 다음과 같다.

$$Q_{\text{total}} = \frac{1}{2}\frac{C_f}{C_D}\left(\frac{1}{2}m V_E^2\right) \tag{8.113}$$

여기서

$$\frac{1}{2}m V_E^2 = \frac{1}{2}(1800)(0.789\times10^4)^2 = 5.60\times10^{10} \text{ joule}$$

a. 원뿔인 경우,

$$C_D = C_{D_p} + C_f = 0.017 + 0.01 = 0.027$$

$$\frac{C_f}{C_D} = \frac{0.01}{0.027} = 0.37$$

식 (8.113)으로부터

$$Q_{\text{total}} = \frac{1}{2}(0.37)(5.6\times10^{10}) = \boxed{1.036\times10^{10}\ \text{joule}}\ (\text{원뿔})$$

b. 구인 경우

$$C_D = C_{D_p} + C_f = 1.0 + 0.001 = 1.001$$

$$\frac{C_f}{C_D} = \frac{0.001}{1.001} = 0.999\times10^{-4}$$

식 (8.113)으로부터

$$Q_{\text{total}} = \frac{1}{2}(0.999\times10^{-4})(5.6\times10^{10}) = \boxed{2.8\times10^{6}\ \text{joule}}\ (\text{구})$$

예상한 바와 같이 매우 뭉툭한 물체인 구는 가느다란 원뿔에 비하여 훨씬 작은 총 열 입력을 받게 된다.

8.13 부양 진입: 우주 왕복선에서의 응용

1981년 4월 14일, 우주 왕복선 콜럼비아호는 대기권으로 진입하고 지표면에 성공적으로 복귀함으로 지구 주위 우주로의 유일한 우주운송시스템의 역사적인 초도비행을 마쳤다. 로켓 추진기에 창착된 우주왕복 궤도선이 그림 8.31에 나타나 있다. 우주 왕복선의 진입 비행경로는 우주 왕복선이 양력을 발생하는 공력 비행체이기 때문에 8.11절에서 설명한 탄도 비행경로와는 확연히 다르다. 실제로 진입 초반 동안 우주 왕복선은 매우 높은 받음각(40° 정도)에서 비행하였다. 저고도 지구궤도로부터 재진입 시의 극초음속 속도(대략 마하수 25)에서 이같이 높은 받음각일 경우 뭉툭한 선두와 큰 후퇴각의 삼각익을 가진 우주 왕복선 형상(그림 8.6과 8.31을 참조)에서의 양항 비(L/D)는 약 2 정도가 된다. 이는 제6장에서 살펴본 일반적인 아음속 항공기에 비해 큰 값은 아니지만 그와 같은 극초음속에서는 큰 양력을 발생할 정도로 큰 값이다. 지구까지 복귀하는 동안 우주 왕복선의 비행은 거의 지구 대기영역 전체를 통과하는 무동력 활강비행이기 때문에 나타난 우주 왕복선의 궤도는 그림 8.24의 탄도궤도와는 큰 차이가 있다. 이번 장에서는 이러한 사항을 학습하고 부양 진입 비행체의 비행경로를 계산하여 속도-고도 선도에 나타낼 것이다.

대기진입을 위한 일반적인 운동방정식인 식 (8.74)와 (8.75)로 돌아가자. 8.11절에서 배운 탄도 진입에서 비행경로와 나란한 방향의 운동방정식으로 식 (8.74)를 이용하였다. 탄도 비행체에 대해 예상한 바와 같이 항력이 지배적이다. 부양 진입에 대한 설명을 위해 비행경로의 수직 방향 운동방정식으로 식 (8.75)를 이용하였고 이 방정식은 예상대로 양력이 지배적이다. 식 (8.75)는 8.10절에서보다는 더 많은 분석이 요구된다. 구체적으로 식 (8.75)의 형태는 우변에 양의 항을 가지고 있어 그림 8.32의 점선 곡선으로 나타낸 상승곡선 비행경로에 적용되며 여기서는 양력이 중력성분보다 더 커서 비행체는 상승을 한다. 반대로 $L < W\cos\theta$일 때는 그림 8.32의 실선 곡선으로 나타낸 바와 같이 비행체가 상승중

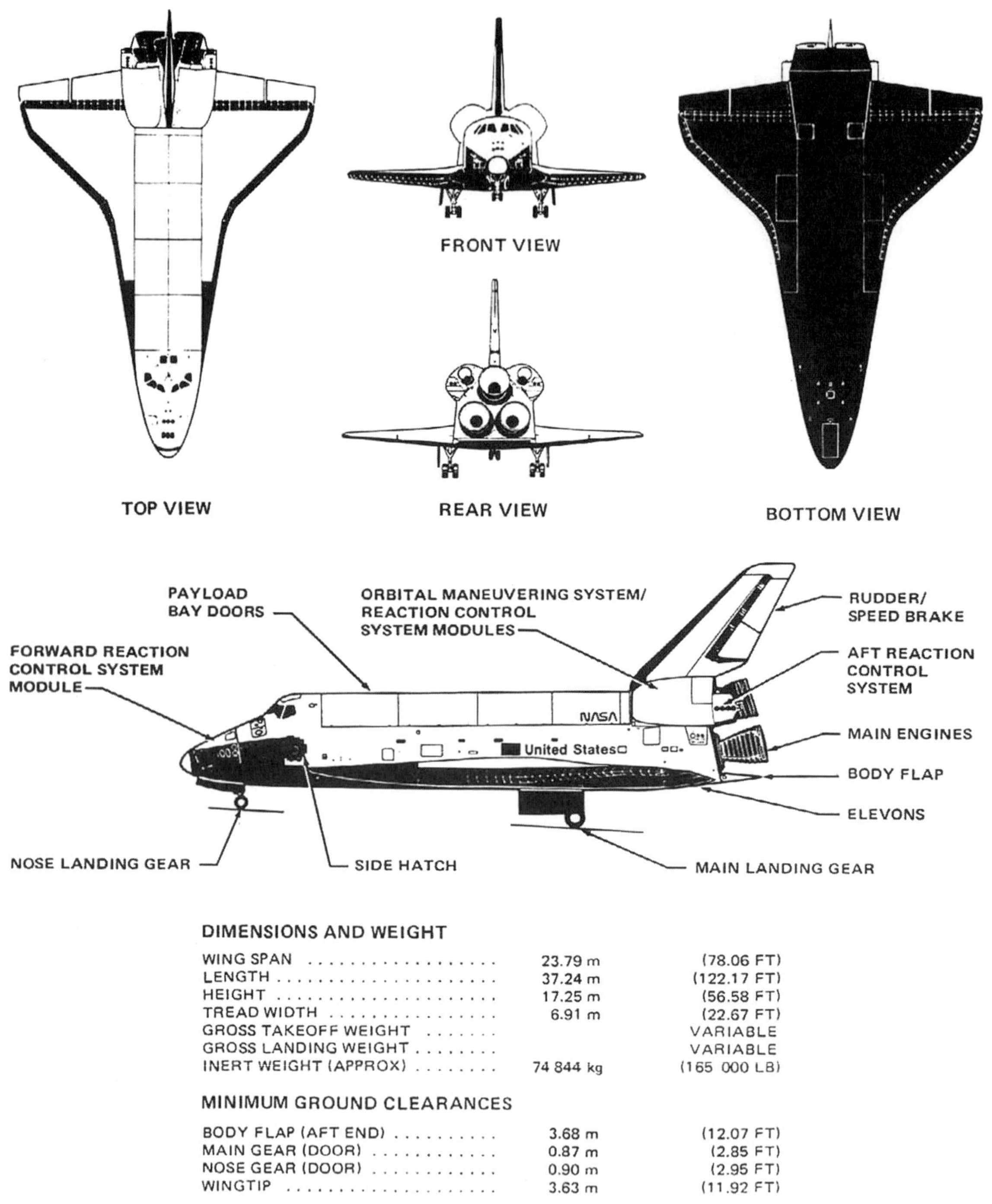

DIMENSIONS AND WEIGHT

WING SPAN	23.79 m	(78.06 FT)
LENGTH	37.24 m	(122.17 FT)
HEIGHT	17.25 m	(56.58 FT)
TREAD WIDTH	6.91 m	(22.67 FT)
GROSS TAKEOFF WEIGHT		VARIABLE
GROSS LANDING WEIGHT		VARIABLE
INERT WEIGHT (APPROX)	74 844 kg	(165 000 LB)

MINIMUM GROUND CLEARANCES

BODY FLAP (AFT END)	3.68 m	(12.07 FT)
MAIN GEAR (DOOR)	0.87 m	(2.85 FT)
NOSE GEAR (DOOR)	0.90 m	(2.95 FT)
WINGTIP	3.63 m	(11.92 FT)

그림 8.31 우주 왕복선
(자료출처: *NASA*)

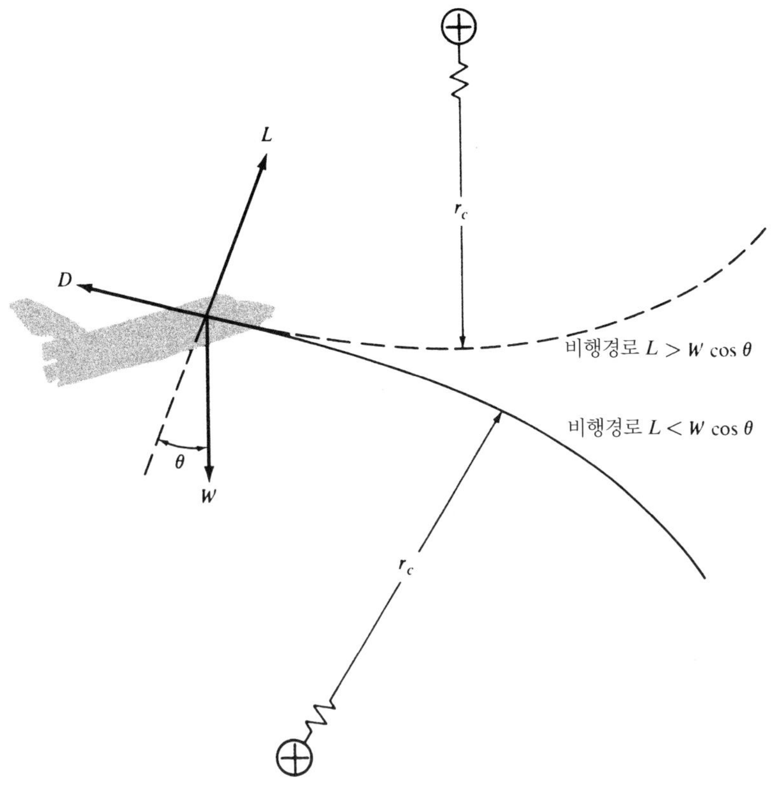

그림 8.32 곡률반경이 반대인 두 비행경로

인 경우이다. 이 경우, 식 (8.75)의 우변은 (좌변이 음수이기 때문에) 음이 되어야 하고 식 (8.75)는 다음과 같이 쓸 수 있다.

$$L - W\cos\theta = -m\frac{V^2}{r_c} \tag{8.114}$$

식 (8.114)는 그림 8.33의 우주 왕복선의 부양 활공에 적합한 형태이다. 비행체는 속도 V로 활공중이고 비행경로각θ는 수평선 아래쪽 방향의 각도이다. 비행경로가 매우 완만하다고 가정하라(θ가 작기 때문에 $\cos\theta \approx 1$이다). 더불어 국부적 곡률반경 r_c이 거의 지구 반지름인 re라고 가정하라. 그러면 식 (8.114)는 다음과 같이 표현된다.

$$L - W = -\frac{mV^2}{r_e} \tag{8.115}$$

$L = \frac{1}{2}\rho V^2 S C_L$이고 $W = mg$를 이용하면 식 (8.115)는 다음과 같이 쓸 수 있다.

$$\frac{1}{2}\rho V^2 S C_L + \frac{mV^2}{r_e} = mg \tag{8.116}$$

식 (8.116)을 m으로 나누고 V_2으로 인수분해를 하면

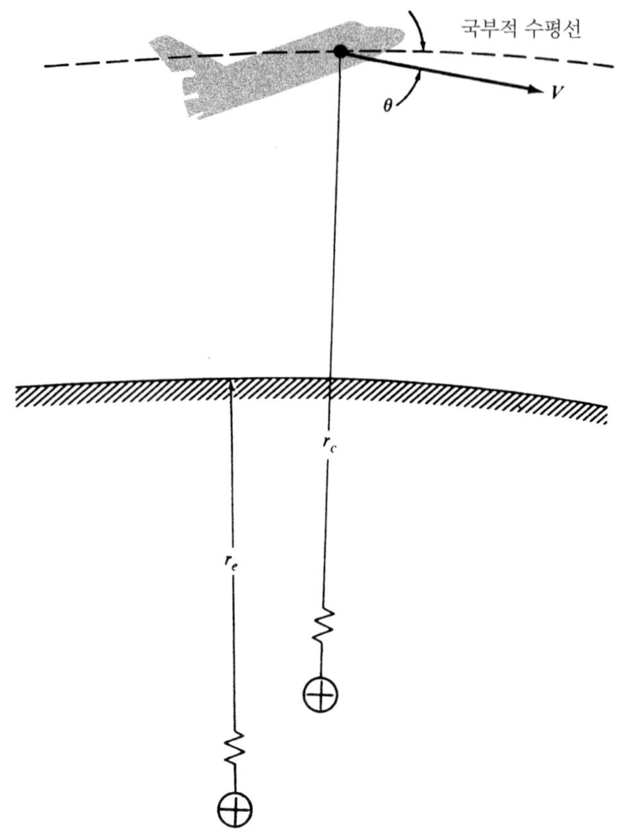

그림 8.33 활강각과 속도

$$V^2\left(\frac{\rho}{2}\frac{C_L S}{m}+\frac{1}{r_e}\right)=g$$

$$\boxed{V^2=\frac{g}{(\rho/2)[m/(C_L S)]^{-1}+1/r_e}} \tag{8.117}$$

ρ와 g 모두는 고도의 함수로 알고 있는 값이다. 따라서, 식 (8.117)은 부양 진입 비행경로를 속도-고도 선도에 나타낼 수 있게 해준다. 더불어, 식 (8.117)은 8.10절에서 정의한 탄도 파라미터 m/C_DS와 유사한 **양력 파라미터**(*lift parameter*) m/C_LS를 포함하고 있다. 분명히, 식 (8.117)에서 보는 바와 같이, m/C_LS의 값은 진입 활공 비행경로에 큰 영향을 미친다.

m/C_LS의 영향을 그림 8.34에 나타내었고 이 속도-고도 선도는 두 개의 다른 m/C_LS값에 대한 부양 진입 비행경로(*A*와 *B*)를 보여준다. 곡선 *B*는 우주 왕복선에 대해 근사적으로 적용할 수 있다. 더 큰 m/C_LS 값은 더 작은 양력에 대응되기 때문에 비행체는 대기를 더 높은 속도로 더 깊이 관통하게 된다. 그 비교로 그림 8.34에는 또한 탄도궤도인 *C*, *D* 그리고

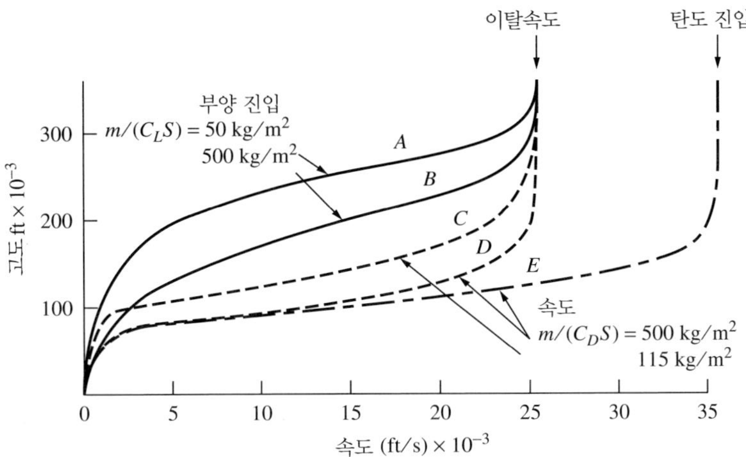

그림 8.34 속도-고도 선도에서 부양 진입과 탄도 진입의 비교

*E*를 함께 나타내었다. 탈출속도에서 시작된 곡선 E는 아폴로 진입캡슐에 대해 근사적으로 나타낸 것이다. 아폴로가 비행경로를 바꾸기 위해 진입 당시의 받음각에서 약간의 양력을 발생했다고 하더라도 아폴로는 본질적으로는 탄도 재진입 비행체이다. 비행경로 *C*와 *D*는 궤도속도에서 지구로 진입하는 경우를 나타낸다.

8.14 역사적 기록: Kepler

16세기는 천문학에 있어 혼돈의 시기였다. 보수적인 측면의 과학적 사고는 태양, 행성들과 별들이 다양한 천구에서 지구 주위를 회전하는 형태로 지구를 우주의 중심이라고 주장하였다. 이 천동설은 그리스인들 사이에서는 일반적이었다. 기원전 2세기경 Claudius Ptolemy에 의해 어느 정도 합리적인 형태를 갖추자 천동설은 서유럽의 교회에서 진실로 받아들여져 16세기까지 통용되어 왔다. 하지만, Columbus가 미대륙을 발견하던 시기에 Nicolaus Copernicus라는 이름의 폴란드 과학자는 다른 사고를 하기 시작했다. Copernicus는 다른 모든 행성과 더불어 지구가 태양 중심 체계에서 태양 주위를 회전하고 있다고 추론하였다. 그는 그가 사망한 해인 1543년에 출판된 주요 저서인 천구의 회전에 대한 6권의 책(*Six Books Concerning the Revolutions of the Heavenly Spheres*)에서 그의 논리를 기술하였다. 이 책에서 그는 교회의 교리와 관련해서는 교묘하게 대처하였다. 그는 그의 지동설이 몇몇 초기 그리스 천문학자들이 주장한 것으로 새로운 것이 아니며 더불어 그는 단지 이를 "사실로 간주하고 이론정립을 했을 뿐"이며 절대적인 진실로 단정할 수는 없다고 기술하였다. 그러나, 분명한 것은 Copernicus가 개인적으로 그가 쓴 것을 믿었다는 점이다. Copernicus의 이론을 전파한 또 다른 천문학자 Giordano Bruno는 그렇게 외교적이지 못했고 1600년에 화형대에서 화형을 당했다. Galileo Galilei는 1632년 지동설을 지지하였고, 이단으로 몰려 영구적으로 추방당했다. 마지막으로 덴마크의 천문학자 Tycho Brahe는 논란이 많은 지동설과 직접적인 관계를 피하면서 1546년부터 1602년도 까지 행성과 별들의 움직임에 대한 천문학적 관측을 하면서 그의 전 생애를 바쳤다. 그의 관측은 정확성에 있어 기존 지식를 대폭 향상시키는 역할을 했다.

이같이 보잘 것 없는 시기에 Johannes Kepler가 1571년 12월 27일 독일의 뷔르템베르크에서 태어났다. 장학금을 받으면서 그는 초등학교를 끝내고 튀빙겐 대학에 갈 수 있었다. 그 곳에서 그는 천문학 교수인 Michael Mastlin의 지동설로 전공을 바꾸었다. 나중에 Kepler는 수학교사와 열정적인 천문학자가 되었다. 천체 운동에 대한 그의 집필을 통해 Kepler는 당시 프라하에 살고 있는 Tycho Brahe의 관심을 끌게 되었다. 1599년 Kepler는 프라하로 가서 브라헤 밑에서 일했고 단지 2년이 지난 후 Brahe는 작고하였다. Kepler는 천체 운동에 대한 기존의 테이블을 확장하고 개선시키면서 프라하에 머물렀다. 그는 1627년에 **루돌프 테이블**(*Rudolphine Table*)을 출판하였으며 이는 그 당시의 기존의 어떤 테이블보다 훨씬 더 정확한 것이었다.

그러나, Kepler는 또한 그의 관측에 대해 원인을 분석하고 천체 운동의 질서를 확립하기 위해 고심하고 이론화하고 있었다. 예를 들어, 코페르니쿠스의 지동설은 태양 주위의 행성들의 원 궤도 운동을 생각했지만 Kepler의 정확한 관측은 원운동과 정확하게 일치하지는 않았다. 1609년 그는 타원 궤도가 그의 측정값과 정확히 일치한다는 것을 발견하고 **케플러의 제1법칙**을 만들었다(8.6절 참조). 같은 해에 그는 태양과 행성을 이은 선이 같은 시간에 동일한 면적을 지나간다는 것을 유도하였고 이것이 **케플러 제2법칙**이다. 그의 제1법칙과 제2법칙은 1609년도에 그의 저서 **신천문학**(*New Astronomy*)에 수록되었다. 9년 후 그는 행성의 공전주기의 제곱은 타원 궤도의 장반경의 세제곱에 비례함을 발견하였으며 이것은 **케플러의 제3법칙**이다. 이것는 1618년 그의 저서 **코페르니쿠스 천문학 개요**(*epitome of the copernican astronomy*)에 수록되었다.

Kepler가 천문학에 미친 영향은 엄청났다. 실제로 그의 업적은 현대 천문학의 기초가 되었다. 그의 공헌은 그의 법칙이 경험적인 관찰로부터 유도되었기 때문에 더더욱 충격적이었다. Kepler에게는 나중에 뉴턴에 의해 개발된 도구들이 없었다. 따라서, 그는 8.6절에서 우리가 한 것과 같은 정도로 그의 법칙을 유도할 수는 없었다.

흥미로운 점은 Kepler 또한 공상과학소설을 집필했다는 것이다. 그의 저서 **꿈**(*Somnium, Dream*)에서, Kepler는 지구로부터 달까지의 여행을 그리고 있다. 우주의 빈 공간이 날개를 이용한 비행을 불가능하게 한다는 것은 알고 난 후 그는 초자연적인 추진의 형태로 악마들에게 의지할 수 밖에는 없었다. 이들 악마는 우주여행의 고단함을 이겨내도록 적절히 마비된 인간과 동행하곤 하였다. 그는 그 당시에 가능한 천문학적 지식으로 상세하게 달을 묘사했으나 동굴에 사는 달 생명체도 상상했다. 공상과학소설에 대한 현대 역사학자들은 Kepler의 **꿈**을 종교적 박해를 피하면서 달에 대한 그의 진지한 과학적 발상을 표현하는 수단이라고 믿는다. 꿈은 Kepler가 사망한 지 4년 후인 1634년에 출판되었다.

Kepler는 그의 여생을 린츠에서 수학 교수로 보냈다. 그는 몇 세기가 지난 현재의 천문학의 유산을 남기면서 1630년 11월 15일 리겐스부르그에서 작고했다.

8.15 역사적 기록: Newton과 만유인력 법칙

만유인력 법칙인 식 (8.19)는 현대의 모든 고등학교 그리고 대학교의 물리 교과서에 나와 있다. 이 존재를 매우 당연한 것으로 받아들인다. 더 나아가, 이 방정식은 이번 장에서 다루는 우주공간에서의 운동에 대한 모든 현대 천문학 계산의 온전한 토대이다. 하지만, 식 (8.19)의 지극히 간단하다는 점과 고전 물리학에서의 이를 일반적인 것으로 채택하고 있는 것은 Newton이 살기 전과 그가 살았던 17세기 동안 중력의 개념과 관련하여 수많았던 혼란이 거짓인 것으로 착각하게 할 정도다.

"중력"에 대한 최초의 발상은 기원전 350년 즈음에 아리스토텔레스까지 거슬러 올라간다. 우주의 4대 기본원소가 흙, 물, 공기와 불이라고 믿으면서 아리스토텔레스 학파는 우주의 모든 것은 고유의 지정된 위치가 있으며 위치가 바뀌면 이 원래 위치로 돌아가려는 경향이 있다고 주장하였다. "흙"으로 만들어진 물질은 가장 낮은 위치를 차지하여 무거운 물질은 적절한 상태를 찾으면서 낙하한다. 반대로, 공기와 불은 높은 위치를 차지하여 하늘 쪽으로 상승함으로써 그 위치를 찾으려 한다. 이러한 발상은 사람들이 중력에 대한 좀 더 실체적인 설명을 찾기 시작한 때인 코페르니쿠스 시대까지 지속되었다.

1600년대 영국 과학자 William Gilbert는 자력이 중력의 근원이며, 지구는 하나의 거대한 자석에 불과하다고 제안하였다. Kepler는 이러한 관점을 받아들여 중력은 "융합이나 결합을 지향하려는 동종 물질 사이의 상호영향으로 종류에 있어서 자력과 유사하다." 라고 기술하고 있다. 그는 이러한 발상을 이용하여 그의 행성 운동의 법칙을 증명하려고 시도하였으나(8.14절 참조) 중력에 대한 정량적인 법칙을 얻는 데는 성공적이지 못했다. 거의 동일한 시기에 프랑스 과학자이자 수학자인 René Descartes는 (수학의 세계에 직교좌표계를 도입한) 중력은 와류운동에서 소용돌이치면서 무거운 물질을 와류의 중심 쪽으로 밀어내는 천문학적인 유동의 결과라고 제안하였다. 덴마크의 신사이자 아마추어 과학자인 Christian Huygens는 실험실에서 데카르트의 이론을 입증하는 것처럼 보였다. 그는 그릇에 물을 이용한 소용돌이 풀을 만들고 조약돌들이 풀의 중심까지 이끌려 가는 것("gravitated")을 관찰하였다.

이러한 혼란스런 시대에 Isaac Newton이 1642년 12월 25일 영국 링컨셔 그랜샘 주변의 울즈돕에서 태어났다. Newton의 아버지는 그가 태어나기 몇 개월 전에 작고하였으며, Newton은 그의 할머니의 보살핌 속에서 자랐다. 그의 교육은 마지막으로 1661년 캠브릿지 대학교 트리니티 대학에서 공부로 이어졌고 그곳에서 그는 수학적인 천재성을 나타냈다. 그는 1666년에 1665년부터 1666년도에 창궐한 대역병을 피해 울즈돕 장원에 있는 그의 집을 향해 캠브릿지를 떠났다. Newton이 과학과 수학을 혁신시킬 수 있는 몇 가지 발견을 하고 결론을 내린 시점은 젊은 나이인 24살 때였으며 그중 가장 주목할 만한 것은 미분학의 개발이었다. 또한, Newton은 그 후 이 지역에 머무는 동안 원운동을 하는 물체는 중심으로부터의 거리에 반비례하는 반경방향 힘을 받는다는 구심력 법칙을 이끌어 냈다. (오늘날에는 원운동에 의한 구심 가속도는 모든 기본 물리학 책에서 보듯이 V^2/r와 같다.) 케플러의 제 3법칙을 적용된 이 결과로부터 Newton은 식 (8.19)로 주어진 것 같이 두 물체 사이의 중력이 떨어진 거리의 제곱에 반비례하여 변한다는 것을 추론하였다. 그러나, Newton은 그의 발견을 즉시 게재하거나 발표하려고 애쓰지 않았다. 대중들은 30년 동안 그 사실을 모르고 있었다.

과학과 공학의 역사를 통해, 누군가의 "시간이 왔다"거나 거의 동시에 많은 사람들이 믿게 된 아이디어들의 수많은 예가 있다. Christian Huygens는 진자와 원운동을 하는 물체를 가지고 실험을 하여 1673년 구심력에 대한 그의 발견에 이르게 되었다. 이와 관련하여 Robert Hooke(후크의 법칙으로 유명한), Christopher Wren(이후 국제적으로 유명한 건축가가 된)과 Edmund Halley(헬리 혜성으로 유명) 등은 모두 1679년 제곱에 반비례하는 중력의 법칙을 추정해냈다. Hooke는 같은 해에 Newton에게 편지를 써서 제곱 반비례라는 발견을 설명하고 Newton에게 행성이 타원 궤도로 회전한다는 것을 증명하는 데 이를 사용할 것을 부탁했다. Newton은 답변을 하지 않았다. 1685년 이 문제가 Newton에게 주어졌다. 이번에는 Halley였다. Newton은 입증결과를 회신했다. Halley는 감동을 받았고 Newton에게 그의 발견과 의견을 가능한 빠르게 출판하도록 격려하였다. 이것이 고전 물리학의 기초가 된 유명한 원리(*Principia*)인 뉴턴의 자연철학의 수학적 원리(*Newton's Philosophiae Naturales Principia Mathematica*)로 이어졌다. 이 원리(*Principia*)는 원래 왕립학회에서 출판하기로 예정되었었다는 점이 흥미롭다. 제곱 반비례 법칙의 앞선 발견자로 주장하고 왕립학회의 책임자였던 Hooke가 출판을 노골적으로 거절하였다. 반면, 역사적으로 그 당시에 가장 중요한 과학문서인 원리(*Principia*)는 Halley의 개인 경비로 출판되었다.

Hooke는 1693년 왕립학회의 한 회의 도중에 제곱 반비례 법칙에 대한 그의 주장을 이어갔다. 그로부터 얼마 뒤 Newton은 신경쇠약에 걸렸고 이것이 약 1년 동안 지속되었다. 회복된 이후, 그는 마침내 구심력의 법칙과 중력의 제곱 반비례 법칙에 관한 기본적인 발견을 이미 1666년에 했었다고 선언하였다. 그 당시 그의 높은 위치와 명성, 그리고 기타 등등으로 Newton의 주장은 지금까지도 일반적으로 받아들여져 왔다. 하지만 기록으로 우리가 가지고 있는 것은 그가 한 말이 전부다. 그러므로, Robert Hooke의 주장은 최소한 심적으로는 분명 타당하다. 뉴턴의 만유인력의 법칙으로 알려진 식 (8.19)는 "뉴턴-후크의 법칙"으로 정당하게 불릴 수도 있다.

물론 이같은 설명은 17세기 과학의 거장인 Newton을 폄하하려는 것은 아니다. 그는 노후 기간 동안 공직 생활을 하여 1696년 영국 조폐국의 관리인이 되었고 1699년 조폐국 장관이 되었다. 이 직위에서 그는 그 시기에 있었던 영국의 대량 화폐 개주 프로그램을 통해 많은 중요한 공적을 남겼다. 1703년 그는 왕립학회 회장으로 추천되었으며, 25년 동안 직위를 유지하였다. 이 기간 동안 Newton은 또 다른 논쟁에 휘말렸다. 이번에는 독일 수학자인 Gottfried von Liebniz와 미적분학의 발견에 대한 우선권에 대한 논쟁이었다. 또한, 이들 마지막 몇 년 동안 왕립학회를 통한 Newton의 위상과 권위는 젊은 과학자들이 제시하는 아이디어들을 억누르는 경향이 있었다. 이로 인해, 몇몇 과학의 역사학자들은 Newton이 18세기 초 30년 동안 과학의 발전을 저해했을 수도 있다고 지적한다.

Newton은 1727년 3월 20일 켄싱턴에서 생을 마감하였다. 그는 웨스트민스터 사원의 중요한 위치에 안장되었다. Newton 그리고 그 이전에 Kepler가 없었더라면 우주항행학에 대한 이번 장은 결코 쓰여지지 않았을 수도 있다.

8.16 역사적 기록: Lagrange

8.3절에서는 뉴턴의 제2법칙의 필연적인 결과인 라그랑지 방정식을 소개하였다. Lagrange는 Newton의 뒤를 이은 사람이다. 그는 18세기 뉴턴 물리학(고전 물리학)을 발전시키고 보완하는 연구를 한 유럽 과학자와 수학자 그룹의 일원이었고 Laplace와 동시대의 사람이었고 Leonhard Euler와 친구였다.

Joseph L. Lagrange는 1736년 1월 25일 이탈리아 토리노에서 프랑스인 부모 사이에서 태어났다. 그의 아버지는 프랑스 육군 장교였다. 이러한 이유로, 19세의 나이에 Lagrange가 토리노 포병학교 수학 교수로 임명된 것은 놀랍지 않다. 과학적 사고에 적극적이었던 그는 토리노 과학 대학교를 설립하는 데 기여하였다. 1756년 그는 Euler(4.22절 참조)에게 변분법에 대한 자신의 연구결과를 포함하여 편지를 썼다. 이것은 라그랑지의 명성을 쌓는 데 도움을 주었다. 실제로, 1766년 그는 프로이센의 Frederick의 추천을 받아 Euler 후임으로 베를린 대학의 교장이 되었다. 그 뒤 20년 동안 Lagrange는 역학분야에 크게 기여하였다. 그의 연구는 분석적이었고 많은 역학의 특성을 몇 가지 일반화된 공식으로 간단히 표현하기 위해 노력하였다. 이것이 8.3절에 설명한 공식에 명확히 반영되어 있다. 8.3절에서 사용된 라그랑지 방정식은 1787년 해석역학(*mécanique analytique*)이라는 제목으로 라그랑지가 저술한 중요한 책에 게재되었다. 이러한 기여로 인해 몇몇 역사학자들은 그를 18세기 당시 가장 위대한 수학자라고 생각한다.

1786년 Lagrange는 파리로 이사를 했다. 프랑스 혁명 기간 동안 그는 도량형 표준 개혁위원회의 의장이었다. 1813년 4월 10일 그가 생을 마감할 때 그는 해석역학(*mécanique analytique*)의 개정판을 집필하고 있었다.

8.17 역사적 기록: 무인 우주 비행

1957년 10월 4일 저녁, 본 저자는 항공우주공학을 공부하는 학생이었다. 라디오는 켜져 있었다. 공부에 대한 집중은 새로운 뉴스보도로 방해를 받았다. 소비에트 연합이 역사상 최초의 인공위성을 성공적으로 발사하였다는 것이다. 스프트니크 1호로 불려지고 그림 8.35와 같은 이 184파운드의 구가 원지점과 근지점이 각각 560 mi과 140 mi이고 1.5 h의 주기를 갖는 타원 궤도로 지구를 돌았다. 인류가 마침내 우주개척의 위대한 첫 걸음을 내디뎠다는 개인적인 유쾌한 기분은 우주 비행에서 미국의 기술적 위치에 대한 의문으로 반감되었다. 이러한 느낌은 수 주, 수개월, 수년 동안 미국 전역으로 퍼졌고 증폭되었다. 스프트니크 1호는 교육에서 산업까지, 생물학에서 철학까지 등 모든 사회적 특성에 큰 영향을 끼친 기술혁신을 시작하게 하였다. 1957년 10월 4일은 인류 역사의 기념비적인 날이고 우주시대의 시작일이었다.

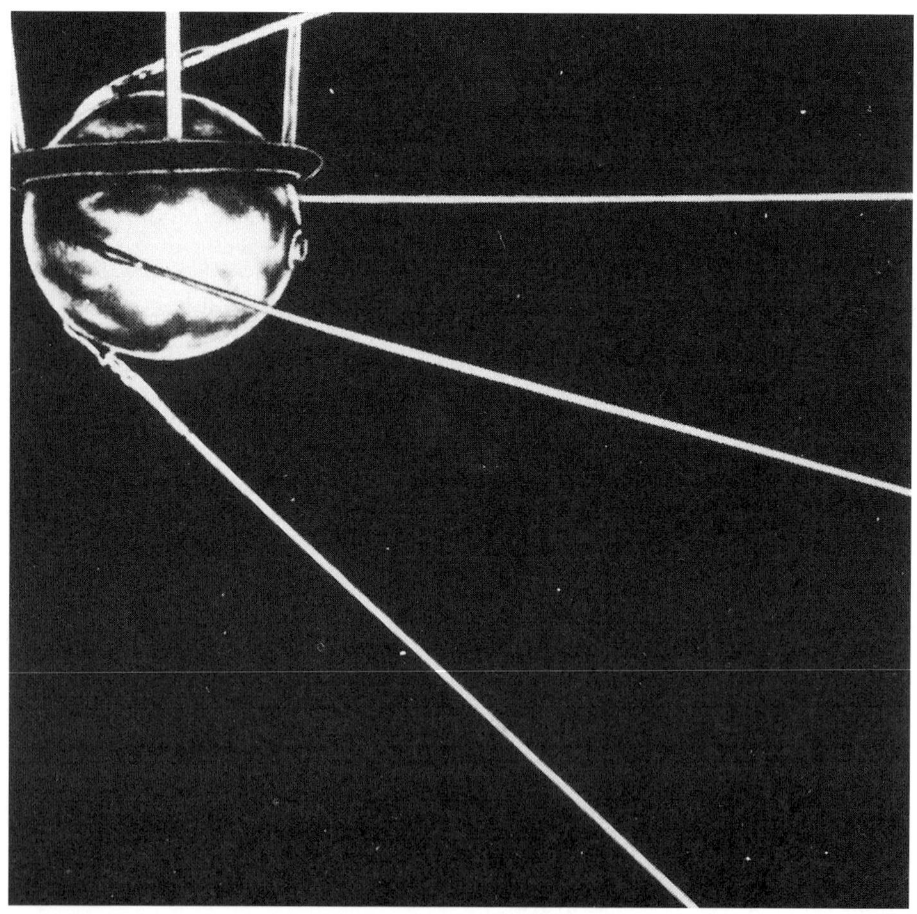

그림 8.35 최초의 인공위성 스프트니크 1호, 1957년 10월 4일 발사
(자료출처: *Courtesy of John Anderson*)

스프트니크 1호의 발사가 거의 모든 일반대중들에게는 놀라움으로 다가왔지만 서방세계의 기술분야에는 러시아 과학자가 준 분명한 암시가 있었다. 예를 들어, 1953년 11월 27일 비엔나에서 열린 세계평화평의회에서 소비에트 학술위원인 A. N. Nesmeyanov는 "과학은 인공위성 개발이 실현 가능한 단계에 이르렀다."라고 언급하였다. 그 후 1955년 4월 소련의 과학학회는 기상응용을 위한 인공위성을 개발하는 임무를 가진 행성간 통신을 위한 범 부처 통합 상설위원회의 설립을 공표하였다. 그 해 8월 매우 존경을 받는 러시아 과학자 Leonid I. Sedov는 코펜하겐에서 개최된 제6회 국제항천회의에서 "내 견해로는, 향후 2년 이내에 인공위성 발사가 가능할 것이고 다양한 크기와 무게를 가진 인공위성을 제작할 수 있는 기술적 가능성이 있다." 라고 말했다. 확실히 러시아의 프로그램은 이 일정을 따랐다. 실제로 스프트니크 1호가 발사되기 4개월 전인 1957년 6월, A. N. Nesmeyanov는 로켓 발사체와 인공위성이 모두 준비되었고 몇 개월 내에 발사될 것이라고 당당하게 말하였다. 분명한 신호와 분명한 언어에도 불구하고 스프트니크 1호의 발사는 여전히 서방세계에는 충격을 금할 수 없는 것이었다.

1957년 미국에 인공위성에 대한 개념이 없었던 것은 아니다. 실제로 그러한 위성을 발사를 예견하면서 몇몇 선견지명이 있는 사고와 기술적 분석이 1945년에 시작되어 미 해군과 공군에 의해 수행되었다. 그 후, 1946년 5월(독일이 제2차 세계 대전에서 패망한지 만1년이 지난 후), "지구선회 실험용 우주선의 예비설계(Preliminary Design of an Experimental World-Circling Spaceship)" 라는 제목의 RAND 프로젝트 보고서가 오하이오 데이턴 라이트 필드에 제출되었다. 이 보고서는 500파운드의 인공위성을 약 300 mi 고도에 위치한 궤도에 올릴 수 있는 가능성을 보여주었다. 게다가, 어떻게 이것을 5년의 기간에 실현할 수 있는지도 제시하였다. 이 보고서의 저자는 다음과 같은 예언과 같은 언급을 하였다.

> 수정구슬이 불투명해도 두 가지는 명확하다: 1. 적절한 계측장치를 가진 위성체는 20세기에 가장 영향력 있는 과학적 장치의 하나가 될 것으로 예측할 수 있다.
>
> 2. 미국의 위성체 개발성공은 인류의 상상력을 크게 자극시키고 원자폭탄의 폭발과 비견될 정도로 세계에 반향을 불러 일으킬 수 있다.

작가는 계속해서 다음과 같이 이어갔다.

> 성공은 신뢰할 수 있는 물질적 진보의 증표가 되기 때문에, 최초로 우주여행에서 중대한 업적을 이룬 국가는 국방과 과학기술 분야에서 세계 선도자로 인식될 것이다. 세계에 미치는 영향력을 구체적으로 인식하기 위해 다른 나라가 이미 성공적인 위성을 내놓았다는 것을 미국이 갑자기 알아챘을 때 느껴지는 실망과 감탄을 상상할 수 있을 것이다.

이것들은 진정 스프트니크 1호가 발사되기 11년 전에 작성된 예언적인 글이다.

1946년의 RAND 보고서는 캘리포니아 공대 제트 추진 연구실에서 나온 다수의 같은 시기 보고서와 더불어 로켓 발사체와 위성에 대한 기본 공학원리와 로켓 발사체 설계에 대한 연구가 자리 잡게 하였다. 그러나 이들 아이디어를 미국 정부가 채택한 것은 아니었다. 제2차 세계 대전 이후 기간은 국방예산이 줄어들었고 예산은 우주모험을 위해 가용하지도 않았다. 임무의 부족이 아마도 더 중요한 것이었다. 인공이 발사되면 무엇을 할 것인가? 무슨 이익이 있겠는가, 특히 군사적 측면에서? 이 때가 소형화된 전자기기와 정교한 감지 및 원격 측정장비가 이용되기 이전의 시기였음을 상기하라. 결국, 인공위성 프로그램을 구체화하기 위한 미국의 첫 번째 노력은 미완으로 끝났고 이 구상은 결국 이후 9년 동안 휴면기 상태로 방치되었다.

스프트니크 1호로 선점은 당했지만 1957년 미국은 결국 인공위성을 궤도에 올리는 과제를 실행하였다. 1955년 7월 29일 Dwight D. Eisenhower 대통령은 미국은 국제지구 관측년(International Geophysical Year)을 맞아 작은 지구위성을 궤도에 올릴 것이라고 발표하였다. 이 목표를 달성하기 위해 포획된 수많은 독일 V-2 로켓으로 시작된 10년에 걸친 고고도 탐사로켓 기술을 이용하여 미국은 해군 연구소가 주관하는 뱅가드 프로그램(Vangard Program)을 만들었다. 메릴랜드 발티모어에 있는 마틴 사가 주 계약자로 선정되었다. 이후 2년 동안, 로켓 추진기가 설계되었고 작은 3파운드짜리 실험용 위성을 발사하기 위해 제작되었다. 정부 법령에 따라 뱅가드 프로젝트는 군사용 대형 로켓 엔진을 개발하고 있었고 높은 우선순위로 급성장하던 ICBM 프로그램에 기여하거나 연계되는 것이 요구되지는 않았다. 따라서, 뱅가드 프로그램의 책임자인 John P. Hagen 박사와 과학자와 공학자로 이루어진 그의 팀은 비교적 낮은 우선순위라는 분위기 속에서 뱅가드 로켓을 설계하기 위해 거의 2등 시민처럼 고군분투해야만 했다. (이것은 초기부터 소비에트 군대의 ICBM 개발에 유용하게 활용된 러시아 우주 프로그램과 큰 대조를 보이는 것이다.) 왜냐하면 그 당시 러시아의 핵탄두는 비교대상의 미군 장비보다 더 무거웠기 때문에, 소비에트 연방은 더욱 강력한 로켓 추진기를 개발해야만 했었다. 스프트니크 1호와 2호가 각각 놀라울 정도로 큰 무게인 184파운드와 1,120파운드를 가질 수 있어 그들의 우주 프로그램에 큰 도움이 되었다.

1957년 10월까지 2개의 뱅가드 로켓은 케이프 케내버럴에서 성공적으로 실험을 마쳤고 1958년 말 이전에 위성을 궤도에 안착을 목표한 시험일정도 거의 계획대로 진행되었다. 그 때 스프트니크 1호가 10월 4일 나타났다. 무대 뒤에 있던 백악관은 10월 11일 뱅가드 프로젝트가 “가까운 장래에” 미국 위성을 발사할 것이라고 발표했다. 갑작스런 세상의 이목과 정치적 압박 속에 세 번째 실험용 로켓이 4,000 lb의 모형 유상하중을 싣고 고도 109 mi, 사정거리 335 mi로 10월 23일 실험에 성공하였다. 그 후 1957년 12월 6일, 세계 언론의 지대한 관심 속에 첫 번째 뱅가드가 소형 위성을 궤도에 올리기 위해 준비되었다. 불행히고 뱅가드의 1단 엔진이 프로그램의 최초의 (그리고 마지막인) 실패를 가져왔다. 추진 결함으로 로켓은 발사대로부터 몇 ft만 상승하고 거대한 폭발과 더불어 떨어졌다. 헤이건 박사는 다음과 같은 애기를 했다. "연이어 세 번을 성공적으로 발사했지만 TV-3(발사체를 지칭)의 실패가 전 세계에 전해졌다."

낮은 우선순위의 불리한 조건, 스프트니크 1호 이후의 심리적인 압박 그리고 12월 6일의 수치스러운 실패에도 불구하고, 뱅가드 프로젝트는 매우 성공적으로 진행되었다. 뱅가드 1, 2, 3호는 각각 1958년 3월 17일, 1959년 2월 17일 및 1959년 9월 18일에 궤도에 안착하였고 이는 헤이건 박사와 그의 팀의 헌신적인 노력이 이룬 성과였다.

그러나, 뱅가드 1호는 미국의 첫 번째 위성이 아니었다. 1955년 7월에 있었던 위성 계획에 대한 Eisenhower 대통령의 연설은 군용 로켓의 사용 여부와 관련된 많은 논쟁을 일으켰다. 그 당시 어떤 제안은 베르너 폰 브라운 박사의 기술고문 아래 알라바마 헌츠빌에 있는 육군 레드스톤 조병창에서 개발된 로켓 발사체를 사용하는 것이다. 뱅가드와 함께 진행되는 것으로 결정된 이후 헌츠빌에 있는 육군 탄도 미사일 연구소의 엔지니어들은 검증된 중거리 주피터 C 로켓을 이용하는 위성 프로그램을 제안하였다. 모든 이와 같은 제안은 거절되었다. 그러나, 스프트니크 등장 이후 상황은 뒤바뀌었다. 1957년 10월 말, Von Braun 그룹에는 위성을 궤도에 안착시키는 청신호가 1958년 1월 30일을 목표 일정으로 켜졌다. 주피터 C 로켓에 4단이 추가되었고 이 새로운 형상은 주노 I로 명명되었다. 단 하루만 예정기한을 넘겼다. 1958년 1월 31일, 미국의 첫 인공위성인 익스플로러 1호는 헌츠빌로부터 Von Braun의 과학자와 기술자 팀에 의해 궤도에 안착하였다. 그림 8.36에 나타낸 익스플로러 1호는 무게가 18파운드이고 궤도는 각각 957 mi과 212 mi의 원지점과 근지점을 가지고 주기는 115분이었다. 스프트니크 1호와 익스플로러 1호의 발사와 함께, 세계 두 기술의 거인인 미국과 소비에트 연합이 이제 우주무대에서 경쟁관계에 서게 되었다.

여기서는 우주탐사의 상세한 종합검토 결과를 제공하는 것이 목적은 아니다. 권위 있는 자료는 Von Braun과 Ordway의 훌륭한 저서와 이번 장의 끝에 나열된 참고문헌에서 찾을 수 있다.

8.18 역사적 기록: 유인 우주 비행

무인 우주 비행에 관한 8.17절, 유인 우주 비행에 대한 이번 절과 로켓 엔진의 초기 역사에 대한 9.16절은 서로 긴밀하게 연관되어 있다. 이 책에서는 3개의 독립된 절로 나눈 것은 순전히 의도적이다. 실제로, 인류의 첫 번째 우주 비행에 대한 상상은 인류가 (무생물이 아닌) 달까지 여행을 하는 것이었다. 이후 19세기와 20세기 기술혁명의 기간 동안 유인 우주 비행을 하기 전에 부딪칠 수 있는 문제들을 알기 위해 무인 우주 비행이 수행된 것은 올바르다고 판단한다. 또한, 이 기간 동안 로켓 엔진은 우주 진공에서 추진을 할 수 있게 하는 유일한 매커니즘으로 인식되었다. 사실, 로켓 엔진의 세 선구자인 Tsiolkovsky, Goddard, 그리고 Oberth (9.16절 참조) 등은 궁극적으로 최초의 성공적인 대형 로켓을 생산하는 군사적 응용보다는 우주여행이 주는 이점에 매료되었다. 분명한 것은 무인 및 유인 우주 비

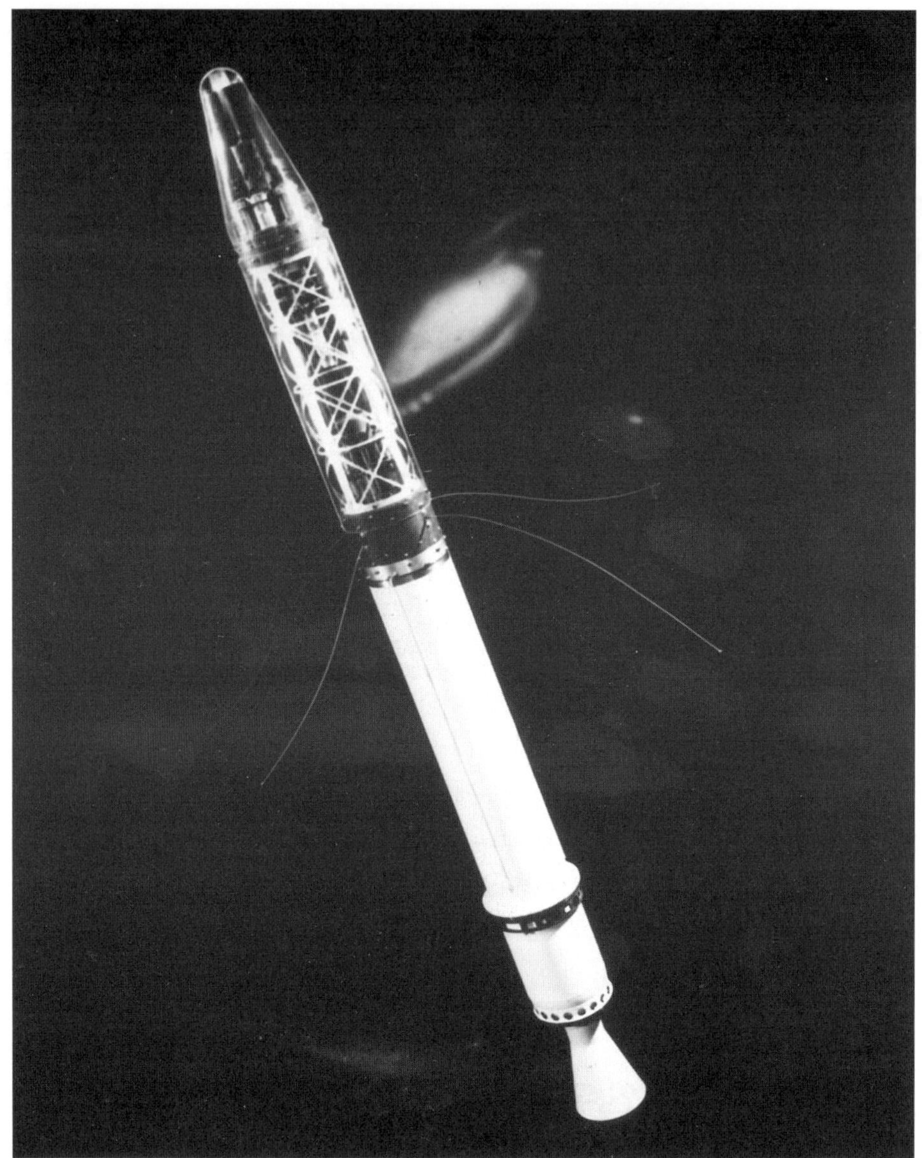

그림 8.36 익스플로러 1호, 미국 최초의 지구 인공위성으로 1958년 1월 31일 발사
(자료출처: 존 앤더슨 제공)

행과 로켓의 역사는 겹쳐지며 많은 경우 구분하기 어렵다.

유인 우주 비행은 실제로 공상과학 소설에 기반을 두고 있고 그리스 작가인 Samosata의 Lucian은 달까지의 여행을 상상한 서기 2세기의 시기처럼 한참 되돌아가야 한다. 책 *Vera Historia*에서 Lucian의 배는 폭풍에 휘말려 강풍으로 하늘로 솟구치게 되었고 7번의 낮과 밤이 지난 뒤 우연히 달에 당도하였다. 그는 그곳에서 "경작되고 주민들로 가득찬 땅"

을 발견하였다. Lucian의 작품 이후 8.14절에 언급된 Kepler의 꿈(*Somnium*)을 포함하여 수 세기를 지속하여 다른 공상 과학소설들이 나왔다. 이런 공상과학 소설은 몇몇 사람들의 상상력을 자극하여 그들이 더 깊은 기술적인 사유를 할 수 있게 만드는 데 유용했다. 특히, 눈에 뛰는 책은 19세기 Jules Verne과 H.G. Wells의 책으로 많은 초기 로켓 엔지니어들이 탐독하였다. 특히, Tsiolkovsky와 Goddard는 Wells의 우주전쟁과 Verne의 지구에서 달까지를 탐독하고 그들의 작품을 통해 영감을 받았다고 기록하고 있다.

Wells와 Verne이 책을 쓴 지 100년도 채 지나지 않았고 40년 전만 하더라도 로켓은 몇몇 공상가들의 장난감에 지나지 않았다는 것을 고려하면, 유인 우주 비행이 현실이 되어 일반대중들의 마음속에는 어느 정도 평범한 일상처럼 되었다는 것은 놀라운 일이다. 소비에트 연합이 우주를 여행한 최초의 인간인 유리 가가린을 태운 10,400파운드 보스토크 1호 우주선을 궤도에 안착시켰을 때인 1961년 4월 12일에 이러한 분위기는 깨졌다. 가가린은 러시아 공군 소령이었고 그의 궤도비행은 203 mi의 원지점에서 1시간 48분 지속되었다. 진입 직후 보스토크는 우선 역 추진 로켓으로 감속하고 낙하산을 전개하여 러시아 내륙 깊숙한 지점의 평지에서 정지했다. 그러나, 착륙 직전에 가가린은 우주선을 떠나 그 자신의 낙하산으로 땅에 도착했다고 생각한다. 이러한 진입 방식은 그 후 여러 해 동안 다른 러시아 우주 비행사들도 이용하였다. 불행하게도 Gagarin은 1968년 3월 27일 비행기 충돌사고로 사망하였다.

인류는 이제 우주로 가는 길에 서있다. 거의 1년 이후, 일정시간 동안 우주에 머문 첫 미국인인 해군 대령 John H. Glenn, Jr.가 1962년 2월 20일 궤도에 올랐다. 원지점과 근지점이 각각 162.7 mi과 100.3 mi인 상태에서 머큐리 캡슐로 세 번의 궤도비행을 수행하면서 글렌의 비행은 발사에서 착륙까지 4시간 56분동안 지속되었다. 모든 연이은 미국의 유인 우주선에서 처럼 글렌은 바다에 충돌하고 배로 회수되는 지구표면까지의 모든 경로에서 머큐리 캡슐에 타고 있었다. 그림 8.37은 1인승 머큐리 우주 캡슐의 도해를 나나낸 것으로 우주 비행사와 상대적인 캡슐의 크기와 모양을 분명하게 보여준다. 1962년 글렌의 성공적인 비행은 머큐리 프로젝트의 정점이었으며 그것은 최초의 미국 유인 우주 프로그램이었다. 이 프로젝트는 스프트니크 1호 발사 1년 반 전인 1956년 3월에 착수된 "유인 탄도 로켓연구 시스템"으로 명명된 공군의 연구에 기반을 두고 있다. 이 프로젝트가 착수된 지 2년 내에 미공군, NACA, 그리고 11개의 사기업들이 우주선의 설계와 생명 유지장치에 대한 많은 기초연구를 수행하였다. 스프트니크 1호 이후 그리고 1959년 NASA가 설립된 이후, 이 연구는 NASA가 집중적으로 수행하였고 머큐리 프로젝트의 과제가 되었다. 따라서 1961년 가가린이 궤도에 진입했을 당시 미국이 많이 뒤쳐진 것이 아니었다.

실제로, 미국의 유인 우주 비행 프로그램은 John F. Kennedy 대통령이 1961년 5월 25일의 의회연설에서 "나는 이번 10년의 기간이 지나기 전에 인간을 달에 착륙시켰다가 무사히 지구로 귀환시키는 목표를 달성하는 일에 국가가 헌신할 수 있을 것으로 믿는다" 라

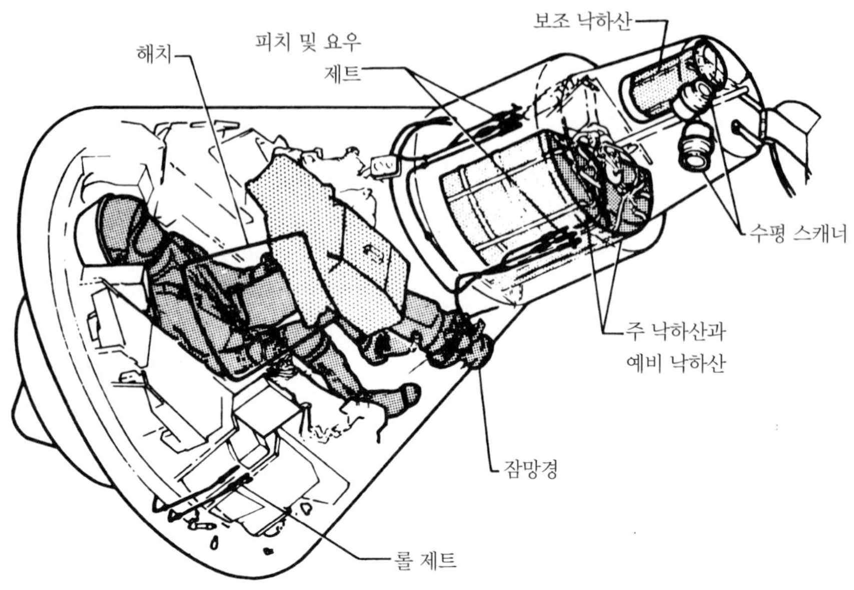

그림 8.37 머큐리 우주선

고 선언했을 때로부터 활력을 얻게 되었다. 그 즉시 아폴로 프로그램이 탄생하였다. 이후 8년에 걸쳐 아폴로 유인 달 착륙선에 관한 연구에 미국의 인적 그리고 물질적 항공우주 자원의 상당한 부분을 집중시키게 했다. 그리고 거의 공상과학 소설의 한 장면처럼 1969년 7월 20일 오후 4시 18분에 이글호로 명명된 달 착륙선이 Neil A. Armstrong과 Edwin E. Aldrin을 태운 채 달 표면에 착륙했고 궤도를 돌던 아폴로 지휘선에서 Michael Collins가 지켜보고 있었다. Kennedy 대통령의 목표는 달성되었다. 수 세기에 걸친 인류의 꿈과 염원이 이루어졌고 Copernicus, Kepler, Newton, 그리고 Lagrange와 같은 뛰어난 사람들의 업적은 극적으로 열매를 맺게 되었다.

유인 우주 비행의 기술적인 이야기는 초인적인 노력, 과학과 공학의 환상적인 진보와 지속된 헌신의 일부이다. 이것은 비록 아폴로 이후 열풍의 도가니는 어느 정도 줄어들었다 하더라도 계속 진행되고 있고 현대 사회가 존재하는 한 계속해서 진전을 이어갈 것이다. 이 짧은 절에서 이 같은 이야기를 온당하게 하기란 불가능하다. 다시 한번, 매우 권위가 있고 최신의 검토를 참조할 수 있기를 바라며 독자들에게 참고문헌에 수록된 Von Braun과 Ordway의 책을 추천한다.

8.19 요약과 복습

지구에서 출발한 전형적인 우주 비행체의 수명 단계는 최소 2개 혹은 어떤 때는 3개의 단계로 구분된다. (1) 지구 표면으로부터 발사 (2) 우주공간 여행 그리고 (3) 지구로 귀환 또는 다른 행성으로 착륙 등이다. 발사 단계는 일반적으로 로켓 추진기를 사용하여 이루어진다. 제9장에서는 로켓 엔진과 로켓 추진기를 다룬다.

우주공간 여행인 두 번째 단계는 이번 장에서 설명하였다. 로켓 추진기의 연소가 종료된 순간 우주 비행체는 어떤 크기의 속도와 방향을 갖게 되고 지구중심에서 어느정도 떨어진 거리에 있게 된다. 이러한 연소종료 시의 조건으로 시작하여 이후로는 자연이 우주 비행체를 떠 맡아 단지 중력만으로 우주공간 상의 비행경로로 보내게 된다. 이번 장의 많은 부분은 이러한 비행경로와 비행경로에 따른 따른 우주 비행체의 동역학에 대한 학습을 다루었다. 이 비행경로에 대한 수학적인 방정식을 어떻게 구하고 이 경로를 따라 이동하는 우주 비행체의 속도변화를 어떻게 계산하는지를 알게 되었다.

마지막으로, 우주 비행체의 임무가 보이저 2호(그림 2.29)의 심우주 임무와 같이 무한히 우주를 통과하는 경우에는 비행체는 생애주기 동안 처음 두 단계만을 경험하게 된다. 그러나, 비행체가 지구로 귀환하거나 다른 행성에 착륙하도록 되어있는 경우에는 세 번째 단계를 경험하게 되어 도중에 안전하게 대기로 진입하고 대기를 통과해 여행을 해야만 한다. 이러한 대기진입의 위험성에는 우주로부터의 매우 큰 진입속도와 관련하여 비행체가 견뎌야 하는 어마어마한 감속과 공력가열이 있다. 이러한 대기진입의 특성을 이번 장에서 다루었고 비행체의 최대 감속도와 총 진입 가열에 대한 방정식을 유도하였다.

이번 장의 몇 가지 중요한 점을 아래에 요약하였다.

1. 거리 제곱에 반비례하는 하나의 주된 중력장의 영향을 받는 우주선의 궤도 혹은 비행경로 방정식은 다음 식으로 주어진다.

$$r = \frac{p}{1 + e\cos(\theta - C)} \tag{8.44}$$

여기서, e는 이심률이며 C는 위상각이다. 궤도는 $e = 0$인 경우 원형, $e < 1$이면 타원형, $e = 1$이면 포물선형이고 $e > 1$이면 쌍곡선형이다.

2. 이심률은 우주선의 운동에너지 및 위치에너지의 차로 결정된다.

$$e = \sqrt{1 + \frac{2h^2 H}{mk^4}} \tag{8.53}$$

3. 원주반향 속도는 다음 식으로 주어진다.

$$V = \sqrt{\frac{k^2}{r}} \tag{8.57}$$

지구위성의 원 궤도속도는 7.9 km/s 혹은 약 26,000 ft/s이다(r = 지구 반지름 기준으로).

4. 이탈속도는 다음 식으로 주어진다.

$$V = \sqrt{\frac{2k^2}{r}} \tag{8.58}$$

지구 반지름을 기준으로 지구로부터의 이탈에 필요한 이탈속도는 약 11.2 km/s 혹은

36,000 ft/s이다.

5. 케플러 법칙은 다음과 같다. (1) 위성은 인력의 중심 주위로 타원경로를 나타낸다, (2) 동일한 시간에, 위성의 반지름 벡터가 지나친 면적은 동일하다, 그리고 (3) 동일한 행성 주위의 두 위성의 주기는 각 위성의 장축 반경과 관련이 있다.

$$\left(\frac{\tau_1}{\tau_2}\right)^2 = \left(\frac{a_1}{a_2}\right)^3$$

6. 대기를 통과하는 탄도 진입 비행체의 속도변화는 다음과 같다.

$$\frac{V}{V_E} = e^{-\rho/2[m/(C_D S)]Z\sin\theta} \tag{8.87}$$

여기서, ρ 고도의 함수이고 $m/(C_D S)$는 탄도 파라미터, θ는 진입각도, V_E는 초기진입 속도, 그리고 $Z = g_0/(RT)$이다. 진입 동안의 최대 감속도는 다음 식으로 주어진다.

$$\left|\frac{dV}{dt}\right|_{\max} = \frac{V_E^2 Z\sin\theta}{2e} \tag{8.101}$$

7. 진입 공력가열은 속도의 세제곱에 비례한다.

$$\frac{dQ}{dt} = \frac{1}{2}\rho_\infty V_\infty^3 S C_H \tag{8.107}$$

공력가열을 최소화하기 위해 우주선은 뭉툭한 전방 형상을 가져야 한다.

8. 부양 진입 비행경로는 양력 파라미터 $m/(C_L S)$의 영향을 받는다.

참고문헌

Allen, H. J. , and A. J. Eggers. *A Study of the Motion and Aerodynamic Heating of Missiles Entering the Earth's Atmosphere at High Supersonic Speeds*. NACA TR 1381, 1958.

Anderson, J. D., Jr. "An Engineering Survey of Radiating Shock Layers." AIAA *Journal*, vol. 7, no. 9, Sept. 1969, pp. 1665 – 1675.

Brown, C. D. *Elements of Spacecraft Design*. American Institute of Aeronautics and Astronautics, Reston, VA, 2002.

Chapman, D. R. *An Approximate Analytical Method for Studying Entry into Planetary Atmospheres*. NASA TR R-11, 1959.

Emme, E. M. *A History of Space Flight*. Holt, New York, 1965.

Griffi n, M. D., and French, J. R. *Space Vehicle Design*, 2nd ed. American Institute of Aeronautics and Astronautics, Reston, VA, 2004.

Hartman, E. P. *Adventures in Research: A History of Ames Research Center 1940–1965*. NASA SP-4302, 1970.

Kaplan, M. H. *Modern Spacecraft Dynamics and Control. John Wiley and Sons*, New York, 1976.

Nelson, W. C., and E. E. Loft. *Space Mechanics*. Prentice-Hall, Englewood Cliffs, NJ, 1962.

VonBraun, W., and F. I. Ordway. *History of Rocketry and Space Travel*, 3rd rev. ed. Crowell, New York, 1975.

Wiesel, W. E. *Spacecraft Dynamics*, 2nd ed. McGraw-Hill, New York, 1997.

연습문제

8.1. 지구로부터 우주 비행체의 로켓발사가 끝났을 때, 연소종료 시 속도는 13 km/s로 정남향이고 수평선 위로 10도의 각도를 가진다. 연소종료 지점은 해수면 고도가 400 mi인 적도상이다. 이 때 우주 비행체의 비행경로를 계산하라.

8.2. 금성, 지구, 화성, 그리고 목성의 탈출속도를 구하고 비교하라. 다음과 같은 정보를 이용하라.

	금성	지구	화성	목성
k^2, m^3/s^2	3.24×10^{14}	3.96×10^{14}	4.27×10^{13}	1.27×10^{17}
r, m	6.16×10^{6}	6.39×10^{6}	3.39×10^{6}	7.14×10^{7}

8.3. 달의 질량과 반지름은 각각 7.35×10^{22} kg, 1.74×10^{6} m이다. 달에서의 궤도속도와 이탈속도를 구하라.

8.4. 지구의 공전주기는 365.3일이고 궤도의 장축 길이는 1.495×10^{11} m로 알려져 있다. 우주 비행사는 멀리 떨어져 있는 행성의 공전 주기를 29.7년으로 알고 있다. 이때 그 행성 궤도의 장축 길이는 얼마인가? 참고자료(온라인, 백과사전 등을 참조)를 이용하여 이 행성이 태양계의 어느 행성인지를 검토하라.

8.5. 인공위성을 항상 지구 적도상의 동일 지점에 머무를 수 있는 궤도에 안착시키고 싶다고 가정하라. 로켓 추진기의 연소가 종료된 순간에 위성이 가져야 하는 속도와 고도 값을 계산하라.

8.6. 지구대기로 8 km/s의 속도와 수평면 아래쪽으로 30°도의 각도로 진입하는 강철 구를 고려하라. 구의 직경은 1.6 m이다. (*a*) 최대 감속도가 일어나는 고도, (*b*) 최대 감속도 값 및 (*c*) 구가 지구 표면과 충돌하는 속도 등을 구하라.

8.7. 200,000 ft에서 27,000 ft/s로 비행하는 주어진 궤도진입 비행체의 공력가열 속도는 100 Btu/(ft^2)(s)이다. 동일한 고도에서 속도가 36,000 ft/s인 경우 공력가열 속도는 얼마인가?

8.8. 소행성이 지구와 충돌하는 대재앙이 일어날 약간의 가능성이 있다. 이러한 충돌은 지구역사에 걸쳐서 발생한 것으로 알려져 있고 미국항공학회(AIAA)를 포함한 몇몇 책임 있는 과학기술기관들은 예측이 가능한 미래에 이 같은 일이 지구를 위협하는 경우 어떤 조치들을 취할 수 있을지에 대한 연구를 수행하고 있다. 소행성이 지구와 정면으로 충돌하는 경우를 고려하자. 소행성의 속도는 (태양에 고정된 기준 좌표계에서) 태양으로부터의 이탈속도의 0.9배로 가정하라. 동일한 기준 좌표계에서 지구의 속도는 태양 주위로 29.77 km/s이다. 지구대기로 진입할 때 소행성의 속도를 지구와 상대적인 속도로 계산하라. 지구는 반경이 147×10^{9} m인 원 궤도에서 태양 주위를 이동한다고 가정하라.

주: 이 문제는 지구와 소행성이 서로 반대방향으로 운동을 하면서 정면으로 충돌을 하는 최악의 시나리오를 나타낸다.

8.9. 지구 자원탐사용 *LANDSAT C* 위성은 이심률이 0.00132인 원에 가까운 궤도를 갖는다. 근지점에서 위성은 지구표면으로부터 417 km 고도에 있다. 원지점의 고도를 구하라.

8.10. 궤도조건이 문제 8.9와 같이 주어진 경우 *LANDSAT C* 위성의 주기를 구하라.

8.11. 궤도조건이 문제 8.9와 같이 주어진 경우 근지점에서의 *LANDSAT C* 위성의 속도를 구하라.

8.12. 다음 5개의 문제는 2002년 8월 3일에 발사된 우주선 메신저호에 관한 것이다. 지구, 금성 그리고 수성 주위로 중력조력을 통한 기동들은 한 후 메신저호는 2011년 3월 18일 수성궤도로 들어갔다. 수성의 질량과 반지름은 각각 3.3×10^{23} kg, 2, 440 km이다. 궤도는 고도가 가장 가까이 접근하였을 때 (근지점은) 200 km이고 가장 멀리 떨어졌을 때 (원지점은) 15,193 km인 큰 이심률의 타원 궤도로 설계되었다. (주: 위의 거리들은 수성의 지표로부터의 거리이며, 수성의 중심으로부터의 거리가 아니다.) 메신저호의 궤도주기를 구하라. 단, 우주선 궤도에 대한 태양중력의 영향은 무시하라.

8.13. 수성 궤도에 있는 메신저호의(문제 8.12 참조) 원지점과 근지점에서의 속도를 구하라.

8.14. 수성 궤도에 있는 메신저호의 (문제 8.12와 문제 8.13 참조) 단위 질량당 각 운동량을 계산하라.

8.15. 수성 주위를 도는 메신저호의 궤도 이심률을 구하라.

8.16. 문제 8.12에 주어진 궤도의 특징과 물리량으로 부터 메신저호의 질량을 추정하는 것은 불가능하다. 왜 그런가?

CHAPTER 09

추진

Propulsion

우리는 열기구를 들어올리는 불에서 동력을 찾고자 하였다. 우리의 생각에 먼저 들어오는 것은 어떤 기구나 비용 없이 쓸 수 있는 반응의 힘이다. 이동하려는 방향과 반대 방향으로 열기구에 하나 또는 여러 개의 구멍을 뚫는 것이다.

Joseph Montgolfier, 1783
비행선의 제트 추진에 관해 역사상 최초로 기록된 기술적 문구

뉴턴의 법칙을 넘어서는 무언가가 있음을 직감하기 시작했다.

Robert H. Goddard, 1902

9.1 개요

"아무 것도 없이 무언가를 얻을 수는 없다."는 오래된 격언은 공학에서 특히 맞는 말이다. 예를 들어, 앞 장에서는 양력과 항력, 항공기의 성능, 안정성, 조종성, 항공기의 운동과 관련된 공기역학을 배웠다. 이 모든 것은 엔진이나 어떤 형태의 추진장치에 공급되는 **동력**(*power*) 또는 **에너지**를 이용한다. **추진**(*propulsion*)에 대한 공부가 이 장의 주제다. 여기서 우리는 항공기나 우주 비행체를 움직이는 것이 무엇인지 살펴본다.

제1장 전반에서 본 유인 비행의 발달과정에서 추진은 명백하게 지배적인 역할을 해왔다. George Cayley는 1799년 그의 항공기에 노(paddle)를 장착하려 애썼다. Henson과 Stringfellow는 비록 실패하였지만, 그들은 증기엔진으로 구동되는 "공기스크류"를 생각했다. 1874년 Felix Du Temple은 뜨거운 공기를 사용하는 엔진으로 기계를 땅에서 순간적으로 튀어 오르게 만들었다. 이어서 Mozhaiski는 1884년 증기엔진을 사용했다(그림 1.13

미리보기

PREVIEW BOX

이 책의 제1~8장에서 우리는 비행하는 항공기와 관련된 공기역학과 비행역학을 배웠고, 바깥 우주를 통해 움직이는 비행체와 관련된 우주항법의 몇몇 양상을 다루었다. 우리는 항공기가 공기를 통해 자신을 계속 움직이게 만드는 엔진을 가지고 있다. 우주 비행체 또한 지표면에서 우주로 쏘아 올리는 엔진을 가지고 있는 것을 당연하게 여겨왔다. 이제 **비행추진** 원리인 엔진 자체에 주목할 시간이다.

Wright 형제가 1903년 Flyer(그림 1.2)를 비행할 때 사용한 동력장치와 같은 형태이며, 역사적으로 고전 추진장치인 왕복 엔진(reciprocating engine)-프로펠러(propeller)의 조합을 이 장에서 먼저 다룬다. 20세기 전반 동안에 유일했던 항공기 추진의 형태이다. 왕복 엔진과 프로펠러는 오늘날에도 여전히 매우 많은 일반 항공기에 사용되고 있다. 왕복 엔진은 오늘날 자동차에 사용되는 엔진과 같은 종류이다. 어떻게 작동할까? 어떻게 동력을 생산하는가? 자동차의 경우 이 동력은 바퀴를 돌리는 데 사용된다. 항공기에는 이 동력이 프로펠러를 회전하는 데 사용되고, 회전하는 프로펠러는 추력(thrust)을 만들어 항공기를 앞으로 밀어낸다. 이 모든 것이 어떻게 일어나는가? 여러분이 이 장에서 이러한 질문들의 답을 찾게 될 것이다.

1940년대 중반에 추진 혁명(propulsion revolution)이 일어났는데, 최초의 실용 제트 엔진이 개발되었다. 제트 엔진은 대기를 비행하는 데 혁신을 가져왔다. 그것의 발명은 비행의 역사에서 두 번째로 중요한 사건이었다. Wright 형제가 1900년대 초 발명한 최초의 비행기가 그 첫 번째이다. 제트 엔진은 음속 근처 또는 이상에서 고속 비행을 가능하게 했다. 바다를 가로질러 먼 나라 간을 안전하고, 편리하며 빠르게 여행하는 시대를 열었다. 오늘날 비행 추진에 대한 연구는 대부분 제트 엔진에 대한 연구이다. 이 장도 마찬가지다.

제트 엔진의 마법은 무엇인가? 제트 엔진이 어떻게 많은 추력을 만들어 마하수 1 이상으로 항공기를 추진할 수 있는가? 흥미로운 물리가 여기에 있음이 틀림없다. 그게 무엇인가? 제트 엔진의 추력을 어떻게 계산할 수 있는가? 이 장에서 답을 찾아보자.

제트 엔진과 로켓 엔진은 둘 다 **제트 추진장치** 일가의 한 구성원이다. 그런데, 속성과 설계 목적에 의해 로켓 엔진은 제트 엔진과 많이 달라서 별도로 연구할 가치가 있다. 사실, 어떤 대학 커리큘럼에는 공기흡입(air-breathing) 추진과 로켓 추진이 별도의 과목으로 구성되어 있다. 차이점이 무엇인가? 이 장의 마지막 3분의 1은 로켓 엔진에 할애되어 있고, 이 차이점에 대한 설명이 있다.

엄청난 추력을 가진 로켓 엔진은 스스로 연료와 산화제(oxidizer)를 운반하기 때문에 작동을 위해 공기를 필요로 하지 않는다. 로켓 엔진은 현재 지표면에서 우주로 비행체를 쏘아 올릴 수 있는 유일한 엔진 형태이다. 로켓 엔진은 어떻게 큰 추력을 발생시키는가? 대부분의 우주 비행체는 하나 이상의 로켓 엔진을 쌓아올려 여러 단(stage)의 엔진을 가지고 우주로 발사된다. 다음 단의 로켓 엔진이 점화되면 소모된 엔진은 비행체에서 분리시켜 버린다. 어떤 일이 벌어지는가? 대부분의 우주 비행체가 다단 로켓 부스터(booster)로 우주로 발사되는 이유는 무엇인가? 여러분이 우주 비행체의 우주비행사이고 마지막 로켓이 다 타버렸다고 상상해 보라. 비행체의 속도를 어떻게 계산할 수 있는가? 여러분을 우주로 보내어 임무를 달성하는 데에 충분한가? 이러한 질문에서 이 답의 중요성을 확실히 인식할 수 있다. 이 장은 여러분에게 몇 가지 답을 준다. 비행체는 공기역학, 비행동역학, 구조, 추진과 연관된 시스템임을 기억하라. 이 네 분야는 비행이 성공적으로 이루어지는 데서 시너지를 만들 수 있도록 반드시 상호협력해야 한다. 추진은 시스템에서 특히 중요한 요소이므로, 이 장은 이 책에서 특히 중요한 부분이다. 더불어, 추진은 엄청난 에너지를 복잡한 장치에서 많은 추력으로 변환하여 이용하는 것과 관련된 매우 흥미로운 주제이다. 추진을 배우는 것은 즐겁다. 여러분이 이 장을 읽는 동안 즐거움을 찾길 희망한다. 가슴을 펴고 열린 마음으로 즐기기 바란다.

과 1.14를 참조). 19세기 후반, 초기의 항공학자들은 성공적인 유인비항을 가볍지만 강력한 엔진 개발에 달려 있음을 명확하게 인식했다. 다행히, 1860년에 최초의 실용적 내연기관(internal combustion engine)의 발명으로 이것이 가능해졌다. 그런데, 가솔린 엔진이 급속도로 발전하고 초창기 자동차 산업에서 그들의 역할에도 불구하고, Langley(1.7절)와 Wright 형제(1.8절)와 같은 사람들은 비행에 필요한 높은 마력무게비를 얻기 위해 여전히 자체의 엔진을 설계하려 했다. 프로펠러를 구동하는 내연 왕복기관이 최종적으로 승리자가 되었고, 제2차 세계 대전까지 항공기 추진을 위한 유일한 실용적 방법이었다. 이 과정에서 이런 엔진은 1903년 Wright 형제가 설계한 12 hp(마력) 엔진으로부터 시작해 1945년 2200 마력 엔진까지 발전하였다. 이것은 항공기를 28 mi/h에서 500 mi/h까지의 속도로 밀수 있는 동력에 해당한다.

그 후 추진의 혁명이 일어났다. Frank Whittle은 1930년 영국에서 제트 추진 엔진에 관한 특허를 취득했고, 근 10년간 지속적으로 개발하였다. 1939년 독일에서 Heinekl He 178 항공기가 Hans von Ohain에 의해 개발된 터보젯 엔진을 장착하고 비행했다. 최초의 성공적인 제트 추진 비행체였고, 이후 제2차 세계 대전 후반, 독일 Me 262 제트 전투기의 기초가 되었다. 고성능 항공기의 주요 동력원으로서 제트 엔진이 급속히 자리를 잡았고, 1950년대에 음속에 이르고, 1960~70년대에 음속을 돌파할 수 있게 되었다. 오늘날 항공기 산업은 제트 추진에 기반하고 있고, 상용 및 군용 제트 추진 초음속 비행은 일상화되었다.

그동안 더 큰 파급을 가진 또 하나의 혁명이 발생했는데, 바로 성공적인 로켓 엔진의 발명이다. 러시아 Konstantin Tsiolkovsky (1857~1935), 미국 Robert H. Goddard (1882~1945), 독일 Hermann Oberth (1894~1989)의 선구적인 업적을 바탕으로 1944년 독일 V-2 미사일에 최초로 로켓 엔진이 적용되었다. 우주개발의 시기에 로켓 엔진은 우주로 비행체를 쏘아 올릴 수 있는 유일한 도구가 되었고, 이를 이용해 인류를 달에 보내고 태양계의 알려지지 않은 심연을 탐사할 수 있게 되었다.

이 간단한 역사적 장면들을 통해 추진은 비행 속도가 높아지는 데 매우 중요한 방법임을 명백히 알 수 있다. 추진은 항공우주공학의 주요 분야 중 하나이다. 그러므로, 다음 절에서 프로펠러, 왕복기관, 터보젯, 램젯, 로켓의 기본 원리를 살펴볼 것이다. 이러한 추진 장치들은 고도의 공기역학이므로, 이 장에서 다루는 추진의 개념을 잘알기 위해서 제4장과 제5장에서 다룬 공기역학과 열역학의 기본 원리를 정확히 이해하는 것이 큰 도움이 될 것이다.

그림 9.1은 이 장의 로드맵이다. 항공우주 비행체의 비행 추진 장치는 그림 9.1의 세 부분으로 분류될 수 있다. 공기흡입(air-breathing) 엔진, 로켓 엔진, 첨단 우주추진 장치가 그것이다. 공기흡입 엔진은 그림 9.1의 왼쪽 열을 이루는데, 이름을 보면 산화제로 대기준의 산소를 사용하도록 설계되었음을 알 수 있다. 이 장에서 프로펠러와 왕복기관, 이들의 조합을 먼저 살펴볼 것인데, 이들은 성공적인 동력 비행의 첫 50년 동안 주요 동력원으로

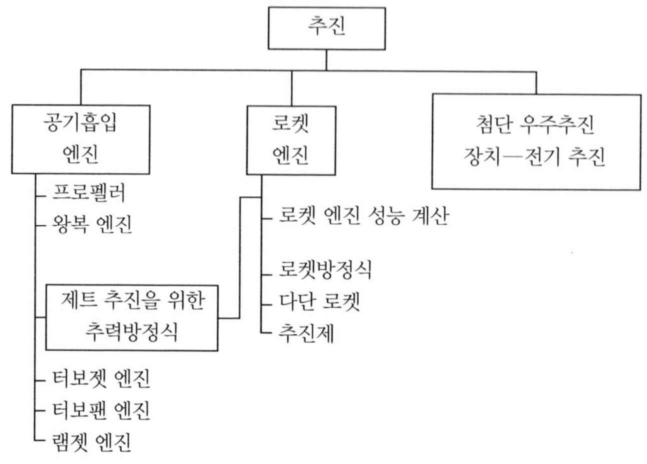

그림 9.1 제9장의 로드맵

사용된 것이다. 다음으로 제트 추진의 원리를 이해하고 제트 엔진과 로켓 엔진을 포함한 제트 추진 장치의 추력방정식(thrust equation)을 유도한다. 이를 이용해 공기흡입식 제트 엔진의 세 가지 형태, 터보젯, 터보팬, 램젯 엔진을 살펴 본다. 그림 9.1의 가운데 열은 로켓 엔진을 다룬다. 로켓은 자체의 연료와 산화제를 이용해서 대기와 무관하게 동력을 얻는 추진장치이다. 로켓 엔진의 성능을 어떻게 계산할 수 있고, 유상하중의 무게를 어떤 속도까지 가속시키는 것을 어떻게 예측할 수 있는지 로켓 방정식를 조사할 것이다. 일단의 큰 로켓(single large rocket)과 대비되는 다단 로켓(multistage rocket) 비행체의 성능을 계산하고 토론한다. 또한 화학로켓(chemical rocket) 엔진의 추진제가 가지는 중요성에 대해서도 언급한다. 마지막으로 첨단 우주추진의 기초개념 중 일부를 살펴볼 것이다(그림 9.1의 오른쪽 열).

9.2 프로펠러

항공기 날개와 프로펠러는 몇 가지 공통점을 가지고 있다. 둘 다 공기역학적 힘을 만들기 위해 설계된 익형 단면을 가지고 있다. 날개의 힘은 공기 중에 항공기를 떠 있도록 하는 양력을 제공하고, 프로펠러 힘은 항공기를 공기 중에서 미는 추력을 제공한다. 그림 9.2는 단순한 삼날(three-blade) 프로펠러인데, 그림은 블레이드의 단면이 익형 형상이라는 점을 보여준다. 그런데, 익형 단면의 시위선이 모두 같은 방향인 날개와 달리, 프로펠러는 비틀림(twist)을 가지고 있어서 시위선이 중심부에서는 V_∞에 거의 평행하고 끝단에서 거의 수직하도록 시위선의 방향이 변화한다. 이것을 묘사한 그림 9.3은 프로펠러의 측면도, 중심부와 끝단의 두 단면을 보여준다. 이 그림을 주의 깊게 익혀라. 시위선과 프로펠러의 회전면이 이루는 각을 피치각(*pitch angle*) β라 정의한다. 중심에서 주어진 단면까지의 거리는 r이다. $\beta = \beta(r)$임에 주목하라.

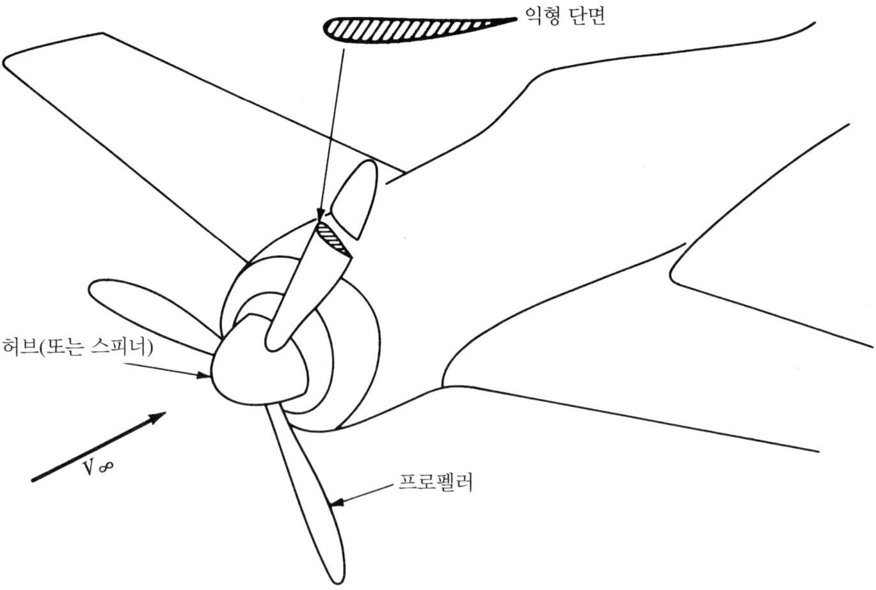

그림 9.2 프로펠러의 단면이 익형 형상임을 강조한 항공기 프로펠러

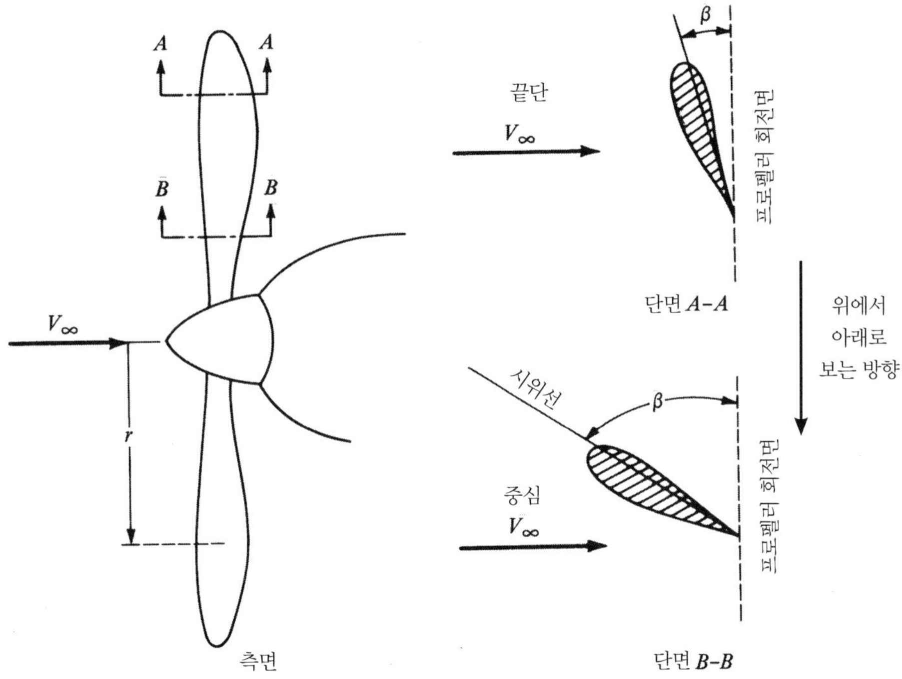

그림 9.3 날의 위치에 따른 피치의 변화

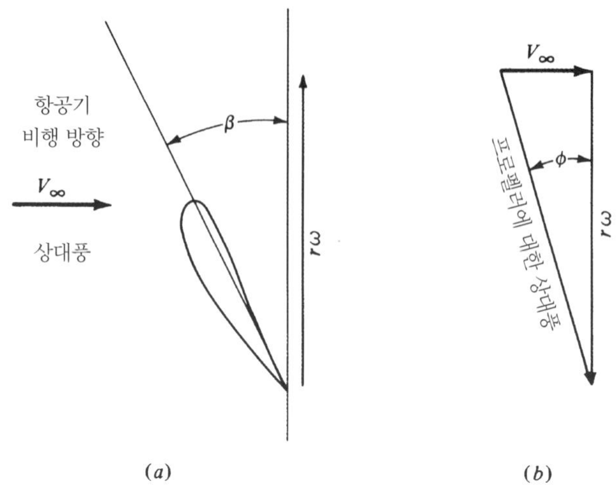

그림 9.4 프로펠러에 대한 유동 속도의 속도 개념도

주어진 프로펠러 단면에서 보이는 공기흐름은 항공기의 전진 운동과 프로펠러 자신의 운동의 합으로 결정된다. 그림 9.4*a*에서 항공기의 상대풍은 V_∞이고, 프로펠러의 회전으로 인한 단면의 속도는 $r\omega$이다. 여기서 ω는 초당 radian 단위의 프로펠러 각속도를 의미한다. 그래서, 프로펠러 단면의 상대풍은 그림 9.4*b*에 나타난 것과 같이 V_∞와 $r\omega$의 벡터합과 같다.

익형 단면의 시위선이 해당 위치 상대풍 V에 대해 받음각 α를 이룬다면(V에 수직하고 평행한), 양력과 항력이 발생한다. 이어서 그림 9.5에서 V_∞ 방향에 대한 L과 D는 순추력(net thrust) T를 발생시킨다.

$$T = L\cos\phi - D\sin\phi \tag{9.1}$$

여기서 $\phi = \beta - \alpha$. 프로펠러 날의 전체 길이에 대해 모두 합하면, 항공기를 앞으로 이동시키는데 이용가능한 순추력 (제6장에서 정의된 T_A)을 얻는다.

이 간단한 그림이 프로펠러 작동원리의 정수이다. 그런데, 실제 프로펠러 성능의 예측은 더 복잡하다. 프로펠러는 비틀림을 가진 유한 날개와 유사하다. 그러므로, 프로펠러의

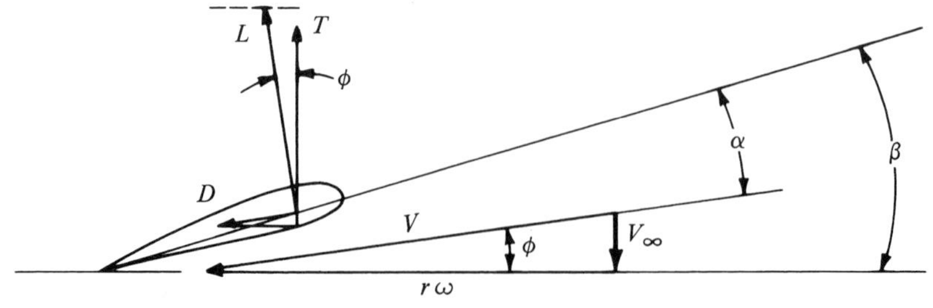

그림 9.5 프로펠러 추력의 발생

공기역학은 유한 날개에 대해 5.13과 5.14절에서 설명한 끝단 와류로 인해 유도된 유동의 영향을 받는다. 게다가, 프로펠러 비틀림과 회전 운동으로 인해 이론은 더 복잡해진다. 그런데, 프로펠러 이론은 매우 잘 정립되어 왔고, Dommasch 등과 Glauret의 책들에서 자세한 내용을 찾을 수 있다(이 장 끝 부분 참고문헌을 보라). 이러한 이론은 이 책의 범위를 넘는다.

대신, 6.6절에서 소개한 프로펠러 효율η를 이해하는 데 집중하자. 식 (6.30)에서 프로펠러 효율은 다음과 같이 정의된다.

$$\eta = \frac{P_A}{P} \tag{9.2}$$

여기서 P는 엔진 축에서 프로펠러에 공급된 동력인 축동력(shaft brake power)이고, P_A는 프로펠러가 이용 가능한 사용동력(available power)이다. 식 (6.31)에 주어진 것처럼, $P_A = T_A V_\infty$이다. 그래서 식 (9.2)는 다음과 같이 된다.

$$\eta = \frac{T_A V_\infty}{P} \tag{9.3}$$

앞에서 설명하였듯이, 식 (9.3)의 T_A는 그림 9.5에서 받음각에 의해 기본적으로 결정되는 값이다. 다음으로 α는 피치각 ϕ와 β에 의해 결정되는데, ϕ 자체는 V_∞와 $r\omega$의 크기로 결정된다. 각속도 $\omega = 2\pi n$이고, n은 단위 초당 프로펠러 회전수이다. 결국, T_A는 최소한 β, V_∞, n의 함수여야 한다. 최종적으로 추력은 프로펠러 지름 D로 특정할 수 있는 프로펠러 크기와도 관련되어야 한다. 따라서, 식 (9.3)에서 프로펠러 효율은 β, V_∞, n, D에 의존한다. 사실, 이론과 실험 둘 다 정해진 피치각 β에서 η가 다음의 무차원수의 함수임을 보여준다.

$$J = \frac{V_\infty}{nD} \qquad \text{전진비(advance ratio)}$$

정해진 β에서 J에 따른 η의 변화가 그림 9.6에 도시되어 있다. 세 곡선은 서로 다른 세 피치각에 해당한다. 그림 9.6은 중요한데, 이런 곡선으로부터 제6장에서 설명한 항공기 성능 해석을 위한 η 값을 얻기 때문이다.

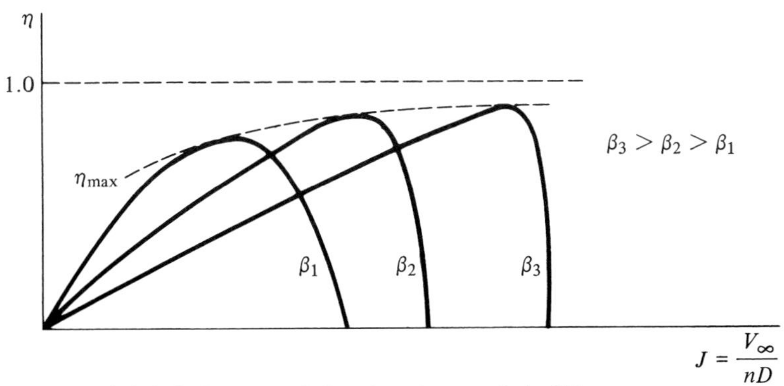

그림 9.6 전진비에 따른 프로펠러 효율. D는 프로펠러 지름

그림 9.6을 더 자세히 살펴보자. $\eta < 1$이라는 점에 주목하라. 엔진에서부터 프로펠러에 전달된 동력의 일부는 항상 사라지기 때문에, $P_A < P$이다. 여러 다른 효과 때문에 이러한 손실이 발생한다. 먼저 여러분이 열린 공간에 서 있다 상상해 보라. 공기는 고요해서, 속도가 없다. 프로펠러 비행체가 움직여 프로펠러가 지나가면 여러분은 항공기의 반대 방향으로 움직이는 거센 바람을 느낄 것이다. 이 바람은 프로펠러에서 나온 흐름의 일부, 즉 공기가 프로펠러 날의 전진, 회전 운동으로 흐름을 만들었다. 결과적으로 여러분은 이전에 멈춰 있던 공기의 전진, 회전하는 **운동에너지**를 느낀 것이다. 이 운동에너지는 프로펠러 축으로 공급된 동력의 일부가 바뀌어 발생한다. 프로펠러의 사용동력 중 일부를 훔쳐서 쓸데없는 일을 한 것이다. 비행체 앞의 멈춰 있는 공기를 움직이도록 만든 에너지는 동력 손실의 원천이다. 또 다른 원인은 표면마찰과 프로펠러에 작용하는 표면마찰과 압력항력(형상항력)으로 인한 마찰 손실이다. 이런 종류의 마찰은 항상 동력 손실을 초래한다. 세 번째 원인은 **압축성**(*compressibility*) 손실이다. 날의 끝단은 프로펠러에서 가장 빨리 움직이는 부분이다. 많은 고성능 엔진의 프로펠러 끝단의 속도는 거의 음속에 가깝다. 이 때, 날개에서 항력발산을 초래한(5.10절) 것과 같은 형태의 충격파와 경계층 박리가 발생하여 이용가능한 동력의 일부를 뺏는다. 프로펠러 끝단 속도가 초음속이 되면, η는 극적으로 낮아진다. 이것이 천음속, 초음속 항공기가 프로펠러를 사용하지 않는 가장 중요한 이유이다[제2차 세계 대전 이후, 고속 비행에서 성공적인 후퇴익의 경험을 바탕으로 NACA를 비롯한 많은 연구기관이 후퇴형(swept-back) 프로펠러를 실험했다. 그러나 이 노력은 수포로 돌아갔다]. 여기서 언급한 모든 형태의 손실로 인해, 프로펠러 효율은 항상 1보다 낮다.

그림 9.6으로 다시 돌아가자. 정해진 β에서 $J = 0$이면 효율은 0이다. J가 증가함에 따라 효율이 증가하여 최대값에 이른 후, 더 높은 J에서 급격히 감소한다. 어떤 큰 J에서 효율은 다시 0이 된다. 다른 두 J 값에서 왜 η가 영이 될까? 원점에서는 답이 간단하다. n과 D가 정해진 프로펠러를 생각하라. J는 오직 V_∞에만 관계한다. $V_\infty = 0$일 때, $J = 0$이다. 그런데, $V_\infty = 0$이면, $P_A = T_A V_\infty = 0$이다. 결국, $\eta = P_A/P = 0$이다. 그래서, 프로펠러 효율은 $J = 0$에서(항공기의 운동이 없으므로 이용가능한 동력이 없기 때문에) 0이다. 정반대의 상황을 고려하자. V_∞와 J가 클 때, 프로펠러는 낮은 받음각으로 인해 양력을 잃는다. 그림 9.7에 묘사되어 있다. 정해진 프로펠러 익형 단면이 중심에서 거리 r에 있다. ω가 정해져 있어 $r\omega$는 상수라 가정하라. V_∞가 낮다면, 상대풍은 그림 9.7a에 보이는 것과 같을 것이다. 익형 단면은 적당한 받음각을 가지고 적당한 양력을 만들 것이다. V_∞가 증가한다면, 상대풍은 시위선에 근접할 것이고, 받음각과 양력계수는 감소한다. 상대풍이 영양력 선과 일치하게 되는 V_∞에서 양력(곧 추력)은 마침내 영이 되고, $\eta = T_A V_\infty / P = 0$이 된다. 사실, V_∞가 이보다 더 크게 되면, 그림 9.7b에서 보듯이 익형은 반대 방향의 양력, 즉 역추력(reverse thrust)을 생산하게 된다.

상대풍을 고려하면 프로펠러 날이 왜 비틀림을 가지는지도 설명할 수 있다. 그림 9.3

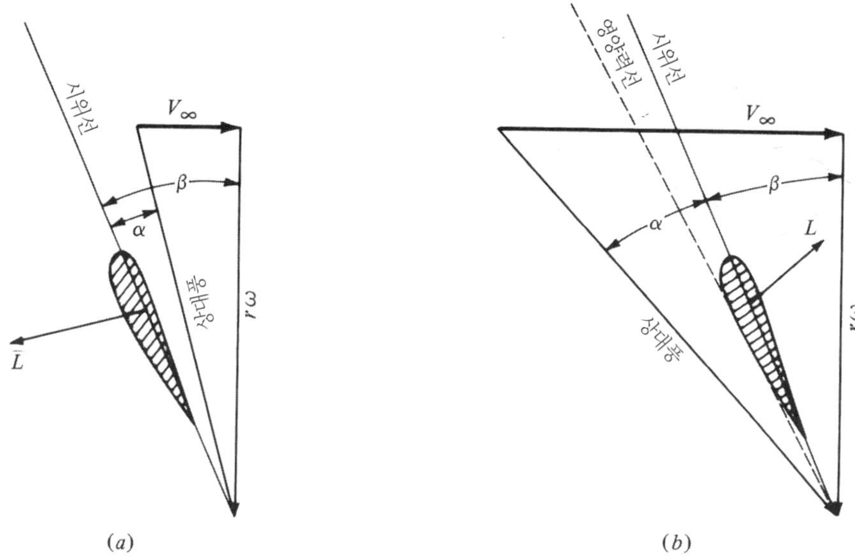

그림 9.7 전진비에 따른 프로펠러 효율의 변화. (*a*) 낮은 속도(V_∞)에서 속도 개요도, (*b*) 높은 속도(V_∞)에서 속도 개요도

에서 날은 중심에서 큰 β를, 끝단에서 작은 β를 가진다. 중심 부분에서 $r\omega$가 작기 때문에, 그림 9.8*a*에서처럼 적절한 α를 가지기 위해 β를 크게 주어야 한다. 반대로, 끝단 부근에서는 $r\omega$가 크기 때문에 그림 9.8*a*에서처럼 적절한 α를 가지기 위해서 β를 작게 만든다.

그림 9.6으로 다시 돌아가 보자. 1930년 이전의 모든 초창기 항공기는 고정피치(fixed-pitch) 프로펠러를 이용했다. 즉, 프로펠러 날을 설계 제작할 때, 모든 단면에서 β의 값을 기하학적으로 고정하였다. 프로펠러가 엔진 축에 단단히 고정된 후에는 조종사가 블레이드 각을 바꿀 수 없었다. 그래서, 그림 9.6의 곡선에서 최대 프로펠러 효율은 정해진 전진비 J에서만 얻어질 수 있었다. 다른 비행 속도에서는 항상 더 낮은 효율로 비행할 수밖에 없었다. 큰 진전은 아니었지만, 1916년 영국 Royal Aircraft Factory에서 이중피치(two-pitch) 프로펠러를 설계하였다. 이후 1924년 영국의 Hele-Shaw 박사와 Beacham이 특허를 취득한 **가변피치**(*variable-pitch*) **프로펠러**가 최종적인 해답이 되었다. 가변피치 프로펠러는 1932년 미국에서 최초로 실용화되었다. 가변피치는 허브(hub)에 설치된 기계장치로 고정되었는데, 이 장치는 날의 길이 방향으로 축에 대해 전체 날을 회전시키는 장치이다. 이런 방법으로, 모든 비행 속도에서 최대효율을 유지하도록 프로펠러 피치각을 연속적으로 바꿀 수 있다. 그림 9.6에서 점선 η_{max} 선과 같이 프로펠러 효율 곡선의 꼭지점을 따라 옮겨다니는 방법으로 구현된다. 가변피치 개념은 1935년 **정속**(*constant-speed*) 프로펠러의 개발로 발전하였다. 정속 프로펠러는 엔진이 적절한 토크를 유지할 수 있도록 피치각을 연속적이고 자동적으로 변하도록 만든 프로펠러이다. 분당 엔진 회전수가 전 속도 영역에서 일정하게 유지된다. 항공기 피스톤 엔진의 출력은 특정한 분당 회전수에 최적화되

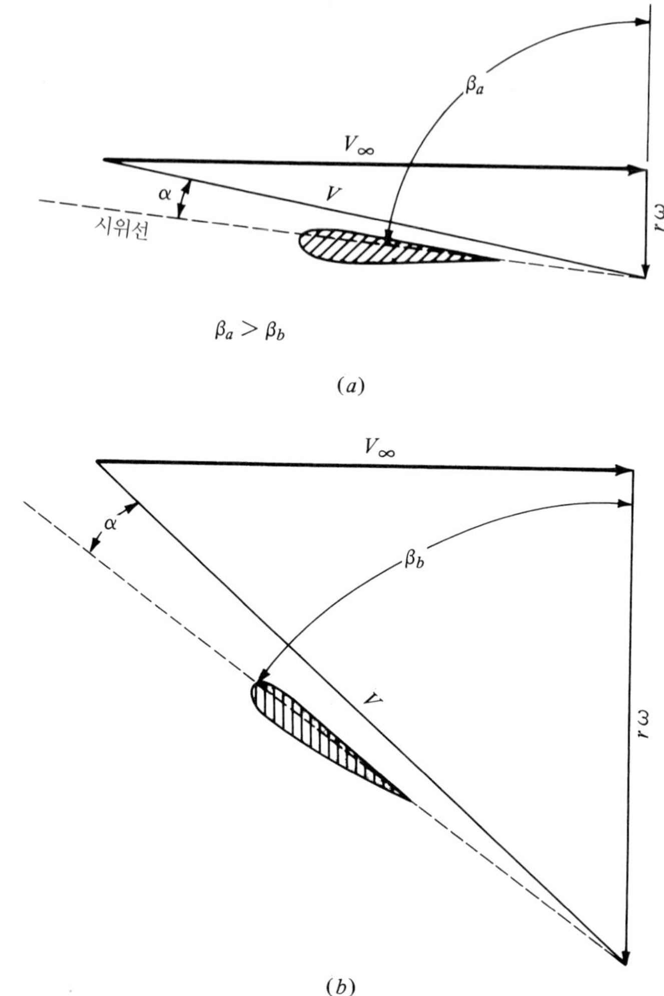

그림 9.8 프로펠러 날의 위치에 따른 상대풍의 차이. (*a*) 중심 근처, (*b*) 끝단 근처

기 때문에 이러한 정속 프로펠러는 큰 이점이 있다. 1930년대 가변피치와 정속 프로펠러는 항공우주공학 역사에서 가장 중요한 발전 중의 하나이다. 이러한 결과로, 대부분의 현대 프로펠러 효율은 0.83~0.9에 이르게 되었다.

프로펠러에 사용되는 익형 단면에 주의를 기울여야 한다. 제1차 세계 대전 시절 초창기 프로펠러는 보통 RAF-6 익형을 이용하였다. 이후 유서 깊은 Clark Y 형상이 사용되었다. 1930년대 후반 동안, 표준 NACA 익형이 사용되었다. 그런데, 제2차 세계 대전 동안 항공기 속도가 급속히 증가함에 따라 특별한 고속비행용 형상이 프로펠러에 적용되기 시작했다. NACA는 프로펠러 전용 16-시리즈를 개발했다. 이 시리즈는 부록 D에 주어진 날개 익형과 다르다. 그림 9.9는 몇 가지 전형적인 형상을 보여준다. 이들은 프로펠러 끝단

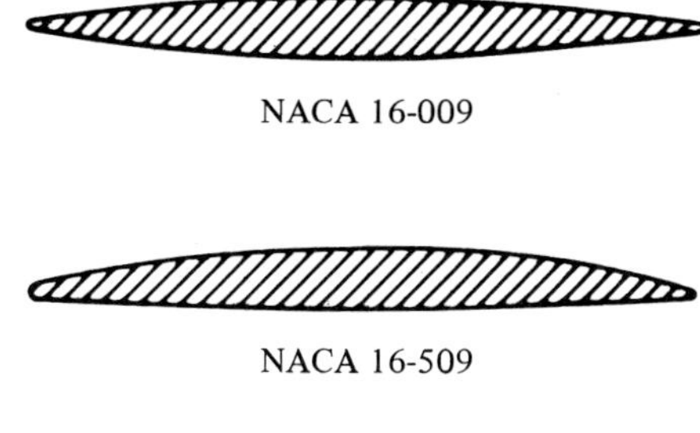

그림 9.9 프로펠러용 고속 익형의 대표 형상

근처에서 천음속 효과를 최소화하기 위해 얇은 모양으로 설계되었다. 부록 D의 더 일반적인 형상과 비교해 보기 바란다.

9.3 왕복 엔진

유인 비행이 성공한 후 첫 50년 동안, 가솔린을 연료로 하는 내연 왕복 엔진(reciprocating engine)은 항공기 추진의 지배자였다. 오늘날에도 300 mi/h보다 낮은 속도에서 비행하는 항공기에 사용되고 있으며, 주로(제6장 예제에서 CP-1 같은) 경량 개인용 항공기에 대부분 사용된다. 그림 9.10은 전형적인 내연 왕복 엔진의 사진이다.

이러한 엔진의 기본 작동은 실린더 내부에서 왕복하여 앞뒤로 피스톤을 움직이는 것이다. 신선한 연료-공기 혼합물을 밸브를 이용해서 실린더에 분사하고 연소된 기체는 배출하는 과정을 반복한다. 피스톤은 피스톤의 왕복 운동을 축의 회전운동으로 변환시키는 연결막대를 통해 축에 연결된다. 그림 9.11은 전형적인 4-행정(four-stroke) 사이클을 보여준다. **흡입**(*intake*) 행정(그림 9.11*a*) 동안, 피스톤은 아래로 움직이고, 흡입밸브는 열려있어서, 신선한 가솔린과 공기의 혼합물이 실린더에 충전된다. 이 과정은 그림 9.11*a*의 p–V 선도에 그려져 있다. 여기서 점 1은 모든 행정이 시작하는 지점에 해당하고(피스톤이 최상단에 있을 때를 *top dead center*라 부른다). 점 2는 행정의 마지막이다(피스톤이 최상단에 있을 때를 *bottom dead center*라 부른다). 부피 V는 실린더의 상단과 피스톤 면 안의 총 혼합물 부피이다. 흡입 행정은 근본적으로 정압(constant pressure) 상태에서 이루어지고, 실린더 내부의 연료-공기 혼합물의 총 질량은 증가한다. 흡입 행정의 하단에서, 흡입 밸브가 닫히고, **압축**(*compression*) 행정이 시작된다(그림 9.11*b*). 여기서 피스톤은 낮은 압력 p_2에서 높은 압력 p_3로 일정한 질량의 기체를 압축하고, 이는 p–V 선도에 도시되어 있다. 마찰 효과를 무시하면, 어떤 열의 유출입도 없기 때문에 압축은 등엔트로피 과정으로 발생한

그림 9.10 항공기용 공랭식 내연 엔진
(자료출처: 미공군)

다(4.6절 참고). 압축 행정의 상단에서, 혼합물은 전기불꽃으로 점화된다. 피스톤이 어떤 의미 있는 거리를 움직이기 전 순식간에 **연소**가 발생한다. 그래서, 실제적으로 압축 행정은 **정적**(*constant volume*) 과정의 하나이다(그림 9.11*c*). 에너지가 분출되므로, 기체의 온도는 현저히 증가한다. 따라서, 부피가 일정하므로, 식 (2.9)로부터 압력이 p_3에서 p_4로 증가한다. 피스톤 면에 작용하는 이 높은 압력은 피스톤을 아래 방향으로 강하게 누르는 힘을 발생시키는데, 이 과정이 **동력**(*power*) **행정**이다(그림 9.11*d*). 마찰과 열전달 효과를 무시한다고 가정하면, 실린더 내부의 기체는 등엔트로피 과정으로 압력 p_5까지 팽창한다. 동

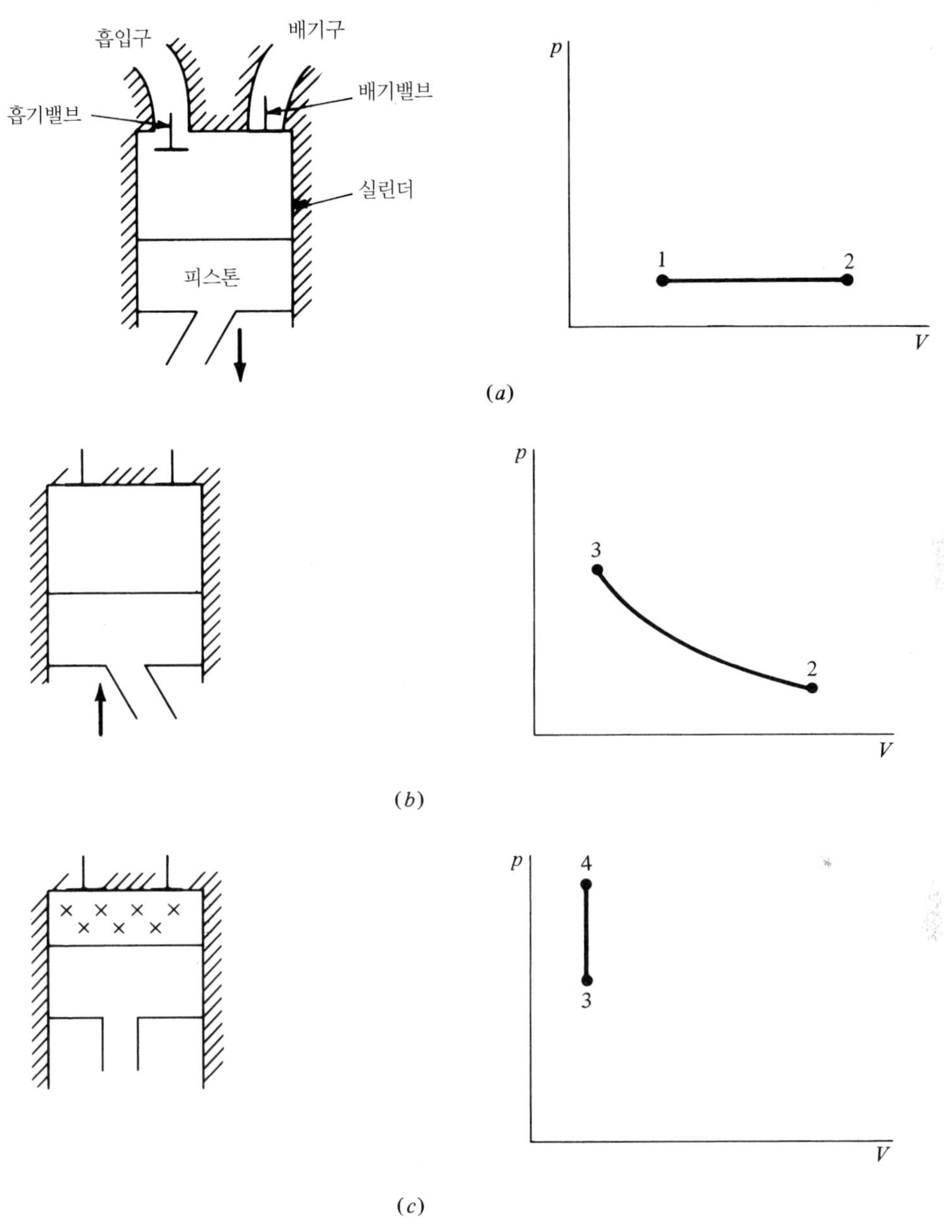

그림 9.11 내연 왕복 엔진의 4-행정 요소. (*a*) 흡입 행정, (*b*) 압축 행정, (*c*) 정적 연소 (*계속*)

력 행정의 하단에서 배출 밸브가 열린다. 실린더 내부의 압력은 순간적으로 배출압 p_6로 조정되고, 보통 이 압력은 p_2와 같은 값을 가진다. 그래서, **배출**(*exhaust*) **행정** 동안(그림 9.11*e*), 피스톤은 실린더 밖으로 타버린 기체를 밀어내고, 점 1의 조건으로 되돌아간다. 그래서, 통상적인 항공기의 피스톤 엔진의 기본 과정은 4-행정 사이클(흡입, 압축, 동력, 배출)을 이룬다.

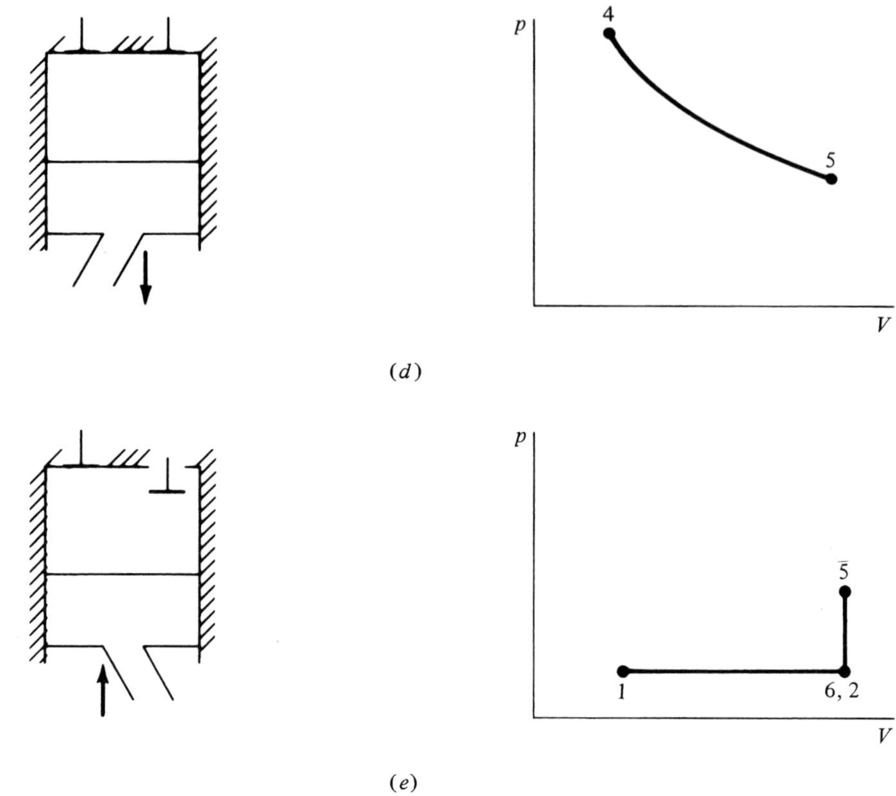

그림 9.11 (*계속*) (*d*) 동력 행정, (*e*) 배출 행정. *V*는 실린더 내부 기체의 부피를 나타냄에 주의하라.

정적 연소의 과정 동안 방출되는 열 때문에 이 사이클은 엔진축에 일을 전달한다. 이 일은 그림 9.12에 도시된 사이클의 최종 p–V 선도를 이용해 계산할 수 있다. 체적 dV의 변

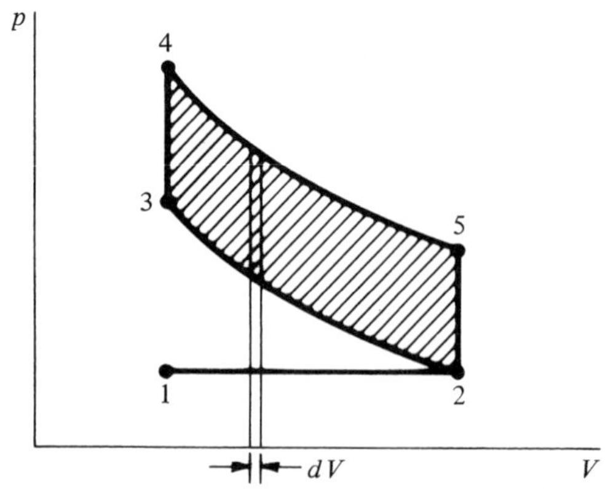

그림 9.12 점화식 내연 엔진의 4-행정 전체 사이클(otto cycle)

화로 인해 기체에 한 일의 양은 식 (4.15)에 따라 $\delta w = -\, p dV$임을 기억하라. 따라서, 기체가 한 일은 간단히

$$\delta w = p\, dV$$

출력 행정의 과정에서 이 일은 그림 9.12에서 가로가 dV이고 높이가 p인 얇은 띠에 해당한다. 따라서, 전체 출력 행정 동안에 피스톤에 기체가 한 일은

$$W_{\text{power stroke}} = \int_{V_4}^{V_5} p\, dV \tag{9.4}$$

이것은 그림 9.12의 점 4부터 5 사이 곡선 아래의 면적과 같다. 유사하게, 압축 행정 동안에 기체에 피스톤이 한 일은

$$W_{\text{compression stroke}} = \int_{V_3}^{V_2} p\, dV \tag{9.5}$$

이것은 점 2부터 3 사이 곡선 아래의 면적과 같다. 따라서, 전체 사이클 동안의 순일은

$$W = W_{\text{power stroke}} - W_{\text{compression stroke}} \tag{9.6}$$

이것은 그림 9.12의 p–V 선도에 음영진 면적과 같다. 그래서 폐쇄된 시스템의 열역학적 과정을 분석하는 데서 p–V 선도의 유용성을 알 수 있다. 즉, **p–V 선도에서 전체 사이클로 닫힌 면적은 사이클 동안에 한 일과 같다.**

이 과정의 출력은 **단위 시간당 한 일**이다. 단위 시간당 n번 회전하는(r/s) 엔진축을 고려하라. 피스톤은 각 회전당 한 번씩 위아래로 움직인다. 그래서, 1 s에 반복되는 전체 엔진 사이클의 수는 $n/2$이다. 각 사이클의 출력, W는 식 (9.6)으로 주어진다. 전체 엔진이 N개의 실린더를 가지고 있다면, 엔진의 출력은 다음과 같다.

$$\text{IP} = \frac{n}{2} N W \tag{9.7}$$

기호 IP는 **표시출력**(*indicated power*)을 나타낸다. 엔진 내부에서 열역학적 연소의 과정에 의해 생성된 출력이다. 그런데, 이 동력은 기계적 연결부(linkage)를 통해 축에 전달되고, 이 과정에서 움직이는 부위의 접촉으로 인한 마찰 손실이 발생하게 된다. 결국, 축에 전달되는 동력은 IP보다 작다. **축동력**(*shaft brake power*)은 다음과 같다(6.6절을 참조).

$$P = \eta_{\text{mech}}(\text{IP}) \tag{9.8}$$

여기서 η_{mech}는 엔진의 움직이는 부분의 마찰 손실을 고려한 기계적 효율(mechanical efficiency)이다. 식 (6.30)에서 엔진–프로펠러를 추진하는 데 쓸 수 있는 이용마력은

$$P_A = \eta \eta_{\text{mech}}(\text{IP}) \tag{9.9}$$

또는 식 (9.7)에서

$$\boxed{P_A = \eta \eta_{\text{mech}} \frac{n}{2} N W} \tag{9.10}$$

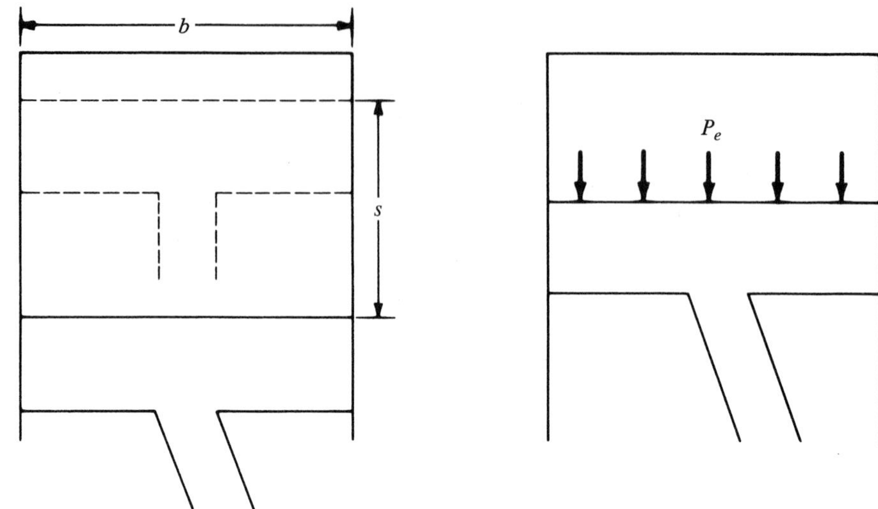

그림 9.13 구경, 스트로크, 평균 효과 압력의 묘사도

분당 엔진의 회전수를 rpm으로 표기하면, n = rpm/60이 되고, 식 (9.10)은 다음과 같다.

$$P_A = \frac{\eta\eta_{\text{mech}}(\text{rpm})NW}{120} \tag{9.11}$$

식 (9.11)은 **프로펠러 구동 항동기의 이용마력은 엔진 rpm과 정비례함**을 직관적으로 보여준다.

식 (9.10)에서 사이클당 일 W는 더 자세히 표현될 수 있다. 그림 9.13의 피스톤을 생각하라. 피스톤 운동의 길이를 스트로크(*stroke*) s라 부르고, 피스톤의 직경을 구경(bore) b라 한다. 피스톤이 휩쓸고 지나간 부피를 **배기량**(displacement)이라 부르고, $(\pi b^2/4)s$와 같다. 출력 행정 동안 (일정한 압력 p_e가) 피스톤의 면에 작용한다고 가정하라. 여기서 p_e는 **평균효과 압력**(*mean effective pressure*)이라 부른다. 이것은 피스톤에 작용하는 실제 압력은 아니다. 실제로는 출력 행정 동안 p_4에서 p_5로 압력이 바뀌는데, p_e는 실제 압력의 **평균값**을 나타내기 위해 인위적으로 정의된 양이다. 더불어, 모든 사용출력은 출력 행정 동안에 발생한다고 가정하라. 그래서 W는 피스톤에 작용하는 힘 $(\pi b^2/4)p_e$와 이 힘이 작용한 거리 s의 곱과 같다. 즉,

$$W = \frac{\pi b^2}{4} s p_e \tag{9.12}$$

식 (9.11)과 (9.12)를 결합하면, 다음을 얻는다.

$$P_A = \eta\eta_{\text{mech}}(\text{rpm})N\frac{\pi b^2}{4}\frac{sp_e}{120} \tag{9.13}$$

엔진의 총 배기량 d는 각 실린더의 배기량과 실린더 수의 곱이므로,

$$d = \frac{\pi b^2}{4} sN \tag{9.14}$$

식 (9.13)과 (9.14)를 결합하면 다음과 같다.

$$\boxed{P_A = \frac{\eta\eta_{\text{mech}}(\text{rpm})\, d p_e}{120}} \tag{9.15}$$

식 (9.15)는 이용출력이 엔진 rpm, 배기량, 평균효과 압력에 정비례함을 보여준다.

6장에서 프로펠러-왕복 엔진의 경우 고도에 따른 대기 밀도가 P_A에 큰 영향을 미친다고 가정하였다. 즉, P_A는 ρ_∞에 정비례한다고 가정하였다. 직전의 결과에서 이 가정이 타당함을 확인할 수 있다. 예를 들어, 식 (9.15)는 P_A가 p_e에 비례함을 보여준다. 그런데, p_e는 대기 조건에서 흡입 행정의 연료와 혼합되어 실린터 내부에 유입되는 공기의 압력이다. ρ_∞가 더 낮은 더 높은 고도에서 비행한다면 공기의 질량은 더 줄어들고, p_e는 결과적으로 낮아질 것이다. 따라서, 식 (9.15)에서 P_A 또한 낮아지므로, $P_A \propto \rho_\infty$라는 가정은 합리적이다.

고도에 따라 P_A가 감소하는 것을 엔진에 사용되는 **과급기**(*supercharger*)에 의해 지연될 수 있다. 이것은 기본적으로 **엔진축이나**(*geared supercharger*) 엔진 배기가스에 장착된 작은 **터빈에 의해**(*turbosupercharger*) 구동되는 펌프이다. 과급기는 유입 공기가 흡입구에 도달하기 전에 공기를 압축해서 밀도를 높임으로써 P_A가 낮아지는 것을 방지한다. 1920년대 Langley에 있는 NACA에서 과급기에 대한 연구가 시작되었다. 오늘날 과급기를 이용하지 않는 항공기의 고도는 20,000 ft 정도로 제한되기 때문에, 과급기에 대한 연구는 중요하다. 그런데, 1929년 5월 18일, 해군의 Lt. Apollo Soueck은 과급기를 가진 Pratt & Whitney Wasp 엔진을 단 Apache 항공기를 가지고 동시대 고도 기록에 해당하는 39,140 ft에 도달하였다. 이후에 NACA의 추진 연구 중 상당수가 과급기에 관한 것이었고, 2차 세계대전 동안 군용 항공기에 사용된 고성능 엔진의 개발을 이끌었다. 오늘날의 현대적 일반 항공기에서 과급기 엔진은 선택사항이거나 고정장비로 채택되어 많이 사용되고 있다.

내연 왕복 엔진에 대한 더 자세한 논의는 이 책의 범위를 넘는다. 그런데, 이러한 엔진은 항공기 산업에서 중요하다. 또한, 자동차 산업에서의 중요성은 말할 필요가 없다. 특히 효율적이고 저공해 엔진을 요구하는 현 시점에서는 더 중요하다. 그러므로, 흥미 있는 독자들은 더 깊이 이 주제를 공부하길 강력히 권하는 바이다. 예로서, Obert의 책에 더 자세한 내용이 나와 있다(이 책 말미의 참고문헌을 참조).

예제 9.1

스트로크가 9.5 cm이고 구경이 9 cm인 6기통 내연 엔진을 고려하라. 압축비는 10이다. [내연 엔진의 **압축비**는 피스톤이 실린더 하단에 있을 때 기체의 부피를 실린더 상단에 있을 때의 부피로 나눈 값으로 정의됨에 주의하라.] 흡입구에서 압력과 온도는 각각 0.8 atm과 250 K이다. 혼합물의 연료-

공기 질량비는 0.06이다. 엔진의 기계적 효율은 0.75이다. 엔진 축이 효율이 0.83인 프로펠러와 연결되어 있을 때, 3,000 rpm으로 회전하는 프로펠러-엔진의 이용출력을 계산하라.

■ **풀이**

그림 9.12에 도시된 이상적인 사이클을 고려하라. 최종적으로 총 출력을 얻기 위해 사이클당 한 일을 계산하길 원한다. 이를 위해, 먼저 p_3, p_4, p_5, $V_2 = V_5$, $V_3 = V_4$를 얻어야 한다. 압축 행정은 등엔트로피 과정이므로, 4.6절에서

$$\frac{p_3}{p_2} = \left(\frac{V_2}{V_3}\right)^{\gamma} = 10^{1.4} = 25.1$$

$$p_3 = 25.1(0.8) = 20.1\text{ atm}$$

$$\frac{T_3}{T_2} = \left(\frac{V_2}{V_3}\right)^{\gamma-1} = (10)^{0.4} = 2.5$$

$$T_3 = 2.5(250) = 625\text{K}$$

그림 9.12를 참고하면, 점 3에서 4까지의 연소과정은 정적 과정임을 알 수 있다. 1 kg의 가솔린에서 방출되는 화학적 에너지는 대략 4.29×10^7 J이다. 그래서 연료공기 혼합물의 킬로그램당 열은 다음과 같다(연료공기의 질량비는 0.06이다).

$$q = \frac{(4.29 \times 10^7)(0.06)}{1.06} = 2.43 \times 10^6\text{ J/kg}$$

열역학 제1법칙, 식 (4.16)과 정적 과정에 대한 식 (4.23)으로부터,

$$\delta q = de + p\,dv = de + 0 = c_v\,dT$$

$$\therefore\ q = c_v(T_4 - T_3)$$

$$T_4 = \frac{q}{c_v} + T_3$$

식 (4.68)에서 c_v의 값을 얻고, 예제 4.5를 다시 보면 $c_p = 1008$ J/(kg)(K)임을 알 수 있다. 연료공기 혼합물의 비열과 기체상수가 대략 공기의 값과 같다고 가정하라. 그러면, $c_v = c_p - \text{R} = 1008 - 288 = 720$ J/(kg)(K)이므로,

$$T_4 = \frac{q}{c_v} + T_3 = \frac{2.43\times10^6}{720} + 625 = 4000\text{K}$$

상태방정식에서 $V_3 = V_4$이고, R은 상수이므로, $p_4/p_3 = T_4/T_3$이다. 따라서,

$$p_4 = p_3\frac{T_4}{T_3} = 20.1\frac{4000}{625} = 128.6\text{ atm}$$

출력 행정의 과정은 등엔트로피 과정이므로,

$$\frac{p_5}{p_4} = \left(\frac{V_4}{V_5}\right)^{\gamma} = \left(\frac{1}{10}\right)^{1.4} = 0.0398$$

$$p_5 = 128.6(0.0398) = 5.12\text{ atm}$$

이제 사이클당 한 일을 계산할 충분한 정보를 획득하였다. 식 (9.5)에서

$$W_{\text{compression stroke}} = \int_{V_3}^{V_2} p\,dV$$

등엔트로피 과정의 경우 $pV^\gamma = c$이므로, $p = cV^{-\gamma}$이고,

$$W_{\text{compression}} = c\int_{V_3}^{V_2} V^{-\gamma}\,dV = \frac{c}{1-\gamma}(V_2^{1-\gamma} - V_3^{1-\gamma})$$

$$(\because c = p_2V_2^\gamma = p_3V_3^\gamma)$$

$$W_{\text{compression}} = \frac{p_2V_2 - p_3V_3}{1-\gamma}$$

계산을 진행하기 전에 부피 V_2와 V_3을 알아야 한다. 그림 9.13을 고려하라. 피스톤의 스트로크는 9.5 cm이고, 압축비가 10이다. x를 실린더 상단에서 피스톤 중심까지의 거리라 두면, 압축비의 정의를 이용하여 다음의 관계를 얻을 수 있다.

$$\frac{x+9.5}{x} = 10$$

$$x = 1.055\,\text{cm}$$

$$V_2 = \frac{\pi b^2}{4}(9.5+1.05) \qquad \text{여기서 } b = \text{구경} = 9\,\text{cm}$$

$$= \pi(9)^2\frac{9.5+1.05}{4} = 671.2\,\text{cm}^3$$

$$= 6.712\times10^{-4}\,\text{m}^3 \qquad \text{(일관된 단위를 기억하자)}$$

$$V_3 = \frac{V_2}{10} = 0.6712\times10^{-4}\,\text{m}^3$$

$$W_{\text{compression}} = \frac{p_2V_2 - p_3V_3}{1-\gamma}$$

$$= \frac{[0.8(6.712\times10^{-4}) - 20.1(0.6712\times10^{-4})]1.01\times10^5}{-0.4} = 205\ \text{J}$$

마찬가지로 점 4에서 점 5까지의 출력 행정에서 한 일은

$$W_{\text{power stroke}} = \int_{V_4}^{V_5} p\,dV$$

$$W_{\text{power}} = \frac{p_5V_5 - p_4V_4}{1-\gamma}$$

$$= \frac{[5.12(6.712\times10^{-4}) - 128.6(0.6712\times10^{-4})]1.01\times10^5}{-0.4} = 1312\ \text{J}$$

최종적으로 식 (9.6)에서 사이클당 순 일은

$$W = W_{\text{power}} - W_{\text{compression}} = 1312 - 205 = 1107\,\text{J}$$

프로펠러-엔진 조합의 총 이용출력은 식 (9.11)을 이용해 구할 수 있다.

$$P_A = \frac{1}{120}\eta\eta_{\text{mech}}(\text{rpm})NW = \frac{0.83(0.75)(3000)(6)(1107)}{120}$$

$$\boxed{P_A = 1.034\times10^5\ \text{J/s}}$$

6.6.1절에서 우리는 1 hp = 746 J/s임을 알고 있다. 그러므로,

$$\text{hp}_A = \frac{1.034 \times 10^5}{746} = \boxed{138.6 \text{ hp}}$$

주: 이 예제는 많은 계산을 동반한 상당히 긴 답을 가지고 있다. 그런데, 이 예제는 내연 엔진에 많은 측면들을 설명하고 있어서 자세히 살펴보는 것이 좋겠다.

예제 9.2

예제 9.1의 엔진에서 평균효과 압력을 계산하라.

■ **풀이**

식 (9.15)에서

$$P_4 = \frac{1}{120}\eta\eta_{\text{mech}}(\text{rpm})\,d\,p_e$$

여기서 d는 배기량이고 p_e는 평균효과 압력이다. 식 (9.14)에서

$$d = \frac{\pi b^2}{4} sN = \frac{\pi(9)^2(9.5)(6)}{4} = 3626\,\text{cm}^3 = 3.626 \times 10^{-3}\,\text{m}^3$$

그래서 식 (9.15)와 예제 9.1의 결과를 이용하면 다음을 얻을 수 있다.

$$103{,}366 = \frac{1}{120}(0.83)(0.75)(3000)(3.626 \times 10^{-3})p_e$$

$$\boxed{p_e = 1.83 \times 10^6 \text{ N/m}^2 = 18.1 \text{ atm}}$$

9.4 제트 추진 — 추진방정식

9.2절과 9.3절에서 피스톤 엔진과 프로펠러 조합으로 인한 추력과 출력의 생성을 다루었다. 물체 표면에 힘을 작용하는 자연적인 근본 원리는 물체 표면의 압력과 전단응력의 분포임을 2.2절에서 다루었음을 기억하라. 프로펠러는 프로펠러 날 표면의 압력과 전단응력의 순수의 합산된 결과로 비행체를 앞으로 미는 공기역학적인 힘, 즉 추력을 발생시킨다. 프로펠러 추력의 또 다른 효과는 공기 자체에 반작용으로 힘을 가해 추진력의 반대 방향으로 공기를 밀어내는 것이다. 즉 프로펠러에 의해 공기에 전달되는 모멘텀의 변화는 추력과 같은 크기를 가진다고 설명할 수 있다. 프로펠러의 경우, 이러한 모멘텀의 변화는 공기의 큰 질량에 속도의 작은 증가(대략 10 m/s)로 나타난다. 그런데, 추력을 생성하는 기본 원리는 물체에 작용하는 압력과 전단응력의 분포이다. 또한 날개에 발생하는 양력의 경우에서처럼 추력은 주로 압력 분포로 인해 발생한다(식 9.1과 그림 9.5를 참고하라). 전단응력은 프로펠러 토크(torque)에 영향을 주는 항력에 주로 영향을 미친다.

같은 원리가 제트 추진에도 적용된다. 그림 9.14a에서 제트 엔진은 덕트 내에 연료의 연소로 발생한 열을 자유류 속도 V_∞로 유입된 공기에 더한 후, 더 높은 속도 V_e로 덕트의 끝에서 연소물과 공기의 뜨거운 혼합물을 분출하는 장치이다. (정확히 말하자면, 엔진 입구의 공기 속도는 V_∞보다 약간 더 크지만, 이 절의 논의에서는 중요하지 않다.) 프로펠러와 대조적으로, 제트 엔진은 작은 질량의 공기에 모멘텀의 변화를 만들어 속도를 크게 증가시

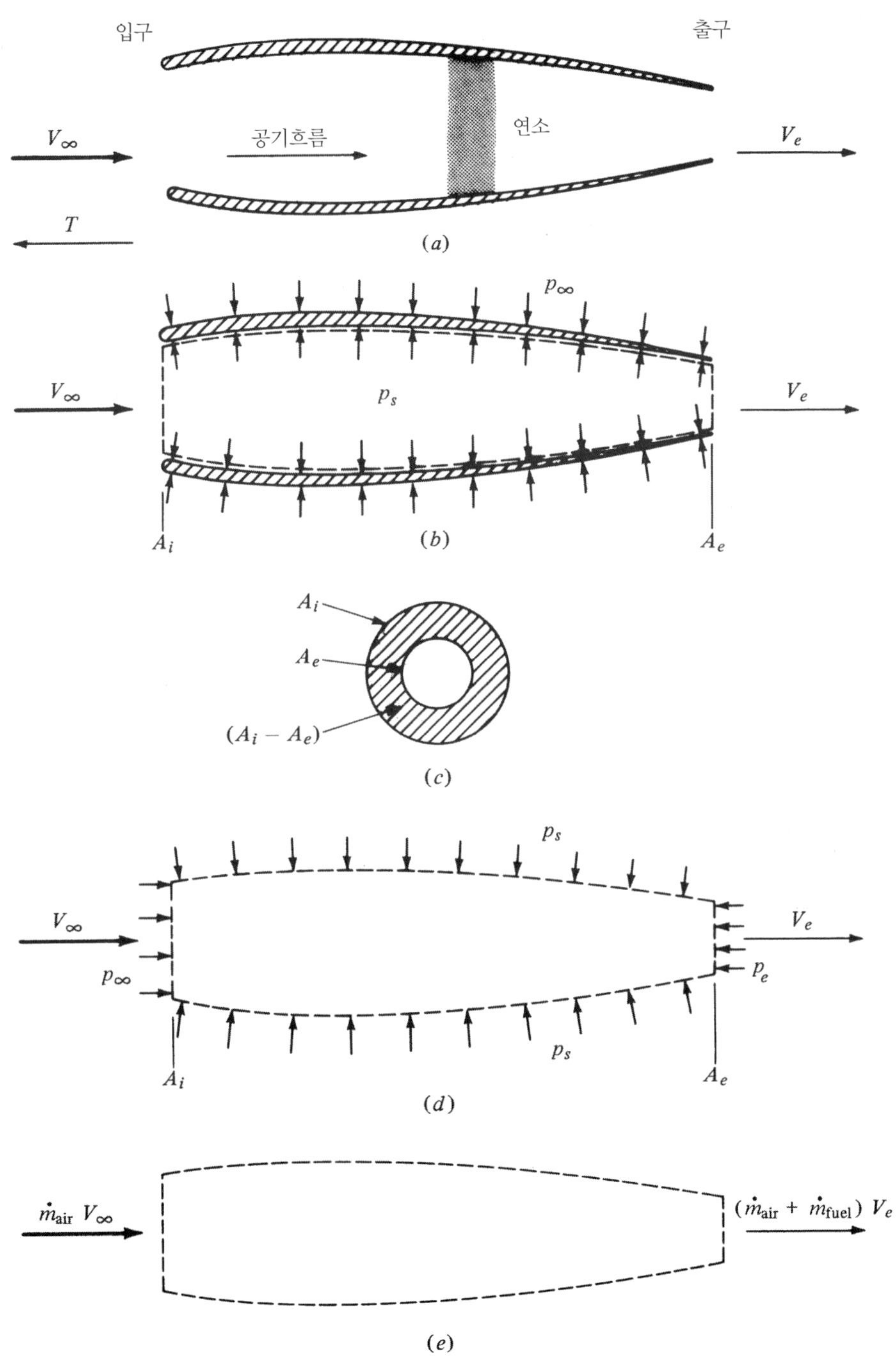

그림 9.14 제트 추진의 원리. (*a*) 제트 추진 엔진, (*b*) 덕트 외부의 표면 압력, (*c*) 입구와 출구 면적을 나타내는 전면도, (*d*) 덕트 내부 유동의 제어 체적, (*e*) 엔진 전체의 유동 모멘텀의 변화

킨다(초당 수백 미터). 뉴턴의 제3법칙에 의해 같은 크기로 반대 방향의 추력을 생성한다. 그런데, 제트 추진의 기본 원리로 적용되는 작용–반작용 원리는 앞에서 주어진 설명과 같은 맥락의 대안적 설명이다. 제트 엔진 추력의 진짜 근본적인 원천은 엔진 표면에 작용하는 압력과 전단응력의 분포로 발생하는 순 힘이다. 이것은 그림 9.14*b*에 묘사되어 있는데, 그림은 엔진 덕트 내부 표면에 압력 p_s 분포와 엔진 외부 표면에 대기압 p_∞가 작용하는 것을 보여준다. 압력 크기에 비해 일반적으로 부차적인 전단응력은 여기서 무시한다. x를 비행 방향이라 두고 그림 9.14*b*를 살펴 보자. 이 방향으로 엔진의 순 추력은 내부 표면 전체에서 압력 p_s를 이 방향으로 적분한 것과 외부 표면에서 p_∞를 적분한 것을 더한 값과 같다. 수학적으로는,

$$T = \int (p_s\, dS)_x + \int (p_\infty\, dS)_x \tag{9.16}$$

p_∞는 상수이므로, 마지막 항은 다음과 같이 된다.

$$\int (p_\infty\, dS)_x = p_\infty \int (dS)_x = p_\infty (A_i - A_e) \tag{9.17}$$

여기서 A_i와 A_e는 각각 입구와 출구의 면적으로, 그림 9.14*b*에 정의되어 있다. 식 (9.17)에서 덕트 면적의 x방향 성분, $\int(dS)_x$는 그림 9.14*c*와 같이 앞에서 덕트를 바라본 면적이다. 표면적의 x방향 성분은 기하학적으로 그림 9.14*c*에서 빗금으로 표시된 투영 면적에 해당한다. 그래서, 식 (9.17)을 (9.16)에 대입하면, 제트 엔진의 추력 T를 얻을 수 있다.

$$T = \int (p_s\, dS)_x + p_\infty (A_i - A_e) \tag{9.18}$$

식 (9.18)의 적분을 현재 상태로 처리하는 것은 쉽지 않다. 이 적분을 덕트를 통과하는 기체의 속도와 질량 유량으로 바꾸어 표현해 보자. 그림 9.14*b*의 점선을 경계로 하는 체적을 고려하라. 공기역학에서 이 체적을 **제어 체적**(*control volume*)이라 하고, 그림 9.14*b* 에 다시 그려져 있다. 제어 체적의 전면 면적은 A_i이고, p_∞가 작용한다. 이 제어 체적의 옆면은 엔진 덕트의 내부 면적과 같다. 그림 9.14*b*에서 기체가 덕트에 가하는 압력은 p_s이므로, 뉴턴의 제3법칙에 따라 덕트는 기체에 반대 방향으로 p_s의 압력을 가한다(그림 9.14*d*). 마지막으로, 제어 체적의 뒷면 A_e에는 p_e의 압력이 가해진다. 압력 p_e는 덕트 출구에서 기체의 정압이다. 그림 9.14*d*를 이용해서 제어 체적 내부의 기체에 작용하는 x방향 힘 성분을 계산하면,

$$F = p_\infty A_i + \int (p_s\, dS)_x - p_e A_e \tag{9.19}$$

이제 뉴턴의 제2법칙, $F = ma$를 적용해 보자. 이 식은 $F = d(mV)/dt$로도 쓰일 수 있다. 즉, **작용하는 힘은 모멘텀의 시간 변화율과 같다**(사실, 이것은 Newton이 자신의 제2법칙을 설명한 방법이다). 제어 체적에서 흐르는 공기가 가진 모멘텀의 시간 변화율은 무엇인가? 이 답은 그림 9.14*e*에서 얻어질 수 있다. 덕트로 들어오는 공기의 질량 유량(kg/s 또는 slug/s)은

$\dot{m}_{\text{air}}$이고, 모멘텀은 $\dot{m}_{\text{air}}V_\infty$이다. 연료가 더해지고 내부에서 연소하는 것을 고려할 경우, 덕트를 나가는 기체의 질량 유량은 $\dot{m}_{\text{air}} + \dot{m}_{\text{fuel}}$이고, 해당하는 모멘텀은 $(\dot{m}_{\text{air}} + \dot{m}_{\text{fuel}})V_e$가 된다. 그래서, 제어 체적을 지나는 공기 모멘텀의 시간 변화율은 들어오는 모멘텀과 나가는 모멘텀의 차이와 같다. 즉, $(\dot{m}_{\text{air}} + \dot{m}_{\text{fuel}})V_e - \dot{m}_{\text{air}}V_\infty$. 이것은 뉴턴의 제2법칙에서 제어 체적에 작용하는 힘과 같다.

$$F = (\dot{m}_{\text{air}} + \dot{m}_{\text{fuel}})V_e - \dot{m}_{\text{air}}V_\infty \tag{9.20}$$

식 (9.19)와 (9.20)을 결합하면,

$$(\dot{m}_{\text{air}} + \dot{m}_{\text{fuel}})V_e - \dot{m}_{\text{air}}V_\infty = p_\infty A_i + \int (p_s\, dS)_x - p_e A_e \tag{9.21}$$

식 (9.21)을 적분항에 대해 정리하면 다음을 얻는다.

$$\int (p_s\, dS)_x = (\dot{m}_{\text{air}} + \dot{m}_{\text{fuel}})V_e - \dot{m}_{\text{air}}V_\infty + p_e A_e - p_\infty A_i \tag{9.22}$$

이제 원래의 추력방정식(thrust equation), 식 (9.18)을 속도와 질량 유량으로 표현할 수 있다. 엔진 추력에 대한 최종 결과는 식 (9.22)를 식 (9.18)에 대입하여 얻는다.

$$T = (\dot{m}_{\text{air}} + \dot{m}_{\text{fuel}})V_e - \dot{m}_{\text{air}}V_\infty + p_e A_e - p_\infty A_i + p_\infty(A_i - A_e) \tag{9.23}$$

A_i와 관련된 항들을 상쇄하면 다음과 같다.

$$\boxed{T = (\dot{m}_{\text{air}} + \dot{m}_{\text{fuel}})V_e - \dot{m}_{\text{air}}V_\infty + (p_e - p_\infty)A_e} \tag{9.24}$$

식 (9.24)는 제트 추진에 대한 근본적인 추력방정식이다. 매우 중요한 결과이고, 다음 절에서 매우 상세히 살펴볼 것이다. 이 결과를 도출한 근거들을 명심해야 한다. 먼저 엔진 추력을 완전히 기계적인 항으로 표현하였다. 즉, 추력은 덕트 내외부 표면에 작용하는 압력 분포의 결과이다. 이것이 식 (9.18)의 근본이다. 덕트 내부 표면의 압력 분포를 덕트를 통해 흐르는 기체의 모멘텀 변화로 바꾸어 표현하였다. 이것은 식 (9.22)의 핵심이다. 마지막으로, 두 갈래의 생각을 결합하여 식 (9.24)를 얻었다. 이러한 생각과 결과에 친숙해 질 때까지 이 절의 개념을 여러 번 다시 읽기 바란다. 제어 체적의 개념을 사용하여 추력방정식을 유도하는 것은 많은 공기역학적 문제의 답을 구할 때 통상으로 사용되는 방법의 한 예이다. 여러분은 이러한 과정을 공기역학과 추진의 심화 과정에서 다시 만나게 될 것이다.

9.5 터보젯 엔진

1944년, 인류 최초의 제트 전투기 ME 262가 독일 공군에 도입되었다. 1950년까지 제트 엔진은 대부분의 고성능 군용 항공기의 주류였고, 1958년까지 민간 항공사들이 제트 추진 Boeing 707과 McDonnell-Douglas DC-8을 줄줄이 도입하였다. 오늘날 제트 엔진은 고속 아음속과 초음속에서 유일한 실용적 추진 장치이다(제6장에 가상적으로 다룬 CJ-1은 두 개의 작은 제트 엔진을 동력으로 삼았다). 그림 9.15는 전형적인 터보젯 엔진의 사진이다.

그림 9.15 터보젯 엔진
(자료출처: 미 공군)

터보젯 엔진의 추력은 식 (9.24)로 바로 결정된다. 제트 엔진은 차가운 공기의 질량 유량 $\dot{m}_{\text{air}}$을 자유류 속도 V_∞로 받아들여 V_e의 속도로 연소 산화물을 포함한 뜨거운 공기를 $\dot{m}_{\text{air}} + \dot{m}_{\text{fuel}}$의 질량 유량으로 배출한다. 이 과정은 그림 9.16에 묘사되어 있다. 더해진 연료의 질량은 공기의 질량에 비해 통상적으로 적다: $\dot{m}_{\text{fuel}}/\dot{m}_{\text{air}} \approx 0.05$. 따라서, 식 (9.24)는 $\dot{m}_{\text{fuel}}$를 무시하여 간단히 표현될 수 있다.

$$T = \dot{m}_{\text{air}}(V_e - V_\infty) + (p_e - p_\infty)A_e \tag{9.25}$$

식 (9.25)는 추력 T가 $V_e - V_\infty$가 커짐에 따라 증가할 수 있음을 직접적으로 보여준다. 그래서, 제트 엔진의 기능은 앞에서 들어오는 공기보다 뒤로 빠져 나가는 기체를 더 빠르게 배출하는 것이다. 통상적인 터보젯 엔진은 이 기능을 흡입구(inlet)를 통해 공기를 흡입함으로써 이 기능을 수행한다(그림 9.16의 위치 1). 유동은 **디퓨저**에서 낮은 아음속 마하수, $M \approx 0.2$로 느려진다(그림 9.16의 점 1에서 점 2). 이 디퓨저는 4장에서 다룬 풍동 디퓨저와 유사하다. V_∞가 아음속이면, 유동을 감속하기 위해 디퓨저의 면적이 커져야 한다. 즉 디퓨저는 **발산형 덕트**의 형태가 된다[식 (4.83)을 참조]. V_∞가 초음속이면, 수렴-발산형 덕트여야 한다. 그림 9.16에서처럼 충격파를 이용해 유동의 속도를 감속시키기 위함이다. 이런 초음속 흡입구의 경우, 충격파의 강도와 위치를 맞추기 위해 동체중심은 수렴-발산형 유선관의 모양을 종종 가진다. 이 확산 과정에서 정압은 p_1에서 p_2로 증가한다. 디퓨저 이후, 유동은 압축기(compressor)에 의해 더 압축되어, 압력은 p_2에서 p_3으로 증가한다(그림 9.16에서 점 2에서 점 3). 압축기는 보통 멈춰있는 날과 교차로 회전하는 날의 조합이다. 회전하는 부분을 **로터**(*rotors*)라 부르고, 멈춰 있는 부분을 **스테이터**(*stators*)라고 부른다.

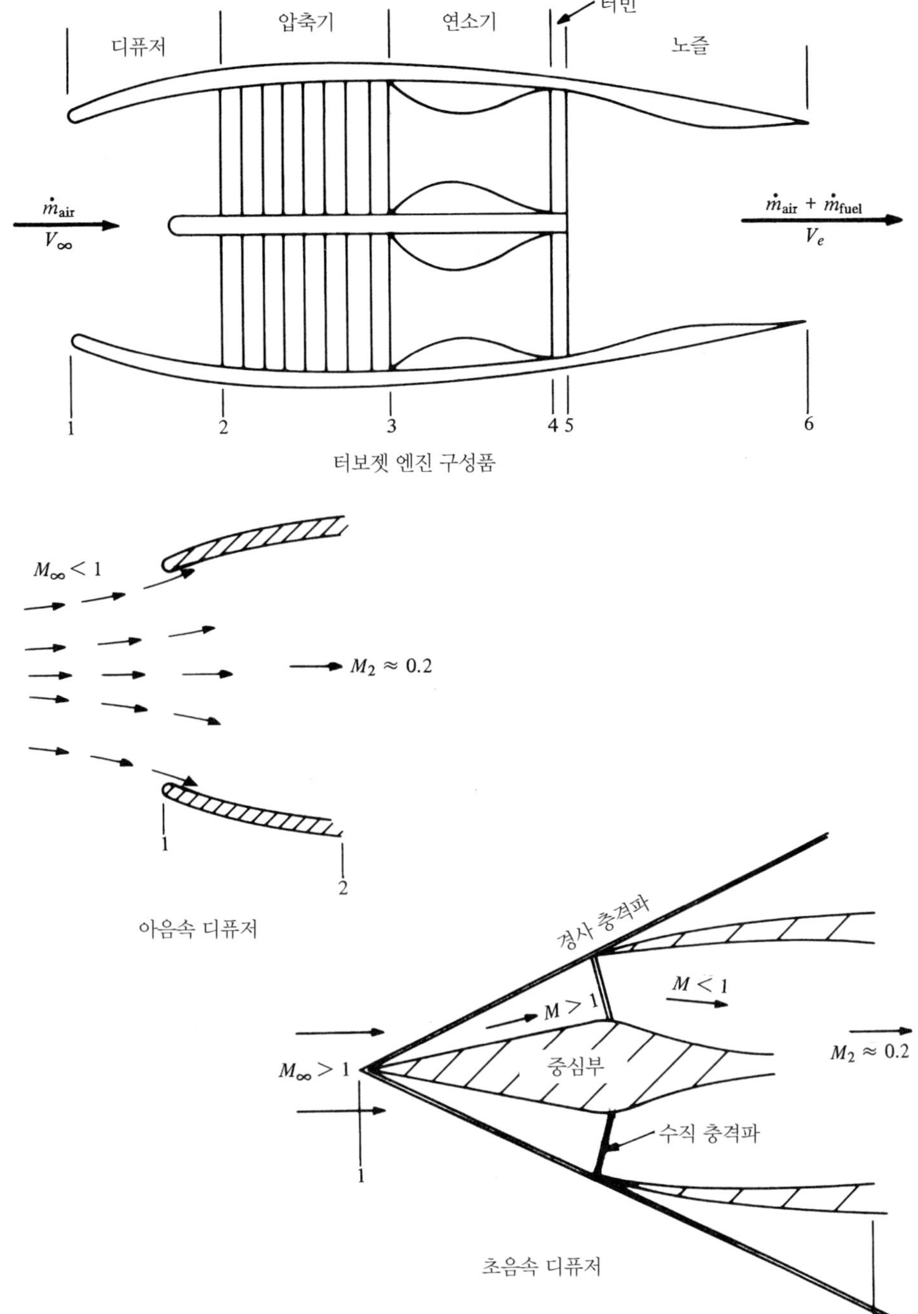

그림 9.16 터보젯 엔진과 디퓨저 형상

로터와 스테이터의 날은 교차로 유동의 속도를 높이고 낮추는 익형 단면에 불과하다. 압축기에 의해 공급되는 일은 유동의 전압을 높이는 데 사용된다. 그림 9.16에서 그려진 압축기는 유동의 방향을 크게 바꾸지 않으면서 날을 통해 거의 직선으로 흐르도록 하기 때문에, 이러한 압축기를 **축류 압축기**(*axial compressor*)라 부른다. 이것은 몇몇 초창기 제트 엔진에 사용된 **원심 압축기**(*centrifugal compressor*)와 대조된다. 원심 압축기는 공기의 방향을 90도 이상 바꾼다. 압축기를 지난 후, 연료가 공기흐름에 분사되고 **연소실**(*combustor*)에서 근본적으로 정압 상태로 불탄다(그림 9.16에서 점 3부터 점 4). 온도는 약 2500°R까지 증가한다. 연소된 뜨거운 기체는 **터빈**(*turbine*)을 통해 흐른다(그림 9.16에서 점 4부터 점 5). 터빈은 흐르는 기체에서 일을 추출해 내는 회전 날(근본적으로 익형 단면)의 조합이다. 터빈에서 얻은 일은 축을 통해 압축기에 전달된다. 즉, 터빈은 압축기를 구동한다. 터빈을 지나는 유동은 팽창 과정을 겪어 압력이 p_4에서 p_5로 낮아진다. 그런데 p_5는 엔진 바깥의 대기압 보다 여전히 크기 때문에, 터빈 이후 **노즐**(*nozzle*)을 통해 팽창된다(그림 9.16에서 점 5부터 점 6). 공기는 대기압과 같은 압력 $p_6 = p_e$에서 높은 속도 V_e로 대기 중으로 방출된다. 엔진이 아음속 비행용으로 설계된다면, 노즐은 보통 수렴형이고, V_e는 거의 음속에 가까운 아음속이다. 그런데, 엔진을 초음속 비행용으로 설계한다면, 배기 노즐은 V_e가 초음속이 되도록 수렴-발산형이다.

이상적인 터보젯 엔진의 열역학적 과정은 그림 9.17의 p–v 선도로 표현된다. 이상적인 과정은 마찰과 열로 인한 손실 효과를 무시한다. 여기서 공기는 p_1에서 p_2까지 흡입구 디퓨저에서 등엔트로피하게 압축된다. 압력은 압축기에 의해 등엔트로피 과정으로 p_3까지 더욱 압축된다. 이 과정은 $pv^\gamma = c$ (c는 상수) 곡선을 따라 움직인다(4.6절을 참조). 연소기(burner)에서 연소 과정은 정압 상태로 일어난다(9.3절에서 설명한 내연 왕복 엔진에서는 연소 과정이 정적 상태로 일어나는 것과 대조된다). 온도는 연소에 의해 증가하지만 압력

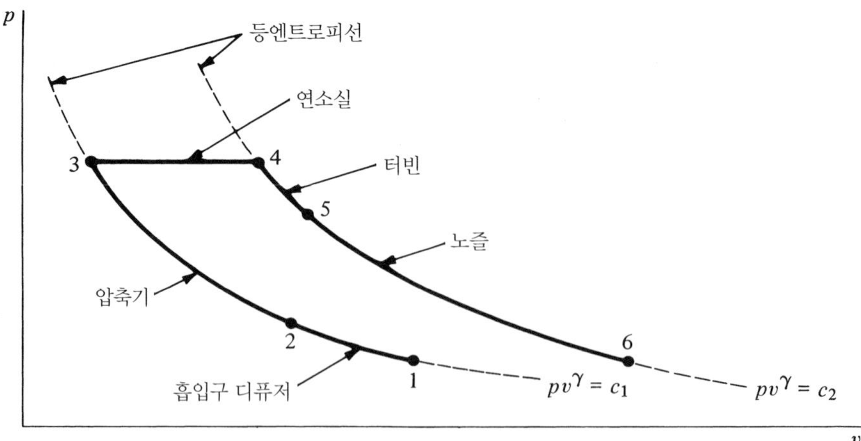

그림 9.17 이상적인 터보젯 엔진의 압력-비체적 선도

이 일정하므로, 이상기체 상태방정식 $pv = RT$에 의해 v가 v_3에서 v_4까지 증가해야 한다. 터빈을 통한 등엔트로피 팽창은 압력을 p_5로 낮추고, 등엔트로피 노즐을 통한 팽창으로 p_6까지 낮아진다. 터빈과 노즐에서의 팽창은 $pv^{\gamma} = c_2$의 곡선을 따라 이루어진다. 이상적인 엔진 과정은 노즐이 기체를 대기압까지 팽창시킨다고 가정한다. $p_e = p_6 = p_1 = p_\infty$. 실제 엔진에서는 물론 마찰과 열에 의한 손실이 있을 것이다. 디퓨저, 압축기, 터빈, 노즐에서의 과정은 정확히 등엔트로피 과정이 아니다. 연소 과정 또한 완전히 정압 상태에서 일어나지 않는다. 노즐 출구에서의 압력 p_e는 p_∞와 다른 값일 것이다. 그런데, 그림 9.17의 이상적인 터보젯은 실제에 대한 합리적인 근사이다. 엔진의 손실과정을 고려하는 것은 추진의 더 심화된 연구주제이다.

터보젯 엔진의 추력방정식, 식 (9.25)로 다시 돌아가자. 이제 터보젯의 이용추력 T_A에 관해 제6장에서 세운 가정의 일부를 이해할 수 있는 위치에 와 있다. CJ-1에 대한 성능해석에서, (1) 추력은 V_∞에 따라 변하지 않는다 (2) 추력의 고도 효과는 ρ_∞에 정비례한다고 가정하였다. 연속방정식, 식 (4.2)를 흡입구에 적용하면 $\dot{m}_{\text{air}} = \rho_\infty A_i V_\infty$임을 알 수 있다. 그러므로, V_∞가 커짐에 따라 $\dot{m}_{\text{air}}$가 증가한다. 식 (9.25)를 살펴 보면, 이것은 추력을 증가시킨다. 그런데, V_∞가 커짐에 따라, $V_e - V_\infty$는 감소한다. 이것은 추력을 감소시킨다. 이 두 효과가 아음속에서는 서로 상쇄되어 합 추력은 대체로 일정하다. 고도 효과를 살펴보자. $\dot{m}_{\text{air}} = \rho_\infty A_i V_\infty$는 ρ_∞가 낮아지면 비례하여 감소하지만, $V_e - V_\infty$는 상대적으로 영향이 적다. 식 (9.25)에서 $(p_e - p_\infty)A_e$ 항은 $\dot{m}_{\text{air}}(V_e - V_\infty)$에 비해 매우 작기 때문에, 이 압력 항은 추력에 거의 영향을 미치지 못한다. 결과적으로, 고도의 주된 효과는 ρ_∞를 낮추는 것이고, 고도가 높아질수록 $\dot{m}_{\text{air}}$가 비례하게 줄어서 추력도 이에 비례해서 낮아진다. 그래서 $T \propto \rho_\infty$라는 제6장의 가정은 타당하다고 볼 수 있다.

예제 9.3

표준 고도 30,000 ft에서 500 mi/h의 속도로 비행하는 터보젯 엔진 항공기를 고려하라. 터보젯 엔진의 입구와 출구 면적은 각각 7과 4.5 ft²이다. 출구에서 배기 가스의 속도와 압력은 각각 1600 ft/s와 640 lb/ft²이다. 이 터보젯 엔진의 추력을 계산하라.

■ 풀이

표준 고도 30,000 ft에서 부록 B를 참고하면, $p_\infty = 629.66$ lb/ft², $\rho_\infty = 8.9068 \times 10^{-4}$ slug/ft³. 자유류 속도는 $V_\infty = 500$ mi/h $= 500(88/60) = 733$ ft/s이다. 엔진을 통과하는 질량 유량은

$$\dot{m}_{\text{air}} = \rho_\infty V_\infty A_i = (8.9068 \times 10^{-4})(733)(7) = 4.57\,\text{slugs/s}$$

식 (9.25)에서 추력은

$$\begin{aligned} T &= \dot{m}_{\text{air}}(V_e - V_\infty) + (p_e - p_\infty)A_e \\ &= 4.57(1600 - 733) + (640 - 629.66)(4.5) \\ &= 3962 + 46.5 = \boxed{4008.5\ \text{lb}} \end{aligned}$$

9.5.1 터보젯 엔진의 추력 발생

제트 추진 장치의 추력은 근본적으로 이 장치 내외부를 통해 흐르는 기체와 접촉하는 표면에 작용하는 압력 분포를 적분한 결과이다. 이 근본적인 생각을 이용해 9.4절에서 추력 방정식을 유도하였다. 터보젯 엔진을 통한 압력 분포의 속성과 압력 분포가 엔진에 어떻게 작용하여 추력을 생성하는지를 그림 9.18을 통해 생각해 보자. 그림 9.18*a*는 디퓨저, 압축기, 연소기, 터빈, 노즐로 구성되는 터보젯 엔진의 개요이다. 각 단면에서 축 거리에 따른 정압의 변화가 그림 9.18*b*에 간략히 도시되어 있다. (실제, 각 단면에서 압력은 복잡한 3차원성을 가지지만, 여기서는 각 단면의 평균값을 나타낸다.) 그림 9.18*c*는 터보젯의 각 구성품이 추력에 어떻게 기여하는지를 설명한다. 이 그림은 엔진이 추력이 생성되는 과정을 보여준다. 디퓨저와 압축기의 덕트는 추력 방향을 향하는 표면을 가지고 있다(그림 9.18의 왼쪽을 향하는 방향). 디퓨저에서, 특히 압축기에서 증가하는 높은 압력은 앞을 향하는 면에 작용하고 추력 방향의 큰 힘을 생성한다. 그림 9.18*c*에서 누적된 추력 F는 디퓨저(1−2)

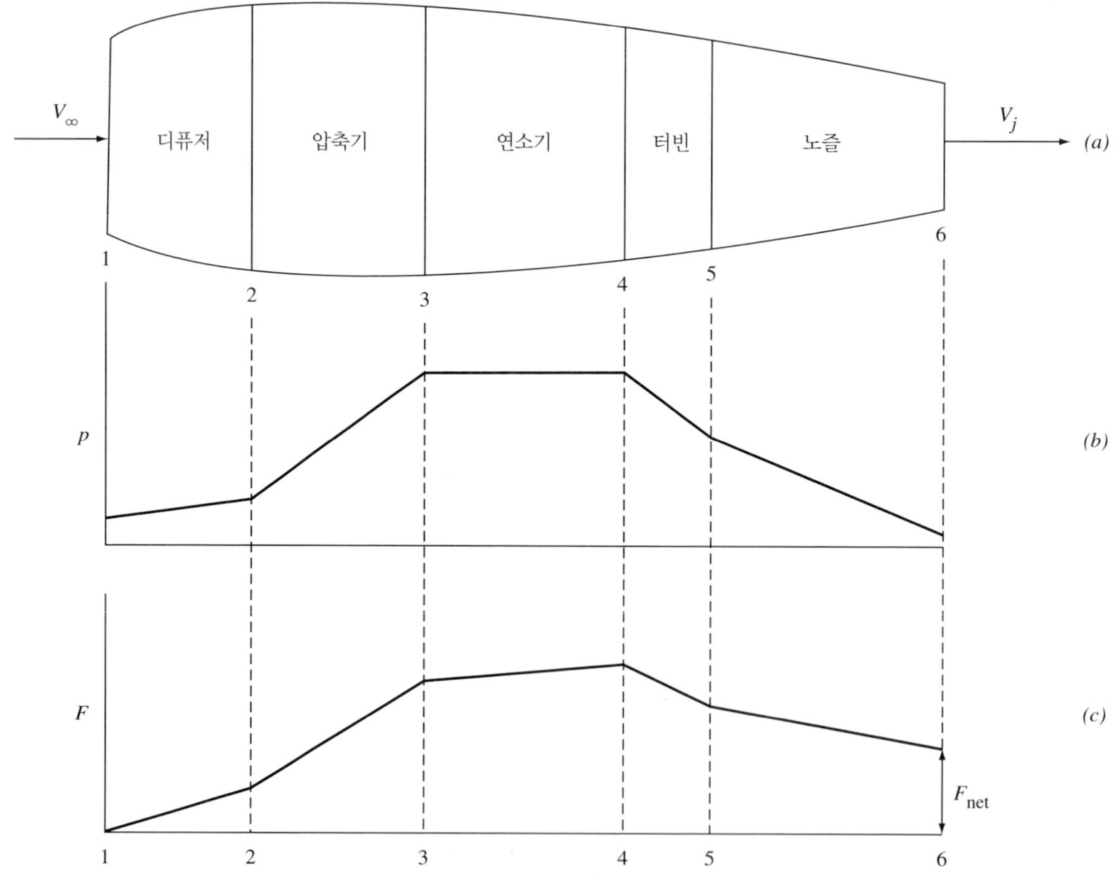

그림 9.18 일반적인 터보젯 엔진의 평균 압력과 누적 추력의 분포

와 압축기(2−3)의 거리에 따라 증가한다. 이 높은 압력은 연소기에서 앞을 향한 면적 성분에 작용하여, 추력의 누적 값이 연소기(3−4) 거리에 따라 계속 증가한다. 그런데, 터빈과 수렴형 노즐에서 단면적은 뒷 방향을 향하고 있고, 뒤를 향한 면적에 작용하는 압력은 추력과 반대되는 방향으로 힘을 만든다(그림 9.18에서 오른쪽). 그래서, 그림 9.18c에서 보듯이 누적된 추력 F는 터빈(4−5)과 노즐(5−6)을 지나면서 감소한다. 그런데, 노즐 출구(위치 6)에 도달할 때까지 누적된 순 추력 F_{net}은 여전히 양의 값이다. 이것이 엔진에 의해 발생하는 순 추력이다. 즉, $T = F_{net}$. 이 값은 식 (9.25)에서 계산된 추력과 같다.

가상의 터보젯 엔진에서 발생하는 추력이 그림 9.19에 묘사되어 있다. 추력의 전면을 향하는 성분은 흰색 화살표, 후방을 향하는 성분은 검은색 화살표로 표기되어 있다. 압축기와 연소에서 추력 방향으로 큰 힘이 발생하고, 터빈과 배기 노즐에서 반대 방향의 힘이 발생함을 볼 수 있다. 이 문제의 경우, 엔진 구성품의 내부 면에 작용하는 압력 분포는 왼쪽 앞 방향으로 57,836 lb의 힘을, 오른쪽 방향으로 46,678 lb의 힘을 생성하여, 11,158 lb의 순 추력이 발생한다.

엔진 내부면 전체 압력 분포의 상세한 계산은 현대의 정교한 전산유체역학(computational fluid dynamics)을 동원하더라도 매우 어려운 일이다. 그런데, Rolls-Royce, Pratt

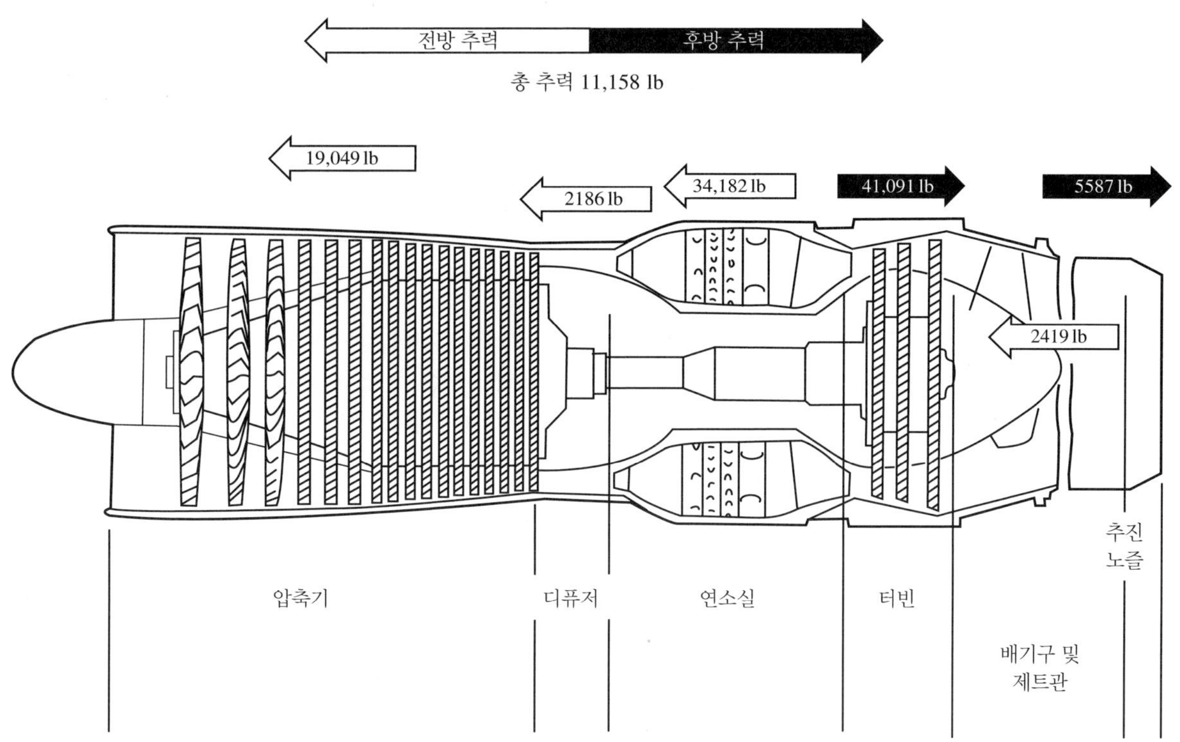

그림 9.19 단일축(single-spool) 축류 제트 엔진의 추력 분포

and Whitney, and General Electric 같은 주요 엔진제조사들은 궁극적으로 이런 계산이 가능한 CFD 전문가를 양성하고 있다. 다행히, 제트 엔진 추력의 계산은 엔진을 둘러싼 제어 체적을 구성해서 매우 간단히 계산할 수 있다. 엔진을 통과하는 기체 유동의 모멘텀 변화율과 뉴턴의 제2, 제3법칙을 이용해서 추력을 얻는다. 9.4절에서 추력을 직접 대수적으로 계산할 수 있는 추력방정식, 식 (9.24)를 얻었다.

유명한 문헌들을 보면, 제트 추진장치에서 얻는 추력은 종종 배기 노즐과 노즐을 빠져 나가는 배기 가스의 높은 속도에서 기인한다. 그런데, 그림 9.18*c*와 9.19는 노즐 자체는 추력을 발생시키지 않고 오히려 순 추력을 낮추는 역할을 한다는 점을 명확히 보여준다. 노즐을 빠져 나가는 배기 가스의 높은 속도도 추력에 기여하지 않는다. 높은 출구 속도는 추력 생산의 **효과**이지, 추력의 근본 이유는 아니다. 엔진 내부의 기체는 엔진 표면에 압력 분포를 발생시키고 앞 방향으로 작용하는 순 힘을 발생시킨다. 뉴턴이 제3법칙에 따라 엔진 표면은 기체에 크기가 같고 반대 방향의 힘을 가해, 후방을 향해 기체가 가속되는 힘을 가하게 된다. 엔진에서 생성되는 추력이 클수록 크기가 같고 방향이 반대인 힘이 더 커지게 되어, 더 높은 출구 속도로 기체가 가속된다. 높은 출구 속도와 추력의 생성은 이러한 연관관계를 가지고 있다. 양력의 발생에 관한 5.19절의 논의와 유사함에 주목하라. 그림 5.77에서 날개 위 공기의 모멘텀 변화율과 공기흐름의 아래 방향 성분은 양력 발생의 **효과**이지 양력의 근본 이유는 아니다. 날개 표면에 작용하는 압력 분포가 양력의 근본 이유이다.

예제 9.4

그림 9.19의 추력 분포 선도는 총 추력 발생에서 엔진 구성품 각각의 기여도를 강조하고 있다. 각 구성품의 추력을 이해하는 것은 엔진 내외부의 구조물의 위치와 설계에 필수적이다. 각 구성품에 작용하는 하중은 궁극적으로 항공기 동체에 엔진 추력을 전달하기 때문이다. 그림 9.19에 관한 논의는 유동과 접촉하고 있는 금속 표면에 기체에 의해 작용하는 압력 분포의 역할을 자세히 보여준다. 이것은 기체가 물체 표면에 추력을 어떻게 전달하는지를 보여준다. 원리적으로, 각 구성품에 작용하는 자세한 압력 분포를 적분하여 각 구성품의 추력을 얻을 수 있다. 실험적인 방법이나 전산유체역학으로 상세한 내부 압력 분포를 얻는 것은 매우 힘들다. 적어도 현 시점에는 실용적이지 못하다. 그런데, 그림 9.19의 각 요소 출구에서 유동의 평균적인 특성을 안다면, 추력방정식, 식 (9.24)를 유도했던 9.4절의 제어 체적 해석을 사용할 수 있다. 그림 9.19의 압축기를 둘러싸고 있는 제어 체적을 그리고, 압축기-디퓨저 주변의 두 번째 제어 체적, 압축기-디퓨저-연소실을 둘러싸는 세 번째 제어 체적을 그란다. 이 접근방법을 사용하여, 그림 9.19의 제트 엔진의 각 구성품의 추력을 계산하라. 각 엔진 구성품의 출구에서 아래의 상세한 유동 조건 데이터가 Rolls-Royce in the booklet *The Jet Engine*, Rolls Royce plc, 4th Ed., 1986, pp. 209–213에 제시되어 있다.

압축기 출구:

$$A_e = 1.2639\ \text{ft}^2$$
$$p_e - p_\infty = 13536\ \text{lb/ft}^2$$
$$V_e = 406\ \text{ft/s}$$

디퓨저 출구:

$$A_e = 1.4236\ \text{ft}^2$$
$$p_e - p_\infty = 13680\ \text{lb/ft}^2$$
$$V_e = 368\ \text{ft/s}$$

연소실 출구:

$$A_e = 4.0278\ \text{ft}^2$$
$$p_e - p_\infty = 13392\ \text{lb/ft}^2$$
$$V_e = 309\ \text{ft/s}$$

터빈 출구:

$$A_e = 3.333\ \text{ft}^2$$
$$p_e - p_\infty = 3024\ \text{lb/ft}^2$$
$$V_e = 888\ \text{ft/s}$$

배기구 및 제트관 출구:

$$A_e = 4.5208\ \text{ft}^2$$
$$p_e - p_\infty = 3024\ \text{lb/ft}^2$$
$$V_e = 643\ \text{ft/s}$$

노즐 출구:

$$A_e = 2.3056\ \text{ft}^2$$
$$p_e - p_\infty = 864\ \text{lb/ft}^2$$
$$V_e = 1{,}917\ \text{ft/s}$$

엔진을 통과하는 공기의 질량 유량은 4.78 slug/ft^3. 이 데이터에서 그림 9.19에 있는 엔진의 여섯 구성품 각각의 추력을 계산하라.

■ **풀이**

제트 엔진의 추력은 식 (9.24)와 같이 주어진다.

$$T = (\dot{m}_{\text{air}} + \dot{m}_{\text{fuel}})V_e - \dot{m}_{\text{air}}\, V_\infty + (p_e - p_\infty)A_e$$

이 식은 전체 엔진의 입구와 출구 간의 관계로 주어지므로 엔진의 총 추력을 제시한다. 9.4절에서 엔진 전체를 둘러싸는 제어 체적을 사용하여 이 식을 유도했음을 기억하라. $\dot{m}_{\text{air}}$에 비해 작은 $\dot{m}_{\text{fuel}}$을 무시하여 식 (9.24)를 간단히 만들고 엔진이 지상에 멈춰있다면, 즉 $V_\infty = 0$이면, 다음과 같이 된다.

$$T = \dot{m}_{\text{air}}\, V_e + (p_e - p_\infty)A_e \tag{E.9.4.1}$$

압축기를 둘러싸는 제어 체적, 압축기–디퓨저를 둘러싸는 제어 체적, 압축기–디퓨저–연소실 전체를 둘러싸는 제어 체적 등에 식 (E.9.4.1)을 적용하여, 그림 9.19의 엔진에 대해 단계적으로 계산한다. 각 단계에서 각 구성품이 개별적으로 발생시키는 추력을 얻어낼 것이다. $\dot{m}_{\text{air}} = m$이라 둔다.

1단계: 압축기

압축기 출구에 주어진 데이터를 식 (E.9.4.1)에 적용하고, 압축기만을 둘러싸는 제어 체적을 이용하면 다음의 결과를 얻는다.

$$\begin{aligned} T_{\text{compressor}} &= \dot{m}\, V_e + (p_e - p_\infty)A_e \\ &= 4.78(406) + (15{,}536)(1.2369) \\ &= 1940.68 + 17{,}108.2 = 19{,}049 \text{ lb} \end{aligned}$$

2단계: 디퓨저

압축기-디퓨저 조합을 둘러싸는 제어 체적을 그리고 디퓨저 출구의 유동 특성을 사용하면, 식 (E.9.4.1)은 압축기-디퓨저 조합에 대한 추력을 제공한다.

$$T_{\text{compressor}} + T_{\text{diffuser}} = \dot{m}\, V_e + (p_e - p_\infty)A_e$$

$$T_{\text{diffuser}} = \dot{m}\, V_e + (p_e - p_\infty)A_e - T_{\text{compressor}}$$

여기서 출구 특성은 디퓨저 출구의 값이고, $T_{\text{compressor}}$는 1단계에서 이미 얻은 값이므로,

$$T_{\text{diffuser}} = (4.78)(368) + (13680)(1.4236) - 19{,}049$$

$$T_{\text{diffuser}} = 1759 + 19475 - 19{,}049 = 21{,}184 \text{ lb}$$

이 값은 그림 9.19에서 디퓨저에 대한 추력값과 반올림 오차 이내도 같다.

3단계: 연소실

압축기-디퓨저-연소실 조합을 둘러싸는 제어 체적을 그리고 연소실 출구의 유동 특성을 사용하면, 식 (E.9.4.1)은 압축기-디퓨저-연소실 조합에 대한 추력을 제공한다.

$$T_{\text{compressor}} + T_{\text{diffuser}} + T_{\text{combustion chamber}} = \dot{m}_{\text{air}} V_e + (p_e - p_\infty)A_e$$

$$T_{\text{combustion chamber}} = \dot{m} V_e + (p_e - p_\infty)A_e - T_{\text{compressor}} - T_{\text{diffuser}}$$

$$\begin{aligned} T_{\text{combustion chamber}} &= (4.78)(309) + (13{,}392)(4.0278) - 19{,}049 - 2{,}185 \\ &= 1477 + 53{,}940 - 19{,}049 - 2185 = 34{,}183 \text{ lb} \end{aligned}$$

이 값은 그림 9.19에서 연소실에 대한 추력 값과 반올림 오차 이내로 같다.

4단계: 터빈

압축기-디퓨저-연소실-터빈에 대한 제어 체적을 그리고, 식 (E.9.4.1)를 적용하면,

$$T_{\text{turbine}} = \dot{m}\, V_e + (p_e - p_\infty)A_e - T_{\text{compressor}} + T_{\text{diffuser}} - T_{\text{combustion chamber}}$$

$$\begin{aligned} T_{\text{turbine}} &= (4.78)(888) + (3024)(3.333) - 19049 - 2185 - 34{,}183 = 4245 \\ &+ 10079 - 19049 - 2185 - 34{,}183 = -41{,}093 \text{ lb} \end{aligned}$$

이 값 또한 그림 9.19에서 터빈에 대한 추력의 음의 값과 반올림 오차 이내로 같다.

5단계: 배기구 및 제트관

압축기-디퓨저-연소실-터빈-배기관에 대한 제어 체적을 그리고, 식 (E.9.4.1)를 적용하면,

$$\begin{aligned} T_{\text{exhaust unit and jet pipe}} &= \dot{m}\, V_e + (p_e - p_\infty)A_e - T_{\text{compressor}} - T_{\text{diffuser}} - T_{\text{combustion chamber}} - T_{\text{turbine}} \\ &= (4.78)(643) + (3024)(4.5208) - 19049 - 2185 - 34{,}183 - (-41{,}093) \\ &= 3074 + 13671 - 19049 - 2185 - 34{,}183 + 41{,}093 = 2421 \text{ lb} \end{aligned}$$

이 값 또한 그림 9.19에서 배기구 및 제트관에 대한 추력 값과 반올림 오차 이내로 같다.

6단계: 노즐

마지막으로, 압축기-디퓨저-연소실-터빈-배기관-노즐에 대한 제어 체적을 그리고, 식 (E.9.4.1)를 적용하면,

$$T_{\text{propelling nozzle}} = \dot{m}\,V_e + (p_e - p_\infty)A_e - T_{\text{compressor}} - T_{\text{diffuser}} - T_{\text{combustion chamber}} - T_{\text{turbine}} - T_{\substack{\text{exhaust unit}\\ \text{and jet pipe}}}$$

$$= (4.78)(1917) + (864)(2.3056) - 19049 - 2185 - 34{,}183 - (-41{,}093) - 2421$$

$$= 9163 + 1992 - 19049 - 2185 - 34{,}183 - (-41{,}093) - 2421 = -5590 \text{ lb}$$

이 값 또한 그림 9.19에서 노즐에 대한 추력의 음의 값과 반올림 오차 이내로 같다.

주석: 노즐의 내부 표면에 작용하는 압력 분포는 여기서 계산한 것처럼 순 추력과 반대 방향의 힘을 발생시킨다. 그래서 유명한 문헌에서 종종 사용되는 "추진(propelling)" 노즐은 전혀 추력을 발생시키지 않는다. 노즐을 지칭하기 위한 "추진" 노즐은 잘못 사용된 용어이다. 그런데, 노즐은 엔진을 통과하는 부드러운 유동을 만드는 중요한 요소이다. 노즐 출구에서 유동은 전제 엔진을 통과하는 유동의 하류 경계조건에 해당한다. 이 출구 유동은 외부의 대기와 접해 있다. 노즐을 통과하는 유동은 터빈의 높은 압력을 가지고 있고 출구에서 적절한 경계 조건을 가지도록 팽창한다. 이 과정을 통해 엔진을 통과하는 유동을 부드럽게 만든다. 이런 점에서, 노즐 자체가 추력과 반대 방향의 힘을 발생시킴에도 불구하고 노즐은 엔진 추력 발생 전반에서 본질적인 구성품이다.

9.6 터보팬 엔진

9.4절에서 추력과 공기의 모멘텀 변화율 간의 관계를 세웠다. 9.5절의 터보젯 엔진에서 엔진 자체를 통과하는 모든 질량 유동은 배기 노즐을 통해 큰 속도로 가속된다. 이를 통해 큰 추력이 발생하지만, 이 과정의 **효율성**은 높은 배기 속도에 의해 부정적인 영향을 받는다. 프로펠러 효율을 낮추는 손실 중의 하나가 대기에 대한 후류에 남아있는 운동에너지이다. 9.2절의 내용을 기억하라. 터보젯의 경우 배기 가스의 운동에너지 또한 손실이고, 제트 엔진에 의해 발생한 높은 배기 속도는 이 상황을 악화시킨다. 이것이 바로 프로펠러-피스톤 엔진 조합이 기본적으로 터보젯 엔진보다 더 효율적인 이유이다(효율성과 추력을

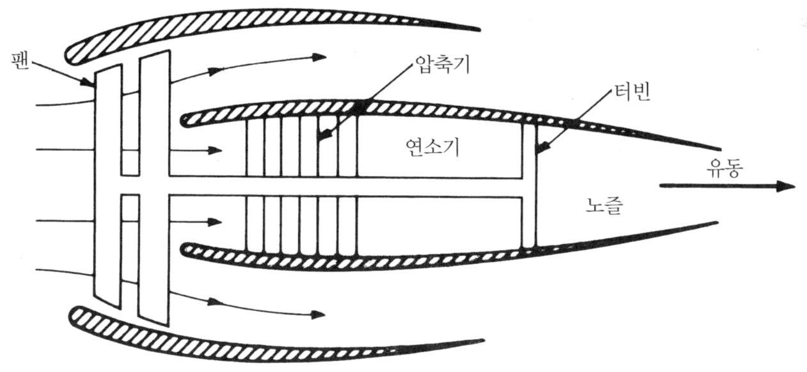

그림 9.20 터보팬 엔진

혼동하지 마라. 서로 다른 것이다. 제트 엔진은 높은 추력을 생산하지만 상대적으로 효율이 낮음을 기억하라). 이런 이유로, 터보젯과 프로펠러의 개념을 합쳐 **터보팬** 엔진의 개념이 탄생하였다. 그림 9.20에 도시된 터보팬 엔진은 압축기 앞의 축에 장착된 큰 덕트 팬을 가진 터보젯 엔진이다. 터빈은 팬과 압축기 모두를 구동한다. 덕트 팬은 내부와 외부 덮개(shrouds) 사이의 많은 질량의 공기를 가속시킨다. 이 연소되지 않은 공기는 이후 노즐에서 배출된 제트흐름과 혼합된다. 터보팬의 추력은 팬의 날에 의해 생성된 추력과 노즐에서

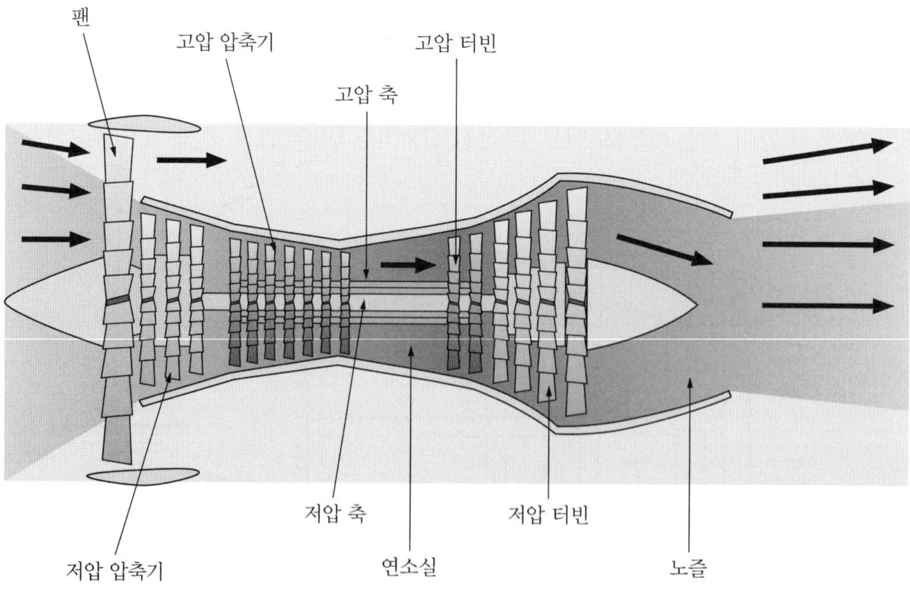

그림 9.21 (*a*) 터보팬 엔진(자료출처: 미공군), (*b*) 단면도 (자료출처: *Pratt and Whitney*)

배출된 제트흐름에 의한 추력의 합이다. 결국, 터보팬 엔진의 효율은 터보젯의 효율보다 좋다. 이 효율은 추력당 연료소모량(TSFC: thrust-specific fuel consumption)으로 표기된다. 전형적인 터보젯 엔진의 경우, TSFC (1 lb의 추력당 단위 시간당 연료량) = 1.0 (lbm/hr)/lbs이고, 전형적인 터보팬 엔진의 경우, TSFC = 0.6(lbm/hr)/lbs이다. Boeing 747과 McDonnell-Douglas MD-11 같은 모든 현대의 제트 수송기가 터보팬 엔진을 장착하고 있는 이유이다. 그림 9.21*a*는 터보팬의 사진이고, 그림 9.21*b*는 Pratt and Whitney JT9D 터보팬 엔진의 단면도이다.

물론 이 개념을 더 확장하여 덕트 팬과 프로펠러를 완전히 가진 바깥 덮개를 대체한 개념도 있다. 터빈은 압축기와 프로펠러 모두를 구동한다. 이런 조합을 **터보프랍**(*turboprop*)이라 부른다. 약 85%의 추력이 프로펠러에서 발생하고 나머지 15%만 제트에서 발생한다. 터보프랍 엔진은 300에서 500 mi/h의 속도영역에서 효율적인 엔진이며, 중요한 예로서 1950년대 Lockheed Electra 수송기를 들 수 있다.

9.7 램젯 엔진

이제 9.6절과는 좀 다른 방향으로 진도를 나가보자. 터보젯에 팬과 프로펠러를 장착하는 대신에, 모든 회전기계를 제거해 보자. 즉, 그림 9.22에 도시된 직선 덕트를 생각하라. V_∞의 속도로 흡입구로 유입된 공기는 디퓨저에서 감속되고(점 1에서 2), 연료가 분사되는 곳에서 연소한 후(점 2에서 3), 매우 높은 속도 V_e로 배기 노즐을 통해 폭발한다(점 3에서 4). 이런 간단한 장치를 **램젯**(*ramjet*) 엔진이라 부른다. 그림 9.23은 램젯 엔진의 단면도이다. 간단하면서도 높은 추력 때문에 램젯 엔진은 항공우주공학자들의 상상력을 자극해 왔다. 그런데, 몇 가지 심각한 단점 때문에 아직까지 유인 항공기의 주요한 추진 장치가 되지는 못하고 있다. 그러나 많은 유도미사일에 사용되고 있고, 미래 극초음속 항공기용으로는 최선의 대안으로 간주되고 있다. 이러한 이유로 램젯을 좀 더 자세히 살펴보자.

그림 9.24의 p–v 선도는 이상적인 램젯 작동 과정이다. p_1부터 p_2까지 필요한 모든 압축이 디퓨저에서 발생한다. 즉, 램젯은 대기로부터 공기를 단순히 "래밍(*ramming*)"하여 압

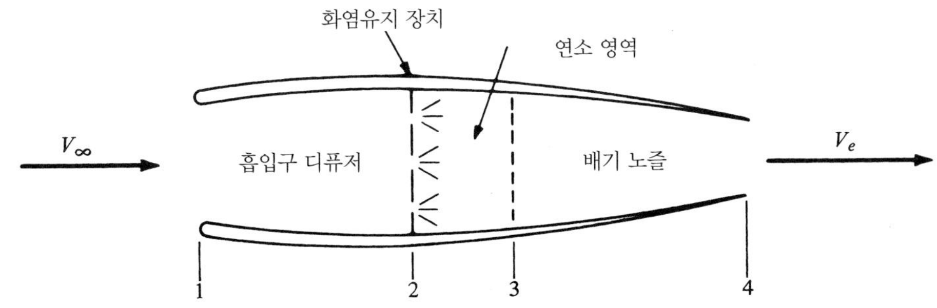

그림 9.22 램젯 엔진

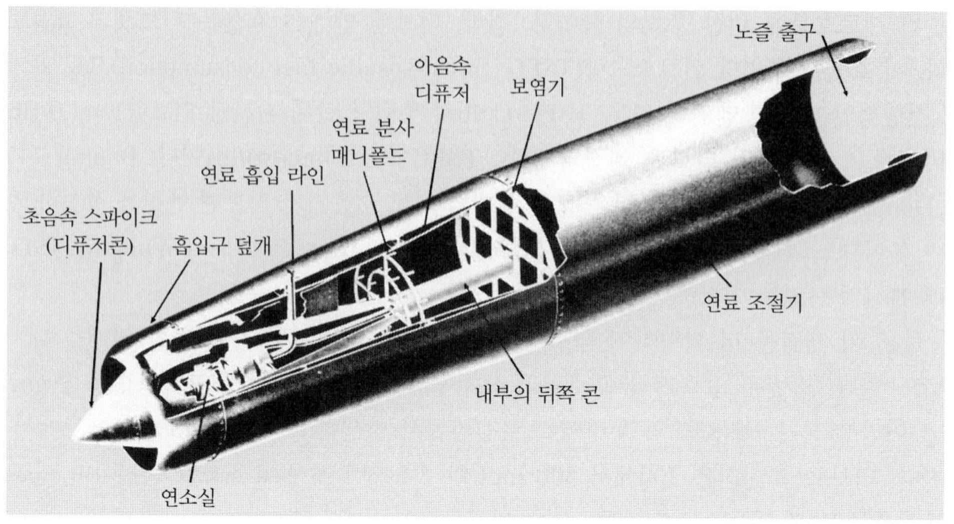

그림 9.23 전형적인 램젯 엔진
(자료출처: *Marquardt Aircraft Co.*)

축한다. 압축비 p_2/p_1은 분명히 비행 마하수의 함수이다. 사실, 연소성능을 높이려면 연소실로 들어가는 공기가 낮은 아음속 마하수여야 한다. 그래서, $M_2 \approx 0$을 가정하면, $p_2 \approx p_0$ (전압)이고, 식 (4.74)로부터,

$$\frac{p_2}{p_1} \approx \left(1 + \frac{\gamma - 1}{2} M_\infty^2\right)^{\gamma/(\gamma-1)} \tag{9.26}$$

공기는 디퓨저에서 등엔트로피하게 감속하므로, p_1부터 p_2까지 압축은 그림 9.24에서 보이는 등엔트로피선을 따른다. 연료는 디퓨저의 끝에서 공기로 분사되고 연소하는데, 연소는

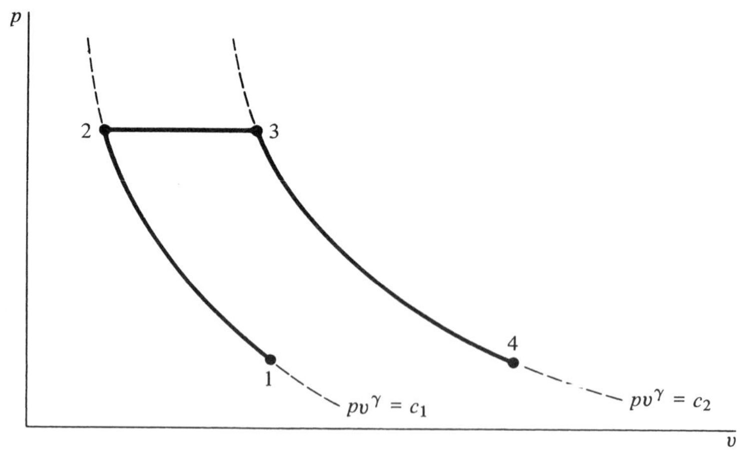

그림 9.24 이상적인 램젯 엔진의 압력-비체적 선도

기계적인 보염기(flame holder)에 의해 유지된다. 이러한 연소는 정압상태로 일어나므로 비체적이 v_2부터 v_3로 증가한다. 이어서 고온 고압의 기체가 배기 노즐을 통해 등엔트로피하게 팽창하여 압력은 p_3에서 p_4로 낮아진다.

램젯의 한 가지 단점은 직전의 논의, 특히 식 (9.26)에서 분명히 바로 드러난다. 램젯을 시동하고 작동하려면 이미 움직이고 있는 상태여야만 한다. 그렇지 않다면, 디퓨저에서 어떤 압축도 일어나지 않을 것이다. 즉, 식 (9.26)에서 $M_\infty \approx 0$이면, $p_2/p_1 = 1$이 된다. 그러므로, 모든 램젯 추진 비행체는 독립적인 장치(발사기 또는 로켓)를 통해 발사되거나 램젯을 시동하기에 충분한 비행 속도를 만들 수 있는 또 하나의 엔진을 가지고 있어야 한다. 아음속 비행 속도에서 램젯은 또 다른 단점을 가지고 있다. 램젯이 높은 추력을 발생시키더라도 아음속 효율은 매우 낮아서 TSFC가 3~4 (lbm/hr)/lbs밖에 되지 않는다. 그런데, 그림 9.25에서 보듯이 TSFC는 초음속에서 2 이하로 낮아져 성능이 향상된다.

사실, 그림 9.25는 초음속 비행에서 램젯의 장점을 실질적으로 보여준다. 초음속 마하수에서 터보젯과 램젯의 TSFC는 상당히 비슷하다. 게다가, 그림 9.25에서 터보젯의 곡선은 특별한 이유로 인해 마하수 3에서 끝난다. 더 높은 마하수에서 터보젯이 작동하려면, 연소 온도가 높아져야 한다. 그런데, 연소실 재료의 한계가 있다. 터보젯 연소실을 떠나서 터빈에 들어가는 공기는 너무 뜨거워서 터빈 날이 녹게 될 것이다. 이것은 실제적인 문제인데, 터빈 날의 고온 물성치는 일반적인 터보젯이 낮은 초음속 마하수에서만 운용하도록 제한한다. 그러나 램젯은 터빈을 가지고 있지 않기 때문에, 연소 온도는 더 높아질 수 있고, 램젯은 높은 마하수 영역으로 바로 진입할 수 있다. 그러므로, 현재의 기술 수준에서 램젯

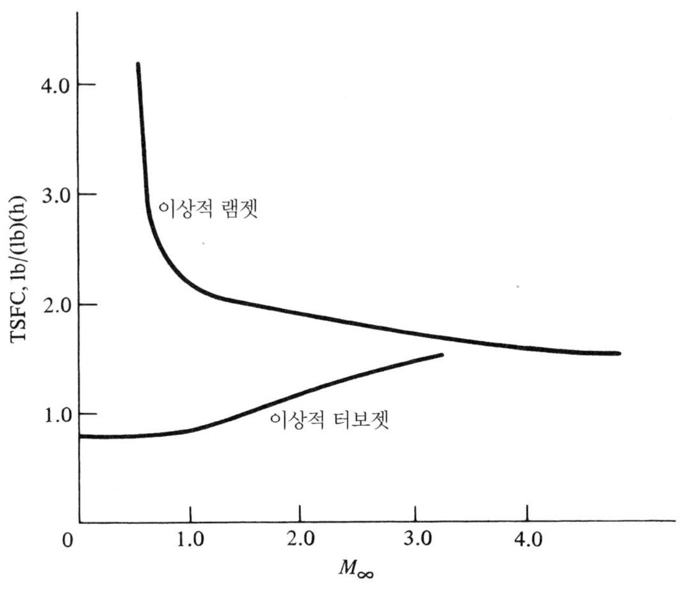

그림 9.25 이상적인 램젯과 터보젯 엔진의 추력당 연료소모량 비교

은 마하수 3 또는 4 이상에서 효율적으로 대기 비행이 가능한 유일한 수단이다.

그림 9.22부터 지금까지 일반적인 램젯을 흡입구에서 공기를 얻어 연소실로 들어가기 전 낮은 아음속 마하수로 공기를 확산시키는 장치로 묘사하고 있다. $M_\infty = 6$으로 비행하는 램젯을 고려하라. 식 (9.26)과 더불어 온도비 T_2/T_1은 식 (4.73)으로부터 다음과 같이 계산할 수 있다.

$$\frac{T_2}{T_1} \approx 1 + \frac{\gamma - 1}{2} M_\infty^2 \tag{9.27}$$

(기호 T는 추력과 온도 모두에 사용된다. 그런데, 문맥상으로 혼동하지 말아야 한다.) $M_\infty = 6$이면, 식 (9.27)에서 $T_2/T_1 \approx 7.9$이다. 대기 온도가 $T_\infty = T_1 = 300$ K이면, $T_2 = 2370$ K이다. 이런 높은 온도에서 램젯 표면은 구조적으로 파괴될 수 있다. 그래서, 터보젯에서처럼 일반적인 램젯은 더 높은 비행 마하수가 가능함에도 불구하고 재료 문제로 인해 운용이 제한된다. 게다가, 연소실로 들어오는 온도가 너무 높다면, 연료가 분사될 때 연소가 되는 것이 아니라 해리(decomposition)되고 말 것이다. 즉, 연료가 열을 방출하는 것이 아니라 열을 흡수하고, 엔진은 추력을 발생시키는 장치가 아닌 반추력 장치가 될 것이다. 매우 높은 마하수의 극초음속 비행을 위해서는 분명히 다른 무언가가 필요하다.

이 문제점을 해결하기 위해 **초음속연소 램젯**(*supersonic combustion ramjet*), 즉 **스크램젯**(*SCRAMjet*)의 개념이 제시되었다. 높은 마하수, 말하자면 $M_1 = 6$으로 유동이 디퓨저로 들어온다. 그런데, 디퓨저는 적절한 압력비 p_2/p_1를 얻을 수 있는 만큼만 공기를 감속한다. 유동은 연소실에 들어갈 때 여전히 초음속이다. 연료는 초음속 흐름에 더해지고, **초음속연소**가 발생한다. 이런 방법으로 스크램젯 전체의 유동장은 완전히 초음속이고, 온도는 상대적으로 낮게 유지되어 일반적인 램젯에서 발생하는 재료나 해리 문제를 회피할 수 있다. 그러므로, 미래의 극초음속 수송기용 동력원은 스크램젯이 될 가능성이 크다. 그런 장치에 관한 연구는 현재 진행 중이다. 사실, 스크램젯 연구는 오늘날 추진 연구를 선도하고 있다. 그런 한 예는 1960년대 중반 이후 NASA Langley 연구소가 주도하고 있는 스크램젯 설계 개념이다. 극초음속 수송기에 적용할 목적으로, Langley 스크램젯은 항공기의 아래에 나란히 결합된 모듈의 집합으로 구성되며, 그림 9.26의 오른쪽 상단에 묘사되어 있다. 항공기 아래의 앞쪽 부분은 압축면으로 작용한다. 즉, 바닥면의 공기 흐름은 비행체 선두부에서 발생한 충격파를 지나면서 압축되어 압력이 증가한다. 그림 9.26의 중간 그림은 각 모듈의 형상이다. 바닥면에서 압축된 공기는 흡입구로 들어가서 흡입구 선두부의 또 다른 충격파에 의해 더욱 압축된다. 여전히 초음속인 압축 공기는 이후 세 지지대(struts)를 지나고, 이곳에서 H_2가 초음속 흐름에 분사된다. 그림 9.26의 왼쪽 하단은 지지대의 단면이다. 연소는 지지대의 후류에서 발생한다. 불탄 기체 혼합물은 각 모듈의 뒷면에서 노즐을 통해 팽창하는데, 항공기 후방의 부드러운 밑면을 따라 더욱 팽창한다. 확장된 엔진 노즐로 작용하도록 후방 밑면이 곡선을 설계한다. 이러한 실용적 목적 때문에 전체 항공

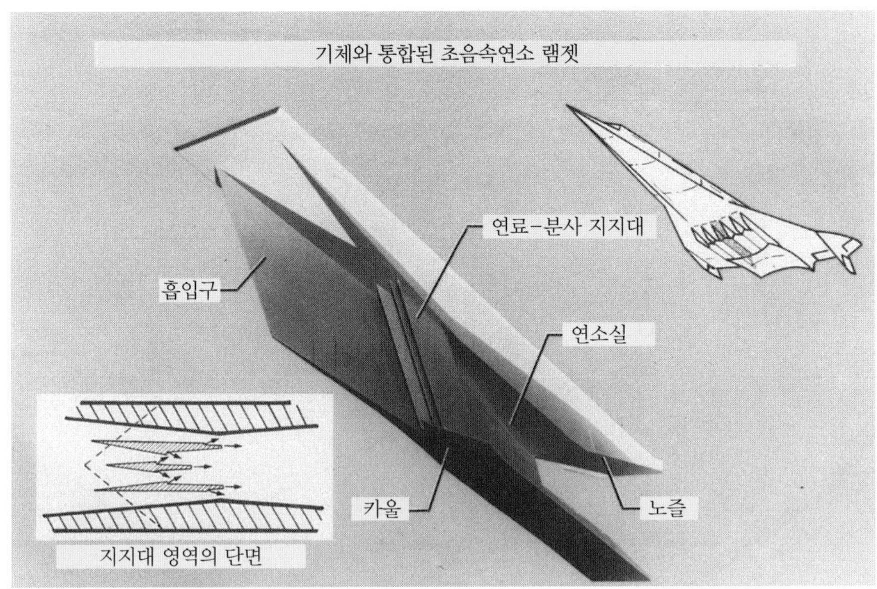

그림 9.26 NASA Langley 연구소가 개발한 기체와 통합된 스크램젯 엔진의 개념 (자료출처: *NASA*.)

기의 밑면은 스크램젯 엔진 자체가 된다. 그래서 이 개념은 종종 **기체와 통합된** 스크램젯(*airframe-integrated* SCRAMjet)이라 불린다.

9.8 로켓 엔진

1957년 10월 4일 *Sputnik I*호의 발사 이후 미국과 소련의 이어지는 대형 우주 프로그램을 바탕으로 로켓 엔진의 시대가 열렸다. 로켓은 궁극적인 고추력 추진 장치다. 로켓을 이용해 인류는 달에 갔다 왔고, 수 톤에 이르는 무거운 우주 비행체가 지구를 돌고 있으며 태양계의 다른 행성으로 비행체를 보내고 있다. 게다가, 로켓은 실험 항공기로 사용되어 왔다. (5.22절에서 다룬) 로켓 추진 Bell X-1은 최초로 음속 장벽을 돌파한 유인 비행기이고, 로켓 추진 North American X-15는 최초의 유인 극초음속 비행체였다(5.23절을 참조). 마지막으로, 제2차 세계 대전 당시의 German V-2 이후 거의 모든 종류의 유도미사일은 로켓을 동력으로 삼고 있다. 이것을 기억하면서 로켓 엔진의 특성을 살펴보도록 하자.

앞 절에서 다룬 모든 추진 엔진은 공기흡입(air-breathing) 방식이다. 피스톤 엔진, 터보젯, 램젯, 모두 대기로부터 직접 얻은 공기와 혼합된 연료의 연소로 작동한다. 대조적으로, 그림 9.27에 도시되었듯이 로켓 엔진은 연료와 산화제(oxidizer) 모두를 싣고 있으며, 대기와 완전히 무관하게 연소를 일으킨다. 그래서 로켓은 우주의 진공에서도 작동할 수 있으나 공기흡입식 엔진은 명백히 불가능하다. 그림 9.27에서 연료와 산화제는 연소실에 분사되어 연소되고, 고압 고온의 연소 혼합물을 생성한다. 혼합물의 속도는 매우 낮아서 거의 0에 가

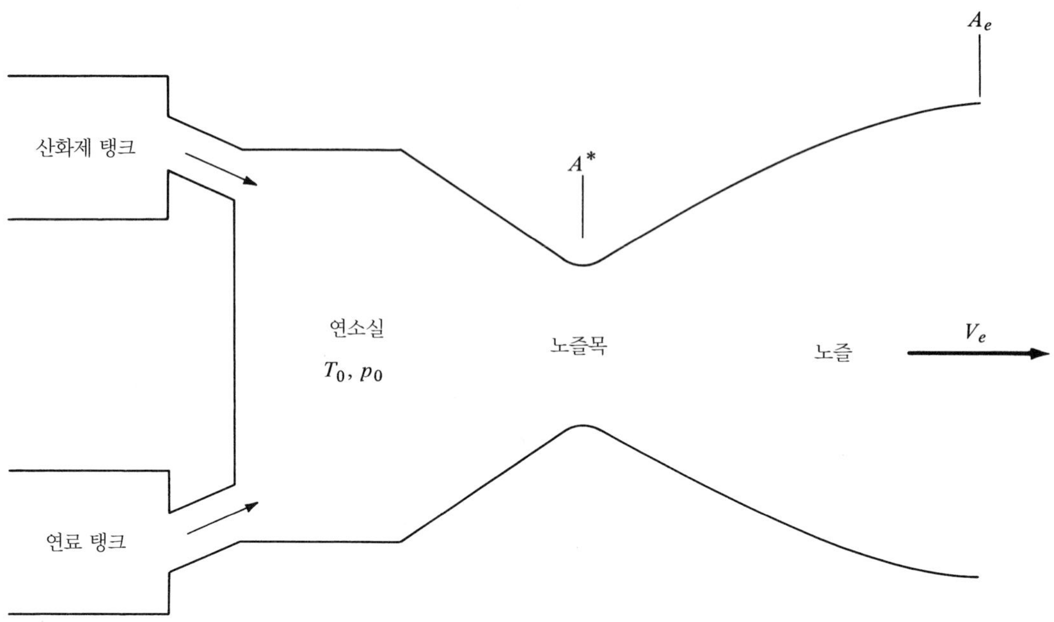

그림 9.27 로켓 엔진 개념도

깝다. 그러므로, 로켓 엔진의 연소실은 초음속 풍동의 저장탱크(reservoir)와 상당히 유사하다. 그래서, 연소실의 온도와 압력은 각각 T_0와 p_0로 생각할 수 있다. 또한 초음속 풍동과 마찬가지로 연소 생성물은 수렴–확산형 로켓 노즐을 통해 초음속으로 팽창하여 V_e의 출구 속도로 분출된다. 이 출구 속도는 제트 엔진에서보다 훨씬 더 크다. 그래서, 비교해보면 로켓 추력은 더 크지만, 효율은 더 낮다. 그림 9.28은 전형적인 로켓 엔진의 사진이다.

식 (9.24)를 사용하여 로켓 엔진의 추력을 얻을 수 있다. $\dot{m}_{\text{air}} \approx 0$이고 $\dot{m}$는 연소 혼합물의 총 질량 유량이며 $\dot{m} = \dot{m}_{\text{fuel}} + \dot{m}_{\text{oxidizer}}$이다. 그래서 로켓 엔진의 경우,

$$\boxed{T = \dot{m}V_e + (p_e - p_\infty)A_e} \tag{9.28}$$

출구 속도 V_e는 제4장의 공기역학 관계식에서 쉽게 얻을 수 있다. 에너지방정식, 식 (4.41)을 연소실과 노즐 출구에 대해 쓴다:

$$h_0 = h_e + \frac{V_e^2}{2} \tag{9.29}$$

$$c_p T_0 = c_p T_e + \frac{V_e^2}{2} \tag{9.30}$$

식 (9.30)을 V_e^2에 대해 풀면,

$$V_e^2 = 2c_p(T_0 - T_e) = 2c_p T_0\left(1 - \frac{T_e}{T_0}\right) \tag{9.31}$$

그림 9.28 우주 왕복선의 주 로켓 엔진
(자료출처: *NASA*)

노즐을 통한 팽창은 등엔트로피 과정이므로, 식 (4.36)에서 $T_e/T_0 = (p_e/p_0)^{(\gamma-1)/\gamma}$이다. 또한 식 (4.69)에서 $c_p = \gamma R/(\gamma - 1)$이므로 식 (9.31)은 다음과 같이 쓸 수 있다.

$$\boxed{V_e = \left\{ \frac{2\gamma R T_0}{\gamma - 1} \left[1 - \left(\frac{p_e}{p_0} \right)^{(\gamma-1)/\gamma} \right] \right\}^{1/2}} \tag{9.32}$$

서로 다른 로켓 엔진의 효율성을 비교하는 척도는 **비추력**(*specific impulse*) I_{sp}에서 얻을 수 있다. 비추력은 해수면에서 단위 유동 무게당 추력으로 정의된다.

$$\boxed{I_{sp} \equiv \frac{T}{\dot{w}}} \tag{9.33}$$

여기서 $\dot{w} = g_0 \dot{m}$이다. (이 무게는 해수면에서 중력가속도와 질량의 곱과 같다는 점을 기억하라.) 이 정의에 따라 I_{sp}의 단위는 간단히 seconds가 된다. 한편으로 노즐 출구의 압력은 대기압과 같다고 가정하라. 식 (9.28)과 (9.33)을 결합하면, 다음을 얻는다.

$$I_{sp} = \frac{T}{\dot{w}} = \frac{T}{g_0 \dot{m}} = \frac{\dot{m} V_e}{g_0 \dot{m}} = \frac{V_e}{g_0} \tag{9.34}$$

식 (9.32)를 (9.34)에 대입하는데, 화학에서 기체상수 R은 기체 고유상수(universal gas constant) $\bar{R}$을 분자량 $\bar{M}$으로 나눈 값, $R = \bar{R}/\bar{M}$임에 유의한다.

$$I_{sp} = \frac{1}{g_0}\left\{\frac{2\gamma RT_0}{\gamma-1}\left[1-\left(\frac{p_e}{p_0}\right)^{(\gamma-1)/\gamma}\right]\right\}^{1/2} \tag{9.35}$$

식 (9.35)는 중요하다. 이 식은 높은 비추력을 얻기 위해 무엇이 필요한지를 말하고 있다. 연소 온도 T_0는 높아야 하고, 분자질량 $\bar{M}$는 작아야 한다. 온소 온도는 산화제와 연료의 화학반응에 의해 주로 결정된다. 정해진 조합, 말하자면 산소와 수소는 **단열화염 온도**(*adiabatic flame temperature*)라 불리는 특정한 T_0에서 불타기 시작하고, T_0의 값은 반응열(heat of reaction)에 의해 결정될 것이다. 추진제(propellants)의 반응이 격렬할수록 T_0는 증가한다. $\bar{M}$ 또한 화학반응의 함수이다. 가벼운 추진제가 사용되면 $\bar{M}$는 작을 것이다. 그러므로, 추진제 조성이 정해지면 산화제와 연료의 비율(the O/F ratio)을 조절하는 방법 외에 I_{sp}를 크게 바꿀 수 있는 방법은 별로 없다. 추진제 자체가 중요하다는 말이다. 그런데, 식 (9.35)는 가볍고 매우 활성도가 높은 추진제 조성을 선택해야 함을 분명히 말하고 있다. 아래 표에서 극적으로 보여진다.

연료-산화제 조합	단열화염 온도, K	연소 생성물의 평균분자량	I_{sp}, s
케로신-산소	3144	22	240
수소-산소	3517	16	360
수소-불소	4756	10	390

케로신(kerysene)-산소 결합물은 *Apollo* 우주인들을 달로 보낸 *Saturn 5* 발사체의 1단에 사용되었다. 수소-산소 결합물은 *Saturn 5* 발사체의 2단과 3단에 사용되었다. 그런데, 최고의 조성인 수소-불소 결합물은 390 s의 비추력을 제공하는데, 모든 추진제 결합물 중 최고의 비추력이다. 불행히도, 불소는 독성과 폭발성이 매우 강해서 다루기 어렵다. 그럼에도, 수소-불소를 사용하는 로켓 엔진이 계속 제작되고 있다.

그림 9.27의 로켓 엔진 개요도를 다시 살펴보라. 앞에서 연소실의 T_0는 근본적으로 추진제의 반응열의 함수, 즉 화학 현상임을 토론하였다. 그러면, 무엇이 연소실이 압력 p_0를 결정하는가? 그 답은 연료와 산화제 탱크에서 연소실로 공급된 추진제의 질량 유량이다. 이제 이것을 증명해 볼 차례다. 면적이 A^*인 노즐목에서 연속방정식을 쓰면,

$$\dot{m} = \rho^* A^* V^* \tag{9.36}$$

여기서 윗첨자*는 노즐목에서의 조건을 의미한다. 수렴-확산형 초음속 노즐의 목에서 속도는 음속임을 4장에서 배웠다. 즉, $M^* = 1$. 그래서 V^*는 음속이고, 식 (4.54)로부터

$$V^* = \sqrt{\gamma RT^*} \tag{9.37}$$

상태방정식을 이용하면,

$$\rho^* = \frac{p^*}{RT^*} \tag{9.38}$$

식 (9.37)과 (9.38)을 식 (9.36)에 대입하면,

$$\dot{m} = \frac{p^*}{RT^*} A^* \sqrt{\gamma RT^*} = \frac{p^* A^*}{\sqrt{RT^*}} \sqrt{\gamma} \tag{9.39}$$

연소실과 노즐목에 대해 식 (4.73)과 (4.74)를 쓴다.

$$\frac{T_0}{T^*} = 1 + \frac{\gamma - 1}{2} M^{*2} = 1 + \frac{\gamma - 1}{2} = \frac{\gamma + 1}{2} \tag{9.40}$$

$$\frac{p_0}{p^*} = \left(1 + \frac{\gamma - 1}{2} M^{*2}\right)^{\gamma/(\gamma-1)} = \left(\frac{\gamma + 1}{2}\right)^{\gamma/(\gamma-1)} \tag{9.41}$$

식 (9.40)과 (9.41)을 식 (9.39)에 대입하면,

$$\dot{m} = \sqrt{\frac{\gamma}{R}} A^* \left(\frac{\gamma + 1}{2}\right)^{-(\gamma+1)/[2(\gamma-1)]} \frac{p_0}{\sqrt{T_0}}$$

$$\boxed{\dot{m} = \frac{p_0 A^*}{\sqrt{T_0}} \sqrt{\frac{\gamma}{R}\left(\frac{2}{\gamma + 1}\right)^{(\gamma+1)/(\gamma-1)}}}$$

식 (9.42)는 중요하다. 이 식은 초크 상태의(즉, 노즐목에서 음속일 때) 노즐을 통한 질량 유량은 p_0와 A^*에 정비례하고 T_0의 제곱근에 반비례함을 말하고 있다. 게다가, 식 (9.42)는 로켓 엔진 연소실에서 압력 p_0가 무엇에 의해 결정되는지에 대한 질문에 답을 준다. 정해진 추진제 조성에 대해 T_0는 화학적으로 정해진다. 정해진 노즐 형상에서 A^* 또한 정해진 값이다. 그러므로, 식 (9.42)에서

$$p_0 = (\text{const})(\dot{m})$$

만약 $\dot{m}$가 두 배가 되면, p_0도 두 배가 된다. 질량은 보존되므로, 노즐을 통한 $\dot{m}$는 추진제 탱크에서 공급되어 정확히 $\dot{m}_{\text{fuel}} + \dot{m}_{\text{oxidizer}}$이다. 그래서 p_0는 연료와 산화제 탱크에서 연소실로 공급된 추진제의 질량 유량과 노즐목의 면적으로 결정된다는 결론을 다시 반복한다.

로켓 엔진에 대한 토의를 마치기 전에, 식 (9.32), (9.35), (9.42)와 같은 식들에 포함된 매우 제한적인 가정에 주목해야 한다. 즉 γ는 상수라는 가정이다. 로켓 엔진의 실제 유동은 화학 반응을 동반하고 노즐 팽창의 전체 과정에서 화학적 조성이 변한다. 결과적으로, γ는 실제 변수이고, 앞의 방정식들은 엄밀히 말해서 유효하지 않다. 그런데, 로켓 성능의 예측을 위한 예비설계의 단계에서 종종 상용되고, γ는 1.2와 1.3 사이의 어떤 평균 상수값으로 선택된다. 변하는 비열과 변화하는 화학적 조성을 고려하여 로켓 노즐 유동을 더 정확히 해석하는 것은 수치적으로 이루어져야 한다. 물론 이 책의 범위를 넘어선다.

예제 9.5

수소와 산소를 태우는 로켓 엔진을 고려하라. 연소실의 압력과 온도는 각각 25 atm과 3517 K이다. 로켓 노즐목이 면적은 0.1 m²이다. 출구의 면적은 출구 압력이 정확히 표준 고도 30 km의 대기압과 같도록 설계된다. 기체 혼합물은 $\gamma = 1.22$이고 $\bar{M} = 16$으로 가정하라. 표준 고도 30 km에서, (*a*) 비추력(specific impulse), (*b*) 추력, (*c*) 출구 면적, (*d*) 출구의 유동 마하수를 계산하라.

■ **풀이**

a. SI단위계에서 기체 고유상수는 $\bar{R} = 8314$ J/(kg mol)(K)이다. 따라서 기체상수는

$$R = \frac{\bar{R}}{\bar{M}} = \frac{8314}{16} = 519.6 \text{ J/(kg)(K)}$$

그래서 식 (9.35)로부터,

$$I_{sp} = \frac{1}{g_0}\left\{\frac{2\gamma \bar{R} T_0}{(\gamma-1)\bar{M}}\left[1-\left(\frac{p_e}{p_0}\right)^{(\gamma-1)/\gamma}\right]\right\}^{1/2}$$

$$= \frac{1}{9.8}\left\{\frac{2(1.22)(8314)(3517)}{0.22(16)}\left[1-\left(\frac{1.174\times10^{-2}}{25}\right)^{0.22/1.22}\right]\right\}^{1/2}$$

$$\boxed{I_{sp} = 397.9 \text{ s}}$$

이 값은 앞의 비추력 표의 숫자보다 조금 더 큼에 주목하라. 표는 해수면 압력에서 I_{sp}의 값을 제시한 것이지 이 예제처럼 30 km 고도의 압력에 대한 것이 아니기 때문이다.

b. 식 (9.28)에서

$$T = \dot{m}V_e + (p_e - p_\infty)A_e$$

이 식에서 고도 30 km에서 $p_e = p_\infty$이므로,

$$T = mV_e \qquad \text{at 30-km altitude}$$

$\dot{m}$를 얻기 위해 식 (9.42)를 이용하라.

$$\dot{m} = \frac{p_0 A^*}{\sqrt{T_0}}\sqrt{\frac{\gamma}{R}\left(\frac{2}{\gamma+1}\right)^{(\gamma+1)(\gamma-1)}}$$

$$= \frac{25(1.01\times10^5)(0.1)}{\sqrt{3517}}\sqrt{\frac{1.22}{519.6}\left(\frac{2}{2.22}\right)^{2.22/0.22}} = 121.9 \text{ kg/s}$$

노즐 유동이 등엔트로피인 점을 이용해 V_e를 구한다.

$$\frac{T_e}{T_0} = \left(\frac{p_e}{p_0}\right)^{(\gamma-1)/\gamma}$$

$$T_e = 3517\left(\frac{1.174\times10^{-2}}{25}\right)^{0.22/1.22} = 3517(0.2517) = 885.3 \text{ K}$$

또한, 식 (4.69)에서

$$c_p = \frac{\gamma R}{\gamma - 1} = \frac{1.22(519.6)}{0.22} = 2881.4 \text{ J/(kg)(K)}$$

에너지방정식 (4.42)를 적용하면,

$$c_p T_0 = c_p T_e + \frac{V_e^2}{2}$$
$$V_e = \sqrt{2c_p(T_0 - T_e)} = \sqrt{2(2881.4)(3517-885.3)} = 3894\,\text{m/s}$$

따라서 추력은 다음과 같다.

$$T = \dot{m}V_e = 121.9(3894) = \boxed{4.75 \times 10^5\ \text{N}}$$

1 N = 0.2247 lb이므로,

$$T = (4.75 \times 10^5)(0.2247) = \boxed{106,700\ \text{lb}}$$

c. 출구 면적을 구하기 위해 연속방정식을 이용한다.

$$\dot{m} = \rho_e A_e V_e$$

출구 밀도는 상태방정식에서 구한다.

$$\rho_e = \frac{p_e}{RT_e} = \frac{1.1855 \times 10^3}{519.6(885.3)} = 2.577 \times 10^{-3}\ \text{kg/m}^3$$
$$A_e = \frac{\dot{m}}{\rho_e V_e} = \frac{121.9}{(2.577 \times 10^{-3})(3894)}$$
$$\boxed{A_e = 12.14\,\text{m}^2}$$

d. 출구 마하수를 계산하면,

$$a_e = \sqrt{\gamma R T_e} = \sqrt{1.22(519.6)(885.3)} = 749\ \text{m/s}$$
$$M_e = \frac{V_e}{a_e} = \frac{3894}{749} = \boxed{5.2}$$

9.9 로켓 추진제 — 몇 가지 고려사항

기초화학에서 가스난로에서와 같은 화염(flame)을 발생시키기 위해서는 연료(천연가스나 프로판)와 공기 중의 산소와 같은 산화제가 필요하다. 로켓 엔진의 연소실에서 연소과정도 마찬가지로 연료와 산화제의 발화가 필요하다. 연료와 산화제를 묶어서 로켓 추진제라 부른다. 추진제의 선택은 로켓 엔진의 설계에서 매우 심각한 고려사항이라서 이 장에서 로켓 추진제에 대한 기본적인 논의를 하려 한다. 예를 들어, 로켓 엔진의 비추력 값은 사용되는 추진제의 주요한 성능이다. 식 (9.33)에 정의된 비추력은 1파운드의 추진제가 1파운드의 추력을 발생시키는 시점까지의 초를 나타내고, 이 시간은 추진제 자체에 의해 결정된다. 가능한 로켓 추진제의 다양한 선택과 연소의 화학적 과정, 그 자체가 책 한 권을 쓸만큼 광범위한 주제이다. 여기서는 단지 추진제의 기본적인 양상 몇 가지를 소개한다.

가장 일반적인 의미로서 화학 추진제에는 두 부류가 있다: 액체 추진제와 고체 추진제가 그것이다. 각각을 순서대로 살펴보자.

9.9.1 액체 추진제

여기 로켓을 멀리 보낼 때 연료와 산화제 모두가 액체의 형태로 수송되고, 압력을 가해 연소실로 스프레이(spray) 형태로 분사된다. 그림 9.27은 이것을 개략적으로 묘사한 그림인데, 산화제와 연료가 따로따로 분사되어 연소실에서 혼합되는 것으로 보여진다. 추진제는 높은 압력에서 분사된다. 예를 들어, 우주 왕복선의 주엔진(그림 9.28)에서, 추진제는 지극히 높은 압력인 440 atm으로 분사된다. 역사적으로 추진제를 가압하는 장치를 설계하는 것은 공학적 도전과제가 되어 왔다. 아래에 묘사하는 것과 같은 이 문제에는 기본적인 두 해결책이 있다.

기술적으로 가장 간단한 것은 **가압식**(*pressure-fed system*)인데, 그림 9.29*a*에 간략히 나타나 있다. 여기서 액체 연료와 산화제 모두 높은 압력의(보통 구형의) 탱크에 분리되어 저장되고, 높은 압력을 위해 헬륨(He)과 같은 불활성 기체로 충전된다. 추진제 탱크와 연소실을 연결하는 밸브가 열리면, 탱크에 높은 압력하에 있던 추진제는 연소실로 강제적으로 공급된다. 가압식의 이점은 상대적인 간단함이다. 단점은 추진제 탱크가 높은 압력을 견디기 위해 두꺼운 벽을 가져야 해서 무겁다는 점이다. 이러한 이유로, 가압식은 보통 작동 시간이 짧은 소형 로켓 엔진에 사용된다(1,000 lb 이하의 추력 수준). 이런 엔진은 우주선의 고도조절용 제트에 사용되고, 로켓 추진의 주요 동력을 사용되지는 않는다. [예외는 역사상 최초의 초음속 비행인 Bell X-1의 동력이었던 XLR11 로켓이었다(5.22절 참조).

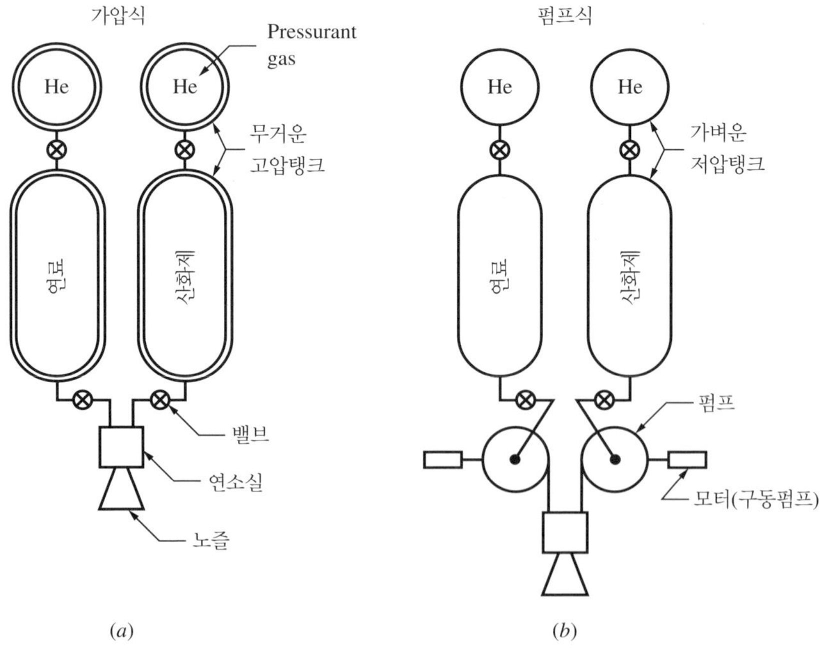

그림 9.29 (*a*) 가압식 로켓 엔진, (*b*) 펌프식 로켓 엔진

이 비행의 시대에는 신뢰할 만한 연료펌프가 없었기 때문에, Bell과 Reaction Motors 기술자들은 로켓 엔진으로 가압식을 사용할 수 밖에 없었다.]

두 번째 형태는 펌프식(*pump-fed system*)인데, 그림 9.29*b*에 묘사되어 있다. 여기서 추진제는 얇고 가벼운 탱크에 상대적으로 낮은 압력으로 저장되고, 연소실로 분사되기 전에 펌프에 의해 압력이 높아진다. 또한, 펌프는 전기모터나 배터리, 또는 더 일반적으로는 추진제의 일부를 태워 구동하는 터빈에 의해 구동될 수 있다. 그림 9.28의 우주 왕복선 주엔진의 경우, 두 저압 터보펌프가 입구 압력을 높인 후 두 고압펌프가 압력을 440 atm 이상으로 높여서 추진제를 연소실에 공급한다. 예비 버너 쌍은 고압 터보펌프를 구동하는 기체를 생성한다. 연소실 압력은 약 210 atm에 이른다. 추진제 분사압 440 atm과 연소실 내부 압력 210 atm 사이의 차이는 추진제 분사과정과 혼합 과정을 증진시킨다.

액체 연료 분류 중 몇 가지를 다음에 기술한다.

극저온추진제 우주 왕복선의 주엔진은 연료로 수소(H_2)를 쓰고 산화제로 산소(O_2)를 사용한다. H_2를 액화시키려면 20 K이하의 온도가 필요하고, O_2는 135 K의 온도 이하여야 한다. 추진제를 액체 상태로 저장하려면 극히 낮은 온도로 저장하여야 하고, 이러한 물질을 극저온(cryogenic)추진제라 부른다. 우주 왕복선의 발사대에서 액화 산소(Lox)는 900,000갤런 규모의 대형 단열 구에 저장되고, 액화 수소 (LH_2)는 850,000갤런 용량의 독립된 단열 구에 저장된다. 이러한 극저온은 연료 주입 및 왕복선의 발사 구간에서 일정하게 유지되어야 한다. 그런데, H_2-O_2 추진제 조합은 높은 비추력을 발생시키기 때문에 극저온의 어려운 기술적 문제들을 감수하게 된다. 우주 왕복선의 비추력은 진공에서 I_{sp} = 455 s이다. 로켓 엔진의 연소 과정은 점화 후 스스로 불타는 과정이다.

이원추진제와 일원추진제 H_2-O_2 추진제 조합은 이원추진제(*bipropellants*) 조합의 한 예다. 연소과정에 두 가지 화학물질이 사용된다. 화학 에너지가 단순히 분자의 분열(decomposition)에 의해 방출되는 추진제를 일원추진제(*monopropellants*)라 부른다. 보통 고체 촉매 (catalyst)가 분열을 촉진하는 데 사용된다. 일원추진제는 보통 이원추진제에 비해 더 낮은 I_{sp}를 가지지만, 단 하나의 추진제만 사용되기 때문에 다루기가 더 쉽다. 따라서 무게를 줄이고, 연료 공급 시스템을 간단히 만들 수 있어서 신뢰도를 높인다. 일원추진제는 우주선의 고도 제어를 위한 작은 로켓 엔진에 수용되고, 하이드라진(Hydrazine; N_2H_4)이 가장 널리 쓰이는 일원추진제이다.

자체점화 추진제 앞에서 논의했던 것처럼 우주 왕복선에 사용되는 H_2-O_2 추진제 조합은 점화기("spark plug"의 형태)에 의해 시작되는 연소 과정을 필요로 하고, 이후 연소가 스스로 유지된다. 그런데, 몇몇 추진제 조합은 단순히 서로 접촉만으로도 점화한다. 이러한 추진제를 자체점화(*hypergolic*) 추진제라 부른다. 이런 특성 때문에 추가적인 위험성이 발생하지만 독립적인 점화시스템이 필요하지 않다는 이점이 있다. 불소(F_2)는 많이 쓰이는 자체점화 물질이지만, F_2는 모든 로켓 추진제 중 가장 위험한 물질이라서 자주 사용되지 않는다. 자체점화 추진제는 우주 왕복선의 추진 하부시스템(subsystems) 두 곳에 사용된다. 궤도 진입 시 사용되는 궤도 비행시스템(OMS: orbital maneuvering subsystem)과 고도 제어에 사용되는 반응 제어시스템(RCS: reaction control subsystem)이 그것들이다. 연료는 monomethylhydrazine (MMH)이고, 산화제는 4산화질소(N_2O_4)이다. NASA의 한 우주 왕복선 기술자는 유창하게 말했다. "이 두 추진제가 자연스레 점화하기 매우 쉽기 때문에, 저장시설은 Complex 39's 발사대에서 멀리 분리되었다." (NASA Fact Sheet KSC 191-80, November 1980). 이 자체점화 MMH/N_2O_4 시스템은 주엔진에 사용된 H_2-O_2 추진제 조합만큼 반응성이 크지 않다. I_{sp}는 RCS에서 260~280 s 정도이고, OMS에서 313 s이다. OMS에서 효율성이 더 좋은 것은 로켓 엔진 노즐의 더 높은 팽창비 때문이다.

9.9.2 고체 추진제

이 절에서 지금까지 로켓의 **액체** 추진제를 다루었다. 액체 추진제는 보통 큰 저장탱크를 필요로 한다(특히 수소는 가볍고 부피가 큰 화학물질이다). 우주 왕복선의 삼면도가 있는 그림 8.48로 돌아가서, 날개형 왕복선에 장착된 큰 단일 탱크에 주목하라. 이것은 액체 추진제용 탱크이다. 그러나 큰 탱크 양 옆에 붙은 두 개의 더 작은 실린더를 보자. 이것은 고체 로켓 부스터(booster)인데, 왕복선의 주엔진이 지상에서 발사될 때 전체를 들어올리는 추진력을 보조하는 장치이다. 이러한 두 로켓 엔진은 앞에서 다룬 액체 추진제와 대비되는 **고체 추진제**이다. 고체 추진제는 특성과 반응에서 액체 추진제와는 완전히 다르다. 로켓 추진제를 분류하는 첫 번째 주요 기준으로 액체와 고체를 삼은 이유이다.

역사적으로, 최초의 로켓은 고체 추진제를 사용했다(로켓의 역사에 관한 9.17절을 참고하라). 중국에서 1300년보다 더 오래 전부터 사용했던 흑색화약(black-powder) 로켓이 있었다. 반대로 최초의 액체 추진제 로켓은 1926년 Robert H. Goddard에 의해 개발되었다.

고체 로켓 연료는 연료와 산화제를 예혼합한 후 고체형태로 응고시킨 물질이다. 우주왕복선 양 옆의 두 고체로켓 부스터는 연료로서 원자화된 알루미늄 분말(16%)과 산화제로서 과염소산암모늄(ammonium perchlorate) (69.93%)으로 구성된 고체 추진제를 사용한다. 나머지는 촉매제인 산화철 분말(0.7%)과 점착제인 polybutadiene acrylic acid acrylonitrile (14%)로 구성된다. 점착제는 연료의 기능도 한다. 고체 추진제는 희미한 회색 빛을 띄고, 딱딱한 고무 지우개와 비슷해 보인다.

추진제 가루의 표면을 점화하여 고체 추진제의 연소가 시작된다. 이후 표면은 독립기념일 축포와 같이 불타서 사라진다. 몇 추진제 가루는 담배처럼 한쪽이 점화되어 타들어가도록 설계되며, 그림 9.30*a*와 같다. 다른 것들은 실린더 내부 구경을 가진다. 즉 안쪽 면에서 점화되어 추진제 가루는 로켓모터 표피를 향해 그림 9.30*b*와 같이 바깥쪽으로 타들어

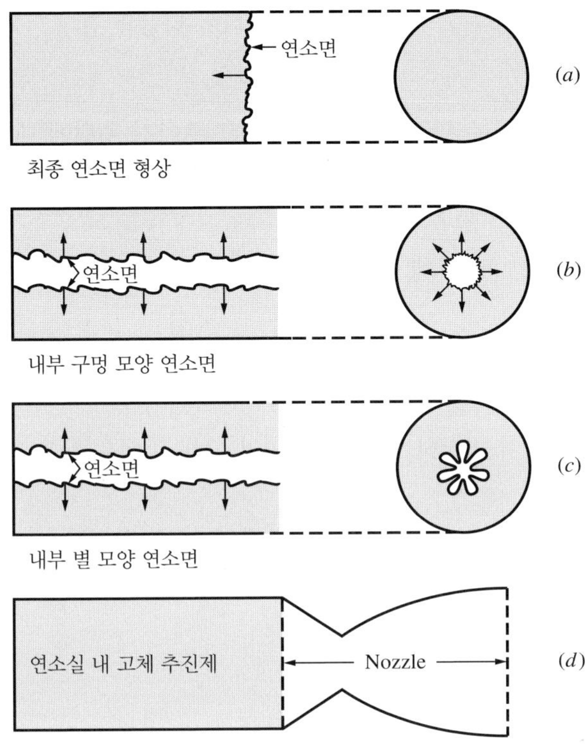

그림 9.30 고체 추진제 연소 형상 사례

간다. 이런 고체 로켓을 **내부연소기**(*internal burners*)라 부른다. 그림 9.30*b*의 실린더 구경은 연소가 진행됨에 따라 타는 면적은 증가하고, 불탄 기체의 유량 또한 증가한다. 따라서, 로켓 추력은 질량 유량에 비례하기 때문에[식 (9.28) 참조], 추력은 시간에 따라 증가할 것이다. 그림 9.30*c*는 또 다른 내부연소기 형상을 보여주는데, 별 모양으로 내부에 구멍이 난 관에 고체 연료가 채워진다. 이 형상에서 별 모양의 내부 표면에 점화가 일어나고, 연소가 진행될수록 원형으로 바뀌게 된다. 별 모양 내부면은 가장 넓은 연소면을 가지므로, 이 모양의 추진제 추력은 불타기 시작하는 시점에 가장 크고 시간에 따라 감소한다. 근본적으로 고체 로켓 엔진의 시간에 따른 추력 변화는 고체 추진제 막대의 단면 모양에 의해 조절될 수 있다. 우주 왕복선의 고체 로켓 부스터의 경우, 내부 공동(cavity)은 11 꼭짓점 별 모양으로, 이륙 시 가장 큰 추력을 생성한다. 그림 9.30*a*부터 *c*까지의 고체 추진제 막대 형상은 완전히 연소실 내부에 삽입되고, 이 추진제가 타서 발생하는 기체는 수렴-확산형 초음속 노즐을 통해 팽창하여 배출된다. 이 과정은 그림 9.30*d*에 도시된 것처럼 액체 추진제 로켓과 같다.

고체 추진제의 중요한 물리적 특성 중 하나는 **선형 산화율**(*linear burning rate*) r인데, r은 추진제 산화면의 수직 방향 소실량의 시간 변화율이다. 산화율은 연소실 압력 p_0와 추진제의 초기 온도의 함수이다. r의 압력에 따른 변화는 다음과 같다.

$$r = ap_0^n \tag{9.43}$$

여기서 r은 선형 산화율, p_0는 연소실 압력, a와 n은 주어진 추진에 대해 실험적으로 결정되는 상수들이다. 대부분의 추진제에서 n은 0.4~0.8의 값을 가진다. r은 inch/sec의 단위를, p_0는 lbf/in^{2}의 단위를 가진다.

액체 추진제와 비교할 때, 고체 추진제는 다음의 장점과 단점을 가지고 있다.

장점

1. 고체 로켓은 더 간단하고 안전하며 신뢰도가 높다. 펌프나 다른 복잡한 추진제 공급 시스템이 필요 없다.
2. 고체 추진제는 안정되어 저장하기가 쉽다. 몇몇 고체 로켓은 사용 전에 수십 년간 보관할 수 있다.
3. 고체 추진제는 밀도가 높아서 고체 로켓의 전체 부피가 더 작다. 우주 왕복선의 두 고체 부스터의 더 작은 크기를 주엔진용 액체 추진제 탱크의 큰 크기와 그림 8.48에서 비교해 보라.

단점

1. 고체 추진제의 비추력은 액체 추진제보다 훨씬 작다. 우주 왕복선의 고체 로켓 부스터의 경우, 해수면에서 $I_{sp} = 242$ s이다. 일반적으로, 고체 로켓의 비추력은 200~300 s 정도이다.
2. 로켓 엔진이 일단 점화되면, 멈출 수가 없다. 또한 고체 로켓의 추력을 바꾸기가 매우 어렵다. 대조적으로, 액체 로켓은 연료와 산화제 밸브를 조작하여 쉽게 출력을 제어하고 언제든 연소를 중지시킬 수 있다.

9.9.3 추가 설명

새로운 로켓 엔진을 설계할 때 액체와 고체 추진제를 선택하는 것은 엔진 성능, 비용, 신뢰성, 유지보수 등을 포함하는 설계 요구조건에 달려있다. 그런데, 액체와 고체 추진제 간의 차이는 상당히 잘 정립되어 있어서 공학적 선택은 정해전 절차만 밟으면 된다. 최근에 많이 연구되는 혼합형 로켓(hybrid rockets)에 대해 언급하는 것으로 이 절을 마친다. 혼합형 로켓은 고체와 액체를 부분적으로 사용하는 로켓이다. 산화제는 고체이고 연료는 액체, 또는 정반대로 사용될 수 있다. 혼합형 로켓은 고체와 액체 추진제 둘 다의 장점을 결합하기 위한 시도이다. 그러나 물론 설계에는 항상 절충이 필요하듯, 혼합형 로켓은 이러한 타협의 산물이다. 마지막으로, 혼합형 로켓은 여전히 시험 단계에 있다.

9.10 로켓 방정식

9.8절에서 로켓 엔진에 관한 몇 가지 매개변수를 살펴보았다. 이 절에서는 비추력 I_{sp}에 의해 설명된 바와 같이, (그림 9.40의 V-2와 같은) 완전한 로켓 비행체에 의해 달성되는 속도를 로켓 엔진 성능에 관련시켜 설명할 것이다.

완전한 로켓 비행체의 주요부는 세 부분으로 이루어져 있다. (1) 유상하중 M_L의 중량(인공위성, 유인 우주 캡슐, 그 외); (2) 로켓 엔진부, 추진제 탱크, 구조 빔, 형상, 세로 보를 포함한 구조물의 중량 M_s (3) 추진제의 중량 M_P. 그러므로, 로켓 비행체가 비행하는 동안 어떤 순간에서의 총 중량은

$$M = M_L + M_s + M_p \tag{9.44}$$

지구 표면에서 발사되고 모든 추진제가 소진되었을 때까지 가속된 로켓 비행체를 고려하라. 이륙한 순간에, 비행체의 속도는 0이다. 모든 추진제가 소진되었기 때문에 로켓 엔진이 꺼진 후, 비행체의 속도는 연소 종료 속도와 같은 V_b이다. 이는 다음과 같이 뉴턴 제2법칙에 의해 계산될 수 있다.

$$F = M\frac{dV}{dt} \tag{9.45}$$

비행체에 가해지는 힘은 로켓 엔진의 추력과 공기역학적 항력과 비행체의 중량의 총 합이다. 항력과 중력이 엔진 추력에 비해 매우 작다고 가정하면, 식 (9.45)는

$$T = M\frac{dV}{dt} \tag{9.46}$$

추력은 식 (9.33)에서 비추력과 관련이 있다.

$$T = \dot{w}I_{sp} = g_0\dot{m}I_{sp} \tag{9.47}$$

여기서 $\dot{m}$는 추진제의 질량 유량이다. 식 (9.44)에서, M은 M_p 감소로 인해 시간에 따라 변하는 값이다.

$$\dot{m} = -\frac{dM_p}{dt} = -\frac{dM}{dt} \tag{9.48}$$

식 (9.47)과 (9.48)을 결합하면,

$$T = -g_0 I_{sp}\frac{dM}{dt} \tag{9.49}$$

식 (9.49)를 (9.46)에 대입하여 다음과 같은 식을 얻는다.

$$-g_0 I_{sp}\frac{dM}{dt} = M\frac{dV}{dt}$$

$$-\frac{dM}{M} = \frac{dV}{g_0 I_{sp}} \tag{9.50}$$

식 (9.50)을 이륙($V = 0$, M은 초기 중량 M_i)에서 연료 소진 시($V = V_b$, M은 최종 중량M_f)까지 적분하면,

$$-\int_{M_i}^{M_f} \frac{dM}{M} = \int_{M_f}^{M_i} \frac{dM}{M} = \frac{1}{g_0 I_{sp}} \int_0^{V_b} dV$$

$$\ln \frac{M_i}{M_f} = \frac{V_b}{g_0 I_{sp}}$$

$$\boxed{V_b = g_0 I_{sp} \ln \frac{M_i}{M_f}} \tag{9.51}$$

소위 **로켓 방정식**이라 불리는 이 식은 로켓 비행체의 연소 종료 속도의 식으로 엔진과 관련된 비추력과 질량비 M_i/M_f에 관계되어 있다. 주어진 연소 종료 속도를 얻기 위해 필요한 질량비에 관련된 식을 질량비에 대해서 다시 정리할 수 있다.

$$\boxed{\frac{M_i}{M_f} = e^{V_b/(g_0 I_{sp})}} \tag{9.52}$$

9.11 다단 로켓

현재까지, 대부분의 우주 비행체는 **다단 로켓**에 의해 우주로 발사되어 왔다. 다단 로켓의 두 개 또는 그 이상의 별개의 로켓 부스터는 실제로 각각의 상단에 위치해 있다(또는 우주 왕복선의 경우 그림 8.48에서 보이는 것과 같이 서로 양 옆에 위치해 있다). 왜 이 방식을 사용하는가? 왜 작동할 하나의 큰 로켓 부스터를 가지고 있지 않는가? 왜 단발 궤도선이 아닌가? 답은 기본적으로 경제성에 기반한다. 어떤 시스템이 최소한의 비용으로 궤도에 탑재물을 배치할 수 있는가? 최근까지, 선택된 설계는 다단 로켓을 사용하는 것이었다. 이것은 로켓이 **소모성**일 때 최소-비용 해결책이다. 로켓 단계가 순차적으로 우주 비행체(탑재물)로부터 분리되었을 때, 지구로 다시 떨어지는 동안 대기 중에서 파괴된다. 그러나 이 글을 쓰는 시점에서, 회수되고 여러 번 다시 사용할 수 있는 **재사용가능한** 로켓 부스터에 대한 기술적 개발의 많은 논의가 이루어지고 있다. (이것은 이미 우주 왕복선에서 부분적으로 달성되었다. 사용된 고체 연료 로켓 부스터 케이스가 발사된 후 대서양에서 회수되었다. NASA는 청소하고 케이스를 다시 닦았고, 그 후 제조업체에 반환되어 추진제가 재충전되었다. 이 방법으로 각 케이스는 20번 다시 사용되었다. 물론 왕복선 궤도비행체는 주 로켓 엔진이 있는 그대로 다시 사용할 준비가 되어 지구로 귀환한다. 오직 발사시에 큰 액체 추진제 탱크만이 손실된다.) 로켓 부스터가 전적으로 발사 후 보존 될 수 있다면, 하드웨어 대체 비용은 사라진다. 이점으로 단발궤도선(SSTO: single-stage-to-orbit)을 최소의 비용을 제작할 수 있는 경계적인 방법으로 고려되고 있다. 현재까지, 현대의 단발궤도선은 오직 연구목적 단계에서만 쓰인다.

이 절에서 우리는 소모성 로켓의 현실적 대안인 다단 로켓(multistage rockets)을 고려한다. 우리 목적은 왜 다단 부스터가 하나의 큰 일단 로켓보다 저렴하게 우주에 주어진 적재물을 올려 놓을 수 있는 해결책인지 간단하게 설명하는 것이다.

9.10절에서 우리는 적재 중량을 M_L로, 구조물의 중량을 M_s로, 추진제의 중량을 M_p로 명시하였다. 로켓 방정식에서, M_i는 점화전의 전체 비행체의 초기중량이고, M_f 는 완전 연소시 최종 중량이다. 일단 로켓을 고려해보자. 적재물과 구조물, 그리고 추진제의 중량은 그림 9.31*a*에서 별도로 음영처리 되어 도식적으로 묘사되어 있다. 일단 로켓에 대한 연소 종료 속도는 식 (9.51)에 주어져 있다. 다시 쓰면,

$$V_b = g_0 I_{sp} \ln \frac{M_i}{M_f} \tag{9.51}$$

이때

$$M_i = M_p + M_s + M_L$$

그리고

$$M_f = M_s + M_L$$

그에 반해서, 그림 9.31*b*에서 개략적으로 표현된 2단계 로켓을 고려하라. 단계 1에서, 추진체의 중량은 M_{p1}이고, 구조체 중량은 M_{s1}이다. 단계1의 적재물은 **단계2 전체**이다. 단계 2에서 추진체 중량은 M_{p2}, 구조체 중량은 M_{s2}이고, 적재물 중량은 M_L이다. 그림 9.31*b*은 단계1과 단계2 모두의 중량을 보여주는 막대 도표이다. 단계1의 연소 종료 속도(단계2가 붙어 있는) V_{b1}은 식 (9.51)으로부터 주어진다.

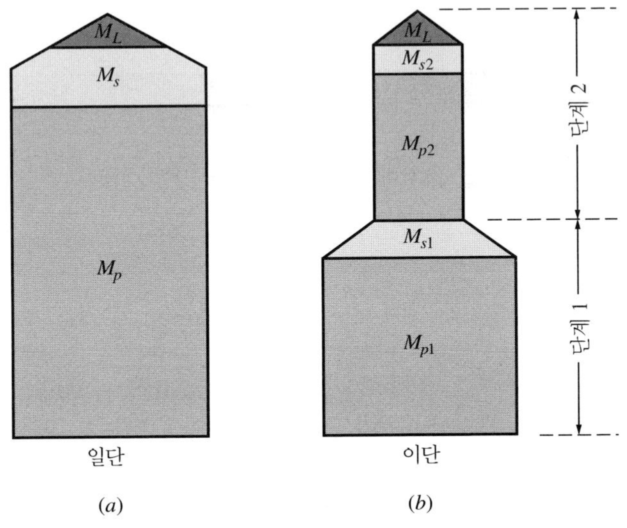

그림 9.31 로켓의 중량 요소의 도식적 표시 (*a*) 일단, (*b*) 이단

$$V_{b1} = g_0 I_{sp} \ln \frac{M_i}{M_f} \tag{9.53}$$

여기서 초기 중량은 그림 9.31b에서 보여지는 모든 중량의 합이다.

$$M_i = M_{p1} + M_{s1} + M_{p2} + M_{s2} + M_L \tag{9.54}$$

최종 중량은 단계1의 구조체 중량에 단계2의 총중량을 더한 값이다.

$$M_f = M_{s1} + M_{p2} + M_{s2} + M_L \tag{9.55}$$

식 (9.53)에 (9.54)와 (9.55)를 대입하면,

$$V_{b1} = g_0 I_{sp} \ln \left[\frac{M_{p1} + M_{s1} + M_{p2} + M_{s2} + M_L}{M_{s1} + M_{p2} + M_{s2} + M_L} \right] \tag{9.56}$$

완전 연소하는 순간 단계1은 단계2로부터 분리되어 떨어진다. 단계2의 로켓 엔진이 점화되고 단계2는 초기 속도 V_{b1}으로부터 최종 연소 종료 속도 V_{b2}까지 가속된다. 로켓방정식, 식 (9.51)에서 이미 초기속도 V_{b1}으로 움직이고 있는 단계2에 적용하는 경우 속도의 증가분을 산출하면,

$$V_{b2} - V_{b1} = g_0 I_{sp} \ln \left(\frac{M_i}{M_f} \right)_2 \tag{9.57}$$

이때

$$M_i = M_{p2} + M_{s2} + M_L \tag{9.58}$$

그리고

$$M_f = M_{s2} + M_L \tag{9.59}$$

식 (9.57)에 식 (9.58)과 (9.59)를 대입하면

$$V_{b2} - V_{b1} = g_0 I_{sp} \ln \frac{M_{p2} + M_{s2} + M_L}{M_{s2} + M_L} \tag{9.60}$$

다단 로켓의 장점은 다음의 계산 예제에 의해 드러난다.

예제 9.6

그림 9.32a와 b에 각각 간략히 도시된 일단 로켓과 이단 로켓을 고려하라. 두 로켓 모두 같은 총 중량 $M_{total} = 5000$ kg과 같은 비추력 $I_{sp} = 350$ s을 가지고 있다. 두 로켓 모두 같은 적재 중량 $M_L = 50$ kg 를 가지고 있다. 이단 로켓의 총 구조체 중량은$V_{s1} + M_{s2} = 400$ kg + 100 kg = 500 kg이고, 이는 일단 로켓의 구조체 중량과 같다. 이단 로켓의 총 추진제 중량은 $M_{p1} + M_{p2} = 3450 + 1000 = 4450$ kg이고, 이는 일단 로켓의 추진제 중량과 같다. 두 로켓 모두 같은 50 kg의 적재 중량을 우주로 쏘아낸다. 이 예제에서 적재물과 구조체 그리고 추진제의 중량의 분해가 선택된 것은 단순히 임의적이지만, 각 범주의 두 로켓은 의도적으로 같은 총중량을 갖는다. 이렇게 하여, 그림 9.32a와 b의 로켓 사

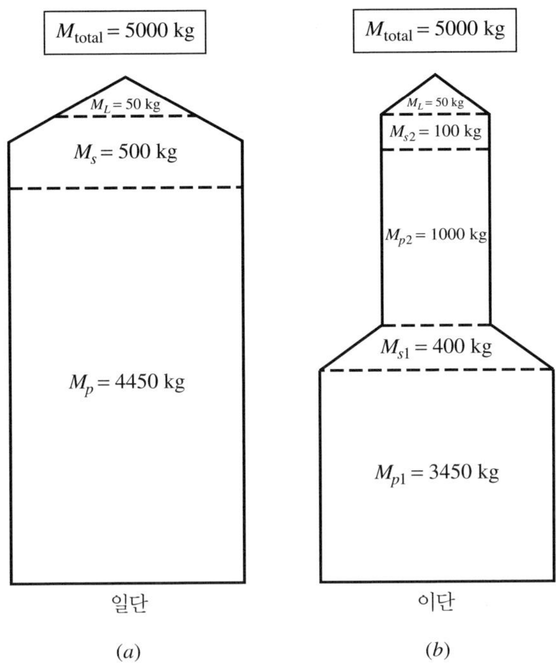

그림 9.32 예제 9.6의 도시

이의 차이는 오직 하나는 일단 로켓이고 다른 하나는 이단 로켓이라는 점뿐이다. 다만 두 단계에 거쳐 분산된 총 중량은 동일하다. 그림 9.32*a*와 *b*에서 로켓의 연소 종료 속도를 계산하고 비교하라.

■ **풀이**

그림 9.32*a*의 일단 로켓에서, 초기중량과 최종중량은

$$M_i = M_p + M_s + M_L = 4450 + 500 + 50 = 5000 \text{ kg}$$
$$M_f = M_s + M_L = 500 + 50 = 550 \text{ kg}$$

식 (9.51)으로부터

$$V_b = g_0 I_{sp} \ln \frac{M_i}{M_f} = 9.8(350) \ln \frac{5000}{550} = 7570 \text{ m/s} = \boxed{7.57 \text{ km/s}}$$

그림 9.32b의 이단 로켓에서, 우리는 식 (9.56)으로부터 단계1의 연소 종료 속도를 구할 수 있다.

$$V_{b1} = g_0 I_{sp} \ln \frac{M_{p1} + M_{s1} + M_{p2} + M_{s2} + M_L}{M_{s1} + M_{p2} + M_{s2} + M_L}$$
$$= 9.8(350) \ln \frac{3450 + 400 + 1000 + 100 + 50}{400 + 1000 + 100 + 50}$$
$$= 9.8(350) \ln \frac{5000}{1550} = 4017 \text{ m/s}$$

단계2에 의해 제공되는 속도의 증가분은 식 (9.60)으로부터 주어진다.

$$V_{b2} - V_{b1} = g_0 I_{sp} \ln \frac{M_{p2} + M_{s2} + M_L}{M_{s2} + M_L}$$
$$= 9.8(350) \ln \frac{1000 + 100 + 50}{100 + 50}$$
$$= 9.8(350) \ln \frac{1150}{150} = 6987\,\text{m/s}$$

그러므로, 단계2의 연소 종료 속도는

$$V_{b2} = 6987 + V_{b1} = 6987 + 4017 = 11,004\,\text{m/s} = \boxed{11\,\text{km/s}}$$

■ **비교**

이 예제로부터 우리는 50 kg의 적재물은 이단 로켓에서 11 km/s의 속도에서 우주로 발사 되는 것을 볼 수 있다, 반면에 일단 로켓은 같은 양의 추진제를 소비하여 고작 7.57 km/s의 속도를 제공할 뿐이다. 확실히, 이 예제에서 일단 로켓은 근본적으로 적재물에 고작 궤도 속도를 제공하는 반면 이단 로켓은 우주 비행체가 깊은 우주로 들어갈 수 있도록 적재물에 탈출 속도를 제공해 준다.

9.12 엔진 효율에 대한 탐구

현대의 항공기 설계에서 효율성에서의 뚜렷한 증가에 높은 우선순위를 두고 있다. 지금까지의 여러 경우에서처럼 “더 빨리, 더 높이, 더 멀리” 주문을 외우듯이 말이다. 6.22절에서 개선된 공기역학적 효율의 경우를 다뤘다. 본 절은 엔진 효율을 다루는 점에서 6.22절과 한 세트라 할 수 있다. 둘 모두 고대하는 미래의 항공기의 효율을 높이기 위해 필요하다.

“엔진 효율”의 개념은 6.22절에서 제시된 공기역학적 효율을 정의하는 것보다 더 복잡하다. 공기역학적 효율의 초점은 단순히 양항비, L/D에 맞춰졌다. 실제로 L/D는 공기역학적 효율의 직접적인 기준이다. 공기역학적 효율을 증가시키기 위한 방법은 단순히 L/D를 증가시키는 것이다. 제트 엔진에서 유사한 효율의 기준은 추력당 연료소모량(TSFC)이다. 즉, 단위 시간과 단위 추력당 소모된 연료의 중량이다(6.13절을 참조). 6.13절에서 TSFC는 다음과 같은 공학적 단위의 표현으로 정의된다.

$$\text{TSFC} = \frac{\text{lb of fuel consumed}}{(\text{lb of thrust generated})(\text{h})}$$

왕복 엔진을 사용하는 프로펠러 항공기에서 유사한 효율의 기준은 추력당 연료소모량(TSFC)이다. 이는 6.12절에서 다음과 같은 공학적 단위의 표현으로 정의된다.

$$\text{SFC} = \frac{\text{lb of fuel consumed}}{(\text{brake horsepower})(\text{h})}$$

언뜻 L/D는 단지 공기역학적 효율의 기준으로 생각할 수 있고, TSFC 또는 SFC는 오직 엔진 효율의 기준으로 생각할 수 있다. 그러나 엔진에서 이것이 전부는 아니다. 추가적인 고찰은 후술하는 바와 같다.

9.12.1 추진 효율

"효율"이란 단어는 9.6절에서 터보팬 엔진과 터보젯 엔진을 대조하기 위한 일반적인 의미로 사용된다. 터보팬은 터보젯보다 본질적으로 더욱 "효율적"이다. 그것은 무엇을 의미하는가? 비행추진장치에서 효율성의 **양적인** 기준은 무엇인가? 이 절에서 이 질문에 대한 답을 구한다. 그것은 엔진의 배기 하류의 고속 제트에 전적으로 달려있다. 이 배기 제트에 포함된 운동에너지는 엔진 추력이나 성능에 전혀 기여하지 못하고 완전히 낭비된다.

T_A의 추력을 낼 수 있는 추진 기관으로 구동되어 V_∞의 속도로 움직이는 항공기를 고려해보라. 6.6절에서 추진장치에 의해 제공되는 가용 동력은 다음과 같이 정의된다.

$$P_A = T_A V_\infty \tag{6.33}$$

그러나, 추진장치는 실질적으로 식 (6.33)에 주어진 것보다 더 많은 동력을 소비한다. 장치는 뒤로 흘러가는 공기를 위해 운동에너지를 낭비하기 때문이다. 우리는 이 낭비되는 운동에너지에 대한 식을 획득할 수 있다. 첫 번째로 그림 9.14*a*에서 간략히 도시된 **고정 장치**로 흘러들어가는 유동과 외부유동을 고려해보자. 유동은 V_∞의 속도로 흘러 들어가고 V_e의 속도로 출구에서 배출된다. 여기서, V_∞는 **입구를 기준으로 한** 유동 속도이다. 즉, V_∞와 V_e는 고정장치에 관련된 유동 속도이다. 그러나, 실제로 추진 장치는 **여전히 공기**의 속도 V_∞로 움직인다. 이것은 일반적인 실제 경우이다. 추진 장치는 여전히 V_∞의 속도로 공기 중으로 나아가는 항공기에 장착되어 있다. 지상에 서서 날아가는 항공기를 바라보면, 우리는 유동 속도 V_∞와 엔진의 바깥으로 배출되는 V_e를 관측할 수 없다. 오히려, 우리는 추진 장치 앞의 공기가 고정된 것으로 관측하고, 추진 장치가 V_∞의 속도로 우리를 지나 돌진하는 것으로 볼 뿐이다. 게다가, 항공기가 통과한 뒤 우리를 지나서 $(V_e - V_\infty)$의 속도로 움직이는 배기 젯을 관측할 수 있다. 이 배기가스의 단위 질량당 운동에너지는 $\frac{1}{2}(V_e - V_\infty)^2$이다. 이 에너지는 완전히 낭비되고 비효율의 원인이 된다. 결과적으로, 추진 장치 뒤의 공기 제트에서 **낭비된 동력**은 엔진을 통과한(단위시간당) 질량 유량이 $\dot{m}$일 때, $\frac{1}{2}\dot{m}(V_e - V_\infty)^2$이다. 식 (6.33)에서 사용가능한 동력에 이 낭비된 동력을 더하여, 추진 기관에서 산출된 총 동력 = $T_A V_\infty + \frac{1}{2}\dot{m}(V_e - V_\infty)^2$ (9.61)을 구할 수 있다.

추진 효율은 η_p로 명시되며, 다음과 같이 정의한다.

$$\eta_p = \frac{\text{사용가능한 동력}}{\text{산출된 총 동력}} \tag{9.62}$$

식(6.32)와 (9.61)을 식(9.62)에 대입하면,

$$\eta_p = \frac{T_A V_\infty}{T_A V_\infty + \frac{1}{2}\dot{m}(V_e - V_\infty)^2} \tag{9.63}$$

추력 식 (9.24)로 돌아가, 다음과 같이 가정하여

$$\dot{m} \approx \dot{m}_{\text{air}} + \dot{m}_{\text{fuel}} \approx \dot{m}_{\text{air}}$$

그리고 $(P_e - P_\infty)A_e$ 작은 압력값을 무시하면,

$$T_A = \dot{m}(V_e - V_\infty) \tag{9.64}$$

식(9.64)를 (9.63)에 대입하여,

$$\eta_p = \frac{\dot{m}(V_e - V_\infty)V_\infty}{\dot{m}(V_e - V_\infty)V_\infty + \frac{1}{2}\dot{m}(V_e - V_\infty)^2} \tag{9.65}$$

식(9.65)의 분자와 분모를 $m(V_e - V_\infty)V_\infty$ 로 나누어 다음과 같은 식을 얻는다.

$$\eta_p = \frac{1}{1 + \frac{1}{2}(V_e - V_\infty)/V_\infty} = \frac{1}{\frac{1}{2}(1 + V_e/V_\infty)}$$

또는,

$$\eta_p = \frac{2}{1 + V_e/V_\infty} \tag{9.66}$$

식(9.66)은 추진기관 효율의 양적인 기준이다.

추력과 효율 사이의 균형을 이루는 자연현상은 식 (9.64)와 식 (9.66)을 다른 시점으로 검토하는 것으로 명확하게 확인할 수 있다. 식 (9.66)으로부터 최대(100%) 추진 효율은 $V_e = V_\infty$일 때 $\eta_p = 1$으로 얻을 수 있다. 이는 이치에 맞는다. 이 경우, 추진 기관이 정지된 공기를 통해 V_∞의 속도로 나아갈 때, 공기는 추진 장치의 속도와 같은($V_e = V_\infty$) 속도 V_e로 추진 장치 말미에서 바깥으로 배출된다. 그러면 엔진이 상대적으로 공중에 서 있는 당신을 지나쳐 날아가고, 공기는 단순히 추진 장치의 말미에서 정지된 상태로 나타난다. 다시 말해서 추진 장치의 후류가 움직이지 않기 때문에 더 이상 낭비되는 운동에너지가 없다. 다른 한편으로 식 (9.64)에서 $V_e = V_\infty$이면 $T_A = 0$이다. 여기에 절충안이 있다. 100%의 최대 추진효율을 얻으면 추력이 발생하지 않는 자멸적인 상황이 발생한다.

이 절충에서, 우리는 본 장에서 논의된 다양한 추진 기관의 존재에 대한 이유를 찾을 수 있다. 상대적으로 큰 직경을 갖는 프로펠러는 큰 유량을 처리하나, 단지 상대적으로 작은 속도의 증가를 제공한다. 식 (9.64)에 비추어 볼 때 프로펠러의 추력은 큰 질량 유량과 작은 $(V_e - V_\infty)$에 관련되어 있고, 그러므로 식 (9.66)에 비추어 보면 η_p가 높다. 프로펠러는 본질적으로 보통의 추진 장치 중 가장 효율적이다. 그러나, 주어진 프로펠러의 추력은 프로펠러의 날개 끝 속도에 의해 제한되어 있다. 날개 끝 속도가 음속 근처에 있거나 음속보다 크면, 프로펠러에 충격파가 형성된다. 그러므로 추력이 굉장히 감소하고 효율성은 파괴된다. 이것이 천음속이나 초음속의 프로펠러 구동 항공기가 없는 이유이다.

프로펠러와 달리 가스 터빈 엔진의 추력은 큰 출구 속도의 훨씬 더 증가와 관련되어 있다. 이런 이유로 식 (6.64)로부터 더 큰 추력을 낸다. 제트 엔진은 천음속과 초음속 비행 속도로 항공기를 추진하기에 충분한 추력을 생성할 수 있다. 하지만 V_e가 V_∞보다 훨씬 크기 때문에 식 (9.66)으로부터 제트 엔진의 추진 효율은 프로펠러 엔진보다 훨씬 낮아진다.

로켓 엔진은 매우 큰 V_e를 일으키고 그런 이유로 매우 큰 추력을 발생시킨다. 하지만 추진 효율은 매우 낮다. 이것이 로켓 엔진이 우주로 비행체를 발사하는 데 사용되지만, 통상적인 항공기의 동력으로 사용되지 않는 이유이다. (오직 로켓 엔진만이 실현 가능한 설계 선택이었던, 초음속 Bell X-1을 시작으로 극초음속 북미 X-15에 이르기까지의 로켓 구동의 고속 실험 항공기 계열들은 예외이다.)

최종적으로, 증가된 엔진 효율에 대한 탐구에서, 우리는 터보팬 엔진이 대부분의 제트-프로펠러 항공기에 대해 선택되는 이유를 이해하였다. 9.6절에서 설명한 것처럼, 터보팬 엔진은 터보젯 흡입구, 압축부, 연소부, 터빈 및 노즐의 모든 기능을 보유한 코어 동력부에 의해 구동되는 다중 블레이드 팬을 가지고 있다. 터보팬을 통한 유동 흐름의 대부분은 팬을 통과하고 코어의 외부에서 하류로 흐른다. 터보팬의 중요한 설계 특성인 바이패스(*bypass*) 비는 코어로 흐르는 질량 유량으로 코어 외부로 통과하는 질량 유량을 나눈 값으로 정의된다. 더 큰 바이패스 비는 더 높은 엔진 효율을 내지만 또한 더 큰 물리적 크기와 엔진의 무게를 갖는다.* 현대 여객기는 보통 높은 바이패스 비의 터보팬 엔진으로 설계되는 반면, 새로운 군용 제트 전투기는 낮은 바이패스비를 이용한다. 예를 들어, 일부 Boeing 777 여객기는 9의 바이패스 비를 갖는 GE90 터보팬 엔진을 사용하는 반면, Lockheed Martin F-35 전투기는 0.2의 바이패스 비를 갖는 Pratt and Whitney F135 터보팬 엔진으로 구동한다.

9.12.2 녹색 엔진

환경 문제는 항공우주 비행체에 대한 미래 엔진을 설계할 때 갈수록 더 중요해지고 있다. 영향력이 큰 두 가지 문제는 엔진 소음과 엔진 배기가스의 배출이다. 둘 모두 우리 주변 대기를 오염시킨다. 터보팬 엔진이 미래의 항공기에 대한 선택된 엔진이 될 것이기 때문에, 이러한 엔진의 설계는 소음과 오염을 크게 감소시키기 위해 즉, "녹색" 엔진의 설계는 다른 무엇보다 중요해진다.

엔진 소음에 관해서, 과거에 배기 제트는 주요한 소음 원인이었다. 따라서 많은 연구의 초점이 되어왔다. 그러나, 현대의 더 큰 바이패스 비를 갖는 더 큰 추력의 터보팬 엔진에서 배기 소음은 기체 자체와 팬에서의 소음에 가려져 왔다. 미래의 소음감소를 위한 노력은 이러한 원천적인 문제점에 집중될 것이다.

배기 가스에 관해서는, 지하 화석 침전물로부터 생성된 표준 탄화수소 연료가 주범이

* 미래의 높은 바이패스 비를 갖는 터보팬의 더 큰 무게를 인식하여, Rolls-Royece는 엔진 적용을 위해 새롭고, 강한 경량 재료의 개발에 상당한 투자를 했다. 카본/티타늄 팬 블레이드와 복합 케이스는 엔진당 최대 750 lb의 무게를 감소 시킬 수 있다(Bill Reed, "Powerplant Revolution", Aero Space (Royal Aeronautical Society), May 2014, pp. 28–31을 참조). 개선된 내열 세라믹 매트릭스 복합재료로 생산된 터빈 블레이드는 고온 환경에서 더욱 효율적으로 작용한다. Boeing 787 Dreamliner는 주로 복합재료로 만들어졌다. 이제 미래의 몇몇의 터보팬 엔진은 매우 유사하게 만들어질 것으로 보인다.

다. 가스 오염 물질, 주로 온실가스 CO_2를 줄이기 위한 한 가지 방법은 주어진 비행에 소비되는 연료의 양을 크게 감소시키는 것이다. 이것은 높은 기체의 공기역학적 효율(6.22절에서 설명한 더 높은 *L/D*)과 낮은 TSFC 엔진의 조합을 의미한다. 또 다른 방법은 화석연료를 지속가능한 생물학적 원천으로부터 얻어지는 연료로 대체하는 것이다. 먼 미래에, 아마도 21세기 중반에 있어서는 완전히 새로운 시스템이 궁극적인 녹색 엔진을 달성할 것이다. 저 에너지 핵 반응 추진 시스템에 대한 기술 개발은 기본적으로 연료 소모와 배출뿐만 아니라 연소 소음을 모두 제거한다. 이러한 대체 에너지원(태양, 풍력, 또는 핵)으로부터 발전된 높은 성능, 경량, 전력공급원을 사용하는 하이브리드 엔진 기술의 개발은 연료 소모 및 배출뿐만 아니라 엔진의 코어에서의 소음을 감소시킬 수 있다. 다른 개념은 액체 천연 가스(LNG)의 사용이다. 이 경우에, LNG의 더 높은 발열량 때문에 연료 소비의 궁극적 중량은 감소된다. LNG 또한 배기가스를 크게 줄일 수 있다. 이러한 개념 및 다른 개선된 개념은 NASA에 의해 심도 있는 연구 중에 있다. 전체 보고서는 "Subsonic Ultra Green Aircraft Research Phase II: N + 4 Advanced Concept Development," by M.K. Bradley and C.K. Droney, NASA/.CR-2012-217556, 2012. 에서 찾아볼 수 있다.

근처 팀에서, 그러나, 아마도 미래의 항공기 추진 시스템의 가장 현실적인 평가는 최근 Alan H. Epstein에 의해 "Aeropropulsion for Commercial Aviation in the Twenty-First Century and Research Direction Needed," *AIAA Journal*, Vol. 52, No. 5, May 2014, pp 901-911에 게시되었다. Epstein은 Technology and Environments the Pratt & Whitney Division of United Technology Corporation의 부사장이며 MIT의 명예 교수이다. 엔진 성능, 연료 효율의 증진을 위해 새로운 방법을 파악 및 검증을 하고 환경에 미치는 영향을 개선하기 위해 노력하는 Pratt & Whitney의 리더로서, 그는 터보팬 엔진에 대해 언급하는 데 적임이다. 터보팬 엔진의 높은 효율, 경량, 저공해 및 뛰어난 신뢰성은 현대의 항공추진 시스템의 대안이 될 것이다. 그는 상업용 항공기의 미래는 연료 소비와 환경 문제에 의해 결정될 것이라 언급했다. 그는 "선택된 엔진으로서 가스 터빈을 대체할 만한 위협을 가하는 기술적 대안은 존재하지 않는다."라고 적었다. 그는 엔진이 계속해서 액체 탄화수소를 연료로 할 것이라 예측하였으나, 연료의 원천은 오히려 화석 연료보다 지속가능한 생물학적 원천이 될 것이고, 바이패스 비는 증가하고 코어의 크기는 줄어들 것이라 관망했다. 그는 "비록 장기 추세의 지속으로 간주될 수 있더라도, 현실적으로 엔진은 지난 40년의 경험에서 온 요구사항과 제약조건으로 특정 지어진 5에서 8의 BPR(바이패스 비)와 다른, 덜 친숙한 설계 공간으로 이동한다."라고 예측했다. 최종적으로, 그는 항공기 추진장치의 풍성한 미래를 촉진하는 연구 목표와 요구조건이 바뀔 것이라 생각한다. 녹색 항공기용 추진장치에 흥미를 갖고 있을 이 책에 독자들에게, Epstein은 긍정적이고 실현 가능한 미래를 낙관한다. 그리고 그의 논문을 읽을 것을 권한다.

9.13 전기 추진

9.8절부터 9.11절에서 논의한 화학 로켓들은 우주선들을 위한 "무지막지한(brute-force)" 추진 장치이다. 즉 높은 추력을 가지고 있지만 비교적 낮은 I_{sp}를 가지고 있다. 높은 추력은 우주선들을 지구의 표면에서 우주로 올리기 위하여 절대적으로 필요하다. 그러나 한번 우주에 올라간 우주선은 훨씬 작은 추력을 생산하지만 높은 I_{sp}를 가지고 있으며, 추력을 오랜 기간 혹은 영구적으로 제공할 수 있는 추진 장치가 유리하다. 심우주(deep space)로의 무인 탐사 임무에서도 앞서 언급한 추진장치가 이점을 가지고 있다. 첨단 우주추진(space propulsion)으로 명명되는 추진장치의 분류가 생겨나고 있다. 이번 절에서는 오직 **첨단 우주추진**(*advanced space propulsion*) 중의 하나인 전기 추진(electric propulsion)에 대해서 잠시 논의한다. 본 절의 목적은 앞서 언급한 장치를 간단하게 소개하고, 우주선을 위한 화학 로켓들과 같이 다른 추진 장치가 실현가능하다는 것을 알게 함에 있다.

전기추진은 일반적으로 **전기적 힘**을 이용하여 추력을 만들어 내는 장치들을 총칭한다. 이 아이디어는 낮은 분자량을 가진 추진체가 높은 I_{sp}를 가진다 점과 관련된다[식. (9.35)에서 I_{sp}와 분자량이 반비례함을 상기해라]. 전기 추진 개념은 낮은 분자량의 가스를 가속하기 위해서 다양한 형태로 전기를 이용하는 것이다. 전기 추진 장치의 몇 가지 종류를 9.13.1부터 9.13.4에서 논의한다.

9.13.1 전자 이온 추력기

전자 이온 추력기는 추력을 정전기 장에서 양이온들을 이용하여 추력을 만든다. 기본적인 개념이 그림 9.33에 그려져 있다. 추진체(예를 들어, 수은 또는 헬륨이나 아르곤 같은 비활

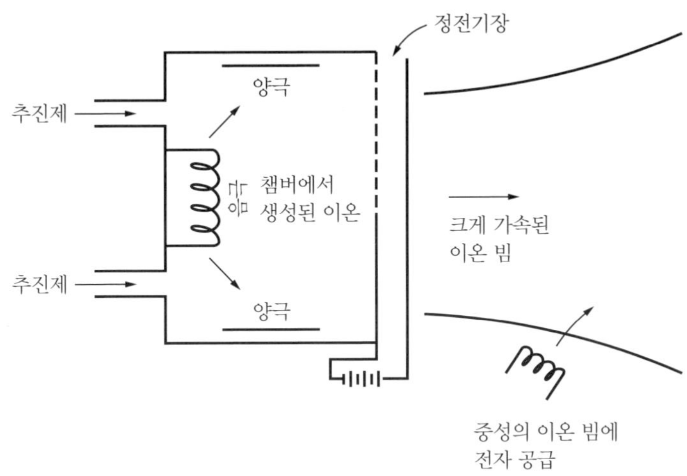

그림 9.33 전자 이온 추력기 개요도

성 가스)가 챔버(chamber) 안에 채워져 있다. 챔버의 안쪽에 양극과 음극이 있다. 높은 속도의 전자가 추진체의 원자와 충돌하면서 원자의 전자가 벗겨지고 양이온이 챔버 안에 남겨진다. 이 이온들은 형성된 정전기장을 독립적으로 통과하게 되면서 이온 빔(ion beam) 형태로 장치 바깥쪽으로 가속된다. 적어도 그렇게 되었다면, 양전하로 충전된 추진제가 장치를 떠나게 되면서 챔버는 빠르게 음전하로 채워질 것이다. 결과적으로 양전하의 이온 빔은 챔버의 다량의 음전하에 의해 느려되게 된다. 따라서, 챔버에서 방출될 때 전기적으로 중성인 입자를 만들 필요가 있다. 배출되는 빔에 전자를 공급하여서 이를 달성할 수 있다. 중성이기 때문에, 빔은 음전하로 하전된 챔버에 의해서 지연되지 않는다.

전자 이온 추력기는 3,000에서 5,000 s의 비추력을 가진다.

9.13.2 플라즈마자기력 추력기

플라즈마자기력(MPD: Magnetoplasmadynamic) 추력기는 양전하를 가속시키기 위해서 자기유도 자기장을 사용한다. 기본적 개념은 그림 9.34에 그려져 있다. 강력한 전류 펄스가 중앙의 음극에서부터 챔버 벽의 양극까지 발생한다. 추진제는 전류에 의해서 이온화 된다. 그림 9.34에서 전류의 경로는 점선으로 도시되어 있다. 전류가 유도 자기장을 챔버 내에 형성하며(전선의 전류가 전선 주위의 유도 자기장을 만드는 것을 상기해라), 챔버의 뒤쪽으로 플라스마를 가속한다.

플라즈마자기력 추력기들은 잠재적으로 전자 이온 추력기와 같은 비추력으로 더 많은 추력을 만들어낼 수 있다.

9.13.3 아크젯 추력기

아크젯(arc-jet) 추력기는 근본적으로 간단하고, 앞서 논의 된 다른 전기 추진 장치보다 화학 로켓과 더 밀접한 관련이 있다. 그림 9.35에 그려진 것처럼 아크젯 추력기에서 수소는 전기 아크에 의해서 저장소에서 가열되고, 가열한 후 저분자 가스가 수렴–발산 노즐

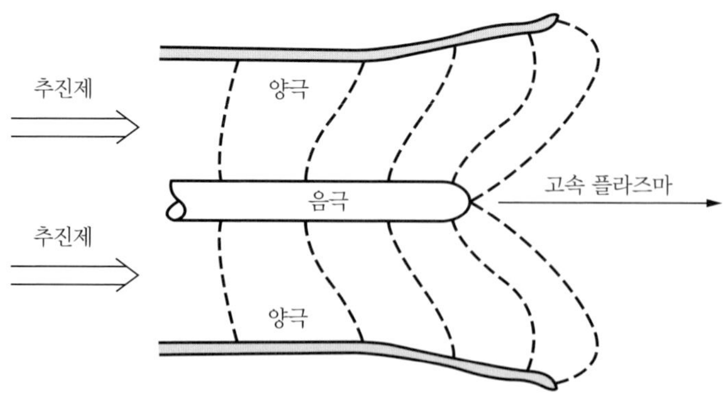

그림 9.34 플라즈마자기력 추력기 개요도

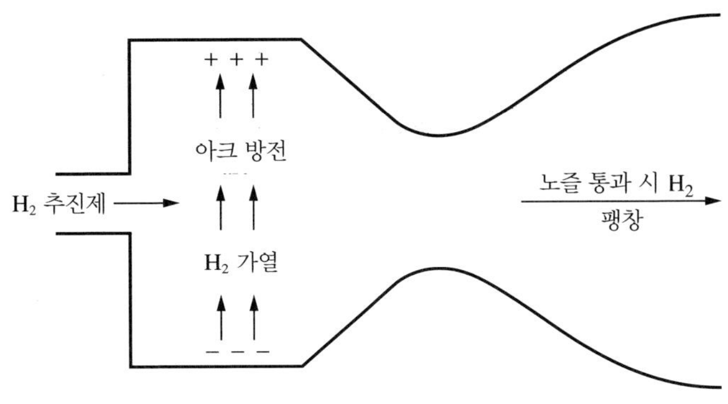

그림 9.35 아크젯 추력기 개요도

을 통과하면서 팽창된다. 고온 가스에는 전자기력이 없고, 마치 화학로켓의 연소실에서 연소 중에 추진제의 에너지를 방출하는 것과 같이 전기아크는 저장소에서 고온 가스를 만들기 위한 단순한 기계장치이다.

아크젯 추력기는 수소의 낮은 분자량으로 인해서 800에서 1,200 s 정도의 비추력을 생성한다.

9.13.4 추가 설명

모든 전기 추진 장치는 전자기 기능을 구동하는 별도의 전원이 필요하다. 전기 추진 장치 전원은 태양광 전지, 핵 원자로나 전기로 변환할 수 있는 다른 고급 에너지원이 될 수 있다. 이러한 문제들은 우리의 논의 범위 밖에 있다.

기본적이지만 좀 더 광범위한 첨단 우주추진을 살펴보고 싶다면 참고문헌 목록에 있는 Frisbee의 문헌을 참고하라. 이 문헌은 이 장에서 주요한 참고 자료이다.

심우주 탐사기에 장착하기 위한 첫 번째 이온 엔진은 1998년 10월 24일 Cape Canaveral에서 선보였다. Deep Space 1 우주선은 새롭고 진보된 기술을 시험하는 임무를 가지고 있었다. 11월 10일 NASA 엔지니어들은 엔진을 작동시켰다. 그것은 멈추기까지 4분 30초 동안 작동하였다. 11월 24일 우주선으로 보낸 명령에 반응하여 이온 엔진은 다시 소생하였고, 순조롭게 작동되었다. 태양광 전지에 의해 작동된 이온에너지의 최고출력에서 2500 W의 전력을 소모하였고, 종이 한 장의 무게와 동일한 힘, 0.02 lb의 추력을 발생시켰다.

9.14 역사적 기록: 초창기 프로펠러의 발전

항공기 프로펠러의 기원은 서유럽 곳곳에 풍차가 설치되기 시작된 12세기까지 거슬러 올라간다. 이러한 풍차들의 날은 바람으로부터 기계적인 분쇄기를 구동할 에너지를 추출하였다. 조금만 바꿔 생각해서 이 과정을 거꾸로 생각하면 된다. 이는 공기에 에너지를 가하고 추력을 발생시키기 위하여 기계적으로 회전 날을 회전시키는 과정이다. 실제로 Leonardo da Vinci는 16세기 헬리콥터 상단의 나선스크류(helical screw)를 개발하였다. 1783년 첫 번째 성공적인 기구비행 이후에(1장 참조) J. P. Blanchard에 의해 열기구에 수동 프로펠러가 장착되었다. 이는 실제 비행한 최초의 프로펠러였지만, 실용적인 추진 장치로서는 성공적이지 못했다. 수동 프로펠러를 장착한 열기구 작동을 위한 수많은 노력에도 불구하고 모두 실패로 돌아갔다. 하지만 1852년 비행선의 증기엔진에 연결된 프로펠러는 성공적이었다. Henri Giffard에 의해 고안된 이 결합은 최고속도 5 mi/h로 파리 상공을 비행할 수 있게 하였다.

1장에서 언급했듯이, 근대 항공기의 아버지 George Cayley는 프로펠러가 노 같은 넓적한 판이라는 잘못된 믿음을 가지고 있었다. 하지만 Henson의 공중 수송기는 추진력을 위한 두 개의 밀어내기(pusher) 프로펠러를 구상하였고, 프로펠러들은 공기보다 무거운 수단의 추진개념으로 인정하였다. 동시에 관련된 방식으로 선박 프로펠러는 19세기 초에 증기선에 사용될 목적으로 개발되었다. 마침내 19세기 말엽에 Du Temple, Mozhaiski, Langley 등의 이륙을 위한 노력으로 프로펠러가 고안되었다(그림 1.13, 1.14, 1.18).

그런데, 19세기 항공기들의 엄밀한 조사결과 프로펠러 공기역학의 이해가 거의 반영되지 않은 막연하고, 넓고, 노와 같은 회전 날로 프로펠러가 사용되었음이 드러났다. 이러한 회전 날의 효율은 대단히 낮아서 이런 기계들의 일반적인 실패를 도출하였다. 증기선을 위해 1900년까지 광범위하게 개발된 선박 프로펠러도 오로지 경험적으로 설계하였고, 최고 효율은 기껏해야 50% 정도였다. 세기 전환기에 프로펠러 설계에 합리적인 유체역학과 공기역학 이론은 존재하지 않았다.

Wilbur와 Orville Wright가 1902년 가을 Kill Devil Hill에서 돌아왔을 때, 그들의 세 번째 글라이더가 1,000번 이상의 비행을 성공시켜 동력기의 큰 기반을 만들었다(1장 참고). Wilbur는 원래 이 단계를 간단하게 하려고 있었다. 엔진은 기존 자동차 회사로부터 주문할 수 있었고, 프로펠러는 선박 기술로부터 쉽게 설계할 수 있었기 때문이다. 하지만 어느 쪽의 경우도 입증되지 않았다. Dayton 도서관에서 며칠을 보낸 후에, Wilbur는 선박 프로펠러 이론도 존재하지 않고, 공기역학적인 기능에 대한 것도 개발되지 않았다는 것을 발견하였다. 그래서 Wright 형제는 다시 한번 미지의 공학 분야에 뛰어들어야만 했다. 1902~1903년 사이의 겨울 내내 그들은 설계에 대한 정확한 계산 결과를 제공하는 프로펠러 개념을 해결하기 위해 애썼다. 그리고 다시 한번 그들은 정식 공학 교육 없이도 그들이 역사상 최고의 항공 공학자라는 것을 보여주었다. 예를 들어, 1903년 초봄에 그들은 프로펠러는 기본적으로 회전하는 날개라는 것을 처음으로 인식하였고, 프로펠러 회전면에 수직한 공력을 발생시키는 에어포일 단면을 구성하였다. 게다가 그들은 100가지의 다른 익형에 대해 얻은 그들의 풍동 데이터를 활용하였고, 프로펠러 단면에 대해 캠버 형상을 적합하게 선택하였다. 그들은 중심부터 끝단까지 다양한 상대적인 공기 속도를 고려하여 비틀린 블레이드가 효율적이라고 판단하였다. 사실 Orville는 다음과 같이 말하였다.

> 프로펠러에 대해 아무 것도 아는 것이 없었기 때문에 어디서부터 시작할지 막막하다. 추력은 날이 공기와 부딪히는 각과 속도에 의해 결정된다. 날이 부딪히는 각도는 프로펠러가 회전하는 속도, 기계가 앞으로 나가는 전진 속도, 공기가 뒤로 미끄러져 나가는 속도에 따라 달라진다. 공기의 미끄러짐은 프로펠러에 의한 추력과 공기의 양에 따라 변한다. 이것들 중 어떤 것이 변하면, 모든 것이 변한다. 즉 모든 것이 상호의존적이다. 그러나 이것들은 고려해야 할 요인들의 몇가지에 불과하다……

1903년 3월까지 Wilbur는 프로펠러가 제대로 설계될 정도의 이론을 완성하였다. 그는 도끼와 칼을 사용하여 전나무를 적층하고 표면은 알루미늄 페인트로 처리한 두 개의 프로펠러를 만들었다. 그들의 성취에 흥분한 Orville은 이렇게 썼다. "우리가 접근할 수 있는 일의 어떤 값도 찾을 수 없었기 때문에 우리는 이 문제에 관한 스스로의 이론에 매달렸고 발견하였다. 이전에 프로펠러에 관해 세워진 모든 것들이 틀렸다… 우리의 이론에 기초해서 올바른 길을 찾았다."

주로 Wilbur에 의해 설계된 Wright 형제가 설계한 프로펠러는 70%라는 현저하게 높은 효율을 달성하여 1903년 12월 17일 성공적인 비행뿐 아니라 이후의 모든 비행에 중요한 역할을 하였다. 게다가 그들의 프로펠러는 거의 10년 동안 최고로 유지되었다. 사실 1908년까지 미국과 유럽의 모든 경쟁자들은 구식의 넓적한 노형 회전 날에 매달려 있었다. 그래서 Wilbur가 1908년 8월 8일 프랑스 Hunaundieres에서 첫 극적인 공개비행 때, 고효율 프로펠러에 대한 유럽 엔지니어들의 충격은 원활한 조종 비행을 가능하게 했던 Wright 형제의 제어 시스템만큼이나 컸다. 그 결과로, 이후 유럽의 비행기들은 Wright 형제에 의해 소개된 공기역학적 설계 프로펠러를 도입하게 되었다. 그 결과 최초로 적절하게 설계된 프로펠러와 함께 공기역학적 이론에 관한 명성은 Wright 형제에게 돌아갔다. 이 사실은 종종 언급되거나 널리 알려지지 않았다. 하지만 1903년의 이 프로펠러 연구는 항공공학의 중요한 영역에서 실용적인 동력 비행을 가능하도록 비약적인 발전을 이끌었다.

공학이론과 항공기 프로펠러 설계에 있어서 마지막 초석은 wright 형제의 디자인이 도입되고 약 10년 후에 William F. Durand에 의해 마련되었다. Durand는 NACA의 창립 멤버였으며, 1916년에 회장이 되었다(2.8절 참고). Durand는 또한 그 당시에 Stanford 대학교 기계공학부 학과장이기도 했으며, 1916년부터 1917년까지 순수하게 프로펠러 실험을 목적으로 고안된 캠퍼스 내 대형 풍동의 건설을 감독하기도 하였다. 그리고 1917년, 그는 NACA Report No. 14 "Experimental Research on Air Propellers"를 출간하였다. 이 보고서는 그 시기에 프로펠러에 대해서 가장 광범위한 공학 보고서였다. 이 보고서는 다른 형상과 에어포일 단면의 수많은 프로펠러에 대한 실험 데이터를 포함하고 있었다. 또한 이 보고서는 전진비 대비 프로펠러 효율을 광범위하게 보여주는 최초의 기술 보고서이다.

따라서 그림 9.6에 도시된 효율 곡선유형은 1917년까지 거슬러 올라가는 것이다. 게다가 Durand의 대부분의 모델 프로펠러가 가지는 최대 효율은 75%에서 80%라는 값을 가진다. 이는 거의 90년 후의 근대 프로펠러의 효율도 많이 나아지지 않고, 85%에서 90% 사이에서 운용된다는 점에 견주어 볼 때 흥미로운 사실이다. Durand 또한 프로펠러 이론에서 최초의 차원 분석에 대한 공적을 인정받아야 한다. 같은 NACA 보고서에서 그는 차원 분석으로 프로펠러 효율은 전진비, 레이놀즈수, 마하수의 함수가 되어야 한다는 것을 보여주었으며, 실험 데이터 간의 상관관계를 도출하기 위해 이런 결과들을 사용하였다. 이 초기 NACA 보고서는 항공기 프로펠러 발전에 있어서 중요한 업적이었다. 실제로 이 보고서의 사본은 Stanford 캠퍼스의 Durand 공학건물의 로비에 소중하게 간직되어 있다.

9.15 역사적 기록: 항공기 내연기관의 초창기 발전

동력 비행에 대한 역사적 탐구에 있어서 추진의 중추적인 역할은 1장에서 논의되었다. 적절한 원동기의 결핍은 1852년으로 거슬러 올라가 "governable parachute"에 그의 실험에 대해 쓴 George Cayley에 의해 분명하게 언급되었다. "부력이나 스크류 또는 다른 방법으로 수평한 힘을 공급하여 항공기를 추진하는 충분히 가벼운 최초의 원동기를 가지고 있음을 더 자세히 언급할 필요가 없다. 중력에 따라 하강하는 비행은 지체 없이 우리의 명령에 반응하게 될 것이다."

정말 Cayley는 추진 문제에 대해 생각하는 데 많은 시간을 바쳤다. 1807년 이전에 그는 대기에서 가져온 공기를 불에 통과시켜 가열하고 실린더에서 팽창하면서 피스톤에 일을 하는, 뜨거운 공기 엔진에 관한 아이디어를 상상했었다. 이것은 증기력의 대안이 되었다. 일반적인 의미에서 그의 발명을 생각해보건데, 비행에 가능한 모든 방법들에 대하여 언급하지 않은 채 Cayley는 Nicolson's *Jonrnal* 1807년 10월호에 논문을 썼다. "증기 엔진은 지금까지 굉장히 무거우며, 거추장스러운 운동을 요구하였다. 반면 공기의 팽창은 이러한 결점 없이 물체를 움직일 수 있는 것으로 계산되었다." Cayley는 *Mechanics' Magazine*의 편집자에게 편지의 형태로 항공 추진에 대한 그의 일을 요약해서 보냈다.

> 이전에도 그랬던 것처럼, 필요한 무게를 가지고 충분한 동력을 공급할 수 있는 가능성은 지금도 열려 있다. 이런 목적[비행]을 위한 최초의 이동체로서 많은 다양한 엔진을 시도해 왔다. 화약은 너무 위험하고 상당한 비용이 들지만, 이 목적에 효율적이다. 그러나 누가 그들의 목을 자르고 총알을 날리는 이중의 위험을 감수할 것인가? Humphrey Davy 경의 탄산을 사용할 계획은 똑똑한 기술자, Isambard Brunel에 의해 가열 팽창 시에 실패함이 입증되었다.
>
> 이 모든 과정은 같은 정도의 동력을 생산하는 데 같은 열량을 요구하기 때문에, 오랜 기간 동력의 하나로서 가열팽창된 대기의 공기를 사용하는 데 관심을 기울여 왔고, 상당한 성과를 이루었다. 이런 부류의 5마력 엔진은 Mr. Babbage, Mr. Rennie 등 효율성을 시험할 수 있는 많은 사람에 의해 약 3년 전 증명되었다. 엔진은 단지 시험용이라서 몇 가지 결점이 있었으나, 각

각의 마력은 시간당 6.5파운드의 코르스를 연소하여 점진적으로 얻어졌다. 어떤 물도 필요하지 않은 채 이것만으로 동력을 얻었다. 이전의 결점을 피하도록 계산된 이런 부류의 또 다른 엔진은 제작 중에 있고, 아마도 열기구 비행으로 실현될 것이다. 현재의 프로젝트에서 다른 더 좋은 대안은 없다.

이와 같이, 항공기의 모든 측면에 대한 그의 놀랍고도 선구적인 생각을 유지하던 George Cayley는 증기력을 이용한 비행에 대한 비현실성을 언급하고 IC 엔진에 대한 선구자들과 함께 실험을 하였다. 그러나, 그의 생각은 19세기 이후의 보편적으로 증기 비행을 시도한 항공엔지니어들 사이에서 잊혀져 갔다(1장을 참조).

IC 엔진의 발전은 1860년에 Lenoir의 two-cycle gas-burning 엔진과 함께 탄력이 붙었다. 그 후, 1876년, Nikolaus August Otto가 디자인하고 만든 첫 성공적인 4 행정 IC엔진과 같은 타입의 엔진을 9.3절에서 논의하였다. 실제로 그림 9.12에 그려진 열역학적 사이클은 등 엔트로피 압축, 등체적 연소, 출력 행정으로 구성되어 있으며, 이를 *Otto cycle*이라 부른다. Otto는 독일에서 근무하였지만, 이상하게 1877년 그는 자신의 엔진을 미국에서 특허를 냈다. 그의 엔진은 곧 지상 운송수단에 적용되었고, 1900년 이전에 자동차 산업의 탄생을 예고했다.

그러나 비행기와 자동차는 분명히 서로 다른 기계이며, 1900년대에 자동차 엔진으로 사용되던 IC 엔진은 항공용으로 사용하기엔 마력당 무게가 너무 무거웠다. 이 장벽에 직면한 한 사람이 Samuel Pierpont Langley였다(1.7절에서 볼 수 있다). 그는 가솔린 연소를 이용하는 IC 엔진이 비행기의 동력원이라는 것을 인정했다. 그의 새로운 Aerodrome에 전력을 공급하기 위해서, Langley는 12마력에 무게가 100lb가 넘지 않는 엔진을 도입하기로 뉴욕의 Stephen M. Balzer와 계약했다. 불행히도 자동차 엔진에서 파생된 Balzer의 제품은 단지 8마력까지 생산할 수 있었다. 그것은 충분하지 않았으며, 워싱턴 DC에 있는 Smithsonian Institution 연구실에서 Balzer의 엔진의 완전한 재설계에 대한 책임이 Langley의 조수인 Caharles Manly에게 주어졌다. 1902년 최종 결과로 단지 208lb의 무게를 가지면서 52.4마력을 만들어 내는 엔진을 개발하였다. 그것은 주목할 만한 업적이었다. 1차 세계대전이 끝난 16년 후까지도 그것보다 더 나은 엔진은 없었다. 또한, Manly의 엔진은 현대 자동차 엔진의 주요 시발점이 되었다. 그것은 방사형 엔진으로 크랭크 축을 중심으로 주위에 같은 크기를 가진 다섯 실린더를 원형으로 배치시켰다. 그것은 항공기의 역사상 최초로 성공한 방사형 엔진으로 보인다. 1903년 Langley의 Aerodrome이 실패하자, Manly의 우수한 엔진도 같이 사라져 갔다. 물론 엔진은 실패와 아무 상관이 없었다.

오하이오 주의 데이튼에서 서쪽으로 오백마일 떨어진 곳에서 Wright 형제는 그들의 비행기에 일반적인 자동차 엔진을 장착할 계획을 가지고 있었다. 1902년 가을에 Kill Devil 언덕에서 자신들의 3번째 글라이더의 놀라운 성공 이후, Wright 형제(Wright brother)는 자신들의 요구조건을 충족하는 가벼운 자동차 엔진을 찾을 수 없음에 놀랐다. 그래서 Wilbur

가 프로펠러 개발을 주로 담당하였고, 그 시간 동안 Orville는 알맞은 엔진을 디자인 및 개발하였다. 엔진에 비해 프로펠러가 더 많은 심각한 문제를 가지고 있다고 정확하게 Wilbur가 생각하고 있었다는 점은 흥미롭다. Wright 형제의 자전거 가게에서 일하는 Charles Taylor의 도움을 받으며, 오랜 기간 동안 사용되지 않던 Pope-Toledo의 엔진을 모델로 이용하여, Orville은 재빠르게 6주 이내에 엔진 설계 및 구성을 마쳤다. 1903년 2월에 첫 시험에서 알루미늄 케이스에 균열이 일어났다. 두 달 후 현지 주조 공장에서 주물하여 두 번째 엔진을 만들고, 그 엔진은 5월달에 성공적으로 시험을 마쳤다.

그 엔진은 4 행정 in-line 디자인이었다. 속도는 오직 100 rpm으로 회전할 수 있었으며, 중력을 이용하여 공급되고 있던 가솔린의 공급차단으로만 정지가 가능했다. 엔진은 오일과 연료를 제외하고 100lb의 무게를 가지고 있었으며 12마력을 생산할 수 있었다. 비록 Wright 형제의 엔진은 Manly의 엔진보다 훨씬 적은 마력을 생산하지만 그들의 목적을 달성하기엔 충분했다. Wright 형제는 1903년 이전에 IC 엔진에 대한 약간의 경험이 있었고, 그들의 성공적인 디자인은 고유한 엔지니어링 재능의 산물이다. Orville의 말에 따르면, "우리는 모터 사이즈의 발전 없이 그것의 성능에 크게 만족했다. 여러 경험은 필요로 했던 동력의 절반을 얻지 못하였다는 점을 보여준다."

Wright 형제의 엔진은 1903년 12월 17일 역사적인 비행으로써 명백하게 최초의 성공적인 항공기 동력이다(1.1절에서 볼 수 있다). 그 다음 항공기를 위한 IC 엔진의 발전이 점진적으로 이루어졌다. 실제로 9년 후에 Captain H. B. Wild는 파리에서 파일럿을 고려한 항공기 엔진의 개발 방향을 언급했다.

> 현 시대에[1912] 경쟁력이 없고 믿을 수 없는 모터는 치명적인 항공기 추락 사고의 대부분을 야기하고 있음은 분명하다. 오늘날 항공기 엔진에 부착된 부속품을 살펴보게 된다면, 항공기 엔진의 무게를 줄이기 위해 불필요한 부분을 가능한 한 많이 줄이게 될 것이고, 모터의 내구성이나 신뢰성을 증진하는 부분들을 떼내게 될 것이다.

효율적이며 안정적이고, 장기 내구성을 가진 항공기 동력장치의 개발은 이미 성공적으로 끝났다. 그런데, 그것은 집중적이며 지속적인 공학적 노력에 의해서 이루어졌다. 다양한 엔진 개발에 대한 보고서가(기화기, 밸브, 라디에이터 등등) 초기 NACA 문헌에 남아있다. 추진의 중요성을 인식하고 1940년에 연구 개발을 위해 오하이오주, 클리블랜드의 NACA Lewis 비행 추진 연구소를 설립했다.

지금은 대표적인 항공기 추진기로 가스 터빈 제트 엔진이 왕복 내연 엔진을 대신하고 있다. 하지만 지금도 여전히 IC 엔진은 300 mi/h 이하의 속도로 설계된 항공기의 엔진으로써 가장 적절하다. 때문에 이들의 지속적인 발전과 개선이 항공우주공학의 중요한 부분으로 남아 있다.

9.16 역사적 기록: 초기 제트 엔진의 발명가들

1920년대 후반, 왕복 기관-프로펠러 조합은 항공기 추진 기관의 유일한 방법으로서 받아들여졌고, 다른 개념의 기관들은 일반적으로 무시되었다. 특히, 제트 추진은 기술적으로 실행 불가능하게 보였다. 예를 들어, 1923년 NACA는 제트 추진이 비현실적인 것이라 보고하였다. 그러나 이 연구는 250 mi/h 이하의 비행 속도를 목표로 하고 있어서 정말 비현실적인 것이었다. 11년 후 영국 정부에서도 여전히 비슷한 의견을 발표하였다.

이러한 환경에서 Frank Whittle(현재는 Frank Whittle 경)이 등장하였다. Whittle은 잉글랜드 사람으로 1907년 1월 1일 Coventry에서 태어났다. 젊은 시절 그는 항공에 관심이 있었으며, 1923년에 영국 공군에 입대하였다. 뛰어난 지능과 가능성을 보여준 그는 곧 Cranwell에 위치한 RAF 기술 대학의 학생이 되었다. 그리고 Whittle은 프로펠러 항공기를 위한 가스 터빈 엔진의 가능성에 주목하였다.

1928년 그는 학사 논문을 작성하였는데, 제목은 "Future Developments in Aircraft Design"이며, 여기서 제트 추진의 장점을 자세히 설명하였다. 1930년 1월 Whittle은 가스 터빈 엔진에 관한 자신의 디자인에 대해 특허를 출원했다. 그 후 5년 동안, 정중하지만 철저한 무관심 속에 Whittle은 RAF에서 그의 연구에 몰두하였고, 제트 추진에 대한 그의 아이디어를 조금씩 실현하였다. 그런데, 1935년, Cranwell 대학과 동료의 도움으로 Power Jets Ltd.로부터 Whittle 제트 엔진을 구체적으로 개발하기 위한 재정 지원을 받았다. 그래서 1935년 6월, Frank Whittle과 그의 동료들로 구성된 작은 그룹은 그들이 세계 최초의 제트 엔진이 될 것이라고 생각한 상세한 설계에 뛰어들었다. 그 엔진은 2년 미만으로 완성되었고, 1937년 4월 12일 시험이 시작되었다. 이 세계 최초의 제트 엔진은 실용적인 방식으로 성공적으로 작동한 것이었다.

그런데, 그것은 최초의 비행이 아니었다. (Whittle의 연구와 무관하게) 독일의 Hans von Ohain은 완벽히 비슷한 가스 터빈 엔진을 개발하였다. von Ohain은 유명한 항공기 디자이너 Ernst Heinkel의 지원 아래 1936년 그의 연구를 시작했다(미국과 영국 때문에, 독일 정부는 제트 추진에 초기 관심을 거의 보이지 않았다.) 연구가 시작된 지 3년 후, von Ohain의 엔진은 특별히 디자인된 Heinkel 항공기에 맞춰졌다. 그리고 1939년 8월 28일, He 178(그림. 9.36)은 역사적으로 첫 비행한 가스 터빈 동력, 제트 프로펠러 항공기가 되었다. 엄밀히 말해서 실험용 항공기였지만, von Ohain의 엔진은 838 lb의 추력으로 He 178을 435mi/h의 최고 속도까지 비행하게 하였다. 그 후, 제2차 세계 대전이 발발하였고, 독일 정부는 제트 추진의 단점을 개선하였고 세계에서 처음으로 군용 제트 항공기를 가동한 나라가 되었다.

그 동안에, 영국에서는 Whittle의 제트 엔진에 대한 실험을 성공하여 영국 공군의 거부감을 극복하였고, 1938년 항공기에 설치하는 것을 목적으로 제트 추진을 개선하기 위해 Power Jet Ltd.와 계약하였다. 이와 동시에, Gloster Aircraft는 특별히 고안된 제트 프

그림 9.36 독일 He 178—최초의 제트 추진 항공기
(자료출처: *Courtesy of John Anderson*)

로펠러 항공기를 제조하기 위한 계약을 받았다. 성과는 1941년 5월 Cranwell에서 Gloster E.28/39 항공기(그림 9.37)가 이륙할 때 나타났고, 비행한 첫 번째 항공기는 Whittle 제트 엔진을 사용하였다. 이 엔진은 860 lb의 추력을 생산하고 Gloster 항공기를 최고 속도 338 mi/h까지 나아가게 했다. Gloster E.28/39는 현재 런던 과학 박물관에 전시되어 있고, 런던 사우스 켄싱턴의 거대한 벽돌 건물의 맨 위층 천장에 눈에 띄게 매달려 있다. Whittle 엔진에서 얻은 기술은 미국으로 빠르게 수출되었고 결국 미국 최초의 생산 라인 제트 항공기인 Lockheed P-80 Shooting Star를 대단히 성공적으로 발전시켰다.

1948년 Frank Whittle은 RAF에서 공군 준장으로 전역하였으며, 영국 항공에 기여한 그의 공헌으로 기사 작위를 수여 받았다. 1976년 그는 미국으로 이주하였고, Maryland주 Annapolis에 위치한 U.S. Naval Academy에서 근무하면서 가르쳤다. 1996년 8월 8일, 그는 Maryland주 Columbia에 있는 그의 집에서 작고하였다.

Hans von Ohain은 제2차 세계 대전 말미에 미국으로 끌려온 대규모 독일 과학기술자 중 한 명이었다. 그는 Ohio주에 있는 Wright-Patterson 미 공군 기지의 공군 항공 연구실(the Air Force's Aeronautical Research Laboratory)에서 뛰어난 경력을 이어나갔다. 그곳에서 그는 첨단 개념을 연구하는 추진 그룹을 이끌었다. 실제로, 본 저자는 3년 동안 von Ohain과 같은 연구실에서 연구하는 특권을 가졌고, 이 놀라운 남자와 유쾌한 대화를 많이 나누었다. 후에 von Ohain은 그가 1980년에 은퇴하는 Wright Field의 미 공군 항공추진 연구소(the U.S. Air Force Aeropropulsion Laboratory)에 소속되었다. 그는 은퇴 후에도 항공학에 대한 지칠 줄 모르는 대변인으로 남아 있다. 1984년 그는 유명한 Charles Lindbergh 위원장의 Smithsonian 국립 항공 우주 박물관에서 매년 봉사하였다(본 저자는 von Ohain 후 2년 동안 위원장의 자리를 맡는 영광을 누렸다). Hans von Ohain은 1998

그림 9.37 Gloster E.28/39—제트 추진으로 비행한 영국 최초의 항공기
(자료출처: *Courtesy of John Anderson*)

년 3월 13일 Florida주 Melbourne에 있는 그의 집에서 작고하였다. 그는 Ohio주 Dayton에 묻혔다. 2년 내에 세계는 제트 엔진의 두 발명가를 잃었다. 역사는 이미 이 두 명을 항공학의 혁명을 창조한 인물이라고 평가하고 있다. 이 제트 혁명은 아마도 Wright 형제에 의한 실제 항공기의 발명과 동등한 것으로 평가할 수 있다.

9.17 역사적 기록: 로켓 엔진의 초기 역사

"불빛을 냈을 때 천둥과 같은 소음이 근처 24 km까지 퍼져나갔다. 이것이 떨어진 곳에서 불이 났고, 2,000 ft까지 불이 타올랐다... 미늘창 모양으로 날아오른 분말이 만든 이러한 철 노즐은 몽골이 가장 두려워했던 것이었다." 이 문구는 Antonine Gaubil이 1739년 발간한 Genghis Khan에 대해 쓴 그의 책에 적혀 있다; 그들은 1232년 중국인 마을이 침범한 30,000명의 몽골족을 어떻게 성공적으로 로켓 추진 불화살을 이용하여 막아냈는지 설명하고 있다. 이들은 수 세기 전 아시아에서 탄생되고 개발된 로켓을 보여주기 위한 많은 역사가들이 서술한 한 예이다. 중국인들은 적어도 기원전 600년 초기부터 흑색 화약을 만들었고 그 후 숯, 황, 질산칼륨을 섞어서 로켓의 추진제로 사용하였다. 수 세기 후, 로켓은 천천히 군사무기로서 서양으로 확산되었고, 1800년대 초부터 영국의 William Congreve에 의해 방공 미사일로 개발되었다. (1812년 Fort McHenry에서 Congreve rocket에서 생산된 "rockets' red glare"가 Francis Scott Key에 의해 발견되었다.) 하지만 사실 19세기 말 보다 20세기 초부터 로켓이 기술적 관점으로 이해되었고 공학적 개발이 시작되었다

소련에서 처음으로 우주에 인공위성 *Sputnik I* (1957년 10월 4일)과 인간(Yuri Gagarin 1961년 4월 12일)을 궤도에 올렸다. 그래서 역사적 관점에서는 러시아 로켓 과학자를 살펴보는 것이 적절하다. 그 사람은 바로 Izhevskoye의 도시에서 1857년에 태어난

Konstantin Eduardovitch Tsiolkovsky이다. 어린 학생으로서, 그는 물리학과 수학을 습득하고 행성 간 우주여행에 대해 궁금해왔다. 1876년 그는 Borovsk의 교사가 되었고, 1882년에 Kaluga의 마을로 이사하였다. 그곳에서 사실상 무명인 그는 우주 비행의 원리에 대해 연구하였고, 1883년 3월 추진반응에 대한 아이디어를 생각해내었다. 기관들의 지원 없이, Tsiolkovsky는 점진적으로 로켓 엔진의 이론적 문제점을 풀어나가기 시작하였다. 그림 9.38에서 액체산소와 액체수소의 연료를 이용한 그의 로켓디자인을 볼 수 있다. 이는 1903년에서 발간된 (같은 해 Wright 형제가 처음으로 항공기 동력 비행을 성공시켰다) 러시아 잡지인 Science Survey에 게재되었다. Tsiolkovsky는 사실 그의 로켓 이론의 엄밀성을 증명하기 위에서는 수소-산소의 높은 비추력 조합을 사용해야 한다는 것을 알고 있었다. Tsiolkovsky는 실험가(연구실을 개발할 수 있는 돈이 없었다)도 공학자도 아니었다. 그러므로 그는 실질적인 실험을 할 수 없었고 설계 데이터를 생산해내지 못하였다. 그럼에도 불구하고, Tsiolkovsky는 첫 번째 진정한 로켓 과학자이고 그는 1935년 9월 19일, 78세의 나이로 생을 마감할 때까지 그의 이론에 대해 끊임없는 연구를 하였다. 그가 생을 마감한 이후, 그의 업적은 마침내 인정받았고, 1919년 그는 정부의 연금의 수여와 함께 Socialist Academy (U.S.S.R. Academy of Science의 전신)의 멤버가 되었다.

한 세기가 바뀐 후, 미국에서 Dr. Robert H. Goddard에 의해 로켓의 진보가 이뤄졌다. Goddard는 1882년 10월 5일 Massachusetts의 Worcester에서 태어났다. 그의 삶은 Tsiolkovsky와 많이 닮았다: 그도 열렬한 물리학자와 수학자였다: 그도 우주 비행을 위해서는 로켓이 해답이라고 확신하였다: 그리고 그도 삶의 대부분을 무명으로 연구를 하였다. 하지만 작은 차이점은 있었다. Tsiolkovsky는 순수이론에 기여했지만, Goddard는 실질적인 모델이론과 작동이 되는 세계 첫 액체연료 로켓을 성공적으로 개발하였다.

Goddard는 1904년 South 고등학교를 졸업하고, 1908년 Worcester Polytechnic Institute에서 학사학위, 1911년 Clark University에서 초기 박사학위까지 Worcester에서 성공적으로 교육을 받았다. 그 후 그는 바로 Clark에서 물리학교 교수가 되었고, 이곳에서 그는 어릴 적 꿈인 우주 비행에 과학과 공학을 적용시키기 시작하였다. 그도 액체수소와 액체산소를 굉장히 효과적인 로켓 추진제로 결정하였고, 1912~1913년 동안 Princeton 대

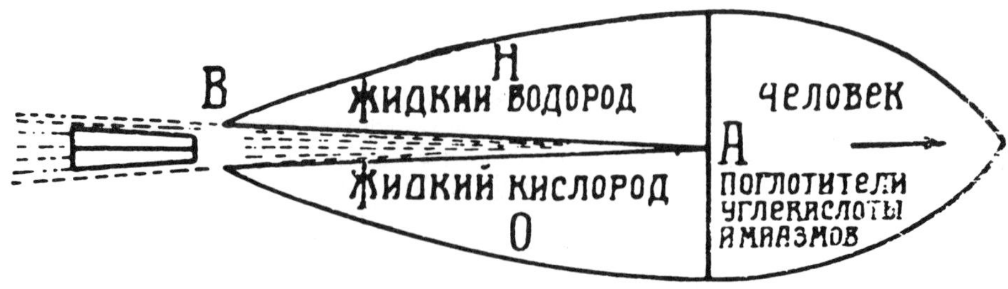

그림 9.38 Tsiolkovsky의 1903년 로켓 설계도. 연소하는 액체 수소와 액체 산소

학교 휴직기간 동안 아이디어들을 생각해내었다. 1914년 7월 그는 다단계 로켓과 추진체 분사 시스템, 노즐, 로켓 연소실에 대해 특허를 받았다. 1917년 워싱턴의 Smithsonian 연구소로부터 작은 상금(5,000 달러)을 받았는데, 이는 그의 로켓공학 이력에 영구적으로 기록되었다. 이 상금은 1919년 Smithsonian Miscellaneous Collections의 한 부분으로 발간된 역사의 최고 역사 문서 중 하나인 논문 *A Method of Reaching Extreme Altitudes*이 나올 수 있게 하였다. 이 책은 로켓원리의 권위 있는 학술지이다. 하지만 그 당시, Goddard의 아이디어는 관심을 많이 받지 못하였다.

1920년 초에 Goddard는 Worcester에서 그의 연구를 업적이 다시 활발히 수행했다. 이곳에서 많은 실험과 많은 공학적 발전이 이루어졌고, 후에 1926년 3월 16일 Goddard는 세계 최초의 액체 연료 로켓을 성공적으로 발사시켰다. 그림 9.39는 이 로켓 옆에 Goddard가 서 있는 그림이다. 이 로켓의 길이는 10 ft이다: 모터는 최상단에 있고(그림 9.39에서처럼 Goddard 머리 보다 위에) 액체 산소와 액체 수소가 로켓 뒤에 위치한 추진체 탱크(그림에서 Goddard의 팔 위치 아래)에서부터 2개의 긴 관을 통해 분사되었다. 연료탱크 위의 원뿔모양 선두부는 로켓 노즐 배기가스로부터 탱크를 보호하기 위한 간단한 변류기(deflector)이다. 이 로켓은 최대 60 mi/h의 속도로 184ft를 날아간다. 비록 성능은 보통이지만, 1926년 3월 16일의 이 로켓의 비행은 1903년 12월 17일 Wright 형제의 첫 비행과 동등한 가치를 가진다.

1927년 Atlantic 횡단 비행으로 상당한 명성을 가지고 있는 Charles A.Lindbergh는 Goddard의 이 업적에 주목하였다. Lindbergh는 그 이후 Goddard에게 로켓 엔진 개발을 위해 $50,000를 제공하도록 Daniel Guggenheim 펀드를 납득시키기 위해 노력하였다. Goddard의 연구는 급속히 확대되었고, 1930년 그와 그의 부인은 실험장소로 더욱 적합한 뉴멕시코의 Roswell로 이사하였다. 이곳에서 그 후 11년 동안 비록 Goddard는 여전히 무명이었지만 더 크고 좋은 로켓을 만들었다. 1930년대 정부는 제트 추진 연구의 어느 형태에도 관심이 없었다. 물론, Goddard는 Wright 형제처럼 일부에게 알려졌다: 그는 디자인의 도용에 대한 두려움 때문에 그의 데이터를 꽁꽁 숨겨두었다. 하지만 제2차 세계 대전 시작과 함께 정부는 Goddard의 연구에 큰 관심을 갖기 시작했다. 그의 성공적으로 작동하는 개인 시설들은 Maryland의 Naval Engineering Experiment Station at Annapolis로 옮겨졌다. 이곳에서 1945년 7월까지 이 그룹은 수상비행기를 위한 제트 추진 착륙 유닛을 개발하였고 다양한 로켓 추진 엔진을 연구하였다.

1945년 8월 10일 Robert H. Goddard는 볼티모어에서 생을 마감하였다. 그의 업적에 대한 인정과 현대 로켓의 개발에 있어 그들의 중요성은 뒤늦게 알려졌다. 실제로, 스푸트니크의 정치적 열기를 돌리기 위해 미국은 Goddard에게 진정한 경의를 표하였다. 1959년 의회를 통해 그는 추앙받아졌고, 같은 해, 그는 the Institute of Aeronautical Sciences(오늘날 미항공우주학회)의 Louis W. Hill Space Transportation 상의 첫 번째 주인공이 되었다. 물론 1959년 5월 1일 그의 업적을 기리기 위하여 Maryland의 Greenbelt에 NASA

그림 9.39 Robert H. Goddard와 최초의 성공적인 액체연료 로켓. 이 로켓은 1926년 3월 16일 세계 최초로 비행에 성공하였다.
(자료출처: *NASA*)

Goddard 우주 비행 연구소가 설립되었다. 마침내 1960년 Guggenheim 재단과 Goddard 부인은 Goddard의 특허권에 대한 사용료로 $1,000,000을 정부로부터 지급받았다.

1930년대에 Goddard의 작업과 완벽하게 독립적으로 미국의 또 다른 작은 그룹이 로켓을 개발했다. 이는 본래 미국 행성 협회로 1930년 3월에 설립되었고, 1934년에 미국 로켓 협회(ARS: the America Rocket Society)로 변경되었다. 과학기술자로 구성된 이 작은 그룹은 로켓공학의 궁극적인 중요성을 믿고 있었다. 이 협회는 기술 논문 발간뿐만 아니라, 실제로 비행체를 만들고 시험하였다. 액체 산소와 가솔린을 연소하는 그들의 첫 번째 로켓은 1933년 5월 14일 뉴욕의 Staten 섬에서 발사되어 250 ft까지 도달하였다. 2차 세계 대전까지 ARS는 정부의 지원 없이 작은 로켓의 연구 개발을 공동의 초점으로 삼았다. 전쟁 발발 직후, ARS의 실험 대부분은 주변 나라의 다른 활동에 의해 분열되고 흡수되었다. 하지만, ARS는 정보제공 조직으로 명성이 높았고 ARS 저널의 발간을 1963년까지 지속하였다. 그리고 미국 로켓 협회와 항공(그 당시에는 항공우주) 과학 협회는 현재의 미국 항공우주학회(American Institute of Aeronautics and Astronautics)로 병합되었다.

비행의 역사의 실들이 서로 어떻게 엮였는지의 간단한 예로서, XLR-11 로켓 엔진을 설계하고 만든 ARS 멤버들은 로켓 엔진을 디자인하고 만드는 회사인 Readction Moters, Inc.를 1941년에 설립했다. 이 엔진은 1947년 10월 14일 Chuck Yeager이 탑승하고 최초의 유인 초음속 비행을 한 Bell X-1의 엔진으로 탑재되었다(5.22절의 그림 5.88 참조).

엔진 초기의 역사는 삼각형의 지리적(geographic) 구도를 형성한다. 첫 번째로 러시아(Tsiolkovsky), 두 번째로는 미국(Goddard), 세 번째로는 독일이다. 1894년 7월 25일에 Transylvania에서 태어나 독일 시민이 되는 Hermann Oberth가 세 번째 핵심(vertex)이다. Tsiolkovsky와 Goddard처럼, 그는 Jules Verne의 소설에서 영감을 받아 달에 도달하는 현실적인 방법에 대하여 생각하기 시작했다. 제1차 세계 대전 동안, Oberth는 장거리 액체 연료 미사일을 독일 전쟁 부서에 제안하고, 로켓에 관심을 가지기 시작했다. 1922년 그는 이러한 생각을 결합하여 우주 비행을 위한 로켓을 제안했다. 그때, Oberth는 Tsiolkovsky와 Goddard의 일을 알지 못했다. 그런데 곧, Goddard의 작품이 독일 신문에 실렸고, Oberth는 1919년에 빠르게 Smithsonian 논문의 사본을 만들었다. 1923년에 Oberth는 로켓 엔진의 이론에 대한 자신의 일을 출간하였고, 그 제목은 “The Rocket into Planetary Space”이다. 그것은 철저한 기술 문서였고, 독일에서 로켓의 개발을 위한 기초를 마련하였다.

Oberth의 아이디어를 발전시키기 위해서, 독일 우주여행협회가 1927년에 창설되었으며, 1929년에 실험에 착수하였다. (독일 협회 창설 이후 미국 로켓협회가 모방되었다.) Oberth의 아이디어는 특히 Wernher Von Braun와 같은 몇몇 학생들에 의해 촉진되었으며, 1930년대에 독일에서 로켓은 거의 폭발적인 발전을 이루었다. Von Braun이 기술 관리자로 함께 하면서 한 일은 제2차 세계 대전에서 독일의 V-2로켓의 개발에서 절정에 이르렀다. 비록 전쟁의 도구였지만, V-2는 역사상 최초의 실질적인 장거리 로켓이다. 그림 9.40은 V-2의 스케치이다. 액체 산소와 알코올로 구동하며, 길이는 46.1 ft, 직경은 65 in, 무게는 27,000 lb였다. 그것은 고도 50 mi 이상 그리고 200 mi의 범위를 가진 대기권의 밖을(즉 우주) 비행한 첫 비행체였다. 미사일은 대기권 내에서 비행 중에 초음속에 도달했다. 2차 세계 대전이 종전 단계에서, 수백 개의 V-2의 완성품들은 러시아와 미국의 영향력 하에 억류되고 각각의 국가로 보내졌다. 그 결과, 오늘날 모든 현대 로켓의 시초를 따라가면 V-2로켓으로 귀결되며, Von Braun를 거쳐서 Hermann Oberth에 이르게 된다.

그림 9.40 제2차 세계 대전 당시 독일의 *V*-2 로켓
(자료출처: *NASA*)

최근에 고조된 아폴로 프로그램을 위한 거대한 saturn 추진 로켓의 개발은, 그 자체로의 이야기이며 이 책의 범위를 벗어난다. 이 절에서 그려진 초기 역사는 9.8절에서 논의된 로켓 엔진의 기술적인 측면에 대한 감사를 표현하기 위함이었다. Von Braun과 Ordway 그리고 Emme의 책을 통해서 권위 있는 현대 로켓의 역사에 대한 면모를 볼 수 있다(이 장의 끝 부분에 있는 참고문헌을 참조).

9.18 요약과 복습

비행체의 추력을 제공하는 데 사용되는 두 가지 주요 추진 장치가 있다. (1) 프로펠러-왕복 엔진, (2) 제트 추진 엔진이다. 제트 추진은 공기흡입식 엔진(터보젯, 터보팬, 램젯, 스크램젯)과 로켓으로 더 깊이 분류된다. 이 장에서 다른 엔진에 대해 집중적으로 살펴보았다.

Wright 형제를 비롯하여 2차 세계대전의 시점까지 항공기를 설계하고 제작한 모든 사람이 그러했듯이, 우리는 이번 챕터를 프로펠러로 시작했다. 비틀어진 날개와 같은 프로펠러가 어떻게 추력을 발생시키는지에 대한 정성적 측면을 논했다. 많은 프로펠러가 고정된 왕복 내연기관의 면모를 학습했다. 어떻게 프로펠러가 엔진에서 동력을 얻는지, 프로펠러의 효율을 정의하는 비가 무엇인지를 이해하였다. 왕복 엔진에 적용되는 열역학적 사이클을 살펴보고 이를 엔진의 출력을 계산하는 데 사용하였다.

제트 추진 엔진에 관해 일반화된 추력방정식을 먼저 유도하였다. 방정식의 유도와 방정식 그 자체 모두 매우 중요하다. 이 식은 엔진의 매 제곱 센티미터에 작용하는 압력과 흡입구에서 출구까지의 유동에 대한 모멘텀의 시간 변화율을 연관시키는 제어 체적 개념을 이용해 이 식을 유도하였다. 제트 추진에 대해 얻은 추력방정식은 놀라울 정도로 간단명료하고, 공기흡입식과 로켓 엔진에의해 발생되는 추력을 계산하는 간단한 방법을 제시하고 있다.

다음으로 통상적인 터보젯 엔진과 주요 구성품으로 넘어간다. 흡입구 디퓨저, 압축기, 연소기, 터빈, 배기 노즐. 이 구성품 각각에서 발생하는 열역학적 과정을 살펴보았고, 어떻게 각 구성품이 엔진의 추력에 기여하는지에 주목했다. 엔진 앞에 붙어있는 큰 팬이 어떻게 제트 엔진의 효율을 크게 증가시키는지에 대해 토론하였다. 이 터보팬 엔진은 이제 제트 엔진의 대세로 사용되고 있다. 이후 엔진을 통과하는 직선의 흐름을 이용해 터보젯 엔진의 모든 회전기계를 제거한 램젯 엔진의 장단점을 살펴보았다. 극초음속에 대해서는 스크램젯 엔진을 생각하였다.

모든 실용적인 제트 추진장치 중 가장 추력을 많이 발생시킬 수 있는 엔진으로서 로켓 엔진을 조사하였다. 로켓 엔진에 대한 추력방정식을 사용하여 로켓의 효율을 제시하는 중요한 지표를 정의하였는데, 이른 바 비추력이다. 비추력은 엔진을 통과하는 유동의 단위 무게당 추력으로 정의된다. 이 비추력은 엔진에 어떤 화학 추진제가 사용되는지에 따라 주로 결정됨을 알게 되었다. 직관적이지는 않은 결과이다. 이후 로켓의 연소종료 속도를 로켓 질량의 변화와 비추력의 함수로 나타낸 로켓방정식을 얻었다.

마지막으로, 우주추진을 위해 제안된 몇몇 첨단 장치를 전기 추진의 다양한 형태 중심으로 간략히 살펴보았다.

이 장의 몇 가지 중요한 사항을 다음과 같이 정리한다.

1. 프로펠러의 단면은 항공기 운동 방향으로 공력을 발생시키도록, 즉 추력을 생성하도록 설계된 익형 모양이다. 프로펠러의 효율은 피치각과 전진비로 결정된다.

$$J = V_\infty/(nD)$$

2. 왕복 내연 엔진의 4-행정 Otto 사이클은 흡입, 압축, 출력, 배기로 구성된다. 연소는 근본적으로 일정한 체적에서 발생한다. 프로펠러를 사용하는 이런 엔진에서 생성된 출력은 이용출력으로 다음과 같다.

$$P_A = \eta\eta_{\text{mech}}\frac{n}{2}NW \tag{9.10}$$

여기서 η는 프로펠러 효율, η_{mech}는 기계적 효율, n은 엔진축의 초당 회전수, N은 실린더 개수, W는 전체 사이클에서 발생한 일이다. 이용출력은 다음과 같다.

$$P_A = \frac{\eta\eta_{\text{mech}}(\text{rpm})dp_e}{120} \tag{9.15}$$

여기서 rpm은 엔진축의 분당 회전수이며, d는 배기량, p_e는 평균효과 압력이다.

3. 제트 추진장치의 추력방정식은

$$T = (\dot{m}_{\text{air}} + \dot{m}_{\text{fuel}})V_e - \dot{m}_{\text{air}}V_\infty + (p_e - p_\infty)A_e \tag{9.24}$$

4. 터보젯 엔진의 과정은 흡입 공기가 디퓨저에서 압축되는 과정, 회전 압축기에서 더 많이 압축되는 과정, 연소실에서 등압 연소, 압축기를 구동하는 터빈의 팽창, 배기 노즐을 통한 팽창으로 구성된다. 터보팬 엔진에서, 큰 덕트형 팬은 압축기의 앞 축에 장착되고, 엔진 중심부 바깥의 부수적인 많은 공기를 자체적으로 가속시켜 더 많은 추력을 생산하고 더 높은 효율을 가진다. 램젯 엔진은 회전하는 구성품이 없고, 흡입구 디퓨저를 공기역학적으로 압축하는 방법으로 추력을 생산한다. 유입공기는 연소실에서 등압 상태로 연소되고 노즐을 통해 배출된다.

5. 로켓 엔진의 추력은

$$T = \dot{m}V_e + (p_e - p_\infty)A_e \tag{9.28}$$

로켓은 연료와 산화제를 자체로 운반하며, 추력을 발생시키는 데 대기 공기를 사용하지 않는다.

6. 비추력은 로켓 엔진-추진제 조합의 효율을 측정하는 직접적인 척도이다.

$$I_{\text{sp}} = \frac{T}{\dot{w}} = \frac{1}{g_0}\left\{\frac{2\gamma RT_0}{\gamma-1}\left[1-\left(\frac{p_e}{p_0}\right)^{(\gamma-1)/\gamma}\right]\right\}^{1/2} \tag{9.35}$$

더 높은 비추력을 위해서는 연소온도 T_0가 높아야 하고, 연소 기체의 분자량은 작아야 한다.

7. 로켓방정식은 연소종료 속도를 비추력과 시종(initial-to-final) 질량비로 나타낸 식이다.

$$V_b = g_0 I_{sp} \ln \frac{M_i}{M_f} \tag{9.51}$$

참고문헌

Dommasch, D. O., S. S. Sherbey, and T. F. Connolly. *Airplane Aerodynamics*, 3rd ed. Pitman, New York, 1961.

Emme, E. M.*A History of Space Flight*. Holt, New York, 1965.

Frisbee, R. H. "Spacecraft Propulsion Systems—What They Are and How They Work," *Foundation Astronautics Notebook-6*, World Space Foundation, Pasadena, CA, 1983, pp. 2 – 20.

Glauret, H. The *Elements of Aerofoil and Airscrew Theory*. Macmillan, New York, 1943.

Gray, G. W. *Frontiers of Flight*. Knopf, New York, 1948.

Hill, P. G., and C. R. Peterson. *Mechanics and Thermodynamics of Propulsion*, 2nd ed. Addison–Wesley, Reading, MA, 1992.

Obert, E. F. *Internal Combustion Engines and Air Pollution*. Intext, New York, 1973.

Sutton, G. P. *Rocket Propulsion Elements*, 4th ed. Wiley, New York, 1976.

Von Braun, W., and F. I. Ordway. *History of Rocketry and Space Travel*, 3rd rev. ed. Crowell, New York, 1975.

Walsh, J. E. *One Day at Kitty Hawk*. Crowell, New York, 1975.

연습문제

9.1. 경비행기의 왕복 기관, Avco Lycoming O-235 엔진을 본떠 만든 후속 경비행기의 왕복 기관 엔진은 다음과 같은 특징을 가지고 있다. 구경 = 11.1 cm, 스트로크 = 9.84 cm, 피스톤 수 = 4, 압축비 = 6.75, 기계적 효율 = 0.83. 연결된 프로펠러의 효율을 0.85이다. 연료공기비가 0.06이며, 흡입구에서의 압력과 온도는 1 atm과 285 K, 엔진–프로펠러 조합이 2,800 rpm일 때 각각의 이용 출력(available power)을 계산하라.

9.2. 9.1에서 구한 엔진의 평균효과 압력(mean effective pressure)을 구하라.

9.3. 표준 해수면에서 지상 고정 스탠드에 장착된 터보젯 엔진을 고려하자. 입구와 출구의 넓이는 같으며 둘 다 0.45 m^2이다. 배출 가스의 속도, 압력 그리고 온도는 각각 400 m/s, 1.0 atm, 750 K이다. 이 엔진의 정지 추력(static thrust)을 계산하라. [주: 제트 엔진의 정지 추력(static thrust)은 엔진이 전방으로 움직이지 않을 때 만들어지는 추력이다.]

9.4. 530 mi/h의 속도로 표준 고도 40,000 ft에서 비행하는 터보젯 동력 비행기를 고려하자. 터보젯 엔진의 입구와 출구의 넓이는 각각 13과 10 ft^2이다. 출구에서의 배기 가스의 속도와 압력은 각각 1500 ft/s와 450 lb/ft^2이다. 터보젯 엔진의 추력을 구하라.

9.5. 800 ft/s 의 속도로 표준 해면 고도에서 비행하는 터보젯 비행기를 고려하자. 압축기를 가로지르는 압력 비는 12.5:1이다. 질량에 대한 연료공기비는 0.05이다. 노즐 출구의 압력이 대기압과 같을 때, 배출 가스의 온도를 구하라. (이 문제를 풀기 위해서, 디퓨저에 있는 공기가 압축기로 들어가기 전에 매우 작은 속도로 감속된다고 가정한다. 또한 연료의 파운드당 방출되는 열이 1.4×10^7 ft · lb/lb_m이라고 가정한다.)

9.6. 작은 램젯 엔진이 표준 해면 고도에서 950 ft/s의 속도로 비행할 때 최대 1,000 lb의 추력을 가질 수 있도록 설계 되어야 한다. 출구의 속도와 압력이 각각 2000 ft/s, 1.0 atm이라고 할 때 입구는 얼마나 커야 하나?

9.7. 로켓 엔진의 단위 시간당 질량의 유량은 25 kg/s이다. 출구의 면적, 속도, 압력이 각각 2 m^2, 4000 m/s, 2×10^4 N/m^2이라고 할 때, 표준 고도 50 km에서의 추력을 구하라.

9.8. 연소실의 압력과 온도가 각각 30 atm과 3756 K인 로켓 엔진을 고려하자. 노즐 출구의 면적은 15 m^2이고, 표준 고도 25 km에서 출구의 압력이 대기압과 완전하게 동일하게 같도록 설계되어 있다. 가스 혼합물은 γ= 1.18, 분자량은 20으로 가정한다. 표준 고도 25 km에서 (*a*) 비추력, (*b*) 출구속도, (*c*) 질량 유량, (*d*) 추력, (*e*) 목 면적을 계산하라.

9.9. 다음과 같은 로켓 엔진을 고려하라. 연소실로 유입되는 추진체의 질량 유량이 87.6 lb_m/s 이며, 연소실의 온도는 6000 °R이다. 연소실에서 생성물은 R = 2400 ft · lb/(slug)(°R)과 γ= 1.21이다. 노즐 목의 넓이가 0.5ft²일 때, 연소실의 압력을 구하라.

9.10. 수소–산소를 연료–산화제로 사용하는 로켓의 비추력이 360s이다. 지구 탈출 속도와 동등한 연소종료 속도에 도달하는 데 요구되는 초기 질량과 추진제의 비율을 계산하라.

9.12. 그림 9.30a에 나와 있는 end-burning 형태의 고체 추진 로켓 엔진을 고려하자. 고체 추진제는 질산 암모늄이다. 추진제의 초기 입자 온도가 60 °F일 때 연소 특성은 다음과 같다: 연소 압력이 500 lb/in²일 때 선형 연소 속도는 0.04 in/s, 연소 압력이 1000 lb/in²일 때 연소 속도는 0.058 in/s이다. 로켓 엔진이 연소 압력 1500 lb/in²에서 작동할 때, 5초 후에 연소면의 소실거리를 계산하라.

9.13. 다음 설계 특성을 갖는 이단 로켓을 고려하자. 첫 번째 단: 추진체 질량 = 7200 kg, 구조 질량 = 800 kg. 두 번째 단: 추진체 질량 = 5400 kg, 구조질량 = 600 kg. 유상하중(payload)의 질량은 60 kg이다. 비추력은 두 단에서 모두 275 s이다. 최종 연소 속도를 계산하라.

9.14. 그림 9.14*d*에 그려진 제어 체적(control volume)을 살펴보자. 비록 이 제어 체적은 9.4절에서 제트 추진 장치의 추력방정식을 구하는 데 사용되었지만, 일반적으로 제어 체적을 통과하며 유속이 증가하는 어떠한 추진 장치에도 적용될 수 있다. 예를 들어, 프로펠러 앞쪽으로 $V\infty$의 속도로 공기가 제어 체적 안으로 들어오고, V_e의 속도로 프로펠러 뒤쪽으로 제어 체적을 빠져나가는 왕복 엔진과 프로펠러가 조합된 엔진을 상상해보자. 그러면 그림 9.14*d*에 있는 제어 체적은 일반적으로 프로펠러와 제트 엔진을 대신한다.

당신이 고요한 대기가 있는 외부에 서 있고, 그림 9.14*d*로 대체된 추진 장치가 당신을 V_∞의 속도로 지나간다고 상상하라. 그림 9.14*d*에서처럼 입구와 출구의 속도가 V_∞와 V_e인 장치를 기준으로 한다. 장치에서 빠져 나가는 배출 속도와 당신을 기준으로 본 배기 속도는 그림 9.14.*d*에서처럼 V_e로 동일하지 않다. 추진 장치가 당신의 공간에 들어오기 전에 주위의 공기는 여전히 존재한다. 장치가 당신의 공간을 떠난 후에, 그것은 반대방향으로 V_e와는 다른 속도로 공기를 이동시키는 제트를 남긴다. 이 공기 제트는 에너지를 가지고 있으며, 이 에너지는 낭비된다. 즉, 유용한 일을 하지 않는다. 이 에너지가 공기 제트에 의해 단위 시간당 낭비되는 양이 다음과 같음을 보여라.

$$\frac{1}{2}\dot{m}(V_e - V_\infty)^2$$

여기서 $\dot{m}$은 장치를 통과하는 질량 유량이다.

9.15. 문제 9.14에서 시작된 생각을 계속 해보자. η_p로 표현된 **추진 효율**을 다음과 같이 정의한다.

$$\eta_p \equiv \frac{\text{사용가능한 동력}}{\text{산출된 총 동력}}$$

9.14에서 구한 결과를 이용하여 제6장에서 정의되었던 이용 출력이 다음과 같음을 보여라.

$$\eta_p \equiv \frac{2}{1 + V_e/V_\infty}$$

9.16. 예제 9.3에 주어진 조건에서 작동하는 터보젯 엔진에 대해서 문제 9.15에 정의되어 있는 추진 효율을 계산하라.

9.17. 문제 9.15에서 정의된 추진 효율을 이용하여 왜 프로펠러가 가장 효율이 좋은 추진 장치인지, 로켓 엔진이 가장 작은 효율을 보이는지, 가스 터빈 제트 엔진의 효율은 그 사이에 있는지에 대해 논해라.

9.18. 주어진 터보젯 엔진의 압축기를 통과하는 압력비는 11.7이다. 압축기로 들어오는 공기의 온도는 $T_2 = 585°\text{R}$이다. 압축기를 통과하는 질량 유량은 200 lb_m/s이다. 압축기를 들어오고 나가는 유동의 속도는 동일하다고 가정하고, $V_2 = V_3$로 표현한다. 압축기에 의해 제공되는 동력을 계산해라(마력의 단위를 사용). **힌트**: 압축기의 일은 가스가 입구(지점 2)와 출구(지점 3) 사이를 통과할 때 발생하며, 식 4.42에서 주어진 에너지방정식은 압축 일을 포함하도록 다음과 같이 수정된다:

$$c_p T_2 + V_2^2/2 + w_c = c_p T_3 + V_3^2/2$$

여기서 w_c는 가스의 단위질량당 압축기의 일이다.

9.19. 문제 9.18과 동일한 엔진에서 연료가 주입되고 연소실에서 연소가 되고 있다. 연소실 출구의 가스의 온도는 2,110 °R이다. 1파운드당 열 방출량이 1.4×10^7 ft × lb/lb_m인 연료일 때, 연료 소비량을 lb_m/s의 단위로 구하라.

9.20. 터빈이 압축기를 구동하는 동력을 제공하는 간단한 터보젯 엔진을 생각해보자. 문제 9.18과 9.19의 동일한 엔진에 대하여 터빈에 들어가는 가스의 온도와 연소실을 나오는 가스의 온도가 동일하게 $T_4 = 2110°\text{R}$이다. 기계적 손실이 없다고 가정하면, 터빈에 의해 제공되는 일은 압축기에 의해 수행된 일과 동일하다. 터빈으로 들어오는 유속과 터빈을 빠져나가는 유속이 $V_4 = V_5$로 동일하다고 가정한다. 터빈을 빠져나가는 가스의 온도를 계산하라.

9.21. 문제 9.18~20까지와 동일한 엔진에서 노즐을 출구 압력이 2,116 lb/ft²이다. 압축기의 입구에서의 압력 또한 2,116 lb/ft²이다. 노즐 유입 속도는 1,500 ft/s이다. 노즐 출구 속도를 계산하라.

9.22. 문제 9.21과 동일한 엔진에서 노즐 출구 속도의 마하수를 계산하라. 이 결과로부터, 이 엔진을 사용할 수 있는 항공기의 유형을 마하수에 기반하여 언급하라.

9.23. 문제 9.18~22에서 우리는 주어진 터보젯 엔진을 통한 유동의 경로를 통해 우리의 방법을

알아 보았다. 마지막으로, 36,000 ft의 표준 고도에서 마하 2로 추진되는 초음속 비행기 엔진을 고려하라. 엔진에 의해 생성되는 추력을 계산하라. 노즐 출구의 직경은 28 inches이다. 주: 문제 9.18~9.23에서 다룬 엔진은 가상의 엔진이다. 그러나, 이것은 F-4 Phantom II 와 B-58 Hustler 초음속 항공기의 동력으로 사용되던 General Electric J79 터보젯에 기초를 두고 있다.

9.24. 제트 엔진의 비추진력(specific thrust)은 엔진을 통과하는 가스의 단위 중량당 추력으로 정의된다(이는 로켓 엔진의 비추력 정의와 유사하다). 문제 9.23의 엔진에 대한 비추진력을 계산하라. 연료 흐름의 중량은 공기 흐름 중량에 비해 매우 작기 때문에 무시한다.

9.25. 스크램젯 연소실에 들어오는 공기의 온도는 2,800°R으로 제한되어 있다. 이 온도 이상이 되면, 공기의 해리와 연료의 분해로 인해서 사용가능한 에너지가 감소하고 추력이 줄어들기 때문이다. 130,000 ft의 고도에서 마하 수 10으로 비행하는 초음속 비행체의 스크램젯을 고려하자. 연소실에 들어가기 전에 감속이 가능한 흡입구에서의 가장 작은 마하 수를 구하여라.

9.26. 다시 문제 9.25의 극초음속 비행체가 마하수 20으로 비행할 때를 고려한다. 비행 조건에서 연소실에서 발생될 유동조건의 심각성을 논하여라. 문헌에 따르면, 마하 10 이상에서 스크램젯 엔진의 사용은 심각한 기술적 문제에 직면한다.

CHAPTER 10

극초음속 비행체

Hypersonic Vehicles

최근 항공기와 유도탄의 개발 과정에서 새롭고 많은 공기역학적 문제들이 중요해졌다. 이 문제들의 대부분은 매우 큰 비행 속도 때문에 발생하고 초음속 비행에서 발생하는 문제와는 물리적으로 다른 것들이다. "극초음속"이라는 용어는 음속보다 매우 큰 비행 속도에서 발생하는 유동장, 현상, 문제점들이 대부분의 보통 초음속의 비행 속도에서 발생하는 것들과 상당히 다르다는 점을 표현하기 위해 사용된다. 극초음속 유동에서 새로운 특성이 발현하기 때문에, 잘 정립된 "초음속"이라는 용어와 다른 새로운 용어를 사용하게 되는 것이다.

Wallace D. Hayes and
Ronald F.Probstein, 1959

10.1 개요

장면: 대형 제트항공기를 위한 보통의 공항은 미국 어디에나 있다. **시기:** 21세기. **배우:** 일할 준비가 된 승무원. **행동:** 액체 수소 연료로 가득 채워진 항공기가 활주로 끝에 주차되어 있다. 승무원에게 지시가 떨어지고 공항터미널에서 활주로 끝에 대기하고 있는 유연하고 다트화살 같은 비행기로 이동한다. 30분 내로 항공기는 보통 비행기처럼 이륙한다. 이륙하자마자 강력한 공기흡입 엔진이 항공기를 마하수 1 이상으로 급속히 가속한다. 마하수 5에서 초음속 연소 램젯(supersonic combustion ramjet) 엔진(9.7절과 그림 9.26)이 작동하고 항공기는 밀도가 낮은 대기를 통해 가속을 계속한다. 마하수 10, 마하수 15, 마하수 20. 마하수 25에 도달했을 때 고도는 여전히 200,000 ft 이내의 대기 중이고, 비행체는 지구 주위를 회전하는 궤도에 진입할 충분한 운동에너지를 가지고 있다. 공항을 떠난 이후 공기흡입 추진 일단의 동력으로 이러한 일이 수행된다. 상승 중에 로켓이나 중간 추진장치가 비행체에서 분리되어 지구로 떨어져 나가지 않는다. 이 항공기를 간단히 **단단식**(SSTO: *single-*

미리보기

PREVIEW BOX

미래의 비행은 어떠할까? 비행의 지난 한 세기를 돌아봄으로써 다음 세기의 비행을 기대할 수 있을 것이다. 저자는 비행의 미래가 실제로 매우 밝다고 느낀다. 현재의 비행에서 달성한 것은 간단히 미래 비행체의 기술과 설계에서 더 큰 진보를 위한 디딤돌이다. 이 책의 독자들은 미래에 매우 흥미로운 도전을 마주할 것이고, 여러분의 대다수는 오늘날 상상할 수 없는 미래 항공기와 우주 비행체에 기여하게 될 것이다.

이러한 도전 중의 하나는 대기 중을 오랜 기간 극초음속 비행하는 실용적 항공기를 개발하는 것이다. 극초음속 비행은 마하수 5 이상에서 비행하는 것으로 느슨하게 정의된다. 극초음속은 더 빠르게, 더 높이, 더 멀리 날고자 하는 인류의 궁극적 욕망을 표현한다. 21세기에 이 책의 독자 대부분은 이러한 미래의 물결을 탈 기회를 가질 것이다.

매우 큰 마하수로 비행하는 항공기의 공기역학적 유동은 극적인 변화가 발생한다. 비행체 표면에 작용하는 압력은 엄청나게 클 수 있는데, 얼마나 클까? 이 압력의 크기를 어떻게 계산할 수 있을까? 더 중요한 것은 많은 극초음속 유동에서 발생하는 매우 높은 온도이다. 유동은 얼마나 뜨거울까? 이 높은 온도는 유동과 비행체에 어떤 영향을 줄까? 이런 고온에서 공기의 화학적 조성이 변할까? 이 답을 이 장에서 찾아보라.

극초음속 비행체와 관련된 공기역학, 비행동역학, 추진, 구조에 대한 요구사항은 보통의 항공기보다 훨씬 더 심각하다. 이것들은 실용적이고 유지가능한 극초음속 비행체를 현실에 구현하기 전에 풀어야 할 기술적 도전 문제들이다. 이 책의 앞쪽에서 확신을 가지고 언급한 것처럼 이 책의 독자들은 21세기 초에 성공적인 2세대 초음속 여객기를 설계하는 데 기여할 기회를 가지게 될 것이다. 여러분 중 몇몇은 벅찬 기술적 문제들을 해결하는 것을 돕게 될 것이고, 실용적인 극초음속 항공기를 설계하는 데 참여하게 될 것이라는 점도 똑같이 확신한다. 나는 반드시 일어날 것이라 믿는다. 이 책을 읽고 미래를 향해 두 눈을 크게 떠보자.

stage-to-orbit) **비행체**라 부른다. 참신한 비행인가? 공상과학같은 환상인가? 저자는 그렇게 생각하지 않는다. 묘사한 개념은 **대기를 넘나드는 항공기**의 개념이다. 현 시대에 이런 개념은 미국에서 **우주항공기**(*aerospace plane*)라 명명되어 추진되는 항공우주 프로그램을 포함하여 전 세계 5개국에서 활발히 개발 중에 있다. 그림 10.1은 그런 우주항공기의 개념을 예술적으로 그린 그림이다. 그런 비행체의 마하수에 따른 비행 궤적이 그림 10.2에 도시되었다. 우주항공기의 상승 비행 궤적은 우주 왕복선의 상승이나 진입보다 낮은 곳에서 발생하는데, 우주선이 공기가 존재하는 대기권 내에 존재해야 하는 이유를 나타낸다. 우주항공기의 공기흡입식 엔진은 비행체가 궤도속도(orbit velocity)까지 가속하기에 충분한 추진력을 만들기 위해서는 공기가 존재하는 대기권에 있어야 하기 때문이다. (몇몇 최신 설계 개념은 마하수 12부터 14에 도달하는 데 공기흡입식 추진장치를 사용하고, 궤도 비행 시 로켓 추진을 이용한다.) 이 비행체는 **극초음속** 비행체의 미래를 표현하는 예인데, 즉 음속보다 다섯 배 이상 빠르게 비행하도록 설계된 항공기이다. 이런 극초음속 비행체가 이 장의 주제이다.

대기권을 넘나드는 이런 비행체가 성공적으로 날 때, 그것은 결코 최초의 극초음속 비행체는 아니다. 기계장치가 최초로 마하수 5 이상으로 비행한 것은 1949년 2월 24일인데, 독일 구형 V-2 로켓의 상단에 장착된 WAC 2단 로켓이 뉴멕시코 White Sands에서 발

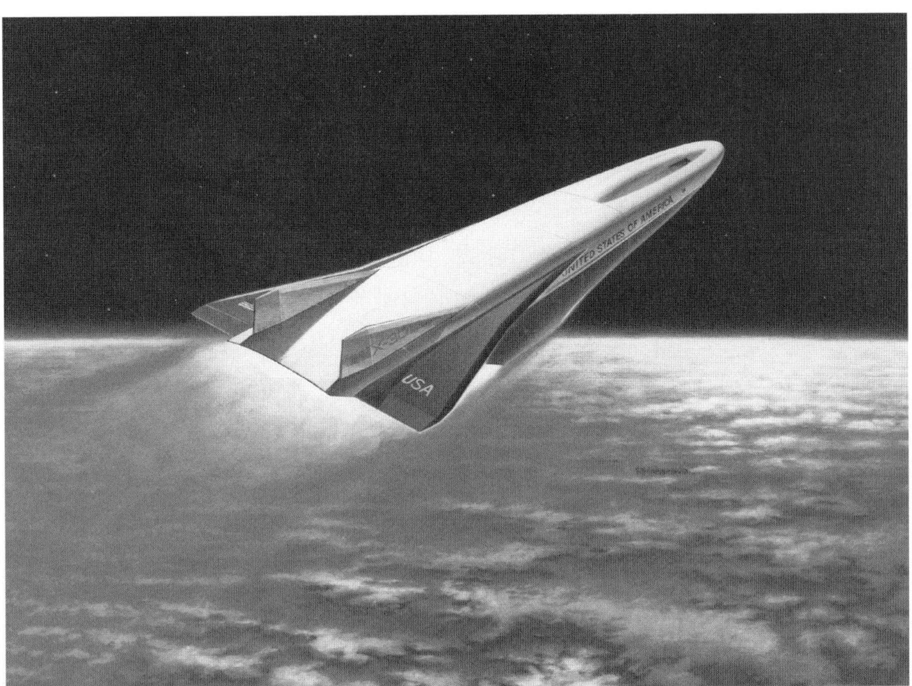

그림 10.1 1985~1995년 동안 미국의 기술개발 프로그램인 NASP (National Aerospace Plane)의 개념도
(자료출처: *NASA*)

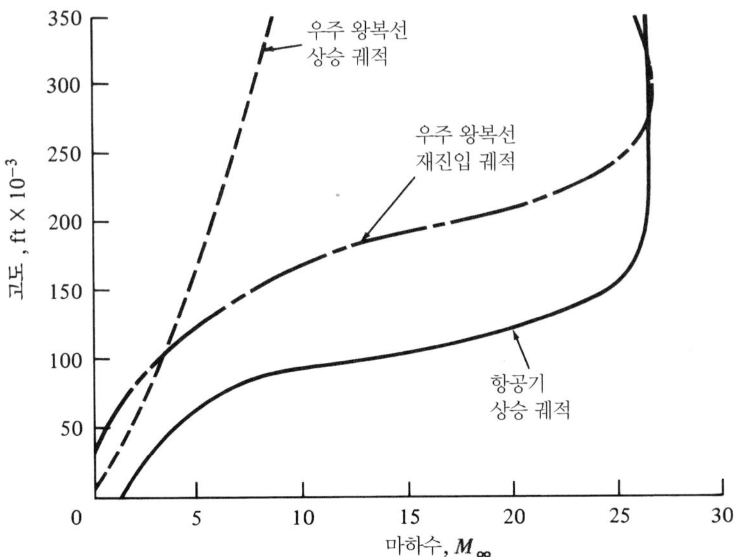

그림 10.2 우주 왕복선의 상승과 재진입 시 비행 궤적과 우주항공기의 상승 궤적 비교

사되고 대기에 다시 진입할 때 최고 속도가 5,150 mi/h 였다. (자세한 내용은 참고문헌의 Anderson 참조) 1950년대까지 대륙간 탄도미사일은 선두부 재진입 시험비행 당시 마하수 25로 비행하였다. 1961년 4월 12일, 러시아 우주 비행 선장 Yuri Gagarin은 지구 궤도를 비행한 최초의 사람이 되었다. 이때 그는 재진입 시 마하수 25의 극초음속 비행을 경험하였다. 같은 해 6월 23일, X-15 극초음속 시험기(그림 5.89 참조)는 비행상태에서 최초로 마하수 5를 돌파하였다. 1969년과 1970년 초, 아폴로 달 탐사선이 지구 대기로 진입할 때 무려 마하수 36에 도달하였다. 그래서 1949년 이래로 극초음속 비행이 실제로 이루어져 왔다고 말할 수 있는 것이다.

이 장의 도입부에서 질문으로 제시하듯이 극초음속 공기역학과 극초음속 비행체의 형상이 가지는 효과는 낮은 초음속 영역에서는 명백히 다르다. 이 장의 목적은 극초음속 유동의 물리적 특성을 간단히 묘사하는 것, 극초음속 비행체의 압력 분포를 예측하는 간단하지만 근사적인 공기역학 이론을 세우는 것, 마지막으로 이런 비행체의 성능과 설계 특성을 살펴보는 것이다. 항공우주공학 입문에 이 장을 포함함으로써 과거에 극초음속 비행의 중요성을 인식하고 미래에 지속적으로 중요성이 증대할 것임을 강조하고자 한다.

그림 10.3은 이 장의 로드맵이다. 간단하다. 주어진 주제의 근본 물리학을 강조한 다른 장에서와 마찬가지로 먼저 극초음속 유동의 물리적 특성 일부를 살펴본다. 다음으로 1687년 뉴턴이 유체역학을 다룬 *Principia*에 기초하여 뉴턴 역학의 특별한 결과, 뉴턴의 사인제곱 법칙을 살펴본다. 이 법칙은 극초음속 비행체 표면의 압력 분포를 추정하는 데 유용하다. 이 장은 극초음속 항공기의 공기역학적 특성 몇 가지를 토론하는 것으로 마친다. *Wave rider*라 불리는 극초음속 항공기 형상의 새로운 개념도 알게 될 것이다.

10.2 극초음속 유동의 물리적 현상

극초음속 공기역학은 마하수 5 이상의 고속 비행영역에 관한 공기역학이라는 정의가 일반적으로 통용되더라도, 이것은 주먹구구에 불과하다. 유동이 $M = 4.99$에서 $M = 5.01$으로 가속될 때 녹색등이 적색이 되는 것 같은 순간적인 변화가 전혀 없다. 정확히 $M = 5.0$에서 시작되는 특별한 현상은 없다. 반면, 유동이 음속 $M = 1.0$을 지날 때는 확연한 변화가 발생한다. 대신 마하수가 증가함에 따라 어떤 물리적 유동 현상이 급속도로 중요해지는 고마하

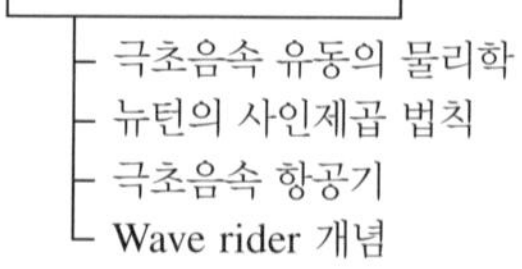

극초음속 비행체
- 극초음속 유동의 물리학
- 뉴턴의 사인제곱 법칙
- 극초음속 항공기
- Wave rider 개념

그림 10.3 제10장의 로드맵

수 유동 영역으로 극초음속 유동을 정의하는 것이 최선이다. 어떤 경우 하나 또는 둘 이상의 물리현상이 마하수 3 이상부터 중요해지기도 하고, 반면 어떤 경우에는 마하수 7 이상까지도 발현되지 않을 수 있다. 그러므로, 마하수 5 이상의 유동으로 극초음속 유동을 정의하는 것은 명백히 주먹구구에 불과하다.

이 절은 극초음속 유동의 중요한 물리적 현상을 설명한다. 어떤 면에서 이 절의 전체가 극초음속 유동의 정의를 이루게 될 것이다. 극초음속 유동을 더 속도가 낮은 초음속 유동과 구별짓는 다섯 가지 주요 현상을 다음에서 설명한다.

10.2.1 얇은 충격파층

서로 다른 두마하수에서 뾰족한 쐐기 위의 유동을 고려하라: (1) $M_\infty = 2.0$인 초음속 유동, (2) $M_\infty = 20$인 극초음속 유동. 그림 10.4*a*와 *b*는 이 두 경우의 충격파와 유선을 보여준다. 5.11절에서 설명하였듯이, 두 경우 모두 직선의 경사 충격파가 쐐기의 앞전에서 방출될 것이다. 충격파 앞의 자유류에서 직선의 수평한 유선은 불연속이지만 일정하게 쐐기 표면에 평행하게 방향을 바꿀 것이다. 그런데, 마하수 2에서 충격파각은 53.5도로 큰 반면, 마하수 20에서는 그 각이 25도로 훨씬 작다. 충격파와 물체 표면 사이의 유동을 **충격파층**(*shock layer*)이라 하고, 극초음속에서는 충격파층이 **얇은 것**을 그림 10.4에서 볼 수 있다. 극초음속 유동의 특성은 충격파가 표면에 매우 가까워서 얇은 충격파층이 생기는 것이다. 이로 인해 물리적으로 복잡한 현상이 발생한다. 예를 들어, 낮은 레이놀즈수에서 물체 표면의 경계층은 꽤 두껍게 자랄 수 있는데, 얇은 충격파층의 두께만큼 자랄 수 있다. 즉 경계층과

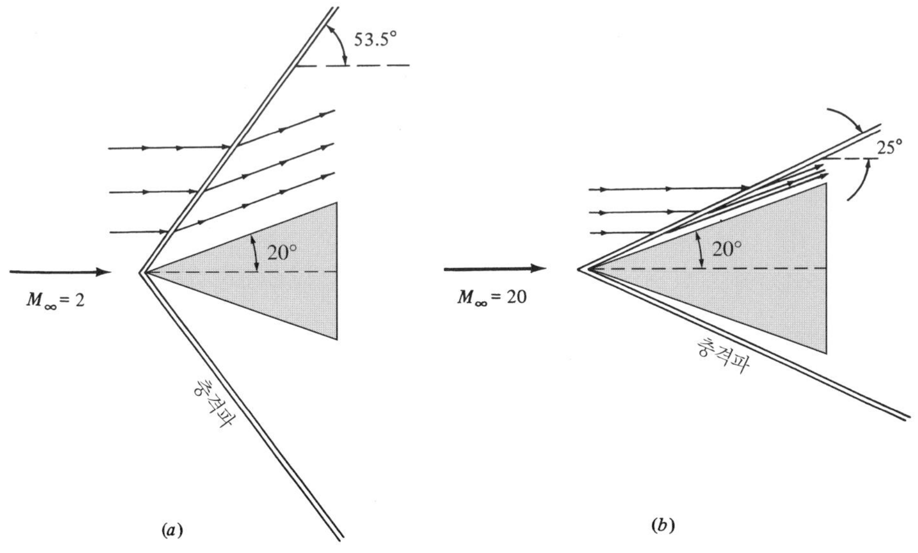

그림 10.4 20도 쐐기 위의 충격파와 유선 분포. 극초음속 유동의 특징이 얇은 충격파층임을 보여줌

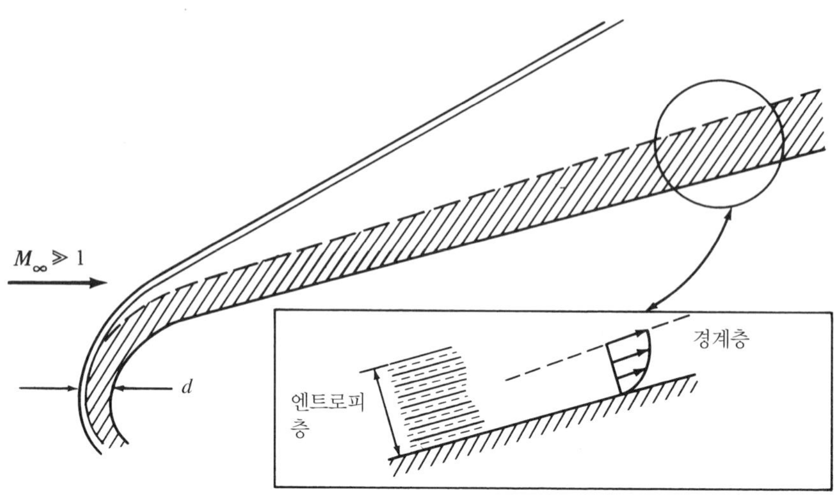

그림 10.5 앞이 무딘극초음속 물체의 엔트로피층

충격파층이 통합되어 **완전히 점성인 충격파층**(*fully viscous shock layer*)이 발생한다. 그런데, 충격파층이 얇다는 사실은 극초음속에서 표면압력을 예측하는 간단한 공기역학 이론을 개발하는 근간이 되기도 한다. 10.3절에서 다시 살펴보도록 하자.

10.2.2 엔트로피층

앞이 무딘 물체 위의 극초음속 유동을 고려하라(그림 10.5). 그림 4.28의 사진과 일치하도록 앞이 무딘 물체의 충격파는 그림 10.5에서 **충격파 분리거리**(*detachment distance*) d만큼 약간 떨어져 있다. 무딘 앞전의 하류로 충격파가 굽어 있고, 극초음속에서는 물체 자체를 감싼 모양이 된다. 충격파층은 매우 얇고 충격파는 크게 굽어 있다. 이 강한 충격파 곡률은 선두부에서 충격파 뒤 유동에 큰 속도구배를 야기한다. 이 큰 속도구배는 유동에 큰 열역학적 변화를 동반한다. 이 강한 구배가 존재하는 영역을 **엔트로피층**(*entropy layer*)이라 부르고,[1] 물체 표면 가까이를 따라 후방까지 확대된다. 선두부의 후류에서 엔트로피층은 표면을 따라 자라나는 경계층과 상호작용한다. 이 작용은 표면의 공력가열(aerodynamic heating)을 증가시키는데, 엔트로피층을 고려하지 않고 예측한 공력가열보다 더 큰 가열이 발생한다. 초음속에서 선두부 충격파 또한 굽어 있지만, 곡률의 크기가 극초음속에 비하면 매우 작다. 엔트로피층의 강도는 충격파 곡률과 연관되기 때문에, 엔트로피층의 효과는 주로 극초음속 현상으로 간주된다.

[1] 이 책에서 정의하지는 않았지만, 엔트로피는 4.6절에서 언급한 열역학적 상태 변수이다. 열역학에서 자세히 다룰 것이다. 그림 10.5에 보이는 엔트로피층 전체에서 매우 크게 변화하는 양이라는 점만 말해도 충분할 것이다.

10.2.3 점성 상호작용

4.16절에서 층류 경계층의 두께는 레이놀즈수의 제곱근에 반비례함을 보였다. 더불어 압축성 유동에서 경계층의 두께는 마하수 제곱에 비례함을 보였다. 즉,

$$\delta \propto \frac{M^2}{\sqrt{\mathrm{Re}}}$$

결론적으로 극초음속 유동의 높은 마하수에서 δ는 매우 클 수 있다. 사실 높은 고도와 높은 마하수에서 비행하는 극초음속 비행체의 경우, (그림 10.2의 오른쪽 위 부분) 경계층 두께는 매우 커서 경계층 밖의 **비점성 유동**(*inviscid flow*)이 크게 영향을 받을 수 있게 된다. 이러한 현상을 **점성 상호작용**(*viscous interaction*)이라 한다. 두꺼운 경계층은 바깥은 비점성 유동에 영향을 주고, 비점성 유동의 변화는 경계층의 발달에 다시 영향을 돌려주는 과정이다. 극초음속 비행체에서 점성 상호작용의 실제적 결과는 표면압력과 마찰을 증가시켜서 항력과 공력가열을 크게 만든다. 예를 들어, 그림 10.6에 도시된 뾰족한 평판 위의 극초음속 유동을 생각하라. 유동이 비점성이라면, 평판 위 압력 분포는 자유류의 압력 p_∞과 같은 일정한 값이 될 것이다. 그림 10.6에 점선으로 표시되어 있다. 그런데, 실제 평판 위 점성 유동에서는 경계층이 표면에 존재한다. 극초음속에서 이 경계층은 상당히 두꺼울 수 있다. 그래서, 바깥 비점성 유동은 더 이상 평판만을 인식하지 못하고, 두꺼운 경계층을 포함한 어떤 유효두께(effective thickness)를 가진 물체로 평판을 인식하게 될 것이다. (경계층

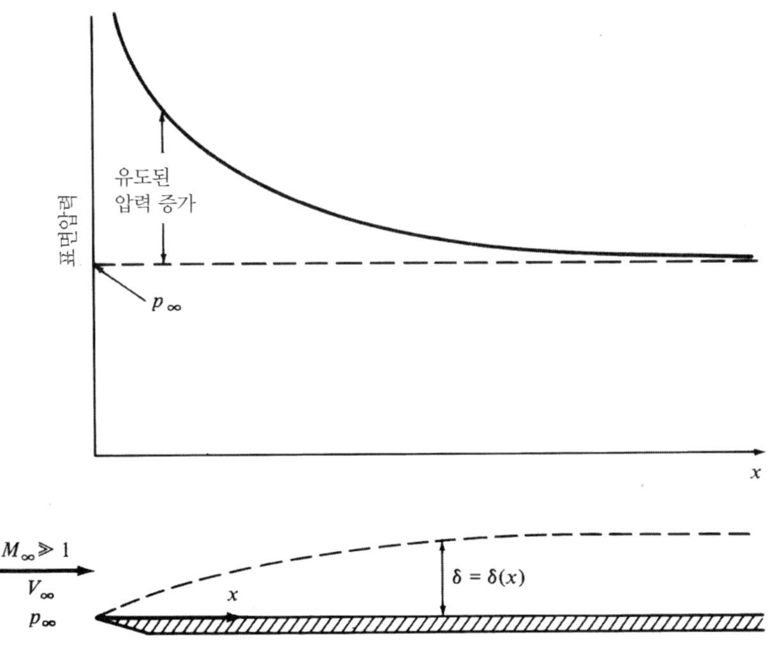

그림 10.6 극초음속 평판의 점성 상호작용층

용어에서, [경계층이 물체에 더해진 효과를 나타내는 유효두께를 **배제두께**(*displacement thickness*)라 부른다.] 이어서, 평판에 작용하는 실제 압력은 p_∞보다 크다. 점성 상호작용으로 유도된 표면압력은 앞전 근처에서 매우 높아질 수 있고, 뒤로 갈수록 낮아진다. 그림 10.6의 실선으로 이러한 변화를 그렸다. 그림 10.6의 두 곡선 간의 차이를 **유도압력 증분**(*induced pressure increment*)이라 부른다. 극초음속 비행체 앞전의 유도압력은 일반적으로 압력항력을 증가시킨다.

10.2.4 고온 효과

고마하수 유동은 고에너지 유동이다. 기체 내부에너지에 대한 운동에너지의 비는 마하수의 제곱에 비례해 증가한다. 기체 단위 질량당 내부에너지와 운동에너지의 비를 계산하면 쉽게 알 수 있다.

$$\frac{V^2/2}{e} = \frac{V^2/2}{c_v T} = \frac{\gamma-1}{2}\frac{V^2}{RT} = \frac{\gamma(\gamma-1)}{2}\frac{V^2}{a^2} = \frac{\gamma(\gamma-1)}{2}M^2 \tag{10.1}$$

그러므로, $M_\infty = 20$인 극초음속 자유류는 내부에너지의 112배만큼 큰 운동에너지를 가지고 있다. 그런데, 이 유동이 경계층으로 들어올 때, (그림 10.6의 평판에서처럼) 마찰의 효과로 인해 느려진다. 그런 경우 운동에너지는 급격히 감소하고 내부에너지의 한 부분으로 전환되어 내부에너지를 크게 만든다. 기체 온도는 내부에너지에 비례하므로, 온도 또한 급격히 증가한다. 그래서, 극초음속 경계층은 운동에너지의 점성 소산(viscous dissipation)으로 인해 고온의 유동이 된다. 고온이 발생하는 또 다른 영역은 그림 10.5의 강한 궁형 충격파 뒤 충격파층이다. 이 경우 유동 속도는 충격파를 지나면서 불연속적으로 감소한다. 잃어버린 운동에너지는 내부에너지에 더해지고 충격파 뒤의 온도를 증가시킨다. 그러므로, 앞이 무딘 물체의 강한 궁형 충격파 뒤 충격파층은 고온의 영역이다.

높은 온도는 유동에 화학반응을 일으킨다. 예를 들어, $T > 2000$ K인 공기에서는 산소분자가 해리(dissociation)될 것이다.

$$O_2 \rightarrow 2O$$

$T > 4000$ K인 경우, 질소분자가 해리되고,

$$N_2 \rightarrow 2N$$

이 온도 영역에서 산화질소가 형성된다.

$$N_2 + O_2 \rightarrow 2NO$$

또한 이온도 생성된다.

$$N + O \rightarrow NO^+ + e^-$$

더 높은 온도에서 원자들도 이온화되는데, 예를 들어 $T > 9000$ K에서,

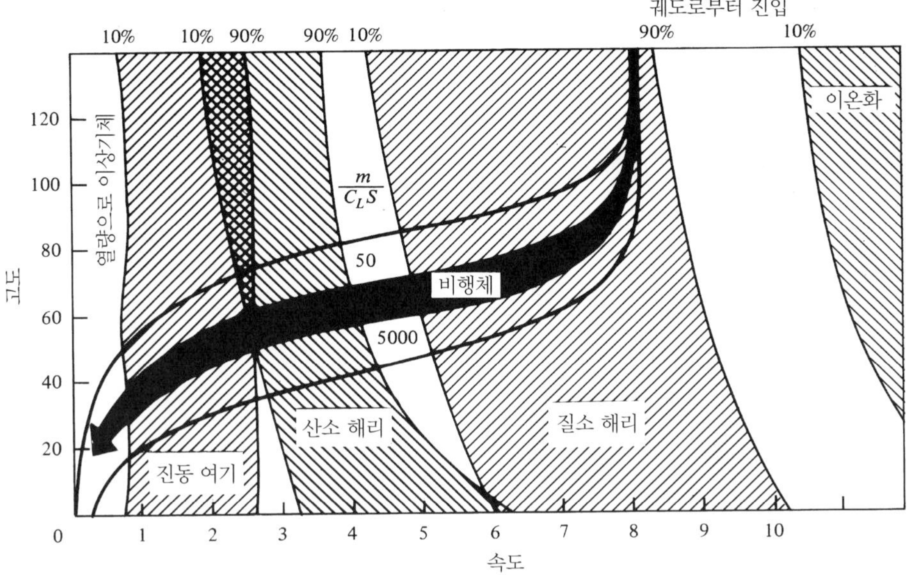

그림 10.7 앞이 무딘 극초음속 비행체에서 다양한 화학반응이 중요함을 보여주는 속도-고도 지도

$$\mathrm{O} \rightarrow \mathrm{O}^{+} + e^{-} \qquad \mathrm{N} \rightarrow \mathrm{N}^{+} + e^{-}$$

극초음속 유동은 종종 화학반응 유동이 될 수 있음이 명백하다. 더불어, 이러한 화학반응은 유동장의 특성을 변화시키고 표면의 공력가열에 영향을 준다. 이러한 고온 특성은 아마도 극초음속 유동의 가장 지배적인 특성일 것이다. 극초음속 유동의 자세한 연구와 분석을 위해서는 이에 대한 고려가 반드시 필요할 것이다.

이 점을 강조하기 위해서 그림 10.7의 속도-고도 선도는 재진입 비행체의 비행 궤적을 보여준다. 비행체 선두부에서 발생하는 다양한 화학반응이 발생하는 영역이 이 지도에 중첩되어 있다. 대부분의 재진입 비행 궤적이 화학반응 유동과 관련되어 있음을 명확히 볼 수 있다.

그림 10.8은 앞이 무딘 물체 주변의 유동장에서 화학종(chemical species)의 전형적인 변화과정을 보여준다. 물체 형상, 충격파 형상, A와 B로 표시된 두 유선이 그림 10.8a에 도시되어 있다. 고도 250,000 ft에서 $V_\infty = 23{,}000$ ft/s일 때의 결과이다. 물체의 선두부 반경은 약 0.5 ft이다. 그림 10.8b는 유선 A와 B를 따른 산소와 질소 원자의 농도 변화를 유선 거리 s의 함수로 나타낸 그래프이다. 충격파 뒤에서 해리가 급격히 진행되고 충격파 층에서 산소와 질소 원자가 많이 생성됨에 주목하라.

10.2.5 저밀도 유동

이 책 전체에서 다루는 공기는 연속체(continuous medium)이다. 여러분이 공기 중에 손을

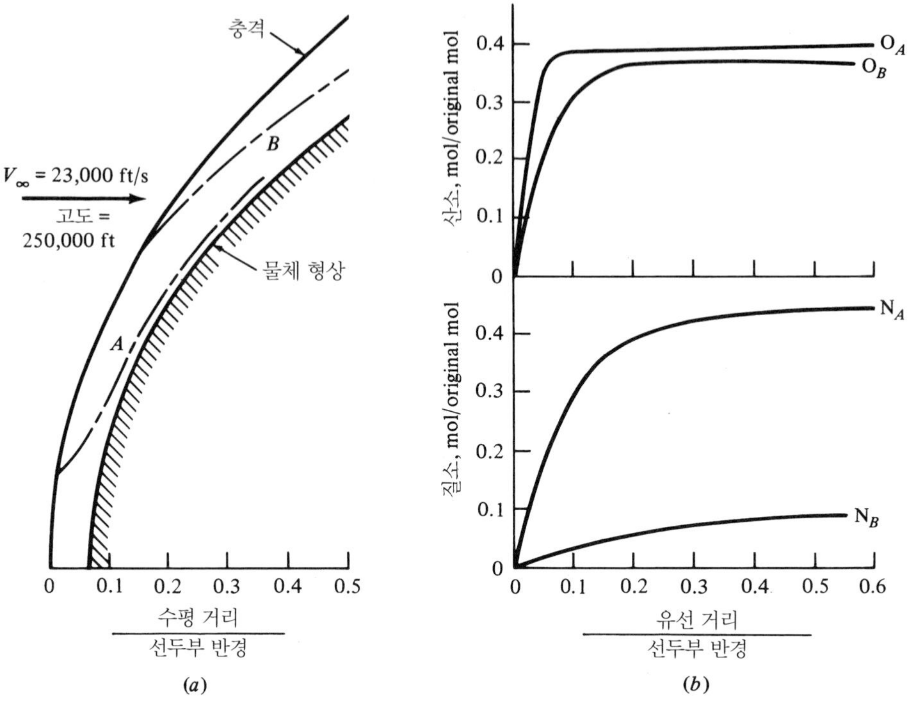

그림 10.8 (*a*) 앞이 무딘 물체의 극초음속 유동, (*b*) 두 유선을 따른 산소와 질소 원자의 농도 변화. 세로축의 농도는 충격파 이전 공기의 원래 몰수에 대한 질소 또는 산소의 몰수를 나타냄. (자료출처: J. G. Hall et al., "*Blunt Nose Inviscid Airfl ows with Coupled Nonequilibrium Process*," Journal of the Aeronautical Sciences, vol. 29, no. 9, Sept. 1962, pp. 1038 - 1051. Copyright © 1962 by Rolls-Royce PLC. All rights reserved. Used with permission.)

흔든다면, 공기를 연속된 물체로 느낄 것이다. 그러나 여러분이 고도 300,000 ft에 올라가서 손을 흔든다면, 공기를 연속적으로 느끼지 못하게 된다. 여러분의 손바닥에 공기 분자 하나하나가 부딪히는 것으로 느끼게 될 것이고, 공기는 분명한 입자(분자, 원자, 이온 등)의 형태로 구성된 것처럼 보일 것이다. 이 경우 공기는 더 이상 연속체가 아니고, 어떤 특별한 거동을 보이는 저밀도(low density)의 기체이다. 더 자세히 이 상황을 살펴보자.

여러분 주위의 공기는 자유롭게 움직이는 독립된 분자, 주로 산소와 질소 분자로 이루어져 있다. 이 분자들 중 하나를 고립시켜 운동을 볼 수 있다고 상상하라. 이 분자는 어떤 거리를 움직이고 이웃한 분자 중 하나와 충돌할 것이다. 다시 어떤 거리를 움직여서 또 다른 분자와 충돌하게 되는 무질서한 운동을 지속할 것이다. 충동하는 거리가 각기 다르겠지만, 이어지는 충돌의 거리를 평균해서 보면 **평균**거리가 있을 것이다. 이 평균거리를 **평균자유경로**(*mean free path*) λ라 정의한다. 표준 해수면 조건에서 공기의 경우 $\lambda = 2.176 \times 10^{-7}$ ft로 매우 짧다. 해수면에서 공기 중에 손을 흔들면, 공기를 **연속체**(*continuum*)로 "느끼게" 됨을 의미한다. 이제 고도 342,000 ft 상공에 있다고 상상하라. 공기의 밀도는 해수면에서보다 매우 낮고, 결과적으로 평균자유경로는 매우 크다(고도 342,000 ft에서 $\lambda = 1$

ft). 여기서 공기 중에 손을 흔들면 개별 분사의 충돌을 느낄 수 있을 것이다. 연속된 물질이 아니고 독립되어 넓은 공간에 뿌려져 있는 입자로 공기를 느끼게 된다. 이러한 조건 하에서 연속체를 가정하고 수립된 공기역학의 개념, 방정식, 결과는 붕괴되고 만다. 다른 관점에서 공기역학을 접근해야 하고 기체 운동이론(kinetic theory)이 필요하다. 공기역학에서 다루는 이러한 영역을 **저밀도 유동**이라 부른다.

저밀도 효과가 주어진 공기역학적 문제에 유효한지 아닌지는 *Knudsen*수라 불리는 무차원 변수의 값을 살펴보면 알 수 있다. *Knudsen*수, K_n은 다음과 같이 정의된다.

$$K_n = \frac{\lambda}{l}$$

여기서 l은 유동의 특성 길이인데, 예를 들어 구의 지름이나 극초음속 비행체의 길이 등이다. 연속체 유동 조건은 $\lambda << 1$일 때, 즉 $K_n << 1$일 때 유효하다. 통상 $K_n < 0.03$이면 연속체로 간주한다. 정반대로 $\lambda >> 1$일 때, ($K_n > 10$) **자유분자**(*free-molecule*) **유동**이다. 자유분자 유동에서 물체 표면에는 작은 수의 분자 충돌만 발생한다. 게다가 유동장의 구조는 뚜렷하지 않게 된다. 예를 들어, 충격파는 매우 두꺼워서 근본적으로 충격파의 정체성을 상실한다. 공력계수와 표면 열전달계수는 K_n의 중요한 함수가 되고, (물론 마하수와 레이놀즈수를 포함) 유동의 모양이 상당히 바뀐다. 이러한 변화를 묘사하기 위해 극초음속에서 구의 항력계수가 거의 1인 예제 8.3을 떠올려 보라. 이것은 연속체 결과, 즉 $K_n << 1$인 상태이다. 그런데, K_n이 증가함에 따라 C_D도 급속히 증가한다. 그림 10.9에서 보듯이, $K_n >$ 10인 자유분자 조건에서 약 2.0에 수렴함을 볼 수 있다.

저밀도 유동은 극초음속 유동의 본질적인 부분이 아니기 때문에, 이 논의는 극초음속 유동 정의의 주요 부분이 아니다. 그럼에도 불구하고, 극초음속 비행체는 자주 매우 높은 고도를 날고 저밀도 조건을 경험한다. 그래서, 극초음속 비행체의 설계와 해석에서 종종 저밀도 유동을 고려할 필요가 있다. 예를 들어, 우주 왕복선의 선두부 반경은 약 1 ft이다. 그러므로 고도 342,000 ft에서 반경을 기준으로 한 크누센수, $K_n = \lambda/R$은 거의 1이 된다. 결국, 우주 왕복선의 선두부 유동은 약 300,000 ft의 고도에서 저밀도 효과를 경험한다. 더 높은 고도에서는 비행체 전체에 효과가 작용할 것이다. 그림 10.2를 잠시 살펴 보면, 재진입하는 우주 왕복선에서 가장 중요한 공기역학은 대부분 고도 300,000 ft 아래에서 일어나고, 그래서 저밀도 효과는 우주 왕복선의 성능을 결정하는 핵심이 되지는 못한다. 그런데, 차세대 우주항공기는 높은 고도에서 임무의 상당 부분을 수행할 것이므로 저밀도 효과는 더 중요해질 것이다.

10.2.6 요점

반복해서 말하는 것이지만, 극초음속 유동은 앞에서 논의 한 물리적 현상의 전부 또는 일부가 마하수가 증가함에 따라 중요해지는 속도 영역 유동으로 정의하는 것이 가장 좋다.

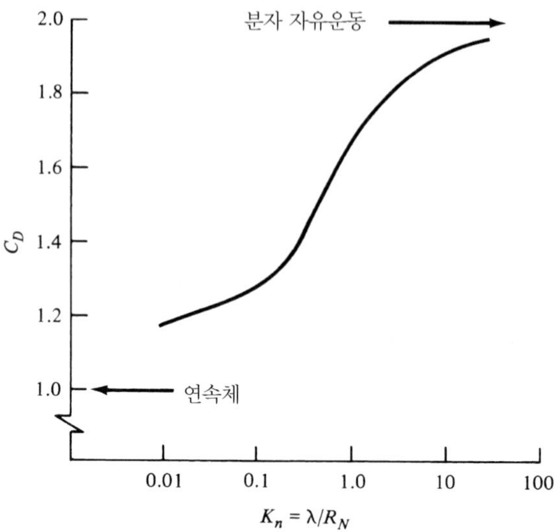

그림 10.9 Knudsen수에 대한 C_D의 변화:극초음속에서 구의 항력계수에 미치는 저밀도 효과.
(자료출처: *The curve shown is from calculation made by Dr. James Moss at the NASA Langley Research Center.*)

주어진 형상의 비행체에서 이러한 물리현상의 일부가 마하수 5 이하에서 발생하기 시작할 수도 있고, 어떤 비행체에서는 마하수 7 이상에서도 발생하지 않을 수 있다. 그러므로, 마하수 5 이상에서의 비행을 극초음속 유동의 정의로 사용하는 것은 간편한 경험법칙에 불과함을 다시 한번 지적하고 싶다.

10.3 극초음속 유동에 대한 뉴턴 법칙

1687년 Newton은 현대 고전 물리학의 기초를 다진 그의 유명한 저서 *Principia*를 출판했다. *Principia*의 두 번째 책은 유체역학에 관한 내용인데, Newton은 유체 유동에 관한 다음 모델을 구성하였다. 총에서 발사된 총알과 같이 유체를 입자의 균질한 직선 흐름으로 고려했다. 그림 10.10에 도시된 것처럼, 뉴턴은 흐름에 각도 θ만큼 경사진 면에 입자가 부딪히면 입자는 수직 방향 모멘텀을 표면에 전달하지만(즉, 힘을 가함), 표면에 평행한 모멘텀 성분은 유지된다고 가정하였다. 그래서, 입자들은 표면에 충돌한 후 표면을 따라 움직인다고 생각했다. 그림 10.10의 경사진 평판에 대해 입자가 충돌함으로써 사라진 수직 방향 모멘텀으로 인한 힘 N은 다음과 같이 계산된다. 표면에 수직한 자유류 속도 성분은 $V_\infty \sin\theta$이다. Newton의 모델에 따르면, 이것은 입자가 표면에 부딪혀 잃게 된 속도이다. 경사면의 면적 A은 유동에 수직한 단면적으로 투영되는데 그림 10.10에서 A sin θ와 같다. 4.1절에서 설명하였듯이 이 면적을 통과하는 질량 유량은 밀도, 속도, V_∞에 수직한 투영면적의 곱, ρVA이다. 식 (4.2)에 주어져 있다. 그러므로, 다음과 같이 말할 수 있다.

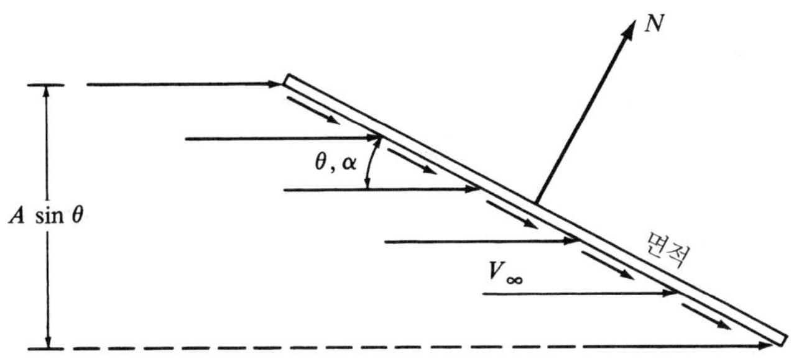

그림 10.10 뉴턴의 사인제곱 법칙 유도를 위한 모델

표면에 부딪히는 입자로 인한 모멘텀의 시간 변화율은 다음과 같다.

(질량 유량) × (속도 수직 성분의 변화량)

$$(\rho_\infty V_\infty A \sin\theta)(V_\infty \sin\theta) = \rho_\infty V_\infty^2 A \sin^2\theta$$

이어서 뉴턴의 제2법칙으로부터 표면에 작용하는 힘은 모멘텀의 시간 변화율이다:

$$N = \rho_\infty V_\infty^2 A \sin^2\theta \tag{10.2}$$

힘은 표면에 수직하게 작용한다. 식 (10.2)에서 단위 면적당 수직력은

$$\frac{N}{A} = \rho_\infty V_\infty^2 \sin^2\theta \tag{10.3}$$

이제 식 (10.3)의 단위 면적당 수직력 N/A의 물리적 의미를 공기역학의 현대적 지식으로 해석해 보자. 뉴턴의 모델은 표면을 향해 직선으로 평행한 경로로 움직이는 각 입자의 흐름을 가정하였다. 즉, 입자들은 완벽히 한 방향으로 직선 운동을 하고 있다. 입자의 불규칙한 운동은 없어서, 발사된 총알과 같이 반듯이 운동한다. 현대 물리학의 개념에 따르면, 움직이는 기체는 방향성을 가지고 불규칙한 분자운동을 한다. 4.11절에서 언급하였듯이, 정압은 (이 경우 자유류의 정압은 p_∞) 분자의 자유운동의 부산물이다. 뉴턴의 모델에서는 방향성만 있을뿐 자유운동이 고려되지 않았다. 그러므로, 뉴턴의 모델에서 입자의 방향 운동이 식 (10.3)의 단위 면적당 수직력 N/A을 만들 때, 이 단위 면적당 수직력은 p_∞를 기준으로 한 **압력차**로 이해되어야 한다. 그러므로 식 (10.3)은 다음과 같다.

$$p - p_\infty = \rho_\infty V_\infty^2 \sin^2\theta \tag{10.4}$$

이것은 식 (5.27)에서 정의한 압력계수 C_p로 표현될 수 있다.

$$\frac{p - p_\infty}{\frac{1}{2}\rho_\infty V_\infty^2} = 2\sin^2\theta$$

$$\boxed{C_p = 2\sin^2\theta} \tag{10.5}$$

이것이 유명한 뉴턴의 **사인제곱 법칙**이다. 이 식은 자유류의 방향과 어떤 점에서 표면에 평

행한 방향이 이루는 각이 θ일 때, 표면 위의 어떤 점에서 압력계수를 계산한다.

이것은 극초음속 비행, 심지어 일반적인 유체역학과 무슨 상관이 있다는 것인가? 식 (10.5)는 17세기 후반부터 사용되었는데, 이 때는 어떤 사람에게도 극초음속 비행에 대한 개념이 없던 시절이다. 유체역학에서 뉴턴의 공적은 물 위의 배와 같이 유체에서 움직이는 물체의 저항을 계산할 필요가 있었기 때문에 시작되었다. 물 위의 배에 대해서는 뉴턴의 사인제곱 법칙이 전혀 맞지 않았다. 문제점은 유동 모델 자체에서 비롯되었다(그림 10.10). 실제로, 액체의 유동이나 저속의 공기 유동에서는 유선이 직선도 아니고 물체에 부딪힐 때까지 평행한 것도 아니다. 실제로 유선은 물체의 훨씬 앞쪽에서부터 휘어지기 시작하고, 일반적으로 물체의 표면에 부딪히지도 않는다. (통상 정체점을 통과하는 유선 하나만 물체에 부딪힌다.) 이런 실제 유동 현상은 그림 2.6의 연기 사진에서 명확히 볼 수 있다. 그러므로, 식 (10.5)가 정확한 결과를 제시할 것으로 기대되지 않으며, 실제 이전에 논의한 아음속과 초음속 공기역학에서는 뉴턴의 사인제곱 법칙을 사용한 적이 없다. 그런데, 그림 10.4b에 그려진 극초음속 유동으로 돌아가 보자. 충격파층은 매우 얇아서 충격파 앞의 평행한 직선 유선은 표면에 부딪하고 표면에 평행하게 움직이는 것처럼 보여진다. 이것은 앞에서 설명한 뉴턴의 모델과 정확히 일치한다. 그러므로, 실제 극초음속 유동은 뉴턴 모델과 잘 들어맞고, 사인제곱 법칙은 극초음속 비행체 표면의 압력 분포를 추정하는 적절한 법칙이 된다. 그림 10.11에서 보듯, 실제로 이 말은 참이다. 그림 10.11은 마하수 4에서 포물선 형태의 축대칭 물체의 표면압력 분포를 나타낸다. 실선은 고속 컴퓨터를 이용해 저

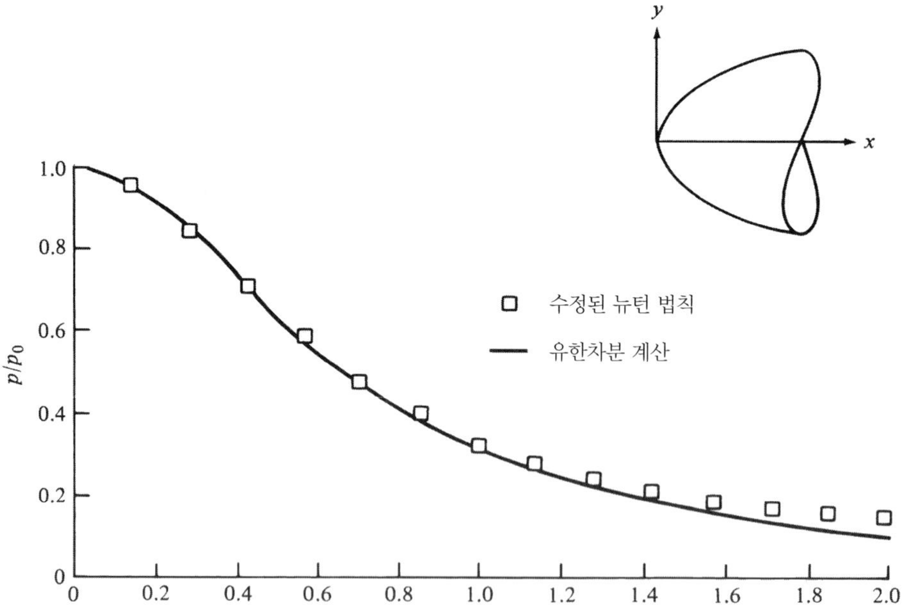

그림 10.11 마하수 4에서 포물선 축대칭 물체의 표면압력 분포. 수정된 뉴턴 법칙과 고속 컴퓨터로 계산한 유한차분 엄밀해
(자료출처: Anderson, Modern Compressible Flow: *With Historical Perspective, 3rd ed. McGraw-Hill, New York, 2003.*)

자가 얻은 유동장의 수치적 엄밀해이고, 작은 사각형은 사인제곱 법칙을 나타낸다. 이 결과는 식 (10.5)를 다음과 같이 약간 수정하여 얻었다. 극초음속 압력 분포를 예측할 때, 식 (10.5)의 자연수 2를 정체점에서의 압력계수, 즉 최대 압력계수 $C_{p,\max}$의 값으로 바꾸면 최선의 결과를 제시한다. 즉 **수정된 뉴턴 법칙**은

$$\boxed{C_p = C_{p,\max} \sin^2 \theta} \tag{10.6}$$

여기서

$$C_{p,\max} = \frac{p_{0,2} - p_\infty}{\frac{1}{2}\rho_\infty V_\infty^2}$$

여기서 $p_{0,2}$는 수직 충격파 뒤의 전압이고, Rayleigh 피토관 공식, 식 (4.79)로 주어진다. 그림 10.11의 사각형은 식 (10.6)에서 얻는다. 엄밀해와 매우 잘 일치하므로, 뉴턴의 사인제곱 법칙은 극초음속 응용문제에 유용하다.

그림 10.10으로 돌아가 뉴턴 이론을 이용해서 받음각 α의 평판에 대한 양력과 항력계수를 계산해 보자. 이 경우, 그림 10.10의 각 θ는 받음각이므로 α로 각을 통일할 것이다. 그림 10.10의 기하학에서,

$$L = N \cos\alpha \tag{10.7}$$

$$D = N \sin\alpha \tag{10.8}$$

식 (10.2)를 식 (10.7)과 (10.8)에 대입하면, 다음을 얻는다.

$$L = \rho_\infty V_\infty^2 A \sin^2\alpha \cos\alpha \tag{10.9}$$

$$D = \rho_\infty V_\infty^2 A \sin^3\alpha \tag{10.10}$$

양력과 항력계수로 식 (10.9)와 (10.10)을 표현하면,

$$C_L = \frac{L}{\frac{1}{2}\rho_\infty V_\infty^2 A} = 2\sin^2\alpha \cos\alpha \tag{10.11}$$

$$C_D = \frac{D}{\frac{1}{2}\rho_\infty V_\infty^2 A} = 2\sin^3\alpha \tag{10.12}$$

양항비는 다음과 같다.

$$\frac{L}{D} = \cot\alpha \tag{10.13}$$

식 (10.11)부터 (10.13)까지의 결과를 받음각의 함수로 그림 10.12에 도시하였다. 이 그림으로부터 아래의 중요한 특성에 주목하라:

1. 양력계수는 높은 α값까지 받음각에 따라 점진적으로 증가한다. 사실 최대 C_L은 $\alpha = 54.7°$에서 일어나고, 더 높은 받음각에서는 C_L이 감소한다. 최대 양력이 $\alpha \approx 55°$에서

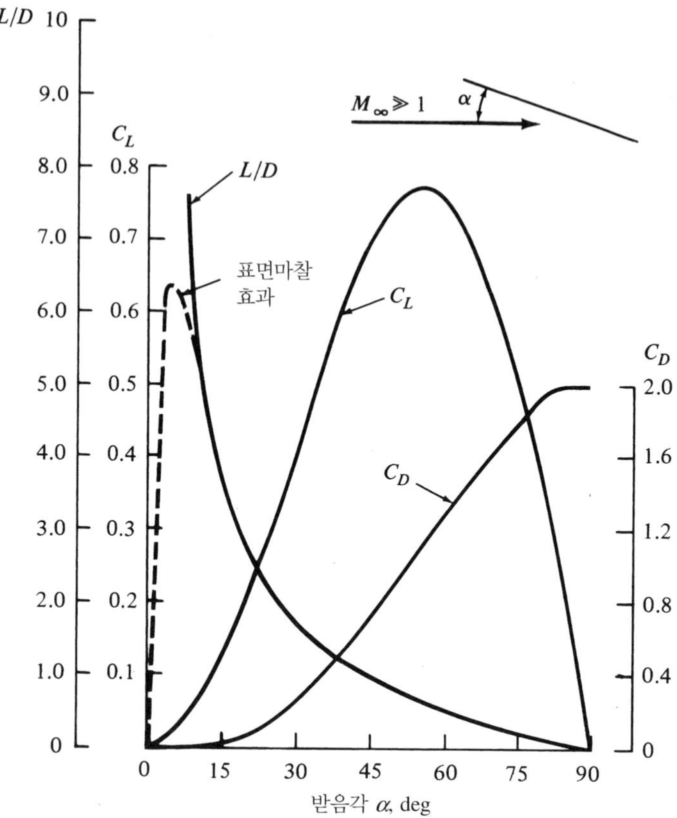

그림 10.12 평판에서 받음각에 따른 양력계수, 항력계수, 양항비에 대한 뉴턴 결과

일어남은 상당히 실제이라 흥미로운데, 실제로 많은 극초음속 비행체의 최대 양력계수는 이 받음각 근처에서 발생한다. 극초음속에서 그런 높은 α에서 $C_{L,\max}$이 일어나는 것은 제5장에서 다룬 더 낮은 속도의 경험에 확실히 대비된다. 아음속 항공기의 $C_{L,\max}$는 14°~16° 근처에서 얻어진다.

2. 극초음속 조건과 이 책의 앞에서 다룬 저속의 조건 간의 또 다른 대비점은 낮은 받음각 영역, 0~15° 사이에서 α에 따른 C_L의 변화과정이다. 그림 10.12에서 극초음속 C_L은 α에 따라 **비선형적으로** 변한다. 반면 아음속과 초음속에서는 선형적으로 변한다. 이론 공기역학의 관점에서 보면 극초음속 유동은 매우 **비선형적** 현상이다.

3. L/D의 값은 받음각이 감소함에 따라 일정하게 증가한다. 사실 $\alpha \to 0$일 때, $L/D \to \infty$이다. 이건 잘못된 해석이다. 표면마찰이 고려되면, D는 $\alpha = 0$에서 유한한 값을 가지고, L/D는 어떤 낮은 받음각에서 최대값에 도달할 것이다. 또한 그림 10.12의 점선에서 보듯이 $\alpha = 0$에서 0으로 감소한다. 점선은 마하수 20, 레이놀즈수 3×10^6을 가정하고 층류 유동의 표면마찰을 구해 얻은 값이다.

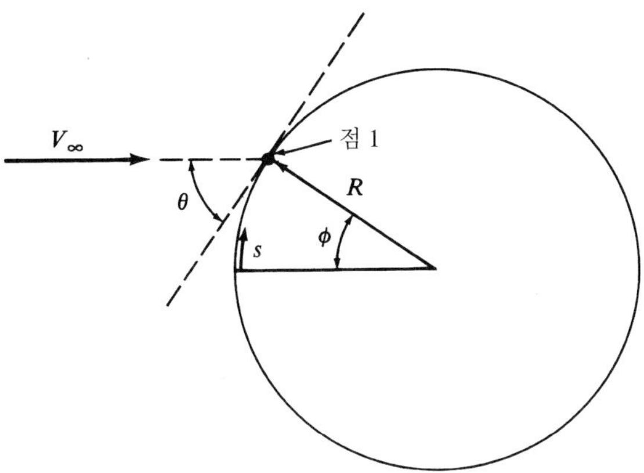

그림 10.13 예제 10.1의 기하학

예제 10.1

마하수 25의 구 위의 극초음속 유동을 고려하라. s를 정체점에서부터 구 면을 따른 거리로 두고, R을 구 반지름으로 두자. 점 1은 정체점으로부터 $s/R = 0.6$인 지점이다. 점 1에서 압력계수를 계산하라.

■ **풀이**

점 1은 그림 10.13에 표시되어 있다. 1 rad = 57.3°이고, ϕ는 radian 단위로 s/R의 함수로 주어진다. degree 단위로 표시하면,

$$\phi = 57.3\frac{s}{R} = 57.3(0.6) = 34.38°$$

다음으로 점 1에서 물체의 접선은 자유류에 대해 θ의 각을 이룬다.

$$\theta = 90° - \phi = 55.61°$$

식 (4.79)로부터,

$$\frac{p_{0,2}}{p_1} = \frac{p_{0,2}}{p_\infty}\left[\frac{(\gamma+1)^2 M_\infty^2}{4\gamma M_\infty^2 - 2(\gamma-1)}\right]^{\gamma/(\gamma-1)}\left[\frac{1-\gamma+2\gamma M_\infty^2}{\gamma+1}\right] \tag{4.79}$$

여기서 $p_{0,2}$는 수직 충격파 뒤의 전압(즉, 정체점의 압력)이고, p_1은 충격파 앞 자유류의 정압이다. (즉, $p_1 = p_\infty$) $\gamma = 1.4$이고 $M_\infty = 25$이므로,

$$\frac{p_{0,2}}{p_\infty} = \left[\frac{2.4^2(25)^2}{4(1.4)(25)^2 - 2(0.4)}\right]^{1.4/0.4}\left[\frac{-0.4 + 2(1.4)(25)^2}{2.4}\right]$$

$$\frac{p_{0,2}}{p_\infty} = 1.1045(729) = 805.18$$

구한 비율을 압력계수로 환산하기 위해 식 (4.53)을 사용하여 동압을 다음과 같이 표현한다.

$$q_\infty = \frac{1}{2}\rho_\infty V_\infty^2 = \frac{\gamma}{2}p_\infty\frac{\rho_\infty}{\gamma p_\infty}V_\infty^2 = \frac{\gamma}{2}p_\infty\frac{V_\infty^2}{a_\infty^2} = \frac{\gamma}{2}p_\infty M_\infty^2$$

그래서, 압력계수의 정의를 이용하면,

$$C_p = \frac{p - p_\infty}{q_\infty} = \frac{2}{\gamma M_\infty^2}\left(\frac{p}{p_\infty} - 1\right)$$

정체점에서 $p = p_{0,2}$이므로,

$$C_{p,\max} = \frac{2}{\gamma M_\infty^2}\left(\frac{p_{0,2}}{p_\infty} - 1\right) = \frac{2}{1.4(25)^2}(805.18 - 1)$$

$$C_{p,\max} = 1.838$$

수정된 뉴턴 법칙, 식 (10.6)을 다시 쓰면,

$$C_p = C_{p,\max}\sin^2\theta$$

점 1에서 압력계수를 다음과 같이 얻는다.

$$C_p = C_{p,\max}\sin^2\theta = 1.838\sin^2 55.62°$$

$$\boxed{C_p = 1.25}$$

10.4 극초음속 비행체에 대한 몇 가지 설명

10.3절에서 다룬 매우 얇은 평판은 극초음속 영역에서 가장 효율적으로 양력이 발생하는 면이다. 다만 평판의 양항비 *L/D*는 극초음속 비행 조건에서 가장 높게 예측될 수 있으나 체적용량의 관점에서 보면 비효율적이다. 모든 실제 비행체들은 말할 나위 없이 연료나, 탑재물, 승객들을 실어나르기 위한 유한 체적이 필요하다. 그래서, 평판 결과는 유익함에도 불구하고 주로 학문적으로만 가치를 가진다. 이 절에서는 조금 더 현실적인 극초음속 비행체 형상의 특징에 대해 간단히 다룬다.

그림 10.14는 극초음속 수송기와 같은 개념적 극초음속 순항기의 삼면도이다. 1970년대 초반 이후부터 존재한 이 NASA의 개념기는 극초음속 항공기 형상의 전형적인 예이다. 실선은 극초음속풍동에서 시험된 날개-동체 결합부를 보여준다. 점선은 추진모듈과 수직 미익면과 같은 항공기 도안의 일부분을 보여주지만 풍동 실험 모델에는 포함되지 않았다.

$M_\infty = 8.0$에서 이 비행체의 받음각에 따른 양력계수의 변화를 그림 10.15에 도시하였다. 실선은 다른 두 레이놀즈수에 대해 이론적으로 계산된 결과이고, 심볼은 풍동 실험 데이터이다. 다음에 주목하라:

1. 받음각에 따른 양력계수는 오목한 곡률을 나타내며 비선형적으로 변화한다. 그림 10.12의 결과와 일치하는 경향을 보여준다.
2. 이 책 전반에 걸쳐 논의된 저속영역에서의 경험과 마찬가지로 양력계수는 레이놀즈수 변화에 매우 둔감하다.

받음각에 대한 양항비는 그림 10.16에서 주어진다. 실선으로 도시한 두 곡선은 두 개의 가정 (1) 24.32×10^6의 고레이놀즈수에서 난류이고 (2) 1.68×10^6의 저레이놀즈수에

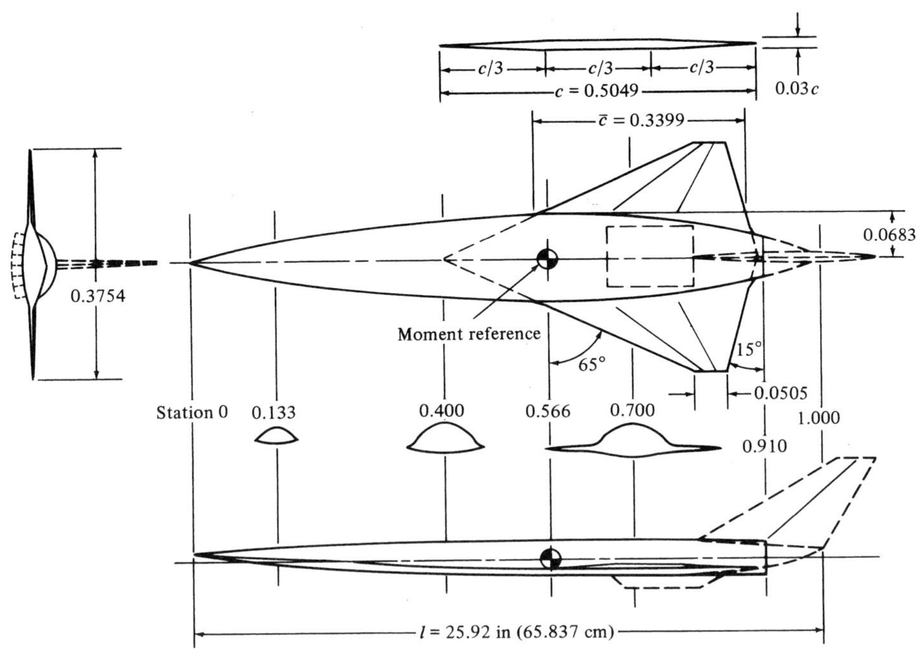

그림 10.14 전형적인 극초음속 수송기 형상. 그림 10.15부터 10.17까지의 데이터를 얻은 풍동 모델. 실선 = 풍동 실험에 사용된 날개-동체 모델, 점선 = 전체 형상의 꼬리와 추진기관 부분 (자료출처: *From J. A. Penlund et al.,* Wall Temperature Effects on the Aerodynamics of a Hydrogen-Fueled Transport Concept in Mach 8 Blowdown and Shock Tunnels, *NASA TP 2159, July 1983.*)

서 층류로 가정 후 이론적으로 계산한 결과이다. 풍동 실험 데이터는 부분적으로 이론적 해의 두 곡선의 범위 내에 있고 이는 실제 모델에서 유동이 천이영역에 위치함을 알 수 있다. 즉, 동체의 기수와 날개의 앞전 근처에서 층류였다가 곧바로 천이를 거쳐 난류유동이 된다. 저레이놀즈수에서, 유동은 주로 층류인 반면에 고레이놀즈수에서 유동은 주로 난류이다. 보통 고마하수에서 난류로의 천이는 지연된다. 그러므로 극초음속 비행체는 같은 레이놀즈수일 때 종종 저속 유동에서 예상된 것보다 더 적은 층류영역을 겪게 된다. 그림 10.16에서 난류에서의 $L/D_{\max}$의 값은 층류에서의 값보다 높다는 것에 유의하라. 이 결과는 잘못된 것으로 보인다. 제4장에서 난류유동의 표면마찰항력이 층류유동보다 훨씬 크다고 기술했고, 양항비 L/D는 난류유동이 훨씬 작아야만 한다. 이같은 해석은 동일한 레이놀즈수에서 비교하면 맞겠지만, 그림 10.16의 두 실선은 서로 다른 레이놀즈수에서 계산된 값이다. 우리는 4.16과 4.17절에서 레이놀즈수가 증가함에 따라 층류유동과 난류유동에서 마찰항력계수가 감소하는 것을 보았다. 그러므로, 그림 10.16의 난류 곡선은 고레이놀즈수 $R_e = 24.32 \times 10^6$ 영역에서의 더 낮은 마찰항력계수 C_F에 해당한다. 반면에 층류 곡선은 저레이놀즈수 $Re = 1.68 \times 10^6$ 영역에서 계산된 값이다. 그래서 $(L/D)_{\max}$의 값은 층류의 경우보다 난류의 경우에서 더 높게 된다. 그림 10.16으로부터,

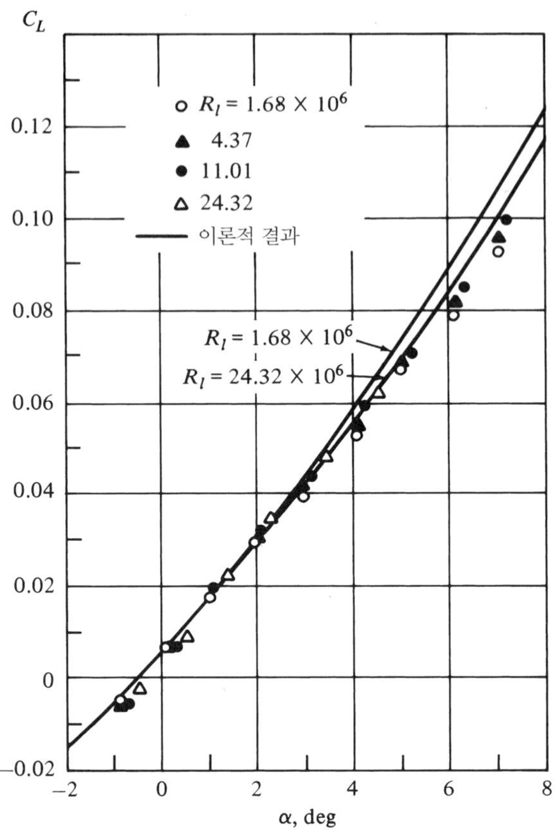

그림 10.15 $M_\infty = 8.0$ 에서 그림 10.14의 극초음속 수송기 형상에 대한 양력곡선
(자료출처: *Wind tunnel data and theoretical curves from J. A. penlund et al.*, Wall Temperature Effects on the Aerodynamics of a Hydrogen-Fueled Transport Concept in Mach 8 Blowdown and Shock Tunnels, NASA TP 2159, July 1983.)

1. 양항비 L/D값은 레이놀즈수에 크게 영향을 받는다.

2. $(L/D)_{max}$는 받음각 3°에서 5° 사이 범위에서 발생한다.

3. $(L/D)_{max}$의 값은 레이놀즈수에 따라 4.5~6 사이의 범위에 존재한다.

그림 10.17에서 주어진 항력곡선은 기존의 형태가 아닌 C_D대 C_L^2의 형태로 도시되는데, 실험데이터는 거의 직선으로 표시된다. 이는 식 (6.1c)에서 다음과 같은 형태로 주어진 항력곡선 식이 극초음속에서도 상당히 유효하다는 것을 의미한다.

$$C_D = C_{D,0} + r C_L^2 \tag{10.14}$$

극초음속에서 양항비 L/D에 대하여 다시 고려해보자. 그림 10.16으로부터 마하수 8에서 극초음속 비행체에 대한 $(L/D)_{max}$값은 거의 6임을 유의하라. 대조적으로 전형적인 아음

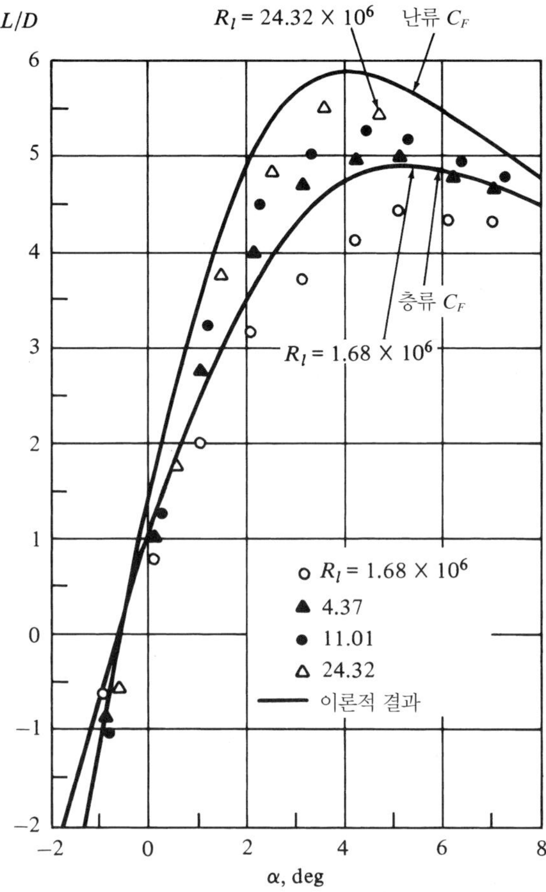

그림 10.16 $M_\infty = 8.0$ 에서 그림 10.14의 극초음속 수송기 형상에 대한 양항비
(자료출처: *Wind tunnel data and theoretical curves from J. A. Penlund et al.*, Wall Temperature Effects on the Aerodynamics of a Hydrogen-Fueled Transport Concept in Mach 8 blowdown and Shock Tunnels, *NASA TP 2159, July 1983*.)

속 비행체의 $(L/D)_{max}$값은 14에서 17 사이에 있다. (예를 들어, 그림 6.44와 그림 6.46에서의 L/D 참조). 표 10.1에 이러한 내용을 추가적으로 정리해 놓았다. 마하수가 초음속과 극초음속 영역을 통해 증가할수록 L/D가 감소하는 것이 일반적인 경향이다. $M_\infty > 1$에서 실제 비행체들의 경험을 바탕으로 한 일반적인 상관관계식은

$$(L/D)_{max} = \frac{4(M_\infty + 3)}{M_\infty} \tag{10.15}$$

1978년, 영국의 유명한 항공기 설계자이자 공기역학자인 D. Kuchemann으로부터 처음 제안된 이 식은 그림 10.18에서 실선으로 그려졌는데, 초음속과 극초음속 영역을 지나가는 자유류 마하수 대 $(L/D)_{max}$의 관계를 보여준다. 그림 10.18은 또한 다양한 극초음속 비

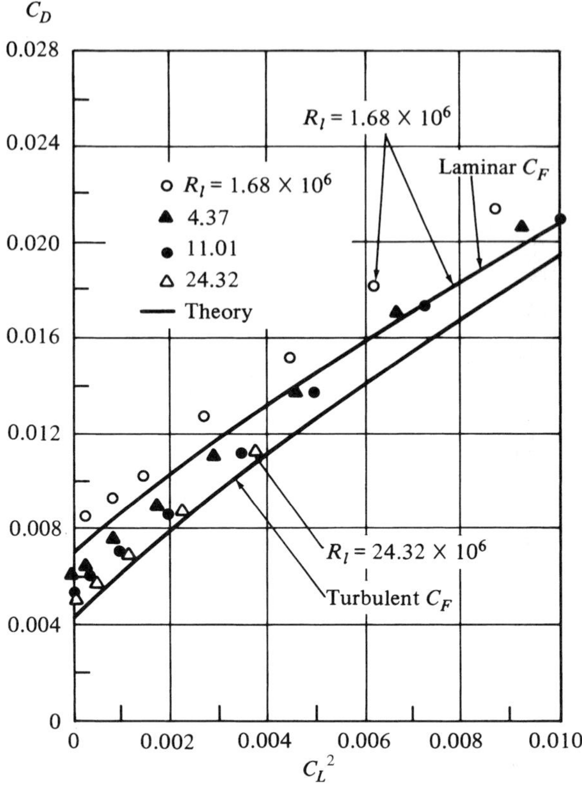

그림 10.17 $M_\infty = 8.0$에서 그림 10.14의 극초음속 수송기 형상에 대한 항력곡선
(자료출처: *Wind tunnel data and theoretical curves from J. A. Penlund et al.*, Wall Temperature Effects on the Aerodynamics of a Hydrogen-Fueled Transport Concept in Mach 8 blowdown and Shock Tunnels, *NASA TP* 2159, *July 1983*.)

표 10.1 음속과 초음속 비행체에 대한 최대 양항비

Airplane	$(L/D)_{max}$
North American P-51	14.6
Grumman F6F Hellcat	12.6
Boeing B-29	16.8
Beech Bonanza	13.8
Grumman A-6E	15.2
North American F-86	15.1
General Dynamics F-111	15.8
Hypersonic transport	6.0

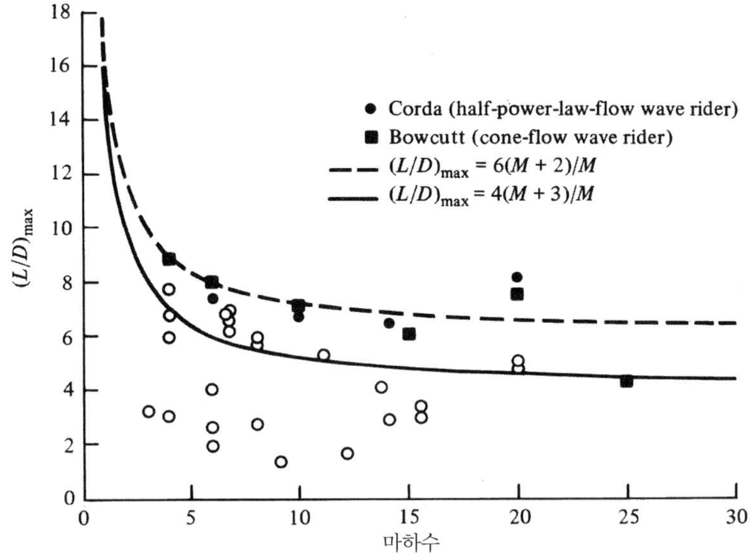

그림 10.18 다양한 극초음속 형상들의 최대 양항비 비교. Corda, Bowcutt, 그리고 Anderson에 의해 산출된 극초음속 wave riders에 해당하는 solid symbols

행체 디자인에 대해 빈 원으로 표기된 데이터가 공기총을 쏜 것처럼 산재해 있는 것을 보여준다. L/D_{max}는 풍동 시험 결과와 실제 비행 데이터, 또는 이론으로부터 획득했다. 이 데이터의 자세한 값은 이 장의 마지막에 열거된 Bowcutt and Anderson and by Corda and Anderson을 참조하여 얻을 수 있다.

그림 10.18의 빈 원 데이터와 실선으로부터 극초음속에서 높은 L/D를 획득하기 어렵다는 것과 마하수가 증가함에 따라 L/D가 감소하는 것을 알 수 있다. 이 자연현상은 극초음속에서 발생하는 강한 충격파와 강한 점성 효과로 인한 높은 항력 때문이다. 어떤 의미에서, 그림 10.18에서 실선은 극초음속 영역에서 넘어가기 힘든 L/D의 장벽(barrier)으로 해석될 수 있다. 또한 비록 L/D가 마하수의 증가와 함께 감소하더라도, 높은 마하수에서 감소율은 점차 작아짐에 유의하라. 즉, 기울기가 작아지는 구간에서 M_∞에 따른 L/D의 변화는 매우 작다. 그러므로, 높은 마하수에서 L/D는 거의 M_∞에 독립적이다. 극초음속 공기역학의 기본원리인 **마하수-독립 원리**(*Mach numberindependence principle*)는 양력, 항력, 모멘트, 압력계수와 같은 공기역학적 **계수**가 M_∞가 충분히 높을 때($M_\infty > 10$) 상대적으로 마하수에 독립적이라는 것을 설명한다. 마하수 독립은 이론적으로 극초음속에서 유동 지배방정식으로부터 유도될 수 있다. 인용 문헌에 열거된 Anderson의 극초음속 공기역학 책을 보라.

그림 10.18로 돌아와서, 우리는 현재의 연구가 앞에서 설명한 L/D 장벽을 깨는 것을 목표로 하는 것을 알 수 있다. 예로서 *wave riders*라고 불리는 비행체의 종류를 들 수 있

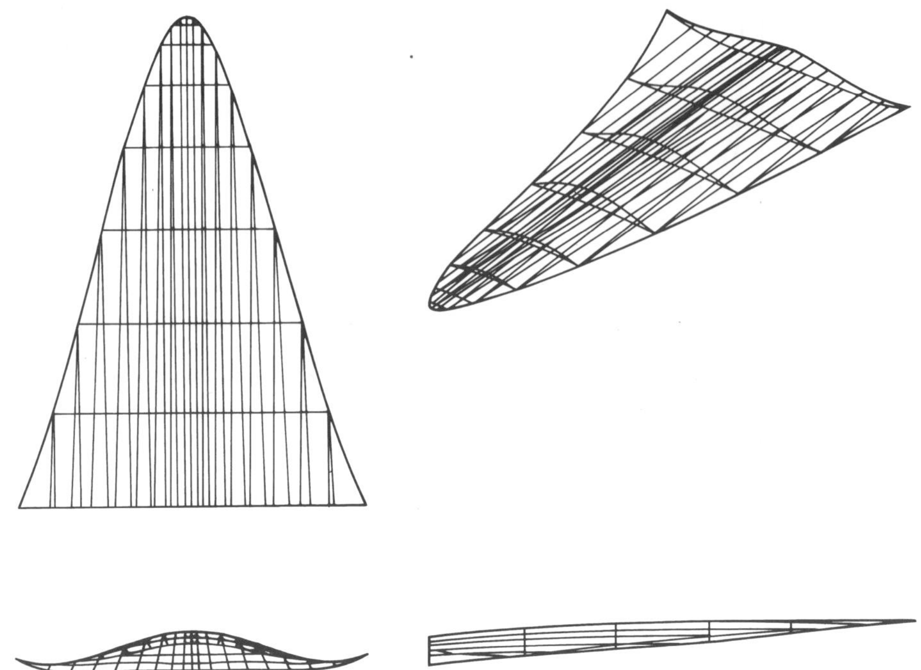

그림 10.19 $M_\infty = 6$에서 설계된 전형적인 wave rider 형상
(자료출처: Bowcutt and Anderson. Copyright © by AIAA. All rights reserved. Used with permission.)

다. 부착 충격파가 완전히 선두부에서만 발생하여 마치 비행체가 충격파 위를 타고 다니는 것처럼 보이도록 설계된 비행체이다. 현대적인 wave riders 형상은 인용 문헌에서 열거된 Bowcutt, Corda, 그리고 Anderson의 연구로부터 가져온 그림 10.19에서 볼 수 있다. 오히려 복잡하고 일반적이지 않은 형상은 비록 오늘날의 학문적 결과일지라도(wave riders는 실제로 비행한 적이 없다), 그림 10.18에서 wave riders의 $(L/D)_{max}$는 높게 예측된다. 분명히, 이 이론적 결과는 그림 10.18에서 주어진 L/D 장벽을 넘어선다. 이것들은 단지 극초음속에서 효율적인 비행을 위해 고려해야만 하는 기발한 비행체 형상의 예로써 간주된다.

이 장에서 마지막으로, 우리는 추진시스템을 기체(airframe)에 완전히 통합해야 할 필요성과 같은 극초음속 비행체 설계의 중요한 특성을 언급한다. 아음속 비행체 설계에서, 항상 기체(airframe)의 여분과 엔진실과의 공기역학적 상호작용에 대한 몇 가지 주의가 요구된다. 그러나, 이것은 항공기 설계의 주요한 추진측면이 아니다. 또 대개의 아음속 항공기에서 엔진의 위치는 분명히 정해져 있다. 예를 들어, 그림 6.11에서 제트기의 엔진실은 명백하고 많든 적든 별개의 구성 부품으로 변함 없다. 대조적으로, 극초음속에서는 추진시스템을 포함하여 항공기의 한 부분으로부터 발생한 충격파가 역으로 영향을 주지 않는지, 비행체의 다른 부분과 상호작용하지 않는지를 안전하게 보장하는 것에 극도의 주의가 요구된다. 게다가, 초음속 연소 램젯 엔진을 통하여 흐르는 유동은 비행체 앞 부분으로부터 하나

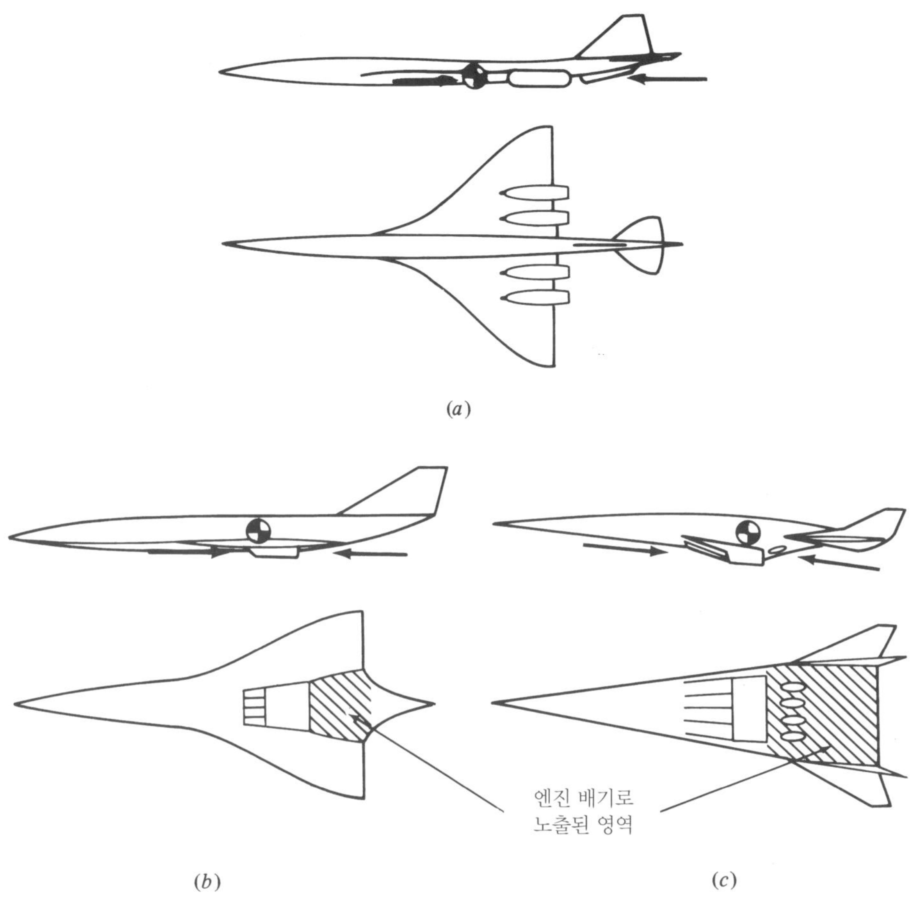

그림 10.20 마하수 3부터 6까지 고속 비행체 형상의 비교. (*a*) 초음속 수송선(M = 3), 램항력 = 54500 lb, 총추력 = 123,000 lb (*b*) 극초음속 수송선 (M = 6), 램항력 = 220,000 lb, 총추력 = 330,000 lb (*c*) 극초음속 순항 비행체 (M = 12), 램항력 = 1,950,000 lb, 총추력 = 2,100,000 lb (자료출처: Johnston et al. Copyright © by Aerospace America. All rights reserved. Used with permission.)

또는 그 이상의 충격파 시스템을 통과한다. 또 가장 효율적인 엔진 성능을 위해 이 공기의 공기역학적 특성을 조정할 필요가 있다. 그러므로, 극초음속 항공기에서 추진시스템과 기체(airframe)는 고도로 통합되어야만 한다. 그림 9.24에서 기체-통합 SCRAMjet 엔진의 예를 보여준다. 우측 상단은 9.7절의 마지막에서 설명된 바와 같이 완전한 기체의 아랫부분이 전부 SCRAMjet 엔진으로 구성된 극초음속 항공기이다. 또 다른 예로(그림 10.20), 마하수 3의 초음속 수송선, 마하수 6의 극초음속 수송선, 그리고 마하수 12의 극초음속 순항 비행체, 세 개의 전형적인 형상이 비교된다. 초음속 항공기(그림 10.20*a*)는 완전히 별개의 추진실을 갖고 있고, 엔진 배기 가스가 기체의 어떤 부분에도 접촉하지 않도록 설계 되어 있음에 유의하라. 대조적으로, 마하수 6의 극초음속 수송선(그림 10.20*b*)은 엔진 노즐 팽창부의 기능을 가지는 기체의 후면부가 완전히 통합된 추진시스템을 가지고 있다. 또한,

날개와 동체는 완전히 통합되어 있고, 날개가 마하수 3의 비행체에 비해 덜 분명하다. 즉, 마하수 6의 비행체는 초음속 비행체보다 더 혼합된 날개-동체 형상을 띠고 있다. 마하수 12(그림 10.20*c*)에서, 이 특징은 더욱 뚜렷하다. 엔진 배기로 노출된 기체의 하면 면적이 더욱 커지고, 엔진은 더욱 기체와 통합된다. 날개가 훨씬 작아졌기 때문에, 마하수 12 비행체는 날개-동체 조합(wing-body combination)보다 더 많은 양력을 발생시키는 형상을 가진다. 명백하게도, 극초음속 비행체의 설계는 기존의 비행기 디자인으로부터 시작되었으나, 미래의 항공우주 엔지니어에게 많은 흥미로운 도전을 제기한다.

예제 10.2

1963년 8월 22일, 로켓으로 추진하는 극초음속 연구기의 시험비행사 Joe Walker는 고도 354,200 ft의 기록을 달성하였다. 엔진이 연료를 소진하였을 때, 비행체는 5,600 ft/s의 속도를 가지고 상승각 32°와 받음각 12°로 고도 176,000 ft를 비행하고 있었다. 이 비행 조건에서 X-15의 공기역학적 양력과 항력은 각 572 lb와 251.6 lb이다. 이 조건에서 양력계수와 항력계수를 계산하고, 이 값을 아음속과 초음속 비행기의 전형적인 값과 비교하라.

■ **풀이**

연료 소진 시 고도는 176,000 ft이다. 부록 B 기준고도표는 오직 161,000 ft까지의 정보밖에 없다. 선형 외삽을 통해 176,000 ft의 ρ_∞값을 추정한다. 부록 B로부터, 고도 161,000 ft에서 $\rho_\infty = 2.3462 \times 10^{-6}$ slug/ft^{3}이고, 고도 151,000 ft에서 $\rho_\infty = 3.4241 \times 10^{-6}$ slug/ft^{3}이다. 이를 이용하여 고도에 따른 밀도 변화율(ρ_∞/ft)을 계산하면,

$$\frac{2.3462\times10^{-6} - 3.4241\times10^{-6}}{10{,}000} = -1.0778\times10^{-10} \text{ slug/ft}^3\text{/ft}$$

161,000 ft로부터 선형외삽을 사용하여, 176,000 ft를 다음과 같이 얻는다.

$$\begin{aligned}\rho_\infty &= 2.3462\times10^{-6} + (-1.0778\times10^{10})(176{,}000 - 161{,}000)\\ &= 2.3462\times10^{-6} - 1.6167\times10^{-6} = 7.295\times10^{-7} \text{ slug/ft}^3\end{aligned}$$

그러므로 주어진 비행 조건은,

$$q_\infty = \tfrac{1}{2}\rho_\infty V_\infty^2 = \tfrac{1}{2}(7.295\times10^{-7})(5600)^2 = 11.438 \text{ lb/ft}^2$$

이 때,

$$C_L = \frac{L}{q_\infty S} = \frac{572}{(11.438)(200)} = 0.25$$

그리고,

$$C_D = \frac{D}{q_\infty S} = \frac{251.6}{(11.438)(200)} = 0.11$$

아음속 항공기와의 비교

X-15의 익형은 NACA 66005이다. 비록 이 익형은 부록 D에 포함이 안되었더라도, 밀접하게 관련된 NACA 65-006의 익형 데이터가 부록 D에 주어져 있다. 이 데이터로부터, 아음속 양력계수 곡선의 기울기는 $dc_\ell/d\alpha = 0.1$/deg이다. 2.5의 종횡비를 갖는 X-15의 유한 날개의 양력계수 곡선의 기울

기를 보정하기 위해, 식 (5.65)로부터 $e_1 = 0.9$라 가정하여

$$a = \frac{a_o}{1 + 57.3\, a_o/(\pi e AR)} = \frac{0.1}{1 + 57.3\,(0.1)/(\pi)(0.9)(2.5)} = 0.055 \text{ per degree}$$

[주: (5.65)는 종횡비가 작을수록 부정확하다는 것에 유의하라. 그럼에도 불구하고 이 예제의 목적에는 합리적인 접근법이다.] NACA 66005와 65006은 둘 다 대칭 익형이다. 그러므로 받음각이 0°일 때, 양력계수는 0이다. 따라서, 받음각 12°에서 유한 날개의 합리적은 접근은

$$C_L = (0.055)\,12 = 0.66$$

날개의 양력계수가 전체 항공기의 양력계수를 대표하는 것으로 가정한다. 이 접근을 통해 구한 $C_L = 0.66$은 X-15에서 얻어진 극초음속에서 양력계수 0.25보다 훨씬 크다. 확실히, 극초음속 비행기의 양력계수의 기울기는 아음속 비행기에 비해 크게 감소된다. 항력계수 측면에서, 유선형 항공기의 영양력 항력계수의 전형적인 값은 0.015이다(그림 6.77 참조). $C_L = 0.66$이고 종횡비가 2.5인 아음속 비행기의 유도항력계수는 식 (5.57)로부터 주어진다. $e = 0.9$라 가정하면,

$$C_{D,i} = \frac{C_L^2}{\pi e AR} = \frac{(0.66)^2}{\pi(0.9)(2.50)} = 0.062$$

그러므로, $\alpha = 12°$에서 총 항력계수는

$$C_D = C_{D,0} + C_{D,i} = 0.015 + 0.062 = 0.077$$

이 값은 위 X-15에서 얻어진 값보다 상당히 낮다. 이 결과는 X-15의 초음속 비행에서 발생한 강한 충격파가 아음속 비행기에서 물리적으로 존재하지 않는 실질적인 조파항력을 만들어내는 것으로 예상된다.

초음속 항공기와의 비교

양력계수는 식 (5.50)으로부터 주어진 초음속 평판결과와 비교할 수 있다. $M_\infty = 2.0$이라 가정하자. X-15에서 사용된 같은 받음각 12°에서, $\alpha = \frac{12}{57.3} = 0.21$ rad일 때, 식 (5.50)으로부터

$$C_\ell = \frac{4\alpha}{(M_\infty^2 - 1)^{\frac{1}{2}}} = \frac{4(0.21)}{(4-1)^{\frac{1}{2}}} = \frac{0.84}{1.732}$$

$$C_\ell = 0.48$$

초음속 값은 X-15의 극초음속 값 0.25보다 크다. 그러나 미리 구해진 아음속 값 0.66보다 작다. 이 비교는 공기역학의 비행체의 양력계수 기울기는 아음속으로부터 초음속, 극초음속에 이르기까지 감소하는 일반적인 경향과 일치한다. 항력계수 측면에서, 그림 (5.40)의 마하수 2에서 전투기 Lockheed F-104의 실제 풍동 실험 데이터와 비교해보자. 위에서 얻어진 초음속 양력계수 0.48일 때, 마하수 2에서 F-104의 풍동 실험 데이터로부터 얻어진 항력계수는 $C_D = 0.145$이다.

이 초음속 항력계수C_D의 값은 아음속에서의 값 0.077보다 크다. 이것은 초음속에서 발생한 조파항력에 의한 항력계수의 증가와 일맥상통한다. 이 현상은 아음속에서는 나타나지 않는다. 초음속에서 C_D값은 또한 X-15의 극초음에서 얻어진 값 0.11보다 크다. 이것 또한 초음속과 극초음속의 마하수가 증가할수록 C_D가 작아지는 일반적인 경향과 일치한다. (이것은 실제 항력 힘이 증가한다는 의미가 아니라 단지 항력계수만을 의미한다.) 결과가 정리된 다음 표는 이 경향성을 명확하게 볼 수 있도록 돕는다.

	아음속	초음속	극초음속
양력계수	0.66	0.48	0.25
항력계수	0.077	0.145	0.11

위 표에서, "극초음속" 아래 표로 정리된 결과는 실제 X-15의 비행데이터로부터 얻어졌고, 따라서 명확한 기준선을 제시한다. 반면, "아음속"과 "초음속" 결과는 오직 일반적인 비교를 목적으로 한다. 이것은 단지 초음속에서 간단하지만 근사한 비교를 제공하기 위해 제공되었다.

예제 10.3

Newtonian 이론을 이용하여, 받음각이 12도인 평판에서 극초음속 양력계수와 항력계수를 계산하라. 구한 양력계수와 항력계수를 같은 받음각에서의 X-15 데이터와 비교하라.

■ **풀이**

식 (10.11)과 (10.12)는 양력계수와 항력계수의 Newtonian 결과를 각각 제공한다. 식 (10.11)으로부터

$$C_L = 2\sin^2\alpha\cos\alpha = 2\sin^2(12^\circ)\cos(12^\circ)$$
$$= 2(0.2079)^2(0.9781) = 0.085$$

식 (10.12)로부터

$$C_D = 2\sin^3\alpha = 2\sin^3(12^\circ) = 2(0.2079)^3$$
$$= 0.018$$

X-15의 C_L, C_D와 비교하면,

	X-15	Newtonian 평판
C_L	0.25	0.085
C_D	0.11	0.018

C_L, C_D모두 Newtonian 평판 결과가 X-15와 관련된 값에 비해 상당히 낮다. 그림 5.92를 살펴보면 X-15의 형상은 평판과는 거리가 멀다. X-15는 평판보다 훨씬 더 무딘 형상을 띠고 있고, 더 강한 충격파가 발생한다. 따라서, 동체 표면 전반에 걸친 압력 분포도 매우 다르다.

10.5 요약과 복습

저자는 극초음속 영역이 21세기 비행 양상의 중요한 부분이 될 것이라 생각하기에 introduction to flight 책을 극초음속 공기역학과 극초음속 비행체에 대한 짧막한 장과 함께 마무리 짓는다. 이 책의 많은 젊은 독자들은 미래의 새롭고 진보된 극초음속 비행체와 관련된 연구, 설계 그리고 시험을 수행할 많은 기회를 가질 것이다. 극초음속 유동을 동반하는 극단적인 자연현상을 이해하려면 이 책의 수준을 넘어서는 심화된 공기역학을 이해해야 한다. 그러므로 극초음속 공기역학은 대부분의 대학에서 보통 석사과정에 개설된다. 그럼에도 불구하고, 이 책에서 제시된 다른 유동 영역과 대조하기 위해 극초음속에 대한 기본적인 개념 몇 가지를 소개하는 것은 중요하다. 이것이 이 장의 목적이며, 다음과 같이 요약

한다.

매우 높은 속도의 비행 영역에서 마하수가 큰 값으로 증가할 때 다음과 같은 극초음속 물리적 현상이 중요해진다.

1. 얇은 충격파층
2. 엔트로피층
3. 점성 상호작용
4. 고온 유동
5. 저밀도 유동

이러한 현상은 마하수 5 이상에서 발생하지만 비행체의 크기, 모양, 고도에 따라 일부 극초음속 현상이 마하수 5 이하에서 발생할 수 있다. 어림잡아 극초음속 유동은 $M > 5$ 유동으로 간주될 수 있다.

극초음속 비행체 표면의 압력 분포를 예측하기 위한 편리하고, 때로는 상당히 정확한 수식은 뉴턴의 사인제곱 법칙이다.

$$C_p = 2\sin^2\theta \quad \text{원 공식} \tag{10.5}$$

$$C_p = C_{p,\max}\sin^2\theta \quad \text{수정 공식} \tag{10.6}$$

여기서 $C_{p,\max}$는 정체점에서의 압력계수이고, θ는 표면 위 주어진 점에서 접선과 자유흐름 방향 사이의 각이다.

극초음속 비행체의 공기역학적 특성은 다음과 같다.

1. 받음각에 따른 C_L의 변화는 비선형적이다.
2. C_L의 최대값은 보통 55° 정도의 매우 높은 받음각에서 발생한다.
3. $(L/D)_{\max}$값은 M_∞가 증가함에 따라 감소한다. 극초음속 비행체는 아음속과 초음속에서의 $(L/D)_{\max}$보다 낮은 값을 갖는다.

참고문헌

Anderson, John D., Jr. *Hypersonic and High Temperature Gas Dynamics*, 2nd ed. American Institute of Aeronautics and Astronautics, Reston, VA, 2006.

Bowcutt, Kevin G., and John D. Anderson, Jr. *Viscous Optimiazed Hypersonic Waveriders*, AIAA Paper 87-0272, 1987.

Corda,Stephen., and John D. Anderson, Jr. *Viscous Optimized Hypersonic Waveriders Designed from Axisymmetric Flow Fields*. AIAA Paper 88-0369, 1988.

Hayes, Wallace D., and Ronald F.Probstein. *Hypersonic Flow Theory*. Academic Press, New York, 1959.

Johnston, Patrick J., Allen H.Whitehead, Jr., and Gary T. Chapman. "Fitting Aerodynamic and

Propulsion into the Puzzle." *Aerospace America*, vol. 25, no. 9, September 1987, pp. 32–37.

연습문제

10.1. 평판에서의 층류 경계층을 고려해보라. 자유류의 마하수는 2이고 평판의 뒷전에서 경계층 두께는 0.3 in이다. 레이놀즈수는 상수라 가정하고, 마하수 20에서 경계층 두께를 계산하라.

10.2. 표준 고도 59 km에서 마하수 20으로 비행하고 있는 극초음속 비행체를 고려해보라. 비행체의 정체점에서 공기 온도를 계산하고, 풀이의 정확성에 대해 논하라.

10.3. 우주 왕복선의 선두부가 반지름 1 ft를 가진 구형이라고 가정하자. 마하수 18에서 (*a*) 정체점에서 압력계수를 계산하고, (*b*) 정체점으로부터 표면을 따라 6 in 떨어진 지점의 압력계수를 계산하라.

10.4. 무한히 얇은 평판을 고려하라. Newtonian 이론을 사용하여, 받음각 $\alpha = 54.7°$에서 $C_{L,\max} = 0.77$임을 보여라.

10.5. 무한이 얇은 평판 주변의 극초음속 유동을 고려하라. 영양력에서 항력계수는 $C_{D,0}$로 표기한다. (평판에서 영양력 항력은 전적으로 표면마찰에 의해 발생한다.) 조파항력계수는 식 (10.12)에서 항력계수의 Newtonian 이론 결과로부터 주어진다. 또한 양력계수는 식 (10.11)의 Newtonian 이론 결과로부터 주어진 것으로 가정한다. 우리는 평판에서 $L/D_{\max}$와 관련된 몇 가지 결과를 검토하려 한다. $(L/D)_{\max}$는 낮은 받음각에서 발생하기 때문에, 식 (10.11)과 (10.12)에서 받음각은 매우 낮다고 가정하라. 이러한 조건에서, 최대 L/D가 (a) 받음각 $\alpha = C_{D,0}^{1/3}$ 에서 $(L/D)_{\max} = 0.67/C_{D,0}^{1/3}$가 됨을 보이고 (*b*) 조파항력계수는 $2C_{D,0}$가 됨을 보여라.

표준 대기표, SI단위계

Altitude				
h_G, m	h, m	Temperature T, K	Pressure p, N/m²	Density θ, kg/m³
−5,000	−5,004	320.69	1.7761 + 5	1.9296 + 0
−4,900	−4,904	320.03	1.7587	1.9145
−4,800	−4,804	319.38	1.7400	1.8980
−4,700	−4,703	318.73	1.7215	1.8816
−4,600	−4,603	318.08	1.7031	1.8653
−4,500	−4,503	317.43	1.6848	1.8491
−4,400	−4,403	316.78	1.6667	1.8330
−4,300	−4,303	316.13	1.6488	1.8171
−4,200	−4,203	315.48	1.6311	1.8012
−4,100	−4,103	314.83	1.6134	1.7854
−4,000	−4,003	314.18	1.5960 + 5	1.7698 + 0
−3,900	−3,902	313.53	1.5787	1.7542
−3,800	−3,802	312.87	1.5615	1.7388
−3,700	−3,702	212.22	1.5445	1.7234
−3,600	−3,602	311.57	1.5277	1.7082
−3,500	−3,502	310.92	1.5110	1.6931
−3,400	−3,402	310.27	1.4945	1.6780
−3,300	−3,302	309.62	1.4781	1.6631
−3,200	−3,202	308.97	1.4618	1.6483
−3,100	−3,102	308.32	1.4457	1.6336
−3,000	−3,001	307.67	1.4297 + 5	1.6189 + 0
−2,900	−2,901	307.02	1.4139	1.6044
−2,800	−2,801	306.37	1.3982	1.5900
−2,700	−2,701	305.72	1.3827	1.5757
−2,600	−2,601	305.07	1.3673	1.5615
−2,500	−2,501	304.42	1.3521	1.5473
−2,400	−2,401	303.77	1.3369	1.5333
−2,300	−2,301	303.12	1.3220	1.5194
−2,200	−2,201	302.46	1.3071	1.5056
−2,100	−2,101	301.81	1.2924	1.4918

Altitude				
h_G, m	h, m	Temperature T, K	Pressure p, N/m^2	Density θ, kg/m^3
−2,000	−2,001	301.16	1.2778 + 5	1.4782 + 0
−1,900	−1,901	300.51	1.2634	1.4646
−1,800	−1,801	299.86	1.2491	1.4512
−1,700	−1,701	299.21	1.2349	1.4379
−1,600	−1,600	298.56	1.2209	1.4246
−1,500	−1,500	297.91	1.2070	1.4114
−1,400	−1,400	297.26	1.1932	1.3984
−1,300	−1,300	296.61	1.1795	1.3854
−1,200	−1,200	295.96	1.1660	1.3725
−1,100	−1,100	295.31	1.1526	1.3597
−1,000	−1,000	294.66	1.1393 + 5	1.3470 + 0
−900	−900	294.01	1.1262	1.3344
−800	−800	293.36	1.1131	1.3219
−700	−700	292.71	1.1002	1.3095
−600	−600	292.06	1.0874	1.2972
−500	−500	291.41	1.0748	1.2849
−400	−400	290.76	1.0622	1.2728
−300	−300	290.11	1.0498	1.2607
−200	−200	289.46	1.0375	1.2487
−100	−100	288.81	1.0253	1.2368
0	0	288.16	1.01325 + 5	1.2250 + 0
100	100	287.51	1.0013	1.2133
200	200	286.86	9.8945 + 4	1.2071
300	300	286.21	9.7773	1.1901
400	400	285.56	9.6611	1.1787
500	500	284.91	9.5461	1.1673
600	600	284.26	9.4322	1.1560
700	700	283.61	9.3194	1.1448
800	800	282.96	9.2077	1.1337
900	900	282.31	9.0971	1.1226
1,000	1,000	281.66	8.9876 + 4	1.1117 + 0
1,100	1,100	281.01	8.8792	1.1008
1,200	1,200	280.36	8.7718	1.0900
1,300	1,300	279.71	8.6655	1.0793
1,400	1,400	279.06	8.5602	1.0687
1,500	1,500	278.41	8.4560	1.0581
1,600	1,600	277.76	8.3527	1.0476
1,700	1,700	277.11	8.2506	1.0373
1,800	1,799	276.46	8.1494	1.0269
1,900	1,899	275.81	8.0493	1.0167
2,000	1,999	275.16	7.9501 + 4	1.0066 + 0
2,100	2,099	274.51	7.8520	9.9649 − 1
2,200	2,199	273.86	7.7548	9.8649
2,300	2,299	273.22	7.6586	9.7657
2,400	2,399	272.57	7.5634	9.6673
2,500	2,499	271.92	7.4692	9.5696

Altitude				
h_G, m	h, m	Temperature T, K	Pressure p, N/m^2	Density θ, kg/m^3
2,600	2,599	271.27	7.3759	9.4727
2,700	2,699	270.62	7.2835	9.3765
2,800	2,799	269.97	7.1921	9.2811
2,900	2,899	269.32	7.1016	9.1865
3,000	2,999	268.67	7.0121 + 4	9.0926 − 1
3,100	3,098	268.02	6.9235	8.9994
3,200	3,198	267.37	6.8357	8.9070
3,300	3,298	266.72	6.7489	8.8153
3,400	3,398	266.07	6.6630	8.7243
3,500	3,498	265.42	6.5780	8.6341
3,600	3,598	264.77	6.4939	8.5445
3,700	3,698	264.12	6.4106	8.4557
3,800	3,798	263.47	6.3282	8.3676
3,900	3,898	262.83	6.2467	8.2802
4,000	3,997	262.18	6.1660 + 4	8.1935 − 1
4,100	4,097	261.53	6.0862	8.1075
4,200	4,197	260.88	6.0072	8.0222
4,300	4,297	260.23	5.9290	7.9376
4,400	4,397	259.58	5.8517	7.8536
4,500	4,497	258.93	5.7752	7.7704
4,600	4,597	258.28	5.6995	7.6878
4,700	4,697	257.63	5.6247	7.6059
4,800	4,796	256.98	5.5506	7.5247
4,900	4,896	256.33	5.4773	7.4442
5,000	4,996	255.69	5.4048 + 4	7.3643 − 1
5,100	5,096	255.04	5.3331	7.2851
5,200	5,196	254.39	5.2621	7.2065
5,400	5,395	253.09	5.1226	7.0513
5,500	5,495	252.44	5.0539	6.9747
5,600	5,595	251.79	4.9860	6.8987
5,700	5,695	251.14	4.9188	6.8234
5,800	5,795	250.49	4.8524	6.7486
5,900	5,895	249.85	4.7867	6.6746
6,000	5,994	249.20	4.7217 + 4	6.6011 − 1
6,100	6,094	248.55	4.6575	6.5283
6,200	6,194	247.90	4.5939	6.4561
6,300	6,294	247.25	4.5311	6.3845
6,400	6,394	246.60	4.4690	6.3135
6,500	6,493	245.95	4.4075	6.2431
6,600	6,593	245.30	4.3468	6.1733
6,700	6,693	244.66	4.2867	6.1041
6,800	6,793	244.01	4.2273	6.0356
6,900	6,893	243.36	4.1686	5.9676

Altitude				
h_G, m	h, m	Temperature T, K	Pressure p, N/m²	Density θ, kg/m³
7,000	6,992	242.71	4.1105 + 4	5.9002 − 1
7,100	7,092	242.06	4.0531	5.8334
7,200	7,192	241.41	3.9963	5.7671
7,300	7,292	240.76	3.9402	5.7015
7,400	7,391	240.12	3.8848	5.6364
7,500	7,491	239.47	3.8299	5.5719
7,600	7,591	238.82	3.7757	5.5080
7,700	7,691	238.17	3.7222	5.4446
7,800	7,790	237.52	3.6692	5.3818
7,900	7,890	236.87	3.6169	5.3195
8,000	7,990	236.23	3.5651 + 4	5.2578 − 1
8,100	8,090	235.58	3.5140	5.1967
8,200	8,189	234.93	3.4635	5.1361
8,300	8,289	234.28	3.4135	5.0760
8,400	8,389	233.63	3.3642	5.0165
8,500	8,489	232.98	3.3154	4.9575
8,600	8,588	232.34	3.2672	4.8991
8,700	8,688	231.69	3.2196	4.8412
8,800	8,788	231.04	3.1725	4.7838
8,900	8,888	230.39	3.1260	4.7269
9,000	8,987	229.74	3.0800 + 4	4.6706 − 1
9,100	9,087	229.09	3.0346	4.6148
9,200	9,187	228.45	2.9898	4.5595
9,300	9,286	227.80	2.9455	4.5047
9,400	9,386	227.15	2.9017	4.4504
9,500	9,486	226.50	2.8584	4.3966
9,600	9,586	225.85	2.8157	4.3433
9,700	9,685	225.21	2.7735	4.2905
9,800	9,785	224.56	2.7318	4.2382
9,900	9,885	223.91	2.6906	4.1864
10,000	9,984	223.26	2.6500 + 4	4.1351 − 1
10,100	10,084	222.61	2.6098	4.0842
10,200	10,184	221.97	2.5701	4.0339
10,300	10,283	221.32	2.5309	3.9840
10,400	10,383	220.67	2.4922	3.9346
10,500	10,483	220.02	2.4540	3.8857
10,600	10,582	219.37	2.4163	3.8372
10,700	10,682	218.73	2.3790	3.7892
10,800	10,782	218.08	2.3422	3.7417
10,900	10,881	217.43	2.3059	3.6946
11,000	10,981	216.78	2.2700 + 4	3.6480 − 1
11,100	11,081	216.66	2.2346	3.5932
11,200	11,180	216.66	2.1997	3.5371
11,300	11,280	216.66	2.1654	3.4820
11,400	11,380	216.66	2.1317	3.4277

Altitude				
h_G, m	h, m	Temperature T, K	Pressure p, N/m²	Density θ, kg/m³
11,500	11,479	216.66	2.0985	3.3743
11,600	11,579	216.66	2.0657	3.3217
11,700	11,679	216.66	2.0335	3.2699
11,800	11,778	216.66	2.0018	3.2189
11,900	11,878	216.66	1.9706	3.1687
12,000	11,977	216.66	1.9399 + 4	3.1194 − 1
12,100	12,077	216.66	1.9097	3.0707
12,200	12,177	216.66	1.8799	3.0229
12,300	12,276	216.66	1.8506	2.9758
12,400	12,376	216.66	1.8218	2.9294
12,500	12,475	216.66	1.7934	2.8837
12,600	12,575	216.66	1.7654	2.8388
12,700	12,675	216.66	1.7379	2.7945
12,800	12,774	216.66	1.7108	2.7510
12,900	12,874	216.66	1.6842	2.7081
13,000	12,973	216.66	1.6579 + 4	2.6659 − 1
13,100	13,073	216.66	1.6321	2.6244
13,200	13,173	216.66	1.6067	2.5835
13,300	13,272	216.66	1.5816	2.5433
13,400	13,372	216.66	1.5570	2.5036
13,500	13,471	216.66	1.5327	2.4646
13,600	13,571	216.66	1.5089	2.4262
13,700	13,671	216.66	1.4854	2.3884
13,800	13,770	216.66	1.4622	2.3512
13,900	13,870	216.66	1.4394	2.3146
14,000	13,969	216.66	1.4170 + 4	2.2785 − 1
14,100	14,069	216.66	1.3950	2.2430
14,200	14,168	216.66	1.3732	2.2081
14,300	14,268	216.66	1.3518	2.1737
14,400	14,367	216.66	1.3308	2.1399
14,500	14,467	216.66	1.3101	2.1065
14,600	14,567	216.66	1.2896	2.0737
14,700	14,666	216.66	1.2696	2.0414
14,800	14,766	216.66	1.2498	2.0096
14,900	14,865	216.66	1.2303	1.9783
15,000	14,965	216.66	1.2112 + 4	1.9475 − 1
15,100	15,064	216.66	1.1923	1.9172
15,200	15,164	216.66	1.1737	1.8874
15,300	15,263	216.66	1.1555	1.8580
15,400	15,363	216.66	1.1375	1.8290
15,500	15,462	216.66	1.1198	1.8006
15,600	15,562	216.66	1.1023	1.7725
15,700	15,661	216.66	1.0852	1.7449
15,800	15,761	216.66	1.0683	1.7178
15,900	15,860	216.66	1.0516	1.6910

Altitude				
h_G, m	h, m	Temperature T, K	Pressure p, N/m^2	Density θ, kg/m^3
16,000	15,960	216.66	1.0353 + 4	1.6647 − 1
16,100	16,059	216.66	1.0192	1.6388
16,200	16,159	216.66	1.0033	1.6133
16,300	16,258	216.66	9.8767 + 3	1.5882
16,400	16,358	216.66	9.7230	1.5634
16,500	16,457	216.66	9.5717	1.5391
16,600	16,557	216.66	9.4227	1.5151
16,700	16,656	216.66	9.2760	1.4916
16,800	16,756	216.66	9.1317	1.4683
16,900	16,855	216.66	8.9895	1.4455
17,000	16,955	216.66	8.8496 + 3	1.4230 − 1
17,100	17,054	216.66	8.7119	1.4009
17,200	17,154	216.66	8.5763	1.3791
17,300	17,253	216.66	8.4429	1.3576
17,400	17,353	216.66	8.3115	1.3365
17,500	17,452	216.66	8.1822	1.3157
17,600	17,551	216.66	8.0549	1.2952
17,700	17,651	216.66	7.9295	1.2751
17,800	17,750	216.66	7.8062	1.2552
17,900	17,850	216.66	7.6847	1.2357
18,000	17,949	216.66	7.5652 + 3	1.2165 − 1
18,100	18,049	216.66	7.4475	1.1975
18,200	18,148	216.66	7.3316	1.1789
18,300	18,247	216.66	7.2175	1.1606
18,400	18,347	216.66	7.1053	1.1425
18,500	18,446	216.66	6.9947	1.1247
18,600	18,546	216.66	6.8859	1.1072
18,700	18,645	216.66	6.7788	1.0900
18,800	18,745	216.66	6.6734	1.0731
18,900	18,844	216.66	6.5696	1.0564
19,000	18,943	216.66	6.4674 + 3	1.0399 − 1
19,100	19,043	216.66	6.3668	1.0238
19,200	19,142	216.66	6.2678	1.0079
19,300	19,242	216.66	6.1703	9.9218 − 2
19,400	19,341	216.66	6.0744	9.7675
19,500	19,440	216.66	5.9799	9.6156
19,600	19,540	216.66	5.8869	9.4661
19,700	19,639	216.66	5.7954	9.3189
19,800	19,739	216.66	5.7053	9.1740
19,900	19,838	216.66	5.6166	9.0313
20,000	19,937	216.66	5.5293 + 3	8.8909 − 2
20,200	20,136	216.66	5.3587	8.6166
20,400	20,335	216.66	5.1933	8.3508
20,600	20,533	216.66	5.0331	8.0931
20,800	20,732	216.66	4.8779	7.8435
21,000	20,931	216.66	4.7274	7.6015

Altitude				
h_G, m	h, m	Temperature T, K	Pressure p, N/m^2	Density θ, kg/m^3
21,200	21,130	216.66	4.5816	7.3671
21,400	21,328	216.66	4.4403	7.1399
21,600	21,527	216.66	4.3034	6.9197
21,800	21,725	216.66	4.1706	6.7063
22,000	21,924	216.66	4.0420 + 3	6.4995 − 2
22,200	22,123	216.66	3.9174	6.2991
22,400	22,321	216.66	3.7966	6.1049
22,600	22,520	216.66	3.6796	5.9167
22,800	22,719	216.66	3.5661	5.7343
23,000	22,917	216.66	3.4562	5.5575
23,200	23,116	216.66	3.3497	5.3862
23,400	23,314	216.66	3.2464	5.2202
23,600	23,513	216.66	3.1464	5.0593
23,800	23,711	216.66	3.0494	4.9034
24,000	23,910	216.66	2.9554 + 3	4.7522 − 2
24,200	24,108	216.66	2.8644	4.6058
24,400	24,307	216.66	2.7761	4.4639
24,600	24,505	216.66	2.6906	4.3263
24,800	24,704	216.66	2.6077	4.1931
25,000	24,902	216.66	2.5273	4.0639
25,200	25,100	216.96	2.4495	3.9333
25,400	25,299	217.56	2.3742	3.8020
25,600	25,497	218.15	2.3015	3.6755
25,800	25,696	218.75	2.2312	3.5535
26,000	25,894	219.34	2.1632 + 3	3.4359 − 2
26,200	26,092	219.94	2.0975	3.3225
26,400	26,291	220.53	2.0339	3.2131
26,600	26,489	221.13	1.9725	3.1076
26,800	26,687	221.72	1.9130	3.0059
27,000	26,886	222.32	1.8555	2.9077
27,200	27,084	222.91	1.7999	2.8130
27,400	27,282	223.51	1.7461	2.7217
27,600	27,481	224.10	1.6940	2.6335
27,800	27,679	224.70	1.6437	2.5484
28,000	27,877	225.29	1.5949 + 3	2.4663 − 2
28,200	28,075	225.89	1.5477	2.3871
28,400	28,274	226.48	1.5021	2.3106
28,600	28,472	227.08	1.4579	2.2367
28,800	28,670	227.67	1.4151	2.1654
29,000	28,868	228.26	1.3737	2.0966
29,200	29,066	228.86	1.3336	2.0301
29,400	29,265	229.45	1.2948	1.9659
29,600	29,463	230.05	1.2572	1.9039
29,800	29,661	230.64	1.2208	1.8440

Altitude				
h_G, m	h, m	Temperature T, K	Pressure p, N/m²	Density θ, kg/m³
30,000	29,859	231.24	1.1855 + 3	1.7861 − 2
30,200	30,057	231.83	1.1514	1.7302
30,400	30,255	232.43	1.1183	1.6762
30,600	30,453	233.02	1.0862	1.6240
30,800	30,651	233.61	1.0552	1.5735
31,000	30,850	234.21	1.0251	1.5278
31,200	31,048	234.80	9.9592 + 2	1.4777
31,400	31,246	235.40	9.6766	1.4321
31,600	31,444	235.99	9.4028	1.3881
31,800	31,642	236.59	9.1374	1.3455
32,000	31,840	237.18	8.8802 + 2	1.3044 − 2
32,200	32,038	237.77	8.6308	1.2646
32,400	32,236	238.78	8.3890	1.2261
32,600	32,434	238.96	8.1546	1.1889
32,800	32,632	239.55	7.9273	1.1529
33,000	32,830	240.15	7.7069	1.1180
33,200	33,028	240.74	7.4932	1.0844
33,400	33,225	214.34	7.2859	1.0518
33,600	33,423	241.93	7.0849	1.0202
33,800	33,621	242.52	6.8898	9.8972 − 3
34,000	33,819	243.12	6.7007 + 2	9.6020 − 3
34,200	34,017	243.71	6.5171	9.3162
34,400	34,215	244.30	6.3391	9.0396
34,600	34,413	244.90	6.1663	8.7720
34,800	34,611	245.49	5.9986	8.5128
35,000	34,808	246.09	5.8359	8.2620
35,200	35,006	246.68	5.6780	8.0191
35,400	35,204	247.27	5.5248	7.7839
35,600	35,402	247.87	5.3760	7.5562
35,800	35,600	248.46	5.2316	7.3357
36,000	35,797	249.05	5.0914 + 2	7.1221 − 3
36,200	35,995	249.65	4.9553	6.9152
36,400	36,193	250.24	4.8232	6.7149
36,600	36,390	250.83	4.6949	6.5208
36,800	36,588	251.42	4.5703	6.3328
37,000	36,786	252.02	4.4493	6.1506
37,200	36,984	252.61	4.3318	5.9741
37,400	37,181	253.20	4.2176	5.8030
37,600	37,379	253.80	4.1067	5.6373
37,800	37,577	254.39	3.9990	5.4767
38,000	37,774	254.98	3.8944 + 2	5.3210 − 3
38,200	37,972	255.58	3.7928	5.1701
38,400	38,169	256.17	3.6940	5.0238
38,600	38,367	256.76	3.5980	4.8820

Altitude				
h_G, m	h, m	Temperature T, K	Pressure p, N/m²	Density θ, kg/m³
38,800	38,565	257.35	3.5048	4.7445
39,000	38,762	257.95	3.4141	4.6112
39,200	38,960	258.54	3.3261	4.4819
39,400	39,157	259.13	3.2405	4.3566
39,600	39,355	259.72	3.1572	4.2350
39,800	39,552	260.32	3.0764	4.1171
40,000	39,750	260.91	2.9977 + 2	4.0028 − 3
40,200	39,947	261.50	2.9213	3.8919
40,400	40,145	262.09	2.8470	3.7843
40,600	40,342	262.69	2.7747	3.6799
40,800	40,540	263.28	2.7044	3.5786
41,000	40,737	263.87	2.6361	3.4804
41,200	40,935	264.46	2.5696	3.3850
41,400	41,132	265.06	2.5050	3.2925
41,600	41,300	265.65	2.4421	3.2027
41,800	41,527	266.24	2.3810	3.1156
42,000	41,724	266.83	2.3215 + 2	3.0310 − 3
42,400	41,922	267.43	2.2636	2.9489
42,400	42,119	268.02	2.2073	2.8692
42,600	42,316	268.61	2.1525	2.7918
42,800	42,514	269.20	2.0992	2.7167
43,000	42,711	269.79	2.0474	2.6438
43,200	42,908	270.39	1.9969	2.5730
43,400	43,106	270.98	1.9478	2.5042
43,600	43,303	271.57	1.9000	2.4374
43,800	43,500	272.16	1.8535	2.3726
44,000	43,698	272.75	1.8082 + 2	2.3096 − 3
44,200	43,895	273.34	1.7641	2.2484
44,400	44,092	273.94	1.7212	2.1889
44,600	44,289	274.53	1.6794	2.1312
44,800	44,486	275.12	1.6387	2.0751
45,000	44,684	275.71	1.5991	2.0206
45,200	44,881	276.30	1.5606	1.9677
45,400	45,078	276.89	1.5230	1.9162
45,600	45,275	277.49	1.4865	1.8662
45,800	45,472	278.08	1.4508	1.8177
46,000	45,670	278.67	1.4162 + 2	1.7704 − 3
46,200	45,867	279.26	1.3824	1.7246
46,400	46,064	279.85	1.3495	1.6799
46,600	46,261	280.44	1.3174	1.6366
46,800	46,458	281.03	1.2862	1.5944
47,000	46,655	281.63	1.2558	1.5535
47,200	46,852	282.22	1.2261	1.5136
47,400	47,049	282.66	1.1973	1.4757
47,600	47,246	282.66	1.1691	1.4409
47,800	47,443	282.66	1.1416	1.4070

Altitude				
h_G, m	h, m	Temperature T, K	Pressure p, N/m²	Density θ, kg/m³
48,000	47,640	282.66	1.1147 + 2	1.3739 − 3
48,200	47,837	282.66	1.0885	1.3416
48,400	48,034	282.66	1.0629	1.3100
48,600	48,231	282.66	1.0379	1.2792
48,800	48,428	282.66	1.0135	1.2491
49,000	48,625	282.66	9.8961 + 1	1.2197
49,200	48,822	282.66	9.6633	1.1910
49,400	49,019	282.66	9.4360	1.1630
49,600	49,216	282.66	9.2141	1.1357
49,800	49,413	282.66	8.9974	1.1089
50,000	49,610	282.66	8.7858 + 1	1.0829 − 3
50,500	50,102	282.66	8.2783	1.0203
51,000	50,594	282.66	7.8003	9.6140 − 4
51,500	51,086	282.66	7.3499	9.0589
52,000	51,578	282.66	6.9256	8.5360
52,500	52,070	282.66	6.5259	8.0433
53,000	52,562	282.66	6.1493	7.5791
53,500	53,053	282.42	5.7944	7.1478
54,000	53,545	280.21	5.4586	6.7867
54,500	54,037	277.99	5.1398	6.4412
55,000	54,528	275.78	4.8373 + 1	6.1108 − 4
55,500	55,020	273.57	4.5505	5.7949
56,000	55,511	271.36	4.2786	5.4931
56,500	56,002	269.15	4.0210	5.2047
57,000	56,493	266.94	3.7770	4.9293
57,500	56,985	264.73	3.5459	4.6664
58,000	57,476	262.52	3.3273	4.4156
58,500	57,967	260.31	3.1205	4.1763
59,000	58,457	258.10	2.9250	3.9482
59,500	58,948	255.89	2.7403	3.7307

APPENDIX B

표준 대기표, 영국 공학 단위계

Altitude				
h_G, ft	h, ft	Temperature T, °R	Pressure p, lb/ft^2	Density θ, slugs/ft^3
−16,500	−16,513	577.58	3.6588 + 3	3.6905 − 3
−16,000	−16,012	575.79	3.6641	3.7074
−15,500	−15,512	574.00	3.6048	3.6587
−15,000	−15,011	572.22	3.5462	3.6105
−14,500	−14,510	570.43	3.4884	3.5628
−14,000	−14,009	568.65	3.4314	3.5155
−13,500	−13,509	566.86	3.3752	3.4688
−13,000	−13,008	565.08	3.3197	3.4225
−12,500	−12,507	563.29	3.2649	3.3768
−12,000	−12,007	561.51	3.2109	3.3314
−11,500	−11,506	559.72	3.1576 + 3	3.2866 − 3
−11,000	−11,006	557.94	3.1050	3.2422
−10,500	−10,505	556.15	3.0532	3.1983
−10,000	−10,005	554.37	3.0020	3.1548
−9,500	−9,504	552.58	2.9516	3.1118
−9,000	−9,004	550.80	2.9018	3.0693
−8,500	−8,503	549.01	2.8527	3.0272
−8,000	−8,003	547.23	2.8043	2.9855
−7,500	−7,503	545.44	2.7566	2.9443
−7,000	−7,002	543.66	2.7095	2.9035
−6,500	−6,502	541.88	2.6631 + 3	2.8632 − 3
−6,000	−6,002	540.09	2.6174	2.8233
−5,500	−5,501	538.31	2.5722	2.7838
−5,000	−5,001	536.52	2.5277	2.7448
−4,500	−4,501	534.74	2.4839	2.7061
−4,000	−4,001	532.96	2.4406	2.6679
−3,500	−3,501	531.17	2.3980	2.6301

Altitude				
h_G, ft	h, ft	Temperature T, °R	Pressure p, lb/ft²	Density θ, slugs/ft³
−3,000	−3,000	529.39	2.3560	2.5927
−2,500	−2,500	527.60	2.3146	2.5558
−2,000	−2,000	525.82	2.2737	2.5192
−1,500	−1,500	524.04	2.2335 + 3	2.4830 − 3
−1,000	−1,000	522.25	2.1938	2.4473
−500	−500	520.47	2.1547	2.4119
0	0	518.69	2.1162	2.3769
500	500	516.90	2.0783	2.3423
1,000	1,000	515.12	2.0409	2.3081
1,500	1,500	513.34	2.0040	2.2743
2,000	2,000	511.56	1.9677	2.2409
2,500	2,500	509.77	1.9319	2.2079
3,000	3,000	507.99	1.8967	2.1752
3,500	3,499	506.21	1.8619 + 3	2.1429 − 3
4,000	3,999	504.43	1.8277	2.1110
4,500	4,499	502.64	1.7941	2.0794
5,000	4,999	500.86	1.7609	2.0482
5,500	5,499	499.08	1.7282	2.0174
6,000	5,998	497.30	1.6960	1.9869
6,500	6,498	495.52	1.6643	1.9567
7,000	6,998	493.73	1.6331	1.9270
7,500	7,497	491.95	1.6023	1.8975
8,000	7,997	490.17	1.5721	1.8685
8,500	8,497	488.39	1.5423 + 3	1.8397 − 3
9,000	8,996	486.61	1.5129	1.8113
9,500	9,496	484.82	1.4840	1.7833
10,000	9,995	483.04	1.4556	1.7556
10,500	10,495	481.26	1.4276	1.7282
11,000	10,994	479.48	1.4000	1.7011
11,500	11,494	477.70	1.3729	1.6744
12,000	11,993	475.92	1.3462	1.6480
12,500	12,493	474.14	1.3200	1.6219
13,000	12,992	472.36	1.2941	1.5961
13,500	13,491	470.58	1.2687 + 3	1.5707 − 3
14,000	13,991	468.80	1.2436	1.5455
14,500	14,490	467.01	1.2190	1.5207
15,000	14,989	465.23	1.1948	1.4962
15,500	15,488	463.45	1.1709	1.4719
16,000	15,988	461.67	1.1475	1.4480
16,500	16,487	459.89	1.1244	1.4244
17,000	16,986	458.11	1.1017	1.4011
17,500	17,485	456.33	1.0794	1.3781
18,000	17,984	454.55	1.0575	1.3553

Altitude				
h_G, ft	h, ft	Temperature T, °R	Pressure p, lb/ft^2	Density θ, slugs/ft^3
18,500	18,484	452.77	1.0359 + 3	1.3329 – 3
19,000	18,983	450.99	1.0147	1.3107
19,500	19,482	449.21	9.9379 + 2	1.2889
20,000	19,981	447.43	9.7327	1.2673
20,500	20,480	445.65	9.5309	1.2459
21,000	20,979	443.87	9.3326	1.2249
21,500	21,478	442.09	9.1376	1.2041
22,000	21,977	440.32	8.9459	1.1836
22,500	22,476	438.54	8.7576	1.1634
23,000	22,975	436.76	8.5724	1.1435
23,500	23,474	434.98	8.3905 + 2	1.1238 – 3
24,000	23,972	433.20	8.2116	1.1043
24,500	24,471	431.42	8.0359	1.0852
25,000	24,970	429.64	7.8633	1.0663
25,500	25,469	427.86	7.6937	1.0476
26,000	25,968	426.08	7.5271	1.0292
26,500	26,466	424.30	7.3634	1.0110
27,000	26,965	422.53	7.2026	9.9311 – 4
27,500	27,464	420.75	7.0447	9.7544
28,000	27,962	418.97	6.8896	9.5801
28,500	28,461	417.19	6.7373 + 2	9.4082 – 4
29,000	28,960	415.41	6.5877	9.2387
29,500	29,458	413.63	6.4408	9.0716
30,000	29,957	411.86	6.2966	8.9068
30,500	30,455	410.08	6.1551	8.7443
31,000	30,954	408.30	6.0161	8.5841
31,500	31,452	406.52	5.8797	8.4261
32,000	31,951	404.75	5.7458	8.2704
32,500	32,449	402.97	5.6144	8.1169
33,000	32,948	401.19	5.4854	7.9656
33,500	33,446	399.41	5.3589 + 2	7.8165 – 4
34,000	33,945	397.64	5.2347	7.6696
34,500	34,443	395.86	5.1129	7.5247
35,000	34,941	394.08	4.9934	7.3820
35,500	35,440	392.30	4.8762	7.2413
36,000	35,938	390.53	4.7612	7.1028
36,500	36,436	389.99	4.6486	6.9443
37,000	36,934	389.99	4.5386	6.7800
37,500	37,433	389.99	4.4312	6.6196
38,000	37,931	389.99	4.3263	6.4629
38,500	38,429	389.99	4.2240 + 2	6.3100 – 4
39,000	38,927	389.99	4.1241	6.1608
39,500	39,425	389.99	4.0265	6.0150
40,000	39,923	389.99	3.9312	5.8727
40,500	40,422	389.99	3.8382	5.7338

Altitude				
h_G, ft	h, ft	Temperature T, °R	Pressure p, lb/ft^2	Density θ, slugs/ft^3
41,000	40,920	389.99	3.7475	5.5982
41,500	41,418	389.99	3.6588	5.4658
42,000	41,916	389.99	3.5723	5.3365
42,500	42,414	389.99	3.4878	5.2103
43,000	42,912	389.99	3.4053	5.0871
43,500	43,409	389.99	3.3248 + 2	4.9668 − 4
44,000	43,907	389.99	3.2462	4.8493
44,500	44,405	389.99	3.1694	4.7346
45,000	44,903	389.99	3.0945	4.6227
45,500	45,401	389.99	3.0213	4.5134
46,000	45,899	389.99	2.9499	4.4067
46,500	46,397	389.99	2.8801	4.3025
47,000	46,894	389.99	2.8120	4.2008
47,500	47,392	389.99	2.7456	4.1015
48,000	47,890	389.99	2.6807	4.0045
48,500	48,387	389.99	2.2173 + 2	3.9099 − 4
49,000	48,885	389.99	2.5554	3.8175
49,500	49,383	389.99	2.4950	3.7272
50,000	49,880	389.99	2.4361	3.6391
50,500	50,378	389.99	2.3785	3.5531
51,000	50,876	389.99	2.3223	3.4692
51,500	51,373	389.99	2.2674	3.3872
52,000	51,871	389.99	2.2138	3.3072
52,500	52,368	389.99	2.1615	3.2290
53,000	52,866	389.99	2.1105	3.1527
53,500	53,363	389.99	2.0606 + 2	3.0782 − 4
54,000	53,861	389.99	2.0119	3.0055
54,500	54,358	389.99	1.9644	2.9345
55,000	54,855	389.99	1.9180	2.8652
55,500	55,353	389.99	1.8727	2.7975
56,000	55,850	389.99	1.8284	2.7314
56,500	56,347	389.99	1.7853	2.6669
57,000	56,845	389.99	1.7431	2.6039
57,500	57,342	389.99	1.7019	2.5424
58,000	57,839	389.99	1.6617	2.4824
58,500	58,336	389.99	1.6225 + 2	2.4238 − 4
59,000	58,834	389.99	1.5842	2.3665
59,500	59,331	389.99	1.5468	2.3107
60,000	59,828	389.99	1.5103	2.2561
60,500	60,325	389.99	1.4746	2.2028
61,000	60,822	389.99	1.4398	2.1508
61,500	61,319	389.99	1.4058	2.1001
62,000	61,816	389.99	1.3726	2.0505
62,500	62,313	389.99	1.3402	2.0021
63,000	62,810	389.99	1.3086	1.9548

Altitude				
h_G, ft	h, ft	Temperature T, °R	Pressure p, lb/ft^2	Density θ, slugs/ft^3
63,500	63,307	389.99	1.2777 + 2	1.9087 − 4
64,000	63,804	389.99	1.2475	1.8636
64,500	64,301	389.99	1.2181	1.8196
65,000	64,798	389.99	1.1893	1.7767
65,500	65,295	389.99	1.1613	1.7348
66,000	65,792	389.99	1.1339	1.6938
66,500	66,289	389.99	1.1071	1.6539
67,000	66,785	389.99	1.0810	1.6148
67,500	67,282	389.99	1.0555	1.5767
68,000	67,779	389.99	1.0306	1.5395
68,500	68,276	389.99	1.0063 + 2	1.5032 − 4
69,000	68,772	389.99	9.8253 + 1	1.4678
69,500	69,269	389.99	9.5935	1.4331
70,000	69,766	389.99	9.3672	1.3993
70,500	70,262	389.99	9.1462	1.3663
71,000	70,759	389.99	8.9305	1.3341
71,500	74,256	389.99	8.7199	1.3026
72,000	71,752	389.99	8.5142	1.2719
72,500	72,249	389.99	8.3134	1.2419
73,000	72,745	389.99	8.1174	1.2126
73,500	73,242	389.99	7.9259 + 1	1.1840 − 4
74,000	73,738	389.99	7.7390	1.1561
74,500	74,235	389.99	7.5566	1.1288
75,000	74,731	389.99	7.3784	1.1022
75,500	75,228	389.99	7.2044	1.0762
76,000	75,724	389.99	7.0346	1.0509
76,500	76,220	389.99	6.8687	1.0261
77,000	76,717	389.99	6.7068	1.0019
77,500	77,213	389.99	6.5487	9.7829 − 5
78,000	77,709	389.99	6.3944	9.5523
78,500	78,206	389.99	6.2437 + 1	9.3271 − 5
79,000	78,702	389.99	6.0965	9.1073
79,500	79,198	389.99	5.9528	8.8927
80,000	79,694	389.99	5.8125	8.6831
80,500	80,190	389.99	5.6755	8.4785
81,000	80,687	389.99	5.5418	8.2787
81,500	81,183	389.99	5.4112	8.0836
82,000	81,679	389.99	5.2837	7.8931
82,500	82,175	390.24	5.1592	7.7022
83,000	82,671	391.06	5.0979	7.5053
83,500	83,167	391.87	4.9196 + 1	7.3139 − 5
84,000	83,663	392.69	4.8044	7.1277
84,500	84,159	393.51	4.6921	6.9467
85,000	84,655	394.32	4.5827	6.7706
85,500	85,151	395.14	4.4760	6.5994

Altitude				
h_G, ft	h, ft	Temperature T, °R	Pressure p, lb/ft^2	Density θ, slugs/ft^3
86,000	85,647	395.96	4.3721	6.4328
86,500	86,143	396.77	4.2707	6.2708
87,000	86,639	397.59	4.1719	6.1132
87,500	87,134	398.40	4.0757	5.9598
88,000	87,630	399.22	3.9818	5.8106
88,500	88,126	400.04	3.8902 + 1	5.6655 − 5
89,000	88,622	400.85	3.8010	5.5243
89,500	89,118	401.67	3.7140	5.3868
90,000	89,613	402.48	3.6292	5.2531
90,500	90,109	403.30	3.5464	5.1230
91,000	90,605	404.12	3.4657	4.9963
91,500	91,100	404.93	3.3870	4.8730
92,000	91,596	405.75	3.3103	4.7530
92,500	92,092	406.56	3.2354	4.6362
93,000	92,587	407.38	3.1624	4.5525
93,500	93,083	408.19	3.0912 + 1	4.4118 − 5
94,000	93,578	409.01	3.0217	4.3041
94,500	94,074	409.83	2.9539	4.1992
95,000	94,569	410.64	2.8878	4.0970
95,500	95,065	411.46	2.8233	3.9976
96,000	95,560	412.27	2.7604	3.9007
96,500	96,056	413.09	2.6989	3.8064
97,000	96,551	413.90	2.6390	3.7145
97,500	97,046	414.72	2.5805	3.6251
98,000	97,542	415.53	2.5234	3.5379
98,500	98,037	416.35	2.4677 + 1	3.4530 − 5
99,000	98,532	417.16	2.4134	3.3704
99,500	99,028	417.98	2.3603	3.2898
100,000	99,523	418.79	2.3085	3.2114
100,500	100,018	419.61	2.2580	3.1350
101,000	100,513	420.42	2.2086	3.0605
101,500	101,008	421.24	2.1604	2.9879
102,000	101,504	422.05	2.1134	2.9172
102,500	101,999	422.87	2.0675	2.8484
103,000	102,494	423.68	2.0226	2.7812
103,500	102,989	424.50	1.9789 + 1	2.7158 − 5
104,000	103,484	425.31	1.9361	2.6520
104,500	103,979	426.13	1.8944	2.5899
105,000	104,474	426.94	1.8536	2.5293
106,000	105,464	428.57	1.7749	2.4128
107,000	106,454	430.20	1.6999	2.3050
108,000	107,444	431.83	1.6282	2.1967
109,000	108,433	433.46	1.5599	2.0966
110,000	109,423	435.09	1.4947	2.0014
111,000	110,412	436.72	1.4324	1.9109

Altitude				
h_G, ft	h, ft	Temperature T, °R	Pressure p, lb/ft^2	Density θ, slugs/ft^3
112,000	111,402	438.35	1.3730 + 1	1.8247 – 5
113,000	112,391	439.97	1.3162	1.7428
114,000	113,380	441.60	1.2620	1.6649
115,000	114,369	443.23	1.2102	1.5907
116,000	115,358	444.86	1.1607	1.5201
117,000	116,347	446.49	1.1134	1.4528
118,000	117,336	448.11	1.0682	1.3888
119,000	118,325	449.74	1.0250	1.3278
120,000	119,313	451.37	9.8372 + 0	1.2697
121,000	120,302	453.00	9.4422	1.2143
122,000	121,290	454.62	9.0645 + 0	1.1616 – 5
123,000	122,279	456.25	8.7032	1.1113
124,000	123,267	457.88	8.3575	1.0634
125,000	124,255	459.50	8.0267	1.0177
126,000	125,243	461.13	7.7102	9.7410 – 6
127,000	126,231	462.75	7.4072	9.3253
128,000	127,219	464.38	7.1172	8.9288
129,000	128,207	466.01	6.8395	8.5505
130,000	129,195	467.63	6.5735	8.1894
131,000	130,182	469.26	6.3188	7.8449
132,000	131,170	470.88	6.0748 + 0	7.5159 – 6
133,000	132,157	472.51	5.8411	7.2019
134,000	133,145	474.13	5.6171	6.9020
135,000	134,132	475.76	5.4025	6.6156
136,000	135,119	477.38	5.1967	6.3420
137,000	136,106	479.01	4.9995	6.0806
138,000	137,093	480.63	4.8104	5.8309
139,000	138,080	482.26	4.6291	5.5922
140,000	139,066	483.88	4.4552	5.3640
141,000	140,053	485.50	4.2884	5.1460
142,000	141,040	487.13	4.1284 + 0	4.9374 – 6
143,000	142,026	488.75	3.9749	4.7380
144,000	143,013	490.38	3.8276	4.5473
145,000	143,999	492.00	3.6862	4.3649
146,000	144,985	493.62	3.5505	4.1904
147,000	145,971	495.24	3.4202	4.0234
148,000	146,957	496.87	3.2951	3.8636
149,000	147,943	498.49	3.1750	3.7106
150,000	148,929	500.11	3.0597	3.5642
151,000	149,915	501.74	2.9489	3.4241
152,000	150,900	503.36	2.8424 + 0	3.2898 – 6
153,000	151,886	504.98	2.7402	3.1613
154,000	152,871	506.60	2.6419	3.0382
155,000	153,856	508.22	2.5475	2.9202

Altitude				
h_G, ft	h, ft	Temperature T, °R	Pressure p, lb/ft^2	Density θ, slugs/ft^3
156,000	154,842	508.79	2.4566	2.8130
157,000	155,827	508.79	2.3691	2.7127
158,000	156,812	508.79	2.2846	2.6160
159,000	157,797	508.79	2.2032	2.5228
160,000	158,782	508.79	2.1247	2.4329
161,000	159,797	508.79	2.0490	2.3462

APPENDIX C

기호 및 변환인자

SYMBOLS

meter, m
kilogram, kg
second, s
kelvin, K
foot, ft
pound force, lb or lb_f
pound mass, lb_m
degree rankine, °R
newton, N
atmosphere, atm

CONVERSION FACTORS

1 ft = 0.3048 m
1 slug = 14.594 kg
1 slug = 32.2 lb_m
1 lb_m = 0.4536 kg
1 lb = 4.448 N
1 atm = 2116 lb/ft^2 = 1.01×10^5 N/m^2
1 K = 1.8°R

APPENDIX

D

익형데이터

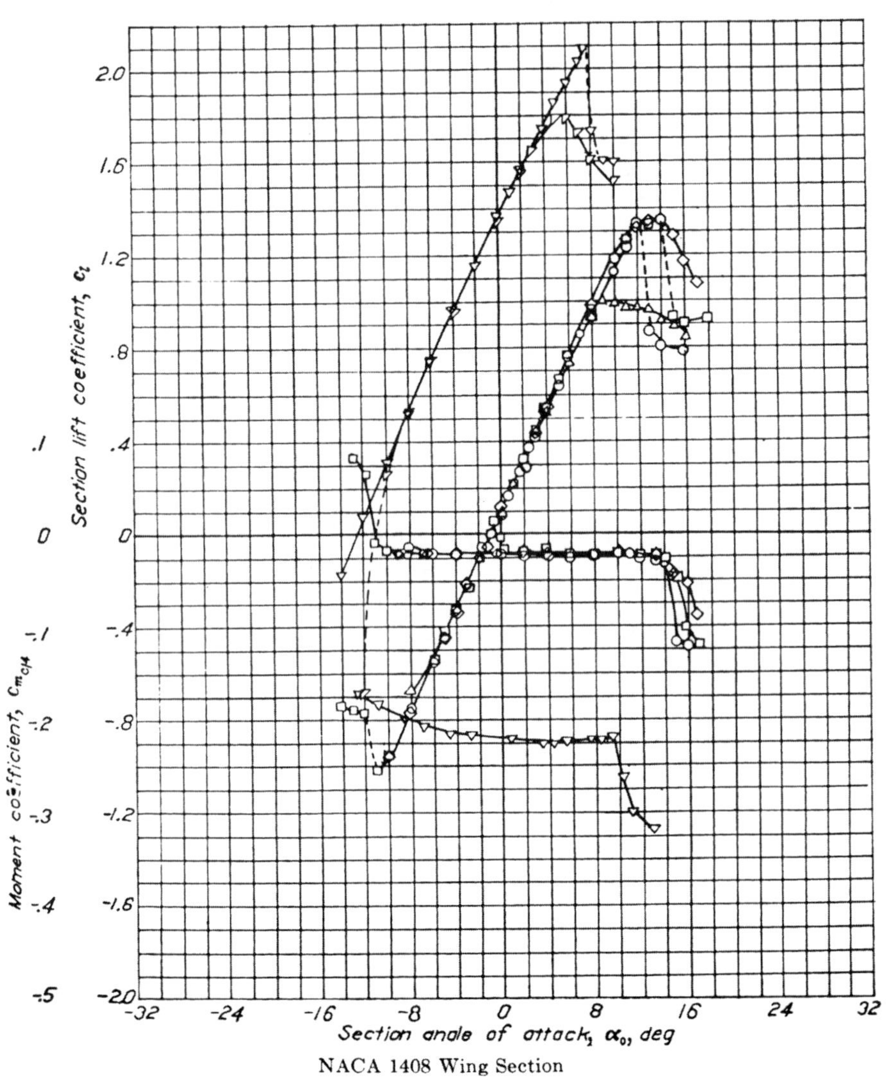

NACA 1408 Wing Section

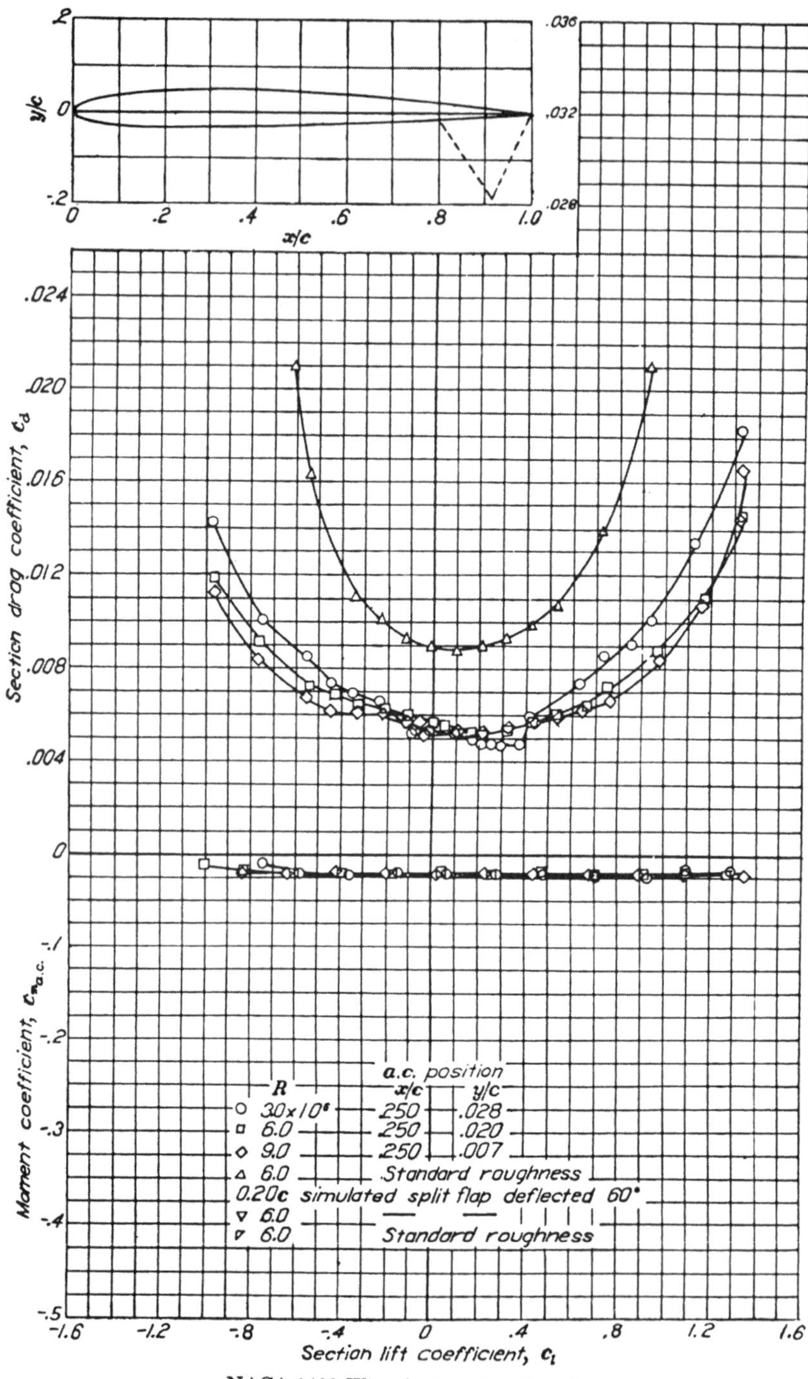

NACA 1408 Wing Section (*continued*)

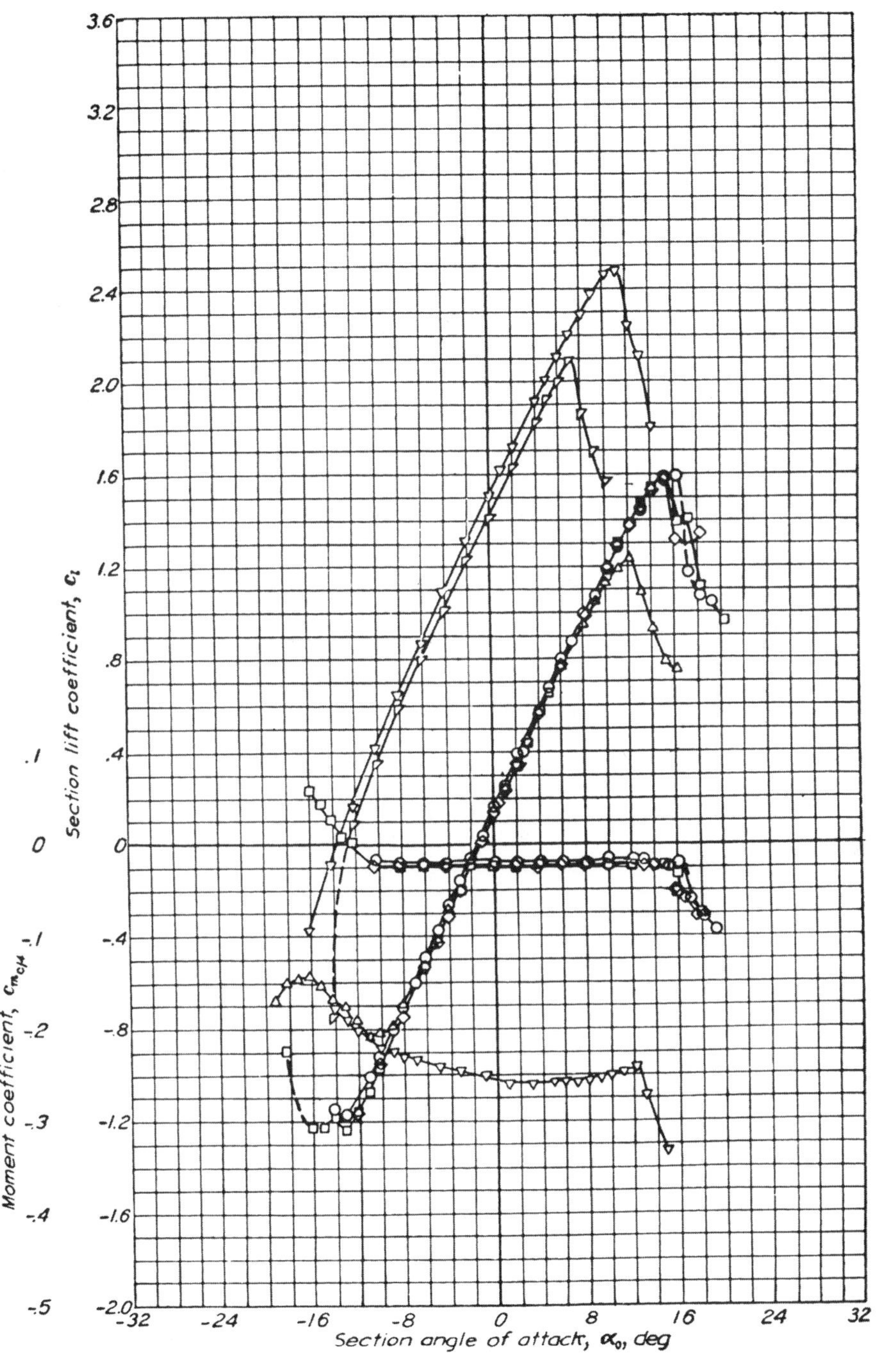

NACA 1412 Wing Section

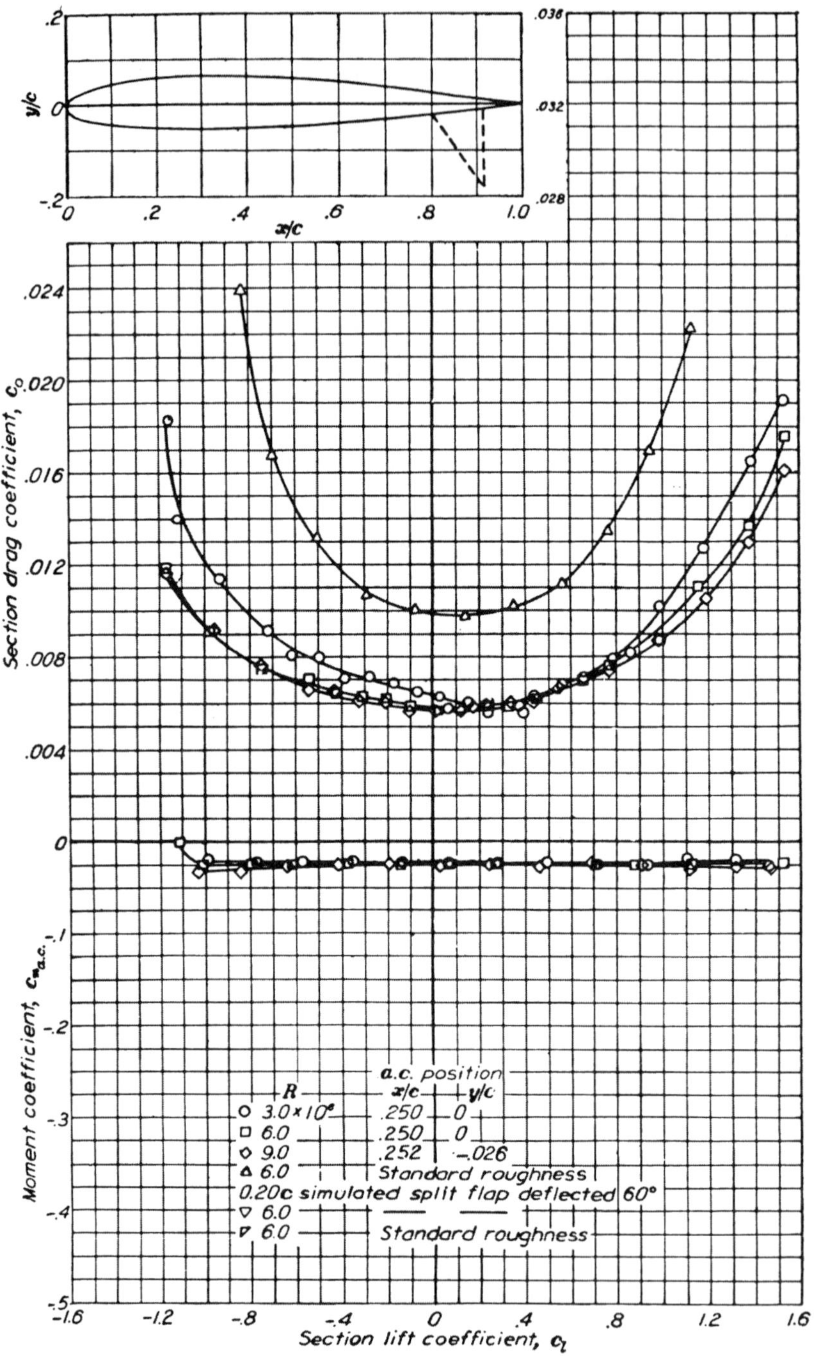

NACA 1412 Wing Section (*continued*)

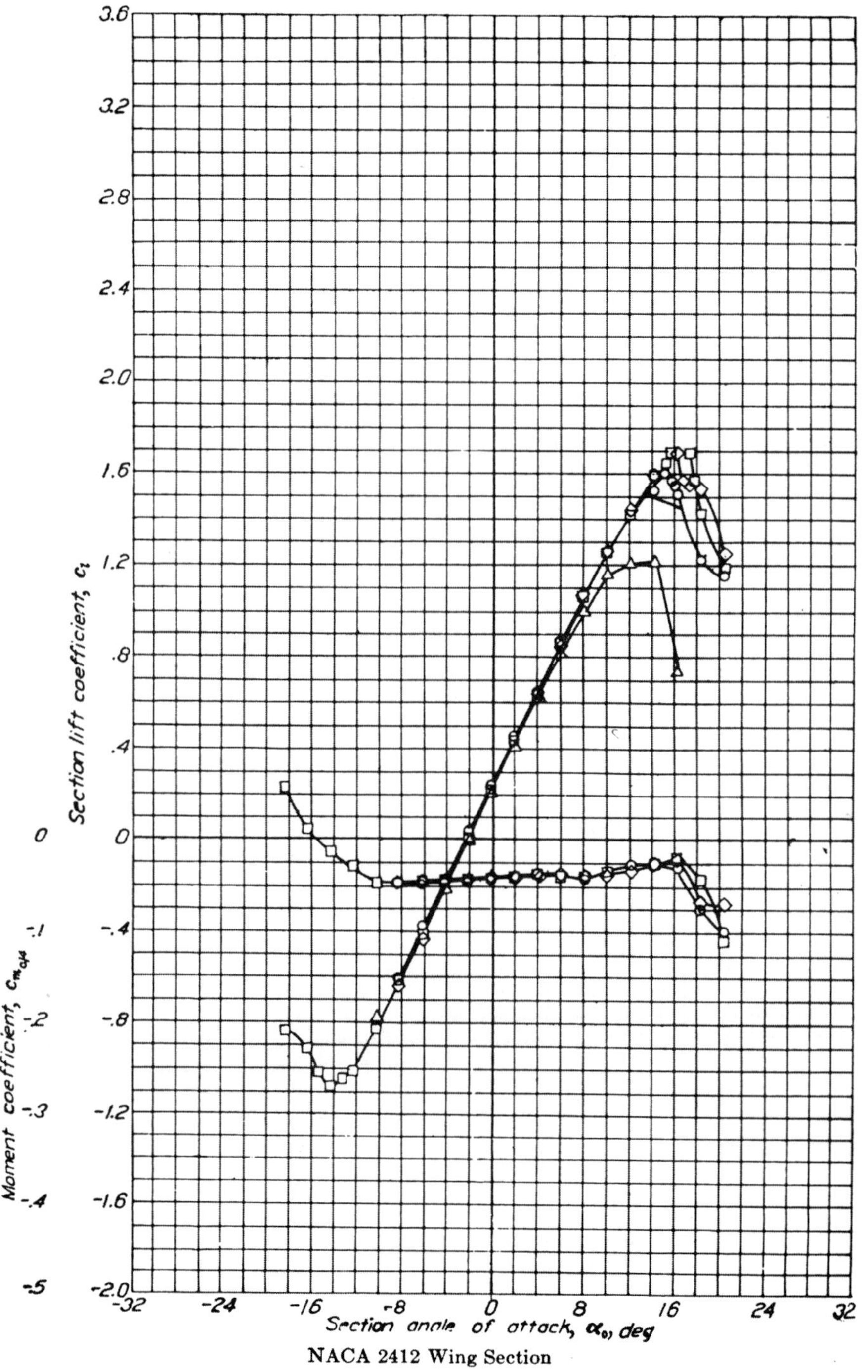

NACA 2412 Wing Section

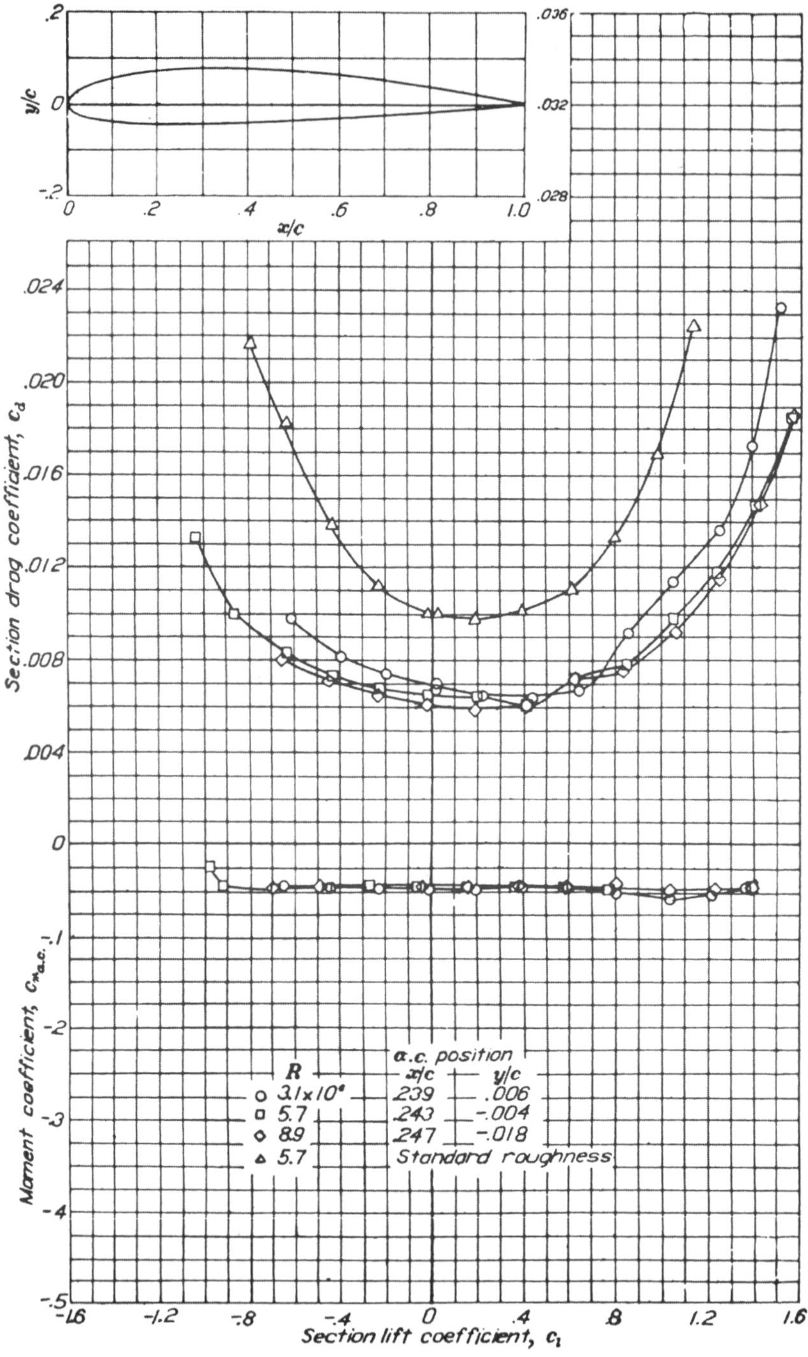

NACA 2412 Wing Section (*continued*)

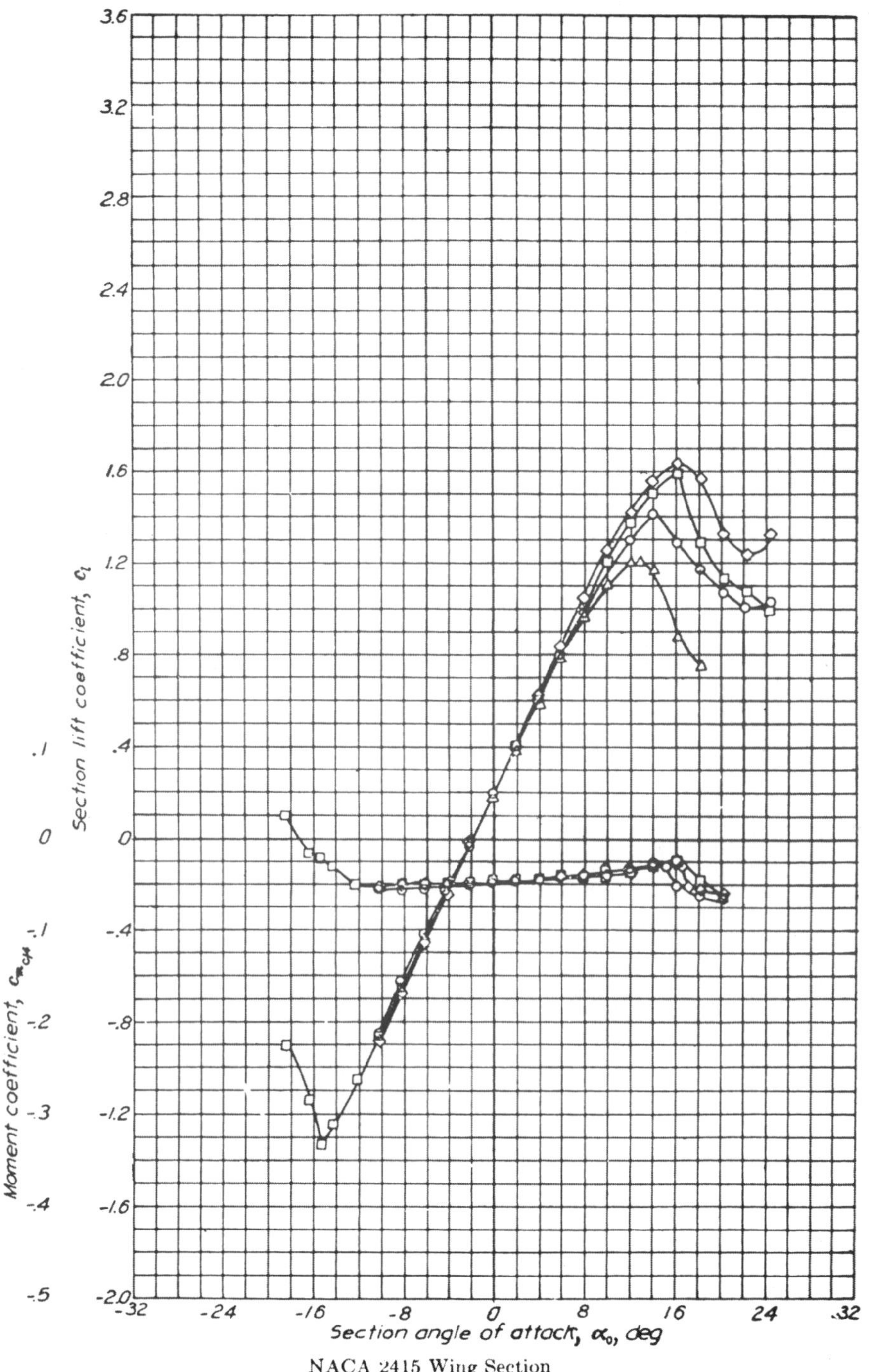

NACA 2415 Wing Section

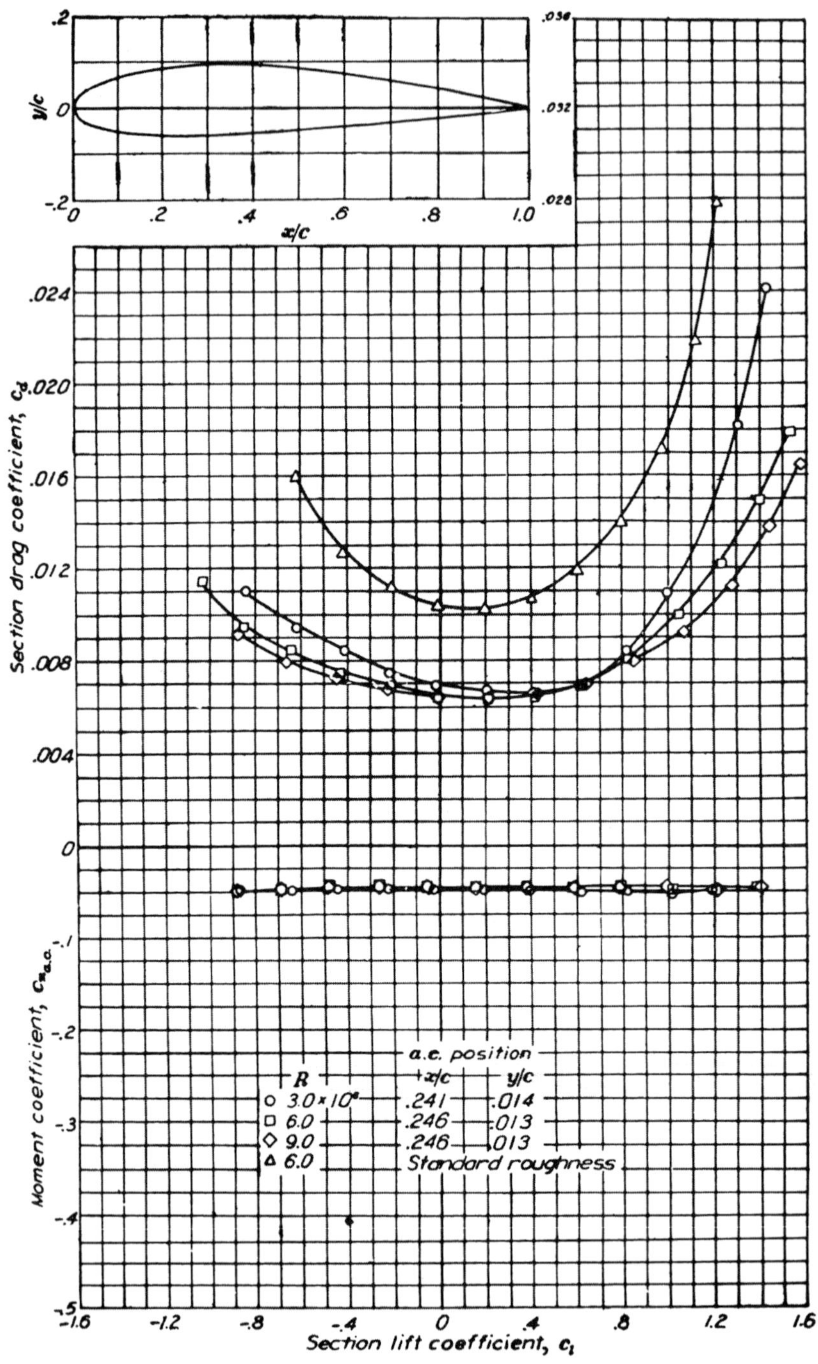

NACA 2415 Wing Section (*continued*)

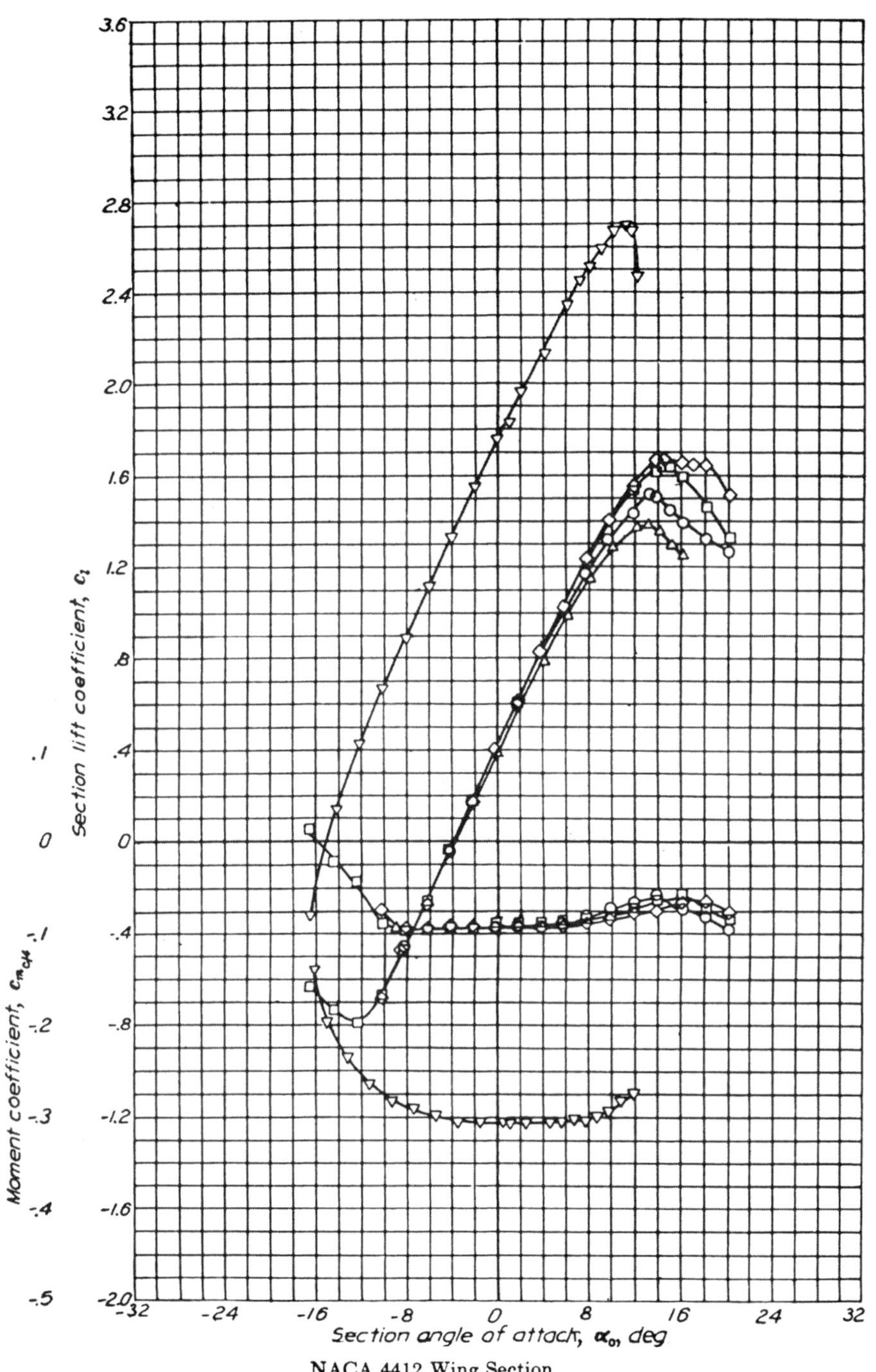

NACA 4412 Wing Section

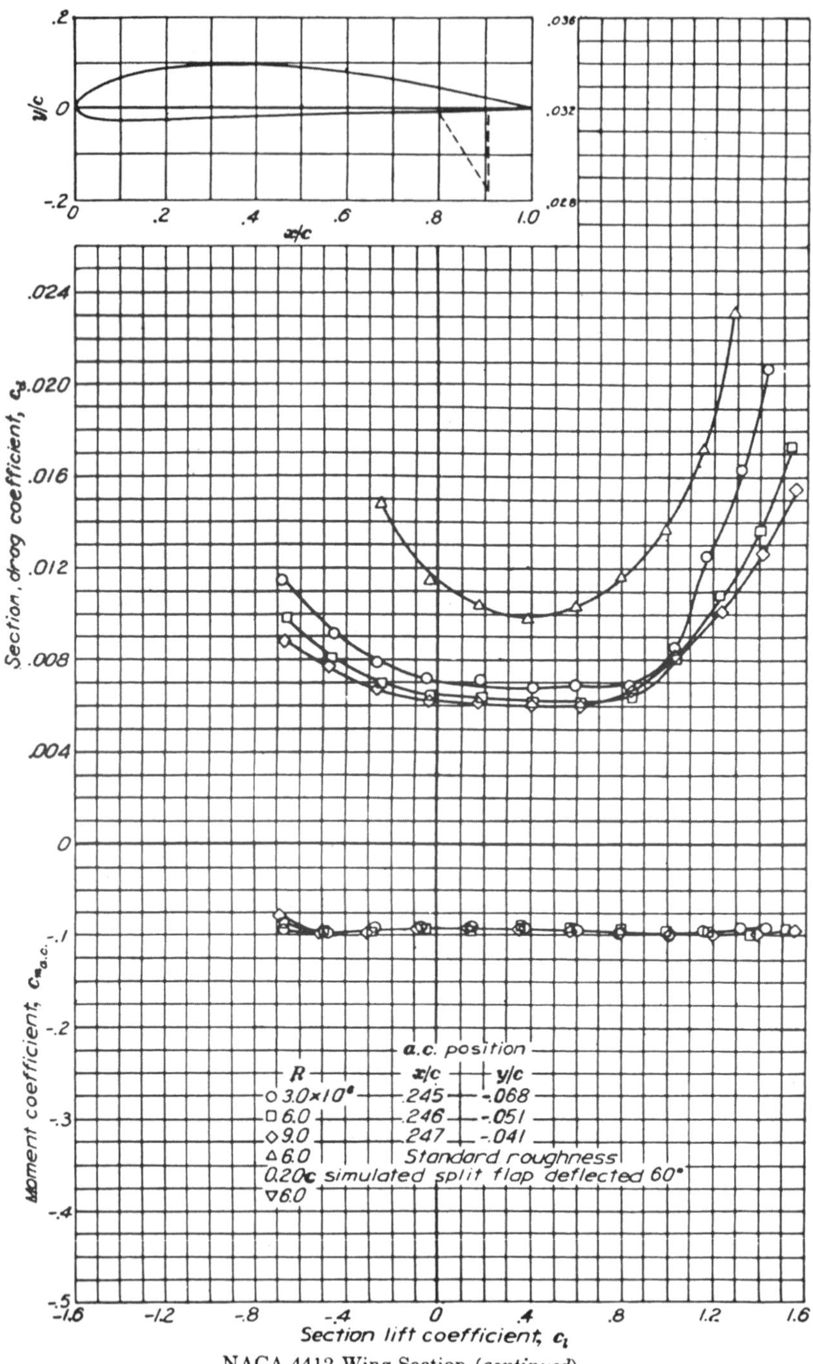

NACA 4412 Wing Section (*continued*)

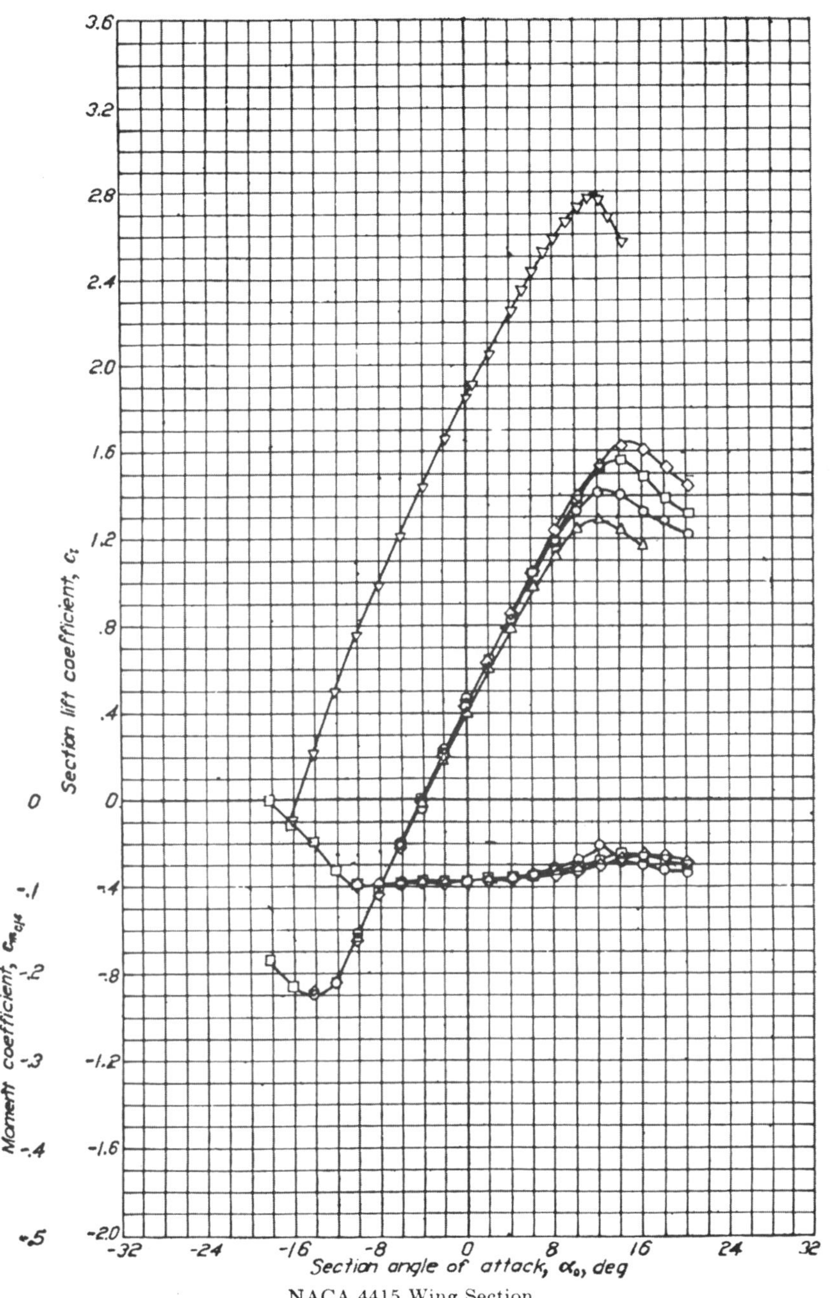

NACA 4415 Wing Section

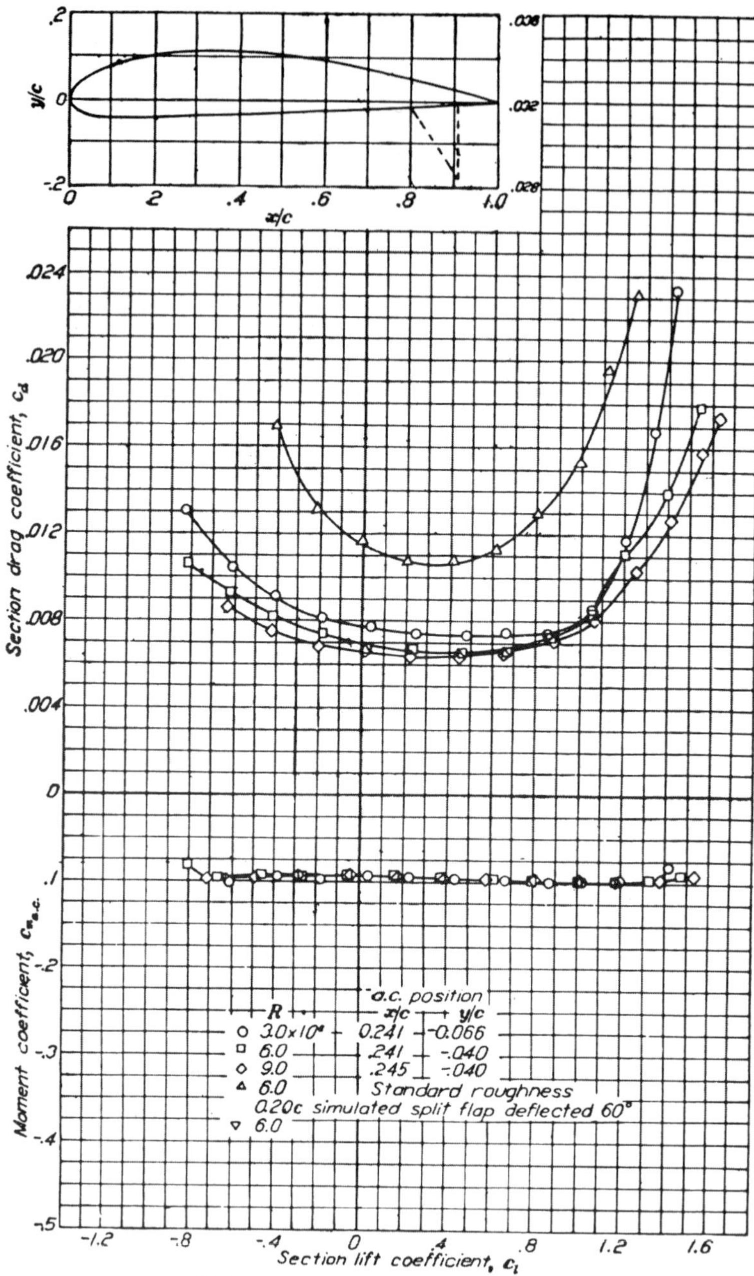

NACA 4415 Wing Section (*continued*)

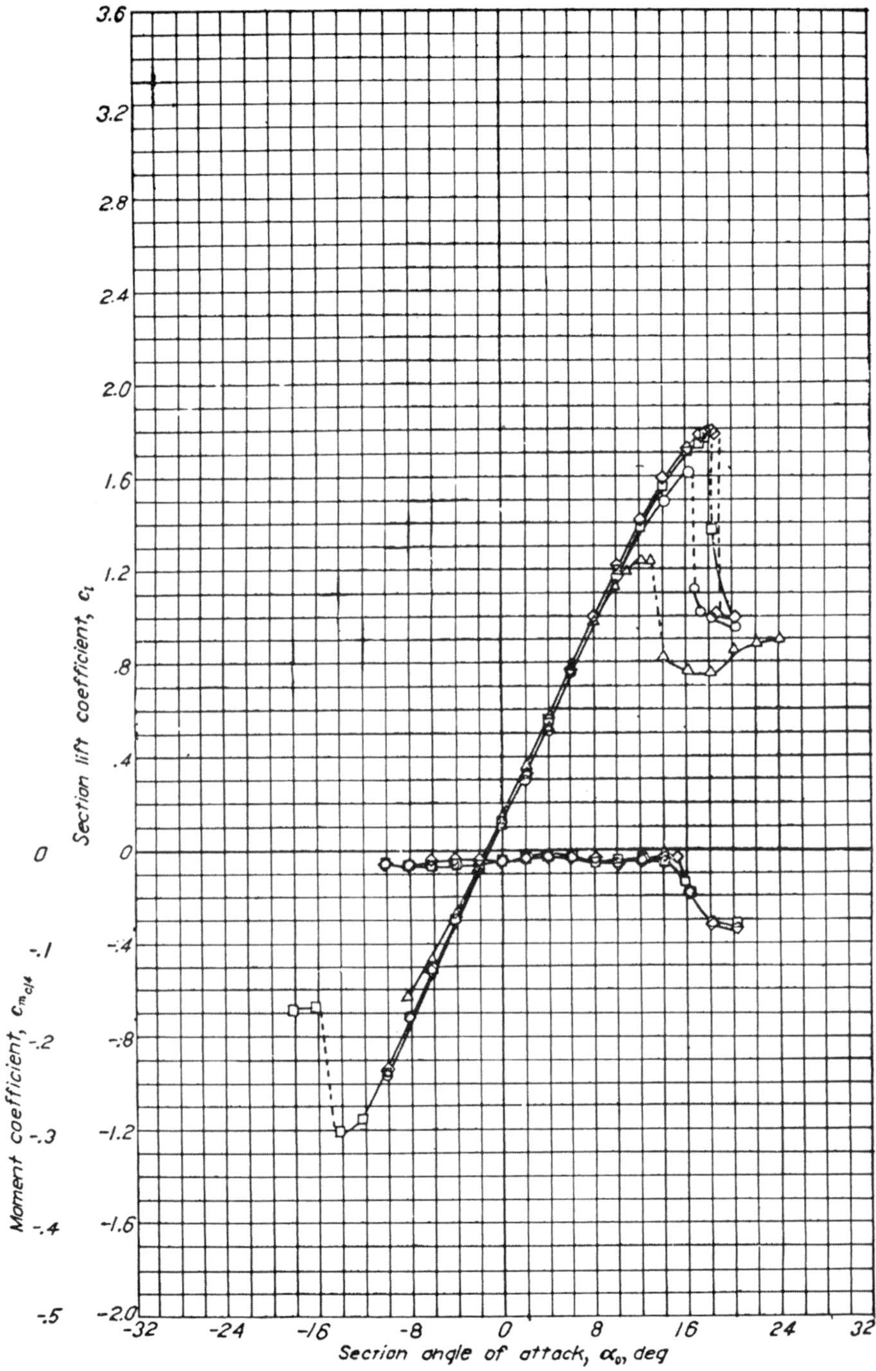

NACA 23012 Wing Section

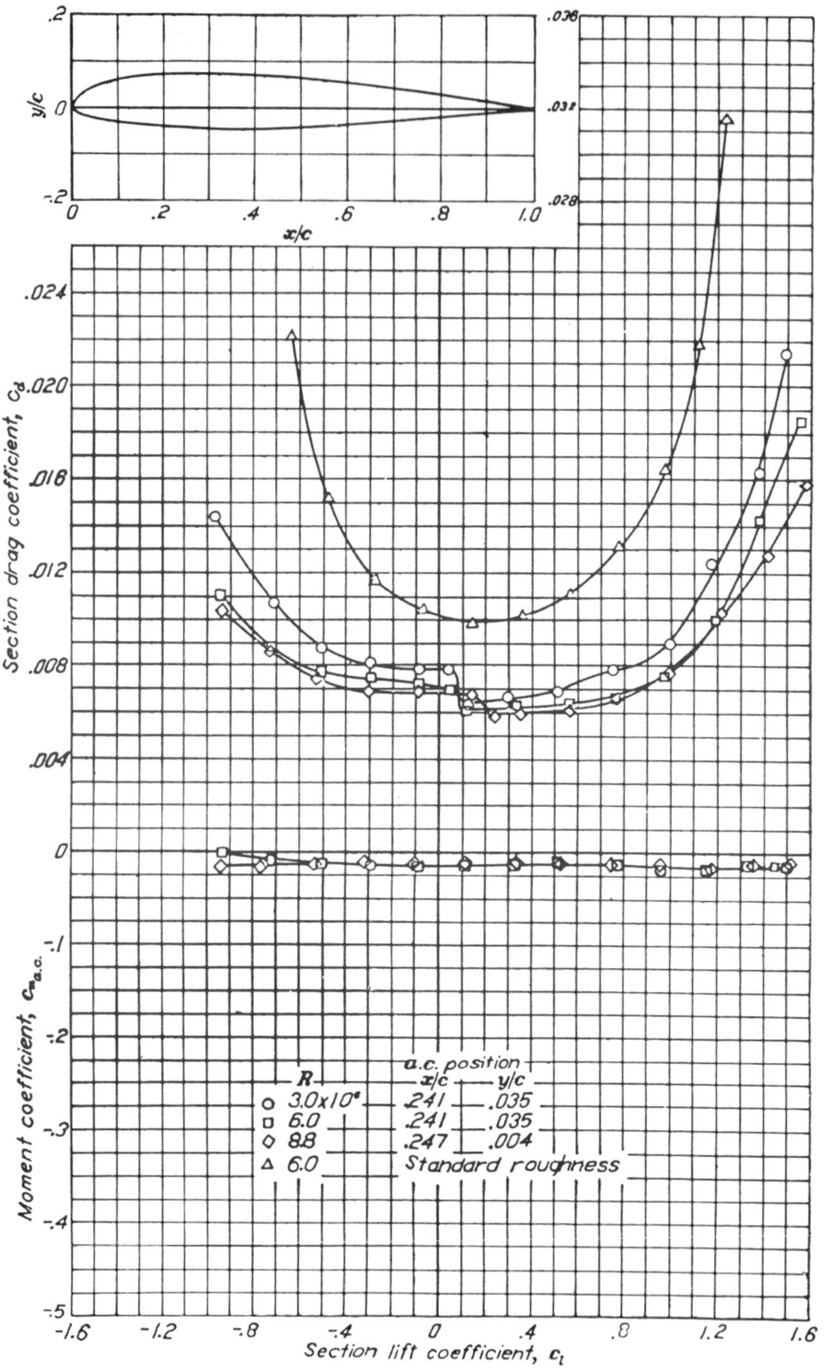

NACA 23012 Wing Section (*continued*)

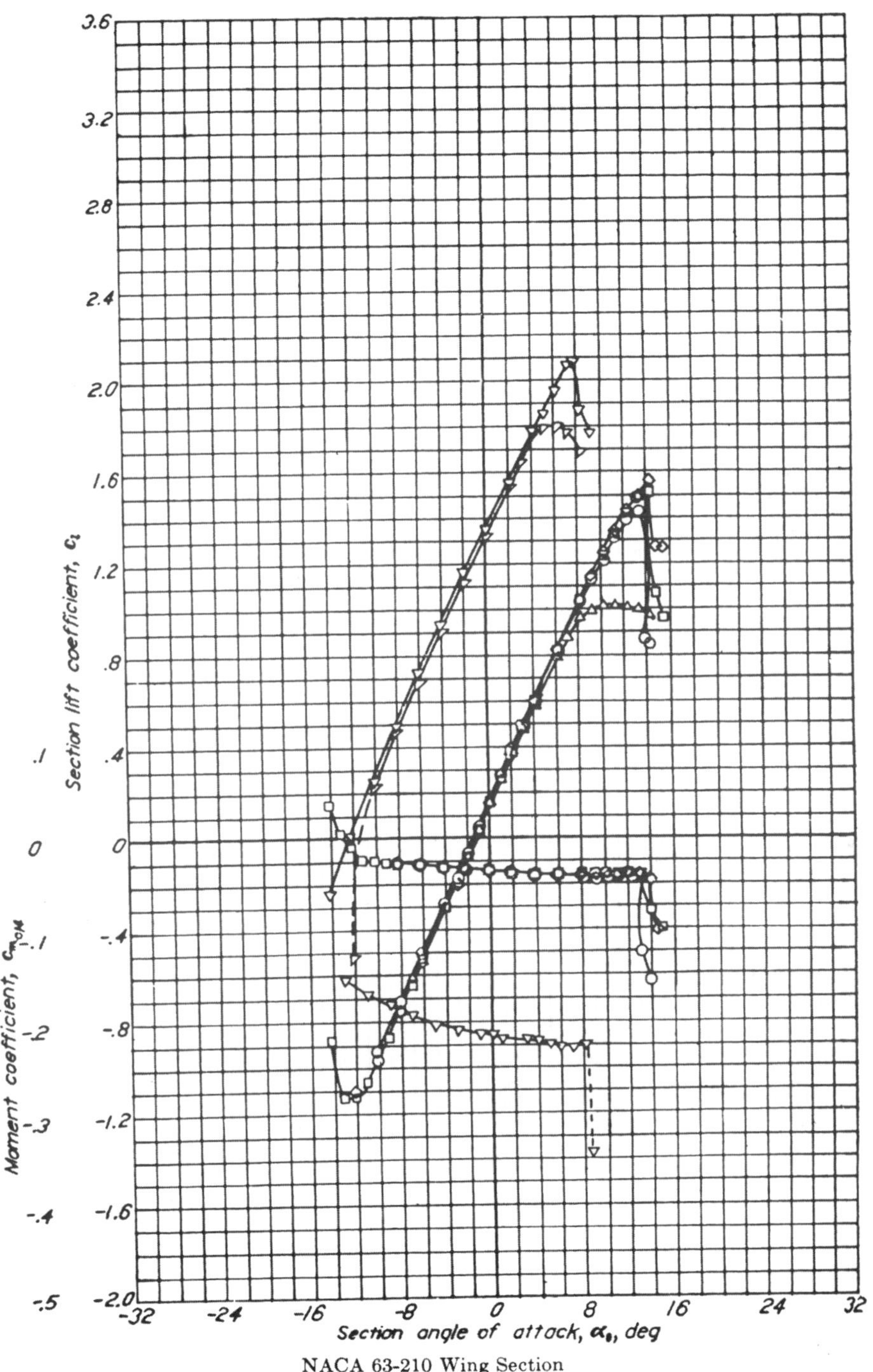

NACA 63-210 Wing Section

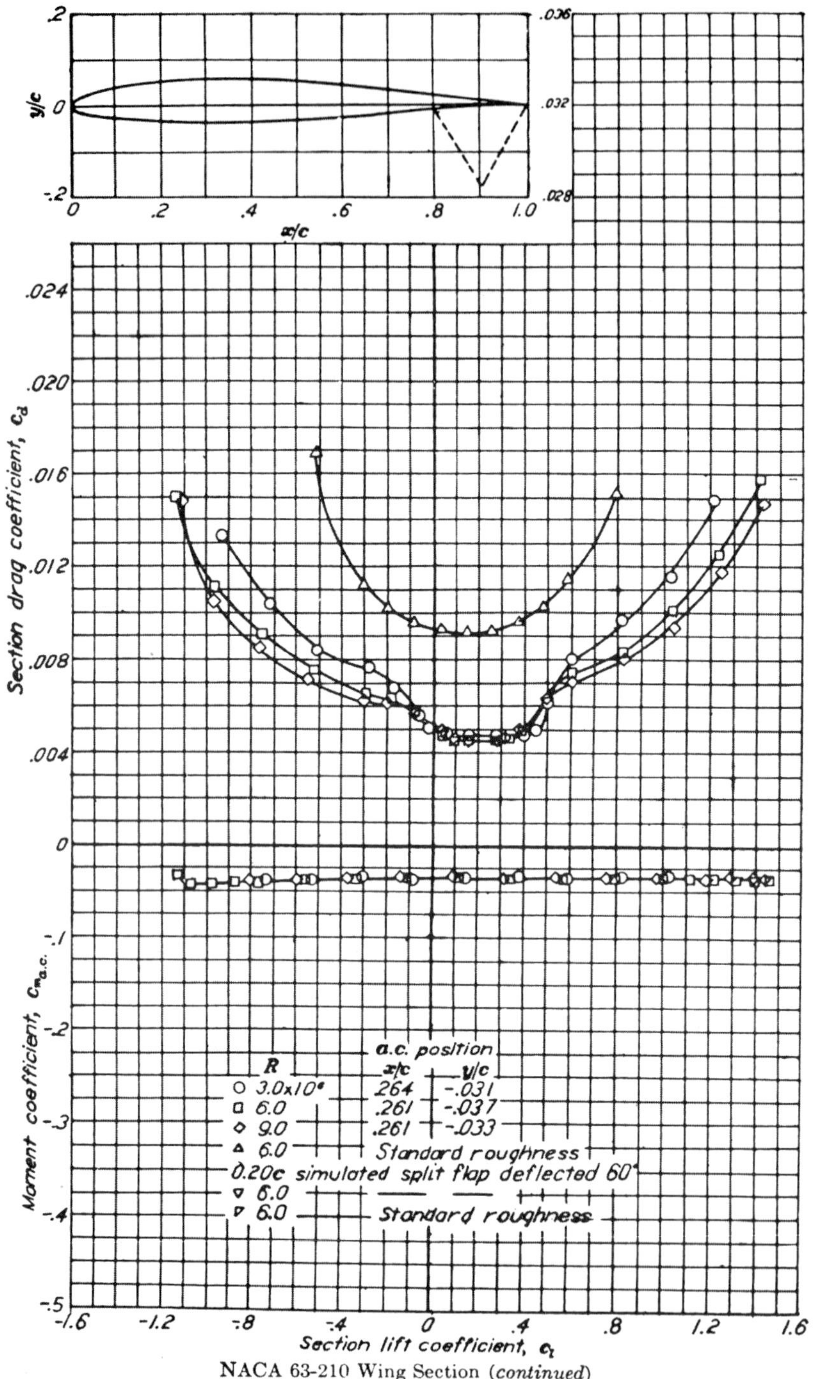

NACA 63-210 Wing Section (*continued*)

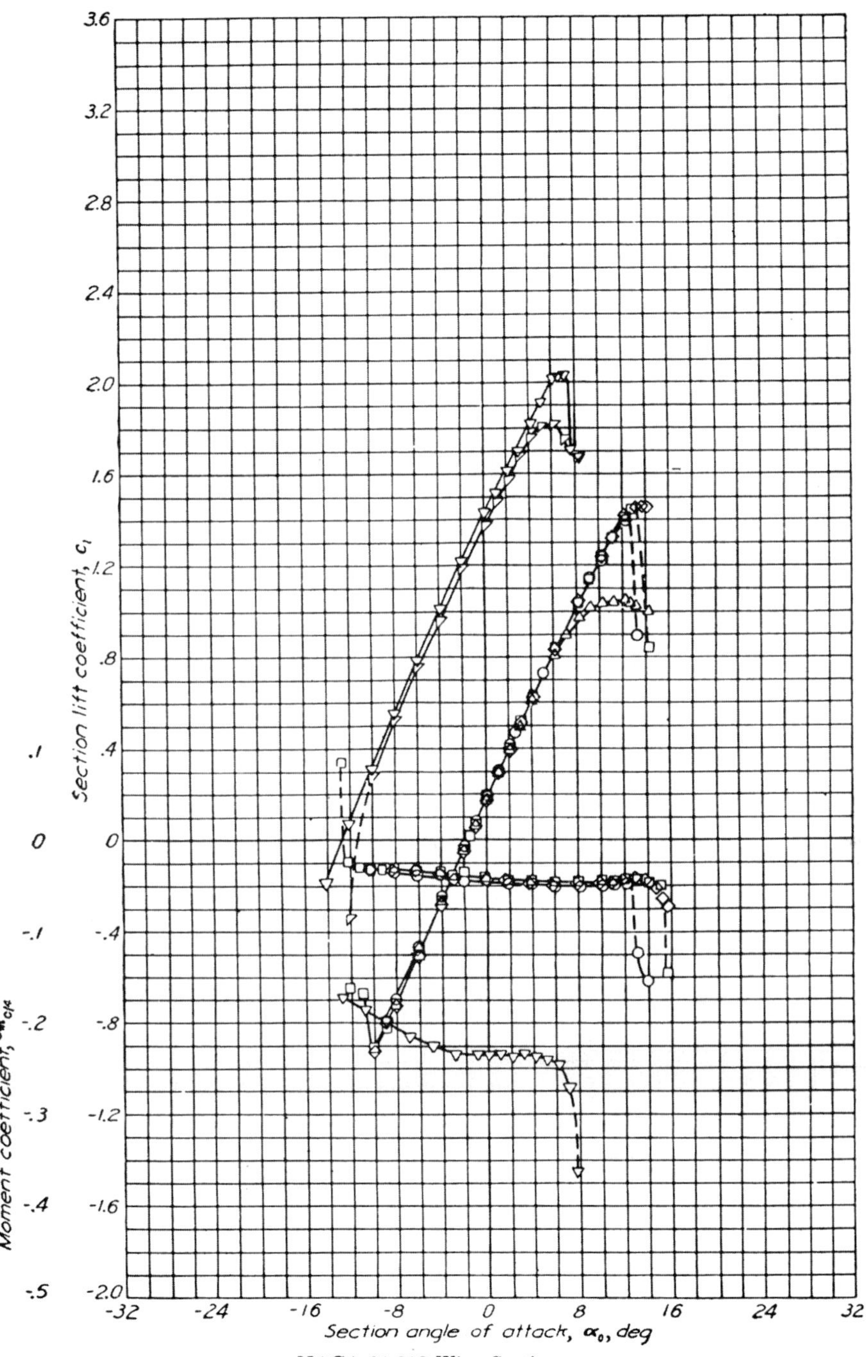

NACA 64-210 Wing Section

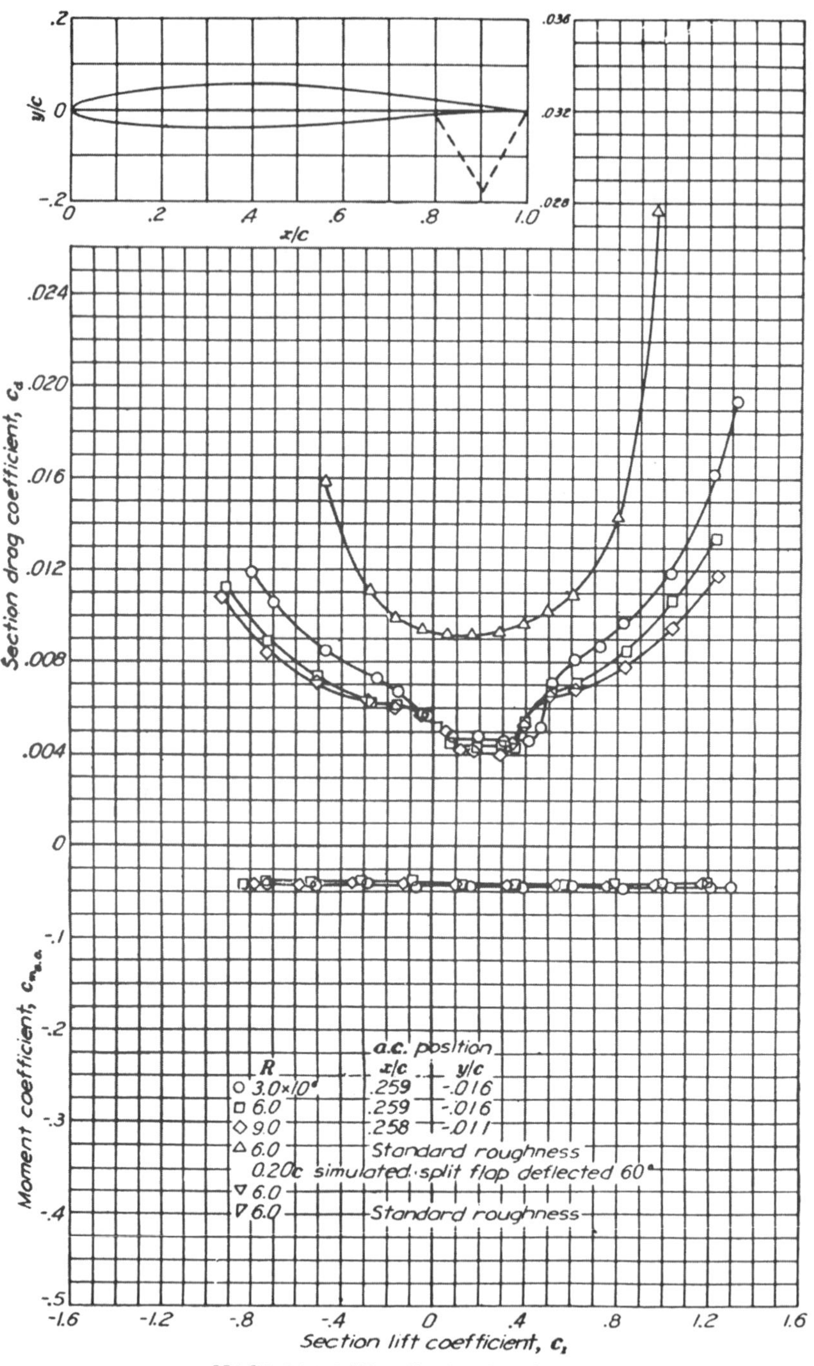

NACA 64-210 Wing Section *(continued)*

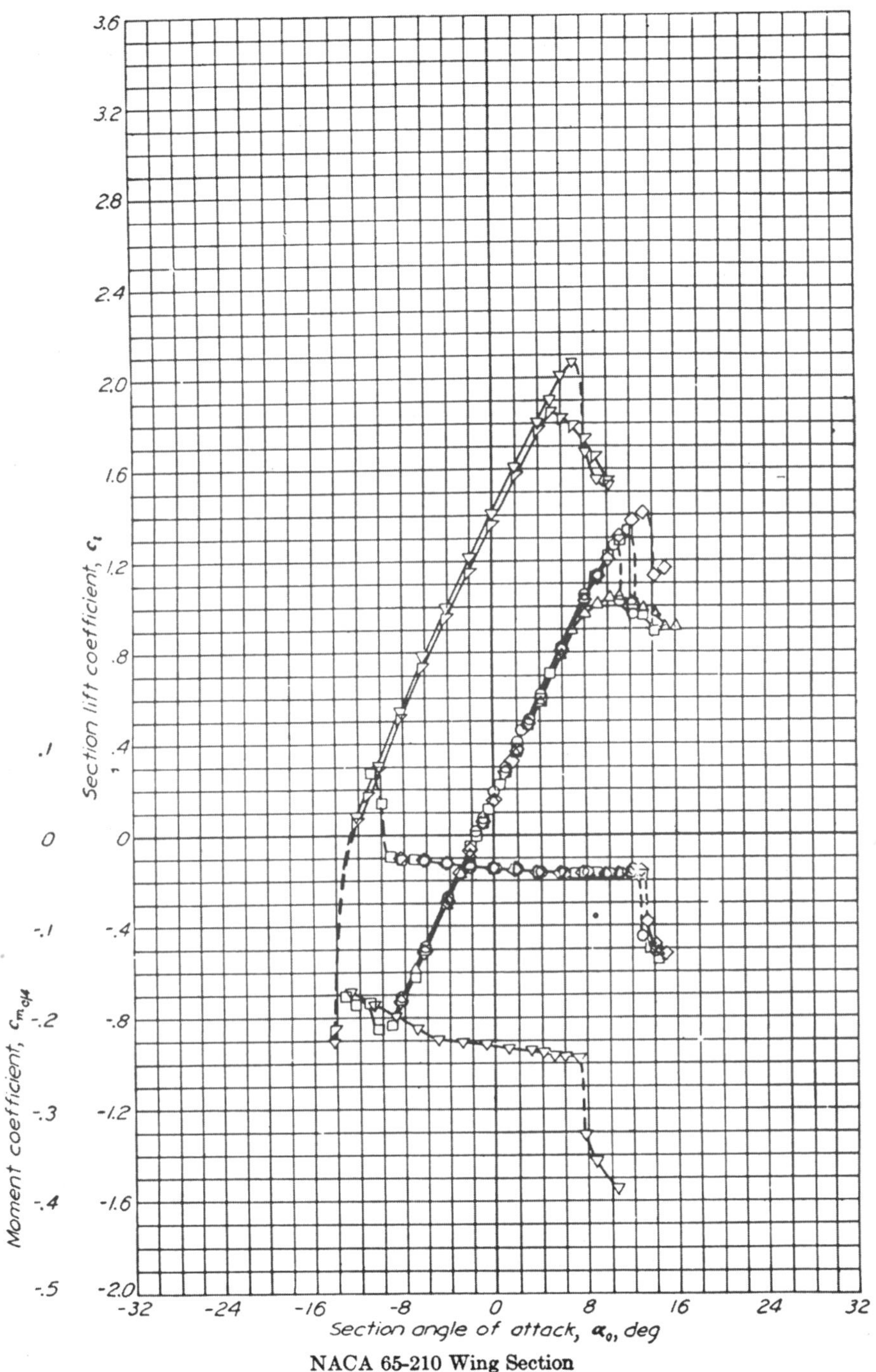

NACA 65-210 Wing Section

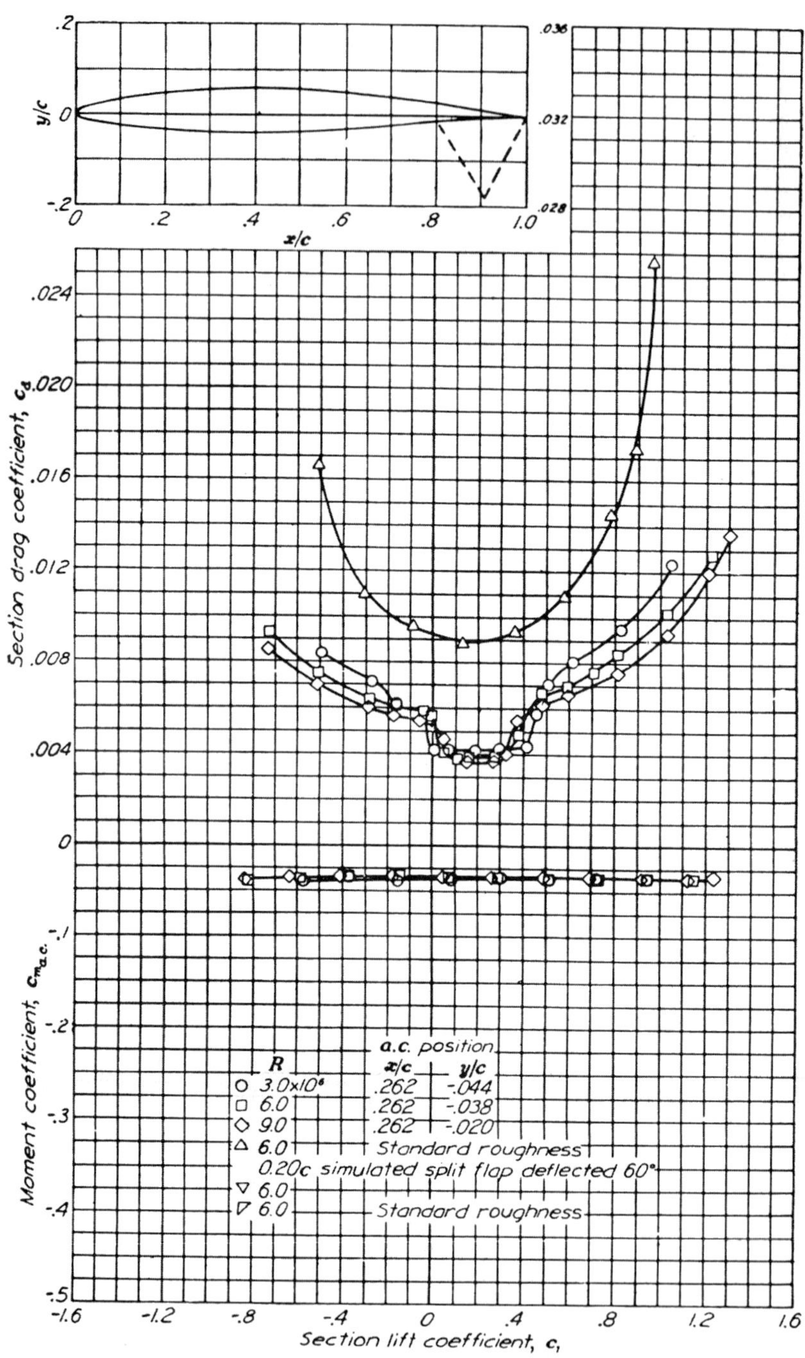

NACA 65-210 Wing Section (*continued*)

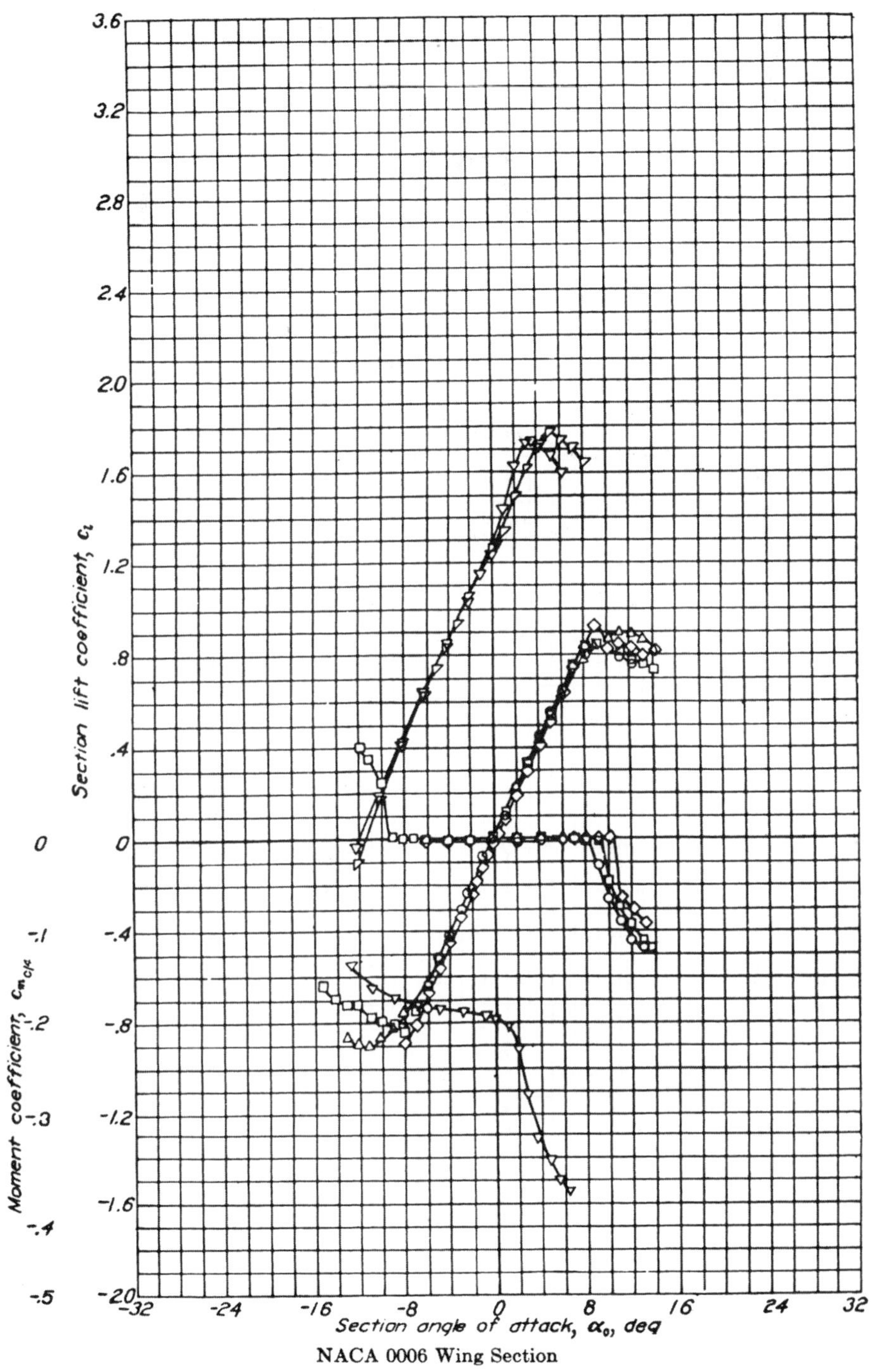

NACA 0006 Wing Section

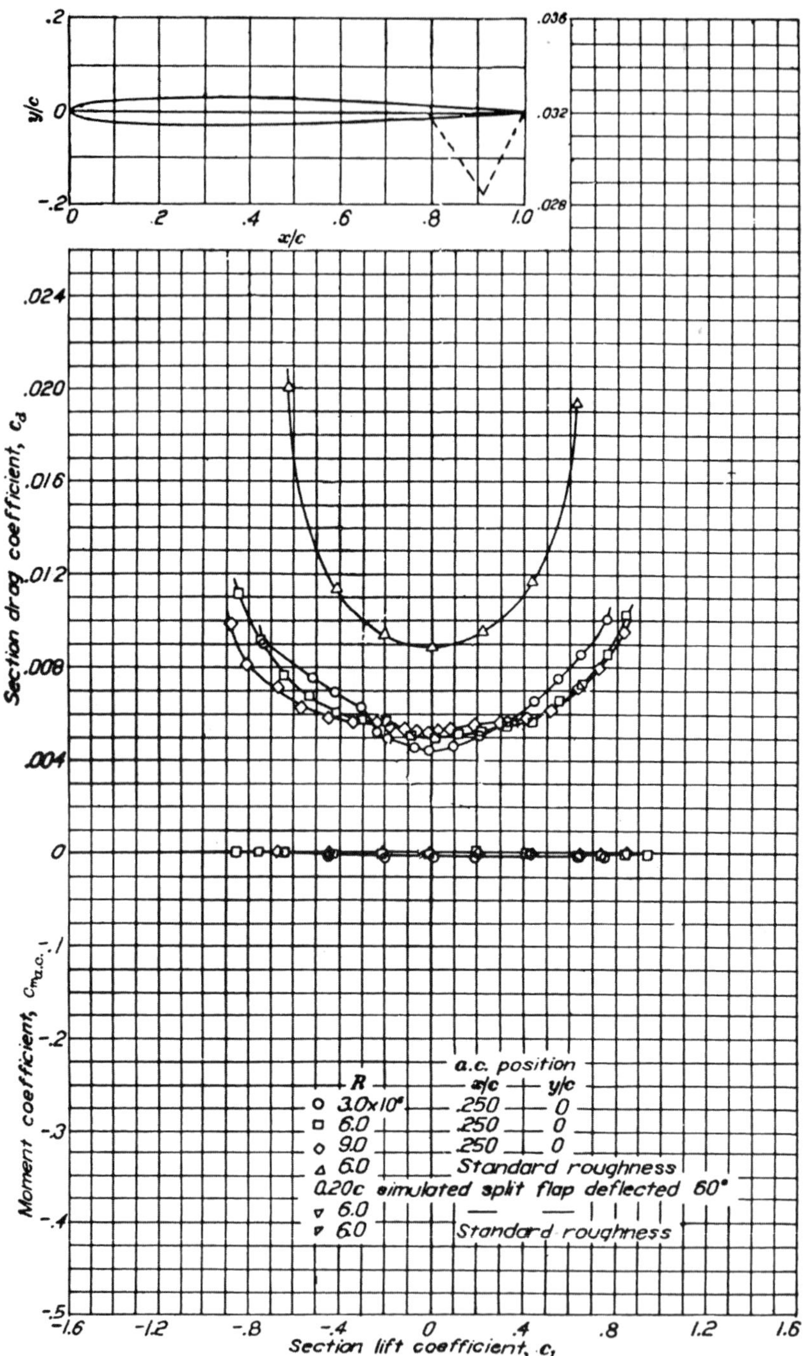

NACA 0006 Wing Section (*continued*)

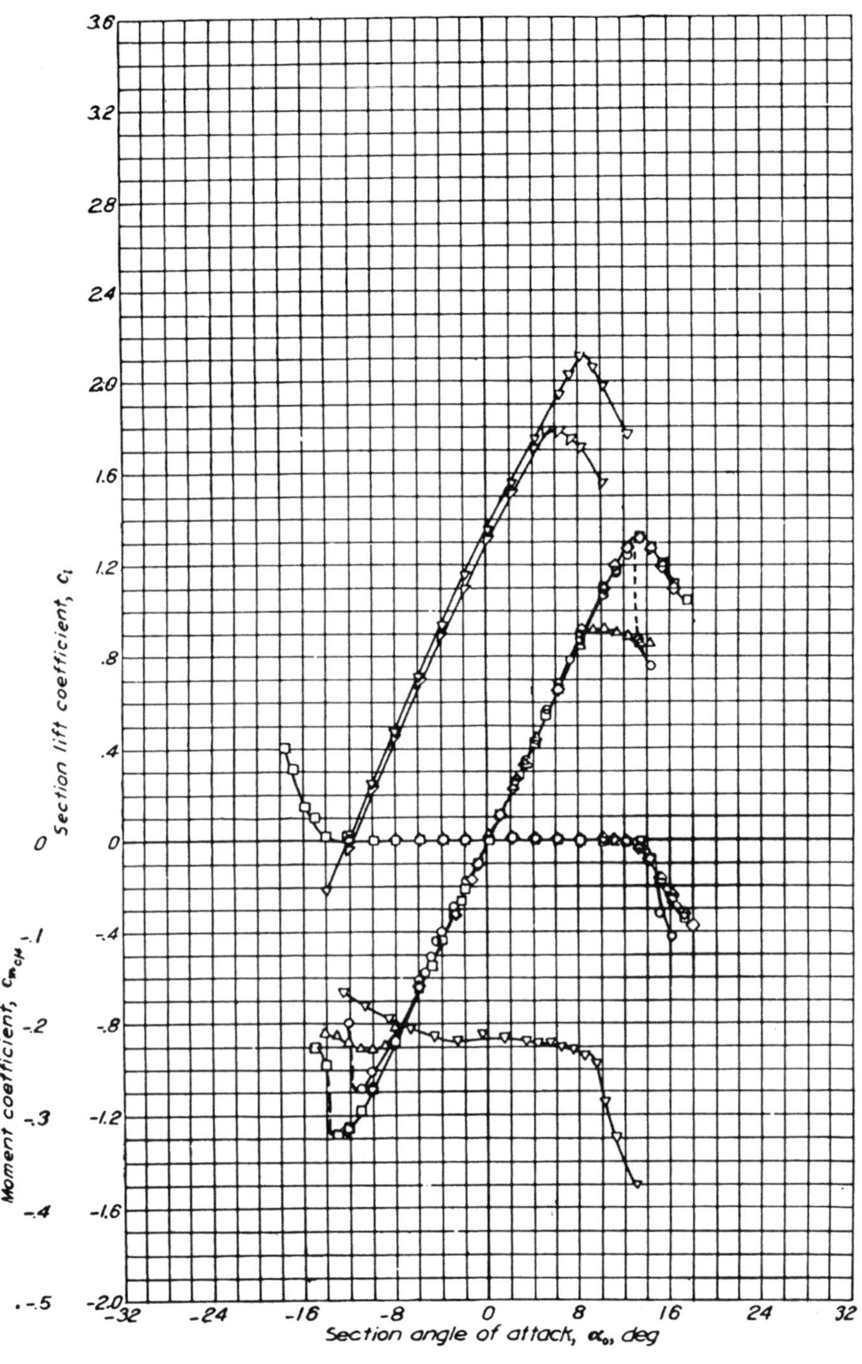

NACA 0009 Wing Section

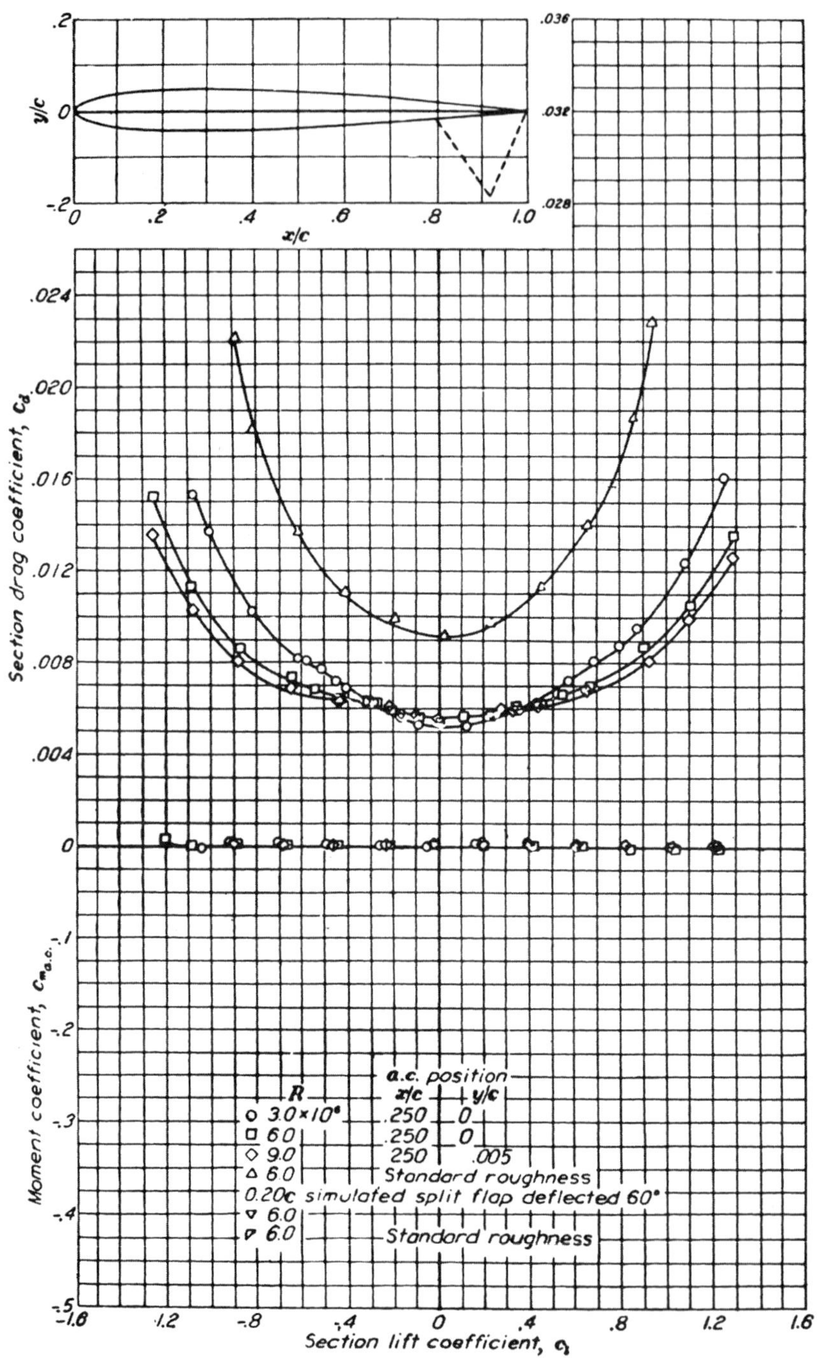

NACA 0009 Wing Section (*continued*)

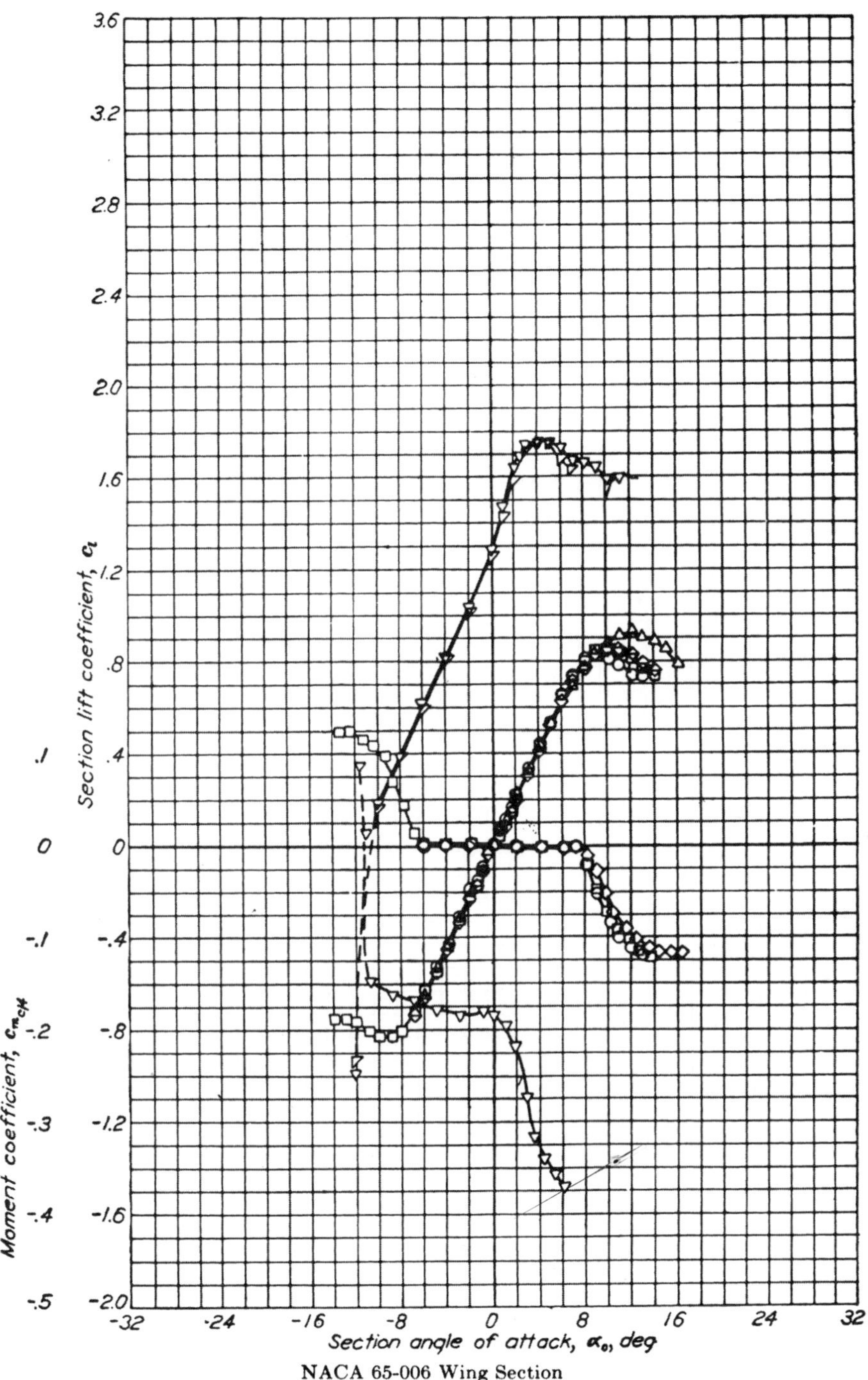

NACA 65-006 Wing Section

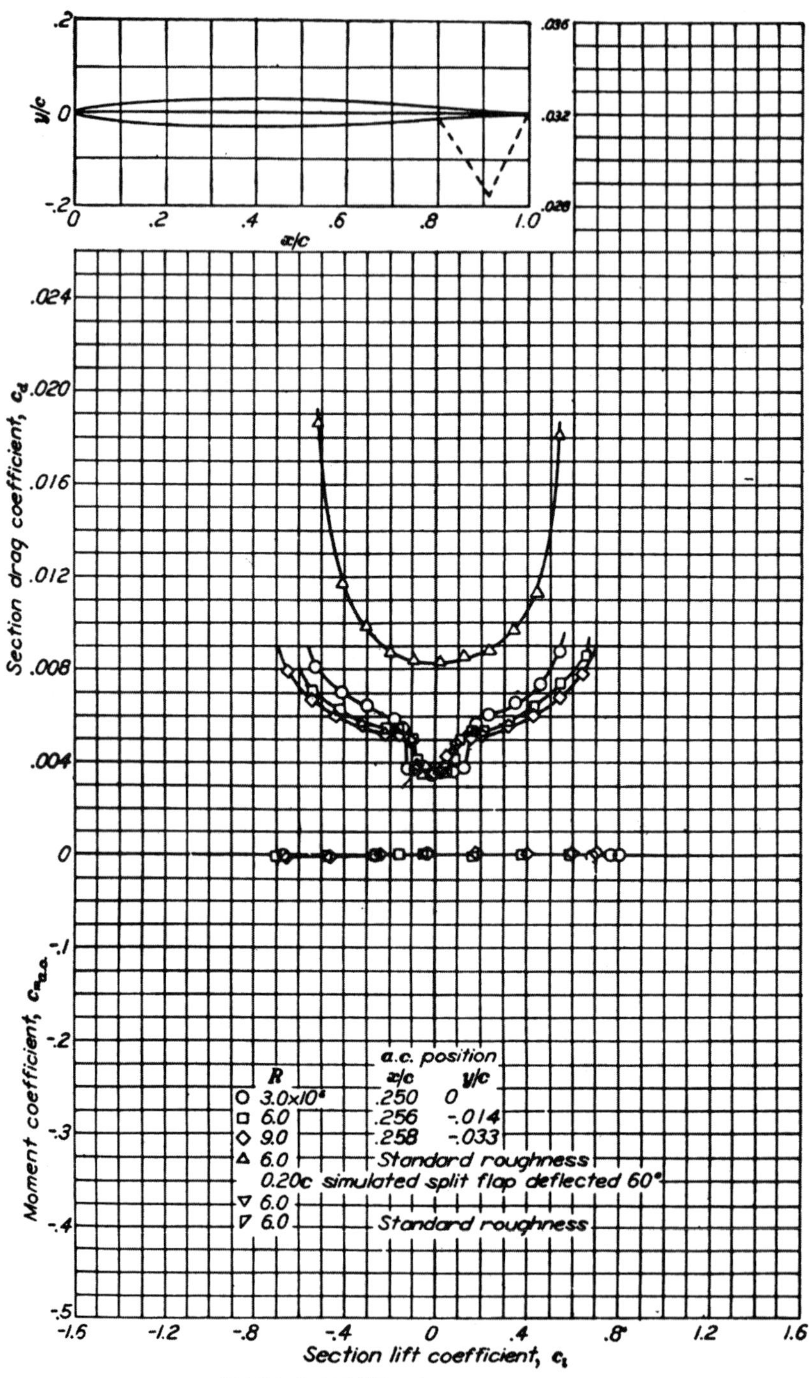

NACA 65-006 Wing Section (*continued*)

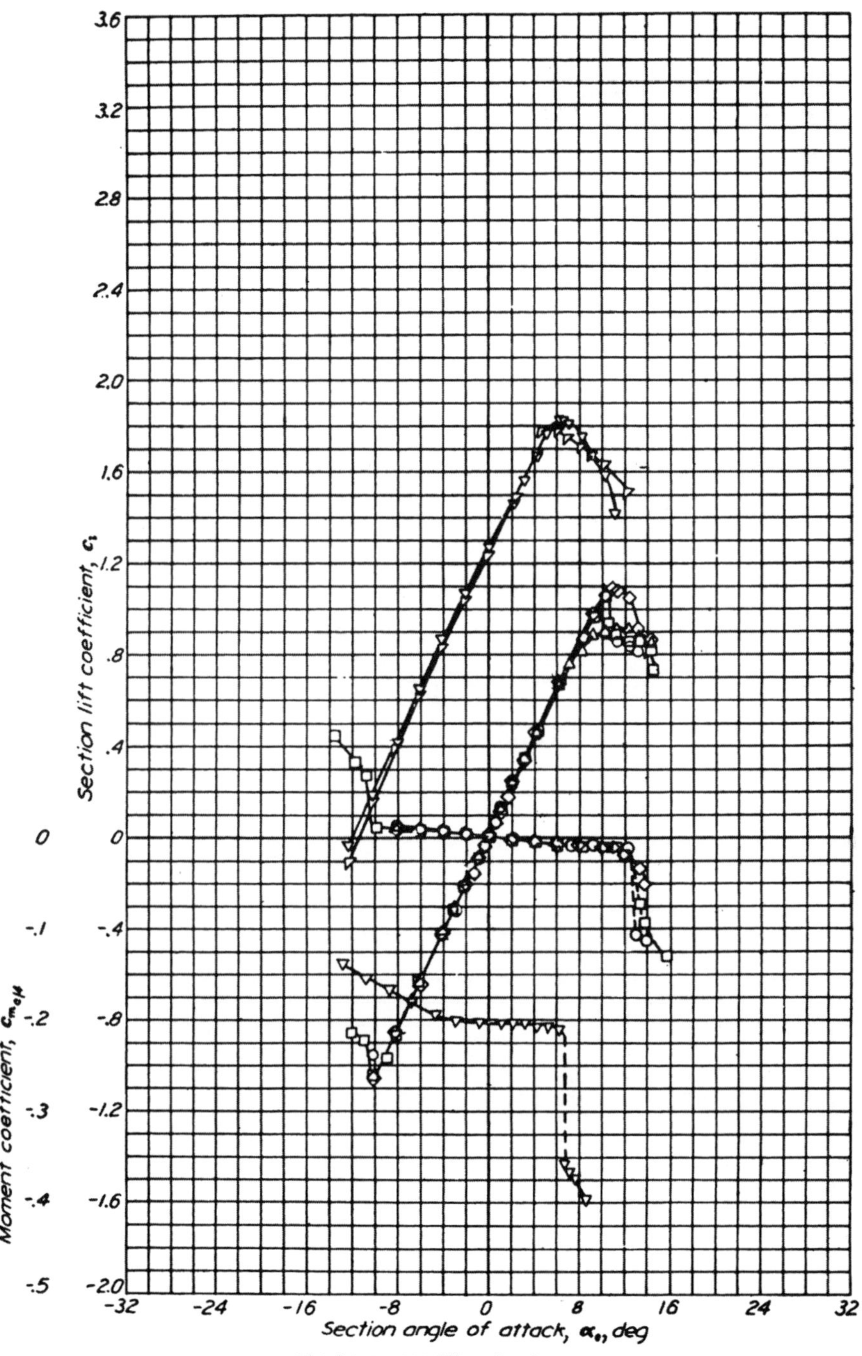

NACA 65-009 Wing Section

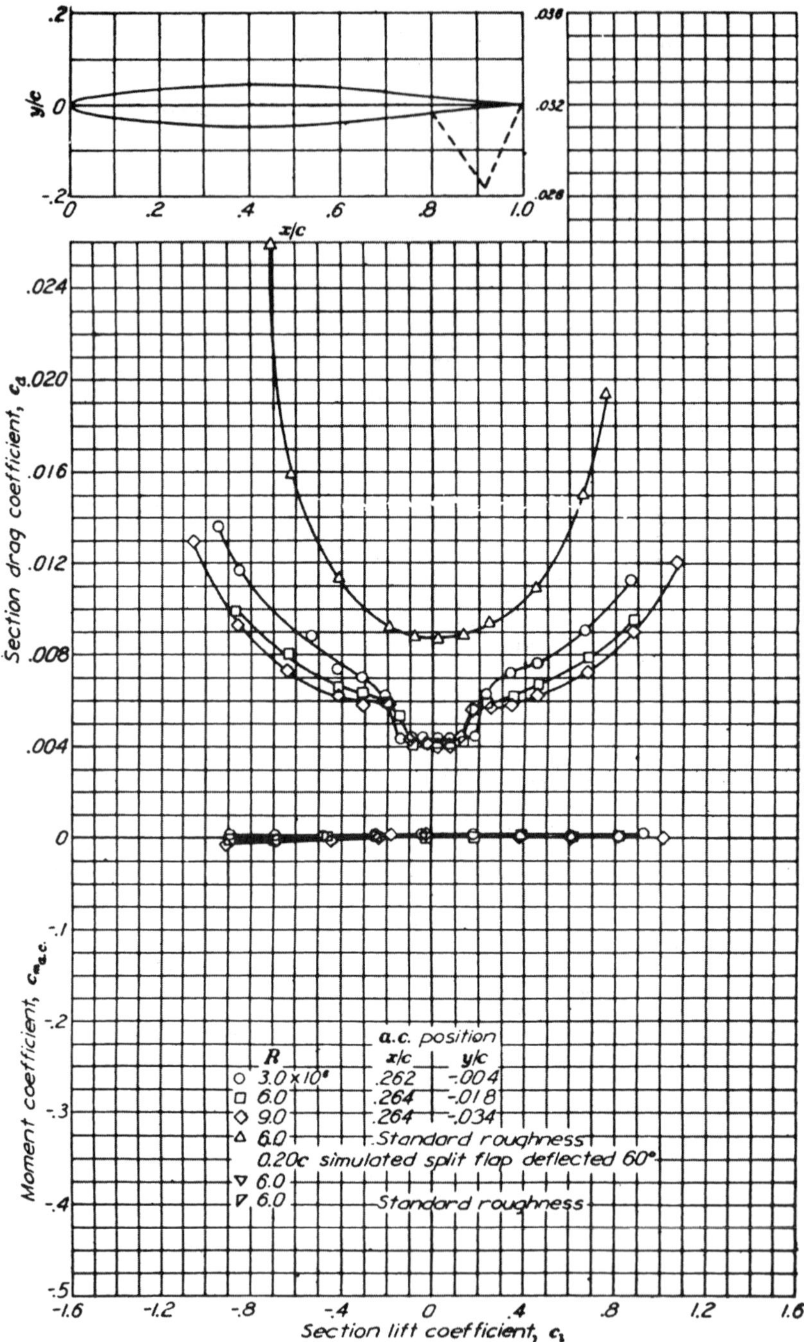

NACA 65-009 Wing Section (*continued*)

A N S W E R K E Y

정답

Chapter 2

2.2 1.558×10^6 J

2.4 15.6%

2.6 0.0076 atm/sec

2.8 1.38 m^3/kg

2.10 0 mph, 127.5 mph

2.12 129 atm

2.14 *(a)* 15.49 kg/m^3, *(b)* 9.29 kg/m^3

2.16 1015 ft/sec, 309.3 m/sec

2.18 43.35 lb/ft^2, 211.8 kg_f/m^2

2.20 7.925 km/sec

2.22 *(a)* 107.96 km, *(b)* 2020.4 m/sec

2.24 1.68

2.26 *(a)* 6.762×10^6 N, *(b)* 1.5×10^6 lb

Chapter 3

3.2 9.88 km

3.4 378°R

3.6 5.38×10^4 N/m^2

3.8 -17.17 lb/(ft^2 sec)

3.10 33,156 ft

3.12 2.03×10^{-3} kg/m^3

3.14 268.43 K, 6.9807×10^4 N/m^2, 0.90599 kg/m^3

3.16 0.34%

3.18 482.76 °R

3.20 724.5 m

Chapter 4

4.2 22.7 lb/ft^2

4.4 67 ft/sec

4.6 216.8 ft/sec

4.8 155 K, 2.26 kg/m^3

4.10 4.19×10^4 N/m^2

4.12 6.3 ft/sec

4.14 1.07

4.16 2283 mi/h

4.18 2.8 cm

4.20 2172 lb/ft^2

4.22 56 m/sec

4.24 0.801

4.26 614.3°R = 154.3°F

4.28 $q = (\gamma/2)pM^2$

4.30 $p_0 = 1.656 \times 10^4$ lb/ft^2, $p_{02} = 1.193 \times 10^4$ lb/ft^2;
베르누이 결과 = 0.804×10^4 lb/ft^2

4.32 1.35

4.34 540 N

4.36 5452 N

4.38 4.555×10^4 N/m^2

4.40 535.9, 20.3 atm, 5791 K

4.42 15,377, 3390 m/sec

4.44 [문제 서술 내에 답이 있음]

4.46 *(a)* 340.2 m/sec, *(b)* 68 m and −68 m

4.48 1.0184 kg/m^3 (1.0066 kg/m^3에 비교)

4.50 0.99258×10^5 N/m^2

4.52 53.64 m/sec, 7.66 m/sec

4.54 *(a)* 3.793×10^3 N/m^3, *(b)* 11.05 N/m^3

4.56 0.096 m

4.58 0.309, 1709 lb/ft^2

4.60 2.00, 2817 lb/ft^2

4.62 0.4

4.64 10.54 N/m

Chapter 5

5.2 23.9 lb, 0.25 lb, −2.68 ft lb

5.4 2°

5.6 112

5.8 −0.27

5.10 −0.625

5.12 -0.129
5.14 2°
5.16 0.68
5.18 22.9 km
5.20 *(a)* 0.00462; *(b)* 0.0177
5.22 1202 N
5.24 0.11 per degree
5.26 19.1 m/sec
5.28 0.11, 0.329
5.30 33.7
5.32 [문제 서술 내에 답이 있음: $f = C_D S$]
5.34 무시할 수 있음(실제로 0)
5.36 6.7%
5.38 0.0055
5.40 5.23 lb
5.42 *(a)* -0.5°, *(b)* 7.05 lb
5.44 100%

Chapter 6

6.2 98.1 lb
6.4 *(a)* V_∞ = 100 ft/sec, P_R = 53.4 hp에 대해 곡선상의 예시점; *(b)* V_{max} = 201 mph; *(c)* V_∞ = 300 ft/sec, P_R = 360 hp에 대해 곡선상의 예시점; *(d)* 198 mph
6.6 42.5 ft/sec, 24.6 ft/sec
6.8 28,500 ft
6.10 97.2 ft/sec
6.12 719 mi, 7.4 hr
6.14 [유도]
6.16 452 m
6.18 268 m
6.20 312 m, 0.358 rad/sec
6.22 [유도]
6.24 두 경우 모두 항력이 무게와 추력의 합보다 크다.
6.26 3440 km
6.28 [유도]
6:30 93,666 lb 해면고도에서 각 엔진으로부터의 추력
6.32 5.84 m/sec^2
6.34 859 lb
6.36 261.6 ft/sec
6.38 754.4 ft/min
6.40 0.0243

Chapter 7

7.2 −0.003; 0.02 혹은 CG 앞 코드 2%

7.4 −215 Nm

7.6 h_n = 0.70, 정적 마진 = 0.44

7.8 조종간 방임인 경우의 정적 마진은 조종간 고정일 경우 정적 마진의 79%이다.

Chapter 8

8.2 금성(Venus), 10.3 km/sec; 지구(Earth), 11.3 km/sec; 화성(Mars), 5.02 km/sec; 목성(Jupiter), 59.6 km/sec

8.4 1.43×10^{12} m

8.6 *(a)* 8710 m; *(b)* 70.88 g's; *(c)* 1978 m/sec

8.8 67.62 km/sec

8.10 1.56 hr

8.12 12.01 hr

8.14 1.00×10^{10} m^2/sec

8.16 교수 및 동료들과 토론해 보세요.

Chapter 9

9.2 17 atm

9.4 4587 lb

9.6 0.42 ft^2

9.8 *(a)* 375 sec; *(b)* 3678 m/sec; *(c)* 263.5 kg/sec; *(d)* 217,682 lb; *(e)* 0.169 m^2

9.10 4009.6 m/sec

9.12 0.36 in

9.14 [유도]

9.16 0.63

9.18 40,364 hp

9.20 1514°R

9.22 1.77

9.24 61.9 sec

9.26 7.9

Chapter 10

10.2 20,906 K

10.4 [유도]

A N S W E R K E Y

찾아보기

ㄱ

가변피치 705
가속 상승률 510
가압식 742
가역 과정 154
감쇠진동(damped oscillations) 571
경계층 134
경계층 두께 215
고고도 장기체공 UAV 523
고도-마하수 곡선 514, 515
고속 민수 여객기(HSCT: high-speed civil transport) 519
고양력 장치 369
고익(high-wing) 615
고정익 271
고체 추진제 741, 744
공기력 54
공기역학 54
공기흡입 735
공력가열 47, 626, 670, 784
공력중심(aerodynamic center) 276, 574
과급기(supercharger) 445
구 374
궁형 충격파(bow shock wave) 669
궤도방정식(orbit equation) 636, 641
궤도 위상각 650
극저온추진제 743
극초음속 170
근지점(perigee) 648, 650, 651
급상승 504
급하강 505
기계적 효율 711
기동점(maneuver point) 508
기체 고유상수 738
기체 운동이론 789
기하 받음각 341
기하학적 고도 109
꼬리날개 붙임각 587
꼬리날개 체적비(tail volume ratio) 588
끝단 와류 337

ㄴ

나셀 80
난류 134, 218
날개 79
날개 끝단 337
날개 끝 와류(wing tip vortices) 537
날개 너비 296
날개 비틂 27, 565
날개의 양력 기울기 584
날개짓 비행기(ornithopter) 3
날개하중 452, 461, 464
내리흐름(downwash) 337, 586, 619
내부에너지 148
냉각항력(cooling drag) 537
노즐목 204
뉴턴 제2법칙 633, 634

ㄷ

단단식(single-stage-to-orbit) 779
단단식 비행체 779
단면항력 239
단반경 650, 651
단발궤도선 748
단열 과정 154
단위 너비당 287
대기 54, 107
대기진입 660
대류가열(convective heating) 675, 676
돌출항력 537
동안정성(dynamic stability) 571
동압 181
동역학(dynamics) 633
동적 안정성 616
동적으로 불안정(dynamically unstable) 572
동적으로 중립 572
동체 79
동체날개 혼합형(blended wing body) 539, 540
뒷전 273
등가 속도 185, 201
등속비행 423
등속 수평비행 424, 425
등엔트로피 과정 154
등엔트로피 유동 156
디퓨저 173
딤플 377

ㄹ

라그랑지 방정식(Lagrange's equation) 633, 634, 635, 637
라그랑지 함수(Lagrange function) 634, 635
램젯 엔진 731
러더 567, 568, 618
레이놀즈수 216
레이더 탐지 단면적 524
로켓 부스터 90
로터 720
롤(roll) 566
롤링 34, 567
롤 안정성 614

ㅁ

마노미터 174
마찰력 62

마찰 소산 224
마찰항력 223
마하각 327
마하계 189
마하수 148
마하수-독립 원리 801
마하파 326
만유인력 법칙(law of universal gravitation) 637
말단 충격파(termination shock) 656
면적-속도 관계식 203
모멘트 274
모멘트계수 281
무양력 모멘트 574
무양력선(zero-lift line) 575, 586, 587, 590
무양력 필요마력 436
무양력 항력계수 419, 452, 461, 491
무인전투기(uninhabited combat aerial vehicles) 521, 524
무인항공기(uninhabited aerial vehicles) 520, 521
무한 날개 296
물수제비 진입(skip entry) 657, 658
밀도 57
밀도 고도 108

ㅂ

받음각 235, 274
발산형 덕트 173
방임상태 엘리베이터 지수(free elevator factor) 610
방향안정성(directional stability) 612
방향축 운동(directional motion) 567
방향축 정안정성 612
방향축 조종(directional control) 567, 568
방향타 30
배기량 712
배제두께 786
뱅크각(bank angle) 614
버페팅(buffeting) 542
베르누이 방정식 141
보염기 733
보이저 2호 94
보이저 성간임무 654
보이저 우주선 653
복사가열(radiative heating) 675, 676
부양 진입 677
브레이크 축 마력 439, 440
비압축성 136
비에너지 510
비연료소모율(specific fuel consumption) 472, 473, 474
비열 151
비잉여마력(specific excess power) 513
비점성 유동 131
비체적 70
비추력 연료소모율 479
비틀림 700
비평형상태 580
비행동역학(flight dynamics) 417
비행선 9
비행성능 415
비행역학 54
비행조종 618

ㅅ

사용동력 703
사이드슬립(sideslip) 614
사인제곱 법칙 791
산화제 735
삼엽기 9
상대 풍향 274
상반각(dihedral) 614, 616
상사변수 280
상승각 454, 456
상승률 451, 457, 466
상승률 R/C 454
상승비행 451, 455
상승시간 470, 471
상태방정식 64
선회반경 502, 505, 507
선회비행 502
선회율 502, 503, 504, 505, 507
설계 55
세력권(sphere of influence) 653
소년 운송기 9
속도-고도 선도(velocity-altitude map) 662, 787
속도 57
수렴형 노즐 173
수정역학 방정식 108
수직력 276
수직 안정판 567
수평비행 423
수평선회 502
수평안정판 567
순추력 702
순환 Γ 384
순환 운동 337
스카이 랩 628
스크램젯 734
스탄톤 수(Stanton number) 671
스테이터 720
스텔스 UAV 523
스팬하중(span loading) 544
스팬효율지수(span efficiency factor) 343, 417
스푸트니크 1호 626
스프레이 742
승강타 618
시위 273
시위선 273
실린더 374
실속 283
실속속도 368
실용상승고도(service ceiling) 464, 465, 466, 467
쌍곡선 궤도 654

ㅇ

아음속 169
아음속 풍동 173
아크젯 추력기 758
아폴로 달 탐사선 782
아폴로 우주선 627, 630
아폴로 유인 달 탐사 627
안정성(stability) 563, 564, 569
안정판 79
압력 57
압력계수 297
압력 고도 108
압력저항 419
압력중심(center of pressure) 597

압력항력 235, 534
압축기 720
압축성 136
압축성 보정 299
압축 행정 707
앞전 273
액체 추진제 741
양력-항력 관계식 417
양력 9, 29, 274
양력계수 279
양력에 의한 필요마력 436
양력에 의한 필요추력 427
양력에 의한 항력 427
양력에 의한 항력계수 418
양의 정안정성(positive static stability) 570
양항곡선 415, 418, 419
양항비 425, 452, 462, 532
언더슈트 경계(undershoot boundary) 659
에너지 고도 510, 511, 513
에너지방정식 159
에일러런 27, 567, 568, 618
엔탈피 150
엔트로피층 784
엘리베이터 29, 567, 568, 599, 600
엘리베이터 각 변위 600
엘리베이터 변위각 603, 607
엘리베이터의 조종효율(elevator control effectiveness) 601
엘리베이터 힌지 모멘트(elevator hinge moment) 606, 607, 608
엘리베이터 힌지 모멘트계수 608
역압력 구배 235
역유동 238
역학(mechanics) 633
연료소모율(thrust-specific fuel consumption) 479
연방항공규정(FAR: Federal Aviation Requirements) 498
연소기 722
연소실 131, 722
연속방정식 133
열역학 제1법칙 149
연속체 787
열의 장벽 404
오버슈트 경계(overshoot boundary) 659
오스왈드 효율지수(Oswald efficiency factor) 417, 491
오일러 방정식 142
온도 57
온도 고도 108
와류 337
완전기체 64
왕복 엔진 439, 707
외부 덮개 730
외팔보 90
요우(yaw) 566
요잉 567
우주 626
우주 비행(space flight) 625
우주 비행체 107
우주선 90
우주시대(space age) 625
우주 왕복선 631, 677
우주항공학(astronautics) 626
우주항행학 626
운동량방정식 134, 139
운동에너지 510, 634, 635, 637, 644

원격조종 비행체(remotely piloted vehicles) 520
원뿔 곡선 접합법 653
원뿔단면(conic section) 642
원심 압축기 722
원지점(apogee) 648, 650, 651
위치에너지 510, 635, 637, 644
윙렛(winglets) 537
윙 필렛(wing fillet) 543
유관 134
유도 받음각 341
유도항력(induced drag) 239, 339, 537
유동 박리 134
유선 60
유선형 377
유한 날개 296
유해항력 417
유해항력계수(parasite drag coefficient) 417
유효 받음각 341
음속 166
음속 장벽 336, 400
음의 정안정성(negative static stability) 570
음파 166
이륙 부양(lift-off) 493
이륙 부양 거리 493, 496, 497, 498
이륙성능 493
이심률(eccentricity) 642, 644, 651, 654
이용마력 439, 440, 441
이용추력 432, 455
이원추진제 743
이탈속도(escape velocity) 646
일원추진제 743
임계값 232
임계 레이놀즈수 232
잉여마력(excess power) 454, 455

ㅈ

자유류 마하수 171
자체점화 추진제 743
장반경 650, 651, 652
재순환 285
저밀도 유동 789
저익(low-wing) 615
저종간 방임(stick-free) 569
전기 추진 757
전단응력 62, 215
전압 178
전온도 179
전자 이온 추력기 757
전진익 83
절대 고도 109
절대 받음각(absolute angle of attack) 575, 576
절대상승고도 464, 465, 466, 467, 468
점성계수 216
점성 상호작용 785
점성 유동 131
접합법(method of patched conic) 653
정안정성(static stability) 569, 571
정압공 180
정압 과정 151
정압 비열 151
정역학(statics) 633
정적 과정(static margin) 150
정적마진 569, 594, 595

정적 불안정성 579
정적 비열 151
정적성능 423
정적으로 불안정(statically unstable) 570, 578, 579
정적으로 안정(statically stable) 569, 578
정적 추력 432
정체점 180
제어 체적 718
제한하중계수 507, 508
제트 엔진 440
제트 항공기 479
조종(control) 563, 569, 573
조종간 고정(stick-fixed) 569, 605
조종간 고정 정적 안정성(stick-fixed static stability) 606
조종간 방임 569, 605
조종간 방임 정적 안정성(stick-free static stability) 606
조종간 방임 종방향 정적 안정성 608
조종력(control forces) 616
조종안정성 54
조파항력(wave drag) 172, 320, 325, 328, 538
종방향 정안정성 595
종방향 정적 조종 598
종축운동(longitudinal motion) 567
종축 정안정성 577, 591
종축조종(longitudinal control) 567, 568
종횡비 296, 491
주기(period) 651, 652
중력가속도 67
중력조력(gravity-assist) 654
중력조력 비행경로(gravity-assisted trajectories) 653
중립적으로 안정(neutrally stable) 570
중립점(neutral point) 569, 593, 602
중익(midwing) 615
증기 비행기 13, 15
지구궤도 627, 630, 652, 657
지구 진입 631, 657
지면활주거리 499, 501
지면효과(ground effect) 495
지상활주 493
지오포텐셜 고도 109
진입 가열 669
진입속도 669
진입창(entry corridor) 659
질량 유량 135

ㅊ

차원 해석 277
착륙성능 499
천음속 169
천이 134
천이 영역 231
천이점 232
초소형 항공기(mirco air vehicles) 530, 531
초음속 169
초음속 조파항력 517
초음속 풍동 160
초음속 항공기 517
초임계 익형 321
최대 상승각 455
최대 상승률 461
최대 선회율 508

최대 항속거리 477, 480, 481, 482, 491
최대 항속시간 480, 482, 483, 491
최소 선회반경 508
추력당 연료 소모량, TSFC 752
추력 중량비 452
추진 697
추진공학 55
추진 효율 753
축동력 703
축력 276
축류 압축기 722
충격파 193, 327
충격파층 783
층류 134, 217
층류 익형 219

ㅋ

카나드 83
카나드 형상(canard configuration) 580
카울링(cowling) 541
칼슨속도 492
캠버 273
케플러 법칙 648, 649
케플러 제1법칙 649
케플러 제2법칙 650
케플러 제3법칙 652
코너속도(corner velocity) 509
콩코드 47

ㅌ

타원 궤도 650, 654
타원의 이심률 651
탄도궤도 658
탄도궤도 진입(ballistic entry) 657, 658
탄도 진입 663
탄도 파라미터(ballistic parameter) 662
탐지 단면적(radar cross section) 524
태양권경계면(heliopause) 656
태양권구(heliosphere) 656
태양권면(heliosheath) 656
터보젯 엔진 432, 719, 724,
터보팬 엔진 730
터보프랍 731
터빈 722
턱언더(tuck-under) 619, 620
트림(trim) 569, 603
트림 받음각(trim angle of attack) 571, 578, 599, 602
트림상태 575, 579, 596, 597, 598

ㅍ

파워-중량비 461
펌프식 743
페어링 90
평균운동에너지 59
평균자유경로 788
평균 캠버선 273
평형(equilibrium) 569
포텐셜 유동 이론 385
표면마찰계수 222
표면마찰항력(skin-friction drag) 216, 235, 538
표준 대기 107
풀다운(full-down) 505
풀업(pull-up) 504
풀다운 기동 505
풀업 기동 504

프로펠러 439, 702
프로펠러 항공기 472
프로펠러 효율 η 439, 703
플라즈마자기력 추력기 758
플랩 34, 369
플랩 변위각 370
피스톤 엔진프로펠러 432
피치(pitch) 566
피치각 700
피칭 567
피토관 179
피토 정압관 178
필렛(fillet) 541, 542
필요마력 434, 441
필요마력 곡선 435
필요추력 434
필요추력 곡선 425, 426, 431, 435

ㅎ

하반각(anhedral) 615
하중계수 502
항공공학(aeronautics) 625
항공기 107
항공기 성능 54
항력 29, 274
항력곡선(drag polar) 344, 417, 418
항력발산 마하수 319
항속거리(range) 472, 473, 474, 475, 476, 479
항속시간(endurance) 472, 473, 474, 475, 479
해리 786
행글라이더 18
행성들의 궤도 648
행성 진입(planetary entry) 631, 657
형상항력(form drag) 239, 419
호도그래프(hodograph) 455, 456
호도그래프 선도 455
화학반응기체 65
화학종 787
활강각 461, 462, 464
활강거리 463
활강비행 460
활강속도 464
활강 진입(glide entry) 657, 658
횡축 안정성 616
횡축운동(lateral motion) 567
횡축 정안정성 614
횡축조종(lateral control) 567, 568
후퇴익 83, 272, 358
흡입 행정 707
힌지 607
힌지 모멘트 607

A

A. Busemann 박사 248
Aerial Experiment Association (AEA) 38
Aerial Locomotion 17
Aero Club of America 42
Aerodromes 22
AIAA 17
Apollo 65
Arnold Engineering Development Center (AEDC) 250

B

Bell 38
Berguet의 항속시간 공식 477
Boeing 777−200 453
Breguet 공식 476
Breguet 항공거리 공식(Breguet range equation) 476, 547

C

Cessna Citation X 429, 430
Cessna T-41 428
Cessna T-41A 429
Chanute 21
Concorde 초음속 여객기 163
Curtiss 36

D

d'Alembert 파라독스 214
Daniel Bernoulli 240
DarkStar 523
Diehl 125
Du Temple 15

E

Erenst Mach 396

F

FAR 498, 501
fly-by-wire 35

G

George Cayley 5
George Stokes 255
Global Hawk 522, 523, 524
Golden Flyer 41

H

H. Blasius 257
Henri Farman 563
Henson 13
HSCT 519

J

JPL 96
June Bug 40

K

Kepler 681
Knudsen수 789
Kutta 조건 385
Kutta-Joukowsky 정리 385

L

Langley 21
Laval 노즐 247
Leonardo da Vinci 4
Lilienthal 17, 581
Ludwig Prandtl 215, 256

M

M. Navier 255
Montgolfier 4
Mozhaiski 15

N

NACA 98
National Advisory Committee for Aeronautics 282
National Aeronautics and Space Administration (NASA) 282
National Air and Space Museum 405
Navier–Stokes 방정식 255

O

Otto Lilienthal 276, 599

P

Pathfinder 93
Pilcher 20
Prandtl–Glauert 공식 299
Pratt and Whitney 731
Predator 522, 523, 524

R

R/C 455
Rayleigh 피토관 공식 197
Robert H. Goddard 770
RPVs 520

S

schlieren 194
SFC 472
shadow graph 194
shadowgram 397
SOI 653
Sputnik I 100
SSTO 748, 779
Stringfellow 14

T

the Wright Flyer I 2
Theodore von Karman 257, 563
Toussaint 124
TSFC 479
Tycho Brahe 649

U

UAV 520, 521, 524, 525, 526
UCAV 521, 522, 524, 525

V

V-2 125
Vis-Viva 방정식 653
V–n 선도 502, 507, 508
Voyager Interstellar Mission 654

W

wave rider 782
Wilbur Wright 565
Wortmann FX63-137 익형 531
Wright 3
Wright 형제 415, 549, 581, 616, 626
Wright 형제의 항공기 549

X

X-45 525

Y

Yuri Gagarin 782

기타

0 양력 받음각 283
1/4 시위점 275
8자형 비행(figure-eight) 565